龙门山构造地貌与表面过程

Tectonic Geomorphology and Surface Process of Longmen Shan

李 勇 周荣军 闫 亮
颜照坤 丁海容 邵崇建 等 著

科学出版社

北 京

内 容 简 介

本书以2008~2013年间在青藏高原东缘龙门山发生的汶川和芦山地震为典型的研究对象，较为系统地阐述在龙门山造山带与前陆盆地、活动构造与汶川地震、构造地貌与表面过程等方面的研究成果，包括构造地貌特征与盆—山—原结构、活动构造与历史地震、地形雨与短周期剥蚀作用、水系样式与活动构造、河流纵剖面与隆升作用、地震滑坡沉积物的传输过程与水系响应、汶川地震与龙门山地貌生长、长周期剥蚀作用与始新世古长江的贯通、龙门山隆升机制与沉积响应、龙门山均衡重力异常与前陆盆地长周期挠曲沉降作用、汶川地震的构造负载量与前陆盆地短周期挠曲沉降作用等方面的内容。本项研究成果为国内外研究龙门山构造地貌与表面过程、汶川地震与灾后重建等提供了科学依据和典型范例。

本书可供地质学、地貌学、地理学、地震地质学、地质灾害等领域的科研和工程技术人员参考，也可作为高等学校地质学、地理学、地貌学、地震地质学、地质灾害学等相关专业的教学参考书。

图书在版编目(CIP)数据

龙门山构造地貌与表面过程 / 李勇等著. — 北京：科学出版社，2017.8
ISBN 978-7-03-054041-6

Ⅰ.①龙… Ⅱ.①李… Ⅲ.①龙门山-地震构造-构造地貌 ②龙门山-地震构造-表面结构 Ⅳ.①P315.2

中国版本图书馆 CIP 数据核字（2017）第 180920 号

责任编辑：冯 铂 / 责任校对：唐 梅
责任印制：罗 科 / 封面设计：墨创文化

科 学 出 版 社 出版
北京东黄城根北街16号
邮政编码：100717
http://www.sciencep.com

成都锦瑞印刷有限责任公司 印刷
科学出版社发行 各地新华书店经销

*

2017 年 8 月第 一 版 开本：16（889×1194）
2017 年 8 月第一次印刷 印张：36.75
字数：950 千字
定价：398.00 元
（如有印装质量问题，我社负责调换）

李勇教授简介

李勇，男，1963年12月出生，成都理工大学二级教授、博士生导师、国家级有突出贡献中青年专家。现任能源学院院长。1984年毕业于中国地质大学(武汉)地质学系，1987年和1994年分别获成都理工大学地质学硕士学位和沉积学博士学位。先后到爱尔兰都柏林大学、美国孟菲斯大学和加拿大里贾纳大学进修和学术访问。1994年破格晋升为副教授，1996年破格晋升为教授，2001年遴选为博士生导师，2010年聘为二级教授。李勇教授先后在青藏高原、龙门山和渤海湾盆地开展地质调查和研究工作，主持国家自然科学基金项目、国际合作项目、重点科技项目、横向部门重大科技专项等20余项，完成地质调查和地质科学研究报告27部(项)，出版专著和教材15部，发表论文共150余篇。特别是李勇教授在龙门山造山带与前陆盆地耦合机制、龙门山活动构造与汶川地震等方面开展了国际合作研究，具有学术特色和国际学术影响力，在 Nature Geoscience、Basin Research、Tectonic、Geology、Journal of Geophysics Research、Tectonophysics、Bulletin of the Seismological Society of America、Quaternary International 等国际和国内地学刊物上发表了龙门山地质科学研究论文115篇(第一作者48篇，SCI论文29篇，EI论文2篇，国际、国内会议报告和论文28篇)，论文的被引频次达1921次，其中2篇为高被引的TOP论文，被引频次在ESI排名中进入1%行列。李勇教授获国家级和省部级科技奖励共17项，其中国家科技进步奖一等奖1项、侯德封青年地质学家奖1项、省部级科技进步奖、教学成果奖15项。李勇教授曾入选国家有突出贡献中青年专家、国家百千万人才工程国家级人选、国土资源部科技领军人才、教育部优秀青年教师、四川省学术技术带头人、四川省有突出贡献的优秀专家，享受国务院政府特殊津贴专家等。

《龙门山构造地貌与表面过程》

李　勇　周荣军　闫　亮　颜照坤　丁海容　邵崇建

赵国华　陈　浩　李奋生　董顺利　乔宝成　马博琳

云　锟　李敬波　郑立龙　张佳佳　张　威　马　超

王腾文　刘颖倩　陈　斌　王伟明　周　游　陆胜杰

Alexander L. Densmore　Michael A. Ellis

Nicholas J. Richardson　Robert N. Parker　Svirchev Laurence

前　言

我国中西部地区发育众多的造山带，其中最具特色的是环绕青藏高原的造山带。它有丰富多彩的地质现象，素有"天然地质博物馆"之称，并被国际地学界誉为"打开全球造山带机制的金钥匙"、"大陆动力学理论形成的天然实验室"和"全球变化的起搏器"，它正在成为地学界新理论、新认识和新发现的重要源区和竞争领域。龙门山造山带与前陆盆地是青藏高原东缘独特的地域单元，是我国地学领域中的一块瑰宝，是研究青藏高原与周缘造山带和前陆盆地动力学（盆—山—原动力学）的典型地区。该区地貌自北西向南东可分为3个一级地貌单元，分别为青藏高原地貌区、龙门山高山地貌区和山前冲积平原区。在区域地质上，该区自北西向南东由川藏块体（青藏高原）—龙门山造山带—前陆盆地—前陆隆起带等4个构造单元构成。龙门山造山带—前陆盆地系统目前仍处于活动状态，变形显著，属于典型的活动造山带与活动前陆盆地系统。

汶川地震后，龙门山成为国际地学界关注的热点地区。新资料和新观点的大量涌现，使得我们这个长期从事龙门山地质研究的团队既兴奋又困惑，兴奋的是众多的新资料使我们更加理解了龙门山这本难懂的"书"，以及她所孕育的复杂的地质过程和强烈的地震；困惑的是目前所提出的各种新观点和新模式对已有的概念和观点形成了剧烈的冲击和碰撞，这使我们常常处于深思和对比中，渴望着能够更多地理解这个古老山脉的隆升机制及其孕育强烈地震的机理。

30年来，以李勇教授为首席专家的研究团队致力于龙门山造山带与前陆盆地耦合机制的研究。本项研究聚焦于国内外地学界研究的热点区域，以青藏高原东缘汶川地震的地表响应与龙门山造山带—前陆盆地耦合机制为关键科学问题，以汶川地震及其地表变形为关键地质信息，开展了龙门山与四川盆地西部的活动构造、汶川地震与芦山地震、龙门山造山带—前陆盆地的耦合机制等方面的研究。本书以最新地质资料为基础，多学科相结合，以宇宙核素、裂变径迹、数字高程模型、GIS技术、地壳均衡模拟技术和弹性挠曲模拟技术等为手段，是8项国家自然科学基金项目成果的集合和升华，属地球科学中构造地质学、沉积学、第四纪地质学等学科的综合，为一项基础研究成果。先后完成了龙门山地区的国家自然科学基金项目8项、国土资源部地调局项目4项和成都市科技厅项目1项。具体项目名称和编号如下：①龙门山—锦屏山新生代走滑—逆冲作用的沉积响应（49802013）；②青藏高原东缘龙门山晚新生代河流下蚀作用与隆升作用的耦合关系研究（40372084）；③汶川特大地震的地表破裂与变形特征研究（40841010）；④晚三叠世马鞍塘期龙门山前陆盆地礁、滩相的迁移规律及动力学机制研究（40972083）；⑤汶川地震驱动的崩塌、滑坡和泥石流的河流响应过程研究（41172162）；⑥龙门山冲断带（中段）异地系统晚三叠世地层标定与原型盆地恢复（41372114）；⑦芦山地震的构造特征与地表响应研究（41340005）；⑧龙门山前陆盆地南部晚三叠世沉积-物源体系及其构造动力学指示（41502116）。

汶川地震之后，本团队对龙门山地区开展了汶川地震的地表破裂与变形特征、孕震机理与震源机制、同震崩塌、滑坡和泥石流等地质灾害、水系响应、震后洪水与泥石流等方面的研究工作，对龙门山地区的崩塌、滑坡和泥石流沉积物的侵蚀、迁移、传输、沉积等过程进行持续的观测与研究，逐步形成了活动造山带与活动前陆盆地耦合机制与地表过程的研究思路与研究方法。本次采用的关键技术包括数字高程模型（Digital Elevation Models，DEM）、卫星图像（TM、SPOT 5和EO-1）、航片、裂变径迹法（fission track）、宇宙核素法（cosmogenic nuclides）、均衡重力异常模拟、弹性挠曲模拟、River Tools、Matlab分析法（矩阵实验室，Matrix Laboratory）和河流纵剖面等。此外，本项研究还充分地应用全球定位系统（GPS）及干涉雷达等资料，以便获得当前地壳运动的图像和大量的现代变形的信息。这些资料和新技术的应用加深了我们对该地区地球表面正在进行着的变形和地表过程的认识。本项研究成果属于多学科的交叉研究，利用国内外最新的科学技术手段，通过对龙门山与四川盆地西部的活动构造、汶川地震、芦山地震、龙门山造山带及其前陆盆地耦合机制等相关科学问题的研究，将为我国乃至全球研究内陆造山带的耦合关系提供了一个科学范例。该成果是本团队 30 余名科研人员和国际合作者多次深入青藏高原、龙门山和汶川地震、芦山地震灾区进行科考的结晶。该成果经四川省科技厅组织鉴定，认为"成果总体达到国际领先水平，在国际上有很高的影响"。

本项研究成果也是与国外知名专家和科学机构进行长期国际合作研究的结果。在研究过程中，先后与瑞士苏黎世理工大学（Institute of Geology，Department of Earth Sciences，ETH Zentrum，CH－8092 Zürich，Switzerland）P. A. Allen 教授、Richardson 博士、美国孟菲斯大学 Ellis 教授、英国杜伦大学（Department of Geography，Durham University）Densmore 博士、法国巴黎高等师范学校（Laboratory of Geology，Ecole Normale Superieure，Paris，France）Julia de Sigoyer 教授等开展了一系列的国际合作研究。部分研究成果在《Basin Research》、《Tectonic》、《Geology》、《Tectonophysics》、《Nature Geoscience》等中外自然科学核心期刊上发表，已发表论文 146 篇，其中被 SCI、EI 收录 28 篇。部分研究成果已在 AGU、HKT、IAS、IAEG、IGCP、SinoRock、The 2011 Sino－US Workshop on Earthquake Science、The Gondwana、The First Joint Scientific Meeting of GSC and GSA（Roof of the World）等国际会议上宣读和发表。据《2011 年版中国期刊引证报告（扩刊版）》报告，李勇教授及团队近 5 年发表论文 23 篇，2010 年被引频次 107 次，被引率 73.91％，在天文学、地球科学领域的论文被引频次位居全国第 17 位。同时，本项目组提交的《汶川大地震未对成都主城区造成损害的初步分析》、《擂鼓镇处于北川断裂带上，不宜作为北川县城新址备选区》等建议和报告曾指导了地震灾后重建工作。研究成果曾被《科技日报》、《四川日报》和 British Geological Survey 等中外媒体和报刊报导 20 余次。美国科学院院士 Peter Molnar 教授曾在《Nature Geoscience》上发表对该项研究成果的评述，并给予很高的评价。以李勇教授为带头人的研究团队曾被媒体《The New York Times》称为"英雄的团队"。

综上所述，本项研究成果展示了我国在造山带与前陆盆地、活动构造与汶川地震的优势与特色，汶川地震前有预测、震后有研究和科学建议，为国内外研究造山带与前陆盆地耦合机制、汶川地震、芦山地震的灾害防治以及灾后重建、成都盆地的地震安全评价等提供了科学依据和典型范例。因此，该成果不仅具有重要的科学意义和社会意义，而且也对四川省今后的地震安全稳定、灾后重建、生态恢复与可持续发展具有重要的指导意义。因此，本项研究成果无论是在科学研究的理论价值还是在应用推广上都具有良好的学术扩展价值和科学前景。

本书是在已出版的《龙门山前陆盆地沉积及构造演化》（1995）、《青藏高原东缘大陆动力学过程与地质响应》（2006）和《The Geology of the Eastern Margin of the Qinghai-Tibet Plateau》（2006）的基础上，以 2008～2013 年在青藏高原东缘龙门山发生的汶川地震和芦山地震为典型的研究对象，根据汶川地震后所获得的实际考察资料、分析数据和研究成果编写而成的。本书较为系统地研究和阐述了龙门山造山带与前陆盆地、活动构造与汶川地震、构造地貌与表面过程等方面的研究成果，包括了构造地貌特征与盆—山—原结构、活动构造与历史地震（汶川地震、芦山地震与遂宁地震）、地形雨与短周期剥蚀作用、水系样式与活动构造、河流纵剖面与隆升作用、汶川地震的水系响应与地震滑坡沉积物的传输过程、汶川地震与龙门山地貌生长、长周期剥蚀作用与始新世古长江的贯通、龙门山隆升机制与沉积响应、龙门山均衡重力异常与前陆盆地长周期挠曲沉降作用、汶川地震的构造负载量与前陆盆地短周期挠曲沉降作用等方面的内容。本项研究成果为国内外研究龙门山造山带与前陆盆地耦合机制、汶川地震与灾后重建等提供了科学依据和典型范例，期望能对地质工作者有所启发和帮助。本书第一章由李勇、周荣军、乔宝成等执笔撰写，第二章由李勇、周荣军等执笔撰写，第三章由李勇、周荣军、Densmore、Ellis、Richardson 等执笔撰写，第四章由李勇、周荣军、李敬波、董顺利执笔撰写，第五章由李勇、周荣军、闫亮、董顺利、颜照坤执笔撰写，第六章由李勇、周荣军、闫亮、颜照坤等执笔撰写，第七章由周荣军、李勇、闫亮、颜照坤等执笔撰写，第八章由丁海容、李勇、颜照坤、闫亮等执笔撰写，第九章由李勇、陈浩、颜照坤、乔宝成、赵国华、邵崇建、闫亮、郑立龙、李敬波等执笔撰写，第十章由李勇、丁海容、赵国华、颜照坤、闫亮、邵崇建、Densmore、Ellis、Richardson、Parker、Laurence 等执笔撰写，第十一章由李勇、闫亮、颜照坤、丁海容、Ellis、Richardson、Parker、Laurence 等执笔撰写，第十二章由李勇、颜照坤、闫亮、丁海容、赵国华等执笔撰写，第十三章由李勇、Densmore、闫亮、丁海容、Richardson 等执笔撰写，第十四章由李勇、颜照坤、Densmore、Ellis、Richardson、Parker、赵国华、郑立龙等执笔撰写，第十五章由李勇、Richardson、Densmore、闫亮、邵崇建等执笔撰写，第十六章由李勇执笔撰写，第十七章由李勇、颜照坤、周荣军等执笔撰写，第十八章由颜照坤、李勇等执笔撰写，第十九章由李勇、邵崇建等执笔撰写，第二十章由李勇、邵崇建等执笔撰写。附件由闫亮、颜照坤等撰写。李辉、贾召亮、颜丙雷、游建飞、张露、孙弋、刘大局、田丛珊、王波、胡文超、梁昌健等完成了部分图件的绘制及校对工作。全书由李勇统筹定稿。

本项研究一直得到成都理工大学油气藏地质及开发工程国家重点实验室、地质灾害防治与地质环境保护国家重点实验室、科技处、国际合作交流处、沉积地质研究院、能源学院、地球科学学院和环境与土木工程学院的领导和专家的支持，同时也得到四川大学水利水电学院、水力学与山区河流开发保护国家重点实验室、四川省地震局工程地震研究院、四川赛思特科技有限责任公司的领导和专家的支持，在此向他们表示感谢！

在本项目研究过程中，曾与刘宝珺院士、许志琴院士、殷鸿福院士、王成善院士、张培震院士、马永生院士、徐锡伟研究员、李海兵教授、王二七教授、乔秀夫研究员、苏德辰研究员、梅冥相教授、廖仕孟研究员、郭彤楼研究员、王兰生教授、郑荣才教授、贾东教授、何登发教授、曹叔尤教授、丘东洲教授、黄润秋教授、倪师军教授、刘树根教授、许强教授等专家进行了讨论，对他们所给予的指导和建议深表感谢！

最后，我们还要感谢国家自然科学基金（49802013、40372084、40841010、40972083、41172162、41372114、41340005、41402159、41502116）、油气藏地质及开发工程国家重点实验室基金、地质灾害防治与地质环境保护国家重点实验室基金、国家百千万人才工程、教育部优秀青年教师资助计划、国土资源部科技领军人才培养计划、四川省有突出贡献的优秀专家、四川省学术和技术带头人、青年地质学家基金等给予李勇教授及其团队的支持和资助。

著　者

2017 年 3 月 18 日

目　　录

第1章　青藏高原东缘的构造地貌特征

青藏高原是地球上最雄伟、最年轻的隆起区，它北起昆仑山，南至喜马拉雅山，西临喀喇昆仑山脉，东抵龙门山，四周环山，平均海拔高程在 4000m 以上，屹立在塔里木沙漠和印度—恒河平原之间，高差达 3500～4000m，面积约 240 余万平方公里，幅员辽阔，地势雄伟壮丽。在青藏高原内发育贯穿东西的 3 条缝合带，从北向南依次为金沙江缝合带、班公错—怒江缝合带和印度—雅鲁藏布江缝合带，将青藏高原分割为羌塘、冈底斯和喜马拉雅 3 个地块。板块碰撞拼合的时间从北而南逐渐变新，依次为印支期、燕山期和喜山期，即特提斯的演化具有从北向南逐步递进、迁移的多旋回特点。其中印—亚碰撞是新生代发生的最重大的构造事件，导致了青藏高原的隆升、变形和地壳加厚，这一构造事件及其对亚洲新生代地质构造的影响一直是人们关注的焦点。

青藏高原东缘的龙门山是中国西部地质、地貌、气候的陡变带和最重要的生态屏障。龙门山北起广元，南至天全，长约 500km，宽约 30km，呈北东—南西向展布，北东与大巴山相交，南西被鲜水河断裂所截。在地貌上，青藏高原东缘自西向东由 3 个一级地貌单元构成，即：青藏高原地貌区、高山地貌区(岷山和龙门山)和山前冲积平原区(成都盆地)。龙门山与山前地区(成都盆地)的高差大于 5000m，前山带的平均海拔高程为 1000～2000m，后山带的平均海拔高程为 3000～4000m，最高峰在 5000m 左右(九顶山 4982m)，山前的成都盆地海拔高程为 450～710m，其地形梯度的变化宽度仅为 15～20km，显示了龙门山是青藏高原边缘山脉中陡度变化最大的地区(Densmore et al.，2005；Li et al.，2006；Godard et al.，2009)。目前龙门山仍以 0.3～0.4mm/a 的速率持续隆升(刘树根，1993)。

在我国众多的造山带中，对龙门山的研究历史最长，1929 年赵亚曾先生首次发现了彭州飞来峰构造，1945 年黄汲清先生概括出了龙门山式构造。龙门山有"天然地质博物馆"之称，被国际地学界誉为"打开造山带机制的金钥匙"和"大陆动力学理论形成的天然实验室"，她正在成为国际地学界新理论、新认识和新发现的重要源区和竞争领域，并已成为研究青藏高原新生代构造变形和隆升过程与印亚碰撞作用相互关系的理想地区，同时已成为研究长江上游地区气候、水系和生态环境变迁与高原隆升的关键地区，其原因在于：①是国际争论的焦点地区；②地质过程仍处于活动状态，活动断裂和活动沉积盆地发育；③变形显著，发育不同类型的活动断裂(包括走滑和逆冲断裂)；④与青藏高原其他边缘山脉相比较，龙门山是青藏高原边缘山脉中陡度变化最大的地区，山脉形成的时间晚，为中新世或上新世以来形成的山脉；⑤在活动断层上经常发生强烈地震，是世界上大陆内部最活跃的地震区之一。由于该地区地质过程仍处于活动状态，变形显著，露头极好，地貌和水系是青藏高原隆升过程的地质纪录，因此龙门山不仅是研究青藏高原与周边盆地动力学(盆原动力学)的典型地区，而且是验证青藏高原是以地壳加厚还是左旋挤出作用来吸收印亚大陆碰撞后印度大陆向北挤入作用的关键部位，同时也是研究青藏高原边缘活动断层和潜在地震灾害的关键地区(李勇等，2006)。因此，该地区不仅是验证地壳加厚模式、地壳挤出模式和下地壳流模式的有利场所，而且可能提出新的模式。

1.1　青藏高原东缘龙门山活动造山带的研究历史

在我国众多的造山带中，龙门山的研究历史最长。我国的地质工作者于 1914 年开始对龙门山开展研究工作，包括丁文江、赵家骧、黄汲清、谭锡畴、李春昱、叶连俊、朱森、潘钟祥、李承三等人。

在20世纪二三十年代，测制了41幅1：20万、1：40万地质图，编制了7幅1：50万地质图，著有《秦岭山及四川之地质研究》、《四川西康地质志》、《重庆南川间地质志》、《四川嘉陵、三峡地质志》等。1929年赵亚曾、黄汲清首次发现了彭州飞来峰构造；1942年朱森对龙门山推覆构造进行了研究；1945年黄汲清概括出了龙门山式构造，揭示了该构造带由一系列大致平行的叠瓦状冲断带构成，具典型的逆冲推覆构造特征，奠定了龙门山地质研究的工作基础。

在20世纪50~70年代先后完成了1：100万和1：20万的区域地质调查工作，首次系统的完成了地质制图工作，同时查明了一批矿产资源，如煤矿、铁矿、铜矿、石油及天然气等。同时，在全国陆续开展了地质力学的编图，出版了1：400万中华人民共和国构造体系图及说明书（地质力学研究所，1976）及四川省构造体系图（成都地院1：200万、四川省地质局1：65万、四川省地震局1：100万）。代表性著作有《中国主要地质构造单位》（黄汲清，1954）、《中国大地构造纲要》（中科院地质研究所，1965）及1：400万中国及邻区大地构造图、《中国大地构造基本特征》（地质部地质科学院，1965）及1：300万中华人民共和国大地构造图。

在20世纪八九十年代，四川省地质矿产局完成了该区1：20万的地质填图，包括《灌县幅、茂汶幅》、《邛崃幅》等，并在此基础上出版了《四川省区域地质志》和《四川盆地地层古生物》等专著；开展了部分地区的1：5万地质填图，如四川省地质矿产局、成都理工学院等单位完成了1：5万地质填图，包括《火井幅》、《夹关幅》、《三江幅》、《万家坪幅》等。在鲜水河断裂带取得了一批有关断裂几何学、运动学及大地震复发间隔等方面的可贵进展；在松潘—甘孜造山带开展了造山带变质岩区填图方法研究，提出了"碰撞造山带"（俞如龙等，1989）、陆内转换造山带（俞如龙等，1996）、"构造岩片填图法"（侯立纬，1995）。罗志立（1984，1991）、赵友年（1985）、潘桂唐等（1990）、唐若龙（1991）、许志琴等（1992）、林茂炳等（1992，1996）、骆耀南等（1998）对龙门山推覆构造开展了研究；刘树根（1993）、李勇（1994，1995，1998，2003）、Chen等（1995）对龙门山中生代前陆盆地与龙门山耦合关系开展了研究；唐荣昌等（1993）研究了龙门山的活动构造；Burchfiel等（1995）在美国刊物上介绍了龙门山构造。代表性成果包括：《扬子地块西缘地质构造演化》（陈智梁，1987）、《中国松潘—甘孜造山带造山过程》（许志琴等，1992）、《四川活动断裂与地震》（唐荣昌等，1993）、《龙门山冲断带与川西前陆盆地的形成演化》（刘树根，1993）、《龙门山造山带的崛起和四川盆地的形成与演化》（罗志立等，1994）、《龙门山前陆盆地沉积及构造演化》（李勇等，1995）、《Tectonics of the Longmen Shan and adjacent regions, central China》（Burchfiel et al.，1995）、《龙门山中段地质》（林茂炳等，1996）、《四川龙门山带造山模式研究》（林茂炳等，1996）、《四川盆地形成与演化》（郭正吾等，1996）、《龙门山—锦屏山陆内造山带》（骆耀南等，1998）。李勇等（1995）、许效松等（1998）开展了龙门山及前陆盆地耦合关系和盆山转换的研究工作，利用前陆盆地沉积纪录确定了冲断带断裂活动的序次，提出了"龙门山逆冲推覆作用的沉积响应模式"（李勇等，1995）。此外，先后在该区发现一批矿产，骆耀南等（1998）提出了"山是后来居上，矿是大器晚成"的新思路；开辟了一批旅游景点，郭正吾等（1996）在龙门山前山带发现和探明了一些天然气田。其中，最有代表性的科研机构和研究人员包括中国科学院、地质部、石油部、中国地质大学、成都理工大学、南京大学、四川省地震局、四川省地质矿产局、成都地质矿产研究所、美国加利福尼亚理工学院、澳大利亚墨尔本大学、美国麻省理工学院、瑞士苏黎世大学、美国孟菲斯大学、爱尔兰都柏林大学、香港大学、英国牛津大学等，以及罗志立等（1984，1991，1994）、赵友年等（1985）、潘桂唐等（1990）、林茂炳等（1991，1994，1996）、许志琴等（1992）、唐荣昌等（1993）、刘树根等（1993）、李勇等（1994，1995，1998，2002，2005，2006）、Chen等（1994）、Dirks等（1994）、赵小麟等（1994）、邓起东等（1994）、Burchfiel等（1995）、骆耀南等（1998）、蒋复初等（1998）、Schlunegger等（2000）、周荣军等（2000，2006）、Chen等（2001）、王二七等（2001）、Li等（2001，2003，2006）、Kirby等（2002）、Clark等（2005）、Densmore等（2005，2007）、Meng等（2006）为代表。

在此期间，美国、英国、法国、瑞士、澳大利亚、日本、德国等一大批外国地质学家也开展了不同程度的地质考察和研究工作。如美国加利福尼亚理工学院C. Allen教授等人与四川省地震局对鲜水河断裂带的合作研究，澳大利亚墨尔本大学 Christopher J. L. Wilson 教授等人与成都理工大学对松潘—甘孜造山带的合作研究，美国麻省理工学院 B. C. Buchfiel 教授等人与成都地质矿产研究所等单位对龙门山和青藏高原东缘 GPS 测量的合作研究，均取得可喜的成果，并将龙门山推向了国际地学研究的前沿，使得青藏高原东缘龙门山及四川盆地西部的"盆—山—原"活动构造的研究也成为国际上地学研究的重要方向之一。

2008 年 5 月 12 日汶川地震和 2013 年 4 月 20 日芦山地震的发生，使得国际地学界对龙门山地质给予了前所未有的重视，龙门山成为当前国际地学界争论的焦点地区之一。众多科研机构和研究者(许志琴，2008；陈运泰等，2008；徐锡伟等，2008；张培震等，2008；李海兵等，2008；李勇等，2008，2009，2010；付碧宏等，2008；刘静等，2008；冉勇康等，2008；Burchfiel et al.，2008；Kirby et al.，2008；Hubbard et al.，2009，2011；Xu et al.，2009；Godard et al.，2009；Xu et al.，2009；Marcello et al.，2010；Yan et al.，2011；Fu et al.，2011；Parker et al.，2011；Wang et al.，2012；Li et al.，2013)在开展大量野外地质调查和科学研究的基础上，基本明确了汶川地震的震源机制解、发震模式与成因机制、汶川地震同震地表破裂的基本特征和空间展布规律、同震位移量的滑移特征、地表破裂的组合样式等。在此基础上，对汶川地震的构造—地貌—水系响应、龙门山构造运动学及动力学机制、地壳的缩短与隆升、龙门山地震带的历史强地震复发周期、龙门山地表过程与下地壳流之间的地质动力模型等方面进行了探讨性研究，并取得了得了一系列的研究成果。

因此，如何尽快地利用汶川地震所提供的资料推动龙门山地质科学研究的深化发展，是当前地质学家们面临的机遇和挑战。科技部、国家自然科学基金委员会地球科学部、地震局和国土资源部紧急启动了一批资助项目，开展了汶川地震相关的研究工作，重点研究了龙门山地震带的地质构造与深部地质结构背景、活动构造、震源机制解与同震地表破裂过程、地表破裂及组合样式、构造运动学和动力学机制、地质灾害和灾后重建、地震的预测和预报等方面的内容，取得了一系列研究成果，使龙门山地质和地震地质研究水平达到了新的高度，提出了很多新资料、新观点和新认识，但是仍有许多问题值得进一步探索和研究。

1.2　青藏高原东缘的构造地貌单元

现今青藏高原东缘在构造地貌上由原(青藏高原东部)—山(龙门山)—盆(四川盆地西部)3 个一级构造地貌单元和构造单元组成，显示为典型的盆—山—原结构。青藏高原东部大陆构造的基本单元是青藏高原、龙门山造山带和前陆盆地，它们是形成于印亚碰撞及碰撞后这一地球动力学系统之中的孪生体，它们在空间上相互依存、物质上相互补偿、演化上相互转化、动力上相互转换。因此，盆—山—原之间的耦合关系是揭示青藏高原东缘大陆动力学机制和过程的关键。

青藏高原东缘是中国西部地质、地貌、气候的陡变带和最重要的生态屏障，也是当前国际地学界争论的焦点地区(Burchfiel et al.，1995；Kirby et al.，2000，2002；Li et al.，2001；Chen et al.，2001)，其原因在于该地区的地质过程仍处于活动状态，变形显著，露头极好，地貌和水系是青藏高原隆升过程的地质纪录。其中，龙门山为青藏高原的东缘山脉，前接成都平原，后邻青藏高原，北起广元，南至天全，长约 500km，宽约 30km，呈北东—南西向展布，北东与大巴山相交，南西被鲜水河断裂相截。该边缘山脉主要由近南北走向的岷山和北东—南西走向的龙门山组成，其中岷山主峰海拔高度大于 5500m(雪宝顶 5588m)，龙门山主峰接近 5000m(九顶山 4982m)。

龙门山位于青藏高原与四川盆地的结合部位(图 1-1)，是青藏高原东缘的边界山脉，同时也是青藏高原边缘山脉中地形梯度变化最大的山脉，地貌形态以龙门山构造带为地形梯度陡变界线，自西向东大致可以划分为青藏高原地貌区、龙门山高山地貌区和山前冲积平原区(李勇等，2006)(图 1-2)。总体说来，青藏高原地貌区海拔高程多在 4000m 以上，主要发育两级夷平面，Ⅰ级夷平面或称山顶面，多认为渐新世末或中新世早期形成，海拔高程一般为4500m，Ⅱ级夷平面或称山原面，为上新世末形成，海拔高程一般为4000m；龙门山南段的海拔较高，多在2000m以上[图1-3(a)]；龙门山中段的海拔高程多为3500~5000m，其中位于茂县的主峰九顶山的海拔高程为4982m[图1-3(b)]；龙门山北段海拔则较低，一般位于2000m以下[图1-3(c)]。四川盆地内部构造较为简单，无明显的差异构造活动，总体为西北高东南低的单斜构造，海拔高程一般位于500m以下。

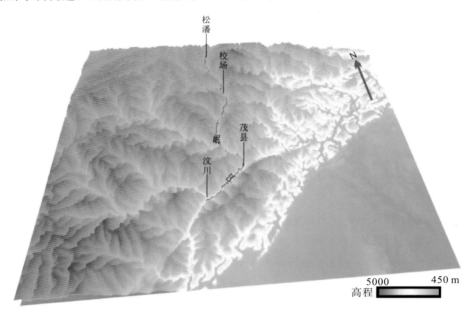

图1-1　龙门山地区中、北段数字地貌图

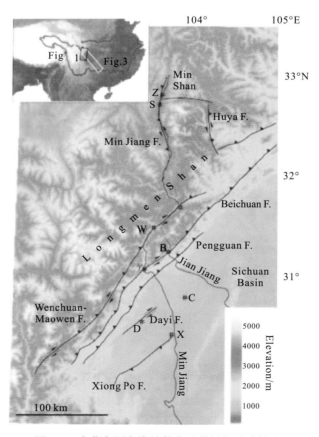

图1-2　青藏高原东缘的数字地貌图与活动构造

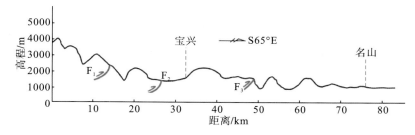

（a）龙门山南段地形剖面，F_1.汶茂断裂，F_2.北川断裂，F_3.彭灌断裂

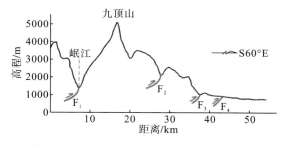

（b）龙门山中段地形剖面，F_1.汶茂断裂，F_2.北川断裂，
F_3.彭灌断裂，F_4.龙门山山前断裂

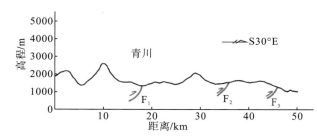

（c）龙门山北段地形剖面，F_1.平武—青川断裂，F_2.
北川—林庵寺断裂，F_3.江油—广元断裂

图1-3　龙门山活动造山带的地形剖面图（据李勇等，2006）

　　在卫星影像图上，岷山和龙门山中南段构成了青藏高原东缘的地形屏障，以西为地形切割不大、海拔高程在4000m以上的川西高原，以东为中深切割、海拔高程在1000～3000m的龙门山北段和地形微切割、海拔高程在1000m以下的四川盆地。岷山的海拔高程一般在5000m以上，最高峰雪宝顶达5588m；龙门山中南段的海拔高程一般在2000～4982m，最高峰九顶山为4982m。两者共同形成了一走向北北东向、形如脊背的长条状高山区（图1-4）。若以4000m的海拔高程勾画青藏高原东缘的边界，那么东缘的边界应是经龙门山南段至茂县附近后，沿岷山东界的虎牙断裂大致呈近南北向延伸至九寨沟县附近，被东昆仑断裂截止（图1-4）。

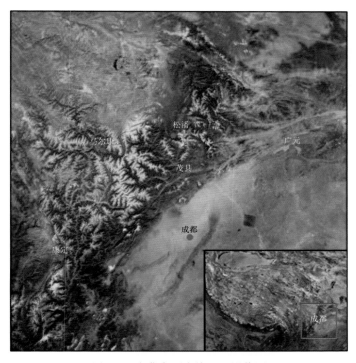

图1-4　青藏高原东缘卫星影像图

　　横切岷山和龙门山的地形剖面更加直观地显示出青藏高原东缘地区的地形地貌特点。从川西高原至漳腊，横切岷山主峰雪宝顶后至平武的地形剖面显示了岷江断裂以西为地形起伏不大的川西高原，海拔高程为4000～4500m，岷江断裂以东至虎牙断裂以西为地形陡然抬升的岷山地区，海拔高程在5000m以上，虎牙断裂以东为龙门山北段中低山区，显示出岷江断裂和虎牙断裂对地形地貌具有明显的控制作用。从茂县至德阳，横切龙门山主峰九顶山的地形剖面显示出龙门山构造带的几条主干断裂对地形亦具有明显的控制作用，尤其是茂汶断裂和北川断裂所夹持的后龙门山地区的地形隆起更为显著，而彭灌断裂和龙门山山前断裂对成都盆地的西界有控制作用。龙门山西南段的宝兴—名山剖面表明主干断裂对地形地貌也有不甚显著的控制，但地形高差呈渐变状态，特别是彭灌断裂对成都盆地的西界不具明显的控制作用。而龙门山北段的青川—剑阁剖面则显示主干断裂对地形基本不具控制作用，地形呈从北西向南东逐渐下降状态。以上事实表明，岷山和龙门山中南段确实构成了青藏高原东缘的地形梯度带。

　　岷江和涪江是东缘地区两条切过龙门山和岷山的河流。从岷江河床纵剖面来看，河流 SL 指数出现有明显的异常。在都江堰以西的岷江断裂和龙门山构造带的河流 SL 指数明显高于以东的成都盆地区，并具有分段的特点。从岷江源头区（$SL=250$）至漳腊盆地（$SL=84$，漳腊盆地为岷江断裂控制的一个新生代前陆盆地，河流蜿蜒弯曲，流速较慢，心滩发育。向南至茂县，岷江顺断裂走向流经岷江断裂展布区，河流 SL 指数为1135。在茂县—汶川之间的河段，岷江顺茂汶断裂走向的 SL 指数为1165。过汶川后，岷江的流向垂直于北川断裂和彭灌断裂的走向，SL 指数加大为2204。过都江堰后，岷江进入成都盆地，SL 指数仅为678[图1-5(a)]。不同地点的岷江各级河流阶地的拔河高程（表1-1）也具有明显的差异，在成都盆地的同级岷江河流阶地的拔河高程明显低于龙门山地区。从岷江河流 SL 指数和不同地点河流阶地的拔河高程变化情况来看，岷江断裂和龙门山构造带的几条主干断裂存在明显的差异活动，并对成都盆地西界具有明显的控制作用。

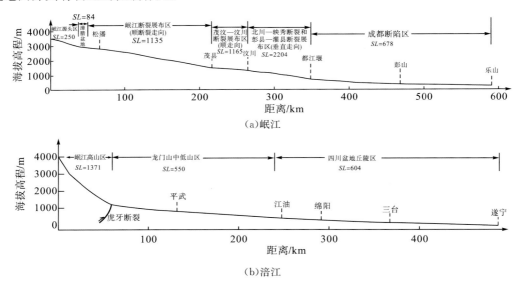

（a）岷江

（b）涪江

图1-5　岷江和涪江河床的纵剖面及 SL 指数分段图

表1-1　岷江河流阶地的拔河高程一览表　　　　　　　　　　　　　　　　（单位：m）

地点　　　　阶地级数	T_1	T_2	T_3	T_4	T_5
漳腊	4.5	14.5	42.5	80.5	
茂县北	4～5	12～20	38～40	80～90	140
汶川	4～6	11～17	38	85	120
都江堰	10～12	30～31	46	86～96	164～170
成都高店子	3～4	7～10	10～20	34～38	62

图 1-5(b)是涪江河床纵剖面图。从此图可见，以虎牙断裂为界，涪江河床剖面出现明显的异常，以西的岷山高山区的河流 SL 指数达 1371，以东的龙门山中低山区和四川盆地丘陵区的 SL 指数基本一致，分别为 550 和 604，明显低于岷山高山区，表明虎牙断裂具有明显的差异运动。从平武南至绵阳，涪江的各级河流阶地拔河高程(表 1-2)基本相同，与河流 SL 指数一致，表明龙门山构造带北段不具差异活动特征。

表 1-2 涪江河流阶地的拔河高程一览表 （单位：m）

阶地级数 地点	T_1	T_2	T_3	T_4	T_5
平武南汇口坝	8~12	38	60	90	122
江油	6~8	34	51		142
绵阳邓家湾	6~18	24~28	53	96	130~163

综上所述，从地形地貌特征上看，岷山和龙门山中南段共同构成了东缘地区的最大地形梯度带。岷江和涪江的河流纵剖面、河流 SL 指数和河流阶地拔河高程则表明岷江断裂、虎牙断裂和龙门山构造带中、南段的几条主干断裂存在明显的差异活动。

1.3 青藏高原东缘构造地貌的几何形态分析

数字高程模型(DEM)是用数字显示地球表面地形变化，通常是用三维网格形式来展示地形在空间上的高程变化。最新的数字高程模型是通过遥感方法建立的，其使用的基础数据包括卫星图像、激光高程数据和雷达卫星数据。近年来，科学家将数字高程模型应用于地形分析和构造研究，并已成为研究大尺度构造地貌的重要方法(Mayer，2000)。地貌是构造与侵蚀相互作用的产物，此外气候、岩性和植被等因素也影响地貌的发育。数字高程模型是地形的虚拟表示，适合于不同尺度、不同精度下的地形快速分析，有利于研究地表的面积-高程分布。本次采用数字高程模型(DEM)数据进行基本地形的空间分析，利用 ArcGIS 等软件获取龙门山地区的平均高程、最大高程、最小高程、平均坡度及局部地形起伏度等参数，从不同角度了解青藏高原东缘现今的地形形态(图 1-6)，探索地形的初始状态与发展趋势。

利用 DEM 数据对研究区内地形要素提取之前，首先要考虑的问题是对该数据进行滤波处理，滤波处理的关键是对窗口的选定，因为窗口选定的好坏将直接影响研究结果。窗口选择过小将无法反映的宏观地形特征；窗口选择过大将不能体现微观地形特征。另外，DEM 数据对不同的区域、分辨率、比例尺的影像图所采用的最佳窗口也不尽相同。按照地貌发育的基本理论，每种地貌类型都存在相对稳定的最佳分析窗口。对于小比例、低分辨率和大区域的 DEM 数据来说，比较常用的方法是利用栅格窗口的递增方法来寻找最佳分析窗口(汤国安，2006)。

本次借助 ArcGIS9.2 和 Excel 软件，采用栅格窗口的递增方法来寻找龙门山地区的最佳分析窗口。首先，利用 ArcMap9.2 空间分析模块中的邻域统计(Neighborhood Statistics)工具，对研究区 DEM 数据进行窗口递增的邻域分析。邻域分析窗口的类型采用矩形，分析窗口的栅格面积为 $n \times n$($n=3$，5，7，…，31)，并且依次计算不同栅格面积下的地形起伏度。通过对不同窗口下的运算结果进行整理，获得各自地形起伏度的均值(表 1-3)，然后利用 Excel 软件进行对数拟合，得到相应的拟合曲线(图 1-7)，其对数方程为：$y=121.82\ln x - 217.68$，判定系数 $R^2=0.9775$，经拟合优度检验 $R^2>0.95$，拟合度较好。

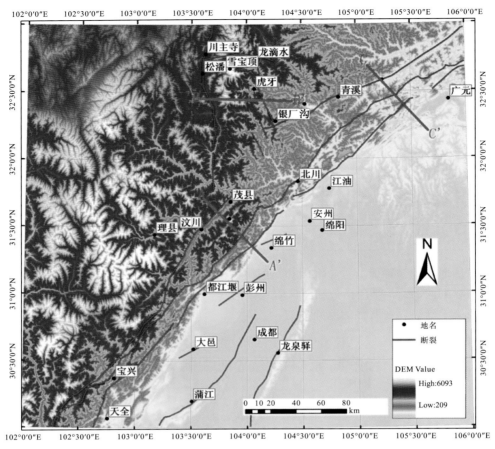

图 1-6　龙门山地区 DEM 数据影像图

从拟合方程可知(图 1-7)，栅格面积小于 13×13 时，研究区均值地形起伏度随栅格面积的增大而迅速增大，曲线方程的导数大于 1；栅格面积大于 13×13 时，其均值地形起伏度随栅格面积的增大而缓慢增大，而曲线方程的导数却小于 1；均值地形起伏度由陡变缓的拐点所对应的栅格窗口即为研究区寻找的最佳分析窗口。

表 1-3　不同栅格窗口与对应均值地形起伏度表

网格大小	面积/10^4 m^2	均值起伏度/m	网格大小	面积/10^4 m^2	均值起伏度/m
3×3	7.29	81.94	19×19	262.44	463.12
5×5	20.25	151.20	21×21	357.21	494.38
7×7	39.69	211.03	23×23	428.49	523.64
9×9	65.61	263.83	25×25	506.25	551.14
11×11	98.01	311.17	27×27	590.49	577.08
13×13	136.89	354.11	29×29	681.21	601.63
15×15	182.25	393.38	31×31	778.41	624.92
17×17	234.09	429.57			

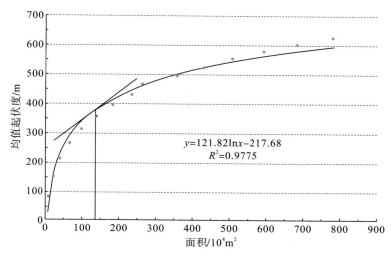

图 1-7　均值地形起伏度与不同面积分析窗口的对数拟合曲线

1.3.1　地形形态分析

地形形态可描述为在特定空间域内，具有一定分辨率的最小（base level）、平均（mean elevation）和最大（summit level）高程的函数（刘少峰，2009）。数字高程模型（DEM）数据可以对不同分辨率、比例尺的地形地貌进行快速的提取和分析，有利于对研究区的面积—高程分布特点进行深入研究。在最大、平均和最小高程分析之前，应该对其 DEM 数据进行滤波处理，滤波处理的关键是对阈值窗口的选定。原始 DEM 数据滤波处理之后，数据的密度有所降低。本次采用高程阈值窗口法对整个研究区的高程数据进行统计分析，通过设定最佳阈值窗口，从而得到研究区的最大高程图（峰顶趋势面）、平均高程图和最小高程图（谷底趋势面）。同时，采用 13×13 的栅格窗口作为地形形态分析的阈值窗口。

1. 平均高程

平均高程图是指在特定阈值窗口内提取的平均高程值。因此，平均高程图可作为现今研究区的宏观地貌。龙门山地区平均高程图（图 1-8）显示研究区从北西向南东呈台阶状高程递减，海拔高于 3982m 的区域主要分布川西高原，受岷江等水系的侵蚀，将其切割为不规则体。龙门山中南段和岷山一带台地分布狭窄而紧凑，该区域高程变化非常剧烈，为青藏高原东缘的陡变带，在 50km 范围内，地形高差达到 3500m 以上。龙门山北段相对龙门山中南段，其台阶要宽缓得多，高程范围为 874～1683m。海拔低于 874m 的区域基本集中在四川盆地内。

2. 最大高程

最大高程图（峰顶趋势面）是指在特定阈值窗口内提取的最大高程值，可以作为山脉侵蚀作用的动力基准面。在生成最大高程图时，将研究区 DEM 数据划分为等面积栅格阈值窗口（如 13×13），确定每个窗口内最高高程点坐标，然后生成含所有最高高程点的包络面。最大高程图相对于在研究区内覆盖于地形最高点之上的一个虚拟面。因此，最大高程图可以平滑研究区最高点附近的地形，消除由于河流、冰川、风化等侵蚀作用形成的局部不规则形态，可看作未受侵蚀作用的初始地形形态。根据龙门山地区的最大高程直方图的分布特点，将最大高程图的高程分成六级，并对每级赋予不同颜色来显示其高程特征。图 1-9 显示了龙门山地区最大高程分布情况。此图中台阶式地形十分清楚，是研究区未受侵蚀作用的初始地形形态，由于河流等侵蚀作用的影响，高程较高的台阶边界有向北西退缩的趋势，逐渐形成平均高程图（图 1-8）的分布特征。与图 1-8 相比，图 1-9 显示的河流侵蚀作用被弱化了。

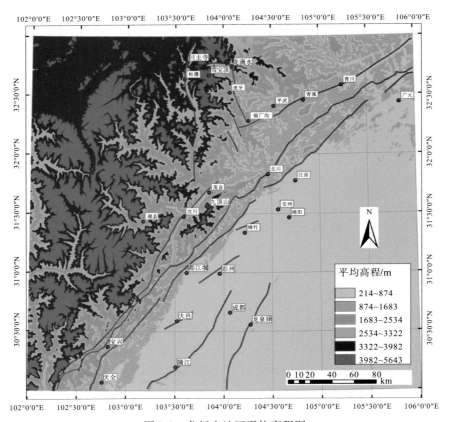

图 1-8　龙门山地区平均高程图

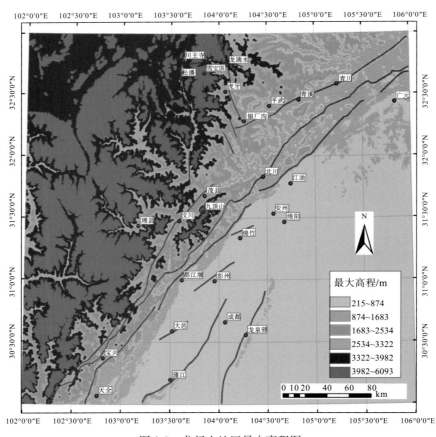

图 1-9　龙门山地区最大高程图

3. 最小高程

最小高程图(谷底趋势面)是指在特定阈值窗口内提取的最小高程值,可看作受侵蚀的最终地形形态。图 1-10 显示了龙门山地区最小高程分布情况。图中台阶地形依然清楚,海拔低的台阶面积逐渐增大,并向北西高海拔台阶扩张,因此,龙门山北段几乎有一半被侵蚀为最低台阶,而川西高原的最高台阶仅有零星的分布。与平均高程图(图 1-8)相比,最小高程图(图 1-10)中的水系流域有明显的向外扩张趋势,显示了河流侵蚀对研究区的地形有控制作用。

龙门山地区的最大、平均和最小高程具有相似的地形形态特征,均反映该区的地形具有阶梯性的特征。最大、平均和最小高程图可以看作研究区侵蚀过程的不同阶段,以河流侵蚀作用为主,分别代表研究区未受侵蚀作用的初始阶段、侵蚀作用的过渡阶段、侵蚀作用微弱的最终阶段,即地形侵蚀的"过去、现在、将来"。

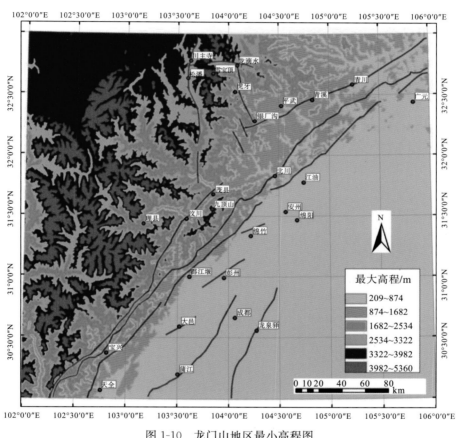

图 1-10　龙门山地区最小高程图

1.3.2 地形起伏度分析

地形起伏度的特征可定义为通过比值和差值分析获得的坡度(slope)和局部地形(local relief)。坡度属于微观坡面地形因子,局部地形属于宏观坡面的地形因子。二者从不同角度揭示了坡面的形态特征,是数字地形分析的基础。

1. 坡度

坡度(slope)指坡面倾斜程度的量度,反映地貌微观地表单元的形态,坡度大小直接影响地表物质流动与能量转换的规模与强度。在地表面上的任一点的坡度在数值上等于该点的地表微分单元的法矢量

n 与 z 轴的夹角[图 1-11(a)]。坡度有两种表示方式[图 1-11(b)]，分别为坡度(degree of slope)和坡度百分比(percent slope)。坡度是重要的微观坡面因子，对于研究地形稳定性、新构造运动、地貌发育程度及成因等有着重要的现实意义。首先，将 DEM 数据进行投影变换，将其转换为投影坐标系，运用 ArcGIS9.2 空间分析模块(spatial analyst)中的表面分析(surface analyst)生成研究区的坡度，该坡度存在大量噪声点，影响解译效果，可以通过平均坡度(指在特定窗口内，地面坡度的平均值)平滑噪声影响。

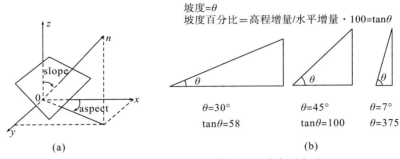

图 1-11　地表单元坡度示意图及两种表示方法

通过上述方法计算，研究区的坡度范围为 $0°\sim79.5°$，选取 13×13 栅格窗口进行坡度的平滑，所得平均坡度范围为 $0°\sim53°$。平均坡度直方图显示为两峰夹一次级峰，其峰值范围分布为 $0°\sim9°$，$9°\sim19°$ 和 $19°\sim53°$。其中坡度小于 $13°$ 的区域主要分布于地势平坦的四川盆地；龙门山北段的平均坡度主要分布范围为 $13°\sim27°$；$27°$ 以上的平均坡度值主要分布于龙门山中南段和岷山一带。从图 1-12 可以看出，研究区的断裂带、隆升区等活动构造频繁的地区，平均坡度值都比较高。同时，坡度分布特征也反映了研究区的阶梯状地形。

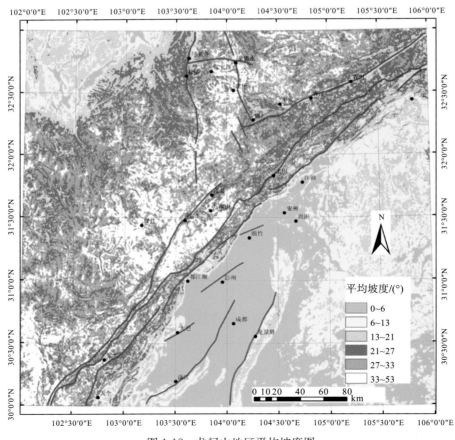

图 1-12　龙门山地区平均坡度图

2. 局部地形起伏度

局部地形起伏度(local relief)指在特定区域范围内，最大高程值与最小高程值之间的差值。目前该术语使用比较混乱，不同研究者对局部地形使用过的各种术语有：区域地形起伏(张会平等，2006)、局部地形起伏度(胡艺，2008)、地形起伏度(张廷，2010)。局部地形是构造作用正在形成或已经形成的地形遭受侵蚀作用的产物，为构造与侵蚀之间相互作用的瞬时状态。它反映了地表切割剥蚀程度和区域构造活动强弱的差异，经常用于构造隆升、造山带等发育演化规律的研究。在 ArcGIS 软件中，通过峰顶趋势面与谷底趋势面相减生成局部地形起伏度图(如图 1-13)。

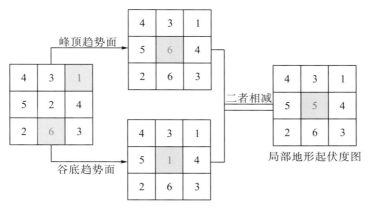

图 1-13　局部地形计算方法简图

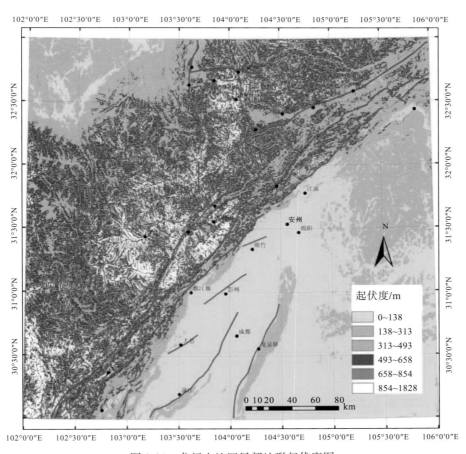

图 1-14　龙门山地区局部地形起伏度图

1.3.1 节已对最佳分析窗口进行讨论，龙门山地区局部地形以 13×13 作为阈值窗口生成结果如图 1-14 所示。龙门山地区的起伏度范围为 0~1828m，局部地形直方图显示为两峰分布，但其中一峰(分布范围为 0~313m)不完整。其中起伏度小于 313m 的区域主要分布于地势平坦的四川盆地；龙门山北段的起伏度主要为 313~493m，部分为 493~658m；493m 以上的起伏度主要分布于龙门山中南段和岷山一带。从图 1-14 可以看出，沿活动构造频繁的地区，起伏度都比较大。龙门山地区平均坡度图(图 1-12)和局部地形起伏度图(图 1-14)进行比较分析，二者具有相似性，即在沿龙门山中南段和岷山等构造活动强烈的地区，其起伏度和平均坡度都比较高。

1.3.3 剖面分析

为了对上述地形形态和局部地形起伏作进一步的认识，我们采用地形剖面分析，在垂直构造线的方向选取 3 条剖面进行研究。剖面 A-A' 是从川西高原到龙门山中段，最终进入四川盆地，跨越 3 个地貌单元，地形台阶特征明显，尤其一级台阶与二级台阶的边界清晰，在水平距离 30km 内，高程从四川盆地内部的 0.6km 迅速升至龙门山地区的 4km 以上，从而形成青藏高原周缘最大陡变带。该剖面同时显示岷江流经地区发育深切河谷、基岩型河道，与相邻山脉高差显著；并且也显示了龙门山构造带受其主干断裂的控制，特别是茂汶断裂(后山断裂)与北川断裂(中央断裂)之间的地形抬升更为突出。龙门山构造带的地形高程和局部地形起伏都比较高，从剖面波形分布特点来看，其波幅变化较大。剖面 B-B' 横切岷山断块，其走向为近东西。该剖面显示岷江和涪江两大水系均发育深切河谷，说明该区的构造隆升作用强烈；岷江断裂和虎牙断裂对岷山断块具有控制作用，导致其与两侧地形地貌具有显著差异。剖面 B-B' 和 A-A' 具有相似的波形分布特征，活动断裂附近局部地形起伏都比较大，显示龙门山中段和岷山共同构成青藏高原东缘的地形边界带。剖面 C-C' 从摩天岭构造带起，横切龙门山经青川，进入四川盆地。从图 1-15 中可以看出，龙门山北段的地形高程和局部地形起伏都比较低。该剖面显示龙门山主干断裂对其地形地貌的影响不明显，与剖面 A-A' 和 B-B' 形成鲜明对比。龙门山构造带中南段和岷山隆起共同构成青藏高原东缘的地形边界带；相比之下，龙门山北段不构成东缘的边界。

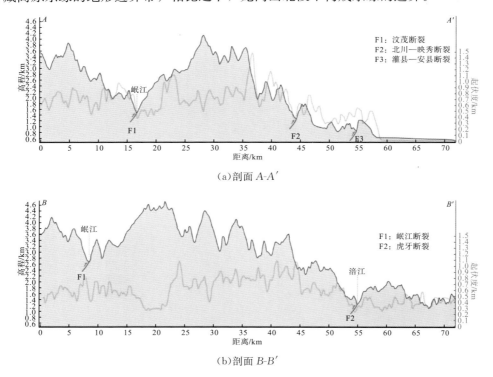

(a)剖面 A-A'

(b)剖面 B-B'

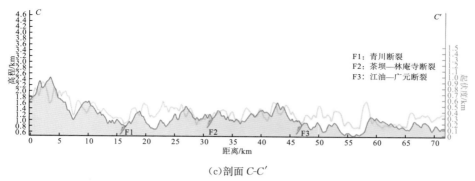

（c）剖面 C-C′

图 1-15　青藏高原东缘地形剖面及对应局部地形起伏图

左竖轴和右竖轴分别对应地形线和地形起伏度

　　根据龙门山地区 DEM 数据生成的最大高程、平均高程、最小高程、平均坡度、局部地形及地形剖面分析结果表明，研究区地形特征有：①龙门山中南段和岷山隆起共同构成青藏高原东缘的地形边界带，其主干断裂对地形地貌具有明显的控制作用，相比之下，龙门山北段不构成高原东缘的边界；②龙门山地区地形特征具有台阶性；③龙门山中南段和岷山一带表现为高平均坡度、高局部地形起伏度；④研究区以河流侵蚀作用为主，岷江、涪江等水系发育深切河谷、基岩型河道。

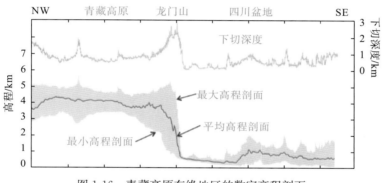

图 1-16　青藏高原东缘地区的数字高程剖面

　　综上所述，青藏高原东缘的最高海拔数字高程地形剖面显示了该区自西向东由 4 个一级地貌单元构成，即青藏高原地貌区、龙门山高山地貌区、山前冲积平原区（成都平原）和四川盆地东部隆起区。青藏高原东缘的最大剥蚀深度应为残留的最高峰顶面的海拔高程剖面（H_{max}）与残留的最低面的海拔高程剖面（H_{min}）之间的高差，而平均剥蚀深度则表现为最高海拔高程剖面与平均海拔高程剖面之间的高差，并可以用其来约束该区的平均剥蚀厚度和卸载量。

　　因此，数字高程模式图像可提供山区切割深度，其表现为最高海拔高程点剖面与平均海拔高程剖面之间的高差，即可用两个剖面之间的高差估计剥蚀切割的深度，并用其来约束剥蚀厚度和卸载量。从图 1-16 中我们可以认识到剥蚀厚度在青藏高原地貌区、龙门山高山地貌区、山前冲积平原区（成都平原）和四川盆地东部隆起区均不相同，显示了剥蚀厚度在 4 个一级地貌单元上存在差异性，地面愈高，剥蚀厚度愈大，剥蚀厚度与青藏高原东缘 4 个一级地貌单元的表面隆升幅度存在正相关的线性关系。据计算（李勇等，2006），在青藏高原地貌区（$X=0\sim500$km），表面剥蚀厚度为 1km 左右；在龙门山高山地貌区（$X=700\sim835$km），表面剥蚀厚度为 $1\sim2$km；在山前冲积平原区（成都平原），表面剥蚀厚度为 $0.1\sim0.25$km；在四川盆地东部隆起区，表面剥蚀厚度为 0.9km 左右。

1.4　青藏高原东缘的现代构造应力场

　　现今地壳应力场表征了现今地壳应力的分布状态，决定着构造变形的表现样式，不同的构造应力场环境又制约了地震活动的规律和表现。

青藏高原东部龙日坝断裂以西的川青块体主压应力方向为 NEE 向，为走滑构造环境；而松潘—龙门山地区的主压应力方向呈 NWW 向，显示逆断层构造环境并具有显著的走滑运动分量（图 1-18）。

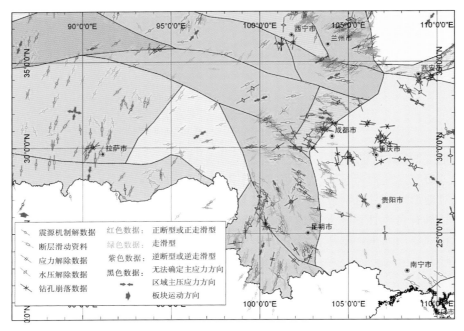

图 1-17   青藏高原及邻区现今构造应力场分布示意图（据崔效锋，1999）

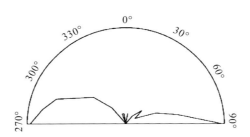

图 1-18   松潘—龙门山地区水平最大主压应力方向统计图（据崔效锋，2006）

1.4.1   青藏高原东缘的水平运动（GPS）场

根据江在森等（2006，2009）建立的中国大陆整体速度场，扣除华南地块刚性运动参数确定的运动速度，从而获得中国大陆相对于华南地块的水平运动速度场（图 1-19）。

从图 1-19 中可以看出，印度板块向北俯冲于青藏高原之下，致使青藏高原快速隆起抬升和地壳厚度的异常增厚。青藏高原以近 NS 向的构造缩短作用吸收了印—亚板块会聚运动势的一部分，由此派生的近 EW 向伸展作用在西藏中部地区形成一系列走向近 NS-NNE 向的正断层裂谷系，并导致了高原东部地区上地壳物质沿中、上地壳间的拆离带发生大规模的向东方向逃逸，其中川滇块体和滇西南块体的滑移方向也显示出围绕东喜马拉雅构造结顺时针旋转态势。青藏高原地块东部向东推挤华南地块，GPS速度矢量呈明显的南北分异。龙门山构造带以西的巴颜喀拉地块东部的相对运动明显滞后，总体为逐步偏转、缓慢衰减的向东运动，在距龙门山构造带约 800km 范围内，向东运动速度从 5~8mm/a 逐渐衰减到龙门山构造带处趋近于 0，表明其地壳变形为大尺度缩短的压应变缓慢积累。

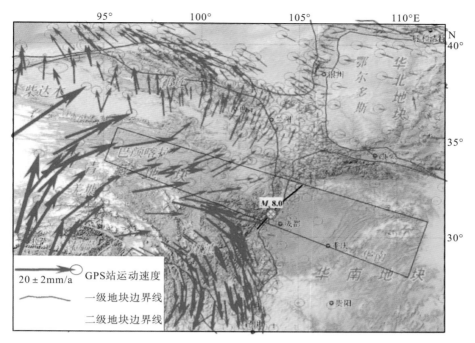

图 1-19 中国大陆中西部 GPS 站水平运动速度场(1999～2004 年,相对于华南地块)

跨龙门山两侧区域的 GPS 速度剖面投影显示(图 1-20):巴颜喀拉地块东部存在比较均匀的平行龙门山构造带的右旋扭动和垂直断裂带的地壳缩短变形,右旋扭动主要发生在巴颜喀拉地块内部,在龙门山附近这种变形较小。

GPS 测量(陈智梁等,1998)和活动构造的研究结果(李勇等,2006;周荣军等,2006;Zhou et al.,2007;Densmore et al.,2007)都显示龙门山地表水平运动速率和地表隆升速率都很小,每年只有 0.3～3mm,但龙门山却是青藏高原边缘山脉中的陡度变化最大的山脉,显然很小的表面滑动速率与高陡的龙门山山脉和汶川特大地震之间的关系值得关注。因此,利用汶川特大地震所揭示地质现象和地球物理数据开展发震构造运动学、动力学的研究成为当务之急。

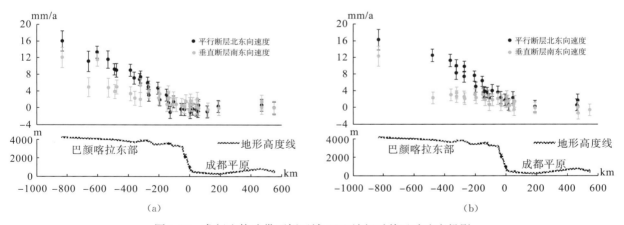

图 1-20 龙门山构造带两侧区域 GPS 站相对其运动速度投影

1.4.2 青藏高原东缘的垂直形变场

1998～2007 年川西地区的区域 GPS 地壳水平运动速度场图像(图 1-21;张培震等,2008)看不出龙门山构造带有明显的由西向东挤压缩短变形的特征,横跨整个龙门山构造带数百公里的距离范围内其年缩短速率也仅有 1.1mm/a 左右(王阎昭等,2009)。

　　成都—汶川—阿坝和茂县—北川—绵竹两条一等水准路线分别在 1975~1997 年、1987~1997 年的两期一等水准测量资料的计算处理结果显示(图 1-22):在此 10~20 年龙门山构造带及其西部高原表现为大面积的快速隆升运动,上升速率一般在 2~3mm/a,跨龙门山存在一垂直形变速率的梯度带。Kirby 等(2003)利用岷江水系河谷切割深度和地层年龄测试方法,获得了龙门山地区第四纪以来的上升速率约为 3mm/a,与水准复测的结果龙门山地区 3.5mm/a 的相对上升速率较好地吻合,因此上述的龙门山山区垂直变形可能主要反映的是区域震间垂直构造运动的贡献。

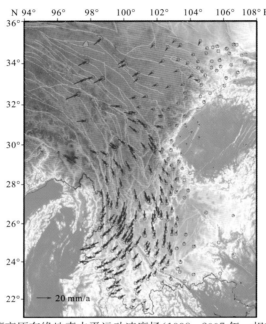

图 1-21　青藏高原东缘地壳水平运动速度场(1998~2007 年,相对于华南地块)

(据张培震等,2008)

图 1-22　龙门山及邻区垂直变形速率

成都—汶川—阿坝测线为相对成都绵昆 31 乙基准点的垂直位移速率(1975~1997 年);茂县—北川—绵竹侧线为相对绵竹附近北灌 19 水准点的垂直变形速率(1987~1997 年)

基于龙门山及邻区的均衡重力异常显示龙门山地区的地壳尚未达到均衡，处于均衡调整状态，其中龙门山为正均衡异常，龙泉山及其以东地区为负均衡异常，而前陆地区则处于两者之间的过渡地带（刘树根，1993；李勇等，2006）。晚新生代以来，在龙门山至少有 5～10km 的地层被剥蚀掉，在四川盆地至少有 1～4km 的地层被剥蚀掉（Richardson et al.，2008，2010；Li et al.，2012），处于强烈的剥蚀阶段。目前，龙门山地区长周期的岩石隆升速率可达 6～7mm/a（李勇等，2006；Kirby et al.，2008；Godard et al.，2009），其地表仍以 0.3～0.4mm/a 的速率持续隆升（刘树根，1993），表明了现今龙门山构造地貌的响应过程就是地震构造作用驱动的隆升过程与表面过程驱动的剥蚀作用之间持续不断竞争的结果。

1.4.3　青藏高原东缘的构造动力学机制

基于"中国大陆地壳运动观测网络"的 GPS 观测资料结果和中国西南地区的活动断裂研究成果，构建了中国大陆中西部现今动力学模型（图 1-23），即印度板块以大约 50mm/a 的年速率呈 N20°E 方向向北移动，青藏高原承载着印度板块的正面顶撞作用，两者在喜马拉雅构造带闭合。至拉萨块体运动方向偏移为 N30°～47°E，川藏交界处的金沙江构造带为近 EW 向，川西高原为 NW 向，跨过锦屏山构造带后至攀西—滇中地区，块体滑移方向为 NNW，越过红河断裂后突变为近 NS-SSW 向，总体呈围绕东喜马拉雅构造结顺时针旋转的地壳物质流展态势。青藏高原东缘西边的川青块体的滑移方向为 SEE，因龙门山构造带和四川盆地刚性基底的阻挡而表现出逆冲—右旋走滑运动性质，致使龙门山崛起成为四川盆地的西部屏障。

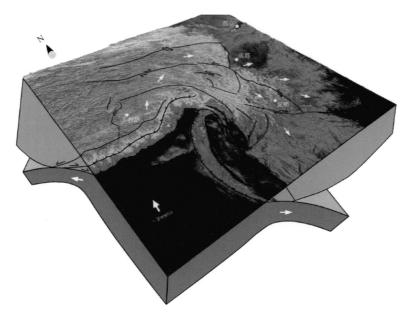

图 1-23　青藏高原东缘现今的构造动力学模型

中国大陆西南地区的强烈构造变形主要发生在大型块体的边界断裂带，如川滇块体东边界断裂、东昆仑断裂等。与之相应的是 6.0 级以上强震、特别是 7.0 级以上大震大多发生在块体边界断裂上，块体内部活动性相对较弱，且呈现出绕垂直轴的旋转运动；而四川盆地和滇东地区为上述强烈构造变形的影响区，区域构造变形和地震活动显著减弱，从而构成了中国大陆西南地区的地震构造总貌（图 1-24）。

研究区所处的龙门山构造带主要由茂汶、北川和彭灌 3 条主干断裂组成，龙日坝断裂北支和南支为龙门山构造带的后缘冲断带，虎牙断裂和岷江断裂分别构成岷山断块的东、西边界。龙门山构造带 3 条主干断裂向下交汇于地表下 20 余公里的地壳深部滑脱层，岷江断裂和虎牙断裂也向下汇入该滑脱层，6.0 级以上强震，特别是 7.0 级以上大震通常发生在水平滑脱层向上翘起的断坡处，而龙门山山前隐伏断裂及其成都盆地内的蒲江—新津断裂和控制成都盆地东界的龙泉山断裂带，由于切割深度仅 3~7km，逆冲楔体厚度小，仅具有发生一些 5.0~6.0 级中强地震的潜在能力（图 1-25）。川青块体向 SEE 方向的滑移在岷山断块和龙门山构造带转化为脆性逆冲—走滑运动，总体为逐步偏转、缓慢衰减的向东运动，表现为该地区地壳变形为大尺度缩短的压应变缓慢积累。2008 年汶川 8.0 级地震的发生是龙门山构造带及其邻区长期、缓慢的地壳应变积累的结果，在发震前龙门山构造带处于显著闭锁状态，且孕震区域可能处于地壳弹性变形的极限状态后停止发生变形的相持阶段。而且历史地震的考证也表明，至少在2008 年以前的 1700 多年中，龙门山构造带中—北段的破坏性地震极为罕见，构成了地震空区（闻学泽等，2009）。

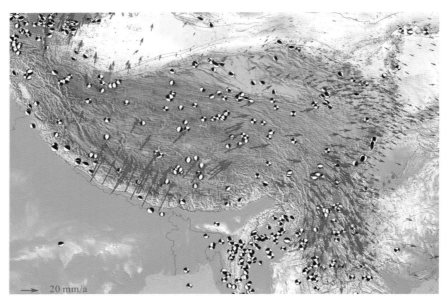

图 1-24　中国西南地区 GPS 观测数据与部分震源机制解结果图（据张培震等，2002）

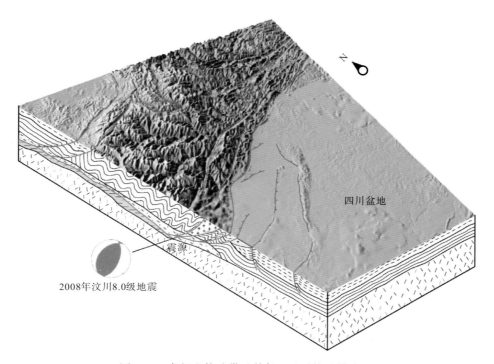

图 1-25　龙门山构造带及其邻区地震构造模式图

第2章 青藏高原东缘的构造格架与盆—山—原结构

青藏高原是地球上最壮观的大陆构造，面积达 $300×10^4 km^2$，平均海拔达 4500m，地壳厚度为 70~75km（图 2-1）。青藏高原及周缘山脉的隆升对亚洲地貌、气候、生态环境和大型水系等方面具有巨大的影响，已成为当前国际上研究的热点问题，同时也存在许多争议。

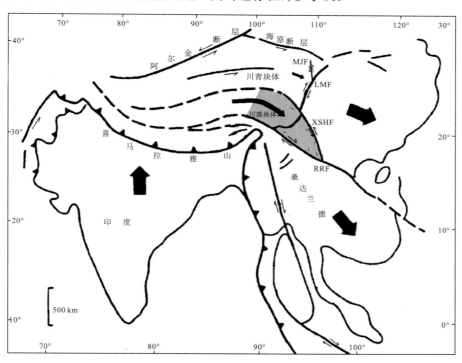

图 2-1　龙门山在青藏高原的构造位置

（据 Tapponnier 等，1986；陈智梁等，1998；刘育燕等，1999；唐荣昌等，1993，等编绘）
XSHF. 鲜水河断裂；RRF. 红河断裂；LMF. 龙门山断裂；MJF. 岷江断裂。川滇块体中的小箭头表示 GPS 测量的运动方向

在青藏高原东部，"原"具表现为龙门山以西的川西高原，平均海拔在 4000m 以上。从活动构造和块体运动的角度，以鲜水河走滑断裂为界，可将其分割为两个块体，北部为川青块体（或巴颜喀拉块体，介于鲜水河断裂、昆仑断裂和龙门山断裂之间），南部为川滇块体（介于鲜水河断裂、红河断裂和小江断裂之间）（图 2-2）。据近年来的 GPS 测量（近几年尺度；陈智梁等，1998）、第四纪活动构造（几十万年—几万年尺度；唐荣昌等，1993）、古地磁（百万年尺度；刘育燕等，1999）的结果表明，川滇块体和川青块体运动的方式主要表现为水平运动和顺时针旋转，水平运动的构造应力主要来自于青藏高原向南东的下地壳流和上地壳挤出过程，块体总的运动方向为由北西向南东。

因此，目前青藏高原的侧向挤出机制（Tapponnier et al.，1982，1986）与下地壳流机制成为解释青藏高原东部新生代构造变形的理论基础。挤出机制强调了上地壳的刚性变形，认为青藏高原东部的块体是沿主干走滑断裂被向东挤出去的。下地壳流机制强调中下地壳的塑性流变（Burchfiel et al.，1995）导致了上地壳的挤出，解释了高喜马拉雅山的隆升机制、藏南拆离系和青藏高原东部挤出块体的动力学成因机制。下地壳流驱动地壳物质向东运动的动力学机制不仅来源于上地壳的挤出，也来源于从高原腹地

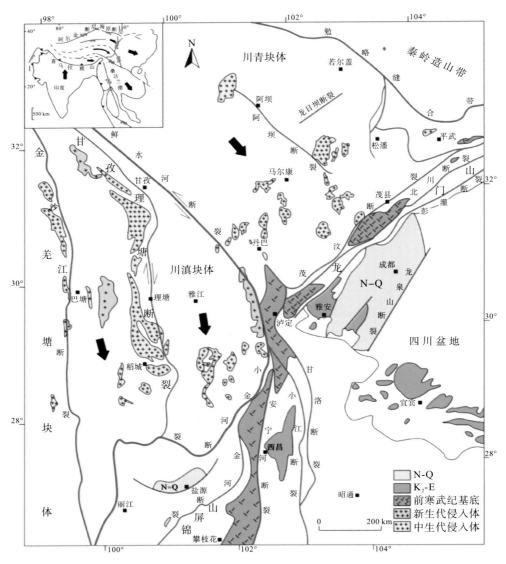

图 2-2　青藏高原东缘构造格架图

向边缘地区的重力梯度，以及由于俯冲、下插和部分熔融的印度地壳物质注入高原地壳从而引起异常水压，这导致了自 45Ma 以来，青藏高原内部一直在向东和东南流动。因此下地壳流实际上解释了挤出机制的动力来源，可以将两种机制统一进行理解和应用，即下地壳流的塑性流动驱动了上地壳的挤出作用。目前在青藏高原东部已识别出了两条下地壳流（大地电磁测深方法；Bai et al.，2010），包括 A 通道（印支通道，打开的时间为 35~12Ma；Tapponnier et al.，1990）和 B 通道（川滇通道，打开的时间为约12Ma 以来；Roger et al.，1995；Clark et al.，2005），而在川青块体（川青通道）仅出现规模不大的塑性流变地壳物质的流出通道（Bai et al.，2010），表明川青块体向东流动的能力、强度和规模要弱一些。4Ma 以来的龙门山缩短及地表的变形与高原东部下地壳流的流动有关（Burchfiel et al.，1995；Royden et al.，1997；Clark et al.，2000；Meng et al.，2006；Burchfiel et al.，2008）。

　　刘和甫等（1994）以龙门山构造带构造样式的卷入深度为依据，将青藏高原东缘分为基底冲断层—挤压断块与盖层褶皱—冲断系两大类；在水平方向上，根据龙门山褶皱—冲断带构造变形特征及卷入地壳深度将青藏高原东缘划分为 5 个带：复理石褶皱—冲断带、基底冲断带、薄皮叠瓦冲断带和双层冲断带、反向冲断层带、前缘向斜带。李勇等（2000）根据地层的构造变形、变位和变质特征以及各主干边界断裂，划分为 A（马尔康地层小区地层系统）、B（龙门山小区地层系统）、C（扬子地层小区地层系统）3 个构造地层带。刘树根等（2003）结合地表结构变形样式以及深部地质结构式与变形特征等，划分为 5 个构造带，分别为松潘—甘孜印支褶皱带、茂县—汶川—陇东韧性剪切带、龙门山逆冲推覆构造带、龙门山前陆滑脱拆离带和龙门山前陆盆地。金文正等(2008)划分为 5 个构造带：松潘—甘孜构造带(茂汶断裂以西)、韧性变形带(茂汶断裂与北川断裂之间)、基底卷入冲断带(北川断裂与彭灌断裂之间)、前缘—褶皱冲断带(彭灌断裂与大邑断裂之间)和前陆拗陷带(大邑断裂以东)。李智武等(2008)划分为 5 个构造带：弧形韧性变形带、基底冲断—同劈理褶皱带、同心褶皱—叠瓦冲断带、前陆扩展变形带和前陆拗陷带(表 2-1)。

表 2-1　青藏高原东缘的构造单元划分与变形特征

| | 青藏高原 | | 龙门山 | | | 四川盆地(西部) | | |
	松潘—甘孜造山带	青藏高原东缘大型拆离断裂(ETD)	后山带	前山带	前缘扩展带	成都盆地	熊坡背斜	龙泉山背斜
地层构成	三叠系西康群		主要由前震旦系黄水河群、志留系茂县群和泥盆系危关群的浅变质岩以及前震旦系杂岩体组成	主要由上古生界—三叠系沉积岩构成	地表主要出露侏罗系至古近系红层，累计厚度为2.92km	地表主要出露侏罗系至古近系红层	地表主要出露侏罗系至白垩系红层	地表主要出露侏罗系至白垩系红层
变形样式	由北向南的多层次滑脱及逆冲推覆构造		其构造样式主要为斜歪—倒转的相似褶皱，内部面理和线理都比较发育	该带发育两种构造样式：叠瓦状构造和飞来峰构造，具浅层次的脆性断层变形特征	显示为一系列轴向为北东向的背、向斜构造，属不对称同心褶皱，并呈左行雁列展布	北东向的向斜构造	北东的不对称背斜构造	北东向的不对称背斜构造
前缘断裂		茂汶断裂，断面倾向北西，呈铲式向下延伸，具韧性断层特征	北川断裂，走向北东，倾向北西，构造岩发育，具脆韧性断层特征	彭灌断裂，走向北东，倾向北西，发育角砾岩和碎裂岩，具浅层次的脆性变形特征	大邑断裂，走向北东，倾向北西，由大邑断裂、竹瓦铺—什邡断裂和绵竹断裂呈左阶羽列组成	蒲江—新津断裂，走向北东，倾向南东，具浅层次的脆性变形特征		龙泉山断裂，走向北东，倾向北西，具浅层次的脆性变形特征
变形期次	3期挤压缩短事件	3期(?)	5期挤压缩短事件(?)	2期挤压缩短事件	1期挤压缩短事件(?)	1期挤压缩短事件(?)	1期挤压缩短事件(?)	1期挤压缩短事件(?)
定型时间	中生代(印支—燕山期)	晚三叠世卡尼期出现(反转?)，晚白垩世以来正剪切	晚三叠世瑞提克期出现(反转?)，晚白垩世以来具2期变形事件	晚白垩世出现(?)，其2期变形事件	新生代出现(渐新世—上新世，43~3Ma)	新生代出现(上新世，3Ma)	新生代出现(上新世?)	晚白垩世出现(?)

　　根据已获得的地表、钻井和深部物探资料，本书将现今青藏高原东缘地区划分为原(青藏高原东部川藏块体)、山(龙门山造山带)、盆(四川盆地西部)3 个一级构造单元和若干二级构造带(包括龙门山后山带、龙门山前山带、龙门山前陆扩展带、前陆盆地(成都盆地)、熊坡背斜、龙泉山背斜、威远背斜和华蓥山褶皱带)(图 2-1，图 2-2)。此外，威远背斜以西与龙门山之间的地层向西倾斜 2°～3°。这样的倾斜与龙门山造山带的逆冲负载有关。四川盆地的构造样式受到地壳水平构造缩短的控制。断层和背斜相伴而生就是断层转折褶皱和断层传播褶皱的标志(钱洪，1995；周荣军等，2005)。

2.1　川藏块体(松潘—甘孜造山带)

　　川藏块体(松潘—甘孜造山带)地处川西高原，位于龙门山造山带的西北侧，构成了青藏高原东缘的主体部分，平均海拔在 4000m 以上，其前缘断裂为茂汶剪切带(F1，见表 2-1)。从活动构造和块体运动的角度，以鲜水河断裂为界，可将其分割为两个块体，北部为川青块体(或巴颜喀拉块体，介于鲜水河断裂、昆仑断裂和龙门山断裂之间)，南部为川滇块体(介于鲜水河断裂、红河断裂和小江断裂之间)

（图 2-2）。

松潘—甘孜造山带构成了青藏高原东缘的大部分，它是夹持于劳亚大陆、羌塘—昌都微大陆及扬子克拉通之间的"倒三角形"地带，主体由一套历经了复杂褶皱变形和构造叠加的巨厚中上三叠系复理石地层组成，仅在周边地区出露古生界地层（许志琴等，1992；王宗秀等，1997；王二七等，2001；李智武等，2008）。该区地质构造复杂，认识分歧较大，被称为中国地质界的"百摩大"，曾被称为"松潘—甘孜褶皱带"（黄汲清，1980）、"印支地槽褶皱带"（边兆祥等，1980；李小壮，1982）、"碰撞造山带"（俞如龙，1989）、陆内转换造山带（俞如龙，1996）、"陆内造山带"（骆耀南，1998）、"松潘—甘孜造山带"（许志琴等，1992）。

松潘—甘孜造山带主要由浅变质岩组成，深度超过 7km（据红参 1 井，中石化资料），由多层次滑脱和逆冲推覆层构成。自西向东依次可划分出 3 个主要的构造单元，包括西部印支期碰撞结合带、造山带和前缘剪切带（许志琴等，1992，1997）。

造山带的主体主要由三叠系西康群及少部分古生代地层构成，由该被动陆缘半深海复理石、斜坡相复理石类型的碎屑物质组成（Dewey et al.，1988；许志琴等，1992；王宗秀等，1997），显示为松潘—甘孜残留洋盆地（Yin et al.，1996；Zhou et al.，1996；Li et al.，2001，2003；李勇等，2006）。该造山带内部可划分出 5 个弧形逆冲—滑脱叠置岩片，其中的摩天岭、丹巴及木里岩片以发育自北向南的多层次深层滑脱及逆冲推覆构造带为特征，主要滑脱层位于古生界与下伏基底、S 与 D 以及 T 与 P 之间（许志琴等，1992）。目前在松潘—甘孜造山带所完成的红参 1 井给我们提供该区域的垂向变形序列及构造滑脱信息。该钻孔揭示，在垂向上存在多层次构造滑脱，分别在 1500m、3000m 和 4000m 左右可能存在 3 个滑脱面，各滑脱层间变形特征不完全相同。上部的侏倭组（T_3zh）以冲断构造和褶皱变形为主，常形成断层相关褶皱（0～1500m）；中部的杂谷脑组（T_3z）主要形成开阔的背向斜构造和冲断构造（1500～3000m）；下部的杂尕山组（T_2zg）主要是以紧闭的同斜或斜歪褶皱变形为主（3000～4000m，4000～7000m）；未见到扬子地台型沉积建造。因此，我们可以推定，印支期扬子板块西缘造山楔的厚度至少大于 7000m。

前人曾对其造山过程、演化历史、构造变形特征等方面进行了深入研究，但是由于学术观点以及研究资料所限认识各不相同。该褶皱带是中生代以来长期演化的陆内造山带，其大规模的造山作用主要始于印支晚期（黄汲清，1980；边兆祥等，1980；李小壮，1982；许志琴等，1992；Dirks et al.，1994；Worley et al.，1996），具有早期"双向（向东、向南）"造山极性及"双向（南北向、东西向）"收缩作用，后期隆升与平移作用的造山过程，控制了南侧近东西向和西侧南北向的两套弧形构造变形体制，并发育了独特的"西康式"褶皱（许志琴等，1992）。由于在北侧劳亚板块（仰冲板块）、西侧昌都—羌塘微板块（仰冲板块）以及东侧扬子板块（俯冲板块）之间的碰撞及陆内会聚作用下，松潘—甘孜褶皱带内部发育有 NW、NE、SN 和 EW 多个方向的构造走向，其中主要以 NW-SE 向的构造走向为主，显示为 NE-SW 向的构造缩短，并发育了一系列沿 NW-SE 向的褶皱和逆冲断层。该构造线走向近垂直于龙门山构造带的展布方向，指示了印支晚期茂汶断裂作为陆内转换断层的左旋走滑运动，以协调松潘—甘孜褶皱带 NE-SW 向构造缩短和四川盆地顺时针旋转之间的差异性构造作用（刘树根，1993；Burchfiel et al.，1995；王二七等，2001）。

造山带主体内发育有大量印支期—燕山期花岗岩（四川省区域地质志，1991）。新生代以来的岩浆作用也十分活跃，骆耀南等（1998）将其分成三类岩浆组合：①壳幔混源型富碱浅层—超浅层侵入岩组合，以石英二长斑岩、二长花岗斑岩、花岗斑岩和正长斑岩为代表，形成时代集中于 35～65Ma；②幔源型碱性侵入岩组合，以钾质煌斑岩＋碱性侵入岩为特征，形成时代集中于 30～40Ma；③壳源型花岗岩组合，以贡嘎山花岗岩为代表，形成时代主要为 10～15Ma，推断其源区为中上部地壳。壳幔混源型组合形成于陆内造山早期挤压阶段，幔源型组合形成于陆内造山期，为总体挤压，局部为引张的构造环境，壳源组合形成于陆内造山晚期，生成于同构造期以平移剪切作用为主的构造环境（骆耀南等，1998）。

新生代以来，在印亚碰撞的大背景下，青藏高原东部下地壳流向东流动所驱动的上地壳挤出是该区构造变形的主要机制，块体的内部相对稳定，发育少量活动断层(如在川青块体内部所发育的龙日坝断裂；徐锡伟等，2008)，隆升幅度可达 2000~4000m(唐荣昌等，1993)。而块体的两侧边缘均为大型活动的走滑断裂(如鲜水河断裂等)，并可形成 3 种类型的沉积盆地。沿大型活动走滑断裂的走滑型活动沉积盆地(如理塘盆地，盆地的长轴与走滑断裂平行或斜交)，在块体的前缘为活动的造山带(如龙门山、锦屏山)，在其山前可形成挠曲沉降的再生前陆盆地或挤压走滑盆地(如成都盆地，盆地的长轴垂直于挤出方向)，在其山后可形成拉张盆地(如盐源盆地、昔格达盆地、章腊盆地，盆地的长轴垂直于挤出方向)。

　　以上前人的研究成果表明：①松潘—甘孜造山带与龙门山是两个地质体，其间以大型拆离断裂(ETD)(许志琴等，2007)或剪切带为界(Dirks et al. 1994；Worley et al.，1996)；②松潘—甘孜造山带的构造变形定型于中生代，并具有 3 期构造缩短事件，即以构造缩短为主要机制(Simon，2003)；③松潘—甘孜造山带在新生代缺乏构造缩短事件，可能仅有冷却和隆升事件；④虽然现今松潘—甘孜造山带仍有新构造活动，但新生代活动主要集中于块体的边界断裂，如鲜水河断裂、玉树断裂，而在块体内部相对稳定，因此，新生代松潘—甘孜造山带主要呈现为块体沿大型边界走滑断裂的整体运动，而缺乏构造缩短；⑤在新生代松潘—甘孜造山带与龙门山显示了不同的地质演化过程，松潘—甘孜造山带显示为块体运动，而龙门山仍处于强烈的构造变形与缩短阶段，如活动构造、历史地震和汶川地震、芦山地震等所显示的逆冲作用(李勇等，2006，2009，2013；周荣军等，2007；Densmore et al.，2007)。

2.2　茂汶韧性剪切带

　　茂汶断裂亦称龙门山后山断裂，主要分布于青川—茂县—耿达—陇东一线以西地区，为现今龙门山的后缘。呈北东向延伸，由青川—平武断裂，汶川—茂县断裂和陇东断裂 3 条分支断裂所构成，全长约 550km，总体走向 NE30°~50°，倾向 NW，倾角 50°~70°。断裂两侧发育数公里至 20 公里宽的韧性剪切带。该带曾被称为汶川韧性正剪切带(许志琴等，1992)、汶川—茂汶剪切带(WMSZ；刘树根，1993；Dirks et al.，1994；Worley et al.，1996)、青藏高原东缘大型拆离断裂带(ETD；许志琴等，1997)，并作为龙门山与松潘—甘孜褶皱带的分界。

2.2.1　茂汶剪切带的空间展布

　　茂汶断裂两侧发育数公里至数十公里的韧性剪切带，显示为前震旦系花岗岩和震旦系—奥陶系地层逆冲于志留系或泥盆系地层之上。主滑动面是茂汶—耿达韧性断裂，由数条性质相似的断层组成。产状倾向北西，高倾角为多。沿此断裂带往往形成宽度不等的构造岩带和强烈韧性变形带。糜棱岩、千糜岩、构造透镜体、碎裂岩化和退化变质等现象十分丰富，构造岩中显微构造丰富，韧性变质现象发育。核幔构造、压力影、变形纹、石英多晶条带等十分发育。断层还显示左旋走滑特征和多期活动特征。根据深部地球物理资料，深部断层面倾角逐渐变缓，一般在 30°左右。断裂带基本上由志留系茂县群所组成，以千枚岩及千枚状片岩为主。在汶川至茂汶一段，断面较清晰，具韧性断层特征，构造岩带包括泥砾岩带、挤压片理带、构造透镜体带和密集裂隙带。在茂汶以东至青川一带则主要表现为韧性剪切带性质，以具强烈片理化带和透镜状石英脉带为特征。

　　该带的推覆岩块主要由茂县群千枚岩系及泥盆系危关群变质砂页岩系所组成。内部变形多为次级褶皱，表现为不对称的斜歪—同斜构造，展示大构造与之大体相同或近于平卧，但因后期劈理、片理(主要为倾向北西的轴面片理)、断层发育，所以原生构造很难恢复，断层强烈切割且多为叠瓦状，相互推叠。加之岩性差异小，缺乏标志层，错距不易确定。无论断层滑动面或推覆岩块变形均反映为较深层次变形特征。变质程度可达绿片岩相，由黑云母、绿泥石等应变矿物所反映的变形温压条件较高，相当于 400~450℃，压力相当于 400~450kPa，反映的深度条件为 10~15km。其与由裂变径迹测算出的剥蚀深度(10km)是相互匹配的。

2.2.2　茂汶剪切带的新活动性

龙门山后山断裂的活动性质，是张扭性还是压扭性，或者发生过构造活动性质的变化是当前最为关注的科学问题之一，或是检验下地壳通道流模型是否适用于龙门山地区的关键。按照下地壳通道流模型的推测，新生代晚期后山断裂，除了走滑之外，还应是一条脆性正断层。

前人研究结果表明，该断裂具有较强的活动性。断裂主要沿岷江河谷发育，新生代以来沿走向错断了多种微地貌单元及水平河道等(图2-3)，主要表现为坡中槽、断层槽地、鞍状垭口和不对称阶地等，具有右旋逆倾滑的运动特征。其活动特征以中、南段表现较强，为晚更新世活动断裂。

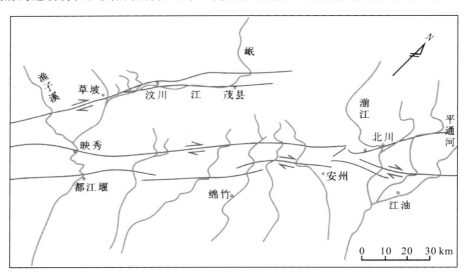

图 2-3　龙门山断裂带断裂水平滑动与水系扭曲关系图(据唐荣昌等，1991)

在茂县县城附近，茂汶断裂断错岷江Ⅲ级河流阶地(Chen et al.，1994)，估测断裂平均垂直滑动速率为 0.84mm/a(周荣军等，2003)。在汶川县城岷江南岸的姜维城，高出现代河床 120m 的Ⅴ级阶地上的冲洪积地层中发育有压扭性断层，断层走向 N30°E，倾向 SE，倾角 70°，与主干断裂组成"入"字形构造，指示该断裂具有右旋错动的性质(四川省地质局，1980)。另外在姜维城相当于Ⅲ级河流阶地高程的冲洪积砾石层中发育一组(共 4 条)砂脉，砂脉一般宽 0.5～1cm，最宽可达 3～5cm，表明可能存在两次古地震事件(图2-4)。在高坎和金波寺等地亦可见到该断裂的逆冲—右旋作用断错的冲沟、山脊等断错地貌现象。此外，该断裂于汶川附近发生过 1657 年 6.5 级地震及多次中强地震。因此，该断裂为晚更新世—全新世的活动断裂。

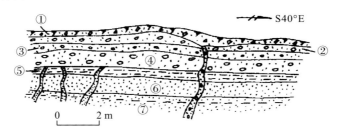

图 2-4　汶川姜维城Ⅲ级河流阶地中的古地震沙脉

①.灰黄色坡洪积沙砾石；②.褐灰色细砂及砾石；③.粗砂；④.褐灰色沙砾石；⑤.黄褐色细砂、粉砂；⑥.土黄色细砂；⑦.青灰色细-粉砂

在该断裂的中南段，该断裂错断了岷江南岸晚更新世冰碛物沉积层，造成了岷江水系约 500～700m 的右旋错断；另外，在茂汶县城城北、石鼓附近以及高坎等地均可见汶川—茂断裂错断山脊、水系及阶

地的现象，并在部分地区控制了岷江两岸阶地的发育，造成两岸阶地拔河高程的差异（周荣军等，2006）。

值得指出的是，最近发现了该断层具有拉张正断层的证据，如唐方头等（2008）在茂县县城北木材检查站附近发现了数条为拉张性质的正断层，并错断了岷江Ⅲ级阶地上的河流相沉积物，断距在 30cm 以下，显示了茂汶断裂在第四纪以来具有拉张环境下的正断层表现（图 2-5）。这可能与下地壳流模式（Burchfiel，2004）下龙门山后缘处于拉张的环境有关。

图 2-5　茂县县城北木材检查站附近的张性正断层（据唐方头等，2008）

2.2.3　茂汶剪切带的历史地震

根据历史地震的记录，自 1597 年以来该断裂曾发生过 4.0 级以上的地震有 3 次，多集中于中南段地区，其中最大一次为 1657 年的茂汶 6.5 级地震，表明该断裂中南段在晚第四纪仍有活动（唐荣昌等，1991）。

2.2.4　茂汶剪切带与龙门山造山带的关系

Worley 等（1996）认为汶川—茂汶剪切带具有左旋走滑剪切变形过程，由黑云母和角闪石的 $^{39}Ar/^{40}Ar$ 年龄为 120～130Ma，表明左旋走滑始于 120～130Ma，是晚白垩世活动的产物。许志琴等（1999，2007）认为在龙门山—锦屏山的前震旦纪变质杂岩体西缘（即青藏高原东缘）发育一条近 NS 向的大型韧性拆离断裂，被 20Ma 以来形成的 NW-SE 向鲜水河韧性走滑剪切带左行错断 42～80km。并称之为青藏高原东缘大型拆离断裂（ETD），以伸展作用为主，在断裂中黑云母 $^{39}Ar/^{40}Ar$ 测年获得 112～120Ma 的年龄（许志琴等，2007），是垂向挤出机制的产物。认为 120Ma 以来的龙门山不是"前陆逆冲推覆岩片"，而是"前陆挤出岩片"，并将松潘—甘孜造山带与龙门造山带分离，进而认为龙门山在晚三叠世—侏罗纪为松潘甘孜造山带的前陆冲断带，在晚白垩世—第四纪为挤压转换造山带。在此基础上，提出了龙门山隆升的挤出机制（120Ma）可能与晚白垩世下地壳通道有关。

2.2.5 茂汶剪切带的形成机制与形成时间

总结前人对该茂汶断裂的研究成果，目前主要有以下观点和认识：①认为该断裂带主要形成于印支期，具有多期活动的特点，印支期表现为韧性剪切变形特征，揉皱、片理等十分发育，总体上表现为由北西向南东的逆冲剪切和左旋走滑运动性质（林茂炳等，1991，1996；龙学明，1991；刘树根，1993；王二七等，2001；李智武等，2008）；②晚新生代以来，该断裂带表现为脆性变形特征，总体显示逆冲—右旋走滑的运动特征（唐荣昌等，1991；王二七等，2001；李勇等，2006；周荣军等，2006；陈国光等，2007）；③该断裂带为大型正剪切拆离断裂，其形成的黑云母^{39}Ar/^{40}Ar坪年龄为120～122Ma（许志琴等，2007）和120～130Ma（Worley et al.，1996），与晚白垩世挤出作用有关；④根据地层记录和古地磁证据，李勇等（2006）认为龙门山断裂带走滑方向在40～35Ma发生过反转，从左旋转变为右旋。

综上所述，该断裂带形成于晚白垩世120Ma左右，至今仍在活动（唐荣昌等，1991），并可能以伸展作用为主（许志琴等，2007；唐方头等，2008）。这可能与Burchfiel等（2008）下地壳流模式下龙门山后缘处于拉张的环境有关。但是，目前对茂汶断裂的认识仍存在重大分歧，是否历经了3个期次的构造变形，即早期的逆冲—左旋走滑、中期的逆冲—右旋走滑、晚期的正断—右旋走滑，目前还没有更好的约束，值得进一步加强研究。

2.3 龙门山造山带

龙门山造山带位于青藏高原和四川盆地之间的过渡地带，是一个线性的、非对称的边缘山脉，北起广元，南至天全，长约500km，宽约30km，呈NE—SW向展布，北东与大巴山冲断带相交，南西与康滇地轴相截，由一系列走向NE、倾向NW的逆冲断裂及其所夹的逆冲岩片构成，系由一系列大致平行的叠瓦状冲断带构成，以前山断裂、中央断裂为主滑面构成大规模、多级次的叠加式冲断推覆构造带，具典型的推覆构造特征。具有前展式发育模式（李勇等，1994）。在走向上，大致以北川—安州和卧龙—怀远一线为界，分为北段、中段和南段；在倾向上，自NW向SE依次发育茂汶断裂、北川断裂和彭灌断裂3条主干断裂，发育典型的叠瓦状构造和飞来峰构造等两种构造样式，表现为前展式的逆冲推覆构造带（赵友年，1983；童崇光，1985；林茂炳等，1991，1996；许志琴等，1992；刘树根，1993；罗志立，1994；李勇等，1995；郭正吾等，1996；Jia et al.，2006），具有强烈的逆冲—走滑作用，其中，中生代以逆冲—左旋走滑作用为特征（刘树根，1993；李勇等，1995；王二七等，2001；邓康龄，2007），新生代以逆冲—右旋走滑作用为特征（李勇等，2006；Zhou et al.，2007；Densmore et al.，2007）。在龙门山及其前缘地区活动断层发育，具有明显的地震风险性（Kirby et al.，2000，2008；Li et al.，2001，2006；Densmore et al.，2005，2007，2010；李勇等，2006）。在地形地貌上，龙门山构造带不仅是青藏高原东缘地形梯度的陡变带，在30～50km的范围内地形梯度从500m陡变至5000m，同时也控制了青藏高原东缘高原地貌与四川盆地的分界。中新世以来，龙门山逆冲推覆构造带至少有5～6km的地层被剥蚀掉，上升速度约达0.6mm/a（刘树根，1993）。近年的地形变资料表明，该构造带的九顶山地区正以0.3～0.4mm/a速度持速上升；而前陆滑脱带在60Ma以来隆升幅度达1470m，隆升速率为24.7m/Ma（刘树根等，1995）。

2.3.1 龙门山的地表构造特征

龙门山曾被认为是松潘—甘孜造山带的前缘冲断带（许志琴等，1992；骆耀南等，1998；李勇等，2006），近年来，被认为是独立的转换造山带（许志琴等，2007），其后缘为"青藏高原东缘大型拆离断裂(ETD；许志琴等，2007)" 或 "汶川—茂汶剪切带"(WMSZ；Dirks et al.，1994；Worley et al.，1996)，并依此与松潘—甘孜造山带为界。

在地表地质上，该构造带呈 NE—SW 向展布，南西端起于四川泸定，向南被鲜水河断裂所截，北东延伸至陕西勉县一带，与秦岭造山带相接，系由一系列大致平行的叠瓦状冲断带构成，自北西向南东分别发育茂汶断裂(F1)、北川断裂(F2)和彭灌断裂(F3)，并以主干断裂为主滑动面构成了大规模、多级次的叠加式冲断推覆构造带，显示了典型的推覆构造特征，构造特征极为复杂，断裂十分发育，以倾向 NW 的逆冲推覆构造特征占主导，这些逆冲推覆岩片主要由前寒武系杂岩、志留系—泥盆系浅变质岩以及上古生界—三叠系沉积岩构成，并发育有轿子顶杂岩、彭灌杂岩和宝兴杂岩以及飞来峰构造。龙门山地区的地层构成复杂，为一个相对独立的地层复合体，既不同于其西侧的松潘—甘孜造山带，也不同于东侧的扬子区，是一个复杂的构造拼贴体，地层记录具有复杂性、混杂性、不连续性、不完整性和分带性等特征。龙学明等(1991)以北川断裂为界将龙门山构造带分为前山带与后山带，自 NW—SE 龙门山地区在构造变形特征上有着明显的分带性，其自 NW—SE 向盆地方向地层时代逐渐变新，变质程度逐渐变高，构造变形强度逐级递减，变形层次逐渐变浅，由变形强烈的复向斜和复背斜韧性变形特征逐渐过渡为逆冲断裂带和叠瓦状冲断带韧—脆变形特征，最后变为脆性变形(龙学明，1991；林茂炳等，1991，1996；许志琴等，1992；刘树根等，1993；刘和甫等，1994；金文正等，2007；李智武等，2008)。区内以冲断推覆构造占处主导地位，从西向东依次由茂汶—青川韧性褶皱推覆构造带、映秀—北川脆韧性冲断推覆构造带和彭灌—江油脆性冲断推覆构造带组成(李勇，1995；林茂炳，1996)，也有人将其划分为龙门山逆冲推覆构造带(以彭灌杂岩推覆体为代表)和龙门山前陆滑脱带(许志琴等，1992；骆耀南等，1998)。沿彭灌—江油脆性冲断推覆构造带或前陆滑脱带分布有一系列的飞来峰群，形成于大约 10Ma 左右(吴山等，1999)，在盆地内甚至可见飞来峰滑覆至第四系之上。总而言之，龙门山造山带地表地质构造复杂多变，断层、褶皱、陡立地层和倒转地层十分发育，主要以 NW 倾向的叠瓦状逆冲推覆构造特征为代表，具有东西分带、南北分段的构造特征，其逆冲推覆作用在时间上呈幕式活动，在空间上呈前展式渐进推覆，断裂的走滑运动方向自晚新生代以来表现为右旋走滑的特征(表 2-2)。

表 2-2　龙门山主干断裂的基本特点

特征	后缘断裂 (茂汶断裂)	中央断裂 (北川断裂)	前山断裂 (彭灌断裂)	山前断裂 (大邑断裂)
走向	NE—SW	NE—SW	NE—SW	NE—SW
倾向	NW	NW	NW	NW
断层性质	韧性	韧性—脆性	脆性	脆性
应变矿物	绿泥石、黑云母、石榴子石	绿泥石、黑云母、绿帘石		
变质相	绿片岩相	绿片岩相		
形成温度	400°	300°		
形成深度	10~15km	5~10km		
抬升幅度	10~15km	5~10km		
切割最新地层	上三叠统	上三叠统	侏罗系	第四系

2.3.2　龙门山的深部构造特征

在深部构造上，龙门山显示为中国大陆东、西构造差异演化与深部过程的中轴交接转换带(张国伟等，2004)，是一个重要的复合构造系统。龙门山构造带也是青藏高原东缘与四川盆地之间深部构造过程的梯度带，处于贺兰山—龙门山陡变带，其西北侧为青藏高原厚壳厚幔区，东南侧为四川盆地薄壳薄幔区，形成一个莫霍面向西倾斜的陡变带(王二七等，2001；刘树根等，2003；张国伟等，2004；李勇等，2006)。深部物探资料(包括布格重力异常和航磁异常、莫霍面深度图(宋鸿彪等，1991))显示，龙门山地区的地壳由若干个刚性块体拼合而成。从龙门山—成都盆地向西部高原地壳厚度急剧增厚，形成一个莫霍面向西倾斜的陡变带，即龙门山梯度带。该带的中心线在龙门山冲断带的深部位置，其与地表位置相比较，不同程度地向西移了一段距离，表明龙门山冲断带向西倾斜，并缺乏山根，同时也显示龙门山为陆内山链系统，是一个独立的构造负载系统。

此外，龙门山及邻区均衡重力异常(孟令顺等，1987；宋鸿彪等，1991；刘树根，1993；李勇等，2006)表明，均衡重力异常显示龙门山地区的地壳尚未达到均衡，从龙门山前陆盆地—龙泉山均衡重力异常具有正—零—负的变化特征。龙门山地区为正均衡异常，而成都盆地为零，龙泉山及其以东为负均衡异常，显示了龙门山地区壳内质量过剩，构造负荷明显，地壳尚未达到均衡，仍处于均衡调整状态，龙门山为正均衡异常应下降，龙泉山及其以东为负均衡异常应上升。这种均衡作用极有可能是导致龙门山前陆盆地深部岩石圈弯曲下沉和龙泉山前陆隆起隆升的根本原因。同时，基于龙门山地区地壳深部物质的结构特征(朱介寿，2008)，在龙门山构造带西侧 20km 深度处的中存在一个 3~5km 厚的低速低阻层，可能是地壳深部物质滑脱的拆离带，并造成了龙门山地区深部物质流动速率与地壳表层运动速率具有不一致性和非耦合性的特点，即表层运动速率小，深层运动速率大。这种地壳的分层运动使得其中具高度黏滞性的下地壳在地势的驱动下向东流动，导致下地壳流物质在龙门山近垂向挤出和垂向运动，从而造成导致龙门山向东的逆冲运动与龙门山构造带的抬升，也可能是汶川特大地震发生的重要原因之一。

2.3.3 龙门山的构造演化过程

该构造带地质结构复杂，具有漫长的构造演化历史，印支期以来，历经了三期较大的构造活动：印支期、燕山期和喜马拉雅期。在晚新生代中新世以来，龙门山至少有 5~10km 的地层被剥蚀掉，上升速度约达 0.6mm/a。近年的地形变资料表明，该构造带的九顶山地区正以 0.3~0.4mm/a 速度持速上升(刘树根，1993；李勇等，1995)。区域内 NW-SE 向的挤压、冲断及推覆等构造运动始于晚三叠世，自侏罗纪至第四纪一直活动，其中主干断裂现今仍具有较强的活动性。同时，通过对龙门山前陆盆地沉积记录的研究(李勇，1998)，可将龙门山造山带自晚三叠世诺利克期初始形成以来的逆冲推覆历史分为 6个阶段，显示了龙门山构造带是多期逆冲推覆体构造叠加的产物，逆冲推覆作用在时间上具多幕性和周期性，在时空上具前展式渐进推覆的特点。一方面，表现为自西向东各推覆构造带形成的时间越来越新，所卷入的地层也越来越新；另一方面，自晚三叠世至第四纪以来，龙门山构造带逆冲推覆作用的强度随时代变新具有由北东向南西迁移的特点，其中，在晚三叠世至渐新世期间，龙门山前陆盆地西缘的砾质楔状体和盆地沉降中心随地质时代变新由北东向南西迁移，断裂运动特征表现为逆冲—左旋走滑，晚新生代以来，其砾质楔状体和盆地沉降中心则随时代变新不断由南西向北东迁移，断裂运动的走滑方向发生倒转，表现为逆冲—右旋走滑的运动特征。

2.3.4 龙门山的构造单元划分

在总结前人研究成果的基础上，本书将以该区的 4 条主干断裂为界，将龙门山造山带划分为后山带(Ⅱ)、前山带(Ⅲ)和前缘扩展变形带(Ⅳ)3 个构造带(图 2-6)。

1. 龙门山后山带

该构造带位于茂汶断裂以东，北川断裂以西之间的区域(图 2-6)。呈带状由北东—南西方向展布，是龙门山的中央带。主要由前震旦系黄水河群、志留系茂县群和泥盆系危关群浅变质岩以及前震旦系杂岩体组成。又被称为映秀—北川推覆体(林茂炳等，1991)、龙门山后山带(龙学明等，1991)、基底冲断带(刘和甫等，1994)、基底冲断—同劈理褶皱带(李智武等，2008)等。

该构造带呈 NE 向展布，北宽南窄，为基底卷入的冲断层带。主要以脆—韧性剪切变形为主，其构造样式主要为斜歪—倒转的相似褶皱，轴面倾向 NW，枢纽为 NE－SW 走向，内部面理和线理都比较发育，在杂岩体中发育脆—韧性剪切带，表现为强烈的片理化带。南段主要由宝兴杂岩和变质岩组成；中段主要由彭灌杂岩和黄水河群变质火山沉积岩组成；北段主要由志留系茂县群、泥盆系月里寨群，古生界沉积层及杂岩体组成；含部分震旦系。其主滑面为北川断裂，表现为一个由数条断层组成的脆韧性断裂带。同一断层不同分支断裂也有脆性或韧性的差别。一般在古老杂岩、变质岩或石灰岩等接触处韧性较高，而与碎屑岩接触处脆性高。总体走向 NE，倾向 NW，中等至高角度倾角。据物探和钻探资料揭示，断层面向下变缓。构造岩包括糜棱岩、初糜棱岩及脆性的碎裂岩类。在韧性地段断层构造分带清楚，有片理化带和构造透镜体带等。在脆性地带则分带简单，仅有节理破碎带及构造泥砾岩带。

后山带内可进一步划分出次级推覆体若干个，其中中段的彭灌杂岩体由基性、中性到酸性的一系列侵入岩类所组成，可划分出 10 多个侵入体。重要的是这个貌似均质而坚固的块体内部实际上是由一系列产状与茂汶断裂和映秀断裂相类似的若干断层所切割，从西北向东南大大小小有十余条，实际上已把杂岩体切割成典型的叠瓦片状或薄板状。现存不少岩性的接触关系实际上都是构造界线。加上杂岩体两侧均为大断裂切割，所以杂岩体实为基底岩系构造侵位部分形成的一个外来岩块，是无根的。物探资料的延拓研究也证明此点。岩体中诸断裂尚具有由西北向东南韧性遮减，脆性遮增特征。此外，杂岩体东南侧的白水河—映秀地区还有一条带状呈断片产出的震旦系火山岩出露，也呈无根性质，夹于北川断裂带中。白水河地区与变质岩接触处的糜棱岩中的变质特征和应力矿物组全所反映的温压条件表明此推覆构造形成的物理条件的最高值是温度为 300～400℃，压力为 300～400kPa，形成的最大深度为 5～10km。其他段落一般小于此值。

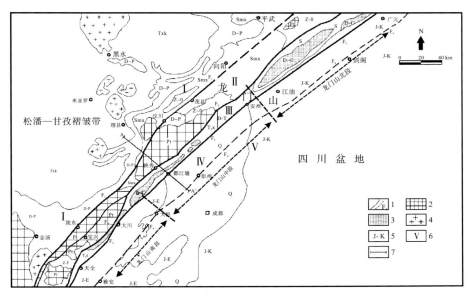

(a)龙门山构造带及邻区分带格局图

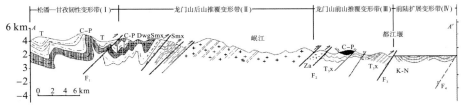

(b)龙门山构造带中段地质剖面图

图 2-6　龙门山造山带的构造分带(据李勇等，2000)

1.主干断裂；2.杂岩；3.飞来峰；4.花岗岩；5.地层年代；6.构造分带；7.地质剖面；F₁.茂汶断裂；F₂.北川断裂；F₃.彭灌断裂；F₄.广元—大邑隐伏断裂；Ⅰ.松潘—甘孜韧性变形带；Ⅱ.龙门山后山带；Ⅲ.龙门山前山带；Ⅳ.前陆扩展变形带；Ⅴ.前陆拗陷带

综上所述，该构造带具有变形，变位和变质的"三变"特征，属强变形带，由杂岩和变质岩系两种
岩系构成。其中的杂岩主要由强烈变质或高度变形的岩石构成的一种独特的构造地层体，如彭灌杂岩、
宝兴杂岩等。这些构造地层体缺乏原始层序，原始层序已被严重破坏，具有无序性；其中变质地层主要
由变质岩系构成，表现为强烈的片理化，是经历了多期变形变质作用改造的构造地层带。

2. 龙门山前山带

该构造带位于北川断裂与彭灌断裂之间的区域(图2-7)，总体上呈 NE−SW 走向，是龙门山的前山
及丘陵区，出露宽度 8~10km。主要由未变质的古生界和三叠系沉积岩地层组成。前人曾将该带其定义
为灌县—安州—广元推覆体、龙门山前山带、薄皮叠瓦冲断带和双层冲断带、龙门山逆冲推覆构造带、
基底卷入冲断带、同心褶皱—叠瓦冲断带等(林茂炳等，1991；龙学明等，1991；刘和甫等，1994；李
勇等，2000；刘树根等，2003；金文正等，2007；李智武等，2008)。

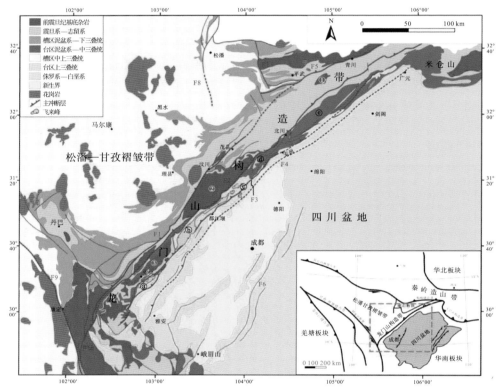

图 2-7　青藏高原东缘地质构造格架图(据李智武等，2008)

F$_1$.茂汶断裂；F$_2$.北川断裂；F$_3$.彭灌断裂；F$_4$.广元—大邑隐伏断裂；F$_5$.平武—青川断裂；
F$_6$.龙泉山断裂；F$_7$.虎牙断裂；F$_8$.岷江断裂；F$_9$.鲜水河断裂；F$_{10}$.大渡河断裂；
①.轿子顶杂岩；②.彭灌杂岩；③.宝兴杂岩；
ⓐ.金台山—中林飞来峰；ⓑ.白石飞来峰；ⓒ.彭灌飞来峰群；ⓓ.清平飞来峰；ⓔ.唐王寨飞来峰

该区域发育有两种构造样式，一种为叠瓦状逆冲推覆构造，由一系列向南东逆冲的近平行的冲断层
构成；另一种为飞来峰(群)构造。叠瓦状逆冲推覆构造主要见于龙门山中北段，由一系列平面上呈 NE
向近平行展布、剖面上呈 NW 倾向的高角度逆冲的脆性冲断层所组成，卷入的地层为上古生界及三叠
系中下统的碳酸盐岩地层，该构造特征在该变形带内普遍发育，具有典型性；而飞来峰(群)构造则具双
层推覆的性质，上层为由古生界及中下三叠统地层构成的飞来峰，底面及地层产状较平缓，变形较弱，
下层主要由上三叠统小塘子组和须家河组地层构成，褶皱及断裂发育，属"近外来岩"。地震反射剖面
显示，2000m 以下才是真正原地岩系，地层相对平缓(王金琪，1990)。林茂炳等(1991)将其定义为滑覆
体，分为滑褶式和滑片式两种变形特征，是滑覆与推覆共同作用的结果，自 SW 向 NE 主要有金台山—

中林飞来峰、白石飞来峰、彭灌飞来峰群、清平飞来峰、唐王寨飞来峰，以中南段最为典型。此变形带内的变形程度较为强烈，变形特征具有变形、变位的"两变"特征，主要由已强烈变形和变位的沉积岩构成，其特点在于构造作用（如推覆、滑覆等）下原始地层被分割成许多构造片，每个构造片地层层序仍可分辨。每个构造片均为一个异地系统，可以由一个或多各岩石地层体构成，具有有序性。因此，该构造地层带宏观上原始层序被破坏，不具有序性，但对于每个构造片而言，却具有有序性。在构造样式上，以开阔等厚、同心褶皱及脆性逆冲推覆断裂为主，在中南段逆冲推覆断裂较褶皱发育，而北段则为同等发育或褶皱较断裂发育，其变形层次相对中南段较深。该带的前缘断裂为彭灌断裂（表 2-2），走向北东，倾向北西，倾角较陡，叠瓦状次级断裂发育；断裂构造岩以角砾岩和碎裂岩为主，具浅层次的脆性断层变形特征。因此该带属于较强变形带，具变形、变位的"两变"特征。

综上所述，龙门山前山带的构造（刘树根，1993；罗志立等，1994；林茂炳等，1996）和前陆盆地碎屑岩岩屑和沉积标志研究成果（李勇等，1995）表明，龙门山推覆构造带是一个由西北向东南发展的，具前展式（背驮式扩张方式）的巨型叠瓦状逆冲推覆构造带，推覆方向由北西向南东推掩，其横向上的差异和规律十分明显，既有分块性，又有分带性，但其总趋势是 NW 构造变形强、SE 构造变形弱，呈梯级式渐变，即 NW 早→SE 晚。目前所作的平衡剖面研究表明此推覆构造带具有约 $42\% \sim 43\%$ 的构造缩短率，也是一个由推覆和滑覆构造共存的、并在前山带形成推覆和滑覆叠加模式的叠加构造带，此推覆构造带形成的主要时期起始于印支期，具有多期活动历史。

3. 龙门山前缘扩展变形带

该变形带被称为边缘隐伏冲断带，位于彭灌断裂和大邑断裂之间，变形层次较浅，变形程度较弱，地层由弱—中等变形的沉积岩系构成，主要为侏罗系—古近系红层和第四系分布区，主要以平缓—开阔褶皱或单斜构造，发育一系列轴向为北东的背、向斜构造，属不对称同心褶皱，背、向斜较完整，断层较不发育，脆性变形为特征，并呈左行雁列展布。林茂炳等（1991）认为该变形带是盆地边缘隐伏冲断带；刘和甫等（1994）将其定义为反向冲断层带；刘树根等（2003）认为其是龙门山前陆滑脱拆离带；金文正等（2007）定义为前缘—褶皱冲断带；李智武等（2008）将其定义前陆扩展变形带。该变形带的前缘断裂为大邑断裂（表 2-2），地震反射剖面显示，该断裂走向北东，倾向北西，呈犁式向下延伸。由此可见该带的变形特征是背、向斜完整，断层较不发育，以脆性变形为特征，属于浅层次变形的中等变形带。该变形带的地层厚度巨大，垂向上显示为由海相—海陆过渡相—陆相沉积物构成。该变形带在龙门山逆冲作用向前陆扩展过程中卷入变形的部分（李勇等，1995；李智武等，2008）。主要发育背冲断层及其所夹持的小型隆起和逆冲断裂及其形成的三角带或相关褶皱，原始层序破坏不大，并能精确恢复原始层序的构造地层带（刘和甫等，1994；金文正等，2007；李智武等，2008）。

2.3.5　龙门山的逆冲作用与走滑作用

众所周知，自板块构造理论提出后，板块间的碰撞和构造缩短一直是造山带形成的主要机制和统治流派，构造缩短驱动的造山带成因说影响了近三十年来人们对造山带的研究。虽然与造山带走向平行的走滑运动早在 20 世纪早期就被人们认识，但它们在造山带演化中所起的关键作用却被忽视或估计过低。80 年代以来，古地磁和其他证据证明在一些造山带中发生过大规模的走向滑动，在此基础上，森格（1992）提出了走滑挤压造山作用，强调了与造山带平行的走滑断层对造山作用的贡献。Reading 等（1980）在研究加利福尼亚 San Andress 断裂的基础上，提出了走向滑移造山模式，并认为大多数造山带都会有俯冲作用和走滑作用。与之同时，与走滑挤压作用相伴生的走滑挤压盆地也成为一种新的盆地类型，受到人们的重视。Ingersoll 等（1988）认为走滑挤压盆地是在走滑和挤压联合作用下形成的，其发育特征有时与前陆盆地相似。

龙门山地区显示了较为典型的分带性特征，前人曾对其特征进行了相关研究，虽然对于分带划分的标准有所不同，但是基本认识大致相同(林茂炳等，1991；刘和甫等，1994；李勇等，2000；刘树根等，2003；金文正等，2007；李智武等，2008)。龙门山构造带由于受到 NW-SE 向的构造应力，导致了该构造带内自 NW-SE 的逆冲推覆运动，各分带前缘的主干断裂均发生了不同程度的构造变形，断裂断面倾向 NW，倾角表现为出露地表的高角度逆冲特征，具有典型的叠瓦状构造特征和前展式发育模式(李勇等，2006)。总体上，龙门山构造带的分带性特征表现为：由韧性变形向脆性变形过渡或韧性逐步减弱，变形层次由深层次构造向浅层次构造过渡、变形层次逐渐变浅，变形特征由变形强烈的褶皱为主向逆冲推覆断层过渡。

另外，从龙门山的地壳增厚、缩短和其前缘前陆盆地的形成机制来看，前人大都突出了大型逆冲推覆作用的重要地位。但近年来，在龙门山发现了与造山带平行的走滑作用(李勇等，1994，1995；李勇 1998；Burchfiel et al.，1995；陈智梁等，1998)，龙门山冲断带明显具有走滑—逆冲的复合作用。显然，对走滑作用和逆冲作用的重新认识，是研究龙门山冲断带造山作用与其前陆成盆作用的关键，这是中国西部大陆地壳运动的特色，也是青藏高原边缘造山带及盆地发育的重要特征。

2.3.6　"新生代龙门山"与"中生代龙门山"

近年来，一些研究者认识到"新生代龙门山"与"中生代龙门山"有重大区别(李勇等，2006；许志琴等，2007；王二七等，2009)。李勇等(2006)指出中生代龙门山具有逆冲—左旋走滑作用，新生代龙门山具有逆冲—右旋走滑作用，期间存在反转；许志琴等(2007)提出了"新生代龙门山"与"中生代龙门山"的概念；王二七等(2009)认为区别中生代龙门山构造和新生代龙门山构造具有重要意义。

许志琴等(2007)按照造山带演化理论，将龙门山造山带演化过程划分为早期、中期和晚期3个阶段。

早期为晚三叠世。龙门山以逆冲作用为主，形成相应的晚三叠世前陆盆地，认为晚三叠世前陆盆地为松潘—甘孜印支造山带的前陆盆地，认为在晚三叠世至侏罗纪的龙门山为"中生代龙门山"，属于松潘—甘孜造山带的前缘冲断带，发育逆冲和推覆构造，表现为"前陆逆冲推覆岩片"的样式，中晚三叠世末期的磨拉石建造与松潘—甘孜印支造山带的强烈抬升及前陆逆冲带的形成有关。因此，逆冲—缩短机制类似于地壳缩短机制。

中期为侏罗纪—早白垩世。上三叠统逆冲断裂系曾被前陆盆地的侏罗系不整合覆盖，表明印支期冲断作用曾经停止过。根据侏罗纪—早白垩世的坳陷性盆地的沉积性质及无明显的前渊凹陷等特征，许志琴等(2007)认为此时的松潘—甘孜印支造山带已处于后造山的伸展阶段。

晚期为晚白垩世以来，为"新生代龙门山"，发育大型拆离构造，所形成的逆冲推覆构造分别叠置在前陆盆地的上三叠统—下白垩统之上，表现为"前陆挤出岩片"的样式，在新近纪以来龙门山转变为挤压转换造山带，以挤压—转换(逆冲—走滑兼之)为特征。其动力机制为挤出作用和下地壳流，并形成相应的前陆再生盆地。许志琴等(1992)基于龙门山彭灌杂岩和宝兴杂岩西缘韧性伸展断裂的形成年龄(黑云母^{39}Ar/^{40}Ar 坪年龄为 $120\sim122$Ma)，提出了龙门山的崛起和高喜马拉雅一样，与前缘逆冲断裂和后缘正断层引起的挤出机制有关，认为挤出机制是龙门山晚白垩世以来的隆升机制。

这一观点的提出给我们很多启示，主要表现在：①表明龙门山隆升机制可能存在3种形式，分别为逆冲—缩短机制、后造山的伸展机制和挤出机制，而且具有转换过程；②将晚三叠世前陆盆地作为松潘—甘孜印支造山带的前陆盆地，给我们研究印支期龙门山前陆盆地提供了新的思路；③提出了晚白垩世以来的龙门山挤出作用和下地壳流机制，并形成相应的前陆再生盆地。其特点是：在运动样式上显示为逆冲—走滑作用；在上地壳显示为挤出作用，在下地壳显示为下地壳流，在盆山耦合关系上，在前陆地区可形成与前缘逆冲断裂相关的压性盆地(前陆再生盆地)，在后缘可形成与正断层相关的张性盆地。

因此，许志琴等(2007)提出的挤压—转换机制的核心内容是挤出机制，而导致挤出作用的驱动力是下地壳流。鉴于此，可将该观点归属于下地壳流机制。许志琴等(2007)提出的观点给我们研究晚白垩世以来龙门山及前陆盆地提供了新的思路。

2.4　龙门山前陆盆地

在特提斯碰撞造山带后缘发育众多的前陆类盆地（如塔里木盆地、准噶尔盆地、鄂尔多斯盆地、四川盆地等），其与 Dickinson（1993）所划分的两类的前陆盆地（周缘前陆盆地和弧后前陆盆地）不同，许多学者持不同的认识，曾被定为中国盆地、破裂前陆盆地、挠曲性盆地、碰撞后继前陆盆地、复活前陆盆地、复合前陆盆地，其中龙门山前陆盆地则是该类前陆盆地的典型，研究程度高，深部地质资料丰富，也是一个重要的含油气盆地。长期以来受到国内地学界的重视，开展了大量工作，取得了不少成就和认识，但在盆地性质、形成机制和发展演化等方面尚存在着严重分歧，不仅影响了盆地基础地质的研究，而且严重影响了对盆地的油气远景评价和开发。李勇等（1995）曾对该前陆盆地做了初步的研究，提出以下观点：①在认识上，首先将龙门山前陆盆地从四川盆地相对独立出来，作为与龙门山造山带相对应的前陆盆地。现今龙门山前陆盆地位于龙门山造山带与龙泉山前陆隆起之间。而地质历史时期，龙门山前陆盆地范围曾发生了明显变迁，如在晚三叠世时期，龙门山前陆盆地则位于当时的龙门山冲断带与开江—泸州前陆隆起之间。由于龙门山造山带逐渐向东逆冲推覆扩展和前陆隆起向西迁移，才演变为现今的龙门山前陆盆地。盆地中充填了自晚三叠世以来的中新生代地层，并具典型的西陡东缓的不对称性结构。②将龙门山前陆盆地与龙门山造山带作为一个地质整体进行研究。龙门山前陆盆地的弯曲下沉和前陆隆起的隆升是对龙门山造山带构造负载的地壳均衡响应，它们是一个动力系统的产物。这一地球动力学机制可从现今龙门山造山带—前陆盆地—龙泉山前陆隆起的地壳均衡重力异常变化规律（正—零—负）得到清楚的显示。③作为陆内（板内）前陆盆地的龙门山前陆盆地，它的沉积—构造演化历史与现提出的几种前陆盆地沉积—构造演化模式（如稳态发展模式、弹性流变模式和黏弹性流变模式等）均不相同，显示了龙门山前陆盆地的独特性和复杂性，提出了具有龙门山前陆盆地特色的板内前陆盆地沉积—构造演化模式。④在盆地分析方法上，将构造—层序地层学分析方法作为分析龙门山前陆盆地的核心方法，研究龙门山前陆盆地构造对沉积的控制作用和沉积对构造的响应这两个相互关联和相互制约的领域，解析了龙门山前陆盆地充填序列和沉积体系在三维空间上的配置形式，以不整合面为界，划分构造层序和层序，建立龙门山前陆盆地地层格架和地层模型。

2.4.1　前陆盆地的轮廓

现今龙门山前陆盆地为成都盆地，是四川盆地的一部分，相当于前人所指的川西凹陷区。位于龙门山冲断带与龙泉山褶隆带之间。北起安州秀水，南抵名山、彭山一线，面积约 8400km²。其西部已卷入龙门山冲断带，为龙门山前缘扩展带的一部分。盆地轴向为 NNE 30°～40°，地貌上为成都平原。

盆地主体限于大邑断裂与龙泉山断裂之间，均为第四系沉积物覆盖。其地层变形较弱，盆地基底发育一些宽缓的背、向斜，在蒲江—新津的熊坡—苏码头一带发育向北西逆冲、并与龙门山冲断带大致平行的反向冲断层，其特征与龙泉山断裂相似。该带前缘断裂为龙泉山断裂，地表和深部地球物理勘察资料表明，该断裂沿走向北东延伸 120 余里，断面向东倾斜，倾角 35°～62°，呈犁式。该带的变形特征一方面显示了龙门山冲断带在此消失，地层变形极弱，同时也显示了龙门山冲断带与川东褶皱—冲断带前峰带（孙肇才等，1991）以龙泉山断裂为界（图 2-8）。

根据四川盆地基底构造、沉积盖层和现今构造，我们认为自晚三叠世以来四川盆地内部构造具分带性，并以断裂为界可将四川盆地内部分为川西凹陷区、川北凹陷区、川东凹陷区和川中隆起区，其中 3 个凹陷区分别为龙门山冲断带、大巴山褶皱—冲断带和川东褶皱—冲断带相对应的前陆盆地，而川中隆起区则为 3 个前陆盆地共同拥有的一个前陆隆起区，是不同构造域的构造叠加、干涉的区域。因此，四川盆地总体上处于西、北、东三面挤压，向南面蠕散的构造环境。

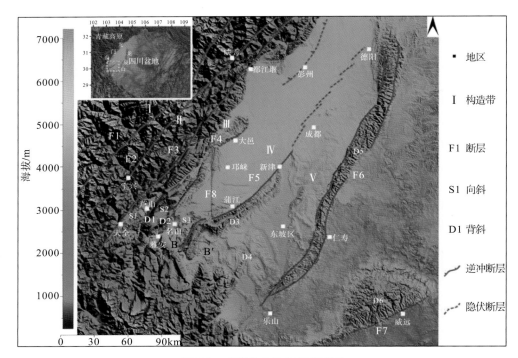

图 2-8　成都盆地构造格架略图

Ⅰ.松潘—甘孜褶皱带；Ⅱ.龙门山造山带；Ⅲ.龙门山前缘扩展变形带；Ⅳ.川西凹陷；Ⅴ.熊坡—
龙泉山断层褶皱构造带；F1.茂汶断裂；F2.北川断裂；F3.彭灌断裂；F4.大邑断裂；F5.蒲江—新津
断裂；F6.龙泉山断裂；F7.威远断裂；F8.邛西断裂；S1.芦山向斜；D1.石仙山背斜；S2.下里向斜；
D2.蒙顶山背斜；S3.名山向斜；D3.熊坡背斜；D4.三苏场背斜；D5.龙泉山背斜；D6.威远背斜

　　虽然现今龙门山前陆盆地分布范围狭小，但根据地层记录，在地质历史时期中龙门山前陆盆地范围变化很大，最大时期可能为晚三叠世诺利克期，其西界在现今北川断裂一线以西，东界可达开江—泸州隆起的西侧。随着龙门山冲断带逐渐向东逆冲推覆扩展，前陆盆地向东迁移，而前陆隆起则向西迁移，这样盆地范围就越来越小，呈现为现今的成都盆地。

2.4.2　前陆盆地的沉积基底

　　据目前所获资料，龙门山前陆盆地形成于印支运动中晚幕，盆地充填最老的地层为晚三叠世卡尼期马鞍塘组，其与下覆中三叠统为区域性的微角度—平行不整合接触。因此，龙门山前陆盆地的沉积基底是扬子地台西缘中三叠统及其以下的沉积岩层，显示了龙门山前陆盆地是在中三叠世扬子地台西缘被动大陆边缘的基础上形成的(李勇等，1995，2012；Li et al.，2003)。

2.4.3　前陆盆地的沉积充填

　　龙门山前陆盆地充填地层的厚度巨大，包括上三叠统马鞍塘组、小塘子组和须家河组；侏罗系白田坝组、千佛崖组、上、下沙溪庙组、遂宁组、莲花口组；白垩系城墙岩群、夹关组、灌口组；古近系名山组、芦山组以及第四系。垂向上显示为由海相—海陆过渡相—陆相沉积物构成，总体呈向上变浅、变粗的沉积充填序列，其特点在于：①地层均呈旋回式沉积，并按规模可分为若干级别；②地层不整合面发育，并可以用盆地范围内的不整合面和其对应面将盆地充填地层划分为一系列的不同级别的沉积层序，每个沉积层序都是一个三度空间的充填实体，并有特定的沉积体系配置模式、沉积中心和边缘；③以巨厚层砾岩为特征的粗碎屑楔状体具周期性出现的特征(李勇等，1995)。

2.4.4　前陆盆地的结构

由于受龙门山造山带自印支运动以来不断向东扩展和推进，以及前陆隆起向西迁移的影响，龙门山前陆盆地西部已卷入龙门山造山带，从而使得龙门山前陆盆地变得十分复杂，且不完整。根据地震反射剖面和钻井剖面揭示，龙门山前陆盆地的结构在晚三叠世成盆期、晚侏罗世—早白垩世成盆期、晚白垩世—古近纪成盆期，以及第四纪成盆期均保存较好，显示了龙门山前陆盆地及各个成盆期的盆地结构主要为西陡东缓，并向西倾斜的不对称盆地，西部为深凹陷，并与龙门山造山带以一系列冲断层相接，部分已卷入龙门山造山带；东部较浅，并以平缓的沉积斜坡与前陆隆起过渡。其地层厚度总体上呈现为西厚东薄，沉降中心位于紧靠龙门山造山带一侧，并发育多套巨厚的砾岩楔状体。因此，龙门山前陆盆地基本上具有典型前陆盆地的盆地结构。

2.4.5　前陆盆地的构造分带

现今龙门山前陆盆地即成都盆地(图 2-7)，是四川盆地的一部分，仅分布于四川盆地的西南缘。盆地的北部位于龙门山造山带彭灌断裂、关口断裂与龙泉山隆起带之间，盆地的南部位于大邑断裂与熊坡背斜之间。刘和甫等(1994)、刘树根等(2003)、金文正等(2007)和李智武等(2008)分别将其定义为前缘向斜带、川西前陆盆地和前陆拗陷带。该区域构造变形微弱，地层平缓或波状起伏，未经历强烈的构造变形，地层之间多以整合和假整合接触，中南段同时还受到南东向北西逆冲作用的影响(金文正等，2007；李智武等，2008)。在地貌上，四川盆地的变形特征为一系列相间排列的北东向的背斜和向斜。四川盆地西部的变形，自北西向南东可分为 6 个的区域，分别是：①龙门山前陆扩展带；②成都盆地；③熊坡背斜；④龙泉山背斜；⑤威远背斜；⑥华蓥山褶皱。此外，威远背斜以西与龙门山之间的地层向西倾斜 2°～3°。这样的倾斜与龙门山造山带的逆冲负载有关。四川盆地的构造样式受到地壳水平构造缩短的控制。断层和背斜相伴而生就是断层转折褶皱和断层传播褶皱的标志(钱洪，1995；周荣军等，2005)。

2.5　龙门山的扩展性与构造单元形成次序的标定

现今青藏高原东缘由松潘—甘孜褶皱带、龙门山造山带(后山带和前山带)和四川盆地(龙门山前缘扩展变形带、成都盆地、熊坡背斜带和龙泉山背斜带)等一级构造单元和二级构造单元构成，这些构造单元形成的次序总体具有前展式的扩展性，表明龙门山的隆升过程也具有前展式的扩展性。本次利用盆地内的沉积记录标定了青藏高原东缘主要构造单元的构造演化过程与序次(表 2-3)。据此我们推测，在晚白垩世至始新世期间，由于始青藏高原所形成的下地壳流和上地壳挤出作用导致中生代盆—山系统的解体与新生代盆—山—原体系初始形成。晚白垩世—始新世是龙门山前缘现今构造格局初步形成的时期，导致了现今龙门山和四川盆地西缘的南北分异和东西分异。本次利用晚白垩世—始新世沉积盆地的地层记录标定了下地壳流(挤出)事件与盆—山—原体系初始形成的时间。通过对晚白垩世以来龙门山前缘和后缘盆地的新生与破裂、不整合面、充填序列、充填样式和其他地质证据(包括低温年学测年资料、热事件年龄资料)的研究，标定前缘晚白垩世—始新世前陆盆地(四川盆地西缘南部)、后缘拉张盆地(盐源盆地、章腊盆地，盆地的长轴垂直于挤出方向)、龙泉山(前缘)隆起带的形成时间，恢复龙门山晚白垩世以来的挤出作用，并进行时序标定(表 2-3)。

表 2-3　青藏高原东缘主要构造单元的构造演化过程与序次的标定

时代	晚三叠世	侏罗纪—早白垩世	晚白垩世—始新世（120~40Ma）	渐新世—中新世（40~4Ma）	上新世—第四纪（4Ma）	定型时间
松潘—甘孜褶皱带	造山楔初始形成，强烈的上地壳构造缩短（D1）与大型构造负载（李勇等，1995；许志琴，1997；Li et al.，2003，2013）	2~3次构造缩短事件（D2~3）（刘树根，1993；Dirks et al.，1994；Worley et al.，1996）	大量花岗岩侵入体（刘树根等，2008）	整体隆升，剥蚀速率低，缩短速率小（刘树根等，未刊资料）	整体隆升，剥蚀速率低、缩短速率低，1~3mm/a	定型于中生代
青藏高原东缘大型拆离断裂（ETD）或"汶川—茂汶剪切带"（WMSZ）	茂汶断裂形成，大型逆冲断层，强烈构造缩短（D1）	2~3次构造缩短事件（D2~3）（刘树根等，1993；Dirks et al.，1994；Worley et al.，1996）	大型拆离断裂（ETD）形成（120Ma，许志琴等，2007），小型张性断陷盆地形成（盐源盆地、章腊盆地）		大型拆离断裂活动；小型张性断陷盆地形成（盐源盆地、章腊盆地、昔格达盆地）	出现于晚白垩世
龙门山—锦屏山造山带	北川断裂形成，大型逆冲断层，强烈构造缩短（D1）；上地壳构造缩短与负载	地壳均衡反弹	下地壳流形成，导致上地壳挤出（许志琴等，2007），形成挤压走滑造山带；导致前缘地区的上地壳有限构造缩短与负载	地壳均衡反弹；彭灌杂岩强烈隆升与剥蚀30~25Ma，14~10Ma冷却事件（Kirby et al.，2002；Godard et al.，2009；Li et al.，2012；Wang et al.，2012）；龙门山—锦屏山解体	下地壳流形成，强烈隆升，地壳正均衡异常形成，剥蚀速率大，导致前缘地区的上地壳有限构造缩短与负载；前缘扩展带和大邑断裂形成	出现于晚三叠世，为松潘—甘孜造山带的前缘冲断带；晚白垩世形成挤压走滑造山带，下地壳流出现
前陆地区（四川盆地西部）	大型前陆盆地（马鞍塘组、小塘子组、须家河组），挠曲沉降，形成前渊和前缘隆起	大型板状前陆盆地，地层向龙门山超覆，并发育石英质底砾岩（白田坝组）	晚白垩世—始新世楔状前陆盆地，龙泉山隆起形成	整体隆升，剥蚀速率大，具有40Ma的冷却事件，剥蚀厚度达1~4km；四川盆地破裂与解体	上新世—第四纪小型楔状前陆盆地形成，蒲江—新津断裂形成	晚三叠世大型楔状前陆盆地、侏罗纪—早白垩世大型板状盆地、晚白垩世以来的2期小型楔状前陆盆地

2.6　青藏高原东缘的盆—山—原结构模式

晚白垩世—古近纪是龙门山前缘现今构造格局初步形成的时期，下地壳流（挤出）机制不仅导致中生代盆—山体系与新生代盆—山—原体系的转换，也导致了龙门山—锦屏山和四川盆地西缘的南北分异和东西分异，形成了两种盆—山—原结构模式，分别为龙门山模式和锦屏山模式（表2-4）。

表 2-4　青藏高原东缘的两种盆—山—原结构模式

类型	锦屏山模式	龙门山模式
所在块体	川滇块体前缘	川青块体前缘
阻挡块体	无稳定阻挡或阻挡较弱	有稳定块体（四川盆地）阻挡
下地壳流	下地壳流由北西向南东流动，显示明显，形成了川滇通道（Bai et al.，2012）	下地壳流由北西向南东流动，有显示（Bai et al.，2012），尚未形成显著的川青通道
缩短位置	锦屏山前缘	龙门山前缘
缩短方式	上地壳沿边界走滑断裂整体挤出，下地壳流沿势能方向近水平流动，挤出体单向水平推进，上地壳整体缩短量较小	下地壳流受到阻挡，下地壳挤出体由下向上沿滑动面挤出，导致挤出体的前缘逆冲、缩短，后缘拉张
构造加载	挤出体较小，不能导致其前缘形成挠曲沉降，不能形成小型前陆盆地；但是后缘拉张作用强烈，形成断陷盆地	下地壳流物质流动或挤出，挤出体具有有限的构造负载和密度负载，导致其前缘有一定的挠曲沉降，形成小型楔状前陆盆地；后缘拉张，形成断陷盆地

续表

类型	锦屏山模式	龙门山模式
变形方式	挤出体水平单向推进或推挤，前缘断层均为逆断层，以逆冲作用为主，后缘断层为张性断层，侧缘断层为大型走滑断层，可导致逆冲型、走滑型和拉张型地震	无自由面的斜向榨挤，挤出体的前缘具逆冲和走滑作用，可导致逆冲—走滑型强震。后缘拉张，形成断陷盆地
缩短速率	很小，地表水平运动速率大，且与地壳的水平运动较一致，具有明显的耦合关系	小，地表缩短速率小，下地壳流动速率大，导致地表与地壳运动速率不一致，具有明显的非耦合关系
地貌响应	低起伏弥散性缓坡地貌	高起伏陡坡地貌
盆地响应	后缘拉张盆地或逃逸盆地、侧缘走滑盆地	前缘小型楔状前陆盆地、后缘拉张断陷盆地

龙门山模式：位于川青块体及前缘的龙门山冲断带（东缘北段），表现为来自青藏高原的下地壳流受到四川盆地坚硬地块的阻挡而发生"堆积"上涌和挤出，水平挤出量较小，垂直挤出量较大，导致高起伏的陡坡地貌，仍保留并强化叠置了中生代的造山带（松潘—甘孜造山带）—冲断带（龙门山冲断带）—前陆盆地（扬子板块西缘）的格局，显示为有限的水平构造缩短、有限的构造负载和密度负载，发育了典型的高起伏的陡坡地貌，龙门山前缘新生的小型楔状挠曲前陆盆地（成都盆地，4~3Ma），后缘发育拉张断陷盆地。

锦屏山模式：位于川滇块体及前缘的锦屏山冲断带（东缘南段），表现为来自青藏高原的下地壳流驱动的上地壳的向东水平挤出，下地壳流的通道显示明显（Bai et al.，2012），具有与逃逸构造相对应的逆冲作用（Tapponnier et al.，2001）；水平挤出量较大，变形、变位较强，发育了典型的长波长、低起伏弥散性缓坡地貌（Clark et al.，2000），显示了有限水平缩短和强烈的走向滑动。仅残留了原中生代的造山带（松潘—甘孜造山带）—冲断带（锦屏山冲断带）—前陆带（扬子板块西缘）的格局，中生代前陆盆地（西昌盆地和楚雄盆地）仅残留在川滇块体内侧和外侧，锦屏山后缘发育拉张断陷盆地，前缘无新生代小型楔状前陆盆地。因此，该模式明显不同于川青块体前缘的龙门山造山带。

第3章　龙门山造山带的活动构造与历史地震

龙门山构造带是我国南北地震活动带（构造带）中南段的重要组成部分。晚新生代以来，由于青藏高原的快速隆升、变形和地壳加厚，导致了高原地壳物质的向东逃逸并在其东缘表现出了明显的活动性，主要以龙门山断裂带、岷山断裂以及虎牙断裂最为突出，其中龙门山活动断裂带晚第四纪以来发育有3条具有强震能力的主干断裂和隐伏于前陆盆地下的山前隐伏断裂，这3条主干活动断裂呈NE向近平行展布，基本沿袭了先存的基岩断裂，表明该地区地质过程仍处于活动状态，变形显著。地貌和水系是青藏高原碰撞作用和隆升过程的地质纪录，因此对该地区新生代构造作用与地貌和水系响应的研究，不仅可验证Tapponnier等人向东挤出模式和England等人的右旋剪切模式，而且可能提出新的模式。目前急需定量化的数据来检验和约束这些模式，真实的理解青藏高原东缘地区的地球动力学过程与机制。但迄今为止，我们对龙门山新生代变形的动力学和运动学及其地貌响应并不清楚或知之甚少，而这些资料却是认识龙门山地质、地貌演化的关键，同时也是研究印—亚碰撞作用及四川盆地西部地震灾害的关键。

有关青藏高原东缘地区晚新生代以来的构造变形、动力学和现今地壳运动学，许多学者已做了大量的探索性研究工作，取得了一批令人瞩目的成果（Molnar et al.，1975，1977；Peltzer et al.，1988；England et al.，1990；Avouac et al.，1993；唐荣昌等，1993；Chen et al.，1994；邓起东等，1994；Burchfiel et al.，1995；Royden et al.，1997）。但是该地区晚第四纪以来的构造变形特征、断裂滑动速率和史前强震活动等迄今不甚清楚。在新生代期间，青藏高原东缘的整体缩短相对较小、四川盆地缺乏新生代前渊说明了在高原形成的过程中盆地的挠曲沉降作用是微不足道的（Burchfiel et al.，1995；Royden et al.，1997）。目前，已经有很多研究者以青藏高原东缘为模型来检验大陆碰撞和高原的演化模式（England et al.，1990；Avouac et al.，1993；Royden et al.，1997）。近来对于青藏高原东缘的研究主要集中在区域地质（Burchfiel et al.，1995）、地热和侵蚀演化（Dirks et al.，1994；Kirby et al.，2002，2003）以及对于印—亚大陆碰撞期间下地壳行为的推测之上（Clark et al.，2000）。其中的关键问题之一是关于晚新生代龙门山形成的构造变形和成因机制问题，即龙门山在晚新生代时期是以逆冲作用为主，还是以走滑作用为主。1999年以来，在国家基金委的支持下，Li、Ellis和Densmore对印亚碰撞在青藏高原东缘的作用展开了国际合作研究，建立了青藏高原东缘新生代构造地层序列（李勇等，2002），提出了晚新生代龙门山以北北东向的逆冲—右行走滑作用为特征。这一研究成果也得到了古地磁（Enkin et al.，1991；四川盆地古地磁研究成果表明四川盆地在新近纪以来旋转了10°，龙门山相对于四川盆地存在右行走滑作用）和GPS测量成果的支持（陈智梁等，1998）。

汶川地震发生前，前人（李传友等，2004；李勇等，2006；周荣军等，2006；Densmore et al.，2007；陈国光等，2007；杨晓平等，2008）曾对龙门山构造带的地表微地貌变形特征、几何展布样式、滑动速率、古地震以及现今活动性等方面进行了详细的研究并积累了丰富的科研成果。陈社发等（1994）、邓起东等（2002）、张会平（2006）对龙门山逆冲推覆作用进行了详细的研究，认为自NW-SE，龙门山构造带具有从韧性到脆性的变形过程，其扩展方式为前展式或背驮式，其在不同地质历史时期有着不同的构造活动特征，在新构造时期，龙门山构造带的活动性表现出显著的分段现象，总体上呈现出西南段活动性强，东北段活动性弱的特征。李传友等（2004）对龙门山断裂带北段的最新活动时代进行了研究，认为龙门山构造带主干活动断裂在规模和活动性上有所差异，北段为第四纪早—中期活动断裂，而中段和西南段自第四纪以来具有较强的活动性，对地形地貌以及地震活动有着较强的控制作用。李勇等(2006)以龙门山活动构造的地貌标志为切入点，对各主干活动断裂的关键部位开展了详细的野外地质填图和地貌测量，并通过热年代学测年定量的计算了龙门山主干断裂的逆冲速率和走滑速率。初步的研究结果表明，青藏高原东缘第四纪以来几条先存的主干断裂均为逆冲—走滑性质，断裂具有地壳缩短与水平滑移兼有的运动性质。同时，李勇等(2006)、Densmore 等(2007)对历史地震及古地震活动规律的研究成果表明，龙门山构造带上的 3 条主干断裂均具有史前强震活动的历史，且具备发生 7.0 级左右甚至更大震级地震的能力，是一个地震灾害频发的发震构造带。陈国光等(2007)以龙门山活动构造的地形地貌特征、活动差异、地球物理以及地震资料等为依据，对龙门山构造带晚第四纪活动性的分段特征进行了研究，并初步认为北川—安州一线存在一条断续延伸的近 S-N 向的分段界线可将龙门山活动断裂分为中段和东北段，该界线与龙门山中段、西南段、虎牙断裂及其岷山断块共同构成了青藏高原东缘活动构造的边界。通过对龙门山活动断裂北段断错地貌的野外调查，杨晓平等(2008)认为该断裂北段在 T_4 阶地形成之后，T_3 阶地形成之前有过强烈的活动。

龙门山是青藏高原东缘的边界山脉，北起广元，南至天全，长约 500km，宽约 30km，呈 NE—SW 向展布，NE 与大巴山相交，SW 被鲜水河断裂相截。该构造带由一系列大致平行的叠瓦状冲断带构成，具典型的逆冲推覆构造特征，具有前展式发育模式，自西向东发育茂汶断裂、北川断裂和彭灌断裂(李勇等，2006；周荣军等，2006；Zhou et al.，2007；Densmore et al.，2007)。在垂直剖面上，这 3 条断层呈铲式叠瓦状向四川盆地推覆，在地表出露处断层倾角大于 60°，沿 NW 方向断层倾角随着深度增加而减小。总体看来，龙门山构造带的新活动性在茂汶断裂、北川断裂、彭灌断裂和大邑断裂等断裂均可见及，主要表现为断错山脊、洪积扇、河流阶地及边坡脊等构造地貌现象，表明龙门山构造带的几条主断裂带自晚第四纪以来均显示由 NW 向 SE 的逆冲运动，并伴有显著的右行走滑分量。单条断层的平均水平位错量与垂直位错量大致相当，约为 1mm/a 左右。就龙门山构造带中各断裂的活动性比较而言，其中的北川断裂活动性最为明显。

近年来，作者等与 Densmore 博士、Ellis 教授一起对龙门山进行了科学考察和合作研究，重点考察了青藏高原东缘地区的主要活动断裂，提出了北川断裂属于活动断层，具有潜在的地震灾害，并认为龙门山断裂带及其内部断裂属于地震活动频度低但具有发生超强地震的潜在危险的特殊断裂(李勇等，2006；周荣军等，2006；Zhou et al.，2007；Densmore et al.，2007)。本章内容主要是根据作者等与 Alexander Densmore 博士、Michael Ellis 教授于 2007 年在《Tectonic》发表的 *Active tectonics of the Beichuan and Pengguan fault at eastern margin of Tibetan Plateau* 一文编写而成。

3.1　龙门山造山带的活动构造

青藏高原东缘的龙门山地区，毗邻四川盆地(图 3-1)，具有现今世界上最陡地形梯度，并受到长江支流和陡峭的基岩河道的深度切割和侵蚀，局部河流落差超过 3km(Kirby et al.，2003)。基于各种热等时仪导出的热过程显示：在晚新生代期间，龙门山地区具有快速的冷却事件，无论是自 20Ma(Arne et al.，1997)还是自 9~13Ma(Kirby et al.，2002；Clark et al.，2005)开始，其剥蚀厚度高达 7~10km。

这种极端的地形起伏和晚新生代快速剥蚀的成因机制以及在高原边缘演化中上地壳断层所起的作用都是具有争议的问题(Chen et al.，1994；Kirby et al.，2000，2002，2003；Clark et al.，2005；Richardson et al.，2008)。目前，在青藏高原的龙门山已经初步查明了总体上呈 NE 走向的断裂带(Chen et al.，1994；Burchfiel et al.，1995)(图 3-1)。在晚三叠世印支造山运动期间，这些断层调节了显著的地壳缩短(Chen et al.，1996；Li et al.，2003)。同时，印度板块与亚洲板块相撞，导致了在青藏高原东缘的龙门山地区发育了大型的逆冲断层带(Avouac et al.，1993；Xu et al.，2000)。虽然，有关四川盆地西部的褶皱和新生代时期的小断层作用已有文献描述(Burchfiel et al.，1995)。然而，大面积第四纪逆冲作用的地质证据较少且不可靠(Chen et al.，1994；Burchfiel et al.，1995)，而且全球定位系统(GPS)测量约束的整个龙门山相对四川盆地的活动缩短仅为 4.0 ± 2.0 mm/a(Zhang et al., 2004)。在四川盆地内的新生代沉积层的厚度薄而不连续(图 3-2),在靠近龙门山前缘区的第四纪沉积层的最大厚度只有约 541m。

高陡的地形起伏、现今较低的缩短速率和可忽略不计的新生代调节过程的组合,促使 Royden 等(1997)提出了青藏高原东部之下的下地壳流被横向驱逐到龙门山地区。由 Clark 等(2000,2006)提出的这种造山运动模型,意味着在青藏高原东缘由于受到四川盆地基底扬子克拉通的阻挡横向流动的下地壳流主要显示为垂直运动(Lebedev et al.,2003)。尽管这个模式有力地解释了龙门山地区的许多地形特征(Clark et al.,2006),但正如 England 等(1990)所说,这种大尺度晚新生代岩石抬升是如何影响青藏高原东缘龙门山地区的断层体系的,目前尚不清楚,而且这些与青藏高原东缘平行的断层在印度板块与亚洲板块碰撞时是否调节了北东方向的右旋剪切也不清楚。在龙门山东南端的北西向鲜水河断裂和甘孜断裂至少自 $2\sim4$ Ma 以来,分别产生了约 60 km 和约 100 km 的左旋位移(Wang et al.,2000),其与青藏高原东缘平行的断层是否发生了与之对应的右旋剪切运动也不知晓。

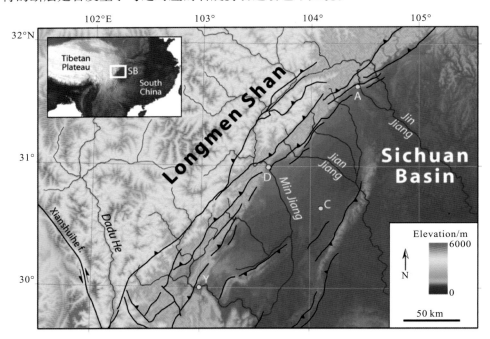

图 3-1　龙门山和四川盆地西部活动断层分布图

该地形底图取自 SRTM 数据,分辨率为 30m;蓝色为水系,黑线为断层;A. 安州;C. 成都;D. 都江堰;Y. 雅安

我们认为,了解青藏高原东缘演化过程的关键一步是证明高原边缘大型断层的晚新生代活动性和运动机制。Chen 等(1994)、Burchfiel 等(1995)以及 Kirby 等(2000)曾对岷江断层进行了详细的研究。本次我们通过标定龙门山和四川盆地西部几条断层的晚新生代滑动地貌的证据来讨论其活动性特征。利用野外填图、图像解释、地理标桩位移测量、探槽、宇宙成因放射性核素年龄测定等各种方法,我们研究了 $10^3\sim10^4$a 时间尺度的青藏高原东缘龙门山地区主干断层的滑动历史,填补了先前在这一地区应用的地质与大地测量方法之间的空缺。

3.1.1　研究方法和技术

现今的龙门山地区大致与古特提斯海闭合及羌塘地块与华北—昆仑—柴达木地块以及华南地块碰撞时期形成的中生代碰撞板块边缘位置一致(Yin et al.,1996;Zhou et al.,1996;Li et al.,2003)。该区的变形开始于晚三叠世的印支运动(Li et al.,2003),并且一直延续到晚白垩世。在板块碰撞期间,松潘—甘孜残留海洋盆地的三叠纪海洋沉积物的复杂块体(图 3-2)(Zhou et al.,1996),逆冲到扬子地块西南侧边缘之上，形成了晚三叠世前陆盆地(Burchfiel et al.，1995；Chen et al.，1996；Li et al.，2003)。最初的构造缩短主要是为了适应茂汶断裂与北川断裂而产生的调整，后来又向东南迁移到彭灌断层上(图 3-1)(Chen et al.，1995，1996；Li et al.，2003)。因此，在图 3-1 看到的大多数与青藏高原东缘龙门山平行的断层至少在晚三叠世时期就已经存在了(Burchfiel et al.，1995；Chen et al.，1996；Li et al.，2003)。

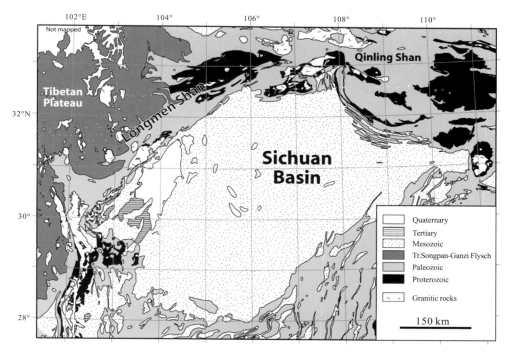

图 3-2　四川盆地及其邻区地质简图

在四川盆地内的陆源碎屑沉积物来源于板块碰撞的造山带，从中生代一直持续到早新生代。这些沉积物(图 3-2)现在被发育于四川盆地较大范围的侵蚀不整合面所覆盖(Burchfiel et al.，1995；Richardson et al.，2008，2010)。上覆于该侵蚀不整合面之上的沉积层固结不好，一般是碎屑胶结的砾石沉积物，厚达数百米，出露于四川盆地西部的山前地带。其砾石成分包括花岗岩、变质岩、火山岩和砂岩，是为地质学家们所熟知的大邑岩层(Burchfiel et al.，1995)。它一般被解释为冲积扇、泥石流的沉积物，记录了龙门山以西的变质岩和火山岩最初的强烈侵蚀。尽管大邑砾岩代表了龙门山地区的重要时间标志，但不幸的是，它的年龄几乎没有得到约束。通过磁性地层学方法确定，出露于龙门山地区南部的类似岩石的沉积年龄为 4.2～2.6 Ma(Ji et al.，1997)。虽然也有作者认为它是第四纪时期沉积物(Deng et al.，1994)，但是 Burchfiel 等(1995)认为大邑砾岩以及相关的岩石很可能是新近纪时期的。毫无争议，第四纪沉积物在矿物学上区别于大邑岩层，且仅分布在四川盆地的最西部，由厚度不大的(<541m)沿大流域出口展布的低梯度冲积扇构成。

有关龙门山地区大型断层上的分布规律、运动机制和活动性，不同的研究者之间的观点存在差异(Chen et al.，1994，1996；Burchfiel et al.，1995；Xu et al.，2000)。在本次研究中我们试图将这些研究成果与我们在龙门山地区几个地点的野外观察进行结合。由于该地区的范围大、局部地形起伏度高(一般超过 3000 m)，植被密度大、出露差和局部居民密度高以及农业等原因，在本次研究工作我们把重点放在能观察和能约束每条断层的几个关键野外区域，而不是详尽地绘制每个区域的构造图。

图 3-3 给出了我们采用的断层名称和进行详细野外观测分析的位置。从西到东的主要构造有：①茂汶断层；②北川断层；③彭灌断层；④四川盆地最西部的断层和褶皱，包括大邑断层。

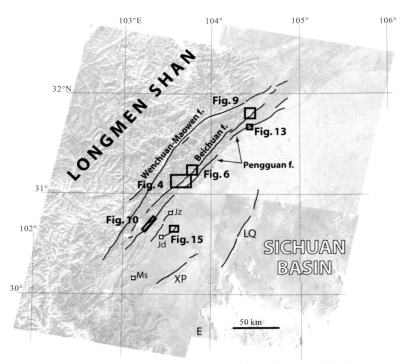

图 3-3　青藏高原东缘龙门山活动构造及其地形地貌图

1. 断层填图

我们结合 7 号陆地卫星全色图像、ASTER 卫星图像和中国航测卫星图像绘制了北川、彭灌和大邑断层的活动迹线。根据这些基本图像的指导，在可能具有第四纪活动标志的特定场点进行重点野外观测。在野外，我们寻找了与活断层相关的典型地貌，如：第四纪沉积物的断层崖或断错面、断错河道、断错脊、线性谷、阶地和斜切山坡。在适宜的地方，利用测量精度在 10cm 的电子全站仪、手持激光测量仪和反射器对断错地形进行反复测量。使用手持全球定位系统接收器确定位置，从全球定位系统的测量结果或者地形图（比例为 1∶25 万或者 1∶50 万）获得高程（图 3-4）。

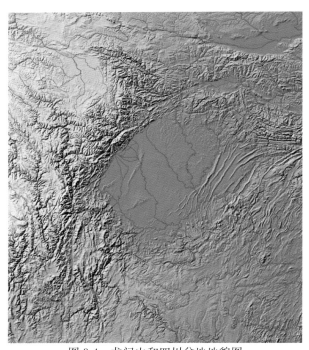

图 3-4　龙门山和四川盆地地貌图

由于该地区断层暴露不好，具有清楚滑动意义的标志物非常难找。另外，陡峭的地形意味着，走滑位移可能会引起局部视倾滑断错。基于此，我们下面根据视垂直断错和速率讨论我们的观测结果。我们将横跨断层至少几千米到几十千米尺度的连续倾滑断距视为倾滑运动分量的明显证据。相反，在某种意义上小于这个长度范围的断距则可能是地形或者断层走向变化在局部产生的。

尽管我们用北川和彭灌断层的名称来表示龙门山的当前活动构造，但值得指出的是这些断层形成于晚三叠世印支造山运动（Burchfiel et al.，1995；Chen et al.，1996；Li et al.，2003），而且这些当前活断层的大多数，但并非全部，与老构造的表面迹线是一致的。

2. 探槽

为了确定彭灌断层最近滑动的时间，我们在青石坪横跨该断层开挖了一个 1.5m 深的探槽（331848/3391429）。由于我们没有找到合适的横穿断层的刺穿线，所以只限于对探槽壁的分析。其中的一个探槽壁被清理干净后，根据标准程序将比例尺设置为 1：10（McCalpin，1996）。对碳碎块的 ^{14}C 的分析提供了对探槽面出露单元的年龄约束。Zhou 等（2007）对白水河附近的北川断层进行过探槽和解释工作（386572/3459531），我们又对此处进行了局部的探槽开挖。我们在其中的一个探槽壁上采集了另外几个样品用于 ^{14}C 分析。

3. 宇宙成因放射性核素测定的沉积面年龄

在龙门山地区大多数断层滑动的地貌标志均涉及到沉积表面或者地貌的形变，比如河流阶地或者冲积扇。由于缺少出露良好的地层层序和有机物质，这种地貌的测定年龄是很困难的。为解决这个问题，我们通过对几个地方的河流沉积物中提取的石英，测量宇宙成因的 ^{10}Be 的浓度来确定地形的年龄。样品包括：①选自沉积层表面和沉积层不同深度的几十个花岗质粗砾石的混合深度的剖面样品；②在另一种情况下，选自埋藏在冲积扇内的大砾石（直径大于 2.5m）顶部的样品。对于混合样品而言，样品来自阶地面以下 0.3～3.5m 的几个不同深度（±0.1m），通过对沉积层内最近堆积形成的露头取样，选取几十个经河流搬运的直径为 4～8cm 的花岗岩粗砾石。我们只从耕作层之下明显具有河流成因的地层分层中选择粗砾石。每块粗砾石被分别粉碎，将各等分样品互相混合成单一的二次取样，测出相应深度 ^{10}Be 的平均浓度（Anderson et al.，1996）。对 Kohl 等（1992）的方法改进之后，分离出了所有样品中的石英。在普度大学 PRIME 实验室用加速器质谱仪完成了从石英中 ^{10}Be 的分离和 $^{10}Be/^9Be$ 比率的测量。表 3-1 列出了采样地点、Kobe 所测浓度和样品年龄，也给出了高程、纬度。根据 Stone（2000）的方法确定 ^{10}Be 生成速率的水平遮盖校正因子。通过测量取样场地周围地形中所有主破裂点的罗盘方向和方位角、填充各测点之间的直线和整合这一简单地形剖面由地形遮盖的天空部分来确定地平遮盖。

表 3-1　宇宙放射性核素采样及分析结果

采样	采样类型	中砾数	纬度	海拔/m	纬度/高度校正因子[1]	水平校正因子	采样深度/m	$[^{10}Be]$ 10^5 atoms/g	^{10}Be 模型年龄/ka[2]	继承校正年龄/ka[3]
DLS−1A	剖面	24	31.2821°N	1205	2.12	0.977	0.55～0.70	0.85±0.99	13.1±2.5	12.2±3.9
DLS−1B		27	31.2821°N	1205	2.12	0.977	1.40～1.60	0.43±0.07	14.1±3.2	
XH−1A	剖面	16	31.6752°N	601	1.37	0.974	0.25～0.35	0.45±0.07	8.26±2.0	4.2±2.1
XH−1B		17	31.6752°N	601	1.37	0.974	1.60～1.80	0.31±0.09	18.8±6.4	
XH−1C		22	31.6752°N	601	1.37	0.974	2.90～3.10	0.24±0.06	43.1±15	
GY−1	地表	34	31.1343°N	1104	1.97	0.974	0.00～0.80	0.31±0.05	4.22±1.0	未利用
GY−2	粗砾石	未利用	31.1343°N	1104	1.97	0.974	0.00～0.05	0.08±0.08	8.26±1.5	未利用

1）据 Stone（2000）的工作计算的校正因子；

2）假设海平面、高纬度 ^{10}Be 的生产率为 5.10a/(g·a)（Stone，2000），阶地土壤的密度为 1.5g/cm³，岩石采样的密度是 2.7g/cm³；

3）采用 Anderson 等（1996）的成对校正方法计算

目前有几种方法可将^{10}Be的浓度转化为地形年龄。利用 Anderson 等(1996)的方法将每组上面两个样品的样品对，在技术上评估为一个样品对(DLS—1；表 3-1)混合深度剖面的年龄。这种方法校正了可能由于粗砾石被侵蚀和河流搬运过程中带来的残留^{10}Be。从下面的公式得到残留校正过的沉积物年龄 t：

$$t = \frac{1}{\lambda} \ln\left(\frac{\Delta P}{\Delta P - \lambda \Delta N}\right) \tag{3-1}$$

式中，ΔP 为两个采样深度之间的生成速率差值；ΔN 为^{10}Be 浓度的差值；λ 为^{10}Be 的衰减常数。

我们用修改的继承校正方法评估了 XH—1 的结果(表 3-1)，其中可得到 3 个不同深度的混合二次取样样品。假定由这些样品得到的年龄远小于^{10}Be 的半衰期，我们就可以放心地忽略衰减。Hancock 等(1999)在没考虑衰减因素情况下，用下面的公式建立了沉积年龄 t、深度 z、初始继承性^{10}Be 浓度 N_{in} 和最终浓度 $N(z，t)$ 之间的关系：

$$N(z,t) = P_0 t \exp\left(-\frac{z}{z^*}\right) + N_{in} \tag{3-2}$$

式中，P_0 为表面生成率；z^* 为由 Λ/ρ 给出的衰减长度范围，这里 ρ 为上覆地层的密度，Λ 为自由路径的吸收均值。我们使用的 Λ 值为 150g/cm^2。用式(3-2)，通过 $\exp(-z/z^*)$ 和 $N(z，t)$ 之间关系的线性回归获得 t 和 N_{in} 的估计值，$\exp(-z/z^*)$ 和 $N(z，t)$ 从表 3-1 的每个样品深度来读取的。

对于 GY1 和 GY2 表面样品(表 3-1)的年龄计算时，假设样品在暴露期间的生成率是常数。这些样品很可能有继承性^{10}Be 的成分，其年龄值不能由所获结果估算出，因此，表 3-1 所列样品的年龄应该认为是最大值。

3.1.2　北川断层的活动构造

北川断层(也称为映秀—北川断层)是晚三叠世印支造山运动所形成的一个大型的活动逆断层(Chen et al.，1996；Li et al.，2003)。Chen 等(1996)认为，北川断层朝着西南方向下插到龙门山中元古代基底岩石和古生代变质岩之下。Burchfiel 等(1995)指出，北川断层约束和切割了彭灌基底地块的南部边缘(图 3-3)。他们将当今的北川断层描绘为向西北陡倾的构造，在新生代晚期通过逆冲和右旋这两种运动形成了转换缩短变形。

在卫星图像上，在龙门山地区北川断层可连续追踪的长度约 200km。在我们勘查的地方，北川断层的活动迹线似乎是向北西陡倾，并显示出大量第四纪右旋走滑位移的证据，有小的和局部可变的倾滑分量。下面我们描述沿北川断层的 4 个不同地点的详尽观测结果。

1. 高原村

在都江堰以北，北川断层形成一个在白沙河顺东北方向延伸的线状山谷(图 3-5)。在高原村附近(373630/3445246，图 3-5)，该断层的迹线沿西北谷壁有一系列阶地、断错脊和小型(5～40 m)的右旋河道断错。在高原村，该断层穿过一个小的冲积扇(100 m 宽)形成了一个倾向 40°、西北侧高的主断层崖(图 3-6)。在狭窄的断层带内(10m)，冲积扇表面的垂直断错为 $3.0\pm2.0\text{m}$。

我们从高原冲积扇中取了两批沉积样品用于^{10}Be 分析。第一批样品(GY1)由选自冲积扇表面的 34 块花岗质粗砾石所组成。由于冲积扇的表面覆盖了厚度将近 0.8m 的耕作层，这种混合样品应该能反映冲积扇沉积层最上面约 1m 的^{10}Be 平均浓度。另外，在凸出冲积扇地面以上约 1.2m 的大块(直径为 2.5m)花岗质砾石的顶部选取了一块样品(GY2)。混合样品 GY1 测得的^{10}Be 暴露年龄是 $4.2\pm1.0\text{ka}$，而砾石样品 GY2 测得的^{10}Be 暴露年龄是 $8.3\pm1.5\text{ka}$(表 3-1)。因为宇宙成因核素^{10}Be 的生成率随深度呈指数性衰减，加之冲积扇沉积层最上面 0.8m 为耕作和生物扰动的混合层，因此，GY1 给出的年龄是冲积扇表面沉积物的最小估计年龄。相反，由于 GY2 样品选自尺度大的砾石以及它在冲积扇里具有一定的埋藏深度，使得砾石不可能在沉积以后发生了转动或者明显移动。由于 GY2 砾石在搬运到当前位置的时候可能聚集了一些未知浓度的^{10}Be，因此，我们认为 GY2 样品代表了冲积扇表面的最大年龄。总之，Kobe 数据显示这个地方的北川断层，最小视断错速率为 0.36 ± 0.07mm/a。

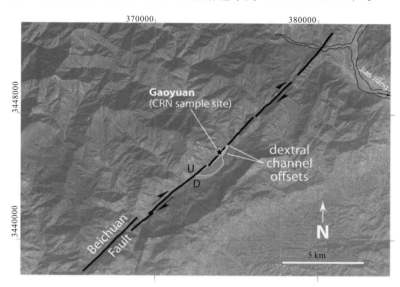

图 3-5　高原村北川断裂及其断错地貌

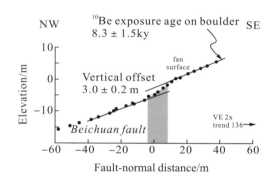

图 3-6　高原村被北川断裂切割的小冲积扇的实测图

2. 白水河

在高原村东北的白水河镇附近，在北川断层上可见到一系列一般朝向东南的断层崖、右旋河道断错和成列的坡中槽构造(385706/3458591 图 3-7)。在白水河镇的正北，该断层穿过白水河水面以上 60m 的未定年龄的填充阶地面，形成了朝向东南的 4.5 ± 1.0m 的断层崖(图 3-8)。向东北方向几百米，一条小河以右旋方式断错了 6.4 ± 0.2m(图 3-8)。右旋断错恰巧与 0.5 ± 0.1m 高、走向 62° 的线性朝向东南的断层崖在同一位置。河流侵蚀成覆盖填充阶地表面的崩积层。因此，阶地断错的年龄要老于河流断错的年龄。河流断错说明在这个位置的北川断层，走滑与倾滑的比率至少为 12:1。假定斜坡的走滑位移也可以产生视倾滑断错，我们把这个比率认为是最小值。在缺乏阶地或上覆崩积层年龄控制的情况下，我们不能确定滑动速率。

该断层朝东北方向延伸穿过了几条线状山谷，并直到 Zhou 等(2007)开挖的探槽地点排列有坡中槽构造，位于走向为 38° 的狭窄线状凹地，东南方以主断错脊为界(图 3-7)。注意，横过断层的视垂直断错方向和(图 3-7)所示位置(在西南约 1500m)的相反。Zhou 等(2007)断定，在北川断层的这一段，最后一次地震发生的时间是距今 11770 ± 360 年，这是他们探槽中获得的最年轻的 [14]C 年龄。尽管 2003 年我们去的时候，他们的探槽被水淹过并有部分淤泥，但我们仍设法提取了 2 块残留木块用于 [14]C 分析，一块取自出露的未活动断层的最低部，另一块取自探槽内断层线的最新活动层上部。测出底部样品的放射性碳元素年龄距今超过 36430 年，上部样品常规的放射性碳元素的年龄为距今 7970 ± 70 年(表 3-2)。这些样品看来约束了北川断层这一段上次地震的发生时间在 8~12ka。

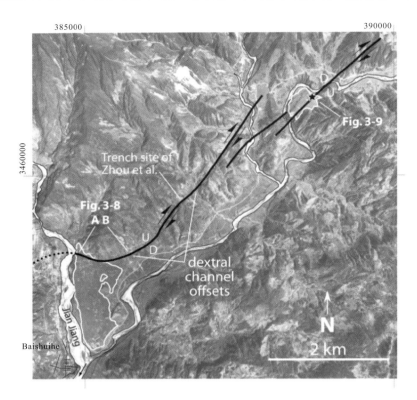

图 3-7 白水河地区北川断层的航空照片及构造解释图

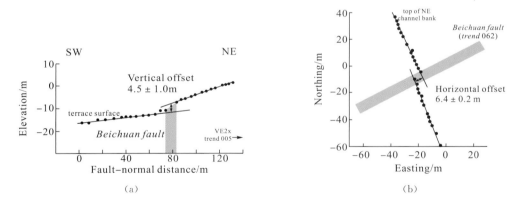

图 3-8 白水河地区北川断层错断的地貌特征测量图

北川断层的位置见图 3-7。(a)。北川断层形成的河流堆积阶地上的断层崖。该阶地年龄未定,穿过断层(用灰框表示)的表面位错量为 4.5 ± 1.0m。(b)。北川断层断错的小河道图示。实心圆表示沿着河岸东北顶部的测量点,右旋断错量为 6.4 ± 0.2m;河流谷底线也有相似的断错。沿着断层迹线,断错相当于 0.5 ± 0.1m 的断层崖(西北侧高)

表 3-2 放射性碳采样及分析结果

采样	材料	$^{13}C/^{12}C$ 比/mil	常规放射性碳年龄/a B. P.
030203-4	木炭	-27.6	930 ± 40
030203-5	木炭	-25.7	860 ± 40
030203-9	木炭	-25.6	280 ± 40
BF57A	木材	-27.5	>36390
BF57E	木材	-28.1	7970 ± 70

注:所有采样的准备和解释都由贝塔分析公司完成。采样 BFS7A 和 BF57E 是由标准放射性年龄测定法分析的;其他采样用加速器质谱分析

3. 东林寺

东林寺在 Zhou 等(2007)的探槽东北方向约 3km 处(388495/3461461，图 3-7)。北川断层在东林寺村断错了大面积的河流阶地(图 3-9)。该阶地位于当地河床以上约 15m，由覆盖约 25m 厚砾石沉积的花岗岩基岩上切割的宽谷构成。北川断层形成了穿过阶地表面东南边缘倾向为 47°的低断层崖。该断层崖面向西北，高约 0.9±0.1m(图 3-9)。

我们从河流阶地填充物里提取一些花岗岩质砾石的混合样品用于 ^{10}Be 分析。在阶地面下 0.6±0.1 m 和 1.5±0.1m 深度的样品得到了 ^{10}Be 结果(表 3-1)，其与 12.2±3.9ka 的继承校正沉积年龄一致。基于此，北川断层在这个地方的最小视垂直断距速率为 0.07±0.02mm/a。与距白水河(图 3-9)更近的地点相比，这里的断层崖是朝向北西的。同样注意，如果该阶地表面的这个年龄是正确的，就意味着从 2ka 以来，填充物下切了约 25m，基岩下切了约 15 m，基岩的最小下切速率超过 1mm/a。

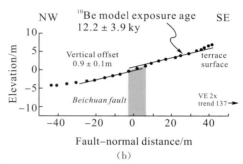

(a)　　　　　　　　　　　　　　　(b)

图 3-9　东林寺北川断层导致的河流堆积阶地上的断坎

东林寺北川断层位置见图 3-7。(a)野外切割阶地的断层崖(箭头表示)照片，镜向东南；(b)同一位置断层崖的测量。阶地表面由断层断错了 0.9±0.1m(由灰框示意给出)，河流阶地宇宙成因核素 ^{10}Be 样品得到的继承校正年龄为 12.2±3.9ka(表 3-1)，意味着最小视垂直断距速率为 0.07±0.02mm/a

4. 北川

在北川县附近，很清楚地看到北川断层是一个接近垂直、左阶叠瓦状排列的断层带(448080/3521320，图 3-10)。沿每条断层线均可发现数十至数百米的河流右旋错断。断层显示出一系列在未知年龄的填充阶地上发育的台地和线性断层崖，东南侧持续上升。在北川断层活动迹线的湔江急转弯处(图 3-10)开始的废

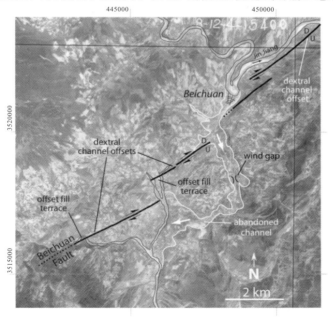

图 3-10　北川地区北川断层的航空照片及构造解释图

弃河谷也支持了垂直错断的这一认识。该河谷基底平坦，有几百米宽，从北川到平缓的鞍状构造一直抬升，然后下降延伸到南部一个很小的流域盆地。如果该河谷缺少现代河流，我们把鞍状构造解释为风口，河谷为湔江的废弃古河道。东南侧上升的北川断层，其右旋斜位移看来造成了古河谷的废弃和当今湔江急转弯的形成。当前，在再次转向西南横穿北川断层之前，岷江与北川断层平行，向东北流经约 10km。

3.1.3 彭灌断层的活动构造

和北川断层一样，彭灌断层也是晚三叠世印支运动形成的地壳尺度的大型逆冲断层（Li et al.，2003）。Chen 等（1996）曾认为，彭灌断层（图 3-1）是由两个独立的同线性断层组成，即北面的香水断层和南面的灌县—安州断层。这两条断层都是 NW 倾向，似乎出现过在四川前陆盆地西部的前印支时期的岩石俯冲到后印支和同印支期陆源沉积物上（Chen et al.，1996）。Burchfiel 等（1995）认为在同一位置存在倾向北西的逆冲断层，但对其没有命名或者描述。无论是 Chen 等（1996）还是 Burchfiel 等（1995），都没有提及沿这一构造的第四纪走滑作用。我们对下述两个地区的观察结果说明彭灌断层在全新世是右旋走滑断层，局部可见明显的小倾滑运动。

1. 双河

彭灌断层沿双河镇东北延伸 15km 的线性、东北向山谷清楚地暴露出来了（329390/3389000，图 3-11）。该断层的活动迹线是沿着山谷两侧几个次平行断层线有一系列右旋河流断错、台地、断错脊、线性谷和封闭洼地。在双河该断层具有约 5km 的右旋走滑位错；该水系朝东南流入山谷，沿着断层转向西南，然后在双河镇又转向东南（图 3-11）。该断层迹线显示出北西向上和东南向上的垂直断错；这种横跨断层迹线没有倾滑断错一致方向使我们断定，这里的运动特征主要是走滑运动。该断层右旋断错了双河与溪河（333272/3393382，图 3-11）交汇处之上的砾石滩边缘，但是在耕作层上部分断错不明显，我们不能从砾石滩或者临近的填充阶地残留物中获得任何可确定年龄的物质。

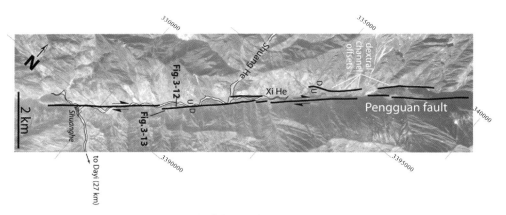

图 3-11　双河彭灌断层的航空照片及构造解译图

粗黑线代表活断层迹线；U 和 D 分别表示局部上升断块和下降断块；深灰线表示后来被彭灌断层右
旋断错的河道；给出了勘察到的右旋河道断错（图 3-12）和探槽（图 3-13）的位置

在青石坪（332065/3391701，图 3-11），明显的断错脊形成了一个倾向 48°，高 2~10m 的朝向上坡的断层崖。该断层崖断错了几条河流，导致断层上游沉积物形成了局部的积水。在断错脊东北端的小河流被断错了 27±2m（图 3-12）。为弄清楚这个地方近期的断层作用史，我们在断错脊东南端附近横跨断层开挖了一个 7×1×1.5m 的探槽（图 3-13）。该探槽出露了 6 个清楚的沉积单元（表 3-3），大部分是断错脊后的砂岩和黏土沉积物，其中 3 个单元可横跨断层查看到。我们在两个独立的构造组合中找到了两次不连续断裂事件的证据。第一次事件以 3 条断层（F1-F3）为标志，它们切割了崩积层和部分广泛存在的砂土单元的基底（图 3-13的单元 3）；这些断层与明显的地表断层崖排成一列。第二次事件以东南方 3.5 m 处的 2 条独立断层为标记(F4—F5)，它们切割了砂土单元 3，但被有许多人为碎石物(砖块、瓦片、木炭；图 3-13 的单元 5)的上层覆盖着。3 个 ^{14}C 样品测定第一次事件的发生时间为距今 930±40a，第二次事件的发生时间为距今 930±40a 和 860±40a 之间(常规的放射性碳年龄)(图 3-13 和表 3-2)。两次事件的位移都伴有 10～30m 的倾滑，东侧下降。我们不能约束这些事件走滑位移的大小，但是该地点的局部地貌和双河谷总体上说明，目前主要的滑动很可能是右旋。由此看来，这个地方的彭灌断层在过去的几千年内是活动的。

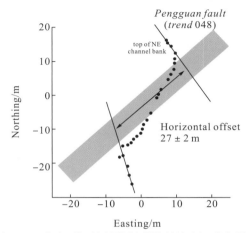

图 3-12　在青石坪被彭灌断裂错断的小河道实测图

表 3-3　青石坪探槽揭示的彭灌断层及其岩性单元

单元	描述
1	褐色—灰褐色砂质黏土，大量的植物残留物(根、茎)，受到耕作的严重扰动
2	橄榄灰色块状粉砂质的淤泥，夹少量砂岩、页岩和砖块碎屑，含碳屑(厘米级)，有少许深灰色斑点
3	中黄—褐色块状砂质黏土，底部含有深红—灰色风化砂岩砾石和少量的棱角状页岩碎石，直径<5cm(大多数<1cm)，含少量碳屑和粗糙的近圆形石英砾石
3a	除了碎屑更少及颜色比中黄—褐色浅外，与单元 3 一样
3b	除了碎屑更少外其他与单元 3 一样，3a 和 3b 之间的联系少，很难追踪，断层 F1-F3 切割单元 3b，未切割单元 3a
4	中褐色—灰色—略带红的灰色中砂，含有细微的黏土，主要由中到深的灰—红风化砂岩组成，夹页岩和石灰质砾石，认为是来自下面岩层的崩积物
5	橄榄灰—深灰色块状黏土，含大量的砖块、瓦片、陶瓷片、木炭和(稀少的)深灰色页岩碎屑
6	黄色—浅黄—褐色块状黏土，无碎屑，夹细至中等粒状的石英砂层，只在单元 5 底部局部发育，单元 6 比下面单元的颜色明显浅

(a)

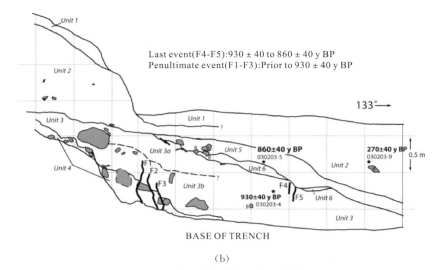

Last event(F4-F5):930 ± 40 to 860 ± 40 y BP
Penultimate event(F1-F3):Prior to 930 ± 40 y BP

图 3-13　青石坪彭灌断裂的探槽剖面

2.永安

我们在龙门山东北部的永安村(446829/3504427,图 3-14)附近也调查了彭灌断层。此处的彭灌断层以溪河宽河谷的东南边缘为界。断层的活动迹线表现为线性、倾向 72° 的 ES 向断层崖,断层崖切错了泛滥平原以及溪河的低填充阶地(图 3-14)。在永安附近,断层崖断错溪河(图 3-15)阶地,在大约 200 m 距离上,形成了 15° 的右转弯。这种转弯与伸长的断陷湖和断层崖高度的局部增大有关。鉴于这种几何关系,我们把该断陷湖解释为通过弯曲的右旋走滑运动引起的小拉张盆地。

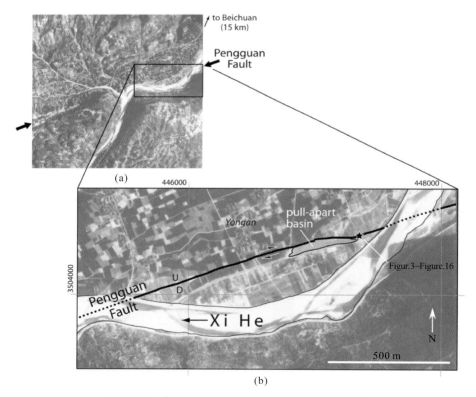

图 3-14　永安彭灌断层的航空照片及构造解释图

(a).永安周边地区未解释的航空照片。(b).图中显示了断层切割泛滥平原和溪河低阶地的详尽景观,粗黑线表示活断层的迹线; U 和 D 分别表示上升断块和下降断块;注意与断层右旋有关的小盆地组成一个浅湖;五角星代表宇宙成因核素[10]Be 样品 XH-1 的位置

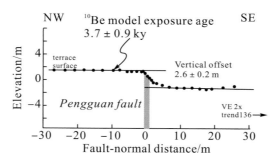

图 3-15 永安彭灌断层断错的河流阶地剖面图

永安附近彭灌断层断错的河流填充阶地的实测图，位置见图 3-14。穿过断层，冲积扇表面位错了 2.6±0.2m（灰框示意表示）。河流填充阶地的宇宙成因[10]Be 样品经继承校正后的年龄是 4.2±2.1ka（表 3-1 和图 3-16），意味着最小视垂直断错速率 0.62±0.31mm/a

在断陷湖东端，我们测量了垂直高度为 2.6±0.2 m 的断层崖（图 3-15）。为了确定阶地的沉积年龄，我们采集了花岗质砾石和石英质砾石的 3 个混合二次采样的深度剖面进行[10]Be 的分析（图 3-16）。二次采样取自阶地面之下 0.3±0.05 m，1.7±0.1 m 和 3.0±0.1m 的深度，阶地面高于当今河床大约 4 m。在不考虑衰减的情况下，作为 3 个二次采样深度的函数（表达式为 $\exp(-z/z^*)$），[10]Be 浓度（含有继承的[10]Be）的线性回归经继承校正后，沉积年龄为 4.2ka，继承的[10]Be 组分显著（表 3-1，图 3-16）。由于样品缺少足够的石英以及石英中[10]Be 浓度低，这样测量的[10]Be 浓度误差相对大。考虑到这一点，我们保守地估计模型的年龄误差有 150%。虽然现在的误差大，但考虑到本书的目标，年龄的绝对误差（±2100a）还是小的。结合断层崖的高度，校正后的沉积年龄与彭灌断层这个地方的最小视垂直断错速率 0.62±0.31mm/a 是一致的。

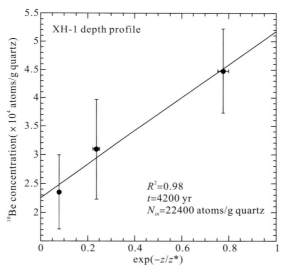

图 3-16 永安河流阶地样品的[10]Be 测年图

永安附近 XH-1 采样点的[10]Be 二次采样深度剖面。位置见图 3-13。$\exp(-z/z^*)$ 与[10]Be 浓度关系的线性回归得到的模型年龄是 4.2ka，继承的[10]Be（N_{in}）组分显著。模型年龄误差保守估计为 ±50% 或 ±2.1ka

3.1.4 龙门山山前的变形特征

识别四川盆地西部的活断层作用比在高原内要困难，原因是人口密度大和农业分布密集。然而，我们仍在盆地边缘的许多地点找到了晚新生代变形的证据。虽然我们一般对变形的时间约束不好，但是我们的观测补充和扩大了 Burchfiel 等（1995）的结果。

多数人认为，在大邑镇（358000/3385100，图 3-17）附近，盆地西边的晚新生代形变是山前陡倾的砾岩聚结的局部带（一般 1～2km 宽）（图 3-17）。尽管填绘出的新近纪岩石的范围，是很有限的，包括大邑岩层中的砾岩(Burchfiel et al.，1995)，但我们的观察结果表说明，实际上在都江堰和雅安之间的山前和熊坡背斜东翼及西翼的很多地方出露了达数百米的砾岩(图3-17)。这些地方的砾岩一般向东南陡倾(达到78°)，近似平行于：①界定砾岩基底的不整合面；②下伏砂岩和粉砂岩的层理，砂岩和粉砂岩的范围从始新世名山组到白垩系灌口组。尤其在名山(320061/3338449)、景东(350543/3382169)和街子(361477/3410162)可找到这些出露良好的现象(图3-17)。在西北1~2km内，砾岩和其下伏沉积岩的倾角逐渐变化到接近零。沿山前的这种局部形变带可能与Chen等(1996)描述的东南边缘的逆冲断层相关。砾岩与下伏岩石之间缺少发育良好的角度不整合面，说明地表变形发生于砾岩沉积以后。

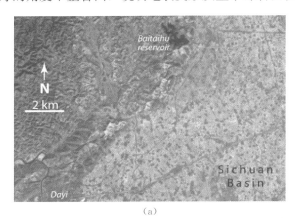
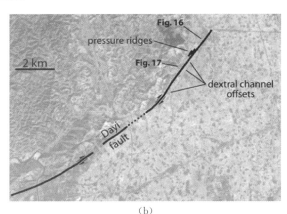

(a)　　　　　　　　　　　　　　　　　　　(b)

图3-17　大邑县附近大邑断层的航空照片

大邑附近未解释的大邑断层航空照片(a)；(b)同一地区照片的解释。粗黑线代表活断层的迹线。白塔湖水库附近的挤压脊和小规模河道断错为右旋断错

在距离大邑东北约10km的白塔湖水库(365138/3393735)附近，沿山前壮观地出露了局部变形(图3-18)。对墓地的挖掘出露了一个200m的横断面，展示了山前西部粗砾砾岩和下伏白垩纪灌口组(图3-18)。砾石层里从出露西端的03°/21°E旋转到中央01°/46°E和山前东端附近的18°/78°E。砾岩普遍发生了变形，大量米级的断层显示出右旋走滑和逆冲机制。在山前，我们看到了几个延伸的、近似平行的、倾向30°(向山前倾斜，倾向36°)的雁列褶皱和还未固结的红色粘土质砂和中砾岩的褶皱。由于它们的延伸形状和向山前倾斜，我们把这些褶皱理解为山前沿断层表面破裂的右旋走滑相关的挤压脊，这就是中国地质学家所熟知的大邑断层。沿着白塔湖和大邑之间的山前，一系列右旋河道断错支持了在白塔湖存在地表破裂和断层(图3-18)。断错尺度范围达数十米(例如在364608/3392238，图3-19)。

图3-18　大邑东北10km处白塔湖附近的具有陡倾的大邑砾岩

大邑东北10km的白塔湖附近大邑岩层陡倾的由碎屑胶结的粗砾砾岩的野外照片。位置见图3-17。镜向为北东方向，砾石主要是半磨圆和磨圆的花岗岩质的粗砾石，还有少量的石灰岩和砂岩砾石。基质是微红至棕褐色的泥质砂岩。砂层和层状的碎屑胶结层组成的原始层理形成舒缓的单斜层(灰色虚线表示枢纽位置)。大邑断层的活动迹线向东南延伸约200m

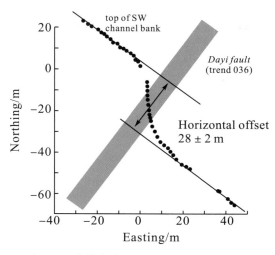

图 3-19　白塔湖附近大邑断层错断的小河道

白塔湖附近大邑断层位置见图 3-17。实心圆表示右旋位错 28±2m 的河岸西南顶部的测量点

在龙门山地区右旋断层的第四纪滑动速率仍旧大部未知。我们的[10]Be 数据仅仅对位移速率的视倾滑分量提供了直接证据。该分量是变化的，范围在 0.1～0.7mm/a。如果有广泛和令人信服的至少为 5～10mm（或许更多）的右旋走滑与倾滑比率的地貌证据，晚第四纪走滑速率就可能至少大几倍。最近的GPS 研究也提出该地区可能存在活动走滑形变（Zhang et al.，2004），认为横过边缘滑动速率可以达到每年几毫米。Meade（2007）通过变换 Zhang 等（2004）GPS 数据中的 GPS 地表速度估计了断层的运动机制和活动速率。在他的模型中，龙门山前陆的特点是总计右旋滑动约为 3mm/a，缩短速率约为 2mm/a，大致与我们的地貌观测一致。然而，在印度板块与青藏板块的碰撞地区和其他地区（Oskin et al.，2004），众所周知，由 GPS 得到的断层滑动速率与由地质数据得到或推断的都不一致。龙门山地区地震活动的相对稀少（Chen et al.，1994），加上我们对晚第四纪地表破裂的观测结果，说明应变随时间的积累可能比简单线性增加更复杂，这是要求 GPS 数据得到的和地质得到的形变速率相匹配所必需的假设。

龙门山地区所具有的活动右旋走滑分布的性质，以及连续差异垂直运动的缺乏，提供了青藏高原和四川盆地之间当今的地形起伏不是由上地壳断层上晚新生代滑动引起的进一步证据（Burchfiel et al.，1995；Royden et al.，1997）。Kirby（2003）用河流纵剖面分析认为龙门山地区河流的梯度（用于代表岩石上升速率）在邻近该边缘约 50km 的宽广区域都是增大的。缺少第四纪地壳缩短的直接地貌证据增大了这一论点的可信度。因此，要解释龙门山地区的高地形起伏度就必须引用基准面变化的某种其他机制。

然而，与青藏高原东缘平行的断层在控制东西向大河谷的位置上看来的确是重要的。在这种意义上，它们影响了龙门山地区（图 3-1）局部（河床至脊顶）的地形起伏。在岷江沿茂汶断层的流域段、湔江沿北川断层的流域段和双河沿彭灌断层的流域段，3～4km 的局部地形起伏是很常见的（图 3-1）。与青藏高原东缘平行的断层就像排水渠，受到青藏高原和四川盆地之间相对基准面变化的驱动，沿着这些排水渠可发生快速侵蚀（Richardson et al.，2008）。这样说来，龙门山区域现今的水系与瑞士的阿尔卑斯山有着惊人的相似。阿尔卑斯山中两个最大的河流（莱茵河和罗纳河）流经一个深的、与造山带平行的山谷，而且在突然转过河口流向前陆之前都是沿着古老的逆冲断层延伸（Schlunegger et al.，2001）。青藏高原东缘平行断层、高山谷起伏和大量新生代剥蚀（达到 7～10 km；Xu et al.，2000）的空间巧合说明有着某种因果联系，可能性是，上地壳的断层作用和伴随的弱化使得侵蚀集中在青藏高原东缘平行的山谷，促使青藏高原东缘的岩石抬升。

最后要说的是，我们对晚更新世和全新世断层活动的观测结果对地震危险性评估，尤其对人口密集的四川盆地有重要的意义。我们已经给出了自 12～13ka 以来沿北川断层、自约 4ka 以来沿彭灌断层北部和自距今 930±40a 以来沿彭灌断层南部发生地表破裂地震的证据。沿大邑断层最后一次地震的发生时间和山前相关构造还不得而知，但是这些断层都有某些晚第四纪滑动的证据。在四川盆地西部熊坡和龙泉活动背斜下的盲断层或部分盲断层，也有可能发生同震破裂（这里不予讨论）的地震危险性（图 3-1）(Burchfiel et al.，1995)。除了 1933 年叠溪地震(Chen et al.，1994)和 1976 年松潘地震序列(Jones et al.，1984)外，龙门山地区几乎没有历史地震活动(Chen et al.，1994)。本项研究结果说明，这种平静可能不能代表有关地貌学的更长时间尺度(10^4a)。

3.1.5 龙门山的地震危险性

青藏高原东缘地区的地形陡峭、起伏大，表明龙门山曾经历了新生代的快速冷却和剥蚀，却没有显示出该前陆盆地产生过大量级的地壳缩短或调节过程的证据。我们通过应用各种地貌观测结果对平行于该高原边缘的几条大断层的运动和滑动速率进行约束，来论述这一矛盾。北川断层和彭灌断层主要是右旋滑动的活动构造，沿青藏高原东缘可连续追踪达 200km。这两条断层都断错了河流阶地，得到的宇宙成因核素 ^{10}Be 经继承校正后，暴露物的年龄小于 15ka，说明了具有晚更新世的活动性。彭灌断层沿走向的两个地点在全新世均活动过。虽然两条断层晚第四纪的视断错速率沿走向是有变化的，一般都小于 1mm/a。但走滑位移的速率很可能要高出几倍，可能约为 1～10mm/a，但仍旧约束不好。在四川盆地西缘特别是山前带，在晚第四纪也发生了褶皱和右旋走滑活动。这些观测结果证明了该高原东缘形成和保持的过程中，没有发生大的上地壳缩短。这些也表明，与青藏高原东缘平行的断层的活动可能预示着人口密集的四川盆地存在很大的地震危险性。

结合野外观测、图像和照片解释以及错断沉积地形 ^{10}Be 暴露年龄测定的方法，论证了与青藏高原东缘平行的一组东北走向大断层上的第四纪活动。与青藏高原东缘平行的东北走向的北川断层、彭灌断层和大邑断层在第四纪末是活动的，滑动主要是右旋方向。视断错速率在空间上有很大的不同，但典型值小于 1mm/a。令人信服且广泛存在的主要右旋走滑位移的地形证据说明，总位移速率可能至少每年几毫米。北川和彭灌断层在更新世末经历过地表破裂，有些地方在全新世也发生过地表破裂。这些断层长度非常大，足以导致强地面振动的地震，因而成为区域地震危险性的潜在重大危险源。

3.2 龙门山造山带的历史地震

根据《中国地震动参数区划图(2001)》中的划分方案，青藏高原东缘共跨越了 4 个地震区、带：龙门山地震带(Ⅰ)、巴颜喀拉山地震带(Ⅱ)、长江中游地震带(Ⅲ)和鲜水河—滇东地震带(Ⅳ)（图 3-20），其中，龙门山地震带主要包括龙门山山脉以及秦岭的西段，在大地构造上主要为龙门山构造带与秦岭构造带的一部分。该带属于我国南北地震带中南段的一部分，地震活动相当强烈，是青藏高原北部地震亚区中的主要强震活动带之一。据记载，龙门山地震带共发生了 Ms≥4.7 级地震 197 次，其中 Ms5.0～5.9 级的地震共 109 次，Ms6.0～6.9 级的地震共 35 次，Ms7.0～7.9 级的地震共 9 次，Ms≥8.0 级地震的共 3 次，分别为 1654 年的天水地震、1879 年的武都地震和 2008 年的汶川地震（表 3-4）。以下将重点对龙门山构造带上的地震活动性和历史地震进行分析。

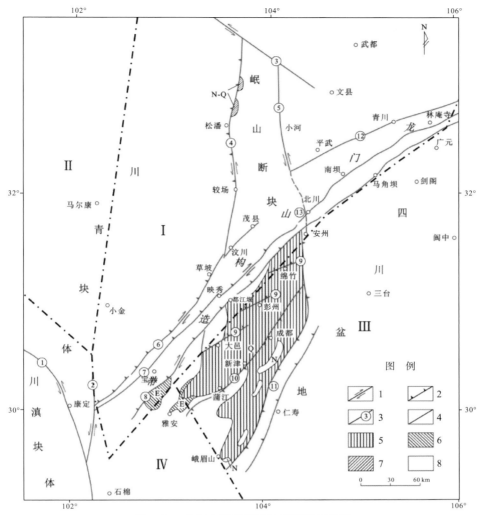

图 3-20　龙门山及其邻区地震区带划分图

1.走滑断层；2.逆断层；3.主要断裂及编号；4.分带界线；①.鲜水河断裂；②.大渡河断裂；③.东昆仑断裂；④.岷江断裂；⑤.虎牙断裂；⑥.茂汶断裂；⑦.北川断裂；⑧.彭灌断裂；⑨.龙门山山前断裂；⑩.蒲江—新津断裂；⑪.龙泉山断裂；⑫.平武—青川断裂；⑬.擂鼓断裂

表 3-4　青藏高原东缘 Ms≥5.5 的历史地震统计表

序号	发震时间			震中位置			震级(Ms)	震中烈度
	年	月	日	纬度/(°)	经度/(°)	参考地名		
1	BC186	2	22	33.8	105.6	甘肃武都东北	6.0～7.0	≥Ⅷ
2	638	2	14	32.8	103.4	四川松潘西北	5¾	Ⅶ
3	1327	9	—	30.1	102.7	四川天全	≥6.0	
4	1488	9	25	31.7	103.9	四川茂县一带	5½	Ⅶ
5	1581	7	—	32.9	104.6	甘肃文县	5½	Ⅶ
6	1597	2	14	31.9	104.4	四川北川	5½	Ⅶ
7	1604	10	25	34.2	105.1	甘肃礼县	6.0	Ⅷ
8	1610	3	13	32.4	104.6	四川平武东	5½	Ⅶ
9	1623	6	23	32.6	104.1	四川松潘小河	5½	Ⅶ
10	1630	1	16	32.6	104.1	四川松潘小河	6½	Ⅷ
11	1634	1	14	34.0	105.2	甘肃西和	6.0	Ⅷ

序号	发震时间			震中位置			震级（Ms）	震中烈度
	年	月	日	纬度/(°)	经度/(°)	参考地名		
12	1634	冬	—	33.2	104.8	甘肃文县	5½	Ⅶ
13	1654	7	21	34.3	105.5	甘肃天水南	8.0	Ⅺ
14	1657	4	21	31.3	103.5	四川汶川	6½	Ⅷ
15	1677	9	—	33.4	104.9	甘肃武都	5½	Ⅶ
16	1713	9	4	32.0	103.7	四川茂县叠溪	7.0	Ⅸ
17	1725	8	1	30.0	101.9	四川康定	7.0	Ⅸ
18	1738	5	19	33.3	104.2	四川九寨沟县	5¾	Ⅶ
19	1748	2	23	31.3	103.5	四川汶川	5¾	Ⅶ
20	1748	5	2	32.8	103.7	四川松潘漳腊北	6½	>Ⅶ
21	1748	10	12	31.0	102.4	四川小金崇德	5½	≥Ⅵ
22	1786	6	1	29.9	102.0	四川康定南	7¾	≥Ⅹ
23	1786	6	2	29.9	102.0	四川康定南	≥6.0	
24	1822	4	24	33.0	104.6	甘肃文县	5½	Ⅶ
25	1879	6	29	33.2	105.0	甘肃武都附近	5¾	
26	1879	7	1	33.2	104.7	甘肃武都南	8.0	Ⅺ
27	1880	6	22	32.9	104.6	甘肃文县	5½	Ⅶ
28	1881	7	20	33.6	104.6	甘肃礼县西南	6½	Ⅷ
29	1928	7	20	31.5	102.5	四川小金北	5¾	Ⅶ
30	1932	3	7	30.1	101.8	四川康定一带	6.0	Ⅷ
31	1933	8	25	32.0	103.7	四川茂县北叠溪	7½	Ⅹ
32	1933	10	15	31.8	104.0	四川茂县北	5¾	Ⅶ
33	1934	6	9	32.0	103.7	四川茂县叠溪	5½	Ⅶ
34	1938	3	14	32.3	103.6	四川松潘南	6.0	
35	1940	—	—	31.6	103.9	四川茂县一带	5½	Ⅶ
36	1941	6	12	30.1	102.5	四川泸定、天全一带	6.0	
37	1941	10	8	31.7	102.3	四川黑水一带	6..0	Ⅷ
38	1949	11	13	30.0	102.5	四川康定、石棉一带	5½	Ⅶ
39	1952	6	26	30.1	102.2	四川康定、泸定间	5¾	
40	1952	11	4	32.0	103.5	四川茂县叠溪附近	5½	
41	1953	3	1	32.5	103.5	四川松潘、黑水一带	5½	
42	1955	4	14	30.0	101.9	四川康定折多塘一带	7½	Ⅹ
43	1958	2	8	31.5	104.0	四川茂县、北川一带	6.2	Ⅶ
44	1960	11	9	32.78	103.67	四川松潘	6¾	Ⅸ
45	1961	3	30	32.80	103.70	四川松潘东北	5.5	
46	1961	10	1	34.33	104.78	甘肃岷县东	5.7	Ⅶ
47	1967	1	24	30.25	104.13	四川仁寿附近	5.5	Ⅶ
48	1970	2	24	30.60	103.20	四川大邑西	6.2	Ⅶ
49	1972	9	30	30.40	101.90	四川康定北	5.7	
50	1973	8	11	32.93	103.90	四川松潘东北	6.5	Ⅶ
51	1974	1	16	32.90	104.10	四川九寨沟县西南	5.7	

序号	发震时间			震中位置			震级(Ms)	震中烈度
	年	月	日	纬度/(°)	经度/(°)	参考地名		
52	1974	9	23	33.75	102.33	四川若尔盖西北	5.6	Ⅶ
53	1974	11	17	33.00	104.10	四川九寨沟县南	5.7	
54	1976	8	16	32.62	104.13	四川松潘、平武间	7.2	Ⅸ
55	1976	8	19	32.90	104.30	四川九寨沟县东南	5.9	
56	1976	8	22	32.60	104.40	四川平武北	6.7	
57	1976	8	23	32.50	104.30	四川松潘、平武间	7.2	Ⅷ＋
58	1987	1	8	34.22	103.23	甘肃迭部北	5.8	Ⅶ
59	1989	9	22	31.60	102.35	四川小金北	6.5	Ⅷ
60	2008	5	12	31.00	103.24	四川汶川	8.0	
61	2008	5	12	31.15	103.39	四川彭州	6.0	
62	2008	5	12	31.18	103.25	四川汶川	6.0	
63	2008	5	13	31.25	103.49	四川彭州	5.6	
64	2008	5	13	30.57	103.12	四川汶川	6.1	
65	2008	5	14	31.19	103.23	四川汶川	5.6	
66	2008	5	16	31.21	103.11	四川汶川	5.9	
67	2008	5	18	32.15	104.54	四川平武	6.0	
68	2008	5	25	32.33	105.20	四川青川	6.4	
69	2008	5	27	32.46	105.35	陕西宁强	5.7	
70	2008	7	24	32.50	105.30	四川青川—陕西宁强	5.6	
71	2008	7	24	32.50	105.29	四川青川	6.0	
72	2008	8	1	32.05	104.39	四川平武	6.1	
73	2008	8	5	32.46	105.27	四川青川	6.1	

汶川地震发生后，根据中国地震局以及中国地震局地震信息网的资料表明，汶川地震及其余震频次分布为：8.0级主震1次，6.0~6.9级余震8次，5.0~5.9级49次，4.7~4.9级267次，其中最大的余震发生于青川境内(表 3-4)。

3.2.1　历史地震活动的时间分布特征

据历史地震的资料记载，龙门山构造带及岷山断块共发生过大于Ms4.7级的地震66次。这些破坏性地震皆集中于岷山断块和龙门山构造带南段，而龙门山构造带北段尚未有破坏性地震的记载。在龙门山构造带中南段发生过1657年汶川6.5级、1958年北川6.2级和1970年大邑6.2级三次6.0级以上强震和19次4.7~5.9级地震。Ms=2.0~4.6级小震亦沿龙门山构造带南段密集成带分布，形成一条北东向的小地震密集活动条带，而龙门山构造带北段小地震活动相对稀疏(周荣军等，2006，2007)。其中，最早的一次记录发生于1619年，震级约为5.4级，自此之后龙门山构造带的地震活动的时间逐渐进入了第一活跃期，唐荣昌等(1993)将其厘定为1657~1748年，时间间隔为91年，以龙门山南段1657的6.5级地震为该期的起始，其中最大震级的地震即为该次地震；1749~1932年为该构造带地震活动的第一平静期，时间间隔为184年；自1933年茂县叠溪7.5级地震的发生，龙门山构造带地震进入了第二活跃期，在此期间内，地震活动性较第一活跃期强，主要以1976年松潘—平武间的4次7.0级以上的大地震和6次6.0~6.9级的地震为代表，同时在此活跃期内，发生了2008年汶川地震，为历史最大地震(图 3-21)。

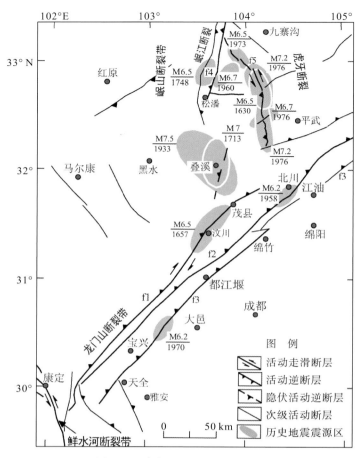

图 3-21　龙门山地区的历史地震

　　在龙门山主边界断裂上，自1800年以来先后曾发生过4次中强地震，最大一次是1970年发生在大邑西边的6.2级地震。在龙门山后山断裂上，自1597年以来共发生过4.0级以上地震13次，最大的2次分别是1657年的汶川6.5级地震和1958年的汶川6.2级地震。在龙门山主中央断裂上，自1168年以来只发生过12次4.0级以上地震，最大的那一次为北川的6.2级地震。龙门山历史地震的震源机制解显示，该地震带以NW—NWW向的水平挤压为主，主压应力轴P近于水平，主张应力轴T大多也近于水平，表明龙门山历史地震的运动方式为逆冲—右行走滑（周荣军等，2006，2007）。

　　根据300多年来历史地震统计结果表明（图3-22，图3-23，图3-24），近几十年来是龙门山断裂带地

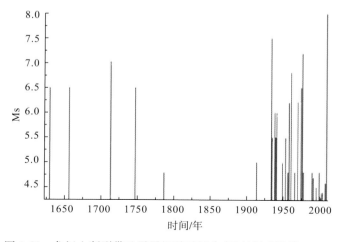

图 3-22　龙门山断裂带地震震级随时间分布图（据李勇等，2008）

震发生的高峰期，极有可能发生地震，我们也曾预测该地区将发生 7.0 级左右或更大的地震（周荣军等，2006，2007）。2008 年 5 月 12 日下午 14 点 28 分突然发生了 8.0 特大地震，这说明不是"小震折腾，大震到"，而是"不鸣则已，一鸣惊人"。以上分析表明，龙门山构造带自 1748 年以来发生的地震活动性在时间上具有盛衰交替的现象，发育两期活跃期。根据第一活跃期的持续时间，今后百年龙门山构造带的地震活动性应略高于平均地震活动水平。

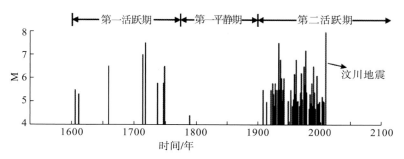

图 3-23　龙门山构造带的 M-T 图（据唐荣昌等，1993；李勇等，2006）

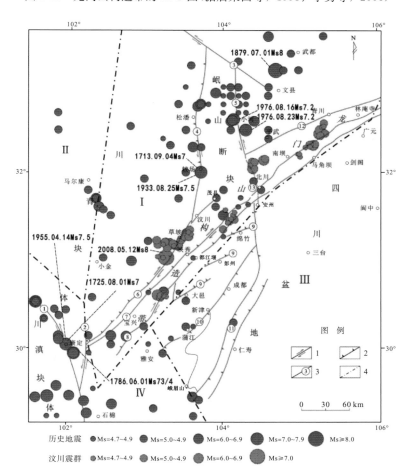

图 3-24　龙门山及其邻区汶川地震震群及历史地震空间分布图

1.走滑断层；2.逆断层；3.主要断裂及编号；4.分带界线；①.鲜水河断裂；②.大渡河断裂；③.东昆仑断裂；④.岷江断裂；⑤.虎牙断裂；⑥.茂汶断裂；⑦.北川断裂；⑧.彭灌断裂；⑨.龙门山山前断裂；⑩.蒲江—新津断裂；⑪.龙泉山断裂；⑫.平武—青川断裂；⑬.擂鼓断裂

1.历史地震活动的时间进程分析

龙门山地震带的历史地震记载悠久，自公元前 193 年甘肃临洮 6.5 级地震迄今已积累了近二千二百年的地震史料。根据历史地震资料的完整性分析结果可知，该区自15世纪以后的大地震基本能有记载，兼顾到本带地震强度大、活动周期长的特点，本次选取1500年以后的资料论述本带地震活动的时间分布。图3-25绘制了龙门山地震带地震震级和累积应变释放能量随时间分布图。

由图3-25可见，该区地震活动的时间进程具有一定的周期性特征。若以地震相对平静期内地震活动强度不大于6.5级来划分，则自1573年迄今可划分出两个地震相对活跃期（表3-5）。对图3-25和表3-5分析得知，第一个地震相对活跃期从1573年起，历经146年至1718年结束，这期间曾发生8.0级大震1次，7.0～7.9级强震2次，6.0～6.9级地震6次；而从1719～1878年的160年间，龙门山地震带的地震活动水平总体较低，未发生过7.0级以上地震，6.0级左右地震也仅记到3次，最大地震强度仅为6.5级，显示该带处于地震相对平静期；第二个地震相对活跃期始于1879年，迄今已持续了130年，这期间已发生8.0级大震2次，7.0～7.9级强震2次，6.0～6.9级地震16次；第二地震相对活跃期已发生了2次8级地震，6.0～7.0级地震频次也较第一地震相对活跃期明显增多，应变能累积释放总量也大大超出了第一活跃期的能量释放水平。综合现有资料分析认为，龙门山地震带地震活动具有一定的周期性，虽然自1879年开始的第二个地震相对活跃期在最大震级、地震频次和应变能累积释放总量上均达到或超过了第一活跃期，但持续时间仍相差15年左右。据此估计，未来百年内，该区仍处于第二活跃期末期及下一个活动周期内的相对平静期内，不能排除发生7.0级以上地震的可能，总体地震活动水平应低于1879年至今的平均地震活动水平。

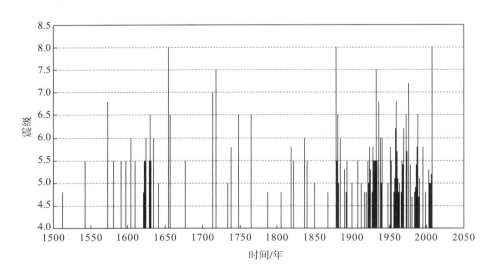

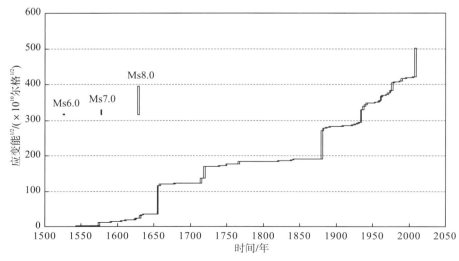

图 3-25　龙门山地震带地震震级和累积应变释放能量随时间分布图

表 3-5　龙门山地震带地震活动时段划分一览表

分期编号	地震活动时段划分	持续时间	各级地震次数			M_{max}
			6.0~6.9	7.0~7.9	≥8.0	
1	相对平静期(?　~1572) 相对活跃期(1573~1718)	? 146	(1) 6	2	1	(6¼) 8
2	相对平静期(1719~1878) 相对活跃期(1879~)	160 (130)	3 (16)	0 (2)	0 (2)	6½ (8)

表中括号内的数字是根据现有资料统计的结果

2. 活动构造的时间进程分析

活动断裂研究是涉及断裂最大可能潜在地震能力估计和潜在震源区划分的重要内容。该区主要包括了青藏高原东部、北部及四川盆地的一部分，岷山断块和龙门山构造带是青藏高原东边界的重要成员。以此为界，该区东、西两侧的构造变形及其地震活动性出现明显的差异。在岷山断块和龙门山构造带及其以西的地区，断裂规模大、活动性强，地震频发，尤其是 6.0 级以上强震主要集中于块体边界断裂上，是活动构造区。以东的四川盆地断裂构造不甚发育，规模小，活动性弱，仅有一些零星的中强地震活动记载，是相对的稳定区(图 3-24)。此外，该区内的秦岭构造带属于青藏高原北部组分，也具有断裂规模大、地震活动性强的特点。

在 2001~2006 年期间，我们曾详细研究了龙门山构造带中主干断裂的活动性(李勇等，2006)，包括茂汶断裂、北川断裂、彭灌断裂、大邑断裂、熊坡断裂和龙泉山断裂等，对典型的活动断裂和古地震遗迹开展了详细野外地质填图，利用全站仪和 GPS 对活动构造地貌进行了精确的测量，研究了活动断裂发育规模、期次、构造组合、地貌错位、运动学和动力学。

龙门山构造带的新活动性在茂汶断裂、北川断裂、彭灌断裂和大邑断裂等断裂均可见，主要表现为断错山脊、洪积扇、河流阶地及边坡脊等构造地貌现象。在龙门山构造带的中段和南段，各断裂具有明显的线性影像，贯通性较好，具有明显的活动性；但在龙门山构造带的北段，各断裂的线性影像不明显，贯通性较差。就龙门山构造带中各断裂的活动性比较而言，其中的北川断裂活动性最为明显(李勇等，2006；周荣军等，2006；Zhou et al.，2007；Densmore et al.，2007)。

研究结果表明(李勇等，2006；周荣军等，2006；Zhou et al.，2007；Densmore et al.，2007)，龙门山构造带的 3 条主干断裂在晚第四纪以来均显示由北西向南东的逆冲运动，并具有显著的右行走滑分量。其中彭灌断裂、北川断裂和茂汶断裂的单条断裂平均垂直滑动速率均在 1mm/a 左右，水平位错量与垂直位错量大致相当。这一结果显示了龙门山主干断裂以逆冲—右行走滑作用为特点，其显著的特征是滑动速率很小，其与现今 GPS 测量的龙门山地区地壳平均缩短率不足 3mm/a 的结论相一致。值得指出的是，很小的表面滑动速率却与龙门山高陡山脉的事实是相悖的。而且龙门山构造带在中生代与新生代之交走滑方向发生了反转，即由中生代时期的左行走滑作用变为新生代时期的右行走滑作用。

在前期研究中，我们采用了宇宙核素热年代学、热释光(TL)、^{14}C 等方法对与活动断裂相关的沉积物进行测年，标定了活动断裂发育规模和期次，共获得 36 组年龄数据(李勇等，2006；周荣军等，2006；Zhou et al.，2007；Densmore et al.，2007)，其中宇宙核素热年代学数据 7 个，^{14}C 年代学数据 5 个，热释光(TL)年代学数据 24 个，这些活动断层的年龄数据表明龙门山地区的彭灌断裂、北川断裂和茂汶断裂上均具有史前强震活动的历史，是一个地震灾害频发的地震带(图 3-24)。

考虑到古地震记录的不完整性和各种测年方法所获年龄的差异性，我们认为自 4 万年以来龙门山地区至少存在 30 余次强震的古地震记录(图 3-26)，虽然目前的资料尚不足以直接判定古地震震级的大小，但根据中国西部地区产生地震地表破裂和位错的地震震级一般都在 6.7 级以上的事实(邓起东等，1992)，我们可以初步认定龙门山地区曾至少发生过 30 余次 6.7 级以上的强震，同时也表明这 3 条主干断裂皆具备发生 7.0 级左右地震的能力。据对彭灌断裂青石坪探槽场地的研究结果表明，在该断裂带上最晚的一次强震发生在 930±40a.B.P. 左右(周荣军等，2006，2007)，据此，我们可以初步判定，这 3

条主干断裂的单条断裂上的强震复发间隔至少应在 1000a 左右。在此基础上，我们提出了北川断裂属于活动断层，具有潜在的地震灾害，并认为龙门山断裂带及其内部断裂属于地震活动频度低但具有发生超强地震的潜在危险的特殊断裂(周荣军等，2006，2007)。

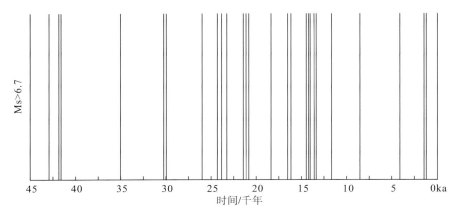

图 3-26　龙门山活动断层揭示的古地震事件的时间分布频率图(据李勇等，2008)

但是有关龙门山构造带几条主干断裂的滑动速率研究目前仍是粗略的，古地震资料更为零星难以判定震级大小。据《中国地震历史资料汇编》(谢毓寿等，1983)记载，后蜀孟昶明德元年四月(934 年 5 月)—后蜀孟昶广政十六年三月(953 年 4~5 月)的 20 年间，在成都、华阳一带记载了 11 次地震事件，其中记载破坏较重的有两次：一次是后蜀孟昶广政五年十月(942 年 11 月 16 日~12 月 15 日)"蜀(都成都府，治成都、华阳，今成都市)〔广政五年〕十月，地震摧民居者百数"；另一是后蜀孟昶广政十四年十月(951 年 11 月 7 日~12 月 6 日)"蜀(都成都府，治成都、华阳，今成都市)〔后蜀孟昶广政十四年十月〕是月地震，民居摧毁者百余所"。考虑当时民居房屋建筑质量较差，这两次地震对成都市区的破坏应达到Ⅵ-Ⅶ度，与 5·12 汶川 8.0 级地震对成都市区的影响基本相当。Densmore 等(2007)在距成都市区约 70~80km 的大邑双河(西岭镇)青石坪探槽场地，揭示出 [14]C 年龄为距今 860±40a~930±40a(折算公元年为 1090±40a~1020±40a)最晚一次古地震事件，两者年代相当接近，是否意味着距今千余年前的一次与汶川 8.0 级地震震级大致相当的地震事件呢？本次地震为解决这些方面的问题提供了难得的契机，对龙门山构造带及相邻地区未来地震危险性风险评估及人口密度较大的成都平原震害防御均具有重要的科学和现实意义。

龙门山构造带呈 N40°~50°E 方向斜贯研究区，长约 500km，断面西倾，倾角不定，是一条重要的活动断裂带。主要由茂汶断裂、北川断裂、彭灌断裂和龙门山山前隐伏断裂等 4 条主干断裂组成的宽约 30~40km 的冲断带，发育有数量众多、大小不一的飞来峰构造。研究结果显示，龙门山构造带在晚三叠世卡尼期以前处于扬子准地台西缘的被动大陆边缘。从晚三叠世诺利克期开始，龙门山构造带才由北西向南东开始逆冲作用，控制了龙门山构造带和前陆盆地的生成与发展(李勇等，1995)。其冲断过程具有由北西向南东渐次推进的前展式特点，并伴随前陆盆地西缘砾质粗碎屑楔状体的周期性出现和前陆盆地的幕式沉积响应。晚新生代以来，青藏高原的迅速崛起导致东缘地区地壳物质沿大型弧形断裂系发生大规模的向东方向逃逸，龙门山构造带作为川青滑移块体的南东边界仍然显示强烈的推覆逆掩作用。龙门山构造带晚新生代以来的构造变形形式不仅对其前缘的晚新生代地层的沉积，而且对成都前陆盆地的构造变形均具有重要的控制作用。

晚第四纪以来龙门山构造带的新活动性具有明显的分段性，在中段和南西段主要由茂汶断裂、北川断裂、彭灌断裂和山前隐伏断裂组成，显示右旋逆冲运动方式，具有较有明显的地质地貌证据。首先是沿龙门山构造带安州以南的中南段发生了强烈的差异活动，形成了成都第四纪盆地(第四系最大厚度可达 541m)。另外，几条主干断裂均有晚第四纪以来活动的显示。在北川以北的北东段主要由平武—青川断裂、茶坝—林庵寺断裂和江油—广元断裂组成，第四纪以来也有不同程度的活动性。

3.2.2　历史地震的空间分布特征

在空间上,青藏高原东缘地区共发生过 Ms≥4.7 级地震 66 次,这些破坏性地震皆集中于岷山断块和龙门山构造带的中段和南段。其中在岷山断块发生过 1713 年茂县叠溪 7.0 级、1933 年茂县叠溪 7.5 级和 1976 年松潘—平武 7.2、6.7、7.2 级四次 7 级以上大震和 6 次 6.0～6.9 级地震;在龙门山构造带中段则以北川—太平场一带较为活跃,在南段以大川—双石一带较为活跃,历史上的强震也多发于此,主要以 1657 年汶川 6.5 级、1958 年北川 6.2 级和 1970 年大邑 6.2 级三次强震以及 19 次 4.7～5.9 级的地震为代表(李勇等,2006),而龙门山构造带北段尚未有破坏性地震的记载(图 3-24、图 3-25)。同时,根据震级在 2.0～4.6 的小地震的分布规律来看,其主要沿和龙门山中南段分布,并在北川一带转为近南北向后沿岷山断块分布,而龙门山北段的地震活动较弱,只有少数的小地震发育。这与龙门山构造带的地貌特征以及第四纪活动特征的南北分段性具有相似性。

3.2.3　历史地震的震源深度分布特征

通过对青藏高原东缘龙门山构造带与四川盆地西部历史地震的震源深度分布的统计结果表明(图 3-27),自 NW-SE 地震主要沿岷山断块和龙门山 3 条主干断裂以及山前隐伏断裂发育,其中多数历史地震集中于北川断裂和彭灌断裂之间,茂汶断裂相对较少;在垂向上,地震的震源深度多集中在 10～20km 的区域内,均为浅源性地震,与本地区埋深 20km 左右的低阻层基本吻合。值得注意的是,位于 20km 以下地震分布极少。多数学者(许志琴等,1999;朱艾斓等,2005;李勇等,2006;贾秋鹏等,2007)认为该处存在一个低速低阻层,是一个力学性质较弱的层位,可能是滑脱带。同时,根据李勇等(2006)对大于 1.0 级地震的震源统计资料表明,龙门山构造带的小地震多分布在 5～15km 的范围内,而中—强震多发于 15～20km 的范围内。通过震源机制解的结果指示,该区域以 NW—SE 的挤压应力为主,表明本区处于逆冲走滑构造环境,与现今 GPS 测量的主压应力方向基本一致。

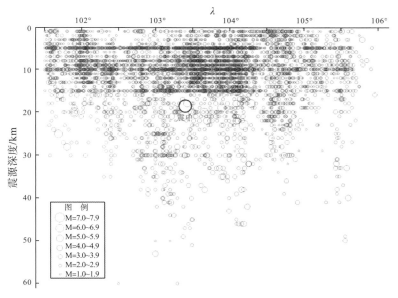

图 3-27　龙门山及邻区历史地震的震源深度随经纬度变化分布图

图中的 8.0 级震中为汶川地震的震中

此外,我们对龙门山地区的历史地震的震源深度随经度(图 3-28)变化进行了统计,结果表明,龙门山构造带的优势发震深度为小地震为 5～15km,强震为 15～20km。显然,汶川地震与该区的历史强地震的震源深度基本一致,均属为浅源性地震,其与该区埋深 20km 左右的低阻层基本吻合,也与该区的下地壳顶面抬升的深度位置相一致。

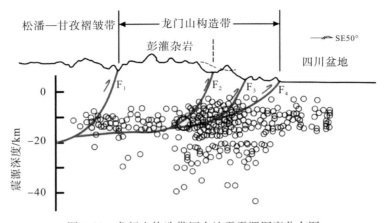

图 3-28 龙门山构造带历史地震震源深度分布图

大圈为汶川地震震源深度；F_1.茂汶断裂，F_2.北川断裂，F_3.彭灌断裂，F_4.大邑断裂

3.2.4 历史地震的震源机制解

现代构造应力场是驱动区域断裂构造活动和地震活动的基本原因，不同的现代构造应力场会引起不同类型断层的变形特征，不同的断层变形性质，产生的地震强度也不同。根据单个地震震源机制解反推地震发生地区的现代构造应力场，是目前常用的有效方法。图 3-29 给出了采用部分 $Ms \geqslant 4.0$ 级地震震源机制解结果编制的区域地震主压应力轴方向水平投影分布示意图，所用资料主要取自近年来的一些研究成果(张诚，1990)和自处理结果。

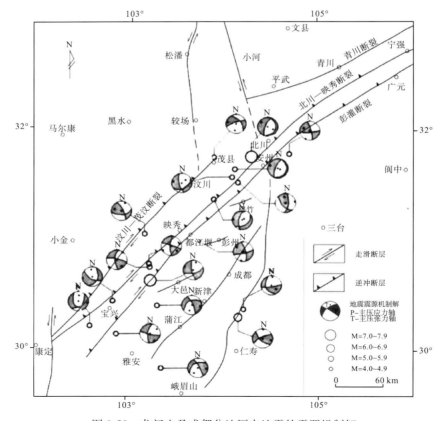

图 3-29 龙门山及成都盆地历史地震的震源机制解

从图中可见，区域地震的主压应力方向有一定的分区特点：在该区域北西部的迭部—临潭—岷县一带，地震主压应力轴优势分布方位呈近 EW-NWW 向；在区域北东部的礼县—甘谷—天水—陇县地区，地震主压应力轴优势分布方位呈 NE 向；在区域中部的南坪—松潘—平武地区，则有 NWW 和 NEE 两组地震主压应力轴优势分布方向；在川青块体南部的黑水—马尔康—小金北一带，地震的主压应力方向仍以 NWW-NW 向为主；而在斜贯区域西南部的龙门山断裂带上，青川—北川—汶川—都江堰—宝兴一带地震主压应力轴的优势分布方位以 NWW-NW 向为主，在青川以东多为 NEE 向的主压应力方向。据《2008 年 5 月 12 日汶川特大地震震源特性分析报告》（陈运泰等，2009），汶川 8.0 级地震主压应力方向为 NWW 向，在这样的应力作用下，龙门山断裂带主要以逆冲为主、兼少量右旋走滑分量。从图 3-30 中还可看出，在区域内有个别地震 P 轴方向与绝大多数地震 P 轴方向相异，这可能是因构造环境和介质特性的差异而导致的局部应力场畸变。

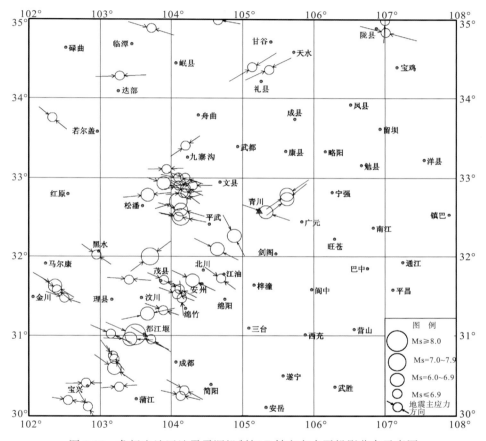

图 3-30　龙门山地区地震震源机制解 P 轴方向水平投影分布示意图

通过对区域现有地震震源机制解资料有关参数的统计显示，有 75.46% 的节面倾角都大于或等于 60°，有 22.73% 节面倾角近似直立（≥80°），表明区域地震可能的震源错动面多数是较为陡立的；有 83.64% 的 P 轴仰角小于或等于 30°，其中水平力（≤10°）和近水平力（11°~30°）分别占 36.37% 和 47.27%；P 轴仰角≥45° 的地震有 4 个，31°~44° 的有 5 个，分别占统计总数的 7.27% 和 9.09%，显示区域内有 1/6 稍多的地震为正倾滑或兼具一定走滑分量的正倾滑型地震；有 63.64% 的 T 轴仰角小于或等于 30°，其中水平力（≤10°）和近水平力（11°~30°）分别占 21.82% 和 41.82%，T 轴仰角≥45° 的有 12 个，31°~44° 的也有 8 个，分别占统计总数的 21.82% 和 14.54%，显示区内有 1/3 稍多的地震为逆倾滑或兼具一定走滑分量的逆倾滑型地震。

综上所述，该区域基本处于以 NW-NWW 向近水平的主压应力为主的现代构造应力场中。在这样的应力场作用下，易于发生以走滑为主或走滑兼具倾滑型的断层活动，NW 及近 SN 向的断层易产生左旋走滑运动，北东向的断层易产生右旋走滑运动（表 3-6，图 3-31~图 3-33）。

表 3-6　主要断裂活动特征一览表

断裂名称	产状	长度/km	性质	分段性（活动时代）	滑动速率/(mm/a)	地震活动
抚边河断裂	N40°～50°W/SE∠50°～80°	90	左旋走滑	Q₄	1.3～1.7	1989 年小金 6.5 级地震
茂汶断裂	N30°～50°E/NW∠50°～70°	500	逆冲—右旋走滑	陇东段（Q₃）		中小地震分布
				茂汶—草坡段（Q₄）	1（水平）0.80（垂直）	1657 年 6½ 地震
北川断裂	N30°～50°E/NW∠50°～70°	500	逆冲—右旋走滑	北川—映秀段（Q₄）	1（水平和垂直）	1958 年 6.2 级地震、2008 年汶川 8.0 级地震
				南坝段（Q₄）		中小地震分布
				宝兴段（Q₃）		
彭灌断裂	N30°～50°E/NW∠50°～70°	500	逆冲—右旋走滑	都江堰—天全段（Q₄）	1（水平和垂直）	1327 年≥6 级和 1970 年 6.2 级地震
				江油段（Q₁-Q₂）		中小地震零星分布
龙门山山前断裂	N50°～60°E/NW∠60°～80°	90	逆冲	大邑段（Q₃）	0.13～0.24	中小地震分布
				竹瓦铺—什邡段（Q₃）		
				绵竹段（Q₃）		
蒲江—新津断裂	N30°～40°E/SE∠50°～70°	150	逆冲	新津—广汉段（Q₃）	0.15～0.33	弱震分布
				蒲江—新津段（Q₃）		1734 年 5.0 级和 1962 年 5.1 地震
龙泉山断裂	N20°～30°E/SE∠50°～70°	250	逆冲	西支（Q₃）		1967 年 5.5 级地震
				东支（Q₁-Q₂）		
大渡河断裂	NS/E∠60°～90°	120	左旋走滑	Q₂		1941 年 6.0 级地震
米亚罗断裂	N30°～50°W/NE、SW35°～60°	56	逆冲	Q₂		
岷江断裂	NS/W 倾角不定	170	左旋—逆冲	Q₄	0.37～0.53	1713 年叠溪 7.0 级地震和 1933 年叠溪 7½ 级地震等
虎牙断裂	NNW/SW∠40°～80°	60	逆走滑	Q₄	1.4±0.1（水平）0.3（垂直）	1976 年 7.2 级、6.7 级、7.2 级强震
平武—青川断裂	N50°～60°E/NW∠50°～80°	250	逆冲—右旋走滑	Q₃		2008 年汶川 8.0 级地震强余震分布
茶坝—林庵寺断裂	N40°E/NW∠50°～60°		逆冲—右旋走滑	西段 Q₄		出现 2008 年汶川 8.0 级地震地表破裂
				中段 Q₃		2008 年汶川 8.0 级地震余震条带分布
				东段 Q₂		
江油—广元断裂	N45°E/NW∠60°～74°	41	逆冲—右旋走滑	Q₂		
龙日坝断裂	N60°～70°E/NW∠60°	90	右旋走滑	Q₄	0.9～1	
龙日坝南断裂	N60°～70°E/NW∠70°	60	右旋走滑—逆冲		5.4±2.0（水平）0.7（垂直）	
华蓥山断裂	N40°～45°E/SE∠30°～70°	460	逆走滑	Q₂		

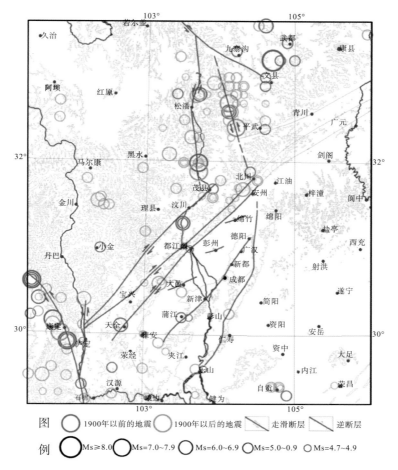

图 3-31　龙门山及成都盆地 Ms≥4.7 级地震震中图（据李勇等，2006）

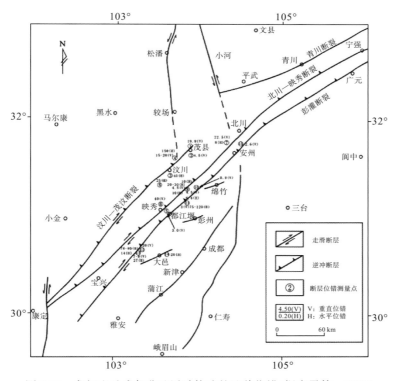

图 3-32　龙门山及成都盆地活动构造的地貌位错（据李勇等，2008）

3.3　龙门山强震复发周期的讨论与估算

在目前龙门山地质学研究中的一个主要争论是地震的预测问题。在过去的 20 余年的研究，我们的研究成果主要集中于回答这样的问题，如："下次龙门山大震中，哪一条断层最有可能破裂？""地震事件可能在何时出现？""我们能预测可能发生的地震的震级吗？"

3.3.1　龙门山强震复发周期的讨论

1. 对龙门山地区历史地震的讨论

自公元 638 年有历史地震资料记载以来，青藏高原东缘地区共发生过 Ms≥4.7 级地震 66 次，这些破坏性地震皆集中于岷山断块和龙门山构造带南段，而龙门山构造带北段尚未有破坏性地震的记载。在龙门山构造带中南段发生过 1657 年汶川 6.5 级、1958 年北川 6.2 级和 1970 年大邑 6.2 级三次 6.0 级以上强震和 19 次 4.7~5.9 级地震。Ms=2.0~4.6 级小震亦沿龙门山构造带南段密集成带分布，形成一条北东向的小地震密集活动条带，而龙门山构造带北段小地震活动相对稀疏（Li et al.，2001，2003，2006；Densmore et al.，2005，2007；李勇等，2006，2007；周荣军等，2006）。

在龙门山主边界断裂上，自 1800 年以来先后曾发生过 4 次中强地震，最大一次是 1970 年发生在大邑西边的 6.2 级地震。在龙门山后山断裂上，自 1597 年以来共发生过 4.0 级以上地震 13 次，最大的 2 次分别是 1657 年的汶川 6.5 级地震和 1958 年的汶川 6.2 级地震。在龙门山主中央断裂上，自 1168 年以来只发生过 12 次 4.0 级以上地震，最大的那一次为北川的 6.2 级地震。龙门山历史地震的震源机制解显示该地震带以 NW−NWW 向的水平挤压为主，主压应力轴 P 近于水平，主张应力轴 T 大多也近于水平，表明龙门山历史地震的运动方式为逆冲—右行走滑。

根据 300 多年来历史地震统计结果表明，近几十年来是龙门山断裂带地震发生的高峰期，极有可能发生地震，我们也曾预测该地区将发生 7.0 级左右或更大的地震。

2. 对龙门山活动构造的讨论

在 2001~2006 年期间，我们曾详细研究了龙门山构造带中主干断裂的活动性，包括茂汶断裂、北川断裂、彭灌断裂、大邑断裂、熊坡断裂和龙泉山断裂等，对典型的活动断裂和古地震遗迹开展了详细野外地质填图，利用全站仪和 GPS 对活动构造地貌进行了精确的测量，研究了活动断裂发育规模、期次、构造组合、地貌错位、运动学和动力学，初步的研究结果表明，龙门山晚新生代构造变形微弱，逆冲速率的速度值一般小于 1.1mm/a，表明该地区没有显著的缩短作用，走滑速率的速度值一般小于 1.46 mm/a，表明走滑分量与逆冲分量的比率为 6∶1~1.3∶1，表明该地区存在晚新生代北北东向的右行走滑作用。而且龙门山构造带在中生代与新生代之交走滑方向发生了反转，即由中生代时期的左行走滑作用变为新生代时期的右行走滑作用。

3. 对龙门山强震复发周期的讨论

在前期研究中，我们采用了宇宙核素热年代学、热释光（TL）、^{14}C 等方法对与活动断裂相关的沉积物进行了测年，标定了活动断裂发育规模和期次，共获得 36 组年龄数据。这些活动断层的年龄数据表明龙门山地区的彭灌断裂、北川断裂和茂汶断裂上均具有史前强震活动的历史，是一个地震灾害频发的地震带。

考虑到古地震记录的不完整性和各种测年方法所获年龄的差异性，我们认为自 4 万年以来龙门山地区至少存在 30 余次强震的古地震记录，虽然目前的资料尚不足以直接判定古地震震级的大小，但根据中国西部地区产生地震地表破裂和位错的地震震级一般都在 6.7 级以上(邓起东等，1992)，我们可以初步认定龙门山地区曾至少发生过 30 余次 6.7 级以上的强震，同时也表明这 3 条主干断裂皆具备发生 7.0 级左右地震的能力。据对彭灌断裂青石坪探槽场地的研究结果表明，在该断裂带上最晚的一次强震发生在 930±40a. B. P. 左右，据此，我们可以初步判定，这 3 条主干断裂的单条断裂上的强震复发间隔至少应在 1000a 左右。在此基础上，我们提出了北川断裂属于活动断层，具有潜在的地震灾害，并认为龙门山断裂带及其内部断裂属于地震活动频度低但具有发生超强地震的潜在危险的特殊断裂。

此外，张培震等(2008)认为相当于汶川大地震的强震复发周期是 2000～6000 年。王卫民等(2008)根据双断层面震源模型的反演结果，认为汶川地震的孕育时间已经近千年了。根据汶川地震陡坎上存在的历史地震陡坎的^{14}C 测年结果和埋藏的古文物鉴定结果，刘爱民等(未刊资料)认为最近一次与汶川地震相当级别的历史地震发生在 1000 年左右的唐朝末期。

3.2.2　龙门山强震复发周期的估算

近一个世纪以来，对于活动断裂未来地震震级和强震复发周期及其规律性的研究一直是一个热点问题。地震地质学家们曾提出了多种数学模型试图预测强震的复发周期，其中以 Reid(1910)的周期性地震循环理论及地震复发周期模型最具代表。虽然，在理论上预测模型可以预测相同情况下大地震的复发时间，但是，由于地震发震因素的不确定性以及预测数学模型并不能含盖地质情况的方方面面。因此，对于活动断裂的未来地震震级及强震复发周期的预测往往只能对某些情况已预先设定的或极有规律的地震进行概率性的预测，并不能确切的揭示活动断裂的强震活动规律。不过，随着人们对地震及活动断裂认识及研究程度的不断成熟，并加之新技术、新理论和新方法的应用，其在一定程度上对活动断裂强震的复发周期、地震活动的危险性评估以及未来地震的震级预测等方面的研究具有一定的理论和实际意义。20 世纪 80 年代后，我国的地震地质学家们开始利用各种地震复发周期模型对不同区段内活动构造的地震危险性进行评估。同时，利用定量的方法来研究活动构造也越来越受到了关注，特别是以活动构造在晚第四纪(尤其是近万年或几万年)以来的活动特征的定量参数，概率性的、定量的评估强活动断裂的地震危险性成为近年来国际上研究长期地震预测的方向之一(丁国瑜等，1979，1989；邓起东等，1984)。

汶川地震前，在川西地区对于龙门山构造带活动特征的关注程度往往不及鲜水河活动断裂。同时，对于复发周期及未来地震震级的预测也被较早的应用于鲜水河活动断裂上，并取得较为有效的科研成果，主要以国家地震局以及四川省地震局最具代表。其后，以李传友等(2004)、李勇等(2006)、Densmore 等(2007)为代表，对于龙门山构造带活动特征及其强震活动性的研究逐渐被人们所关注，研究内容主要包括了活动构造微地貌、活动断裂平面几何分布特征、滑动速率、古地震以及现今活动特征等方面。众多学者认为，龙门山构造带晚新生代以来的滑动速率相对较慢、强震活动频率低，地震活动主要集中于中南段，属于晚四纪活动断裂；但具有史前强震活动的历史，且具备发生 7.0 级左右甚至更大震级地震的能力，是一个地震灾害频发的发震构造带。地震发生后，在开展野外地质考察的基础上，基于对汶川地震基本特征的研究，越来越多的地震地质学家们开始对龙门山强震复发周期以及未来地震震级的预测展开了讨论，并应用了多种方法对龙门山活动断裂强震复发的时间界定问题进行了探讨性的研究。

本次将基于前人对龙门山构造带晚第四纪活动特征的研究成果，以汶川地震的地表破裂带为指示，依据龙门山构造带的分段特征，结合汶川地震地表破裂的展布规律及其同震位移量的空间变化特征，制定龙门山地震震级—标量参数的经验关系式的分段方案，并通过定量计算预估了龙门山北川断裂各分段以及发生级联破裂式的未来地震震级大小。同时，在分析汶川地震强震原地复发特征的基础上，利用重复间隔计算方法、震级—频度关系式、地震矩率法估算了龙门山构造带的强震复发周期，并对上述 3 种方法的计算结果进行综合加权分析，优化其计算结果之间的差异，进而为分析龙门山活动构造今后的活动趋势和活动规律提供依据。

目前，对于特征地震震级大小的估算是指对特定断裂段上未来地震震级强度大小的预估。该估算方法主要以断裂带的晚第四纪活动性特征为依据，选取具有表征活动构造在晚第四纪（尤其是近万年或几万年）以来的定量化数据作为经验关系式的标量参数，通过地震震级—标量参数的经验关系式对不同标量参数下的地震震级大小进行计算，以便对活动断裂未来地震的震级强度进行估。定量化标量参数包括了：断裂的延伸长度或分段长度、断裂的平均位移量或某次地震的同震位移量、滑动速率以及古地震等。同时，该方法也是目前预估活动断裂未来地震震级大小的主要研究方法之一（邓起东等，1992；闻学泽，2001）。

总体来说，该定量计算方法应建立在对活动断裂进行分段的基础之上，重点选取与断裂晚第四纪的活动范围及空间尺度、活动规律以及活动程度等密切相关的定量化数据作为标量参数（表3-7），并建立起不同标量参数下的函数拟合经验关系式，最终完成地震震级大小的计算。

表 3-7　地震震级标量参数特征表

标量参数	活动特征的表现	主要的获取方法
断裂长度或分段长度	断裂活动空间范围和活动强度的体现	依据断裂的几何不连续点、运动方式的差异、构造特征的不同等地质学标志，通过野外地质实测或数字图件的测量获取
断裂同震位移量或累积位移量	断裂上单次构造事件或多次构造事件的位移幅度，对断裂的活动强度有指示意义	通过测量地貌或地质标志物的位错距离获取
滑动速率	某个地质时期内断裂的平均运动速度，是断裂长期活动水平和活动性的表现	由地貌或地质标志物的位错距离除以测年时间获取
古地震或历史地震	断裂活动频率、活动强度以及活动历史的记录	槽探技术是研究古地震事件的主要方法，通过其变形标志、地貌标志等可获取古地震事件的位移量，并可依靠测年技术确定古地震的年龄

1.地震震级的计算方法

1）地震震级的单项计算方法

将标量参数作为经验关系式的拟合函数计算活动断裂未来地震的震级大小，对此许多学者都曾做过研究，邓起东等（1992）针对中国及东亚邻区地震破裂特点，提出了我国及东亚地区的震级—地表破裂参数函数拟合经验公式。闻学泽（2001）曾给出了不同标量参数下的地震震级经验关系式，并运用不同的单项方法对川西安宁河断裂北段的未来地震震级强度进行了预测。其中包括了破裂长度法、同震地表位移量法、滑动速率法和地震矩法（表3-8）。

表 3-8　地震震级标量参数特征表（据闻学泽，2001）

单项计算方法	地震震级经验公式及其参数值				
	M	ΔM	a	b	σ_M
破裂长度法	$a + b\log_A L$	$\sqrt{[b/(L \cdot \ln A)]^2 \Delta L^2 + \sigma_M^2}$	5.08	1.16	0.28
同震地表位移量法	$a + b\log_A(AD)$	$\sqrt{[b/(AD \cdot \ln A)]^2 \Delta D_j^2 + \sigma_M^2}$	6.93	0.82	0.39
滑动速率法	$a + b\log_A(D' + \Delta D')$	$\sqrt{[b/(D' \cdot \ln A)]^2 \Delta D'^2 + \sigma_M^2}$	6.93	0.82	0.39
地震矩法	$a + b\log_A M_0$	$\sqrt{[b/(M_0 \cdot \ln A)]^2 \Delta M_0^2 + \sigma_M^2}$	-10.7	2/3	0.30

M，ΔM 为震级中值及其标准差；A 为对数的底；a，b 为回归常数；σ_M 为剩余标准差；L，ΔL 为断裂破裂长度及其标准差；AD，ΔD 为断裂地表同震平均位移及其标准差；M_0，ΔM_0为地震矩中值及其标准差

2）地震震级的加权计算方法

由于不同标量参数的函数拟合经验关系式在计算同一断裂段的未来地震震级大小时，其计算得到结

果往往会出现差异，有时差别可能较大。所以，需要对各震级的单项计算结果进行加权平均计算，以消除单项计算结果之间的差异，优化对地震震级的估算值。

加权平均计算公式（闻学泽，2001）如下：

$$M_{av} = \sum_{i=1}^{m} W_i \cdot M_i \tag{3-3}$$

$$\Delta M = \sqrt{\sum_{i=1}^{m} W_i (M_i - M_{av})^2 + \sum_{i=1}^{m} W_i \cdot \Delta M_i^2} \tag{3-4}$$

$$W_i = \frac{\dfrac{1}{\Delta M_i^2}}{\sum_{i=1}^{m} \dfrac{1}{\Delta M_i^2}} \tag{3-5}$$

式中，M_{av}，ΔM 为单项计算方法的加权平均震级估值及其标准差；W_i 为单项计算方法的权重值。

因此，本次将应用上述的地震震级—标量参数的经验关系式，估算龙门山北川断裂不同分段内的分段地震震级大小以及全段发生级联破裂时的地震震级大小。

3）北川断裂的分段特征

前文已述，对于龙门山晚第四纪活动性分段特征的研究，不同的学者给出了不同的解释。本文将以前人的研究成果为依据，沿垂直龙门山构造带走向的方向，以卧龙—怀远一线和北川—擂鼓—安州一线为界将其划分为 3 段：即南段、中段和北段[图 2-6(a)]，其中，北川断裂自 SE-NW 分别由盐井—五龙断裂、北川断裂和北川—林庵寺断裂组成，它们在平面几何结构、构造变形样式以及第四纪活动性特征等方面都存在着差异（李传友等，2004；陈国光等，2007；杨晓平等，2008）。

（1）地形地貌的差异

根据李勇等（2006）横切龙门山南段、中段和北段的地形剖面（图 1-3）指示了龙门山主干断裂在不同的分段内对地形地貌的控制作用也不尽相同。其中，位于中段横切龙门山主峰九顶山的茂县—德阳地形剖面（图 1-3b）显示了，主干断裂的两侧地形反差较大，对地形具有明显的控制作用，尤其是茂汶断裂和北川断裂所夹持的后龙门山地区的地形隆起更为显著，其切割深度达 1000m 左右（李勇等，2006）。同时，彭灌断裂以及山前（隐伏）断裂亦控制了四川盆地的西界；在南段[图 1-3(a)]宝兴—名山的地形剖面指示了主干断裂对地形地貌具有一定的控制作用，地形高差变化不大，在前缘彭灌断裂对盆地不具明显的控制作用；北段的青川—剑阁的地形剖面[图 1-3(c)]显示，其海拔高程多为 1500～2500m，主干断裂两侧地形无较大反差，反映了主干断裂对该区域的地形地貌不具控制作用，切割深度<500m（陈国光等，2007）。

可见，龙门山构造带的中段地形差异较大，主干断裂对区域的地形地貌起到了明显的控制作用，海拔高程多为 4000～5000m；南段次之，对地形地貌具有一定控制作用；而北段基本对地形不具控制。

总体来说，龙门山构造带的中南段地形差异较大，海拔高程较高，主干断裂对地形有着较强的控制作用，是青藏高原东缘的地形梯度带，而北段则明显不同。

（2）断裂活动性的差异

作为汶川地震的发震断裂，北川断裂是龙门山构造带中活动特征最为明显的一条断裂，前人的研究成果均支持，该断裂在中段的映秀、擂鼓、胥家沟等地的活动影像清晰。根据探槽资料表明（马保起等，2005；李勇等，2006）晚第四纪以来此段内北川断裂至少存在两次以上的地震活动，且地震规模较大，均大于 7.0 级。在南段的宝兴，根据北川断裂南段（五龙断裂）错断晚更新世以来阶地堆积物的证据（杨晓平等，1999）表明其在晚第四纪具有活动特征，震级应在 6.5 级以上。而在北川断裂的北段，通过活动地貌以及探槽资料（李传友等，2004；杨晓平等，2008）表明该断裂尤其是在东北段基本不具有第四纪的活动特征。

因此，北川段断裂的晚第四纪活动特征表现出了明显的分段性。其中，以中段的活动特征最为明显，南段次之，而北段则在第四纪早—中期有所活动。同时，近代的历史地震资料也记载了中、南段历史地震的活动性也较北段强。

（3）近 S-N 向断裂的存在

通过对汶川地震同震地表破裂的研究，我们发现了两条具有掀断层性质的小鱼洞掀断层和擂鼓掀断层。以此为指示，前人曾对龙门山构造带上 NNW 向的（近 N-S）的断裂进行过标定。宋鸿彪等（1991）曾根据地球物理资料，对龙门山地区的一些北西向的分区断层进行过研究。通过对 1∶5 万大宝幅的区域地质调查[①]，李勇等（2008）曾指出小鱼洞湔江两岸的地层界线存在错位。Densmore 等（2010）认为在灌县幅 1∶20 万地质图[②]中湔江两岸的地层界线被左旋错断了近 1km。在擂鼓地区，绵阳幅 1∶20 万区域地质图[③]标定了近 S-N 向的擂鼓平错断层并进行了相关的描述。同时，基于对擂鼓地区的地形地貌特征、布格重力异常、中小地震的活动性等方面的依据，陈国光等（2007）认为虎牙—北川—安州一线存在近 S-N 将北川断裂中、北段分段的断裂。由此可见，龙门山构造带确实存在近 S-N 向的分段界限。

（4）同震地表破裂的分段特征

基于前文所述，北川断裂同震地表破裂的位移量沿走向分布有两个高值区和低值区。其中新发现的小鱼洞掀断层（李勇等，2009）和擂鼓掀断层（闫亮等，2009），其与上述近 N-S 向的小鱼洞地区的地层界线错位和擂古平错断层所标定的位置基本吻合，并且正好对应了白水河—茶坪一带低值区与两个高值区的边界位置，可能为低值区的约束边界，并且小鱼洞掀断层和擂鼓掀断层之间所限定的范围也正是彭灌同震地表破裂出露的位置。因此，可以初步推断小鱼洞掀断层和擂鼓掀断层可能是彭灌断裂地表破裂的边界约束断层，并对北川同震地表破裂滑移量的空间分布具有一定的控制作用。鉴于此，以近 N-S 向的小鱼洞掀断层和擂鼓掀断层为界，可将北川断裂的同震地表破裂带分为 3 段（表 3-9）。

表 3-9　北川断裂地表破裂分段的基本参数对比表

断裂分段方案	长度/km	平均垂直位错/m	平均水平位错/m	最大垂直位错/m	最大水平位错/m	逆冲与走滑分量比
漩口—小鱼洞段	45±5	3.4±0.2	2.6±0.2	5.2±0.2	4.8±0.2	1.19∶1
小鱼洞—擂鼓段	85±5	4.2±0.2	2.7±0.2	6.2±0.2	6.5±0.5	1.56∶1
擂鼓—石坎段	80±10	2.8±0.3	2.4±0.2	10.5±0.5	5.0±0.5	1.08∶1

通过上述对北川断裂以及同震地表破裂分段特征的分析，本文以小鱼洞掀断层和擂鼓掀断层为界，将北川断裂划分为 3 段，即中南段（漩口—小鱼洞段）、中段（小鱼洞—擂鼓段）和中北段（擂鼓—石坎段），并将其 SW 及 NE 方向限定在汶川地震同震地表破裂的范围内（表 3-9）。以下将根据上述对北川断裂的分段方案，分别计算各分段内发生单元地表破裂的地震震级大小以及全段发生级联破裂震级的大小。

4）北川断裂的地震震级

基于上述北川断裂的分段方案，并依据前人对该断裂晚第四纪活动特征的定量研究成果，本次将应用前文所述的地震震级定量计算方法对北川断裂的未来地震震级进行预测，其分别包括分段内的单元特征地震震级以及 3 段共同发生"级联破裂"时的可能震级预测（表 3-10）。其中，漩口—小鱼洞段、小鱼洞—擂鼓段以及擂鼓—石坎段发生单独破裂时可能产生的单元特征地震震级分别为 7.15±0.35、7.36±0.33 和 7.30±0.39，发生北川断裂全段破裂时产生的级联破裂地震震级为 7.62±0.41，与汶川地震的震级及其破裂规模相近。

---

①　成都理工大学区域地质调查队，1994，大宝山幅 1∶5 万区域地质图

②　四川省地质局第二区域地质测量队，1975，灌县幅 1∶20 万区域地质图

③　四川省地质局第二区域地质测量队，1970，绵阳幅 1∶20 万区域地质图

表 3-10　北川断裂未来地震震级估算

计算方法	漩口-小鱼洞段			小鱼洞-擂鼓段			擂鼓-石坎段			全段级联破裂		
	参数	M±ΔM	权重W	参数	M±ΔM	权重W	参数	M±ΔM	权重W	参数	M±ΔM	权重W
破裂长度法	破裂长度 45±5km	7.02±0.29	0.332	破裂长度 85±5 km	7.35±0.28	0.345	破裂长度 80±10 km	7.32±0.29	0.335	破裂长度 210±20 km	7.83±0.30	0.327
同震位移量法	平均位移 2.6±0.3m	7.27±0.39	0.184	平均位移 2.8±0.3 m	7.30±0.39	0.185	平均位移 2.2±0.3 m	7.21±0.39	0.185	平均位移 3.5±0.6 m	7.39±0.39	0.193
滑动速率法	滑动速率 0.65±0.05mm/a	7.17±0.38	0.193	滑动速率 1.09±0.04mm/a	7.35±0.39	0.178	滑动速率 1.05±0.10mm/a	7.34±0.39	0.185	滑动速率 0.94±0.10mm/a	7.30±0.39	0.193
地震矩法	破裂长度 45±5km / 平均位移 2.6±0.3m	7.20±0.31	0.291	破裂长度 85±5 km / 平均位移 2.8±0.3 m	7.40±0.30	0.299	破裂长度 80±10 km / 平均位移 2.2±0.3 m	7.32±0.31	0.295	破裂长度 210±20 km / 平均位移 3.5±0.6 m	7.73±0.32	0.287
加权综合		7.15±0.35			7.36±0.33			7.30±0.39			7.62±0.41	

滑动速率法中的离逝时间同为(2.1±0.12～1.1±0.12)ka(刘进峰等，2010)，截止于汶川地震发生前，预测时间段为1500ka；滑动速率数据据李勇等(2006)探槽资料计算所得；平均位移数据为野外实测老陡坎(李勇等，2006)的垂直位移量的平均值；地震矩法中的错动深度为20km；震级均为矩震级

2. 龙门山强震复发周期的估算

1) 强震的原地复发特征

一般来说，只有当地震在某一活动断裂带（段）上具有原地重复发震且震级相近的现象时，就是特征地震（闻学泽，1996），对其进行强震复发周期的预测才较为有实际的意义。根据汶川地震地表破裂的野外调查，可发现在北川断裂、彭灌断层，以及小鱼洞断裂和擂鼓断裂的地表破裂带经过的小鱼洞、白鹿、汉旺、擂鼓、北川等地区，其断裂的 NW 盘附近均存在与汶川地震同震地表破裂位移相近的老陡坎，指示了汶川地震的活动可能是前次相似地震事件的延续。同时，根据冉勇康等（2008）的探槽资料表明，在汶川地震的地表破裂处至少存在 2 次以上、规模相近的古地震事件。江娃利等（2009）通过断错地貌调查和探槽开挖，认为龙门山活动断裂带具有典型地段的晚第四纪强震多期活动的证据，且存在了 2～3 次的古地震事件。

通过对这些老陡坎地貌活动证据以及测年资料的研究表明，在汶川地震发生前至少存在 2 次以上伴有同震地表破裂的古地震事件且为原地复发地震，其地震震级与规模同汶川地震类似，在典型地段具有晚第四纪多期活动的地貌证据。因此，我们初步认为对龙门山构造带的强震活动规律具有特征地震原地复发的特点，符合特征地震模型。因此，对汶川地震指示下的龙门山构造带的强震复发周期的研究具有一定的科学研究意义。

2) 强震复发周期的估算

汶川地震后，对于龙门山发震构造带强震复发周期的时间界定，不同的学者应用多种方法对其进行了预测，并给出了各自的观点。基本观点认为龙门山发震构造带剖面上的叠瓦状构造样式有利于能量的积累，其地震模式具有滑动速率低、能量积累慢、活动频率相对较低、复发周期长、破裂范围广、破坏强度高、原地复发等特点。

同时，张培震等（2008）根据近 10 年来龙门山构造带 GPS 的滑动速率得出其强震复发周期为 3190～5952a；李海兵等（2008）通过汶川地震后同震位移的野外调查及同一地点的滑移速率估算龙门山构造带的强震复发周期为 3000～6000a；王卫民等（2008）根据有限断层震源模型的双断层面震源反演结果，认为汶川地震孕育的时间尺度为千年级；李勇等（2009）根据探槽研究认为龙门山构造带的强震复发周期为 1000a 左右；刘爱民等（未刊资料）通过汶川地震陡坎上存在的历史地震陡坎的 ^{14}C 测年结果和埋藏的古文物鉴定结果，认为与汶川地震规模类似的上一次历史地震事件发生在 1000a 左右的唐朝末期。

基于上述对龙门山构造带强震复发周期的相关认识，以下将采用平均强震重复间隔法、震级—频度关系式以及地震矩率释放法对龙门山构造带强震复发周期进行估算。同时，运用加权平均计算法对以上 3 种估算值进行优化。

（1）平均强震重复间隔法

该方法的基本计算公式最早由 Wallace（1970）提出[式（3-6）]，是最常用的强震复发周期计算方法之一。杜平山（2000）对该基本公式进行了优化，使其可用于整条断裂的强震复发周期的计算[式（3-7）]。该计算公式如下：

$$R_t = u/V - C \tag{3-6}$$

$$R_t = (DL)/(S - C)L_t \tag{3-7}$$

式中，R_t 为地震的原地复发周期；u 为多次地震地表破裂的平均位移量；D 为某次地震中地表破裂的最大位移量（以汶川地震为例）；L 为地表破裂的总长度；S 为通过活动地貌测得的平均滑动速率；C 为活动断裂无地震的蠕动速率，L_t 为断裂的总长度。

以本次北川断裂的同震地表破裂为对象，可知 $D=10.3$m，$L=245$km，$L_t=550$km。同时，根据北川断裂晚第四纪的活动特征和现今 GPS 位移场的测量数据，令 S 取 2～3mm/a，C 取 0.2～0.3mm/a。经计算可得北川断裂的 8.0 级强震复发周期为 1869a。该计算结果与上述所述的估算结论基本一致。同时，根据各震级档之间复发间隔的换算关系，可得到 7.5 级强震复发周期为 925a，7.0 级强震复发周期为 460a。

（2）震级—频度关系式

震级—频度关系式是地震学中应用较为广泛的统计关系之一，应用式（3-7）运用最小二乘法可得出 a，b 值，并将其带入式（3-9）后，能够估算出不同震级地震的地震的复发周期。

$$\lg N = a - bM \tag{3-8}$$

$$R_t = \Delta T \cdot 10^{-(a-bm)} \tag{3-9}$$

式中，a，b 值可根据唐荣昌等（1993）的 6.0、6.5 和 7.0 震级—频度关系式得出；M 分别取 8.0、7.5 和 7.0；ΔT 为统计资料的年限，计算得：$R8.0=2472a$，$R7.5=1220a$，$R7.0=585a$。

（3）地震矩率释放法

该计算方法由 Wesnousky（1986）提出，通过某一次特征地震的地震矩与单位时间段内的地震矩平均释放率之间的比值关系，从而估算某一活动断裂的强震复发周期。

$$R_t = \frac{\overline{M}_0}{\dot{M}_0} \tag{3-10}$$

$$\lg \overline{M}_0 = 1.5\overline{M}s + 9.05 - 0.048\sigma_m + 1.775\sigma_m^2 \tag{3-11}$$

$$\dot{M}_0 = \mu LW(S - C) \tag{3-12}$$

式中，R_t 为地震的原地复发周期；$\overline{M}_0$ 为特征地震的地震矩，反映复发周期内特征地震释放能量的大小，可由经验公式式（3-11）计算而得（公式中的参数值来自全球样本）（谢富仁等，2008）；$\overline{M}s$ 为特征地震的平均地震震级；$\dot{M}_0$ 为单位时间段内的地震矩平均释放率，代表了应变积累的速度和某一活动断裂地震活动的长期平均水平，可由式（3-12）的参数计算而得；σ_m 为特征地震的震级标准差，一般取 0.12；μ 为剪切模量，一般取 $3.0\times10^{10}\text{N/m}^2$；$L$ 为震源体长度，可由平均震源深度（H）和断层倾角（θ）的关系式（$H/\sin\theta$）获得；W 为破裂带长度；$(S-C)$ 可参照算法（1）中的数值。将汶川地震作为特征地震，可取 $\overline{M}s$ 为 8.0，L 为 14km，W 为 245km，计算可得，$\overline{M}_0=1.17\times10^{21}\text{N}\cdot\text{m}$，$\dot{M}_0=0.516\times10^{18}\text{N}\cdot\text{m}$，$R8.0=2267a$。同时，根据各震级档之间复发间隔的换算关系，可得到 $R7.5$ 为 1120a，$R7.0$ 为 550a。

（4）加权平均计算

利用加权平均计算法对以上 3 种估算结果进行优化，公式如下：

$$R_{av} = \sum_{i=1}^{m} W_i \cdot R_i \tag{3-13}$$

$$W_i = \frac{\dfrac{1}{R_i^2}}{\displaystyle\sum_{i=1}^{m}\dfrac{1}{R_i^2}} \tag{3-14}$$

式中，R_{av} 为加权平均强震复发周期；W_i 为各计算方法的权重值。

经计算得，龙门山活动构造带 Ms8.0 级地震的复发周期 $R8.0av$ 约为 2142a，Ms7.5 级地震的复发周期 $R7.5av$ 约为 1059a，Ms7.0 级地震的复发周期 $R7.0av=519a$（表 3-11）。

表 3-11　龙门山活动构造的强震复发周期加权平均估算表

计算方法	Ms8.0/a	权重 W	Ms7.5/a	权重 W	Ms7.0/a	权重 W
平均强震重复间隔法	1869	0.444	925	0.443	460	0.429
震级－频度关系式	2472	0.254	1220	0.255	580	0.270
地震矩率释放法	2267	0.302	1120	0.302	550	0.301
加权平均计算	2142		1059		519	

同时，在综合上述 3 种估算方法以及不同学者的估算的强震复发周期时间（表 3-12），可以看出龙门山构造带 Ms8.0 级地震的复发周期应为 1000~3500a；Ms7.5 级地震的复发周期为 840~1250a；Ms7.0 级地震的复发周期为 410~650a。

表 3-12 龙门山活动构的造强震复发周期统计表

来源	计算方法	Ms8.0/a	Ms7.5/a	Ms7.0/a
本文	平均强震重复间隔法	1869	925	460
	震级—频度关系式	2472	1220	580
	地震矩率释放法	2267	1120	550
	加权平均计算	2142	1059	519
谢富仁等（2008）	断层滑动法	3185	1590	790
	地震矩率释放法	1700~2264	840~1120	410~560
	GPS数据确定法	4310	1280	483
任俊杰（2008）	断错地貌法	3000~6000	—	—
	滑动速率法	5000~5500	—	—
	地震矩率释放法	2600~3800	—	—
张培震等（2008）	GPS滑动速率法	3190~5952	—	—
李海兵等（2008）	同震位移/滑移速率	3000~6000	—	—
李勇等（2008）	探槽测年	1000	—	—
冉勇康等（2008）	探槽、古地震	2000~3000	—	—

通过对北川断裂的地形地貌、断裂活动性以及汶川地震同震地表破裂等方面的分析，本次在对其进行活动分段的基础上，应用地震震级—标量参数经验关系式、平均强震重复间隔计算方法、震级—频度关系式以及地震矩率释放法对北川断裂的地震震级及强震复发周期进行了估算，大致预测了北川断裂的分段地震震级、级联破裂地震震级以及强震复发周期。初步得出以下几点结论：

①通过定量计算表明，漩口—小鱼洞段、小鱼洞—擂鼓段以及擂鼓—石坎段发生单元特征地震的震级估值分别为 7.15 ± 0.35、7.36 ± 0.33 和 7.30 ± 0.39，发生级联破裂的地震震级估值为 7.62 ± 0.41。

②通过加权平均计算，龙门山构造带 Ms8.0 级地震的复发周期约为 2142a；Ms7.5 级地震的复发周期约为 1059a；Ms7.0 级地震的复发周期约为 519a。同时，根据不同学者估算的强震复发周期的比对分析，龙门山构造带 Ms8.0 级地震的复发周期应为 1000~3500a；Ms7.5 级地震的复发周期为 840~1250a；Ms7.0 级地震的复发周期为 410~650a。

值得注意的是，依据前人对北川断裂活动特征的研究成果以及汶川地震活动特征的定量数据，可以估算出其地震震级和强震复发周期；但是由于北川断裂古地震时空分布规律、活动规模以及地表表现等定量资料的约束不足，以及分段方案存在差异，对周期性地震循环理论以及周期地震模型仍存在争论。因此，对于北川断裂地震震级以及强震复发周期的预测仍待进一步的深入研究。

第4章 成都盆地的活动构造与历史地震

4.1 成都盆地的构造格架

从区域构造来看，青藏高原东缘由川青块体、龙门山构造带和四川盆地构成（图 4-1）。其中龙门山是中国最典型的推覆构造带之一，它北起广元，南至天全，呈 NE-SW 向展布，NE 与大巴山相交，SW 被鲜水河断裂相截。该边缘山脉长约 500km，宽约 30km，面积约为 15000km²，具有约 42%~43%的构造缩短率，并在其前缘形成了中新生代前陆盆地，逆冲作用与沉积作用之间的耦合关系十分典型（李勇等，1994，1995）。值得指出的是，近年来在龙门山发现了与造山带平行的走滑作用，为研究龙门山及其前缘盆地的形成机制提供了新的依据。Burchfiel 等（1995）认为龙门山前缘缺乏新生代前陆盆地。Li 等（2001）利用龙门山前陆盆地中楔状体和板状体标定了龙门山构造活动的期次和性质，表明在中新生代期间龙门山具有逆冲作用与走滑作用交替发育的特征，其中楔状体是逆冲作用的沉积响应，板状体是走滑作用的沉积响应，并指出晚新生代龙门山前缘盆地中的充填实体以板状体为特征，应以走滑作用为主。鉴于此，Li 等（2006）对青藏高原东缘活动构造及其地貌标志开展了研究，结果表明晚新生代龙门山以北北东向的右行剪切为特征，以走滑作用为主，并伴随少量的逆冲分量，显示了晚新生代以来龙门山缺乏构造缩短驱动的构造隆升作用，换言之，现今的龙门山及其前缘盆地不完全是由于构造缩短作用形

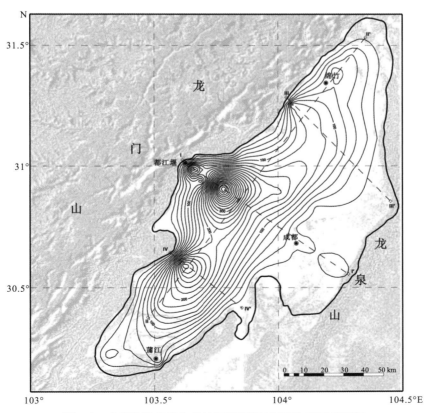

图 4-1 成都盆地晚新生代地层等厚图（底图为 DEM 图像）

成的，而主要是逆冲—走滑作用的产物。这一研究成果也得到了古地磁（庄忠海等，1988；Enkin et al.，1991）（古地磁表明四川盆地在晚新生代以来逆时针旋转了 10°）、GPS 测量成果等研究成果的支持。在此基础上，李勇等（2006）认为成都盆地与在单一的拉张或挤压作用下所形成的盆地均不相同，具有一系列与走滑作用和挤压作用相关的沉积和构造特征，进而将成都盆地归属为走滑挤压盆地（图 4-2）。

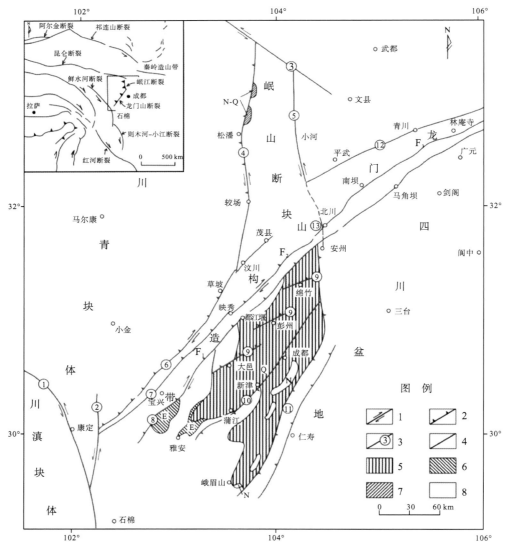

图 4-2　青藏高原东缘构造格架

1. 走滑断层；2. 逆冲断层；3. 主要断裂及编号；4. 分带界线；①. 鲜水河断裂；②. 大渡河断裂；③. 东昆仑断裂；④. 岷江断裂；⑤. 虎牙断裂；⑥. 茂汶断裂；⑦. 北川断裂；⑧. 彭灌断裂；⑨. 龙门山山前断裂；⑩. 蒲江—新津断裂；⑪. 龙泉山断裂；⑫. 平武—青川断裂；⑬. 擂鼓平错断裂

　　成都盆地北起安州秀水，南抵名山、彭山一线，面积约 8400km²。其西部已卷入龙门山前缘扩展变形带。盆地轴向为 NNE30°～40°，地貌上为成都平原。盆地限于大邑断裂与龙泉山断裂之间，均为第四系沉积物覆盖。该套地层变形较弱，盆地基底发育一些宽缓的背、向斜，在蒲江—新津的熊坡—苏码头一带发育向北西逆冲、并与龙门山冲断带大致平行的反向冲断层，其特征与龙泉山断裂相似。成都盆地的充填地层在不同地段分别以角度不整合覆盖于侏罗系、白垩系和古近系不同时代的红层之上，界面上存在厚约 10cm 的古风化壳（何银武，1992；李勇等，1995）。表明前陆盆地的沉积基底为区域性的微角度—平行不整合接触。因此，现今龙门山前陆盆地的沉积基底是扬子地台西缘古近系及其以下的沉积岩层，显示了现今龙门山前陆盆地是在晚新生代新生的沉积盆地。

　　现今成都盆地的充填实体均为半固结—松散堆积物，主要由横切龙门山的横向河流所产生的冲积扇和扇前冲积平原沉积物构成。龙门山山前平原区由南向北可进一步分为：岷江冲积扇、沱江冲积扇、涪江冲积扇，其中岷江和沱江冲积扇在山前连成一片，构成成都平原。成都平原区的第四系厚度大，主要由岷江的冲积扇沉积物构成，沉降中心位于郫都、温江一带，最大沉积厚度可达 541m。该套沉积物自下而上可大致分为以下几套沉积物：大邑砾岩，时代主要为上新世—早更新世；名邛砾石层，表层红土化十分明显，时代主要为中更新世，广泛分布于平原区的西部、北部、南部，多形成平原区最高一级丘状堆积台地以及青衣江、岷江、涪江之间的分水岭；二级以上（包括二级）阶地的冲积层，表面覆盖成都粘土，时代主要为晚更新世，在平原区东部最为发育；一级阶地及河漫滩冲积层，时代主要为全新世，构成龙门山山前冲积扇及成都平原的主体。

　　在龙门山及其前缘地区，可将其进一步细分为 4 个构造带（图 4-3），从西到东分别是龙门山冲断带、龙门山前缘扩展变形带、成都盆地和龙泉山褶皱带。成都盆地显示为一个向斜盆地，第四系沉积物的分布反映出成都向斜盆地内部存在两个 NEE 向的次级凹陷，分别为大邑凹陷和竹瓦铺凹陷（图 4-1，图 4-3）。成都盆地周边的构造主要为背斜，东面为龙泉山背斜带、熊坡背斜，西面为雾中山背斜带。只是在盆地北部的西北缘为彭灌断裂，或以倾向南东的侏罗系为界，四周中生界和古近系的产状都向成都盆地倾斜，成都平原第四系底部的基岩地层产状平缓。因此，从其岩层产状来看，成都盆地是一个走向约为 NE30° 的宽缓向斜构造。

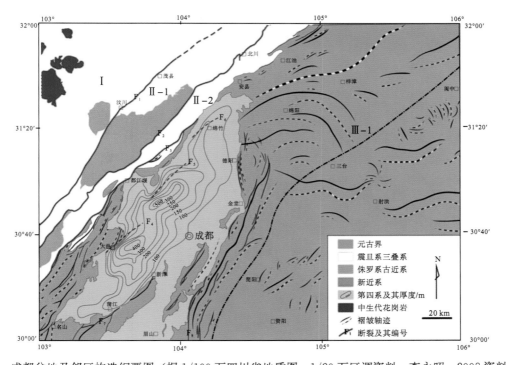

图 4-3　成都盆地及邻区构造纲要图（据 1/100 万四川省地质图；1/20 万区调资料；李永昭，2008 资料汇编）

　　Ⅰ.松潘—甘孜褶皱带；Ⅱ-1.龙门山后山带；Ⅱ-2.龙门山前山带；Ⅲ-1.川西坳陷。F₁.茂汶断裂；F₂.北川断裂；F₃.彭灌断裂；F₄.大邑断裂；F₅.竹瓦铺断裂；F₆.绵竹断裂；F₇.蒲江—新津断裂；F₈.龙泉山断裂带

　　根据地震反射剖面和钻井剖面揭示，成都盆地的结构主要为西陡东缓，并向西倾斜的不对称盆地，西部为深凹陷，并与龙门山冲断带以一系列冲断层相接，部分已卷入龙门山冲断带；东部较浅，并以平缓的沉积斜坡与前陆隆起过渡。其地层厚度总体上呈现为西厚东薄，沉降中心位于紧靠龙门山冲断带一侧，并发育多套巨厚的砾岩楔状体。因此，现今成都盆地基本上具有典型前陆盆地的盆地结构。根据盆地基底断裂和沉积厚度及时空展布，成都盆地内部可划分为 3 个凹陷区，即西部边缘凹陷区，位于关口断裂与大邑断裂之间，第四系沉积最大厚度为 253m，主要由下更新统、上更新统和全新统沉积物构成，中更新统极不发育；中央凹陷区，位于大邑断裂与蒲江—新津隐伏断裂之间，第四系沉积厚度巨大，最

大沉积厚度为541m，地层发育齐全，同时也是中更新统厚度最大的地区；东部边缘凹陷区，位于蒲江—新津隐伏断裂与龙泉山断裂之间，第四系沉积厚度薄，主要为上更新统，缺失下更新统和中更新统，厚度仅为20m左右(图4-1)。

4.2 成都盆地的历史地震

近年来，在大邑断裂、蒲江—新津断裂和龙泉山断裂发现了很多活动性证据和6.0级以下的历史地震。其中，在1787～1993年期间大邑断裂有3次历史地震(最高为4.8级，1989年)；在1734～1971年期间蒲江—新津断裂有6次历史地震(最高为5.1级，1962年)；在1967～2002年期间龙泉山断裂有5次历史地震(最高为5.5级，1967年)(图4-4)。汶川地震、芦山地震后，我们又对大邑断裂、蒲江—新津断裂和龙泉山断裂的活动性开展了研究(周荣军等，2013；李勇等，2013)，编制了成都盆地及邻区地质图、成都盆地及邻区地貌图、成都盆地及邻区构造纲要图、成都盆地及邻区卫星遥感TM图、成都盆地地层等厚图、成都盆地结构图、成都盆地地层柱状图、成都盆地物源体系分布图、成都盆地水系演化图等基础图件，并在蒲江—新津断裂发现了的垂直断距大于2m(蒲江寿安)的逆断层。

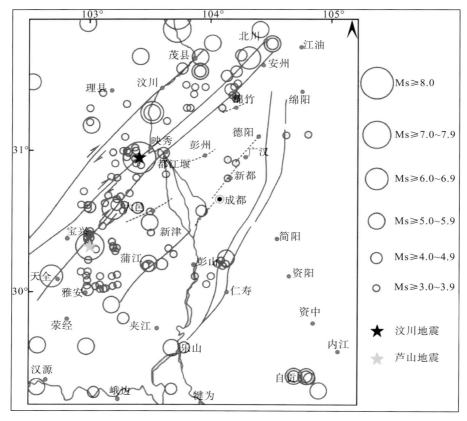

图4-4 成都盆地级邻区Ms≥3.0级地震震中图

成都盆地位于紧靠龙门山地震带的前缘，因此龙门山地震带的强震活动对成都盆地有重要的影响。成都盆地内部也有地震发生。成都盆地内部历史地震发生的时间、地点、震级见表4-1。通过初步分析，可获如下认识，在空间上，我们可以看出成都盆地内的地震主要沿大邑断裂、蒲江—新津断裂和龙泉山断裂分布(图4-3)。其中，大邑断裂的历史地震平均震级为4.6级，蒲江—新津断裂的历史地震平均震级为5.0级，龙泉山断裂的历史地震平均震级为4.5级，位于龙泉山断裂上的地震震级相对小些，但次数相对较多，是一条重要的弱震带，最大震级的地震于1967年1月24日在仁寿发生(表4-1)。从时间上，同一条断裂带上地震发生的频率有越来越频繁的趋势，当然，这也有可能是近几十年地震检测精度提高的原因。总之，成都历史上没有发生过大于 6.0 级的地震。钱洪等(1997)认为大邑断裂的最大地震能力可达 5.5 级，蒲江—新津断裂的最大地震能力可达 6.0±0.5 级。因此，目前看来，成都盆地内发生 7.0 级或 7.0 级以上破坏性地震的可能性不大。

表 4-1　成都盆地内历史地震的相关数据表

时间/年	震中	震级(Ms)	发震断裂
1787	灌县	4.7	大邑断裂
1989	邛崃	4.8	大邑断裂
1993	郫县	4.4	大邑断裂
1328	蒲江	4.5	蒲江—新津断裂
1734	蒲江	5.0	蒲江—新津断裂
1943	成都	5.0	蒲江—新津断裂
1962	洪雅	5.1	蒲江—新津断裂
1966	蒲江	3.3	蒲江—新津断裂
1971	新都	3.4	蒲江—新津断裂
1967	仁寿	5.5	龙泉山断裂
1969	金堂	4.3	龙泉山断裂
1979	井研	4.3	龙泉山断裂
2001	双流仁寿之间	4.4	龙泉山断裂
2002	双流	4.6	龙泉山断裂

4.3　成都盆地的活动构造

成都盆地的发育特征明显的受活动断层控制，可分为三级：一级断裂有两条，对成都盆地起主要控制，分别为盆地西侧的大邑断裂(也称之为大邑—彭州—(绵竹)断裂)、盆地东侧的蒲江—新津断裂；二级断裂有 3 条，对盆地也有控制作用，分别为盆地西北侧的彭灌断裂和关口断裂，以及盆地东侧的龙泉山西坡和东坡断裂(图 4-5～图 4-7)；三级断层有 2 条，对盆地无控制作用，分别为苏码头断裂、新场—甘溪断裂。现分别讨论如下。

4.3.1　关口断裂和彭灌断裂

关口断裂、彭州断裂位于成都盆地西北边缘，属于龙门山造山带中段前缘断裂，控制了龙门山与成都盆地的地貌边界和鸭子河构造带，包括大圆包背斜构造、白鹿场—鸭子河断背斜以及金马鼻状构造(据中石化资料)。关口断裂的西侧为通济场断层。因此，通济场断层、关口断层、彭州断层 3 条区域性大断层对该区起主要控制作用，其走向 NE，倾向 NW，延伸长度超过 20km。其中，通济场断层只在浅层陆相地层内发育，关口、彭州断层则一直沿至深层，以这 3 条断层为界，形成了两个正向构造带，即位于通济场断层与关口断层之间的断褶构造带和位于关口断层与彭州断层之间的断褶构造带，前者主要发育有大圆包构造等局部构造；后者主要发育有鸭子河构造、聚源—金马鼻状构造。

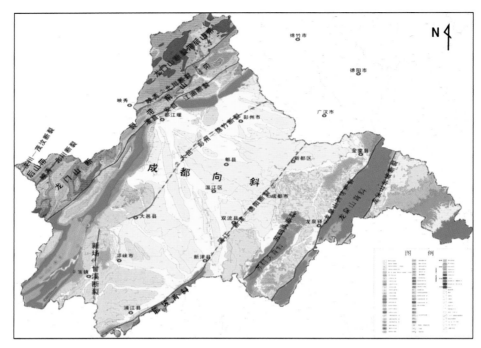

图 4-5　成都市构造纲要图（不含简阳）

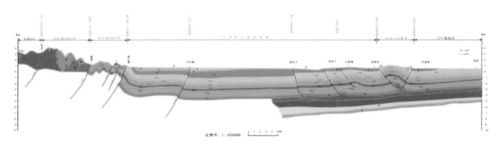

图 4-6　龙门山—四川盆地（耿达—简阳）综合构造剖面图

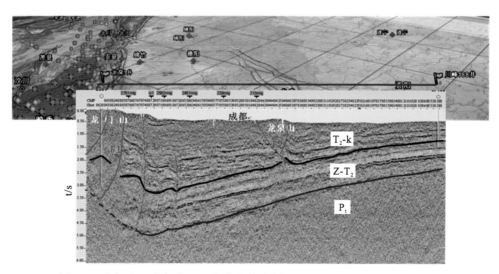

图 4-7　龙门山—成都盆地—龙泉山构造剖面图（L2 地震测线）（据中石化）

　　关口断裂为彭灌断裂的分支断裂，呈 NW 倾，断面上陡下缓呈犁式，断距（垂直）由浅至深逐渐增大，深层断距最大达 4200m，其推覆逆掩距离深层大于浅层，最大逆掩距离达 2500m。关口断裂在地面无大的断距出露，且褶皱前翼倾角近于直立，表明断裂位移受阻，断层的位移量基本上转化成褶皱变形，由此推测褶皱为断层传播褶皱。从地震剖面的分析判断，关口断层的形成可能是深部构造三角楔插入过程中顶部反向逆冲断层上盘地层褶皱诱发而成的褶皱调节断层或突发构造。在关口断裂上盘的通济断裂形成最晚，强度大，将老地层推至地表。同时，断层挟持的半背斜或鼻状构造，具有形变强、规模小的特征。从剖面图上来看，须家河组—侏罗系均发生褶皱变形，从须家河组五段的尖灭以及白田坝组与千佛崖组之间的不整合面认为可能存在 2 期的构造抬升剥蚀事件。同时整体上看侏罗系与须家河组褶皱程度近乎一致。因此，总体上认为早期可能只是抬升剥蚀，而构造的形成主要来自后期喜马拉雅期的褶皱运动(图 4-8)。

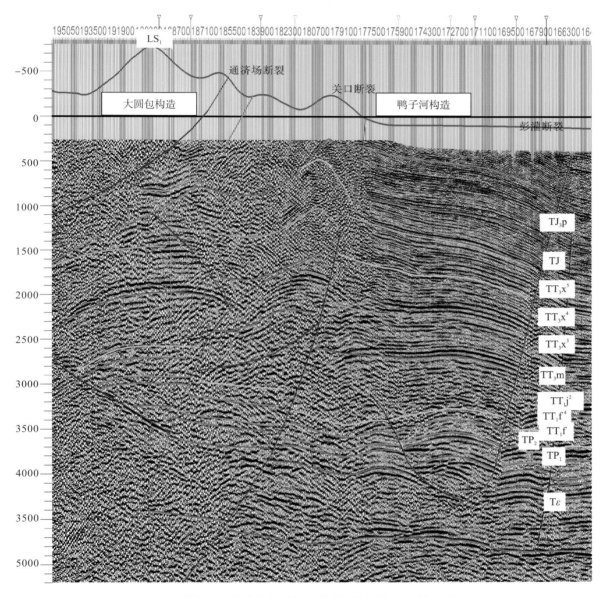

图 4-8　龙门山中段前缘大圆包—鸭子河构造剖面图(据中石化)

4.3.2　大邑断裂

大邑断裂(又称龙门山山前断裂)呈 N60°~70°E 分布于成都盆地的西部，由 SW 向 NE 断续出露于雅安、大邑灌口、彭州关口一带，其余地方大多隐伏于地下。主要由大邑断裂、竹瓦铺—什邡断裂、彭州断裂、绵竹断裂、绵阳断裂等呈左阶羽列组成，断裂断面倾向 NW，倾角不定，为隐伏的逆断层性质，控制了成都的 NW 界，是龙门山构造带前缘逆冲推覆作用在成都盆地内进一步扩展的结果。该断裂是一条浅层次脆性断裂，以 NW-SE 向逆冲为主，向下切割较浅，主要发育在中生代盖层内部断裂，以西地层不同程度卷入变形，以东地区变形微弱，大多数地段表现为岩层倾角的快速变缓（李勇等，2006）。在大邑东关附近的古近纪名山群（$E_{1-2}m$）砂泥岩中，断裂清楚地显示由 NW 向 SE 逆冲，并将上覆的 III 级阶地垂直位错了 3～4m。竹瓦铺断裂两侧基岩埋深差异显著，NW 侧为基岩出露的走石山，SE 侧为第四系，最厚可达 541m，显示强烈的差异活动。绵竹断裂的差异活动稍弱，但在绵竹市区附近的钻孔证实该断裂业已错切晚更新世早期沉积物。在安州以北，该断裂为潜伏性质，未直接出露地表，但近年的中小地震活动仍显示出其具有一定的现今活动性。该断裂为现今小震密集活动带，较大地震有1787 年 12 月 13 日都江堰附近的 4.7 级地震和 1993 年 12 月 30 日竹瓦铺北西的 4.4 级地震，近年来绵竹附近的 1999 年 9 月 14 日 4.8 级和 1999 年 11 月 30 日 4.7 级地震，表明该断裂现今仍具有一定的活动性。

1. 大邑断裂

大邑断裂西起大邑，向东经崇庆、温江附近消失，长约 30km。断裂走向 N65°E，断面倾向北西，倾角不明，在航卫片上线性特征比较清楚。从基岩埋深等高线来看，该断裂差异活动最大的地段在大邑—崇庆间。物探手段揭示出断裂两侧的基岩埋深仅差数米，而且基岩埋深等高线也反映了相同数量级的差异。说明大邑—温江断裂在晚更新世以来有一些微弱活动显示。

1）地表构造特征

大邑—彭州—（绵竹）断裂在崇州道明场白塔湖水坝北端的水库北壁有出露，在大邑砾岩内部有砂岩透镜体被错断，断层下盘被错动的砂层由于上盘向上逆冲发生向下的弯曲，断层上盘大邑砾岩的砾岩层和砂质透镜体都发生舒缓的波状弯曲。地震勘探表明该断裂的断距不大，但延伸可能很大（图 4-3，图 4-7）。在大邑东关附近的古近纪名山群（$E_{1-2}m$）砂泥岩中，基岩断裂清楚地显示由北西向南东的逆冲，并将上覆的 III 级阶地垂直位错了 3～4m，该地区 III 级阶地的 TL 年龄值为 22300±1800a。

在大邑县城北东方向的道明场，大邑断裂具有明显的右行走滑性质，3 条小河被错断，平面断距为 22m（图 4-9）。此外，在大邑氮肥厂和崇州白塔湖等地的大邑砾岩剖面中，大邑断裂的次级断层切割了大邑砾岩，在砾岩中形成砾石定向带，显示该断裂倾向 NW，倾角 30°～40°，表明大邑断裂是在大邑砾岩沉积后才发育的。李勇等（2003）对 10 个大邑砾岩剖面的砂岩夹层开展了电子自旋共振测年研究，认为大邑砾岩形成的时间为 0.82～3.6Ma。因此，大邑断裂是在 0.82Ma 之后形成的，即中更新世之后才形成。因此，我们推测大邑断裂是龙门山前缘最新的断裂，是龙门山构造带前展式向成都盆地发展的产物。

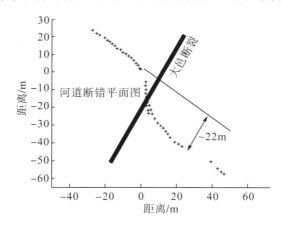

图 4-9　大邑县城的北东侧的河道断错实测图（大邑断裂）

2）深部构造特征

该区属于大邑构造。该构造位于川西坳陷中部的南端，东临什邡—邛崃中央向斜带（成都凹陷），西为雾中山（神仙桥）构造，北与金马—鸭子河构造斜列相接，南与邛西（灌口）构造相接。

　　大邑构造属于一个断背斜构造。从图 4-10 上可以看出，该地区主要发育的局部断层有 F1、F2、f1、f3、f6、f7、f12、f18、f29、f37、f38 等较大断层，其走向以 NE、NNE 为主，个别为 NW 走向，倾向以 NW、SE 为主。其中 F1 以及 F2 断裂为该区的主控断裂，控制了大邑构造的形成。

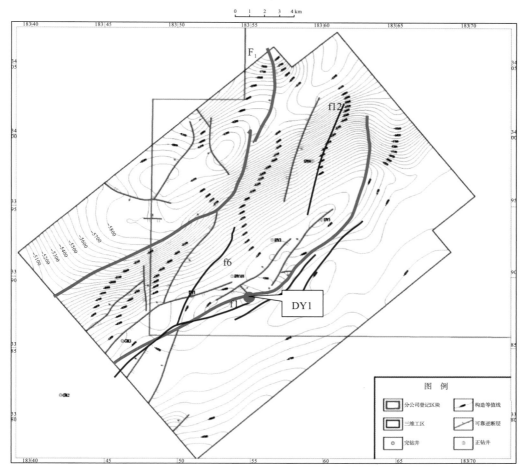

图 4-10　大邑构造须家河组二段顶面构造图(据中石化，2008)

　　F1 断裂呈 NE 走向，倾向 SE，与 F2 断层相望，纵向上切割 $TJ_1 \sim TT_1j^2$ 地震反射层，延伸长度 23.9km，最大断距为 500m。为大邑构造的西北部圈闭的形成提供了遮挡条件。

　　F2 断裂呈 NE 走向，倾向 NW，贯穿大邑构造，向东消失于街子镇南部，发育于所有构造层位，在区内延伸长度 28.1km，为大邑构造的东南遮挡，在 TP2 地震反射层的断距最大为 700m。

　　F1 断层与 F2 断层倾向相反，由深至浅逐渐向外张开呈 "V" 字形结构，从剖面图上可以看到在 F1 与 F2 断裂的控制下，大邑构造具有上下两套构造层(图 4-11)。

　　上构造层主要为侏罗系及其以上地层(及须家河组上部地层)，较为简单，虽然发育受到大邑推覆断层的控制，但总体构造仍较为平缓，在推覆断层上部地层呈简单的低角度单斜。而下盘的侏罗系—白垩系变形幅度更小，但受下部背斜形态的控制呈一平缓的背斜形态，具有一定的继承性。

　　下构造层较为复杂，总体上属于 F2 与 F1 断裂控制下的断背斜构造。其中 F2 断裂规模较大，向下切割到前二叠系，为一逆冲推覆断裂，具有上陡下缓的典型特征，该断裂向上止大邑推覆断裂。在该断裂的控制下地层发生褶皱，并形成了 F1 等派生的反冲调节逆断层，进一步控制了构造的形成。派生断裂的规模不大，主要切割须家河组，并具有向褶皱核部收敛的特征。从须家河组的厚度变化来看，虽然受到断层切割，但厚度仍较为均一，因此下构造层的断裂活动主要发生在须家河组沉积末期，同时从上、下构造层的变形强度来说，下构造层的构造变形应早于上构造层，及 F2 推覆断裂活动应早于大邑推覆断裂。

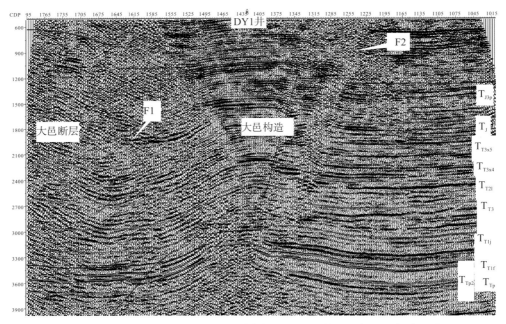

图 4-11　大邑地区 Inline 2307 线构造解释样式（过大邑 1 井地震剖面）（据中石化，2008）

龙门山南段前的大邑—雾中山一线地震剖面则非常清楚地表明构造样式为不同时期发生的地表构造与深部构造的叠合，两个构造体系被一非常清晰的不整合界面所隔离。

（1）深部三叠系宽缓的印支期生长断层的转折褶皱：褶皱南翼的反射波组出现断层转折褶皱前翼所特有的三角形收敛状反射，因此，主要断裂为阶梯状断层。在大邑南北两侧，三叠系褶皱前翼被后期的分支状断层所切断，并造成其前翼上叠加部分次级褶皱挠曲。不整合界面位于上三叠统上部。值得注意的是，其下的上三叠统须家河组上部（须四—须五）反射层直接上超至下伏反射层（须三—须一）的褶皱前翼，这是生长断层转折褶皱前翼所特有的一种构造沉积现象，上超面被称为生长不整合界面。生长不整合界面不仅可以帮助我们分离出构造的活动期次，同时也严格地将深部断层转折褶皱的活动时间约束在晚三叠世晚期瑞提克期与诺利克期之间。

（2）燕山期和喜马拉雅晚期向地表的逆冲推覆构造：断层沿基底向上逆冲，于雾中山处派生两条反向逆冲断层，形成复合型构造三角楔。断层部分在雾中山处逆冲至地表，部分转入印支晚期形成的不整合面水平滑动，在街口一线冲出地表，造成地表附近侏罗系以上地层的褶皱变形，即地表出露的大邑背斜。

根据地表白垩系的褶皱变形以及与新近系大邑砾岩间的角度不整合关系看，上部的逆冲推覆构造应始于燕山期，考虑到新近系也出现褶皱变形，喜马拉雅晚期也发生了由北向南的逆冲推覆。

2. 竹瓦铺断裂

竹瓦铺断裂（也称竹瓦铺—什邡断裂）隐伏于第四纪沉积物之下，是成都平原内部的另一条主要断裂。该断裂起于竹瓦铺南西的石羊场，向北东经竹瓦铺、彭州、什邡、孝泉，至文星场北东，全长 50 余公里，断裂走向 N55°～60°E，倾向 NW，倾角不明，为一逆断层。人工地震勘探结果也表明了其深部构造的存在。

1）地表构造特征

竹瓦铺东南面的安德铺为第四系沉积洼地，可能受竹瓦铺断裂控制。在郫县走石山一带的航卫片上，断裂两侧的色差清楚，显示出清晰的线性特征。在地貌上则表现为断续延伸的断层残山。断裂上盘的走石山直接出露白垩纪灌口组（K_2g）基岩，上覆厚约 10 余米的黄褐色亚黏土夹砾石层（TL 年龄为距今 83600±6800～113900±9600a）。据钻孔揭示，断裂下盘的第四纪厚度最厚可达 541m，亦为成都平原第四纪的沉降中心。地表覆盖晚更新世—全新世沙砾石层。横跨该断裂的一条浅层地震反射剖面（图 4-12），揭示出该断裂倾向 NW，倾角 30°～40°，显示由 NW 向 SE 的逆冲，将白垩纪灌口组（K$_2$g）砂泥岩与上覆的第四系分界线垂直位错了 15～20m，据此估计该断裂的平均垂直滑动速率为 0.13～0.24mm/a。

2）深部构造特征

据西南石油局（1998）人工地震勘探资料，川西-NW-97-214 线叠加剖面揭示出该断裂倾向 NW，倾角在浅部较陡，向下逐渐变得平缓，最后连同背斜构造一并消失于三叠纪雷口坡组水平地层之中，倾角仅 10°～30°。断裂向上错切了全部中生代和古近纪地层，错距为 450～850m，向浅部错距逐渐变小。以上特征表明了龙门山山前断裂为断层扩展背斜（fault-propagation folds）或断层弯曲背斜（fault-bend folds）的构造成因。

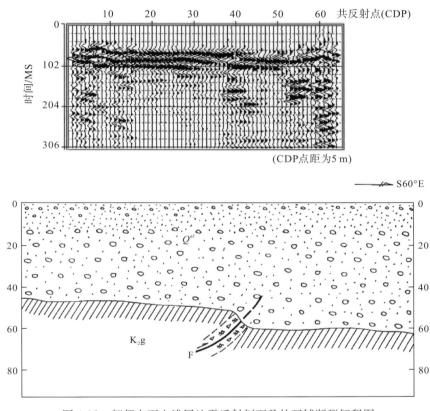

图 4-12　郫都走石山浅层地震反射剖面及竹瓦铺断裂解释图

中国地震局地球物理勘探中心在师古镇附近布置了一条近 EW 向地震勘探测线，测线长度为6350m。浅层地震剖面（图 4-13）清晰地揭示了的什邡—竹瓦铺隐伏断裂的空间展布形态。在剖面桩号1100m、2100m、3300m、4000m、4050m 和 4750m 附近，从剖面上可看到向东和向西倾斜的反射特征分界线，且分界线两侧的地层界面产状和反射波组特征也明显不同。根据剖面特征不难推断这些变化应是断层在地震剖面上的反映，即图中的断层 F1～F6。其中，断层 F1、F3 和 F5 为断层面向西倾的逆冲断层，这 3 条断层最明显的特征是白垩系底界反射波 TK 在断层两侧出现的相位错动、反射波能量突变以及白垩系底界面自西向东出现的阶梯状变化。从剖面反射波组特征分析，断层 F1、F3 和 F5 应是发育在侏罗系或之前的断层，向上终止于白垩系地层内部。断层 F2、F4 和 F6 分别为断层 F1、F3 和 F5的反冲断层，它们均发育在白垩系地层中，其断层面向东倾。这 3 条断层向上均错断了第四系覆盖层的底界，并延伸到第四系覆盖层内部，应为晚第四纪晚更新世活动的产物。结果表明竹瓦铺—什邡隐伏断裂为晚更新世活动断裂。

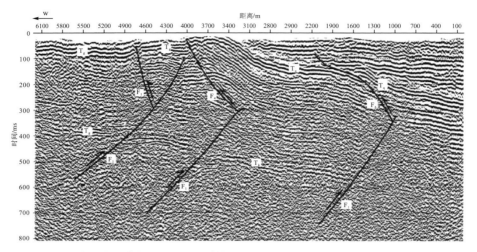

图 4-13　什邡市师古镇浅层地震反射剖面(中国地震局地球物理勘探中心，2008)

从基岩埋深等高线形态上来看，该断裂对第四纪沉积物的边界具有明显的控制作用。在竹瓦铺—走石山一带，断裂西侧的走石山直接出露灌口组(K_2g)基岩，上覆厚约 10 余米的黄褐色亚黏土(热释光年龄值为距今 $83600\pm6800\sim113900\pm9600a$)。东侧的地表则出露晚更新世—全新世沙砾石层。在此处布设了一条浅层地震勘探测线 S1 和高密度电法测线 E34，地震反射剖面和高密电法剖面均揭示出该断裂将第四系与基岩的分界面垂直位错了 15~20m(图 4-14)，但未见该断裂全新世活动的证据。

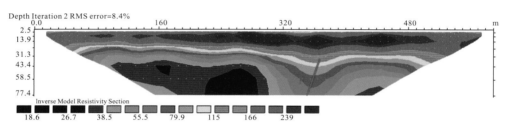

图 4-14　竹瓦铺附近 E32 测线高密度电阻率法二维反演等值断面图

在郫都唐昌镇附近布设一条高密度电测深剖面(图 4-15)，该剖面上部的电阻率值相对较高，大于 80 Ω，为第四系砂卵砾石层。其底界面起伏较大，埋深 40~60m。剖面下部的电阻率值相对较低，小于 60 Ω，为白垩纪泥岩层(K_2g)。特别是在剖面 350m 附近，其两侧的视电阻率电性层明显不连续，故推测在 330~360m 范围内即为什邡—竹瓦铺断裂隐伏具体位置，该破碎带的宽度约为 30m，埋深约为 50m，倾向 NW，视倾角约为 60°。断裂上盘较下盘厚，垂直位错约为 15m，属逆断层。

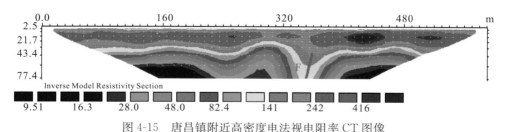

图 4-15　唐昌镇附近高密度电法视电阻率 CT 图像

3.彭州断裂

彭州断裂位于关口断裂的东侧，在地震反射剖面上有很好的显示。石油地震 L2 线剖面在彭州可见一断层面倾向 NW，倾角 30°~40°的逆冲断层，地表为一隐伏断裂(图 1-6)。

在彭州军屯镇附近布设了另一条高密度电测深剖面(图 4-16)，该剖面上部的高阻电性层反映的是第四系砂卵砾石层，其下部的相对低阻层则为白垩系灌口组（K_2g）砂泥岩的电性反映。在剖面 350m 附近，低阻基岩电性层表现出明显的不连续现象，推测此处即为龙门山山前隐伏断裂通过的位置。该断裂的埋深约为 20m，断裂破碎带的宽度约为 20m，断裂两侧垂直位错约为 8m，倾向 NW，视倾角约为 30°，属逆断层。

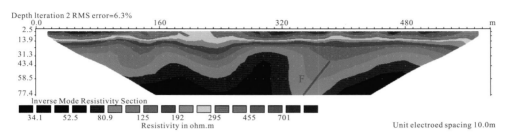

图 4-16　彭州军屯镇附近高密度电法视电阻率 CT 图像

4.3.3　蒲江—新津断裂与熊坡背斜

　　蒲江—新律断裂（也称蒲江—新津—德阳断裂）作为成都盆地的南东边界，是成都平原内部的一条重要活动断裂。南西端始于蒲江以南，沿蒲江—新津—双流—茶店子—天回镇—新都—德阳一线呈北东向展布，全长约 180km。断层面倾向 SE，断裂走向 N30°～40°E，倾角不定，显示南东盘相对上冲的逆断层性质，控制了成都盆地的南东边界，导致了断层两侧第四系数十米的厚度差异，为一逆断层（表 4-2）。综合研究表明，该断裂具有一定的晚第四纪活动性，且表现出明显的不连续性和分段的特点。新津以北，随着熊坡背斜的向北倾没以及横向断裂的影响，该断裂随之潜入成都平原。有史料记载以来，蒲江—新津断裂上曾发生过 1734 年蒲江 5.0 级地震和 1962 年洪雅罗坝 5.1 级地震，这两次中强地震皆发生于该断裂在新津以南的南段，而北段未有 M≥4.7 级地震的记载，但仍有零星的现代弱震活动。考虑到以新津为界该断裂晚第四纪以来活动地貌表现及深部构造背景上的差异性，可以将该断裂以此为界分为南、北两段，但更进一步资料如几何结构差异、活动习性差异及可能的地震破裂差异等尚待今后工作的进一步完善。

表 4-2　蒲江—新津断层两侧第四系厚度差异

断裂位置	断层西侧（厚度/m）	断层东侧（厚度/m）
德阳	43.63	23.34
广汉	102.20	50.26
新都	50.00	16.00
天回镇	74.43	5.40
茶店子	73.00	15.70

1. 地表构造特征

　　该断层的西南段出露良好，切开熊坡背斜轴部及其西北翼，称为蒲江—新律断裂。断面倾向南东，具明显的挤压冲断性质，断层的南东盘三叠系—侏罗系向北西逆冲在侏罗系—白垩系之上，北西盘地层普遍陡立并局部倒转。蒲江—新津断裂往北延入成都平原后，在第四系沉积物下继续往北东延伸。根据四川石油管理局的钻井资料，断裂已插到磨盘山附近，断距为 50～100m。该断裂分布于成都盆地的南端东侧，熊坡背斜的北西翼。在蒲江黄土坡东坡蒲江县城，青龙水库公路壁出露该断层剖面，可见三叠系须家河组逆冲在白垩系夹关组之上，为一逆断层。在新津以南，该断裂显示出明显的晚第四纪活动性，在蒲江黄土坡和邛崃回龙可以见到中生代红层逆冲于中更新世—晚更新世的砂砾石层之上（钱洪等，1993）。在新津以北，该断裂大致沿牧马山台地西缘、茶店子、凤凰山、新都、广汉至德阳，构成了断裂西侧平原与东侧台地的地貌分界线。特别是在凤凰山附近，该断裂从台地与平原的分界处通过，在断层上盘的上更新统砂砾石层中形成有弯矩断层(bending moment faults)的正断层。横跨该断裂的一条浅层地震反射剖面揭示出该断裂在近地表为一向南东缓倾的逆掩断层，断层倾角约在 $30°\sim50°$，且具有愈向下倾角愈缓的趋势。断层的南东盘相对上冲，将白垩纪灌口组(K_2g)砂泥岩和晚更新世晚期的亚黏土砾石层同时垂直断错了 $5\sim8m$，并影响到上覆的全新统砂砾石层沉积，致使该层在断层下盘厚度变大，应为同生断层的控制作用所致(图 4-17)。于地表在基岩与黄色亚黏土砾石层分界线上方，TL 法测得的砾石层年龄值为 $24500\pm2000a\sim33000\pm2800a$，据此估计蒲江—新津断裂的平均垂直滑动速率值为 $0.15\sim0.33mm/a$。

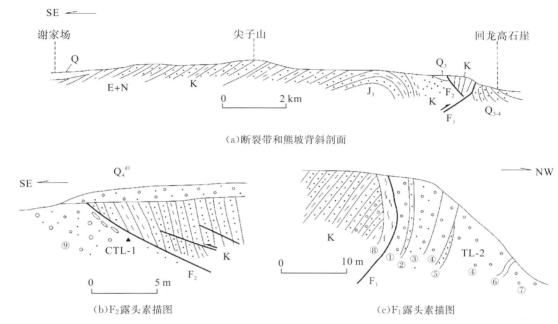

(a)断裂带和熊坡背斜剖面

(b)F_2露头素描图

(c)F_1露头素描图

图 4-17　蒲江—新津断裂和熊坡背斜剖面(据邓起东等，1994)

①.灰褐色、灰黄色粗粒砾石层；②.灰褐色含黏土细砂；③.中、细粒砂砾石层；④.粗砾石层；⑤.灰褐色细砂；⑥.黄褐色细砂；⑦.黄褐色粗砂砾石层；⑧.灰黄、灰白色断层泥；⑨.灰褐黄色砂页岩；J_3.上侏罗统砂页岩；K.白垩系砂岩夹砾岩、页岩；E+N.古近-新近系砂页岩；Q.第四系砂砾层；Q_3.上更新统砂砾层；Q_{3-4}.上更新统和全新统砂砾层夹砂层；Q_4^{dl}.全新统坡积砂砾层；TL-2.热释光采样点及编号

该断裂晚第四纪以来活动的主要证据有：

(1)在该断裂通过的凤凰山附近，存在地貌反差。断裂表现为南东盘上升，地貌上表现为台地(或浅丘地貌)，并可见到中生代的基岩出露，而另一侧几乎全为全新统的冲积砂砾石层沉积。因此，可以判定断裂在晚更新世以来存在着差异运动。

(2)从图 4-18 中基岩埋深等深线看，断裂两侧的基岩埋深存在高程差异，但是这种差异在各个地段是很不相同的，可以在较短的距离内发生很大的变化。如在天回镇—新都附近，断裂两侧的基岩高差在 25m 以内；而在凤凰山附近，高差则在 81~82m 左右。钻孔揭示的第四系沉积物年龄最老为中更新世晚期(Q_{2-3})。因而证实了断裂晚第四纪的差异活动。

(3)野外观测资料表明，蒲江—新津断裂旁侧的次级断裂已经错切了晚更新统沉积物，如三河场严家坡、凤凰山等地皆发育有晚第四纪断层(图 4-19，图 4-20)。可能是断层扩展背斜上方所派生的弯矩断层，应与主干断裂的活动具有密切的关系。

(4)凤凰山附近的地貌反差应与主干断裂南东盘的向上逆冲运动有关(图 4-20)。在凤凰山的平原与台地交界部位布设的一条浅层地震反射剖面，揭示出该断裂将 TL 年龄值为 $24500\sim33000\pm2800a$ 的砂砾石层垂直位错了 $5\sim8m$，估计该断裂的平均垂直滑动速率为 $0.15\sim0.33mm/a$。但未见断裂全新世活动证据。

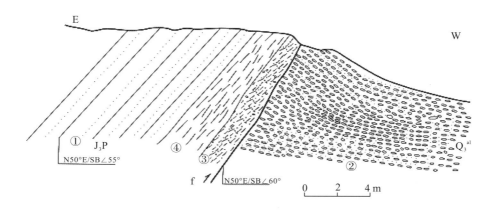

图 4-18　蒲江寿安附近的蒲江—新津断裂剖面图

①. J_3P. 侏罗系粉砂质泥岩；②. Q_3^{al}. 上更新统砂砾石层；③. 破碎带；④. 劈理带

2. 深部构造特征

据人工地震勘探结果，蒲江—新津断裂具有与背斜构造共生的特点，断裂常发生在背斜的轴部或陡翼。断距在地表或近地表最大，向下则迅速锐减。断层倾角在地表或近地表较陡，向下则逐渐变得单缓，最后连同背斜构造一起消失于某一深度的滑脱面之上，具断层弯曲背斜或断层扩展背斜的一般特征。断裂在新津以南连续性较好，断距较大，可达 3300m 左右，切割深度约 7km；新津以北断裂呈断续羽列状延伸，断距较小，一般为数十米~百余米，切割深度 2~3km，最深可达 4.5km，最浅仅 1km左右(图 4-21、图 4-23 和图 4-24)。导致这一现象的原因不仅是可能存在的横向断裂的影响，从晚新生代以来的块体运移规律来分析，更可能与四川盆地的顺时针旋转运动有关，这也为古地磁资料所证实。若把四川盆地的盖层沉积层看作相对塑性的块体，其顺时针旋转运动在遭遇到相对刚性的峨眉地块时则表现为相对的向上隆升运动，其隆升幅度应具有由南向北逐渐减小的趋势，从而导致了熊坡背斜南段连同断裂构造一同出露地表，而北段则潜入地表之下的现象，且活动幅度也应是南段相对北段更大。这也可以从新津以南广泛出露雅安砾石层形成"名邛台地"，而新津以北为晚更新世—全新世成都冲积平原的地貌现象得到证实。在新津以南，该断裂显示出明显的晚第四纪活动性，在黄土坡、回龙场、寿安和钟家坪一带能见到中生代红层逆冲于中更新世—晚更新世砂砾石层之上(图 4-24)。在新津以北，该断裂大致沿牧马山台地西缘、茶店子、凤凰山、新都一线延伸，在 TM 卫星影像上呈断续状延伸，具有明显的羽列特点。

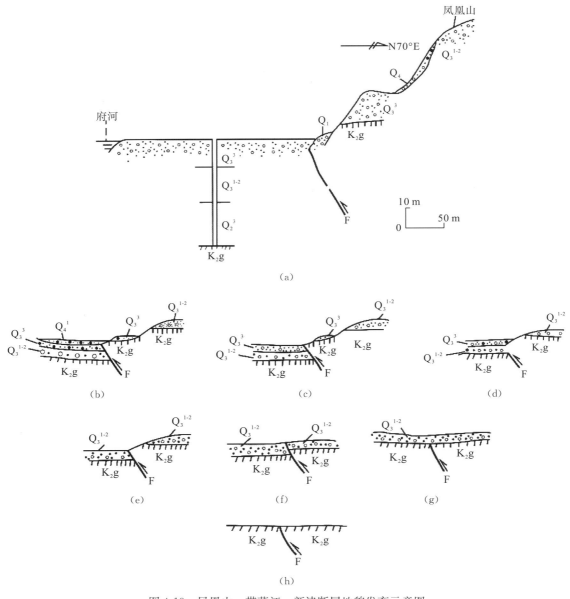

图 4-19 凤凰山一带蒲江—新津断层地貌发育示意图

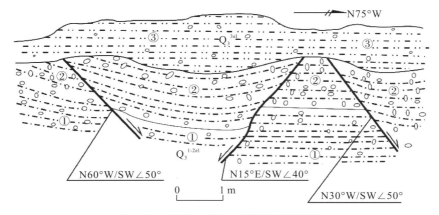

图 4-20 凤凰山蒲江—新津断层剖面图

①.褐黄色亚黏土含砾石；②.棕红色亚黏土砾石层；③.褐黄色亚砂土含砾石

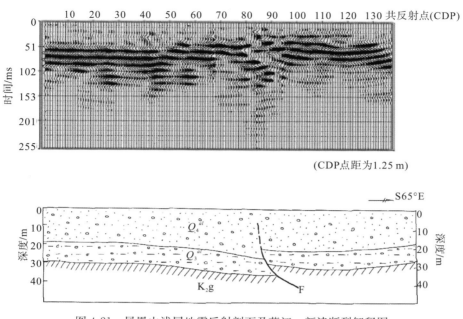

图 4-21 凤凰山浅层地震反射剖面及蒲江—新津断裂解释图

3. 熊坡背斜与蒲江—新津断裂的组合特征

在成都平原的南段，于龙泉山构造带以西还发育有与龙泉山构造带近平行的背斜构造，这些构造发育于成都平原的东南部，背斜由侏罗系、白垩系组成，且西陡东缓，主断裂分布于背斜的西北翼，也是成都盆地东缘构造带的一部分。其中最主要的一条断裂为蒲江—新津断裂，与其相伴生的褶皱为熊坡背斜(图 4-1)。

背斜南部窄陡，北部宽缓；断裂南段出露，北段隐伏。从背斜南北段数字高程模型可知，熊坡背斜南段最大高程达 1000m，而北段新津一带，海拔骤然下降至 500m 左右，趋于平缓进而隐没于成都平原。根据四川省地质局的调查结果认为蒲江—新津断裂沿熊坡背斜轴部及其以北出露，新津—成都—德阳段隐伏于成都平原之下，呈右阶羽列状排布。蒲江—新津段有良好出露。通过野外地质考察发现，熊坡背斜南段地层主要出露的是侏罗系和白垩系，北段出露侏罗系、白垩系和古近系名山群。北西翼地层倾角为 70°左右，背斜顶部为 15°左右，南东翼地层较缓，倾角从 25°~50°不等，整体表现出了断层传播褶皱的模型特征。

蒲江—新津断裂是控制成都盆地第四纪沉降中心东缘的一条主要断裂，断裂两侧的第四系厚度存在明显差异(表 4-2)。根据四川省地震局调查结果，在新津以南的蒲江黄土坡—邛崃回龙镇一带，断裂出露地表，切开熊坡背斜轴部及其西北翼，倾向 SE，倾角 70°左右，断层存在于熊坡背斜的西翼，使南东盘三叠系—侏罗系地层向北西逆冲于侏罗系—白垩系和第四纪早更新世砂砾石层之上。通过对断裂样品 ESR 测年，结果为 683±72ka，显示了中更新世早期的活动性(图 4-22)。

该断裂上盘的须家河组至蓬莱镇组向 NW 方向斜冲于下盘蓬莱镇组至夹关组之上，水平移距达 4km，垂直断距由西向东增大，从几百米至 1km(图 4-23，图 4-24)。下盘地层普遍直立倒转，一些地段两侧可见牵引褶曲。断裂切割深度新津以南地段较大，最深达 7km；蒲江黄土坡—回龙镇一带变小，最深达 4.5km，最前仅 1km 左右。断裂倾角在地表较陡，向下则逐渐变得平缓，再下延消失于三叠系雷口坡组或嘉陵江组中的滑脱面。熊坡背斜表现为西陡东缓的不对称形态，有些地段背斜西翼直立以至倒转，受蒲江—新津断裂控制明显。表明该断裂发生于背斜的轴部或陡翼，具有与背斜构造共生的特点。

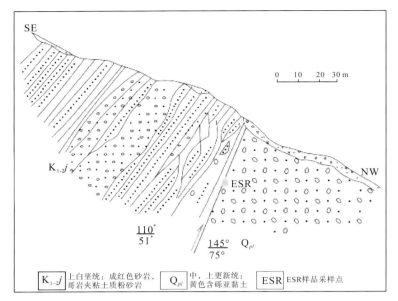

图 4-22　蒲江—新津断裂带断裂素描图（蒲江城南钟家坪）

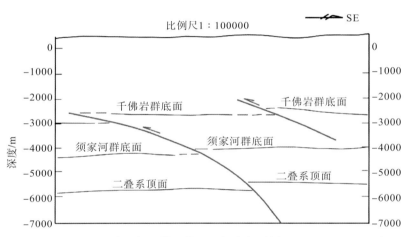

图 4-23　蒲江以北寿安场一带的蒲江—新津断裂剖面图（地震 3335 测线）
（据四川省石油管理局地质勘探开发研究院资料，1978）

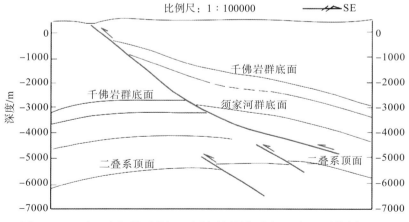

图 4-24　双流王家场附近蒲江—新津断裂剖面图（地震 70 测线剖面图）
（据四川省石油管理局地质勘探开发研究院资料，1978）

在熊坡背斜南段，基底埋深较浅，最浅处约 5.5km 深，而中下三叠统膏盐岩厚度很厚，最厚者达 650m 左右；在熊坡背斜北段，基底埋深增至 7~8km 深，成都地区以下深者可达 9km，而中下三叠统膏盐岩厚度也降至 300m 左右(图 4-25)。可见二者在空间展布上具有良好的一致性。通过川西地区基底岩层航磁异常研究发现，除德阳磁力高外，其余地区均显示负异常(罗志立，1998)。基底面埋深 7~11km，最深处在德阳附近。龙泉山—巴中基底断裂构成了川西坳陷的东部力学边界，由其分割的不同的基底性质也决定了川西和川中不同的盖层变形样式，而现今呈北东向延伸的基底西界为川西坳陷的构造形成提供了重要的西部力学边界，一方面分隔了其两侧差异显著的变形特征(乐光禹，1996；刘树根等，2009)，另一方面与力源一起控制了其东侧坳陷内的构造展布。因此，笔者等推测该地区纵向上基底埋深的变化是造成熊坡背斜隆起的一个重要环境基础。而川西坳陷盖层内部最重要的滑脱层是中下三叠统内部的富膏盐岩层，熊坡背斜南北段中下三叠统膏盐岩层的存在及其厚度的差异为熊坡背斜的形成奠定了物质基础。

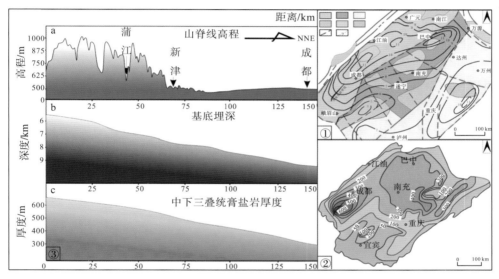

图 4-25　熊坡背斜山脊高程、基底埋深与中下三叠统膏岩厚度对比图

①.四川盆地基底结构：1.中元古界黄水河群；2.古元古界—太古宇康定群；3.新元古界板溪群；4.中酸性杂岩；5.基性杂岩；6.中基性火山岩；7.推断大断裂；8.基底埋深等深线(km)；②.四川盆地中下三叠统膏盐岩分布；③a.山脊线高程；③b.沿山脊线走向基底埋深；③c.沿山脊线走向中下三叠统膏盐岩厚度

总之，熊坡背斜与蒲江—新津断裂在变形模式上表现出较强的一致性。背斜与断裂基本同步展布，背斜整体形态、断层上下盘第四系厚度、基底埋深、滑脱层厚度均显示了明显的差异性且有规律可循，这为讨论熊坡背斜的成因机制提供变形学依据。

4.熊坡背斜的平衡剖面、缩短与褶皱运动学模型

在前陆褶皱冲断带中，褶皱与断层作用是密切相关的，是脆性与韧性变形作用的综合表现形式。断层相关褶皱有 3 种常见端元模型(图 4-26)：①断层转折褶皱，断层通过断坡由一个断坪传到另一个断坪，上盘岩层按下盘的形状形成褶皱，即为断层转折褶皱；②断层传播褶皱，即冲断层断坡的端点附近形成的褶皱，吸收了冲断层的全部的滑移量；③滑脱褶皱，与断层传播褶皱相似，形成于断层端点，但与断坡无关，是发育在平行层面的滑脱面或冲断层之上的褶皱。

平衡剖面技术是通过几何学原则，在垂直构造走向的剖面上将变形构造全部复原成合理的未变形状态的一种模拟技术。它可以对地层构造演化进行定量、半定量的分析解释，是构造演化定量分析的重要手段，在油气勘探、盆地模拟等领域得到广泛应用(张明山等 1998；方石等，2012)。平衡剖面遵循以下原则：面积(体积)不变原则，岩层厚度不变原则，剖面中各标志层长度一致原则。熊坡背斜在构造变形特征上表现出典型的断层传播褶皱模型(图 4-26)。

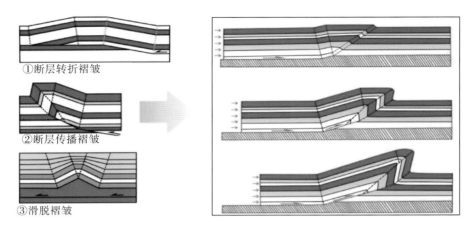

①断层转折褶皱
②断层传播褶皱
③滑脱褶皱

图 4-26　断层相关褶皱端元模型及断层传播褶皱形成过程模式图（据刘树根等，2006）

　　本文结合熊坡背斜野外考察成果，选取熊坡背斜南段大兴场地震剖面资料（图 4-27），基于 2Dmove 软件，以侏罗系和三叠系界面为参考面，利用平衡剖面的方法对熊坡背斜断层传播褶皱模型进行地层恢复并计算了其南段缩短量，为 7.2km，缩短率约为 30%。

　　然而，龙门山南段整体缩短了近 40km，相对于原始剖面总体缩短率为 26.2%（陈竹新等，2006）。而熊坡背斜缩短量占整个龙门山造山带南段总体缩短量的 18%。由此可见，在龙门山南段，新生代的变形强烈改造了晚三叠世的构造变形，冲断前锋以断层相关褶皱形式向前陆方向扩展，其构造应力促使熊坡地区隆升显著。

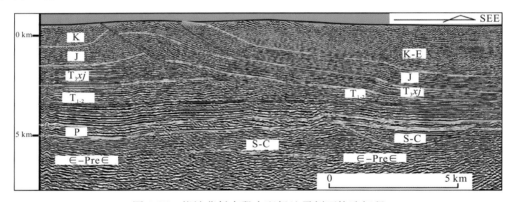

图 4-27　熊坡背斜南段大兴场地震剖面构造解释

5. 熊坡背斜的形成时代

　　对于熊坡背斜的形成时代，尚缺乏直接证据，但通过成都盆地的形成与演化分析等间接手段可限定其形成时限。成都盆地南部的数字高程模式图显示其具冲积扇的地貌特征（图 4-3），高程自南西西向北东东方向降低，结合盆地南部大邑砾岩的物源区分析，推断古青衣江在晚更新世期间曾向东流入成都盆地，并在熊坡背斜隆起后改道发生改道（黎兵等，2007；陈杰等，2008），因此，熊坡背斜隆起的时间应该在其东部大邑砾岩顶部年龄 1.0±0.2MaB.P. 之后（表 4-3）。

表 4-3　大邑砾岩剖面位置及样品年龄（剖面位置据黎兵等，2007）

剖面位置	经度	纬度	底部年龄/MaB. P.	顶部年龄/MaB. P.
玉堂镇	103°34′33.6″	30°57′45.36″	3.1	—
白岩沟	103°29′47.76″	30°42′39.6″	2.6	—
白塔山	103°35′25.44″	30°40′14.52″	2.3～2.7	0.95～1.05
大邑	103°30′42.84″	30°35′45.96″	2.6～2.7	0.987

续表

剖面位置	经度	纬度	底部年龄/MaB. P.	顶部年龄/MaB. P.
金洞子	103°26′13.2″	30°33′35.28″	2.83	—
庙坡	103°7′55.2″	30°9′46.8″	2.7	0.91
秦家镇	103°40′25.32″	30°9′38.88″	2.4	1.0±0.2
曹家林	103°41′7.08″	30°17′57.84″	2.53	—

　　另如前文所述，四川省地震局通过对断裂样品 ESR 测年，结果为 683±72ka，表明中更新世早期熊坡背斜具较强活动性(图 4-3)。晚第四纪砂砾岩石层和砂层发生强烈变形，已近直立，甚至倒转，其中的灰褐色细砂岩的热释光年龄为距今 97.4±6.9ka，也说明断层在晚更新世曾有过强烈的活动(邓起东等，1994)。断层向北延入成都平原，仍有晚更新世活动的明显表现。根据双流机场的电测深资料，断层已切断晚更新世砾石层，垂直断距达 10m，上部被全新世沉积所覆盖，未见全新统被错断的痕迹(钱洪等，1997)。

　　6. 历史地震活动

　　传统认为褶皱构造是均匀应力下连续变形的产物，不会形成突发变形。但是，发生在活动褶皱之下的众多地震表明活动褶皱在空间几何形态与成因上与活动断层密切相关。地震发生在活动褶皱之下(陈杰等，1992)，褶皱则在地震时发生快速抬升。但是，在此过程中，地震并非直接由褶皱本身产生，而是由年轻褶皱之下的隐伏活动逆断层的黏滑运动引起。地震时，变形大部分被地表活动褶皱吸收，并不伴随地表破裂，或者所出现的地表破裂及其上的位错量很小。此类活动褶皱在变形模式上表现为断层相关褶皱。

　　蒲江—新津断裂现今地震活动明显且小震频繁(图 4-4，表 4-4)。据调查，1977 年 8～11 月，断裂两盘相对上下位移 0.51mm，向 NW 方向逆冲挤压现象很明显。从表 4-4 可知，该断裂有 Ms≥5.0～5.9 的地震历史记录。钱洪等从地震构造环境类比的角度出发，认为龙泉山西坡断裂已发生 5.5 级地震，而蒲江—新津断裂与龙泉山西坡断裂具有相似的地震构造环境，且前者的晚第四纪活动性明显高于后者，推断蒲江—新津断裂至少具有发生 6.0 级地震的能力(何银武，1987)。而之所以历史地震没有高于 6.0 级的记载，是由于成都平原内部的地震记载是从 14 世纪开始的，历史地震记录不完备。

表 4-4　蒲江—新津断裂历史地震记录(据何银武，1987)

时间/年	地区	震级(Ms)
1328	蒲江	4.5
1734	蒲江	5.0
1943	成都	4.5
1962	洪雅	5.1
1966	蒲江	3.3
1971	新都	3.4

　　根据活动褶皱的变形机制，笔者等认为，熊坡背斜并非均匀应力下的连续变形的产物，而是由于断裂活动时发生快速抬升形成。由于滑脱层的存在，浅层地层并不直接发生错断，而是以褶皱的形式将变形吸收，其挤压应力来自于龙门山。而龙门山地震带仍在活动，近八年内龙门山连续两次发生特大地震—汶川地震和芦山地震，令世界关注。徐锡伟等认为芦山地震的发震模型符合断展背斜模型(徐锡伟等，2013)；李勇等(2013)认为龙门山前缘扩展变形带的形成主要是通过逆冲和滑脱作用而实现的，显示为逆冲断层—滑脱褶皱带，且芦山地震与汶川地震可能是龙门山逆冲作用由中央断裂向前山断裂扩展的结果，芦山地震是继汶川地震后的又一次调整作用和应力积累相继释放的结果，也是由汶川地震驱动的逆冲作用向四川盆地扩展的产物(李勇等，2013)。所以，芦山地震很有可能对成都盆地内部的构造特别是蒲江—新津断裂的应力变化产生影响，应当引起人们的重视。

7. 熊坡背斜的垂向分层变形特征

熊坡背斜具有明显的垂向分层变形特征，以中下三叠统富膏盐岩层为界，上、下构造样式不同。在龙门山冲断带南部，晚新生代断裂活动的同时，冲断带前锋也深入至成都盆地内部，形成了龙泉山断裂、熊坡断裂和名邛台地南北向断裂。从双石断裂向东至龙泉山构造带，发育数排平行排列或斜列的断层相关褶皱，它们均以中下三叠统富膏盐岩层位底部滑脱面。在中下三叠统富膏盐岩层以下，则很好地保存了先期的垒—堑式张性构造，相关研究表明这些断裂带在晚新生代依然活动（刘树根等，2001；王凤林等，2003）。

冲断构造的位移量通过滑脱层中向东传播，同时以褶皱的形式逐渐消减，在冲断带的最前锋—龙泉山，构造位移量消失殆尽。从东向西，构造变形从复杂到简单，龙门山造山带内发育高角度断裂控制的逆冲叠瓦构造，从彭灌断裂到大兴场为深浅两套滑脱层控制的上、下构造变形层的叠加变形，从盐井沟到龙泉山，主要是三叠系滑脱层以上的冲断构造，滑脱层以下的构造很稳定（李本亮等，2011）。在龙门山冲断带的前锋，由于单向叠瓦冲断系统的主导作用减弱，来自克拉通地块上的反作用力出现，因此，在广元—大邑断层带附近及其以东地段呈现反向冲断构造，主要有两种组合方式：一种是被冲方式，形成"两断夹一隆"的冲隆构造，如中坝背斜和海棠铺构造等；另一种是对冲方式，形成"两断夹一拗"的冲拗构造或三角带，如在龙泉山、熊坡一带。根据地震剖面，呈断面倾向南东的反冲断层与断面倾向北西的冲断层，在剖面上构成三角形的构造带，暗示着龙门山褶皱—冲断带至此已消失（刘和甫等，1994）。

8. 熊坡背斜的成因机制

针对驱动熊坡背斜缩短隆升的动力来源，应当结合龙门山前陆盆地的形成与演化以及龙门山南段晚新生代造山作用进行探讨。在成都盆地内部熊坡背斜表现出较大幅度的挤压缩短，必定受到来自于龙门山造山带及扬子克拉通的挤压作用。通过对成都盆地的沉积特征研究，我们认为龙门山晚新生代造山作用主要表现为逆冲作用和走滑作用（李勇等，2006）。龙门山的逆冲作用所产生的构造负荷是晚新生代成都盆地生长的构造动力；龙门山的右行走滑作用导致了成都盆地西南端的抬升与侵蚀。二者联合作用形成成都走滑挤压盆地，并使得成都盆地内的次级断裂、凸起和凹陷呈斜列状分布。由于来自龙门山的主导作用力减弱，来自克拉通地块上的反作用力出现，蒲江—新津断裂呈现出反向冲断构造，暗示着龙门山褶皱—冲断带至此已消失，而体现出断层—滑脱褶皱特征。熊坡背斜整体呈近平行于龙门山褶皱带展布，蒲江以南发生弯折，可能与前期垂直于龙门山方向即 NW 向的推挤力以及后期 EW 向推挤力有关，致使邛西断裂等 SN 向构造叠加于稍早的 NE 向构造之上，对熊坡背斜进行改造，并在背斜南段发生截切。

此外，通过以上研究可知，熊坡背斜的形成与断层—滑脱作用密切相关。在龙门山南段前缘直至龙泉山一带，多发育断层相关褶皱，呈隔挡式排布。断裂与褶皱表现出高度一致性（图 4-5），与浅层滑脱作用密切相关。该浅层滑脱层为中下三叠统富膏岩层，深度约为 4 ± 0.5km（图 4-28）。滑脱层的存在为挤压应力的传导提供物质基础，受早期二叠系之下构造裂谷的影响，在熊坡地区发生构造反转并受力隆起。而成都盆地北部中下三叠统膏岩层相对不发育也正说明了断层—滑脱作用对背斜形成的重要作用。

通过以上运用地震剖面解释、数字高程模型、历史地震、测年数据及钻孔等分析方法与资料，对研究区熊坡背斜变形、运动特征及动力学机制进行了讨论，总结为以下几点认识：熊坡背斜与蒲江—新津断裂空间展布上具有较强一致性，表现出断层传播褶皱模型，变形显著，缩短量为 7.2km，缩短率约为 30%；熊坡背斜隆起于 1.0 ± 0.2MaB. P. 之后，且中更新世早期及晚更新世曾发生过强烈活动，使背斜两侧第四系厚度产生明显差异；蒲江—新津断裂现今地震活动明显且小震频繁，曾有 $Ms\geqslant5.0\sim5.9$ 的地震历史记录；来自龙门山的挤压应力以及断层—滑脱作用是形成熊坡背斜的主要应力机制。熊坡背斜并非均匀应力下的连续变形的产物，而是由于断裂活动时发生快速抬升形成。

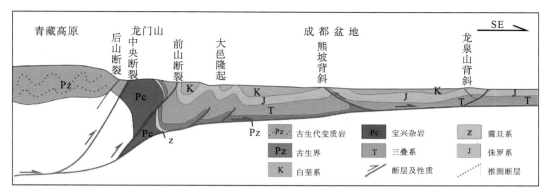

图 4-28　龙门山南段及前缘地区变形模式图(据 Burchfiel et al.，2008)

综上所述,熊坡背斜的变形特征反映了晚三叠世以来龙门山南段及前陆盆地南部较强的活动性,特别是晚更新世以来,不仅龙门山南段存在断裂活动,而且盆地内部也存在着缩短变形。断层—滑脱作用将龙门山和前陆盆地联系起来,龙门山南段的断裂活动很可能对盆地内部断裂造成影响,特别是芦山地震之后,蒲江—新津断裂很有可能被激活并产生新的活动性。

4.3.4　龙泉山断裂与龙泉山隆起

龙泉山褶隆带位于现今龙门山前陆盆地(成都盆地)的东侧,北起中江,南至仁寿、乐山一带,向北消失在德阳东部,为一受断裂控制的呈现北北东向展布的断块构造。主体构造为龙泉山背斜,均由中生界侏罗系红层构成。据地震资料显示,龙泉山背斜和熊坡背斜构造均属北东向断面之上的表皮褶皱,地腹深处都变为单斜式鼻状隆起。现代地震和大地测量均显示龙泉山褶隆带是一个正在上升的隆起,是现今龙门山前陆盆地(成都盆地)的前缘隆起。它的隆升是龙门山造山带晚新生代构造负荷加剧,导致成都盆地深部岩石圈弯曲下沉后均衡调整的产物。该带前缘断裂为龙泉山断裂,地表和深部地球物理勘察资料表明,该断裂走向 NE,延伸 120 余公里,断面向东倾斜,倾角 35°~62°,呈犁式。

1.龙泉山隆起

1)地表构造特征

该构造在地表核部出露侏罗系蓬莱镇组,两侧出露白垩系。该构造在剖面上可以分为上、下两套构造层。其中,上构造层以三叠系及其以上地层为主,主要以断层发育,相关褶皱发育为特征。下构造层为二叠系以下地层,主要以小幅度的构造变形为主,断层较少发育,同相轴连续性较好(图 4-29)。

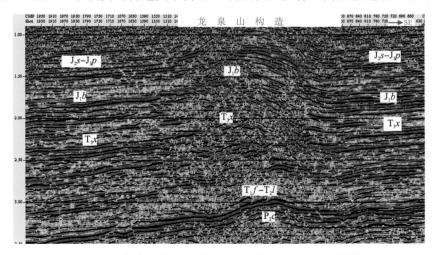

图 4-29　龙泉山构造地震解释剖面图(NW06—124 测线)

2)深部构造特征

上构造层的发展演化主要受到龙泉山断裂的控制，体现为明显的断块构造。从剖面上看，断裂具有下部滑动、上部逆冲的特征。断裂发育于三叠系—侏罗系内，在上三叠统须家河组内，构造核部呈现出一系列向西变低的错断，同时每个错断间均表现出明显的上拱褶皱的特征，属于受一系列东倾近于平行的逆冲断裂切割所致，而在飞仙关—雷口坡组中，同相轴表现为明显的连续展布，无错断的现象，因此这些断裂向下均平缓的收敛于飞仙关—雷口坡组膏盐层之中。在褶皱的东翼转折端，同相轴出现较为明显的错开，表现为一与派生的调节反向逆冲断裂，反向断裂西倾并收敛于东倾断裂之上。

下构造层主要为二叠系及其以下层位，主要表现为构造挤压作用下明显的地层褶皱，同相轴保持连续，无明显的错断。从龙泉山构造的形态上讲，主要是在二叠系及以下层位发生挤压褶皱后，导致下中三叠统也出现明显的隆起，同时在挤压作用下，在膏盐层内发生明显的滑动，受到隆起的遮挡后向上覆地层断开，形成现今的上部逆冲、下部滑动的断裂构造特征。

3)形成时间与形成机制

龙泉山隆起带是成都第四纪前陆盆地的前陆隆起，严格地限制了成都平原第四系沉积的东界，其形成历史可追溯到晚侏罗世—早白垩世(李勇等，1995)，是龙门山冲断作用的弹性响应。由龙泉山西坡断裂和东坡断裂相向对倾组成，与龙泉山背斜的形成过程具有密切的成因联系。资料研究结果表明，龙泉山西坡断裂为晚更新世活动断裂，东坡断裂为第四纪一般性活动断裂。该断裂带上曾发生过的1967年仁寿大林场5.5级地震，与深部背斜核部盲冲断裂有关。

2. 龙泉山断裂

龙泉山断裂带由东、西两条断裂组成，它们相向倾斜，分布在龙泉山背斜的东西两翼，呈北东向断续延伸，全长200多公里，单条断裂长数公里至数十公里。由于龙泉山断裂带的挤压逆冲性质，使龙泉山崛起成为成都平原的东部屏障。

龙泉山断裂带北起中江县，依次通过金堂县、青白江区、简阳市、龙泉驿区、双流区、仁寿县、井研县，南到乐山市新桥镇附近，全长200km，宽约15～20km，呈NNE-SSW方向展布。该断裂带由一系列压扭性断层组成，由龙泉山西坡断裂和东坡断裂相向对倾组成。龙泉山西坡断裂为晚更新世活动断裂，由北而南包括草山断层、金鸡寺断层、龙泉驿断层、四方山断层、三星场断层、观音堂断层和新桥断层，它们呈雁列展布，断层总体走向N20°～30°E，局部弯曲，断层多倾向SE，倾角20°～30°、35°～70°，为逆断层；龙泉山东坡断裂为第四系一般性活动断裂，由北而南包括合兴乡断层、大梁子断层、红花塘断层、久隆场断层、尖尖山断层、马鞍山断层、文公场断层、仁寿断层和珠加场断层，共同组成多字型雁列，断层规模不一，小者仅5 km，大者长达50 km，走向N10°～30°，断层面倾向NW，与西坡断层倾向相反，倾角28°～82°，平面上呈舒缓波状弯曲，呈压性。龙泉山成为成都以东的天然屏障，是川中、川西的自然分界线。川中为丘陵区，川西为平原区，龙泉山为低山区(图4-1，图4-3)。

1)龙泉山西坡断裂

龙泉山西坡断裂是成都平原的东边界，为龙泉山断裂带的主要分支断裂，主要由北段草山断层、金鸡寺断层、龙泉驿断层和中南段镇阳场断层斜列而成，总体走向N20°～30°E，局部弯曲，除南北两端倾向NW外，断层其余地段均倾向SE，倾角多在60°左右，具逆断层性质。

在中江黄家坳西侧可见该断层的露头点，断层断开白垩系下统七曲组(图4-31)，断层走向N10°E，断面倾向NW，倾角80°。断层附近岩石破碎，两盘地层产状变化较大，倾向相反，断层北西盘(上盘)见一显示上冲的牵引褶曲，断层南东盘(下盘)发育有两条相互平行的次级压性小断层，断层走向N30°W，倾向SW，倾角80°，与主断层在平面上呈"入"字形相交，反映主断层具有顺扭特征。次级断面的破碎带宽度为30～50cm，挤压现象明显。于次级断层上取断层泥物质经热释光法测定，其年龄值为132700±10800a。

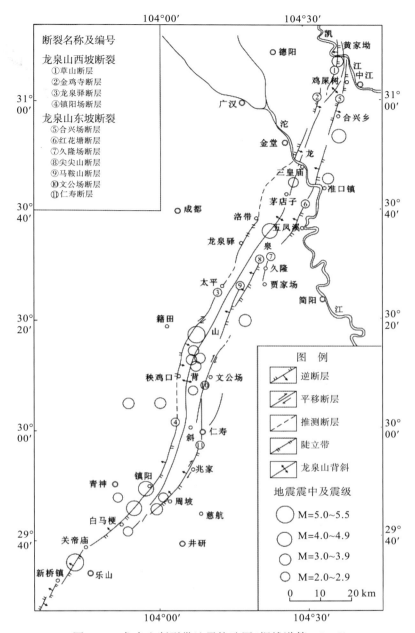

图 4-30　龙泉山断裂带地震构造图(据钱洪等，1997)

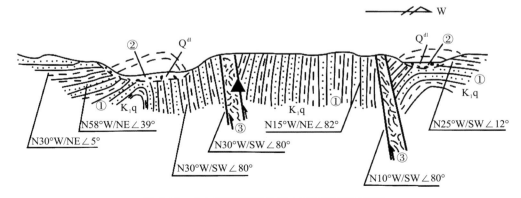

图 4-31　中江黄家坳西龙泉山西坡断裂剖面图

①.下白垩统七曲组泥岩、砂岩；②.全新统残积物；③.断层破碎带；▲.测龄样品采集位置

在金堂悦来乡沱江峡口处见该断层的露头剖面，由主断层和两条次级断层组成。主断层产状为N30°E/SE∠70°，侏罗系上统蓬莱镇组（J₃p）地层逆冲在白垩系七曲寺组（K₁q）和白龙组（K₁b）地层之上；两条次级断层分别发育于侏罗系上统蓬莱镇组（J₃p）地层和白垩系七曲寺组（K₁q）和白龙组（K₁b）地层中（图4-32）。主、次级断层两盘地层产状变化较大，挤压现象明显，断层破碎带的宽度为1～5m，主要由碎裂岩及少量断层泥组成，主断面上新鲜断层泥的热释光年龄为177800±10600a。

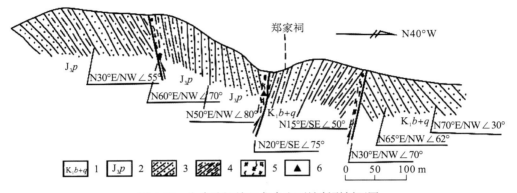

图4-32 金堂沱江峡口龙泉山西坡断裂剖面图
1.白垩系七曲寺组、白龙组；2.侏罗系蓬莱镇组；3.砂岩；4.粉砂岩；5.断层破碎带；6.年代学样品采集位置

在老君场附近，见龙泉山西坡断裂的露头（图4-33），断层发育于上侏罗统蓬莱镇组（J₃p）与上白垩统灌口组（K₂g）之间，断层产状N10°E/SE∠70°，断层发育挤压破碎带，宽约2m，主要由碎裂岩、角砾岩等组成，压性特征明显，显示为逆断层性质。

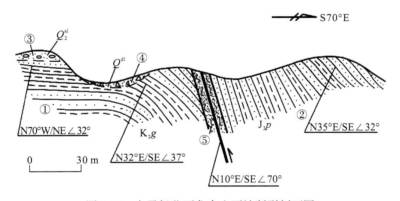

图4-33 老君场北西龙泉山西坡断裂剖面图
①.上白垩统砂岩、黏土岩；②.上侏罗统砂岩、黏土岩；③.中更新统砂砾石层；④.第四系残坡积层；⑤.断层破碎带

在乐山白马埂，侏罗纪蓬莱镇组的粉砂质页岩夹细砂岩地层逆冲到白垩纪夹关组粉砂质泥岩夹砂岩地层之上（图4-34），断层走向为N70°E，倾向NW，倾角75°。破碎带主要由构造角砾岩和断层泥组成，总宽度约10m，结构较疏松，显压性特征，断层下盘的地层有明显的牵引折曲现象。于断面上取断层泥物质经SEM测龄法测定，其结果表明断裂在中更新世晚期有过活动，且具蠕滑性质。ESR年龄值为267000±27000a。

在峨眉新桥可见到白垩纪夹关组地层逆冲到灌口组地层之上，形成宽度10m左右的压性破碎带。在乐山嘉农人工采石场内，龙泉山断裂断于晚侏罗世蓬莱镇组（J₃p）砂泥岩内（图4-35），由四条断裂组成一条宽约5m的冲断带，冲断带内岩石破碎，并发育大量的劈理，显压性特征。主断面产状为N45°E，倾向NW，倾角36°。在主断面上取断层泥经TL法测定的年龄值为175000±13000a，断层活动时间为中更新世。

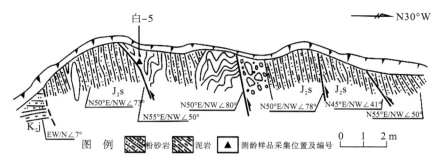

图 4-34 乐山白马埂砖厂西龙泉山西坡断裂剖面图

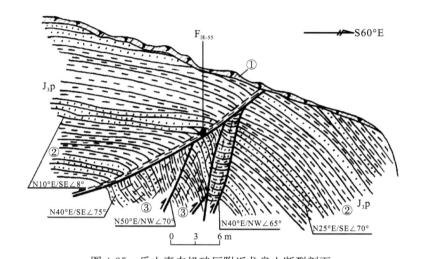

图 4-35 乐山嘉农机砖厂附近龙泉山断裂剖面

①.耕作土层；②.上侏罗统蓬莱镇组砂泥岩；③.破碎带并发育有劈理；▲.测龄样品采集位置

据地震勘探剖面（图 4-36），龙泉山西坡断裂由地表向深处断距逐渐减小，倾角变缓，最后消失于三叠系雷口坡组内。深部构造反映的褶皱形态表明，龙泉山背斜是受深部滑脱面控制的脱顶构造，龙泉山背斜形成与龙泉山断裂有密切的成因联系。

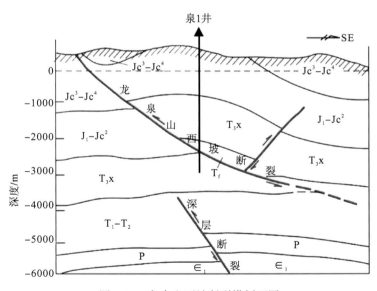

图 4-36 龙泉山西坡断裂横剖面图

此外，在中江黄家坳、洛带等处采集的多个断层泥物质的测年样品，经热释光测定结果在297800±17400~95600±7600a(黄祖智等，1995)，SEM分析显示断裂在早更新世早期至晚更新世均有活动。综合以上资料，龙泉山西坡断裂的主要活动时代应在中更新世至晚更新世，且具有蠕滑性质。与成都平原西侧的龙门山断裂带相比，龙泉山的抬升幅度低得多，对地貌和第四纪沉积的控制作用都不如龙门山断裂带强，其活动性远低于龙门山断裂，这可能是造成龙泉山西坡断裂的断层泥热释光年龄偏老的原因。王伟涛等(2008)认为，在金堂附近，龙泉山断裂在通过沱江阶地时，对Ⅰ、Ⅱ级阶地没有产生影响，而使Ⅲ级阶地形成了1.65m的高差。以上资料表明龙泉山西坡断裂的局部地段具有一定的新活动性，在地貌上控制了龙泉山地与成都平原的分界，历史上曾发生过5.0级左右中强地震，为晚更新世弱活动断裂。

2)龙泉山东坡断裂

龙泉山东坡断裂北起中江杰兴场，经金堂淮口、久隆、文公场、仁寿至童家场，全长约160km左右。出露于龙泉山大背斜之东翼，由合兴场断层、红花塘断层、久隆场断层、尖尖山断层、马鞍山断层、文公场断层、仁寿断层组成。这些断层的性质相同，规模大致相当，在平面上呈斜列式展布，总体走向呈N10°~35°E方向延伸，倾向与龙泉山西坡断裂相反。据调查研究，该断裂活动性要弱于西坡断裂，未发现该断裂晚第四纪以来活动的地质地貌证据。

在该断裂北段靠近背斜轴部的鸡屎树见断层切割下白垩统苍溪组(K₁c)和白龙组(K₁b)地层(图4-37)，断层两侧地层产状变化较大。破碎带宽约5m，挤压劈理发育，并见挤压透镜体和断层磨光面，磨光面上有竖向擦痕。据擦痕判定该断层具逆断层性质。在断层的南东盘见张性小断层与主断面相交，但未切过主断层，与主断层构成"入"字形构造，表明这条压性断层兼有一定的右旋滑动分量。于主断面上取断层泥物质经热释光法测定，其年龄值为297800±17400a。

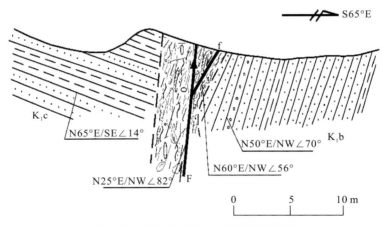

图4-37　鸡屎树龙泉山东坡断层剖面图

①.下白垩统苍溪组(K₁c)黏土岩、砂岩；②.下白垩统白龙组(K₁b)砂岩夹黏土岩、砾岩；③.断层破碎带；▲.测龄样品采集位置

总之，龙泉山断裂带总体表现为中更新世活动性，其南西段有近代弱震活动，相对集中，而中小地震活动主要集中在龙泉山背斜展布的范围。最大的一次地震是仁寿大林场1967年5.5级地震，震源深度4km，与背斜消失的滑脱面深度相一致。

4.3.5　苏码头断裂

苏码头断裂主要发育于苏码头背斜北西翼，北起高店子北东，向南东经倒石桥西、香炉山、苏码头东，至黄龙溪北林家沟、杨家沟一带消失，全长约37km。断裂走向N25°~40°E，断面倾向SE，倾角为20°~45°，显示明显的压性特征，断裂带由数条次级断裂近于平行展布或斜列而成。

在松林口附近，主干断裂从上侏罗统蓬莱镇组（J_3p）砂泥岩地层间通过（图 4-38），主断面因覆盖而不清。在旁侧近于平行的次级断层中取断层泥经热释光（TL）法测定的值为 104300±8000a。该断裂的分支断裂出露在侏罗系上统蓬莱镇组紫红色泥岩、泥质粉砂岩中，剖面上表现为宽度在 1m 左右的压性破碎带（图 4-38），破碎带主要由角砾岩组成，具有一定程度的胶结，带内原岩成分可以清晰辩认，说明断层的动力变形作用不强。在正兴镇附近，于上白垩统灌口组棕红色厚层砂岩、泥岩中见苏码头断裂的另一分支断裂露头（图 4-39），断层面平直，呈禁闭状，构造岩极不发育，显示出断层南东盘向北西盘的逆冲作用。

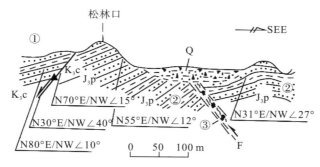

图 4-38　松林口苏码头断裂剖面图

①.下白垩统苍溪组砂泥岩；②.上侏罗统蓬莱镇组砂泥岩；③.断层破碎带；▲.测龄样品采集位置

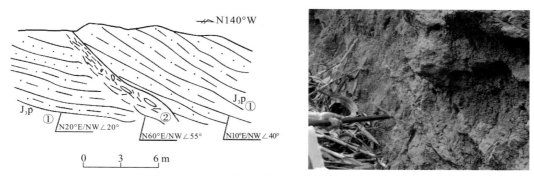

图 4-39　苏码头北基岩断裂剖面图

①.上侏罗统蓬莱镇组泥岩、泥质粉砂岩；②.断层破碎带

在正兴镇南，见侏罗纪地层逆冲在白垩纪地层之上，形成一波状起伏的压性断裂（图 4-40，图 4-41），破碎带由角砾岩、碎裂岩组成，胶结致密。断层影响带的宽度在 30m 左右，沿断层走向追索，未见其新活动的地质、地貌表现。

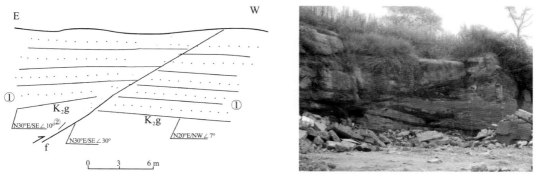

图 4-40　正兴镇附近苏码头断裂剖面图

①.上白垩统灌口组砂岩、泥岩；②.断层破碎带

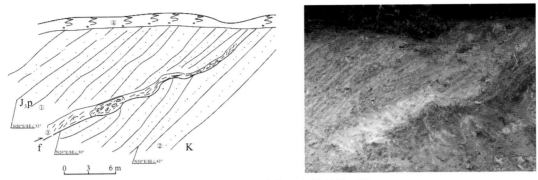

图 4-41　正兴镇南苏码头断裂剖面图
①.上侏罗统蓬莱镇组泥岩、泥质粉砂岩；②.断层破碎带

总之，在苏码头断裂上未见有中强地震的记载，小震活动也很微弱。因此，该断裂为中更新世活动断裂。

4.3.6　新场—甘溪断裂

该断裂为近年来新发现的南北向活动断层。该断裂在地表沿蒲江甘溪镇—邛崃平落镇—新场镇呈近南北向展布，断层面向西倾斜，倾角 40°～60°，为一逆断层。该断层是本区唯一发现的较大规模的南北向逆断层。前人对该断层的研究积累较少，1：20 万邛崃幅区域地质调查时在该断层中段的马湖营东侧的白垩系夹关组被一南北向断层错断，地表可见约 2km 长的断裂带。根据该区的三维地貌图像可见一清晰的南北向断裂存在(图 4-42)。根据中石油平落坝气田 02DXX04-QX 地震剖面解释图新场—甘溪南北向断裂确实存在(图 4-43)。

新场—甘溪断裂位于邛西—大兴西构造的后缘。该构造位于川西中新拗陷低陡构造区的西南部，处于名山向斜～邛崃—新场向斜内，地表为第四系平原砾石区和丘陵砾石区覆盖，地表构造不明显，仅南端和北端见基岩断裂出露。虽然地面构造简单，但地腹侏罗系至上三叠统褶皱较强、断裂发育，随着地层埋藏的增加，构造形态逐渐变得复杂，断层增加，地腹构造不论从纵向上还是横向上看均有变化(图 4-44)。

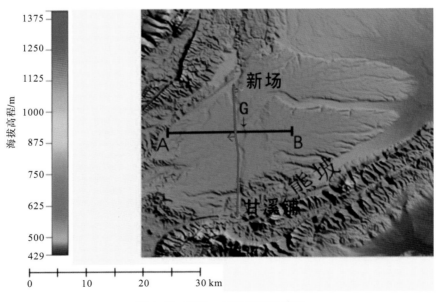

图 4-42　新场—甘溪断裂地貌图

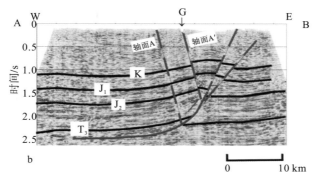

图 4-43　平落坝 02DXX04-QX 地震剖面新场—甘溪断裂解释图（AB 剖面方向见图 4-42）

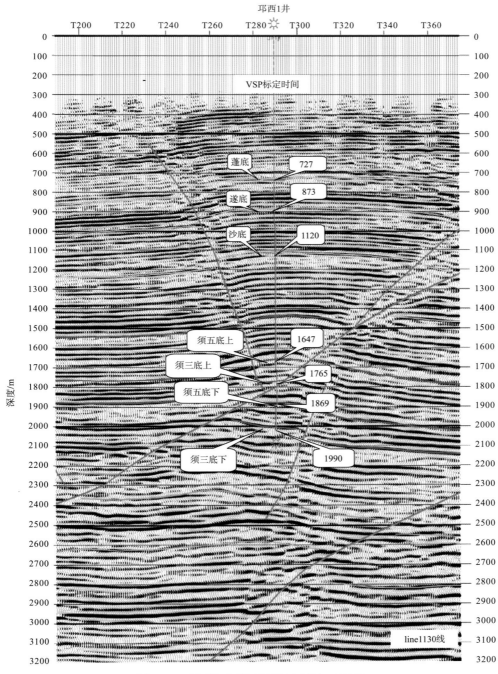

图 4-44　邛西构造剖面图（据中石油，2005）

　　通过对邛崃洪福村、平乐镇以及江坝村古地震调查、地震反射剖面和探槽挖掘工作，Wang 等（2013）认为新场—甘溪断裂展示了特征明显的断层坎和褶皱坎的地貌特征，且切割了第四系冲积扇，代表了新场—甘溪断裂具有全新世古地震活动的地貌条件。其地震反射剖面约束了新场—甘溪断裂地表变形和地下构造之间的空间联系（图 4-45），表明了新场—甘溪断裂错断了三叠系滑脱层之上的地层单元。同时，通过探槽碳屑和有机物碎片进行^{14}C 测年分析表明新场—甘溪断裂在晚全新世发生两次地表破裂事件（Wang et al.，2013）。梁明剑等（2014）认为新场—甘溪断裂的活动造成了名邛台地的构造变形，跨断裂东西两侧产生地形高差，在断层附近白垩系岩层产状混乱，倾角变化较大（图 4-46）。

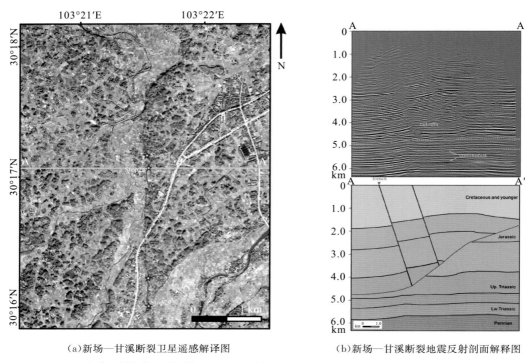

（a）新场—甘溪断裂卫星遥感解译图　　　　　　（b）新场—甘溪断裂地震反射剖面解释图

图 4-45　邛崃洪福村新场－甘溪断裂卫星遥感解译及地震反射剖面解释图（据 Wang et al.，2013）

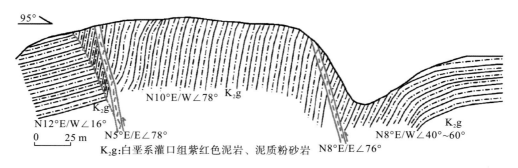

图 4-46　邛崃西马湖营一带新场—甘溪断裂断层剖面图（据梁明剑等，2014）

　　此外，于雅安东北，邛崃西部发育有邛西构造，更新世的雅安冲积扇砾石层覆盖其地表之上。该构造横跨名邛台地，主要由一条走向近 SN、倾向 W 的断裂自西向东顺层滑脱运动，向下消失于三叠系中上统柔性地层里，向上消失于白垩系地层（梁明剑等，2014）。邛西构造的数字高程模型显示其冲积扇被一长约 50km 的南北向断沟所切割。比较它们之间的位置后可发现断层的活动轴面位置和错断地表晚更新世冲积扇的南北走向断沟的位置完全一致（Wang et al.，2013），因此推测地表的断沟是由于断层突破导致岩石破碎后形成的。所以，邛西构造的活动时间可以推到更新世以后。从地表破裂走向来看，邛西构造是一南北走向断层，向南可能还切过了北东向的熊坡背斜。因此，晚更新世以来，龙门山南段不仅存在断裂活动，而且盆地内部也存在着缩短变形。

第5章 汶川地震

我国地质学研究在相当长时间内非常重视矿产资源和化石能源的勘探研究，随着人类社会面对自然灾害的脆弱性越来越被重视，在2006年国务院发布的《关于加强地质工作的决定》中已把地质灾害放到了重要的位置。地震是对人类造成严重危害的一种自然灾害，地震研究一直是地球科学的一个重要研究领域。它的主要特点是：突发并在短时间内造成巨大损失，而且会引发一系列的次生灾害，如山体滑坡、泥石流、堰塞湖等，造成进一步的破坏。因此，对地震等地质灾害的研究在地质学研究中所占的地位也越来越重要，这已经成为地质学发展的清晰的走向。

1976年唐山大地震至今已有40年。在此期间，我国一直在投入经费建设地震监测系统，科学家们一直在努力开展地震研究。在国际上关于地震的研究工作，也一直是地球科学的重点研究方向，并且在近年来取得了一定进展。目前，科学家对可能发生地震的地点或断裂已大致了解，对长时间尺度发生地震的可能性可以做出较准确的评估，但对某个地震在发生前给出准确预报，还存在巨大的困难。社会公众也对地震研究取得的突破寄予厚望。但到目前为止的科技水平，人类仍然无法对地震做出准确的预报。

2008年5月12日14时28分，在龙门山构造带汶川发生了8.0级特大地震。此次地震不仅在震中区及其附近地区造成灾难性的破坏，而且在四川省和邻近省市大范围造成破坏，其影响更是波及全国绝大部分地区乃至境外，是新中国建立以来我国大陆发生的破坏性最为严重的地震之一。汶川地震发生后，有关地震预报及地震发生机制的话题成为我国科技界乃至社会公众讨论的热点。新闻记者进行了多方位的报道，许多专家学者在各类媒体上阐述了关于地震的科学知识并提出了各自的观点，显然此次地震也为地震科学研究提供了新的机遇和课题。在这些公共话题中，许多涉及地球科学基础研究的问题，需要我们认真思考和科学解答。例如，大家都在关注，"地震是如何发生的？为什么这次震中会在汶川？地震能不能提前预测乃至预报？地震到底能造成什么样的危害？"等。这些问题涉及地球科学研究的多个层面。

据统计，全世界每年发生的地震约为500万次，其中具有破坏性的地震约为1000次。全球地震带的分布及其活动规律与板块构造之间的关系十分密切。全球六大板块之间的边界一般均是地震活动带，并将其分为洋脊型、转换断层型、沟—弧体系俯冲型和地缝合线碰撞型等四种类型，其中洋脊型、转换断层型地震均为浅源地震，震级较低；沟—弧体系俯冲型地震是地球上最强烈的地震活动类型，由该类地震活动所释放的能量占全世界浅震释放总能量的90%以上，而且全世界的深源地震几乎都属于这种类型的地震，它们主要分布于环太平洋板块的边缘，如日本、中国的东北地区、东南亚地区、北美板块的西部、南美板块的西部等地区，其中以西太平洋俯冲带最为典型，俯冲带的地震最深可达数百千米；地缝合线碰撞型地震主要是由于两个板块相互碰撞作用而导致的地震，如喜马拉雅山地震带就是印度—澳大利亚（大洋洲）板块与欧亚板块相碰撞而形成的地震带，主俯冲面也深达40~80km，大多数为浅源地震，局部为中源地震，其震源机制大多是具挤压性的逆冲断层。

中国是世界上地震活动强烈和地震灾害严重的国家之一。统计表明，世界上约35%的7.0级以上大陆地震发生在中国，但中国大陆强震的分布是不均匀的，其最显著的特征是西强东弱。据历史记载，以东经107°为界，在西部共记录到了7.0级以上强震91次，在东部只记录到27次（台湾省和东北深震除外）。但是由于东部人口稠密经济发达，在该地区地震形成的灾害要远大于西部。地震活动西强东弱的原因在于中国大陆地处欧亚板块的东南部，为印度板块、太平洋板块所挟持，板块间的相对运动和板内动力作用控制着中国大陆地震的空间展布格局，其最显著的特征之一就是巨大的活动断裂十分发育，将中国大陆切割成为不同级别的活动地块。根据现今构造变形和地震活动性，中国大陆可以被分成5个一级和 22 个二级活动地块,自有历史记载以来,中国大陆几乎所有 8.0 级以上的强震和 80% 以上的 7.0 级强震均发生在这些活动地块的边界带上,因此,活动地块边界带也就是中国重要的地震带,这就是中国大陆地震呈带状分布的原因。中国东部的强震主要分布于受太平洋板块和菲律宾海板块俯冲作用所涉及的地区,如东北地区、华北地区和东南沿海地区等地区,该区大部分地震构造为平移断裂或正断裂型。中国西部的强震主要分布于青藏高原的周边地震带上,主要是由于印度板块每年以 5cm 的运动速度向东北方向运动所致。这一板块间的相对运动导致了亚洲大陆内部大规模的构造变形和地震,主要为逆冲型或走滑—逆冲型地震,大都是发生在 10~70km 深度内的浅源地震,对地表形成强烈破坏。

2008 年 5 月 12 日发生于龙门山构造带的汶川 Ms8.0 级特大地震,是目前为止世界上有仪器记录的最大震级的陆内地震,属高角度逆冲—走滑型地震(图 5-1,图 5-2)。汶川地震的发生在瞬间改变了地形地貌,并导致地貌体系以及与之相关的河流体系产生了相应的调整,也是对龙门山活动构造变形最精确、最完整和最原始的记录。从而为研究汶川地震的地表破裂、发震模式、深浅部动力学机制与地表变形过程以及龙门山强震复发周期的预测等提供了定量化的数据和信息。

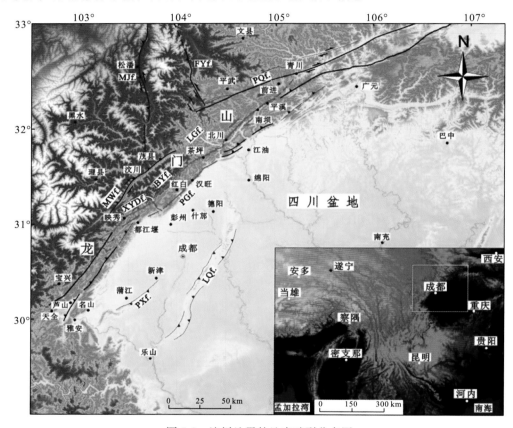

图 5-1 汶川地震的地表破裂分布图

底图据 1:5 万 DEM 数据,黑线为主要断裂,带锯齿的红线为汶川 8.0 级同震地表破裂带;MJf. 岷江断裂;FYf. 虎牙断裂;PQf. 平武—青川断裂;MWf. 茂汶断裂;BYf. 北川断裂;PGf. 彭灌断裂;XYDf. 小鱼洞断裂;LGf. 擂鼓断裂;PXf. 蒲江—新津断裂;LQf. 龙泉山断裂

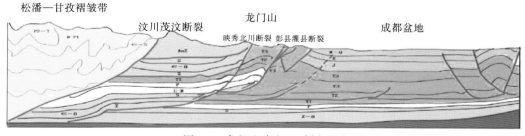

图 5-2 龙门山中段地质剖面图

　　汶川地震发生后，众多的科研机构及学者在开展大量野外地质调查和应用多种科研手段的基础上，针对汶川地震所引发的科学问题展开了详细的科研工作并取得了卓有成效的研究成果，主要包括以下几个方面：汶川地震的孕震机理与震源机制研究，主要以陈运泰等(2008)、王卫民等(2008)、张勇等(2008)、刘超等(2008)、张培震等(2008)、张岳桥等(2008)、冉勇康等(2008)、王二七等(2008)等为代表；汶川地震的同震地表破裂与变形特征研究，主要以许志琴等(2008)、徐锡伟等(2008)、刘静等(2008)、李海兵等(2008)、李传友等(2008)、李勇等(2008)等为代表；汶川地震引发的同震崩塌、滑坡和泥石流等地质灾害研究，主要以崔鹏等(2008)、黄润秋等(2008)、许强等(2008)、刘传正(2008)、祁生文等(2008)、殷跃平(2008)等为代表；汶川地震驱动的龙门山构造—地貌—水系之间耦合关系研究(李勇等，2010)等。同时，在汶川地震的后续研究中，地震地质学家们逐步开展了龙门山构造带的深部地质背景、地表过程与深部动力学之间的关系、未来强震的预测及历史强地震复发周期、地震组合与地震序列、地壳运动速率和地震级别之间相关性等相关内容的探讨和研究工作。

　　汶川地震发生后，我们开展了国家自然科学基金应急项目《汶川特大地震地表破裂与变形特点研究》的研究工作，主要对汶川地震同震地表破裂的变形特征进行了详细的野外考察，考察区域涵盖了整个龙门山活动构造带，实测地表破裂数据 70 余组，收集相关地表破裂资料 200 余组(图 5-1)。地震之后我们通过野外考察和多种卫星影像图(通过卫星传感器，SPOT-5，地球观测 1 号以及先进陆地成像仪[EO-1 ALI])绘制了地表破裂分布图。以公路、墙体或者小路为标志物，利用全站仪或者卷尺和手持式水准仪等，对地表破裂的偏移量进行实地测量。虽然地表变形可能分布在断层露头两侧超过 50m 宽的区域，但沿着断裂痕迹，偏移量通常被限定在一个狭小的区域内(宽度小于 30m)。当贯穿线相对于破裂痕迹不正常时，水平偏移量需要根据明显的位移进行校正(Liu et al.，2009)，这也许可以解释为什么我们的测量结果与 Xu(2009)的测量结果有一些差异。调查点的位置是通过手持 GPS 接收器确定的，并获得通用横轴墨卡托坐标(48 区，WGS84 基准面)。正如 Liu 等(2009)所报告，地表破裂的明显证据几乎全部分布在谷底、河漫滩和其他低缓的地区。由于有些断裂的痕迹位于陡峭的、植被茂密的山坡，我们很难或者不可能穿过这些地区，甚至是地震后的 1~2 月。除此之外，在 2008 年 8 月，一些破裂地带是无法进入进行实地考察的，因此，在这些地区的地表破裂分布图做了必要的简化处理(图 5-3)。

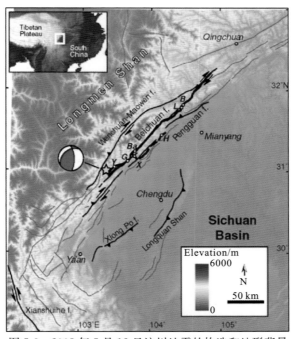

图 5-3　2008 年 5 月 12 日汶川地震的构造和地形背景

　　☆为震中；震源机制来源于全球矩心矩张量项目(CMT)；黑色粗线条为汶川地表破裂痕迹；中等黑色线条为活动断层或 Densmore 等(2007)讨论并推测的活动断层；灰色线条为 Burchfiel 等(1995)和 Densmore 等(2007)在该地区修正的其他断层。Ba 为白沙河；B 为北川；G 为高原村；H 为汉旺镇；L 为播鼓镇；X 为小鱼洞；Y 为映秀镇

本课题组前期曾对龙门山地区活动断裂做研究，并对晚第四纪活动的断裂位置做了标定（Densmore et al，2007），并且几项研究成果均表明，汶川地震明显的地表破裂密切对应北川断层和彭灌断层的痕迹（Liu et al.，2009；Xu et al.，2009）。此外，地表破裂也会沿着一些短的、北西滑向的断层发生，如小鱼洞断裂，这条断裂连接了北川断裂和彭灌断裂（Liu et al.，2009；Xu et al.，2009）。基于以上对龙门山构造地质特征及其晚第四纪活动性的研究，本章节将在整合前人汶川地震相关研究成果的基础上，重点对汶川地震的基本特征、汶川地震的同震地表破裂及其展布规律的研究，观测数据的积累与整合、地表破裂的展布规律及组合样式等方面进行讨论。

5.1　汶川地震的基本参数、震源机制解及余震的时空分布特征

5.1.1　汶川地震的基本参数与震源机制解

汶川地震发生后，多个研究机构提出了汶川地震的基本参数与震源机制解，但是由于不同信息源和分析方法的差异，发表数据有所不同（陈运泰等，2009；陈顒等，2008；张勇等，2008；中国地震局地质所，中国地质调查局水环部，中国地震信息网，2008）。其中，美国哈佛大学认为该主地震为 7.9 级，震中位于汶川映秀（N31.099，E103.279），破裂长度 300km，震源深度为 19km，持续时间 120 秒，走向呈 SW229°，断面倾角 33°，发震破裂节面陡倾 SE（侧伏角为 146°），为逆冲—右行走滑性质（表 5-1，表 5-2，图 5-4）。

表 5-1　汶川地震震源的基本参数对比表

来源	发震时间	微观震中		震源深度/km	震级大小
		N/(°)	E/(°)		
中国地震台网	14：28：04.0	30.95	103.40	14.0	Ms8.0
美国地质调查局	14：28：01.57	31.97	103.19	19.0	Ms8.1　Mw7.9
美国哈佛大学	14：28：41.4	31.49	104.11	12.0	Ms7.8　Mw7.9
英国地质调查局	14：27：57.9	30.414	103.27	20.0	Ms8.0

注：资料来源据汶川 8.0 级科学研究报告

表 5-2　汶川大地震的地震矩 M_0、矩震级 M_W 和断层面解（据张勇等，2008）

来源	M_0 /10²¹Nm	M_W	节面Ⅰ			节面Ⅱ			T 轴		B 轴		P 轴	
			走向 /(°)	倾角 /(°)	滑动角 /(°)	走向 /(°)	倾角 /(°)	滑动角 /(°)	方位 /(°)	倾角 /(°)	方位 /(°)	倾角 /(°)	方位 /(°)	倾角 /(°)
哈佛大学	0.94	7.9	229	33	141	352	70	63	227	57	2	25	114	9
美国地质调查局	0.75	7.9	238	59	128	2	47	45	202	27	36	31	110	16
刘超等	2.0	8.1	220	32	118	8	63	74	245	69	16	14	302	6
张勇等	0.94	7.9	225	39	120	8	57	68	230	69	21	18	103	20

基于对多个研究机构的汶川 8.0 级地震的震源机制解的综合分析结果表明，汶川特大地震发生在北川断裂上，微观震中位于映秀镇牛圈沟蔡家村。发震破裂面缓倾北西（走向 230°/倾角 39°/滑动角 120°），以压性逆冲为主，属于单向破裂地震，由南西向北东迁移，致使余震向北东方向扩张（图 5-5）。地震破

裂面的南段以逆冲为主兼具右行走滑分量，北段以右行走滑为主兼具逆冲分量，该破裂面从震中汶川县映秀镇开始破裂，并且破裂以 3.1km/s 的平均速度向北偏东 49°方向传播，破裂长度约 300km，破裂过程总持续时间近 120 秒，地震的主要能量于前 80 秒内释放，最大错动量达 9m，震源深度约 12～19km，矩震级 7.9，面波震级 8.0。震源破裂滑动量较大的区域有两处，分别分布在（40～80km）和（100～140km）附近；大的滑动一般对应大的地震灾害，这两处正是目前得知的地震破坏最为严重的汶川映秀和北川附近的地区（陈运泰等，2009；陈颙等，2008；中国地震局地质所，中国地质调查局水环部，中国地震信息网，2008）。

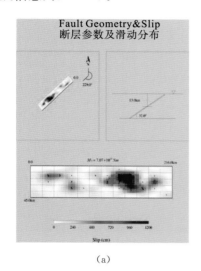

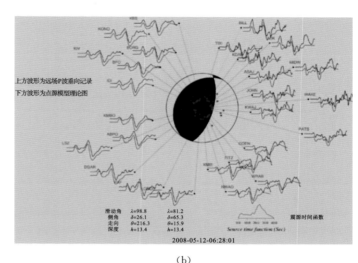

（a）　　　　　　　　　　　　　　　　　　（b）

图 5-4　汶川地震的基本参数（据 USGS，2008）

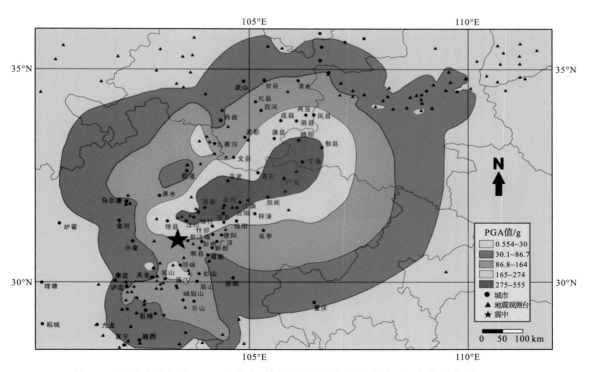

图 5-5　汶川地震主震 PGA（南北向）等值线图（据中国地震局工程力学研究所，2008）

　　在汶川地震的强震记录中共获取强震动事件 398 个，其中有 3 个台站单通道未获得记录，即共获取 1191 条加速度记录；峰值大于 100cm/s/s 加速度记录有 120 条。据什邡八角台记录，汶川地震的地面最大加速度为 632.9cm/s²（据中国地震局工程力学研究所，2008），峰值加速度最大记录是汶川卧龙台获得的，它也是距震中最近的强震记录，距震中 22.2km，距断层 1.09km，峰值加速度是 957.7cm/s²，离断层最近的强震动台站是四川绵竹清平台，距断层仅 0.74km，峰值加速度是 824.1cm/s²（图 5-5，图 5-6）。据中国地震台网中心测定，截止到 2008 年 10 月 09 日 12 时，汶川地区共发生 Ms4.0 级以上余震 268 次，其中 Ms4.0～4.9 级地震 228 次，Ms5.0～5.9 级地震 32 次，Ms6.0 级以上地震 8 次（不包括主震），最大余震震级为 Ms6.4（图 5-7）。大多数余震与主震的性质相同，如 5 月 12 日 20 时 5.7 级强余震以逆冲破裂并具有明显的右行走滑分量，破裂面走向与主震相近，震源深约 10km。但是值得注意的是，有些余震与主震有所不同，如 5 月 13 日 7 时 6.1 级强余震以逆冲为主具有少量右行走滑分量，破裂面走向较主震破裂面走向逆时针旋转约 25°，震源深度约 10km。

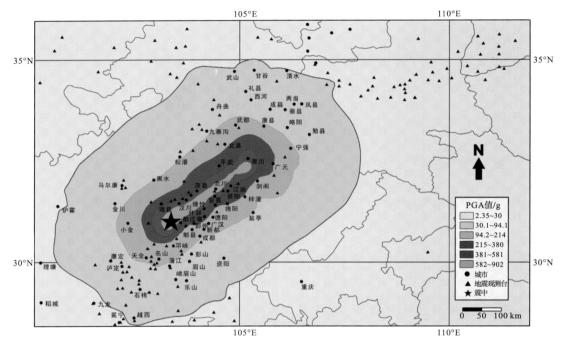

图 5-6 汶川地震主震 PGA（东西向）等值线图（据中国地震局工程力学研究所，2008）

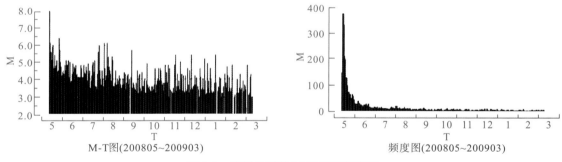

M-T图(200805~200903)　　　　频度图(200805~200903)

图 5-7 汶川地震的 M-T 图和频度图

通过汶川地震的基本参数与震源机制解分析，汶川地震具有以下 2 个特征：①汶川地震的震源深度浅，属于浅源地震，汶川地震不属于深板块边界的效应，发生在地壳脆—韧性转换带，震源深度为 12～19km，因此破坏性巨大；②汶川地震属于逆冲、右行走滑型地震，由南西向北东方向的单向破裂，由南西向北东逆冲运动，致使余震向北东方向扩张（图 5-8），应力传播和释放过程比较缓慢，可能导致余震强度较大，持续时间较长，汶川大地震的烈度呈椭圆状分布，其长轴呈北东向，在该方向上人员伤亡和财产损失明显更大。

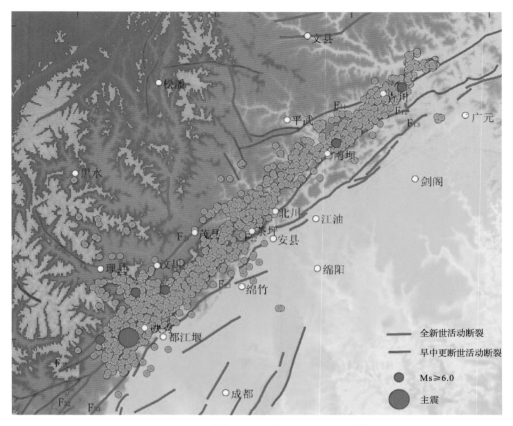

图 5-8 汶川地震及其余震的震中分布(据朱艾斓等，2008)

5.1.2 汶川地震余震的时空分布特征

依据中国地震台网中心的统计，截止于 2010 年 7 月 26 日 12 时，汶川地震 Ms4.0 以上的余震共发生 316 次，其中 Ms4.0~4.9 级的余震共 267 次，Ms5.0~5.9 级的余震共 49 次，大于 Ms6.0 级的余震共 8 次，最大余震为青川 Ms6.4 级的余震。

1. 时间分布特征

通过对汶川地震 Ms3.0 级以上的余震随时间的分布特征表明，汶川地震主震发生后，其日频次仅在 5 月 14、15 日两日有明显的增高外，随时间的迁移总体表现为迅速衰减的趋势(图 5-7)。从余震的 M-T 图可以看出，自 5 月 27 日后余震的活动水平明显下降，最大余震基本维持在 Ms5.0 级左右，7 月下旬余震活动性有所增强，并发生了多次 Ms6.0 级的余震，这可能受引潮力的影响有关(蒋海昆等，2008)。

2. 空间分布特征

根据汶川地震余震的空间分布特征来看，在中南段其分布主要沿龙门山活动构造带的走向方向，并大多分布于北川断裂的上盘；在北段，自青川东河口以北，余震的分布方向与北川断裂的走向存在 5°左右向北东方向的偏转，并穿过了平武—青川断裂继续向北延伸(图 5-9)。

同时，蒋海昆等(2008)根据汶川地震的余震震源机制解认为南段以逆冲运动为主、北段以走滑运动为主。陈运泰等(2009)认为在江油以南地震的余震序列表现为主余型序列特征，而北段则表现为多震型序列特征。产生这种南北分段差异的原因可能与龙门山复杂的地质构造和主震破裂过程有关。另外，根据汶川地震余震的垂向分布特征，在地下 20km 左右余震分布较少，这可能与龙门山构造带的深部壳、幔发育一低速带有关(黄媛等，2008)。

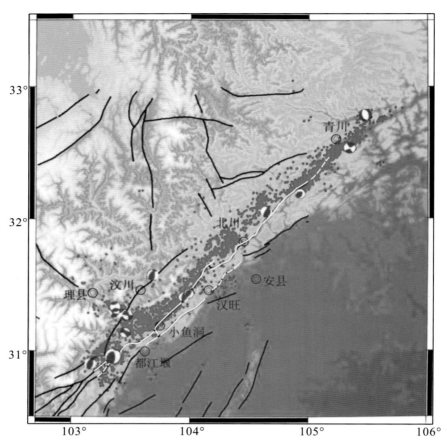

图 5-9 汶川地震余震的空间分布图（据徐锡伟等，2009）
白色线为汶川地震同震地表破裂带

5.2 汶川地震的地表破裂

在汶川地震后，本项目组先后多次历时 3 个多月对龙门山地区的汶川地震地表破裂情况进行了详实地调查，获得了汶川强震地表破裂现象的 70 余组实地数据，并对已发表的相关文献数据进行了统计（图 5-10，表 5-3～表 5-6）。根据震后地表调查，汶川地震的断裂作用在地表上表现为脆性破裂特征，震后地表线性影像清晰，贯通性较好，断裂切割了多种类型的地貌单元，地表破裂主要分布于北川断裂带（中央断裂带）上，在彭灌断裂带（前山断裂）上仅发现少量地表破裂带，在茂汶断裂带（后山断裂）上尚未发现地表破裂带；地表破裂带沿北东东向延伸，走向为 NE30°～70°，多数为 NE50°～60°，倾向 NW，倾角为 30°～80°，具有较明显的高角度逆冲特征。然而，汶川 8.0 级地震的震源机制解所揭示的破裂面的倾角仅为 33°～39°（陈运泰等，2009；陈顒等，2008），其与高角度的地表破裂面明显不同，表明破裂面的倾角可能由地表向深部变缓。这种断裂面倾角随深度变小的现象，也可能正是龙门山叠瓦状逆冲断裂构造组合中的重要特征之一。

此外，本次新发现了两条近南北向的断裂，分别为小鱼洞断裂和擂鼓断裂。其中小鱼洞断裂出露于彭州市小鱼洞地区，介于北川断裂与彭灌断裂之间，是一条在汶川地震中新破裂的断裂，也是一条新发现的断裂，走向近于 SN 向，显示为北川断裂与彭灌断裂之间的捩断层。擂鼓断裂出露于北川县擂鼓镇，该断裂的地表破裂位于北川断裂带内部，介于两条 NE 走向的北川断裂之间，是一条在汶川地震中新破裂的断裂，也是一条新发现的断裂，走向近于 SN 向，显示为两条北川断裂之间的捩断层。

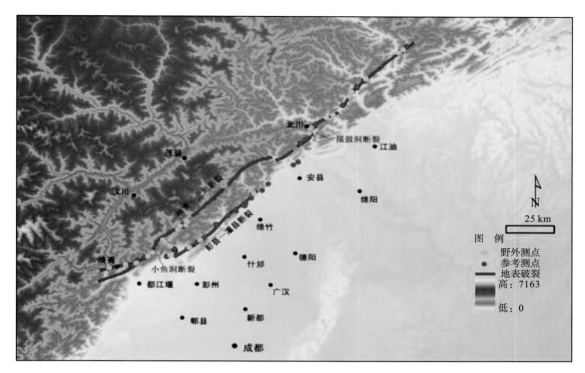

图 5-10　汶川特大地震的地表破裂分布图

表 5-3　汶川地震地表破裂的基本参数对比表（据李勇等，2008，2009）

地表破裂	长度/km	倾角	构造缩短率	平均垂向断距/m	平均水平断距/m	最大垂直断距/m	最大水平断距/m	逆冲与走滑分量比值
北川断裂	190～200	80°～86°	7.61%～28.6%	2.9	3.1	6.2±0.1	10.3±0.2	1:1
彭灌断裂	40～50	28°～55°	7.28%～22.4%	1.6	0.6	2.7±0.2	0.7±0.2	2:1
小鱼洞断裂	15	45°～60°		1.0	2.3	1.7±0.5	4.1±0.5	1:1
擂鼓断裂	4～5	45°～80°		1.5	1.4	2.2±0.2	1.5±0.1	1.07:1

5.2.1　北川断裂的地表破裂

5.12 汶川地震后，北川断裂的地表破裂带的线性影像清晰，贯通性较好，南西起于汶川县映秀镇附近，向北东延伸经虹口、龙门山镇（白水河）、东林寺、红白镇北、清平、茶坪、擂鼓、北川、陈家坝、桂溪凤凰村、平通，止于平武县南坝东的石坎子附近，全长约 180～190km（图 5-10）。地表破裂带沿北川断裂带的走向断续分布，破裂带从映秀向南西 10 多公里即锐减，单个破裂长度在几米到 200 余米不等，属于单侧多点破裂型，以逆走滑为特点，断面倾角陡，破裂带切割了多种类型的地貌单元，包括山脉基岩、河流阶地、冲洪积扇、公路、桥梁等，同时也使道路发生拱曲、破坏和桥梁垮塌或移位。垂直位错介于为 1.60～10.3m，水平位错为 0.20～6.50m，走向为 NE30°～50°，倾向 NW。地表平均垂向断距为 3.4m，平均水平断距为 2.8m；地表最大错动量的地点位于北川县曲山镇东侧的茅坝和擂鼓镇，分别为 10.3±0.2m（垂直断错）和 6.8±0.2m（水平断错），逆冲分量与右行走滑分量的平均比值为 1.16:1（图 5-11～图 5-17，表 5-4），表明该地震地表破裂带存在逆冲运动分量和右行走滑运动分量，逆冲运动分量大于或等于右行走滑运动分量。根据近南北向的分段断裂可将北川断层的地表破裂带划分为两个高值区和两个低值区，其中两个高值区分别位于南段的映秀—虹口一带和中北段的擂鼓—北川县城—邓家坝一带。基于保存于破裂面上的擦痕，我们将该地震破裂过程划分为两个阶段，早期为逆冲作用，晚期为斜向走滑作用（李勇等，2008，2009）。

(a)   (b)

(c)

（d）   (e)

(f)　　　　　　　　　　　　　　　　　　　　　　(g)

图 5-11　汶川地震北川断裂地表破裂的垂直及水平位错－1

　　(a). 映秀镇北，变电站附近北川断裂北西盘逆冲作用在岷江Ⅳ级阶地面上形成约 40m 的断层陡坎远景照片；(b). 汶川地震在该 40m 断层陡坎上方(接近顶部)形成的上山小路水平位错局部照片；(c). 汶川地震在映秀镇北变电站旁岷江Ⅳ级河流阶地面上形成的 3 条地震陡坎远景照片；(d). 在该 40m 断层陡坎后缘正断层地堑处形成的新的正断层陡坎照片；(e). 映秀镇北，岷江岸边公路由于北川断裂北西逆冲造成该公路拱曲，并形成垂直及水平断层；(f)、(g). 在龙池镇龙溪公路上，北川断裂 NW 盘逆冲造成的公路错断，断裂走向为 NE50°并兼有逆冲及右行走滑现象，其垂直错断：2.1±0.2m，水平位错：0.9±0.1m

(a)　　　　　　　　　　　　　　　　　　　　　　(b)

(c)　　　　　　　　　　　　　　　　　　　　　　(d)

(e)　　　　　　　　　　　　　　　　　　　　　　(f)

图 5-12 汶川地震北川断裂地表破裂的垂直及水平位错－2

（a）、（b）. 在深溪沟，北川断裂将一乡村混凝土公路垂直错断，其垂直位错为 3.0±0.1m，右行水平位错为 5.2±0.1m，断裂走向为 NE55°；（c）. 深溪沟 SW 方向上山小路由于断层上盘逆冲作用造成的公路掀斜现象；（d）. 都江堰虹口乡高原村猕猴桃园内，地震陡坎垂直位错照片；（e）、（f）. 都江堰虹口乡高原村北面山坡，上山小路的垂直、水平位错照片，SE 盘抬升 1.2±0.1m，并兼有右行走滑现象，水平位错为 2.2±0.2m；（g）、（h）. 江堰虹口乡八角庙处可见由 NW 盘逆冲所造成的河流改道和跌水现象，垂直位错为 4.7±0.1m，右行水平位错为 6.0±2m

图 5-13 汶川地震北川断裂地表破裂的垂直及水平位错-3

(a)、(b). 在上述跌水现象 NW 向 10m 左右的河堤处可见两处基岩断裂，(a)为俯视拍摄，其 NW 盘产状为：330°∠86°，由于 NW 盘逆冲挤压作用形成的灰黄色的透镜状断层角砾岩；(b)中 NW 盘产状为：175°∠84°，SE 盘产状：170°∠67°，在灰白色灰岩内可见断层角砾岩，在灰色糜棱岩内可见劈理，Reidels 和劈理的产状都可指示断层的运动方向为上盘逆冲。(c)、(d). 在白水河北东约 6km 的东林寺，地表破裂呈 NE45°方向延伸，并与一条乡村公路小角度相交，致使公路垂直位错了 2.2m，水平错距了 3.6m±1.0m，此外，在公路西北侧的山坡上，一条混凝土水渠被垂直位错了 1.5m±0.2m，右行水平位错了 2.8±0.5m。(e). 在北川县城北约 7km 处的邓家坝，一乡间公路被北川断裂错断，其中垂直位错量为 5.3±0.2m。(f). 在邓家北东约 3km 处的黄家坝，人工河堤的右行水平位错照片。(g). 黄家坝人工河堤的垂直位错照片。(h). 北川桂溪镇凤凰村，村级公路的右行水平位错照片

(a)

(b)

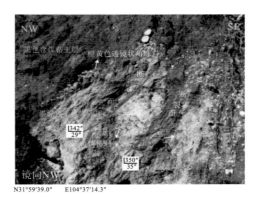

(c)

图 5-14　汶川地震北川断裂地表破裂的垂直及水平位错-4

　　（a）. 上述同一点处，北川断裂 NW 盘逆冲造成该乡村公路错断，其垂直位错为 2.3±0.2m，右行水平位错为 1.7±0.2m；
（b）、（c）. 由上点 SW 方向 200m 处，河漫滩上的一条机耕道也被该破裂带垂直错断，此外，在河岸边可以见到该断裂带的基岩破碎带；
（d）、（e）. 在平武县平通镇，北川断裂断错了一主干公路，其垂直位错为 2.1±0.2m，右行水平位错为 2.7～3.4m；走向 NE50°～60°；
（f）、（g）. 此点位于南坝镇的何家坝村，可见公路被断层所错断，断层为典型的斜冲挤压型，兼有逆冲挤压与右行走滑现象，走向为 NE55°～60°其垂直位错为 1.7±0.2m，水平位错为 2.4±0.2m

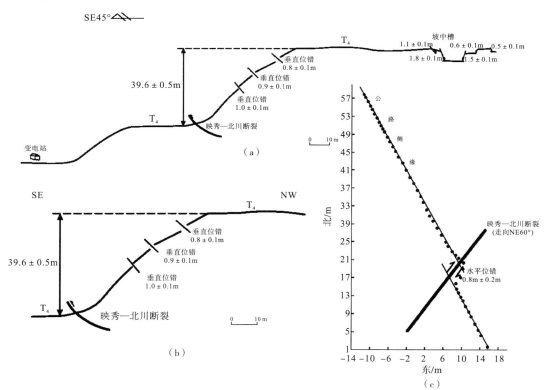

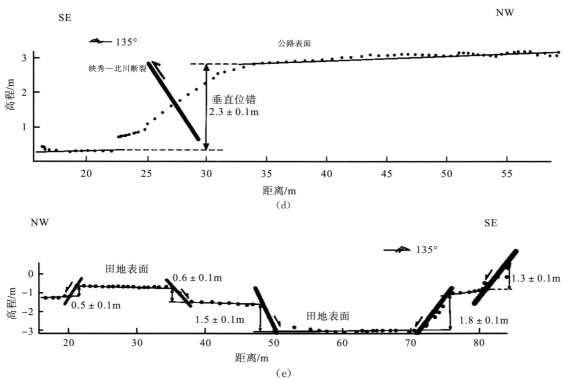

图 5-15　北川断裂的垂直及水平位错实测图－1

（a）. WD-1，为映秀变电站岷江Ⅳ级河流阶地约 40m 的断层陡坎实测图；（b）. WD-2，为 WD-1 的前缘推覆构造局部放大图；（c）、（d）. 测点 WD-4 处的公路水平及垂直位错实测图；（e）. WD-3，为 WD-1 的后缘伸展构造实测图

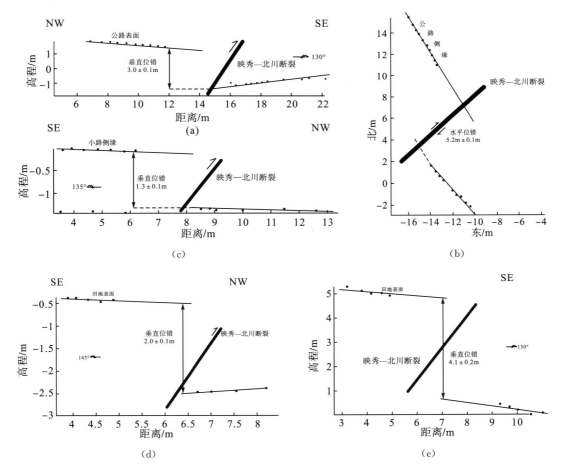

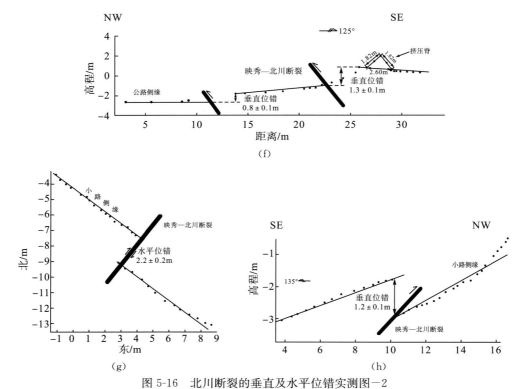

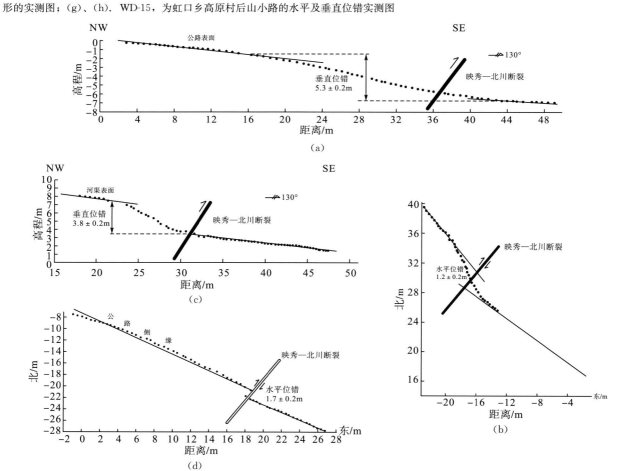

图 5-16　北川断裂的垂直及水平位错实测图－2

　　（a）、（b）.WD-7处虹口乡深溪沟村公路的垂直及水平位错实测图；（c）、（d）.WD-9，WD-10，为虹口乡高原村猕猴桃园内地震陡坎的垂直位错实测图；（e）.WD-17，为虹口乡八角村处的断层擦痕与垂直位错实测图；（f）.WD-14，为虹口乡高原村猕猴桃园内公路变形的实测图；（g）、（h）.WD-15，为虹口乡高原村后山小路的水平及垂直位错实测图

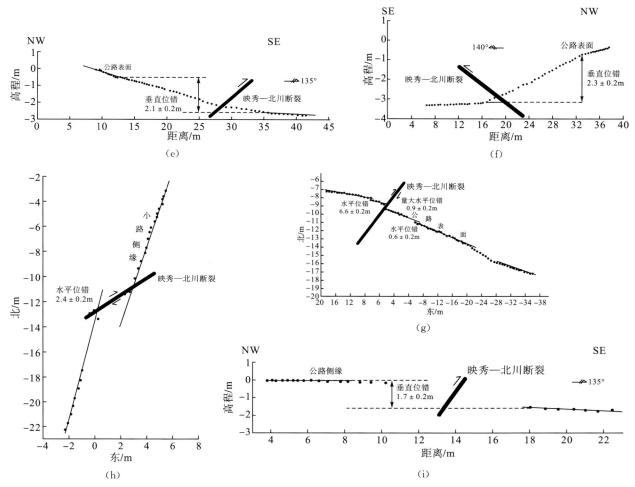

图 5-17　北川断裂的垂直及水平位错实测图－3

(a). WD-57，为北川县曲山镇海光村(邓家)公路的垂直位错实测图；(b)、(c). WD-58，为北川县曲山镇黄家坝河道的垂直及水平位错实测图；(d)、(e). WD-60，为北川县桂溪乡凤凰村五组公路的水平及垂直位错实测图；(f)、(g). WD-64，为平武县平通镇公路的垂直及水平位错实测图；(h)、(i). WD-67，为平武县南坝镇何家坝村公路的水平及垂直位错实测图

Liu 等(2009)的报告表明，北川东北的茅坝镇地表破裂的垂直位移达到了 11m。在北川地区地表破裂位移量达到最大值之后，向北东方向位移量快速减小。沿着走滑方向，走滑分量和逆冲分量的比值差异很大(图 5-18)，并且沿着整个破裂带，具有较大的右行走滑偏移量。例如，深溪沟 5±1m，通用横轴墨卡托投影图以东/以北坐标 367977/3440382；擂鼓 6±1m，446272/3519104；平通 3.4±0.5m，470510/3547416。在这方面，我们的测量结果与 Xu 等(2009)的有所不同，Xu 等似乎没有纠正那些具有明显偏差的数据，以及来自 Liu 等(2009)的数据，他们没有考虑到每个观测点的横向偏移。只有在破裂的北东端附近(北川县城的北东部)，在总滑动量开始向破裂末端衰减之前，走滑分量在倾滑分量的比重才显示出系统性的增加(图 5-18)。我们最北东的观测点在何家坝(484867/3562907)，显示出 2.2±0.3 m 的右旋走滑和 1.6±0.2m 的移动距离(朝北西方向)，表明破裂末端可能位于距北东方向有一段距离(达到几十公里)的地方。Xu 等(2009)在水灌(503199/3578900)附近观测到较大的右旋偏移量(2.8～3.5m)，位于何家坝北东约 24km 的地方，但在向北东向延伸 12km 到关庄附近(513763/3583656)，我们没有找到 Liu 等(2009)报告的那些观测点或者非常小的(小于 0.5m)偏移量。

在通用横轴墨卡托坐标，48 区，WGS84 基准面的配准下，断层平行间距的计算是通过把地表破裂站点位置投影到平行线上得出的(走向分别为：北川和彭灌断裂 45°，小鱼洞断裂 145°)；原点被作为北川和彭灌断裂的震中，也作为相对于小鱼洞断裂的北川断裂痕迹；D 为右旋；S 为左旋；W 为向西倾斜，E 为向东倾斜。

表 5-4　汶川地震北川断裂地表破裂的基本数据表

地点名称	点号	经纬度 (N, E)		垂直位错 (M)	水平位错 (M)	现象描述
汶川县 映秀镇	WD-1	N31°03'49.7"	E103°29'14.3"	39.6±0.5	—	岷江Ⅳ级河流阶地约40m的断层陡坎
	WD-2	N31°03'50.5"	E104°29'14.2"	1.0±0.1	1.0±0.1	岷江Ⅳ级河流阶地面上由于断层经过形成3组地震陡坎
	WD-3	N31°03'53.9"	E104°29'10.7"	0.6±0.1	—	
				1.5±0.1		岷江Ⅳ级河流阶地面上的正断层
				1.1±0.1		
				1.8±0.1		
				0.5±0.1		
	WD-4	N31°03'54.8"	E103°29'23.5"	2.7±0.2	0.7±0.2	岷江西侧公路在大地震中出现的拱曲现象
	CKYX-1	31.0614167	103.4828611	1		垂直位错
	CKYX-2	31.0613889	103.4828611	1		垂直位错
	CKYX-3	31.0631111	103.4855278	1.5		垂直位错
	CKYX-4	31.0630833	103.4855833	1.5		垂直位错
	CKYX-5	31.0631111	103.4855278	1.5		垂直位错
	CKYX-6	31.0652778	103.4896667	2.3		垂直位错
	CKYX-7	31.0653056	103.4897222	2		垂直位错
	CKYX-8	31.065306	103.4897223	2		垂直位错
都江堰 龙池镇龙溪公路	WD-5	N31°04'59.4"	E103°33'51.4"	2.1±0.2	0.9±0.1	龙池镇龙溪公路上，断层NW盘逆冲作用造成的公路错断，走向NE50°
龙池镇	CKYX-9	31.08325	103.5654722	1.5		垂直位错
虹口乡	CKYX-10	31.0740556	103.5960556	1.7	1	右旋水平位错
	CKYX-11	31.0875833	103.6128944		1.6	右旋水平位错
	CKYX-12	31.0865556	103.6118333		4	右旋水平位错
虹口乡 深溪沟村	CKYX-11	31.0894722	103.6148889	5		垂直位错
	CKYX-12	31.08925	103.6149167	4		垂直位错
	CKYX-13	31.0899444	103.6157778	4.8	2.8	右旋水平位错
	CKYX-14	31.0899444	103.6158056	2.7	4.5	右旋水平位错
	CKYX-15	31.10472	103.62225	6.2		垂直位错

续表

地点名称	点号	经纬度 (N, E)		垂直位错 (M)	水平位错 (M)	现象描述
虹口乡深溪沟村	WD-6	N31°05′20.0″	E103°36′51.8″	2.3±0.1	—	公路掀斜现象
	WD-7	N31°05′23.7″	E103°36′56.7″	3.0±0.2	5.2±0.1	公路错断
	WD-8	N31°05′28.1″	E103°37′00.8″	1.5±0.5	—	小桥右边公路错断
	CKYX-16	31.09025	103.6161111	3.7		垂直位错
	CKYX-17	31.0912222	103.6169722	1		垂直位错
	CKYX-18	31.0912222	103.6169722	0.45		垂直位错
	CKYX-19	31.0912222	103.6169722	0.77		垂直位错
	CKYX-20	31.1004167	103.6215833	3.3		垂直位错
虹口乡高原村	CKYX-21	31.11925	103.6553056		2.8	右旋水平位错
	CKYX-22	31.1193333	103.6553056	2.5	2.8	右旋水平位错
	CKYX-23	31.1231389	103.6618611	3	4	右旋水平位错
	CKYX-24	31.12525	103.6642778	0.5	1.2	右旋水平位错
	CKYX-25	31.1253056	103.6707778	2.6	0.75	右旋水平位错
	WD-9	N31°07′29.3″	E103°40′12.7″	1.3±0.1	—	猕猴桃园地震陡坎
				1.4±0.1		测点地震陡坎左侧的垂直错断
				1.5±0.1		测点地震陡坎右侧垂直错断
	WD-10	N31°07′30.4″	E103°40′14.3″	2.0±0.1		地震陡坎
	WD-11	N31°07′30.9″	E103°40′15.1″	3.7±0.2	3.2±0.2	公路变形，形成陡坎
	WD-12	N31°07′39.7″	E103°40′28.7″	0.4	—	公路旁的地震陡坎
	WD-13	N31°07′41.5″	E103°40′31.0″	0.4±0.1	—	猕猴桃园内可见 3 组走向平行的地震陡坎，陡坎走向 NE45°
虹口乡高原村				0.1±0.1		
				0.5±0.1		
	WD-14	N31°07′44.2″	E103°40′32.1″	0.8±0.1	—	公路变形，形成 2 处陡坎
				1.3±0.1		
	WD-15	N31°07′45.8″	E103°40′13.3″	0.8±0.2	2.0±0.2	高原村后山坡上的地震陡坎

续表

	地点名称	点号	经纬度(N, E)		垂直位错(M)	水平位错(M)	现象描述
	虹口乡八角庙村	CKYX-26	31.1452222	103.6918889	4		断层擦痕
		CKYX-27	31.1453611	103.692	4.6		迭水现象
		WD-16	N31°08′42.5″	E103°41′30.6″	4.7±0.2	6±2	迭水现象
		WD-17	N31°08′43.0″	E103°41′30.5″	4.1±0.2	—	断层擦痕
	龙门山镇东林寺	CKYX-28	31.2855	103.8183056	2.5	2.2	右旋水平位错
		CKYX-29	31.2855	103.8183056	2		右旋水平位错
		CKYX-30	31.2855	103.8183056	2.5	2	右旋水平位错
		CKYX-31	31.2857222	103.8303889	1	0.8	右旋水平位错
彭州	龙门山镇周家湾	CKYX-32	31.2941944	103.8484722	5		垂直位错
	龙门山镇青家沟村	WD-31	N31°16′10.0″	E103°43′33.3″	—	—	龙门山镇青家沟村后面山坡上发现一地震陡坎，走向为NE28°
		WD-32	N31°15′59.0″	E103°48′33.7″	0.93	—	在上点后山坡上，发现另一地震陡坎，走向为NE35°，约22m长
	龙门山镇东林寺	WD-33	N31°17′04.3″	E103°48′59.8″	1.5±0.2	2.9±0.5	东林寺至东林寺—九峰山公路西侧500m处有一处地表破裂，走向NE58°
		WD-34	N31°17′05.0″	E103°49′01.0″	1.3±0.2	—	距上点NE方向约30m处，可见一小溪被垂直错断
	擂鼓镇五星村	CKYX-33	31.7248	104.382	1.5		垂直位错
		CKYX-34	31.72486	104.38216	1.5		垂直位错
		CKYX-35	31.725	104.38221		1.2	右旋水平位错
	擂鼓镇双流村	CKYX-36	31.7446	104.40841	1.8		垂直位错
北川	擂鼓镇茶坊村	CKYX-37	31.7689722	104.4262222	1.5	1.4	右旋水平位错
		CKYX-38	31.77053	104.42739	0	0.4	右旋水平位错
		CKYX-39	31.77541	104.4265	5.2		垂直位错
	擂鼓镇石岩村	CKYX-40	31.77899	104.42646	3.07	0.8	右旋水平位错
		CKYX-41	31.77914	104.42213	0.95	0.2	右旋水平位错
		CKYX-42	31.7792778	104.4220278	0.4		垂直位错
		CKYX-43	31.77929	104.422	0.95		垂直位错

续表

地点名称	点号	经纬度(N, E)		垂直位错(M)	水平位错(M)	现象描述
擂鼓镇石岩村	CKYX-44	31.77929	104.4225	2.11	1.2	右旋水平位错
	CKYX-45	31.7793056	104.4225556		1.3	右旋水平位错
	CKYX-46	31.77931	104.42253	2.09		垂直位错
	WD-43	N31°46′47.5″	E104°25′13.2″	2.1±0.1	—	垂直位错、地震陡坎
	CKYX-47	31.77983	104.4204	3.1		垂直位错
	CKYX-48	31.78006	104.42048	3.4		垂直位错
	CKYX-49	31.78091	104.42039	3.4		垂直位错
	CKYX-50	31.78011	104.4204	3.4		垂直位错
	CKYX-51	31.78024	104.42031	3.4		垂直位错
	CKYX-52	31.7803611	104.4199722	5		垂直位错
	CKYX-53	31.78043	104.42021	3.4		垂直位错
	CKYX-54	31.7805278	104.4203056	3		垂直位错
	CKYX-55	31.78057	104.42027	3.4		垂直位错
	CKYX-56	31.7806944	104.4203889	3		垂直位错
擂鼓镇柳林村	CKYX-57	31.78072	104.42038	2.3		垂直位错
	CKYX-58	31.78077	104.4203	3.4		垂直位错
	CKYX-59	31.78086	104.42038	2.3		垂直位错
	CKYX-60	31.78091	104.42039	2.3		垂直位错
	CKYX-61	31.78094	104.42041	2.3		垂直位错
	CKYX-62	31.78096	104.42039	2.3		垂直位错
	CKYX-63	31.78103	104.42002	1		垂直位错
	CKYX-64	31.78108	104.4205	2.3		垂直位错
	CKYX-65	31.78119	104.42053	2.3		垂直位错
	CKYX-66	31.7812	104.4206	2.3		垂直位错
	CKYX-67	31.78126	104.4202	1		垂直位错
	CKYX-68	31.78127	104.4207	2.3		垂直位错

北川

续表

地点名称	点号	经纬度(N, E)		垂直位错(M)	水平位错(M)	现象描述
	CKYX-69	31.78129	104.42026	1		垂直位错
	CKYX-70	31.78131	104.42067	3.17		垂直位错
	CKYX-71	31.78133	104.4203	1		垂直位错
	CKYX-72	31.7813324	104.4203	1		垂直位错
	CKYX-73	31.78148	104.42054	1		垂直位错
	CKYX-74	31.78165	104.42047	1		垂直位错
撮箕镇柳林村	WD-44	N31°46′49.4″	E104°25′12.7″	2.2±0.2	—	探槽近北方向约50m处，NW盘上升隆起。陡坎走向NE10°
	WD-45	N31°46′49.1″	E104°25′21.3″	1.3±0.2	1.5±0.1	沿坪上村探槽NE方向300m处，种猪场内发现一地震陡坎。陡坎走向NW300°，其造成种猪场内小路错断
	WD-46	N31°46′51.5″	E104°25′13.6″	2.2±0.5	1.3±0.2	农田引水槽断，位于探槽近北东方向约100m处
	WD-47	N31°46′52.4″	E10°25′12.3″	1.5±0.2	—	探槽近北方向约150m处。NW盘上升隆起，陡坎走向NE10°
	WD-48	N31°46′58.5″	E104°25′14.4″	1.5±0.2	—	在沿柳林村河道处。发现一地震陡坎，陡坎走向NE18°
	WD-49	N31°46′57.5″	E104°25′15.2″	1.1±0.2	—	沿坪上村在南西方向至柳林村。发现一地震陡坎、陡坎走向NE35°
	WD-50	N31°46′58.4″	E104°25′17.1″	1.3±0.1	—	沿坪上村在南西方向至柳林村。在一玉米田里发现地震陡坎，陡坎走向NE30°
撮箕镇坪上村赵家沟2组	CKYX-75	131.7998056	104.4271389		2.1	右旋水平位错
	CKYX-76	31.7989	104.4272	2.54	2.46	右旋水平位错
	CKYX-77	31.76994	104.42666	3.6	2.2	右旋水平位错
	CKYX-78	31.8014	104.4286	1.6	1.43	右旋水平位错
	WD-51	N31°47′55.1″	E104°25′37.7″	1.5±0.4	—	在撮箕沟赵家沟坪上村2组河道NE方向50m处的农田中，见一地震陡坎
撮箕镇坪上村赵家沟2组	WD-52	N31°47′57.4″	E104°25′39.3″	3.8±0.2	2.2±0.5	在撮箕沟坪上村赵家沟上村2组小路上，见一地震陡坎。走向NE30°
	WD-53	N31°48′00.7″	E104°25′41.4″	4.5±0.2	—	沿上一点(WD-52)NE方向100m左右，断层由此经过，走向NE35°，农田整体倾斜
撮箕镇坪上村赵家沟3组	CKYX-79	31.80578	104.43162	4.3		垂直位错
	CKYX-80	31.806	104.43177	3.9		垂直位错

北川

续表

地点名称	点号	经纬度(N, E)		垂直位错(M)	水平位错(M)	现象描述
擂鼓镇赵坪上村赵家沟3组	WD−54	N31°48′22.7″	E104°25′56.4″	6.2±0.1	6.8±0.2	擂鼓镇赵家沟坪上村后面山坡上的地震陡坎
擂鼓镇郭牛村	WD−55	N31°46′52.3″	E104°24′10.3″	—	—	在擂鼓镇郭牛村处发现的北川断裂基岩断裂
曲山镇任家坪村	CKYX−81	31.8151	104.4463	2.5		垂直位错
	CKYX−82	31.81549	104.44694	1.25		垂直位错
	CKYX−83	31.8152	104.44757	0.25		垂直位错
	CKYX−84	31.81561	104.44763	2.12		垂直位错
	CKYX−85	31.81571	104.44765	4.24		垂直位错
	CKYX−86	31.81571	104.44765	4.3		垂直位错
北川县城	CKYX−87	31.8289444	104.4568889	3.05	2.14	右旋水平位错
北川县城	WD−56	—	—	—	—	北川县县城后地震断层引起的桥梁移位或错塌，大型滑坡，使河道严重堵塞；局部断裂，地震挤压脊等现象
曲山镇海光村(邓家)	WD−57	N31°51′39.3″	E104°30′12.1″	5.3±0.2	—	在从陈家坝去北川县城的公路上，靠近北川县曲山镇海光村(邓家)可见一地震陡坎
曲山镇黄家坝村	CKYX−88	31.8741389	104.5339167	2.7	1.4	右旋水平位错
	CKYX−89	31.8741389	104.5339167	3.7	1.4	右旋水平位错
	CKYX−90	31.8741389	104.5339167	2.4		右旋水平位错
曲山镇黄家坝村五组	WD−58	N31°52′25.4″	E104°31′56.8″	3.8±0.2	1.2±0.2	由沿断层走向追索，在 WD−57NE 方向约 30m 左右处，见一河道被数断层错断
曲山镇黄家坝村	WD−59	N31°52′27.8″	E104°32′00.6″	3.6±0.2	1.3±0.2	在北川县曲山镇黄家坝村内水泥公路上发现的地震陡坎
曲山镇陈家坝村	CKYX−91	31.9238333	104.5792778	2	2.2	右旋水平位错
	CKYX−92	31.9238333	104.5792778	2	2.2	右旋水平位错
	CKYX−93	31.9238333	104.5792778	2.45	3.45	右旋水平位错
	CKYX−94	31.9238333	104.5792778	2.6		右旋水平位错
曲山镇茅坝村	CKYX−95	31.8383333	104.4681525	10.3		晒坝垂直位错
桂溪乡凤凰村	CKYX−96	31.9943889	104.6201944	2		垂直位错
	CKYX−97	31.9955556	104.6218333	2.8		垂直位错

北川

续表

地点名称		点号	经纬度（N，E）		垂直位错（M）	水平位错（M）	现象描述
北川		CKYX-98	31.9955556	104.6219444	2.38	2.4	右旋水平位错
		CKYX-99	31.9954722	104.622	2.34	2.35	右旋水平位错
		CKYX-100	31.9965278	104.6236111		2.7	右旋水平位错
		CKYX-101	31.9965278	104.6236111	2.85	2.35	右旋水平位错
	桂溪乡凤凰村五组	WD-60	N31°59'44.1"	E104°37'18.3"	2.3±0.2	1.7±0.2	在北川县桂溪乡凤凰村五组公路上发现的地震陡坎，公路被错断并伴有明显的右行走滑现象
		WD-61	N31°59'41.9"	E104°37'16.5"	2.6±0.2	—	在上点公路错断SW方向100m处，可见农田拱曲
		WD-62	N31°59'38.2"	E104°37'11.7"	1.7±0.2	—	在上点农田拱曲SW方向200m处，可见一河道错错，与点WD-60、WD-61属同一断层
		CKYX-102	32.0160278	104.6456667		2.5	右旋水平位错
		CKYX-103	32.0160278	104.6456667	2.5		垂直位错
		CKYX-104	32.0225278	104.6476111		2.5	右旋水平位错
		CKYX-105	32.0225278	104.6476111	2.5		垂直位错
		CKYX-106	32.0540278	104.67725	1.5	4.9	右旋水平位错
		CKYX-107	32.0540833	104.6773333	1.5	4.65	右旋水平位错
		CKYX-108	32.05475	104.678	3		垂直位错
		CKYX-109	32.0549722	104.6783611	4	4	右旋水平位错
平武	平通镇	CKYX-110	32.05525	104.6785556	4	3.8	右旋水平位错
		CKYX-111	32.0543889	104.6785833	3.8	4	右旋水平位错
		CKYX-112	32.0549444	104.6790278		3.8	右旋水平位错
		CKYX-113	32.0557778	104.6791389	4	3.7	右旋水平位错
		CKYX-114	32.059444	104.6793889	3.7		垂直位错
		CKYX-115	32.0619444	104.6875	2	1.9	右旋水平位错
		CKYX-116	32.0623889	104.6875	2.3	1.9	右旋水平位错
		CKYX-117	32.0623611	104.6875556	2	1.9	右旋水平位错
		CKYX-118	32.0636111	104.6886944	2	1.85	右旋水平位错

续表

地点名称		点号	经纬度(N, E)		垂直位错(M)	水平位错(M)	现象描述
平武	平通镇	CKYX-119	32.0635556	104.6887778	2.5	1.85	右旋水平位错
		CKYX-120	32.0633333	104.6888889	2	1.85	右旋水平位错
		WD-63	N32°03′45.2″	E104°41′15.4″	1.7±0.2	2.2±0.2	平通镇鱼塘的垂直、水平位错
		WD-64	N32°03′48.6″	E104°41′19.4″	2.1±0.2	2.2±0.5	平通镇公路上的地震陡坎
		WD-65	N32°03′51.5″	E104°41′24.5″	1.1±0.2	—	平通镇踩槽
		WD-66	N32°03′54.1″	E104°41′26.3″	1.8±0.1	—	平通镇田间小路的垂直、水平位错
	南坝镇何家坝村	CKYX-121	32.2035556	104.8406111	1.5	2.5	右旋水平位错
		CKYX-122	32.2060833	104.8433611	1.2	1.6	右旋水平位错
		CKYX-123	32.2061389	104.8433889	1.2	1.6	右旋水平位错
		CKYX-124	32.2064722	104.8438611	1.2		垂直位错
		CKYX-125	32.2065278	104.8438889	1	2.4	右旋水平位错
		CKYX-126	32.2065278	104.8438889	0.9	2.4	右旋水平位错
		CKYX-127	32.2100556	104.8490833	0.85	1.3	右旋水平位错
		CKYX-128	32.2102222	104.8493333	0.85	1.4	右旋水平位错
	南坝镇何家坝村	WD-67	N32°12′05.1″	E104°50′17.1″	1.7±0.2	2.4±0.2	公路上的地震陡坎
		WD-68	N32°12′05.8″	E104°50′18.4″	1.5±0.1	—	小路上的地震陡坎
		WD-69	N32°12′09.2″	E104°50′22.0″	1.6±0.2	1.9±0.2	上点NE方向约20m左右，属同一断层经过，公路上的地震陡坎
	南坝镇文家坝村	WD-70	N32°13′05.6″	E104°51′35.5″	0.7±0.1	—	田间小路的地震陡坎
		WD-71	N32°13′06.5″	E104°51′35.2″	1.0±0.1	—	田间的地震拱曲
	南坝镇石坎子	CKYX-129	32.2352778	104.8764722	1.9	2.1	右旋水平位错
		CKYX-130	32.2352778	104.8764722	1.9	2.1	右旋水平位错
		CKYX-131	32.2369444	104.8778889	1.8		垂直位错
		CKYX-132	32.2369444	104.8778889	1.8		垂直位错

表5-5 汶川地震彭灌断裂地表破裂的基本数据表

地点名称		点号	经纬度(N, E)		垂直位错(M)	水平位错(M)	现象描述
彭州	通济镇	CKPG-1	31.1665278	103.8533889	0.35		垂直位错
		CKPG-2	31.1665	103.8544722	0.6		垂直位错
		CKPG-3	31.1668889	103.8550278	0.52		垂直位错
		CKPG-4	31.1699722	103.8595556	0.7		垂直位错
		CKPG-5	31.1729722	103.8634444	2.3		垂直位错
		CKPG-6	31.174	103.8649722	1.8		垂直位错
	通济镇双杨村	WD-35	N31°10′23.8″	E103°51′48.3″	1.5±0.5	—	通济双杨村上山公路的错断
	白鹿镇	CKPG-7	31.2016389	103.8984167	2.2		垂直位错
		CKPG-8	31.2026111	103.8993889	1.9	0.8	右旋水平位错
		CKPG-9	31.2038056	103.9011111	2.7		垂直位错
		CKPG-10	31.204	103.9013611	2.75		垂直位错
		CKPG-11	31.2114722	103.9124722	1.8		垂直位错
		CKPG-12	31.21175	103.91325	1.5		垂直位错
		CKPG-13	31.2129722	103.9141944	2.4	1	右旋水平位错
		CKPG-14	31.2129167	103.9142222	2.4	0.96	右旋水平位错
		CKPG-15	31.2137778	103.9155278	2.3		垂直位错
		CKPG-16	31.2143611	103.9160278		0.6	右旋水平位错
		CKPG-17	31.2175833	103.9208056	1		垂直位错
		CKPG-18	31.2238611	103.9313056	0.45		垂直位错
		CKPG-19	31.2250278	103.9334167	1.38		垂直位错
		CKPG-20	31.2275556	103.9350833	1.05	0.5	右旋水平位错
	白鹿镇白鹿中学	WD-36	N31°12′40.0″	E103°54′44.1″	1.8±0.1	—	探槽南壁
		WD-37	N31°12′41.5″	E103°54′44.9″	2.0±0.1	—	白鹿中学内的地震陡坎
		WD-38	N31°12′45.8″	E103°54′49.9″	2.9±0.5	0.7±0.2	白鹿中学NE方向300m河堤堡坎的错断
		WD-39	N31°12′48.0″	E103°54′52.5″	2.7±0.2m	—	白鹿中学NE方向400m古镇清河街的错断

续表

地点名称	点号	经纬度 (N, E)		垂直位错 (M)	水平位错 (M)	现象描述
金花镇	CKPG-21	31.2927222	103.9883333	0.55		垂直位错
	CKPG-22	31.2983056	103.9892778	0.5		垂直位错
	CKPG-23	31.2960833	103.9930833	0.6		垂直位错
	CKPG-24	31.3451111	104.0444167		0.18	右旋水平位错
	CKPG-25	31.34525	104.0453889	1.1		垂直位错
	CKPG-26	31.369	104.0819444	1.5		垂直位错
九龙镇	CKPG-27	31.3995278	104.11825	1.3		垂直位错
	CKPG-28	31.3999167	104.1182778	3.5	2	右旋水平位错
	CKPG-29	31.3980278	104.1183056	2	2.9	右旋水平位错
	CKPG-30	31.3981111	104.1183889	2	2.8	右旋水平位错
	CKPG-31	31.3969722	104.12325	1.1		垂直位错
	CKPG-32	31.4128889	104.1279722	2		垂直位错
	CKPG-33	31.4370833	104.1529722	0.37	0.25	右旋水平位错
汉旺镇	CKPG-34	31.4607778	104.1589167	0.8		垂直位错
	CKPG-35	31.4598611	104.1626389	0.55	0.52	右旋水平位错
	CKPG-36	31.4601389	104.1632778	1.34	0.55	右旋水平位错
	CKPG-37	31.4605833	104.1643611	1		垂直位错
	CKPG-38	31.4611667	104.1650556	1		垂直位错
	CKPG-39	31.4615278	104.1655556		0.47	右旋水平位错
汉旺镇	WD-41	N31°27'40.0"	E104°09'53.8"	1.6±0.2	—	在汉旺至清平途中的公路（绵远河畔）旁的河滩草地里，发现的地表隆起。走向 NE65°
	WD-42	N31°27'41.3"	E104°09'56.2"	1.3±0.2	0.6±0.1	此点为上一点 NE50m 处公路的错断
汉旺镇新泉村	CKPG-40	31.4781944	104.2035	0.9		垂直位错
	CKPG-41	31.4779444	104.2038611	0.3		垂直位错
	CKPG-42	31.5123056	104.2321667	0.46		垂直位错

绵竹

续表

地点名称		点号	经纬度（N, E）		垂直位错（M）	水平位错（M）	现象描述
绵竹	睢水镇	CKPG-43	31.6127	104.34937	0.12		垂直位错
	睢水镇	CKPG-44	31.6130556	104.3498333	0.25		垂直位错
	桑枣镇	CKPG-45	31.6284167	104.371861	0.18		垂直位错
	北川圭寺	CKPG-46	31.6285	104.372	0.18		垂直位错

表 5-6　汶川地震小鱼洞断裂地表破裂的基本数据表

地点名称		点号	经纬度（N, E）		垂直位错（M）	水平位错（M）	现象描述
彭州	向峨乡	CKXYD-1	31.1085	103.718	0.3		垂直位错
	磁峰镇	CKXYD-2	31.12567	103.7585	0.2	0.45	右旋水平位错
	磁峰镇	CKXYD-3	31.12511	103.7585		0.1	右旋水平位错
		CKXYD-4	31.12606	103.7595	0.06	0.15	右旋水平位错
	草坝	CKXYD-5	31.16069	103.7916	0.4		垂直位错
		CKXYD-6	31.16267	103.7921	0.4	0.5	左旋水平位错
		CKXYD-7	31.16411	103.7922	0.3	0.38	左旋水平位错
		CKXYD-8	31.16111	103.7923	1		垂直位错
		CKXYD-9	31.16447	103.7927	0.3		垂直位错
		CKXYD-10	31.16519	103.7928		0.3	左旋水平位错
	小鱼洞镇鱼洞村	WD-18	N31°10′51.2″	E103°46′30.3″	0.3±0.05	0.7±0.2	农田拱曲（左行）
		WD-19	N31°11′05.7″	E103°46′08.9″	0.8±0.2	1.5±0.2	农田拱曲（左行）
		WD-20	N31°11′17.8″	E103°45′49.5″	0.8±0.2	2.3±0.5	小鱼洞大桥坟堡坎的错断（左行）
		WD-21	N31°11′28.9″	E103°45′32.1″	1.4±0.2	3.6±0.2	小鱼洞—白水河公路上的错断（左行）
		WD-22	N31°11′33.8″	E103°45′26.5″	1.4±0.2	3.6±0.5	沿上一点NW方向约200m的农田拱曲（左行）
	小鱼洞镇中坝村	WD-23	N31°10′39.3″	E103°45′16.1″	1.4±0.2	4.1±0.5	距上点NW方向约300m处破裂带切过一条与小鱼洞—白水河平行的公路
		WD-24	N31°11′41.8″	E103°45′16.1″	1.7±0.5	1.1±0.2	距上点NW约100m处
		WD-25	N31°11′45.1″	E103°45′09.5″	1.1±0.2	3.8±0.2	距上点NW约150m处

续表

地点名称		点号	经纬度(N、E)		垂直位错(M)	水平位错(M)	现象描述
		WD-26	N31°11′52.9″	E103°45′03.7″	1.6±0.3	—	距上点约300m处，王家河坝的河漫滩见一错断
		WD-27	N31°11′58.2″	E103°44′59.6″	1.5±0.3	—	中坝村河堤处的错断
		WD-28	N31°12′39.3″	E103°44′22.7″	0.45±0.1	0.2±0.05	中坝村机耕道的错断
		WD-29	N31°12′47.1″	E103°44′24.8″	1.1±0.2	1.8±0.2	中坝村山上农田的陡坎
		WD-30	N31°12′47.3″	E103°44′23.8″	1.2±0.2	1.1±0.2	距上一点近北方向约10m处，中坝村山上农田的陡坎
彭州	小鱼洞镇	CKXYD-11	31.19933	103.7501	3.4	1.6	右旋水平位错
		CKXYD-12	31.20056	103.7502	3.5		垂直位错
		CKXYD-13	31.19683	103.7518	2	0.93	左旋水平位错
		CKXYD-14	31.19669	103.7519		3.5	左旋水平位错
		CKXYD-15	31.19575	103.7527	1.9	2.96	左旋水平位错
		CKXYD-16	31.19536	103.7529		2.4	左旋水平位错
		CKXYD-17	31.19494	103.7539	2	1	左旋水平位错
		CKXYD-18	31.19497	103.7539		1.92	左旋水平位错
		CKXYD-19	31.19419	103.7545	1.3	2.3	左旋水平位错
		CKXYD-20	31.19417	103.7545	1.3	2.3	左旋水平位错
		CKXYD-21	31.19406	103.7548	1.2	1	左旋水平位错
		CKXYD-22	31.19406	103.7548	1.5	1.8	左旋水平位错
		CKXYD-23	31.19247	103.7566	0.4	0.3	左旋水平位错
		CKXYD-24	31.18889	103.7621	1.2	3	左旋水平位错
		CKXYD-25	31.18828	103.7637	1.5	1.3	左旋水平位错
		CKXYD-26	31.19128	103.759		1.2	左旋水平位错

表 5-7　汶川地震擂鼓断裂地表破裂的基本数据表

	地点名称	点号	经纬度(N, E)		垂直位错(M)	水平位错(M)	现象描述
	石岩村北部	WD-45	N31°46′49.1″	E104°25′21.3″	1.3±0.2	1.5±0.1	沿坪上村探槽 NE 方向 300m 处，在种猪场内发现一地震陡坎，陡坎走向 NW300°，其造成种猪场内小路的右行错断
	柳林村南部老汤河南岸	WD-43	N31°46′47.5″	E104°25′13.2″	2.1±0.1m	—	垂直错断，形成挠曲陡坎
	柳林村南部老汤河南岸	WD-44	N31°46′49.4″	E104°25′12.7″	2.2±0.2	—	探槽近北方向约 50m 处，NW 盘的上升隆起，陡坎走向 NE10°
	柳林村南部老汤河南岸	WD-46	N31°46′51.5″	E104°25′13.6″	2.2±0.5	1.3±0.2	农田引水槽的左行错断，位于探槽近北东方向约 100m 处
擂鼓	柳林村南部老汤河南岸	WD-47	N31°46′52.4″	E104°25′12.3″	1.5±0.2	—	探槽近北方向约 150m 处，NW 盘的上升隆起，陡坎走向 NE10°
	柳林村南部老汤河道处	WD-48	N31°46′58.5″	E104°25′14.4″	1.5±0.2	—	在沿柳林河河道处，发现一地震陡坎，陡坎走向 NE18°
	柳林村北部	WD-49	N31°46′57.5″	E104°25′15.2″	1.1±0.2	—	沿坪上村往南西方向至柳林村小路上，发现一地震陡坎，陡坎走向 NE35°
	柳林村北部	WD-50	N31°46′58.4″	E104°25′17.1″	1.3±0.1	—	沿坪上村在南西方向至柳林村，形成地震陡坎。陡坎走向 NE30°

从破裂穿过地貌接近线性的路径可以很明显看出陡峭的近地表倾角破裂，这与沿破裂痕迹偶有出露的陡峭西倾至垂直的断层面一致。例如，在都江堰的八角庙断层面倾向约为 $80°\sim85°W$（375287，3446429）；在北川的擂鼓镇断层面倾向约为 $80°\sim90°W$（446272，3519104）。这种情况仅出现在擂鼓附近地区，地表破裂痕迹弯曲近 90°，以适应左侧 2.5km 的阶步（图 5-19）。这里的近地表倾斜可能会低至 $45°\sim50°$，并在破裂痕迹沿着 2008 年以前形成 $2\sim3$m 的陡坎，穿过第四纪河漫滩沉积物。

在细节上，一些观测点的地表破裂很明显与地貌上标定的北川活动断裂痕迹一致。例如，擂鼓北部（445884/3518497），地表破裂伴随着突起的陡崖穿过低地势的河间地表面（图 5-19）。地表被 Densmore 等（2007）标记为"错断堆积阶地"。2008 年以前陡坎的高度为 ≥10m，但由于人为改造河间的地表面，很难精确的测定。破裂沿着 2008 年以前的最陡峭的陡崖发生（图 5-20），并在河间的西端（445817/3518336）具有 3.0 ± 1.0m 的右旋偏移量和 3.8 ± 0.2m 的逆冲偏移量。因此，我们推断在 2008 年以前的地表破裂事件之前，在河间地保留了至少一次破裂的证据，还有可能是两次或两次以上。同样，在北川的东北部（图 5-19），地表破裂沿着晚第四纪断层线，这些断层线是通过湔江的右岸的众多平行褶皱、线性洼地和错断山脊确定的（Liu et al.，2009）。

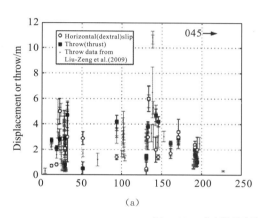 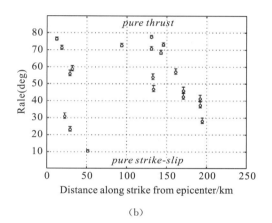

(a)   (b)

图 5-18 北川断层的逆冲走滑量及倾角估算

（a）. 北川断层的滑动剖面；从震中，平行于地表破裂痕迹，沿走向线 45°方向延伸。白色圆圈为水平（右行）偏移量；深灰色方形为垂直（逆冲）推覆量；灰色方点代表由 Liu 等（2009）测定的推覆量；误差条代表个别测量值的不确定性。（b）. 通过（a）给出的测量值，估算近地表滑移载体的倾角；近地表断层面倾角被假定为 70°；根据断层面的接触来看，这很接近最小值，这意味着倾角估算是最大的；误差条显示了假设断层倾角 80°（下限）和 60°（上限）的倾角误差估算范围

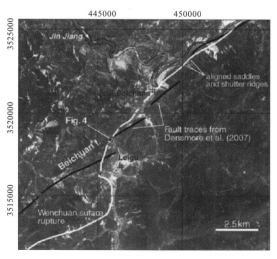

图 5-19 擂鼓镇和北川附近活动断层分布图

粗的白色线条为汶川地震的地表破裂痕迹；白色圆点为我们的观测点；黑色线条为 Densmore 等（2007）推测的晚第四纪断层；箭头指示断层倾向；背景图来自 2008 年 6 月 6 日 SPOT-5（5 m 分辨率全色数据）

（a）   （b）

（c）

图 5-20   擂鼓镇北部的北川断裂露头（UTM，东经/北纬 445884/3518497）

位置见图 5-19；（a）. 2001 年 7 月，北川断层的陡坎，白色箭头为推测的北川断层表面痕迹，旁边建有水库；（b）. 2008 年的相同位置，水库已损坏，干涸；白色的 V 为在两张图中都可见的树，白色椭圆为人在图中的比例尺，在汶川地震中，此地滑移 4~5 m；（c）. 2001 年以来用全站仪调查的该断层陡坎结果，灰色长条标出了 2008 年的地表破裂痕迹

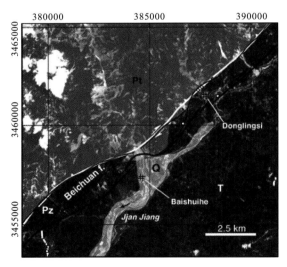

图 5-21   白水河和东林寺附近的活动断层分布图

白色粗线为汶川地震的地表破裂痕迹；白色圆圈为我们的观测点；黑色粗线条为 Densmore 等（2007）推测的晚第四系断层；箭头指示断层倾向，根据四川省地质矿产局（1975）修改；Pt 为元古宙，Pz 为古生界，T 为三叠系，Q 为第四系；背景图像来自于 2008 年 7 月 7 日 EO-1 ALI 的全色（10m 分辨率）的图像

同样的，在都江堰的高原村附近（图 5-22），Densmore 等（2007）对该区域的活动断层进行了标定，测年结果表明了其自 8ka 以来具有明显的活动，但未见地表破裂的证据。汶川地震发生后，在高原村地

表破裂表现为两条相互平行的分叉断裂，分别位于我们在 2007 年标定的晚第四纪活动断层(图 5-22 黑线所示)的北西 200m 和 600m 的地方，切错了白水河的堆积阶地。相对来说，与邻近的北川断裂上的其他地区相比(Liu et al.，2009)，在高原村附近北川断层显示为一条背冲断层的复杂构造样式，地表破裂表现为一倾向北西的陡坎。这种背冲复杂的构造样式一直向南延伸至映秀附近，因此，使得在高原村至映秀的这段区域内汶川地震的地表破裂显示为两条相互平行的分叉式展布特征。

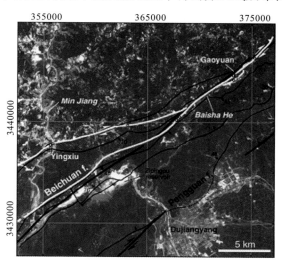

图 5-22　高原村和映秀镇附近的活动断层分布图

白色粗线条为汶川地震的地表破裂痕迹；白色圆圈为我们的观测点；黑色粗线条为 Densmore 等(2007)推测的晚第四纪断层；黑色细线为由四川省地质矿产局(1975)简化而来的断层；箭头指示倾向；背景图片来自于 2008 年 7 月 7 日 EO-1 ALI 的全色(10m 分辨率)图像

在此基础上，根据目前地表调查所获的测量数据，我们按四段对北川断裂地表破裂的垂向断距、水平断距以及垂向断距与水平断距的比值等测量数据进行了统计和计算，经初步分析，获得以下初步结果：①位于震中的映秀一带并非是北川断裂地表垂向断距最大的地区，而地表最大错动量的地点位于北川县的茅坝镇和擂鼓镇，分别为 10.3±0.1m(垂直断错)和 6.8±0.2m(水平断错)(图 5-23～图 5-25)。根据汶川 8.0 级地震的震源机制解，主震破裂面的最大错动量为 9～10m(陈运泰等，2009；中国地震局地质所，中国地震信息网，2008)。因此，地表的最大错动量约等于地下的最大错动量。②按地表断距可将

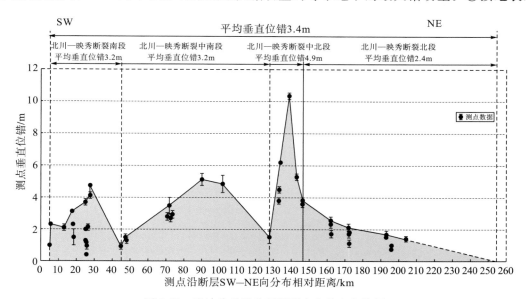

图 5-23　逆冲分量沿北川断裂走向的变化特征

北川断层地表破裂带划分为两个高值区和两个低值区；两个高值区分别位于南段的映秀—虹口一带和位于中北段的播鼓—北川县城—邓家坝一带；两个低值区分别位于中南段的白水河—茶坪一带和北段的北川黄家坝至平武石坎子一带，其分段性与以小鱼洞断层、播鼓断层和邓家坝断层划分的四段具有一致性，两个高值区分别与小鱼洞断层和播鼓断层相关。③陈运泰等（2009）利用全球台网的宽频带波形资料标定了两个最大静态滑动位移区，它们分别位于震中和震中北东方向 100km 以内和震中北东方向 150km 左右；这两个最大滑动位移的分布位置与地表断距的两个高值区的分布范围具有一致性，表明地表破裂的高值区是地下破裂的最大静态滑动位移区在地表的响应。④对震前和震后的北川断裂地表破裂对比的结果表明，在映秀、播鼓、白水河、高原等地的地表破裂都发生在有历史地震破裂和活动断裂（李勇等，2000，2005）出露的地段，表明在第四纪以来曾发生过大震和地表破裂的地方，仍是现在和将来有可能还会发生大地震的地方。

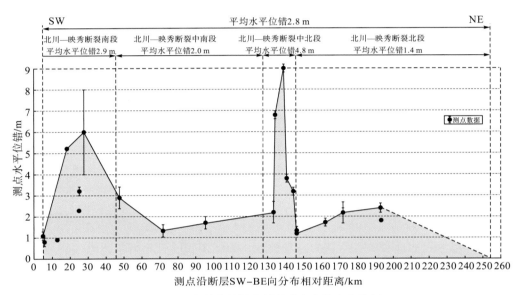

图 5-24　走滑分量沿北川断裂走向的变化特征

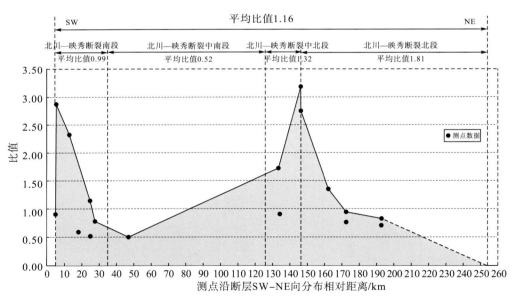

图 5-25　逆冲分量与走滑分量比值沿北川断裂走向的变化特征

5.2.2　彭灌断裂的地表破裂

彭灌断裂在汶川地震时亦发生了同震地表破裂(图 5-10)。该地表破裂南西起于彭州磁峰,向北东延伸经白鹿、绵竹金花至绵竹汉旺,全长约 40~50km。其以逆冲—右行走滑为特点,断面倾角较陡,北西盘为上升盘,南东盘为下降盘,垂直位错为 0.39~2.70m,水平位错为 0.20~0.70m,平均垂直位错为 1.6m,平均水平位错为 0.6m;地表最大错动量的地点位于彭州白鹿镇,其中最大的垂直断错为 2.7±0.2m,最大的水平断错为 0.7±0.2m。垂直位错与水平位错量之间的比值为 2：1,表明该地震地表破裂带不仅存在逆冲运动分量和右行走滑运动分量,而且逆冲运动分量大于右行走滑运动分量,显示了彭灌断裂破裂带具有以逆冲和缩短作用为主、右行走滑作用为辅的破裂性质。其与北川断裂带的地表破裂相比较,该断裂的地表破裂程度远小于北川断裂带的地表破裂程度,主要表现在地表破裂的长度较短,垂直位错和水平位错也相对较小,而且以逆冲作用为主(李勇等,2008,2009)。

据本次实地观察,彭灌断裂地表破裂带的表现形式多样,主要表现为断错山脊、断错河流阶地、边坡脊、断层陡坎、河道错断、冲沟侧缘壁位错、小路位错、公路位错、公路拱曲(宽缓的不对称褶皱坎)、水泥公路叠置、构造裂缝、挤压脊、地表掀斜等类型(图 5-26,图 5-27),其中以公路上的断层陡坎最为明显,易于识别。地表破裂带的宽度沿断层变化较大,但总体上一般小于 10m,但近断裂的弯曲和拖曳所波及的范围可达到 30 多米宽,变形量和拖曳量在断层两盘不同,地表建筑的强烈变形和破坏主要分布于逆冲断层的下盘,而上盘变形不明显(如白鹿中学),显示了它的特殊性。

(a)

(b)

(c)

(d)

图 5-26　汶川地震彭灌断裂地表破裂的垂直及水平位错－1

（a）. 彭州磁峰镇彭灌断裂的垂直及水平位错照片；（b）. 彭州市通济镇双阳村彭灌断裂的垂直位错照片；（c）. 彭州市白鹿镇白鹿中学彭灌断裂的垂直位错照片；（d）. 彭州市白鹿镇白鹿中学彭灌断裂的构造变形剖面；（e）、（f）. 彭州市白鹿镇彭灌断裂的垂直及水平位错照片；（g）、（h）. 彭州市白鹿古镇彭灌断裂的垂直位错照片及其展布。

（e）　　　　　　　　　　　　　　　　　　　　　　　　　（f）

图 5-27　汶川地震彭灌断裂地表破裂的垂直及水平位错－2

（a）．绵竹金花彭灌断裂的垂直位错照片；（b）、（c）．绵竹汉旺彭灌断裂的垂直及水平位错照片；（d）、（e）、（f）．绵竹汉旺绵远河畔彭灌断裂地表破裂的垂直位错照片及展布

　　彭灌断裂的地表破裂一般显示为很陡的断坎，北西盘为上升盘，南东盘为下降盘，表明破裂面应倾向北西。但是能够直接看到地表破裂面的剖面很少，目前仅在彭州白鹿中学的探槽中看到了该破裂面直接出露于地表，彭灌断裂错断了二级阶地的阶面。探槽剖面显示为白鹿河的二级阶地剖面具二元结构（图 5-28），其中下部为灰黄色砾石层，上部为灰黑色黏土层。在探槽内可以辨认出两条分支断层，均倾向北西，呈叠瓦状排列，其中位于下部的分支断层的产状为 325°∠28°，其在地表显示为一个小陡坎，陡坎的高度为 0.69m，应为古地震事件的产物；位于上部的分支断层的产状为 341°∠55°，其在地表显示为一个大陡坎，陡坎的高度为 1.87m，应为汶川地震的破裂断层，显然该二级阶地上的断层陡坎很有可能是两次地震事件的结果。因此，该破裂面倾向北西，倾角为 28°～55°，显示为高角度的逆断层。

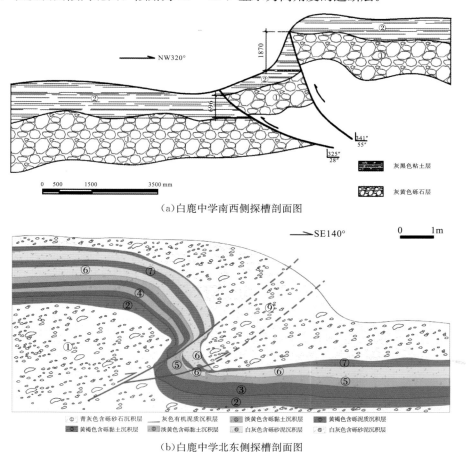

（a）白鹿中学南西侧探槽剖面图

（b）白鹿中学北东侧探槽剖面图

图 5-28　彭州市白鹿镇白鹿中学彭灌断裂的探槽剖面图

正如 Liu 等（2009）所指出的，在彭州-灌县断层的滑动是以逆冲为主（图 5-29～图 5-31），除了在靠近破裂北东端的汉旺镇附近（420728/3481054），它的右旋位移量很小或根本没有（图 5-10）。至于与北川断层，破裂痕迹几乎呈线性切割整个地形，指示了一个陡峭的近地表断层面。

将彭灌断裂的破裂痕迹与晚第四纪活动线的对比，由于缺乏 2008 年以前的观测数据而变得异常复杂。Densmore 等（2007）专注于 2008 年北东向和南西向的破裂遗迹，但在这些区域中能够进行实地考察的寥寥无几。从我们 2000 年 3 月开始进行的观测结果（未公开）来看：彭灌断裂的晚第四纪活动，在通济镇北西方向约 1km 的地方横穿多个未定年的堆积阶地（388163/3449118），形成了一个 2.5m 长的陡坎。这个陡坎，以及位于湔江南西部的一系列平行褶皱和断错山脊，与一套上三叠统岩体内部的近西倾断裂（24°～45°W）近似一致（图 5-32）。虽然 Chen 等（1994）也推测这一断层为活动断层，但它没有在 2008 年地震中被激活。相反，破裂在南东约 2km 的地方沿彭灌断裂另一个分支（四川省地质矿产局，1975）发生。正如 Liu 等（2009）所指，彭灌断层的表面破裂可能会拓宽湔江河谷（图 5-32），但是由于缺乏露头、快速的河流侵蚀和强烈的谷底改造，导致无法对该断层的形态进行长期的、详细的观测。特别是彭灌断裂和小鱼洞断裂（图 5-32）地表破裂之间的几何关系，无论是从断层的地表显示还是基岩接触关系都无法得到很好的解释。

根据目前对彭灌断裂地表调查所获的测量数据，我们对彭灌断裂地表破裂的垂向断距、水平断距以及垂向断距与水平断距的比值等测量数据进行了统计和计算（图 5-27～图 5-29），经初步分析，获得以下初步结果。

彭灌断裂的垂向断距分布图显示为一个不对称的曲线（图 5-28），地表的平均垂向断距为 1.6m，其仅为北川断裂带地表平均垂向断距（3.4m）（李勇等，2008，2009）的 1/2。地表最大垂直错动量的地点位于彭州白鹿镇，为 2.7±0.2m，其也仅为北川断裂带地表最大垂直错动量（10.3±0.1m）（李勇等，2008，2009）的 1/3（表 5-5）。由此点向南西方向，垂向断距迅速降低至 0.5m，延伸长度仅为 11km；由此点向北东方向，垂向断距也逐渐降低，延伸长度也仅为 26km。

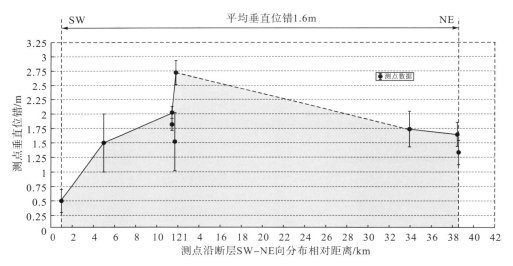

图 5-29　逆冲分量沿彭灌断裂走向的变化特征

彭灌断裂的水平断距分布图显示为一条近似直线（图 5-30），表明地表的水平断距沿彭灌断裂的走向无明显的变化。地表的平均水平断距为 0.6m，也相对较小，其仅为北川断裂带地表平均水平断距（3.1m）（李勇等，2008，2009）的 1/5。地表最大水平错动量的地点位于彭州白鹿镇，为 0.7±0.2m，也仅为北川断裂带地表最大水平错动量（6.8±0.2m）（李勇等，2008，2009）的 1/10。

彭灌断裂地表的逆冲分量与走滑分量比值分布图显示为一条近似直线（图 5-31），表明地表的逆冲分量与走滑分量比值沿彭灌断裂走向无明显的变化。地表破裂带的平均垂向断距与平均水平断距的比值为 2∶1，显示该地震地表破裂带不仅存在逆冲运动分量和右行走滑运动分量，而且逆冲分量是右行走滑分量的 1 倍，逆冲运动分量明显大于右行走滑运动分量，其与北川断裂上垂直位错量与水平位错量大致相当(李勇等，2008，2009)明显不同，表明彭灌断裂地表破裂表现为以逆冲和缩短作用为主的破裂性质，也显示 8.0 级汶川地震属于逆冲—走滑型的地震。

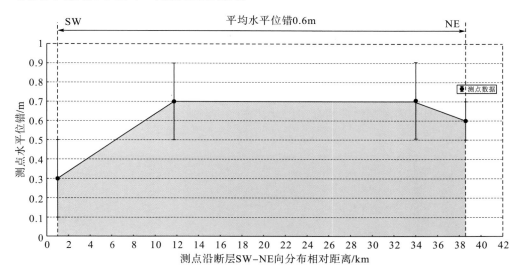

图 5-30　走滑分量沿彭灌断裂走向的变化特征

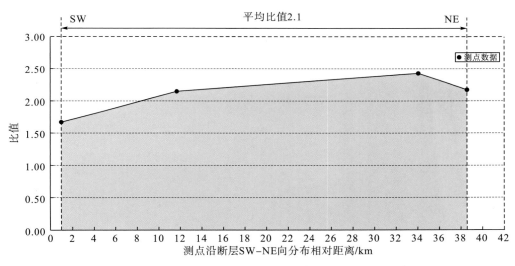

图 5-31　逆冲分量与走滑分量比值沿彭灌断裂走向的变化特征

5.2.3　小鱼洞断裂的地表破裂

小鱼洞断裂是汶川地震的同震断裂，震后地表破裂带的线性影像清晰，贯通性较好，南东起于彭州市通济场西南侧附近，北西止于彭州市小鱼洞镇后坝村附近，呈北西—南东向展布，全长约 15km（图 5-1，图 5-32～图 5-35）。该断裂的地表破裂一般显示为很陡的断坎，南西盘为上升盘，北东盘为下降盘，表明破裂面应倾向 SW。单个破裂长度在 2m 到 300m 不等，并切割了多种类型的地貌单元，包括山脉基岩、河流阶地、冲洪积扇、公路、桥梁等，同时也使道路发生拱曲、破坏和桥梁垮塌或移位。

该地表破裂带是汶川地震产生的一条走向近 NW 向的次级地表破裂，位于北川破裂带与彭灌断裂地表破裂带西端之间，其走向近于垂直上述的两条地震主破裂带。该地表破裂带的宽度沿断层变化较大，一般小于 20m，在陡坎顶部发育多条平行张裂缝，但近断裂的弯曲和拖曳所波及的范围可达到 50m宽，变形量和拖曳量在断层两盘不同，强烈变形主要分布于逆冲断层的上盘，而下盘变形不明显，或只是在断面附近有变形现象(图 5-32,图 5-33)。

据本次实地观察,小鱼洞地表破裂带(图 5-33,图 5-34)横切了公路、田坎、围墙、湔江河流阶地和河漫滩,形成陡坎或跌水等景观,处于破裂带的小鱼洞大桥多处折断,处于地表破裂带上的建(构)筑物也遭到严重毁坏。该地表破裂带的表现形式多样,主要表现为断错河流阶地、断层陡坎、河道错断、冲沟侧缘壁位错、小路位错、公路位错、公路拱曲(宽缓的不对称褶皱坎)、水泥公路叠置、构造裂缝、地裂缝、挤压脊、地表掀斜等类型,其中,以公路上的断层陡坎最为明显,易于识别。小鱼洞地表破裂一般显示为很陡的断坎,南西盘为上升盘,北东盘为下降盘,表明破裂面应倾向南西。目前尚没有发现地表破裂面的断面。根据在小鱼洞镇的探槽揭示(冉勇康等,2008),该破裂面倾向 SW,倾角为 $45°\sim60°$,显示为高角度逆断层,具有高角度逆冲特征。因此,在小鱼洞地表破裂为倾向 SW 的高角度破裂面应具有代表性。

(a)

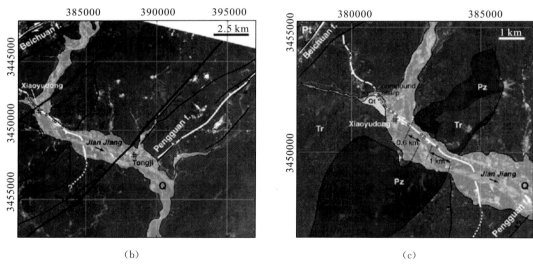

(b)   (c)

图 5-32 小鱼洞地区的地表破裂分布图

(a). 小鱼洞地区地表破裂的平面展布图。黄色点为已实测数据点位;红色实线为地表破裂区域;红色虚线为推测地表破裂区域。(b). 小鱼洞地区地表破裂与基岩断裂的对比图。白色粗线条为彭州—灌县断裂和小鱼洞断裂的地表破裂;白色圆圈为观测点;黑色粗线条为 Densmore 等(2007)推测的晚第四纪断层;黑色细线为由四川省地质矿产局(1975)简化而来的断层;箭头指示倾向;Q 为第四纪沉积物;背景图来自 2008 年 6 月 6 日 SPOT-5(5m 分辨率全色数据)。(c). 湔江附近小鱼洞断裂地表破裂的平面展布图。Pt 为元古宙,Pz 为古生代,Tr 为三叠纪,Q 为第四纪;背景图来自 2008 年 6 月 6 日 SPOT-5(5m 分辨率全色数据);基于湔江流域两侧二叠系和三叠系的推算,小鱼洞断裂长期表面左旋位移被限制在至少 1km;注意复合陡坎区域,小鱼洞地表破裂穿过一个老的填充阶地(Qt)

图 5-33　彭州市小鱼洞镇小鱼洞断裂的垂直位错

WD-21 镜向 SE，WD-24 镜向 NW，WD-25 显示了汶川地震陡坎和古地震陡坎的叠加现象（镜向 NW），WD-26 镜向 SE，WD-28 镜向 NW，WD-29 镜向 SE

同时，根据小鱼洞断裂地表破裂同震位移量的变化特征（图 5-35，图 5-36，表 5-8）可知，该断裂地表破裂带的地表的平均垂向断距为 1.0m，其仅为北川断裂带地表平均垂向断距（2.9m）（李勇等，2008，2009）的 1/3，也小于彭灌断裂的地表的平均垂向断距 1.6m（李勇等，2009）。其地表最大错动量的地点位于小鱼洞镇所在地，垂直和水平断错分别为 1.7 ± 0.5m[图 5-37(a)]和 4.1 ± 0.5m[图 5-37(b)]，其地表最大位错仅为北川断裂带地表最大垂直错动量（6.2 ± 0.1m）的 1/2。对该地表破裂的水平断距进行统计的初步结果表明（图 5-37），小鱼洞断裂的水平断距分布图显示为一条近似正态曲线（图 5-37b），地表的平均水平断距为 2.3m，其小于北川断裂带地表平均水平断距（3.1m）（李勇等，2008，2009），但大于彭灌断裂地表的平均水平断距（0.5m）（李勇等，2008）。该断裂的地表最大水平错动量（4.1 ± 0.5）位于小鱼洞镇（图 5-37b），其仅为北川断裂带地表最大水平错动量（6.8 ± 0.2m）（李勇等，2008，2009）的 2/3。并且该地表破裂平均垂向断距与平均水平断距的比值为 1:2～1.5:1（图 5-38），显示在该地震地表破裂带中左行走滑运动分量明显大于逆冲运动分量，以左旋走滑作用为主。其与北川断裂、彭灌断裂的地表破裂表现为以逆冲和缩短作用为主的破裂性质(李勇等，2008，2009)明显不同。

　　小鱼洞断层的地表破裂导致湔江的第四纪沉积物发生广泛的偏移，导致在地表形成类似持续性的破裂痕迹，表现为左旋兼逆冲的破裂样式。Liu 等(2009)指出小鱼洞断裂南端弯曲合并到彭灌断裂西南段。在破裂的北端，小鱼洞断裂与北川断裂交汇的交接样式由于受到 2008 年 8 月山体滑坡的严重影响尚不明确。

图 5-34　彭州市小鱼洞镇小鱼洞断裂的水平位错
WD-21 镜向 NE，WD-24 镜向 SW，WD-25 显示了汶川地震陡坎和古地震陡坎的叠加现象(镜向 SW)，WD-26 镜向 SW，WD-28 镜向 SE，WD-29 镜向 SE

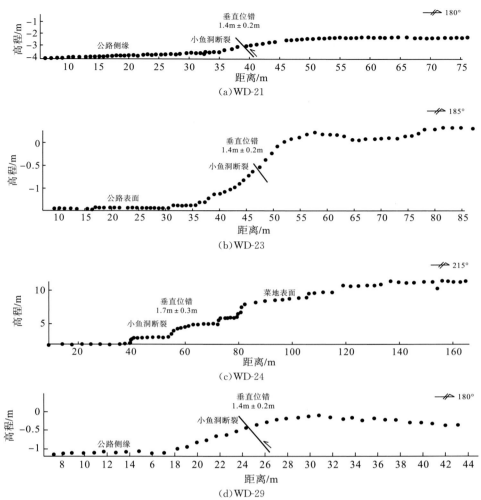

图 5-35　彭州市小鱼洞镇小鱼洞断裂的垂直位错实测剖面图

尽管对地表破裂解译已经很清楚了，但在汶川地震之前小鱼洞断裂却并未被测定和认可。现已出版的地质图展现出北东向断层和横跨湔江河谷岩石单元的连续性。如果这些地质图正确，那么根据对两侧河谷接触的推测，这条河谷至少产生了 0.6～1.0km 的左旋位移。然而，通过对破裂痕迹的深入研究，发现了小鱼洞断裂曾发生过浅源地震的证据。在小鱼洞镇东北部的一些地方，位于湔江河漫滩以上 50～60m 的晚第四纪填充阶地，在 2008 年以前就形成了 1.1～1.7m 落差的破裂，并形成了一个 1～1.5m 的复合陡坡（图 5-39）。这与该构造之前的构造事件是一致的，具有相似量级的滑动幅度。2008 年，小鱼洞附近的其他地方，在一个较低的充填阶地（湔江河漫滩以上 40m）和河漫滩本身，显示出一个单独地表破裂的证据，具有 0.8～1.4m 的移动。

表 5-8　小鱼洞断裂地表破裂的基本参数

序号	野外编号	坐标	位置	破裂带的走向	垂直位错/m	水平位错/m	地貌标志	资料来源
1	WD-18	N31°10′51.2″ E103°46′30.3″	鱼洞村	NW330°	0.3±0.05	0.7±0.2	田埂左行位错	实测
2	WD-19	N31°11′05.7″ E103°46′08.9″	鱼洞村	NW330°	0.8±0.2	1.5±0.2	田埂左行位错	实测
3	WD-20	N31°11′17.8″ E103°45′49.5″	湔江河堤		0.8±0.2	2.3±0.5	河堤左行位错	实测
4	WD-21	N31°11′28.9″ E103°45′32.1″	水泥公路	NW280°	1.4±0.2	3.6±0.2	水泥公路左行位错	实测
5	WD-22	N31°11′33.8″ E103°45′26.5″	菜地	NW340°	1.4±0.2	3.6±0.5	田埂左行位错	实测

序号	野外编号	坐标	位置	破裂带的走向	垂直位错/m	水平位错/m	地貌标志	资料来源
6	WD-23	N31°10′39.3″ E103°45′16.1″	柏油公路	NW320°	1.4±0.2	4.1±0.5	柏油公路左行位错	实测
7	WD-24	N31°11′41.8″ E103°45′16.1″	农田	NW305°	1.7±0.5	1.1±0.2	农田掀斜和拱曲	实测
8	WD-25	N31°11′45.1″ E103°45′09.5″	王家河坝	NW340°	1.1±0.2	3.8±0.2	田埂左行位错	实测
9	WD-26	N31°11′52.9″ E103°45′03.7″	河漫滩	NW340°	1.6±0.3	1.5±0.3	河漫滩的掀斜和拱曲	实测
10	WD-28	N31°12′39.3″ E103°44′22.7″	中坝村	NE10°	0.45±0.1	0.2±0.05	机耕道位错	实测
11	WD-29	N31°12′47.1″ E103°44′24.8″	中坝村	NW320°	1.1±0.2	1.8±0.2	田埂左行错断	实测
12	WD-30	N31°12′47.3″ E103°44′23.8″	中坝村	NW320°	2.5±0.2	1.1±0.2	田埂左行错断	实测
13			草坝村		0.58	1.1		引用

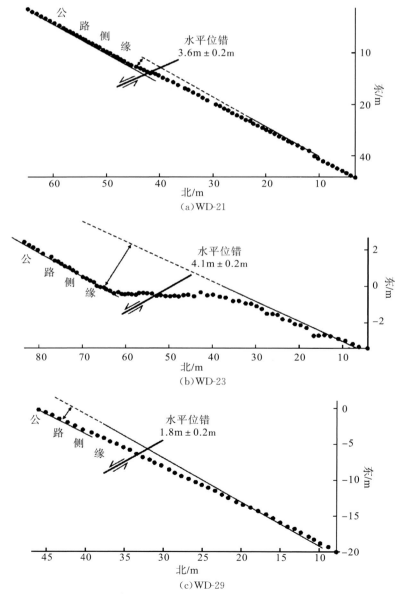

图 5-36　彭州市小鱼洞镇小鱼洞断裂的水平位错实测剖面图

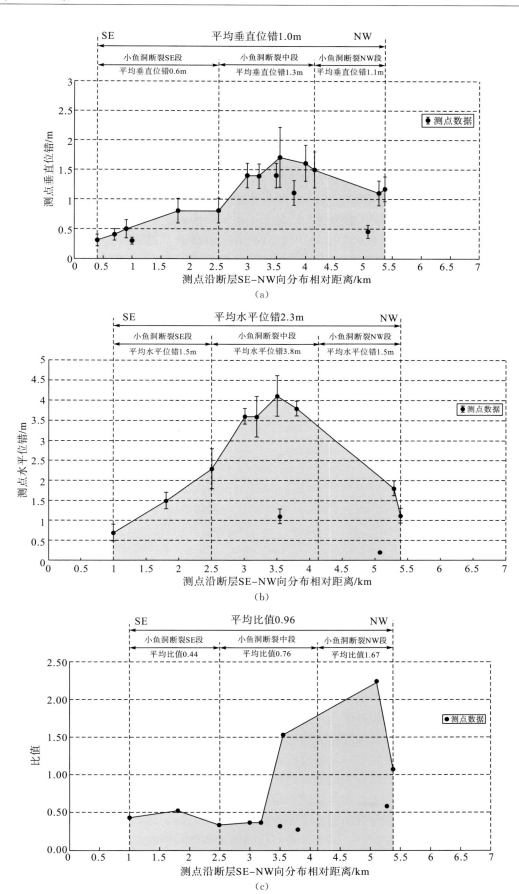

图 5-37　逆冲分量与走滑分量比值沿小鱼洞断裂走向的变化特征

图 5-38　小鱼洞地区的复合陡坎的现场照片

小鱼洞附近(381162/3451977)晚第四纪充填阶地在 2008 年之前就存在一个复合陡坎

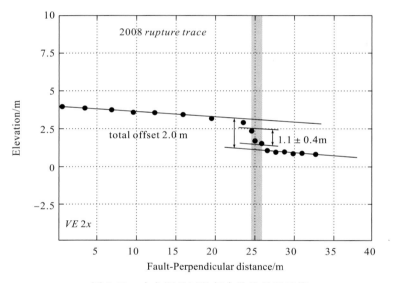

图 5-39　小鱼洞地区的复合陡坎的测量值

2008 年 9 月，利用全站仪横跨破裂的观测值，此地在汶川地震中，滑移了 1.1±0.4m 的位移，阶地表面的滑移总量为 2.0m

　　综上可知，小鱼洞断裂显示为近北西向的地表破裂带(图 5-1，图 5-32)，其走向与北东向的彭灌断裂的地表破裂带、北川断裂的地表破裂带近于垂直，断面南西倾，并近于直立，沿走向的走滑作用明显大于垂向逆冲作用，并显示以左旋走滑作用为主，即断层的南西盘(上盘)向南东逆冲运动的幅度明显大于北东盘(下盘)向南东逆冲运动的幅度，表明小鱼洞断裂是在汶川地震中由于小鱼洞断裂的东西两个块体之间存在着逆冲运动幅度的差异性，从而形成了小鱼洞走向滑动断层，其主要特征包括：①是在汶川地震中由于龙门山两个逆冲体之间存在的差异逆冲运动而形成的断裂；②其走向近于北西向，垂直于龙门山北东向的主干断裂，而平行于逆冲体的逆冲运动方向；③具有高角度断面的断层，以左旋走滑作用为主。显然，小鱼洞断裂基本符合掀斜断层的主要特征，应属于分割了北川断裂和彭灌断裂两条主地表破裂带、调节地壳不均匀缩短的掀斜断层。因此，我们认为由于小鱼洞掀斜断层的出现不仅导致了北东向的彭灌断裂的地表破裂带与北川断裂的地表破裂带的左旋位错，而且导致了小鱼洞断层两侧的地质和地貌分异。此外，按 Escalona 等(2006)对掀斜断层的分类来看，小鱼洞掀斜断层应属于薄皮掀斜断层，下切深度不会太大，这当然尚需进一步验证。

5.2.4 擂鼓断裂的地表破裂

汶川特大地震发生后，在擂鼓地区出露了一条线性影像清晰的擂鼓地表破裂带。该破裂带位于两段左阶羽状排列的北川断裂之间，呈近南北向展布，长约 4~5km(图 5-1，图 5-40)，是震后北川断裂上最具有代表性的近南北向断裂之一，其与出露于龙门山中段呈北西向展布的小鱼洞断裂有所不同；小鱼洞断裂位于北川断裂与彭灌断裂之间，并分割了上述两条近于平行的北东向逆冲—走滑型主断裂(李勇等，2009)。

擂鼓地区的地表破裂主要由近南北向的擂鼓断裂与呈左阶羽列状分布的北川断裂组成(图 5-40)。平面上擂鼓断裂与两段左阶斜列的北川断裂近垂直相交，同时根据擂鼓断裂的几何结构特征可将其分为擂鼓断裂的北段、中段和南段。此外，为了叙述方便，将北川断裂分别位于擂鼓地区北部和南部的部分称为北川断裂的北支与南支。此次在擂鼓地区的考察主要对擂鼓断裂中、北段以及北川断裂北支的 13 个点位进行了测量，并引用了徐锡伟等(2008)在北川断裂南支的两组数据(图 5-1，图 5-40，表 5-3)。

擂鼓断裂的地表破裂是汶川地震产生的一条近南北向的同震地表破裂(图 5-1，图 5-40)。区域内擂鼓断裂线性影像清晰，北东起于擂鼓柳林村北部，南西止于石岩村南部，全长约 4~5km，主要变形带范围可达 10~15m 宽。该断裂地表破裂现象十分复杂，且走向变化极大，并在局部形成了多条挠曲坎和挤压鼓包(图 5-40)。

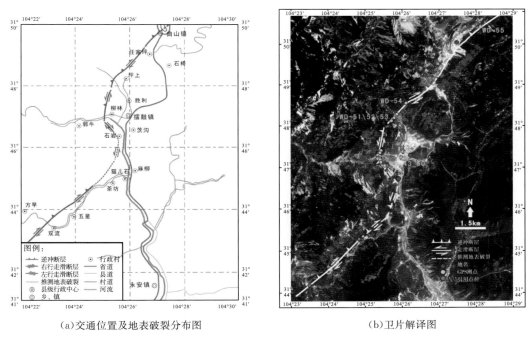

(a)交通位置及地表破裂分布图　　　　　　　　　(b)卫片解译图

图 5-40　擂鼓地区汶川地震的地表破裂分布图

在擂鼓断裂北段，地表破裂的主体走向为 NNE5°~15°，长约 1.5km；其北西盘为上升盘，南东盘为下降盘，断面倾向北西，表现为北西盘逆冲，并兼有左旋走滑现象，对于这一现象部分文献资料(李勇等，2008，2009；周荣军等，2008)已有研究。该区域内地表破裂的表现形式多样，主要表现为河流阶地位错、河道错断、农田挠曲、公路位错、引水槽位错等类型(图 5-41)，其中，在老场口河南岸的农田内一引水槽被明显的左旋错断(图 5-41e，f)，其垂直断距为 2.2±0.5m，左旋水平断距为 1.3±0.2m。同时，位于柳林村的河道位错剖面(图 5-41d)很好的揭示了擂鼓断裂在呈近 SN 走向(NNE5°~15°)时断层断面的基本特性：其倾角较陡，约为 65°~70°。这与陈桂华(2008)等利用水平缩短量和垂直位错量计算得到的断层倾角约为 79°的结论基本吻合。另外，我们也对石岩村Ⅱ级阶地上由冉勇康等(2008)开挖的探槽北壁和南壁剖面分别进行了测量，其中，探槽北壁剖面揭示了断层倾角约为 50°，南壁断层倾角约为 45°。

图 5-41　擂鼓地区擂鼓断裂的地表垂直及水平位错

（a）. 柳林村测点分布图；（b）、（c）、（d）、（e）. 擂鼓断裂北段的垂直位错照片；（f）. 为擂鼓断裂北段的左旋位错照片；（g）. 擂鼓断裂中段的垂直位错照片；（h）. 擂鼓断裂中段右旋位错照片

在擂鼓断裂中段，该地表破裂主要出露于石岩村北部，并呈北西西走向（NWW300°～315°）向南延展，长约 1.2km；其南西盘为上升盘，北东为下降盘，表现出南西盘逆冲—右旋走滑的特征，并且将一种猪场地基错断，形成地表拱曲［图 5-41(g)，(h)；图 5-42］，其前缘垂直断距为 1.3±0.2m，右旋水平断距为 1.5±0.1m。由于该断裂在种猪场内形成的地表挠曲坎并不能真实地反映断层断面的特征，所以我们以陈桂华等(2008)得出的断层倾角约 80°的结论为主。

擂鼓断裂南段的地表破裂主要位于石岩村南部，并在水泥厂西侧转为北北东（NNE10°～20°）走向。由于南段的地形地貌较为复杂，且存在因滑坡导致数据无法测量，因此，在此区域并无地表破裂的实测数据，但已有文献资料（陈桂华等，2008；张军龙等，2008）证实了擂鼓断裂南段地表破裂的存在。

总体上来看（图 5-42），擂鼓断裂从北至南由 3 条分别呈北北东（NNE5°～15°）、北西西（NWW305°～315°）、北北东（NNE10°～20°）展布的断裂组成，且表现为逆冲兼走滑特征，破裂面西倾，倾角较陡，为45°～80°，具有高角度逆冲特征。

图 5-42　擂鼓地区 NE 和 NW 向地表破裂分布图

H 为水平位移量，V 为垂直位错量

根据对区域内擂鼓断裂中北段和北川断裂地表破裂垂直断距、水平断距的测量，经对比分析获得以下初步结果（图 5-43，图 5-44，表 5-9）。

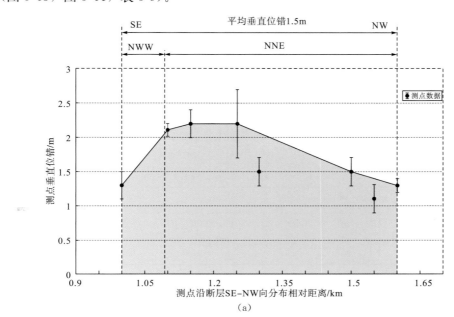

(a)

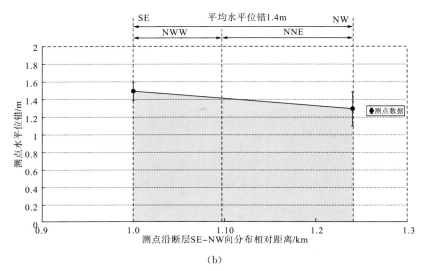

(b)

图 5-43　逆冲及走滑分量沿擂鼓断裂走向的变化特征

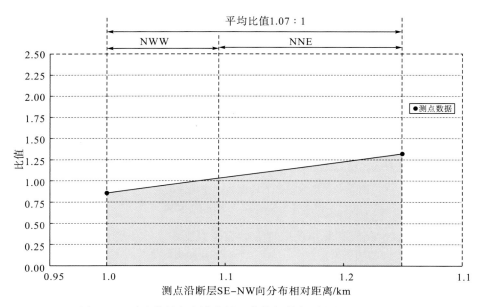

图 5-44　逆冲分量与走滑分量比值沿擂鼓断裂走向的变化特征

表 5-9　擂鼓地区地表破裂基本参数对比表

地表破裂		长度/km	倾角	平均垂向断距/m	平均水平断距/m	最大垂直断距/m	最大水平断距/m	逆冲与走滑分量比值
北川断裂南支		4～5	70°	1.2	1.65	1.2	1.8	1∶0.73
擂鼓断裂		4～5	45°～80°	1.5	1.4	2.2±0.2	1.5±0.1	1.07∶1
擂鼓断裂中、北段	擂鼓断裂北段	1.5	45°～70°	1.7	1.3	2.2±0.2	1.3±0.2	1.3∶1
	擂鼓断裂中段	1.2	80°	1.3	1.5	1.3±0.2	1.5±0.1	0.87∶1
北川断裂北支		5～6	70°～80°	4.14	4.5	6.2±0.1	6.8±0.2	1∶1

部分数据来源于李勇等，2008；徐锡伟等，2008；刘静等，2008；陈桂华等，2008

由南东至北西，擂鼓断裂的垂向断距变化趋势图(图 5-43)显示为一条正态曲线，平均垂直断距约为 1.5m，NNE 走向的垂直断距明显大于 NWW 走向的垂直断距。其中地表最大垂直错动量(WD-45，WD-46)位于老场口河南岸 NNE 走向的地表破裂带上，并且由此点向南北两侧其垂直断距逐渐减小。另外，NNE 走向的地表破裂在穿越老场口河进入柳林村后其垂直断距明显减小，这可能与老场口河北岸 II 级阶地所产生的"吸收效应(Absorption effect)"有关。

对擂鼓断裂水平断距的测量结果表明，该断裂的水平断距由南至北逐渐减小(图 5-42)，其走滑分量变化不大，为 1.3~1.5m，平均水平断距约为 1.4m；其中两个实测点分别位于呈 NWW 走向与 NNE 走向的地表破裂带上，并在约 150m 的范围内由 1.5m 逐渐衰减为 1.3m。

对应水平测点的分布，擂鼓断裂逆冲分量与走滑分量的比值由南至北逐渐变大(图 5-44)，平均垂直断距与走滑断距之比约为 1.07：1，走滑分量与垂直分量基本相当。其中，断裂在石岩村呈北西西走向时，其垂直断距与右旋走滑断距之比约为 0.87：1，右旋走滑分量大于逆冲分量；而断裂在柳林村走向为北北东时，其垂直断距与左旋走滑断距之比约为 1.3：1，逆冲分量略大于左旋走滑分量。

通过以上对比分析，擂鼓断裂地表破裂的平均垂向断距与平均水平断距的比值为 1.07：1，介于 (1：1.15)~(1：0.8)；可见，该地表破裂带由南至北其垂直分量变化较大，走滑分量变化较小。

依据上述分析结果，擂鼓断裂产出于龙门山造山带内部，其地表破裂呈近南北走向，与两段左阶斜列的北川断裂近垂直相交，断裂断面西倾；倾角较陡，近于直立；并且其地表破裂呈近 SN 走向时具有明显的左旋走滑分量，即断层的北西盘(上盘)向南西运动的幅度明显大于南东盘(下盘)向南西运动的幅度，表明了擂鼓断裂在汶川地震中其东西两侧块体之间存在着逆冲运动幅度的差异性。由此可见，擂鼓断裂的主要特征包括：①擂鼓断裂的形成是由于在汶川地震中其东西两侧逆冲块体之间的差异性运动而引起；②断裂呈近南北向展布，与北川主干断裂近垂直相交；③断面倾角较陡，为高角度断面的逆断层，具有逆冲兼走滑特征。所以，擂鼓断裂基本符合掀斜断层的主要特征(国际构造地质词典，1993；Stone，2003)，应属于掀斜断层。

5.3 汶川地震地表破裂的类型和组合样式

逆断层型和走滑逆断层型地震的地表破裂基本类型包括逆断层陡坎、逆断层上盘垮塌陡坎、挤压推覆陡坎、右旋走滑推覆陡坎、后冲逆断层推覆陡坎、低角度推覆陡坎和斜列状鼓包等 7 种类型。汶川地震地表破裂带的类型也非常复杂，主要由逆断层陡坎、挤压推覆陡坎、后冲逆断层推覆陡坎、褶皱陡坎、右旋走滑推覆陡坎、斜列状鼓包、鳄鱼嘴状陡坎等基本破裂单元组合而成(徐锡伟等，2009)。此外，汶川地震还在北川曲山镇北沙坝村、和尚坪、邓家一线，以及水观乡苏家院等地发育近地表正断层陡坎，同样反映出西北盘抬升的基本运动学特征。逆断层陡坎包括逆断层陡坎和后冲逆断层推覆陡坎两种类型。逆断层陡坎是指逆断层面直接出露地表形成陡坎。这种陡坎仅见于都江堰市虹口乡八角庙附近。由于逆断层面倾向与陡坎倾向相反，这种陡坎很不稳定，顶部常常垮塌形成上盘垮塌陡坎。挤压推覆陡坎是汶川地震地表破裂带中发育较普遍的一种与逆断层作用相关的陡坎，指逆断层从上盘向下盘强烈推覆，地面出现连续弧形弯曲变形而形成的陡坎地貌现象，通常逆断层尚未出露地表，地表面上的庄稼、树木等植被常随地面弧形弯曲从陡坎顶部出现倾斜，向陡坎下部倾斜程度加大，直至平卧在下盘地面上，俗称"醉汉林"。一般而言，上盘抬升量越大，弧形弯曲现象越明显，在许多地段可出现陡倾、陡坎下部甚至局部倒转现象。后冲逆断层推覆陡坎指在主逆断层陡坎上盘侧发育倾向与主逆断层相反的次级逆断层陡坎。主、次逆断层陡坎间出现拱形隆升现象，在拱形隆升段发育平行于逆断层陡坎的次生张裂缝。褶皱陡坎指近地表地层发生褶皱弯曲或曲折而形成的陡坎，例如北川县城曲山镇湔江湾北岸近于水平的阶地堆积物发生向东褶皱弯曲，在地表形成高约 3.1m 褶皱陡坎，地震期间地表水泥路面发生同震脆性破碎，水泥路面黄色中心线反映出褶皱陡坎两侧还存在着 2.4m 右旋走滑位移。在南坝镇与石坎之间平武县李子坎公路东侧的麦地也出现了褶皱弯曲变形，陡坎高约0.9m，麦地田埂右旋变形1.3～1.4m，褶皱陡坎是尚未出露地表的盲逆断层错动在其上断点或近地表形成的断裂扩展褶皱。鳄鱼嘴状陡坎常出现在横跨逆断层相关陡坎的水泥路面上，受下部差异抬升和缩短而发生断裂、重叠，构成鳄鱼嘴状结构，在一定程度上反映出地震陡坎两侧存在着垂直陡坎的地壳缩短(徐锡伟等，2009)。

汶川地震所造成的地表破裂组合样式十分复杂，主要包括平行逆冲断层型组合样式、掀断层型组合样式、阶梯状逆冲断层型组合样式、由掀断层连接的雁列状逆冲断层型组合样式、分叉断裂型组合样式、前缘逆冲后缘伸展型组合样式等6种类型的平面组合样式(李勇等，2008，2009)。

5.3.1　平行逆冲断层型组合样式

汶川地震产生了大陆板块内部逆冲—走滑断层型地震的地表破裂，其地表破裂样式显示为两条在平面上近于平行的地表破裂带，即彭灌断裂的地表破裂带与北川断裂的地表破裂，显示为平行逆冲断层型组合样式(parallel thrust fault)(图5-1)。

值得注意的是，彭灌断裂地表破裂的空间分布范围正好对应于北川断层中南段的白水河—茶坪一带的低值区，因此，我们推测彭灌断裂地表破裂的分布范围可能与近南北向展布的小鱼洞断层、擂鼓断层有关。其中，小鱼洞断层位于彭州通济场西南侧，走向近于SN向，地表破裂延伸稳定，南北向延伸约15km；擂鼓断层位于绵竹汉旺的东北侧，该断裂的地表破裂延伸稳定，走向近于SN向，南北向延伸约4～5km。因此，我们初步推测小鱼洞断层、擂鼓断层可能是彭灌断裂地表破裂的边界约束断层，而且彭灌断裂的地表破裂可能对应于北川断层地表破裂的低值区。陈运泰等(2009)曾指出汶川地震在震中北东方向150km左右存在着最高达4.4m的静态滑动位移，整个断层面上的滑动位移分布比较零散，说明破裂在传播过程中遭遇了多个障碍体的阻挡，因此在受阻挡区域出现破裂空区。该破裂空区正好对应于北川断层地表破裂的低值区，也对应于彭灌断裂地表破裂的区域，因此，我们推测该破裂空区的能量极可能通过彭灌断裂释放出来，造成了彭灌断裂的地表破裂。

因此，从空间展布特征来看，汶川地震产生了大陆造山带内部的典型的逆冲—走滑断层型地震的地表破裂，北川断裂与彭灌断裂表破裂的平面组合样式显示为两条在平面上近于平行的北东向逆冲—走滑型地表破裂带。

5.3.2　掀断层型组合样式

根据以上对小鱼洞断裂地表破裂基本特征的认识，小鱼洞断裂位于北川断裂与彭灌断裂之间，其走向近于北西向，垂直于龙门山北东向主干断裂，而平行于逆冲体的逆冲运动方向，具有高角度断面的断层，以左行走滑作用为主，显示为北川断裂与彭灌断裂之间的掀断层(tear fault)。

因此，从平面几何结构和空间展布特征来看，汶川地震产生了大陆造山带内部的典型的逆冲—走滑断层型地震的地表破裂，其地表破裂的平面组合样式显示为两条在平面上近于平行的北东向逆冲—走滑型地表破裂带，其间由一条南北向的掀断层—小鱼洞断裂地表破裂带将它们分割开(图5-45)。所以，可将北西向小鱼洞地表破裂带可看作为连接北川断裂和彭灌断裂两条主地表破裂带、调节地壳不均匀缩短的掀断层性质的地表破裂。

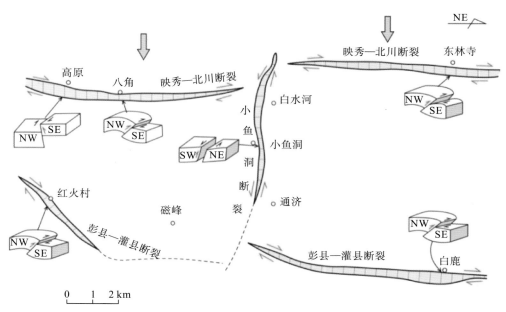

图 5-45　小鱼洞地区汶川地震地表破裂的平面组合样式

5.3.3　阶梯状逆冲断层型组合样式

在映秀镇北，李勇等(2006)曾描述过北川断裂将岷江Ⅳ级阶地面垂直断错了约 40m。本次地震在该断层陡坎的上方(接近顶部)形成了 3 条平行的地表破裂，垂直位错分别为 1.00 ± 0.10m、0.90 ± 0.1m 和 0.80 ± 0.1m，右行水平位错分别为 1.00 ± 0.10m、0.80 ± 0.1m 和 2.1 ± 0.1m(图 5-46，图 5-47)。该现象表明该断层陡坎不是由一个单独的破裂所造成，而是由一系列小的平行断层之间分配的，这些断层的垂直位移和水平位移全都在同一方向上，并且在垂向上是相互叠加的，形成了位于同一方向的下降盘，使得该断层陡坎显示为一系列阶梯状的台面和陡坎，显示为阶梯状断层型组合样式(The step thrust faults)。

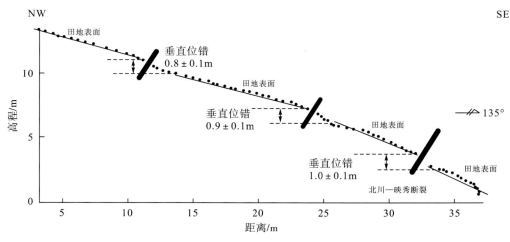

图 5-46　汶川县映秀镇北川断裂带中的阶梯状逆冲断层地震陡坎的垂直位错实测图

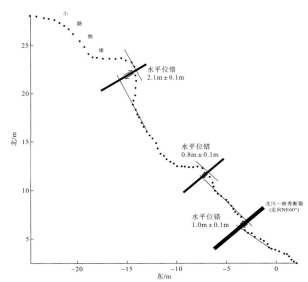

图 5-47 汶川县映秀镇北川断裂带中的阶梯状逆冲断层地震陡坎的水平位错实测图

5.3.4 由掀断层连接的雁列状逆冲断层型组合样式

在擂鼓地区，李勇等（2006）曾标定过活动断裂，并认为北川断裂在此处分为四支，呈左阶羽列排列，垂直及右行位错了Ⅱ级洪积扇和冲沟，导致了处于左阶羽列区的盖头山向上隆升，迫使湔江改道。在此次地震中，擂鼓断裂的地表破裂主要有分布于擂鼓镇石岩村、柳林村以及坪上村的 13 个破裂点（图 5-48），地震造成了断层陡坎、河道错断、小路错断、公路叠置、构造裂缝等地表现象。该断裂呈近南北向展布，介于两条北东走向的北川断裂之间，属于北川断裂带内部左阶羽列区的断裂。

基于上文对擂鼓断裂的分析可知，擂鼓断裂基本符合掀断层的主要特征，与北川主干断裂近垂直相交。在平面上，擂鼓地区的北川断裂显示为由掀断层连接的雁列状逆冲断层型组合样式（echelon thrust fault linked by a tear fault），其地表破裂的平面组合样式显示为两条在平面上近于平行的北东向逆冲—走滑型地表破裂带，其间由一条南北向的掀断层—擂鼓断裂地表破裂带将它们分割开（图 5-48）。因此，可将南北向擂鼓断裂可看作为连接两条斜列的北川断裂的具有掀断层性质的地表破裂。

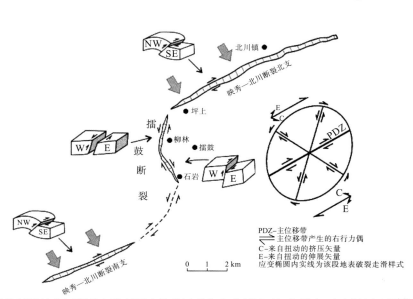

图 5-48 北川县擂鼓镇北川断裂由掀断层连接的雁列状逆冲断层型组合样式（应变椭圆；据 Harding，1974）

5.3.5 分叉断裂型组合样式

北川断裂带的地表破裂带从震中映秀向北东方向断续延伸到平武石坎子一带，总体上显示为一条地表破裂带，但是地表破裂带沿断层变化较大，在都江堰八角庙以西地区，北川断裂具有明显的分叉，并分为两支，本文简称为北支和南支，显示为分叉断裂型组合样式(branching fault)。

其中北支沿都江堰八角庙—高原村北侧山坡—龙池—映秀一线展布(图 5-49)，走向为 N50°E。其中典型的破裂点分别为都江堰八角庙、高原村北侧山坡、龙池等。在八角庙(WD-16，N31°08′42.5″，E103°41′30.6)地表破裂将公路、屋基、Ⅰ级阶地、河漫滩及现代河床等同步垂直位错了 4.1±0.2m，水平位错了 6.0±2.0m。沿断层向南西方向，在高原村北侧山坡上(WD-15，N31°07′45.8″，E103°40′13.3″，李勇等(2006，2007)曾在此处标定过活动断裂)，该地震陡坎的走向为 N50°E，垂直断距 1.2±0.1m，水平断距 2.2±0.2m；再向南西方向，在都江堰市龙池镇(WD-5，N31°04′59.4″，E103°33′51.4″)的龙溪公路上可见北川断裂的破裂带，走向为 N50°E，垂直错断为 2.1±0.2m，水平位错为 0.9±0.1m 兼有逆冲及右行走滑现象。

因此，在该地区北川断裂北支的破裂带沿高原村北侧至龙池镇之间山坡展布，长约 11～15km，但由于尚未对该破裂带进行详细填图，所以对其细节性的变化和构成尚不清楚。其中南支沿都江堰八角庙—高原村南—白沙河北岸—深溪沟一线展布(图 5-49)，在都江堰市的虹口乡一带，地表破裂沿白沙河北西岸呈 N30°～50°E 方向延伸，可见破裂长度在 16km 左右，走向为 N30°E。在高原村南部阶地上，汶川特大地震造成了长约 1km 的不间断的断层陡坎，陡坎走向为 N30°～50°E，垂直断距为 0.35～2.70m，水平断距为 2.2～3.2m。在其南西端的深溪沟，地表破裂造成了公路掀斜、水泥路面叠置和裂缝等现象，路面掀斜角度达 30°，垂直位错为 3.0±0.1m，右行水平位错为 5.2±0.1m。因此，在该地区北川断裂南支的破裂带沿白沙河谷展布，长约 14km，由 14 条长短不一的破裂所构成，或斜列或平行或斜交的破裂组成的破裂带，总体走向为 N30°～50°E。

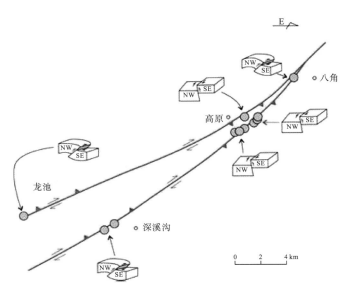

图 5-49 都江堰地区北川断裂的分叉断裂型组合样式

5.3.6 前缘逆冲后缘伸展型组合样式

汶川县映秀镇坐落在岷江Ⅱ、Ⅲ级阶地上，汶川特大地震的发震构造(北川断裂)从映秀镇北西角穿过，并在岷江Ⅳ级阶地面及岷江后，向北东方向延伸。在汶川特大地震前，李勇、周荣军等于 2006 年曾做过从 SE 侧映秀变电站至 NW 侧断层上盘坡中槽的剖面(图 5-50),北川断裂北西盘的向上逆冲作用在Ⅳ级阶地面上形成约 40m 的断层断坎,在逆断层上盘的顶部存在北东向展布的地堑,长约 100m、宽约 20 m、深约 5 m。在此处,北川断裂显示为前缘逆冲后缘伸展型组合样式(the rift valley on the top and peripheral thrust along the frontal margin)。

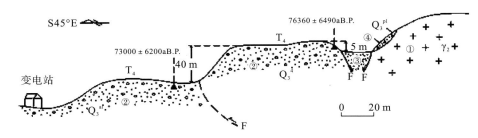

图 5-50 汶川特大地震前映秀镇北川断裂活动构造变形剖面图(据李勇等,2006;周荣军等,2007)
①.彭灌杂岩;②.砂砾石层;③.砂土;④.坡积物;▲.测龄样品位置

为了进行震前、震后对比,在汶川特大地震后,我们利用全站仪和 GPS 对这一剖面进行了精确测量(WD-1),测量结果如图 5-51 和图 5-52 所示。在汶川特大地震后,此剖面大体格局没有发生改变,但在原断层陡坎上产生了新的逆冲型地震陡坎,垂直断距为 0.5~2.3m,水平断距为 0.8~2.1m。在原坡中槽的北西壁和南东壁均产生了新的伸展型断坎(WD-3,N31°03′53.9″,E104°29′10.7″,图 5-51,图 5-52),断坎的走向为 N40°E,其与坡中槽长轴的走向平行,也与北川断裂的走向平行。断坎均显示为两级断坎逐次下掉,表现为对称的地堑式结构,上盘下掉的垂直断距为 0.6~1.8m。

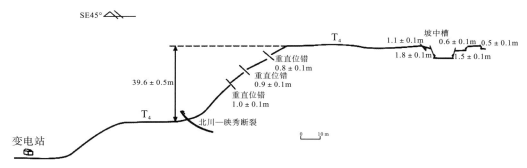

图 5-51 汶川特大地震后映秀镇北川断裂的地表破裂实测剖面图

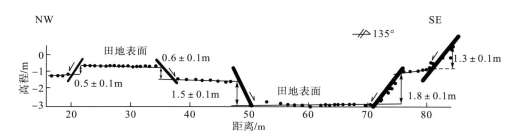

图 5-52 汶川县映秀镇北川断裂后缘阶地面上的地堑实测图

此剖面可用逆断层构造变形模型加以解释:在汶川特大地震中,北川断裂北西盘的向上逆冲作用在Ⅳ级阶地面上形成断层断坎,在逆断层上盘由于局部的引张作用形成弯矩断层(bending moment faults),由弯矩断层的下掉作用形成了地堑形式的沟槽,从而构成了北川断裂的前缘逆冲后缘伸展型组合样式(图 5-53)。

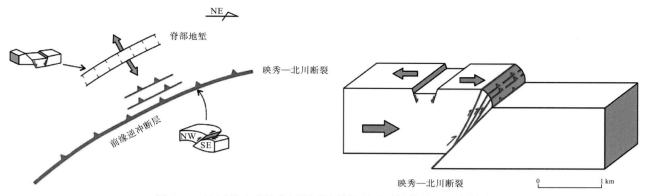

图 5-53 汶川县映秀镇北川断裂的前缘逆冲后缘伸展型组合样式

5.3.7 叠瓦状叠置样式

前期研究成果已表明(李勇等，1995，2001，2003，2008，2009；刘树根，1993；徐锡伟等，2008；冉勇康等，2008；刘静等，2008)，龙门山系由一系列大致平行的叠瓦状冲断带构成，自西向东发育茂汶断裂、北川断裂和彭灌断裂，并以断裂为主滑面构成大规模、多级次的叠加式冲断推覆构造带，由汶川—茂汶韧性褶皱推覆构造带、映秀—北川脆韧性冲断推覆构造带和彭灌—江油脆性冲断推覆构造带组成，显示了典型的推覆构造特征，具有前展式发育模式。

小鱼洞地区位于龙门山中段，发育叠瓦状构造，由一系列向南东逆冲的近平行的冲断层构成，卷入的地层为上古生界及三叠系中下统碳酸盐岩地层。

汶川地震导致的地表破裂在平面上显示为近于平行的两条同震的地表破裂带，两条断裂均以逆冲—右行走滑为特点，北川断裂和彭灌断裂的地表破裂面倾向 NW，倾角为 80°～86°，显示为高角度逆断层，北西盘为上升盘，南东盘为下降盘，因此，北川断裂与彭灌断裂地表破裂所显示的叠置关系应该是断面倾向北西的叠瓦状(图 5-54)。

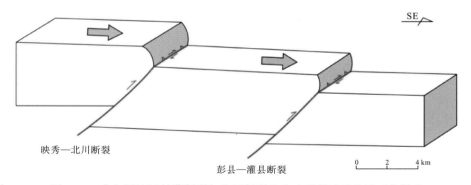

图 5-54 小鱼洞地区彭灌断裂与北川断裂地表破裂所显示的叠瓦状样式

基于对多个研究机构的汶川 8.0 级地震的震源机制解的综合分析结果表明，汶川 8.0 级特大地震发生在北川断裂上，发震破裂面缓倾北西，倾角为 39°(陈运泰等，2009)，以压性逆冲为主。因此，我们推测汶川地震导致的破裂面从地表向下倾角逐渐变得平缓(倾角为 39°)。鉴于北川断裂和彭灌断裂的地表破裂面在地表显示为近于平行的两条地表破裂带(倾角为 80°～86°)，因此，我们推测彭灌断裂与北川断裂的破裂面在剖面上应显示为叠瓦状叠置关系(图 5-54)，其与龙门山系由一系列大致平行的叠瓦状冲断带构成的总体特征相一致。

由于这两条断裂显示为同震的地表破裂带，我们进一步推测彭灌断裂与北川断裂在地下是相连的，是同"根"的，它们的相连点应该在汶川地震震源附近或震源的上方；鉴于汶川地震的震源深度为 12～19km，其与该区埋深 20km 左右的低阻层基本吻合，也与该区的下地壳顶面抬升的深度位置相一致(李勇等，2005，2008），因此，彭灌断裂与北川断裂在地下的相连点应该在下地壳顶面之上。因此，根据北川断裂和彭灌断裂在汶川地震中地表破裂的表现和上述推测，我们初步建立了汶川地震的发震构造模型（图5-55），北川断裂从地表向下倾角逐渐变得平缓，最后消失于地表下20余公里的水平滑脱层（下地壳顶面）中，彭灌断裂从地表向下倾角变缓交汇于北川断裂。

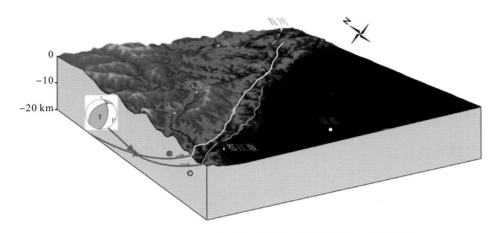

图 5-55　汶川 8.0 级地震发震构造模型及其所揭示的叠瓦状样式

5.4　汶川地震驱动的构造缩短

龙门山是中国最典型的推覆构造带，具有前展式发育模式，总体上具有约42%～43%的构造缩短率（李勇等，1995）。虽然，在汶川地震的地表破裂带中，构造缩短的表现形式多样，包括路面掀斜、路面叠置等，但是能够连续测量地表形变的地点却不多。

5.4.1　北川断裂的构造缩短

本次在虹口高原的一条水泥路面上观察到汶川地震所形成的挤压脊和连续的逆冲叠置，呈现出明显构造缩短现象（图5-56）。在对水泥路面上地表变形进行了详细和连续测量的基础上，经计算，该剖面的构造缩短率为7.61%，其中最大的挤压脊所显示的构造缩短率为28.6%。邓志辉等（2008）对北川2条地表破裂带测量和计算结果表明，其挤压逆冲缩短量总和为2.8～3.9m。

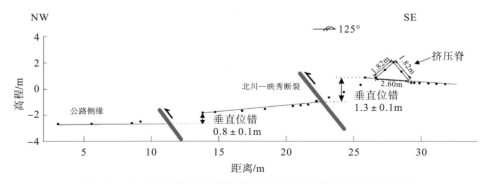

图 5-56　虹口乡高原村北川断裂垂直位错与公路变形实测剖面图

5.4.2 彭灌断裂的构造缩短

本次在彭州白鹿中学的水泥路面上观察到汶川地震所形成的挤压脊和连续的逆冲叠置，呈现出明显的地表构造缩短现象(图 5-57)。在对水泥路面上地表变形进行了详细和连续测量的基础上，获得了两组数据，经计算，所测两处的地表视构造缩短率分别为 8.81% 和 7.23%，其中最大的挤压脊所显示的地表视构造缩短率为 22.4%。因此，本次所计算的彭灌断裂的地表视构造缩短率为 7.28%~22.4%，显示了本次地震具有明显的构造缩短作用。

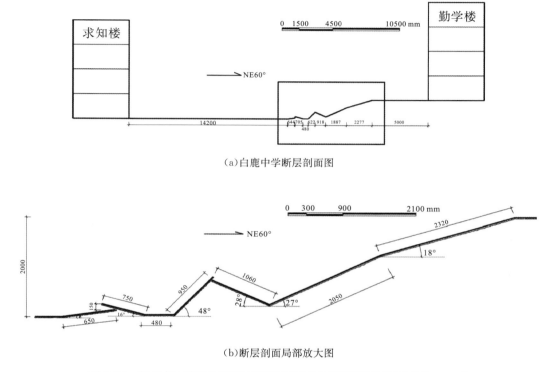

(a)白鹿中学断层剖面图

(b)断层剖面局部放大图

图 5-57 彭州市白鹿镇白鹿中学彭灌断裂的构造变形剖面图(单位：mm)

龙门山总体上具有约 42%~43% 的构造缩短率(李勇等，1994，1995)。而本次所计算的北川断裂的构造缩短率为 7.61%~28.6%，显示了本次地震具有明显的构造缩短作用。

5.5 汶川地震的地表破裂带和先存活动断层之间的对比

5.5.1 地表破裂与活动断层的空间匹配关系

汶川 8.0 级地震使 3 条断裂带发生地表破裂，本次我们将地表破裂的几何特征与晚第四纪滑动的地貌证据和本课题组前期研究的长期断裂痕迹进行对比，获得一些认识。本次研究我们更加注重水平偏移量的证据，特别是处于 2008 年之前的断裂位置框架内的北川断层和小鱼洞断层。我们的目标是通过对比过去地震沿着这些断裂的变形证据来看汶川地震是如何滑动的，从而获得一个关于高原边缘的长期构造发展的观点。

从龙门山地区 2008 年地表破裂与已标定断层之间的空间关系，我们可以总结出两点认识。第一，在一些地区 2008 年破裂与以前标定的晚第四纪断裂非常一致，这种一致性常见于较平直的断裂和沿河谷的断裂，这为晚第四纪构造活动提供了大量的地貌标志。在更为崎岖的地区或者靠近保护区的断层痕迹，2008 年以前对活动断层的标定非常简单和粗略，因此空间一致性很差也就不足为奇了。然而，几乎所有的北川断层和彭灌断层的地表破裂都与以前标定的基岩断层很接近或者具有很好的一致性。

这两个观测结果表明：一方面，前期存在或潜在的寿命较长的断层网络部分被再次激活，导致龙门山地区的活动变形；另一方面，巨大的变形并不是集中在某一条近地表活动断裂上。北川断裂和彭灌断裂起源于晚三叠世(Burchfiel et al.，1995；Li et al.，2003)，2 亿年来经历了一个很复杂的变形历史(Chen et al.，1996；Harrowfield et al.，2005)。我们认为，现今横穿龙门山的斜右旋推动力的相对运动，是由于印度板块—亚洲板块碰撞(Meade，2007)引起这一断层网络局部被激活，次要原因是这些古老构造导致在上地壳一些地方较为脆弱，并且无法形成单一连续的活动断层。相反，高原边缘连续发生的大地震似乎只导致部分(而非全部)潜在断裂面发生地表破裂，即使是一个单一的断裂带内。我们要强调的是，尽管北川断裂及其广泛分布的地表线性构造发生长期的滑动(Densmore et al.，2007；Liu et al.，2009)，但是 2008 年破裂带的空间分布是不连续的，至少有 3 条主要断裂带，它们的间隔为 1~5km。目前，我们还不能确定这些间断是否只是深部完整断层面在近地表的复杂化，或者它们是否深部相邻断块之间的传递带或调节带。毋庸置疑，当龙门山地区的活动变形呈现强烈的旋转和立体性时，我们不能把它看作一个单独的构造。在这种背景下，存在多个活动构造并形成长期的地震变形就不足为奇了。

如果北川断裂和彭灌断裂还没有建立自身独立的贯穿构造的话，那么这将严重影响对地震危险性的评价，因为这意味着对一条独立的活动断裂痕迹的鉴定，不足以描述这些地区在未来地震中发生地表破裂的风险。例如，尽管从地貌和探槽研究得出的明确证据表明，靠近白水河和东林寺的断裂带(图 5-21)在全新世经历过发生地表破裂的地震(Densmore et al.，2007)，但它们并没有在 2008 年地震中发生破裂。这些断层仍然可能在未来的大地震中发生破裂，也许以在 2008 年活动的断层为代价。因此，对北川断裂和彭灌断裂的绘制和危险性评估，必须考虑到构造的复杂性，也要考虑多个平行断裂未来活动的前景。

第二个重要的认识是：只有龙门山地区的一小部分活动断层参与 2008 年地震的发生。目前还有关于茂汶断裂滑动的证据，茂汶断裂类似于北川断裂，几乎平行于高原的边缘(图 5-1)，显示一些证据说明其第四纪的右旋走滑变形(Burchfiel et al.，1995；Chen et al.，1994)。同样地，大邑断裂和四川盆地西部的其他构造，无论是突发的还是隐伏的(Densmore et al.，2007；Richardson et al.，2008)，都没有在地震中显现出滑动(Liu et al.，2009)。然而，值得注意的是，靠近龙门山前缘的一个隐伏构造有一些细微位移的迹象，它可能是彭灌断裂向北的延续，如果这个构造被证实是活动的，那么它将对局地地震风险有重大影响。最后，并没有人报道 Densmore 等(2007)曾经调查的彭灌断层一些活动段发生滑动，如双河附近(位于 2008 年破裂的西南方)和永安(位于 2008 年破裂的东北方)。令人惊讶的是，有力的证据证明这两段断层在 4 万年以来发生过古地震活动。然而，这些断层片段和 2008 年破裂的彭灌断层片段之间的几何关系尚不清晰；Densmore 等(2007)并没有展示出任何证据说明这些断层片段是相同断裂带的一部分，其他的研究提出的关于北川断裂和山脉前缘之间断裂形态的结论也往往自相矛盾(Burchfiel et al.，1995；Chen et al.，1996)。目前，关于这些不同断裂带之间的关联都只是一种假设。如果忽视这些不确定性，尽管汶川地震瞬间释放很大能量，并且该区域的个别断层可能复发的时间很长(Densmore et al.，2007；Burchfiel et al.，2008)，但仍然存在很多足以引发大地震(Mw>7.0)的活动断层或潜在活动断层。

Parsons 等(2008)认为汶川地震可能导致该区域的少数断层所承受的静态库伦应力增加，使得它们更容易被触发。这些地震灾害的影响无疑是很严重的，但却难以量化，因为我们对于大多数构造的空间几何特征和地震历史知之甚少。这些潜在和突发性的薄皮逆冲断层使得四川盆地产生变形(Jia et al.，

2006），备受人们关注。因为：①它们非常靠近（或位于）四川省人口密集区；②汶川地震导致一些断层被加载（例如：熊坡断裂和龙泉山断裂，图 5-1）；③对于它们的了解少之又少。这些断层开始滑动以及与其相关背斜构造开始生长的时间被约束在中新世中期之后（Richardson et al.，2008）或者更新的时期。这些褶皱限制了四川盆地西部上新世以来沉积物的分布（Richardson et al.，2008；Wang et al.，2009），并且使得底部的区域性不整合面发生变形。Burchfiel 等（1995）认为熊坡断层在晚新生代比较活跃，因为位于熊坡背斜西侧的新近纪大邑砾岩地层存在倒转现象，这一观点之后被 Richardson 等（2008）证实。然而，由于露头较差，缺少走滑方向和速率，这就意味着对应力变化的估算存在很大的不确定性（Parsons et al.，2008）。正如 Hubbard 等（2009）对许多断层的解释一样，在 5～6km 深的一套三叠纪地层存在塑性变形，其形成的逆冲岩（薄）片可能由于太浅而不会形成有破坏性的地震。因此，对四川盆地西部突发的逆冲事件的标定和古地震的调查，以及隐伏构造（Hubbard et al.，2009）的变形样式和几何形态的识别是现在迫切需要的。

5.5.2　地表破裂变形样式对活动断层几何形态的约束

2008 年龙门山地区地表破裂和活动断层的变形样式为研究龙门山地区地下断裂的几何形态提供的约束条件，虽然很宽泛，但仍非常重要。龙门山地区通常被认为是一个逆冲断块（Avouac et al.，1993；Jia et al.，2006；Hubbard et al.，2009），但是这种描述忽略了右旋走滑变形的重要性，这可以通过对所有主要的北东向断层进行的地貌学和大地测量学分析获知（England et al.，1990；Densmore et al.，2007）。事实上，Meade（2007）提出的震间 GPS 数据可以建立横跨边缘的右旋走滑速率（3mm/a）大于逆冲速率（2mm/a）的模型。在地质时间尺度这种右旋分量是重要的，并通过北东向断层的地表形态表现出来，如趋向线性和陡峭西倾的纵向露头。2008 年北川和彭灌断裂的地表破裂反映出了这种几何形态，几乎都直接切穿地形，揭示了位于上地壳 1～2km 处近乎垂直的断层面（≥80°W）。Liu 等（2009）用稀有的破裂面露头记录证实了这一点。在主要过渡地带破裂痕迹的线性特征，相对于弧形而言，其雁列式几何形态更是大型逆断层地震的典型特征。适度减弱的、弧形的地表破裂主要限于不同破裂段之间的过渡地带，例如靠近擂鼓镇附近地区（图 5-19），陡峭斜坡段之间似乎是通过一个浅倾斜的斜坡连接的。

然而，我们尚无法确定活动断裂在深部的方向，目前最合适的震矩张量可能在破裂面向下偏北西 59°或者 33°。在这两种情况下，它们都有很大的走滑量，并且前人也建立了少量滑动模型（Shen et al.，2009），这些模型都具有右旋成分，至少是高突发性释放区逆冲分量的重要组成部分。结合我们的地表观测，这些结果说明北川断裂和彭灌断裂的形态酷似铲型（Hubbard et al.，2009），这与 2008 年以前将彭灌断裂作为一个铲式构造的解释（Chen et al.，1996）相一致，但是这与 CMT 解中补偿线性矢量偶极（CLVD）分量的缺失相矛盾。穿过一个弯曲或产状断裂的破裂表明平均应变场是三维的（即每个主应变轴都不为零），这反过来又会产生一个非零的 CLVD 矩张量解。Densmore 等（2007）对此的解释是活动的北川和彭灌断裂为高陡角构造，在深部横切较老地层，如今看来，这种解释在 2008 年地震中发生的可能性很小。在这方面，关于在茂汶断裂下面地壳基础大幅抵消的认识非常耐人寻味，因为它提高了北川断裂和彭灌断裂在中下地壳形成高角度主干断裂的可能性。然而，要建立适应贯穿该地区变形的活动断裂基本几何形态，显然还需要做更多的工作。值得注意的是，我们认为有必要对小鱼洞断裂及其向北东和南西的延伸（Densmore et al.，2007），以及与彭灌断裂的交切关系做进一步的标定。

5.5.3　地表破裂运动学特征对龙门山活动变形的约束

汶川地震证实了龙门山地区断裂适应于青藏高原东部和四川盆地之间活跃的倾斜右旋逆冲走滑运动特征。从表面偏移量测定，其与地震中的滑动方向一致，龙门山相对于四川盆地大体上呈东—东南向定向运动。这与 Copley（2008）利用 GPS 数据测定的最大水平应力的近东西方向大体一致。通过使用各种不同的数据，这次地震使我们逐渐形成一个新的共识：龙门山地区曾经历了缓慢而持续的新生代变形（Jia et al.，2006；Densmore et al.，2007；Burchfiel et al.，2008；Hubbard et al.，2009）。Burchfiel 等（2008）的证据表明这种变形发生在晚或新渐新世时期。取近似 30 Ma 作为倾斜变形的起始时间，横穿主要边缘平行逆冲断裂和四川盆地的总缩短量大概为 20~30km（Hubbard et al.，2009），可以获得长期缩短速率为 1mm/a，与前人通过地貌（Densmore et al.，2007）和大地测量（Zhang et al.，2004）时间尺度推测的断裂滑动速率较为一致。

我们尚不清楚这次地震中的相向运动是否代表了青藏高原东缘长期的断裂运动，后者明显为复杂的、持续的倾斜滑动变形。2008 年地震中巨大的逆冲位移分量有些不符合对北川断裂和彭灌断裂长期走滑变形的观察，后者尽管空间有限，但具有明显的高走滑和斜滑比率的地貌证据（10：1）（Densmore et al.，2007）。一种可能性是这次地震是典型的，其滑动具有特征性，而右旋走滑的证据是被 Densmore 等（2007）夸大了。另一种可能是边缘的倾斜变形伴随着各种具有多角度逆冲变形的地震机制，也许优先发生在不同断层段和不同的时间，2008 年地震本身并不能全面描述所有的边缘变形区域。这有助于解释断层第四纪走滑分量的明确证据，例如双河和白水河附近（图 5-21）的断层并没有在汶川地震中破裂。在复杂的三维变形区，这类活动有足够的优势。

如果对龙门山活动断裂有普遍认识的话，那为什么当时没有更好的预测地震的发生？其部分原因是过去在该地区的地震地表破裂很难被保留下来，并且 2000 年以前该区地震的震级都很低（Chen et al.，1994）。在地震发生时，凭借高密度的地震驱动型滑坡（Sato et al.，2009）地表破裂痕迹就开始遭到改造和消除，并由于该区强烈的季风降水，这种改变和消除还将持续。Xu 等（2009）报道的几处地表破裂地点在 2008 年 8 月就已被掩埋，还有其他很多地方（包括擂鼓附近（446272/3519104）6.8±0.5 m 断距的地方），在 2008 年 9 月被泥石流掩埋了。大地震（Ms8.0）中地表破裂的迅速改造，说明通过古地震构造地貌评估地震活动具有很大难度。包括清除地面杂物和新道路、房屋设施建设在内的重建工作，都会使得地表破裂的证据被消除，特别是在人口密集的地区，如映秀镇。

北川断裂和彭灌断裂地震的发生，尽管地质学和大地测量上得出较低的滑动速率，缓慢应变的积累和以往地表破裂时间的零碎证据，说明印度—亚洲碰撞带的其他地区的地震危险性可能需要重新评估。今后可能需要进一步研究的 3 个地区包括：①四川盆地北部，包括龙门山向北延伸区（Enkelmann et al.，2006），这里的断裂可能被加载了汶川地震释放的压力；②理塘断裂和鲜水河西侧的其他走滑断裂，我们对这些断裂了解很少；③位于西安南部，秦岭山前断裂倾斜的正常滑动，有大量晚第四纪正位移或正斜位移的证据。

汶川地震形成沿着青藏高原东部边缘超过 220km 的 3 个地表破裂带，在这些断裂中，北川和彭灌断裂已经被确认为活动断层，而小鱼洞断裂在此次地震以前还不为人知。北川断裂和彭灌断裂的地表破裂痕迹在一些地方与通过地貌和地形偏移划定的第四纪活动断层段相吻合。有些断裂段虽然有证据证明在晚第四纪活动过，但并没有在此次地震中发生破裂。地表破裂几乎都沿着根据基岩岩性标定的断层发生。通过这些分析，我们总结出此次地震符合龙门山相对于四川盆地活跃的右旋逆冲变形，是印度—亚洲板块碰撞响应。然而，这种变形并不集中在一个单一的构造，正如预期的那样，总变形具有强烈的旋转和立体特征。相反，在继承性的多次地震中，复杂的断层网只有部分再活化。此次地震证明北川和彭灌断裂与深部是相连的，且在地壳上部几千米处，这些构造都呈铲状。龙门山断层网络的复杂性给我们提供了重要的经验，可以更好地理解和评估地震灾害和基于单一地震或地貌证据的区域大地构造解释，而地表破裂的快速改变，表明了用构造地貌作为识别过去在该地区发生大地震的证据具有局限性。

如此看来，汶川地震发生在北川断裂和彭灌断裂就理所当然了。这两个断层提供了有力的证据，证明其晚第四纪活动过，空间是不连续，并且在最新的更新世或全新世期间经历过发生地表破裂的地震。在这次地震以前以下问题尚不明了：①它们在深部的几何关系（Hubbard et al.，2009）；②小鱼洞断裂和彭灌断裂地表破裂北端附近的北西向断层（Liu et al.，2009），他们的作用可能是使位移从一个断层传递到另一个断层；③伴随着巨大能量的瞬间释放，这两条断裂可能同时发生破裂。此外，在穿越地形陡峭、植被茂密的地区地表破裂连续性很差，表明在这些地带很难观察到过去的地震活动，这也解释了为什么 2008 年汶川地震以前活动构造的证据很少。

汶川地震给我们了一个启示：以往构造活动证据的缺乏并不意味着不会发生大型的构造活动。

5.6　汶川地震的地震动

汶川地震发生后，中国地震局立即组织有关地震应急人员对地震影响烈度进行了调查，并颁布了汶川 8.0 级地震等震线图，有的研究者基于该图指出汶川地震的近断层地震动存在明显的方向性效应和上盘效应。于海英等（2008）在收集、分析了国家强震动台网中心的 420 组三分量加速度记录后，亦得到了近断层地震动存在方向性效应、上盘效应、竖向效应和速度大脉冲效应等特征。本文主要是基于四川数字强震台网的 133 组三分向记录，结合更为精细的地震地表破裂分布，讨论汶川地震近断层地震动的一些主要特征。

5.6.1　仪器与资料

四川数字强震台网由 211 个台站组成，共有 4 种型号的仪器（表 5-10），属"十五"期间建成的中国数字强震动台网的组成部分。汶川地震时四川数字强震台网共有 133 个台站获取了主震的三分向记录，为讨论上的需要，同时选取了陕西和甘肃省部分台站的主震记录。台站的分布见图 5-58，各台站的主要参数见附录 A。由图 5-58 可见，在距发震断裂地表破裂 100km 距离内共有 23 个台强震记录，50km 内有 11 个台，20km 内有 4 个台。地震地表破裂分布资料取自公开发表的论文、论著（周荣军等，2008，2009；任俊杰，2008；李海兵，2008；徐锡伟，2010；何仲太，2012）和近期作者调查的结果。由于地表破裂为比较复杂的多条破裂组成，我们定义台站距地表破裂的距离为最近距离，且位于彭灌断裂北西盘的断层上盘。

表 5-10　四川数字强震台网记录仪器与主要参数表

序号	仪器型号	动态范围	最大记录范围	采样率	频率范围	内存	生产厂家
1	ETNA	≥108db	±1g	200sps	0～200Hz	64MB	美国 Kinemetrics 公司
2	MR-2002	≥130db	±1g	200sps	0～200Hz	32MB	瑞士 Syscom 公司
3	GDQJ-2	≥90db	±1g	200sps	0～200Hz	32MB	中国微波瑞公司
4	SLJ-100	≥120db	±1g	200sps	0～80Hz	—	中国微波瑞公司

汶川地震共获取了 420 组 1253 条主震加速度记录（于海英，2009），这是中国大陆内部迄今数据量最大、范围最广的特大地震强震记录资料，特别是四川数字强震台网获得的主震 133 组三分向记录，对于近断层地震动特性研究更加弥足珍贵。从获取的加速度时程曲线来看，汶川地震的持续时间约 150～160s，主要由 4～5 次地震子事件组成，前两次为能量主释放段，分别位于映秀南西的初始破裂点和绵竹清平—北川之间，最大峰值加速度值由位于主干发震断裂上盘 26.4km 的卧龙台获得，为 954.95gal（图 5-59）。

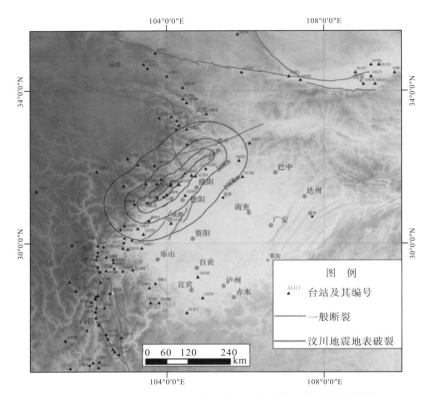

图 5-58　汶川 Ms8.0 级地震强震记录台站与地表破裂分布图

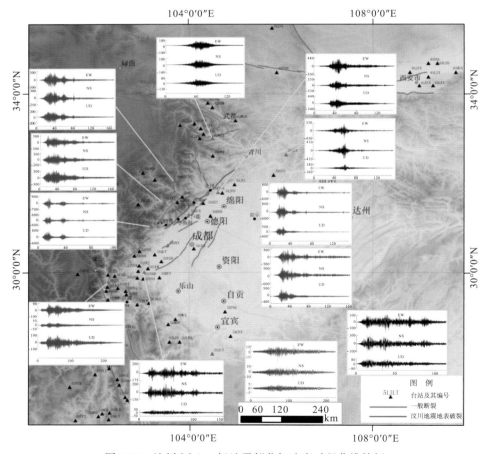

图 5-59　汶川 Ms8.0 级地震部分加速度时程曲线特征

5.6.2　加速度峰值

根据加速度原始记录，我们分别绘制了东西向（EW）、南北向（NS）和竖向（UD）加速度峰值等值线 [图 5-60(a)，(b)，(c)]。由于观测台站大多位于龙门山构造带中南段和川西高原，龙门山构造带北段和四川盆地台站比较稀疏，因而在勾绘等值线时采用了内插值和趋势估计的方法。为便于对比分析，图 5-60(d) 显示了汶川地震影响烈度调查点和烈度值，资料来源于中国地震局汶川地震现场指挥部各调查小组的原始记载和作者的一些调查复核结果。

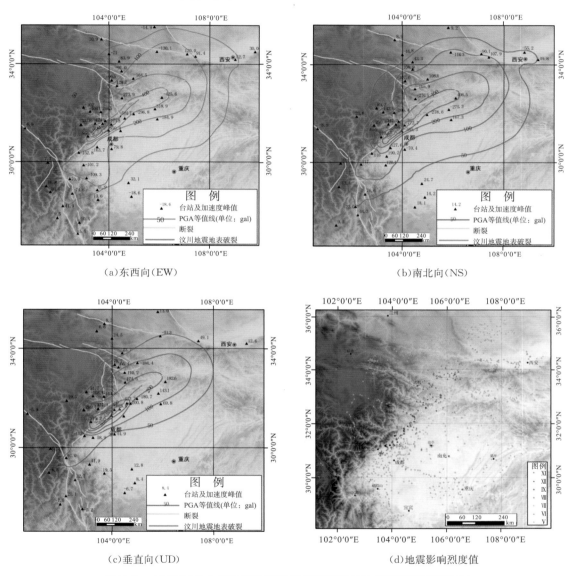

(a) 东西向（EW）　　　　　　　　　　　　　　　　(b) 南北向（NS）

(c) 垂直向（UD）　　　　　　　　　　　　　　　　(d) 地震影响烈度值

图 5-60　汶川 Ms8.0 级地震地震动峰值等值线与地震影响烈度值分布

以 50、100、200、400 和 800gal 勾绘的汶川地震 EW、NS 和 UD 向加速度峰值等值线均为形状大体一致的不规划椭圆形，等值线的长轴方向为 NE 向，与龙门山发震断裂走向一致。其中 EW 向和 NS 向等值线的范围大致相同，UD 向等值线范围明显缩小，表明竖向地震动效应在近场区更为显著。大致以北川为界，等值线的东部以龙门山构造带为中轴线两侧基本对称，应与北川—青川段地震破裂以水平走滑运动为主有关。至于 EW 向和 NS 向的 50gal 等值线在西安附近的向东方向突出形态，可能是该地区处于渭河断陷盆地内，Ⅲ类场地土对地震动的放大作用。北川以西的等值线极不规则，明显向南方向突出，可能是鲜水河和安宁河断裂破碎带的阻震和激震效应，加之局部场地条件的影响，导致了汉源县老城区的地震烈度增高异常(周荣军，2010)。对比图5-60(a)、(b)、(c)、(d)不难发现，地震动峰值等值线的形态与震后的汶川地震宏观调查的地震烈度值分布具有较好的一致性，特别是水平向的加速度峰值的等值线与地震影响烈度值分布的相似性更高，两者之间存在明显的相关性。

汶川地震是一次以映秀南西为初始破裂点，沿龙门山发震构造向北东方向单侧破裂扩展的地震事件，地震动峰值表现出向北东方向衰减较慢，向南西方向衰减较快的特点，与Somerville等(1996)描述的沿破裂传播方向地震动平均值增大、而相反方向平均值减小的现象吻合(何宏林，2008)。以地表破裂及其延长线为中轴线，统计了EW向、NS向和UD向加速度峰值800gal、400gal和200gal等值线分别沿北东方向和南西方向的间距，并计算了比值(表5-11)。这些比值均大于1，最高达19.1，说明汶川地震的近场地震动具有比较显著的方向性效应。

对于逆断层发震，在相同震级和距离下的水平加速度峰值比走滑型地震大20%~30%，并且断层上盘的加速度峰值系统地高于断层下盘，即存在断层上盘加速度峰值放大效应。汶川地震是一次逆冲—走滑地震事件，特别是发震断裂的映秀—北川段以逆冲为主，并具一定的右旋走滑分量，因此，水平向和垂直向的地震动峰值向北西上盘方向的衰减明显慢于南东下盘，且破裂的映秀—北川段更为显著(图5-60a，b，c)。

表5-11 加速度峰值等值线沿北东和南西方向的间距及比值

加速度峰值方向	北东方向间距/km		南西方向间距/km		比值	
	800gal/400gal(L1)	400gal/200gal(L2)	800gal/400gal(L3)	400gal/200gal(L4)	L1/L3	L2/L4
东西向	273.3	77.8	14.3	33.3	19.1	2.3
南北向	258.6	114	22.5	16.8	11.5	6.8
垂直向	64.4	165.7	10.8	8.9	6.0	18.6

图5-61显示了EW向、NS向和UD向加速度峰值的绝对值在发震断裂两侧随距离的变化，在相同的断层距下，断层北西上盘的加速度峰值高于南东下盘，在近断层范围相差的幅值更大。为进一步揭示加速度峰值的上盘效应，分别对比了断层上盘和下盘加速度峰值相对于衰减关系的残差，这一方法已应用于美国Northridge地震和台湾集集地震近场加速度峰值对比分析(俞言祥，2001；盛明强，2008)。衰减关系取为

$$\lg A = a_1 + a_2 \lg(R + a_3) \qquad (5-1)$$

式中，A为加速度峰值，cm/s^2；R为台站至地表破裂的最近距离，km；a_1、a_2和a_3为回归系数。

统计时将同一台站的两个水平向的加速度峰值作为独立的数据。在不考虑台站场地条件情况下，断层距100km左右范围的回归结果为(图5-62)

水平向： $\qquad \lg A = 3.39 - 0.59\lg(R + 10) \quad \sigma = 0.200 \qquad (5-2)$

垂直向： $\qquad \lg A = 3.61 - 0.82\lg(R + 10) \quad \sigma = 0.253 \qquad (5-3)$

式(5-2)和式(5-3)中σ是回归标准差。

在图5-62上具体标明了断层上盘台站加速度峰值的实际记录值，可以看出断层上盘加速度峰值的系统性偏高现象，且垂直向更为显著。为此分别计算了断层上、下盘台站水平向和垂直向加速度峰值实际记录值与衰减关系式(5-2)和式(5-3)的对数残差($\lg A$实际值$-\lg A$计算值)，绘制于图5-63(a)、(b)中。从图5-63(a)、(b)中亦可看出，断层上盘台站的水平向和垂直向加速度峰值残差大都为正值，而下盘台站大多为负值，同样表明了断层上盘加速度峰值存在系统性偏高现象。

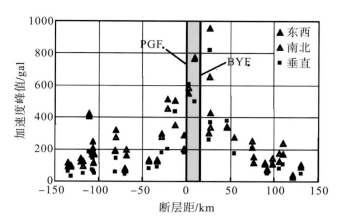

图 5-61　加速度峰值随断层距的变化

PGF.彭灌断裂；BYF.北川断裂

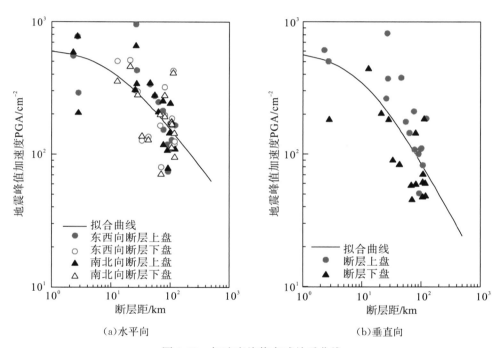

（a）水平向　　　　　　　　　　　　　（b）垂直向

图 5-62　加速度峰值衰减关系曲线

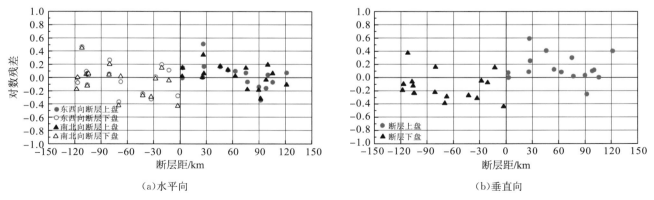

（a）水平向　　　　　　　　　　　　　（b）垂直向

图 5-63　断层上、下盘台站加速度峰值实际记录与衰减关系计算值的对数残差

大量的震例资料表明，垂直向加速度峰值与水平向加速度峰值的比值（K）在近断层范围明显高于远场。汶川地震亦存在类似的情况，且以逆冲作用为主的映秀—北川段更为显著（于海英等，2008）。图5-64为垂直向与水平向加速度峰值之比的 K 值随断层距的变化曲线，可以看出 K 值随断层距的增大而减小，断层上盘的 K 值衰减明显低于断层下盘。在近发震断层附近，K 值接近于1，有的甚至大于1。在断层上盘大于100km以后，K 值大多为1/3～1/2，而这一 K 值范围为断层下盘20km以外的众值。

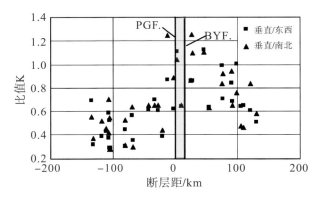

图5-64 垂直向与水平向加速度峰值比值随距离变化曲线

PGF.彭灌断裂；BYF.北川断裂

5.6.3 加速度反应谱

加速度反应谱是目前国内外工程抗震设计重要的依据和方法。根据汶川地震的加速度记录，计算了83个台站EW向、NS向和UD向阻尼比为0.05的单自由度线弹性反应谱。从中可以看出，在近断层100km范围左右的加速度反应谱峰值大都在1s以内，随着断层距的增大，加速度反应谱峰值逐渐移向长周期，如断层距分别为298.5km和326.8km的长宁台（51CNT）和筠连台（51JLT）在5～6s时仍有较大的加速度反应谱幅值。为此计算了109个台站的加速度反应谱特征周期 T_g，T_g 由下式确定：

$$T_g = 2\pi \cdot \frac{PGV}{PGA} \qquad (5-4)$$

式中，PGV 为峰值速度；PGA 为峰值加速度。

将计算结果绘制成图5-65，可见 T_g 与断层距呈正相关，即随断层距的增加而增大，尤其是在断层距200km以上的 T_g 增大现象更加显著。但在近断层80～100km以内的一些台站 T_g 明显较大，应是速度大脉冲的效应。

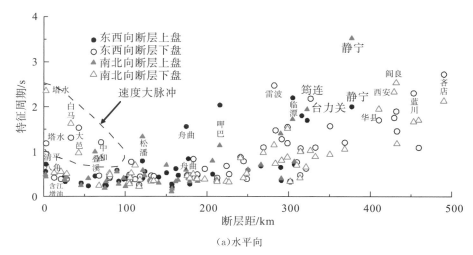

（a）水平向

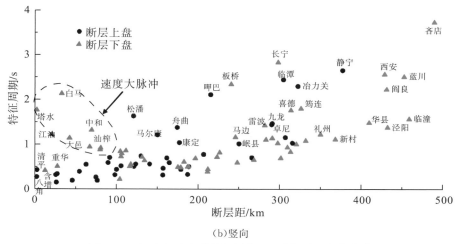

图 5-65　加速度反应谱特征周期 T_g 随断层距变化曲线

5.6.4　加速度峰值与地震烈度的相关性

如此大范围内获得大量的 Ms8.0 级特大地震的强震记录，在中国大陆内部尚属首次，特别是四川数字强震台网强震记录，为近断层地震动特性研究提供了宝贵的原始资料。从加速度峰值等值线来分析，其平面形态特别是水平向加速度峰值等值线与地震宏观调查确定的地震影响烈度值具有较好的一致性，表明加速度峰值与地震烈度间确实存在明显的相关性。这意味着在厘定水平加速度峰值与地震烈度对应关系的基础上，通过增加强震观测台站可以逐步取代耗时费力的地震影响烈度调查，从而实现快速的地震影响场确定，结合震源破裂过程的分析，为震后应急与抗震救灾决策提供实时的科学依据。而近代有仪器记录且经过宏观调查的地震的等震线资料，可以转换为加速度峰值，从而丰富强震记录。另一方面，由于我国大陆幅员广阔，在没有或较少强震观测台站的地区，通过宏观地震影响调查确定地震影响烈度仍是实用的基本方法。

汶川 Ms8.0 级地震的近断层加速度峰值具有比较明显的方向性效应和断层上盘效应，即沿破裂传播方向加速度峰值衰减明显慢于相反方向，断层上盘的衰减慢于下盘，与 Abrahamsom 等（1996）、Somerville 等（1996）和俞言祥等（2001）的近断层地震动特性研究结果一致。这在发震断裂的映秀—北川段更为显著，与该破裂段主要表现为逆冲为主并具一定右旋走滑错动有关，并导致了断层上盘崩塌、滑坡体的规模和密度明显高于下盘（周荣军等，2010），以及远离映秀初始破裂点 200km 以外的青川县西南隅大规模崩塌和滑坡现象。意味着在考虑发震断裂类型的基础上，如何体现近断层地震动特性应是地震危险性分析的一个努力方向。而垂直向与水平向地震动峰值的比值在近断层区域明显高于远离断层区，特别是近发震断层附近的比值接近于 1，有的甚至大于 1，在这种情况下，现行的 GB50011-2001《建筑抗震设计规范》规定的统一取 2/3 比值应相应增大，即应在考虑断层距的基础上来规定取值的不同。

加速度反应谱主要是由地震构造环境和场地土性质共同决定的。一般地，在近断层区域的加速度反应谱峰值出现在高频段，随着断层距的增加加速度反应谱峰值逐渐移向长周期，汶川 Ms8.0 级地震亦呈相同的变化趋势。在不区分场地土类型的情况，汶川地震的反应谱特征周期 T_g 在近断层 80~100km 范围内 T_g 明显较大，亦即存在速度大脉冲现象。总体趋势是 T_g 随断层距的增加而增大，断层距 200km 以上的增大现象更加显著。

5.7　汶川地震的破裂过程分析

大多数地表破裂都不能用来恢复地表破裂过程，但擦痕是断层两盘相对错动过程中在断层面上留下的痕迹，是断层活动最直接的证据，是恢复和反演地表破裂过程的良好载体。都江堰市虹口乡八角庙村一个纸厂附近出露的断层面上保留有清晰的断层擦痕，这是已报道在震区发现的最具有研究价值的断层擦痕露头。很多专家对这一擦痕露头进行过研究，并提出了不同的认识。徐锡伟等（2008）认为断层面上近水平的擦痕先形成，近垂直的擦痕后形成；李忠权等（2008）认为断层面上的擦痕揭示了地震破裂可分为 3 期运动：逆冲走滑—逆冲冲断—走滑逆冲；李勇等（2008）、李海兵等（2008）认为近垂直的擦痕首先形成，近水平的擦痕后形成；何宏林等（2008）认为断层面上擦痕的转折说明了破裂过程中北西盘的上冲经历了 2 个过程，早期以 80°角向北东方向上冲了 2.3m，而晚期以 75°角向北东方向也上冲了 2.3m；周荣军等（2008）则认为断层面上近垂直的擦痕是本次地震所致，而近水平的擦痕是地震之前就存在的。

鉴于上述对擦痕剖面认识的巨大争议，在 2008 年 5~7 月期间，本项目组先后多次与香港大学陈龙生教授、新西兰皇家科学院余嘉顺教授、英国杜伦大学 Densmore 博士以及四川省地震局的同志一起到八角庙考察断层擦痕，获得了丰富的断层擦痕产状数据，并用全站仪精确测量了擦痕处断层陡坎的垂直位错及其附近跌水的水平位错，为后来进行地震破裂过程的反演提供了翔实的数据资料。本文即是在参考前人研究成果的基础上，通过野外观察、测量，以及室内研究，根据擦痕的长度、产状变化以及擦痕之间的切割关系等方面来反演汶川地震的地表破裂过程。

本研究的断层擦痕露头位于都江堰市以北 20km，虹口乡以北 5km 的八角庙村（N31°8.719′，E103°41.513′；图 5-66），属于北川断裂地表破裂带的南段。我们的研究范围约 200m×500m。研究区内地貌为河漫滩和 I 级阶地，大部分被用作种植农作物。北川断裂从研究区内穿过，走向为 34°~45°，它在河漫滩上造成了一条长约 100m，高约 4.7±0.5m 的断层崖[图 5-67（a）]。该断层崖走向与断层走向相同，倾角为 80°~85°，它切穿一条 NW-SE 走向的支流，造成了迭水和河流改道现象。经过测量，迭水处表现出 6.0±2.0m 的右行水平位错[图 5-67（b）]。在迭水北西侧约 2m 处的河堤上及其对面可见北川断裂的两处基岩断裂[图 5-67（c），图 5-67（d）]，在破碎带内可见透镜状断层角砾岩。本次研究的断层擦痕露头是上述断层崖的一部分，位于整条断层崖的北东侧。在擦痕露头的东北方向约 200m 处，断层穿过一个疗养院，并对其内的建筑物及水泥地面造成了毁灭性的破坏。

（a）断层擦痕区域位置

（b）断层擦痕

图 5-66　都江堰八角庙的断层擦痕位置图

（a）　　　　　　　　　　　　　　　　　　（b）

（c）　　　　　　　　　　　　　　　　　　（d）

图 5-67　都江堰八角庙村的断层崖、跌水现象以及基岩断裂

（a）．河漫滩上的断层崖，垂直位错 4.7±0.5m；（b）．断层崖上的跌水现象，可见 6.0±2m 的右行水平位错；（c），（d）．北川断裂的两处基岩断裂

　　擦痕露头大约 7.5±0.5m 宽，平均 4.3±0.2m 高，走向为 NE45°，断层面倾角接近垂直，为 80°～85°（图 5-68）。擦痕露头位于断层的上盘。上盘从岩性上可分为上、下两层。上层的平均厚度为 1.8±0.2m，由西至东渐薄，由一些土黄色的松散堆积物组成，堆积物中含磨圆较好的砾石，这些砾石粒径大小不一，为 5～50cm。下层的平均厚度为 2.5±0.2m，主要是灰黑色的晚三叠世须家河组一段（T_3x_1）的含煤地层，在此层岩石表面东侧可见 7～8 组擦痕，西侧部分未见擦痕。断层上盘两层的接触界面近于水平（图 5-69）。断层下盘可见厚度大于 0.5m，由一些松散的堆积物组成，堆积物中含磨圆较好的砾石，砾石粒径大小不一，为 5～50cm。从岩石组成来看，下盘在层位上可能相当于上盘的上层。

（a）断层擦痕剖面全景

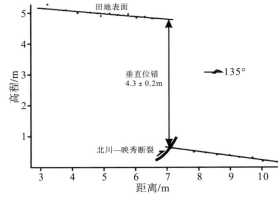

（b）垂直位错实测图

图 5-68　断层擦痕剖面全景及垂直位错实测图

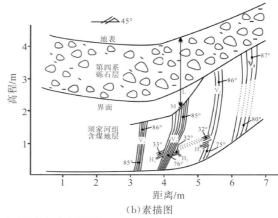

(a)断层擦痕露头全景照片　　　　　　　　　　　　　　　(b)素描图

图 5-69　断层擦痕露头全景照片及素描图

（a）. 断层露头全景照片，镜向为 W；（b）. 断层擦痕露头素描图，V_1，V_2，V_3 和 V_4 为自东向西的四组接近垂直的擦痕；H_1，H_2 和 H_3 为自东向西 3 组接近水平的擦痕；（a）和（b）中红色五角星和 M 点为擦痕 V_3 顶部起始的位置；L 为擦痕 V_3 上部未见擦痕地层的厚度；黑色圆点为擦痕侧伏角测量点；（b）中所有擦痕的侧伏向皆为 SW，故标注侧伏角时将其省略；虚线为推测的擦痕

5.7.1　擦痕特征分析

擦痕剖面上可见两种侧伏角相差很大的擦痕。其中，一种擦痕近于垂直，一种擦痕近于水平，这两种擦痕具体特征如下。

1. 近于垂直的擦痕特征

剖面上近于垂直的擦痕大致发育 4 组，我们将这种擦痕称为擦痕 V，那么，自东向西的 4 组擦痕分别为 V_1，V_2，V_3 和 V_4。擦痕 V 侧伏角为 SW76°～87°，在断层面上刻画较深，其中 V_3 上部深达 8.4cm，下部深 5.6cm（图 5-70）。擦痕 V 的长度为 160～250cm，宽度为 20～46cm，具体数据见表 5-12。从表 5-12 可以看出，擦痕 V 总体上表现出上深下浅、上宽下窄的特征，按构造学上的一般规律，擦痕变窄、变浅的方向指示擦痕所在断层盘对盘的运动方向，因此，擦痕 V 所在的 NW 盘的运动方向应该为逆冲向上，由此可判断发震断层的性质为逆断层。从图 5-70 和表 5-12 可看出，擦痕 V 自上至下，侧伏角由大变小，在顶部接近垂直，到底部变得倾斜，其中 V_3 的这一特征最为明显，V_3 顶部的侧伏角为 SW 85°，在距顶部 55cm 的地方变得倾斜，侧伏角变为 SW 76°。值得注意的是，这种变化是连续的，而没有发生间断，这可以通过 V_3 的渐变弧线观察出来（图 5-70）。这说明它必定是一次连续的断层运动留下的痕迹，那么 V_3 的产状变化就一定记录了断层崖的形成过程中断层运动方向的变化。

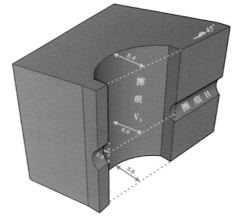

(a)局部擦痕露头的照片　　　　　　　　　　　　　　(b)擦痕露头俯视示意图

图 5-70　局部擦痕露头的照片和俯视示意图

表 5-12　擦痕 V 的基本数据

特征 擦痕 V	侧伏向	侧伏角/(°)		长度/cm		宽度/cm		深度/cm	
		上部	下部	上部	下部	上部	下部	上部	下部
V$_1$	SW	87	80	81	170	45	31	2.1	2.0
V$_2$	SW	86	78	85	182	29	25	4.5	3.1
V$_3$	SW	85	76	55	133	46	23	8.4	5.6
V$_4$	SW	86		160		30		1.5	1.4

2.近于水平的擦痕特征

在擦痕剖面上，除了发育接近垂直方向的擦痕 V 外，还有一种接近水平方向的擦痕。这种擦痕在剖面上大致发育 3 组。我们将这种擦痕称为擦痕 H，那么，自东向西的 3 组擦痕分别为 H$_1$，H$_2$ 和 H$_3$（图 5-69）。擦痕 H 侧伏角相对较小，为 32°～33°，深度 1.0～3.2cm（图 5-70），长度 15～21cm，宽度 18～40cm，具体数据见表 5-13。通过野外观察和表 5-13 中 H$_1$，H$_2$ 和 H$_3$ 的侧伏角和深度，我们认为其实 H$_1$，H$_2$ 和 H$_3$ 是同一次运动造成的擦痕，应该是连续的，只是由于含煤地层表面脱水剥落造成大面积间断的现象。

表 5-13　擦痕 H 的基本数据

特征 擦痕 H	侧伏向	侧伏角/(°)	长度/cm	宽度/cm	深度/cm
H$_1$	SW	32	21	40	3.2
H$_2$	SW	32	17	35	3.0
H$_3$	SW	33	15	18	3.0

5.7.2　利用赤平投影求解断层的主应力方位

通过擦痕 V$_3$ 上部的侧伏角 SW 85°、断层面产状 301°∠82° 和假设的岩石内摩擦角 30°，本次进行了断层主应力方位的赤平投影［图 5-71(a)］，可以看到，σ_1 在断层面大圆弧 F 的凸侧，由此可判断断层的性质为逆断层；让 σ_1～σ_3 大圆弧凸侧向着观察者，V$_3$ 在 σ_1 的右侧，由此可判断断层的性质为右行走滑。综合起来，断层的性质为逆冲—右行走滑，这与陈运泰等用地震波反演的结果是一致的。

通过擦痕 H$_3$ 的侧伏产状 SW 33°、断层面产状 301°∠82° 和假设岩石内摩擦角 30°，本次进行了 H$_3$ 形成时断层主应力方位的赤平投影［图 5-71(b)］，可以看到，同图 5-71(a)类似，σ_1 在断层面大圆弧 F 的凸侧，由此可判断断层垂直方向的运动性质为逆冲；让 σ_1～σ_3 大圆弧凸侧向着观察者，H$_3$ 在 σ_1 的右侧，由此可判断断层水平方向的运动性质为右行走滑。综合起来，断层的性质为逆冲—右行走滑。与图 5-71(a)不同的是，图 5-71(b)中 σ_1～σ_3 大圆弧曲率较大，说明 σ_1～σ_3 主应力面偏离垂直方向的幅度较大，因此，擦痕 H$_3$ 比擦痕 V$_3$ 所揭示的断层运动有更大的右行走滑分量。

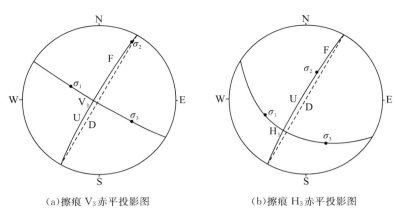

(a)擦痕 V_3 赤平投影图　　　　(b)擦痕 H_3 赤平投影图

图 5-71　擦痕 V_3 和 H_3 的赤平投影图

图中虚线为断层走向线；V_3 为擦痕 V_3；H_3 为擦痕 H_3；U 为上升盘；D 为下降盘

5.7.3　汶川地震的地表破裂过程

1. 两种擦痕之间的组合形式

擦痕之间呈现两种组合形式。第一种是擦痕 V 上部接近垂直的部分平滑过渡到下部倾斜的部分，其中以 V_3 最为显著；第二种是擦痕 H 切穿了擦痕 V 下部的倾斜部分。

第一种组合形式以擦痕 V_3 最为显著，如图 5-72(a)所示，擦痕 V_3 上部近于垂直，下部逐渐变得倾斜。第二种组合形式是擦痕 H 切穿了擦痕 V 下部的倾斜部分，主要依据如下。从图 5-73(b)可以看出，V_3 与 H_3 交汇的地方，V_3 的左边缘明显发生凸向右的弯曲，在交汇处上方 A 点处 V_3 的半边距为 13cm，而在交汇区域内 B 点处 V_3 的半边距减小为 9cm，由擦痕中线两侧的对称性可知，正常情况下，B 点处 V_3 的半边距应为 12cm。按常理讲，如果是 V_3 切割了 H_3，V_3 的左边缘应该是平直的，不应发生弯曲，而野外观察，V_3 的明显发生凸向右的弯曲，这正是由于经过了后期 H_3 的切割，原始的左边缘发生了"向右位移"。同理，V_3 的右边缘也应发生向左的弯曲，可是，以 V_3 的侧伏产状 33°SW 对应的右边缘恰巧断层面出现了表层剥落，我们无法观察到其右边缘的情况。但是，为什么 V_3 的中间区域没有因 H_3 的

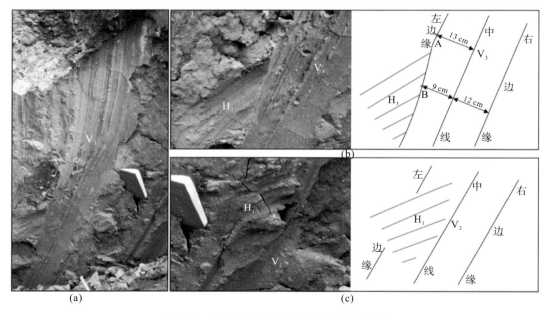

图 5-72　擦痕 V 和擦痕 H 之间的组合关系

后期切割保留痕迹呢？由图 5-72(b)可以看出，V_3 与 H_3(图 5-69 中的 H)的交汇处，V_3 的深度达 6.8cm，H_3 的深度只有 3.0cm，这说明形成 H_3 的砾石粒径小于形成 V_3 的砾石粒径，它无法摩擦到 V_3 的槽底，因此，没有在 V_3 的中间区域形成擦痕，只是在 V_3 的两侧形成了擦痕 H，造成了 H 切割了 V_3 的假象。在图 5-72(c)中，我们可以明显地看到 H_1 切割了 V_2，导致 V_2 的左边缘发生了间断。

2. 汶川地震地表破裂过程的解释

在擦痕剖面上，还有两个值得注意的现象。一是由图 5-69 可看出，擦痕 V_3 的起始点 M 点的上方有一段含煤层和砾石层未见擦痕，这说明在断层下盘造成擦痕 V_3 的砾石应该不是在地表，而是在地下某个地方，这个砾石和地面的距离，即是 M 点上方未见擦痕的含煤层和砾石层的总长度 L(图 5-69b)，据野外测量，L 的长度约为 230cm；二是擦痕 H 只出现在整个露头的底部(图 5-69)，这说明擦痕 H 形成的时候，擦痕 V 已经完全形成，且有一部分露出了地表，形成擦痕 H 的砾石因摩擦不到露头上部已经出露地表的部分，因此，它们只出现在露头的底部，而且，它切割了已经形成的擦痕 V 尚未出露地表的部分。这两个现象使我们反推地震地表破裂过程的思路成为可能。

近垂直的擦痕是以逆冲为主的断层运动造成的痕迹，近水平的擦痕是以走滑为主的断层运动造成的痕迹，前面我们已经证明了近水平的擦痕切割了近垂直的擦痕，即以逆冲为主的断层运动早于以走滑为主的断层运动。因此，按照擦痕 V 和擦痕 H 的形成顺序，我们将汶川地震的地表破裂过程分为两个阶段(图 5-73 和表 5-14)。

阶段 I 是擦痕 V 的形成阶段。阶段 I 可以分成两个子事件。第 1 个子事件形成了擦痕 V 的上部分，断层以接近垂直的角度逆冲向上运动，根据擦痕 V 上部的侧伏产状，可知这一子事件中断层的运动方向为 SW85°~87°。第 2 个子事件形成了擦痕 V 的下部分。相比于第 1 个子事件，第 2 个子事件中断层的运动方向发生朝向 NE 方向的倾斜，根据擦痕 V 下部的侧伏产状，断层的运动方向为 SW76°~80°，说明断层运动为逆冲兼少量的右旋走滑，这一子事件完成后，部分擦痕 V 的长度已经出露地表，尚未出露地表的擦痕 V 的长度在垂直方向的投影既是 M 点上方未见擦痕的含煤层和砾石层的总长度 L [图 5-73(b)]，根据擦痕 V 下部的侧伏角 76°~80°，因此，$\alpha = 76°~80°$，那么，尚未出露地表的擦痕 V 的长度 $L' = L/\sin\alpha = 230/\sin(76°~80°) = 234~237cm$[图 5-73(a)]。

阶段 II 是擦痕 H 的形成阶段。根据擦痕 H 的侧伏产状，这一阶段断层的运动方向为 SW32°~33°，说明断层运动以走滑为主，走滑分量大于逆冲分量。由于阶段 I 结束时，部分擦痕 V 的长度已经出露地表，因此，本阶段形成的擦痕 H 只切割了擦痕 V 的下部分。完成后，我们推测还有部分擦痕 V 的长度尚未出露地表，这个长度应该略小于 L，因为阶段 II 形成擦痕 H 的逆冲分量又使部分擦痕 H 的长度被抬升出露地表。在野外考察时，出于对擦痕露头保护的目的，我们没有对地表以下的部分进行挖掘，因此，推论是否准确尚无法验证[图 5-73(b)]。

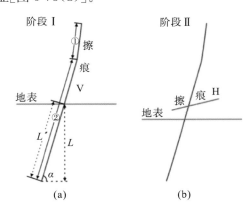

图 5-73　汶川地震地表破裂过程的两个阶段示意图

①为阶段 I 的第 1 个子事件；②为阶段 I 的第 2 个子事件；L' 为阶段 I 结束时尚未出露地表的擦痕 V 的长度；L 为阶段 I 结束时尚未出露地表的擦痕 V 的长度在垂直方向的投影；α 为擦痕 V 下部的侧伏角的内错角

表 5-14　汶川地震地表破裂过程的两个阶段特征

阶段 特征	I		II
	第 1 个子事件	第 2 个子事件	
擦痕长度/cm	55～85	133～170	126
擦痕侧伏产状/(°)	SW 85～87	SW 76～80	SW 32～33
断层运动方式	逆冲为主	逆冲为主	走滑为主

5.7.4　汶川地震发震断层的运动特征

地震后，很多地球物理方面的专家利用全球地震台网(GSN)记录的长周期数字地震资料反演了汶川地震的破裂过程。我们首先根据在野外考察时测量的断层擦痕产状数据，用赤平投影的方法求解断层活动过程中的主应力方位，结果表明汶川地震发震断层的运动性质为逆冲—右行走滑，这与陈运泰等(2009)通过矩张量反演得到这次主震的断层运动性质是一致的。

同时，陈运泰等(2009)将汶川 8.0 级地震的整个地震过程分成 7 个阶段，并认为在地震的开始阶段表现为逆冲为主，但后来逐渐转变为以走滑为主。破裂在地表的传播过程中，以压性逆冲为主，具有单侧破裂的特征，破裂面从震中汶川县映秀镇开始，地表破裂带的迁移方向表现为由南西向北东迁移，破裂长度约在 300km 左右，平均传播速率为 3.1km/s。从最大滑动位移的分布位置来看，整个破裂过程存在两个较大的静态滑移量，其中最大的滑移量主要位于震中和震中北东方向 100km 以内，位于震中北东方向 150km 左右的区域，也存在着最高达 4.4m 的静态滑移。同时，破裂在传播过程中受到了多个障碍体的阻挡，存在着破裂空区。

日本 Tsukuba 大学地震学家 Yuji Yagi 也有相似的认识，认为龙门山断裂引发破坏性地震过程中经历了两个阶段，在第一阶段(0～50s)逆冲了 6.4m，在第二阶段(60～120s)走滑了 4.6m。主震与强余震的断层面解(图 5-74)也显示了地震过程是分阶段的，其特点表现为：①在平武南坝以南，4 次地震均为 NE 向逆断层解；②在南坝以北的两次地震中，一次为走滑断层解，一次为走滑—正断层解；③汶川草坡—理县间向北西凸出的余震具有走滑断层面解；④逆断层型破裂段的余震带宽度大，走滑型破裂的余震带宽度小。

王卫民等(2008)根据有限断层模型模拟了的破裂滑动分布(图 5-75)，并解释了汶川地震的震源破裂过程(图 5-76)，在该模型中考虑了北川断裂与彭灌断裂同震破裂的复杂情况(王卫民等，2008)，比较接近汶川地震的实际情况。该反演结果显示汶川地震的破裂过程基本持续了 100s，破裂的时间过程主要表现为先逆冲后转为右旋走滑兼逆冲的地震事件，并分别在映秀和北川两个地区出现了两个高滑动区(图 5-77)，其中，在映秀附近地下深度为 15.5km 处的最大错动量为 1249cm，在北川附近地下深度分布为 3.6km 和 10.3km 处的最大错动量为 1043cm 和 1200cm。王卫民等(2008)研究认为地震开始后的 12～34s 和 40～66s 释放的地震矩分别占到地震总能量的 37% 和 23%，是两个最主要的破裂时间段。

张勇等(2008)研究认为汶川大地震的整个时间过程由 5 次子事件组成：第一次子事件发生在发震后的最初 14s；第二次事件在发震后 14～34s，是最主要的一次事件；第三次事件开始于发震后 34s，结束于 43s；第四次事件为发震后 43～58s；第五次事件开始于发震后 58s 至全部地震破裂过程结束。

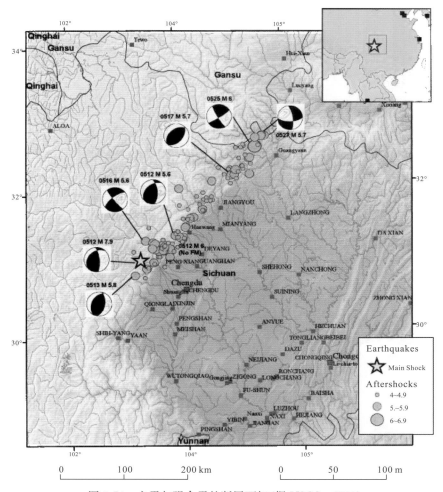

图 5-74 主震与强余震的断层面解(据 USGS，2008)

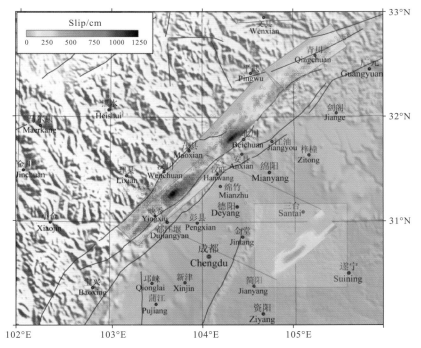

图 5-75 有限断层模型的破裂滑动分布投影(据王卫民等，2008)

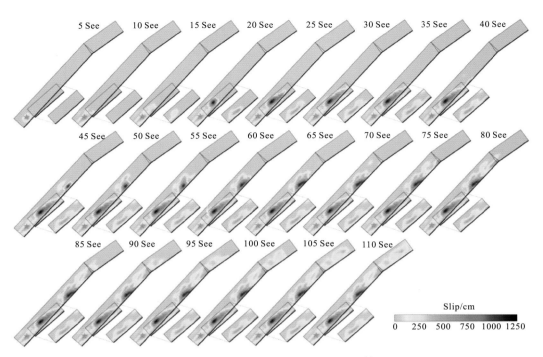

图 5-76　汶川地震的震源破裂过程(据王卫民等，2008)

因此，基于我们对位于江堰市虹口乡八角庙断层擦痕剖面的研究分析(图 5-66)，认为该剖面主要存在两种组合形式，可见到 2 组擦痕，其中第 1 组擦痕为近垂直方向的擦痕，主要分布于破裂面的上部和下部，而第 2 组擦痕为近水平方向的擦痕，主要分布于破裂面的下部。第一种为垂直擦痕 V，包括上部近垂直擦痕和下部倾角 α 约 87°的擦痕；另一种为水平擦痕 H。近垂直的擦痕 V 主要表现为断裂逆冲运动的痕迹，而擦痕 H 则为断裂走滑运动的痕迹。因此，根据擦痕 V 和擦痕 H 的交切关系及组合形式，可将汶川地震的破裂过程分为先后两个阶段。阶段 I 断层运动以逆冲向上为主，阶段 II 以右行走滑为主，这个结论与地震波数据反演结果也是一致的。其中，阶段 I 由两个子事件组成，第 1 个子事件断层以接近垂直的角度逆冲向上运动，运动方向为 SW85°~87°；第 2 个子事件断层的运动方向发生朝向 NE 方向的倾斜，运动方向为 SW76°~80°，表明断层运动性质为逆冲兼少量的右旋走滑。阶段 II 断层的运动方向为 SW32°~33°，表明这一阶段断层运动以右行走滑为主，走滑分量大于逆冲分量。可见，通过野外的地质考察基本证实了由震源机制解揭示的破裂过程，即在汶川地震中，破裂的运动方式主要表现为前期的以垂直逆冲运动为主，逐渐转变为以右旋走滑运动为主，即破裂的早期为逆冲作用，破裂的晚期为走滑作用。

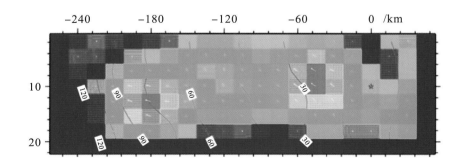

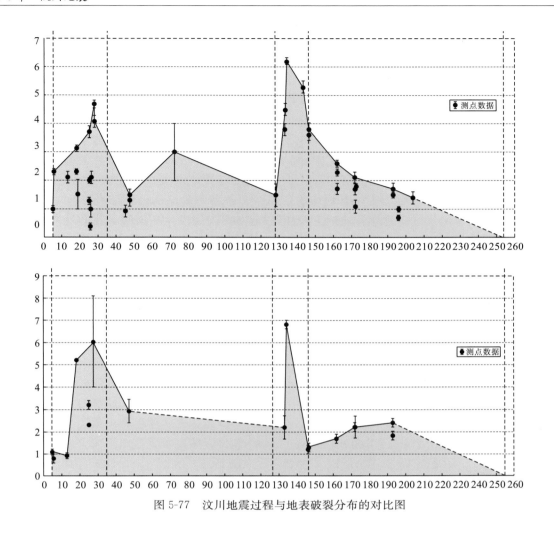

图 5-77 汶川地震过程与地表破裂分布的对比图

5.8 汶川地震的发震模式与成因机制

对于汶川地震的发震模式和成因机制尚有很大的分歧，主要有以下观点和认识：①认为"是科学上没有解决的难题"；②用印度板块挤压碰撞来解释；③采用盆—山体系理论或 C 型俯冲来解释，认为四川盆地向西俯冲导致汶川地震。目前多数地震地质学家采用印—亚碰撞的理论来解释汶川大地震的发生。

5.8.1 龙门山断裂模式

由于地球内部的"不可入性"、大地震的"非频发性"、地震物理过程的复杂性，造成地震预测、预报的困难。因此，在地震预测和预测方面的研究，仍处于初始阶段，成功的范例很少。虽然在汶川地震前，我们曾指出龙门山地区是地震危险区，它可能发生大级别的地震，并作为对该地区的一个长周期的预测，但是要做出科学的临震预报仍是非常困难。汶川地震发生后，我们能对该地区未来的地震做出预报吗？答案仍然可能是非常困难，其原因在于对地震的基础理论和基础认识仍存在很大分歧。

1.对龙门山地区的强地震是否存在周期性的讨论

在 20 世纪初，地质学家就已经在试图弄清楚地震以及地震以后的地质变形，了解是否存在地震周期或地震循环。其中最为知名的就是里德的周期性地震循环理论。在里德的周期地震模型当中，将一次地震以及间隔的连续性地震的时间和变化称为一次地震循环，其核心概念就是：断层的摩擦力、下降应力与每个地震相联系的滑动都是不断的连续发生，地震总是发生在主要应力集中的地方，因此，每个地震的时间和强度可以预测。但是，近年来，地震地质学家基于对无数地震的观察结果对里得的简单地震循环模型提出了挑战，如断层变形的不可恢复性、地震应力积累的非匀速性、地震后能量释放的缓慢性、连续性地震的临界应力点的不确定性。显然，目前对地震的基本模式上存在分歧，因此，人们对依据不同的地震模式所提出的地震预测也存在争论。

虽然目前对周期地震模型仍存在争论，但是了解断层过去的历史是目前唯一可行的地震预测方法。如果我们假定龙门山断层的断裂历史是有规律的，那么一条特殊断层的连续破裂以规则的时间间隔发生，那么它可以被限定出"重现时距"。如果我们也知道末次断裂发生在何时，我们就能够预测下次地震何时发生。显然如果该断层显示已产生了两次典型地震，并预测出再现的时间间距，这样将会给我们提供很好的参考。前文已指出，龙门山地区最晚的一次历史特大地震和汶川地震之间的时间间隔为1000 年左右，显示为龙门山地区的强地震"重现时距"为 1000 年左右。但是这种经验性预报所受的最大制约来自龙门山地区地震发生的复杂性，因此我们认为应进一步加强对龙门山古地震和活动构造的研究，了解龙门山断层过去的历史，重建古地震的时空分布、断层的位移及断层间的相互作用，进一步约束和论证龙门山强地震的"重现时距"。

2. 对地壳运动速率和地震级别之间相关性的讨论

虽然，近年来对地壳运动速率和应力状态的监测技术的巨大发展，使得我们对地壳运动速度有了较为精确的限定，而且地震学家一直认为地震的级别与地壳运动速率之间存在着正相关性。然而，地表运动速率很小的龙门山区却于 2008 年 5 月 12 日下午 14 点 28 分突然发生了 8.0 级特大地震，这说明不是"地壳运动速率大，大震到"，而是"地壳运动速率小，大震到"。因此，汶川地震的发生使得我们需要重新对地震的级别与地壳运动速率之间的相关性作进一步的甄别。

3. 对地震组合与地震序列的讨论

一般来说，每次大的地震是由主震和一系列前震和余震组成，对这些地震组合特征的分析可能会揭示出小的地震是如何诱发强震的，目前这一经验性假定已成为进行地震预报的主要线索。例如，由于对前震的监测，我国曾成功地预报了 1975 年辽宁海城 7.0 级地震。但是在汶川地震前的 1 年多时间里，龙门山地区仅出现了几次小震，总体处于寂静期，但是 2008 年 5 月 12 日下午 14 点 28 分突然发生了8.0 特大地震，这说明不是"小震折腾，大震到"，而是"不鸣则已，一鸣惊人"。显然每次强震的组合各不相同，这大大地降低了这种方法对地震预报的成功几率。因此，利用宽频带流动地震仪及现有的固定地雇台网，组织类似于美国的地球透镜计划（Eanhscope）的大型研究项目，全面探测龙门山岩石圈的三维地质结构，研究小震与大震之间的相关性势在必行。

4. 对地震带应力积聚与地震预报的讨论

一般来说，大地震都发生在已经负载的断层上，也就是说，断层上的应力在地震发生之前的几个月里在不断地增加，发生地震后，没有破裂的部分将成为障碍，而且大地震紧接着的余震将在这部分障碍的周围集中。如 GPS 监测结果表明西昌地区应力积聚，可能孕育地震，就曾成功地预报了 1996 年 2 月在云南省丽江市一带发生的地震。但是，由于各方面的原因，我们至今尚未看到龙门山断层上的应力在地震发生之前的几个月里有增加的报道。目前全球定位系统及干涉孔径雷达等技术的运用，使得我们能够精确测量地壳的运动速度和应力分布状态，因此，我们应加强研究龙门山断层的应力场、应力场在地震发生前后的变化、余震的分布规律与障碍之间的关系，为临震预报积累数据和实战经验。

5.对单次地震与地震频率之间相关性的讨论

龙门山地壳能量的积聚何时能突破摩擦力或岩石强度的极限而导致断层活动及能量释放，或者说在这一过程之前有什么能够探测的特征，仍然是对地震科学研究的巨大挑战。由于龙门山地区地质构造的复杂性，它是由 3 条断裂带组成，同一断裂有一系列的分支，每一分支上的运动分量各不相同，而触发每一分支活动的地质背景也各不相同，这可能很大程度上破坏我们预想的地震频率特征。虽然我们可以利用龙门山地区最晚的一次历史特大地震和汶川地震之间的时间间隔（1000 年左右）来推断该地区未来单条断裂发生特大地震的时间，但是对于 3 条断裂而言，龙门山地区的未来特大地震的周期就更短，也许只有几百年。如果就近一百年来 6.0 级以上地震发生的频率来看，其地震周期可能只有 30~40 年。

6.对龙门山断裂模式的讨论

当一个断层所承受的应力超过其承受限度时，地震就会发生，这一点是毋庸置疑的。但是，是什么控制着龙门山断层的应力？这种应力在地震之间会不会变化？一般来说，断层的应力集中和断层的发生可能与断层面的特点、断层的"黏性"（称为粗糙度）等有关。但这个过程在龙门山地区会何时发生，具体发生在哪个范围，发生的模式是怎样的，规模会有多大，以目前的认知水平，尚难以揭示。但是当前已开展的汶川地震的深部钻探，将使我们能够直接获取地球深部的岩石和流体样品，并把观测仪器直接放置到地下深处，对关键的地质构造位置进行实时监测。同时利用大量高精度地球化学分析仪器（如激光等离子质谱仪、高灵敏度离子探针等）将对龙门山岩石圈的成分和演化历史有更精确和准确的认识。因此，为了进一步了解汶川地震成因和地震发生时间，我们应加强对汶川地震断裂模式的探索，通过地表和地震科学深钻，研究断层面的特点、断层的"黏性"、应力聚积情况、矿物岩石组成、岩石力学性质、断层渗透性、流体活动、气体地球化学等方面，逐步形成汶川地震的断裂模式，为龙门山地区的地震机制研究奠定基础。

7.对汶川地震模拟的讨论

目前已发表的实际调查数据为地震学家模拟研究提供基础和地质框架。但从已发表的一些汶川地震模拟成果来看，其与汶川地震的实际情况有许多不吻合的地方。从理论上讲，仅仅从理论上进行反演汶川地震，可以得到无数解，但是客观上发生的地表断层只有一种形式，因此只有在把地表断层和深部断层的特征调查清楚后，才能为理论模拟提供更为全面的基础材料。在我们访问日本时，已经看到日本地震学家根据最新的实际材料，重新修订已提出的汶川地震模式。但是有关汶川地震的强震动加速度纪录数据至今尚未公开，使得目前汶川地震模拟成果仍存在一些不足。

5.8.2　对汶川地震的构造运动学过程的讨论

印—亚碰撞是新生代发生的最重大的构造事件，导致了青藏高原隆升、变形和地壳加厚，这一构造事件及其对亚洲新生代地质构造的影响一直是人们关注的焦点，业已提出了两个著名的端元假说，一个是地壳增厚模式（England et al.，1990），另一个为侧向挤出模式（Avouac et al.，1993），前者强调南北向缩短和地壳加厚，后者强调沿主干走滑断裂的向东挤出，争论的核心问题为新生代青藏高原隆升过程（垂向运动）与变形过程（水平运动）相互关系及其与印—亚碰撞的关系。就青藏高原东缘而言，也相应存在两种成因模式，即：Avouac 等人（1993）的向东逃逸模式和 England 等人（1990）的右行剪切模式。但是，活动构造和汶川特大地震均显示龙门山断裂以逆冲—右行走滑作用为特征，其与 England 等（1990）提出的地壳增厚构造模式在青藏高原东缘表现为大尺度右行剪切作用的推论不吻合，也与 Avouac 等人（1993）的侧向挤出模式在青藏高原东缘表现为以逆冲作用为主的推论不吻合，表明龙门山断裂带有其特殊性，不能用其中的单一模式来解释。

从 GPS 测量(Chen et al.，2005；Zhang et al.，2007)所显示的地表运动方向(图 5-78，图 5-79)来看，以龙门山断裂和东昆仑山断裂所构成的青藏高原东北角在平面上具有向北东方向挤出的特点，即向秦岭方向挤出。表明青藏高原东部的川藏块体在整体向东运动的过程中，受到扬子地台的阻挡，迫使其向北东方向的秦岭挤出，从而形成了龙门山断裂以逆冲—右行走滑为特点的运动方式，而西秦岭断裂则以逆冲—左行走滑作用为特点，其西侧的龙日坝断裂与东昆仑断裂所夹持的块体也向北东方向挤出(图 5-79)。

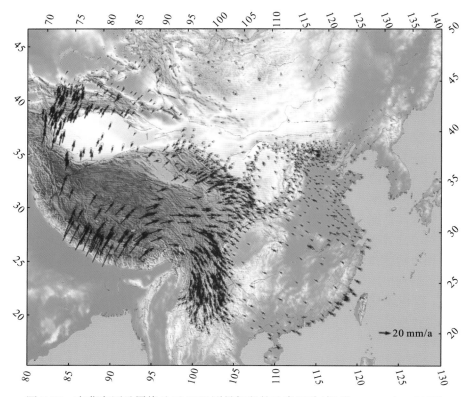

图 5-78　青藏高原及周缘地区 GPS 测量解释的地表运动(据 Zhang et al.，2007)

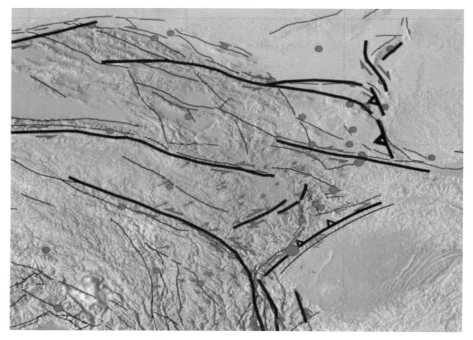

图 5-79　青藏高原东缘构造格架及历史地震与地表运动方向(据李勇等，2008)

5.8.3　对汶川地震构造动力学机制的讨论

印度板块以 50mm/a 的速度持续地向北运动，据 GPS 测量结果(Zhang et al.，2007)，在青藏高原东缘各块体的运动速率具有明显的不同，其南部川滇块体的地表运动速率较快，而北部的川藏块体的地表水平运动速率则很小(图 5-80，图 5-81)。活动构造研究结果(李勇等，2006；周荣军等，2006；Zhou et al.，2007；Densmore et al.，2007)显示龙门山地表水平运动速率(1~3mm/a)和地表隆升速率(0.35~0.40mm/a)都很小，其运动方式以逆冲—右行走滑为特点，但龙门山却是青藏高原边缘山脉中的陡度变化最大的山脉，在 30 多公里范围内海拔从 700 多米升高到 5000 多米，很小的表面滑动速率不仅与龙门山高陡山脉的事实是相悖的，而且与龙门山深部所发生的 8.0 级特大地震的事实是相悖的。因此，我们(李勇等，2006；周荣军等，2006；Zhou et al.，2007；Densmore et al.，2007)曾认为龙门山断裂带是地震危险区，其中北川断裂是引发地震的最主要断层，北川断裂全新世(10000 年)以来具有明显的活动性，其长期地质滑动速率小于 1mm/a，因而，龙门山构造带及其内部断裂属于地震活动频度低但具有发生超强地震的潜在危险的特殊断裂。

因此，就青藏高原东北缘川藏块体和龙门山的表层运动速率与深部构造运动速率来看，可能存在着不一致性，应当充分考虑深部构造作用对龙门山地形和地震灾害的控制作用。

汶川地震的震源深度浅，属于浅震，不属于板块边界的效应，发生在青藏高原块体与扬子块体之间的边界带，震源深度为 10~20km，处于地壳内部脆—韧性转换带，因此破坏性巨大。亚洲中部和东部的地震活动主要是由于印度板块每年以 5cm 的运动速度向东运动所致，这一板块间的相对运动导致了亚洲大陆内部大规模的构造变形，造成了青藏高原的地壳缩短、地貌隆升和向东挤出。由于青藏高原在向东北方向运动的过程中在四川盆地一带遭到华南活动地块的强烈阻挡，使得应力在龙门山推覆构造带上高度积累，以至于沿北川断裂突然发生错动，产生 8.0 级强烈地震(图 5-80)。

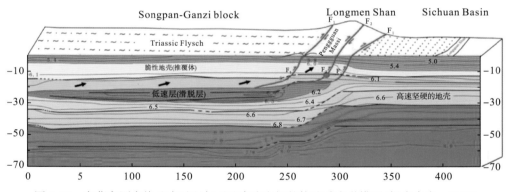

图 5-80　青藏高原东缘地表过程与下地壳流之间的构造动力学模型(据朱介寿，2008)

基于上文，虽然前期活动构造的研究成果(李勇等，2000，2001，2003，2005，2006，2007)显示龙门山地表水平运动速率(1~3mm/a)和地表隆升速率(0.35~0.40mm/a)都很小，但龙门山却是青藏高原边缘山脉中的陡度变化最大的山脉(李勇等，2000，2001，2003，2005，2006，2007)，在 30 多公里范围内海拔从 700 多米升高到 5000 多米，很小的表面滑动速率不仅与龙门山高陡山脉的事实是相悖的，而且与龙门山深部所发生的 8.0 级特大地震的事实是相悖的。因此，就青藏高原东北缘川藏块体和龙门山的表层运动速率与深部构造运动速率来看，可能存在着不一致性和非耦合性，因此应当充分考虑深部构造作用对龙门山地形和地震灾害的控制作用。

汶川地震的震源机制解结果显示，汶川地震的震源深度为 12~19km，表明汶川地震属于浅源地震。此外，我们对龙门山地区的历史地震的震源深度随经度变化进行了统计，结果表明，龙门山构造带的优势发震深度小地震为 5~15km，强震为 15~20km。显然，汶川地震与该区的历史强地震的震源深度基本一致，均属为浅源性地震，其与该区埋深 20km 左右的低阻层基本吻合，也与该区的下地壳顶面抬升的深度位置相一致(李勇等，2005，2006，2007)。

然而，汶川特大地震的发生表明该区在12~19km的深部存在强烈的地壳运动，其与龙门山地区的表层运动速率具有不一致性和非耦合性，即表层运动速率小，深层运动速率大，因此，青藏高原向东缘运动过程中，受到四川盆地坚硬基底的阻挡后，并非是岩石圈整体向东同步挤压，而是分层向东流动，并且各层的流动速度不同，造成地壳的分层运动，其中具高度黏滞性的下地壳在地势的驱动下向东流动，导致下地壳物质在龙门山近垂向挤出和垂向运动，从而造成导致龙门山向东的逆冲运动与龙门山构造带抬升(Schlunegger et al.，2000；Clark et al.，2005，2006；Meng et al，2006)，并导致了龙门山表层运动速率与深部运动速率的不一致性和非耦合性，以及汶川浅源特大地震的发生(图5-81)。

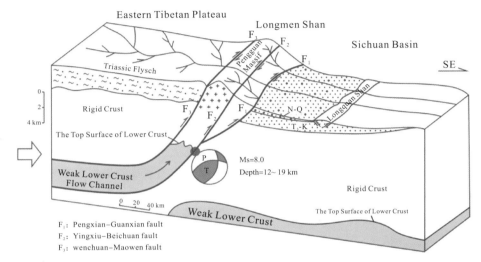

图5-81 青藏高原东缘地表过程与下地壳流之间的动力学模型

5.9 汶川地震的地质灾害及灾后重建

5.9.1 汶川地震的地质灾害

汶川特大地震是中国1949年以来发生的破坏性最强、波及范围最大的一次地震，重灾区范围超过10万平方公里。这是自蒙古赤城大地震(1290)、陕西华县地震(1556)、宁夏海原地震(1920)、唐山大地震(1976)之后，中国伤亡最为惨重的自然灾害。这次地震震动强度巨大，因而引起了严重的滑坡和土石流等地质灾害。汶川8.0级地震的震害特点主要表现为：①地震波导致了强地面运动，破坏了建(构)筑物；②地表破裂带直接撕裂了建(构)筑物，本次地震造成的北川断裂上约220km和彭灌断裂上约40~50km的地表破裂通过之处，建(构)筑物几乎全部倒塌或严重破坏；③强地面振动和地表破裂错动导致的崩塌、滑坡等地质灾害摧毁或掩埋了建(构)筑物。

根据地震应急工作队、甘肃、陕西和重庆省(市)地震局的地震宏观考察资料，参考InSAR和强震仪记录结果，我们对一些重要的考察点(特别重破坏区)的地震烈度进行了复核。以此为基础，勾绘了汶川8.0级地震的等震线图，划分了烈度区，其中Ⅺ度区(极震区)分别出现在映秀—虹口、岳家山—高川及漩坪—北川一带，均处于北川断裂带及其上盘，总面积约680km²。区内房屋几乎完全倒塌，特别是映秀镇和北川县城房屋被完全摧毁。地表破裂规模宏大，连续性较好，许多地段位错量达到3m以上。出现大规模的多处崩塌、滑坡现象，堵塞江河形成堰塞湖，如清平堰塞湖和北川唐家山堰塞湖等。其中Ⅹ度区南西起于映秀南西，北东止于南坝石坎子，包括了北川断裂地表破裂的范围，长轴呈N50°E的狭窄条带状分布，面积约2520km²。区内房屋大多数倒塌，普遍严重破坏，崩塌、滑坡现象普遍，规模较大。

该次地震等震线有以下几个特点：①高地震烈度线特别是Ⅸ度以上线沿龙门山构造带呈 N40°~50°E 方向的狭窄条带状分布，长、短轴之比在 8∶1~10∶1 左右，且Ⅺ度区（极震区）呈 3 个孤立状分布区，具有多点瞬间破裂的典型特征；②根据地震学反演结果，本次地震破裂自映秀附近开始沿龙门山构造带向北东方向呈单侧破裂过程，等震线亦呈现出向南西方向衰减快，向北东方向衰减慢的特点，与单侧破裂模式相吻合。

5.9.2　汶川地震观测数据的积累与整合

汶川地震除了给社会造成重大灾害之外，同时也给地质学家们提供了一次探索深部地质结构的难得机会。对于汶川地震研究来说，观测数据的积累具有巨大的难度。首先，地震是地壳构造运动的产物，它主要发生在地下较深的部位，虽然中国地震局在全国建立了数字化的现代化遥测地震台网，但这些观测站都是建立在地表，很难对发生在地下数公里乃至数十公里的地震活动做出直接观测。另外，虽然地球上小规模的地震每天都在发生，但是像汶川地震这样强震的发生几率是非常小的。由于震前没有充分的科学准备，对龙门山地区与地震相关的科学监测过程存在监测数据的不连续、地震观测站过于稀疏、地形复杂、监测设备品质不足等缺陷，因此，地震时所监测的地震数据不足，限制了目前对汶川地震观测资料的积累。

汶川地震观测数据不仅是研究汶川地震的基础，同时也是灾后重建的依据，这些数据至少应包括地表破裂数据、地形变化数据、地震参数、地球物理参数、遥感数据、地震深钻数据等方面。汶川地震发生后，科技部、国家自然科学基金委员会地球科学部、地震局和国土资源部紧急启动了一批资助项目。这批项目主要针对地震发生之后急需研究的一些内容，包括收集地震相关断层的活动情况的野外考察及数据资料的处理，地震造成的次生地质灾害评估与对策等。此外，在震后及时开展了汶川地震大陆科学钻探的施工和研究工作，试图把仪器放置到了断层面附近，监测地震断层活动。同时在龙门山区及邻区开始布置更多的地震监测仪，并且互联成网，初步尝试建立地震速报系统。但这些工作还处于资料积累的初始阶段。

1. 汶川地震动参数区划图的编制

20 世纪中期，地震学家们就已编制了全球和区域性的地震分布图，并发现地震的分布是有规律的。板块理论的提出，为地震带的分布提供了合理的解释。在中国，虽然早在 1957 年中国地震局就制作出了第一份全国地震烈度区划图，2001 年发行了第四版（后更名为"中国地震动峰值加速度区划图"）。总体上说，我国大陆可能发生强震的危险地区已经大致清楚，但普通公众却无法从官方网站上或者通过其他方式免费获得这些资料。

关于地震动参数区划图的编制，一些发达国家的惯例是每 5 年左右进行一次小修订，每 10 年左右进行一次大修订。汶川地震后，全国地震区划图编制委员会专家结合新的考察数据，修订了《四川、甘肃、陕西部分地区地震动参数区划图》，作为对目前仍在使用的第四代《中国地震动参数区划图》的局部修订。此后，由中国地震局牵头开始编制新的抗震设防烈度标准—第五代中国地震动参数区划图，并于 2008 年 7 月完成了《汶川地震灾区地震动参数区划图》，为灾区重建工作提供能够抗御强烈地震的抗震设计依据。

2. 龙门山地区活动断层分布图的编制

《活动断层分布图》是地震带开展灾后重建的重要依据，也是让公众了解自己所处地方的地震风险的基本依据。如"多灾多难"的美国加州，为减轻活断层上大震的灾害以及断层蠕滑对建筑物造成的破坏，在 1972 年颁布了《活断层法》。该法首先规定了一些存在地震危险性的"特别调查地带"，对这个地带内有关人员居住的开发计划加以限制，其次对活断层的了解程度按"非常活跃"、"位置准确"、"潜在而且近期活跃"作了规定，并指明在距断层多远范围外方可建设。1994 年美国在《地震活断层划定法案》中规定建筑物必须远离活断层。此外，对于大型工程建设来说，如何避让活动断层尤为重要，比如美国原子能委员会在核电工程建设时，会考虑近 3.5 万年到 5 万年有过活动的断层。另外，在认定其为活断层时，除了看以前是否有过活动外，还要看其未来 50 年到 100 年的活动性。

因此，根据汶川地震观测数据编制大比例尺龙门山地区及邻区的活动断层分布图势在必行，使当地政府和居民了解自己所处地方的地震风险性，了解未来地震可能发生在哪些位置，避免地震灾难的重演。同时《龙门山活动断层分布图》也使当地政府和居民能够有依据的实施"建筑物必须远离活断层"这一规范。此外，根据建筑物在汶川地震中暴露出来的问题，及时对现有的建筑按距活动断层的距离和位置进行抗震强度的修正，并确保执行。

5.9.3 灾后重建及其建议

经过近几年的灾后重建，已初步完成了一部分的生存条件的重建和公共设施的重建，并逐步开展生态环境重建和文化重建工作。2008 年 12 月国家颁布了《中华人民共和国防震减灾法》，教育部、住房和城乡建设部、国家发改委联合发布了《汶川地震灾后重建学校规划建筑设计导则》，都江堰市主城区控制性详细规划、彭州市重建规划方案、北川新县城规划方案业已公布，地震遗址遗迹也已确定(包括地震遗址博物馆(北川县城)、汶川地震震中纪念地(汶川映秀)、工业遗址纪念地(绵竹汉旺)和地震遗址纪念地(都江堰虹口)。

根据我们对龙门山活动构造的研究成果和对汶川特大地震的震后地质环境的研究结果，提出以下初步认识和建议：

(1)虽然龙门山地区的特大地震的复发周期为 1000 年左右，较大的地震也具有几十年的周期，但是我们仍应以汶川地震为鉴，应积极主动地面对该区未来可能发生的地震。灾后重建应在政府主导下，尊重地质科学，勇敢地面对地震灾害，要按地震灾害区设防，统筹安排，分类指导，防患于未然，防止悲剧重演。

(2)分区、分带进行地震灾害规划，分类设防，开展地震灾后重建工作。按断裂、地貌和岩性，至少可将四川西部划分为 2 个地质灾害单元，分别为龙门山区和平原区，可按此 2 个地质灾害单元进行地震灾害规划，按地震危险性分类设防，开展地震灾后重建工作。龙门山区处于龙门山断裂带上，是地震活动区，也是地震灾害和次生灾害高发区，适宜于封山育林的生态恢复，而不适宜于工业、民用建筑工程，因此应以封山育林的生态恢复为主，而不要大规模恢复工业、民用建筑工程。必须要建的建筑，一定要提高防震烈度，设防烈度应在 8～9 度。要选择好建筑场地，建筑结构体系应具备相应的抗震承载能力、良好的变形能力和消耗地震能量的能力。成都平原处于稳定区，适宜于工业民用建筑工程和城市建设，可开展恢复工业、民用建筑工程，做好城市建设；但对于靠近龙门山断裂的城市(如都江堰市)一定要提高防震烈度，设防烈度应在 7～8 度。

(3)住房建设一定要避开茂汶断裂带、北川断裂带、彭灌断裂带和小鱼洞断裂；在汶川地震中，沿北川断裂带房屋几乎完全倒塌。因此，住房建设一定要避开断裂带，避开的距离应有科学依据和法律规定。

(4)在地震危险区，可考虑建设防震的、生态的、成本低廉的住房和宾馆，供当地村民和旅游者居住，达到天人合一，不要一味地强调建筑安全要达到防震 8 度或以上，或建设成本较高的别墅；在相对稳定的平原区，住房建设一定要考虑楼房的长轴方向，尽量垂直于龙门山走向，即最好的方向为东西向或北西—南东向。

(5)对因地震破坏严重的县城(如北川县城)应予以搬迁和重建，制定相应的地震灾后重建的规范和标准，新县城的选址应以活动断层、区域稳定性、资源与环境承载力为主要评价指标体系，包括：①县城场址应避开地震断裂带；②县城场址应避开严重的地质灾害易发区；③新选的县城场址要有一定的承载空间，面积大于 2km²，能够安全居住、有水源、有耕地；④新选的县城场址要有资源环境综合承载能力，满足县城的基本功能；⑤迁建的县城应以小政府、大社会为目标，提高防震级别，鼓励开展生态重建，建设生态的、防震的、成本低廉的住房。

我们于 2008 年 5 月 25 日曾建议擂鼓镇不宜作为北川县城新址备选区，主要依据包括：擂鼓镇位于北川断裂带上，处于地震灾害最易发生的地点，历史地震频繁，又是本次汶川特大地震中地表破裂最严重的地区，更是将来发生大地震的地点。目前新北川县城选址在安昌镇以东 2km 处就是一个很好的决策。

（6）尽可能地使地震信息公开化，让普通公众能够官方网站上或者通过其他方式，免费获得地震信息，使当地政府和居民了解自己所处地方的地震风险性，了解未来地震可能发生在哪些位置，加强处于地震带的居民的地震防灾演习。同时在地震发生时，地震信息能够在第一时间通过媒体发布。

（7）目前流行的说法是灾后重建预计持续 2~3 年。虽然恢复重建越快越好，但是这种"疾风暴雨式"的灾后重建将带来很多隐患。灾后重建应按照生存条件的重建、公共设施的重建、生态环境重建和文化重建的步骤分期、分批的持续投入和建设。

（8）2009 年 2 月，作者等考察了日本一些重要的地震及防灾研究机构和大学，如京都大学防灾所、筑波国家防灾科学技术研究所和东京大学地震研究所，参观了世界最大规模的降雨、滑坡、泥石流模拟试验场地、世界最大的地震数据三维采集和处理系统及世界最大的地震振动试验台。通过参观学习，使我们认识到日本在地震地质和科学防灾等方面的经验值得我们借鉴，主要表现在：①地震灾害意识强烈，开展防灾演习；②水电、通讯有保障，基础设施好；③建立和改善地震的速报系统，每隔 29km 设置一个预测站，并互联成网，作为速报系统的主体；④地震信息公开，并在地震发生的第一时间内通过媒体公布；⑤开展防震科学实验，建立大型三维模拟地震震动台，用地震模拟器配合实物大小的建筑物做实验，帮助工程师估算出不同地震强度下楼房结构的破坏程度；⑥日本十多年前就放弃了地震预报的努力，其原因在于地震预报完全没有很好的理论基础，科学家们甚至没有完全搞清楚地震发生的机理，因此地震预报目前仍不现实，最好的方式就是利用 P 波和 S 波之间的时间差和地震速报系统和媒体发布让人们有更多几秒钟的逃生时间。

第6章　芦山地震

汶川(Ms8.0)特大地震(图6-1)发生后,国际地学界对龙门山给予了前所未有的重视,使之成为当前国际地学界研究和争论的焦点地区之一(李勇等,2008;Burchfiel et al.,2008;Kirby et al.,2008;Hubbard et al.,2009;Xu et al.,2009;Godard et al.,2009;Densmoreet al.,2010;Li et al.,2010,2011;Marcello et al.,2010;Parker et al.,2011;Fu et al.,2011)。2013年4月20日芦山(Ms7.0)地震发生,这是在相继5年内在龙门山发生的第2次特大地震(图6-1)。许多地质学家及研究机构(中国地震局,2013[①];美国地质调查局(USGS),2013[②];四川省地震局,2013[③];中国地震台网中心,2013[④];王卫民等,2013;徐锡伟等,2013)对芦山地震的震源机制、破裂过程、地震烈度、地表变

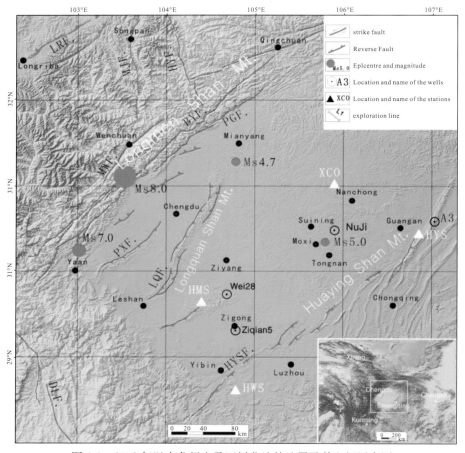

图6-1　2008年以来龙门山及四川盆地的地震及其空间展布图

XCO.西充台站;HYS.华蓥山台站;HWS.汉旺台站;LRF.龙日坝断裂;MJF.岷江断裂;HYF.虎牙断裂;MWF.茂汶断裂;BYF.北川断裂;PGF.彭灌断裂;PXF.蒲江—新津断裂;LQF.龙泉山断裂;HYSF.华蓥山断裂.;DLF.大凉山断裂

---

①　http://www.cea.gov.cn/publish/dizhenj/468/553/100342/

②　http://earthquake.usgs.gov/earthquakes/eventpage/usb000gcdd#shakemap

③　http://www.scdzj.gov.cn/dzpd/dzzj/ljysdzzt_2191/

④　http://news.ceic.ac.cn/CC20130420080246.html

形特征、余震分布规律等情况进行初步的调研和模拟，并公开发布了初步的研究成果。在此基础上，根据对芦山地震的构造变形与地表响应、龙门山南段活动断裂的野外实地调查资料，并结合地表测量、GPS 地表形变场、TM 图像、数字高程模式图和航片等资料，通过对该区的构造变形样式、活动断裂、历史地震等方面对比与分析，本章节将龙门山南段和前缘地区划分为龙门山冲断带和前缘扩展变形带等2 个构造变形带，明确了它们在构造变形样式、活动断裂、历史地震的差异性，进而分析了龙门山前缘地区的逆冲、滑脱和扩展作用及其与芦山地震发震模式之间的成因机制，认为芦山地震形成于龙门山前缘扩展变形带，其发震断裂为大邑断裂，断层面倾向北西，向下呈铲状，并汇交于滑脱面，该滑脱面就是芦山地震的震源层。

6.1　芦山地震及其震害特点

继汶川 8.0 级地震 5 年后，2013 年 4 月 20 日四川芦山(E102.888°，N30.308°)地震再次发生在青藏高原东缘的龙门山构造带上，震源深度 14km。这是一次意料中的地震，因为汶川地震导致龙门山构造带中北段全部破裂，形成有长约 240km 的地表破裂，南段未发生破裂，但震后南段的断层视应力出现明显增加(周荣军，2013)。一些研究者也早已指出龙门山构造带南段存在发生大地震的构造背景(易桂喜，2013；李志刚，2014；孟宪纲，2014)，芦山地震正好发生在这一破裂空区内(图 6-2)。

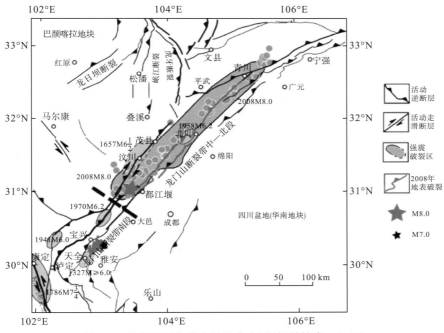

图 6-2　汶川地震与芦山地震分布图(据易桂喜，2013)

芦山地震发生后，中国地震局芦山地震现场工作队在震区进行了为期 10 余天的野外考察，未发现典型的同震地表破裂，仅有一些零星的因地壳缩短而导致的地面拱曲或线性排列的喷砂冒水现象，推测为一次盲断层型逆冲地震(周荣军，2013)。另有一些研究者认为该次地震的发震构造为大川—双石断裂(李渝生，2013)。本文根据本次地震的震害特点、早期余震重新定位结果、石油地震勘探剖面和震源机制解等，主要讨论芦山地震的发震构造。

根据岩性差异、推覆构造体的发育以及断裂活动性差异等，大致以卧龙和北川附近为界，龙门山构造带可分为南、中、北三段(李智武，2008；周荣军，2013)。龙门山构造带南段以出露宝兴、五龙杂岩及其前缘发育飞来峰为典型特征，由西至东发育耿达—陇东、盐井—五龙和大川—双石等 3 条主干断裂，分别为茂汶、北川和彭灌断裂的南延部分。在大川—双石断裂与四川盆地间还发育有新开店断裂和大邑断裂，其中新开店断裂沿罗绳岗背斜轴部附近呈断续状延伸，而大邑断裂仅局部出露地表，沿蒙山东麓与四川盆地间展布，基本上隐伏于第四系之下（图 6-3）。这些断裂均走向 NE，倾向 NW，在剖面上构成叠瓦状逆冲带（图 6-4，图 6-5），最终归并于地表下 20km 左右的水平滑脱层（周荣军，2013），为青藏高原东缘上地壳物质向东逸出的构造变形效应。

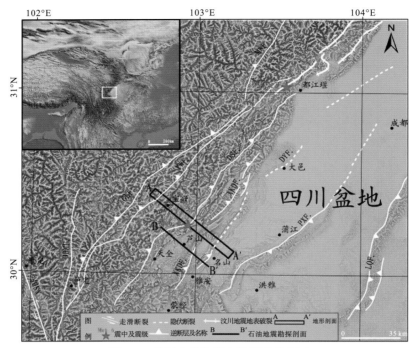

图 6-3 龙门山构造带南段断裂分布图

GLF. 耿达—陇东断裂；YWF. 盐井—五龙断裂；DSF. 大川—双石断裂；XKDF. 新开店断裂；DYF. 大邑断裂；MWF. 茂汶断裂；XXHF. 鲜水河断裂；DDHF. 大渡河断裂；PXF. 蒲江—新津断裂；LQF. 龙泉山断裂

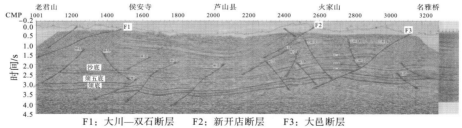

F1：大川—双石断层   F2：新开店断层   F3：大邑断层

图 6-4 龙门山南段地震反射剖面图 B—B′

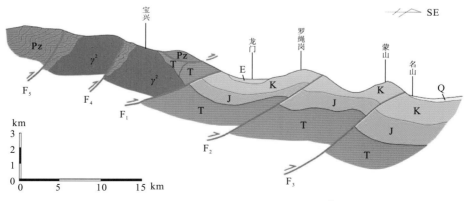

图 6-5 龙门山南段地质剖面图 A—A′

F1. 大川—双石断裂；F2. 新开店断裂；F3. 大邑断裂；F4. 盐井—五龙断裂；F5. 耿达—陇东断裂。

根据区域地质图及石油地震勘探资料编制，图中符号为通用地质符号

芦山地震后，共计有 180 余人 270 多组次对芦山县等 21 个县(市、区)256 个乡镇进行地震宏观破坏调查，范围约 $30 \times 10^3 \mathrm{km}^2$，计 400 余个调查点。以此为基础，笔者对一些重要的调查点进行了复核，并参考四川数字强震台网记录的地震动峰值加速度(PGA)值勾绘了本次地震的等震线图(图 6-6)。本次地震震中区的地震烈度为Ⅸ度，Ⅵ度区以上的受灾面积为 9150 km²，等震线略呈长轴与龙门山构造带走向一致的扁椭圆状，各烈度区的长短轴之比为 1.39∶1～1.66∶1，不具明显的方向性，与震源破裂过程的研究结果一致(周荣军，2013)。

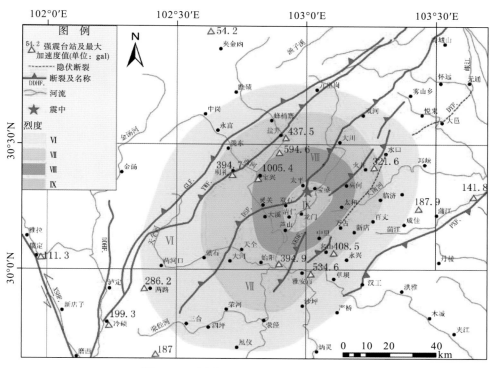

图 6-6　四川芦山 M6.6 级地震等震线图

6.2　芦山地震和余震的定位

震源机制解研究结果表明，芦山地震为 NE 走向的龙门山构造带逆冲作用所致，断层面的倾角为 33°～47°，震源深度 10～19km(周荣军，2013；吕坚，2013)。鉴于龙门山构造带南段由数条断裂近于平行展布组合而成，为进一步判定本次地震的主要发震断裂，我们对主震和早期余震进行了重新定位。余震的资料时段为 2013 年 4 月 20 日～4 月 28 日计 3323 次地震，震级范围为 ML0.0～5.4 级，采用了赵珠等(1997)提出的四川地区地壳速度结构模型以及 Waldhauser 等(2000)的双差定位方法。从重新定位的结果来看，芦山地震的余震呈长轴为 NE 向的条带状分布，破裂长度约 40km，主震的震源深度 17km，绝大多数余震集中分布在地下 20km 以上的深度范围内(图 6-7a，b)。特别是横切余震区的 B-B′剖面显示，余震在地下 10～20km 范围内呈一明显的铲形分布，与大邑断裂(F3)向下的延伸趋势一致，新开店断裂(F2)上盘亦有密集的余震分布，而大川—双石(F1)上的余震稀疏(图 6-7c)。

因此，综合龙门山构造带南段的构造变形表现、石油地震勘探资料、等震线形态、余震重新定位结果及震源机制解等结果来分析，芦山地震的主要发震构造应为控制蒙山东麓的大邑断裂，新开店断裂亦在深部产生了同震破裂(图 6-7，图 6-8)，导致了断裂上盘的震害明显高于下盘的上盘断层效应现象。

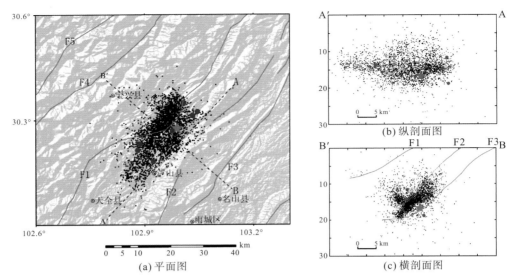

图 6-7　芦山地震主震及余震分布图(资料时段：2013 年 4 月 20～28 日)

F1.大川—双石断裂；F2.新开店断裂；F3.大邑断裂；F4.盐井—五龙断裂；F5.耿达—陇东断裂；图中红色五角星为主震，紫色圆点为 ML≥5.0 级余震，小黑点为 ML＜5.0 级余震，B-B′剖面中的断裂在地表下 0～5km 范围内的位置由石油地震勘探资料确定

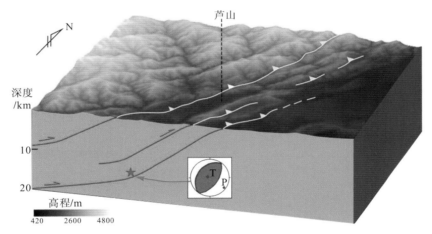

图 6-8　芦山地震发震构造图

6.3　龙门山南段及前缘地区的地震构造分带

　　根据已获得的地表、钻井和深部物探资料，可将青藏高原东缘划分为松潘—甘孜造山带、龙门山冲断带和四川盆地等 3 个一级构造单元。在龙门山南段及其前缘地区，可将其进一步细分为 4 个构造带(图 2-6)，从西到东分别是松潘—甘孜造山带、龙门山冲断带(A)、龙门山前缘扩展变形带(简称山前带，B)、成都盆地和龙泉山褶皱带。其中，龙门山前缘扩展变形带、成都盆地和龙泉山褶皱带均位于龙门山山前的四川盆地西部。本文主要讨论龙门山冲断带(A)和龙门山前缘扩展变形带(B)的地震构造分带及其构造样式的差异性。

6.3.1　龙门山造山带地震活动带(A)

　　在龙门山南段，龙门山冲断带位于前山断裂(彭灌断裂或双石断裂)与后山断裂(茂汶断裂或陇东断裂)之间(图 6-9)，呈北东—南西向展布，由一系列大致平行的叠瓦状岩片带构成，具典型的推覆构造特征，可细分为后山带和前山带。其中后山带位于茂汶断裂(陇东断裂)与北川断裂(五龙断裂)之间,属变形变质构造带,主要由前震旦系黄水河群、志留系茂县群和泥盆系危关群的浅变质岩以及前震旦系杂岩体组成,其构造样式主要为斜歪—倒转的相似褶皱,内部面理和线理都比较发育,在宝兴杂岩体中发育脆—韧性剪切带,表现为强烈的片理化带。其后缘断裂为茂汶断裂,断面倾向 NW,呈铲式向下延伸,具韧性断层特征;其前缘断裂为北川断裂,走向 NE,倾向 NW,断裂构造岩发育,具脆韧性断层特征。前山带位于北川断裂(五龙断裂)与彭灌断裂(双石断裂)之间,属变形变位构造带,主要由上古生界—三叠系沉积岩构成。该带发育两种构造样式:一种为叠瓦状构造,由一系列向南东逆冲的近平行的逆冲断层构成,卷入的地层为上古生界及三叠系中下统碳酸盐岩地层;另一种为飞来峰构造(如金台山飞来峰),具双层推覆的性质,上层为由古生界及中下三叠统地层构成的飞来峰,底面及地层产状较平缓,变形较弱,而下层主要由上三叠统须家河组含煤地层构成,褶皱及断裂发育,属"近外来岩"。该带的前缘断裂为彭灌断裂,走向 NE,倾向 NW,倾角较陡;断裂构造岩以角砾岩和碎裂岩为主,具浅层次的脆性断层变形特征。因此,该构造带属于较强变形带,具变形、变位的"两变"特征,主要由已强烈变形和变位的沉积岩构成,其特点在于构造作用(如推覆、滑覆等作用)下原始地层被分割成许多构造岩片。

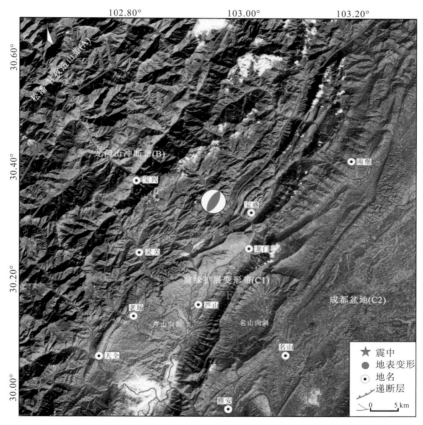

图 6-9　龙门山南段及其前缘地区 ETM 图像与地表断裂分布图

F_1.大邑断裂;F_2.新开店断裂;F_3.双石断裂;F_4.小关子断裂;F_5.五龙断裂;F_6.陇东断裂

　　在龙门山南段,龙门山冲断带的活动性仅在彭灌断裂(双石断裂)有所发现(邓起东等,1992;杨晓平等,1999;李勇等,2006;周荣军等,2006;Densmore et al.,2007)。在大邑双河一带,彭灌断裂的新活动形成了边坡脊、断塞塘和右旋位错冲沟等现象,平均水平滑动速率在 0.9mm/a 左右(邓起东等,1992),具有明显的逆冲—右旋走滑的运动特征,垂直断距为 10~30m,水平断距为 20~80m,同时探槽资料揭示了彭灌断裂的南段(双河断裂)在 930a.BP 和 3800a.BP 存在 2 次古构造和古地震事件(李勇等,2006;周荣军等,2006;Densmore et al.,2007)。

　　在龙门山南段,历史上最大的地震为 6.5 级,5.0~6.0 级地震数量稀少,3.0~4.9 地震数量较多,震源深度一般为 20～25km。其中大于或等于 6.0 级的地震有 3 次，包括 1327 年 9 月天全 M7.0 级地震、1941 年 6 月 12 日天全西 M6.0 级地震和 1970 年 2 月 24 日芦山县长石坝 M6.2 级地震，主要分布于双石断裂和五龙断裂，但中强地震和小震则主要分布于双石断裂(图 6-10)。

　　龙门山冲断带的构造特色显示为推覆作用—滑脱作用，导致地层多次重叠，形成构造岩片，其底部的滑脱—推覆面的深度一般为 15～25km，略向西北倾。推覆体由北西向南东的推覆作用和逆冲作用是导致该区地震活动的根本原因，而且地震多发生于底部滑动面。因此，震源的地表投影—震中往往不沿地表断裂带分布，而常见于其西北侧的推覆体中。按构造部位，芦山地震就发生在这样的构造环境中，在地表形成了两条近于平行的地表破裂，地表出露的逆冲断层(北川断裂和彭灌断裂)呈铲状向下延伸，并汇交于滑脱面，该滑脱面就是芦山地震的震源层。

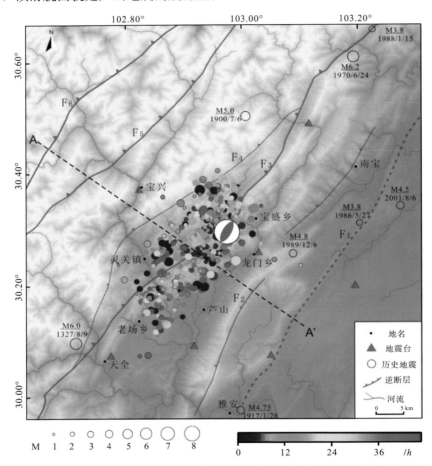

图 6-10　龙门山南段及其前缘地区地表断裂、历史地震、芦山地震及余震的分布图
其中余震修改自芦山地震余震精定位图(房立华等(2013)公开发表的资料)
F$_1$. 大邑断裂；F$_2$. 新开店断裂；F$_3$. 双石断裂；F$_4$. 小关子断裂；F$_5$. 五龙断裂；F$_6$. 陇东断裂

6.3.2　龙门山前缘扩展变形带地震活动带(B)

　　该带属于龙门山冲断带南段的前缘扩展变形区(图 6-9，图 6-10)，介于彭灌断裂与大邑断裂之间，属弱变形构造带。地表主要出露侏罗系至古近系红层，累计厚度为 2.92km。其中侏罗系以杂色砂岩和泥岩为主，厚度约为 2100m 左右；白垩系为砖红色砂泥岩，厚度为 2000m 左右；古近系以棕红色粉砂岩、泥岩为主，含多层芒硝，厚度为 720m。地表构造显示为一系列轴向为北东的背、向斜构造，属不对称同心褶皱，并呈左行雁列展布。在背斜的核部往往发育逆冲断层，走向 NE，倾向 NW，呈铲式向下延伸。其前缘断裂为大邑断裂。据地震反射剖面揭示(李勇等，2006)，该断裂的走向为 NE 向，倾向 NW，呈铲式向下延伸，

主要由大邑断裂、竹瓦铺—什邡断裂和绵竹断裂呈左阶羽列组成，为隐伏的逆冲断层，控制了成都盆地的北西界(李勇等，2006；周荣军等，2006)。由此可见，该构造带的变形特征是背、向斜完整，逆冲断层发育，以脆性变形为特征，属于浅层次变形的中等变形带。自西向东，该带可被细分为 2 个次级构造变形带，分别为芦山向斜及其前缘的新开店断层、名山向斜及其前缘的大邑断裂(雅安断裂)。

在龙门山前缘扩展变形带，前人(李勇等，2006；周荣军等，2006；Densmore et al.，2007)曾在大邑县附近标定了大邑断裂的活动性。该断裂倾向 NW，倾角 30°~40°，切割了大邑砾岩，并形成了砾石定向带、直立的"砂岩岩墙"和地震楔。该断裂具有明显的逆冲作用和右旋走滑作用，不仅将 3 级阶地垂直位错了 3~4m，形成断层陡坎；而且将 3 条小河错断。此外，在郫县走石山一带，大邑断裂将白垩系灌口组(K_2g)砂泥岩与第四系黄褐色亚黏土夹砾石层的分界线垂直位错了 15~20m。李勇等(2006)认为该断裂是龙门山前缘最新的断裂，是龙门山断裂带前展式向成都盆地发展的产物，总体上具有逆冲和走滑性质，其中逆冲速率为 0.13~0.24mm/a。

该区是典型的小震发生区，频率较高，震级以 3.9 级以下居多，大于 4.0 级的地震较少，仅有 13 次，最大震级为 5.1 级(1962 年 7 月 1 日雅安雨城草坝 M5.1 级地震)。该带的地壳比较完整，盖层岩系地层平缓，构造简单，无深大断裂，历史地震的震源深度较浅，多数不超过 5km，少量为 5~10km。该区表层断裂均为逆冲断层，向下延伸到浅层滑脱面。因此，表明该区域的地震只能用层间滑脱来解释，地震可能主要形成于浅层滑脱面，震源深度较浅。

6.3.3 龙门山南段及前缘地区的地震构造模式

综上所述，龙门山南段及其前缘地区的构造变形样式、活动断层和历史地震具有明显的分带性，可将龙门山南段及其前缘地区可分为 2 个活动构造带，分别为龙门山冲断带、龙门山前缘扩展变形带，并具有以下特征：①龙门山冲断带的后山带主要发育由变质岩系和杂岩体构成的冲断掩覆体，显示为厚皮冲断构造，表现为密集的、紧闭的构造岩片；在前山带则发育叠瓦式推覆体和飞来峰构造，也表现为构造岩片；而山前扩展变形带则由北东向展布的短轴背斜、向斜和逆冲断层组合而成；因此，从北西向南东显示了变形特征具有韧性→韧脆性→脆性变化趋势，变形强度具强→弱趋势，变形层次具有深层次→浅层次趋势，主干断裂的切割层位具有老→新趋势，表明龙门山南段具有向四川盆地扩展的前展式演化序列。②该区历史地震均无 7.0 级以上的地震记录，其显著的特点是 4.0 级左右的中强震活动较为频繁，主要发生在龙门山冲断带(A)的前山断裂(彭灌断裂)和前缘扩展变形带(B)的前缘断裂(大邑断裂)，少量发生在北川断裂和分支小断裂上，表明彭灌断裂和大邑断裂是该区地震活动的主要断裂。③对历史地震震源深度进行统计的结果表明，在龙门山冲断带历史地震的优势震源深度为 15~30km，可能反映龙门山冲断带的推覆逆冲面的铲式变化，表明其下覆的滑脱面应在 15~30km；而在龙门山前缘扩展变形带历史地震的震源深度较浅，多数为 5~10km，表明其下覆的滑脱面应在 5~10km。④对历史地震的震源机制解分析结果表明，以北西—北西西向的水平挤压为主，主压应力轴 P 近于水平；主张应力轴 T 大多也近于水平，处于逆走滑的构造环境。⑤有 3 次历史地震的数据较完整，包括 1970 年大邑 6.2 级地震、1986 年 5 月 27 日邛崃 3.8 级地震和 1990 年 1 月 15 日大邑 4.6 级地震，等烈度线形态均呈长椭圆形，长轴方向约为 N30°E，但是震中并没有分布在断层线上，而是偏离于断层的西侧，这可能与断层的倾角较缓有关。该区断层面总体向西变缓、变平，在推覆—滑脱构造的某些特定转折部位，应力易于集中，导致地震发生。

根据前文对龙门山南段及前缘地区的地震构造分带与构造样式的对比，本文提出以下两种地震构造模式。

1. 龙门山冲断带的地震构造模式

龙门山冲断带的形成主要是通过推覆和滑脱作用而实现的。在地表以下存在着角度较陡的逆冲断层，也存在着近乎水平的滑脱层。地表出露的逆冲断层呈铲状向下延伸，汇交于滑脱面，这种拆离结构是龙门山式构造的重要特征(图 6-11，图 6-12)。因此，龙门山冲断带的地震构造模式显示为推覆—滑脱型构造岩片。推覆—滑脱作用使地层多次重叠，形成紧闭的、密集的构造岩片，其底部的推覆—滑脱面的埋深较大，属于深层推覆—滑脱面，埋深一般为 15～25km，略向西北倾。因此，该区的地震是在推覆和滑脱过程中形成的，每一个推覆面和滑脱面都可以成为震源层，表明由北西向南东地推覆和滑脱作用是该区地震活动的根本原因，而且地震多发生于底部滑动面，震源深度较深，主要发育 7.0 级以上的地震。按构造部位，芦山地震就发生在这样一种构造环境。芦山地震的发生，表明这种推覆和滑脱作用仍在进行中，在地表形成了两条近于平行的地表破裂，地表出露的北川断裂和彭灌断裂呈现为铲状向下延伸，并汇交于底部滑脱面，因此该底部滑脱面就是芦山地震的震源层。

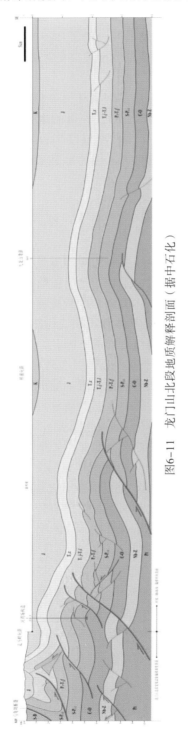

图6-11　龙门山北段地质解释剖面（据中石化）

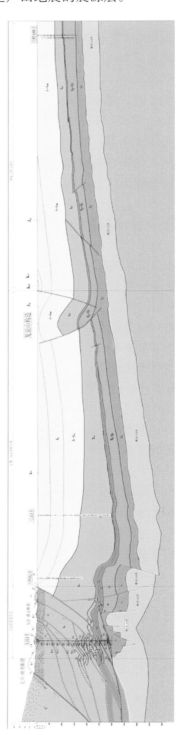

图6-12　龙门山中段地质解释剖面L2线

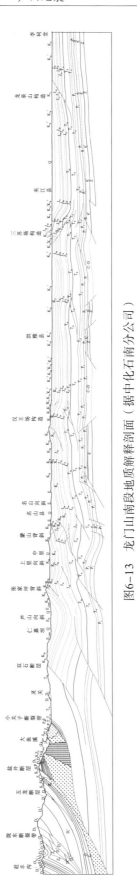

图6-13　龙门山南段地质解释剖面（据中化石南分公司）

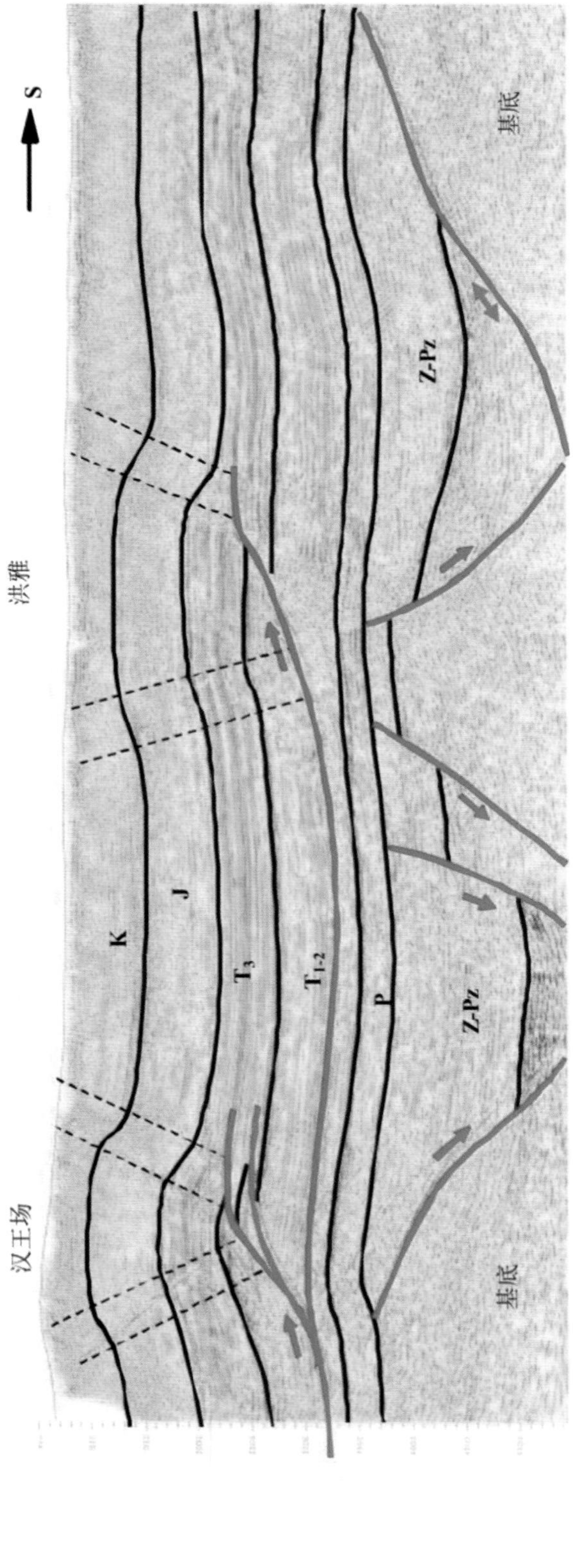

图6-14　龙门山南MB-D2测线地质解释剖面（据中石油）

2. 龙门山前缘扩展变形带的地震构造模式

龙门山前缘扩展变形带的形成主要是通过逆冲—滑脱作用而实现的。在地表显示为 2 排逆冲断层—滑脱褶皱带(图 6-13)。在地表以下显示为倾角较陡的逆冲断层和近乎水平的滑脱层,逆冲断层呈现为铲状向下并汇交于滑脱面。逆冲—滑脱作用形成薄皮构造,在剖面上显示为由逆冲断层分割的开阔向斜与较紧闭背斜组合而成的叠瓦状冲断体,在平面上显示为数排的由雁列展布状展布的逆冲断层—滑脱褶皱带,有时发育反冲断层。在地表出露的逆冲断层一般位于背斜前缘,并呈现为铲状向下并汇交于滑脱面(图 6-14)。因此,这种逆冲—滑脱作用是龙门山前缘扩展变形带的重要特征,其地震构造模式显示为逆冲—滑脱型,地震是在逆冲—滑脱过程中形成的,每一个逆冲面和滑脱面都可以成为震源层。滑脱面的深度较浅,一般为 5~10km,属于浅层滑脱面。该滑脱面就是震源层。在该带内,小震相当活跃,震源深度较浅,主要发育 7.0 级以下的地震。按构造部位,芦山地震就发生在这样一种构造环境。芦山地震的发生,表明这种逆冲—滑脱作用仍在进行中,在地表形成了不太明显的地表破裂,地表出露的大邑断裂呈铲状向下延伸,并汇交于滑脱面,该滑脱面就是芦山地震的震源层。

6.4　芦山地震的构造成因机制与断层模式

芦山地震发生后,众多的科研单位及地震学家开展了芦山地震的震源机制解和余震标定。在此基础上,本文试图通过对芦山地震的震源机制解、余震标定结果与地表构造剖面、深部地震反射剖面进行对比,探讨芦山地震发震断层及其成因机制。

6.4.1　芦山地震的地表变形特征及构造解释

在芦山地震发生后,项目组成员于第一时间赶赴芦山地震现场开展野外工作,对重灾区大川、双石、太平、宝兴等地开展了芦山地震地表变形的实地调查,收集到芦山地震的地表变形数据 20 余组(表 6-1,图 6-15),其中,喷砂冒水 6 组、地裂缝 5 组、道路拱曲变形 9 组、地表塌陷 3 组。初步结果表明,芦山地震的地表变形展布于龙门山南段的前缘地区,主要分布于前山断裂(彭灌断裂或双石断裂)两侧。地表变形带由西南向北东方向依次为天全小河乡—老场—大溪—双石—太平—大川,呈 SW-NE 方向的带状分布,走向为 NE20°~30°,长度为 30~40km,宽度为 20~25 km。在地表上,芦山地震的地表变形表现为脆性破裂和构造缩短,显示为小型断层陡坎、河道跌水、公路拱曲、水泥公路叠置、构造裂缝、挤压脊、地表掀斜,其中以定向排列的裂隙与液化点(喷砂、冒水)最为显著,所指示的显示逆冲方向为由北西向南东方向。由于地表破裂微弱,断续分布,未形成线形的、连续的地表破裂带,表明芦山地震的地表变形较弱,变形量级在 10~20cm,地表视构造缩短率约为 15.38%。芦山地震地表变形微弱的原因可能在于该地震的震级较低,属于盲逆断层型地震(徐锡伟等,2013)。据邓起东(1992),中国西部地区产生地震地表破裂和位错的地震震级一般都在 6.7 级以上。中国地震局公布的芦山地震的震级为 Ms7.0,但 USGS 公布的芦山地震的震级为 Mw6.6。因此,芦山地震的震级可能略等于或高于 6.7 级,可能不足以形成明显的地表破裂。

表 6-1　芦山地震地表变形数据统计表

序号	地表变形类型	经度	纬度	地理位置
1	喷砂	102°55′2.82″	30°14′58.78″	芦山镇
2	喷砂	102°50′23.24″	30°13′17.01″	宝兴镇
3	喷砂	102°59′48.62″	30°19′20.30″	芦山镇

续表

序号	地表变形类型	经度	纬度	地理位置
4	喷砂	102°55′18.58″	30°15′14.19″	芦山镇
5	冒水	102°49′4.20″	30°6′54.49″	天全镇
6	冒水	102°50′14.65″	30°6′11.66″	天全镇
7	地表裂缝	102°50′24.54″	30°13′15.52″	宝兴镇
8	地表裂缝	102°55′1.20″	30°14′56.40″	芦山镇
9	地表裂缝	102°50′22.16″	30°13′17.40″	宝兴镇
10	地表裂缝	102°50′20.79″	30°13′19.58″	宝兴镇
11	地表裂缝	102°50′11.72″	30°6′12.50″	天全镇
12	道路扭曲	102°55′5.76″	30°15′1.74″	芦山镇
13	道路扭曲	102°59′17.10″	30°18′40.95″	芦山镇
14	道路扭曲	103°3′32.97″	30°24′35.92″	宝兴镇
15	道路扭曲	103°3′32.94″	30°24′36.04″	宝兴镇
16	道路扭曲	103°3′40.10″	30°24′48.33″	宝兴镇
17	道路扭曲	103°3′40.03″	30°24′48.29″	宝兴镇
18	道路扭曲	102°50′8.28″	30°6′16.24″	天全镇
19	道路扭曲	102°50′9.91″	30°6′14.26″	天全镇
20	道路扭曲	102°50′13.57″	30°6′14.30″	天全镇
21	地表裂缝	102°50′22.66″	30°13′18.26″	宝兴镇
22	地表裂缝	102°50′22.60″	30°13′18.32″	宝兴镇
23	地表裂缝	102°50′24.06″	30°13′16.63″	宝兴镇

（a）喷砂

（b）冒水

（c）地表裂缝

（d）地表裂缝

(e)道路拱曲   (f)道路拱曲

图 6-15 芦山地震的地表变形特征

6.4.2　芦山地震的震源机制解、余震分布与构造解释

  2013 年 4 月 20 日发生的芦山 M7.0 级地震，震中位置在雅安市芦山县(北纬 30.3°，东经 103.0°)。芦山地震发生后，众多的科研单位公布了芦山地震的震源机制资料，其中以中国地震局(2013)[①]、美国地质调查局(USGS，2013)[②]和中科院地球物理研究所(2013)[③]所发布的数据具有代表性，均表明芦山地震的发震断裂(图 6-16)为 NE 走向的逆冲断层，倾角约 35°，破裂分量主要以逆冲作用为主。震源深度为 13~17km，断层破裂主要集中在起震点到两侧 20km 的范围。已发布的芦山地震的等震线图(中国地质与地球物理所，2013[③]；中国地震局，2013[①])显示该地震的等震线的形态呈长轴为 N20°E 的长椭圆形，长轴为 30~40km，短轴为 10~15km。此外，芦山地震的 PGA 等值线(据中国地震局地质研究所，2013[④])也显示了类似的特征。

  截至 2013 年 6 月 6 日 24 时，在芦山地震余震区共发生 3.0 级以上地震 134 次，其中 3.0~3.9 级 107 次，4.0~4.9 级 23 次，5.0~5.9 级 4 次，6.0~6.9 级 0 次。中国地震局地球物理所(2013)利用芦山地震余震的震相数据，采用双差定位方法对芦山地震余震序列进行了精确定位(图 6-10)，结果表明：①芦山地震余震在平面上呈 NE-SW 方向的带状分布(图 6-7，图 6-10)，走向为 NE20°~30°，长度为 30~40km，宽度为 20~25 km；芦山地震余震呈 NE-SW 向分布于双石断裂的东西两侧，表明双石断裂不是芦山地震的发震断裂。②在垂直于龙门山构造线的剖面上(图 6-16)，芦山地震余震的震源深度多集中于 15~20km 左右，主震的震源深度 17km，绝大多数余震集中分布在地下 25km 以上的深度范围内，并在地下 15~25km 范围内呈密集的条带状，该带状体的深度分布范围(厚度)大致在 10km 左右，东西向的长度为 15~17km。该带状体底面的北西端埋深较大，约为 25km，南东端的埋深较浅，约为 15km，显示该余震带状体的底面可能为破裂面和滑脱面，并显示为向北西倾斜的铲形断裂。该破裂面和滑脱面的东南前缘倾角较陡，总体向北西变缓、变平，显示为底部滑脱面。该破裂面向上延伸与地表的大邑断裂的位置较为接近。因此，我们推测，芦山地震的发震断裂应该是大邑断裂。该断裂在区域上分布稳定，为现今成都盆地的西缘边界断裂，倾向 NW，倾角为 30°~40°，显示由北西向南东的逆冲。此外，在新开店断裂上盘亦有密集的余震分布，而双石断裂上盘的余震稀疏，表明新开店断裂和双石断裂也有破裂。

  综上所述，我们认为芦山地震的发震断裂位于龙门山前缘扩展变形带，其发震断裂为大邑断裂，破裂面为向北西倾斜的铲形断裂，向下变缓、变平，交汇于底部滑脱面，该滑脱面即为震源层，导致了在其上盘的主震和余震的发生。

  ① http://www.cea.gov.cn/publish/dizhenj/468/553/100342/

  ② http://earthquake.usgs.gov/earthquakes/eventpage/usb000gcdd♯shakemap

  ③ http://www.igg.cas.cn/xwzx/zhxw/201304/t20130420_3823903.html

  ④ http://www.ies.ac.cn/wwwroot/c_000000090003/d_0946.html

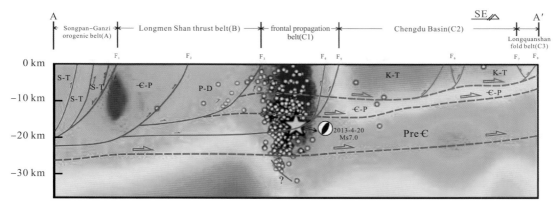

（a）Seismotectonic mechanism of the Lushan Earthquake（Seismic vertical cross-sections image from Wang et al．，2015）

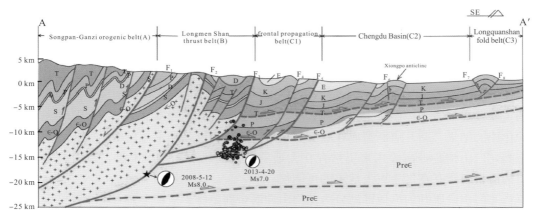

（b）Tectonic pattern of the Lushan Earthquake

图 6-16　龙门山南段及其前缘地区的地震构造分带与芦山地震的断层模式

前缘扩展变形带的浅部构造剖面据地震反射剖面的构造解释成果（刘树根等，未刊资料）编制而成，余震的纵剖面分布修改自芦山地震余震精定位图（房立华等公开发表的资料

6.4.3　龙门山前缘地区逆冲—滑脱作用与芦山地震的断层模式

根据龙门山南段及其前缘地区的地震反射剖面与构造解释剖面（图 6-16；周荣军等，2013），在双石断层以东地区为龙门山前缘扩展变形带，地面构造以名山向斜和芦山向斜为特征，向斜较为开阔，背斜较紧闭并发育 3 条逆冲断层，自西向东依次为双石断裂、新开店断裂和大邑断裂（雅安断裂），均倾向NW，呈叠瓦状组合。其中位于最西侧的是双石断裂，倾向 NW，倾角较缓，仅为 30°左右，显示由北西向南东的逆冲断裂。位于东侧的是新开店断裂和大邑断裂，倾向 NW，倾角较缓，仅为 40°左右。大邑断裂的断距较大，向下延伸到中下三叠统富膏盐岩层底部的滑脱层。表明龙门山前缘扩展变形带由 2 排近乎平行排列的断层相关褶皱组成，在剖面上显示为 2 个逆冲断层—滑脱褶皱带，逆冲断层均显示为向北西方向倾斜的铲形断裂，呈叠瓦状排列，向下变缓、变平，交汇于以中下三叠统富膏盐岩层为滑脱层的底部滑脱面。

根据已获得的地表、钻井和地震反射剖面，龙门山南段前缘地区的构造样式具有明显的垂向分层的变形特点，其间发育至少 3 个滑脱层，可分浅部滑脱层、中部滑脱层和深部滑脱层。其中浅部滑脱层位于中下三叠统富膏盐岩层，深度为 3～5 km；中部滑脱层位于二叠系与三叠系之间，深度为 5～7km，深部滑脱层位于基底与盖层之间，深度为 10～15 km。其中最明显的是浅部滑脱层，在该滑脱层的上下，发育两套完全不同的构造样式和地层变形样式。在该滑脱层之上，从双石断裂向东至龙泉山构造带，发育数排平行排列或斜列的断层相关褶皱，它们均以中下三叠统富膏盐岩层为底部滑脱面。在该滑脱层之下，则很好地保存了先期的垒—堑式张性构造(图 6-14)，尽管它们在印支期以来的挤压过程中发生反转，但反转的幅度有限，反转断层也大多向上消失于该滑脱层内，或部分延入侏罗系内部。

因此，我们认为，龙门山前缘扩展变形带的形成主要是通过逆冲和滑脱作用而实现的，显示为逆冲断层—滑脱褶皱带，表现为 2 排平行排列或斜列的北东走向的断层相关褶皱，均属薄皮构造，均是位于浅部滑脱面之上由构造缩短而导致的产物。逆冲断层均呈铲状向下延伸并汇交于滑脱面。因此，芦山地震就是在逆冲和滑脱过程中形成的，大邑断裂的逆冲面和向下交汇的滑脱面就是震源层，向上破裂点未到达地表。其形成机制类似于盲逆断层型地震(Blind thrust earthquake)或褶皱地震(Fold earthquake)(徐锡伟等，2013)。

6.5　龙门山前缘扩展变形带的地震构造模式

2013 年 4 月 20 日四川芦山 Mw6.6 级地震发生在龙门山构造带南段，未见典型的同震地表破裂。在对震后 400 余个地震破坏宏观调查点重新厘定的基础上，参考四川数字强震台网的近场峰值加速度(PGA)记录，绘制的本次地震等震线图的极震区地震烈度为Ⅸ度，略呈长轴为 NE 向的扁椭圆状，不具明显的方向性。进一步综合 3323 个早期余震重新定位结果、石油地震勘探剖面和震源机制解等，判定本次地震的主要发震构造为控制蒙山东麓的大邑断裂，系龙门山构造带南段 NW-SE 向缩短所导致的大邑断裂逆冲作用的结果，新开店断裂亦在深部产生了同震破裂。基于上述发震构造模式和同震地表变形的表现，推测龙门山构造带南段未来仍然存在大地震复发的风险。可以推测，芦山地震也许是一次前震，龙门山构造带南段存在发生更大地震的可能性。

本章节将龙门山南段和前缘地区划分为龙门山冲断带和前缘扩展变形带等 2 个构造变形带，对比了它们在构造变形样式、活动断裂、历史地震的差异性，提出了以推覆—滑脱岩片为特点龙门山冲断带地震构造模式和以逆断层—滑脱褶皱为特点的龙门山前缘扩展变形带地震构造模式。在此基础上，分析了龙门山前缘扩展变形带的逆冲—滑脱作用与芦山地震的发震断层模式与成因机制，认为芦山地震形成于龙门山前缘扩展变形带的逆冲断层—滑脱褶皱带，其发震断裂为大邑断层。目前对芦山地震与汶川地震二者之间的关联性仍存在着明显分歧，其中，中国科学院(2013)和美国地质调查局(2013)认为芦山地震属于汶川地震的强余震，而中国地震局则认为芦山地震不属于汶川地震序列(徐锡伟等，2013)。通过本次研究，我们认为芦山地震与汶川地震之间存在着成因上的关联性。主要依据如下：①芦山地震与汶川地震均属于逆冲型地震；②芦山地震与汶川地震均属于龙门山及其前缘地区的地震，其中汶川地震的震中位于龙门山冲断带，发震断裂为北川断裂和彭灌断裂，而芦山地震的震中位于龙门山前缘扩展变形带，发震断裂为大邑断裂；③芦山地震与汶川地震可能是龙门山逆冲作用由中央断裂向前山断裂扩展的结果，芦山地震是继汶川地震后的又一次调整作用和应力积累相继释放的结果，也是由汶川地震驱动的逆冲作用向四川盆地扩展的产物；④芦山地震发生在汶川地震时并未破裂的龙门山构造带南段，两者余震区相距约 50km(周荣军等，2013)，因此，芦山地震显然应是一次具有填空性质的独立破裂事件。那么在这两次地震中均未破裂的龙门山构造带大邑—邛崃段未来仍然存在发生大地震的风险，因为活动断裂破裂空段内大地震的发生具有较高的概率(周荣军等，2013)，如 2007 年印尼苏门答腊 Mw8.4、Mw8.1 级(薛艳等，2008)。根据震源破裂尺度与震级间经验关系(耿冠世，2015)，估计该空段的发震能力在 7.0 级左右。

一个值得注意的现象是，芦山地震破裂并未通达地表，而大川—双石断裂带又有比较典型的断错地貌发育，且大川—双石断裂在本次地震中并未破裂，显然芦山地震的震级并未达到龙门山构造带南段的实际地震水平。根据 GPS 测量，龙门山构造带的缩短率约为 1~2mm/a，从龙门山构造带南段上一次的公元 1327 年 M≥7 级地震至今已过去了 686 年，积累的地表应变约为 0.69~1.4m(陈立春等，2013；周荣军等，2013)。但 GPS 在本次地震震中区测得的最大水平位移仅 67.5mm，垂直隆升速率 83.6mm。

徐锡伟等(2013)的同震位移场模拟结果亦显示本次地震所导致的 NW-SE 向的地表缩短量仅 170mm。因此，长期积累的断层应变能在芦山地震中可能仅仅释放了极少一部分。

虽然以上的结论仅仅是初步的，但是我们需要密切关注的是，在汶川地震与芦山地震相继发生后，龙门山构造带的空震区以及成都盆地内的蒲江—新津断裂和龙泉山断裂等断裂是否会被激活并产生新的活动性。

第7章 遂宁地震

7.1 2008年以来四川盆地的地震

2008年汶川地震以来在四川盆地发生了一系列的地震，共计达40余次(图7-1)，其中4.0级以上的地震有5次，包括2010年10月6日长宁、兴文地震(Ms4.3)、2010年1月31日的遂宁地震(Ms5.0)、2012年11月11日隆昌地震(Ms4.2)、2013年2月19日的三台地震(Ms4.7)、2013年2月19日的长宁地震(Ms4.5)(图7-2)。这些地震的发生引起了人们对四川盆地安全性的高度警惕和关注，并开始探讨四川盆地内的这些地震与龙门山汶川地震、芦山地震的关联性(Li et al.，2013)。

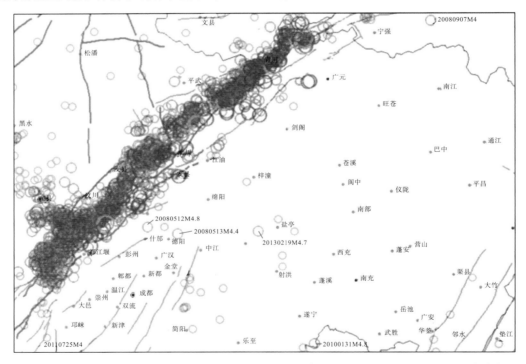

图7-1 龙门山和四川盆地西部2008年5月12日～2013年2月19日3.0级以上地震震中分布图

对四川盆地4.0级以上地震进行了标注

三台地震发生于2013年2月19日22点17分，震中位于四川省绵阳市三台、盐亭县交界地区(北纬31.2°，东经105.2°)，震源深度约19km，距绵阳市城区约53km。据初步了解，绵阳市城区震感明显，成都地区少数居民有感，未造成人员伤亡和财产损失报告。

据三台地震的震源机制解(图7-3，图7-4，表7-1)，主压应力轴(P)为近南北向，主张应力轴(T)为近东西向，显示为近东西向的纯走滑作用。该地震发生的构造位置十分独特，具有以下特点：①处于四川盆地西部的川西坳陷带与川中隆起带这两种构造分区的分界处；②处于龙泉山背斜的北部倾伏处；③处于四川盆地NW向航磁异常带，是否存在NW向是构造转换带值得注意；④震中的深部存在近东西向、并呈带状分布的背斜构造。

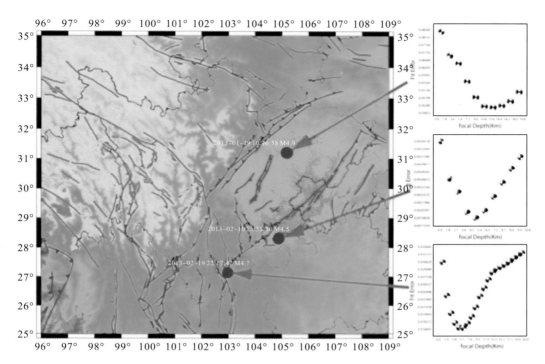

图 7-2 2013 年 2 月 19 日的三台地震(Ms4.7)和长宁地震(Ms4.5)的震源机制解

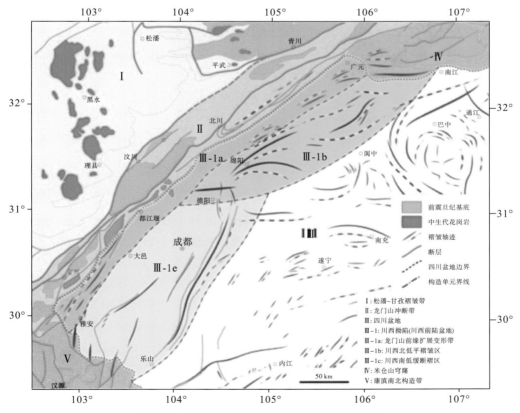

图 7-3 三台地震震中与东西向背斜的对应关系

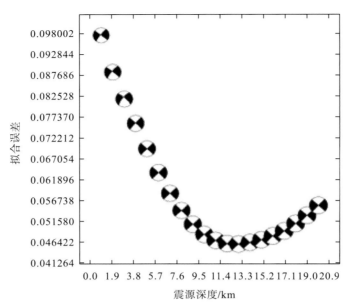

图 7-4 三台地震的震源机制解

表 7-1 三台地震机制的参数表 [单位：(°)]

震源深度：$H=12km$											
节面 1			节面 2			P 轴		T 轴		B 轴	
走向	倾向	倾角	走向	倾向	倾角	方位	仰角	方位	仰角	方位	仰角
136	90	180	226	90	0	1	0	271	0	180	90
震源深度：$H=13km$											
节面 1			节面 2			P 轴		T 轴		B 轴	
45	90	1	315	89	−180	180	1	270	1	45	89

目前 2008 年汶川地震以来在四川盆地发生了一系列地震的发震机制正在研究过程中，本章节仅以遂宁地震为例讨论四川盆地的地震。

7.2 遂宁地震的基本特点

据中国地震台网测定，2010 年 1 月 31 日 5 时 36 分 56.8 秒于四川省遂宁市与重庆市潼南县交界处(105.70°E，30.30°N)发生了一次 Ms5.0 地震，震源深度 10km(图 6-1)。地震发生后，笔者随即与四川省地震局地震现场工作队赶赴地震灾区，重点考察了该次地震的震害特点与破坏分布以及地震灾区的地震构造环境。本文在本次地震震害调查结果的基础上，结合区域地震构造环境、震区地质构造、地震学分析结果、构造应力场、汶川地震效应以及磨溪气田的贮气构造、开采历史和工艺等方面对上述问题进行了讨论，最后对类似地震构造环境区的震害防御和地震监测预报工作提出一些看法和建议。

本次地震发生在四川遂宁市与重庆市潼南县交界的农村，震害调查工作由四川省地震局和重庆市地震局共同组队分别完成，执行标准为《地震现场工作 第三部分：调查规范》(GB/T18208.3—2000)和《中国地震烈度表》(GB/T17742—2008)(袁一凡主编，2007；据国家质量技术监督局，中华人民共和国国家标准，2008)。鉴于震区位于《中国地震动参数区划图》(GB18306—2001)<0.05g 的 Ⅴ度区内，除乡镇有少量的框剪结构房屋和农村有少量的土木结构房屋外，大多数为砖混或砖木结构房屋且未经抗震设计，加之汶川地震对该地区的影响烈度达 Ⅵ 度(http://www.cea.gov.cn/manage/html/8a8587881632fa5c011 6674a018300cf/ _ content/08 _ 08/29/1219980517676.html)(李志强等，2008；周

荣军等，2008），许多房屋迄今仍未加固存在震害叠加的影响，因此在根据房屋震害评定地震烈度时有所降低。地震烈度评定的标准如下。

（1）Ⅶ度区：少数砖木和土木结构房屋严重破坏，个别倒塌，多数中等破坏。砖混结构房屋少数严重破坏，多数中等破坏或轻微破坏。瓦房出现较大面积的梭瓦现象，少数堰塘或小型水库土堤出现裂缝或渗水，围墙和女儿墙出现垮塌。

（2）Ⅵ度区：少数砖木和砖混结构房屋中等破坏，多数轻微破坏或基本完好。个别土木结构房屋严重破坏，多数中等破坏或轻微破坏。大多数框剪结构房屋基本完好，少数轻微破坏。瓦房出现梭瓦现象，个别堰塘或小型水库土堤出现细小裂隙，围墙和女儿墙出现破坏或局部垮塌。

（3）Ⅴ度区：室内外大多数人有感觉，多数从梦中惊醒。少数砖木和砖混结构房屋轻微破坏，大多基本完好，抹灰层出现细小裂隙。个别土木结构房屋中等破坏，极个别土墙局部垮塌。瓦房屋椽出现掉瓦现象。

根据上述地震烈度评定标准，对地震灾区内共计 125 个自然村、乡镇的震害进行了抽样调查并绘制了等震线图（图 7-5）。从图 7-5 可见，本次地震的等震线呈长轴 N40°E 左右的椭圆形，极震区烈度达Ⅶ度，个别点可达Ⅶ+度。宏观震中位于四川省遂宁市安居区磨溪镇的八角村与石佛村之间（105.69°E，30.27°N），与仪测震中位置相差约 3.5km。各地震烈度区的主要震害特点如下。

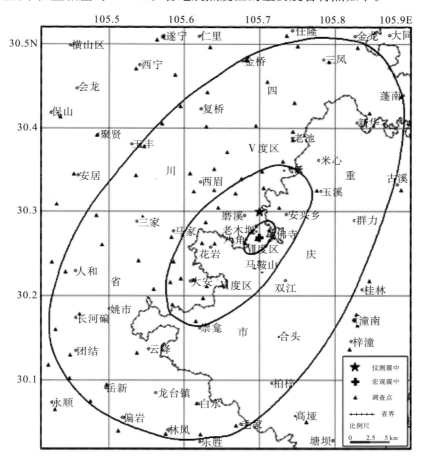

图 7-5　2010 年 1 月 31 日四川遂宁、重庆潼南间 Ms5.0 级的地震等震线图

（1）Ⅶ度区：包括了遂宁市安居区磨溪镇和重庆市潼南县双江镇各一少部地区，面积 11.1km²。区内房屋少数严重破坏，个别老旧的砖木或土木结构的房屋倒塌（图 7-6a，b），致死 1 人，16 人受伤。

（2）Ⅵ度区：西起马家东，东至双江西，南起崇龛，北至飞跃、玉溪一线，面积 228.5km²。区内房屋以中等破坏居多，主要表现为墙体开裂和梭瓦现象，个别老旧房屋严重破坏（图 7-6c，d）。

（3）Ⅴ度区：西起安居东，东至潼南西，南起偏岩、林凤，北至金龙、蓬南，面积 1386.3km²。区内房屋大多基本完好，仅少数出现轻微破坏，如窗、门角及抹灰层出现细小裂隙或屋椽掉瓦等，个别老旧的土木结构房屋震害稍重，可达中等破坏程度[图 7-6(e)，(f)]。

该次地震Ⅴ度以上总面积 1625.9km²，造成了 460 户房屋倒塌或严重破坏，致死 1 人，伤 16 人。与类似震级地震相比较，震害明显偏重。

(a)磨溪八角村农房倒塌(镜向 NW)

(b)磨溪石佛村屋农房部分倒塌(镜向 N)

(c)磨溪场镇建筑物女儿墙部分倒塌(镜向 SE)

(d)马家镇农房内隔断墙局部倒塌(镜向 SSE)

(e)安岳县姚市乡农房屋椽掉瓦及土墙局部垮塌
(镜向 NE)

(f)安岳县人和乡农房房顶梭瓦及偏房垮塌
(镜向 S)

图 7-6　遂宁地震的典型震害照片

7.3　遂宁地震的地震波形特征与震源机制

地震台站记录的地震波形特征表明，本次遂宁地震近台记录的面波非常发育，为四川盆地类似震级的地震所罕见，但与 1997 年广东省三水 4.4 级的重力塌陷型地震(魏柏林等，1999)或人工爆炸记录的震相特征十分相似(郭学彬等，1999；杨家亮等，2009)。图 7-7(a)，(b)分别是距该次地震仪测震中82km 和 123km 的西充台(XCO)和华蓥山台(HYS)的地震波形记录，均分别在 S 波后的 17.4s 和 20.9s出现了明显的面波。而同样发生在四川盆地内的 2002 年 5 月 31 日四川仁寿 ML4.4 和 2008 年 10 月 10日四川自贡 ML4.8 地震，距仪测震中分别为 84km 的花马寺台(HMS)和 88km 的汉王山台(HWS)的地震波形记录却没有出现面波[图 7-7(c)，(d)]。一般的理想情况下，爆炸源只产生 P 波和次生瑞利面波，由于介质的不均匀性也会产生 S 波，但 S 波的幅值小于天然浅源地震，即天然地震的 S 波振幅(AS)与 P

波振幅(AP)之比应明显大于爆炸源(傅淑芳等，1980；杨家亮等，2009)。遂宁 5.0 级地震的 XCO 台和 HYS 台的 AS/AP 之比分别为 448/52＝8.5 和 628/35＝17.6，仁寿地震 HMS 台的 AS/AP 比值为 225/87＝2.6，自贡地震 HWS 台的 AS/AP 比值为 414/52＝7.9，而银川爆破 SZS 台、YCH 台和 YCI 台的 AS/AP 比值分别为 145/39＝2.1、53/38＝1.4 和 24/64＝0.4。因此，本次地震的 AS/AP 比值不仅远大于银川爆破，而且也大于相似地震构造环境内的仁寿地震和自贡地震的 AS/AP 比值。

利用四川台网震中距 250km 范围内 16 个台站宽频带地震波型记录，采用 CAP 全波形方法反演了该次地震的震源机制参数。结果表明，该次地震震源深度在地表下 2km 处的合成数据与观测数据拟合误差最小，但深度 5km 以内拟合误差波动较大，5km 以下波形拟合误差稳定，6km 处有最佳拟合点，为逆断层发震类型[图 7-8(a)]。中国地震局地球物理研究所利用 20 个台站的波形资料和 125 个台站的 P 波初动资料，反演了本次地震的震源机制参数(http://www.ceic.ac.cn/subjects/20100131053656/20100131053656＿CMT.jsp? id=108360)，均表明遂宁 5.0 级地震为走向 NE-近 NS 向的逆断层发震[图 7-8(b)，表 7-2]，与本节的结果基本一致，明显不同于重力塌陷地震。

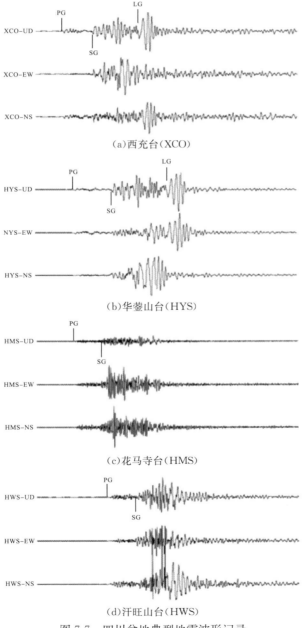

(a)西充台(XCO)

(b)华蓥山台(HYS)

(c)花马寺台(HMS)

(d)汗旺山台(HWS)

图 7-7 四川盆地典型地震波形记录

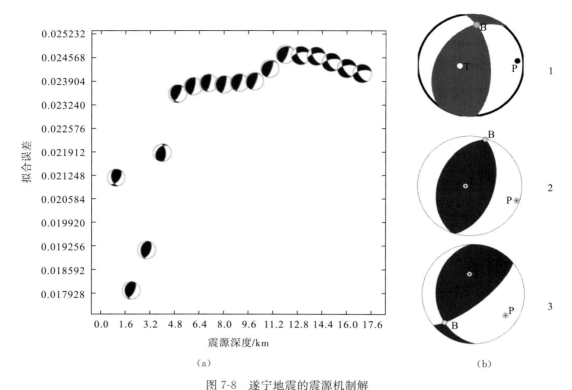

图 7-8　遂宁地震的震源机制解

（a）．震源机制解的深度误差分布图；（b）．不同的震源机制解结果：1.本文，2、3.中国地震局地球物理所

表 7-2　遂宁地震的震源机制参数表　　　　　　　　　　　　　　　[单位：(°)]

序号	节面 1			节面 2			P 轴		T 轴		B 轴		资料来源
	走向	倾向	倾角	走向	倾向	倾角	方位	仰角	方位	仰角	方位	仰角	
1	355	66	60	216	125	37	102	12	220	66	8	20	本书 CAP 反演
2	16	87	51	201	94	39	108	6	267	84	18	2	中国地震局地球物理研究所波形反演
3	51	112	73	117	39	28	124	25	350	56	224	21	中国地震局地球物理研究所 P 波反演

7.4　遂宁地震的构造背景

　　四川盆地的变形特征为一系列相间排列的北东向的背斜和向斜。四川盆地西部的变形，自北东向南西可分为五个的区域。从西到东，分别是：①龙门山前陆扩展带；②熊坡背斜；③龙泉山背斜；④威远背斜；⑤华蓥山褶皱。此外，威远背斜以西与龙门山之间的地层向西倾斜 2°～3°。这样的倾斜与龙门山造山带的逆冲负载有关。四川盆地的构造样式受到地壳水平构造缩短的控制。断层和背斜相伴而生就是断层转折褶皱和断层传播褶皱的标志（钱洪，1995；周荣军等，2005）（图 7-9）。

　　遂宁地震发生在扬子陆块西缘的四川盆地内部。扬子陆块为稳定的克拉通，以一套结晶基底之上的典型地台盖层沉积为特征。结晶基底主要由中—晚元古代强磁性的火山岩、花岗岩等构成，最终形成于早震旦世澄江期，其上沉积了比较稳定的海、陆相沉积建造，厚度在 3～10km 左右不等（宋鸿彪等，1995）。在晚震旦世—中三叠世，四川盆地以比较连续的海相沉积为主，其间仅历经了几次较大规模的海退而导致的沉积间断。在晚三叠世，伴随着古特提斯洋闭合的印支运动，导致龙门山构造带崛起为四川盆地的西部屏障，于山前的前陆盆地内沉积了一套厚度愈千余米的晚三叠世—古近纪的河湖相紫红色砂泥岩，奠定了四川盆地的基本构造格局（许志琴等，1992；李勇等，1994）。

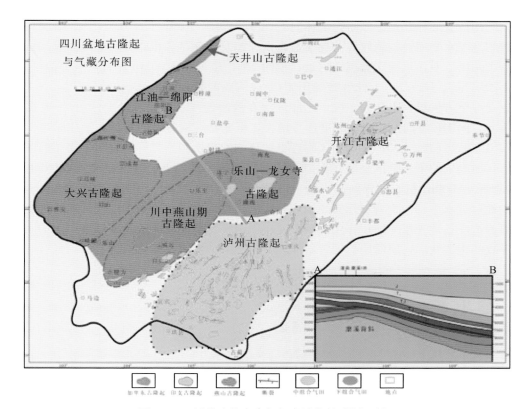

图 7-9　四川盆地的古隆起与磨溪背斜(据中石化)

新生代以来的印—亚板块会聚作用于龙门山构造带主要表现为脆性逆冲—右旋走滑运动性质(周荣军等,2006;Densmore et al.,2007;Zhou et al.,2007;李勇等,2008),对四川盆地的构造变形表现样式施加了重要影响,导致了白垩系—古近系连同以前的地层的共同褶皱变形。以龙门山和华蓥山为界,四川盆地的地质构造具有三分的特点,由成都断陷、川中台拱和川东断陷褶束 3 个次级构造单元组成。成都断陷和川东陷褶束构造变形稍强,以一系列背斜与向斜相间排列为特点。断裂与背斜构造相伴生,为断裂弯曲背斜或断层扩展背斜构造成因(钱洪,1995;周荣军等,2005)。而震区所在的川中台拱地表的地层产状近水平,仅发育有一些短鼻状背斜或穹隆状构造,几乎未见断裂构造,但物探资料表明其深部存在不同深度层次的小规模近水平滑脱断裂(图 7-10)。

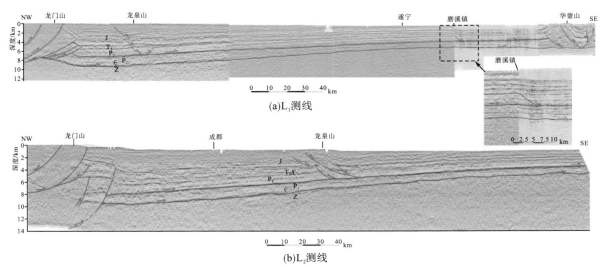

图 7-10　四川盆地人工地震测线资料及地质解释图

四川盆地的构造变形样式是巴颜喀拉块体向 SEE 方向逸出(Molnar et al.，1975)在龙门山山前前陆盆地内所导致的地壳水平缩短构造效应。遂宁地震正处于龙女寺穹隆状背斜的南西倾没端附近，该背斜东起于武胜县飞龙场，西止于遂宁磨溪镇附近，走向 NE，总长度在 80km 左右，核部地层产状近水平，为中侏罗统上沙溪庙组(J_2s)，由上侏罗统遂宁组(J_3s)构成两翼，地层产状的倾角仅 2°~4°。龙女寺背斜为乐山—龙女寺下古生界古隆起的东段，基底埋深在西段较浅，威远穹隆上的威 28 井揭示的沉积盖层厚度为 3630m，向 NE 方向沉积盖层厚度逐步增大，至龙女寺构造上的女基井于井深 5934m 进入结晶基底(郭正吾，1996；刘顺，2001)。震中区附近更加详细的物探和钻井资料表明，遂宁磨溪镇正处于古隆起带的轴部，地表下的下三叠统嘉陵江组二段(T_1j^2)存在一轴向 NE 的背斜构造(徐春春等，2006)，长约 37km，埋深 -2900m 左右，背斜高点为 -2772m，闭合度 128m，闭合面积 280km²[图 7-11(a)，(b)]。之下的地层近水平，向上背斜形态逐渐变得平缓，最后被近水平的中生代砂泥岩地层所封闭。因此，磨溪背斜构造应是地壳水平缩短作用在沉积盖层中沿晚二叠世底部的龙潭煤系产生的水平滑脱断层向上翘起所导致的构造变形，属断层扩展背斜成因，与广大的四川盆地背斜构造成因具有一致性。

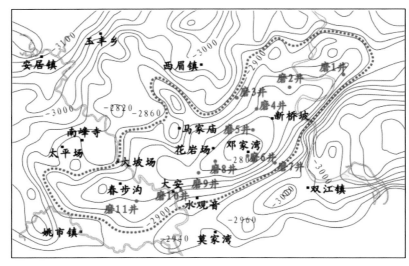

(a)平面图

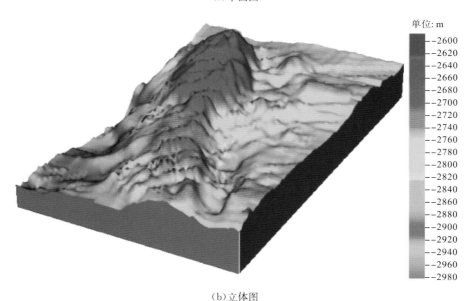

(b)立体图

图 7-11 磨溪背斜构造与气田开采井分布示意图

7.5　遂宁地震区的天然气开采

磨溪背斜为磨溪气田的贮气构造，其中的下三叠统嘉陵江组二段（T_1j^2）海相碳酸盐岩为主力产气层。自 1979 年磨溪深 1 井试获工业气流以来，截至 2006 年 4 月嘉二气藏共完钻 44 口井，试油 42 口井，获工业气井 30 口，现有生产井 17 口，已建成年产天然气 $4\times10^8m^3$ 的生产能力。2000 年以前钻探井采用常规射孔、常规解堵酸化工艺，2001 年以来进行胶凝酸酸化增产改造，由此进入气田高速发展建设期（徐春春等，2006）。遂宁地震正发生在磨溪背斜构造的轴部附近，近场台站记录到的非常发育的面波引发了是否是天然气开采作业引起地下天然气爆炸的猜疑？为此收集到了磨溪气田十口生产井的天然气日产量数据（图 7-12），从图 7-12 可见，2010 年 1 月 31 日的地震发生日的前后，10 口生产井的天然气日产量未发生明显的变化。结合前述的地震波形分析及震源机制解结果，该次地震应为一次天然地震。

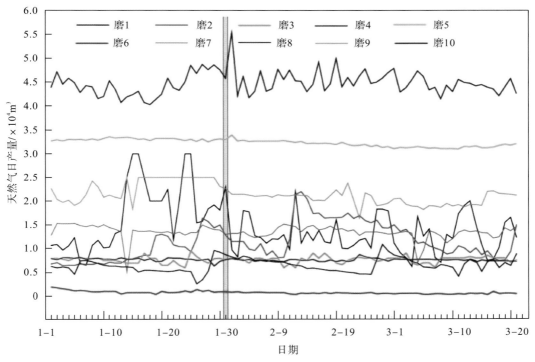

图 7-12　磨溪气田的天然气日产量曲线图（2010 年）

图中数字为生产井编号

7.6　遂宁地震的发震构造分析

巴颜喀拉块体向 SEE 方向的逸出，导致了四川盆地的地壳水平缩短作用。由于四川盆地为刚性的结晶基底和刚柔相间的沉积盖层组成的二元结构，因此，水平缩短作用所导致的构造变形主要发生在沉积盖层内部，同时沿结晶基底与沉积盖层附近以及沉积盖层中的软弱夹层，如泥质岩、页岩特别是膏盐层形成不同深度层次的水平滑脱断层。伴随着水平缩短作用的持续，水平滑脱断层的向上生长形成断层弯曲背斜或断层扩展背斜，如龙泉山、华蓥山褶皱和川东南及重庆地区褶皱束等。震中所在川渝交界的磨溪穹隆状背斜亦是由水平滑脱断层之上的反向冲断层所导致的构造变形效应，正处于断层扩展背斜的雏形期（图 7-13，图 7-14，表 7-3）。

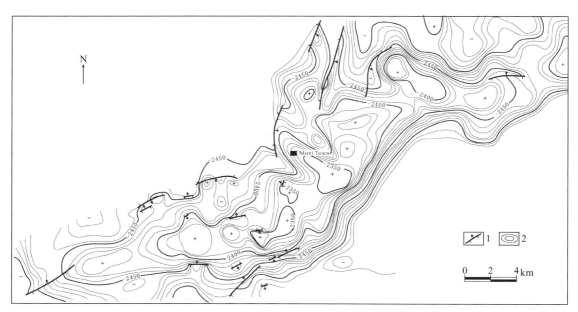

图 7-13　磨溪背斜上断层的空间展布（据中石化资料）

1. 逆断层；2. 埋深线

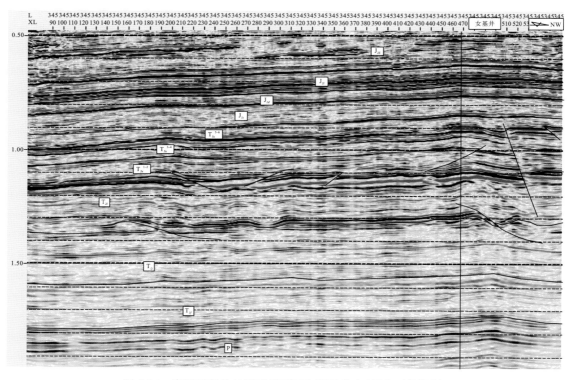

图 7-14　磨溪背斜的地震反射剖面与断层分布（据中石化资料）

表 7-3　磨溪背斜两翼逆断层的相关参数（据中石化资料）

编号	位置	断层	断错地层	断距/m	断层长度/km
m①	NW 翼	逆断层	晚三叠世须家河组	20～80	11.25
m②	SE 翼	逆断层	晚三叠世须家河组	20～90	3.1
m⑦	SE 翼	逆断层	寒武系	30～140	9.5

　　发生在巴颜喀拉块体东界的"5·12"汶川 Ms8.0 级地震是龙门山构造带由 NW 向 SE 方向逆冲—右旋错动的结果，导致了龙门山相对四川盆地隆升了 10m 左右以及 4.5m 左右的地壳水平缩（http://www.cea.gov.cn/manage/html/8a8587881632fa5c011667 4a018300cf/ _ content/09 _ 05/07/1241668605850.html），对四川盆地西缘施加了突然的荷载增加。这种突然的荷载增加有可能导致四川中新生代前陆盆地整体负载系统地应力值的增大，并得到了汶川地震后龙门山和华蓥山地下煤井出现的变形和小规模岩爆现象的印证。由于四川盆地以水平主压应力场为主导，震前的地应力值较高，四川广安—邻水间的华蓥山公路隧道 A3 钻孔中地表下 636m 的最大水平主应力值达 18.76MPa，而四川自贡自浅 5 号井水压致裂方法测得的最大水平主应力值处于产生逆断层错动的临界值附近，磨溪背斜嘉陵江组二段储气层的地层压力更是高达 66.10～69.98MPa，平均 68.12Mpa（徐春春等，2006）。加之天然气开采作业可能导致断层面上的正向应力值减小和摩擦系数降低，最终导致了断层扩展背斜下方逆断层的错动发生了遂宁 Ms5.0 级地震，与震源机制解结果和等震线的平面形态具有很好的一致性。本次地震 3～4km 的极浅震源深度和四川盆地沉积盖层中存在的软弱夹层，应是该次地震在近场台站地震波形记录中面波非常发育的重要原因（图 7-15）。

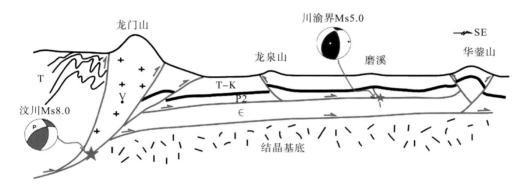

图 7-15　四川盆地构造变形模式与遂宁地震发震构造

7.7　遂宁地震的成因机制分析

　　在 2010 年遂宁地震之前，于 2008 年 5 月 12 日发生了汶川（8.0 级）特大地震。由于地壳急剧水平缩短以及汶川地震所释放的巨大能量，推测遂宁地震是否是因为汶川大地震发生后，由于地壳水平缩短触发四川盆地的应力调整而发生的？

　　汶川地震是龙门山范围内及其前缘地带活动地层缩短的直接表现。根据地表破裂分析（周荣军等，2008；李勇等，2008）可知，地震造成了两个主干断裂（北川断裂和彭灌断裂）内的叠瓦状逆冲块体沿着斜坡面滑移到地表，而且在四川盆地的滑脱面也同样出现了滑移现象。

　　汶川地震使得龙门山构造带发生了北西—南东向的逆冲和西南—北东向的右旋走滑。这次特大地震使得龙门山范围内、龙门山前缘地带以及四川盆地西部地壳缩短，进而龙门山垂直隆升了 10m，水平方向缩短了 4.5m。因此，通过汶川地震能够清楚的体现出其前缘地貌范围内地壳缩短的发展过程（Hubbard et al.，2009）。

　　汶川地震导致的地壳水平缩短延伸到了四川盆地中。这个过程会使得四川盆地西部滑脱层之上的地壳缩短以及动态压力增加。在四川盆地和华蓥山已经发现了一些证据，比如，在一个地下矿井中出现小规模的岩石破裂现象以及因为破裂而出现新的泉眼。因此，我们认为汶川地震之后，地壳急剧的水平缩短能够驱动四川盆地动态压力和应力调整，并且压应力能够引起四川盆地中的变形。

　　从新生代开始，印度—欧亚板块的碰撞作用不断的作用于龙门山逆冲带上，并造成龙门山逆冲带的逆冲和右旋走滑现象（Densmore et al.，2007；Zhou et al.，2007；Li et al.，2008）。这样的变形对四川盆地的变形作用有显著的影响，比如，使得盆地中白垩系和第三系地层发生褶皱变形。

四川盆地中的构造缩短可能是因为青藏高原向四川盆地南东东向运动造成的(Molnar et al. 1975)。对这些构造的线长缩短进行测量得出总的缩短量为 25.8 km(Hubbard et al.，2009)。龙门山造山带地层缩短向东延伸到四川盆地中，从而在四川盆地中形成了断弯褶皱和断展褶皱，最终形成了上述的 5 个构造区域。

根据地壳深部的地震反射数据，我们可以确定有 3 个滑脱层作为逆冲岩席的基底(Ouyang，2009；Hubbard et al.，2009)，分别为：①浅部滑脱层，距地表以下 3~5km；②中间滑脱层，距地表以下 5~7km；③深部滑脱层，距地表以下 10~15km。水平构造缩短会导致滑脱层上的构造变形。这意味着，上部地壳变形(通过一系列的滑脱作用从浅部地壳中分离出来)是发生隆升、褶皱、断裂和形成龙门山前缘扩张带以及四川盆地中五个主要构造区域形态的重要机制(Hubbard et al.，2009)。

遂宁地震震区位于威远穹窿，这里的地层几乎水平，仅发育一些短鼻背斜和拱顶状构造，几乎没有发育断层。然而，这一地区的深部地球物理资料表明，在此区域不同深度存在 3 个水平拆离断层。基于遂宁地震的震源机制解和地震构造环境，我们认为磨溪背斜西翼的反冲断层导致了遂宁地震，而磨溪背斜的形成受控于源于滑脱层的断弯褶皱和断展褶皱。

根据地震折射剖面资料和钻孔资料，我们认为磨溪逆冲岩席的基底是一个位于地表以下 3~5km 的浅层滑脱层。磨溪滑脱层沿着逆冲斜面滑移使得上覆地层缩短和隆升。对逆冲斜面上的滑移量和滑脱层的解释受到地层层位上下盘补偿以及断层相关褶皱形态的约束。地壳缩短可以根据横跨磨溪背斜北西南东向的地壳缩短量来界定，并且地壳缩短使得此处形成了褶皱和断层。

因此，我们认为汶川地震导致地壳水平缩短使得在磨溪背斜处，其滑脱层之上的地壳缩短以及动态压力增加。而动态压力驱动了源于浅部滑脱层的反冲断层，从而引发了遂宁地震。

发生于 2010 年 1 月 31 日的遂宁地震，其烈度达到Ⅶ级。等震线呈椭圆形，长轴方向为北东向。基于对地震波形和震源机制解的分析，我们认为遂宁地震是由断层引发的，而非重力塌陷或者人工爆炸。

根据遂宁地震的震源机制解和地震构造环境，我们认为位于磨溪背斜西翼的反冲断层引发了遂宁地震，而磨溪背斜的形成受到来源于滑脱层的断弯褶皱和断展褶皱的控制。这也清楚地说明，汶川地震(Ms 8.0)导致地壳水平缩短延伸到了四川盆地中，并且引发了位于浅部滑脱层(距地表以下 3~5km)之上的遂宁地震。

综上所述，结合地震学记录及其分析结果，笔者认为该次地震存在以下几个方面的特点或疑问：①遂宁地震导致了 460 间房屋倒塌或严重破坏，极震区地震烈度达Ⅶ度，个别点甚至达Ⅶ+度。虽然该地区在 GB18306-2001《中国地震动参数区划图》上位于<0.05g 分区内，房屋建筑未经抗震设计且建筑质量较差，但与类似震级地震的震害相比较仍然明显偏重，表明震源深度应相对较浅。②震区位于四川盆地腹地，系龙门山构造带的中生代前陆盆地，地表构造十分简单，地层近水平，为一穹窿状背斜，未见断裂发育，晚新生代特别是第四纪表现为缓慢的区域性整体隆升，幅度在 200~300m 左右，形成浅丘地貌。因此，该次地震发生在这样几乎不存在差异运动的新构造活动微弱区，出乎了一些研究者的预料(钱洪，1995；周荣军等，2005)。由此联系到 2008 年 5 月 12 日发生在控制四川盆地西缘龙门山构造带上的汶川 8.0 级特大地震，那么本次地震是否为汶川地震的巨大能量释放在前陆盆地内产生的应力调整而触发？③本次地震的近台地震波形记录的面波非常发育，为四川盆地所罕见，与人工爆炸和 1997 年广东三水重力塌陷地震的震相特征十分相似(傅淑芳等，1980；郭学彬等，1999；魏柏林等，1999；杨家亮等，2009)。震区正处于中石油磨溪气田主采区，那么本次地震是否是由天然气的采气作业诱发的爆炸或是诱发的采空区重力塌陷所致？④磨溪气田自 1979 年开始勘探采气作业，迄今已有三十余年的开采历史，至 2006 年 4 月的年采气量达 $4.0 \times 10^8 \mathrm{m}^3$(徐春春等，2006)。全球范围的已有震例表明，油气田的开采作业常会诱发一些地震活动，特别是油气田的注水开采作业诱发地震的现象更为显著。一个典型的天然气注水开采作业诱发大地震的震例来自乌兹别克斯坦的 Gazli 气田，该气田面积 $450 \mathrm{km}^2$，1962 年开始注水开采并导致地面沉降，于 1976 年诱发了 6.8 级和 7.3 级地震，1984 年再次发生 7.2 级地震，超过了当地的历史地震最大震级，并引发较大面积的地面隆升。那么这次遂宁地震为天然气开采

作用所诱发？若果真如此，先存构造的表现样式与震源机制解结果是否具有一致性？

四川盆地 5.0 级左右中强地震与断层弯曲背斜或断层扩展背斜成因上的联系已早被注意(钱洪，1995；周荣军等，2005)，因此，地表背斜构造通常认为是 5.0～6.0 级左右地震危险源的标志，但遂宁 Ms5.0 级地震却发生在地表地层近水平的川中台拱内的磨溪穹隆状背斜。资料显示的磨溪穹隆状背斜为断层扩展背斜成因，与广大四川盆地内的褶皱束具有成因上的一致性，仅仅是由于处于断层扩展背斜的雏形期而地表标志不甚清楚。由此看来，单一的地面地震地质工作对于发震构造的判定存在风险和不足，特别是对于一些弱地震活动区，如中国东部地区以及西部的诸如塔里木等大型前陆盆地，地表断裂活动性不强或地质构造简单的地区亦可能存在发生 5.0 级左右中强地震的危险。以大区域地震构造环境为基础，深、浅层构造相结合分析的方法有助于发震构造的判定。另一方面，对于一些资料比较匮乏的地区，适当地增加背景性地震的震级上限，提高抗震设防要求将有利于减轻地震自然灾害，这也是正在新编制的中国地震动参数区划图基本思路之一。

一次特大地震的孕育通常是较大区域范围内应力—应变的积聚过程，巨大能量的突然释放理应产生较大空间范围内的应力—应变调整以达到新的应力平衡。特别是对于像四川盆地这类特殊的前陆盆地整体负载系统，汶川特大地震的发生相当于对盆地西缘施加了突然的荷载增加，导致了盆地内部地应力的增大。由于四川盆地地应力值较高，处于逆断层错动的临界值附近，在一些特殊的构造部位发生因应力调整而触发的中强地震也就不足为奇。无独有偶，1976 年发生在青藏高原东缘另一条重要边界断裂—虎牙断裂上的松潘、平武间 7.2 级地震后，从 1977 年 8 月 15 日开始到 1978 年 3 月的 7 个月内，亦在磨溪附近发生了 11 次 2.0 级左右小震。一个重要的现象是，四川盆地近 40 年的地震活动图像表明，中强地震和小地震丛集的地区也往往是天然气开采集中的地区，如四川自贡、宜宾和重庆荣昌等地，两者在空间上具有高度的一致性，暗示着天然气开采特别是高压注水工艺对中小地震应有一定的触发作用。于是，四川盆地也许是捕捉大地震前兆信息的理想实验场，通过一系列深井内的地壳形变宽频带综合观测系统(欧阳祖熙等，2009)的安装与观测，特别是向西跨过龙门山构造带一直延入川西高原和一些构造特殊部位的观测系统，就有可能获取大地震前后深部应变连续变化的信息。结合地表的 GPS 实时连续观测数据，可以从地表到深部描绘出大震前后的应变变化趋势，从而提炼出有用前兆信息。进一步与石油部门的合作也有助于诱发地震机理的进一步研究，并指导地震监测预报工作的深入。

综上所述，2010 年 1 月 31 日四川遂宁 Ms5.0 地震极震区的地震烈度达Ⅶ度，等震线呈 NE 向的椭圆形，系磨溪穹隆状背斜地表之下的逆断层错动所致。由于震源深度极浅，仅 3～4km，加之汶川地震影响的叠加，与类似震级的地震相比较，本次地震的震害明显偏重。同时由于四川盆地沉积盖层中软弱夹层的存在，在近场台站的地震波形记录上出现了非常发育的面波。遂宁地震的发生与汶川地震巨大能量的释放与在四川盆地西缘施加了突然的荷载增加而在前陆盆地整体负载系统内产生的应力调整有关，天然气的开采作业对该次地震的发生也可能存在触发作用。

第8章　龙门山的地形雨与短周期剥蚀作用

长期以来，在山脉的隆升研究中如何分辨构造和剥蚀（或气候）各自的作用，仍然没有可靠的技术方法和手段，多是从概念或逻辑推理出发，认定剥蚀（或气候）变化的影响很大，或是主要因素。但是，近年来在研究山脉短周期隆升作用与剥蚀作用的方法方面也有创新，值得我们借鉴和应用。如，国外许多科学家在喜马拉雅山南坡通过实际测量年降水量和 GPS 测定的隆升量的变化，精确定量的刻画两者之间的关系，得出了一些重要结论，并将这种思路的工作引向天山和其他地区，并在概念上加以发展（Burbank et al.，2003；Molnar，2003；Reiners et al.，2003）。

前人曾对龙门山地区水文特征进行了初步研究（图 8-1），在对水文要素的研究中，许多学者采用了不同的方法，如随机过程分析法、小波分析法、相关性关系法等。在前人研究的基础上，本次收集岷江、涪江、沱江的水文资料，并以岷江上游为例，研究了龙门山地区主要流域的水文特征，试图通过相关性分析，建立岷江上游降水量—径流量—输沙量的相关关系，了解龙门山地区的降水量对输沙量的控制作用，进而通过降水量和输沙量来刻画龙门山短周期剥蚀作用。因此，本章试图通过对龙门山地形雨及其对降水量、径流量、输沙量等方面的控制作用的研究，探讨龙门山短周期剥蚀作用。

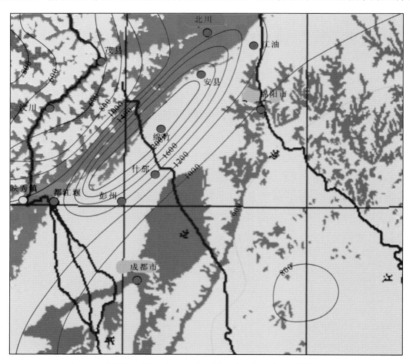

图 8-1　龙门山地势与地形雨降水量分布图（单位：mm）

8.1　山脉的隆升作用与剥蚀作用

当前，隆升作用与剥蚀作用（或气候）的相互作用过程的研究是近年来大陆岩石圈动力学和地球表面过程研究中最前沿的科学问题，对理解山地的形成和气候长期变化的机理提供了新的线索，具有重要的理论意义。但实际研究工作中，隆升作用与剥蚀作用(或气候)的相互作用过程也是一个难度极大的科学问题，自从 England 等(1990)提出这个"鸡与蛋"的问题后，许多研究者在讨论山地隆升问题时均重视了隆升作用与剥蚀作用(或气候)的影响。

隆升作用是青藏高原东缘新生代构造作用的重要表现形式之一。目前对青藏高原东缘的隆升过程和隆升幅度的研究相对较少。隆升(Uplift)的原始定义是"将一部分岩石抬升的过程或抬升一部分岩石的过程所造成的结果"，"即陆地的一个范围相对海平面或相对于周围其他地区的抬升或升高"，"这个术语最好限定在推测的隆升过程"(国际构造地质辞典，1983)。近年来的研究成果表明隆升有两种不同的形式，即岩石隆升(Rock uplift)或地壳隆升(Crust uplift)和表面隆升(Surface uplift)(Molnar et al.，1990)。山脉的表面隆升过程并不等于山脉的地壳隆升过程，表面隆升还受控于剥蚀作用。从理论上讲，山脉的表面隆升速率应等于地壳隆升速率与表面剥蚀速率之间差值，即：山脉的表面隆升速率等于地壳隆升速率与表面剥蚀速率的差，如果地壳隆升速率大于表面剥蚀速率，表面隆升速率为正值，山脉的海拔高程将不断升高；如果地壳隆升速率小于表面剥蚀速率，表面隆升速率为负值，山脉的海拔高程降低；如果地壳隆升速率等于表面剥蚀速率，表面隆升速率为零值，山脉的海拔高程将没有变化。因此，山脉的地貌高程实际上是地壳隆升速率与表面剥蚀速率的函数。从近年来国内外已发表的有关探讨山脉隆升方面的论文来看，一些学者主要以表层环境变化的纪录(砾岩、夷平面、阶地、生物和古土壤等)来推算山脉的隆升，而另一些学者则通过地球内部过程来研究山脉的隆升(如矿物的裂变径迹测定、正断层和熔岩年龄测定、地壳均衡、弹性挠曲等)，两种观点存在着明显的分歧和争论。但从理论上来看，我们认为前者揭示的是山脉的表面隆升过程，后者揭示的是山脉的地壳隆升过程。此外，通过我们对青藏高原东缘山脉的研究表明，青藏高原内部与边缘山脉在隆升机制和隆升过程的方面也存在着不同，边缘山脉的隆升并不等于青藏高原内部的隆升，青藏高原内部的隆升以构造隆升为主，边缘山脉的隆升以剥蚀隆升和构造隆升结合为特征。

剥蚀作用可分为面状剥蚀和线状剥蚀作用，其中河流下切作用是线状剥蚀作用中的主要类型。目前，河流下切速率与隆升速率相互关系的研究成为构造地貌学研究的前缘和争论的焦点问题之一(Montgomery，1994；Masek et al.，1994；Zeitler，2001；程绍平等，2004；李勇等，2005)。Maddy(1997)研究了英格兰地区隆升驱动的河流下切作用与阶地的形成，提出了利用阶地直接标定隆升作用，在国际地学界引起了对河流下切作用与隆升作用相互关系的争论。一些研究者(李愿军等，1996；Maddy，1997；王国芝等，1999；潘保田等，2000)将河流阶地纪录的下切速率等同于隆升速率，而另外一些研究者(李勇等，2005)则认为河流阶地纪录的下切速率不等于隆升速率，引发了对人们对山区河流动力学研究的兴趣。值得指出的是，水系模式控制了侵蚀作用的空间分布、沉积物传输和扩散以及盆地的沉积作用。水系是控制表面剥蚀作用最为重要的因素，因此，只有真正地认识了以水蚀作用为主的剥蚀作用的自然规律，才能精确地刻画剥蚀速率及其与隆升速率之间的关系，而该方向则是当前沉积学研究中最为前沿的研究方向之一。因此，一方面，贯流水系的阶地序列能够揭示山脉表面隆升的运动性质，反映表面隆升和变形，为其他任何方法所不能替代，如科罗拉多高原隆起和莱茵地盾隆起都是通过贯流水系研究取得了重要进展(Lucchitta，1979)；另一方面，对山脉的地壳隆升作用的研究也有助于对水系贯通的研究。

8.2　龙门山的地形雨

8.2.1　龙门山地形雨与降水分布

龙门山脉北东起广元市境内，南西到泸定县境内，全长 500km，呈弧形延伸形成的四川盆地边缘山脉与其呈北东向延伸，并与东南季风的水汽来源方向正交，水汽来源丰富，造成暖湿气流急剧抬升，绝热冷却，致使水汽在龙门山大量凝结，降水特多。位于该区域的青川县、安州区、北川县、什邡市、绵竹县、汶川县、彭州市、都江堰市等地区的暴雨量级高，平均年降水量、径流深也为四川省的最高值区。气流越过龙门山脉因山前发生降水而水分减少，当气流经过山脉时，沿迎风坡上升冷却，发生降水而减少水分。气流经过山脉后，沿龙门山背风坡下沉，按干绝热直减率增温，湿度也明显地减少，这一现象称为焚风效应。以上现象导致了龙门山地区存在明显的地形雨(图 8-1～图 8-3)。

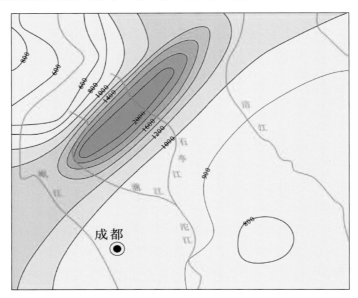

图 8-2　龙门山地区常年降水量分布图(单位：mm)

因此，位于龙门山西缘背风坡的小金县、理县、黑水县、松潘县、汉源县为少雨区，多年平均年降水量为 500～800mm，多年平均年降水量、径流深属于低值；位于龙门山区的汶川县及宝兴县、汉源县、青川县、平武县属高低值过渡区，高低值相间，多年平均年降水量分布为 800～1200mm；位于龙门山前缘的迎风坡则是多雨区，如安州区、北川县、什邡市、绵竹市、都江堰市、彭州市一带均属于龙门山暴雨高值区，多年平均年降水量为 1200～2200mm，其中在北川县、安州区、绵竹市一带的高值中心区年降水量最高值为 2500mm；如在北川县揺鼓雨量站实测的多年平均年降水量为 1419.8mm；在绵竹市天池站、汉王场站实测的多年平均降水量分别为 1479.2mm、1467.0mm；在安州区茶坪、晓坝站实测的多年平均降水量分别为 1534.0mm、1484.3mm(图 8-2，图 8-3)。

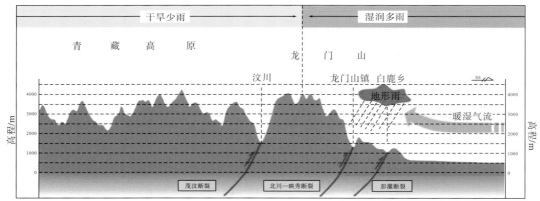

图 8-3　龙门山地区地形雨的形成机制示意图

8.2.2　龙门山地形雨的形成机制

龙门山地区地形雨的主要水汽来源为孟加拉湾、南海、东海。夏季，受东南季风和西南季风的影响，源源不断的水沿西南方向而上。由于云贵高原地势较高，西南气流至此，便折向东面绕行，至四川盆地内，气流即变为东南气流。受龙门山陡峻的山脉影响，在龙门山地区容易形成地形雨，造成龙门山东南坡的强降雨(图 8-4)。7、8 月西南季风和东南季风不断加强，受太平洋上空西伸的高压或西藏高压控制，强烈下沉气流造成连晴天气，加之龙门山脉东南迎风坡阻挡了来自东南的暖湿气流，在龙门山迎风坡形成强降雨带。此外，气流沿岷江河谷而上，由于河谷蜿蜒曲折，地势起伏不平，由地形触发的中小尺度降雨天气系统不断发生，致使渔子溪、紫坪铺一带形成暴雨区，造成位于背风面的岷江上游地区干旱少雨，而迎风面则暴雨频降。而当气流越过九顶山，进入背风坡的茂县附近时，由于下沉增温，形成焚风效应，致使该地区降雨为低值。在茂县以上至岷江河源之间的地区，由于其东面的雪宝顶和九顶山之间有一峡口，东南暖湿气流极易通过，加之高原地形抬升，故松潘地区的降水量较茂县多。

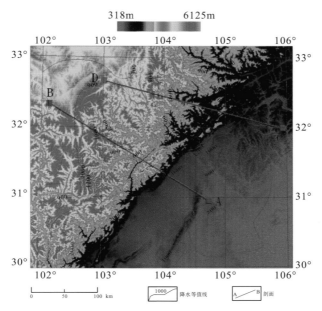

(a)龙门山中北段数字高程与降水量等值线图(AB、CD 线为高程剖面线)(单位：mm)

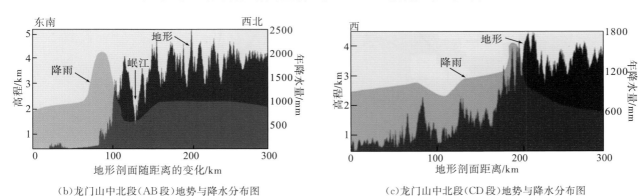

(b)龙门山中北段(AB 段)地势与降水分布图　　　　(c)龙门山中北段(CD 段)地势与降水分布图

图 8-4　龙门山中北段地形地势与降水量分布对比图

8.2.3　龙门山地区的暴雨中心

位于青藏高原东缘龙门山地区的降水量的分布主要受东南暖湿气流的影响。龙门山的东坡为迎风坡，雨量十分充沛，降水量大，是四川省暴雨中心之一，被称为鹿头山暴雨区。从东南方向输送过来的东南季风的暖湿气流，因受龙门山的阻挡，气流抬升而形成降水，在龙门山的山前区域形成暴雨中心，而处于龙门山西部背风坡的岷江河谷区则雨水稀少，气候干燥，形成少雨区。

在岷江流域，汶川以上雨量较少，而汶川以下则为暴雨区，即汶川中滩铺以下均为暴雨区，暴雨中心大都在渔子溪至灌县一带。中滩铺至汶川区间为暴雨波及区。如在 1964 年 7 月 20~21 日期间，位于暴雨中心的渣子溪站的雨量为 387.8mm，下索桥至灌县，平均雨量约为 236mm。在 1966 年 7 月 26～27 日期间，位于暴雨中心的寿溪站的雨量为 385.7mm，下索桥至灌县，平均雨量约为 228mm。汶川县北部、茂县、理县等地，处于降雨稀少的岷江干旱河谷区，属暴雨低值区，该区域地势高亢，水汽层和辐合层浅薄，致使多年平均年最大 24 小时暴雨分布量级差别不大，一般在 40mm 左右。就整个龙门山地区而言，汶川南部、青川、平武属高低值过渡区，多年平均年最大 24 小时暴雨分布在 40～100mm。

其余地区多年平均 24 小时暴雨分布在 100mm 以上，其中青川县—都江堰市，多年平均 24 小时暴雨分布在 100～180mm，北川县、青川县、绵竹市、安州区、什邡市、都江堰市、彭州市一带位于龙门山暴雨区，多年平均 24 小时暴雨分布在 130～180mm，位于暴雨中心的北川县、安州区、绵竹市年最大 24 小时暴雨等值线值为 180mm；位于暴雨中心区域的北川县擂鼓雨量站多年平均年最大 24 小时暴雨量为 181.4mm、安州区晓坝站雨量为 182.8mm、绵竹县天池站为 191.3mm，居四川省多年平均年最大 24 小时雨量之首。

8.3 龙门山地形雨的降水量与高程变化的相关性分析

降水量的分布主要受到海拔高程的影响，表现为随着高度的变化降水量有规律的变化，一般在河谷地区降水量少，而到了中山与高山过渡带，降水量增加迅速，最大降水量大约出现在高程 3000m。由于受到流域内部地形差异的影响，各流域降水量的垂直梯度变化在不同的地区不一样，主要表现在各子流域受其分水岭和高程变化的影响降水量垂直梯度有差异(图 8-5)。

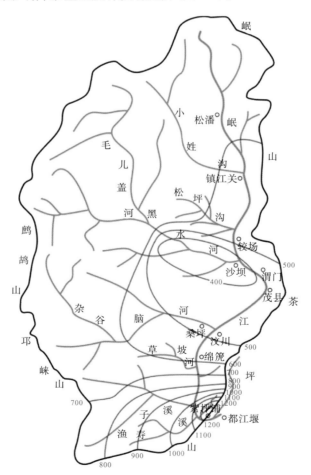

图 8-5 岷江上游多年平均降水量的等值线图(单位：mm)

本文根据岷江上游主要地形地貌分界线（龙门山、岷山以及各子流域分水岭）为划分依据，利用线性回归的方法分别计算了黑水河流域、杂谷脑河流域、岷江上游干流河谷以及岷江上游龙门山南坡 1982～1987 年平均降水量随海拔降低的垂直递减率。

8.3.1　黑水河流域降水量与高程变化的相关性分析

岷江上游黑水河流域（赤不苏站—黑水站—知木林站—三打古站）降水量与高程的相关系数为 0.8307，相关关系式：$Y=0.7195X-1082.8$。据此计算得出的降水量垂直递减率为 91mm/100m。通过回归直线计算所得出的降水量结果与实际观测数据较为吻合，偏差均小于 20mm（图 8-6），表明岷江上游黑水河流域的高程是影响该地区降水量变化的控制因素。

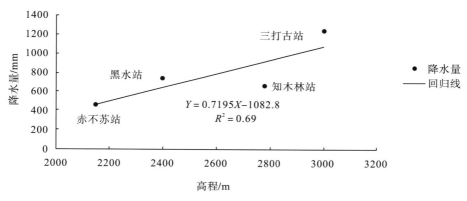

图 8-6　黑水河降水量与高程的相关性分析图

8.3.2　杂谷脑河流域降水量与高程变化的相关性分析

杂谷脑河流域（桑坪站—绵篪站—理县站—上孟站—米亚罗站）降水量与高程的相关系数为 0.9815，相关关系式为 $Y=0.1634X+278.53$。据此计算得出降水量垂直递减率为 18.4mm/100m，平均偏差为 12mm（图 8-7），表明杂谷脑河流域的高程是影响该地区降水量变化的控制因素。

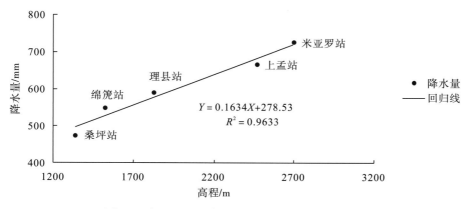

图 8-7　杂谷脑河的降水量与高程的相关性分析图

8.3.3　岷江干流北部（松潘—沙坝河段）降水量与高程变化的相关性分析

岷江干流松潘至沙坝河段（沙坝站—镇江关站—较场坝站—松潘站）降水量与高程的相关系数为 0.97，相关关系式为 $Y=0.2136X+33.882$。据此计算得出的降水量垂直递减率为 21.6mm/100m，平均偏差为 15mm（图 8-8），表明岷江干流松潘至沙坝的高程是影响该地区降水量变化的控制因素。

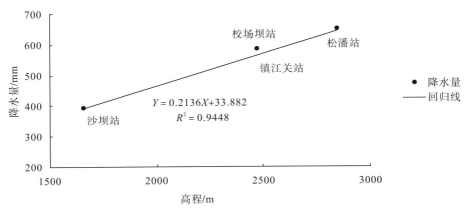

图 8-8　岷江上游干流河谷降水量与高程的相关性分析图

8.3.4　岷江干流南部(龙门山东南坡)降水量与高程变化的相关性分析

岷江流域南部的龙门山南坡(渔子溪站—寿溪站—关门石站)降水量与高程的相关系数为 0.82,相关关系式为 $Y = 89.186X + 840.47$。据此计算得出降水量垂直递减率为 43.3mm/100m,平均偏差为 6mm(图 8-9),表明岷江流域南部的龙门山南坡高程是影响该地区降水量变化的控制因素。

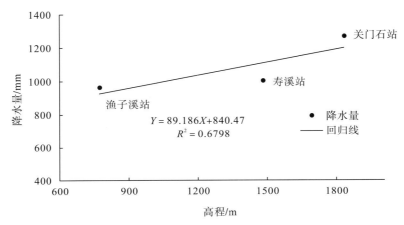

图 8-9　岷江上游龙门山南坡降水量与高程的相关性分析图

综上所述,岷江流域降水量垂直分布格局主要受其地形影响,位于岷江上游干旱河谷内的赤不苏、沙坝、渭门、桑坪站降水量为全流域的低值区,这是由于该地区的东南部九顶山阻挡了来自海洋的东南暖湿气流,在背风坡河谷地区形成"焚风效应"。气流在该地区下沉增温,空气中含水量减少,降水量值随之降低。当东南暖湿气流在下沉至干旱河谷底以后,会携带大量从河谷地区蒸发的水汽继续向西和北面移动。西进的气流遇到山体阻挡后,上升冷却凝结,在迎风坡形成大量降雨,随着气流的继续向西移动,山体的海拔高程也在逐步地升高,到黑水河流域的三打古和杂古脑河流域的米亚罗站附近,降水量达到峰值,这也是黑水河流域(赤不苏站—黑水站—三打古站)与杂古脑河(桑坪站—理县站—上孟站—米亚罗站)自东向西随着高程的增加,降水量逐步递增的主要原因(图 8-1,图 8-4)。经过干旱河谷后向北的气流则沿着岷江河谷地区继续北上,降水量也随着海拔增加而变大,当气流进入松潘高原以后,地形起伏变小,降水量变化趋于平稳。因此,岷江流域的降水量主要受东南暖湿气流的控制,暖湿气流沿岷江河谷上行,在"喇叭口"地貌特征的岷江流域形成两个强降雨带,其中一个在龙门山迎风口,另一个在黑水河流域,即显示为双峰型降水量[图 8-4(c)],其与龙门山其他地区显示为单峰型强降雨带具有明显的不同(曾超等,2011)。

8.4　岷江上游径流量与降水量的相关性分析

8.4.1　岷江上游径流量与降水量的趋势分析

本次采用了 1982～1987 年岷江上游(包括镇江关、姜射坝、七盘沟、中滩堡、赵尔坝、紫坪铺、二王庙、彭山、黑水、沙坝、杂谷脑、耿达、渔子溪、寿溪、杨柳坪等)15 个水文站的年径流数据以及紫坪铺水文站 1964～2003 年逐月径流数据；所采用的气象资料为该流域 1982～1987 年间松潘、黑水、杂谷脑、渔子溪、寿溪、米亚罗、杂谷脑、三打古、花红树等 21 个雨量站的降水量数据以及都江堰气象站 1964～2003 年逐月降水量资料。岷江上游各水文站的分布位置见图 8-10。

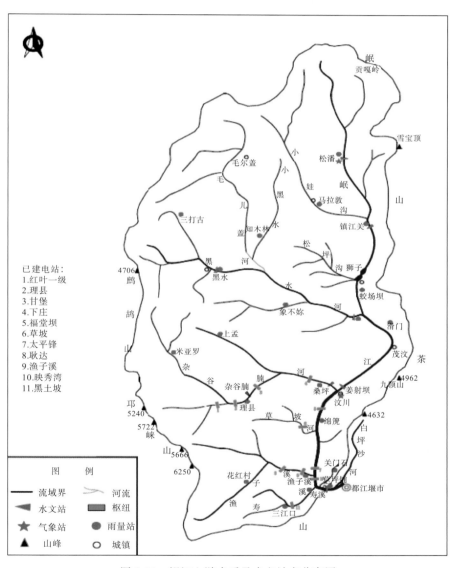

图 8-10　岷江上游水系及水文站点分布图

岷江上游(紫坪铺水文站)在 1980～2007 年期间的平均径流量为 132.6 亿 m³，折合径流深为 587.4mm。其中最小值出现在 2002 年，为 98.7 亿 m³，折合径流深为 437.4mm；最大值出现在 1992

年，为 158.6 亿 m³，折合径流深 702.9mm，其年际变差系数为 0.11。径流量总体呈下降趋势，从 1980 年至 2007 年减少了约 15 亿 m³，折合径流深约 44mm，约占多年平均径流量的 11%(图 8-11)。

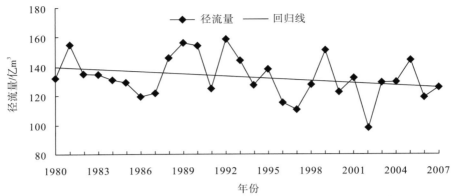

图 8-11　岷江上游(紫坪铺站)年径流量的变化趋势(1980～2007 年)

紫坪铺水文站在 1980～2007 年期间的平均降水量为 1201mm，其中最小值出现在 2007 年，为 763mm，最大值出现在 1990 年，为 1805mm。自 1980 年以来降水量总体呈下降趋势，到 2003 年减少了约 300mm，约占多年平均降水量的 13%。降水量的年际变差系数为 0.18(图 8-12)。

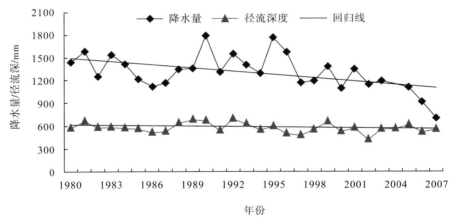

图 8-12　岷江上游径流量与降水量的变化趋势(1980～2007 年)

岷江上游的径流深与紫坪铺降水量均呈现减少趋势，两者变化程度基本一致，相关系数为 0.52。但也存在一些异常的年份，如 1996 年岷江上游的降水量大大高于平均值 1201mm，但该年的径流量并没有明显增加，而流域径流深度反而下降了约 100mm，据资料得知，1996 年在岷江有较大的水利工程开工建设。因此，可以得出导致 1995 年至 1996 年径流量下降的原因可能是岷江上游水利工程施工建设前期阻断岷江河道所致。

8.4.2　岷江上游径流量与降水量的季节性变化

岷江上游的丰水季节为 5～10 月，在此期间的径流量约为 100 亿 m³，合径流深约 445mm，约占全年总径流深度的 75%。枯水季节为 11 月至次年 4 月，在此期间的径流量为 32.6 亿 m³，合径流深约 142mm，仅占全年总径流深的 25%。该流域的径流峰值出现在 7 月，最大值为 1992 年的 36.2 亿 m³，合径流深约 161mm。

紫坪铺站(都江堰)的降水量于 4 月份开始增加，主要集中在 7 月和 8 月，最大降水量为 1981 年的 592.9mm。而在 11 月至次年 3 月期间，岷江上游降水与径流量均处于低谷时期，且变化比较平稳。在丰水期(5～10 月)紫坪铺站(都江堰)降水量为 1004.2mm，占全年降水总量的 80%以上(图 8-13)。

在岷江流域内降水量与径流量在季节上变化趋势较一致，相关系数达 0.86。在岷江流域内降水量与径流量的季节变化受大尺度的季风影响显著。从 4 月份开始,该流域的天气系统开始受西南季风和东南季风带来的暖湿气流影响,形成地形雨,5 月至 10 月期间的降水总量占全年的 75%～90%。而从 11 月到次年 3 月,岷江上游主要受高空西风环流南支气流的控制,由于西风从欧亚大陆西岸带来湿润水汽,经长距离运输和山脉的层层阻挡,到该区域时,水汽含量大大减少,使得降水减少,仅占全年 10% 左右。

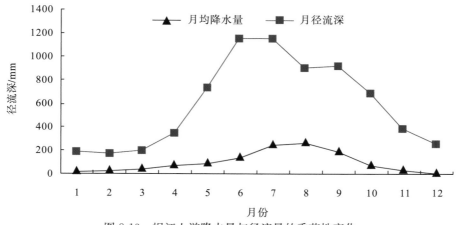

图 8-13   岷江上游降水量与径流量的季节性变化

8.4.3   岷江上游洪水的变化趋势分析

岷江是以降水补给为主的河流,降水的地区与径流分布地区基本一致。洪水发生的时间和地区则与暴雨区基本一致。从洪水发生的时间来看,岷江上游的主汛期为 7～9 月,一般又以 7、8 两个月的水量最大,洪峰出现的机会最多。

本次洪水变化趋势分析采用了年最大洪峰流量、年最大月平均流量和洪峰流量(大于 2500 m³/s)3 个指标来刻画,其中年最大洪峰流量可代表大洪水洪峰流量,最大月平均量代表汛期年洪水总量,洪峰流量(大于 2500 m³/s)可代表特大洪水或成灾洪水的流量。

1. 年最大月平均流量的年际变化

根据对紫坪铺水文站洪峰流量(图 8-14)资料的分析,可以看出在 1964 至 1982 年期间,在岷江上游汛期的最大月平均流量呈现为增大的趋势。都江堰市水文站的统计资料也表明,在 1964 至 1982 年期间,岷江上游的年洪水流量平均增加了 6.94 m/s,证实了岷江上游洪水总流量确实具有随年代变化而增大的趋势。

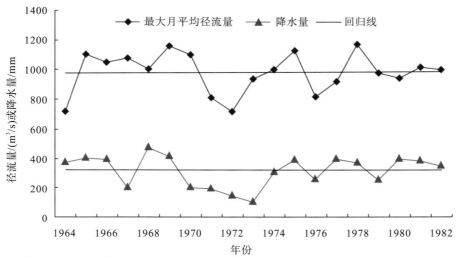

图 8-14   岷江上游最大月平均流量与对应的月降水量动态变化图(1964～1982 年)

2. 年最大洪峰流量的年际变化趋势

通过资料分析，紫坪铺水文站于 1964 年 7 月 22 日的洪峰量达 5840m³/s，为 1937 至 1986 年期间的最大洪水。从图 8-15 可看出，在 1937 至 1985 年期间，岷江上游的年最大洪峰流量呈现为逐渐减小的趋势。

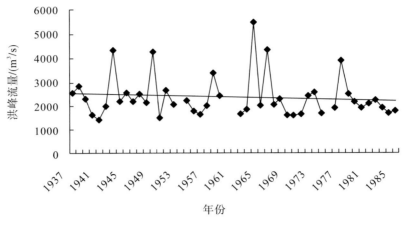

图 8-15　岷江上游紫坪埔水文站洪峰流量的动态变化图

3. 大于 2500m³/s 大洪水的动态变化分析

通过对紫坪铺水文站洪峰流量的统计，结果表明，洪峰流量大多在 2500m³/s 以上。在此基础上，对岷江上游大于 2500m³/s 时的成灾洪水的概率随时间的变化进行了分析（图 8-16），结果表明，大于 2500m³/s 的成灾洪水发生的概率呈现为明显减小趋势。

综上所述，岷江上游汛期的洪水总量呈现为增大的趋势，而年最大洪峰流量呈现减小的趋势，而且大于 2500m³/s 的成灾洪水概率也是呈减小的趋势。

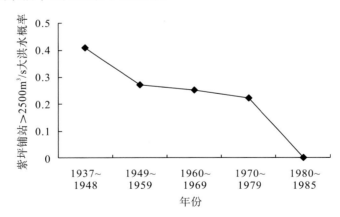

图 8-16　岷江上游（大于 2500m³/s）大洪水的概率动态变化图

8.4.4　岷江上游径流量与降水量的相关性分析

通过对岷江上游降水量与径流量的相关分析表明，二者相关系数为 $R=0.5223$，显示岷江上游的降水量与径流量变化具有一致性（图 8-17），降水量与径流量的相关关系式为 $Y=0.0324X+90.144$，表明在 2008 年汶川地震前，岷江上游径流主要受到降水的控制，随着降水量的增加，河流的径流量也相应增加，岷江上游的洪水主要是由暴雨形成的。

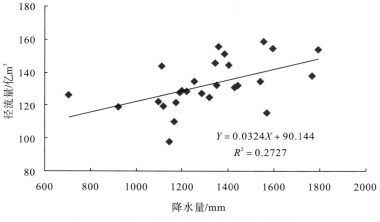

图 8-17　岷江上游降水量与径流量相关关系图

8.5　岷江上游输沙量与径流量的相关性分析

8.5.1　岷江上游输沙量与径流量的年际变化趋势分析

岷江上游(紫坪铺水文站)在 1980~2003 年期间的平均输沙量为 708 万吨。其中的最大值出现在 1992 年,为 899.7 万吨,最小值出现在 2002 年,为 565.7 万吨。其年际变差系数为 0.14。输沙量总体呈下降趋势,从 1980 年至 2003 年减少了约 50 万吨,约占多年平均输沙量的 7%(图 8-18)。

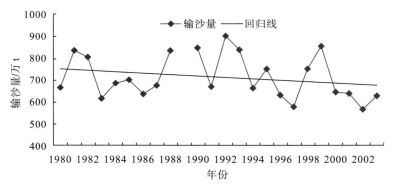

图 8-18　岷江上游(紫坪埔站)年际输沙量变化趋势图(1980~2003 年)

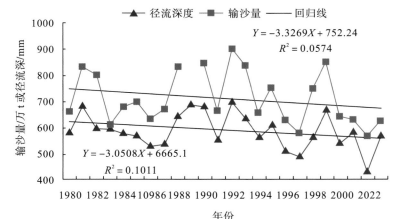

图 8-19　岷江上游的年径流量与输沙量变化趋势图(1980~2003 年)

岷江上游(紫坪铺水文站)在 1980～2003 年期间的平均径流量为 133 亿 m³，折合径流深度为 589.4mm。其中最大值出现在 1992 年，为 158.6 亿 m³，折合径流深度 702.9mm，最小值出现在 2002 年，为 98.7 亿 m³。其年际变差系数为 0.11。径流量总体呈下降趋势，从 1980 年至 2003 年减少了约 15 亿 m³，折合径流深度约 44mm，约占多年平均径流量的 11％(图 8-19)。显然，岷江上游的径流深与输 沙量均呈现减少趋势，两者变化程度基本一致，相关性显著，相关系数为 0.8869(图 8-19)。

8.5.2 岷江上游输沙量与径流量的季节性变化

岷江上游的丰水季节为 5～10 月，在此期间的平均径流量约为 102 亿 m³，折合径流深度约为 449mm，约占全年总径流深度的 76％。枯水季节为 11 月至次年 4 月，在此期间的径流量为 32.6 亿 m³，折合径流深度约为 142mm，仅占全年总径流深度的 25％。该流域的径流峰值出现在 7 月，其中最大值 为 1992 年的 36.2 亿 m³，折合径流深度约为 161mm。

岷江上游(紫坪铺水文站)在 1980～2003 年期间的平均输沙量为 708 万吨。在 5～10 月，输沙量占全 年输沙量的 95％以上，而 11 月至次年 4 月，期间输沙量仅占全年输沙量的 5％以下，该流域峰值出现 在 7 月份，占全年输沙量的 34％(图 8-18)。

岷江流域内的径流量与输沙量在季节上的变化趋势较一致，相关系数达 0.76(图 8-20)。岷江输沙 量的季节变化受径流量影响较大。从 4 月开始，随着径流量增大，输沙量开始增大，5 月至 10 月期间的 径流量占全年的 75％～90％，而输沙量则占全年的 90％以上。而从 11 月到次年 3 月，岷江上游径流量 仅占全年径流量的 10％～25％左右，输沙量仅占全年的 10％以下。

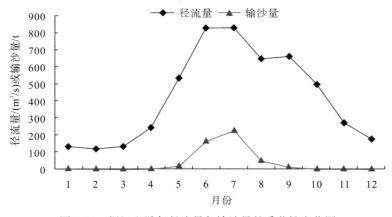

图 8-20 岷江上游年径流量与输沙量的季节性变化图

8.5.3 岷江上游输沙量与径流量的相关性分析

岷江为降水补给型河流，随着降水量的增加，河流的径流量也相应增加，进而岷江输沙量也相应增 加。通过对岷江上游(紫坪铺站)径流量与输沙量的相关性分析表明，二者相关系数为 0.8869，岷江上 游的径流量与输沙量变化规律基本一致(如图 8-21)，径流量与输沙量的相关关系式为 $Y = 5.9823X - 79.498$，表明年输沙量受控于年径流量的变化。

8.5.4 岷江上游输沙量与降水量的相关性分析

通过降水量与径流量的对比分析，可以得出降水量与径流量的相关关系，并且可以得到相关关系式 $Y_1 = 0.0324X_1 + 90.144$(式中 X_1 为降水量(mm)，Y_1 为径流量(亿 m³))。通过对径流量与输沙量之间的 相关关系研究，得出了径流量与输沙量之间的相关关系式为 $Y_2 = 5.9823X_2 - 79.498$(式中 X_2 为径流量

（亿 m³），Y_2 为输沙量（万吨））。根据以上公式，本次建立的降水量与输沙量之间的关系式为 $Y=0.1938X+459.7705$（式中 Y 为输沙量（万吨），X 为降水量（mm）），表明年输沙量受控于年降水量的变化。

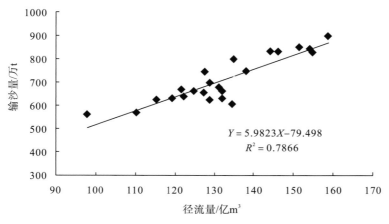

图 8-21　岷江上游年径流量与输沙量之间的相关性对比图

8.6　龙门山地区主要流域输沙量与径流量的相关性分析

8.6.1　岷江流域输沙量与径流量的相关性分析

根据岷江 15 个水文站（镇江关、姜射坝、七盘沟、中滩堡、赵尔坝、紫坪铺、二王庙、彭山、黑水、沙坝、杂谷脑、耿达、渔子溪、寿溪、杨柳坪）的年均径流量与输沙量资料，本次分析了岷江流域年径流量与年输沙量的年际变化趋势及相关关系。

图 8-22 表明，岷江流域年径流量与年输沙量均呈现出减少的趋势，两者变化规律较一致，相关系数 $R=0.9548$，属于显著相关（图 8-23），其相关关系式为：$Y=5.7595X-4.3183$，表明在岷江流域年输沙量受控于年径流量的变化。

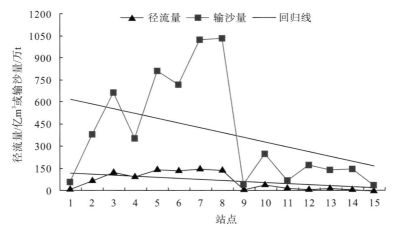

图 8-22　岷江流域各水文站对应的年均径流量与年均输沙量的对比图

水文站：1.镇江关；2.姜射坝；3.七盘沟；4.中滩堡；5.赵尔坝；6.紫坪铺；7.二王庙；8.彭山；9.黑水；10.沙坝；11.杂谷脑；12.耿达；13.渔子溪；14.寿溪；15.杨柳坪

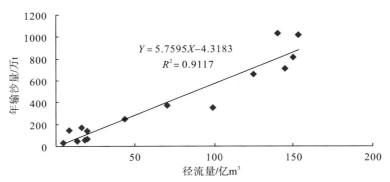

图 8-23　岷江流域各水文站年径流量与年输沙量的相关关系图

8.6.2　沱江流域输沙量与径流量的相关性分析

根据沱江 4 个水文站(关口、高景关、汉王场、三皇庙)的年均径流量与输沙量资料，本次分析了沱江流域年径流量与年输沙量的年际变化趋势及相关关系。

图 8-24 表明，沱江流域年径流量与年输沙量均呈现出增大的趋势，两者变化规律较一致，相关系数 $R = 0.9954$，属于显著相关，相关性高(图 8-25)，其相关关系式为：$Y = 8.0698X - 12.429$，表明在沱江流域年输沙量受控于年径流量的变化。

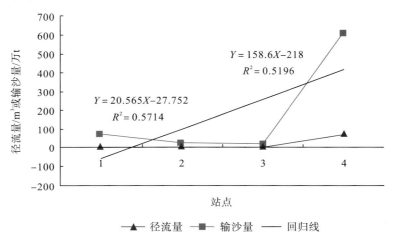

图 8-24　沱江流域各水文站对应的年均径流量与年均输沙量的对比图

水文站：1. 关口；2. 高景关；3. 汉王场 4. 三皇庙

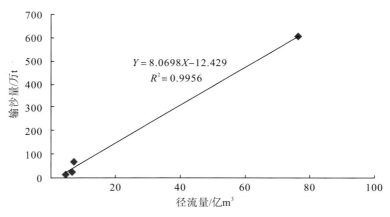

图 8-25　沱江各水文站年径流量与年输沙量的相关关系图

8.6.3　涪江流域输沙量与径流量的相关性分析

根据涪江 6 个水文站(麦地湾、涪江桥、三台、射洪、观音场、胡家坝)(图 8-26)的年均径流与输沙量资料,本次分析了涪江流域年径流量与年输沙量的年际变化趋势及相关关系。

图 8-27 表明,涪江流域年径流量与年输沙量均呈现出减少的趋势,两者变化规律较一致,相关系数 $R=0.931$,属于显著相关(图 8-28),其相关关系式为:$Y=10.902X+16.811$,表明在涪江流域年输沙量受控于年径流量的变化。

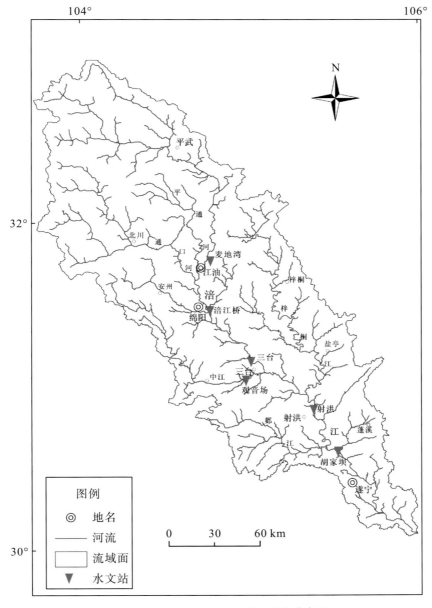

图 8-26　涪江上游水系及水文站点分布图

水文站:1.麦地湾;2.涪江桥;3.三台;4.射洪;5.观音场;6.胡家坝

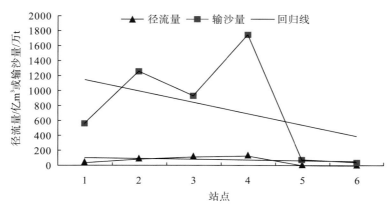

图 8-27　涪江流域各水文站对应的年均径流量与年均输沙量的对比图

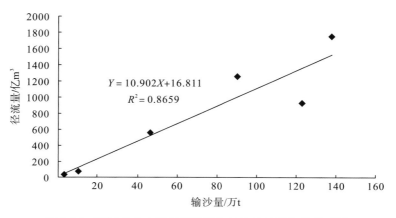

图 8-28　涪江各水文站年径流量与年输沙量的相关关系图

8.6.4　龙门山地区主要流域输沙量与径流量相关性的对比分析

根据岷江 15 个水文站(镇江关、姜射坝、七盘沟、中滩堡、赵尔坝、紫坪铺、二王庙、彭山、黑水、沙坝、杂谷脑、耿达、渔子溪、寿溪、杨柳坪),沱江 4 个水文站(关口、高景关、汉王场、三皇庙)和涪江 6 个水文站(麦地湾、涪江桥、三台、射洪、观音场、胡家坝)的年均径流量与输沙量资料,本次分析了龙门山地区主要流域年径流量与年输沙量的年际变化趋势及相关关系。

图 8-29 显示,龙门山地区主要流域年径流量与年输沙量均呈现为减少的趋势,两者变化趋势较一致,相关系数 $R=0.8587$,显著相关(图 8-30),其相关关系式为:$Y=7.0917X+11.162$,表明龙门山地区主要流域的年输沙量主要受控于年径流量。

根据收集到的水文资料,本次对龙门山地区的主要流域(岷江、涪江、沱江)的降水量—径流量—输沙量的相关关系进行了系统的研究,重点以岷江上游紫坪铺水文站为例,建立了紫坪铺站降水量—径流量—输沙量的相关关系式,并建立了岷江(15 个水文站)、涪江(6 个水文站)和沱江(4 个水文站)的年径流量—输沙量的相关关系式(表 8-1),研究结果表明,龙门山地区主要流域径流量—输沙量的相关系数为 0.8574~0.9954,显著相关,说明该区域径流量—输沙量的相关程度非常高,相关关系方程式适用于该地区。根据年径流量—输沙量的趋势分析表明,该区在地震前输沙量的变化主要受控制于降水量和径流量,而且年径流量和输沙量呈现为减少的趋势。

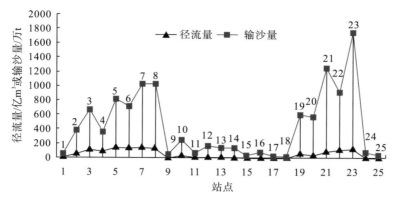

图 8-29　龙门山地区主要流域(岷江、沱江、涪江)年均径流量与年均输沙量对比图

水文站：1.镇江关；2.姜射坝；3.七盘沟；4.中滩堡；5.赵尔坝；6.紫坪铺；7.二王庙；8.彭山；9.黑水；10.沙坝；11.杂谷脑；12.耿达；13.渔子溪；14.寿溪；15.杨柳坪；16.关口；17.高景关；18.汉王场；19.三皇庙；20.麦地湾；21.涪江桥；22.三台；23.射洪；24.观音场；25.胡家坝

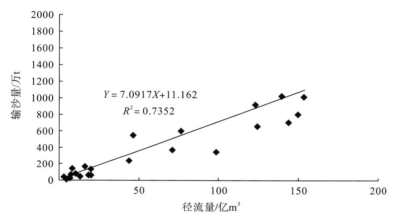

图 8-30　龙门山地区主要流域(岷江、沱江、涪江)年均径流量与年输沙量的相关关系图

表 8-1　龙门山地区主要流域径流量—输沙量的相关性对比

流域站点名称	相关系数 R	相关关系方程式
岷江上游(紫坪埔)	0.8869	$Y=5.9823X-79.498$
岷江流域	0.9548	$Y=5.7595X-4.3183$
沱江	0.9954	$Y=8.0698X-12.429$
涪江	0.9310	$Y=10.902X+16.811$
龙门山地区主要流域	0.8587	$Y=7.0917X+11.162$

第9章 岷江上游的水系样式与活动构造

9.1 岷江上游水系样式的基本特征

岷江是长江上游水量最大的一条支流，全长 735km，发源于岷山南麓，分东西两源，东源出于弓嘎岭，西源出于郎架岭，两源汇流于松潘县虹桥关(李龙成，2008)。干流河道自北向南，经茂县、汶川至都江堰，穿行于崇山峻岭之间。岷江干流进入都江堰灌区后，都江堰引水枢纽鱼嘴将干流河道分为内外两江，左为内江，右为外江，外江为其正流。两江在彭山江口镇复合，南流至乐山市。岷江在乐山右岸接纳大渡河和青衣江后，进入下游河段，岷江下游两岸为低山起伏的丘陵区，水流平缓，至宜宾汇入长江(图 9-1)。岷江流域面积为 135547km^2。

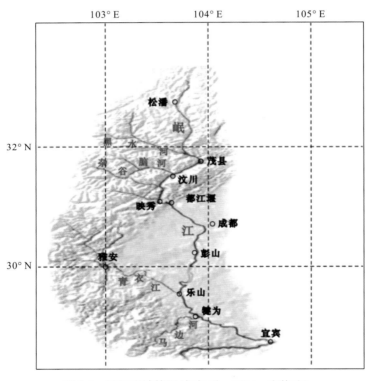

图 9-1 岷江流域简图(据杨勇，2004，有修改)

源头至都江堰鱼嘴段为岷江上游，全长约 340km，流域面积约为 23000km^2。相对于东侧，岷江上游西侧支流发育程度较高。岷江上游主要支流有小姓沟、黑水河、杂谷脑河、渔子溪、寿溪、龙溪河、白沙河等。发源于岷山南麓的岷江干流河道自北向南流至元坝川主寺时，左岸漳腊河首先汇入其中；干流继续向南，过松潘县城，至镇江关，右纳小姓沟；主干河道入茂县境内后，在普安寨附近，可见1933 年叠溪地震形成的堰塞湖大海子、小海子；岷江河道继续南下，过较场、叠溪旧城址后，南至两河口，右岸汇入黑水河；干流流向发生南西向偏转，至汶川县威州镇，右岸纳入岷江上游最大支流杂谷脑河，此处河宽增至 115m；岷江干流河道过映秀后，于枫香树右纳渔子溪；再南至漩口，河道出现一明显弯曲，急转东北，右纳寿溪；入都江堰市境内后，干流向东流过茅亭，左纳龙溪河；过紫坪铺水库坝址后干流流向转为东南，左纳白沙河，此处河宽 180m；干流南下，至都江堰引水枢纽鱼嘴，被分为左右两支，岷江上游段至此结束。

　　岷江上游总体呈 SN 走向，在特殊地貌和季风的共同作用下，焚风效应显著，干湿季分明。岷江上游地处北西西向的松潘—甘孜褶皱带、近东西向的西秦岭褶皱带和北东向的龙门山断裂带的交汇部位。在岷江东岸，高大的九顶山阻挡了东来的暖湿气流，再加上西岸的邛崃山，北部的岷山，岷江上游处于高山环峙之中(图 9-2)，焚风效应十分显著，使岷江沿线形成典型的干温河谷，其腹心地带位于茂县，河谷两岸植被稀疏，表土裸露，形成许多童山秃岭(曾洪扬等，2009)。但是在映秀、漩口等九顶山东侧区域受东亚季风影响，降水丰沛，年降水量 1000mm 以上，被称为华西雨屏。在岷江上游，5～10 月为整个流域的雨季，11～4 月为旱季。张一平等(2004)对岷江上游气候要素的时空分布特征进行了研究，结果表明，在岷江上游地区，降水与海拔高程呈正相关关系，随海拔高程升高，雨季和旱季的降水量均增加；雨季和旱季的平均气温随海拔高程的变化趋势一致，在海拔 2500m 以下，气温随高程增加而降低，每升高 100m，气温下降 0.6℃，而且随海拔升高，气温递减率在雨季、旱季相差不大；在海拔 2500m 以上，气温随高程增加而上升，在旱季，海拔高程每升高 100m，平均气温上升 0.47℃、在雨季上升 0.56℃，表明随着海拔高程的增加，旱季升温率较小，雨季升温率较大；岷江上游的积温与海拔高程呈负相关关系，不论是＞0℃、还是＞10℃的积温，随着海拔高程增加，积温值均下降；另外，该区域年干燥程度与海拔高度也呈负相关关系，岷江上游的干燥度随海拔下降而增加，高海拔地区一般较湿润，海拔越低越干旱，在海拔高程 1500～2000m 附近，干燥度可达 2.0 以上(张一平等，2004)。

图 9-2　岷江上游流域地貌图(据杨文光，2005，有修改)

　　岷江上游河段穿行于崇山峻岭之间，径流主要来源于大气降水。据统计，该区域多年平均流量为 230m³/s，平均径流模数为 16.1L/(s·km²)，折合为平均年径流量，其值为 5.8mm/a；该流域每年 5～10 月为丰水期，丰水期径流量占全年径流量的 78.8%，11～4 月为枯水期，枯水期径流量占全年径流量的 21.2%；岷江上游径流年际变化小，最大年平均径流量仅为最小年平均径流量的 1.75 倍(杨文光，2005)。由于岷江上游流经高原山地，气候干寒，雨量较少，径流深度不到 500mm。出山后进入四川盆地西缘，降雨增多，水量增大，径流深度超过 600mm。

9.1.1　岷江上游的水系平面样式

水系样式包括水系平面样式和河谷剖面样式两个方面，指组成水系的干支流的平面组合形态和各干支流河谷的剖面几何特征。

从图 9-3 可以较为直观地看出，岷江上游水系平面样式呈现出 3 个方面的特征：①根据岷江上游干流流向与活动断裂走向之间的位置关系，可将岷江上游干流河道分为两类，一类河道的河水流向大致平行或基本重叠于活动断裂的走向，另一类河道的河水流向与活动断层的走向垂直或斜交；②穿越龙门山断裂带的水系呈反"S"形弯曲；③相对于干流河道，岷江上游各支流水系呈不对称分布，岷江上游支流主要发育于岷江干流河道的西侧。

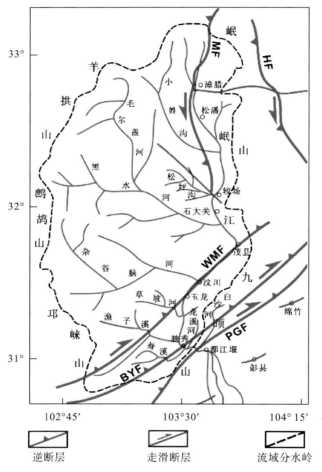

图 9-3　岷江上游水系样式与活动断层简图（据舒栋才，2005）
MF. 岷江断裂；HF. 虎牙断裂；WMF. 茂汶断裂；BYF. 北川断裂；PGF. 彭灌断裂

岷江是青藏高原东缘仅有的切过岷山和龙门山的两条河流之一（另一条为涪江）。岷江源头—玉龙（汶川县玉龙乡）河段主要位于岷山构造带和龙门山构造带西侧的川西高原地区，其中，河源—茂县河段的干流流向与岷江断裂的走向基本一致，均为近南北向，河谷的位置与岷江断裂的位置基本平行。茂县—玉龙河段干流流向变为北东—南西向，河谷的位置与岷江断裂的位置基本重叠。岷江玉龙—映秀河段位于茂汶断裂与北川断裂所夹持的后龙门山地区，岷江流向近南北，与茂汶断裂和北川断裂的走向斜交。映秀—都江堰河段位于北川断裂与彭灌断裂所夹持的前龙门山地区，河流流向与北川断裂和彭灌断裂的走向斜交，该河段的岷江流向变化较大，平面形态呈"S"形。

在映秀和都江堰附近，活动断裂切过岷江干流河道，河道被右旋扭错，河流流向也发生相应转折。

另外，穿越龙门山断裂带的支流水系，如草坡河、渔子溪、寿溪等，均表现为反"S"形弯曲。

以岷江主干河道为界，岷江上游水系表现为不对称分布特征。西岸支流发育，呈羽状水系结构，不但数量多而且流程长，自北向南，较大的支流有小姓沟、黑水河、杂谷脑河、渔子溪、寿溪等。川西高原也因岷江上游支流的溯源侵蚀，形成了沟谷纵横的线状侵蚀地貌。东岸的支流不仅少而且流程短，较大的支流仅有白沙河等，但其流程也远远小于岷江西岸支流。

9.1.2　岷江上游的水系剖面样式

我国地势西高东低，呈三级阶梯状分布，岷江上游河道贯穿一、二级阶梯的过渡地带，河道纵比降大，位于水系源头的弓嘎岭河段与位于四川盆地内的都江堰河段相对高差达 3000m 左右。参照张岳桥等（2005）"岷江主干河道面位势图"绘制出岷江上游干流纵剖面示意图（图 9-4），由图可知，岷江上游深切岷山—龙门山构造带，岭谷间相对高差巨大，在岷江上游北段，近南北向展布的岷江河谷两侧分别为若尔盖东山链和岷山隆起带，两岸山峰海拔一般为 4500～5000m，最高峰雪宝顶海拔高程达 5588m，岷江河谷海拔仅 2000～3000m，岭谷间相对高差达 2000m 以上。在岷江上游南段，河谷呈北东～南西向展布，河谷东西两侧为高大的九顶山和邛崃山，龙门山主峰九顶山海拔高程 4989m，受岷江及其支流的深切，在岷江上游南段局部山脊～河谷之间的最大高差达 3000m 以上。龙门山和岷山的山顶面可以看作岷江下切的出发点，由于长期的构造运动与剥蚀作用，原始的山顶面已遭到破坏，仅有部分山顶面保存相对完整。

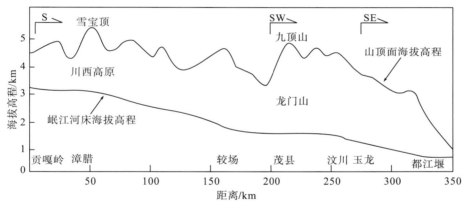

图 9-4　岷江上游干流纵剖面示意图

由图 9-4 可以看出，在岷江干流河床上，存在若干地势"陡坎"。在较场附近，不到 20km 河道长度内，河床地势高差达 400m（张岳桥等，2005），这一坡折点的位置与松坪沟断裂切过岷江干流河道的位置相对应，松坪沟断裂也是 1933 年叠溪 7.5 级地震的发震构造；在漳腊南侧和汶川附近，河床剖面也出现了较为明显的坡折。另外，岷江上游干流深切河谷的剖面几何形态总体上表现为上部宽坡型河谷和下部窄谷，窄谷位于岷江干流通过的地带，窄谷两侧谷坡为侵蚀三角面，局部保存阶地；在窄谷肩部与分水岭之间为宽坡型河谷，形态不规则，未保存有阶地，是由河流早期下切作用形成的，宽谷与山顶面之间的最大高差达 2000m 以上（张岳桥等，2005）。虽然从整体上看，岷江河谷剖面形态具有一致性，但在不同河段，河谷地貌也存在较为明显差异，总的来说，岷江源头—松潘河段和茂县—玉龙河段河谷相对开阔；松潘—茂县河段和玉龙—都江堰河段河谷较为狭窄。

总体来看，岷江上游干流河谷剖面样式主要表现为两个方面的特征：①岷江干流河床剖面上存在若干地势"陡坎"，分别位于漳腊南侧、较场和汶川附近，河床剖面出现较为明显的坡折；②岷江各河段河谷地貌存在明显差异，一部分河段河谷较为狭窄，另一部分河段河谷相对开阔。

9.2 岷江上游水系平面样式对活动构造的响应

岷江上游河流流向对汶川地震驱动的走滑作用的响应方式表明，活动断裂对岷江上游干、支流的流向具有后期改造作用。但岷江上游水系基本格局(如干、支流水系优势流向、水系的非对称性展布等)是否受活动断裂控制，水系平面样式是否是对龙门山地区活动构造的响应，将在本节中做详细讨论。

9.2.1 岷江上游的流向对活动断层的响应

龙门山地区处于松潘—甘孜造山带、西秦岭造山带和扬子地台的结合部位，活动断裂发育。从理论上分析，断裂活动易造成岩石破碎，从而在岩石表面形成抗风化软弱带，河流易于沿薄弱的抗风化软弱带发育，使河流的平面展布方向与活动断裂的走向一致。进一步分析表明，断裂构造是岩石在构造应力场作用下沿共轭剪切切面方向破裂所致，因而，水系展布方向可在一定程度上指示构造应力场共轭剪切破坏方向。共轭剪切理论认为，共轭剪切面锐角夹角的角平分线方向为构造应力场主压应力方向，钝角夹角的角平分线方向为构造应力场主张应力方向(尹克坚，1995)。另外，地形的倾斜程度对河流流向的影响很大，当地形倾斜角度较大时，倾斜的地表可能成为河流流向的决定因素。

本次研究以岷江上游水系图(图片来源于"www.baike.com"，有修改)为底图，首先将岷江上游水系进行折线化处理，在此基础上，以每5°角为一个测算单元，统计岷江上游水系的优势流向，做出该区域水系流向玫瑰图。考虑到岷江上游不同河段与活动断裂的位置关系及岷江干流的流向变化，本次研究不仅对该流域水系的流向进行全区统计，而且对岷江河道作了分段处理，对各段水系的流向进行相应的分区统计，并利用水系流向统计结果反演该区域的新构造应力场，分析岷江上游水系的流向对断裂活动的响应。

1. 水系流向的统计方法

从岷江上游水系图上虽然可以直观看出水系格局的某些规律性(如相对于干流河道，岷江上游各支流水系呈不对称分布；岷江上游干流河道流向大致平行、重叠于活动断裂走向或与活动断裂走向斜交)，但仅了解水系在宏观上表现出的特点，还不能揭示其形成的构造力学机制。为了对水系流向的构造成因进行分析，必须对水系流向进行数学统计，找出干、支流水系优势流向。在自然界中，水系的形成原因复杂，河道的形态各异，对弯曲而不规则的河道进行走向统计存在诸多困难。本次研究将河流自由端和干、支流交汇点作为结点，将各结点相连，弯曲的河道被转化为若干段折线，对代表水系的折线进行走向和长度统计，使水系流向的构造成因分析成为可能，具体处理步骤如下(唐红梅等，2000)。

(1)将曲线河道概化为折线。将曲线河道、自由端(图9-5：点1)与干、支流交汇点(图9-5：点2)相连，图9-5(a)中的曲线河道12便被转化为图9-5(b)中的直线1-2。用同样的方法，弯曲而不规则的河道被概化为规则的水系折线。

(2)对折线的走向和长度进行统计。将图9-5(b)中直线1-2的长度设为 $L_{1,2}$，方位角设为 $\theta_{1,2}$，则该直线可用 $L_{1,2}$ 和 $\theta_{1,2}$ 两个参数表示。同理，整个水系的所有河道就成为包含 L 和 θ 两个变量的集合。

(3)作水系展布方向玫瑰图。以 L 为权重，根据被折线化的河道走向和长度，做出研究区水系流向的玫瑰图。

在岷江上游水系图(图9-6)上，联接河流自由端和干、支流交汇点构成的诸结点，并考虑河道的关键转折方向，得到岷江上游水系折线图(图9-7)，以每5°角为一个测算单元，将各折线方向定义为所代表河段的走向(0°~180°)，将各线段长度作为相应河段的权重，其中，与活动断裂位置重叠的干流水系被赋予双倍权重，这样每条线段可以用两个参数(方位角 θ 和长度 L)来表示，全部河段就成为包含两个变量(θ 和 L)的集合。将这些资料输入程序中，并对获取的初步图形中一些次要方位角作光滑处理，同时，如与主方位角相距 15°内存在具有次级优势的方位角，将两者尖瓣相连以表明水系展布的区域优势，得到岷江上游的水系流向玫瑰图。

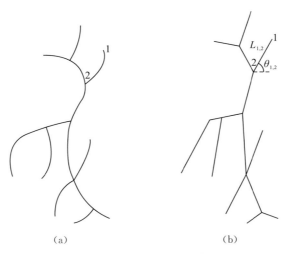

图 9-5　水系折线处理示意图

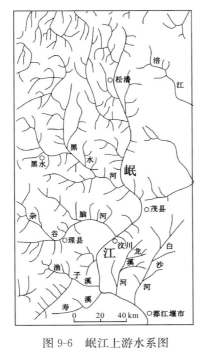

图 9-6　岷江上游水系图

（图片来源于"www.baike.com"，2009，有修改）

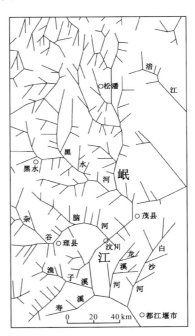

图 9-7　岷江上游水系折线图

2.岷江上游水系流向的统计

岷江上游水系贯穿了川西高原(岷山构造带西缘)、龙门山构造带和成都盆地的边缘。其中，在河源至茂县河段，岷江干流河道主要沿岷江断裂展布方向发育，茂县至玉龙河段，岷江干流的流向发生了北东—南西向偏转，河谷的位置与茂汶断裂的位置基本重叠，茂县以下河段切过龙门山断裂带，干流河谷走向与北川断裂和彭灌断裂斜交。因此，本次研究以茂县、玉龙为界，将岷江上游水系分为三段，岷江源头(贡嘎岭)至茂县干流河段及其支流为岷江上游北段水系，茂县至玉龙干流河段及其支流为中段水系，玉龙至都江堰河段为南段水系。本次研究除对岷江上游水系的流向进行全区统计外，还对各段水系的流向进行了相应的分区统计。

　　图 9-8 为岷江上游全流域水系的流向玫瑰图，从图中可以看出，北东 15°、北东 50°和北西 315°优势方向明显，其中，15°角和 50°角比较粗钝，315°角较为尖锐，角度粗钝表明水系在该方向及其附近区域均较为发育，在邻近 15°的 0°角方向上和邻近 50°的 35°角方向上，水系也比较集中。因而，本次研究将相对粗钝的 50°和 15°作为水系的两组优势流向。此外，在近东西的北东东和北西西两个方向上，均有一些尖瓣。

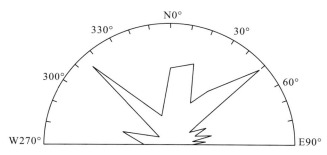

图 9-8　岷江上游全流域的水系流向玫瑰图

　　在岷江上游的北段，15°角优势显著，远远超出其他方向，且角度较粗钝，285°为另一优势方向，但远逊于 15°。两优势方向所交锐角的角平分线方向为 60°。此外，在北西 315°、北东 50°，水系也有一定分布。该段水系最显著特点是干、支流水系主要沿北北东向发育(图 9-9)。

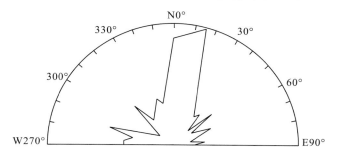

图 9-9　岷江上游北段的水系流向玫瑰图

　　在岷江上游的中段，水系发育的两组优势方向分别为 50°和 315°，次之为 10°。在 315°方向上，玫瑰图角度相当尖锐，在 50°方向上角度较为粗钝。两组优势方向所交锐角的角平分线方向为 92.5°，锐角夹角为 85°，该段水系主要沿北东方向发育(图 9-10)。

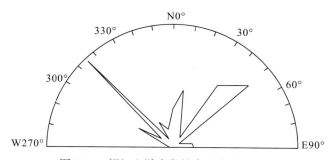

图 9-10　岷江上游中段的水系流向玫瑰图

　　从图 9-11 中可以直观地看出，在岷江上游的南段，岷江水系主要沿 4 个方向发育，其中，两组优势方向分别为 50°和 315°，角度均较尖锐；75°和 355°为另两组优势方向，355°方向的角度较尖锐，75°方向的角度较粗钝。在 50°和 315°方向所交锐角的角平分线为 92.5°，在 75°和 355°方向所交锐角的角平分线为 35°。

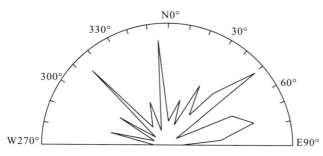

图 9-11　岷江上游南段的水系流向玫瑰图

3. 全流域水系流向与主干断裂走向的关系

龙门山地区的活动断裂主要集中于岷山构造带西缘和龙门山构造带内，包括岷江断裂、茂汶断裂、北川断裂、彭灌断裂等主干断裂及它们的分支断裂。其中，岷江断裂呈近南北向展布，略向北西偏转；茂汶断裂、北川断裂和彭灌断裂同属龙门山构造带，均呈北东—南西向展布，走向大致为 $N35°\sim60°E$。总的看来，龙门山地区的断裂构造主要沿近南北向和北东—南西向发育。

如前所述，河流易于沿断裂活动形成的抗风化软弱带发育，表明活动断裂对水系流向具有一定程度的控制作用。由图 9-8 可知，全流域水系统计的两组最优势流向为 50°和 15°，与 15°邻近的 0°方向上和与 50°邻近的 35°方向上的水系分布具有次级优势，水系优势展布方向与岷江断裂和龙门山构造带几条主干断裂展布方向一致，反映了龙门山地区沿北东和近南北两个方向展布的活动断裂大致控制了该流域的水系流向。

水系流向对活动断裂的响应，归根结底是水系流向对区域构造应力场的响应。在构造应力场作用下，沿共轭剪切方向，岩石易遭受破坏而形成断裂带，断裂的持续活动造成断裂带附近岩石破碎程度高。同时，在挤压应力场作用下，平行于活动断裂方向上岩石抗侵蚀能力减弱，这也为支流水系大致沿平行于活动断裂走向的方向发展演化提供了足够的空间。因此，岷江上游干、支流水系大多沿构造应力场共轭剪切面（活动断裂走向）及其平行方向上的一系列岩石破碎带发育，河谷的优势走向也在一定程度上代表了区域构造应力场作用下岩石的共轭剪切破裂方向。在一般情况下，剪切破裂面的锐角角平分线方向指示了构造应力场的主压应力方向，钝角角平分线方向对应着主张应力方向。

在整个岷江上游流域，水系最优势流向分别为 50°和 15°，次之为 315°，考虑到共轭夹角一般应大于45°，因而由水系展布方向推测全区构造应力场主压应力方向为 92.5°。在构造应力场作用下，地球内部岩石破裂，释放能量，引发地震，地震激发的地震波蕴含了震源运动的信息，因而，通过震源机制解可以了解现代构造应力场的状态，震源机制解 P 轴方向与发震时的最大主压应力方向有关。根据震源机制解可知（图 9-12），在整个龙门山地区新构造应力场主压应力方向为近东西向，主压应力轴 P 轴近于水平。根据水系走向统计结果得到的全区主压应力方向为 92.5°，水系统计结果所得主压应力方向与震源机制解反演所得结论基本吻合。此外，西南地区原地应力测量资料（侯治华等，2002）也表明龙门山地区的最大水平主压应力方向为北西西—北西向。

4. 岷江上游北段的水系流向与岷江断裂走向的关系

图 9-9 显示，在岷江上游北段，岷江水系主要沿 0°和 15°方向展布（0°和 15°尖瓣相连），其展布方向与该区主要断裂—岷江断裂的走向基本一致。在该区域，岷江干流河谷的位置与岷江断裂的位置基本平行，表明岷江源头—茂县河段的干流流向受岷江断裂所控制。在整个岷江上游北段水系的优势流向与岷江断裂的走向也较为一致，究其原因，如前所述，在压应力场作用下，主干断裂两侧的岩层易于沿断裂平行方向破碎，支流水系大多沿一系列岩石破碎带发育，逐步形成明显的线性水系。

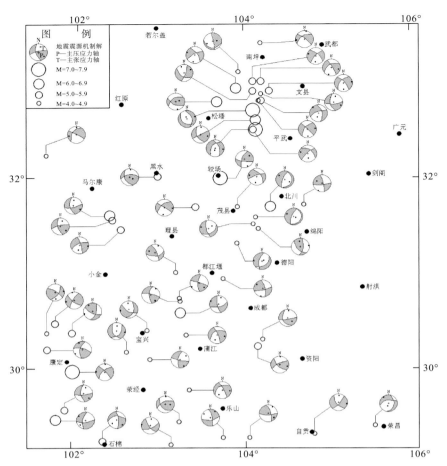

图 9-12　岷江上游及邻区历史地震的震源机制解(据李勇等, 2006)

如果完全遵从共轭剪切破坏理论而不考虑其他因素, 在岷江上游北段, 由该区域水系统计结果反演所得的主压应力方向为 60°, 主张应力方向为 150°, 这一结论与周荣军等(2006)根据震源机制解计算出的该区域现代构造应力场主压应力方向比较接近。此外, 侯治华等(2002)利用水系分布密集度法计算了松潘地区的主压应力方向, 得出"松潘地区河谷分布的两组优势方向锐角等分线为北东 72°, 钝角等分线为 162°, 该区域的主压应力方向为北东东向"这一结论, 与本次研究所得结论较为一致。

5. 岷江上游中段的水系流向与茂汶断裂走向的关系

从图 9-10 可以看出, 在 50°方向上, 水系玫瑰图的角度较为粗钝, 分布范围较广, 与 50°邻近的 35°方向上水系也比较集中。一些学者(周荣军等, 2000)指出, "茂汶断裂在该区域发生了轻度的向东偏转, 由区域性的 N40°~50°E 偏转为 N50°~60°E, 偏转角度大致为 10°"。上述分析表明, 在岷江上游中段水系的流向主要受北东—南西向的茂汶断裂及与之大致平行的岩层破碎带所控制。在该区域岷江干流河谷的位置几乎与茂汶断裂的位置重合。

岷江上游中段的水系区域较狭窄, 支流较少, 根据水系展布方向反演的构造应力场主压应力方向为 92.5°。

6. 岷江上游南段的水系流向与区域构造应力场的关系

在玉龙—都江堰段岷江干流贯穿了整个龙门山断裂带, 干流流向与北川断裂和彭灌断裂的走向斜交, 而并未如岷江上游其他河段干流沿活动断裂发育。前已述及, 地形的倾斜对河流流向有较强控制作用, 当地形的倾斜角度较大时, 倾斜的地表可能成为河流流向的决定因素。北川断裂是龙门山高山区和四川盆地西缘中低山区的分界线, 该断裂两侧地貌反差强烈, 西侧高山区海拔高程达 4000~5000m, 东侧中低山区仅为 1000～2000m(李勇等，2006；周荣军等，2006)。在该区域，地形由北西向南东方向显著倾斜，因而，在该区域岷江干流流向主要受控于地形特征。

但岷江上游南段水系的流向是否仍在一定程度上反映了区域构造应力场的控制作用？从图 9-11 可以直观地看出，岷江上游南段的水系主要沿 50°、315°、75°和 355°四个方向发育，其优势展布方向与何玉林等(1992)研究所得到的整个岷江—沱江水系优势展布方向较为一致。究其原因，岷江上游南段处于整个岷江—沱江流域的近中心位置，由于受控于共同的构造应力场作用，导致其水系发育方向基本吻合。另外，本次研究以每 5°角作为一个测算期间，测算结果可能存在一定误差。参照前人研究结果，将50°、315°和 75°、355°分别配套，求得两组水系优势方向所夹锐角的角平分线分别为 92.5°和 35°。

张致伟等(2009)根据震源机制解求出龙门山断裂带主压应力 P 轴方位为北西西—南东东向，与水系优势方向 50°和 315°所夹锐角的角平分线方向(92.5°)基本一致(表 9-1)，表明沿 50°和 315°方向展布的水系受到北西西—南东东向压应力的控制。岷江上游南段的水系流向统计表明，该区域的水系展布仍在一定程度上反映了区域构造应力场的控制作用。

表 9-1　岷江上游地区水系流向的计算结果

分区	水系优势方向		max₁ 和 max₂ 的夹角		P 轴	T 轴
	max₁	max₂	锐角	钝角		
全区	50°	315°	85°	95°	92.5°	2.5°
北段	15°	285°	90°	90°	60°	150°
中段	50°	315°	85°	95°	92.5°	2.5°
南段	50°	315°	85°	95°	92.5°	2.5°
	75°	355°	80°	100°	35°	125°

9.2.2　岷江上游河道的水平位错对右旋走滑作用的响应

上述研究表明，断裂活动对岷江上游的水系流向及水系基本格局具有控制作用。在岷江水系的基本格局形成以后，活动断裂对干流及支流流向的后期改造作用主要体现在断裂上盘的右旋走滑作用对岷江上游河道水平位错量的控制。

岷江河道因汶川地震驱动的走滑作用而发生水平错动，形成新的河流流向转折点。若干次历史地震驱动的走滑作用使切过活动断裂的河道沿某一方向发生同步弯曲，水系所记录的位移量是其经历的断裂位移之和，是对自水系形成以来断裂总的水平位移量的反映。由图 9-13 可以看出，穿越龙门山断裂带的河流表现为反"S"形弯曲，表明该断裂带自河流形成以来存在右旋走滑活动，河道的水平位错是对断裂右旋走滑作用的响应。

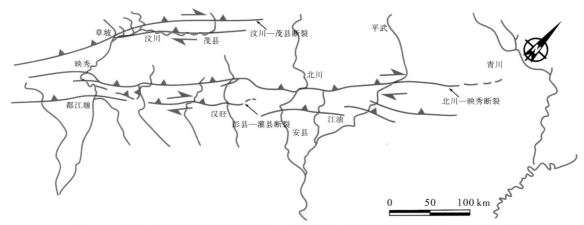

图 9-13　龙门山断裂带断裂水平滑动与水系扭曲关系图(据李海兵等，2008，有修改)

1.岷江支流河道的水平位错与茂汶断裂右旋走滑作用的关系

茂汶断裂总体走向 N30°~50°E，倾向 NW，倾角 50°~70°，在草坡附近，发育一条与主干断裂大致平行的压扭性次级断裂，该断裂切过岷江上游水系时，在草坡—汶川段，岷江支流水系因断裂右旋走滑而被反"S"形同步扭曲(图 9-13)，最大扭错量达 500~700m，经测量，被断层扭错的茂汶断裂自中、晚更新世以来平均右旋走滑速率为 1~1.4mm/a。沿茂汶断裂走向追索，在石鼓和高坎附近，山脊也有被断层右旋错断的痕迹，石鼓和高坎被切山脊右旋位错量分别为 150m 和 40m 左右。在石鼓附近山脊面上覆盖有河流相沙砾石层，为岷江Ⅵ级阶地沉积物，经热释光法测定的年龄值为 157.6±11.8ka。在高坎附近山脊斜坡上保存着岷江Ⅲ级阶地堆积物，热释光年龄值为 42.1±3.5ka(周荣军等，2006)，据此估算茂汶断裂在石鼓和高坎附近的平均右旋走滑速率分别为 0.952mm/a 和 0.950mm/a(表 9-2)，两数值非常接近。另外，周荣军(2006)、马保起(2005)等根据地表变形量数据估算该断裂自晚第四纪以来右旋走滑速率为 0.8~1.0mm/a。上述分析表明，自中、晚更新世以来，茂汶断裂的水平滑动速率变化不大，为 0.8~1.4mm/a。

表 9-2　茂汶断裂的水平断错地貌特征

地点	地貌单元	水平断距/m	地貌单元年龄/ka	水平滑动速率/(mm/a)
草坡—汶川一带	岷江支流水系	500~700	500	1~1.4
石鼓	岷江Ⅵ级阶地	150	157.6±11.8	0.952
高坎	岷江Ⅲ级阶地	40	42.1±3.5	0.950

2.岷江河道的水平位错与北川断裂右旋走滑作用的关系

由图 9-13 可以看出，穿越北川断裂的岷江上游河道及相邻水系表现为较为明显的反"S"形弯曲。由于缺乏标识其他河流形成时间的地貌证据，本次研究仅分析岷江干流扭错量与北川断裂右旋走滑作用之间的关系。由图 9-14 可知，在都江堰虹口乡八角庙村以西，北川断裂分为南北两支，北支沿八角庙村—高原村—龙池镇北侧山坡—映秀镇一线展布，走向 NE50°，在映秀镇附近切过岷江干流，沿断裂走滑方向，岷江干流河道产生了约 3300m 的累积水平位错(图 9-15)。

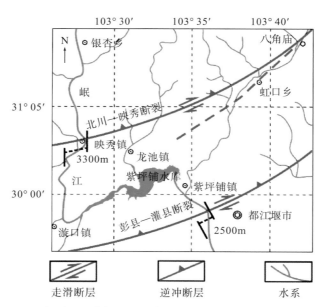

图 9-14　北川断裂和彭灌断裂的右旋水平滑动与岷江水系河道位错关系图

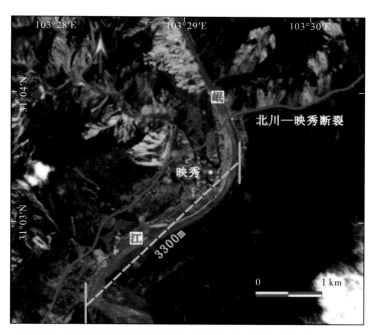

图 9-15　岷江干流河道的累积水平位错(底图据付碧宏等，2008)

根据断裂累积水平位移量和水系形成时间，我们可以估算北川断裂的水平滑动速率。由于缺乏直接标定岷江河谷初始下蚀时间的测年数据，本次研究从流域输沙量和龙门山山前晚新生代沉积记录推断岷江上游干流水系的形成时间。

根据输沙量计算流域面状剥蚀速率是当前较为成熟的一种研究方法(Summerfield et al.，1994)，岷江上游多年平均输沙量为 $536.67 \times 10^4 \mathrm{m}^3/\mathrm{a}$，流域面积为 $23000 \mathrm{km}^2$，在本次研究中，假定自晚新生代以来，输沙量大致保持恒定，岷江流域的年平均剥蚀速率为：

$$V_1 = \frac{V_{in}}{S_0} = \frac{536.67 \times 10^4 \mathrm{m}^3/\mathrm{a}}{23000 \mathrm{km}^2} = 0.23 \mathrm{mm}/\mathrm{a} \tag{9-1}$$

式中，V_1 为岷江上游的年平均剥蚀速率；V_{in} 为多年平均输沙量；S_0 为流域面积。

由输沙量计算所得的剥蚀速率主要是河流机械剥蚀作用的反映，岷江上游的剥蚀速率除机械剥蚀速率外，还应包括化学剥蚀速率。据研究，岷江流域机械剥蚀速率与化学剥蚀速率之比为 3：1(李勇等，2006)，那么，该区域化学剥蚀速率 V_2 约为 0.08mm/a，因此，岷江上游的总剥蚀速率(V)应为机械剥蚀速率(V_1)与化学剥蚀速率(V_2)之和，即：

$$V = V_1 + V_2 = 0.23 \mathrm{mm}/\mathrm{a} + 0.08 \mathrm{mm}/\mathrm{a} = 0.31 \mathrm{mm}/\mathrm{a} \tag{9-2}$$

值得注意的是，剥蚀作用由面状剥蚀作用和线状剥蚀作用构成，根据机械剥蚀速率和化学剥蚀速率计算出的岷江上游总剥蚀速率是该区域的面状剥蚀速率，而我们本次研究的河流下切作用是线状剥蚀作用的主要形式。李勇等(2006)指出，岷江上游的面状剥蚀速率约为岷江干流河道剥蚀速率(线状剥蚀速率)的 30%，在此基础上，可计算出岷江上游的线状剥蚀速率，计算结果如下：

$$V' = \frac{V}{0.3} = \frac{0.31 \mathrm{mm}/\mathrm{a}}{0.3} = 1.03 \mathrm{mm}/\mathrm{a} \tag{9-3}$$

本次把岷江上游左岸分水岭山顶面作为河流下蚀后残留的初始准平原面，把河床的海拔高程作为河流下蚀的最低界面，山顶面与岷江河床之间的相对高差代表自岷江上游形成以来河流下切的总深度。岷江上游山顶面与岷江河床的最大相对高差大致为 3500m 左右，该数值即为自岷江上游形成以来河流下切的最小深度。本次研究把利用输沙量计算所得的剥蚀速率作为自岷江上游形成以来岷江干流的平均剥蚀速率。岷江上游的初始下切时间为：

$$T = \frac{H}{V'} = \frac{3500 \mathrm{m}}{1.03 \mathrm{mm}/\mathrm{a}} = 3.4 \mathrm{Ma} \tag{9-4}$$

式中，T 为岷江开始下切时间；H 为山顶面与河床的最大相对高差；V' 为根据输沙量计算所得的河流下切速率。

但是从严格意义上说，由输沙量所获得的剥蚀速率为短周期剥蚀速率，本次研究假定"自晚新生代以来，输沙量大致保持恒定"，这一假定条件是否与实际情况相似，由此计算所得的岷江上游初始下切时间是否可信，还需进一步验证。因而，本次研究除利用流域输沙量计算岷江上游的初始下切时间外，还利用龙门山山前晚新生代沉积记录推断岷江上游干流水系的形成时间。

近年来，李勇（1994）、王凤林等（2003）对成都盆地西缘的大邑砾岩（成都盆地西部地表剖面和盆地内钻井剖面均揭示大邑和灌县一带的大邑砾岩系古岷江带出，并且大邑砾岩是成都盆地中最古老的岷江冲积砾石层）开展了详细的年代学研究，并先后在大邑砾岩若干出露点采集了大邑砾岩填隙物和砂质透镜体的样品，选取其中的石英砂用电子自旋共振法测定其年龄，不同剖面大邑砾岩的主要砾石成分和所测大邑砾岩年龄值列于表 9-3。由电子自旋共振测年资料可以看出，大邑砾岩的形成时间为 2.3～3.6Ma，其中，大邑砾岩最古老年龄值位于彭州丁家湾剖面。这一时间值的地质含义在于成都盆地内岷江冲积扇形成时间约为 3.6Ma，据此推测，岷江上游干流水系的形成时间也大致为 3.6Ma，与根据输沙量计算所得的岷江上游初始下切时间基本一致。根据岷江干流河道的累积水平扭错量（3300m）和干流水系的初始形成时间（3600ka）可知，自岷江形成以来，北川断裂的平均右旋走滑速率为 0.92mm/a。

表 9-3　大邑砾岩年龄值及主要砾石成分（据李勇等，2006）

剖面名称	白塔湖剖面	汤家沟剖面	白岩沟剖面	庙坡剖面	大邑剖面	丁家湾剖面
年龄值/Ma	2.3	2.5	2.6	2.7	2.7	3.6
主要砾石成分	石英岩 闪长岩 花岗岩 变质砂岩	石英岩 闪长岩 辉长岩 变质砂岩	粉砂岩 砂岩 石英岩 岩屑砂岩	石英岩 凝灰岩 辉绿岩 花岗岩	花岗岩 石英岩	花岗岩 闪长岩 辉长岩 片岩

沿该断裂走向追索，北川断裂从岷江上游支流白沙河西岸Ⅲ级阶地后缘穿过，阶地右旋错动量约50m，在该阶地面上距地表约 1m 处取亚砂土经热释光测年，年龄值为 50ka（马保起等，2005），表明自晚更新世以来，北川断裂的右旋走滑速率大约为 1mm/a。另外，周荣军（2006）根据胥家沟等断错冲沟的右旋位错量和同期沉积物测年值推测，北川断裂晚第四纪以来右旋走滑速率为 0.82～1.3mm/a（表 9-4）。由以上分析可知，距今 3.6Ma 以来，北川断裂的右旋走滑速率为 0.82～1.3mm/a。

表 9-4　北川断裂的水平断错地貌特征

地点	地貌单元	水平断距/m	地貌单元年龄/ka	水平滑动速率/(mm/a)
映秀	岷江干流水系	3300	3600	0.92
白沙河西岸	岷江支流Ⅲ级阶地	50	50	1
白水河东	胥家沟	20～30	23.3～24.3	0.82～1.3

3. 岷江干流河道的水平位错与彭灌断裂右旋走滑作用的关系

彭灌断裂发育于中生代地层中，由多条次级断裂断续相接而成，总体呈北东走向，倾向北西，倾角较陡。若干切过断裂的河道因该断裂的右旋滑动而同步弯曲（图 9-13）。在都江堰市以北，彭灌断裂切过岷江干流河道，岷江干流被右旋扭错约 2500m（图 9-14），岷江上游的形成时间大致为 3.6Ma，表明自岷江上游河道形成以来，彭灌断裂在该区域平均右旋滑动速率为 0.69mm/a。沿该断裂追索，在都江堰西南侧的大邑油茶树，彭灌断裂从一洪积扇上切过，扇面上一冲沟侧壁被右旋位错了 78m，若冲沟位错开始时间与距今 87800±6900a 的洪积扇顶部年龄大致相当（周荣军等，2006），表明自晚第四纪以来，在大邑附近，彭灌断裂右旋走滑速率为 0.88mm/a。在都江堰东北侧的彭州通济场菩萨堂一带，发育于洪积扇上（顶部年龄 96000±7300a）的一冲沟侧缘壁被彭灌断裂右旋位错了 75m（周荣军等，2006），该断裂在该处的水平滑动速率值为 0.78 mm/a(表 9-5)。以上分析表明，相对于茂汶断裂和北川断裂，彭灌断裂的水平滑动速率值较小，为 0.69~0.88mm/a，均值为 0.78mm/a。

表 9-5　彭灌断裂的水平断错

地点	地貌单元	水平断距/m	地貌单元年龄/ka	水平滑动速率/(mm/a)
都江堰北	岷江干流水系	2500	3600	0.69
油茶树	冲沟侧壁	78	87.8	0.88
菩萨堂	冲沟侧壁	75	96	0.78

上述分析表明，切过活动断裂的岷江干、支流河道的水平位错是对断裂走滑活动的响应，据此计算出龙门山主干活动断裂中，茂汶断裂和北川断裂的水平滑动速率相对较大，彭灌断裂水平滑动速率值最小。

4. 龙门山活动断裂的右旋走滑分量对比

李勇等(2006)对龙门山活动断裂带的研究结果表明，龙门山构造带的 3 条主干断裂晚第四纪以来均显示由北西向南东的逆冲运动，并具有显著的右旋走滑分量。本次利用岷江上游干、支流水平扭错量对龙门山活动断裂右旋走滑分量进行了标定，结果表明，在龙门山构造带中，3 条主干断裂的走滑分量滑动速率值(为 0.69~1.4 mm/a)属同一个数量级。其中，切过岷江支流河道的茂汶断裂右旋走滑速率为 1~1.4mm/a，穿越岷江干流河道的北川断裂和彭灌断裂的右旋滑动速率分别为 0.92mm/a 和 0.69mm/a (表 9-6)。

岷江两岸河流阶地及冲沟侧壁也因活动断裂的右旋走滑作用而发生水平扭错，根据水平扭错量和相应的测年值计算出龙门山各主干断裂的走滑速率为 0.78~1.3mm/a。在不同参照体系中计算所得的活动断裂走滑速率平均值(其中茂汶断裂为 1.1mm/a；北川断裂为 1.01mm/a；彭灌断裂为 0.78mm/a)表明，在龙门山构造带中，各主干断裂右旋走滑分量的滑动速率有自北西向南东逐渐减小的趋势，即从龙门山后山带至前山带主干断裂的走滑作用越来越弱(表 9-6)。

表 9-6　龙门山活动断裂的滑动速率　　　　　　　　　(单位：mm/a)

参照体系	茂汶断裂	北川断裂	彭灌断裂
岷江干、支流河道	1~1.4	0.92	0.69
岷江阶地及冲沟侧壁	0.95	0.82~1.3	0.78~0.88
平均值	1.12	1.01	0.78

9.2.3　岷江上游非对称性水系展布特征对差异性隆升作用的响应

从岷江上游水系图上可以直观地看出，相对于干流河道，岷江上游各支流水系呈不对称分布，干流西岸的支流不仅数量多，而且流程长，东岸的支流数量少、流程短。张会平等(2006)以 ArcGIS 为技术平台，利用现有的嵌入水文分析模块，系统也提取了 67 个四级以上(含四级)的亚流域盆地，其中，干流西侧有 31 个(图 9-16，1♯~31♯)，东侧有 36 个(图 9-16，32♯~67♯)。整个岷江水系流域盆地的汇水点为成都盆地内的都江堰市，而相应各亚流域盆地的汇水点则分别为位于岷江干流上的各支流汇入岷江干流的交汇点。本次在对前人(张会平等，2006)所提取的典型地貌参数进行分析的基础上，重点研究岷江上游水系非对称性展布特征的形成机制。

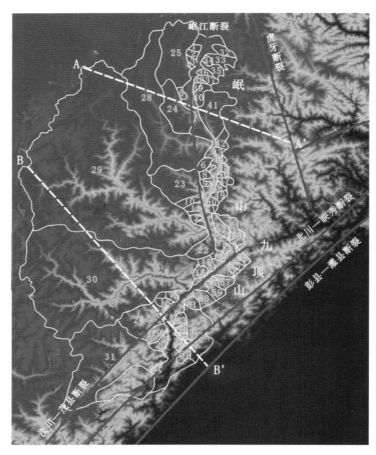

图 9-16　岷江上游 67 个四级以上(含四级)亚流域盆地分布图

1. 岷江上游亚流域盆地不对称性分布的成因机制分析

对岷江上游东西两侧亚流域盆地面积的统计结果表明，100km² 以下的亚流域盆地占绝大多数，其中，西侧有 21 个，东侧有 30 个，占盆地总数的 76.2%。虽然干流西侧 1000km² 以上的大型盆地只有 4 个，自北向南，分别为小姓沟流域盆地(28♯)、毛尔盖河—黑水河流域盆地(29♯)、杂古脑河流域盆地(30♯)和渔子溪流域盆地(31♯)，但这 4 个盆地的总面积都比较大，其中，毛尔盖河—黑水河流域盆地的面积甚至达 7202 km²。再加上大于 500 km² 的 3 个亚流域盆地—岷江源流域盆地(25♯)、草坡河流域盆地(26♯)、寿溪流域盆地(27♯)，在岷江西侧，面积大于 500 km² 的亚流域盆地总面积占整个西侧亚流域盆地总面积的 90% 以上。在岷江东侧，所有亚流域盆地的面积均小于 500 km²(图 9-17)。上述分析结果表明，面积较大的亚流域盆地均集中于岷江西侧。岷江东侧的盆地数量较多，但面积普遍很小。

对岷江干流东、西两侧 67 个亚流域盆地周长进行统计的结果显示，岷江干流东、西两侧亚流域盆地的周长存在显著差异。岷江东侧大部分亚流域盆地的周长都小于 50km，周长小于 50km 的亚流域盆地达 28 个，周长 100km 以上的盆地仅两个，一个为白沙河流域盆地(62♯)，其汇水点在都江堰市紫坪铺镇附近；另一个亚流域盆地的汇水点在松潘县岷江乡附近(41♯)。在干流的西侧，虽然周长大于 100km 的亚流域盆地仅有 9 个(23♯~31♯)，其数量占西侧亚流域盆地总数的 29%，但这 9 个盆地的总周长占西侧亚流域盆地总周长的 90% 左右(图 9-17)。上述分析结果表明，与干流东侧相比，西侧亚流域盆地的周长相对更长，大型盆地相对较多。

岷江干流东侧的各亚流域盆地水系总长度基本都小于 200km，水系总长度大于 200km 的亚流域盆地仅 3 个，其汇水口分别位于松潘县岷江乡(41♯)、茂县沟口乡(53♯)和都江堰市紫坪铺镇附近(62♯)。干流东侧未见水系总长度大于 1000km 的亚流域盆地。在岷江干流西侧，水系总长度小于 200km 的亚流域盆地 21 个，数量占东侧亚流域盆地总数的 67.7%，但 21 个盆地的水系总长度均很小。

干流西侧水系总长度大于 200km（22♯、23♯、24♯、26♯、27♯）和大于 1000km 的亚流域盆地（25♯、28♯、29♯、30♯、31♯）各 5 个，这 10 个亚流域盆地规模较大，水系总长度占西侧盆地水系总长度的95％以上（图 9-17）。由此可知，岷江上游支流水系主要集中于干流西侧规模较大的亚流域盆地中。

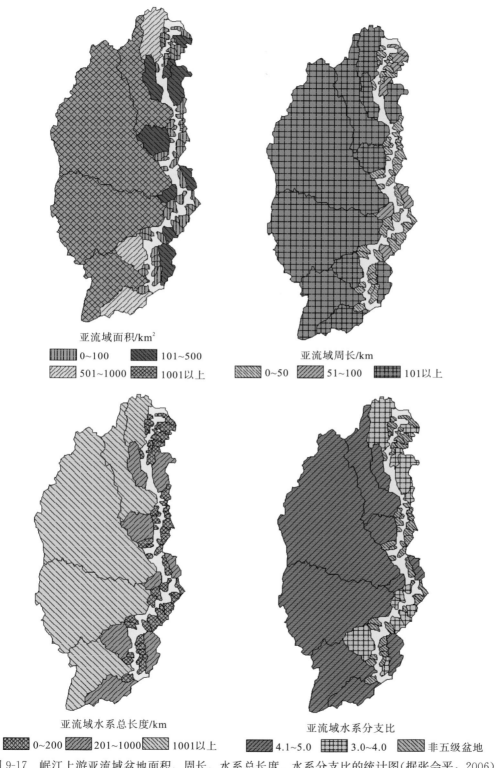

图 9-17　岷江上游亚流域盆地面积、周长、水系总长度、水系分支比的统计图（据张会平，2006）

为了定量描述主干河道东西两侧各支流的发育程度，引入河流分支比（Rb）这一概念。河流分支比指流域盆地内每一级别水系的总数与下一级别水系总数比值的平均数（Mccullagh，1978）。河流分支比计算公式为（张会平等，2006）：

$$Rb = \frac{\dfrac{N_1}{N_2} + \dfrac{N_2}{N_3} + \dfrac{N_3}{N_4} + \cdots \dfrac{N_{n-1}}{N_n}}{n-1} \tag{9-5}$$

式中，N_n 为每一级别水系的总数；n 为水系级别。

河流分支比的大小反映了流域盆地内各次级水系发育程度的高低。

对比张会平等（2006）对岷江主干河道东、西两侧所有五级盆地河流分支比的统计结果（图9-17），可以看到，在东侧的10个五级盆地中仅有汇水口位于沟口乡（53♯）和紫坪铺镇（62♯）附近的两个盆地河流分支比为4.1～5.0，其余盆地河流分支比较小，仅为3.0～4.0。西侧的五级盆地共13个，其中，8个（22♯～24♯，27♯～31♯）表现出较高的分支比（分支比为4.1～5.0），表明西侧的亚流域盆地内各次级水系发育程度更高。

2. 岷江上游水系不对称性展布的成因机制分析

岷江主干河道东侧水系的亚流域盆地表现为面积小、周长短、水系总长度短等特征；岷江上游的支流主要发育于岷江主干河道的西侧，因而，西侧水系的亚流域盆地面积相对较大、盆地周长和水系总长度相对较长。

鉴于岷江干流东、西两侧的岩性大致一致，气候条件也基本一致，因此，我们认为岷江上游水系不对称发育是对晚新生代以来岷江干流东、西两侧不均衡隆升的响应。

岷江源头—茂县干流河段大致沿岷江断裂发育，在岷江上游水系图（图9-16）上选取横切岷江干流河道和岷山构造带的区域AA′，作地形剖面图。从图9-18（a）可以看出，与岷江干流西侧相比，岷江干流东侧的地貌梯度显然要大得多，在不到30km的水平距离内，分水岭顶面与岷江河床之间的相对高差达1000m以上。究其原因，主要是松潘—甘孜褶皱带向北东方向楔入西秦岭造山带，位于松潘—甘孜褶皱带东北隅的岷江断裂和虎牙断裂受到反方向构造应力阻挡而差异逆冲（张会平等，2006），夹持于两断裂之间的岷山构造带强烈隆升，岷江西侧的川西高原则相对稳定，因而，岷江源头至茂县河段支流水系不对称展布是对岷山隆升的响应。在茂县—都江堰河段的干、支流水系主要位于川西高原和穿越龙门山区，在岷江上游水系图（图9-16）上选取横切岷江干流河道和龙门山构造带的区域BB′，作地形剖面图（据张岳桥等，2005，有修改）。从图9-18（b）可以看出，岷江东侧的地貌梯度显然比西侧更大。在茂县至都江堰河段的岷江支流水系不对称展布是对龙门山快速隆升的响应。

在岷江东侧各亚流域盆地内水系长度较短，表征了东侧支流水系未完全发育或处于新近成生状态（张会平等，2006）；同岷江东侧的隆起区相比，川西高原则相对稳定，为各支流水系提供了足够的发育时间和空间，因而，岷江西侧的支流数量较多、长度较长、亚流域盆地面积较大，水系的发育程度相对成熟。

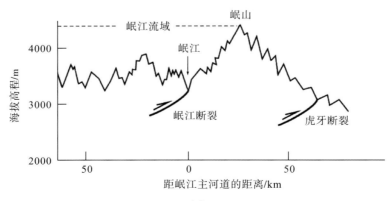

（a）

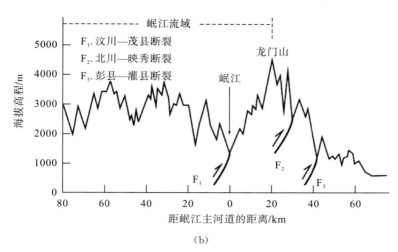

图 9-18　岷江上游地区地形剖面图

综上所述，本次探讨了岷江上游水系平面样式对活动构造的响应，可得出以下结论：

（1）岷江上游干、支流流向是对活动断裂和区域构造应力场的响应。整个岷江上游水系的两组最优势流向（50°和 15°）与龙门山地区活动断裂的走向基本一致。本次以茂县、玉龙为界，将岷江上游水系分为三段。在岷江上游的北段和中段，干流河谷的位置与岷江断裂和茂汶断裂的位置基本平行和重叠，干、支流水系的优势流向与活动断裂走向基本一致，表明岷江上游北段和中段水系的流向是对断裂活动的响应。在岷江上游南段干流流向与活动断裂走向不一致，但水系流向的统计结果表明，该区域的水系流向仍在一定程度上反映了区域构造应力场的控制作用。

（2）在龙门山区，若干次历史地震驱动的走滑作用使岷江上游河道沿断裂走向发生反"S"形同步弯曲，表明岷江河道的水平位错是对断裂走滑活动的响应。根据干、支流河道的扭错量和被扭错河道的形成时间，计算出茂汶断裂自中、晚更新世以来的平均右旋走滑速率为 1～1.4mm/a；北川断裂和彭灌断裂自岷江形成以来平均右旋走滑速率为 0.92mm/a 和 0.69mm/a，从而表明，在龙门山构造带中，各主干断裂右旋走滑分量的滑动速率有自北西向南东逐渐减小的趋势。

（3）岷江上游的支流主要发育于岷江主干河道的西侧，西侧水系的亚流域盆地面积相对较大、盆地周长和水系总长度相对较长。岷江主干河道东侧水系的亚流域盆地具有面积小、周长短、水系总长度短等特征，表明岷江干流东、西两侧水系的非对称性展布特征是对晚新生代以来岷山和龙门山强烈隆升的响应。

9.3　岷江上游河谷剖面样式对活动构造的响应

岷江上游河床剖面形态对汶川地震驱动的逆冲作用的响应方式表明，断裂的差异活动不仅使河床剖面形态趋于复杂化，还导致各断裂所控制的推覆体构造抬升量也存在差异，若干次历史地震使各断裂所控制的推覆体构造（如茂汶断裂与北川断裂所夹持的后龙门山推覆体、北川断裂和彭灌断裂所夹持的前龙门山推覆体等）抬升幅度和抬升速率显著不同，因而，流经不同地貌单元的岷江各河段因不同地貌单元的差异隆升而具有不同的河谷剖面样式。

岷江上游干流的下蚀作用强烈，在流经区域内河谷深切，但不同河段的河谷地貌形态、河床梯度剖面形态、河流阶地拔河高程、河流阶地面垂直位错量等河谷剖面样式具有不同特征。进一步分析可知，河谷地貌形态、河流阶地的拔河高程及河床梯度剖面等河谷剖面样式主要是对所流经地貌单元整体隆升的响应，而河流阶地面的垂直位错量是活动断裂上盘逆冲量的直接反映。

根据岷江上游的干流流向与活动断裂走向的关系，将岷江上游分为纵向河段和横向河段，岷江上游的纵向河段(贡嘎岭—玉龙河段)主要发育于岷山和龙门山主峰带西侧的川西高原地区,河流流向大致与岷江断裂和茂汶断裂的走向一致;岷江上游的横向河段(玉龙—都江堰河段)主要发育于龙门山主峰带东侧的龙门山前山带,河流流向斜交于北川断裂和彭灌断裂的走向。

9.3.1 岷江上游河谷剖面样式对差异性隆升的响应

在岷江上游不同河段的河谷地貌形态、河床梯度剖面、河流阶地拔河高程(及计算所得的河流下蚀速率)等河谷剖面样式的差异性是对所流经川西高原地貌区、龙门山高山地貌区、山前冲积平原区(成都盆地)等地貌单元差异隆升的响应。

1.岷江河谷地貌形态的差异性分析

根据蒋良文(1999)对岷江上游各河段河谷地貌形态的研究成果,本次将岷江上游河段大致划分为4个Ⅰ级段,若干个Ⅱ级段(表9-7)。

表9-7 岷江上游干流河谷地貌的分段特征

Ⅰ级段	总体特征	Ⅱ级段	基本特征
贡嘎岭—松潘段	开阔的"U"形河谷	贡嘎岭—虹桥关段	沿弓嘎岭盆地和漳腊盆地发育,谷底宽约300~2000m,呈"U"形
		虹桥关—松潘段	"U"形蛇曲河谷,谷底宽100~500m
松潘—茂县段	宽窄相间的"V"形河谷	松潘—较场段	深切的"V"形峡谷
		较场—飞虹桥段	堵江回水、河面较宽,河谷呈狭窄"U"形
		飞虹桥—茂县段	宽窄相间的"V"形深谷,谷底宽约200~300m
茂县—玉龙段	狭窄的"U"形河谷	茂县—文镇段	谷底相对较宽,呈"U"形,谷底宽约200~500m
		文镇—玉龙段	河谷相对狭窄,呈"U"形,谷底宽约100~200m
玉龙—都江堰段	由窄变宽的"V"形河谷	玉龙—映秀段	典型的"V"形深谷
		映秀—都江堰段	河谷相对较宽,呈"V"形

从表中可以看出,岷江干流不同的河段河谷地貌表现出不同的形态特征。其中,岷江弓嘎岭—玉龙河段主要发育于岷山—龙门山构造带西侧的川西高原地貌区,河谷总体较为开阔,多呈"U"形。但松潘—茂县河段的河谷呈宽窄相间的"V"形,特别是松潘—较场河段为典型的"V"形河谷,水流湍急,两岸峭壁如削,河流深切入基岩。究其原因,主要是松潘—较场这一局部河段位于岷江断裂和虎牙断裂所夹持的岷山隆起带之上(图9-19),该隆起带现今的抬升速率约为1.5mm/a(周荣军等,2000),抬升的动力来源于岷江断裂和虎牙断裂推覆逆掩过程所导致的差异运动(图9-20),岷山隆起带快速抬升导致了强烈的垂直侵蚀作用,因而,岷江松潘—较场河段的河谷剖面几何形态显示为深切的"V"形。

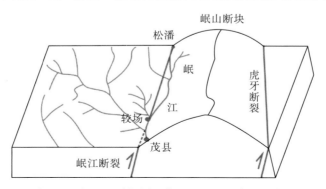

图9-19 岷江上游松潘—茂县段的差异隆升示意图

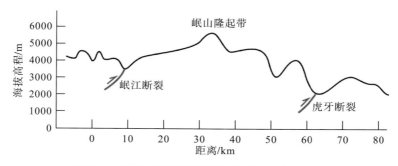

图 9-20　岷山地区的地形剖面图(据李勇，2006)

岷江的玉龙—都江堰河段切过龙门山高山地貌区，其干流的流向与北川断裂和彭灌断裂的走向斜交。茂汶断裂和北川断裂所夹持的后龙门山地区显著隆起，流经该地区的玉龙—映秀河段的河谷为典型的"V"形深切峡谷，阶地面相对狭窄，阶面上的堆积物较薄。与后龙门山地区相比，北川断裂和彭灌断裂所夹持的前龙门山地区的抬升幅度相对较小(图 9-21，图 9-22)，流经前龙门山地区的映秀—都江堰河段的河谷形态虽大致呈"V"形，但河谷和阶地面均相对较宽，阶面堆积物也较厚。

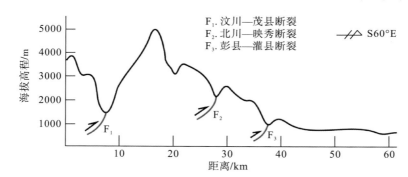

图 9-21　龙门山中段的地形剖面图(据李勇，2006，有修改)

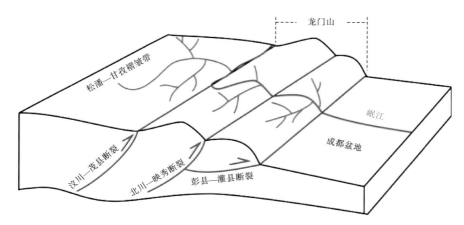

图 9-22　龙门山逆冲推覆作用对水系样式的控制作用示意图

2.岷江河床梯度剖面的差异性分析

本次运用河流纵剖面半对数曲线分析岷江上游不同河段河床梯度的变化，对比纵向和横向两个河段河床梯度的差异性。

一个理想的梯度均衡的河道半对数曲线是一条直线，某一河流河床梯度对于理想平衡河道河床梯度的背离，能够在半对数曲线图中显示出来，河床梯度系数(K)是反映任一河段(如河段"A-B")河床梯度状况的指标，其关系式为：

$$K = \frac{H_a - H_b}{\ln L_b - \ln L_a} \tag{9-6}$$

式中，H_a 为 A 点的海拔高程；H_b 为 B 点的海拔高程；L_a 为 A 点距河源的水平距离；L_b 为 B 点距河源的水平距离；K 为"A-B"河段的河床梯度系数。

本次运用河床梯度系数(K)这一指标来分析岷江上游河床梯度的变化情况，将各河段河床梯度系数列于图 9-23 中。

由图 9-23 可知，河床梯度系数的极低值出现在漳腊盆地内，仅为 84，漳腊盆地内部的坡度平缓、坡降小，岷江流经该盆地时，流速缓慢，河道弯曲，心滩发育。出漳腊盆地后，岷江沿岷山构造带西缘，流经岷江断裂展布区(川西高原)，河床梯度系数变大，达到 1135。岷江南流入茂县后，干流河道进入茂汶断裂展布区(川西高原)，河床梯度系数进一步加大到 1165。过汶川县玉龙乡，岷江穿越北川断裂和彭灌断裂展布区(龙门山)，河床梯度系数达到最高值 2204。当岷江越过彭灌断裂，进入成都盆地后，河床梯度系数骤降为 678。

上述结果表明，在岷江流经的不同地貌单元内，河床梯度系数(K)呈明显的不同。在整个岷江上游干流河道中，在穿越龙门山地貌区的横向河段河床梯度系数最大，是纵向河段的 1.9 倍，表明其河床剖面最陡。究其原因，主要是该河段所处龙门山区因龙门山构造带几条主干断裂的差异活动而显著隆升，与南东侧的冲积平原区(成都断陷区)之间形成巨大高差，再加上后龙门山地区(茂汶断裂和北川断裂所夹持)与前龙门山地区(北川断裂和彭灌断裂所夹持)的抬升幅度也存在较大差异，因而，该区域成为一个河床梯度陡变带，与地貌高差陡变带相对应。

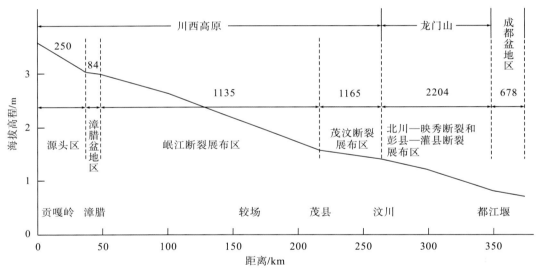

图 9-23　岷江上游干流河道的河床纵剖面及河床梯度系数(据李勇，2006，有修改)

3.岷江河流阶地拔河高程的差异性分析

河流阶地是河谷中沿河分布的阶梯式地形，是一定地质历史时期遗留下来的古河床。在岷江上游的不同河段均保存有阶地，各阶地具有一定共性，但是在类型、级别、高程和沉积物特征等方面，不同的阶地有不同的特点。在岷江源头漳腊附近，李勇等(2006)认为晚更新世以来该区域仅发育了两级阶地，两级阶地均为堆积阶地，堆积物主要为灰色沙砾和少许黏土物质；唐荣昌等(1993)认为该河段发育有四级阶地，其中，Ⅰ、Ⅱ级阶地为堆积阶地，拔河高程分别为 4.5m 和 14.5m，两级阶地的阶面向北西向倾斜，宽度较大，Ⅲ、Ⅳ级阶为基座阶地，Ⅲ级阶地的拔河高程为 42.5m，Ⅳ级阶地的拔河高程为 80.5m。在汶川附近河谷发育五级河流阶地，保存均较为完整[图 9-24(a)]，除Ⅰ、Ⅱ级阶地为堆积阶地外，其余均为基座阶地。其中，Ⅱ、Ⅲ级阶地阶面狭窄，遭受侵蚀，Ⅰ级阶地阶面宽度较大，保存较好。在该区域阶地堆积物主要为青灰色沙砾石，基座为上三叠统须家河组砂岩，Ⅰ级阶地的拔河高程为

4~6m，Ⅱ级阶地为 11~14m，Ⅲ到Ⅴ级阶地的拔河高程分别为 38m、85m 和 120m。紫坪铺附近的阶地剖面测量结果表明，该河段发育了五级阶地[图 9-24(b)]，Ⅰ到Ⅱ级阶地为堆积阶地，Ⅲ、Ⅳ、Ⅴ级阶地为基座阶地，基座为上三叠统须家河组砂岩，夹薄层页岩，各级阶面上的堆积物不完全相同，其中Ⅰ、Ⅱ级阶地分别由褐色沙砾石层和黄褐色亚砂土砾石层构成，Ⅰ级阶地拔河高程 10~12m，Ⅱ级阶地 30~31m，Ⅲ级阶地的阶面堆积物为黄色沙砾石层，拔河高程 46m，Ⅳ、Ⅴ级阶地的阶面沉积物均为黄褐色亚砂土砾石层，拔河高程分别为 86~96m 和 164~170m。在成都高店子附近，岷江发育了五级阶地[图 9-24(c)]，Ⅰ级阶地由青灰色沙砾石层构成，为堆积阶地，拔河高程 3~4m；Ⅱ级阶地到Ⅴ级阶地均为基座阶地，基座为白垩系夹关组灰色砾岩，Ⅱ级阶地堆积物主要为黄色砂质黏土，拔河高程 7~10m；Ⅲ级阶地由黄色黏土沙砾石层构成，拔河高程 18~20m；Ⅳ级阶地堆积物为黄色含砾亚黏土和沙砾石层，拔河高程 34~38m；Ⅴ级阶地由褐色黏土砾石层构成，拔河高程 62m。岷江阶地面的宽度均较大。

　　本次根据上述阶地剖面资料，并结合前人已取得的岷江上游各河段阶地高程数据，探讨岷江上游河流阶地的拔河高程对不同地貌单元差异隆升的响应。从理论上分析，在同一时期内，如果某一地区抬升幅度大，抬升速率快，而另一地区抬升幅度小，抬升速率慢，那么，与低抬升幅度地区的阶地拔河高程相比，高抬升幅度地区的阶地拔河高程更大。由表 9-8 可知，在岷江的不同河段，各级河流阶地的拔河高程存在明显的差异，主要表现在以下几个方面。

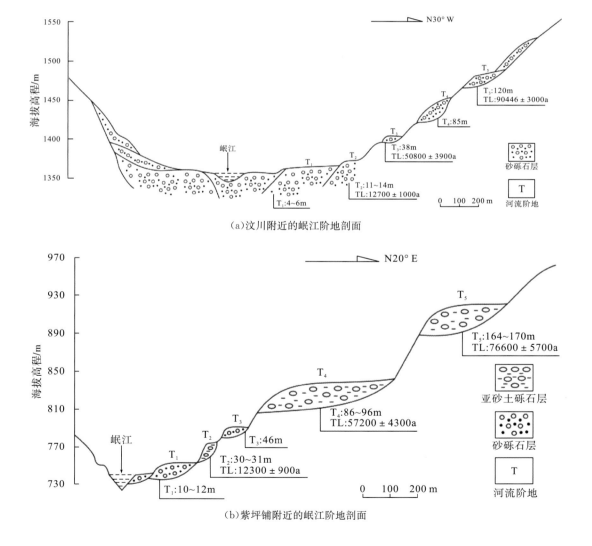

(a)汶川附近的岷江阶地剖面

(b)紫坪铺附近的岷江阶地剖面

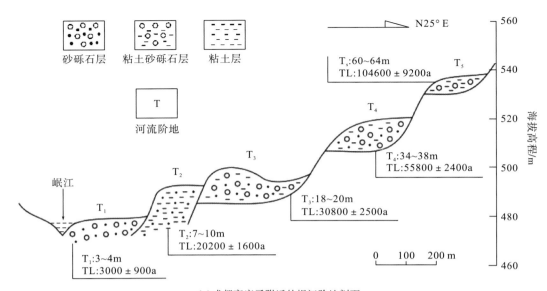

（c）成都高店子附近的岷江阶地剖面

图 9-24　岷江上游及成都高店子附近的河流阶地剖面（据李勇，2006）

表 9-8　岷江河流阶地的拔河高程统计表　　　　　　　　　　　（单位：m）

地点 ＼ 阶地级数	T_1	T_2	T_3	T_4	T_5	资料来源
斗鸡台	1～5	13～15	30			杨农等（2003）
漳腊	4.5	14.5	42.5	80.5		唐荣昌等（1993）
茂县北	4～5	12～20	38～40	80～90	140	李勇等（2006）
茂县	1～2	8～12		100		杨农等（2003）
汶川	4～6	11～17	38	85	120	李勇等（2006）
东界老	10	31	74			马保起等（2005）
豆芽坪	11	38	96			马保起等（2005）
映秀	8		64			马保起等（2005）
漩口	9		70			马保起等（2005）
庙子坪	11	31	74			马保起等（2005）
青云坪	11	30	76			马保起等（2005）
紫坪铺	12	34	82			马保起等（2005）
都江堰	10～12	30～31	46	86～96	164～170	李勇等（2006）
成都高店子	3～4	7～10	10～20	34～38	62	李勇等（2006）

（1）龙门山地貌区和川西高原地貌区的岷江河流阶地拔河高程明显大于成都盆地内岷江河流阶地拔河高程。究其原因，主要是与盆地区相比，青藏高原东缘山区及高原区晚第四纪以来抬升幅度和抬升速率较大。

（2）龙门山区河段（东界老与都江堰之间）各级阶地的拔河高程明显大于川西高原河段（斗鸡台、漳腊、茂县、汶川）各级阶地的拔河高程，表明相对于川西高原地貌区，龙门山高山地貌区的隆升速率更快，隆升幅度更大。

（3）东界老河段和豆芽坪河段位于茂汶断裂和北川断裂所夹持的后龙门山地区，各级阶地拔河高程平均值分别为 T_1：10.5m，T_2：34.5m，T_3：85m；映秀—都江堰河段位于北川断裂和彭灌断裂所夹持的前龙门山地区，各级阶地的拔河高程平均值分别为 T_1：10.2m，T_2：31.3m，T_3：68.7m，表明后龙门山地区的抬升幅度和抬升速率大于前龙门山地区。究其原因，我们推测是后龙门山推覆体的主滑面为北川断裂（晚第四纪以来逆冲速率为 0.52mm/a），前龙门山推覆体的主滑面为彭灌断裂（晚第四纪以来逆冲速率为 0.24mm/a），北川断裂的逆冲速率明显大于彭灌断裂的逆冲速率，因而，后龙门山地区的地形隆起更为显著，位于后龙门山地区的河流阶地拔河高程也更大。

4.岷江河流下蚀速率的差异性分析

从严格意义上说，河流下蚀作用仅是河流地质作用的方式之一，并不属于河谷剖面样式范畴，但河流下蚀作用是河谷剖面样式的重要塑造方式，其速率的变化对河谷剖面形态具有较大影响，故本次对其也进行了研究。河流下蚀速率可以通过河流阶地的拔河高度与阶地年龄进行估算。

利用已取得的各河流阶地的高程和阶地的测年资料，本次用线性回归的方法定量计算了岷江上游河流的下蚀速率。计算结果表明：岷江漳腊河段的下蚀速率为 1.61mm/a，汶川河段的下蚀速率为 1.19mm/a，紫坪铺河段的下蚀速率为 1.81mm/a，成都高店子河段的下蚀速率为 0.59mm/a。另外，将来自于文献、根据文献投图或根据文献资料计算所得的岷江上游其他河段的河流下蚀速率列于表 9-9，并据此作岷江上游不同河段的下蚀速率对比图（图 9-25）。

由表 9-9 和图 9-25 可以看出，岷江上游不同河段的河流下蚀速率明显不同，其特征可归纳如下：

（1）经计算，在川西高原地貌区，岷江的平均下蚀速率为 0.84 mm/a，在龙门山地貌区的平均下蚀速率为 1.39mm/a（豆芽坪Ⅲ级阶地年龄取自所测岷江龙门山河段Ⅲ级阶地年龄平均值），在成都盆地为 0.59mm/a。其中，川西高原和龙门山区岷江下蚀速率的平均值为 1.12mm/a（根据流域输沙量计算所得岷江上游的线状剥蚀速率为 1.03mm/a），是成都盆地岷江下蚀速率的 1.90 倍，表明青藏高原东缘山区及高原区的河流下蚀速率明显大于山前冲积平原区的河流下蚀速率。

（2）龙门山区岷江的下蚀速率最快，约为川西高原岷江下蚀速率的 1.65 倍，约为成都盆地岷江下蚀速率的 2.36 倍。即在地表最高的地区，河流下蚀速率最大，在地表最低的地区，河流下蚀速率最小。龙门山高山地貌区是青藏高原东缘海拔高程最大的地貌区，因而流经该区域的岷江河段下蚀速率最快，显示河流下蚀速率与地貌隆升幅度及隆升速率呈正相关关系，岷江不同河段下蚀速率的差异性是对青藏高原东缘 3 个地貌单元不同隆升速率的响应（川西高原地貌区的表面隆升速率为 0.2～0.3mm/a；龙门山高山地貌区的表面隆升速率为 0.3～0.4mm/a；山前冲积平原区（成都盆地）的表面隆升速率为 0.11mm/a）。龙门山构造带的快速隆升是流经龙门山地貌区的岷江河段快速下蚀的原因。

（3）位于后龙门山地区的岷江河段平均下蚀速率为 1.69mm/a；位于前龙门山地区的岷江河段平均下蚀速率为 1.27mm/a。河流下蚀速率的差异性可看作是对前、后龙门山推覆体隆升速率差异性的响应，后龙门山地区的快速抬升是该区域岷江河段下蚀速率最快的原因。

表 9-9　岷江上游不同河段的下蚀速率　　　　　　　　　　　　　（单位：mm/a）

地点	下蚀速率	资料来源	地点	下蚀速率	资料来源
斗鸡台	0.65	杨农等（2003）	茂县北	1.27	杨农等（2003）
卡卡沟	0.38	杨农等（2003）	茂县	0.57	杨农等（2003）
川盘	0.83	周荣军等（2006）	汶川北	0.43	杨农等（2003）
川盘	0.54	周荣军等（2006）	汶川	1.19	李勇（2006）
山巴乡	1.11	周荣军等（2006）	东界老	1.53	马保起等（2005）
漳腊	1.61	李勇等（2006）	豆芽坪	1.85	马保起等（2005）
传子沟	0.51	Kirby 等（2000）	映秀	1.25	马保起等（2005）
传子沟	1.18	Kirby 等（2000）	庙子坪	0.84	马保起等（2005）

地点	下蚀速率	资料来源	地点	下蚀速率	资料来源
传子沟	1.02	赵小麟等(1994)	青云坪	1.45	马保起等(2005)
传子沟	0.30	赵小麟等(1994)	青云坪	1.01	马保起等(2005)
较场	1.36	段丽萍等(2002)	紫坪铺	1.81	李勇(2006)
较场	0.50	杨农等(2003)	高店子	0.59	李勇(2006)

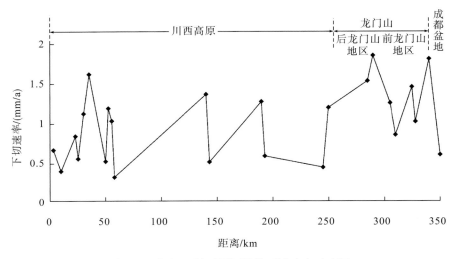

图 9-25　岷江上游不同河段的下蚀速率对比图

9.3.2　岷江上游阶地面的垂直位错对逆冲作用的响应

岷江上游地处活动断裂较为发育的青藏高原东缘地区，岷江断裂、茂汶断裂、北川断裂和彭灌断裂等活动断裂切过岷江上游不同级别的河流阶地，使阶地面发生明显的垂直变形，形成阶地面不连续现象，阶面的垂直变形是对断裂上盘逆冲作用的直接反映。

岷江的茂县—都江堰河段长约130km，Ⅰ、Ⅱ级河流阶地一般由砾石层组成，以堆积阶地为主，Ⅲ级以上的高河流阶地均为基座阶地，以砂、砾互层为特征，层序、韵律较为清楚。Ⅲ级阶地在该河段分布连续，Ⅰ、Ⅱ级阶地的保留和发育相对较差，故参照马保起等(2005)的研究，依据第Ⅲ级阶地绘出茂县—都江堰河段的阶地纵剖面图(图9-26)。从剖面图上清楚看出，Ⅲ级阶地在茂县、映秀、二王庙附近的拔河高度有较大变化，阶地面发生了垂直变形，阶地被错断处均有活动断裂(茂汶断裂、北川断裂和彭灌断裂)切过，阶地面的变形显然是断裂活动造成的。

在茂县县城北，茂汶断裂错断岷江Ⅲ级河流阶地面，断裂东侧的基岩破碎带直接逆冲在Ⅲ级河流阶地的沙砾石层之上，逆冲高程约为20m。逆冲而上的基岩与阶地沙砾石层之间发生了轻微的揉皱现象，沿断裂面形成一条砾石定向带，定向带内砾石长轴指示北西盘向南东运动(唐方头等，2008)。在阶地的中部取黄色亚粘土，经热释光测定沙砾石层的年龄值为23.7±1.9ka(周荣军等，2006)。据此估算茂汶断裂的平均逆冲速率为0.84mm/a。

沿岷江映秀河段河床坡折带的南西方向，汶川地震形成的3个逆冲型断层陡坎均发育于高约39.6±0.5m的地貌陡坎之上(该地貌陡坎高程值系震后全站仪所测)，故推测这一地貌陡坎是同一级阶地面因北川断裂逆冲作用而被垂直错断所致。地貌陡坎两侧阶地顶部沙砾石层样品中砂粒的测年数据(其热释光年龄值分别为76.36±6.49ka和73.0±6.2ka(周荣军等，2006)，两者年龄接近，为同一阶地面)表明，此地貌陡坎是地质历史时期北川断裂若干次逆冲活动的结果(图9-27)。根据此处岷江Ⅳ级阶地面的垂直错断量和地貌陡坎两侧阶地面年龄值估算，北川断裂的平均逆冲速率为0.52～0.54mm/a。

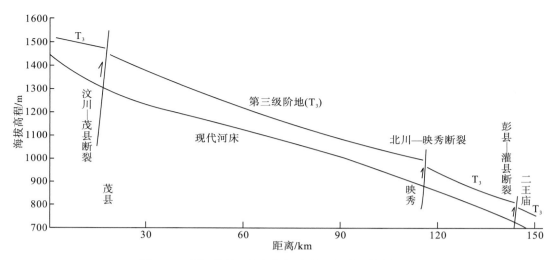

图 9-26　岷江茂县—都江堰河段的Ⅲ级阶地纵剖面图

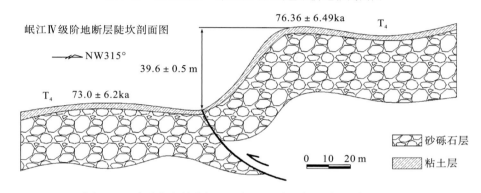

图 9-27　映秀变电站旁岷江Ⅳ级河流阶地断层陡坎（镜向 SW）

在都江堰二王庙附近，彭灌断裂与岷江斜交，切过断裂的岷江Ⅲ级阶地面被错断，形成一条明显的断层陡坎，陡坎两侧Ⅲ级阶地面的拔河高程分别为 82m 和 70m，阶地面的高差为 12m，取阶地沙砾石层上部漫滩相细砂物质测年，其年龄值为 50ka（马保起等，2005）。表明自晚更新世以来彭灌断裂的平均逆冲速率为 0.24mm/a。

穿越岷江断裂的河流阶地也因断裂的逆冲运动而发生明显的构造变形，在川盘附近，岷江断裂从岷江西岸的Ⅱ级阶地面上通过，形成高约 10m 的断层陡坎，此处Ⅱ级阶地面为钙质胶结的沙砾石层，阶地顶面的热释光年龄值为 27.0±2.1ka（周荣军等，2006），据此推断，岷江断裂晚第四纪以来的平均逆冲速率为 0.37mm/a。

另外，龙门山山前断裂呈 N60°～70°E 展布于成都断陷区内，主要由呈左阶羽列的大邑断裂、什邡断裂和绵竹断裂组成。经统计，龙门山山前断裂的平均垂直滑动速率为 0.13mm/a。

将岷江上游阶地面的垂直变形量及根据阶面变形量计算所得的活动断裂逆冲速率列于表 9-10，由表可知，不同活动断裂切过岷江阶地面时，阶面产生了不同尺度的垂直位错，结合测年资料可知，自晚第四纪以来，岷江上游各断裂的活动性具有明显差异。其特征可归纳如下。

表 9-10　根据岷江阶地面的垂直变形量计算的活动断裂的逆冲速率

断裂名称	岷江断裂	茂汶断裂	北川断裂	彭灌断裂	龙门山山前断裂
阶地级数	Ⅱ	Ⅲ	Ⅳ	Ⅲ	
阶面的垂直变形量/m	10	20	39.6	12	
断裂的逆冲速率/(mm/a)	0.37	0.84	0.52	0.24	0.13

(1)岷山构造带西侧的岷江断裂和龙门山构造带 3 条主干断裂的平均逆冲速率为 0.49mm/a，远大于龙门山山前断裂的逆冲速率(0.13mm/a)，表明青藏高原东缘山区及高原区的断裂活动性与盆地区的断裂活动性存在显著差异。

(2)利用岷江阶地面的垂直变形量和测年资料计算可知，在龙门山构造带内，各主干断裂逆冲分量的滑动速率有自北西向南东逐渐减小的趋势，即从龙门山后山带至前山带主干断裂的逆冲作用越来越弱。

(3)利用岷江阶地面的垂直位错量和测年资料计算可知，在龙门山构造带内部，茂汶断裂和北川断裂相对活跃，而彭灌断裂活动程度较低。

9.4　岷江上游水系样式的其他控制因素分析

本次探讨了岷江上游水系平面样式和剖面样式对活动构造的响应，实际上，水系样式的演化不仅受活动构造的控制，还要受气候条件和岩性因素的影响，河流地貌反映的是一个包括构造、气候和岩性的综合指标。对岷江上游水系样式进一步分析可知，岷江上游水系平面样式的控制因素主要是活动构造。如前所述，岷江干流东、西两侧岩性大致一致，气候条件也基本一致，岷江上游支流水系非对称分布的决定因素是岷山—龙门山构造带的快速隆升。另外，岷江上游水系的最优势流向与活动断裂的走向基本一致，切过活动断裂的河道沿断裂走向发生同步弯曲，表明活动断裂控制着岷江上游水系的流向和河道的水平错动量。气候因素(主要是降水量)、岩性因素主要通过影响河水径流量、河床抗侵蚀能力，制约着河流的下切作用，从而对河谷剖面样式产生影响。本章主要将岷江上游河谷的下切深度作为研究对象，探讨各因素对岷江上游河谷切割深度的影响。

9.4.1　气候因素对岷江上游水系样式的影响

河流一般发源于高山地区，沿途得到雨水、冰雪融水和地下水的补充，逐渐扩充其规模，河道中流水的来源归根到底是以不同形态、不同途径进入河道中的大气降水。单从这一角度看，气候是影响水系演化过程的重要因素。但就青藏高原以及东西向中央造山系统而言，整个岷江上游水系应属微观尺度的水系系统，同时该流域盆地又处于控制中国大陆气候分区的秦岭造山带以南，如果存在气候变化对水系发育的影响，理论上这种控制对整个流域盆地来说应该是一致的(张会平等，2006)，也就是说，整个岷江上游流域盆地对气候变化具有同一响应特征。晚新生代以来，气候变化频率增强，使得河流的水动力条件不断发生变化和调整，进而对河流下切速率产生影响。但岷江上游各河段下切速率将随气候变化而同步增减，因而，不同时期气候变化并不能使岷江不同河段河谷的切割深度产生显著差异，也不能使河床纵剖面形成明显坡折。

在晚新生代不同时期岷江上游的气候存在差异，从表 9-11 和图 9-28(舒栋才，2005)可以看出，岷江上游不同河段的多年平均降水量也有很大不同。降水量的最低值出现在茂县以北的沙坝、渭门以及汶川附近的桑坪一带，该区域为典型的干温河谷，气候干燥少雨，年降水量不到 500mm。降水量的最高值位于龙门山区，特别是九顶山以东的紫坪铺附近，多年平均降水量达到 1239.6mm，该区域也被称为"华西雨屏"。从理论上分析，降水量大的河段，河流动能较大，河谷下切深度也应较大。

岷江河谷上部和下部的地貌特征存在差异。总的来看，下部河谷相对狭窄，两壁谷坡较为陡峭；上部河谷的谷坡较缓，谷坡间间距变宽，由于后期侵蚀作用的改造，形态变得不规则。张岳桥等(2005)指出，岷江上游左岸分水岭山顶面与下部窄谷谷肩的相对高差沿河流纵剖面变化不大，这一相对高度始终在 2000m 上下波动，表明在窄谷形成之前，整个岷江上游河流下切深度大约为 2000m。但窄谷深度具有明显的纵向变化特征(本节所指的河谷下切深度为窄谷下切深度，其值为依据张岳桥等(2005)研究成果及不同河段的下切速率测算而来)，由图 9-29 可以看出，穿越龙门山区的河谷切割深度最大，位于川西高原和成都盆地的河谷下切深度相对较小。

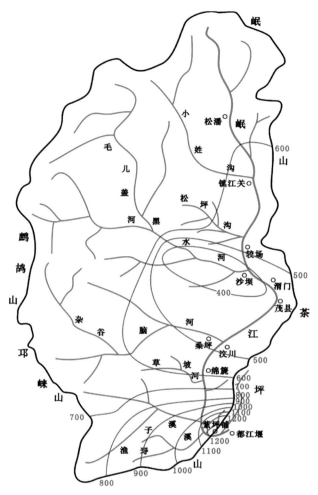

图 9-28　岷江上游多年平均降水量等值线图(据舒栋才，2005)

表 9-11　岷江上游各雨量站的多年平均降水量统计表(据舒栋才，2005)

站名	年降水量/mm						多年平均降水量/mm
	1982 年	1983 年	1984 年	1985 年	1986 年	1987 年	
松潘	707.6	730.1	675.1	613.4	578.9	597.7	650.5
镇江关	516.8	588.2	610.8	446.4	485.4	474.0	520.3
较场	552.0	614.7	656.0	502.9	559.9	620.6	584.4
沙坝	360.0	425.0	493.6	294.9	406.3	380.7	393.4
渭门	468.1	453.2	535.7	346.0	446.3	456.3	450.9
桑坪	424.6	474.6	590.7	490.4	418.4	443.9	473.8
绵篪	533.4	535.3	651.1	598.0	487.1	494.4	549.9
渔子溪	973.7	924.7	1172.5	1058.5	834.5	826.2	965.0
寿溪	934.8	979.3	1256.0	1039.9	940.5	861.3	1002.0
紫坪铺	1251.9	1247.9	1425.4	1220.1	1118.5	1173.6	1239.6

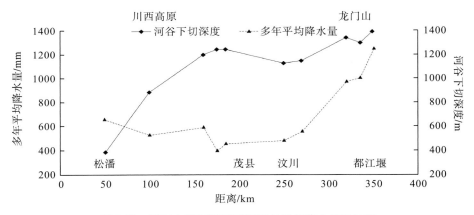

图 9-29　岷江上游河谷下切深度与平均降水量对比图

　　为了定量研究岷江上游河谷下切深度与多年平均降水量的关系，本次研究计算了岷江上游不同河段河谷切割深度与多年平均降水量的相关系数（图 9-30），其值的平方 R^2 为 0.1225，R^2 表示因变量变化中能被自变量的变化解释的百分比（许炯心，2008），由 R^2 值可知，多年平均降水量的变化仅能解释河谷深度变化的 12.25%，表明岷江上游降水量的空间差异不是岷江河谷剖面样式的主要控制因素。另外，由于本次用现代降水量来替代历史降水量分析降雨空间差异对河谷切割深度的影响，因而研究结果存在一定误差。但总的来说，气候因素对岷江上游水系剖面样式仅具有"修饰性"，而非"改造性"，气候因素并不是岷江上游水系样式的主要控制因素。

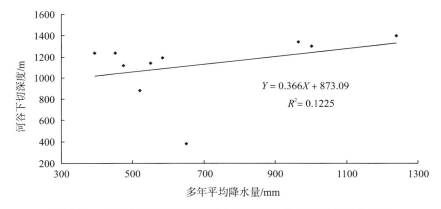

图 9-30　岷江上游河谷下切深度与多年平均降水量的对比关系图

　　如前所述，岷江上游降水量最高值和最低值分别出现在九顶山以东的紫坪铺附近和九顶山以西的茂县、汶川一带，映秀镇"8·14"特大山洪泥石流、都江堰龙池镇"8·13"特大山洪泥石流、绵竹清平乡"8·13"群发性山洪泥石流均暴发于九顶山以东地区。究其原因，主要是东亚季风遇到高大的九顶山阻挡，暖湿空气沿迎风坡爬升，空气中的水汽因冷却凝结而形成地形雨（图 9-31），九顶山以西的背风坡一侧，气流下沉，焚风效应显著，降水稀少。另外，从图 9-32 可以看出，位于九顶山东侧、2010 年 8 月 13 日暴发山洪泥石流灾害的都江堰、绵竹两地，降雨主要集中于 6~9 月，都江堰和绵竹 6~9 月降水量分别占全年降水量的 67.7% 和 68.3%。由于汶川地震后山体松动，大量崩塌、滑坡形成的松散堆积物悬于河谷谷坡之上，一旦有一定强度的暴雨或连续性降雨，泥石流将随之暴发，将大量悬于谷坡之上的地表松散物质带入河道。因而，震后 10 年内，6~9 月是地震震区山洪泥石流灾害暴发的高风险时期。

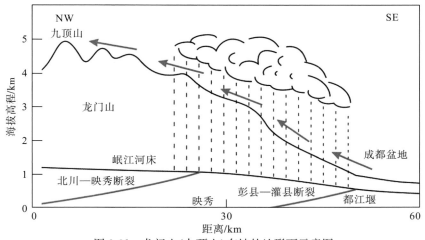

图 9-31　龙门山（九顶山）东坡的地形雨示意图

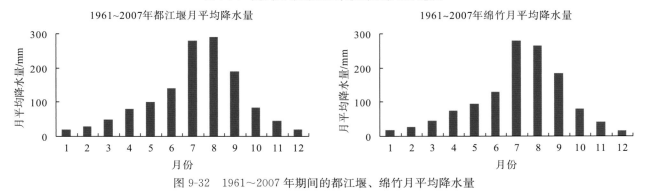

图 9-32　1961～2007 年期间的都江堰、绵竹月平均降水量

9.4.2　岩性差异性对岷江上游水系样式的影响

关于岩性差异与河流地貌（特别是河床纵剖面形态）之间的关系，前人已作了一些研究。Hack(1957)通过对阿巴拉契亚山河流的研究，认为在一定区域范围内岩性是控制河流地貌的因素之一；Bishop 等(1985)对澳大利亚东部高地的河流进行了研究，也认为岩性在一定程度上控制了河流梯度的变化；但 Brookfield(1998)指出，在 Hack 和 Bishop 所研究地区，岩性控制的假设优势与实际的数值并不吻合，而且，从大尺度范围上看，亚洲南部水系的演化并没有受到岩性的控制。喜马拉雅地区的河流都有一段坡度很大的陡峻河段，这一陡峻河段与狭长的逆冲断层地震带相对应，并不与岩性变化界面相吻合；阿富汗地区的河流从结晶岩区流入冲积沉积区，在岩性过渡带，河流梯度没有发生明显变化。长江的梯度变化也发生在与河流袭夺相关的跨断裂带部位，而不是在岩性变化界线上。朱利东(2006)也指出，喜马拉雅地区向南的河流剖面上没有任何主要坡折点与高抗蚀结晶岩和低抗蚀沉积岩的界线相对应。

为了定量计算岩性差异对岷江上游干流河谷剖面形态的影响，本次将岩石硬度作为量化指标，探讨岩石硬度与河谷切割深度之间的关系。从理论上说，河床基底岩性坚硬，水流对岩石下切较为困难，河谷下切深度应比较浅；反之，河床基底的岩性软弱，河谷的切割深度应比较大。由图 9-33 可知，岷江上游不同河段河床基底的岩性存在较大差异，在岷江源头—汶川玉龙河段干、支流水系主要发育于松潘—甘孜褶皱带内，流域盆地的北部基底广泛出露三叠系浅变质砂岩、灰岩，南部主要为前中生界变质岩系和碳酸盐岩类，其中，河源—石大关河段干流河床基底主要为坚固的砂岩，其普氏硬度系数大致为8；石大关—玉龙河段干流河床基底主要为深灰色石灰岩，普氏硬度系数为 15，值得注意的是，在灰岩区，水流的机械切割作用和化学溶蚀作用需要被同时考虑，在灰岩山地区，机械剥蚀速率与化学剥蚀速率之比约为 16∶15，由于研究区的灰岩中含有部分难溶性矿物杂质，因而，其普氏硬度系数被大致概化为 10；龙门山区岷江水系河床基底岩性构成复杂，茂汶断裂与北川断裂之间的玉龙—映秀河段干流河床基底主要由前寒武系深变质杂岩（以花岗岩为主）构成，其普氏硬度系数为 18；北川断裂与彭灌断裂之间的映秀—都江堰河段干流河道穿越彭灌飞来峰群，河床基底主要为古生界灰岩（张会平等，2006），普氏硬度系数大致为 15（表 9-12）。岷江干流切过彭灌断裂，进入成都盆地，河床基底主要由侏罗系—古近系红层及第四系松散堆积物构成。

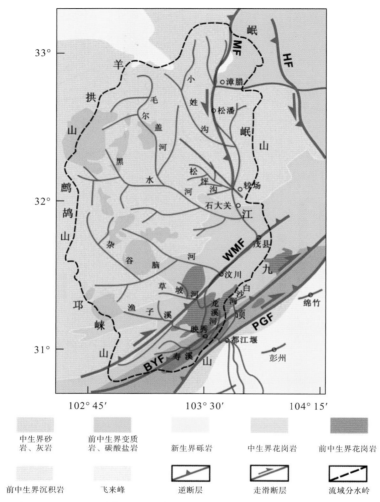

图 9-33　岷江上游水系及区域地质简图（据张会平等，2006，有修改）
MF. 岷江断裂；HF. 虎牙断裂；WMF. 茂汶断裂；BYF. 北川断裂；PGF. 彭灌断裂

表 9-12　岷江上游各河段干流的河床基底岩性及硬度系数

河段	河源—石大关	石大关—玉龙	玉龙—映秀	映秀—都江堰
干流河床基底岩性	浅变质砂岩	灰岩	深变质杂岩（以花岗岩为主）	灰岩（飞来峰）
普氏硬度系数	8	10	18	10

进一步分析可知，岷江上游干流河床基底的岩石硬度和抗风化能力表现为自北向南增强，玉龙—映秀河段的岩石硬度达到最大。在映秀以南，河床基底岩石硬度系数又逐渐降低。如果岷江河谷的下切深度仅由岩石硬度差异决定，那么岷江河谷的切割深度和切割速率应与岩石硬度变化趋势相反，这与实际情况不符。从图 9-34 也可以看出，河谷下切深度与岩石硬度相关系数的平方 R^2 为 0.1355，表明岩石硬度变化仅能解释河谷深度变化的 13.55%。另外，砂岩中的可溶性胶结物在河流冲刷作用下，也会以化学径流的形式被迁移，本次研究没有对砂岩的化学切割作用进行定量探讨，但上述分析可以表明，岷江上游河床基底岩性的空间差异不是岷江河谷剖面形态的主要控制因素。

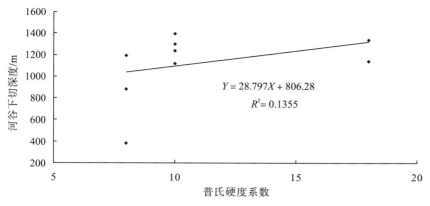

图 9-34　岷江上游河谷下切深度与岩石硬度的对比关系图

在岷江河床岩性地层剖面上（图 9-35），有一个值得注意的现象。龙门山区的岷江河床剖面虽然也表现为北西高，南东低，在岩性过渡地带河床剖面上也存在一些小的陡坎，但并没有表现出显著的与高抗蚀花岗岩和低抗蚀灰岩、红层、第四系堆积物界限相对应的阶梯状变化，整个龙门山区岷江河床剖面坡度大致保持在同一水平。该区域河段的河床梯度系数值始终保持在 2204 左右。

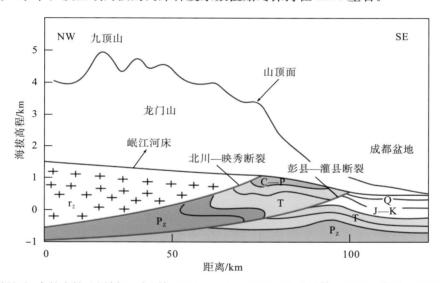

图 9-35　岷江河床的岩性地层剖面（底图据 Kirby et al.，2000；张岳桥等，2005；李勇，2006，有修改）

上述分析结果表明，龙门山区的地貌剖面形态与河床剖面形态存在明显差异，究其原因，主要是在地貌演化过程中，地貌剖面主要受面状剥蚀作用控制（龙门山平均面状剥蚀速率为 0.72mm/a）（李勇，2006），面状剥蚀速率因岩性不同而存在差异，再加上龙门山地区活动断裂走向与岩性分界线基本一致，由于叠加了岩性差异和断裂活动差异的双重影响，因而，在岩性过渡地带，地貌剖面的阶梯状变化较为显著。但河床剖面形态主要受控于线状剥蚀作用（河流下切作用是线状剥蚀作用的主要形式），岷江龙门山河段的平均下切速率达 1.50mm/a（李勇，2006），是面状剥蚀速率的 2.1 倍，沿河床的原始地貌陡坎几乎被水流剥蚀殆尽，因而岷江河床剖面上虽然也存在岩性差异与活动断裂叠加作用形成的小陡坎，但与地貌剖面上的阶梯状坡折相比，河床剖面上的坡折度相对小得多。

9.4.3　岷江上游水系样式的主要控制因素分析

前文已将气候因素、岩性差异对河谷切割深度的控制作用进行了定量约束，研究表明，多年平均降水量的空间变化和岩石硬度的空间差异仅能解释河谷切割深度变化的 12.25% 和 13.55%，如果将岷江下切作用的控制因素简单化，即岷江切割深度仅与气候因素（主要是降水量）、岩石抗侵蚀能力和活动构造有关，而不考虑其他因素（如局部侵蚀基准面变化等），那么，活动构造大致能解释河谷切割深度变化的 74.20%。

总的看来，岷江河谷南段的切割深度比北段大，河谷切割深度的变化特征与青藏高原东缘 3 个地貌单元的差异隆升有关。

本次研究所涉及岷江河谷剖面样式（河谷地貌形态、河床梯度剖面、河流阶地拔河高程等）均与河流下切作用有关，虽然本次将岷江河谷切割深度的控制因素简单化，但不难看出，活动构造是岷江下切作用的主要控制因素，同时也是岷江上游河谷剖面样式的主要控制因素。

从上述分析可知，在岷江上游，水系样式的主要控制因素是活动构造。在平面上，岷江上游水系的优势流向与活动断裂的走向一致；若干次历史地震驱动的走滑作用使切过龙门山活动断裂的岷江上游河道沿断裂走向发生反"S"形同步弯曲；岷山—龙门山构造带的快速隆升使岷江上游支流水系呈不对称分布。在垂直方向上，不同地貌单元的差异隆升使不同河段河谷的切割深度、河床梯度剖面、河流阶地拔河高程等呈现显著差异。与构造活动相比，岷江上游降水量的空间差异及岩性的空间差异对水系样式的影响是次要的。

在造山带系统内部，活动构造的水系响应一直以来是构造地貌学和河流地貌学研究的热点。岷江上游的活动断层体系发育，北部为岷江断裂，南部为龙门山活动断层体系，因而该地区是研究水系样式对活动构造反馈作用的理想区域。同时，汶川地震对现代水系样式的影响表明，如今我们所看到的岷江水系样式是若干次历史地震驱动的逆冲作用和走滑作用改造后的结果，现今水系样式蕴含了历史时期构造活动的信息。本次研究基于这一系列认识，探讨了龙门山活动构造的水系响应，获得了以下认识：

（1）在整个岷江上游水系的两组最优势流向（50°和 15°）与活动断裂走向基本一致。同时，岷江上游北段和中段（贡嘎岭—玉龙段）干流河谷的位置与岷江断裂和茂汶断裂的位置基本重叠或近平行，干、支流水系的优势流向与活动断裂的走向基本一致，表明岷江上游北段和中段水系的流向是对断裂活动的响应。在岷江上游南段（玉龙—都江堰段），干流流向与活动断裂走向斜交，但对干、支流水系的优势流向统计结果表明，该区域水系流向仍在一定程度上反映了区域构造应力场的控制作用。另外，根据龙门山区岷江干、支流河道的水平扭错量和河道的形成时间，计算了龙门山构造带几条主干断裂的右旋走滑速率，结果表明，自岷江水系形成以来，各主干断裂右旋走滑分量的滑动速率有自北西向南东逐渐减小的趋势，岷江干、支流河道沿断裂走向发生的同步水平位错是对断裂走滑活动的响应。同时，通过对岷江水系亚流域盆地典型地貌参数的统计，表明岷江干流东、西两侧支流水系的不对称发育是对晚新生代以来岷山—龙门山构造带快速隆升的响应。

（2）对岷江上游不同河段河谷剖面样式的分析表明，相对于山前冲积平原区（成都盆地）和川西高原地貌区，龙门山高山地貌区岷江河段的河床梯度系数、各级阶地拔河高程、河流下蚀速率等均较大。岷江干流河谷剖面样式的差异性是对晚新生代以来青藏高原东缘 3 个地貌单元差异隆升的响应。位于前、后龙门山地区的岷江河段河谷剖面样式也存在明显差异，相对前龙门山地区，后龙门山地区岷江河段的河床梯度系数更大、各级阶地拔河高程更高、河流下蚀速率也更快。究其原因，主要是断裂差异活动造成后龙门山地区的隆升更为显著。另外，利用岷江阶地面的垂直位错量和相应的测年资料对龙门山构造带几条主干断裂的逆冲速率进行计算，结果表明，茂汶断裂和北川断裂相对活跃，彭灌断裂的活动程度较低，各主干断裂逆冲分量的滑动速率有自北西向南东逐渐减小的趋势。

（3）由于河流地貌反映的是一个包括构造、气候和岩性的综合指标，因而，水系样式的演化不仅受活动构造的控制，还要受气候条件和岩性因素的影响，本次研究结果表明，在岷江上游，水系样式的主要控制因素是活动构造，气候差异和岩性差异对水系样式的影响是次要的。

第 10 章　湔江流域的水系样式与活动构造

10.1　湔江流域水系样式的基本特征

湔江流域是龙门山山前横向水系中最重要的一条流域，发源于彭州市九顶山神仙岩太子城峰（海拔4749m）西南方向的红龙池，全长123km，流域面积2808km²，主要由银厂沟、海子河、白水河、白鹿河等支流汇合而成，横切龙门山构造带，是沱江三大源头之一。该流域经银厂沟、东林寺、龙门山镇、小鱼洞、通济场、新兴镇等地后，并在九陇镇进入成都平原，在广汉市境内又名鸭子河，与金堂县的交界处汇合石亭江、绵远河后，称为北河。在金堂县城与中河（青白江下游）、毗河汇合后称为沱江。

该流域属于亚热带湿润气候，气候温和，雨量充沛，光照较同纬度地区偏少，四季分明，夏无酷暑，冬无严寒。流域内年平均气温为15.6℃，年极端最高气温为36.9℃，最低气温为6.2℃，全年无霜期平均为276天。流域内夏秋为降水较多季节，此时河水汹涌，时有山洪急泄；冬春季节，支流可暂时干涸。据丹景山水文站20年（1968～1987年）测量，湔江丹景山站最大流速为5.8m/s，最小流速为0.3m/s，最大水深为5.76m，最小水深为0.72m。最大流量为4490m³/s（1978年），平均流量为26.3m³/s，河口处多年平均径流量可达86m³/s，最大年输沙量为18×10⁵t，平均年输沙量为89×10⁴t。平均侵蚀模量为1420.6t/(km²·a)，最大推移质粒径为1.5m。流域内年平均降水量为932.5mm，最多的是1959年达1280.9mm，最少的是1997年为635.3mm。年降水随季节变化，平均降水最多的是7月份为237.3mm，最少的是12月份为5.5mm，全年日降水5mm以上的降水量之和占年总降水量的73%～85%（都江堰水利词典，2004）。该地区属四川盆地向青藏高原过渡的地区，由于地形的剧烈抬升，具有明显的地形雨效应，属于龙门山鹿头山暴雨带内，暴雨经常集中于5～9月，并引发山洪的爆发。湔江流域洪水具有山区雨洪型洪水的一般特点，陡涨陡落，汇流迅速。

根据湔江干流山区控制站关口水文站1966～2007年实测洪水资料系列分析，湔江山区段干流的年最大洪峰流量多发生在6～9月，尤以7月和8月最集中，其频次为69.8%，洪水过程一般历时1～2天，峰型尖瘦且呈锯齿形。该流域年降水量大，暴雨集中且强度大，汛期洪水陡涨陡落，枯期流量小，洪枯变幅大。河流比降大，流速急，水量大，挟沙能力和冲刷能力强，水土流失严重，输沙量大，属于典型的山区河流。

10.1.1　湔江流域的水系平面样式

湔江流域内的水系样式结构相对复杂，其上游西侧支流发育程度较高，从银厂沟、龙池等地自东北向西南流经彭州市龙门山镇，纳入右岸支流白水河，再流至新兴场（原称海窝子）转向东南方向，在思文汇入左岸支流白鹿河，由北向南至丹景山镇后进入平原分为数支。干流流向总体上由北向南，在小鱼洞镇以北表现为北东—南西向，在小鱼洞镇以南表现为北西—南东向，在丹景山镇以北的湔江流域属于山区河流，整体样式呈蒲扇状；丹景山以南河流进入平原，属于平原河流，呈扇状向东南辐射（图10-1）。

湔江主河道的流向变化较大，根据其主河道的具体流向，可将湔江分为4段，其中银厂沟段为河源段、银厂沟—龙门山镇为上游段、龙门山镇—新兴场为中游段、新兴场—丹景山镇为下游段（图10-1）。

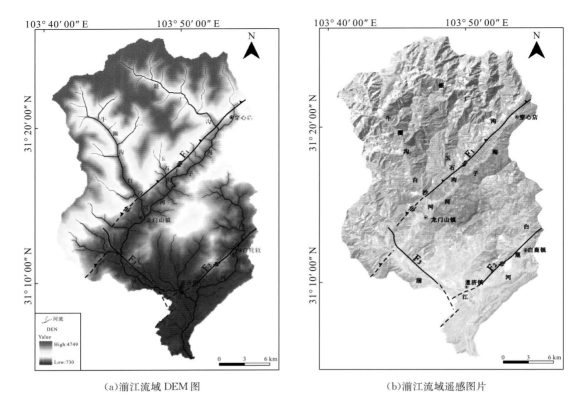

(a)湔江流域 DEM 图　　　　　　　　　(b)湔江流域遥感图片

图 10-1　湔江流域 DEM 图及遥感图片

河源段(银厂沟段)长约 20km,其流向与龙门山地形坡向一致,流域形状呈西北—东南向狭长形,为倒枝状,对称性系数比为 1.2∶1(表 10-1)。该河段地形较陡,岩性均一,两岸支流相对主河道呈现出对称性分布的特点。

表 10-1　龙门山湔江流域的水系特征值

河段	河长/km	流向	落差/m	主河道坡度/‰	左、右岸高低程度	对称性系数	水系样式	是否对称	位于地表的破裂带
河源段(银厂沟)	20	北西—东南	2660	133	基本一样高	1.2∶1	倒树枝状	是	无
上游(银厂沟—龙门山镇)	28	北东—南西	340	17	左岸低,右岸高	6∶1	向心状	否	北川断裂
中游段(龙门山镇—新兴场)	17	北西—南东	270	15	左岸低,右岸高	14∶1	扇状状	否	小鱼洞断裂
下游段(新兴场—丹景山镇)	8	南北	—	8	左岸低,右岸高	—	—	否	—
白鹿河(湔江支流)	26.2	北东—南西	—	11.3	左岸低,右岸高	3∶1	树枝状	否	彭灌断裂

上游(银厂沟—龙门山镇)长约 28km,河道走向为北东向(表 10-1)。右岸支流长而多,右河岸较平缓,主要支流有:白水河、海子河、石匝河、龙槽沟、后坝河、梅子林沟等;左岸支流短而少,河岸较陡,支沟密集短小,向主沟汇合。右岸主要发育彭灌杂岩,左岸发育三叠系须家河组含煤地层。该河段的两岸岩性不均一,两岸对称性系数比为 6∶1,水系样式呈不对称向心状。

中游段(龙门山镇—新兴场)长约 17km,河道走向为北西向(表 10-1)。左岸支流有干溪沟、吊索沟等,支沟密集短小,高差较大,形成多级支流,对称性系数比为 14∶1,水系样式呈不对称性的扇状水系。

下游段(新兴场—丹景山镇)长约 8km,河道走向为南北向(表 10-1)。湔江主河道在新兴场的偏转,即由北西—南东向偏转为南北向,然后折向南流至丹景山镇。值得指出的是,在新兴场处白鹿河汇入湔江,该河的河道走向为北东—南西向,长约 26.2km,右岸支流多,左岸支流少,对称性系数比为 3∶1,水系样式呈不对称性的树枝状水系。

以上现象表明,丹景山以北的湔江水系样式不同于常规的树枝状、扇状等水系样式,其特点主要表现在:①河流流向变化大,依据不同流向被分为河源、上游、中游、下游 4 段;②河源段岩性均一,对称性系数比值约为 1，水系样式呈对称的倒树枝状；③上游河段的比降、落差相对较大，两岸的岩性不均一，对称性系数比值较大(6∶1)，水系样式呈不对称的向心状；④中游河段的左岸多支流，对称性系数比值极大(1.4∶1)，水系样式呈不对称性的扇状；⑤在下游的重要支流白鹿河段，右岸支流较多，对称性系数比值较大(3∶1)，水系样式呈不对称性的树枝状；⑥尽管在整体上，湔江水系样式呈蒲扇状，但其主河道沿河道中轴呈现出非对称性和非规则性的特点。

10.1.2　湔江流域的水系剖面样式

在湔江流域区整个地势由西北向东南倾斜，区内地貌以山地和平原为主，另有少量丘陵分布。其中，平原分布于丹景山镇(原称关口)以东，海拔为 580~739m；丘陵及低山带分布于丹景山—新兴场一带，丘陵的海拔约为 630~700m，低山的海拔约为 750~1000m，凌驾于其四周的丘陵地形之上；中山带分布于新兴场四周，山峰海拔为 1100~3500m，孤峰(飞来峰)的海拔为 1500~2441m；高山分布于龙门山镇西北，即龙门山脉的后山，山巅的海拔达 3500~4800m，最高峰的海拔为 4960m。该流域的相对地形高差从丹景山镇向西北至马鬃岭、大宝山，由 0m 增加至 2100m，地面坡度亦从丹景山镇向龙门山镇地区极速变陡。总体上，流域内的地形地貌显示为西北高南东低。西北部多为中—高山深切峡谷地貌，东南部多为低山—丘陵地貌，地形梯度变化大，是四川盆地与龙门山造山带的盆—山边界过渡地带。

根据湔江流域的干流纵剖面示意图(图 10-2)可知，湔江上游深切龙门山后山推覆构造带，岭谷间的相对高差巨大，两岸山峰的海拔一般在 4000~4500m 左右，河谷的海拔仅 2000~3000m 左右，岭谷间相对高差达 1000~1500m 左右，局部可达 2000m 以上。如在龙门山镇(原称白水河镇)西北白水河河谷的切割深度在 2100m 以上，山坡坡度一般达 45°左右，多发育深切绝壁河谷地形。在流域的下游，湔江干流进入低山丘陵—平原地区，河流的纵降比减小，岭谷间的相对高差约为 200~500m，河谷多显示为 U 形谷等开阔河谷形态。相对来说，湔江上游的九顶山山顶面可以看作是湔江下切的出发点，由于长期的构造隆升与剥蚀作用，大部分原始的山顶面已遭到侵蚀，仅有保留了部分的山顶夷平面。

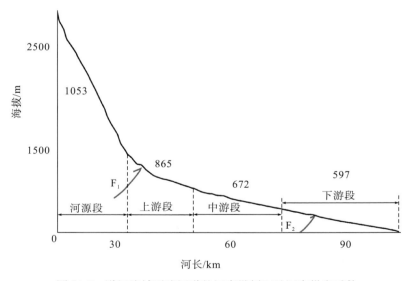

图 10-2　湔江流域干流河道的河床纵剖面及河床梯度系数
F₁. 北川断裂；F₂. 彭灌断裂

根据上文对湔江流域河段的划分，在河源段(银厂沟段)，湔江干流河床剖面的落差达 2660m，平均比降为 133‰，表现为典型的深切河谷特征，河床纵降比大、岭谷间高差大；上游(银厂沟—龙门山镇)干流河床剖面的落差达 340m，平均比降为 17‰，比降、高差相对较大；中游段(龙门山镇—新兴场)干流河床剖面的落差达 270m，平均比降为 15‰；下游段(新兴场—丹景山镇)干流河床剖面的落差为 150~200m，平均比降为 8‰，局部落差可达 200m 以上，如下游的重要支流白鹿河段在汇入湔江前，该河的河道走向为北东—南西向，长约 26.2km，落差为 274m，河道平均的比降约为 11.3‰，落差较大，右岸支流较多，地形较陡，比降大，落差较大（表 10-1）。

总体来看，湔江流域河谷剖面形态具有不均一性，但在不同河段，河谷地貌也存在较为明显差异。在湔江源头段及中、上游及地区干流河谷较为狭窄、纵降比大，为深切河谷；在下游地区河谷相对开阔、纵降比小，为"U"形河谷。其干流的河谷剖面样式主要表现为两个方面的特征：①在湔江流域干流河床剖面上存在若干陡坎，河床剖面发育较为明显的坡折点；②湔江流域各河段的河谷地貌存在明显差异，一部分河段的河谷较为狭窄，另一部分河段的河谷相对开阔。

10.2 湔江流域的地貌特征

10.2.1 湔江流域的坡度及地形起伏度

运用 GIS 平台，本次分别提取了湔江流域的坡度及其最优地形起伏度。从图 10-3(a) 中可以看出，北川断裂以北地区，坡度大多大于 30°，地形十分陡峻；同样的，在北川断裂以北地区，地形起伏度明显较大（图 10-3）。这反映由于北川断裂较强的活动性，该断裂上盘不断的抬升与侵蚀作用塑造了北川断以北地区陡峻的坡度与地形起伏度。

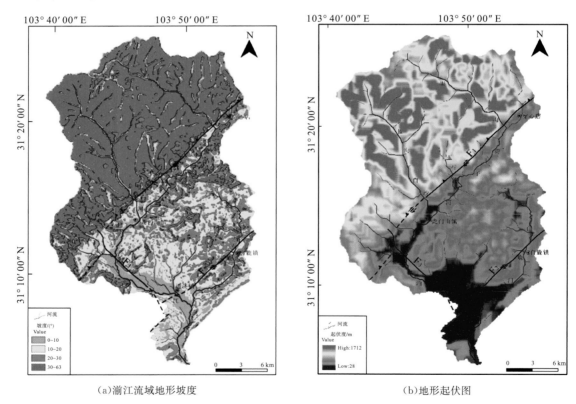

(a)湔江流域地形坡度　　　　　　　　　　　(b)地形起伏图

图 10-3　湔江流域的地形坡度和地形起伏度

F₁.北川断裂；F₂.彭灌断裂；F₃.小鱼洞断裂

10.2.2 湔江流域的面积—高程积分

基于 Straler 的流域分级方法，本次提取了湔江流域内的三级、四级流域，并计算其主要流域的面积—高程积分及绘制面积高程积分曲线。面积高程积分是定量描述地貌三维形态的有效方法，代表流域内未被侵蚀掉的岩石体积。若求得较大积分值，则说明流域内大部分物质体积未被侵蚀，地貌演化时间短，地貌处于幼年期，积分曲线呈上凸形，与近期的构造、岩性、侵蚀速率等有关；反之，地形演化的时间越长，地貌处于老年期，积分曲线呈下凹形态；若地貌处于中年期，则积分曲线介于凸形及凹形之间。

在湔江流域内，落差非常之大，切割深度在 4000 m 左右，切割密度较大，与研究区域处于"壮年期"阶段地形相对应。通过图 10-4(a)可以看出，在北川断裂以北地区，面积—高程积分值明显较高，处于壮年期，与图 10-4(b)中的"S"形向曲线相对应；在北川断裂以南地区，面积—高程积分值较低，与图 10-4(b)中的"凹"形向曲线相对应。在北川断裂以北地区，地形不断的抬升，加上河流的切割，形成了深切割的地形，面积—高程积分值较大；在北川断裂以南地区，构造抬升作用不是十分剧烈，地形较为平缓。较小面积的流域盆地的面积—高程积分值容易受到岩性的影响，但从图 10-4 来看，该区域面积—高程积分值主要受构造活动控制和侵蚀作用的影响。

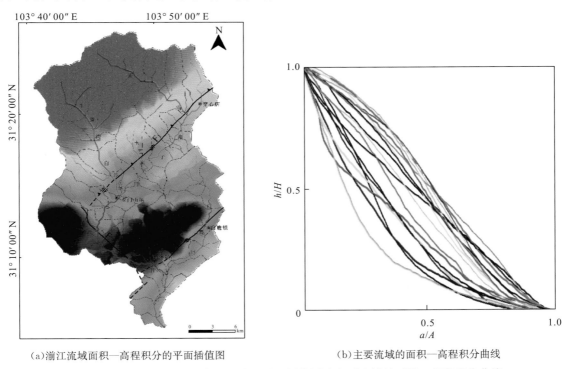

(a)湔江流域面积—高程积分的平面插值图　　　　(b)主要流域的面积—高程积分曲线

图 10-4　湔江流域面积—高程积分的平面插值图及主要流域的面积—高程积分曲线

10.3　湔江流域水系平面样式对活动构造的响应

水系样式一般受到地形、地貌、坡度、岩性、构造作用等因素的控制。对于没有断层的水系，水系样式一般具有对称性、规则性等特点，主要的水系样式包括：羽状、树枝状、格子状等，水系样式主要受到地形、降水、岩性、径流及汇入主河道的支流影响。而对于有地表破裂发育的流域，其水系样式的特点与地表破裂有怎样的关系呢？根据前文对湔江流域水系样式与地表破裂组合样式的匹配性研究发现，湔江主河道的异常转折、异常跌水、河道突然加宽或变窄等现象都与地表破裂走向有关，现从以下方面探讨湔江流域活动构造对水系样式的控制作用。

从湔江平面水系样式与活动构造(断裂)的展布规律表明，在湔江流域的上游(银厂沟—龙门山镇)干流河道的走向为北东—南西方向，大致与北川活动断裂的走向相平行，显示了湔江流域的上游地区的水流方向受到了北川活动断裂的控制。在湔江流域的中游(小鱼洞镇—新兴场)干流河道的走向逐渐转变为北西—南东向。其实对龙门山北西向横断层的标定一直是研究的难点和争论的焦点。宋鸿彪等(1991)曾根据地球物理资料，曾标定过龙门山地区的一些北西向的分区断层，但未得到地表调查的验证。前人在1:20万区域地质图上也没有标定过北西向的基岩断裂[①](图10-5)。在1991～1994年期间作者开展该区1:5万区域地质调查时，曾发现沿湔江两岸地层界线总是存在一定的错位，难以直接连接，但因缺乏明显的标志，也无法确认断层的存在。因此也未能标定出北西向的基岩断裂，作为小鱼洞断裂[②]。汶川地震之后，小鱼洞地表破裂的出露使得我们能够准确地标定小鱼洞活动断裂的平面展布规律。该活动断裂的平面展布特征与湔江流域的中游(小鱼洞镇—新兴场)干流河道的走向近于一致，表明了该河段的水系走向受到小鱼洞断裂的控制。在湔江流域的下游重要支流白鹿河河段(白鹿镇—新兴场)的河道走向为NE-SW向，大致与彭灌活动断裂的走向相一致，表明下游的重要支流白鹿河段在汇入湔江前，该河段的水系走向受到彭灌活动断裂的控制。

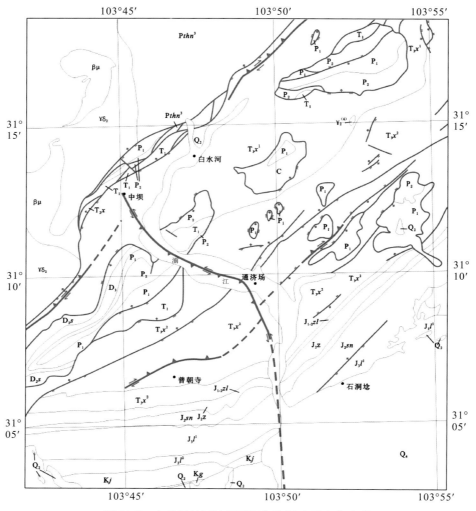

图 10-5　小鱼洞地区地质简图与汶川地震地表破裂

底图据1:20万灌县幅区域地质图(1976)；细红实线为基岩断裂；带三角的粗红实线为汶川地震地表破裂；虚线为推测的断裂

　　本次对湔江流域水系的流向进行了统计，表明在湔江流域的河源段(银厂沟段)、上游段(银厂沟—龙门山镇)、中游段(龙门山镇—新兴场)以及下游的白鹿河段水系的流向主要呈北东30°～50°和北西

　　① 四川省地质局第二区域地质测量，1976，灌县幅1:20万区域地质图；成都理工大学区域地质调查队，1994，大宝山幅1:5万区域地质图

　　② 成都理工大学区域地质调查队. 大宝山幅1:5万区域地质图，1994

320°~330°为两组优势方向。其中，北东 30°~50°的一组流向与北川断裂、彭灌断裂以及龙门山构造带几条主干断裂展布方向一致，反映了在龙门山地区沿北东方向展布的活动断裂大致控制了该流域的水系流向。另外，根据区域构造应力的分析，来自北西—南东的构造挤压力使得湔江流域普遍发育"X"形共轭剪切节理，由于共轭剪裂角的锐角平分线与区域构造主应力方向一致，所以在湔江流域该"X"形共轭剪切节理往往呈北北西—南南东向和北东—南西两组优势方向发育，从而导致了湔江流域内水系流向显示为北东 30°~50°和北西 320°~330°为两组优势方向。

总体上，湔江流域水系流向及主干河道走向的平面样式受到了北川断裂、彭灌断裂以及小鱼洞断裂的控制。其中湔江上游的河道的流向受到了北川断裂的控制，下游主干支流白鹿河的流向受到了彭灌断裂的控制，小鱼洞断裂则控制了中游北西—南东向河道的流向。同时，在区域内"X"形共轭剪切节理的两组节理也对湔江支流水系的流向具体一定的控制作用。因此，在湔江流域显示了活动构造以及区域构造应力对主干河道和水系流向平面展布格局的控制作用。

10.4　湔江流域河谷剖面样式对活动构造的响应

从湔江流域河床剖面形态对汶川地震的响应方式来看，以汶川地震为代表大地震所驱动的构造隆升运动是湔江流域河床剖面样式最重要的驱动力，同时，各断裂以及所夹推覆体构造抬升量的不同也导致了湔江流域河床剖面样式的复杂化，表现为湔江流域在不同的地貌单元具有不同的河谷剖面样式。本次我们将通过湔江流域河谷形态、河流阶地拔河高度以及河床梯度等指标分析其对活动构造隆升作用的响应。

10.4.1　湔江流域河谷地貌形态对差异性隆升的响应

上文分析表明，湔江流域不同河段的河谷地貌形态有明显差异，其是对龙门山高山地貌区、山前冲积平原区等地貌单元差异隆升的响应。

基于对湔江流域主干河流的分段，可将湔江分为河源段（银厂沟段）、上游段（银厂沟—龙门山镇）、中游段（龙门山镇—新兴场）以及下游段（新兴场—丹景山镇），其河谷地貌特征见表 10-2。

表 10-2　湔江干流河谷地貌的分段特征

河谷级段	总体特征	构造响应	基本特征
河源段	深切峡谷、障谷型河谷	受区域"X"形共轭剪节理以及北川断裂控制	沿银厂沟主沟河谷发育，干流流向为北东—南西向，谷底宽约 30~100m。支流流向为北西—南东向，局部仅为数十米至十几米，多瀑布和跌水，如银厂沟、牛圈沟、梅子林沟等
上游段	狭窄的"V"形河谷	主干河流受北川断裂控制，支流受"X"形共轭剪节理控制	沿银厂沟—龙门山镇河谷发育，流向为北东—南西向，谷底宽约为 100~150m，河床多急流
中游段	宽狭的相间"U"形河谷	主干河流受小鱼洞断裂控制	沿小鱼洞—新兴镇河谷发育，谷底相对较宽，呈"U"形，谷底宽约为 200~400m
下游段	开阔的"U"形河谷	受龙门山山前凹陷的单斜地貌控制	河谷平坦开阔，谷底宽约 300~600m，仅在白鹿河段表现为宽窄相间的"V"形河谷特征

从表中可以看出，湔江流域干流的不同河段河谷地貌表现出不同形态特征。其中，河源及上游河段为典型的"V"形河谷，水流湍急，两岸峭壁如削，河流深切入基岩。究其原因，主要是这些河段主要位于龙门山推覆构造带之上，该构造带晚新生代以来的抬升速率约为 1.0mm/a（李勇等，2006），同时在该区域河流具有强烈的下切作用，下切速率在 1.29mm/a（李勇等，2006）。然而，在湔江流域的下游段，河流水系主要发育在山前冲积平原之上，以坡度较缓的单斜地貌为主，形成了开阔的"U"形河谷。因而，导致了湔江流域河流水系剖面样式在不同构造单元的差异隆升作用显示不同河谷形态的构造响应特征。

10.4.2　湔江流域河流梯度剖面对活动构造的响应

本次运用河流河床梯度系数这一指标来分析湔江河流河床梯度的变化情况。该指标可以定量化反映河流纵剖面坡度的变化，对河床坡度的变化非常敏感，对研究构造运动引起的中小尺度河流坡度的变化十分重要。

根据图 10-2 可知，在湔江流域的河源段流经银厂沟处河床梯度系数为 1053，河床坡度较陡。当流经上游段穿过北川断裂时河床梯度系数突然增加至 1196，整个上游的河流平均河床梯度系数为 865；当湔江水系进入中游段小鱼洞—新兴镇时河床梯度系数为 672；当下游段在新兴镇横切彭灌断裂时河床梯度系数突然增加为 975，进入盆地后，河床梯度系数降为 597。

上述分析表明，湔江流域河流在流经不同地貌单元时，河床梯度系数明显不同。尤其是在横穿北川断裂和彭灌断裂时河床梯度系数明显增大，表明了湔江流域水系剖面样式受到了主干活动构造的控制。值得指出的是，在湔江流域的中游段（小鱼洞—新兴镇）虽然其平面样式受到了小鱼洞断裂的控制，但在梯度系数上比下游无明显增加，表明了小鱼洞断裂对该河段剖面样式的控制作用较弱。这可能与小鱼洞断裂在汶川地震中表现出左旋走滑运动为主的特征有关。在整个湔江流域干流河道中，穿越龙门山地貌区的横向河段河床梯度系数最大，是下游盆地内河段的 1.76 倍。这表明，该河段所处龙门山区因龙门山构造带几条主干断裂的差异活动而显著隆升，与南东侧的冲积平原区形成巨大高差。同时，由于后龙门山构造带内的后山推覆体和前山推覆体的抬升幅度也存在差异，因而使得在湔江流域的河源段和上游段其梯度系数也存在相应的变化。而河床梯度陡变带往往对应了地貌高差陡变带和活动断裂经过的位置。

10.4.3　湔江流域阶地面的垂直位错对逆冲作用的响应

基于前人的研究资料表明，湔江流域不同河段均有阶地发育，但在阶地类型、级别、拔河高度等方面存在不同。本次我们将湔江流域的河源段、上游段和中游段发育的阶地作为山谷阶地，将下游段发育的阶地作为山前阶地进行讨论。

在山谷阶地区域，共发育Ⅶ级阶地。其中，Ⅰ、Ⅱ级阶地为堆积阶地，拔河高程分别为 6~8m 和 14~16m，宽度较大，分布范围较广，主要发育于湔江流域上游段和下游段的大宝镇和海子河以下的河谷中。Ⅲ级阶地为基座阶地，拔河高程为 22~24m，并在上游段广泛分布。Ⅳ级阶地为堆积阶地，拔河高度 70~80m，主要分布于大宝镇—小鱼洞一带，为本区分布面积最大的一级高阶地。Ⅴ、Ⅵ、Ⅶ级阶地均为基座阶地，拔河高程分别为 130m、145m 和 200m。其中，Ⅴ级阶地分布相对较广，主要发育于大宝镇和小鱼洞附近，Ⅵ、Ⅶ级阶地分布较为零星，仅发育于大宝镇海子河局部区域。

在山前阶地区域，共发育Ⅳ级阶地。其中，Ⅰ、Ⅱ、Ⅲ级阶地均为堆积阶地，拔河高程分别为 15~20m、35~40m 和 70m，Ⅳ级阶地为基座阶地，拔河高度 115~120m。Ⅰ、Ⅱ、Ⅳ级阶地在该区域零星分布，仅Ⅲ级阶地广泛分布于九龙镇以南和桂花场以东的地区。

根据上述阶地剖面资料，表明湔江流域山谷阶地和山前阶地的发育级数以及拔河高程对不同地貌单元的差异隆升作用具有不同的构造响应。一般来说，在同一时期内，如果某一地区构造活动强烈、其阶地发育级数相对较多，那么总体抬升幅度较大。首先，龙门山构造带的山谷阶地的级数明显大于盆地内湔江河流阶地拔河高程，显示了与盆地区相比，青藏高原东缘山区晚第四纪以来抬升幅度和抬升速率较大。另外，位于后山推覆体上游段的阶地级数及拔河高程普遍大于位于前山推覆体的中游河段，表明相对于中游河段，湔江流域的上游河段的隆升速率更快，隆升幅度更大。

综上所述，湔江流域整体呈现为蒲扇状，但主河道水系样式在平面上和剖面上均呈现出不对称和不规则性，即主河道的平面展布相对中轴的非对称，水系样式既不是羽状，也不是树枝状，而是在不同的河段呈现出不同的水系样式；在剖面上由于不同单元构造隆升作用的差异性导致了湔江流域河流水系的河谷地貌特征、河流梯度剖面以及河流阶地发育情况等均表现为明显的差异性。从图 10-1 可以看出，湔江流域受到了北川断裂、彭灌断裂和小鱼洞断裂 3 条活动构造的控制。湔江流域水系平面展布样式正是对区域构造应力以及活动构造的响应。同时，茂汶断裂、北川断裂以及彭灌断裂所夹持的后山推覆体和前山推覆体与山前盆地之间的差异性构造隆升运动导致了湔江流域河流水系剖面样式在不同河段表现出不同的差异特征，即在湔江流域上游(银厂沟—龙门山镇)，北川断裂北西侧块体的抬升速率和活动性大于其南东侧块体的抬升速率和活动性；在湔江流域中游(龙门山镇—新兴场)，小鱼洞断裂南西侧块体的抬升速率和活动性大于其北东侧块体的抬升速率和活动性；而对于在新兴场汇入湔江流域主河道的支流白鹿河，彭灌断裂北西侧块体的抬升速率和活动性大于其南东侧块体的抬升速率和活动性，从而导致湔江流域主河道在平面上和剖面上均呈现出不对称性和不规则性的特征。

通过对湔江流域水系样式与区域活动构造之间关系的分析结果表明，湔江流域水系样式及河道展布与区域活动构造的组合样式具有很好的匹配性和一致性，其中湔江流域上游的河道和流向受到北川断裂的控制，湔江流域中游的河道和流向受到小鱼洞断裂的控制，白鹿河的河道和流向受到彭灌断裂的控制，湔江流域主河道的偏转同时也受到小鱼洞断裂的控制。这一系列现象显示了湔江流域水系展布格局对断裂活动的构造响应，区域的活动构造的空间组合样式直接控制了湔江流域水系样式的展布特征，活动构造对河流地貌和水系的展布格局具有控制作用。

第 11 章 龙门山的河流纵剖面与构造隆升作用

青藏高原东缘的龙门山地质地貌特征显著、水系贯通良好，可能记录了青藏高原隆升过程中有意义的地质事件，一直受到国内外学者的关注。其与山前地区的高差大于 4000m，后山带最高峰为九顶山，海拔高程为 4982m，而山前的成都盆地的海拔高程仅约为 600m，显示了龙门山是青藏高原边缘山脉中地形陡度变化最大的地区之一。同时，它也是研究长江上游地区气候、水系和生态环境变迁与高原隆升关键地区（刘树根，1993；李勇等，1995；周荣军等，2006）。现有地震和历史记录都表明，龙门山地区是一个地震频发区。2008 年 5 月 12 日，在龙门山构造带中的汶川附近发生了 M8.0 级特大地震，该地震是龙门山断裂带之一的北川断裂突发错动的结果。紧紧时隔五年，在 2013 年 4 月 20 日，在龙门山构造带南段又发生了 M7.0 级地震，说明该区域构造运动频繁发生，也因此成为地质地貌学家研究构造—地貌—水系的理想场所。前人对龙门山地区的河流水系地貌做过较多研究（李勇等，2006），该区河流可大致分为贯通型河流和山前型河流，贯通型河流一般面积较大，水系的分布、形态影响因素较多；而龙门山山前河流的面积相对较小，水系分布及其形态影响因素相对较少，河流内有活动断裂—北川断裂、彭灌断裂及小鱼洞断裂穿过，所以该地区是研究龙门山新构造运动、地貌演化特征的典型区域。

构造活动程度对区域地貌演化具有重要影响，在构造地貌的形态（剖面形态、平面形态、三维地貌）上可以提取很多定量化的数据，而地貌的结构形态受构造运动的影响又十分显著，因此近年来许多学者运用 DEM 和 GIS 等新技术来定量化研究地貌参数，使得构造地貌研究不断发展。目前，运用较为广泛的构造地貌参数有河流坡降指标与 Hack 剖面（吉亚鹏等，2011）、河谷宽深比、集水盆地不对称度（常直杨等，2014）、河流水力侵蚀模型的凹曲度与陡峭指数（陈彦杰等，2006）、地表分形值（毕丽思等，2011）以及面积—高程积分（张天琪等，2015）等。这些参数中有一维线性描述的，如 Hack 剖面，也有二维面性描述的，如河流面积不对称度、地表分维值，还有三维实体性描述的，如面积—高度积分。通过对这些参数的研究，能够快速获取区域河流纵剖面及其对构造隆升作用响应过程的很多相关信息，从而为龙门山河流纵剖面及其对隆升作用的响应提供科学依据。

11.1 原理与方法

地貌和地质构造的关系早已被地质地貌学家所关注。19 世纪 80 年代，W. M. 戴维提出了地貌循环理论，指明构造是地貌发育的三大因素之一（严钦尚等，1985；励强等，1990；曹伯勋，1995）。1923年 W. 彭克在《地貌分析》一书中指出：地貌的形成和演化要从动态的变化中去研究（王岸等，2005）。20 世纪 50 年代板块构造学的兴起，使构造地貌学研究与地球动力学的研究结合起来。构造地貌学从早期的静态构造地貌研究向动态构造地貌研究转变，并在理论和实践方面取得了新发展。Hack 提出了动态地貌发育理论，在变形和侵蚀长期作用下，地貌将趋于平衡状态，或动态均衡状态。Kooi 等（1996）将河床下切、沉积物搬运以及山坡侵蚀联系起来，建立地面过程模式，用于预测变形开始与变形地貌系统响应之间的滞后量值。随着数字高程模型（DEM）、GIS 空间分析技术、RS 技术、测年技术等日益发展，构造地貌学的研究与应用将更趋于定量化。构造地貌学是一个综合性很强的研究学科，研究地貌与构造的关系、构造地貌发生和发展过程，以及构造地貌过程所揭示的内部构造动力过程（励强等，1990；曹伯勋，1995；王岸等，2005）。

在河流水系地貌中，水系纵剖面的形态与地壳的构造运动紧密相关，其对构造运动的响应是最直接和最明显的(Burnett et al.，1983；Ouchi，1985；Snow et al.，1990)。因此，在构造地貌学中可以利用多种描述河流纵剖面形态的参数来定量研究河流水系地貌的发育特征及其对构造运动的响应和调整。目前比较常用的研究方法和参数指标主要有：河流纵剖面的数学拟合函数、基于河流水力侵蚀模型的坡度—面积关系以及凹曲指数、陡峭指数、河流坡降指标与 Hack 剖面、面积高程积分等。这些研究方法和参数指标从不同角度、不同层次描述了河流纵剖面形态以及其对构造的响应。其中，河流纵剖面的数学拟合函数是从整体上直观描述河流纵剖面的凹曲形态，凹曲指数定量描述了水系纵剖面的凹曲程度，河流坡降指标则描述水系纵剖面的局部坡度变化，河流水力侵蚀模型的坡度—面积关系、陡峭指数以及 Hack 剖面、面积高程积分则可以综合反映构造抬升运动与河流下切侵蚀作用之间的关系。

11.1.1　河流纵剖面的函数拟合

在地貌各要素中，水系结构形态(包括平面结构形态、纵剖面形态)对构造作用的反映较敏感(Hack，1957；Snow et al.，1990)。其中，水系纵剖面对构造运动的响应是最直接和明显的(惠凤鸣等，2004)。河流不断地被下切侵蚀，河流纵剖面形态也在不断地变化(Hack，1957；Snow et al.，1990)。在一些构造活动强烈的地区，构造活动往往成为影响河流纵剖面形态的最主要因素。

河流处于不同的发育时段，相应的纵剖面形态将呈现出不同的特征。国内外一些研究者利用简单函数对河流纵剖面进行数值模拟取得了较好的效果(Chen et al.，2003；赵洪壮等，2009)。陈彦杰等(2006)在综合前人研究的基础上，提出河流的演化顺序(图 11-1)，并划分为 4 个阶段：①当地面的构造抬升停止后，河流纵剖面为直线，可以运用线性函数($Y = a + bX$)来拟合；②河流不断进行着溯源侵蚀，上游的物质将被搬运到下游堆积，河流纵剖面的下凹程度加大，这时可以用指数函数($Y = a \cdot e^{bX}$)对河流纵剖面进行拟合；③随着下游物质的堆积和河流中、上游的侵蚀，河流纵剖面的下凹程度进一步加大，可以用对数函数($Y = a \cdot \lg X + b$)来拟合河流纵剖面；④再进一步发展，如果流量增加或由于构造运动等形成破碎带导致输沙量增加，使得河流纵剖面的下凹程度快速增大而呈现出乘幂函数($Y = a \cdot X^b$)剖面。以上各函数式中 Y 为河流纵剖面高程，X 为河流纵剖面长度，a 与 b 皆为常数。

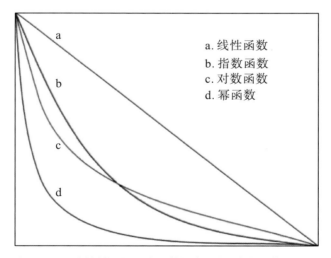

图 11-1　河流纵剖面的 4 种函数拟合形态(陈彦杰等，2006)

11.1.2 河流水力侵蚀模型

河水沿着河道流动，侵蚀河流两岸及河床的基岩，持续的下切作用，塑造了多样的河流地貌。近些年来，国内外众多学者对河流下切基岩河床展开研究，利用基岩岩盘上升和河流侵蚀之间的相互关系，提出了经典的河道水力侵蚀模型(Chen et al.，2003；赵洪壮等，2009)，并广泛应用于河流动力学和河流地貌的研究(Whipple et al.，2002；Whipple，2004)。在这种基岩隆升与地表侵蚀相互反馈机制下，基岩河道中河床高程随时间变化的方程式(Kirby et al.，2001；Whipple，2004；陈彦杰等，2006)为：

$$\mathrm{d}z/\mathrm{d}t = U - E = U - KA^m S^n \tag{11-1}$$

式中，$\mathrm{d}z/\mathrm{d}t$ 为河床高程随时间的变化；U 为基岩隆升速率；E 为河流下切速率；K 为能够同时反映基岩抗侵蚀强度、河流侵蚀能力的有量纲的侵蚀系数；A 为河道上游集水盆地面积；S 为河道坡度；m 与 n 为正值常数。

当 $\mathrm{d}z/\mathrm{d}t = 0$ 时，则 $U - KA^m S^n = 0$，可获得公式：

$$S = (U/K)^{1/n} A^{-m/n} \tag{11-2}$$

陈彦杰等(2006)用 θ 代替 m/n，用 K_s 代替 $(U/K)^{1/n}$，获得公式：

$$\lg S = -\theta \times \lg A + \lg K_s \tag{11-3}$$

式中，θ 为均衡河道剖面的凹曲指数；K_s 为均衡河道纵剖面的陡峭指数。

根据上述分析，以 $\lg A$ 为横坐标，以 $\lg S$ 为纵坐标，可以获得 $S\text{-}A$(Slope-Area)的双对数图(简称 $S\text{-}A$ 关系图)，可以判断流域内地形是否处于均衡状态(陈彦杰等，2006)。通过对流域内地形所处的 3 种不同状态(前均衡、均衡、后均衡)的 $S\text{-}A$ 关系图基本特征的分析，为地形特征分析奠定基础。

1. 均衡状态地形的 S-A 关系图及其特征

当地形达到均衡状态时，基岩隆升速率等于河流下切速率，河床高程随着时间的变化($\mathrm{d}z/\mathrm{d}t$)为零，即 $\mathrm{d}z/\mathrm{d}t = 0$，即 $\lg A$ 与 $\lg S$ 之间的关系可以用式(11-3)表示，两者呈线性关系(图 11-2)，因此，直线型的 $S\text{-}A$ 关系图代表均衡状态的地形。

2. 前均衡状态地形的 S-A 关系图及其特征

对于成长中的山脉，基岩隆升速率大于河流下切速率，河床高程随着时间的变化($\mathrm{d}z/\mathrm{d}t$)显示为正值，即 $\mathrm{d}z/\mathrm{d}t > 0$，此时 $S < K_s A^{-\theta}$，即可获得式(11-4)(陈彦杰等，2006)：

$$\lg S < -\theta \times \lg A + \lg K_s \tag{11-4}$$

根据式(11-4)即可获得上凸形的 $S\text{-}A$ 关系图(图 11-2)，因此，上凸形的 $S\text{-}A$ 关系图代表前均衡状态的地形。

3. 后均衡状态地形的 S-A 关系图及其特征

对于崩塌中的山脉，基岩隆升速率小于河流下切速率，河床高程随着时间的变化($\mathrm{d}z/\mathrm{d}t$)显示为负值，即 $\mathrm{d}z/\mathrm{d}t < 0$，此时 $S > K_s A^{-\theta}$，即可获得式(11-5)(陈彦杰等，2006)：

$$\lg S > -\theta \times \lg A + \lg K_s \tag{11-5}$$

根据式(11-5)即可获得下凹形的 $S\text{-}A$ 关系图(图 11-2)，因此，下凹形的 $S\text{-}A$ 关系图代表后均衡状态的地形。

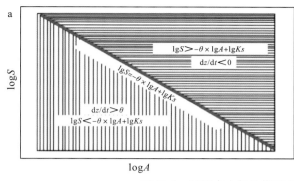
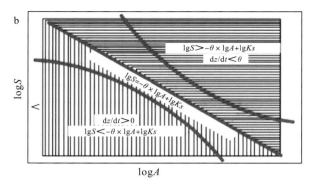

图 11-2　河流水力侵蚀模型 S-A 双对数图解(据陈彦杰等，2006)

11.1.3　河流坡降指标与 Hack 剖面

在构造活动微弱或无构造影响的地区，河流在不断地进行着侵蚀与堆积作用，使得河床不断下降，逐渐平滑，接近一条圆滑下凹的河流纵剖面曲线，河床上的坡度显示为缓慢地变化，但由于河床受到岩性、构造、气候条件等的影响，河流纵剖面往往是不规则的，指示了河流坡度有突变，这些突变带发展为裂点或坡折点。

Hack(1973)在研究美国西部的河流时，定义了一个名为"坡降指标"(SL index)的参数，用于定量地反映河流纵剖面坡度的变化。以该河段距源头的距离取对数为横坐标轴，以该河段的高程为纵坐标轴，河流纵剖面可表示为：

$$H = c - k \times \lg L \tag{11-6}$$

式中，H 为河流纵剖面的高度；c 为常数；k 为斜率；L 为河流源头至河段中点的距离。

将河段距离源头的距离取对数，得到 Hack 剖面。此剖面为一条直线，即均衡河流的纵剖面，而此直线的斜率(k)则称为河流坡降指标，即 SL 指数。SL 指数可以近似为由河流纵剖面局部段的坡度与离河流源头的距离的乘积来计算：

$$SL = (\Delta H / \Delta L) \times L \tag{11-7}$$

式中，($\Delta H / \Delta L$)为单位河段的坡度 S；L 为河流源头至河段中点的距离。

河流的 SL 值对河床坡度的变化非常敏感，可以用其探讨因构造运动或岩性差异等引起的中小时空尺度的河流坡度变化问题。当 SL 值异常高时，指示该区域为抗蚀力较强的基岩地带，或者存在区域隆升差异；反之，当 SL 值异常低时，指示该区域为抗蚀力较弱的基岩地带，或为下沉区域(吉亚鹏，2011)。集水区系统间的不平衡的侵蚀或堆积作用也会造成 SL 值出现异常高值或低值(常直杨，2014)。

Hack 剖面常用于描述河流纵剖面整体上的变化特征(赵洪壮等，2010)。在 Hack(1973)最初定义的 Hack 剖面中，研究对象是全河段抗蚀力相似的河流，而在自然界中，河流多流经抗侵蚀能力不同的地区，或是构造活动差异的地区，造成 Hack 剖面多呈现为上凸下凹等曲线状，而并非是一条单纯直线。因此，我们可以从 Hack 剖面的源头到出水口画一条直线，用此直线代表该河流全河段达到动力平衡时的均衡状态，斜率即为均衡河流坡降指标 K。一般来说，较大的河流相对较小的河流容易有较大 K 值和 SL 值。在比较不同河流间的河长坡降指标时，我们需要将不同河段 SL 参数进行标准化，用各河段的标准化河长坡降指标 "SL/K" 值进行对比(图 11-13)。根据 Seeber 等(1983)对喜马拉雅地区各河流的研究，"SL/K" 值介于 $2\sim10$ 为较陡河段，"SL/K" 大于 10 则为极陡河段。

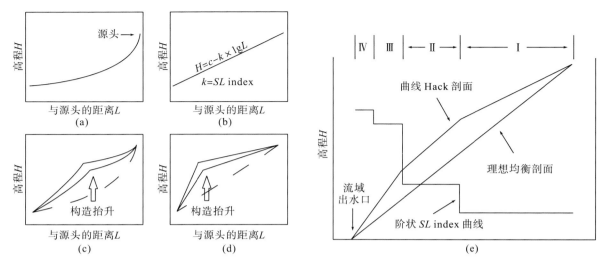

图 11-3　河流坡降指标与 Hack 剖面示意图（据 Chen，2003）

（a）呈对数曲线形态的均衡河流纵剖面；（b）半对数坐标下的均衡河流纵剖面，即其 Hack 剖面，剖面的斜率 k 即其 SL 值；（c）受到构造抬升作用的河流纵剖面；（d）受到构造抬升作用的河流 Hack 剖面；（e）呈现曲线形态的 Hack 剖面，此剖面由 I、II、III、IV 等 4 个均衡河段组成，每个河段均有其 SL 值，这些 SL 值即构成阶梯状 SL 曲线。当河流全河段达到"理想均衡剖面"状态时，其斜率为 k'，即为均衡坡降指标

11.1.4　面积—高程积分（HI）

基于此理论，Strahler 于 1952 年提出了面积—高程积分的计算方法，该方法包括对河流面积—高程积分曲线和面积—高程积分值（HI）的计算，以此来反映河流内地貌的发育程度。Pike 等（1971）提出以河流内的高程起伏比（Elevation-relief ration）作为面积—高程积分的简易算法，式子如下：

$$E = \frac{H_{mean} - H_{min}}{H_{max} - H_{min}} = HI \tag{11-8}$$

式中，H_{mean}、H_{max}、H_{min} 分别为河流内的平均高程、最大高程和最小高程。

以 Davis 的地形侵蚀循环为依据，Strahler（1957）认为面积—高程积分曲线形态可以用来判定侵蚀地貌区的地貌发育阶段，具体特征如下：①积分曲线呈凹形，侵蚀程度高，面积—高程积分值较小（$HI < 0.35$），河流地貌演化进入了"老年期"阶段；②积分曲线呈凸形，面积—高程积分值较大（$HI > 0.60$），河流地貌演化进入了"幼年期"；③若曲线呈"S"形，面积—高程积分值较中等（$0.35 < HI < 0.60$），则河流地貌演化处于"壮年期"（陈彦杰等，2006）。面积—高程积分是对三维地体的描述，反映地表被侵蚀后的三维体积残余率并反映了地貌的发育程度。此外，河流的面积—高程积分值（HI 值）对构造活动、岩性差异和气候变化等因素反应也比较敏感（张天琪，2015）。

11.2　龙门山的河流纵剖面拟合函数

青藏高原东缘地区的龙门山是青藏高原周缘山脉中陡度最大的山脉，也是构造活动和地貌景观塑造最为强烈的地区之一。因此，该区域成为研究构造—地貌—水系之间相互关系的优良实验场。基于 ASTER GDEM 数据，选取了龙门山南段、中段和北段的 15 条河流为样本（包括 5 条贯通型河流和 10 条山前型河流）（图 11-4），通过对以上河流纵剖面形态的函数拟合、水力侵蚀模型以及河流坡降指标与 Hack 剖面的分析，探讨了龙门山北、中、南段不同河流水系地貌对其晚第四纪差异性构造隆升运动的响应过程。

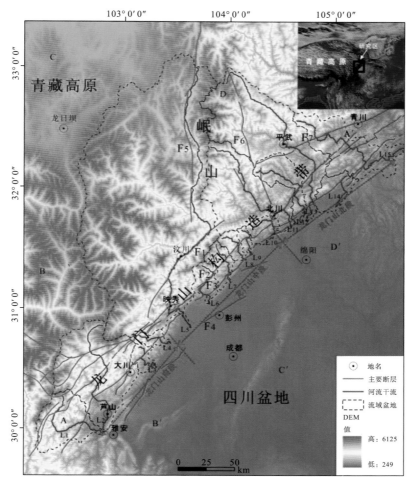

图 11-4　青藏高原东缘地形地貌、水系及主干断裂分布图

F1～F8 分别为茂汶断裂、北川断裂、彭灌断裂、山前断裂、龙泉山断裂、岷江断裂、虎牙断裂、平武—青川断裂；L1～L15 分别为鸦雀河、灵关河、出江河、鞍子河、岷江、湔江、金河、绵远河、干河子、安昌河、通口河、平通河、马角坝河、清竹江

11.2.1　计算过程

本文利用 GIS 技术提取了青藏高原东缘的 15 条河流（L1～L15），对河流进行 Strahler 分级并分别提取了各条河流的亚流域盆地（Strahler，1957），获得各级河流的长度、面积、河源及汇流口的高程。

同时，以 lg A 为横坐标，并利用 Excel 软件，对河床纵剖面进行了拟合和绘制了 S-A 图像。根据公式 11-3 对各条河流的河道坡度（S）和集水盆地面积（A）进行了反演回归，获得了河流凹曲指数（θ）和坡度指数（lg k_s）。计算的流程图（图 11-5）如下：

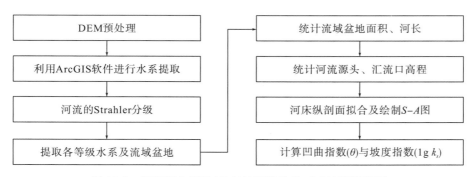

图 11-5　河流凹曲指数（θ）与坡度指数（lg k_s）计算流程图

本文利用简单数学函数进行实际河流纵剖面的拟合主要基于以下两个依据(Chen et al.，2003)：①参考了该数学函数与实际河流纵剖面间统计回归的判别系数(R^2)。②通过目视可以判断该数学函数的曲线形态与河流纵剖面形态的吻合程度。通过对青藏高原东缘地区 15 条(包括 5 条贯通型河流和 10 条山前型河流)主干河流纵剖面的拟合，我们获得了这些河流的最佳拟合函数。其中，这些河流的判别系数(R^2)主要集中在 0.95～0.99，所有河流的判别系数(R^2)均大于 0.92(表 11-1)；另外，数学函数的虚线形态与河流纵剖面吻合程度较好(图 11-6)，表明本次选取的青藏高原东缘地区 15 条河流的纵剖面具有较好数学拟合的效果。

表 11-1　龙门山 15 条河流的基本信息及凹曲指数与陡峭指数统计表

分段	河流名称	河流类型	最佳拟合函数	R^2	S-A 曲线拟合形态	R^2	θ	$\lg k_s$
南段	鸦雀河(L1)	贯通型	指数拟合	0.96	上凸	0.99	—	—
	灵关河(L2)	贯通型	指数拟合	0.99	上凸	0.99	—	—
	出江河(L3)	山前型	对数拟合	0.99	上凸	0.93	—	—
	鞍子河(L4)	山前型	指数拟合	0.97	上凸	0.98	—	—
中段	岷江(L5)	贯通型	线性拟合	0.98	直线	0.99	0.31	1.23
	湔江(L6)	山前型	对数拟合	0.95	上凸	0.99	—	—
	金河(L7)	山前型	对数拟合	0.92	上凸	0.95	—	—
	绵远河(L8)	山前型	指数拟合	0.95	上凸	0.98	—	—
	干河子(L9)	山前型	指数拟合	0.97	上凸	0.98	—	—
北段	安昌河(L10)	山前型	对数拟合	0.97	下凹	0.99	—	—
	通口河(L11)	贯通型	对数拟合	0.95	直线	0.98	0.37	1.97
	平通河(L12)	山前型	对数拟合	0.97	直线	0.99	0.40	2.02
	涪江(L13)	贯通型	对数拟合	0.94	直线	0.99	0.38	1.90
	马角坝河(L14)	山前型	对数拟合	0.96	直线	0.99	0.45	2.21
	清竹江(L15)	山前型	对数拟合	0.97	直线	0.98	0.44	2.40

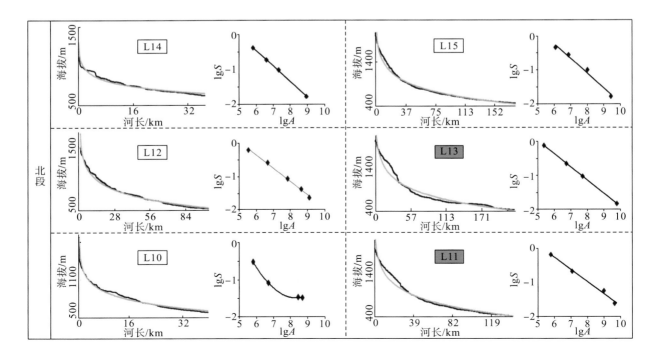

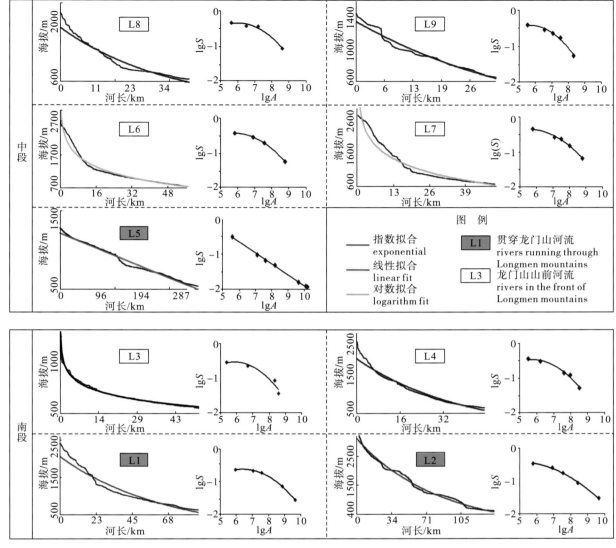

图 11-6　龙门山地区河流纵剖面数学函数拟与 S-A 关系图

L1～L15 分别为鸦雀河、灵关河、出江河、鞍子河、岷江、湔江、金河、绵远河、干河子、安昌河、通口河、平通河、涪江、马角坝河、清竹江

　　一般来说，影响青藏高原东缘地区的河流纵剖面形态的因素，主要包括了河流的发育时间、区域气候环境、河床基岩性质以及构造运动等 4 个方面，以下我们将从这 4 个方面分析它们是如何影响河流纵剖面形态的。

　　(1)河流发育时间：一般情况下，河流发育时间越长，河流纵剖面的下凹程度应该是越大，河流也越长；反之，下凹程度就越小，河流发育时间就越短。在研究区域内最长河流—岷江(L5)的河流纵剖面拟合形态为直线，而龙门山前众多的小流域(L3、L4、L6～L9、L14)的河流纵剖面拟合形态为对数或者指数函数(图 11-6)。可见，该地区影响河流纵剖面的主要因素不是时间因素。

　　(2)区域气候：青藏高原东缘是中国东西部地形的陡变带，这里受地形雨的影响。但从山前流域(L3、L4、L6～L10、L14)来分析，这些流域同时受地形雨影响，但河流纵剖面 L3、L7、L10 成对数剖面，其余成指数剖面(图 11-6)。因此，气候条件也不是影响该地区纵剖面形态的主要原因。

　　(3)河床基岩性质：青藏高原东缘基岩性质复杂，河流流经了不同时代、不同岩性的地层，它们的抗侵蚀能力不同，不能简单地用基岩性质来说明整体河流纵剖面的形态特征。所以，基岩性质也不是影响该地区纵剖面形态的主要原因。

（4）构造运动因素：青藏高原东缘龙门山地区的山脉自中新世以来经历了较为强烈的隆升和剥蚀作用，至少有 5~10km 的地层被剥蚀掉（Li et al.，2006）。Kirby 等（2003）利用河流陡峻指数计算了青藏高原东缘地区的隆升速率，认为青藏高原东缘并不是整体隆升的，各区域之间的隆升速率存在差异性，其中岷山断块、龙门山中南段的隆升速率最大。该区是中国大陆内部新构造运动强烈的地区之一，龙门山断裂带具有孕育和发生大地震的构造条件，例如 2008 年汶川 Ms8.0 特大地震及 2013 年 4 月 20 日芦山 Ms7.0 强震。龙门山仍在持续不断的隆升，也必然导致该地区河流状态的改变，而河流则通过下切作用不断将自身往均衡状态调整。然而河流达到均衡状态需要一个过程，有可能河流未完全达到均衡状态，又迎来了新一次构造活跃期，河流又重新开始自身的调整。可见，构造运动是影响龙门山地区河流纵剖面形态的主要因素。

11.2.2　河流纵剖面拟合函数与构造活动的关系

此次河流纵剖面的拟合形态表明，青藏高原东缘地区 15 条主干河流中，9 条为对数函数，5 条为指数函数，仅 1 条为线性函数（表 11-1，图 11-6），该结果表明该地区河流整体上处于侵蚀作用较强烈的时期。在 5 条贯通型河流中，青藏高原东缘南部的雅雀河和灵关河最佳拟合函数为指数函数，中部的岷江最佳拟合函数为线性函数，北部的通口河和涪江的最佳拟合函数为对数函数。在龙门山山前型流域中，中南段河流的最佳拟合函数为对数函数和指数函数，到北段变为对数函数（图 11-6）。从本次提取的河流纵剖面来看，龙门山北段的河流纵剖面较为平滑，而中南段河流纵剖面则凹曲不平，存在裂点，表明龙门山中南段的构造活动较为强烈。因此，龙门山中段、南段具有比北段更强的构造活动性。

11.3　龙门山的河流水力侵蚀模型

11.3.1　计算过程

根据上文的计算流程（图 11-5），以青藏高原东缘地区 15 条主干河流（包括 5 条贯通型河流和 10 条山前型河流）为研究对象，分别建立了每条河流的 S-A 关系图（图 11-6）。对于 S-A 关系图表现为直线的河流，根据式 11-3 对每条河流的河道坡度（S）和集水盆地面积（A）进行反演回归，就可以获得每条河流的凹曲指数（θ）与坡度指数（$\lg k_s$）（表 11-1）。而对于 S-A 关系图表现为上凸和下凹的河流，由于在不同河段 $\lg S$ 与 $\lg A$ 之间的线性关系具有差异性，即具有不同的凹曲指数（θ）和坡度指数（$\lg k_s$），此类河流具有若干个 θ 值和 $\lg k_s$ 值，无法获得每条河流的唯一的 θ 值和 $\lg k_s$ 值，故而无法对此类河流进行空间上的对比。因此，本次对于不同河流凹曲指数（θ）与坡度指数（$\lg k_s$）的对比，仅限于处于龙门山北段的 5 条河流。

11.3.2　河流水力侵蚀模型的对比分析

1. S-A 关系图的对比分析

在 5 条贯通龙门山的河流中，位于青藏高原东缘南部的雅雀河和灵关河 S-A 关系图为上凸形（图 11-6），指示河床的高程随着时间逐渐增高（$dz/dt > 0$），河道基岩的隆升速率大于河流的下切侵蚀速率，表明该区域地形未达到均衡状态，处于前均衡状态；位于中部的岷江与北部的通口河、涪江的 S-A 关系图表现为直线（图 11-6），指示河床的高程随着时间保持不变（$dz/dt = 0$），河道基岩的隆升速率大于河流的下切侵蚀速率，该区域地形趋于均衡状态。因此，青藏高原东缘的地形由南向北具有由前均衡状态向均衡状态过渡的特征，间接反映了构造活动（或构造隆升）由南向北逐渐减弱的变化趋势。

在 10 条龙门山山前河流中，位于龙门山南段的河流与中段的河流 S-A 的双对数关系图为上凸形（$dz/dt > 0$），说明龙门山中段和南段处于前均衡状态；位于龙门山北段的河流，除了安昌河 S-A 图表现为下凹，其它 3 条山前河流均为直线，说明龙门山北段整体上处于均衡状态。因此，龙门山的地形与青藏高原东缘较一致，同样具有由南向北具有由前均衡状态向均衡状态过渡的特征，间接反映构造活动（或构造隆升）由南向北逐渐减弱的变化趋势。

青藏高原东缘中部的岷江 S-A 关系图表现为直线，而与其紧邻的龙门山中段山前河流均表现为上凸形，具有明显的差异性。我们认为岷江上游较大的流域范围和冰川融水可提供大量水源，导致干流河道具有更大的水流量和更强的侵蚀作用，故而造成岷江干流 S-A 关系图表现为直线。另外，处于龙门山北段的安昌河 S-A 图表现为下凹，与周围河流极不匹配。前人对通口河和安昌河的研究，认为现今通口河上游的古湔江在中更新世之前，流经北川老县城和擂鼓进入安昌河，在中更新世中晚期通口河袭夺，导致古湔江流入现今的通口河，而现今的安昌河上游为断头河（王文鹄，1997）。因此，现今安昌河的河道主要受"袭夺"前较大流量的河流的影响，而不是现今流域范围内地貌自然发育的结果，故而其 S-A 图表现为与周围既不匹配的下凹形。

2. 河道凹曲指数(θ)和坡度指数($\lg k_s$)的对比分析

河流的凹曲指数(θ)与坡度指数($\lg k_s$)都能反映构造隆升率（Snyder et al.，2000；陈彦杰等，2006），但河流的凹曲指数受到很多因素的影响，因而 θ 值与地壳隆升速率的关系中是难以厘清的，而利用 $\lg k_s$ 值来反映相对隆升率是比较合适的（Wobus et al.，2006）。当流域盆地 θ 值接近一致时，$\lg k_s$ 值变化的趋势与该集水盆地所在地区的隆升速率有关，位于较高隆升率地区的流域盆地其 $\lg k_s$ 值较高，相反，位于较低隆升速率地区的流域盆地其 $\lg k_s$ 值较低。本次应用水力侵蚀模型，计算了青藏高原东缘 6 条 S-A 关系图表现为直线的河流的凹曲指数(θ)与坡度指数($\lg k_s$)（表 11-1），其中 3 条为贯通龙门山的河流，分别为岷江（L5）、通口河（L11）和涪江（L13）；3 条为龙门山北段山前河流，分别为平通河（L12）、马角坝河（L14）和清竹江（L15）。

对于贯通龙门山的 3 条河流，凹曲指数(θ)为 0.31～0.38，坡度指数($\lg k_s$)为 1.23～1.97。这 3 条河流的凹曲指数(θ)差异较小，平均值为 0.35，略低于 Snyder 等（2000）在加州地区计算的均衡河道的凹曲指数经验平均值（0.49），表明虽然这 3 条贯穿龙门山的河流的 S-A 关系图表现为直线，已经接近均衡，但是凹曲指数(θ)显示其均未达到均衡状态，这可能与 3 条河流紧邻或发源于具有较高隆升速率的岷山（Kirby et al.，2003）有关。另外，这 3 条河流的坡度指数($\lg k_s$)差别较大，位于中部的岷江（L5）小于位于北部的通口河（L11）和涪江（L13）。这并不能完全指示青藏高原东缘的中部构造活动弱于北部，可能是由于岷江较低的坡度指数($\lg k_s$)是受到了上游较大的流域范围和冰川融水为干流提供大量水源的影响。

对于龙门山北段山前的 3 条河流，凹曲指数(θ)为 0.40～0.45，坡度指数($\lg k_s$)为 2.02～2.40。这 3 条河流的凹曲指数(θ)差异较小，平均值为 0.43，接近于 Snyder 等（2000）在加州地区计算的均衡河道的凹曲指数经验平均值（0.49），表明龙门山北段地形较接近均衡状态，与 S-A 关系图对比分析的结果较一致。另外，这 3 条河流的坡度指数($\lg k_s$)差别较小，具有向北逐渐增大的趋势，反映该地区构造活动向北具有小幅增强的趋势。

11.3.3　河流水力侵蚀模型与构造隆升的关系

基于以上对青藏高原东缘龙门山地区 15 条河流的纵剖面数学拟合以及水力侵蚀模型的研究，初步表明龙门山的地形地貌受到了构造活动的控制，中、南、北段差异性明显，河流水系的地貌演化特征对龙门山晚新生代隆升过程具有较好的响应，并具有以下特征：

（1）龙门山地区河流纵剖面拟合形态有对数函数拟合（9条）、指数函数（5条）和线性拟合（1条）3种类型，表明青藏高原东缘整体上处于侵蚀作用较强烈的时期。

（2）龙门山地区河流纵剖面拟合函数具有明显的空间差异性，南部和中部河流的纵剖面拟合函数以指数函数为主，而北部河流的纵剖面拟合函数则以对数函数为主，表明青藏高原东缘南部和中部具有较北部更年轻的地貌特征。

（3）龙门山地区15条河流 S-A 关系图具有明显的空间差异性，南部和中部河流的 S-A 关系图以上凸型为主，显示其处于前均衡状态，而北部河流的 S-A 关系图以直线型为主，显示其处于均衡状态。因此，青藏高原东缘的地形由南向北具有由前均衡状态向均衡状态过渡的变化趋势，龙门山中段和南段具有更强的构造活动性、更高的隆升速率，龙门山北段则具有较弱的构造活动性、较低的隆升速率。

（4）对于 S-A 关系图表现为直线的贯穿龙门山的3条河流，通过水力侵蚀模型公式的反演，获得凹曲指数（θ）与坡度指数（$\lg k_s$），结合地质背景分析，初步认为贯穿型河流的 θ 值和 $\lg k_s$ 值受多因素（如流域面积、冰川融水、岷山强烈隆升等）影响，对青藏高原东缘构造隆升未有明显的指示意义。对于 S-A 关系图表现为直线的龙门山北段的3条河流，通过水力侵蚀模型公式的反演，获得的凹曲指数（θ）平均值为0.43，表明龙门山北段整体接近均衡状态，而坡度指数（$\lg k_s$）具有由南向北小幅增大的趋势，反映了龙门山北段构造活动具有向北小幅增强的趋势。

11.4 龙门山的河流坡降指标与 Hack 剖面

11.4.1 计算过程

运用 GIS 空间分析技术与 Matlab 等软件计算和制图，我们得到了龙门山中段湔江（R_1）、金河（R_2）、绵远河（R_3）、干河子（R_4）和安昌河（R_5）5条山前河流的河流坡降指标（SL 值）、Hack 剖面以及其他相关地貌参数（表11-2，图11-7）。

表11-2为5条河流的主要地貌参数，包括5条河流的面积（A），长度（L），河长的对数值（$\log L$）、均衡河流坡降指标（K）、面积—高程积分值（HI）及次集水盆地个数。图11-7为河流的纵剖面形态、河流的 Hack 剖面及河长坡降指标 SL 值。根据前人对汶川地震地表破裂的野外调查结果，我们在河流纵剖面上标注了断层的具体位置。河流纵剖面形态显示为向下凹曲的状态，河流剖面在断层两侧有明显变化，断层下盘河床高程在较短的距离内陡变，而断层上盘的河床坡度较为平缓。5条河流的 Hack 剖面总体上均成上凸形态，但各条河流的上凸程度并不相同，$R_1 \sim R_3$ 上凸程度较大，$R_4 \sim R_5$ 较小，R_5 的 Hack 剖面已基本呈直线。Hack 剖面在较缓慢地变化过程中，会出现高程值快速降低的地段，其 SL/K 值大于2。河长坡降指标 SL 值的高值区域与 Hack 剖面高程值异常地段及 SL/K 值较大地段相对应。均衡河流坡降指标 K 值由 R_1 向 R_3 增大再向 R_5 减小，R_5 最小，为148.45。

表 11-2 龙门山中段山前地区 5 条河流的主要地貌参数

编号	河流面积 A /km²	河长 L/km	河长对数值 $\log L$	均衡坡降指标 K	面积—高程积分值 HI	次集水盆地/个
R_1	626	69.5	4.8	509.4	0.35	41
R_2	633	50.8	4.7	711.8	0.36	37
R_3	409	43.0	4.6	464.4	0.39	30
R_4	222	34.0	4.5	244.3	0.38	14
R_5	533	30.4	4.4	148.5	0.28	34

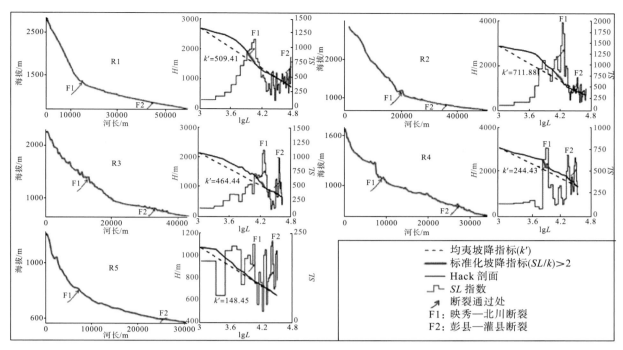

图 11-7　龙门山河流纵剖面与相对应的河流坡降指标及 Hack 剖面

11.4.2　河流纵剖面、SL 参数及 Hack 剖面与构造活动的关系

首先，龙门山中段山前地区 5 条河流流向转折点有很好的一致性(图 11-8)。李勇等(2013)认为北川断裂、彭灌断裂和小鱼洞断裂等活动断裂对该地区河床剖面、河道走向、河道分段性和不规则水系样式等具有控制作用。从河流纵剖面来看($R_1 \sim R_5$)，河流剖面在断层两侧有明显变化，断层下盘河床高程在较短的距离内陡变，而断层上盘的河床坡度较为平缓，这是由于断层的上盘的抬升作用而造成的，表明断层活动对河床剖面有重要影响。

其次，根据 Merritts 等(1994)的研究，在上游河流等级低的河段坡度较大，而在下游河流等级较高的河段河流流量较大，在受到构造运动的影响后，较容易在相对短的时间内恢复其原先的坡度，造成上游河段的 Hack 剖面相对下游而言更容易呈现较为上凸的形态。Hack 剖面在北川断裂位置处出现急速下降，在断裂处上游河段的 Hack 剖面明显呈现为上凸形态，而在断裂处下游河段的 Hack 剖面呈现为直线形态或轻微下凹形态，可能是北川断裂上盘的构造抬升，而断裂下盘受侵蚀的结果。研究区的 Hack 剖面存在差异(图 11-8)，Hack 剖面的凸度反映了河流不同的构造抬升速率和构造活动性，河流 $R_1 \sim R_3$ 有较大的构造抬升率，构造活动性较强；河流 R_4 和 R_5 的构造抬升率已较小，活动性减弱。

SL 参数除了能够反映构造活动信息外，还反映了岩石的局部抗侵蚀能力。将 SL 指数图像与 Hack 剖面同时呈现在图 11-7 上，在 5 条河流中 SL 参数的最大值与 Hack 出现异常波动的区域吻合。在 SL 参数偏高的区域，表示该区可能由于受到构造活动的影响，也可能是区域地层岩性较为坚硬，造成河段局部坡度的变化，使得 SL 参数偏高；反之，区域地层岩性较软弱，抗侵蚀能力较差，或者区域构造活动性低甚至不受构造作用的影响，SL 参数较低。在研究区域，其中地层由志留系—泥盆系浅变质岩和前寒武系杂岩、古生界—三叠系沉积岩、侏罗系至古近系红层构成。SL 参数并不随岩性的变化而改变，例如河流 $R_1 \sim R_3$ 在岩性改变处(图 11-3)，并不都出现 SL 的峰值，SL 参数的突变区基本都是断裂穿过处(图 11-3，图 11-7)，因此，该区域的 SL 指数主要反映构造活动信息。河流 $R_1 \sim R_5$ 均存在两个较大的 SL 指数异常峰值(图 11-7)，异常峰值区域位于北川断裂和彭灌断裂切过处。但北川断裂切过处的峰值明显大于彭灌断裂切过处，说明北川断裂的活动性强于彭灌断裂。河流 $R_1 \sim R_3$ 的 SL 指数峰值较河流 R_4 和 R_5 较为明显，说明河流 $R_1 \sim R_3$ 的构造活动性强于河流 R_4 和 R_5。

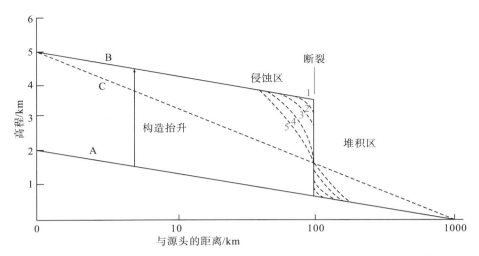

图 11-8　因断裂活动造成均衡河流 Hack 剖面的改变及其重新调整至新均衡剖面模式示意图(据 Brookfield，1998)

当断裂活动导致地表发生大规模垂直错动后，河流会重新调整其纵剖面以达到新的均衡剖面(图 11-8)，Brookfield(1998)曾建立了均衡河流 Hack 剖面的演化模式，该模式图如图 11-8 所示，图中，①斜线 A 表示断裂活动前的均衡河流 Hack 剖面，因断裂的垂向错动，剖面 A 被错动到剖面 B；②由于侵蚀作用与堆积的不断持续，剖面 B 将最终演化到新均衡剖面 C。在由剖面 A 演化到剖面 C 过程中，河流的 Hack 剖面会出现从凸形演化到上凸下凹形剖面阶段，而且在这个阶段中其 Hack 剖面的断裂下游段会出现低于新均衡剖面的河段。

2008 年 5 月 12 日，汶川 8.0 级特大地震形成了平面上相互平行的两条地表破裂带，即北川断裂的地表破裂和彭灌断裂的地表破裂，其间由一条北北西向的掩断层(小鱼洞断裂)的地表破裂将它们相连接，此次地震属于逆冲—走滑型地震(陈桂华等，2008；谭锡斌等，2013)。付碧宏等(2008)通过遥感解译分析表明汶川大地震产生的地表破裂带总计长约 300km，其几何学特征十分复杂，变形特征以逆冲挤压为主兼具右旋走滑分量。同震地表破裂带所在断裂带位置，可将其分为两条：中央地表破裂带沿北川断裂带分布，长约 230km，最大垂直位移量达 10.3m，最大右旋水平位移达 5.8m；山前地表破裂带沿彭灌断裂带分布，长约 70km，以逆冲挤压为主，最大垂直位移量可达 2.5m。破裂带南段出露的地表断层产状为 N32°E/NW∠76°，其上的侧伏角为 S75°~80°W，反映了该次地震在南段以逆冲运动为主，兼有少量的右旋走滑分量。汶川地震将使得研究区内的河流产生如下变化：①引起动态平衡的河流剖面失衡，使原本向均衡状态发展的河流产生新的调整，未能达到均衡的河床剖面形态(图 11-8)；②河流一些旧的裂点(坡折点)由于构造抬升而造成落差增大，或形成新的河流梯度的裂点(坡折点)。断裂的走滑作用在河流纵剖面上不能得到很好的展示，但走滑作用对河道平面上的走向具有的控制作用。

前人(周荣军等，2006；李勇等，2006；Li et al.，2006；Densmore et al.，2007)对汶川震前后的北川断裂的地表破裂做过对比，结果表明：在映秀、擂鼓、白水河、高原等地的地表破裂都发生在有历史地震破裂和活动断裂出露的地段，表明第四纪以来曾发生过大震和地表破裂。这就意味着研究区内河流 Hack 剖面调整到均衡状态需要的时间是非常长的，可能是数十万年或百万年。

通过对龙门山中段山前河流的 Hack 剖面、SL 参数以及 SL/K 的分析，表明龙门山中段河流的 Hack 剖面皆呈上凸形态，指示了龙门山中段山前处于构造抬升状态。同时，Hack 剖面的凸度向干河子、安昌河递减，说明该区构造活动存在着区域差异，其中在湔江(R_1)、金河(R_2)、绵远河(R_3)的构造活动性较强，而东北部干河子(R_4)、安昌河(R_5)的构造活动相对较弱。此外，研究区的 SL 参数主要反映的是断裂构造活动信息，SL 参数的突变受北川断裂、彭灌断裂的控制，SL 指数在北川断裂处的变化最为明显，说明该断裂活动性最强，且朝着龙门山中段山前地区的北东向减弱。此外，汶川地震的发生使得并不均衡的河流剖面再次变化，Hack 剖面调整到均衡状态需要的时间是非常长的，可能是数十万年或百万年的时间尺度。

11.5　龙门山的河流面积—高程积分

11.5.1　龙门山中段的河流面积—高程积分对构造隆升作用的指示

1. 计算过程

在本研究中，我们首先对龙门山中段 5 条河流[湔江(R_1)、金河(R_2)、绵远河(R_3)、干河子(R_4)、安昌河(R_5)]的面积—高程积分曲线与积分值、河流次集水盆地的面积—高程积分插值图与其他相关地貌参数进行了分析(表 11-2，图 11-9～图 11-11)。

5 条河流的面积—高程积分值，除河流 R_5 积分值为 0.28，小于 0.35 外，其余都为 0.35～0.40(表 11-2)。从图 11-10 可以看出，河流 R_2 和 R_3 为"S"形，R_1、R_4、R_5 为"凹"形。图 11-11(a)显示了 5 条河流的次集水盆地的分布特征；图 11-11(b)为 5 条河流的次集水盆地的面积—高程积分值的插值图，面积—高程积分值为 0.11～0.56，在北川断裂的 NW 地区，面积—高程积分值较大，在其 SE 地区，面积—高程积分值较小。

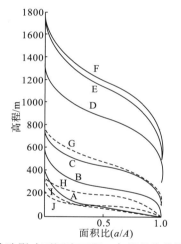

图 11-9　构造影响下河流面积—高程积分曲线变化情况

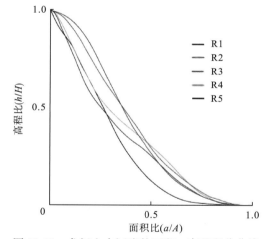

图 11-10　龙门山内河流的面积—高程积分曲线

(a)龙门山次集水盆地分布

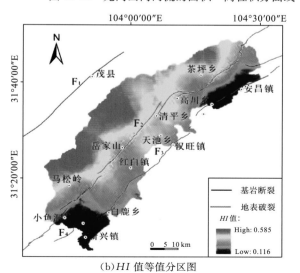

(b)HI 值等值分区图

图 11-11　龙门山次集水盆地分布及 HI 值等值分区图

2.面积—高程积分与构造活动的关系

在研究区内 5 条河流的面积—高程积分为 0.28～0.39（表 11-2），面积—高程积分曲线显示为近"凹"形的"S"形或"凹"形（图 11-10），表明 5 条河流地貌演化进入了近"老年期"或"老年期"阶段。从图 11-19 可以看出，区域受构造抬升的影响，面积—高程积分曲线逐渐由"凹"形向"S"形发展；由于区域不断地被侵蚀，面积—高程积分曲线逐渐由"S"形向"凹"形发展。研究区内的 5 条河流面积—高程积分曲线为"凹"或近"凹"形的"S"形，可能是由于北川断裂上盘不断的抬升，而断层下盘位于龙门山暴雨带，所受侵蚀量较大，造成 5 条河流面积—高程积分曲线近"凹"形（图 11-10）。研究区域内的北段安昌河（R5）的面积—高程积分值比其他 4 条河流（R1～R4）小且面积—高程积分曲线为"凹"形，可能该河流受构造抬升的幅度变小。在一定面积内，随着面积增大，面积—高程积分值会有一定程度的减小，由于 5 条河流的面积较大（均大于 $200 km^2$），5 条河流计算的面积—高程积分值会受到一定影响，显得较小。

陈彦杰等（2006）认为面积较大的河流可能横跨多条活动断裂或多个新构造分区，其面积—高程积分值更能反映区域性的新构造活动差异对河流地形的影响；而较小河流的 HI 值更容易反映岩性和局部构造作用的影响。面积—高程积分值（HI 等值分区图）高值区域的分布方向基本与北川断裂走向平行，在该断裂的 NW 侧为高值区域，该区域为北川断层上盘[图 11-11（b）]，可能与北川断裂的构造抬升作用有关，HI 高值区的出现说明河流次集水盆地地貌对局部构造的响应。在通济镇和安昌镇地区出现两个低值区域[图 11-11（b）]，与该地区较强烈的侵蚀作用有关。

鉴于此，通过对龙门山中段 5 条河流的面积—高程积分曲线及其各河流的次流域面积—高程积分值（HI）的计算分析，发现龙门山中段地区 5 条河流的面积—高程积分曲线由"S"形向"凹"形发展，处于"壮年期"向"老年期"过渡阶段；而次流域面积—高程积分值高值区域的分布的方向基本与北川断裂走向平行，为北川断层上盘，该区域可能晚新生代隆升速率较高，构造活动性较强。因此，在新构造方面，北川断裂在该区域活动性最强，该断裂上盘具有更强的构造抬升；在地貌演化方面，龙门山中段山前地区整体上处于地貌演化中"壮年期—老年期"的过渡阶段；龙门山中段新构造运动在空间上有差异性，具有由 SW 向 NE 逐渐减弱的变化趋势。

11.5.2　龙门山南段的河流面积—高程积分对构造隆升作用的指示

1.计算过程

在前文对龙门山中段 5 条山前河流面积—高程积分参数特征进行分析的基础上，本文基于上文研究方法对龙门山南段 6 条山前河流（R1～R6）的面积—高程积分参数特征进行了分析，得到了该 6 条山前河流的面积—高程积分分布图及其他相关的地貌参数（图 11-12～图 11-18，表 11-3）。

表 11-3　龙门山南段山前地区 6 条河流主要的地貌参数

河流名称	河流编号	长度/km	HI	山地面积/km²	流域面积/km²	次集水盆地/个	山地所占比例
西河	R_1	44.19	0.268	145.599	420.803	21	34.6%
出江河	R_2	64.17	0.353	339.848	406.874	29	83.5%
斜江河	R_3	36.78	0.210	82.128	383.946	26	21.4%
文井河	R_4	57.89	0.410	337.610	368.182	28	91.7%
三郎河	R_5	20.09	0.303	64.206	102.549	9	62.6%
泰安河	R_6	32.10	0.277	76.406	158.289	11	48.3%

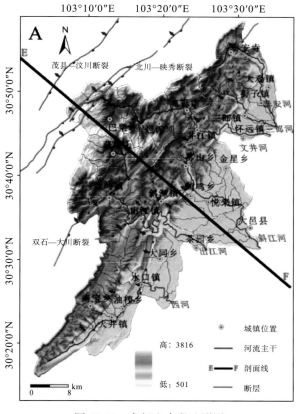

图 11-12　龙门山南段地形图

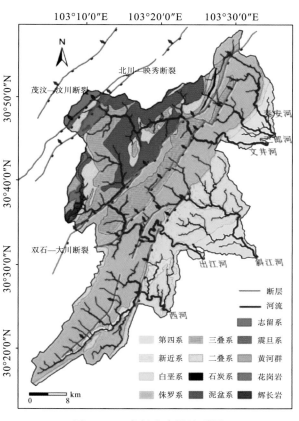

图 11-13　龙门山南段地质图

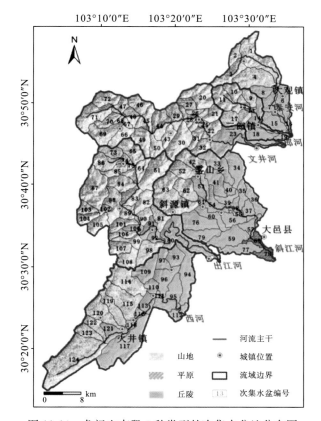

图 11-14　龙门山南段 3 种类型的次集水盆地分布图

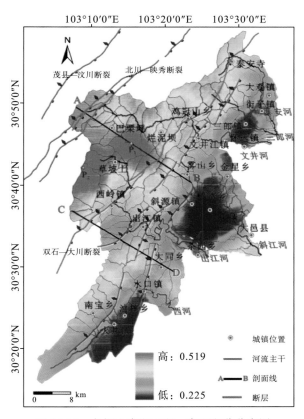

图 11-15　龙门山南段面积—高程积分分布图

根据式(11-8)，HI 值跟高差成负相关，不同的地貌类型，高差差异较大，即 HI 值有空间依赖性。因此，我们将这些次集水盆地分为山地、丘陵及平原 3 种类型。通过在同一种地貌类型的次集水盆中作比较，则可得到比较客观的结果，也可比较不同的高程差异对 HI 值的影响。分类方法(Pike, 1971)为：①平原(平均高度<50m，且高差<50m)；②丘陵(50m<平均高度<500m，或平均高度<50m，但高差>50m)；③山地(平均高度>500m)。在 Arcgis10.0 中通过叠加得到不同类型的次集水盆(图 11-14)。

2.面积—高程积分值(HI)的影响因素分析

河流的面积—高程积分值(HI)值对构造活动、岩性差异和气候变化等因素反应比较敏感(Lifton et al., 1992; Masek et al., 1994; Hurtrez et al., 1999; Cheng et al., 2012)。陈彦杰等(2005)认为，在同一流域中，以不同阈值所提取的不同面积大小的次集水盆与各年代地层以及活动构造作叠图分析，可以发现当阈值小于 1km² 时，HI 值主要受岩性与构造的影响，当集流阈值大于 2km² 时，则主要受到了构造活动的影响。在本研究区所划分的集水盆面积均大于 2km²，因此推测岩性差异不是影响 HI 值得主要因素。

同时，在研究区域中双石—大川断裂的 NW 侧主要是古生界和三叠系地层，SE 侧主要出露中生界、第四系地层。古生界地层主要以灰岩为主(四川省地质局第二区域地质测量队，1976)，灰岩所含的 CaCO₃ 易溶于有 CO₂ 的地表水，其抗侵蚀能力较弱；三叠系地层主要为砂岩地层，其抗侵蚀能力相对较强；而侏罗系—白垩系为红层，第四系主要为松散堆积物，它们的抗侵蚀能力也相对较弱(陈浩等，2014)(图 11-15)。假设岩性是影响面积—高程积分值(HI)分布的主要因素，那么三叠系砂岩地层所在位置的 HI 值应较高，但是在出江镇西侧双石—大川断裂 SE 侧有一个地层为三叠系的区域，其面积—高程积分值(HI)却较低；从图 11-16 可以看出双石—大川断裂的上盘高值区对应的地层为古生界的灰岩，并不在其 NW 侧三叠系的砂岩处(巴栗坪)(黄润秋，2008)。因此，在本研究区域岩性并不是影响 HI 值分布的主要因素。

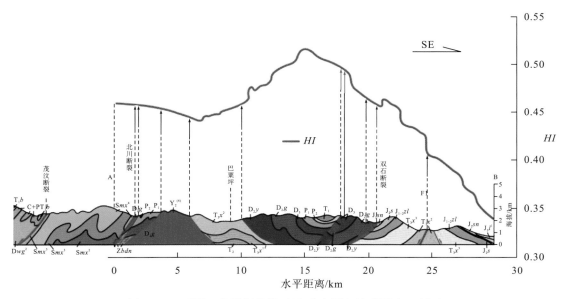

图 11-16　面积—高程积分值(HI)分布图与地质图 A-B 剖面

研究区域主要受到了东亚季风控制，并因地形的影响易形成"地形雨"，从而导致山前河流地区的强烈剥蚀(Li et al., 2014)(图 11-17)。地形雨普遍覆盖研究区域的中山地和丘陵地区，且研究区域的范围较小，因此山地和丘陵受地形雨影响近似相等，而平原区域由于地势较为平缓，地形雨很少，河流以沉积上游剥蚀物为主。地形雨增强了上游区域的侵蚀能力同时，也给下游平原区域带来了更多沉积物。山地和丘陵区域受气候(地形雨)影响近似相等，而山地区域 HI 值比丘陵区域高很多。由上文已知岩性不是主要影响因素，因此推测构造活动才是造成这两个区域面积高程积分不同的主要因素(图 11-14，图 11-15)。在青藏高原东缘侧向挤出构造演化模式下，龙门山南段地区的构造抬升主要通过断裂的逆冲运动使得断裂所围限地体抬升实现，所以 HI 值反映的不同性质断层的垂直构造运动，也正是对断裂活动性的反映。

综上所述，该区域的面积—高程积分值(HI)分布主要受到了区域构造活动(断裂活动)和气候因素(地形雨)的影响。

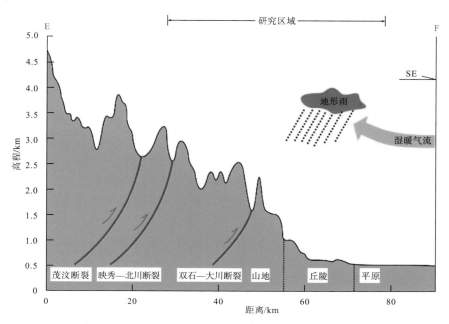

图 11-17　龙门山南段地区的地形雨形示意图(剖面 EF 位置如图 11-12 所示)

3.面积—高程积分值(HI)与活动构造和气候的关系

总体上，山地区域的面积—高程积分值(HI)较高，丘陵区域的面积—高程积分值(HI)较低，而地表侵蚀过程大致相似，反映了山地区域断裂活动较丘陵区域强；面积—高程积分(HI)高值区域的分布方向与双石—大川断裂走向基本平行；平原区域所占比例很少，因此面积—高程积分值(HI)基本上从NW 向 SE 减小，说明区域断裂活动性大致从 NW 向 SE 减弱；沿大观镇—雾山乡—火井镇，有一条 HI 值迅速变低的条带，该条带大致为山地和丘陵的分界线，可能是由于跨越该分界线的集水盆高差迅速增大，所导致的面积—高程积分值(HI)迅速降低(图 11-14，图 11-15)。

1)双石—大川断裂以西地区

前人曾从大邑双河青石坪横跨双石—大川断裂的探槽辨认出两次古地震事件，分别介于距今(1170±100)～(3830±220)a 之间(李勇等，2006)。1970 年，在四川大邑、芦山两线交界地区发生 Ms6.2 的强震，所属发震断裂也为双石—大川断裂(付小方等，2011)。因此，在双石—大川断裂的西侧上盘地区面积—高程积分值(HI)较东侧地区高，是由于双石—大川断裂的逆冲活动导致其上盘有较大的抬升。在草坡上的 NE 向有一个面积—高程积分(HI)的高值区域，该区域最高值点 P1 离断裂的直线距离为 7公里左右，从点 P1 到双石—大川断裂的直线距离越短，其面积—高程积分值(HI)反而下降(图 11-12，图 11-16)。黄润秋等(2013)研究表明地震地质灾害分布具有明显的上盘效应。付小方等(2011)研究表明若主同震断裂倾角较缓(≤50°)，造成的破坏带宽度和破坏程度表现为上盘明显大于下盘。地震会造成大量滑坡、泥石流等地质灾害，造成岩石破碎，从而大大削减岩石的抗侵蚀能力，促进地表侵蚀。因此，造成从最高值点 P1 到双石—大川断裂的直线距离越短，面积—高程积分值(HI)反而越小是由于地震地质灾害的发生频率在增大，其导致的地表侵蚀强度也在增大。

地震地质灾害在区域上具有沿发震断裂带呈带状分布的特征(黄润秋等，2008)。在草坡上的 SW 侧有一个 HI 高值区，但是该区最高值点 P2 离双石断裂的直线距离较草坡上的 NE 侧高值区远，且两个高值区之间并不连续，而是向中间减弱(图 11-15)。这是因为地震地质灾害在区域上也具有沿河流水系成线状分布的特点(黄润秋等，2008)，出江河主干河道正好在西岭镇双石—大川断裂处右旋位错，并穿过两个高值区之间，地震发生时将造成该河流沿岸发生地震地质灾害，使河流的侵蚀作用大大加快，从而使面积—高程积分值(HI)降低。同时，以烂泥坝为界可将将该区域内的双石—大川断裂分为 SW 段和 NE 段两段。SW 段面积—高程积分值(HI)总体上较 NE 段明显要高，表明沿双石—大川断裂的 SW-NE 方向其活动性有所减弱(图 11-15)。

　　2)双石—大川断裂以东地区

　　在出江镇西侧有一个低值区域，这可能是由于该区域位于双石—大川断裂的下降盘且靠近断裂处，相对沉降较大；此外，可能也与出江河在这个区域经过，造成了一定的剥蚀作用有关。在斜源镇北侧和雾山乡西侧地区(F1 断裂处)总体呈现出从 NW 侧向 SE 向面积—高程积分值(HI)递减，同样位于双石—大川断裂下盘，但其面积—高程积分值(HI)要比出江镇西侧要高得多，此外在 F1 断裂 NW 侧面积—高程积分值(HI)变小较慢，在 SE 侧变小速度较快，即 F1 断裂为面积—高程积分值(HI)变小速率的骤变线，这可能是由于 F1 断裂活动性较强所造成的；且该骤变线呈弧形往 SE 向斜源镇方向拐，可能由于在斜源镇处有一条逆断裂穿过，受其抬升作用影响(图 11-15，图 11-16)。在文井江镇周围区域较 F1 断裂所在处面积—高程积分值(HI)低可能是由于较长的文井河的侵蚀作用造成的(图 11-15)。在南宝乡到出江镇一线面积—高程积分值(HI)较高，这可能跟其南东侧 F4 断裂的逆冲抬升作用有关(图 11-15)。大同乡 NW 侧的面积—高程积分值(HI)较高，可能跟了 F3 断裂的逆冲抬升作用有关(图 11-15，图 11-18)。

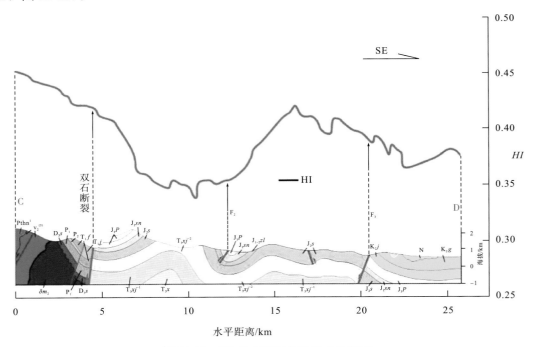

图 11-18　HI 分布图与地质图 C-D 剖面

　　沿大观镇—雾山乡—火井镇一线，其 SE 侧主要为丘陵区域组成，以及极少数的平原区域(图 11-14，图 11-15)。丘陵区域为面积—高程积分值(HI)低值区，这是由于该区域整体位于龙门山山前带，其断裂活动性已经减弱了很多，而该区域跟山地一样处于地形雨强烈区域，从而导致地表侵蚀量远大于构造抬升量，使其面积—高程积分值(HI)呈低值。

　　在平原区域，地势较为平缓，地形雨很少，河流已由侵蚀作用转向了沉积作用为主。面积—高程积分值(HI)是对三维地体的描述，反映地表被侵蚀后的三维体积残余率和地貌的发育程度(陈彦杰等，

2005)。因此，河流在平原区的沉积作用有助于面积—高程积分值(HI)提高。在三郎镇东南侧小片区域的面积—高程积分值(HI)较高，该区域位于岷江冲积扇之上，可能由于冲积物的补充，造成次集水盆地的残余土地体积比例增加，从而形成较高的面积—高程积分值(HI)(图 11-14，图 11-15)。当次集水盆地的高差较小时，只要受到少量的构造抬升作用，就可能造成整个次集水盆地的面积—高程积分值(HI)迅速提高。在 1986 年、1989 年、1992 年、1993 年、1999 年、2001 年，发生了由大邑—竹瓦铺断裂活动所造成的地震(付小方等，2011)，密集发生的地震说明大邑隐伏断裂在全新世有较强的活动性。位于大邑南侧的平原区域，因其高差很小，且大邑—崇州隐伏断裂在其附近通过(付小方等，2013)，故推测其面积—高程积分值(HI)呈高值跟隐伏断裂活动有关(图 11-14，图 11-15)。

综上，山地区域的面积—高程积分值(HI)分布深受断裂活动和气候(地形雨)的影响(图 11-15)。付小方等(2013)将山地区域划分为抬升剥蚀型山，在第四纪期间山地总体上处于强抬升状态。这表明山地区域虽然受地形雨的影响剥蚀强烈，但构造抬升量远大于地表剥蚀量。而丘陵区域，剥蚀同样强烈，但由于断裂活动强度变弱，造成构造抬升量小于地表剥蚀量，面积—高程积分值(HI)呈现低值。在平原区域，地形雨很少，地形高差很小，河流以沉积作用为主，其附近有隐伏断裂通过，使其呈现高值，这表明面积—高程积分值(HI)的分布特征可以反映地下隐伏断裂的活动。此外，位于冲积扇上的区域，也可能由于冲积物的补充，形成较高的面积—高程积分值(HI)。

4. 面积—高程积分曲线与活动构造和气候的关系

当面积—高程积分曲线呈 S 形时，面积—高程积分值(HI)范围为 0.35～0.60(Strahler，1952)。该区各河流的 HI 值从大到小为：R4＞R2＞R5＞R6＞R1＞R3，其中只有 R2 和 R4 的 HI 值为 0.35～0.60，为 S 形，其余河流的面积—高程积分值(HI)均小于 0.35，为凹形(表 11-3，图 11-19)，故 R2 和 R4 处于壮年期，R1、R3、R5、R6 处于老年期。从表 11-3 可知，各河流流域的山地型次集水盆所占比例从大到小排序为：R4＞R2＞R5＞R6＞R1＞R3，与面积—高程积分值(HI)大小排序一致，而平原区域所占比例太少可以忽略，这也反映出山地区域的构造抬升强度大于地表剥蚀强度，面积—高程积分值(HI)较高；丘陵区域的构造抬升强度小于地表剥蚀强度，面积—高程积分值(HI)较低。

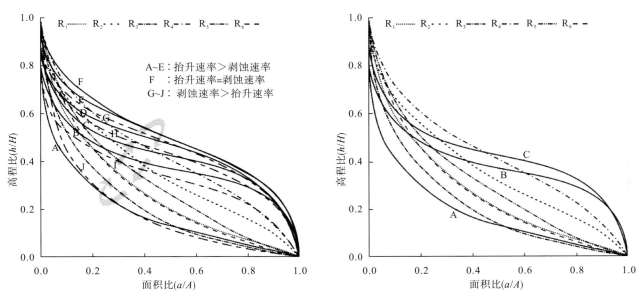

图 11-19　构造抬升速率与剥蚀速率对河流面积—高程积分曲线的影响和各河流的面积—高程积分曲线

在构造抬升作用强烈的地区，面积—高程积分值(HI)反映了集水盆地同时受到持续抬升与侵蚀的共同结果，故与不能单纯以 Davis 的地形侵蚀循环理论解释。Ohmori(1993)模拟了集水盆地在造山地区一边抬升、一边侵蚀的发育条件下，面积—高程积分值(HI)的变化状况，其面积—高程积分曲线是从凹形逐渐向 S 形(F 阶段)发展,当构造活动停止时,剥蚀作用使面积—高程积分曲线开始向凹形发展,当构造再度活动,曲线又开始向 S 形发展,由此构成 Ohmori 循环。值得注意的是,曲线从未发展到凸形(图 11-19)。

龙门山推覆构造及前陆盆地总的发展趋势为:推覆构造带以前展方式由北西向南东扩展,前陆盆地西部边界也随之向南东迁移,盆地范围逐步缩小(陶晓风,1999)。林茂炳等(1996)研究表明双石—大川断裂是由前山后部逐渐演化发展到前山前部,并有向东南继续发展之势,其可视为现今前陆盆地的边缘,但不是印支期和燕山期的盆地边缘。因此,可推断本研究区域的地形主要由前展式推覆作用所控制。付小方等(2013)将山地区域划分为抬升剥蚀型山,在第四纪期间总体上处于强抬升状态。因此,研究区域流域都应该属于 A-F 阶段,其中 R4 面积—高程积分曲线与坐标轴所围的面积跟 C 曲线所围的面积大致相等,故应处于 C 阶段,同理 R2 应处于 B 阶段,R1、R3、R5、R6 处于 A、B 阶段之间(图 11-19)。以 Ohmori 模式综合分析研究区域各地形区面积—高程积分曲线形态后发现山地区域的地势较高,构造抬升强度大于地表剥蚀强度,HI 值较高,曲线呈 S 形;丘陵区域的地势较低,构造抬升强度小于地表剥蚀强度,HI 值较低,曲线呈现凹形。

Strahler(1952)认为积分曲线呈 S 形,其 $0.35 < HI < 0.60$,R4 和 R2 的 HI 值为 0.410 和 0.353,与 0.6 差距还比较大。此外,R4 流域处于 C 阶段,R2 处于 B 阶段,R1、R3、R5、R6 处于 A、B 阶段之间,均未达到 F 阶段。R4 和 R2 流域的次集水盆绝大部分属于山地型,故可以以这两个流域代表山地,R1、R3 流域的次集水盆绝大部分属于丘陵型,故可以以这 2 个流域代表丘陵(图 11-14,表 11-3)。随着前展式逆冲推覆作用持续,本次按照 Ohmori 模式推测:①山地,未来山地区域继续长高,面积—高程积分值(HI)继续增大,渐渐接近 0.6(F 阶段),山地型河流会由壮年期向更年轻的方向发育;②丘陵,未来丘陵区域所受的逆冲抬升作用会加强,所以面积高程积分曲线开始从凹形向 S 形发展,面积—高程积分值(HI)将会升高,丘陵型河流会由老年期向壮年期发展,到达壮年期之后,会进入山地的发展模式;③平原,由于龙门山整体往前陆方向移动,虽然逆冲抬升作用会增强,但地形雨降雨带也会向前陆方向移动,使得平原区域剥蚀强度大大增加,反而造成其地表剥蚀强度大于抬升强度,HI 值反而下降,其发展模式会渐渐进入丘陵模式。

基于对龙门山南段山前河流的面积—高程积分值(HI)、面积—高程积分曲线分析,我们认为:①在龙门山南段面积—高程积分值(HI)总体上从 NW 向 SE 向递减,表明区域断裂活动性大体上从 NW 往 SE 向减弱,面积—高程积分值(HI)大小基本上代表了断层累积抬升量大小以及同时代地层出露的时间顺序,即面积—高程积分越低,断层累积抬升量越小,同时代地层越晚出露。②双石—大川断裂上盘的面积—高程积分值(HI)较下盘高,是由于双石—大川断裂活动逆冲抬升的结果,双石—大川断裂上盘的面积—高程积分值(HI)SW 段比 NE 段高,似乎表明双石—大川断裂活动性在本研究区域从 SW 往 NE 向有减弱的趋势。③平原区域地形雨很少,地形高差小,其附近有隐伏断裂通过,可能受空间依赖性的影响使其面积—高程积分值(HI)呈现高值,这表明面积—高程积分值(HI)的分布特征也可反映地下隐伏断裂的活动。位于冲积扇上的区域,可能由于冲积物的补充,造成次集水盆地的残余土地体积比例增加,形成较高的 HI 值。④随着前展式逆冲推覆作用的持续,推测龙门山南段不同的地貌将具有不同的演化特征:a.山地,未来山地区域会继续长高,面积—高程积分值(HI)渐渐接近 0.6(F 阶段),面积高程积分曲线开始从 S 形向凸形方向发展,山地型河流会由壮年期向幼年期发育;b.丘陵,面积高程积分曲线开始从凹形向 S 形发展,面积—高程积分值(HI)将会升高,丘陵型河流会由老年期向壮年期发展,到达壮年期之后,会进入山地的发展模式;c.平原,逆冲抬升作用会增强,但是地形雨降雨带也会逐渐靠近,反而造成其剥蚀强度大于抬升强度,面积—高程积分值(HI)会变小,其发展模式会渐渐进入丘陵模式。

11.6　龙门山的河流分支比与集水区的不对称性分析

11.6.1　计算过程

本次运用 GIS 技术提取了龙门山南段山前地区的西河(R1)、出江河(R2)、斜江河(R3)、文井河(R4)、三郎河(R5)和泰安河(R6)6 条河流流域(图 11-20，表 11-4)的河流分支比，并进行了河网分级，通过分析上述河流分支比、集水盆地的非对称性、地形起伏度等地貌参数，对该区域的地貌发育特征、新构造活动程度进行了研究，探讨了该区域晚新生代以来活动构造的特征。

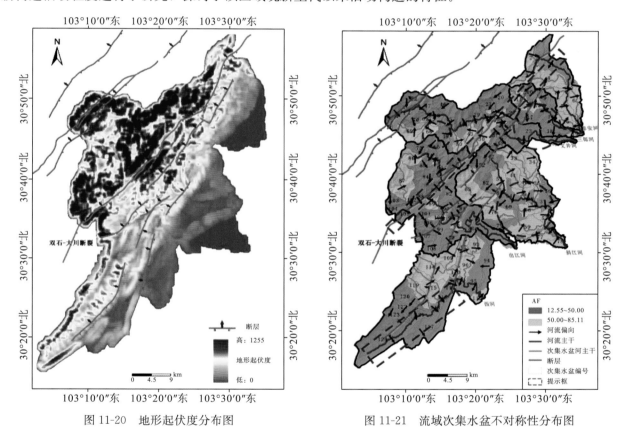

图 11-20　地形起伏度分布图　　　　　图 11-21　流域次集水盆不对称性分布图

分支比率(Bifurcation Ratio，简称 Rb)为低一级别河网弧段数与高一级别河网弧段数的比值)。例如某一汇水区域有 m 级水系，以 n_i 记第 $i(i \leqslant m)$ 级河网的河段数目

通过逐级计算龙门山南段流域盆地整体的分支比率结果表明：出江河与文井河的分支比率相对较高，三郎河、西河、斜江河和和泰安河的分支比率相对较低。这可能与河流所在流域受到的构造运动强弱有一定关系(表 11-4)。

表 11-4　龙门山南段 6 条河流流域河网分支比

水系级别	西河	出江河	斜江河	文井河	三郎河	泰安河
1	32	29	27	28	9	13
2	8	5	7	4	3	3
3	2	1	2	1	1	1

水系级别	西河	出江河	斜江河	文井河	三郎河	泰安河
4	1	0	1	0	0	0
分支比	3.33	5.40	3.12	5.50	3.00	3.67

同时，流域内集水区若受到活动构造的影响，使基岩发生倾斜，会使河道发生倾斜。此现象会使集水区内的中心河道的左右岸面积产生变化，流域盆地不对称度是评价流域盆地掀斜程度的参数指标。通过对集水区的不对称性的研究可以了解区域性抬升量的相对大小。

Hare(1985)提出集水区不对称性(Asymmetric Factor，简称 AF)来测定构造作用造成的倾斜，公式如下：

$$AF = 100(Ar/At) \tag{11-9}$$

式中，Ar 为集水区右岸的面积(从上游往下游方向)；At 为集水区的总面积[图 11-22(a)，(b)]。

如果河流没有受到构造抬升作用或是左右两岸的抬升速率相等，则 AF 值应该接近于 50。而 AF 值大于或小于 50 时，表明盆地的右侧或左侧被掀斜，可能受活动构造或岩性结构等地质条件的变化影响，在相同的岩性条件下 AF 值的变化能很好地反映构造活动的程度。由于该区域的构造运动主要为 NW 向断裂的逆冲运动，所以其集水盆地非对称的模式可如图 11-22b 所示。

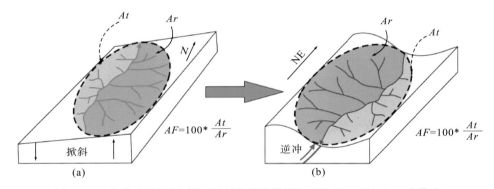

图 11-22　集水盆地的不对称度(AF)的计算(图(a)据 Hare(1985)，有修改)

11.6.2　分支比、集水区不对称性与构造活动的关系

该区域河流的流向大致呈 SE 向，而其流过的地层大致呈 NE 向展布，因此需要分析地层岩性对水系的影响。

(1)西河流域，其河流主干以北东东方向穿越侏罗系地层，转向南东流入白垩系地层。在侏罗系地层中，西河主干 NW 侧的水系明显较 SE 侧密集；同样在白垩系地层中，西河主干 NW 侧的水系明显较 SE 侧密集。此外，出江河、文井河流经同一套侏罗系地层，其河流主干展布有很大的区别，出江河呈现连续几个"几"字弯曲，较文井河复杂得多。

(2)1970 年，在四川大邑、芦山两线交界地区发生 6.2 级的强震，所属发震断裂为安州—彭灌断裂(李智武等，2008)，所以双石—大川断裂在全新世具有较强的活动性。在出江河和文井河经过双石—大川断裂时都有较为明显的转向，其中出江河呈现直角大转向，这与双石—大川活动断裂右旋的性质相一致，表现为水系受活动断裂的控制，而非岩性控制。因此，该流域的水系分布主要受到了构造活动的控制。

该区域的盆地起伏度分布图(图 11-20)表明，其高值区域的分布方向与双石—大川断裂的走向平行，高值主要集中在双石—大川断裂 NW 侧，总体上从的 NW 向 SE 向递减，反映了双石—大川断裂的逆冲活动，以及该区域构造活动强度从 NW 向 SE 逐渐减弱(图 11-20)。

对各河流流域分支比的计算结果表明，出江河和文井河的分支比较大，分别为 5.4 和 5.5，说明这两个流域受到很强的构造扰动；西河、斜江河、三郎河和泰安河的分支比较小，分别为 3.33、3.12、3.00、3.67，故这些流域受到较弱的构造扰动（表 11-4）。此外，西河、出江河、斜江河、文井河、三郎河和泰安河山地所占比例分别为 0.346、0.835、0.214、0.917、0.626 和 0.483（表 11-3）。从而表明了山地较丘陵和平原构造活动强，也大致反映了河流分支比从 NW 向往 SE 向减弱，即构造强度从 NW 向往 SE 向减弱。此外，根据地貌类型分析图对应的 HI 值分布图和地形起伏度分布图，可知山地区域的构造活动要大大强于丘陵和平原区域，这与河流分支比分析结果相一致（图 11-17，图 11-19，图 11-20）。

该区域活动构造导致的抬升以及"地形雨"导致的剥蚀作用是控制集水区产生不对称的主要因素，所以在"地形雨"强度相近的地区，利用河流的不对称性，可以帮助我们了解集水区在垂直方向的抬升情况，从而反映出区域的构造活动强度的差异性。李勇等（2010）指出右行走滑作用导致水平位错和偏转，使水系产生新的河流流向的转折点。出江河、文井河水系在断裂处形成不同程度的转折点，这说明双石—大川断裂对水系的控制作用（图 11-21）。在双石—大川断裂 NW 侧出江河流域的次集水盆地，距离断裂的距离越近，其河流偏向越趋于 SE 向，跟断裂走向垂直（流向跟断裂平行），反映了受断裂逆冲作用的影响在增强，如 105、88、83、51 次集水盆地流向几乎跟断裂走向一致；据李勇等（2010）研究，活动断层走向对河道走向具有控制作用，所以说明了双石—大川断裂对河流强烈控制作用；而双石—大川断裂经过烂泥坝附近的 30、25、21、10、11 号次集水盆地流向和偏向较为紊乱，反映出断裂活动性减弱（图 11-21）。此外，在双石—大川断裂上盘大致以烂泥坝为界分为两段，SW 段的 HI 值和起伏度值总体上比 NE 段高，同样表明本区域双石—大川断裂活动性从 SW 往 NE 向有减弱的趋势（图 11-20）。66、65、49 号集水盆地水系流向分别呈约 120 度向不同的 3 个方向偏移，显示此处为一个相对构造抬升高值点，而此处正好是草坡 NE 侧的 HI 高值区。据廖何松（2003）研究，次集水盆地河流偏向形成似环状，可能有一个相对沉降的中心。54、60、76、79、59、56、38、39 河流偏向形成一个环状，此处为地形雨强烈区且构造活动已经减弱了，故 HI 低值应为强烈剥蚀所造成。124、121、118、116、113 集水盆地河流偏向 SE 向，也应为强烈剥蚀所造成。出江河和文井河流域的山地所占比例较大，在山地区域构造因素是控制因素，其河流向大部分都偏向 SE，这是说明山地区域主要受 NW-SE 向应力影响（图 11-21，表 11-3）。山地区域的构造活动是主要控制因素，而丘陵区域和平原由于构造强度减弱，受地形雨等因素影响程度将加大，因此选取出江河、文井河所受的应力方向为该区域的应力方向，即该区域的应力方向为 NW-SE 向。

鉴于此，对龙门山南段 6 条山前河流分支比、集水盆地不对称、面积高程积分、地形起伏度等地貌参数的研究结果表明：①该区域受断裂活动和气候（地形雨）影响明显，这些断裂的活动性在该区域内部存在显著差异，而"地形雨"影响不大，对占比例很少的平原区域影响很小。②该区域河网分支比、地形起伏度，由 NW 向 SE 的降低体现了断裂的活动性从 NW 向 SE 减弱；高值区域集中于山地区域，尤其是在双石—大川断裂的 NW 侧，反映了双石—大川断裂具有较强的构造活动，才使得地形大幅度抬升，造成高的 HI 值、地形起伏和河流分支比。③主干河流通过双石—大川断层时，所形成的河流转向反映出双石—大川断裂的右行走滑作用及对水系的控制作用。④本该区域中以烂泥坝为界双石—大川断裂分为两段，NE 段的地形起伏度较 SW 段低，以及 NE 段次集水盆偏向较 SW 段紊乱的多，反映出双石—大川断裂的 NE 段活动性有所减弱。⑤次集水盆地河流偏向形成似环状，可能表明此处剥蚀较强烈；河流偏向向四周发散，可能表明此处抬升较为强烈。⑥在出江河和文井河流域的山地所占比例很大，山地区域的构造因素是控制因素，所以出江河、文井河所受的应力方向近似为该区域的应力方向。出江河、文井河其河流流向大部分都偏向 SE，即该区域的应力方向为 NW-SE 向。

综上所述，通过对青藏高原东缘龙门山地区主要河流的数学拟合函数、水力侵蚀模型的坡度—面积关系、凹曲指数、陡峭指数、河流坡降指标与 Hack 剖面，面积高程积分等河流地貌参数指标以及河流水系地貌发育特征的分析表明，青藏高原东缘龙门山地区北、中、南段河流水系地貌对其晚新生代以来的构造隆升运动具有差异性的响应过程，指示了晚新生代以来龙门山在沿走向（NE-SW）和沿倾向（NW-

SE)方向上具有较为明显的差异隆升特征。

（1）青藏高原东缘龙门山地区的河流纵剖面拟合形态有对数函数拟合、指数函数拟合和线性拟合3种类型，河流总体上处于壮年期。其中，中段的河流纵剖面多为直线型、指数型，南段的河流多为指数型，北段的河流多为对数型。表明了龙门山中段和南段的河流主要以搬运作用（侵蚀作用）为主，河流受构造运动的控制作用强烈，隆升较快；北段的河流以堆积作用为主，隆升相对较慢。

（2）青藏高原东缘龙门山地区河流水力侵蚀模型的双对数曲线在南段的贯通型河流和山前型河流均呈上凸形；中段的贯通型河流呈直线型，山前型河流呈上凸形；北段的贯通型河流和山前型河流则呈直线型和下凹形。表明了龙门山南段的隆升速率大于河流的下切速率；中段的隆升速率应略大于河流的下切速率；而北段则处于均衡或隆升速率略小于河流的下切速率，指示了晚第四纪以来龙门山南段的隆升速率最大，中段次之，北段最小。

（3）龙门山南段和中段河流Hack剖面的形态及SL阶梯曲线表明：在南段地区河流主要呈现上凸形态，其对盐井—五龙断裂、大川—双石断裂的构造活动响应较不明显，但仍具有较强的区域构造隆升过程；而在中段地区河流对北川断裂的活动具有明显的响应，尤其是在湔江、金河、绵远河流域的构造隆升过程强烈；以北川断裂为界，上游呈现上凸形态，下游为直线或轻微下凹形态，主干断裂对河流水系地貌具有明显的控制作用。

第12章 汶川地震的水系响应

青藏高原东缘独特的地貌特征也是对青藏高原东缘晚新生代强烈隆升的响应。Kirby(2001)在对青藏高原河流特征的研究中，排除了地层岩性和气候变化等因素的影响，提出青藏高原东缘的地貌特征主要受构造活动的控制。李勇等(2005)通过河流阶地的研究，发现龙门山地区的地表隆升主要受构造隆升和剥蚀作用的控制，而现代地貌特征是山脉隆升和剥蚀作用竞争的产物。因此，研究该区域的地貌特征对于反映青藏高原东缘晚新生代的地表隆升也具有重要的意义。

地貌和地质构造的关系早已被地质学家们所关注。19世纪80年代，戴维斯明确指出构造是地貌发育的三大因素之一。1923年彭克指出地貌的形成和演化要从动态构造的变化中去研究。从此，地貌学从研究静态构造地貌扩展到研究动态构造地貌。20世纪50年代板块构造学说使构造地貌学研究与地球动力学的研究结合起来。

构造地貌就是构造作用驱动的隆升过程与表面过程驱动的剥蚀过程之间持续不断竞争的结果。一百多年来，许多研究者已经提出了很多在不同构造和气候条件下的地貌演化模式，但是，这些模式的不足之处在于，确定地貌和构造形态年龄的能力非常有限。由于缺乏年代学证据，人们还不能检验地貌演化中构造作用与表面过程之间的关系。因此，那些无法量化的模式是不准确的，只能作为推测性概念。值得指出的是，山区的水系模式控制了侵蚀作用的空间分布、沉积物传输和扩散以及盆地的沉积作用。水系是控制山脉表面剥蚀作用最为重要的因素，因此，只有真正地认识了以水蚀作用为主的剥蚀作用的自然规律，才能精确地刻画山脉的剥蚀速率及其与隆升速率之间的关系。而该方向则是当前沉积学研究中最为前沿的研究方向之一。

青藏高原东缘具有青藏高原地貌(川西高原)、龙门山高山地貌和山前冲积平原(成都平原)3个一级地貌单元(图12-1)，并发育有岷江、嘉陵江、沱江、涪江、青衣江、大渡河等众多贯穿龙门山的横向水系。在构造—地貌—水系方面具有其特征，主要表现在：①地质过程仍处于活动状态，活动断裂和活动沉积盆地发育；②变形显著，发育不同类型的活动断裂(包括走滑和逆冲断裂)；③东缘边界山脉与青藏高原其他边缘山脉的比较，是青藏高原边缘山脉中的陡度变化最大的地区；④东缘边界山脉形成的时间晚，系中新世或上新世以来形成的山脉；⑤地貌和水系是龙门山历史地震和构造变形过程的地质纪录。因此，青藏高原东缘龙门山显示了独特的构造—地貌—水系一体化的组合样式，成为研究青藏高原新生代以来构造—地貌—水系演化和地表过程的典型区域。

虽然许多研究者已经提出了很多的龙门山地质演化模式和地貌演化模式，但是由于缺乏年代学证据，人们还不能检验地貌演化中构造作用与表面过程之间的关系；加之龙门山地区强烈的剥蚀作用已改变了典型的地貌标志，仅凭残留的和剩余的地貌和水系恢复其演化过程也是十分困难的。因此，目前急需定量化的数据来检验和约束前人所提出的众多地质和地貌模式，真实地理解青藏高原东缘地区的构造—地貌—水系演化过程与机制。而汶川大地震提供了大量的定量化的数据，必将成为检验和约束龙门山构造—地貌—水系模式的"天然实验室"。

2008年5月12日在龙门山发生的汶川8.0级特大地震是我国所面临的危害最大的自然灾害，属于逆冲—走滑型地震。汶川地震发生之后，全国乃至全世界都对龙门山地质和地震研究给予了空前的关注，地质学家又面临着一次机遇和挑战。汶川地震遗留给我们的除了惨重的生命财产损失之外，还有大量珍贵的地震地质资料。如何尽快和最好地利用这些资料，推动龙门山地质科学研究的深化发展，是当前地质学家们面临的重要任务。

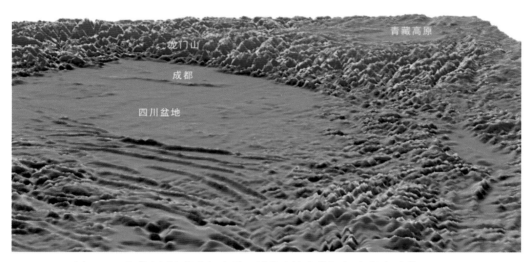

图 12-1　青藏高原东缘龙门山及四川盆地的地貌与水系(据李勇等，2005)

值得指出的是，汶川地震的地震破裂和同震变形在瞬间就改变了地貌坡度并导致地貌体系产生相应的调整，地表形变完整地记录了整个区域的位移情况，从而为研究构造—地貌—水系之间的关系提供了信息。龙门山地区构造地貌的成因及其影响是可以直接观测到的。如，地震断层引起地面在一定方向上的掀斜和抬升，河流响应的时间和速度是可以测量的。再如，直接测量构造变形速度与河流沉积载荷之间的定量关系，可以为确定隆升与剥蚀之间的相互作用奠定依据。因此，汶川地震的地貌和水系响应可以作为构造变形的最精确的、最完整的和最原始的记录。而这些基础数据都是目前开展构造—地貌—水系研究的优势。但是，在随后的时间里，强烈的剥蚀作用和人为作用也将使断层陡坎被剥蚀，构造—地貌—水系组合关系也将出现一系列的变迁，变得难以辨认，甚至消失殆尽，因此，必须抓紧时间，及时开展研究，才能从汶川地震的遗迹体中提取构造—地貌—水系之间关系的关键信息。

从汶川大地震中汲取教训，整合地质学、地球物理和地球化学等多学科的综合研究成果，探讨汶川地震的构造—地貌—水系响应及其指示意义，必将有助于推动龙门山地震地质和构造地貌学研究更好地发展。因此，在整合汶川地震所导致的地表破裂、地形和水系变化相关数据的基础上，本文试图探讨汶川地震的河流地貌响应。①描述汶川地震驱动的逆冲—走滑型构造作用对河流坡折点和河流转折点的改造作用，刻画北川断裂、彭灌断裂和小鱼洞断裂等活动断裂对河道走向、河道分段性等方面的控制作用；②分析平行的走滑—逆冲断层对河流地貌与不规则水系样式的控制作用；③探讨汶川地震驱动了隆升作用对河床梯度剖面的影响；④探讨汶川地震驱动滑坡、泥石流和洪水对河流地貌和龙门山地形演化的影响。在此基础上，试图总结汶川地震的河流地貌响应，建立龙门山逆冲—走滑型地震作用与河流地貌之间的耦合关系，为青藏高原东缘晚新生代活动构造驱动的河流地貌与水系样式演化的研究提供一个范例和定量约束条件。利用汶川地震的构造—地貌—水系响应开展龙门山新构造演化过程的恢复和重塑，也符合"将今论古—现在是打开过去的一把钥匙"的地质学基本原理。本次研究的目的和意义在于：在实测与整合汶川地震所导致的地表破裂、地形地貌和水系变化相关数据的基础上，研究汶川地震驱动的逆冲—走滑型构造作用对不同尺度的地貌和水系的控制作用和改造作用，分析不同尺度地表破裂组合样式与构造—地貌—水系组合样式之间的匹配关系，揭示汶川地震的构造—地貌—水系响应。建立龙门山逆冲—走滑型造山带的构造—地貌—水系耦合关系，为青藏高原缘晚新生代构造—地貌—水系演化的研究提供一个范例和定量约束条件。而这一研究的成果将成为"打开龙门山构造—地貌—水系演化的一把钥匙"，为恢复龙门山构造—地貌—水系演化过程和耦合关系的研究提供样板和模式。

鉴于此，本次在龙门山活动构造区域内开展"汶川地震的构造—地貌—水系响应模式"的研究，分析汶川地震后的地表变化，其不仅是构造地貌学中的创新性研究，而且也是未来我国构造地貌学研究的重要领域和研究工作的方向。

12.1 龙门山的水系类型

龙门山位于青藏高原与四川盆地的结合部位(图 12-2)，是青藏高原东缘边界山脉，处于中国西部地质、地貌、气候的陡变带，是长江上游主要支流岷江、嘉陵江、沱江、涪江、青衣江、大渡河等水系的发源地和中国西部最重要的生态屏障，同时该地区也是研究青藏高原边缘山脉的隆升与剥蚀所造成的自然地理效应最明显和典型的地区之一。青藏高原东缘现代水系以横向河为主，流向与龙门山走向垂直，显示以深切河谷为特征，均汇流于长江。李勇等(2005，2006)以龙门山和岷山的山顶面为分水岭，将该区河流可分为两种类型，其中一种河流为贯通型河流(如岷江、涪江、嘉陵江)，起源于青藏高原东部，流经并下蚀龙门山，进入四川盆地；另外一种河流则为龙门山山前水系，起源于龙门山中央山脉以东，流经并下蚀龙门山山前地区(如湔江、石亭江等)，进入四川盆地。

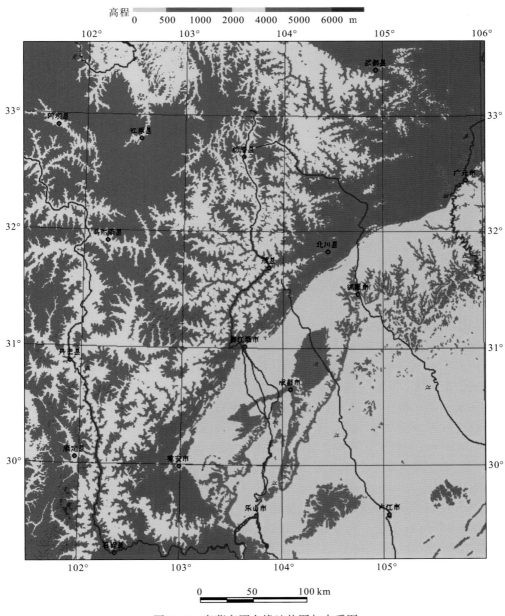

图 12-2 青藏高原东缘地势图与水系图

12.1.1 岷江水系

岷江又称汶江、都江，以岷山导江而得名，是长江上游的主要支流。岷江径流主要由降水和高山融雪水和地下水组成。岷江发源于松潘县的贡嘎岭和朗架岭，由北向南流经松潘、茂县、汶川、都江堰市、成都市、乐山市，在乐山与大渡河、青衣江并流后最终于宜宾汇入长江，干流长约735km，流域面积约13.6万km²。都江堰以上为岷江上游，上游干流总长约340km。岷江自阿坝州流入成都后，经都江堰市、崇州市、温江区、双流区、新津县等区（市、县），于乐店子流出成都市境，进入眉山市彭山区。岷江流经成都市境河段长度约96km，占岷江干流长度的13.06%。其中，自都江堰外江闸至新津县南河汇合口之间的81km河段，又称金马河。成都市境内岷江一级支流有龙溪河、白沙河、西河、南河，二级支流有出江河、斜江河、蒲江河等。

岷江流经都江堰后分为内江与外江。内江水系经宝瓶口后又分为蒲阳河、柏条河、走马河、江安河。蒲阳河下游称为青白江，流入金堂县境后称中河，流入赵镇后汇入沱江。柏条河与走马河的分支徐堰河在石堤堰汇合后，又分为南北两支，南支为府河；北支为毗河，至赵镇汇入沱江。走马河下段称为清水河，入成都主城区后称为南河，府河与南河于合江亭相汇，向南与江安河相会后，至黄龙溪流出成都市境，最终汇入岷江。外江水系历史上系指金马河，流经都江堰、温江、双流、新津，最终流入眉山市境。金马河流经成都市境内有少量引水工程，但总体上看，金马河主要起岷江排洪、泄洪河道的功能。

12.1.2 沱江水系

沱江的上源有绵远河、石亭江、湔江三支流，通常以绵远河为正源，发源于绵竹市九顶山东麓，至泸州市汇入长江，全长约636km，流域面积2.78万km²，落差2354m。源头至金堂赵镇为上游，金堂至内江为中游，内江至河口为下游。沱江水系总体上呈树枝状，有大小支流60余条。沱江流域属邛崃山系岷山山脉，经龙门山脉、龙泉山脉向东南延伸。流域地势西北高、东南低，高差较大。在西北山区山谷狭窄，沟谷深切，河床狭窄，水流湍急。多年平均年径流量为149.4亿m³，丰水年径流量为262.4亿m³，枯水年径流量为66.2亿m³。沱江流域流经四川9市的15个市辖区、6个县级市和16个县。流域总人口达2842万，占四川总人口的32.5%。

沱江由西北向东南流，上游以绵竹汉旺至彭州关口场为界，西北部是海拔750～3000m以上的九顶山中山区和低山区；东南部是海拔750m以下的成都平原和川中丘陵区。山区河源地段河谷狭窄，局部河段水面宽仅10～15m，谷坡多在40°以上，河床纵比降较大，水流瑞急，有跌水和深潭。河流进入成都平原后，河谷宽敞平坦，谷宽1～2km，河床为透水性很强的砾石和砂组成，两岸地面以下1～2m深处即可见丰富的地下水，故泉水很多。在赵镇以下沱江切穿龙泉山形成金堂峡（0.8km）、月亮峡（3.0km）和石灰峡（1.0km）3处狭窄的"V"形河谷，在地貌上属于红层低山区。在淮口以下沱江迂回绕流于海拔250～450m的缓丘地貌和红层浅丘地区，河谷呈宽广的"U"形或浅凹形，谷坡为10°～20°，岸高为5～100m，其中以10～20m居多。河床多为厚度不大的砂、卵石覆盖，有卵石河漫滩和沙洲分布，水面宽为200～450m，水道曲折而多险滩，枯水时浅滩水深仅0.25～0.5m。两岸有高出枯水面10～20m及40m左右的阶地零散分布，局部地段的一级阶地常与低浅丘陵相并构成缓丘地貌，其中以简阳、资阳附近一带河谷最宽，洲滩最多。在资中以下，河流深切基岩，形成嵌入深切曲流。至近河口一段，谷宽为300～500m，几与长江成平行交汇。

12.1.3 青衣江水系

青衣江属于长江二级支流，包括玉溪河、宝兴河、荥经河和天全河等一级支流。

　　玉溪河是青衣江的一级支流，发源于大邑县的西部山区，有东、西两大河源，东源为黑水河，西源为黄水河。两源于芦山县中咀汇合后称为玉溪河，向南流入芦山县境后于南宝山入邛崃市，与白石河汇合后再折向南流，于宝珠山流出邛崃市境复入芦山县，玉溪河先后与宝兴河、天全河、荥经河相汇，至飞仙关后称为青衣江。玉溪河的河道长约 113km，成都市境内河道长约 27.8km，约占玉溪河全长的 24.6%，其中，大邑县境内黑水河长 18.5km，邛崃市境内长 9.3km。

　　宝兴河系青衣江主源，发源于夹金山东段巴朗山南麓蚂蟥沟，上游分为东、西两河，东河为主流，两河在宝兴县城上游 2km 处的两河口相汇后始称宝兴河。河流由北向南流经中坝、灵关、铜头、思延等地后，在芦山城下游三江口左纳玉溪河，南流至飞仙关与天全河、荥经河汇合后则称青衣江。宝兴河流域地处盆地西缘，上游紧靠阿坝高原。域内地势西北高、东南低、水系较发育，流域形如阔叶状，平均宽度约 55km。流域北、西部以夹金山分界与大渡河流域为邻，分水岭海拔高程均在 4000m 以上，东部与岷江流域接壤，分水岭海拔 1850～4000m，南部则与天全河及青衣江干流相连。宝兴河在两河口以上为上游，系高山峡谷区。支流主要集中在该区内，河床深切，河谷多呈"V"形，岸坡陡峭，滩多流急；两河口以下至铜头场为中游段，河谷宽窄相同，最窄处仅 30 多米，最宽处则如灵关镇属上、中、下坝等河谷盆地，宽 300～600m，为宝兴县主产粮区和乡镇企业开发区；铜头场以下为下游段，属低山深丘地带，河谷较开阔均匀，耕地集中，为芦山县主要工农业区。

　　荥经河为青衣江上游主支之一，源出于流域西部海拔三千多米的二郎山和南部大相岭的野牛山及背后山，上游分为荥河（自西向东流）、经河（自南往北流）两大支流，两支流在荥经县城下游一公里处汇合后始称荥经河。荥经河流向由南至北，在板桥溪出境入天全县，于两河口与天全河相汇，自西向东流至飞仙关汇合宝兴河，形成青衣江干流。荥经河流域处于盆周西部中、高山区，即上游两主支处在高山区、中、下游及干流处在中山地带，海拔高程为 600～3600m，地势西南高、东北低。流域河网发育，水系呈树枝状分布，形态如三角形叶片状，北面界天全河，西、南靠大渡河、流沙河，东邻周公河，河口以上集雨面积 1958km²，主河道长 105km，河床平均坡降 14‰。

　　天全河系青衣江上源之一，流域位于四川盆地西部盆周山区雅安地区境内。河流发源邛崃山脉南端的金鹏山和二郎山，主源冷水河由北向南流向，在两河口与新沟河汇合后始称天全河，自西往东流经紫石、青石、小河、天全、河源、始阳等地后，于安乐乡同南来的荥经河相汇，再东行 5km 至飞仙关处注入青衣江。天全河在两河口之上为上游，属中高山区，河谷狭窄，河床坡降大，水流湍急，森林茂密，溪沟发育，落差集中。北支冷水河长 46.5km，天然落差 3300 多米，南支新沟河长 29.5km，落差 2700 多米，河道平均坡降 72.2‰。两河口以下至禁门关为中游，河段长 34.5km，落差约 380m，河道坡降 11.1‰，河谷宽窄相间，区间有大渔溪、拉塔河、白沙河等较大支流汇入，为天全河水力资源及矿产资源重点开发河段。禁门关以下为下游河段，河长 19km，落差 120 多米，河道坡降 6.42‰。河谷开阔，耕地集中，为天全县粮食主产区，区间有较大支流思经河汇入。天全河流域东临雅安、芦山，北接宝兴，西连泸定，南靠荥经，属青衣江上游山区。地势由西北向东南倾斜，分水岭最高峰海拔 5000 多米。河道支流众多，河网呈树枝状分布，流域形如团扇，平均宽度 36km，河道长 106km，天然落差 3500 多米，平均坡降 33‰（其中干流段长 54km，平均坡降 9.35‰），河口以上集雨面积 2017km²。

12.1.4　涪江水系

　　涪江是长江上游嘉陵江右岸最大的一级支流，发源于四川省松潘县黄龙乡岷山雪宝顶，从西北向东南由川西北高山区进入盆地丘陵区，流经平武、江油、绵阳、三台、射洪、遂宁、潼南至重庆市合川区钓鱼城下汇入嘉陵江，全长 670km，集水面积约 36400km²。涪江流域形状狭长，域内水系发育，支流呈树枝状分布。流域面积大于 100km² 的支流共有 91 条，其中，大于 500km² 的支流有 22 条，大于 1000km² 以上的支流有 9 条。江油武都镇以上为涪江上游，穿行于岷山、摩天岭、龙门山的崇山峻岭之中；武都镇至遂宁为中游，遂宁至合川为下游，中下游蜿蜒流经盆地腹部的丘陵区。涪江流域地跨川西高原气候区和亚热带湿润季风气候区，气温南高北低，多年平均年降水量在800~1400mm，以位于龙门山西南段东南麓的安州区、北川县及干流平武县、江油市一带为多雨区。流域出口控制站为小河坝水文站（E106.05°、N30.1°），小河坝以上集水面积为29420km²。

12.1.5 嘉陵江水系

嘉陵江发源于秦岭南麓，向南流经川中丘陵区，切穿盆东平行岭谷，于重庆市朝天门注入长江，干流全长1120km，流域面积1.6×10⁴km²。四川广元市昭化镇至嘉陵江源为上游，长360km，地质构造异常复杂。阳平关以上河段处于秦岭褶皱带，阳平关以下至昭化段则主要位于龙门—大巴山褶皱带。上游山地海拔1000~3000 m，相对高差400~1000m，河流深切，多数地段河谷狭窄、水流湍急，河谷呈"V"形。昭化至重庆合川区为中游，长630km；合川以下为下游河段，长130km。中游河流蜿蜒于盆中丘陵区，地势低矮，海拔250~600m；软硬相间的紫红色砂泥岩层大体呈水平分布，经河流切割后，形成坡陡、顶平的方山丘陵。河道自上而下逐渐开阔，河曲发育。下游流经盆东平行岭谷区，切穿华蓥山伸向西南的3条支脉。水面宽150~200m，峡、沱、滩、碛相间成串是下游河谷地貌的突出特征。

12.2 龙门山的水系样式

河流对构造活动是极其敏感的，并对构造活动的剥蚀、沉积和构造隆升过程具有一定的响应和反馈作用（Holbrook et al.，1999）。河流的演化受构造运动和地表过程的制约和影响，一直是构造地貌学家研究的热点。造山带系统内部的水系主要受山脉的隆升作用、侵蚀基准面变化和气候变化的影响。前人研究成果表明（付碧宏等，2009；贾营营等，2010），水系演化特征能有效反映逆冲断裂（即挤压背景下）与走滑断裂控制下的构造演化信息及二者的差异性。

本次研究的水系是岷江流域和涪江流域，两流域都是长江水系上游的重要支流，以岷山为分水岭，分别流经岷山的东西两侧，横切龙门山构造带，进入四川盆地，为青藏高原东缘的贯通型河流。岷江发源于川西高原的贡嘎岭和郎架岭之间，流经松潘、茂县、汶川等地至都江堰出峡。它是长江流域水量最大的支流，都江堰以上为上游，其河长340km。岷江上游河谷剖面表现为下部"V"形和上部宽坡型的深切河谷。岷江流域上游受山地地形的影响，具有温带—亚热带气候特征，属山地高原气候。在都江堰市盆地边缘年平均气温约为15℃。涪江发源于松潘县和九寨沟县之间的岷山主峰雪宝顶北麓，涪江从河源至江油涪江大桥为上游段，其河长254km。涪江源头至平武一带，地处川西北高山区，两岸层峦叠嶂，狭窄河谷多呈"V"形和"U"形，河床陡峻。平武以下为高、中山过渡区至盆地周边低山带。涪江流域属亚热带湿润性气候区，上游受山地地形影响，区内气候温和、湿度大、雨量丰沛，平武多年平均气温为14.7℃。

12.2.1 龙门山水系网络

1.基于DEM水系提取方法

以ArcGIS为技术平台，利用DEM数据可以对地表水系网络进行自动提取。目前有两种基本的方法可以提取水系：①利用一个矩形窗口扫描DEM矩阵，从而确定洼地，位于洼地内的栅格单元记为水系的组成部分。该方法的主要缺点是产生的水流线不连续；②基于地表径流漫流模型，根据DEM栅格单元与8个相邻单元格之间的最大坡度来确定水流方向，然后计算每个单元格的上游汇水面积，接着确定一个汇水面积阈值，高于该阈值的单元格记为水系的组成部分。第二种方法有一定的模型基础，能够直接产生水流路径，并且算法比较简单，被多数人采用，因此，本次利用第二种方法对水系进行提取（图 12-3）。对龙门山 DEM 数据进行水系提取时，需要注意以下几个基本问题。

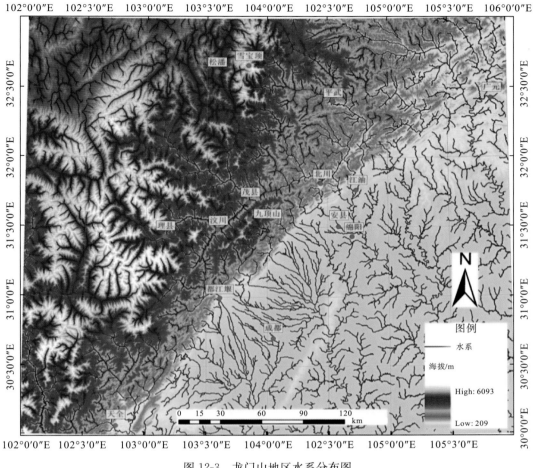

图 12-3　龙门山地区水系分布图

1）洼地填充

在自然条件下，水流从高处向低处流动，遇到洼地将其填满，然后再从该洼地的最低处流出。由于洼地是局部的最低点，所以无法确定该点的水流方向。因此，在计算水流方向之前，应该对原始 DEM 数据进行洼地填充，生产无洼地的 DEM。

洼地区域可以利用水流方向数据获得。由于洼地区域是由数据的误差和地表真实洼地造成的，因此在对洼地进行填充之前，必须计算洼地的深度，从而判断哪些地区是真实的地表形态，哪些是由于数据误差造成的。在这基础上，才能得到合理的填充阈值，进行洼地填充。洼地填充是个反复的过程，因为当一个洼地区域被填充后，该区域与附近区域再进行洼地计算，可能还会产生新的洼地。因此，洼地填充要把所有的洼地都被填平、新的洼地不再产生为止（汤国安，2006，2010）。

2）水流方向和水流累积量的提取

水流方向是水流离开此格网时的指向。D8 算法是生成水流方向矩阵式最常见的算法，该算法是根据 DEM 栅格单元和 8 个相邻单元格之间的最大坡降来确定水流方向。D8 算法的具体做法如下。首先，将格网 x 的 8 个领域格网进行编码；其次，计算中心格网与领域格网之间的距离权落差，距离权落差等于中心格网与领域格网的高程差值与两格网间距离的比值；最后，确定具有最大距离权落差值的方向。如果最大距离权落差值只有一个，那么就将该最大值所在的方向上的水流方向值作为中心格网出的水流方向值。如果有一个以上的最大距离权落差值时，则在逻辑上以查表得出的方向来确定水流方向。D8 算法在计算水流方向时的缺点是其确定性，导致水流偏向某一单元格。基于地表径流的漫流模型，汇流累积量是通过水流方向数据计算得到的。其基本思想是：以规格格网表示的 DEM 模型每点处有一个单位的水量，根据水流从高处往低处流的自然规律，计算每一栅格的累积水量，算法设计时可采用迭代的方法。

　　3）河网生成

　　栅格的汇流累积量代表该栅格的水流量。当汇流量达到一定值的时候，就会产生地表水流，所有汇流量大于临界值的栅格就是潜在的水流路径，由这些水流路径构成的网络，就是河网。合理设定阈值十分重要，它将直接影响最终河网的疏密（阈值越大，水系越稀；阈值越小，水系就越密）。不同级别的沟谷对应不同的阈值，不同区域相同级别的沟谷对应的阈值也是不同的。因此，在设定阈值时，应充分考虑研究区的地形、地貌等相关因素，并通过不断地试验和利用现有地形图等资料辅助检验的方法来确定。

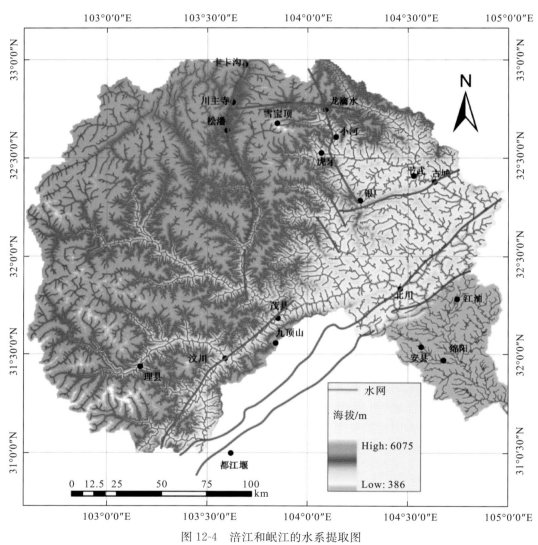

图 12-4　涪江和岷江的水系提取图

2. 龙门山水系网络

　　本次研究使用 SRTM DEM 数据，以地理信息系统（GIS）为平台，通过 ArcGIS 9.2 软件中的水文分析模块按照水系提取流程，可以快速实现研究范围内地表水系网络的自动提取。通过对不同阈值进行对比分析，最终确定研究区水系提取的阈值为 500m，得到龙门山地区水系网络（如图 12-3 所示），并进一步提取了岷江流域和涪江流域的水系网络（图 12-4）。

12.2.2　龙门山水系及亚流域特征的提取

1. 水系分级提取

水系分级是对一个线性的河流网络以数字标识的形式划分级别。水系分级的方法有多种，本文采用现今最为广泛流行的 Strahler 分级系统。Strahler 分级是将所有河网弧段中没有支流河网弧段规定为第一级，称为一级水系，两个一级水系汇流成的河网弧段构成二级水系，以此类推，一直到河网出水口 (图 12-5)。Strahler 分级的特点是，只有同级别的两条河网弧段汇流成一条河网弧段时，该弧段级别才会增加，对于低级弧段汇入高级弧段的情况，高级弧段的级别不会改变。本文采用阈值为 500，涪江和岷江都分为六级水系(图 12-6)，并对两流域在岷山断块的分级情况分别作了如下统计：涪江一级水系为 288 条，二级水系为 67 条，三级水系为 17，四级水系为 5 条；岷江一级水系为 136 条，二级水系为 33 条，三级水系为 7 条，四级水系为 1 条。

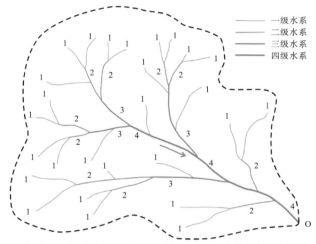

图 12-5　流域盆地水系网络的 Strahler 分类系统示意图

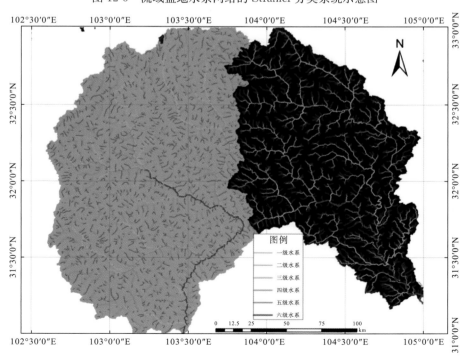

图 12-6　涪江和岷江的水系分级图

2. 亚流域盆地的提取

流域(watershed)也称集水区域或流域盆地，是指一条河流或水系的集水区域，河流从该集水区域得到水量的补给。流域分水线所包围的区域面积就是流域面积。任何一个自然河网，都是由各种各样的、大小不同的水道所共同组成的，而每个水道都有各自的特征及其汇水范围。流域汇水口即流域内水流的出口，是整个流域的最低处。流域间的分水界线称为分水岭。从 DEM 中提取流域，根据 DEM 栅格单元格和 8 个相邻单元格之间的最大坡度来确定水流方向，计算每个单元格的上游汇流能力。然后确定一个汇流能力阈值，不低于该阈值的单元格标记为水系的组成部分。亚流域盆地是指非主干流河道的流域盆地，根据水流方向数据确定所有相互连接并处于同一流域盆地的栅格。亚流域盆地的等级等同于亚流域内最高一级水系的等级。

根据上述方法，本文将研究区流域盆地的汇水口定义为 500，涪江和岷江的汇水口分别在绵阳和都江堰附近，相应各亚流域盆地的汇水口分别定义为位于涪江和岷江各主流或支流的交汇点。在此基础上，本次系统提取了分布于岷山断块上的三级亚流域盆地(图 12-7)，其中包括涪江流域的 17 个三级亚流域盆地和岷江流域的 7 个三级亚流域盆地。

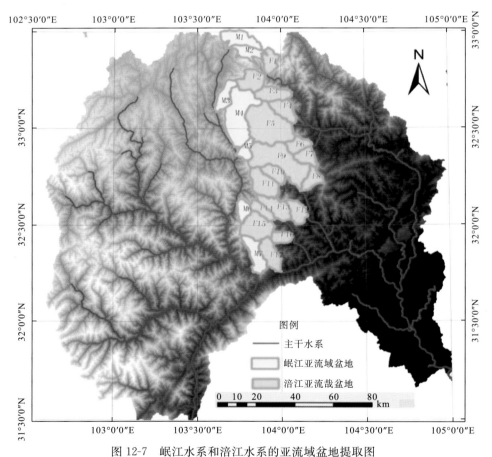

图 12-7　岷江水系和涪江水系的亚流域盆地提取图

3. 岷江和涪江水系形态参数的提取

在提取龙门山水系网络以及亚流域盆地基础上，通过 ArcGIS 的要素拓扑，可以获得亚流域盆地的周长与面积；河流总长度可以通过统计分析的方法获取。本次对岷山断块上的三级亚流域盆地的周长、面积以及相应的三级水系的长度进行统计和整理(表 12-1，图 12-7)。河网密度是流域盆地地形要素的重要指标之一。河网密度是每个流域的水系的总长度与该流域面积的比值，用来表示水系的发育程度。河网密度大表示地表径流发育、支流多、地势平坦或低洼。

表 12-1　岷江和涪江水系亚流域盆地的周长、面积及相应的支流长度

编号	长度/km	周长/km	面积/km²	编号	长度/km	周长/km	面积/km²
M1	2.877077	66.035626	144.712695	F6	5.892422	39.664413	83.464887
M2	8.10239	70.043944	94.613920	F7	2.654101	40.431845	85.363746
M3	12.232511	56.274031	105.796455	F8	9.055432	46.205667	86.971226
M4	34.227213	104.079115	375.596600	F9	38.927074	110.136946	410.663991
M5	2.478159	39.129595	64.064279	F10	5.749509	40.806027	86.332157
M6	0.656508	38.860718	70.561810	F11	13.213332	56.639465	175.978371
M7	5.174732	63.833373	140.150245	F12	4.481245	43.480261	102.054528
F1	8.067467	51.935222	93.241944	F13	14.868617	56.405526	144.572523
F2	0.954881	51.335884	138.779471	F14	10.007245	41.596013	75.485913
F3	13.167008	52.086194	126.612272	F15	7.085957	62.314790	204.216582
F4	5.93914	48.052592	117.106427	F16	2.676429	33.633647	66.261592
F5	27.984118	92.441903	430.073515	F17	16.38859	56.884126	141.059334

4. 岷江和涪江的河流纵剖面

河流纵剖面通常指水面的纵剖面。天然河流的纵剖面不是固定的，因为在任一河段中比降都要随着径流的变动和河槽中水流的变形而改变。河流纵剖面的形态可以揭示河流的发育程度，对新构造运动具有指示作用。河流的纵剖面通常根据比降沿程分布进行分类。纵剖面主要有以下几种类型：凹型、凸型、直线型、阶梯型和平缓型。这种分类的优点是简单明了。在上述几种分类中，以凹型纵剖面最为常见。因为在河流上游，虽受地形坡度的影响，河道比降较大，但水流量较小，所以下蚀受限。在河流下游，由于受河流侵蚀基准面的控制，下蚀也受到限制，因此河道比降减小。在河流中游，水量和流速都较大，有足够的力量进行侵蚀和搬运泥沙，因此河流纵剖面基本形态常常呈上凹形曲线。影响河流纵剖面形态的因素主要有 4 个方面：①地质构造和地壳运动因素；②岩性因素，坚硬的岩石抵抗流水侵蚀力大，河床不易下切，深度较浅，但容易展宽，形成以侧蚀为主的侧向侵蚀区；岩性软弱的河床，下切容易，形成以垂直侵蚀为主的深向侵蚀区；③地形因素，河床沿程地形的宽窄，直接影响到水流对河床的冲淤变化和纵比降的大小；④支流因素，支流加入的主流河床，由于水沙增加而使水情及泥沙性质发生变化。

河流的纵剖面受构造运动的影响很大。阶地停止接受沉积和河流下切时期是构造抬升相对强烈的时期。在地壳上升的河段，会引起侵蚀复活，发生溯源侵蚀；同时在上升河段以上的河段可能引起暂时性的堆积作用。而在下降河段，河流则会发生沉积，加强侧向侵蚀。在强烈构造运动的地区，河流的展宽时期与阶地接受沉积时期是其构造稳定期。因此，河流地貌中可以获取构造运动方面的信息。以 ArcGIS 为平台，利用 DEM 数据可以快速提取河流纵剖面。为了分析龙门山河流发育的程度以及构造影响，本次提取涪江流域和岷江流域的纵剖面(图 12-8)。

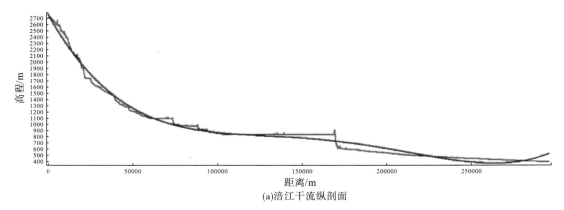

(a)涪江干流纵剖面

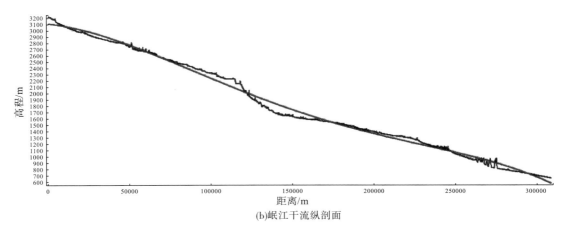

(b)岷江干流纵剖面

图 12-8　涪江和岷江干流纵剖面

12.2.3　岷江流域和涪江流域水系样式的对比分析

在水系流域演化过程中，气候条件、岩性特征以及构造差异性隆升对水系有控制作用，所以必须予以关注。涪江流域和岷江流域整体处于控制中国大陆气候分区的秦岭造山带以南，两流域的气候变化没有出现大的异常，都属于高原山地气候区。因此，两流域发育程度的差异性不是由气候条件引起的。涪江流域和岷江流域发源于青藏高原东缘，岷山断块的东西两侧，横穿龙门山构造带，进入四川盆地。两流域盆地上游的基底地层岩性主要为三叠系浅变质砂岩、灰岩及古生界变质岩系和碳酸盐岩类；中游则主要为龙门山构造带内发育的古生界变质岩系和碳酸盐岩类；在空间上，两流域的岩层具有一定的相似性。所以，两流域盆地内部基底岩层并不是导致两流域演化差异的主要因素。

1.亚流域盆地特征分析

通过对岷山断块内 24 个亚流域盆地的周长、面积以及盆地内河流长度和河流密度的统计分析，结果显示在岷江断块内涪江亚流域盆地和岷江亚流域盆地具有显著的差异。在岷山断块中，岷江四级亚流域盆地的最大周长和面积分别为 104.079115km² 和 375.596600km²，并且只有一个亚流域盆地(M4)的面积超过了 300km²；然而，涪江四级亚流域盆地的最大周长和面积分别为 110.136946km 和 430.073515km²，同时亚流域盆地的面积达到 400km² 就有两个(F5，F9)。另外，岷江四级水系的河流总长度为 65.74859km，而涪江四级水系的河流总长度为 187.1126km。通过计算岷江断块内水系的河流密度可知，涪江水系的河流密度为 0.072856km/km²，岷江水系的河流密度为 0.066046km/km²。

通过常规的水系定量化参数(如亚流域盆地周长、面积、河流长度、水系数量、河流密度)的分析，可以发现岷山断块内涪江流域与岷江流域的发育程度存在较大的差异。通过上述对岷山断块的岩性分布特征、流域在宏观气候尺度以及流域基底地层具有一定的均质性分析可知，气候条件和岩性特征不是引起两流域差异性的主要因素；根据前人的研究结果，虎牙断裂和岷江断裂现今仍然是较为活跃的左旋逆冲断裂，并且晚新生代以来岷山断块快速隆升。因此，两流域的不对称性是由岷山断块差异性构造隆升造成的，并且岷山断块本身的隆升也不均衡，即岷山断块内西侧隆升速度比东侧隆升速度要大。

2.河流纵剖面分析

河流纵剖面的变化是很敏感的，能够反映构造活动、岩石抗侵蚀能力和地形变化。涪江和岷江是青藏高原东缘地区两条源于岷山，横切龙门山构造带的贯通型河流。岷山断块和龙门山构造带对两流域的演化有重要的影响。河流的纵剖面可以揭示了其发育程度，对于新构造运动也有指示作用(陈静，2009)。由图 12-9 可知，涪江主干纵剖面属于成年期河流的凹型剖面。涪江源头至平武一带，地处川西北高山区，其河床平均比降为 19.6‰；平武以下为高、中山过渡区和四川盆地丘陵区的河床平均比降相差不大，分别为 3.2‰ 和 1.7‰，明显低于涪江上游区，表明的虎牙断裂对其具有控制作用，而龙门山北段构造活动（特别是逆冲作用）较弱。

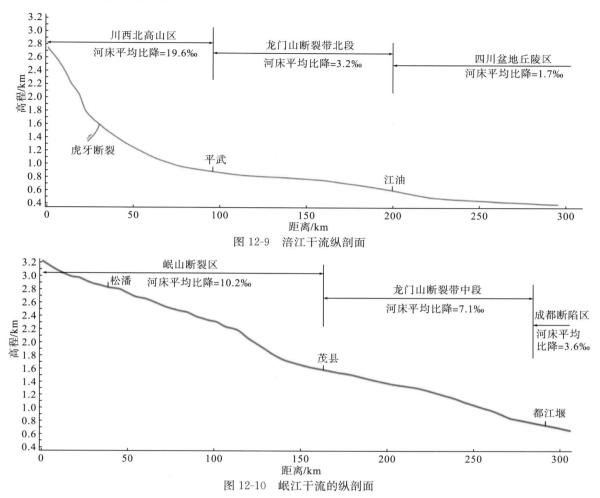

图 12-9 涪江干流纵剖面

图 12-10 岷江干流的纵剖面

从岷江主干河道纵剖面来看（图 12-10），其形态属于直线型，河流发育程度较差，说明岷江所经过的区域构造运动比较强烈。并且在纵剖面上还出现了两个次级的微弱凸状，在空间上，正好与岷山断块和龙门山构造带相对应。岷江各段河床平均比降也有明显的异常，从岷江源头区向南至茂县，即岷江顺断裂走向流经岷江断裂展布区，其河床平均比降为 10.2‰。河流进入龙门山构造带，河床平均比降为 7.1‰。过都江堰后，岷江进入成都断陷区，河床平均比降仅为 3.6‰。从岷江干流纵剖面和其河床平均比降变化情况来看，岷江断裂和龙门山构造带中段的构造活动性都比较强，对岷江上游流域的发育具有明显的控制作用。

从地形地貌特征上看，岷山断块和龙门山构造带中南段共同构成了青藏高原东缘地区的最大地形梯度带。岷江和涪江的河流纵剖面和河床平均比降则表明岷江断裂、虎牙断裂和龙门山构造带中段存在明显的差异性构造活动（特别是差异性隆升作用），对两流域的影响显著，而龙门山北段的构造活动不明显；与岷江流域相比，涪江流域的发育成熟度更高。

3. 水系的构造指示意义

龙门山构造带及其前陆盆地是青藏高原东缘独特的地域单元，是研究长江上游地区水系、气候和生态环境变迁与高原隆升的关键地区（李勇等，2005）。所以，一直受到国内外地质学家的青睐。河流对构造活动是极其敏感的，水系格局会对构造活动做出积极地响应。在前人研究基础上（邓起东等，1994；周荣军等，2000），通过对上述水系定量化参数和河流纵剖面的分析，控制涪江、岷江水系流域地貌演化的主要因素是岷山断块的构造隆起和龙门山构造带的差异性构造活动。涪江和岷江的上游水系的不对称发育格局反映了岷山断块在晚新生代以来与东西两侧地貌单元存在差异性隆升，并且岷山断块本身的隆升也不均衡，即岷山断块西部的隆升速度比岷山断块东部的隆升速度要快(图 12-11)。

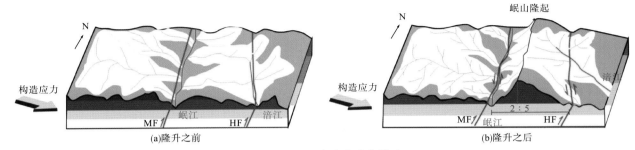

图 12-11　岷山断块的演化模式

新生代以来，龙门山造山带发生强烈的冲断和隆升作用，使其构造负载引起地壳均衡作用，从而导致龙门山前陆盆地的挠曲下沉和龙泉山前陆隆起的隆起(李勇，1998；刘树根等，2001)。因此，龙门山构造带中南段成为青藏高原周边最陡的地形梯度带，对其前陆盆地及前陆隆起有控制作用。这种挤压背景下，岷江流经龙门山造山带内表现为深切河谷，河谷形态为不对称谷地，切割深度介于 280～1500m。岷江下游也具有明显的不对称性，主干流南西侧的水系较为发育。贾营营等(2010)对其进行研究，认为熊坡背斜北西侧向北东向收敛的不对称叉状水系是由熊坡背斜晚新生代北东向扩张造成的；并认为龙泉山西麓出露的大量雅安砾石层为古岷江洪积物，由于龙泉山的隆升作用，使岷江河道发生向西的迁移，形成目前的水系格局。与龙门山中段不同，龙门山北段水系(如涪江)主要受断裂带右旋走滑作用的影响。经茶坝—林庵寺断裂与江油—广元断裂的涪江水系均发生明显的右旋错位，其干流错断距离分别为 2.93km 和 3.26km(图 12-12)。贾营营等(2010)通过对涪江发生的右旋错位及其沉积记录的研究，认为龙门山北段晚新生代具有明显的走滑作用，其走滑速率至少在 3.0mm/a 以上。不同性质的构造作用使其水系响应方式也不同。通过上述的分析，龙门山中段水系演化受冲断和隆升作用的控制，而其北段以右旋走滑运动为特征对水系演化的影响更为显著。

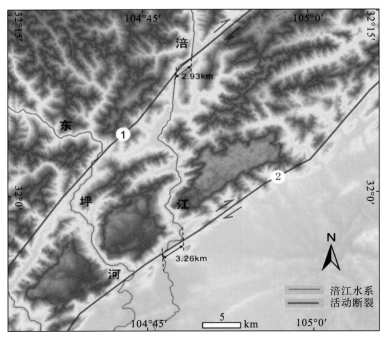

图 12-12　龙门山北段活动断裂错断涪江水系
①.茶坝—林庵寺断裂；②.江油—广元断裂

12.3 汶川地震驱动的逆冲—走滑作用的河流地貌响应

12.3.1 汶川地震的逆冲作用与河道坡折点

汶川地震驱动了两条断裂的破裂(图 12-13,图 12-14,表 12-4)。北川断裂为汶川地震的主震断裂,地表破裂带从映秀向北东延伸达 180~190km(图 12-13,图 12-14),走向为 NE30°~50°,倾向 NW。地表平均垂向断距为 2.9m,地表最大垂向断距为 10.3±0.1m(垂直断错)(表 12-4)。彭灌断裂在汶川地震时亦发生了同震地表破裂,破裂带南西起于都江堰市向峨,向北东延伸经彭州磁峰、白鹿、绵竹金花至绵竹汉旺,全长约 40~50km。其以逆冲—右行走滑为特点,垂直位错为 0.39~2.70m,平均垂直位错为 1.6m;地表最大错动量的地点位于彭州白鹿镇。

北川断裂和彭灌断裂沿北东向穿过岷江、白沙河、湔江、绵远河、涪江、平通河等龙门山地区主要河流,导致每条河流的河床发生破裂,北西盘的向上逆冲作用所导致的河道陡坎和新的河流坡折点,并形成跌水,致使河床剖面发生变化。

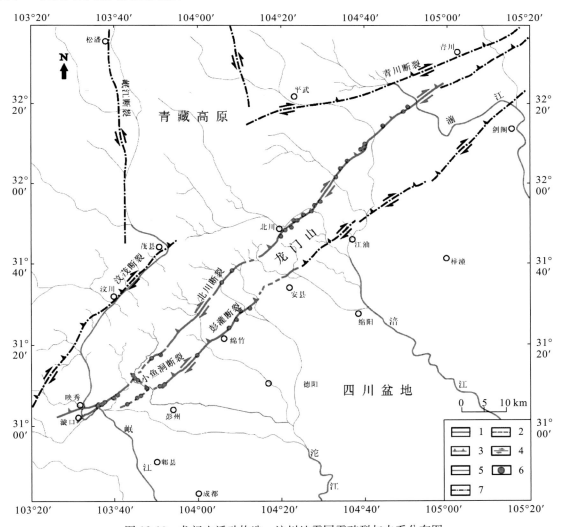

图 12-13 龙门山活动构造、汶川地震同震破裂与水系分布图

表 12-4　汶川地震地表破裂的基本参数表

地表破裂	长度/km	倾角	构造缩短率	平均垂向断距/m	平均水平断距/m	最大垂直断距/m	最大水平断距/m	逆冲与走滑分量比值
北川断裂	190~200	80°~86°	7.61%~28.6%	2.9	3.1	10.3±0.1	6.8±0.2	1:1
彭灌断裂	40~50	28°~55°	7.28%~22.4%	1.6	0.6	2.7±0.2	0.7±0.2	2:1
小鱼洞断裂	15	45°~60°		1.0	2.3	1.7±0.5	4.1±0.5	1:1

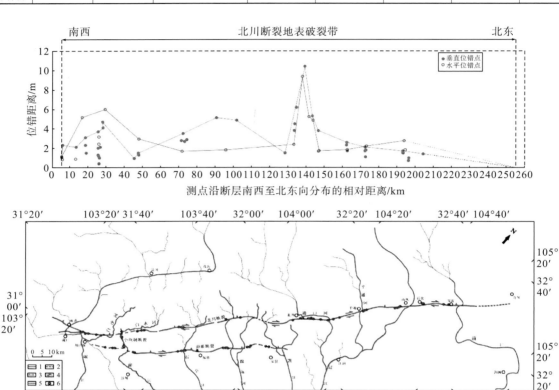

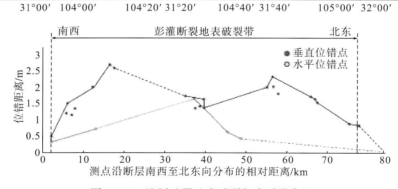

图 12-14　汶川地震地表破裂与水系分布图

以上现象表明，位于北川断裂与彭灌断裂处的河道因逆冲挤压而变形，北西盘的向上逆冲作用在岷江、湔江和绵远河等水系的河堤和河床上形成断层断坎，上盘的抬升破坏了原有的河床坡度，形成了明显具有坡折的断坎，使得河床剖面形成了新的河流坡折点，导致河道的坡度发生变化，并以此为界导致了新的落差，改变了河床剖面的平衡。显然，河道的异常坡折、河道突然加宽或变窄等现象都可能指示活动构造逆冲作用的存在。因此，汶川地震导致的坡折带对岷江、湔江和绵远河的河川坡度发育具有明显控制作用。基于新形成的河流坡折点与汶川地震驱动的断裂活动存在着对应关系，进而我们推测岷江、湔江和绵远河等水系的河流坡折点与主要活动断裂带之间存在着对应关系，因此，可把龙门山地区的河流坡折点作为活动断层逆冲作用和古地震事件标定的指示器，如可根据河流坡折点的个数标定断层活动的次数。

12.3.2　汶川地震的右旋走滑作用与河道转折点

汶川地震地表破裂的调查结果已表明(图 12-13，图 12-14，表 12-4)，汶川地震导致北川断裂和彭灌断裂穿过岷江、白沙河、石亭江、绵远河、湔江、平通河等龙门山地区的主要河流，导致每条河流的河床发生同步破裂，右旋走滑作用形成断层水平位错，使河道发生右旋偏转，形成新的河流转折点。北川断裂的地表平均水平断距为 3.1m，地表最大水平断距为 6.83±0.2m(表 12-4)。彭灌断裂的地表平均水平断距为 0.6m，地表最大水平断距为 0.7±0.2m(表 12-4)。以上现象表明，北川断裂和彭灌断裂的右旋走滑作用使岷江、湔江和绵远河等水系的河堤和河床上形成水平位错，形成了新的河道转折点，破坏了原有的河道的河床弯度，导致河道的曲率或弯曲度增大。因此，河道的异常转折、异常的蓄水现象、河堤不连续等现象，都可能指示活动构造走滑作用的存在。因此，汶川地震导致的水平位错对河道流向的偏转具有明显控制作用，新形成的河流转折点与汶川地震驱动的断裂活动之间存在着对应关系。进而我们推测岷江和湔江等水系的河流转折点与主要活动断裂带之间存在对应关系，因此，也可把河流转折点作为活动断层和古地震事件标定的指示器，可根据转折点的偏转距离计算断层水平运动的幅度。

12.3.3　汶川地震地表破裂的走向与河道走向

汶川地震的地表破裂走向与某些河流的河道走向具有一致性，表明汶川地震驱动的断裂走向对河道走向具有明显的控制作用。典型的实例有两个，其中一个为在都江堰白沙河的河道走向与北川断裂地表破裂的走向一致，另一个为彭州湔江河道走向与北川断裂、小鱼洞断裂地表破裂的走向一致(图 12-15，图 12-16)。现以白沙河为例，说明断裂走向对河道走向的控制作用。

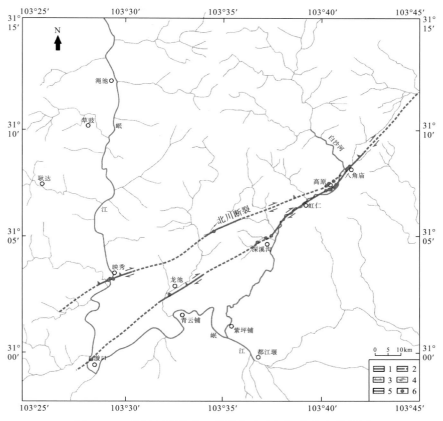

图 12-15　北川断裂的分叉断裂与白沙河河道走向分布图
实线为活动断层，断线为汶川地震的地表破裂

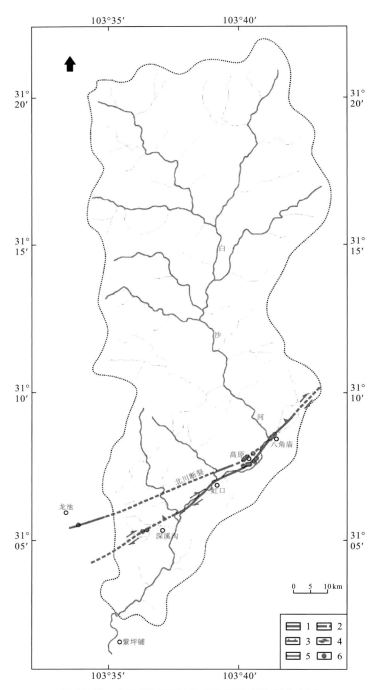

图 12-16　白沙河河道与北川断裂地表破裂分布图

　　在都江堰地区的白沙河流域，北川断裂的地表破裂分为两支（本文简称为北支和南支），显示为分叉断裂型组合样式（Branching fault）。白沙河的主河道与北川断裂的南支走向在空间展布上一致（图 12-15，图 12-16）。白沙河为岷江的一个支流，在都江堰八角庙—高原村南—深溪沟一线为该支流水系的主体河段，其河道的走向为北东向。北川断裂南支的破裂带沿白沙河谷的都江堰八角庙—高原村南—白沙河北岸—深溪沟一线展布，长约 14km，由 14 条长短不一的破裂所构成，或斜列或平行或斜交的破裂组成的破裂带。地表破裂沿白沙河北西岸呈 N30°～50°E 方向延伸，总体走向为 N30°～50°E。垂直断距为 0.35～3.0m，右旋水平位错为 2.2～5.2m。在该流域，白沙河的河道与北川断裂南支的走向相平行，在空间展布上一致，位置重合。因此，以上现象表明，北川断裂南支的走向控制了白沙河的流向和河道走向（图 12-15，图 12-16）。

12.3.4　龙门山平行的走滑—逆冲断层组合对水系样式的控制作用

龙门山地区的水系样式具有不规则性和不对称性等特点，它们的形成机制一直是研究的难点。汶川地震产生了两条在平面上近于平行的北东向逆冲—走滑型地表破裂带（parallel thrust fault），它们对龙门山河流地貌和水系样式具有明显的改造作用和控制作用。

现以湔江水系为例，剖析平行的逆冲断层型组合样式对地貌和水系平面展布样式的控制作用。该区水系属于沱江水系的上游水系，源于龙门山中段后山带（海拔 4360～4380m），为沱江上游三大支流之一，流域面积 2057.3km²，总长度约 128km，关口以上的河长为 71km，从源至关口落差达 3475m。总体流向显示为由北向南，但按具体流向可将其分为 4 个河段，分别为河源段、上游段、中游段和下游段（图 12-17）。

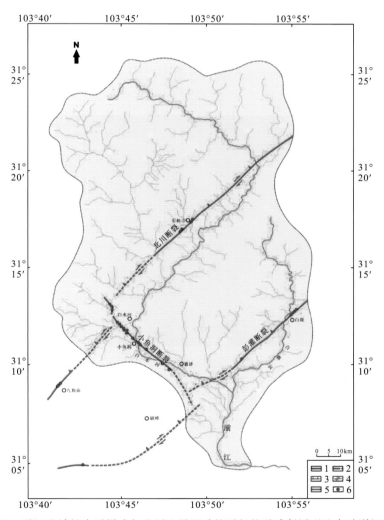

图 12-17　湔江流域的水系样式与汶川地震驱动的平行的逆冲断层型地表破裂组合样式

河源段（银厂沟段）长约 20km，落差达 2660m，平均比降为 133‰。其流向与龙门山地形坡向一致，流域形状呈西北—东南狭长形，呈对称排列成的倒枝状。上游段（海汇桥至小鱼段）长约 20km，落差 340m，平均比降为 17‰。该段流域形状呈不对称向心状，右岸支流长而多，河岸平缓，左岸支流短而少，河岸较陡。干流流向呈北东—南西。该河段的河道走向与北川断裂的走向相平行，位置重叠，显示北川断裂的走向控制了该河段的流向。中游段（小鱼洞至新兴场段）的河道转为西北—东南向，该河段的河道走向为北西向，其与小鱼洞断裂的走向相平行，显示小鱼洞断裂的走向控制了该河段的流向和河道走向(图 12-18)。下游段(新兴场至关口段)的河道转为南北向。湔江主河道在新兴场的偏转,即由西北—东南向偏转位南北向,然后折而南向流至关口。值得指出的是,一方面,该转折处恰恰是彭灌断裂通过的地方,表明彭灌断裂导致了河道的偏转;另一方面,在此处,白鹿河汇入湔江,该河的河道走向为北东—南西向,长约 26.2km,落差 270m,主河道平均比降 15‰左右,其主河道的走向与彭灌断裂的走向相平行,显示彭灌断裂的走向控制了白鹿河的流向和河道走向(图 12-18)。因此,我们认为,彭灌断裂可能导致了湔江主河道在新兴场的偏转。

李勇等(2008)标定了该区北川断裂、彭灌断裂和小鱼洞断裂破裂带的垂向断距和水平断距,结果表明:北川断裂、彭灌断裂显示为北东向的逆冲—走滑型破裂带,而小鱼洞断裂位于北川断裂与彭灌断裂之间,显示为北川断裂与彭灌断裂之间的掀断层。因此,在湔江流域汶川地震产生了近于平行的北东向逆冲—走滑型地表破裂带,其间由一条南北向的掀断层—小鱼洞断裂地表破裂带将它们分割开(图 12-18)。通过对湔江流域水系展布与汶川地震地表破裂和活动断层之间关系的分析结果表明,汶川地震驱动的平行的逆冲断层型地表破裂组合样式与湔江的水系样式与河道展布具有很好的匹配性和一致性,其中北川断裂控制了湔江上游的河道和流向,小鱼洞断裂控制了湔江中游的河道和流向,彭灌断裂控制了白鹿河的河道和流向,并导致了湔江下游主河道的偏转。显示了断裂活动性在湔江水系展布格局上有明显反映,汶川地震驱动的平行的北东向逆冲—走滑型活动断层直接控制了具有不对称的和不规则形态的湔江水系类型和平面展布格局(图 12-17)。

图 12-18　湔江的水系样式与地表破裂分布图
黄色点为已实测数据点位;红色实线为地表破裂区域;红色虚线为预测地表破裂区域

12.3.5　龙门山叠瓦状逆冲断层组合对水系样式的控制作用

前期研究成果已表明,龙门山是由一系列大致平行的叠瓦状冲断带构成,自西向东发育茂汶断裂、北川断裂和彭灌断裂,并以断裂为主滑面构成大规模、多级次的叠加式冲断推覆构造带,显示了典型的推覆构造特征,对龙门山地形剖面和岷江河床纵剖面具有明显的控制作用(图 12-19)。

而且各叠瓦状冲断带在地貌形态、河谷地貌、高程和坡度具有明显的差异性。如,茂汶断裂和北川断裂所夹持的后龙门山地区显示为高陡地貌和"V"形河谷(2500~5500m)、北川断裂和彭灌断裂所夹持的前龙门山地区的陡地貌和"V"形河谷(1000~2500m)、彭灌断裂和龙门山山前断裂所夹持的龙门山山前地区的缓地貌和"U"形河谷(700~1000m)。汶川地震导致的北川断裂和彭灌断裂的地表破裂面均倾向 NW,倾角为 80°~86°,显示的叠置关系应该是断面倾向 NW 的叠瓦状,其与龙门山系由一系列大致平行的叠瓦状冲断带构成的总体特征相一致(图 12-20)。

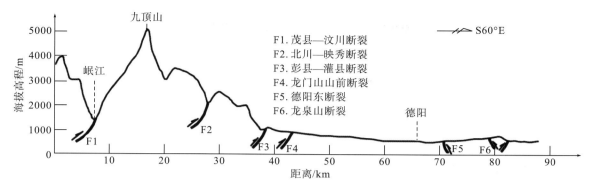

图 12-19　青藏高原东缘地区地形剖面图（据李勇等，2006）

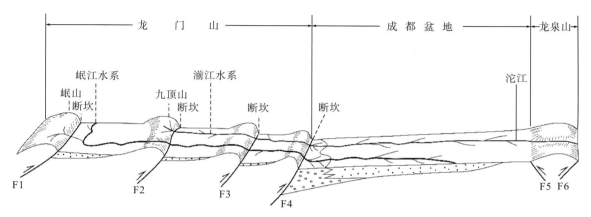

图 12-20　龙门山叠瓦状逆冲样式及其对构造—地貌—水系的控制作用

因此，汶川地震给我们提供了重新理解和定量剖析叠瓦状冲断带之间的地貌形态、河谷地貌、高程和坡度变化的机会，使得我们能够理解叠瓦状逆冲作用的构造—地貌—水系样式，为刻画龙门山式构造—地貌—水系模式提供科学依据。

12.3.6　汶川地震的隆升作用对河床梯度剖面的影响

河床梯度剖面形态是一条河流重要的几何形态特征。在河床剖面的任意一个点的河床高程变化的速率等于岩石隆升速率减去侵蚀速率，因此，河床剖面的形态实质上反映了岩石隆升速率与侵蚀速率之间对比关系，可以揭示河流的发育程度，能够反映构造活动、岩石抗侵蚀能力和地形变化。尤其是在活动构造发育的龙门山地区，河床梯度剖面主要受断裂活动的控制，河床梯度变化可作为重要的构造地貌框架的指示器。河流的河床剖面主要有凹型、凸型、直线型、阶梯型和平缓型等几种几何形态类型，可用线性函数、指数、对数和幂函数来描述。

汶川地震驱动的隆升作用导致了龙门山及成都盆地的地形变化，同震变形在瞬间就改变了地貌坡度并导致地貌体系产生相应的调整，直接影响了龙门山地区河床梯度和侵蚀基准面的变化。许多研究者根据不同的方法计算了汶川地震驱动的隆升量和四川盆地的下降量（表 12-5），结果表明，龙门山地区总体处于隆升过程，最大隆升量达 12.49m；四川盆地（成都盆地）处于下降过程，最大沉降量达 0.675m，表明汶川地震驱动的龙门山相对于四川盆地呈大幅度上升，同时也导致了龙门山地区河床梯度和侵蚀基准面的变化，其基本特点可归纳如下。

表 12-5　汶川地震驱动的龙门山隆升作用与四川盆地沉降作用

龙门山隆升量/m	四川盆地沉降量/m	测量方法	资料来源
0.30		汶川地震地形变化监测结果	中国地震局，2008
0.631		大地测量	据张四新等，2008
10.3±0.1(北川断裂)～2.7±0.2(彭灌断裂)		地表破裂测量	据李勇等，2008
0.70～3.00		同震位移场计算	据李勇等，2009
3.3	0.4～0.6	D-InSAR	据单新建等，2009
12.49(北川断裂)～5.16(彭灌断裂)		双断层面震源模型反演	据王卫民等，2008
0.3	0.675	GPS	据张培震等，2008

1. 汶川地震驱动的隆升作用增加了河流比降

汶川地震驱动的隆升作用导致了河床剖面坡度的增加。按北川断裂至成都盆地的直线距离取 20km，最大相对垂直高差增加了约 13m，那么，汶川地震驱动的隆升作用使得龙门山地区河床梯度剖面的坡度增加了 0.1‰～1‰，导致了龙门山地区河床梯度总体变陡。另一方面，汶川地震驱动的成都盆地沉降作用导致了河流侵蚀基准面的下降。据 GPS 测量，在汶川地震中成都盆地的最大沉降量达 0.675m，导致了龙门山地区河流侵蚀基准面的下降。汶川地震所导致的基准面变化具有 2 个特点，一是量级小，二是时间短、速度快。基准面快速降低，可导致河流下切速率的增大。

因此，汶川地震驱动的龙门山地区的隆升作用和成都盆地的沉降作用增加了河流比降，可导致河床变陡，河道迅速下切。显然，对于汶川地震导致的河道比降分析将成为标定汶川地震的河流地貌响应的最佳指标，河道比降的变化对于河床的未来演化具有重要的影响。

2. 汶川地震驱动的叠瓦状逆冲抬升作用导致了河床梯度剖面的分段性

汶川地震导致的北川断裂和彭灌断裂的地表破裂面均倾向 NW，倾角为 80°～86°，显示的垂向叠置关系应该是断面倾向北西的叠瓦状，其与龙门山系由一系列大致平行的叠瓦状冲断带构成的总体特征相一致。在汶川地震中，北川断裂和彭灌断裂在垂向的抬升幅度明显不同，其中北川断裂的最大垂向抬升幅度为 10.3±0.1m，彭灌断裂的最大垂向抬升幅度仅为 2.7±0.2m(表 12-4)，两者之间差距达 3 倍多。显然，汶川地震给我们的启示是：在同一次地震中，各叠瓦状冲断带的构造抬升量是不同的，两条断裂所夹持的块体显示为构造高地，使断裂间的河床发生相应的区域性的抬升。因此，叠瓦状冲断带之间的构造抬升的差异性必然导致了各叠瓦状冲断带在河床梯度剖面的坡度上的差异性(图 12-21)。从理论上

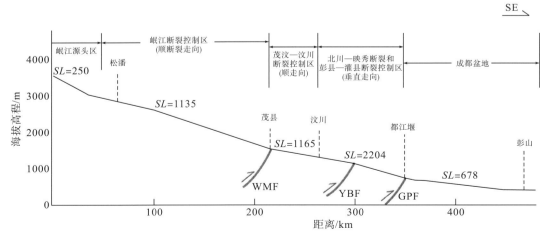

图 12-21　岷江河床的纵剖面及 SL 指数分段图(据李勇等，2006)

来讲，北川断裂所控制冲断带的河床梯度剖面的坡度要陡于东侧彭灌断裂所控制冲断带的河床梯度剖面的坡度。因此，我们可以认为，夹持于北川断裂与茂汶断裂两条逆断层间的龙门山后山带的河床梯度应该陡于夹持于北川断裂与彭灌断裂两条逆断层间的龙门山前山带的河床梯度，其原因在于北川断裂与彭灌断裂活动强度的差异性造成龙门山主峰带和前山带之间的河床梯度显著不同，其中北川断裂的活动强度和抬升幅度明显大于其东侧的彭灌断裂的活动强度和抬升幅度。因此，我们认为在活动构造广布的龙门山冲断带地区，河床梯度剖面的变化主要受断裂活动的差异性（图12-21，图12-22）。

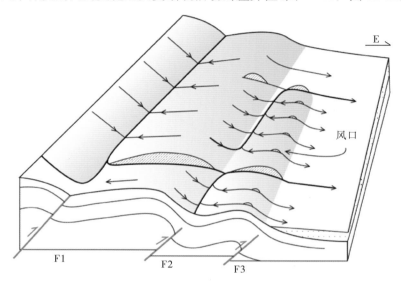

图 12-22 龙门山叠瓦状逆冲样式及其对构造—地貌—水系的控制作用

3. 汶川地震驱动的构造抬升沿走向上的变化导致了河床梯度剖面的差异性

虽然汶川地震产生了两条在平面上近于平行的北东向逆冲—走滑型地表破裂带，但是地震破裂的垂直位移量沿走向具有明显变化差异性，沿着单个破裂的垂向位移强度曾发生了系统性的变化，沿着断层所发生的垂向位移强度变化也导致了河流地貌的坡度沿单条断裂的变化，显示了地震破裂的分段性，同时也导致河床梯度剖面的差异性。在龙门山中段显示为两条在平面上近于平行的北东向逆冲—走滑型地表破裂带，以逆冲抬升为主，垂向抬升量大；而在龙门山北段显示为一条北东向逆冲—走滑型地表破裂带，以右旋走滑为主，垂向抬升量小，水平位移量较大。龙门山汶川地震导致的隆升作用沿地表破裂走向变化，进而导致河流下切速率沿地表破裂走向变化，其具体特点是，在龙门山中段河床剖面的坡度增加较大，河流下切的速率也随之加大；而在龙门山北段河床剖面的坡度增加较小，河流下切的速率也增加较小。

为了验证这一初步认识，我们对比了位于龙门山中段的岷江河床剖面与位于龙门山北段的涪江河床剖面（图12-23），结果表明，岷江河床剖面属于直线型，涪江河床剖面属于凹型剖面，说明了这2条河流在剖面形状、沉积物的搬运模式和构造活动等方面存在差别。其中岷江河床剖面所具有的直线型剖面和较短的低坡度下游剖面等特点，表明在龙门山中段河流下切速率小于岩石隆升速率或河流剥蚀和搬运能力小于岩石隆升所抬升的基岩，形成直线型剖面，显示为岩石隆升优势区域。但是涪江河床剖面所具有的凹型剖面和较长的低坡度下游剖面等特点，表明在龙门山北段河流下切速率等于或大于岩石隆升速率或河流剥蚀和搬运能力等于或大于岩石隆升所抬升的基岩，形成平坦的凹形剖面，显示为侵蚀优势区域。

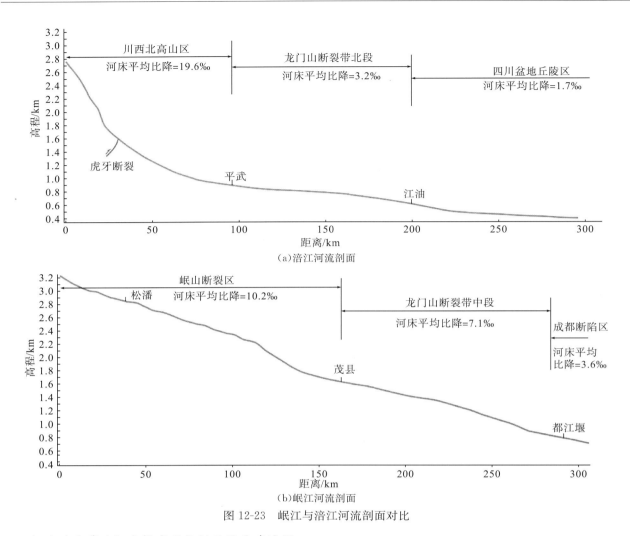

图 12-23　岷江与涪江河流剖面对比

4.汶川地震后河床梯度平衡剖面的重建过程

理想的河流河床剖面是没有切割和沉积作用的静止平衡状态，由于所有的河流都有侵蚀和沉积作用，所以在这种定义上的静止平衡状态是不可能达到的。河流的下切作用和沉积作用使得发生了抬升和沉降地区形成了动态的平衡，构造负载和剥蚀卸载使动态平衡的河流河道的坡降、宽度和深度是趋于变缓。汶川地震的发生必然引起如下变化：①打破了震前已形成的动态平衡的河流河床剖面，汶川地震的断裂活动使平衡的河床剖面被不平衡剖面所取代，引起动态平衡的河床剖面的失衡；②形成新的河床梯度的坡折点、坡度和比降；③地震构造负载和震后卸载可使动态平衡的河流在河道的坡降、宽度和深度趋于变缓，随着时间推移，抬升部位被剥蚀，剥蚀下来的沉积物填充在相对沉降区域，最终形成新的平衡剖面；④地震抬升与地貌响应之间可能存在着一定的时间滞后，河流侵蚀过程需要一定的时间阶段来抵消地震抬升所导致的河流地貌变化，包括产生河道比降、增加地势和驱动流水下切。前人（Bull，2009）研究成果表明，无论在板块边缘或者大陆内部，这个滞后的时间可达 0.01～1Ma，所需时间大约为河流寿命的一半。而对汶川地震的河流响应关系可能是直观的，调整的时间会较短。因此，通过对龙门山主要河床剖面的持续性测量和计算，可以分析调整到新的动力平衡的过程。

综上所述，汶川地震驱动的逆冲—走滑型构造作用对河流的几何形态具有明显的改造作用，同震变形在瞬间就改变了地貌坡度并导致地貌体系和河流系统产生相应的调整。本次研究结果表明，汶川地震驱动的逆冲—走滑型构造作用对河流地貌和水系的影响主要表现在以下 4 个方面：①汶川地震驱动的走滑作用对水系的河道转折点具有改造作用，汶川地震驱动的快速的右旋走滑作用，导致水平位错和偏转，使水系产生新的河流流向的转折点；②汶川地震驱动的逆冲作用对水系的河道坡折点具有改造作用，导致垂向位错，使水系产生新的河流坡折点；③汶川地震驱动的活动断层走向对河道走向具有控制作用；④汶川地震驱动的隆升作用对河床剖面的改造作用，汶川地震驱动的快速的逆冲抬升作用，导致河床梯度平衡剖面和剥蚀基准面的变化，不同活动断层抬升的差异性（如北川断裂和彭灌断裂）导致了河床梯度剖面的复杂化。

12.3.7　龙门山地震的构造—地貌—水系响应模式

构造—地貌—水系之间相互关系的研究一直是构造地貌学研究的核心问题。一百多年来已形成了两种学派或两种模式：一种为序列演化方式的地貌组合变化模式，以戴维斯（W. M. Davis）、彭克（W. Penck）和金（L. C. King）的模式为代表；另外一种是动力平衡或稳定平衡模式，以斯特拉勒（1952）、哈克（J. T. Hack）（1960）和乔利（1962）等的模式为代表。构造地貌就是构造作用驱动的隆升过程与表面过程驱动的剥蚀过程之间持续不断竞争的结果。此外，许多研究者还提出了很多在不同构造和气候条件下的地貌演化模式，但是，这些模式的不足之处在于，确定地貌和构造形态年龄的能力非常有限。由于缺乏年代学证据，人们还不能检验地貌演化中构造作用与表面过程之间的关系。因此，那些无法量化的模式是不准确的，只能作为推测性概念。

显然，汶川地震揭示的地壳运动及其对构造—地貌—水系响应是我们实证研究构造—地貌—水系相互关系的绝佳机会，也促使我们理解如何从地貌和水系变化中提取构造运动与地表演化的信息。这些问题的关键在于：从汶川地震的构造—地貌—水系响应中获得什么样的信息能有助于我们理解构造与地貌、水系演化之间相互关系？为了揭示以前构造变形的速度及其变形模式，我们该怎样利用汶川地震的构造—地貌—水系特征来反演古构造—地貌—水系演化呢？

通过对汶川地震的构造—地貌—水系响应的研究，本次试图建立地震驱动的龙门山构造—地貌—水系响应模式（图 12-20，图 12-24）。为了构建该模式，我们初步归纳了龙门山在构造—地貌—水系方面的几个基本前提条件，作为本次研究的基础，这些条件（图 12-36）包括：

（1）龙门山与山前地区（成都盆地）的高差大于 5km，显示了龙门山是青藏高原边缘山脉中的陡度变化最大的山脉，现今高、陡地貌形态应该积累了过去数次强地震事件驱动的多期次断裂活动的地表变形产物。

（2）位于东亚季风影响的潮湿温带。

（3）位于青藏高原东缘的边缘山脉（龙门山）和前缘盆地（成都盆地）属于盆山体系；龙门山区的剥蚀作用和沉积物聚集并不完全是一个渐变的溯源侵蚀过程，而是由若干次特大地震作用导致的巨量物质的迅速堆积（如古滑坡等）和河流搬运和传输过程。

（4）地震的发生造成了大量的松散物质进入了河流系统，并且大型滑坡所形成的堰塞坝将会成为潜在的地质灾害。因此，堰塞湖沉积物和洪水沉积物是标定古地震的重要标志。

（5）平行的走滑—逆冲断层对龙门山地貌、水系平面空间展布样式具有明显的控制作用。

（6）叠瓦状的巨型逆冲—推覆体对龙门山地貌、水系的剖面样式具有明显的控制作用。

（7）龙门山多期次断裂活动以逆冲为主兼具右旋走滑分量；其活动周期可能为 1000～4000 年，龙门山处于幕式的构造活动中，不可能达到长期的均衡稳定。因此，地貌和水系演化有其独特性。

（8）在多期构造活动的龙门山，地貌和水系演化并不像戴维斯认为的随时间迁移而出现幼、壮、老等不同阶段，而是显示为 3 个平行的、叠瓦状的巨型逆冲—推覆体分别具有不同的"V"形谷、"U"形谷等地貌和水系特点。

以上所提出的认识是初步的，在本次研究过程中，我们提取了地貌和水系中保留的不同时间尺度的构造地貌信息，获取剥蚀作用与构造运动相互作用的时间尺度等相关信息，充分考虑在不同时间尺度、不同空间尺度下，地震驱动的龙门山构造—地貌—水系响应模式的差异性（图 12-24）。通过本次研究的补充和完善，所建立不同时间尺度、不同空间尺度下地震驱动的龙门山构造—地貌—水系响应模式将为开展龙门山构造—地貌—水系耦合关系的研究奠定基本依据，也将能够为地质学家研究构造地貌学提供一个有用的参考。

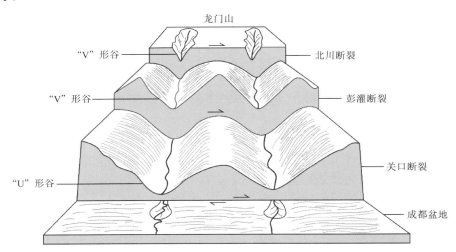

图 12-24　地震驱动的龙门山构造—地貌—水系响应模式

　　前人曾对龙门山晚新生代构造—地貌—水系演化开展了一系列的研究(何玉林等，1992；杨农等，2003；李勇等，2006)，提出了一些假说，但其中仍有一系列的问题一直难以理解，存在许多分歧。其根本原因在于对晚新生代构造—地貌—水系的研究一直没有可靠的技术方法和手段，多是从概念或逻辑推理出发，认定构造作用对"地貌—水系"的影响。

　　汶川地震给我们的启示是：龙门山构造—地貌—水系演化过程很可能是由一系列历史特大地震所驱动的，龙门山区的剥蚀作用和沉积物聚集并不完全是一个渐变的溯源侵蚀过程，而是由若干次特大地震作用导致的巨量物质的迅速堆积(如古滑坡等)和河流搬运和传输过程。在龙门山地震活动区，地貌和水系主要是受地震活动控制的。各种不同的地貌特征和水系就是沿一系列断层的地震活动的直接结果，换言之，构造—地貌—水系格局也是历史特大地震驱动的构造地貌框架的指示器。因此，对汶川地震所导致的构造—地貌—水系变化为我们研究地震是如何控制构造—地貌—水系演化的这一科学问题提供了现实的样板，进而为分析龙门山构造—地貌—水系格局与3条活动断层带之间的关系提供了依据。在此基础上，我们建立了汶川地震的构造—地貌—水系响应模式(图 12-20，图 12-24，图 12-25)，将为恢复龙门山新构造演化过程，开展历史特大地震驱动的龙门山构造—地貌—水系演化过程研究提供了科学依据。

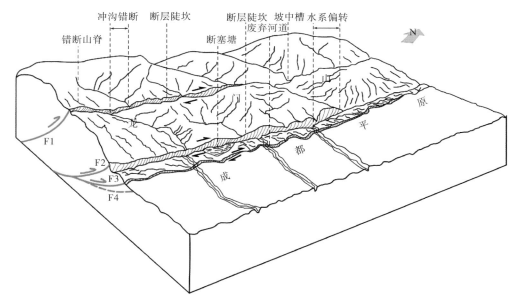

图 12-25　龙门山活动构造的地貌响应示意图

　　龙门山地区的活动断裂非常发育，具有明显的地震风险性。它现今的构造地貌形态就是地震构造作用驱动的隆升过程与表面过程驱动的剥蚀过程之间持续不断竞争的结果。因此，我们可以认为，在龙门山地震活动频繁的地区，河流地貌和水系样式主要是受地震构造活动控制的，各种不同的河流地貌特征和水系样式就是沿一系列断层的构造运动的直接结果，换言之，河流地貌和水系样式也是历史特大地震驱动的构造作用的指示器。因此，汶川地震所导致的河流地貌和水系变化为我们研究地震构造作用是如何控制河流地貌和水系样式演化的这一科学问题提供了现实的样板。但是由于地震作用的复杂性、地震记录的不完备性、地震现象的多解性和或然性、时间尺度上的差异性，使得地震构造作用与河流地貌响应这一科学问题的研究仍有许多问题需要探索。

第13章　汶川地震滑坡沉积物的传输过程

13.1　地震滑坡沉积物的传输模型

近年来，对龙门山地区新生代构造作用与地貌和水系响应的研究逐渐成为当前国际上研究的热点问题之一。一些学者(何玉林等，1992；Li et al.，2003；杨农等，2003；李勇等，2006；Richardson et al.，2008)对龙门山地区的大尺度剥蚀−沉积样式、水系类型和物质传输等方面开展了学科研究工作，结果表明水系模式控制了侵蚀作用的空间分布、沉积物传输和扩散以及盆地的沉积作用，是控制山脉表面剥蚀作用最为重要的因素，同时也是控制山区地貌长期演化过程的关键因素之一。虽然，目前关于对该地区新生代构造作用与地貌和水系响应的研究提出了一些假说，但是，其中仍有一系列的问题难以解释且存在分歧。

汶川地震发生后，众多专家学者开展的汶川地震相关的研究工作取得了较为丰富的科研成果。同时，对由此次地震引发的崩滑灾害的成因机制、地质模式、动力学特征以及分布规律等方面，众多专家学者也进行了详细的研究工作并取得到了大量的科研成果，初步的研究结果表明，由此次地震引发的滑坡数量众多且类型多样，其成因机制和空间分布规律主要受发震断裂带、地形坡度、地层岩性等因素控制，主要表现为：沿发震断裂带呈带状分布和沿河流水系呈线状分布，具有明显的上盘效应，灾种类型及发育频率受地层岩性控制。虽然震后许多专家学者已对汶川地震的同震滑坡开展了细致的调研，但是对此类滑坡的空间格局仍需进一步的研究，并且其空间分布特征与活动断层分布、地形地貌、地层岩性特征、边坡结构等控制因素之间的关系还不明确。

汶川地震的发生，不仅导致了地表破裂的产生，同时也触发了大量崩滑灾害的发生，并造成了大量的松散物质进入河流系统。从长周期的角度来说，这种由地震驱动的滑坡沉积物在河流系统中的侵蚀、传输、沉积等作用将会影响水系的变迁，并是长期影响山区地貌的主要动力之一(Li et al.，2003)，其无论是从社会学的角度还是从地貌学的角度上来讲都将会产生广泛的负面影响。因此，对由地震驱动的滑坡沉积物在河流系统中响应过程的研究值得关注。

本次以汶川地震为契机，我们将以汶川地震驱动的崩塌、滑坡和泥石流沉积物为研究对象，利用野外实测资料和样品分析资料，并结合不同时期内 SPOT、EO-1 图像和数字高程图的影像资料，分析崩塌、滑坡和泥石流沉积物的河流响应过程。具体技术路线如下：①确定滑坡沉积物分布特征和沉积体量大小，对滑坡沉积物的活动情况进行实时跟踪，分析其变化情况；②分析震后灾害性泥石流发生的控制因素与时空分布特征研究，并对未来发生的可能性作出预测；③分析进入河流系统中的崩塌、滑坡和泥石流沉积物侵蚀、运输、转移、沉积过程；④建立滑坡沉积物传输距离(D)与河流系统中沉积物质总量的概率分布函数，从而定量研究震后边坡及河流系统中滑坡沉积物的传输与沉积变化量，最终以数值实验的方式，建立主要流域(岷江、湔江和涪江)震后滑坡沉积物河流响应过程的模型；⑤通过对河流系统中物质传输过程的分析，明确汶川地震驱动的物质亏损与构造抬升之间的竞争关系，为研究龙门山地形变迁和水系变迁过程提供依据。

13.1.1　同震滑坡的空间分布特征

众所周知，大地震将触发山区中大量滑坡现象的产生，但是对这类滑坡的关注程度却往往不及地震本身，而且由地震（包括古地震）所引发的滑坡沉积物在河流系统中的响应过程研究也常常被忽视。

目前，利用 SPOT（精度为 5m）和 EO-1（精度为 10m）图像，我们已经完成了汶川地震震后 50 天内的滑坡空间分布图（图 13-1），并初步明确了震后滑坡的沉积体量大小和空间分布规律，认为汶川地震共引发了超过 100000 处的滑坡且单个滑坡的沉积总量约在 20000～300000m³。按照预计的剥蚀速率计算，其滑坡沉积物将会在 1000 至 3000 年之间被剥蚀掉。但是，随后的暴雨（尤其是 2008 年 9 月）导致了老滑坡沉积物的重新活动和大面积新增滑坡的产生。上述情况表明，震后大型滑坡的空间分布特征和规模大小是一个动态变化的过程，所以我们对滑坡沉积物的活动情况进行了实时跟踪，以便确定滑坡沉积物分布特征和沉积体量大小的变化情况。

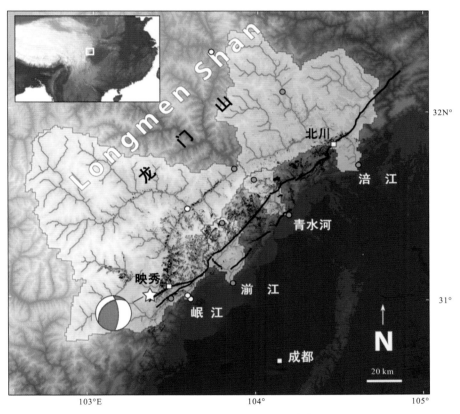

图 13-1　汶川地震的同震滑坡分布图

黑线为汶川地震的地表破裂；五角星为震中；黑多边形为同震滑坡；白点为中国水利部所属的水文监测站；灰点为该项目拟建的水文监测站；正方形为主要城镇

在本次研究过程中，我们对研究区域的卫星图像（SPOT 5 和 EO-1）进行解译，并采用半自动化的方式（semi-automated process）进行滑坡的填图，对在任意时间段内的滑坡变化情况进行记录。历史降水量的数据显示在龙门山地区 11 月至来年 2 月的平均降水量仅占年平均降水量的 3% 左右，这表明大多数的滑坡应该发生在其余的 8 个月（3～10 月）中。同时，相关的研究结果也表明龙门山地区大规模滑坡沉积物的传输主要发生在 3～10 月内。因此，我们将通过对比分析研究区域内夏季和秋季（2011，2012，2013 年）滑坡分布情况的原始影像，研究降水对滑坡整体情况的影响，从而精确刻画滑坡沉积物空间分布特征和规模大小的变化情况。

在此基础上，我们进一步精确测量了滑坡沉积物的体量大小。首先，区分滑坡的侵蚀区域和沉积区域。由于从卫星图片的影像信息上我们不能精确的区分滑坡的侵蚀区域和沉积区域，所以仅简单地以滑坡破坏的几何形态为依据来确定滑坡沉积物体量的大小是不科学的。因此，我们以地面照片为基础，观测河谷地区中被一些残留植被覆盖的滑坡沉积体（其中，绝大多数的滑坡沉积体将于 2009 年夏季被新的植被覆盖，而侵蚀区的裸岩则不会），对比不同时期内 SPOT5 图像的光谱特征，从而区分滑坡的侵蚀区域和沉积区域。其次，由于地层岩性对滑坡的类型和破坏程度起到了决定性的控制作用，所以为了更加准确的判断滑坡破坏的几何形态，我们以 1∶20 万的地质图为依据，对不同地层岩性内的滑坡特征进行研究，推测滑坡类型和体量大小与地层岩性之间的关系。同时，在野外调查阶段，我们识别大量具有代表性的边坡破裂特征，并通过差分全球定位系统（dGPS）和手持式激光测距仪确定滑坡的侵蚀区和沉积区、滑动距离、破坏程度和沉积体量等。综上所述，本项目组取得了以下三方面的研究成果，包括：①利用卫星图像（SPOT 5 和 EO-1）对滑坡沉积物的活动情况进行实时跟踪，建立一系列随时间变化的滑坡卫星影像特征分布图；2008 年 5 月 12 日的汶川地震触发了超过 100000 处滑坡的发生，其数量超过了包括集集地震在内的以往所有的地震（Keefer，1984），并且单个滑坡的堆积总量约为 $20000 \sim 300000 \mathrm{m}^3$，覆盖面积约达 $750 \mathrm{km}^2$（许冲等，2009）。②在实地调研的基础上，以基岩的岩性特征为函数，标定了滑坡类型和体量大小与地层岩性之间的关系；汶川地震波及区域内的地层岩性结构复杂，从而影响了滑坡的类型、空间分布特征和滑坡沉积物中岩屑颗粒大小的分布情况。这为研究滑坡沉积物颗粒大小分布规律（GSD）与滑坡沉积体的再次传输过程之间的相互关系提供了依据。③确定滑坡的空间分布特征和沉积体量大小，为进一步研究滑坡沉积物在河流系统中的传输过程提供依据和前提条件。研究区域内多变的地质环境导致了滑坡类型的多种多样，季节性的高降水量（MAP 4.8m/a）促使了震后滑坡沉积物质的再次输移。

13.1.2　震后泥石流的空间分布特征

汶川地震之后，2008 年 9 月北川县强降雨引发了大规模的泥石流地质灾害，2010 年 8 月龙门山地区强暴雨导致绵竹市清平乡、汶川县映秀镇和都江堰市龙池镇等地发生灾害性泥石流地质灾害。在这些泥石流地质灾害中，大量滑坡沉积物被搬运到河流系统中。这一现象给了我们一个重要启示：滑坡沉积物主要通过灾变性的事件进入河流系统中，特别对于颗粒较大的沉积物，只有较强的能量才能将其搬运到河流系统中，而在暴雨情况下暴发的泥石流则可以提供这种能量，即泥石流是同震崩塌、滑坡和泥石流沉积物被搬运到河流系统中的主要形式。因此，对震后灾害性泥石流的监测与分析是对河流系统中沉积物传输进行研究的前提条件。

2010 年 8 月龙门山地区的强暴雨导致绵竹市清平乡、汶川县映秀镇和都江堰市龙池镇遭受了极为严重的泥石流灾害，造成了惨重的损失（许强，2010）。这次严重的泥石流地质灾害导致了大量的沉积物进入河流系统，而实地考察却发现此次发生泥石流的沟谷中，泥石流冲出量（进入河流系统中的沉积物）仅占总量的很小的比例（约 1/5～1/10），即大部分的松散堆积体仍然留在沟谷中，根据这一比例，可以初步得到一些认识：在未来 10～30 年，将是崩塌、滑坡和泥石流沉积物进入河流系统的主要时期。

初步研究表明，控制泥石流发生的主要因素有以下几点：①高陡的地形地貌是泥石流发生的重要环境因素，高山峡谷，河谷沟深坡陡，为泥石流的暴发和快速流动提供了有利的地形条件；②汶川地震导致的大量滑坡沉积物为泥石流的发生提供了物质来源，并且构造抬升增大了不稳定岩体的势能；③降水是泥石流发生的直接诱发因素。

根据对降水量及其分布范围的分析结果表明，龙门山地区 7、8、9 月份的降水量较大（表 13-1），并且主要分布在龙门山的东坡，呈北东南西向展布，这正是崩塌、滑坡沉积物集中发育的地区，这也就解释了龙门山地区泥石流为何主要发生在降水量较大的 7、8、9 月份（表 13-1）。根据目前对汶川地震之后的实地观测和降水量数据分析得到一些初步认识：①泥石流发生所需的强降雨时间较地震前大大缩短。以清平乡为例，从降暴雨开始到几条沟开始暴发泥石流，其间隔仅两小时左右，而以前一般都在强降雨的中后期才发生地质灾害，约在强降雨 10～20 小时后。②泥石流启动的降雨临界值也大大降低。根据对 2008 年"9·24"泥石流和 2010 年"8·13"泥石流的分析发现，汶川地震区震后启动泥石流的临界小时降水量约 35～40mm，比震前的临界小时降水量(约为 60～70mm)降低了 1/3～1/2。因此，本次重点关注了龙门山地区 7、8、9 月份洪水和泥石流灾害发生的临界降水量和降雨强度，并收集更加详细的降雨数据(如旬降水量、日降水量和时降水量等数据)，详细分析震后泥石流发生的控制因素，为以后泥石流灾害预测提供依据。

表 13-1　都江堰 2007～2010 年月降水量数据统计表　　　　　(单位：mm)

月份 年	1	2	3	4	5	6	7	8	9	10	11	12
2007	14	9.4	16.7	36.1	69.8	90.7	160.4	221	95.5	131.8	17.5	16.8
2008	16.1	20.8	69.7	107.3	93	149.6	143.2	245	256.2	99.2	17.3	5
2009	12	10.3	54	102.5	68.3	38	170.8	102.1	182.3	72.4	7.1	15
2010	2.9	7.3	36.8	60.2	101.9	73.2	142.6	507.2	248.5	58.2	7.2	21.8

因此，在对研究流域内震后崩塌、滑坡和泥石流沉积物过去 8 年的监测的基础上，我们分析了震后泥石流暴发的控制因素，并明确泥石流的时空分布特征，对未来泥石流的发生作出预测。主要认识和成果包括：

(1)根据大量地震实例的研究表明，由地震引发的滑坡优先发生于山脊附近或坡脚处，而暴雨所触发的滑坡仅集中在坡脚处。这两种不同成因的滑坡沉积物被传输到河流系统中的概率大小存在着明显的差异。因此，我们将结合上文提到的 SPOT 和 EO-1 图像，以及数字高程图(DEM)来确认边坡上滑坡的发育位置，并对研究区域内不同地层岩性中滑坡沉积物被直接传输到河流系统中的概率大小进行了衡量和标定。

(2)结合以上监测数据，利用卫星遥感影像分析龙门山地区特大崩塌、滑坡和泥石流沉积物的年度变化情况，获得滑坡沉积物初次搬运的时空分布图。

(3)综合以上监测数据和时空分布图，并结合研究区降雨数据(降水量、降雨强度)，明确沉积物初次搬运的控制因素(沉积物本身特征、沉积物所处空间环境、气候因素等)，并确定不同地区沉积物进入河流系统形式与数量。

13.1.3　震后滑坡、泥石流沉积物的传输模型

河流系统构成了一个相对独立的剥蚀—沉积体系，并形成了以空间上相互依存、物质上相互转化、能量上相互交换等为特点的动力学系统，其间大型沉积物质的剥蚀和堆积之间存在着相互的耦合关系，也是长期影响山区地貌的主要动力之一(Densmore et al.，1998；Dadson et al.，2004)。长期以来，对于龙门山地区物源区(或汇水区)剥蚀作用的研究一直没有可靠的技术方法和手段，多是从概念或逻辑推理出发来认定河流系统剥蚀—沉积作用的影响。虽然，近年来一些成果已经强调了大地震对长期侵蚀作用和沉积通量的影响效应的研究，并且在研究方法上也有所创新，但是，却极大地忽略了河流系统在滑坡沉积物的传输过程中所发挥的重要作用。

汶川地震的发生造成了大量的松散物质进入河流系统，同时随后的暴雨也将导致今后几年内河流下游沉积通量的增加，这使得滑坡沉积物在河流系统中的响应时间和速度是能够被测量的，而且这些资料也是认识龙门山由地震驱动的滑坡在河流系统中的物质传输和水系变迁之间相互关系的关键信息，并为定量研究震后滑坡沉积物在河流系统中的运输、转移、侵蚀等现象奠定了基础。

近年来，一些专家学者对龙门山地区的剥蚀作用、物质传输和水系类型开展了细致的研究，认为水系模式控制了侵蚀作用的空间分布、沉积物的传输和扩散以及盆地的沉积作用，是控制山脉表面剥蚀作

用最为重要的因素(李勇等，2006)。但是，要真正地明确龙门山沉积物质对河流系统响应过程需要定量化的数据来检验和约束这些模式。

目前最新的研究表明，滑坡沉积物从源头到沉积区的传输能够给下游带来较大的沉积输入量，其机理类似于局部的沉积、分离、阻隔缓冲、选择性的挟带和分选，以及各相关进程之间的相互作用(Jones et al.，2004；Densmore et al.，2007；Allen，2008)。

基于对震后各个时期内(包括旱季与雨季)的 SPOT 和 EO-1 图像进行采集的结果，我们可以较为方便的获取低流量期间河床的影像信息，并通过对比震前与震后的 SPOT 和 EO-1 影像资料，了解震后滑坡沉积物在河流系统中每一年的变化情况，从而获取研究流域中滑坡沉积物传输过程的变化信息。同时，通过野外调查我们可以利用对比每一年滑坡沉积区的几何形态、地貌标志物的掩埋位置以及历史照片等来估算滑坡沉积物的传输体量。最后，在研究流域中建立了一些低成本的水位监测网络以便在河床上高精度的观察研究流域的时空变化特征。如果在研究过程中某一水位计丢失，那么该水位计安放位置的高程将以全站仪测量的当地水准基点为准，以确保观测数据的连续性。

依据以上的研究成果，并以 Densmore 等(2000)提出的滑坡沉积物传输模型[图 13-2(a)]为依据，我们可以进一步分析滑坡沉积物在河流系统中的输入及沉积特征，建立滑坡沉积物传输距离(D)与河流系统中沉积物质总量的概率分布函数[图 13-2(b)]，从而定量化的研究震后边坡及河流系统中滑坡沉积物的传输与沉积变化量。

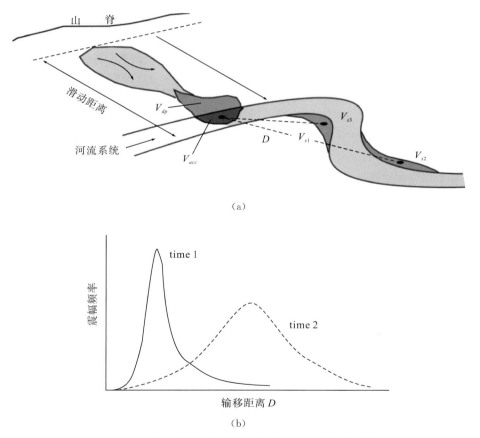

图 13-2　滑坡沉积物输移模式及概率分布函数示意图

(a). 为滑坡沉积物质输移模式的平面示意图，其中 V_{dp} 为沉积物质；V_{acc} 为在任何时间进入河流系统中的沉积量；$V_{s1} \sim V_{s3}$ 为河流下游的沉积量；D 为河流系统中滑坡沉积物从传输到沉积的直线距离。(b). 为在不同的时间段内，河流系统中所有输入和沉积物质总量的传输距离(D)的概率分布函数(PDF)

鉴于此，对震后滑坡沉积物的河流响应过程的模拟，既要明确这些控制因素(滑坡形态、沉积体量、发育程度、岩性特征、传输过程等)的单独作用过程，又要了解它们之间是如何相互作用的。因此，本次采用了 TRIB 的沉积路径模型来完成震后滑坡沉积物河流响应过程的模拟，理由如下：①该模型具有计算效率高的特点，能够应用于较大的空间尺度；②对滑坡沉积物输入河流系统的响应过程具有较强的针对性；③可重现河流系统中较复杂的模拟结果；④能够对输入物质、输移物质以及河床沉积物的颗粒大小的分布情况进行跟踪；⑤可应用于较大的空间尺度，能够模拟复杂的河流系统拓扑网络。

同时，为了完善 TRIB 模型，我们需要一系列的水位图像资料及数据信息作支撑，所以，这些水文资料除一部分可以从中国水利部在岷江上的 5 个水文监测站(图 13-1)得到外，我们还在研究流域(岷江、湔江和涪江)中建立水文监测站以完善数据的采集；每条研究流域安置了 2 个水文监测站，其中 1 个水文监测站将被安置在研究流域的上游河段处，以监测滑坡对该流域河段的影响，另外 1 个则被安置在该流域的下游河段末端，即该河流流入四川盆地的入口位置，并且每个水文监控站还包括了观测水位井和压力记录仪来确定水位的深度和气压。我们每年都会使用压力记录仪来测量水位变化的频度，还将换算每个站点近 2 年的流量数据以供数值实验使用。

在此基础上，为确保模型能够适应本次研究，首先，我们改进了 TRIB 模型，并在简化的河谷拓扑网络中进行通用性试验，以了解河谷网络拓扑结构在沉积响应过程中的作用。其次，将完善后的模型应用到研究流域的河谷拓扑网络中。该模型所需的实验数据已通过当地的水文数据进行换算或由中国水利部门提供，并且该模型可运行长达 10 年(按 24 小时一天计算)之久。每次实验所选择的假想研究对象将在各类滑坡中选取，同时滑坡岩屑的体积分数将依据概率分布函数(PDF)被代入到河谷网络当中，最后，确定了滑坡岩屑颗粒大小分布(GSD)特征。因此，该模型的建立不仅能够使我们对滑坡沉积物河流系统响应过程的研究不受汶川地震发生时间远近的影响，而且也将使我们能够对震后河流系统中任意位置的响应过程进行研究。

鉴于此，本项目数值实验的成果将用于两个方面的研究。①在对滑坡沉积物传输过程进行研究的基础上，最初的实验将在相应的研究流域(岷江、湔江和涪江)中产生一系列对河流响应过程的预测(以 10 年为尺度)，并为城市规划及灾区重建提供依据。②用于对震后大规模滑坡沉积物运动控制因素的研究。同时本项目已建立一个重要的监测资料集和数据库，用于对今后突发事件的快速响应。

根据以往对地震滑坡的研究经验，我们初步认为：在震后的 18 个月内，北川附近(图 13-1)粒度较小的沉积物将被快速的传输，并重新沉积到低阶的河谷当中，而粒度较大沉积物则保持不变，随后将会缓慢地被传输至河流系统当中。

河流系统形成了一个相对独立的侵蚀—沉积体系，其间大型沉积物的剥蚀和堆积之间存在着相互的耦合关系(Densmore et al.，1998；Dadson et al.，2004)。很明显，在河流系统中滑坡沉积物的长期传输—沉积效应是无法被忽视，但是由地震(包括古地震)所引发的滑坡沉积物对河流系统的重要控制作用却一直没有受到关注，其原因如下：①通常多优先开展震后滑坡灾害特征评估的研究工作，并未重视对滑坡成因机制和变化情况的研究；②大尺度高分辨率的地貌卫星等图像资料难以获取；③由于自然和人为的影响，对地震在地表遗留的地质遗迹的数据测量工作难以进行且不易识别。因此，仅在河流系统远端对沉积通量的监控并不能真实的反映滑坡沉积物的河流系统响应过程，所以，为了能够全面的确定由地震引发的滑坡所造成的灾害，研究其在河流系统中的物质传输和水系变迁的相互关系，我们必须分析滑坡沉积物是在何时、何地在何种情况下被传输至河流系统中的，确定其在河流系统中侵蚀、运输、转移、沉积的特征，建立滑坡沉积物的传输距离与河流系统的函数关系，进一步明确滑坡沉积物对河流系统的重要控制作用，从而获得研究流域内汶川地震驱动的物质迁移规律。

根据汶川地震驱动的崩塌、滑坡和泥石流沉积物体量研究发现，如果在下一次大地震引起大量的滑坡之前，龙门山水系的河流能够搬运掉汶川地震造成的滑坡沉积物，那么地震将导致造山带非常大的体积亏损，这种不平衡是如何影响龙门山地形地貌演化的呢？我们可以预测两种可能存在的模式。一种模式是，侵蚀速率超过岩石抬升的速率时，说明龙门山地区的山脉已经进入地形地貌衰退的阶段。另一种模式是，山脉基岩抬升是通过长期的震间形变、震后余滑缓慢抬升积累的，或者由于一些频繁的震级较小或震源较深的地震产生的构造抬升，而这些地震只触发很弱的、很少的滑坡，这说明震级大或震源浅的地震主要对构造地形进行削弱，而一些震级较小或震源较深的地震产生的构造形变是构建山脉地形的主要因素。

明确龙门山地形地貌演化模式是本次研究最主要的科学问题之一。根据前期对龙门山的研究，我们已经认识到龙门山地区的构造抬升和剥蚀作用在相同的时间尺度上和空间尺度上控制着地貌的演化过程，山脉的表面隆升过程并不等于地壳隆升过程，表面隆升还受控于剥蚀作用，即"地震导致的山脉表面隆升幅度＝地震驱动的地壳隆升幅度－地震驱动的滑坡剥蚀厚度"。本次通过对汶川地震引发的崩塌、滑坡和泥石流沉积物在龙门山地区河流系统中物质传输过程的研究，刻画龙门山地区流域剥蚀过程，进而识别龙门山地区地貌演化模式，并对水系变迁过程作出科学预测(图 13-3)。以期对"龙门山作为青藏高原周缘山脉中陡度变化最大的山脉是如何形成的？何时形成的"这一系列科学问题给予回答。

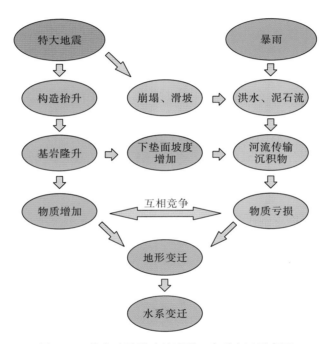

图 13-3　特大地震驱动的地形、水系变迁示意图

综上所述，汶川地震导致了大量的滑坡沉积物被传输至河流系统中，而这些物质的快速沉积—侵蚀—传输—再沉积的作用则揭示了龙门山区的剥蚀作用和沉积物聚集并不完全是一个渐变的溯源侵蚀过程，而是由若干次特大地震作用导致的巨量物质的快速堆积(如古滑坡等)和河流搬运及传输的过程。龙门山地区由地震引发的大型滑坡沉积物的剥蚀作用对河流系统的演化都起着重要的控制作用，同时也是影响该地区地貌长期演化变迁过程的关键因素之一。因此，只有真正地认识了以河流系统为媒介的沉积物质传输的自然规律，才能精确地刻画特大地震驱动的滑坡沉积物在河流系统中的响应过程，从而逐步揭示研究流域内的物质传输规律和地貌演化规律。

13.2　地震滑坡、泥石流与河床演变

汶川地震驱动的构造作用不仅导致了河流下垫面几何形态的变化，同时引发了大量崩塌、滑坡、泥石流等。滑坡、泥石流对河床的影响主要是河道形变和河谷谷坡形变。崩塌、滑坡、泥石流等破坏了森林植被，加剧了坡面的水土流失，也导致河流输沙量和搬运能力的增加。泥石流具有高强度的输沙能力和强烈的冲淤作用，能在很短时间内将大量大小混杂的固体物质输入河道影响主河道河床演变。

汶川地震导致了崩塌、滑坡、泥石流等大量次生山地灾害的发生(表 13-2)。崩塌、滑坡形成的数量

巨大的松散堆积物进入河道，引起河流中的泥沙含量大幅增加，导致河床升高、河道变窄、河床比降增大，甚至直接阻断河流，形成各种各样的堰塞湖，导致河流的几何形态发生了显著的变化。

表 13-2　汶川地震驱动的滑坡、泥石流与河床演变

位置		表现形式	实例
河床	河道变窄	谷坡上的失稳岩体直接进入河道中，挤占和压缩河道	滑坡体进入青川东河口村的红石河，以单侧挤占河道的方式压缩河道(图 13-4)
		滑坡体多以顶冲的形式挤占河道，使河道变窄，河曲加剧	青川青竹江河两岸崩塌、滑坡体顶冲进入河岸一侧挤占河道(图 13-5)
	河床升高	堰塞湖于堵引起河床抬升	东河口村大滑坡塞河道，形成堰塞湖(图 13-6)
		高强度的泥沙输移引起河床的抬升	伴随着地震灾区山洪的暴发，河床及其边坡上的泥沙向北川县双流河下游输移，导致双流河上游河床累计平均淤高约 3.5 m
	河床比降增大	泥石流入汇主河引起河床抬升	"9·24"、"8·13"特大泥石流致使绵远河改道 300m 左右，河床平均淤积抬高 5~8m
		堰塞湖与下游的河床比降增大	在岷江上游渔子溪形成了 28 个堰塞湖河床被抬高，河道的纵剖面比降比震前有大幅度的增加
河谷	崩塌	陡坡上的土体在重力作用下突然完全脱离山体崩落、滚动，堆积于沟谷中	在青川县东河口村，崩塌体堆积于谷坡和红石河河谷中，堆积体长约 600m，宽约 320m，平均厚度约 20m(图 13-6)
	滑坡	河谷巨大的相对高差为岩体的高位抛出提供了有利的地形条件，致使河谷形态发生巨大变化	东河口特大型滑坡属于地震引起的高位临空抛射型滑坡，导致青竹江和红石河的河谷形态发生了巨大变化(图 13-7)
	泥石流	泥石流冲刷和侵蚀谷坡	"9.24"泥石流使原本已被崩滑灾害破坏的湔江谷坡被严重破坏，谷坡形态变得面目全非

13.2.1　河道变窄

据前人估算，汶川地震导致的滑坡、泥石流数量众多，总数达 3 万~5 万处，分布于岷江上游、沱江上游和涪江上游流域，多成群、成片分布。其中崩塌和滑坡堆积于坡麓和阶地处，泥石流直接进入河道中，挤占河道。此外，崩塌、滑坡所形成的松散堆积物又成为泥石流的物源，形成泥石流堆积于沟口河道，使河道变窄。崩塌、滑坡、泥石流对河道的影响主要体现为单侧挤占河道和顶冲挤占河道两种方式。青川红石河左岸的崩塌、滑坡体进入红石河，挤占河道(图 13-4，图 13-5)。东河口村大滑坡冲入河中堵塞河道，形成堰塞湖。

图 13-4　青川东河口崩塌、滑坡体对红石河河道的挤占　　　图 13-5　青川青竹江河两岸崩塌、滑坡体挤占河道

13. 2. 2　河床升高

　　堰塞湖於堵引起了河床抬升。汶川地震诱发了震区多处山体滑坡，并造成了河道淤堵，形成了 82 座堰塞湖，分布于岷江、沱江、涪江等流域，其中在涪江流域有 52 座，沱江流域有 16 座，岷江流域有 14 座。如龙溪河的干沟、白沙河深溪沟暴发的大型泥石流，使沟道整体淤高 8～10m 左右(图 13-6，图 13-7)。

图 13-6　青川东河口崩塌、滑坡体与堰塞湖　　　　　图 13-7　东河口王家山滑坡

　　高强度的泥沙输移也将引起河床抬升。山洪将沟道和斜坡上大量的松散固体物质冲刷输移，淤高河床。据断面观测资料显示，在北川的双流河上游河床累计平均淤高约 3.5m。

　　泥石流入汇主河引起河床抬升。据初步估计，震区的崩塌、滑坡等产生的松散固体物质达 $2.8 \times 10^9 m^3$。泥石流暴发后冲入主河道，在形成堰塞湖的同时，淤高沟口及下游河床，如在绵竹市清平乡走马岭沟继 2008 年 "9·24" 泥石流暴发之后，于 2010 年 8 月 13 日，走马岭沟又暴发了一次特大泥石流，此次泥石流使主沟及支沟沟口的部分民房被掩埋，2.0km 的道路被毁，并使绵远河改道 300m 左右，河床平均淤积抬高 5～8m。

13. 2. 3　河床比降增大

　　汶川地震后，由于泥石流堵河，形成串珠状堰塞湖群，导致泥沙物质和砾石主要淤积于河流宽谷段和堰塞湖中，拓宽河道，并使河床逐级淤高，使得上游水位高于下游水位数米，导致堰塞湖上、下游间的河床比降增大。如在岷江上游渔子溪，共形成了 28 个堰塞湖。河床被抬高，导致河道的纵剖面比降比震前有大幅度的增加。堰塞湖溢流口的比降为 90‰～120‰，坝下 300m 以内河床比降达到 60‰～80‰，形成了梯级河床剖面。

13. 2. 4　地震滑坡、泥石流对河谷谷坡的影响

　　汶川地震区是岷江、涪江、沱江、嘉陵江的发源地。河谷的剖面几何形态均表现为上部宽坡型河谷和下部的 "V" 形河谷。汶川地震导致了河谷谷坡的强烈形变。崩塌滑坡体脆弱的平衡被破坏，谷坡表面的岩体、土体顺坡而下，倾泻入河，积蓄的能量被释放出来。现场调查表明，东河口特大型滑坡属于地震引起的高位临空抛射型滑坡，滑坡发生后，青竹江和红石河的河谷形态发生了巨大变化(图 13-8)。崩塌对谷坡也具有影响。如在青川县东河口村，崩塌源区位于滑源区的左侧，崩塌体的运动距离相对较短，只堆积于下部谷坡和红石河河谷中，堆积体长约 600m，宽约 320m，平均厚度约 20m(图 13-7，图 13-8)。

(a)汶川地震前　　　　　　　　　　　　　　　　(b)汶川地震后

图 13-8　东河口特大型滑坡对河谷谷坡的影响

　　此外，泥石流对谷坡也具有明显的影响。在经历强震后，震区泥石流启动的临界降水量显著降低，2008 年 9 月 24 日的一场暴雨，使北川县城附近湔江谷坡上的表层径流迅速集中于地震形成的沟谷中，将悬挂于谷坡坡面的松散物质向下输移，形成泥石流并溃决，瞬时洪峰流量急剧增大，沿途冲刷和侵蚀能力明显加强，使湔江谷坡遭到极大的损坏，谷坡形态完全改变。

13.3　地震滑坡、泥石流的产沙量及其对河流输沙量的影响

　　地震后山体发生崩塌、滑坡、泥石流等山地灾害，改变了流域运动形态。定性分析结果表明，其危害远远大于常规的水土流失。但定量分析究竟危害到什么程度，尚没有相关的报道。根据 2004 年 3 月 26 日发生在印尼的山地灾害资料，2008 年日本学者 Laurentia Dhanio 定量研究了崩塌、滑坡对流域输沙量的影响。结果表明，山地灾害的发生，一方面造成河流的泥沙大量沉积；另一方面造成了径流深的降低，在崩塌前径流深为降水量的 60%，而在崩塌后下降到 45%。此外，浑浊度比崩塌前提高了 400 倍。此项研究揭示了在流域内一旦发生滑坡，必然产生大量的输沙量。

　　关于泥石流产砂量的估算方法，目前主要有两种，一种计算方法是，台湾学者对集集地震滑坡与泥石流土砂产量预测的研究。在分析现场调查资料的基础上，认为泥石流土砂产量一般与流域面积的大小相关。在台湾集集地震区，受不同重现期降水量的影响，泥石流的产砂量估算公式为：

$$Vs = K \cdot (R_0 - r) \cdot A^{0.61} \tag{13-1}$$

式中，Vs 为泥石流的土砂产量（m^3）；A 为流域面积（m^2）；r 为临界日降水量；R_0 为泥石流发生之日的降水量；K 为系数。

　　第二种计算方法是根据《泥石流防治指南》中推荐的一次泥石流总量的计算方法。该方法是根据泥石流的历时 T 和最大流量 Q_c，并根据泥石流具有暴涨暴落的特点，将其形成过程线简化成三角形来计算通过断面的一次泥石流冲出的土砂产量（Wc），并按下列公式进行计算：

$$Wc = 19 \cdot T \cdot Q_c / 72 \tag{13-2}$$

式中，T 为泥石流的历时；Q_c 为最大流量；Wc 为通过断面的一次泥石流冲出的产砂量。

　　为了能够定量地研究汶川地震驱动的滑坡、泥石流对该区输沙量的影响，本次采用上述两种方法进行了定量计算。

　　本次将方法一应用在 2008 年"9·24"及 2010 年"8·13"暴雨泥石流过程的一次产砂量的估算，相关计算参数如表 13-3，计算结果见表 13-4。在此基础上，将计算的结果与实际观测值进行了比较，结

果表明，计算值与实测值有一定差别，误差偏大。其原因在于该方法对泥石流发生之日的降水量 R_0 和系数 K 的确定有一定的难度，加上获取临界降水量 r 的统计数据困难较大，故对 Vs 为泥石流产砂量的计算有一定的影响。

表 13-3　"8·13"、"9·24"特大泥石流的降水量统计表

沟名	泥石流发生时间	流域名称及面积/km²	发生之日雨量 R_0/mm	临界日雨量 r/mm	数据来源
碱坪沟	2010.8.13	岷江一级支沟龙溪河左岸流域(3.6)	75	70	褚胜名等(2011)
清平	2010.8.12(20：00)～8.13(8：00)	绵远河上游流域(420)	141.5	38.7	苏鹏程等(2011)
八一沟	2010.8.13(14：00)～8.14(7：00)	岷江一级支流龙溪河右岸流域(7.67)	75	70	马煜等(2011)
红椿沟	2010.8.13	映秀镇岷江左岸(5.35)	59	50	周志东等(2011)
走马岭沟	2010.8.12(18：00)～8.13(4：00)	绵远河左侧流域(5.7)	70	50	游勇等(2011)
文家沟	2010.8.12晚～8.13凌晨	绵远河左岸流域(7.7)	70	50	文联勇等(2011)
文家沟	2008.9.23～9.24	绵远河左岸流域(7.7)	69	41	倪化勇等(2011)
甘沟	2008.9.23～9.24	涪江一级支流雎水河左岸流域(8.76)		41	游勇等(2011)
魏家沟	2008.9.23凌晨～9.24上午	湔江经过北川曲山镇的流域(1.54)	57.9	41	唐川等(2011)

表 13-4　"9·24"、"8·13"特大泥石流的产砂量估算(据方法一)

沟名	泥石流发生时间	R_0/mm	r/mm	A/km²	Vs/万 m³
碱坪沟	2010.8.13	75	70	3.6	13.5
清平	2010.8.13	141.5	38.7	420	1103.6
红椿沟	2010.8.13	162.1	16.4	5.35	75.2
八一沟	2010.8.13	75	70	7.67	253.4
走马岭沟	2010.8.13	70	50	5.7	152.2
文家沟	2008.9.24	69	41	7.7	458.2
甘沟	2008.9.24	58	41	8.76	21.3
魏家沟	2008.9.24	57.9	41	1.54	41

本次利用方法二对泥石流的产砂量进行了估算。根据式(13-2)，对碱坪沟、文家沟、八一沟、魏家沟的一次泥石流产砂量的总量进行了估算，选用的计算参数见表 13-5，所获得的计算结果见表 13-6。

表 13-5　"8·13"、"9·24"特大泥石流流速、流量、冲出量统计表

沟名	泥石流发生时间	流域名称及面积/km²	一次泥石流冲出总量 W_c/万 m³	峰值流量 Q_c/(m³/s)	持续时长 T/s	数据来源
碱坪沟	2010.8.13	岷江一级支沟龙溪河左岸流域(3.6)	11.5	80.1	5400	褚胜名等 (2011)
清平	2010.8.13	绵远河上游流域(4.20)	1080	—	—	苏鹏程等(2011)
八一沟	2010.8.13	岷江一级支流龙溪河右岸流域(7.67)	116.5	1082	6240	马煜等(2011)
红椿沟	2010.8.13	映秀镇岷江左岸(5.35)	71.1	696.45	5400	周志东等(2011)
走马岭沟	2010.8.13	绵远河左侧流域(5.7)	153.1	—	—	游勇等(2011)
文家沟	2010.8.13	绵远河左岸流域(7.7)	429.3	1108	14400	文联勇等(2011)
文家沟	2008.9.24	绵远河左岸流域(7.7)				倪化勇等(2011)
甘沟	2008.9.24	涪江一级支流雎水河左岸流域(8.76)				游勇等(2011)
魏家沟	2008.9.24	湔江经过北川曲山镇的流域(1.54)	34.8	260	3600	唐川等(2011)

表 13-6 "9·24、"8·13"特大泥石流的产砂量估算（据方法二）

沟名	泥石流发生时间	$Q_c/(m^3/s)$	T/s	$W_c/万\ m^3$
碱坪沟	2010.8.13	80.1	5400	13.4
八一沟	2010.8.13	1082	6240	178.2
红椿沟	2010.8.13	696.45	5400	80.5
文家沟	2010.8.13	1108	14400	421
魏家沟	2008.9.24	260	3600	30.2

为了预测不同频率降雨条件下的一次泥石流产砂量，本次选择了 2008 年"9·24"、2010 年"8·13"泥石流作为研究基础。计算结果表明，在 20a 一遇降雨条件下碱坪沟、八一沟、文家沟、魏家沟的泥石流土砂产量分别为 13.4 万 m^3、178.2 万 m^3、42.1 万 m^3 和 30.2 万 m^3，计算值与实测值较为吻合，表明利用方法二来预测一次泥石流的产砂量是可行的。据此，本次估算出碱坪沟、八一沟、文家沟、魏家沟在 100a 一遇降雨条件下，泥石流产砂量分别 24.7 万 m^3、331.8 万 m^3、956.2 万 m^3 和 49.83 万 m^3（表 13-7）。

表 13-7 不同频率降雨下的泥石流产砂量预测结果

沟名	实测 20 年一遇的降雨条件下 $W_c/万\ m^3$	20 年一遇的降雨条件下 $W_c/万\ m^3$	100 年一遇的降雨条件下 $W_c/万\ m^3$
碱坪沟	11.5	13.4	24.7
八一沟	116.5	178.2	331.8
文家沟	429.3	42.1	956.2
魏家沟	34.8	30.2	49.83

通过本次研究，获得以下初步认识：

(1)汶川地震触发了龙门山大量的崩塌、滑坡、泥石流等，导致河道变窄、河床升高、河曲加剧，河道中泥沙含量大幅增加，河床比降增大，阻断河流，形成堰塞湖。从而使震区河流形态发生了明显的变化，因此，地震引发的次生山地灾害加速了河道的演化过程。

(2)试用两种计算方法估算了泥石流的产砂量，一是台湾集集地震区不同重现期降水量下的泥石流产砂量估算法，另一种是《泥石流防治指南》推荐的一次泥石流总量计算方法，将两种计算结果与实测比较后表明：方法一计算出的泥石流产砂量偏大，其原因是在该方法中泥石流发生之日雨量 R_0 和系数 K 的确定有一定困难，加上统计数据 r 临界雨量的统计获取的困难较大，故对泥石流产砂量的计算结果有一定的影响。方法二的计算结果与实测值比接近，故本次采用方法二估算出碱坪沟、八一沟、文家沟、魏家沟在 100a 一遇降雨条件下，泥石流产砂量分别为 24.7 万 m^3、331.8 万 m^3、956.2 万 m^3 和 49.83 万 m^3。

(3)计算结果表明，震后泥石流对流域新增输沙量的影响很大。将这几条泥石流沟的产砂量（263.9 万 t）与涪江流域的多年平均输沙量（764 万 t）进行初步对比后，结果表明，震后这几条泥石流沟对涪江流域新增输沙量的贡献率为 34.54%，综合考虑了其他泥石流沟的产砂量，我们认为震后泥石流沟对涪江流域总的输沙量贡献率为 35%～50%。此外，在岷江流域映秀红椿沟、都江堰龙池在 2010 年"8.13"泥石流事件中，冲入河流中的泥石流方量共计 440 万 m^3，同时"8.13"特大暴雨引发了岷江入河泥石流达数 10 处之多，估计冲入河中的物质为 50 万～100 万 m^3。因此，在 2010 年因泥石流冲入岷江流域的物质总量为 490 万～540 万 m^3，而在 2010 年岷江流域的输沙量为 1239.19 万 t，初步估算由滑坡、泥石流对岷江流域新增输沙量的贡献率占全年总输沙量的 39.54%～43.58%。

13.4　汶川地震对植被覆盖率的破坏及其对输沙量的影响

森林植被覆盖率与径流量、输沙量之间的关系是当今水文学和水资源学研究领域的核心问题之一。森林植被覆盖率对径流量、输沙量的影响是植被的生态功能之一。前人的研究结果表明，在不同的气候带和不同尺度的森林植被覆盖率对水文过程的影响也不相同。汶川地震诱发了大量的崩塌、滑坡、泥石流，使得地震灾区的地表土层及植被遭受了极大的破坏，并形成大面积的裸露面，遇暴雨时地表径流对山坡裸露风化层的侵蚀作用加剧，并将大量的泥沙带入河流中，增加了河流泥沙含量。本次以岷江上游为例探讨汶川地震前后植被变化及其对输沙量的影响。

岷江上游地处亚热带气候，植被总体属于亚热带的常绿阔叶林。在空间上，由纬度较低的东南部低中山区向纬度较高的西部高原区变化，其植被具有从常绿、落叶阔叶林相间—针阔叶林混交—暗针叶林—亚高山灌丛草被—高山草甸矮生草被的变化趋势。在岷江上游地区，随着海拔高差和水热条件的变化，植被类型具有明显的垂直地带性（表13-8），自下而上，分别由干热河谷灌丛带（2400m以下）—山地暗针叶林带（2400～3000m）—亚高山暗针叶林带（3000～4400m）—高寒荒漠（4400～5000m）组成。此外，在同一海拔高度，由于坡向引起的水热分配状况变化，导致了阴坡的森林多，阳坡的草被多。

岷江上游的地表起伏巨大，属于高山峡谷地貌区，导致该流域内的植被、气候和土壤具有分带性和地带性。本节主要以岷江上游流域为例，研究汶川地震前、后植被破坏和水土流失加剧等现象，并探讨它们对河流径流量和输沙量的影响。

表 13-8　岷江上游地区的植被类型

植被类型		主要特征	分布范围
山地常绿阔叶林		地带性优势植被建群种以樟科的汶川钩樟、乌药、楠木和钝叶木姜子及壳斗科的曼青冈、小叶青冈为主，土壤为山地黄壤和黄棕壤	分布于都江堰、汶川、茂县等地区，海拔高程为800～1600m
干旱河谷灌丛植被		在不同的地段形成干旱河谷灌丛，成为山地垂直带的基带植被	分布在海拔1600～2300m的地带
山地常绿与落叶阔叶林混交		主要由常绿优势树种和落叶树种组成	分布在都江堰、汶川、松潘等地区，海拔高程多在1800～2300m的地带
中山针叶、阔叶混交林	油松、辽东栎混交林	以油松、辽东栎为建群种。林内常伴有械树、鹅耳枥、华山松等树种。灌木层常见有箭竹等植物	分布于海拔2000～2500m的山地阳坡、半阳坡
	铁杉、械树、桦木林	以铁杉、械树、桦木等为主的针阔叶混交林	分布在海拔2200～2800m的地带
亚高山暗针叶林	岷江冷杉林	常见有青杆、川西云杉、云杉等种类渗入形成混交林	多分布于海拔较高或阴湿的沟尾
	青杆林	常有云杉、川西云杉、岷江冷杉等渗入	常见于卧龙、黑水等林区，分布在海拔2800m左右
	云杉、川西云杉、紫果云杉林	常有青杆、岷江冷杉等渗入	常见于理县、松潘、毛儿盖等林区
	鳞皮冷杉、云杉、青杆林	常有川西云杉、岷江冷杉等树种渗入	见于米亚罗林区
高山灌丛、草甸		常见有小叶型杜鹃、山柳等属植物	分布于海拔3800m以上的地带

13.4.1　森林植被覆盖率对径流量、输沙量的影响

由于植被条件、气候条件和地貌条件的差异性，对森林植被覆盖率与径流量之间的关系存在着明显的分歧。目前主要有2种观点：第一种观点认为森林植被的存在会使径流量增加，以前苏联学者为代

表。丘巴德伊(1978)认为大流域内森林覆盖率与年径流量呈正相关关系。程根伟等(1991)也认为森林覆被率与年径流系数呈正相关关系。第二种观点认为森林植被的存在会使径流量减少,以美国和日本学者为代表,如莫尔察诺夫(1960)认为,采伐迹地的径流系数为 0.75,而具有 80％森林覆被率的松林的径流系数为 0.16,表明森林覆盖率高具有减少年径流量的作用。陈军锋等(2001)认为森林覆盖率增加会减少年径流量。马雪华(1980)曾指出,从 20 世纪 50 年代至 70 年代,岷江上游的原始森林经过 28 年采伐,森林覆盖率下降了 10％～15％,而在此期间岷江上游的洪水量增加了 38.27m³/s。

13.4.2　森林植被覆盖率与径流量的相关性分析

控制流域径流量的主要因素包括气候因素(如降水量)和下垫面因素(如森林植被变化)。本次试图利用岷江流域植被覆盖率和径流量资料,探讨两者之间的相关性。为了便于对比,本次选取了相同时期(1965～1999 年)的降水量、径流量和森林覆盖率资料作为分析的依据,绘制了岷江流域降水量与径流量的变化趋势图(图 13-9)、森林覆盖率的变化趋势图(图 13-10)和径流量与森林覆盖率相关性分析图(图 13-11)。从图 13-10 可知,在 1965～1999 年期间年径流量呈上升的趋势,而降水量是呈增大的趋势。

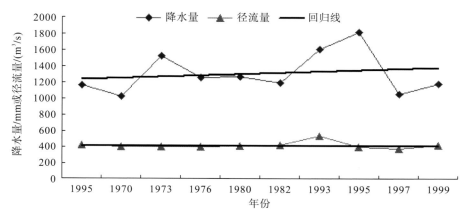

图 13-9　岷江流域降水量与径流量的变化趋势图(1965～1999 年)

据前人的统计资料,在 50 年代岷江流域的覆盖率为 30％～38％,到 80 年代森林覆盖率降至18.8％,到 80 年代末森林覆盖率进一步下降为 14.4％(表 13-9)。

表 13-9　岷江上游森林采伐与植被覆盖率的变化统计表

时间	采伐程度/采伐量/万 m³	植被覆盖率/％
50 年代	431	30～38
60 年代	516	25
70 年代	484	18.8
80 年代	46.7	14.1
90 年代	—	24.54

从图 13-11 中可以清楚地看出,在 60 年代岷江上游的森林覆盖率达 25％以上,在 70 年代已减少至18.8％,在 90 年代初达到最低值,仅存 10％以下,表明森林覆盖率由 60 年代到 90 年代初,呈现为减少的趋势。90 年代后,国家开始限制森林采伐,其森林覆盖率回升至 24.54％,森林覆盖率又呈现出逐渐增加的趋势。

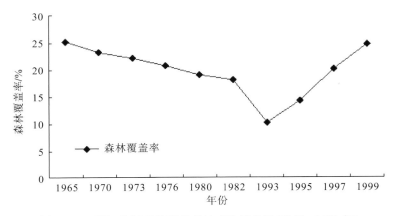

图 13-10　岷江流域森林覆盖率的变化趋势图(1965～1999 年)

　　为了探讨森林覆盖率变化对径流量的影响,本次采用了偏相关分析的方法,分析了岷江上游森林覆盖率与径流量的关系。偏相关分析的结果表明,岷江上游的径流量与森林覆盖率呈负相关关系,其偏相关系数值为-0.546(图 13-11),表明岷江上游森林的大量破坏是引起该流域径流量增加的重要因素。在 90 年代以后,随着森林覆盖率的增大,该流域的径流量开始出现减少,说明森林覆盖率的提高对水土保持起了很好的保护作用。

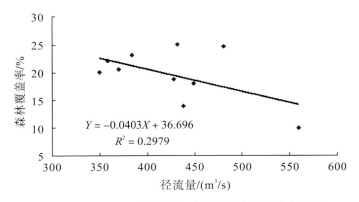

图 13-11　岷江流域径流量与森林覆盖率相关性分析图

13.4.3　森林植被覆盖率与输沙量相关性分析

　　据都江堰市水文站统计资料,在 1950～1980 年期间,岷江上游的泥沙悬移质含量增加了 1～3 倍,年平均含沙量达 $0.35～0.72 kg/m^3$。在此基础上,本次对岷江上游 50 年代至 70 年代的输沙量、含沙量、侵蚀模数、降水量和植被覆盖率进行了统计(表 13-10),编制了输沙量、径流量、降水量和植被覆盖率之间的相关关系图,结果表明,岷江上游输沙量变化趋势与平均降水量变化趋势基本一致,而且含沙量与流量呈显著的指数函数的相关关系(图 13-12)。

　　岷江上游输沙量变化与森林砍伐量的变化规律不完全一致。为了能够定量认识森林覆盖率变化对输沙量的影响,本次采用了偏相关分析方法,对森林植被覆盖率与年输沙量进行了定量分析,结果表明,采伐量与含沙量呈正相关,其相关系数为 0.6311,采伐量与侵蚀模数呈正相关,相关系数为 0.6039,而采伐量与年均输沙量的相关系数为 0.2317,不相关系数(P)为 0.549,相关性不显著(表 13-11)。上述定量分析表明,森林采伐量与侵蚀模数、含沙量呈正相关,而与输沙量的相关性不明显。

表 13-10　岷江上游各年代输沙量、降水量、侵蚀模数、植被破坏等对比表

年代	年输沙量/万 t	含沙量/(kg/m³)	侵蚀模数/(t/km²)	降水量/mm	植被采伐量/m³
50 年代	771.25	0.507	304	1495	4308395
60 年代	1052.16	0.681	465	1554	5163425
70 年代	509.4	0.352	224.8	1367	4841553

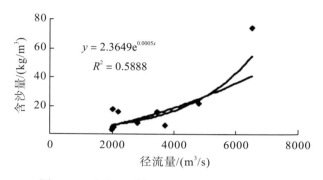

图 13-12　岷江上游的径流量与含沙量相关关系

表 13-11　岷江上游森林采伐与河流输沙量之间的偏相关性分析

类别	相关性	年输沙量	含沙量	侵蚀模数	年采伐量
年均采伐量	相关系数	0.2317	0.6311	0.6039	1
	不相关系数	$P=0.549$	$P=0.068$	$P=0.085$	$P=0$
年均输沙量	相关系数	1	0.8592	0.8627	0.2317
	不相关系数	$P=0$	$P=0.003$	$P=0.003$	$P=0.0549$

从表 13-11 所列举的数据表明，在 50 年代，未进行过量采伐的岷江流域与同期已进行了大量采伐的黑水河流域的降水量较为相近，但黑水河流域含沙量却是岷江干流含砂量的 0.48 倍。在 60 年代和 70 年代，两个流域的降水量也大体相当，但黑水河流域的含沙量分别是岷江干流的 2.24 倍和 1.96 倍；此外，随着年采伐量的降低，岷江上游的两大支流黑水河与杂谷脑河的年输沙量也呈现减少的趋势。由此可见，森林植被覆盖率的减少导致输沙量的增加。

通过森林植被覆盖率与径流量的相关性分析，本文建立了森林覆盖率与径流量变化的相关关系式：$Y=-0.0403X+36.696$（Y 为植被覆盖率，X 为径流量）。在此基础上，根据前文所建立的岷江流域年径流与输沙量的相关关系式：$Y=5.7595X-4.3183$（X 为年径流量，Y 为年输沙量），可以推导出植被覆盖率与输沙量的相关关系式：$Y=-142.92X+5240.11$（Y 为输沙量，X 为植被覆盖率）。该相关关系式表明，植被覆盖率与输沙量呈负相关，即植被覆盖率越大，输沙量越小。

13.4.4　汶川地震前、后植被覆盖率的对比及其对输沙量的影响

2008 年汶川地震造成严重的生态破坏，植被受损严重，据初步统计，森林、草地和农田生态系统被破坏的总面积为 3120.9hm²，占植被总面积的 2.60%。

就整个汶川地震灾区而言，初步统计结果表明，仅成都、德阳、绵阳、阿坝、广元、雅安 6 市州林地严重退化的面积为 29.8 万 hm²，占区域面积的 2.98%；草地退化面积为 9.4 万 hm²，占 0.94%。一些处于地震核心区的区县（如北川、青川），森林覆盖率损失面积都在 20% 以上。

因此，根据前文所建立的龙门山植被覆盖率与输沙量之间的相关关系，可以初步建立地震后森林覆盖率与输沙量的关系：$Y=-114.3X+4366.76$（Y 为输沙量，X 为地震后植被覆盖率）。

汶川地震导致汶川地震灾区森林覆盖率减少 20％，根据相关关系式可知，该流域地震后河流输沙量受植被覆盖率的影响较大，震后输沙量达到 2122.82 万吨，比地震前同期增加 387.97 万吨，增幅达 22.5％。

13.5 汶川地震对水土流失的影响

汶川地震导致的滑坡、崩塌、泥石流破坏了大量的森林植被，并形成大面积裸露面，加剧了地震灾区的水土流失。本次以岷江上游为例，探讨汶川地震前、后水土流失的变化及对输沙量的影响。

由于受到植物、气候的垂直分带的约束，岷江上游的土壤类型分布也具有明显的垂直分带性，从低海拔到高海拔依次为：褐土（海拔高程小于 2800m）→棕壤（1800～3000m）→暗棕壤（3000～3500m）→寒棕壤（3500～4000m）→寒毡土（亚高山草甸土）、寒冻毡土（高山草甸土）和高山寒漠土（表 13-12）。

据前人资料统计，区内林地土壤面积占全区土壤面积的 58.8％，草地土壤面积占全区土壤面积的 30.0％。林草地土壤面积合计占全区土壤面积的 93.8％（表 13-13，图 13-13）。

表 13-12 岷江上游气候、植被、土壤的垂直分带性

序号	海拔/m	垂直气候带	垂直土壤带	垂直植被带
1	>4800	冰雪带	永久积雪（无土被）	永久积雪（无植被）
2	4400～4800	寒带	高山寒漠土	流石滩植被带
3	3800～4400	亚寒带	寒毡土、寒冻毡土	亚高山灌丛草甸、高山草甸带
4	3000～3800	寒温带	暗棕壤、寒棕壤	冷、云杉林带
5	2000～3000	温带	棕壤、褐土	针阔叶混交林带（松栎林带）
6	1500～2000	暖温带	石灰性褐土	常绿、落叶阔叶林、干旱灌丛植被带
7	<1500	亚热带	黄壤、准黄壤、石灰性褐土	常绿阔叶林、干旱灌丛植被带

表 13-13 岷江上游的土壤类型统计表

序号	土壤类型	面积/km²	面积百分比/%
1	黄壤	273.52	1.23
2	棕壤	9018.88	40.68
3	黄棕壤	1291.72	5.83
4	暗棕壤	4446.84	20.06
5	山地灌丛草甸土	34.40	0.16
6	高山草甸土	230.20	1.04
7	褐土	4455.96	20.10
8	亚高山草甸土	2386.92	10.77
9	暗色草甸土	5.64	0.03
10	泥炭沼泽土	25.48	0.11
合计		22169.56	100.00

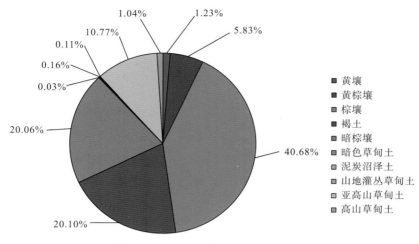

图 13-13　岷江上游的土壤类型统计图

13.5.1　汶川地震前、后水土流失的变化及对输沙量的影响

汶川地震造成的新增水土流失量大，分布区域较广。据受灾的 139 个县统计，在地震前，水土流失面积为 $13.44×10^4 km^2$，占该区域面积的 45.75%。而汶川地震后，水土流失面积达到了 $14.92×10^4 km^2$，占该区域面积的 50.77%。以上统计数据表明，较地震前该区域内新增的水土流失面积为 $1.48×10^4 km^2$，新增幅度达到 11.01%。

2000 年岷江流域的土壤侵蚀量为 $8.94×10^7 t$，平均侵蚀模数 $1966t/(km^2·a)$。据汶川地震的新生水土流失的调查和分析，汶川地震后，新生的水土流失量强度很大，明显大于震前的水土流失量。灾区的平均土壤侵蚀模数由汶川地震前的 $3703t/(km^2·a)$ 增加到汶川地震后的 $4604t/(km^2·a)$，表明地震前、后的土壤侵蚀强度有显著增加的趋势，增幅达 25%。该区震前的年均土壤侵蚀量达 $4.98×10^8 t$，该区震后的年均土壤侵蚀量达 $6.87×10^8 t$（未计入滑坡、堰塞湖等次生地质灾害的流失量），如表 13-14。

表 13-14　汶川地震灾区地震前、后水土流失变化的统计表

区域	地震前后	水土流失面积/$10^4 km^2$							土地侵蚀模数/[t/(km²·a)]	累积破坏量/$10^8 t$
		剧烈	极强烈	强度	中度	轻度	比例/%	面积/$10^4 km^2$		
139 个受灾区县	地震前	0.1	0.38	2.06	6.31	4.59	45.75	13.44	3.703	4.98
	地震后	0.55	0.73	2.53	6.83	4.28	50.71	14.92	4.604	6.87
	地震前后比较	0.45	0.35	0.47	0.52	−0.31	11.03	1.48	0.901	1.89

综上所述，汶川地震后，土壤侵蚀量、水土流失量都不同程度地增大，这必然导致流域内河流的输沙量也相应增大，其中水土流失对新增输沙量的贡献率约为 10%。

13.5.2　汶川地震前、后固体松散物质量的变化及对输沙量的影响

汶川地震发生时，由于剧烈的山体震动，使得山体被震松，松散度增加大约 20%。汶川地震直接造成震区强烈的山体变形破坏，从而产生了大规模的松散堆积体。汶川地震触发了上万处的崩塌、滑坡，为泥石流暴发提供了丰富的松散固体物源。

根据对北川县城—擂鼓镇一带泥石流灾害现场调查发现，震后泥石流形成区的松散固体物质明显增多。以西山坡沟为例，该沟的流域面积为 $1.54 km^2$，主沟的长度为 2.3km；根据 0.5m 分辨率的震后 2008 年 5 月 18 日拍摄的航空图像分析，并结合实地调查，推算在汶川地震后该流域形成的活动松散固

体物质可达 350 万 m³。而在汶川地震前该泥石流沟的松散固体物质储量仅 5 万 m³，说明了震前与震后泥石流沟的松散物质数量相差巨大。汶川地震促使物源的增加，这些松散固体物质被山洪泥石流带入河流中，必然导致输沙量的增大。

13.6 汶川地震后暴雨型泥石流及其对输沙量的影响

13.6.1 汶川地震后泥石流、洪水与强降雨发育的基本条件

汶川地震后泥石流、洪水与强降雨之间存在正反馈关系。龙门山构造带是构造缩短和物质聚集的狭窄区域，由于地形的影响，降水量加大，因而剥蚀速率很高，这使得这里的地壳物质被快速的剥蚀和搬运，因而，龙门山是青藏高原东缘长江上游大陆碎屑物质最大的物源区之一。

龙门山位于青藏高原东缘，降雨主要受东亚季风控制，在 7~9 月东亚季风气流由南东向北西通过龙门山脉。在龙门山脉东侧的迎风侧，受地形的影响而增强的降水量达到 1600~2000mm/a，降水大幅度升高，强降雨必然引发大量的滑坡，导致龙门山快速的质量亏损。在龙门山脉西侧的背风侧，降水大幅度减少，形成较干旱的草原和荒漠，侵蚀作用明显减少，其结果是有利于龙门山西侧(背后)青藏高原的形成。

在龙门山东侧的向风坡产生"雨影区"效应，形成"地形雨"，降水量剧增，形成北东向展布的强降雨带。由于强降雨带与龙门山汶川地震破裂带在空间位置上基本重合(图 13-14)，导致了目前"震区

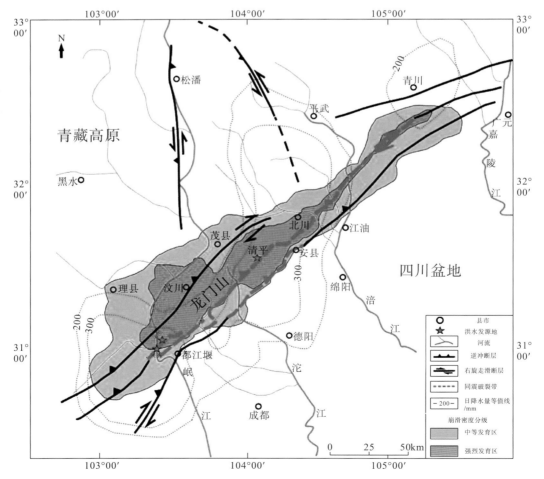

图 13-14 汶川地震后龙门山地区 2010 年 8 月泥石流与强降雨分布图

泥石流逢沟必发的受灾点沿龙门山断裂带分布，强降雨下到哪里，哪里就有暴发大规模泥石流灾害的可能。即使有些山体表面看上去没有裂缝，但内部已被'伤害'，一旦强降雨来临，原本脆弱的部分山体就会被冲刷下来"（许强等，2010），造成泥石流逢沟必发。汶川地震是引发山洪泥石流灾害的主要因素，区域性强降雨是滑坡、泥石流灾害的诱发因素。因此，在龙门山体现了地震构造作用过程、地表剥蚀过程和降雨过程之间的正反馈关系。

汶川地震给我们的启示是，地震构造过程常常在很短的时间导致整个山脉景观发生变化，而河流系统对被地震打破的平衡状态的调整往往需要几十到几百年。因此，与整个山脉剥蚀作用而言，时间尺度为几十到几百年旋回的气候变化，可导致冲刷—切割地貌形成。特别是这种龙门山地区所特有的地形性的强降水使侵蚀作用增加，产生巨量的滑坡和泥石流又减缓了龙门山脉的生长速度。

13.6.2　汶川地震后强降雨驱动的泥石流和洪水

汶川地震震动所引发地表物质松动和驱动的滑坡导致了地表植被的大量破坏，使得该地区的剥蚀作用加强，河流输沙量加大，促使暴雨季节来临时容易出现滑坡、泥石流和洪水，这是未来几十年将面临的地质灾害。

汶川地震后，在 2008 年 9 月 24 日、2010 年 8 月 13 日均爆发了特大山洪泥石流灾害（图 13-15）。2010 年 8 月 13 日至 14 日在汶川县映秀镇、都江堰市龙池镇、绵竹市清平乡等地发生强降雨，引发了特大山洪泥石流灾害。绵竹清平乡附近在 10 个小时内的总降水量达 230mm 左右，都江堰市龙池镇连续 3 小时内的降水量达到 150mm，映秀镇短短 2 小时内的降水量达 163mm，均超过了该地区多年日均最大暴雨量的平均值（130mm）（表 13-15）。山洪泥石流灾害暴发区主要分布于汶川地震的发震断裂带上，北川断裂从映秀镇红椿沟、龙池镇水鸠坪沟和绵竹清平乡文家沟等泥石流沟通过。汶川地震对沟谷斜坡的岩土体破坏严重，崩塌、滑坡形成的大量松散物质堆积于沟道中，为泥石流形成提供了丰富的物源。在强震后震区泥石流启动的临界降水量显著降低，降雨沿松散堆积物表面的裂缝渗入，松散物质被水浸润饱和，稳定性降低，在重力作用下，沿谷坡迅速流动，形成泥石流，冲入河道。虽然下游沟道内堆积的滑坡物质对泥石流的运移具有阻塞作用，但难于阻止巨量的、顺坡而下的黏稠泥浆的冲击，沟道内的阻塞物溃决，瞬时洪峰流量急剧增大，沿途泥石流的冲刷和破坏能力大大加强。

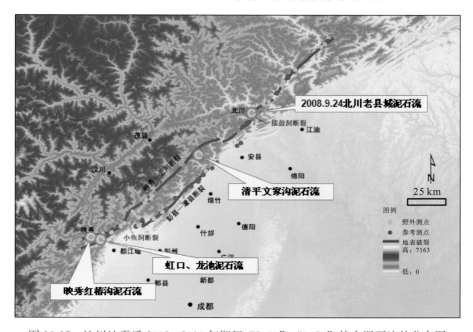

图 13-15　汶川地震后 2008~2010 年期间 "8.13"、"9.24" 特大泥石流的分布图

表 13-15   2010 年 8 月 12 日至 14 日泥石流和洪水发育情况及降水量

位置	泥石流体积/万 m³	冲入河道中泥石流物质量/万 m³	发生时间	降雨特征
映秀(红椿沟)	70	40	8 月 14 日 1 时至 3 时	连续 2 小时的降水量达 163mm
龙池	800	400	8 月 13 日 15 时至 16 时	连续 3 小时的降水量达 150mm
清平	600	500	8 月 12 日 18 时至 13 日 4 时	连续 10 个小时的降水量达 230mm

与同震驱动的崩塌、滑坡类似，从河流地貌演化角度上看，水系对地表物质的剥蚀、搬运、沉积过程也因强降雨诱发的泥石流灾害而被加速。仅映秀镇的"8·14"特大山洪泥石流、龙池镇的"8·13"特大山洪泥石流和清平乡的"8·13"群发性山洪泥石流，就将约 940 万 m³（约合 1880 万吨）悬于河谷谷坡之上的松散物质带入河道。以映秀红椿沟为例，该泥石流沟的物质冲出量约 70 万 m³，在沟内尚残存有 310 万 m³ 松散固体物源量。由于该区域接近岷江上游的降水中心，区内降水主要集中在 6~9 月，并且多短历时、高强度的局部暴雨，这种降雨条件对泥石流的形成十分有利，因而，在今后几年内，一部分残存于红椿沟内的固体松散物质可能随暴雨或持续性降雨而进入岷江河道。据统计，汶川地震形成的大型崩滑体所能提供的固体松散物质就达 27.5370 亿 m³，除部分物质已进入河道外，仍有大量松散物悬于河谷谷坡之上，一旦有一定强度的暴雨或连续性降雨，仍可能有大量的地表松散物随泥石流进入河道。在本次泥石流灾害中，侵入河道的部分松散堆积物形成堰塞体，使堰塞体的上游河道泥沙淤积，下游河道形成急流、险滩，水流散乱。因而，可以认为泥石流灾害加速了水系对地表物质的剥蚀、搬运过程，同时，也加快了沉积物在下游流域的聚集过程。

13.6.3   汶川地震后暴雨的分布特点

2008 年汶川地震后，在地震灾区先后暴发了多次山洪泥石流灾害，其中以 2008 年"9·24"、2010 年"8·13"山洪泥石流灾害最为严重(图 13-16)。

通过对岷江流域近年滑坡、泥石流暴发前和暴发时的降水量进行分析发现，在泥石流暴发前本区域 1~2 个月的降水量均较历史平均值低，而泥石流暴发时，地震灾区的降水量较历史平均值高 75~327mm(表 13-16)。降水量主要集中在 6~9 月汛期，占年降水量的 73%~79%；该区的最大的月降水量一般出现在 7~9 月，占年降水量的 52%~63%；最小的月降水量分布于 1~2 月，仅占年降水量的 1%~3%。这种情况反映了降水对泥石流的影响分两个阶段：首先，在泥石流暴发前，经过一段时间(1~2 个月)的相对干旱，造成土质疏松、植被覆盖较差；然后，在汛期强降雨造成滑坡、泥石流的暴发(图 13-17，表 13-16)。

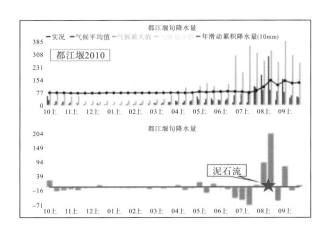
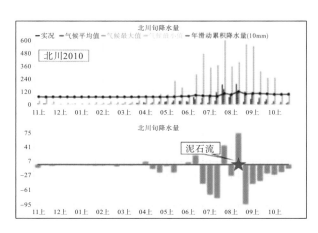

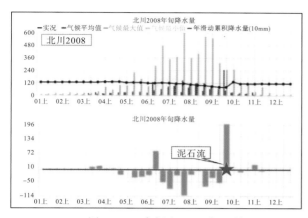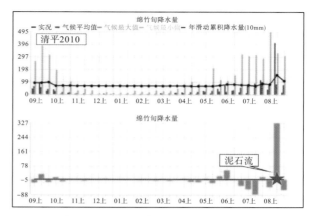

图 13-16　龙门山 2008 年 9 月 24 日、2010 年 8 月 13 日洪水、泥石流与降水量的关系图

表 13-16　"8·13"、"9·24"泥石流和洪水发育情况及降水量

位置	泥石流体积 /万 m³	冲入河道中泥石流 物质量/万 m³	发生时间	降雨特征
北川	350	110	2008 年 9 月 23 日至 24 日 6 时	9 月 23 日，日降水量 173.8mm，最大小时雨强 60mm； 9 月 24 日，日最大降水量 192mm，最大雨强达到 41mm，累积雨量 231.7mm
映秀 （红椿沟）	71	40	2010 年 8 月 14 日 1 时至 3 时	连续 2 小时的降水量达 163mm
龙池	800	400	2010 年 8 月 13 日 15 时到 16 时	连续 3 小时降水量达 150mm
清平	600	500	2010 年 8 月 12 日 18 时 至 13 日 4 时；8 月 18～19 日	8 月 12～13 日，日降水量达到 141.5mm，累积降水量 230.5mm； 8 月 18 日，日降水量达 145.9mm，累积降水量 284.7mm

在 2008、2009 年期间岷江流域没有发生特大洪水、泥石流等灾害，该时期的降水量与地震前比较，没有发生大的变化，降水主要集中在每年的雨季（6～9 月）。其中 2008 年 8 月降水量为 245mm，略小于该区域的月均降水量（268.83mm），9 月降水量为 256.2mm，略高于同期的月降水量。在 2010 年 8 月 12～19 日期间，龙门山地区普降大到暴雨，局部地区有大暴雨（表 13-16，表 13-17，图 13-18，图 13-19）。如在都江堰的龙池镇，8 月 13 日的最大 1h 降水量达到 75mm，连续 3 小时降水量达 150mm。在汶川地震前，岷江上游的汛期洪水总量呈增大趋势，而年最大洪峰流量则呈减小趋势，大于 2500m³/s 的成灾洪水几率也是呈减小的趋势。据相关资料报道，"8·13"当日的洪峰量远远大于地震前 2500m³/s 的成灾洪水量。"8·13"洪水使得大量松散固体物质以泥石流的形式被带入河流，河流的输沙量迅猛增加。

表 13-17　2007～2010 年都江堰的月降水量数据统计表　　　　（单位：mm）

年 \ 月份	1	2	3	4	5	6	7	8	9	10	11	12	全年
2007	14	9.4	16.7	36.1	69.8	90.7	160.4	221	95.5	131.8	17.5	16.8	879.7
2008	16.1	20.8	69.7	107.3	93	149.6	143.2	245	256.2	99.2	17.3	5	1222.4
2009	12	10.3	54	102.5	68.3	38	170.8	102.1	182.3	72.4	7.1	15	834.8
2010	2.9	7.3	36.8	60.2	101.9	73.2	142.6	507.2	248.5	58.2	7.2	21.8	2545.8

数据来源：根据四川气象站网站读取

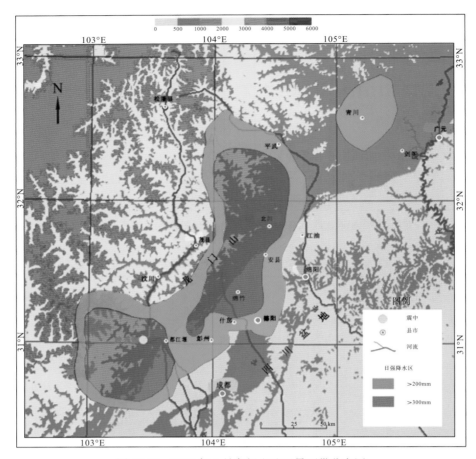

图 13-17　2010 年 8 月龙门山地区暴雨带分布图

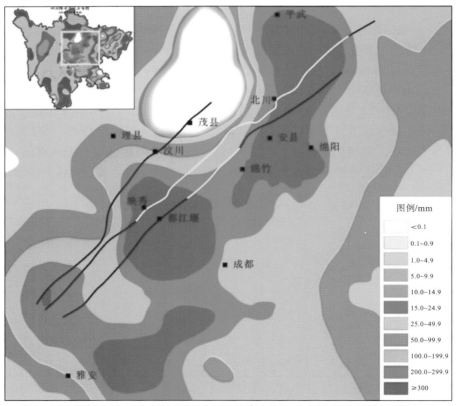

图 13-18　2010 年 8 月中旬汶川地震灾区的降水实况分布图(据四川气象网读取)

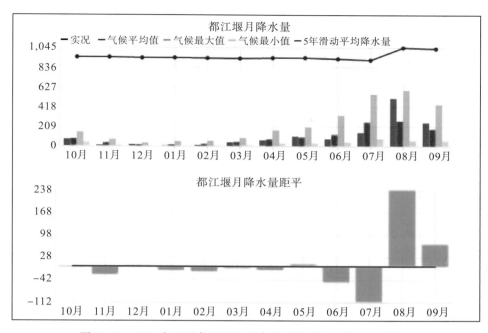

图 13-19　2010 年 8 月都江堰的月降水量图(据四川气象网读取)

13.6.4　汶川地震后特大暴雨型泥石流的空间分布

1.2008 年 9 月 24 日北川特大暴雨型泥石流

2008 年 9 月 23 日到 24 日，在北川地区发生暴雨，导致大规模的泥石流暴发。据唐家山雨量站记录，9 月 23 日的 24h 降水量达 173.8mm，其中最大的雨强为 61mm/h。9 月 24 日的降水量为 57.9mm，其雨强达到 41mm/h，降水量为 20 年一遇，累积雨量已达 231.7mm(图 13-20)。在该地区形成松散固体物质可达 $350 \times 10^4 m^3$，其中泥石流的冲出量约为 110 万 m^3。滑坡整体下滑，堵塞沟道，形成巨厚堵塞体，堆积长度约为 120m，堆积高度 5~10m(唐川等，2011)。

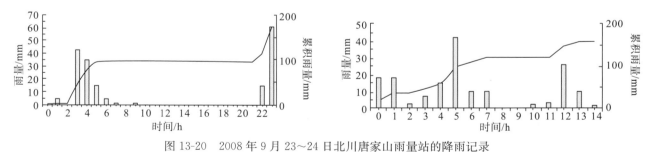

图 13-20　2008 年 9 月 23~24 日北川唐家山雨量站的降雨记录

2.2010 年 8 月 13 日特大暴雨型泥石流

2010 年 8 月 13 日至 14 日，在汶川县映秀镇、都江堰市龙池镇、绵竹市清平乡等地发生强降雨，引发了特大山洪泥石流灾害。

1)绵竹清平乡暴雨型泥石流

地处四川省绵竹市西北部的绵远河上游在震后已多次暴发泥石流。2010 年 8 月 13 日(简称 8·13)和 2010 年 8 月 18 日，在局地暴雨诱发作用下，在绵远河上游的清平乡和天池乡境内的 24 条沟谷同时暴发了泥石流。根据清平乡盐井沟雨量站的记录(图 13-21)，在 8 月 12 日 20：00~8 月 13 日 08：00 期间，降水量达到 141.5mm，累积降水量达到 230.5 mm；在 8 月 18 日 20：00~8 月 19 日 08：00 期间，降水量达到 145.9mm，累积降水量达到 284.7mm（图 13-22）。也正是这场强降雨，导致了 8 月 18 日晚文家沟再次暴发泥石流（苏鹏程等，2011）。

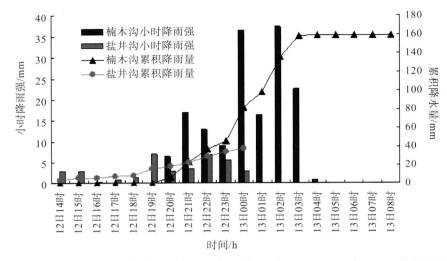

图 13-21   绵竹清平乡盐井沟自动雨量站 2010 年 8 月 12 日 14：00～13 日 08：00 期间的 1h 雨强

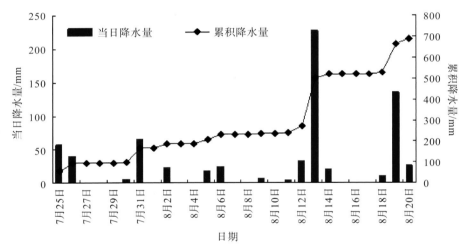

图 13-22   绵竹清平乡文家沟泥石流与降雨过程

在绵远河上游清平至汉旺段共有 24 条沟谷（包括二级支流）于 2010 年 8 月 13 日暴发了泥石流，其中左岸有 14 条，右岸有 10 条。其中在主河道两侧的 20 条沟中冲出的固体物质量高达 $1.08 \times 10^7 m^3$，在沟内剩余固体松散物质规模达 $6.96 \times 10^7 m^3$。仅在清平乡附近，泥石流堆积扇规模就达到 $7.26 \times 10^6 m^3$，其中在文家沟约为 $4.5 \times 10^6 m^3$，在走马沟约为 $2 \times 10^6 m^3$，在芍药沟约为 $4.54 \times 10^6 m^3$，在其他沟谷约为 $664.5 \times 10^5 m^3$，堆积体的范围约为 $1.5 km^2$。其规模之大，为汶川地震后所罕见，引起了多方的高度关注（倪化勇等，2011）。

绵竹市清平乡走马岭沟于 2010 年 8 月 13 日暴发了一次特大山洪泥石流。该特大山洪泥石流的气候条件主要为局地强降雨作用。在 2010 年 8 月 12～13 日期间，绵竹地区普降暴雨，其中在清平乡从 12 日 18：00 开始降雨，于 12 日 22：00 至 13 日凌晨 4：00 出现特大暴雨，最大的小时降水量为 70mm，最大的日降水量为 227.5 mm。在走马岭沟一次泥石流冲出总量约为 153.1 万 m^3，一次固体物质冲出量为 83.5 万 m^3（游勇等，2011）。

2）都江堰龙池暴雨型泥石流

2010 年 8 月 13 日四川省都江堰市龙池镇受局地强降雨的影响，引发山洪泥石流，最大的 1h 降水量达 75mm，最大的 2h 降水量达 128.3mm，累积降水量达 150mm。在龙池镇新增滑坡 22 处、泥石流 37

处、崩塌 4 处。据估算，进入河道的总固体物源量超出 $1000 \times 10^4 \mathrm{m}^3$，总冲出量约为 $200 \times 10^4 \mathrm{m}^3$，其中以八一沟最为典型和严重(许强，2010)。

八一沟于 8 月 13 日 16：00 时左右暴发泥石流，持续时间约 100min，在 16：00～17：00 期间，降水量达到 75 mm(图 13-23)，降水量相当于 20 年一遇。在 8 月 18 日 20：00～21：00 期间，降水量达到 69.0mm，当于 10 年一遇。在该流域内松散物源总计约为 $757.61 \times 10^4 \mathrm{m}^3$，其中参与泥石流活动的储量约为 $438.34 \times 10^4 \mathrm{m}^3$(张自光等，2010)，此外，在沟道内尚存可动物质储量为 $223 \times 10^4 \mathrm{m}^3$(马煜等，2011)。

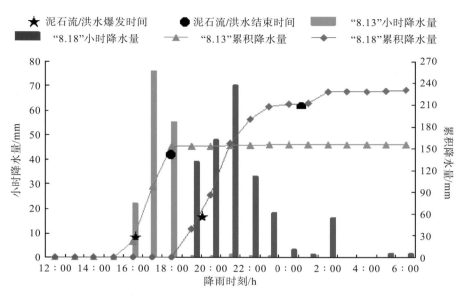

图 13-23　2010 年 8 月 13 日、2010 年 8 月 18 日都江堰龙池乡的降水量

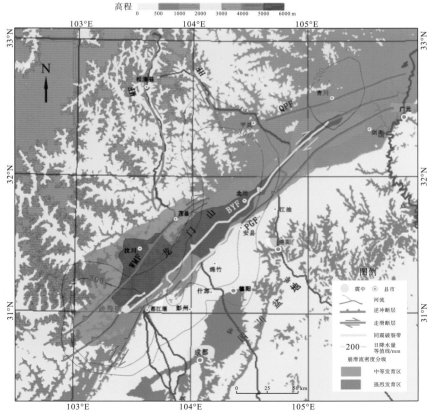

图 13-24　汶川地震灾区暴雨型泥石流与活动断裂分布图

3)映秀红椿沟暴雨型泥石流

在2010年8月13日至14日，映秀镇的2h降水量达163mm，超过了该地区多年日均最大暴雨量的平均值(130mm)。在此沟的物源量约为$100×10^4 m^3$，其中约$70×10^4 m^3$为泥石流体，约为$40×10^4 m^3$的泥石流冲入岷江，形成宽约100m、长350～400m的堰塞体，堵断了岷江河道(许强，2010)。

13.6.5 汶川地震后引发泥石流的临界降水量分析

龙门山大暴雨区与山洪泥石流易发的低临界雨量区的位置相吻合。在汛期多暴雨，特别在7月份是地震重灾区泥石流、滑坡集中发生的时段。根据在1954～2003年期间山洪泥石流记录的694场降雨过程(共计191个站点)资料，统计了临界雨量1h和24h的特征值，作为龙门山地区山洪泥石流预测预报的参照临界雨量数值。研究结果表明，龙门山区域山洪泥石流的临界1h降水量为10～20mm/h，临界雨量具有从西北向东南逐渐增加的特点，24h临界雨量约10～35mm/24h(胡桂胜等，2011)。

根据在1992～2003年期间龙门山地区发生的59次滑坡、泥石流及降雨的统计资料，郁淑华等(2008)提出了在无地震正常年份情况下龙门山地区泥石流、滑坡发育的一些规律：①泥石流、滑坡次数发生最高的月份是7、8月份，共有26次。主要发生时段在6～9月，占总发生次数的91%。7月10日～9月20日是龙门山地区泥石流、滑坡的多发时段，集中发生时段在7月30日～9月5日。②龙门山地区的日雨量≥20mm时产生泥石流、滑坡可能性很大。

因汶川地震的影响，龙门山地震重灾区产生泥石流、滑坡的日雨量标准明显降低，因此，可以将地震重灾区产生泥石流、滑坡的日雨量调整为≥10mm。此外，有的山区在大暴雨过程将结束时的小雨天气，也会引起泥石流滑坡，如在2000年10月11日绵竹发生的2.3级地震，仅为1.1mm的日雨量就引发绵竹山区内发生山体滑坡(郁淑华等，2008)。

在2010年8月13日龙池镇茶关村发生强降雨和泥石流，1h最大降水量达75mm，相当于当地20年一遇降水量。在2010年8月18日凌晨再次发生强降雨，1h最大降水量达69mm，相当于当地10年一遇降水量，但是却没有发生泥石流。初步推测在碱坪沟暴发泥石流至少需要20年一遇的降水量，即激发该地泥石流的临界1h雨量≥70mm(褚胜名等，2011)(表13-18)。

根据表13-18统计的59次泥石流、滑坡与当日降水量，降水量的大小与发生泥石流次数的相关系数为0.966，呈显著的相关性(图13-25)。在汶川地震影响下，地震重灾区产生泥石流、滑坡的日雨量是减小的，故可以认为汶川地震重灾区泥石流启动的临界日雨量≥10mm，比地震前降低1/2。

根据四川省国土资源厅的资料(2003)，在震前北川地区泥石流发生的前期累积雨量为320～350mm，临界雨强为55～60mm/h。在2008年9月23日～24日期间，在该区域泥石流发生的前期累积雨量仅为272.7mm，临界雨强仅为41mm/h(唐川等，2008)。

表13-18 1992～2003年龙门山地区发生的59次降水量与泥石流的统计

降水量/mm	泥石流次数/次
<10	6
<20	12
<25	14
<30	17
<50	29
<100	37
<200	49
≥200	59

综上所述，由于受到汶川特大地震的影响，地震灾区泥石流启动的小时雨强、临界降水量比无地震影响的正常年份均有不同程度的降低。在汶川地震后，该地区泥石流起动的前期累积雨量大约降低14.8%~22.1%，小时雨强降低约25.4%~50%。这种特征在台湾集集地震区也有类似的显示，即震后泥石流起动的临界累积雨量和小时雨强比震前降低了1/3。

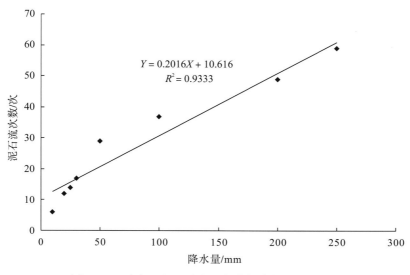

图13-25　龙门山泥石流发生频次与降水量的相关性

13.6.6　汶川地震前、后岷江上游输沙量的对比分析

汶川地震后，汶川地震驱动的地质灾害造成的大量松散堆积物堆积在山谷中，暴雨后，河谷沿岸的大量松散物质被暴雨以泥石流的形式带入到河流系统中，使得河水变得特别浑浊，河水的含沙量特别大，远高于汶川地震前的正常年份。现以岷江上游流域为例，对比汶川地震前、后暴雨、洪水对输沙量的影响。

根据对2000~2010年都江堰月降水量和月输沙量的对比分析，都江堰年降水与年输沙量的相关系数$R=0.9707$，显著相关，其相关关系式为：$Y=0.3487X+424.23$。据此，本次计算了岷江上游2000~2010年的年输沙量(表13-19)。

表13-19　汶川地震前、后岷江流域降水量与输沙量相关性的对比

年份	年降水量/mm	径流/亿 m³	年输沙量/万 t		
			岷江各水文站 $Y=5.7595X-4.3183$	紫坪埔站 $Y=5.9823X-79.498$	都江堰水文站 $Y=0.3487X+424.23$
2000	627.2	110.46	632.45	581.9	642.93
2001	779.3	115.39	660.21	610.74	695.97
2002	506.1	106.54	609.29	557.86	600.71
2003	869.4	118.31	677.03	628.21	727.39
2004	697.2	112.73	644.95	594.89	667.34
2005	954.1	121.05	692.87	644.66	756.92
2006	584.3	109.07	606.6	572.99	628.00
2007	879.7	118.65	679.05	630.28	730.98

年份	年降水量/mm	径流/亿 m³	年输沙量/万 t		
			岷江各水文站 $Y=5.7595X-4.3183$	紫坪埔站 $Y=5.9823X-79.498$	都江堰水文站 $Y=0.3487X+424.23$
2008	1222.4	129.75	965.87	905.71	1105.63
2009	834.8	117.19	871.85	808.05	929.92
2010	2545.8	172.62	1286.85	1239.19	1705.54

由表 13-19 可知，根据都江堰水文站建立的降水量—输沙量相关关系方程式所计算出的年输沙量大于实测值，其主要原因是都江堰位于龙门山地区的暴雨区，其年降水量大于龙门山地区的年均降水量值，降水量—输沙量的正相关性程度非常高，因此计算出的输沙量必然大。根据紫坪埔水文站建立的径流量—输沙量的相关方程式和根据岷江各水文站的年径流量—输沙量建立的相关方程计算出来的年输沙量与实测值差别不大，其中根据紫坪埔站计算出的输沙量略小于岷江各水文站点的值，经综合分析，我们认为本次计算的紫坪埔水文站的计算值与实测值接近。

从图 13-26 和图 13-27 可以清楚地看到，2007 年紫坪埔的年输沙量为 630.28 万 t，2008 年紫坪埔的输沙量为 905.71 万 t，比地震前的多年平均输沙量（710 万 t）增加了 27.56%；2009 年的年输沙量为 808.05 万 t，比地震前的年均输沙量增加了 13.8%。在 2008、2009 年岷江流域没有发生大洪水、泥石流等灾害，但其输沙量较多年平均值增加 30% 左右。值得注意的是，2010 年紫坪埔的年输沙量为 1239.19 万 t，是地震前多年年均输沙量的 1.75 倍。输沙量显著增加的原因主要是在 2010 年暴发了 8.13 特大洪水、泥石流，大量松散固体物质以泥石流的形式输移到河流中。2010 年的年降水量达到 2545.8mm，远远高于地震前的多年平均降水量，仅在 2010 年 8 月紫坪埔站的输沙量占全年总输沙量的 58.55%。由此可知，汶川地震后，岷江流域输沙量总体增加，增幅达 13.8%~70%，但输沙量的增幅也处于变化之中，在伴随暴雨泥石流发生的年份，其输沙量才会猛增。此外，输沙量也不是在各月均匀增加，而只是在发生暴雨泥石流的月份输沙量增加得大。因此，在地震后，只要没有暴雨，没有泥石灾害的发生，河流的输沙量就不会有巨量的增加。

汶川地震滑坡作用所产生的物质并不能直接而迅速地搬运出龙门山区，其在河道中保存的时间可能是数年甚至数十年。如，在巴布亚—新几内亚阿德伯特山脉由 1970 年里氏 7.1 级地震引发的滑坡在地震事件发生后的六个月内，大约半数的物质被搬运到了海里，显示了河流可以快速地把滑坡物质从该地区搬运出去；在新西兰西北部索斯岛由 1929 年里氏 7.7 级地震引发的滑坡在地震之后有 50% 以上的滑坡碎石在流域内保留了 50 年之久；在日本由 1923 年关东里氏 7.9 级地震引发的滑坡在 40 年后才衰减到震前水平；在台湾岛由 1999 年里氏 7.6 级集集地震引发的滑坡在经历 10 年 4 次大的台风和强降雨的洗刷，山体才逐渐趋于稳定。

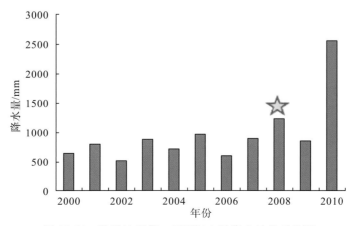

图 13-26　汶川地震前、后岷江上游降水量的对比图

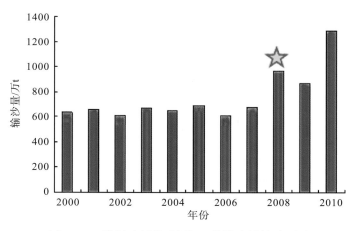

图 13-27　汶川地震前后岷江上游输沙量的对比图

13.7　汶川地震后河流输沙量的增量

以上研究表明，特大地震能够导致输沙量的增加，但是增加的幅度却因地貌条件和气候条件的不同而有所变化。本文在探讨汶川地震导致的河流下垫面、河道、河床变化的基础上，分析了植被覆盖率、水土流失、滑坡、泥石流及暴雨对震后新增输沙量的影响，仅就单因素而言，震后植被覆盖率的变化对输沙量的贡献率为 22.5%，水土流失对新增输沙量的贡献率为 10%，滑坡、泥石流对新增输沙量的贡献率为 35%～50%，暴雨对新增输沙量的贡献率为 13.8%～70%。把单因素叠加后，汶川地震对输沙量总的贡献率为 81.3%～152.5%。由于这几个单因素之间又具有相互影响、相互叠加的特点，因此汶川地震对输沙量影响的总贡献率不低于 81.3%，总贡献率可能为 120%～130%（表 13-20）。通过地质条件和气候条件的类比，初步认为汶川地震的滑坡和泥石流将持续 30～40 年以上，特别是在震后 10 年内，强震区的滑坡、泥石流将进入高度活跃期，将成为震区较为严重的地质灾害。

表 13-20　汶川地震对输沙量贡献率的综合评价

序号	类别	对新增输沙量的贡献率	对新增输沙量贡献率的综合评价
1	植被覆盖率的变化	22.5%	
2	水土流失	10%	123%～130%
3	滑坡、泥石流	35%～50%	
4	暴雨	13.8%～70%	

通过研究，获得以下初步认识：

（1）龙门山地区的降雨特征显示为典型的地形雨，主要受东南暖湿气流控制，其东坡为迎风坡属于暴雨中心（鹿头山暴雨区），西部背风坡则气候干燥，雨水稀少。

（2）暖湿气流沿岷江河谷上行，在"喇叭口"地貌特征的岷江流域形成两个强降雨带，其中一个在龙门山迎风口，另一个在黑水河流域。

（3）山洪泥石流灾害暴发区主要分布于汶川地震发震断裂带上，呈带状分布，强降雨带与地震发震带基本重合，北川断裂从映秀镇红椿沟、龙池镇水鸠坪沟和绵竹清平乡文家沟等泥石流沟通过。

（4）由于受到汶川特大地震的影响，在地震灾区泥石流启动的小时雨强、临界降水量比无地震影响的正常年份均有不同程度的降低。在汶川地震后泥石流起动的前期累积雨量比汶川地震前降低大约 14.8%～22.1%，小时雨强降低约 25.4%～50%。

（5）2010 年紫坪埔站的年输沙量为 1239.19 万吨，是地震前多年年均输沙量的 1.75 倍。输沙量的增加主要是因为 2010 年暴发了 8.13 特大山洪泥石流。地震形成的丰富物源在暴雨作用下，以泥石流的形式将物质输移到河流中。2010 年紫坪埔站的年降水量达到 2545.8mm，远远高于地震前的多年平均降水量，仅 2010 年 8 月紫坪埔的输沙量占全年总输沙量的 58.55%。由此可知，地震后，输沙量并不是随时都在增加，只有伴随暴雨泥石流发生的年份，其输沙量才会增加，且输沙量也不是在各月均匀增加，而是在发生暴雨泥石流的月份输沙量增加得大。即使在地震后，只要没有暴雨，没有泥石灾害的发生，河流的输沙量也不会巨量增大。

(6) 仅就单因素而言，震后植被覆盖率的变化对输沙量的贡献率为 22.5%，水土流失对新增输沙量的贡献率为 10%，滑坡、泥石流对新增输沙量的贡献率为 35%~50%，暴雨对新增输沙量的贡献率为 13.8%~70%。把单因素叠加后汶川地震对输沙量总的贡献率为 81.3%~152.5%。由于这几个单因素之间又具有相互影响、相互叠加的特点，因此汶川地震对输沙量影响的总贡献率不会低于 81.3%，总贡献率可能为 120%~130%。

(7) 根据岷江上游 1965~1999 年的径流量、降水量和森林覆盖率资料，本次建立了该流域降水量—径流量、径流量—森林植被覆盖率之间的相关关系，并根据已建立的径流量—输沙量的相关关系式，推导出森林覆盖率—输沙量的相关关系式：$Y=-142.92X+5240.11$（Y 为输沙量，X 为植被覆盖率）。该相关性表明，植被覆盖率与输沙量呈负相关，即植被覆盖率越大，输沙量越小。

(8) 汶川地震诱发的滑坡、崩塌、泥石流使得地震灾区的森林覆盖率损失面积达 20% 以上。根据建立的震后森林覆盖率与输沙量的相关关系式 $Y=-114.3X+4366.76$（Y 为输沙量，X 为地震后植被覆盖率），计算得出震后因森林植被覆盖率下降而导致的输沙量达到 2122.82 万 t，比地震前同期增加 387.97 万吨，输沙量增幅为 22.5%。

(9) 该区地震前的水土流失面积达到 $13.44\times10^4 km^2$，震后的水土流失面积达到 $14.92\times10^4 km^2$，新增的水土流失面积为 $1.48\times10^4 km^2$，增幅为 11.03%。平均土壤侵蚀模数由震前的 $3703t/(km^2 \cdot a)$ 增加到震后的 $4604t/(km^2 \cdot a)$。表明地震前、后的土壤侵蚀强度有显著增加的趋势。在汶川地震后，土壤侵蚀量、水土流失量都有不同程度的增大，导致了流域内河流的输沙量也相应增大。

第 14 章　汶川地震与龙门山地貌生长

一般来说，浅源地震是山脉隆升的主要驱动力（Avouac，1993），然而大型浅源地震同时也触发广泛的同震滑坡，这些滑坡将引发强烈的但分布不均的侵蚀作用（Keefer，1984；Malamud，2004；Larsen，2010）。岩石隆升与同震滑坡的空间分布、体量大小之间的相互作用，产生了一个基本问题，大地震驱动的构造隆升作用和地震滑坡剥蚀作用究竟是建筑还是破坏了山脉地貌？

2008 年发生的汶川地震触发了超过 56000 处的滑坡（Dai，2011）。我们应用高分辨率卫星影像，通过滑坡面积—体积的比例关系（Guzzetti，2009；Larsen，2010），检验了造山带的体积可能存在的变化。我们估计出的同震滑坡体积为 $5 \sim 15 \ km^3$，远大于同震岩石隆升所增加的体积（$2.6 \pm 1.2 km^3$）。表明汶川地震将导致龙门山的物质亏损。我们的这一结论挑战了目前在地学界广泛接受的观点，即：巨大的倾向滑动或者斜滑断层型地震建筑了山脉的地形，并引起国际地学界对同震隆升、大规模滑坡和地貌演化这三者之间关系的重新思考。

14.1　汶川地震驱动的隆升作用与水平位移

2008 年 8 月 22 日，国家测绘局、中国地震局联合向国务院抗震救灾总指挥部上报了"关于汶川地震地形变化监测结果的报告"。在该报告中指出，汶川地震引起震中区域监测点的水平位移量达 238cm，沉降量达 70cm，隆起量达 30cm。龙门山断裂带西侧块体向东偏南运动，位移达 20～70cm；东侧块体向西偏北运动，位移达 20～238cm。东侧块体下沉量达 30～70cm。陕西南部区域向西北方向运动，最大位移量达 4cm；甘肃陇南区域向东北运动，最大位移量达 5cm。青藏高原珠峰地区的监测点向西偏南运动，水平和垂直方向的位移量均为 2～3cm。但是，以上沉降数据都是基于局部测量或者 GPS 离散点测量数据统计出来的，由于地质环境的复杂性和认知的有限性，目前尚无法准确描述或者模拟地震前、后的地表变化过程。

14.1.1　基于 InSAR 技术获得的汶川地震位移

利用日本的 ALOS 卫星雷达数据，进行干涉测量处理，可以从干涉图上初步判断出主要地震灾区的地面位移数值，如下图（图 14-1，图 14-2）所示。

从上图可知共有 9 个干涉条纹，其中每一个条纹代表 11.8cm 的形变数值。通过干涉图我们就可以初步估计出汶川的地面位移为 70.8cm，江油的地面位移了 59cm，绵竹的地面位移了 70.8cm，绵阳的地面位移了 23.6cm，德阳的地面位移了 35.4cm。

针对大部分地震灾区，利用 JAXA 的 ALOS PALSAR 数据（L 波段）和 ESA 的 ASAR 数据（C 波段）获取本次地震的形变场。ALOS PALSAR 数据在此次地震中显示了完整的形变数据，获得了包括断层上盘在内的完整形变场。此外，利用 2 路差分干涉方法，使用 SRTM DEM 数据消除地形相位，获得了升轨条件下的 LOS 向缠绕形变场（每一条纹为 11.8cm）。

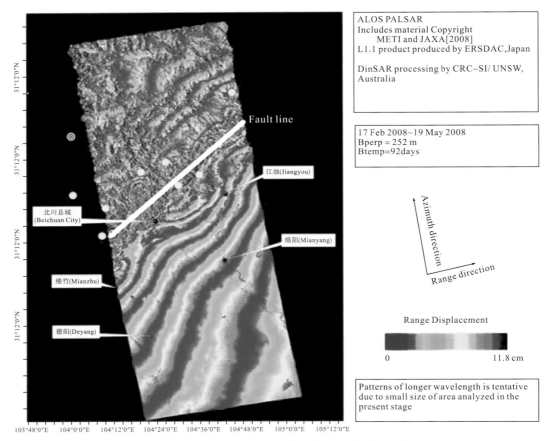

图 14-1　汶川地震区的 ALOS 卫星雷达干涉图（据孙建宝等，2008）

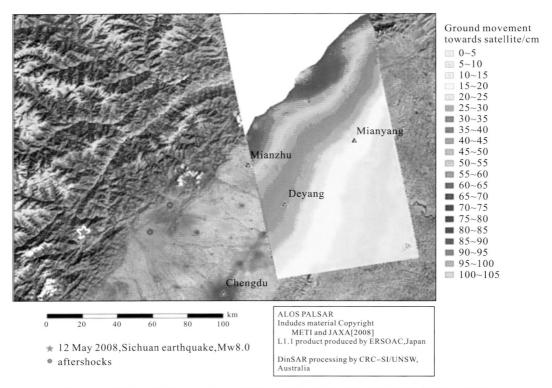

图 14-2　汶川地震区的 ALOS 卫星雷达干涉图与卫片的拼接图（据孙建宝等，2008）

从图 14-3 中可以直观得到关于本次地震及其所造成地表破坏的一些基本信息，包括：①图中央有一条几乎完全被噪声掩盖的 NE 走向条带，该条带的 SW 段较宽，而 NE 段明显变窄。条带的边缘可以看到一些非常密集的干涉条纹，特别是在 SW 端点附近。该噪声条带是 InSAR 图像上的时间去相干区域。在雷达 2 次成像期间，相邻 2 个像元的相位变化超过 π 弧度，雷达后向散射机制发生剧烈变化，2 次成像的回波信号不具有相关性，反映在雷达干涉相位上为纯噪声。对于形变观测来说，这一部分重要信息几乎全部丢失。②该条带也说明地震所造成的破坏在哪些区域分布较大。如果没有滑坡等次生灾害的影响，那么这个条带也反映了地表的破坏带宽度，它与地震破裂带宽度有一定的一致性。类比 1997 年的玛尼 7.5 级地震(孙建宝等，2007)，观测到的是一条去相干曲线，而不是一个条带，因为玛尼地震的地表破裂发生在很窄的区域内。该现象也反映了地震断层的倾角大小。玛尼地震断层为一条近垂直的走滑断层，而本次地震的发震断层是一条缓倾的逆冲兼走滑断层。根据该条带的分布可以初步推断，汶川地震断层的倾角在 NE 和 SW 段存在显著变化，而且断层活动的机制也有相应的变化。其次，本次获得了跨越断裂南北约 500km 范围的形变场，但图中反映的并不完全是地壳形变信息，还包括 InSAR 的地形误差、轨道误差、大气延迟误差和电离层干扰误差等。通过分析各条轨道干涉数据之间的相关性，可以初步断定 InSAR 形变限于紧靠断层的较窄区域内，也就是环绕上述去相干条带的干涉条纹区域，垂直断层的最大长度<130km，最小约 40km(青川附近)；更远的区域，各条轨道的干涉形变大小和方向差异较大，因此不可能是与地震相关的构造活动的结果。因此可以看出，即使是一个如此大规模的地震(逆冲兼走滑)，其所造成的永久形变的范围也是有限的，如果在抗震设防中避开具有发震能力的断层，就有可能避免在地震中遭受重大损失。③关于同震形变的方向，在断层下盘具有 LOS 向拉长运动，这是下盘下降运动的反映，同时下盘也向 SW 方向运动，造成 LOS 向缩短，另外，断层两盘还具有相向运动，这几种运动的综合作用构成了 LOS 向形变场。在图中断层上盘干涉条纹方向在靠近断层的地方与远离断层的区域发生了翻转，特别是断层南端。据此可以推测在远离断层区域上盘发生了右旋运动或者是下降运动。后者似乎难于理解，但是通过弹性形变模拟发现，这种现象是有可能存在的，而且 GPS 数据也反映了相似的运动特征。由于右旋作用的影响，图中不能给出它的确切分布范围和量值，需要进一步的反演分析。④从 InSAR 的图像上我们没有发现成都平原内任何一条断层发生任何方式的活

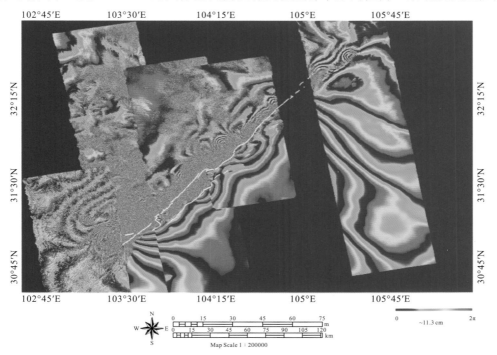

图 14-3　利用 JAXA 的 ALOS PALSAR 数据(L 波段)和 ESA 的 ASAR 数据(C 波段)
获取的汶川地震形变场(据孙建宝等，2008)

动。Parsons 等(2008)在他们的文章中计算得出，成都平原内的断层大部分处于应力下降状态(如他们文中的 c，g 和 k 断层)，而只有 j 断层的一部分处在应力增大状态，但是量值较小。

14.1.2　基于双断层面震源模型反演的地形变化

根据双断层面震源模型的反演结果，王卫民等(2008)认为在映秀附近的山前主边界断层在深度9.1km 处的最大错动量为 516cm，中央主断层深度在 15.5km 处最大错动量为 1249cm；在北川附近中央主断层在深度 3.6km 处和深度 10.3km 处的最大错距分别高达 1043cm 和 1200cm。

14.1.3　基于水准剖面的地形变化

张四新等(2008)通过对跨龙门山断裂带的 3 条水准剖面的震前和震后对比，结果表明，在 1983～1990 年期间川西北高原、龙门山处于大幅度的抬升阶段(最大速率达 12mm/a 以上)，在 1990～2003 年期间该区处于相对闭锁时期，后龙门山区上升、盆地下沉的继承性运动则明显减弱；随着汶川地震的发生，龙门山相对四川盆地呈大幅度上升，龙门山断裂南段的形变幅度高达 63.1mm，年速率达 12.6mm，同震效应异常显著，反映出汶川地震破裂以逆冲为主。从跨龙门山断裂南段的剖面看，在地震前龙门山断裂活动可能有一个"增强—闭锁—发震"的演化过程。

王庆良等(2010)根据地震前、后水准测量对比结果表明，相对于平武基准点，汶川地震主破裂带西侧的水准点在震后均表现为垂直上升运动，其中位于北川县城盐运公司院内的北云 I 水准点相对震前的1997 年大幅上升了 4.71m，南坝一带的白云 II 水准点相对震前的 1983 年上升了 1.0m；而地震主破裂带东侧的水准点在震后则均表现为不同程度的下降运动。其中，位于北川县城至桂溪一带的断裂带东侧水准点一般较震前下降 0.5～0.6m；在桂溪—南坝一带的断裂带东侧水准点一般较震前下降0.3～0.4m，至江油一带震前、震后的垂直位移已很小，只有 4cm 左右。

鉴于水准复测路线在北川—桂溪—南坝一带基本都是沿断裂谷展布的，所测水准点距发震断裂的距离一般不超过 500m。因此，根据上述水准复测结果可以初步确定，汶川地震在北川—桂溪一带的最大同震垂直错动量可达 5.3m 左右，其中断层上盘的绝对上升量显著大于断层下盘的绝对下降量，两者位移量之比为 8:1 左右。

14.1.4　基于 GPS 监测的水平位移

根据汶川地震区及其邻近地区 50 个 GPS 站点的连续观测资料(采样率 30″)、100 个 GPS 站点的两期流动观测资料和 145 个 GPS 站点的震后应急流动观测资料等反演，给出了汶川地震同震水平形变场(图 14-4)。位移值较大的观测站点位于地表破裂带附近的四川盆地和龙门山区，其他地区迅速减小，表现出变形局部化的基本特征。其中，地震地表破裂带下盘(四川盆地区)近断层观测站点一致地向 NW方向运移，水平位移值为 1～1.5m，H035 站点的位移值最大达 2.43m；上盘(龙门山区)观测站点离地表破裂带较远，没有获得近断层位移值，附近观测站点 SE 方向的位移值均小于 1m。震后 GPS 监测到四川盆地(华南地块)向 NW 方向的反向运动应为地壳弹性回跳现象的反映。

2008 年 5 月 12 日在龙门山北川断裂带发生的 8.0 级强烈地震属于逆冲—走滑型的地震。该地震地表破裂带存在逆冲运动分量和右行走滑运动分量，其中逆冲运动分量将对龙门山的隆升作用起到重要影响，因此，成为我们研究龙门山构造地貌演化的切入点。

雷达干涉技术是测量大面积地面错位的一种大地测量方法，用合成孔径雷达(SAR)测量地貌精度虽然比 GPS 低，但是其优点是可以进行大面积的测量。利用雷达干涉测量观测，可以获得大范围的高分辨率地表形变引起的干涉图像，进而获得大面积的地貌形变数据。

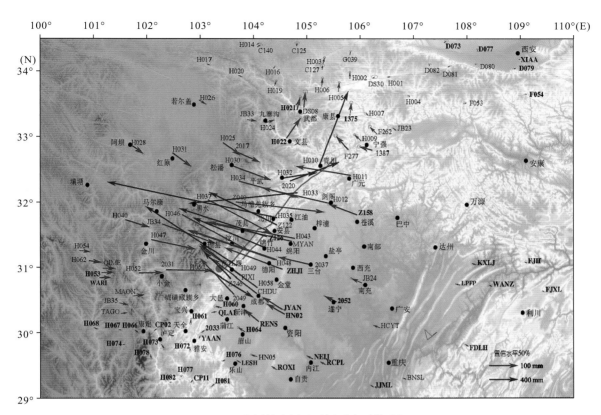

(a)GPS 监测的汶川地震同震水平位移场

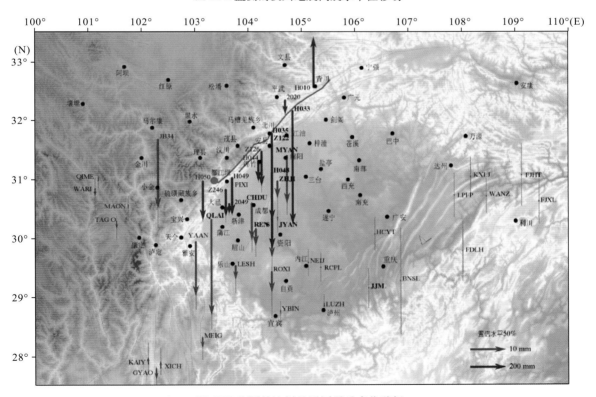

(b)GPS 监测的汶川地震同震垂直位移场

图 14-4　（据：中国地壳运动观测网络项目组，2008）

14.2　汶川地震驱动的构造隆升量

据 2006 年 11 月到 2008 年 8 月之间得到的合成孔径雷达图像，可以估计汶川地震产生的龙门山及周边地区的同震位移，并可获得地表同震形变分布图(图 14-5)。在地表同震形变分布图中显示，北川断裂和茂汶断裂之间的区域主要表现为隆升，而其东西两侧的区域表现为沉降。

利用 C 波段和 L 波段空间星载 SAR 振幅数据(Marcello et al.，2010)，可以获得汶川地震产生的三维同震地表位移场。我们利用其中向上(或垂向)的位移分量计算出龙门山同震净体积的变化，并忽略地势平坦的四川盆地内的高程变化。我们可以计算出滑坡覆盖的龙门山地区的净体积变化。计算公式如下：

$$V_t = A \sum_{x=1}^{n} U_x \tag{14-1}$$

式中，A 为单位面积；U_x 为单位面积内的垂直位移；n 为单元格的数量。

本次计算出的 $V_t = 2.6 \times 10^9 \mathrm{m}^3$。位移数据与地表实测数据之间差异的标准差很难成为约束 V_t 不确定性的一个统计指标，因为随机的(不相关的)误差导致对映射区域总体积产生作用是可以忽略不计的。相反，我们通过评估远离地震破裂带没有变形的区域 U_x 的大小，来估计 V_t 的不确定性。我们选择了四川盆地内 36km×36km 的区域，距离断层破裂带 45km，包含高水平的噪音(平均为 0m，标准误差为 1.5m)。我们在这个区域内提取了 30 条剖面，每条长 36km，使用最小二乘法对每条剖面进行线性回归，因为 y 轴截距值影响了每个 36km×1 像素区域的体积估算，我们对每个剖面的 y 截距参数进行检验，并计算出 30 个 y 轴截距参数和地面真实数据之间的均方根误差(RMSE)。得出了均方根误差(RMSE)为 0.10m，并应用在整个投影区域，等同于 V_t 的误差为 $1.2 \times 10^9 \mathrm{m}^3$。

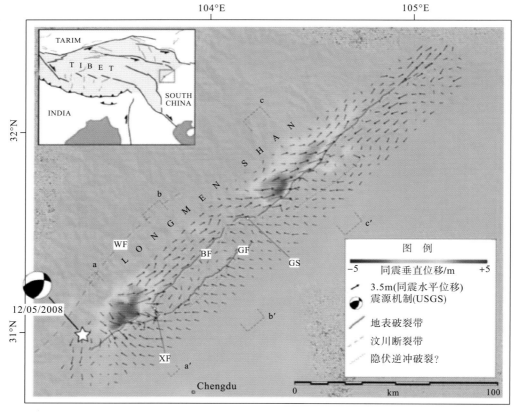

图 14-5　汶川地震驱动的同震地表形变(据 Marcello 等，2010)

14.3　汶川地震驱动的地震滑坡量

汶川地震驱动的构造作用不仅导致了河流下垫面几何形态的变化,包括河道走向、坡折带、转弯带和河床剖面的坡度,同时也导致了河流剥蚀作用和搬运能力的变化,其中表现最为明显的是,汶川地震震动所引发的地表物质松动和滑坡、泥石流对龙门山地貌的影响。

通常人们认为,地震尤其是逆断型发震是一种造山运动,每一次地震都将导致山脉新的抬升,从而造就了山脉持续隆升。但是在强震过程中,由于大量滑坡、崩塌的产生,也能导致山体物质的大量卸载。因此,首先需要定量评价滑坡量及其伴生的质量流动的速率和剥蚀卸载的特征;其次要定量评价滑坡过程所代表的侵蚀作用和侵蚀量与地震驱动的岩石抬升量之间对比关系;再次,定量评价它们对龙门山质量平衡的影响。

14.3.1　龙门山的坡度与滑坡发育的基本条件

龙门山是一个线性的、非对称的边缘山脉,是青藏高原和四川盆地之间分界线。该地区长周期岩石隆升率接近于 $6\sim7mm/a$ 的影响下,在这个青藏高原东缘上建构了最高达 5km 的陡峻地形。如果龙门山东侧自由坡的滑坡主要与坡度有关,滑坡将位于坡面后面的休止角,那么滑坡量将随坡度成正比例增加。在震前龙门山就普遍存在的滑坡现象,表明较大坡度角控制了该地区由碎裂基岩构成的边坡的稳定性,显示龙门山的地形陡度已接近了临界状态。

据 Ouimet(2010)的研究结果,高密度滑坡区位于地震灾区的南西段,表现为滑坡带宽($25\sim30km$),地形切割深,地形坡度大,坡度为 $28°\sim36°$,而低密度滑坡区位于地震灾区的北东段,表现为滑坡带较窄($3\sim5km$),地形切割浅,地形坡度小,坡度为 $20°\sim28°$。以上结果表明,滑坡带的宽窄严格受汶川地震破裂带宽度的控制,而滑坡量和密度随坡度成比例变化。表明龙门山在北东向的地形分异对滑坡量和密度的变化具有明显的控制作用,一方面,汶川地震驱动的隆升作用导致龙门山坡度的增加,促使滑坡量的增加,同震和震后的滑坡量远远大于震前的滑坡量;另一方面,龙门山的坡度和滑坡量将会随汶川地震驱动的构造或岩石抬升差异性而呈相应的变化。鉴于汶川地震驱动的岩石隆升量具有沿北东向由强变弱的趋势,因此,我们推测正是龙门山岩石隆升速率和降水量在北东向所具有的变化规律,导致了龙门山地形的分异,其中龙门山中南段的地形陡度较大,岩石隆升速率较高,降水量较大,形成了极端的地形陡度和巨量的滑坡;而龙门山北段的地形陡度较小,岩石隆升速率和年平均降水量都较低,形成了较平缓的地形起伏和少量的滑坡。

14.3.2　汶川地震的同震滑坡

2008 年 5 月 12 日发生在青藏高原东缘龙门山断裂带上的汶川地震,是我国五十多年来前所未见的大地震。此次地震在 $35000km^2$ 的范围内触发了 $60000km^2$ 灾害性的滑坡(图 14-6);滑坡导致死亡人数占地震死亡总人数的三分之一。地震产生的强烈震动、陡峭的地形地貌、地层岩性以及构造等因素是大量滑坡产生的重要原因。地震后泥石流也大幅增加。我们认为在接下来的十五年里灾害性的滑坡和它所伴生的次生地质灾害将有可能超过震前水平,且需要做进一步的调查。

地震的震级大小以及到震中或断层距离的远近往往被认为是决定滑坡空间分布特征的主要因素。然而,在汶川地震中,断层的类型和滑动速率也同样影响着滑坡的空间分布。汶川地震发生于龙门山断裂带长约 240km 的北川断裂之上,该断裂带具有两个明显不同的断裂机制。在北川断裂的西南段,断裂表现为逆冲兼走滑断层的运动特征,断面倾角约为 43°。而在北川断裂的东北段,断面近于直立,断层以沿走向的走滑运动为主。因此，汶川地震产生的滑坡分布范围在西南段比北东段大（图 14-7），表明该区既有垂直运动也有水平运动，且运动幅度较大。这一特征在北川地表破裂的野外调查中也得到了证实。

图 14-6　汶川地震导致的最大的滑坡—大光包滑坡（体积为 1.167km³；据 Huang 等，2013）

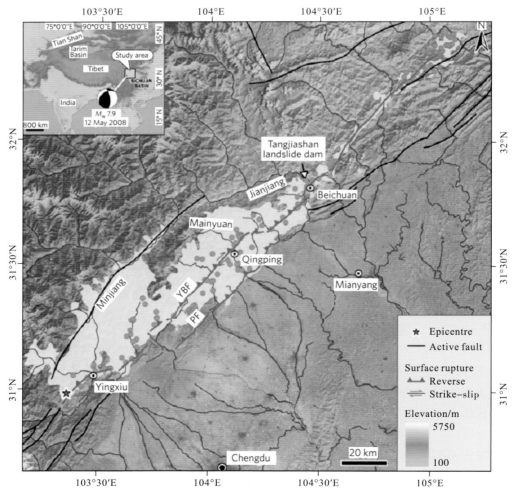

图 14-7　汶川地震的同震滑坡分布图（据 Huang 等，2013）

　　研究区域内滑坡的分布密度较高。在北川断裂的西南段滑坡分布范围较广，1km² 的范围内至少有 0.1% 的地区受到了滑坡的影响。而在北川断裂的东北段，体积超过 50000m³ 的滑坡（绿点）则多集中于断层附近

　　此外，规模较大的滑坡(面积大于 5000m²)一般多集中分布于断层滑动距离最大的区域或者是断层的交接地带(图 14-7)。这些断层的交接地带在地震前是处于闭锁状态的，只有当地壳应力通过断层在此处聚集，一旦发生破裂则将产生巨大的能量，从而形成潜在的危害。这一现象也印证了规模较大的滑坡往往会在这些高能量释放的地方产生，也证明了闭锁节点的理论(the theory of locked junction)(Huang et al.，2013)。

　　同时，震后的泥石流次生地质灾害也应备受关注。在汶川地震期间所产生的巨量滑坡物质残留于斜坡之上，并通过震后的降雨被传输至河流当中。根据北川地区的记录，搬运这些残留物质所需的每小时的降水量比地震前降低了 60% 左右。据四川省国土资源厅的统计结果，从 2008 年震后到 2012 年，共发生了 2333 次的泥石流，其中还不包括偏远地区小型的泥石流。在一个可比较的时间段内，这个数量明显大于震前。而在震前的 2003 年到 2007 年期间只发生了 758 次的泥石流。

　　泥石流的发生频率要多久才能恢复到震前水平，这主要取决于降雨强度、植被恢复、斜坡稳定化过程以及区域地貌演化对构造、侵蚀和河谷下切的响应等。由于计算的复杂性，黄润秋等(2013)曾利用滑坡物质的总量除以每年可以被降雨和河流搬运的物质量进行了简单的估算。根据过去的资料记录，假设滑坡物质沉积在一个坡角大于 30° 的斜坡上，且降雨的流域面积大于 0.1km²，这非常容易引发泥石流。基于这个假设，他估算出在汶川地震期间形成了大约有 $4×10^9 m^3$ 的滑坡物质残留，且容易形成不稳定边坡。从 2008 年震后的泥石流记录判断，这些滑坡物质可能以每年 $1.8×10^8 m^3$ 的速度转变成泥石流。虽然有诸多的不确定因素，可以大致预测震后泥石流将持续近 20 年的时间。随着斜坡的逐渐稳定泥石流发生的频率会逐渐降低，但是它的影响将会持续更长的时间。

　　地震后，在与当地有关部门和国际地质科学机构进行充分合作的前提下，我们虽然第一时间对地震灾区开展了地质勘查和灾害评估的工作。但是，对于随之而来的地震导致的次生灾害仍然预见不足。例如，堰塞湖的危害等。以唐家山堰塞湖为例，唐家山滑坡阻塞了湔江并形成一个 $300×10^8 m^3$ 体积的堰塞湖。如果这个堰塞湖决堤将会给下游绵阳市和其他城镇共计 250 万的人民带来一个巨大的灾难。为了应对险情，中国政府构筑了泄洪道来减少洪水危害。然而，由于对洪水侵蚀能力的预见不足，在北川洪水的峰值仍达到 6500m³/s。幸运的是，下游的人民被及时的疏散，洪水被疏导，所以灾难没有发生。在地震期间有至少 800 处的滑坡阻塞河流，因此产生了许多的堰塞湖，给下游人民带来一系列灾害。

　　这些小型堰塞湖长期潜在的危害并没有在震后的灾害评估中得以重视，并且在灾后重建中也未作考量。例如，在震后两年的强降雨中，两次大规模的泥石流堵塞了岷江和绵远河，洪水的决堤使得映秀和清平重建的新城镇曾被洪水所淹没。

　　与此同时，汶川地震导致沉积通量的增加对河流水系的长期影响也被低估了。我们现在意识到由于地震产生的沉降会给河流和下游河段带来诸多问题。有些河床被抬高了 10m。这增加了未来洪水发生的可能性，并会严重影响这一带的水力发电。

14.3.3　汶川地震滑坡的特性

　　汶川地震后许多研究者研究了汶川地震导致边坡受到破坏后的形态和滑坡形成的机制，然而很少有人考虑去研究更大范围内的滑坡作用及其对地形的影响。目前越来越多的研究者认为滑坡是山区地形景观演化的主要控制因素。引起滑坡的两个原因是高剪切应力和低抗剪强度。在震前，降雨增加了孔隙水压力和荷载，因此降雨是破坏边坡形成滑坡的最重要因素。在汶川地震中，强烈的地面运动引发了大面积的边坡破坏，汶川地震驱动的隆升作用导致龙门山坡度的增加，促使滑坡量的增加，同震和震后滑坡量远远大于震前的滑坡量，同震侵蚀速率也远远大于震前侵蚀速率，平均的同震侵蚀速率可能是震前边坡过程侵蚀速率的若干倍以上。其原因在于，强烈的地面运动激活了更深层的岩体，使之变得不稳定，隆升的基岩通过滑坡向谷底转移物质的速率受山谷比降和受破坏的基岩的总体强度控制，震后的强降雨又加速了滑坡和泥石流、洪水的发育。

　　汶川地震滑坡作用所产生的物质并不能直接而迅速地搬运出龙门山区，其在河道中保存的时间可能

是数年甚至数十年。通过地质条件和气候条件的类比，我们初步认为汶川地震的滑坡和泥石流将持续
30～40 年以上，特别是在震后 10 年内，强震区的滑坡—泥石流将进入高度活跃期，将成为震区较为严
重的地质灾害。但具体的时间尚需观测数据和连续航片和卫片的观察予以验证。此外，汶川地震导致龙
门山区剥蚀作用和河流传输能力的提高。汶川地震导致植被被严重破坏，植被覆盖率减少了 20%～
30%，促使河流中的沉积物供应量增加，导致河道剥蚀作用加强。河流下切作用是通过沉积物/流量比
的变化来实现，即在低沉积物量和高流量时，有可能促进河流下切。在汶川地震前龙门山植被发育茂
盛，河流的沉积物供应量相对较小，河道垂直下切能力较强。在汶川地震后植被被破坏，导致流域的剥
蚀作用增强，增加河流的沉积物供应量增加，河道内的加积作用加强，河道垂直下切减弱。由滑坡作用
产生的岩块大量地进入到流水系统中，岩块进入河流中的速度与流水下切速度和沉积物搬运速度具有直
接的关系。因此，汶川强地震后的滑坡、泥石流加速了水系对地表物质的剥蚀、搬运过程，促使河流剥
蚀速率加大。汶川地震驱动的崩滑、泥石流灾害使大量地表松散物进入河流系统，水系对地表物质的剥
蚀、搬运、沉积过程因此而被加快。

14.3.4 同震滑坡的填图与统计

汶川地震后，许多研究者研究和统计了汶川地震所导致的滑坡。汶川地震共造成重灾区崩滑灾害
1.17 万次，面积达 1989.44km²，水土流失量合计 27.5370 亿 m³。Ouimet 等(2010)通过不同精度的卫
星影像统计表明，滑坡带沿北东向汶川地震破裂带展布，长度为 240km，南西段的宽度为 25～30km，
北东段的宽度为 3～5km。在重灾区 60%～80% 坡面上发育有滑坡。汶川地震驱动滑坡对河流地貌的影
响十分明显，包括河道淤积、河道堵塞、河床抬高、堰塞湖、河道迁移和重建等方面。据统计，汶川地
震形成的具有一定规模的堰塞湖共 257 个，其中有明显危害和威胁的堰塞湖有 35 个，且均分布于崩滑
灾害较强发育区，因而，堰塞湖成为河道中泥沙的主要淤积场所。

汶川地震驱动的崩塌、滑坡等地质灾害主要分布在海拔较高、地势较陡的山谷中。北川断裂的上盘
附近发生的崩塌、滑坡等地质灾害明显多于靠近四川盆地的断裂下盘一侧，由北川断裂向南西数量逐渐
减少，在距离 30～40km 的地方基本无地质灾害，而向北西方向地质灾害的分布范围可超过 100km
(图 14-8)，反映了发震断裂带和地貌环境共同控制了同震崩塌、滑坡等地质灾害的分布。

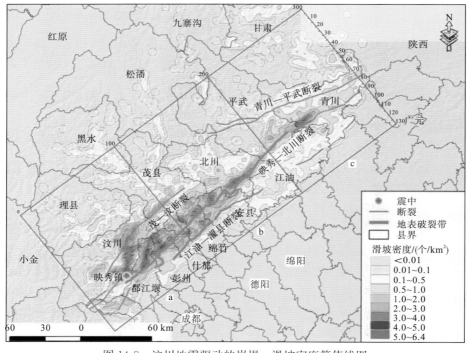

图 14-8 汶川地震驱动的崩塌、滑坡密度等值线图

地震之后，地质灾害专家在对地震灾区崩滑体数量进行统计和遥感数据处理的基础上，对汶川地震引发的崩塌、滑坡数量进行的估算表明，汶川地震在 $10 \times 10^4 \, \text{km}^2$ 的范围内，触发了约 3.5 万处崩塌、滑坡等地质灾害，并获得了崩塌、滑坡的密度分布图（图 14-9），揭示了在北川断裂的上盘附近发生的地质灾害的密度最大。

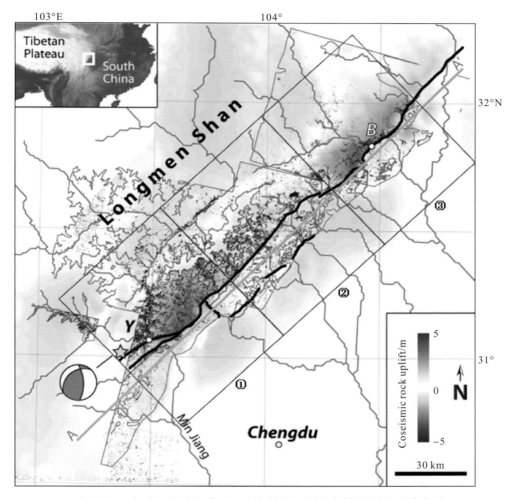

图 14-9　汶川地震驱动的崩塌、滑坡和泥石流与同震构造抬升量分布图

黑多边形为单个的同震滑坡；黑线为汶川地震的地表破裂；五角星为震中；灰色背景是基于 SAR 分析获得的同震垂直位移；黑灰色线为与地表破裂基本平行的线；蓝色方框为根据同震垂直位移将研究区在北东南—西方向上划分为三段；B 为北川；Y 为映秀

14.3.5　同震滑坡的面积

在汶川地震之后，结合对龙门山地区同震崩塌、滑坡和泥石流沉积物的实地观测，利用震后 30 天以内收集的高分辨率卫星影像，我们对同震崩塌、滑坡和泥石流沉积物进行填图，明确了地质灾害的分布范围，并确定了地震引发的松散堆积物空间分布情况。

为了能够更客观和真实的反映汶川地震驱动的同震滑坡的分布范围，我们开发了一套半自动化的检测算法，利用 EO-1 和 SPOT5 影像对每个的滑坡进行客观的填图。利用亮度阀值和 20°坡度掩膜移除谷底的假阳性，通过 EO-1 影像提取了滑坡面积；对独立滑坡的研究结果表明，在坡度小于 20°的区域滑坡密度很低（Dai et al.，2011）。在 SPOT5 影像中，用带有 20°坡度掩膜的无人监管分类方法描述滑坡分布区域。通过一系列功能导向的过滤器，可以消除由于道路和场地产生的误报，并用肉眼在地图上进行了检查和校正。

在此基础上，我们最终绘制出总面积为 13800km² 的滑坡平面图（图 14-10），该区域包括了 225km 地表破裂（Shen et al.，2009；Liu et al.，2009）中的 150km。因此，这里计算出来的总滑坡面积和体积都为最小值。然而，通过对比野外证据（Liu et al.，2009）、断裂模型（Shen et al.，2009）和 SAR 分析（Marcello et al.，2010），并利用航空影像和照片编辑单独的滑坡分布图，结果表明，填图区域覆盖了大部分同震滑动区域，可以很好地代表地震的主要滑坡区。

14.3.6　同震滑坡的体积

本次开展了同震崩塌、滑坡和泥石流的空间分布特征和沉积体量大小的研究，做了大量的卫星影像处理和实地观测工作，在沉积物体量大小和空间分布特征两个方面取得了一定的阶段性成果。为了对滑坡侵蚀量进行约束，我们在对龙门山地区 13800km² 范围内的同震滑坡进行填图的基础上，对处于自然状态下的滑坡量数据进行重复采集，获得滑坡密度 P_{ls}。

$$P_{ls} = A_{ls}/A_t \tag{14-2}$$

式中，A_{ls} 为被选中的窗口 A_t 内滑坡的面积。

P_{ls} 值是由式（14-2）计算得出，该值在震中附近大于 60%（$A_t = 1 \text{ km}^2$），在四川盆地地势平坦的地区为 0%（图 14-9）。P_{ls} 值沿断层走向也有很大变化，映秀附近的岷江峡谷是一个高值区（图 14-9），向北东方向变为次级的滑坡聚集区，与主要的贯穿河谷有很大关联。这在一定程度上反映了地表破裂沿断裂走向的变化（Liu et al.，2009）。Dai 等（2011）认为不同岩性的 P_{ls} 值有很大的差异，因此，P_{ls} 值与距震源的距离之间存在复杂的关系。由于滑坡事件并不是仅受同震形变约束，构造抬升的模式、体量和滑坡侵蚀之间可能存在着不匹配现象。

根据单个滑坡的面积 A_i 可以计算出滑坡的总体积 V_{ls}。

$$V_{ls} = \sum\nolimits_1^n \alpha A_i^\gamma \tag{14-3}$$

式中，n 为滑坡的数量；比例参数 α 和 γ 为常量，随着环境和坡面过程而变化（如基岩滑坡或浅层滑坡）。

在应用式（14-3）时，我们使用前人已发表的比例参数和在本研究区 41 个滑坡的野外实测获得的参数，应用式（14-3）进行计算。计算结果（表 14-1）较为一致，因此可以作为估算滑坡体积的一个约束条件。应用全球所有滑坡类型最合适的比例关系（Larsen et al.，2010）$\gamma = 1.332 \pm 0.005$，计算得出 $V_{ls} = (5.73 \pm 0.41)/(-0.38)\text{km}^3$。应用基岩滑坡的最佳比例关系（Larsen et al.，2010）（$\gamma = 1.35 \pm 0.01$）和野外实测获得的比例关系（$\gamma = 1.388 \pm 0.087$）都得出相似的体积 $V_{ls} \approx 9\text{km}^3$。然而，在应用 Guzzetti 等（2009）的参数时，获得的结果为 $V_{ls} = (15.2 \pm 2.0)/(-1.8)\text{km}^3$。因此，在表 14-1 中估算的体积为最小值，因为在卫星影像上只包含了大部分的地表破裂，而非全部。但是其与 13800km² 范围内 0.42~1.1m 的平均剥蚀厚度是一致的。如果将这些估算结果转换成滑坡侵蚀速率，就需要知道在北川断裂发生地震（能触发大型滑坡的地震）的复发间隔。但是由于探槽的数量和测年数据很有限，张力累计速率也是推测得出的，因此很难对复发间隔进行约束。如果假设 2000~4000 年的复发间隔是可信的，那么可以获得单独由于滑坡造成的长周期空间平均侵蚀速率为 0.1~0.6mm/a，该值接近于根据宇宙成因核素分析获得的千年尺度的龙门山震前的总侵蚀速率（0.2~0.6mm/a；Ouimet et al.，2009）。

本次利用面积—体积比例关系，估算出的同震崩塌、滑坡和泥石流体积为 5~15km³ 的松散物源。其远大于同震岩石隆升增加的山脉体积 2.6±1.2km³（Marcello，2008）。这种差异表明，在大约超过 2000~4000 年的地震周期中，即使只有一小部分崩塌、滑坡和泥石流沉积物被河流搬运走，汶川地震也将导致龙门山体积的实际亏损。这样的结论挑战着我们普遍接受和支持的巨大的倾向滑动或斜滑断层型地震塑造了山脉地形的这一观点。

表 14-1　崩塌、滑坡比例关系与崩塌、滑坡体量的估算

关系*	α	γ	体量†/km³	平距剥蚀‡/m	剥蚀速率§/(mm/a)	参考文献
L1	0.146	1.332±0.005	5.73+0.41/−0.38	0.42	0.1−0.2	Larsen et al., 2010
L2	0.186	1.35±0.01	9.21+1.37/−1.19	0.68	0.2−0.4	Larsen et al., 2010
L3	0.257	1.36±0.01	14.6+2.2/−1.9	1.08	0.3−0.6	Larsen et al., 2010
G	0.074	1.450±0.009	15.0+2.0/−1.7	1.1	0.3−0.6	Guzzetti, 2009
野外测量	0.106	1.388±0.087	9.08+22.2/−6.35	0.66	0.2−0.3	本次研究

L1.全球所有崩塌、滑坡之间的关系(Larsen et al., 2010);L2.全球所有基岩崩塌、滑坡之间的关系(Larsen et al., 2010);L3.喜马拉雅山地区基岩和泥质混合的崩塌、滑坡关系(Larsen et al., 2010);G.全球所有崩塌、滑坡之间的关系(Guzzetti, 2009);† 根据式(14-3)计算误差为±1;‡. 平均剥蚀表示崩塌、滑坡引起的地表平均下降,用崩塌、滑坡体量估算值除以研究区总面积计算得出的;§. 空间平均崩塌、滑坡剥蚀速率是通过平均剥蚀厚度除以推测的地震复发间隔2000~4000 年(Shen, 2009;Ran, 2010)

14.3.7　同震滑坡量沿断层走向上的变化

通过对震后卫星影像的分析,发现地震触发的崩塌、滑坡和泥石流在空间上分布极不均匀。根据卫星影像显示的崩塌、滑坡和泥石流面积和崩塌、滑坡和泥石流的厚度数据(包括野外实测和前人已发表的数据),在平行于地表破裂的方向(北东—南西向)上,本次计算了每1km 宽的条带区域内崩塌、滑坡和泥石流沉积物的面积和体积数值,并绘制了崩塌、滑坡和泥石流沉积物的面积和体积在北东—南西向上的变化曲线(图 14-10)。

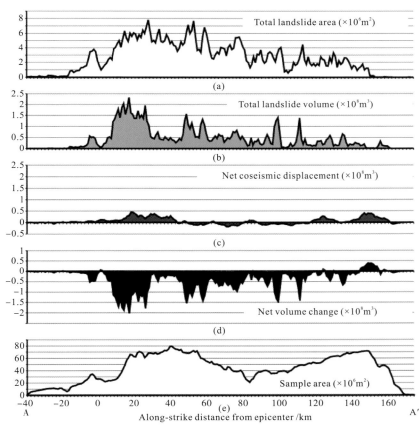

图 14-10　同震滑坡和同震位移在沿断层走向上的变化

所有数据来自图 14-9 中地表破裂平行线 A-A′上 1km 间隔。(a). 每1km 宽的条带区域内的滑坡面积;(b). 每1km 宽的条带区域内的滑坡体积;(c). 每1km 宽的条带区域内的同震体积变化;(d). 净体积变化(等于同震岩石抬升体积减去同震滑坡体积);(e). 沿走向上卫星影像覆盖的样本区面积

Marcello 等人(2010)利用星载合成孔径雷达(SAR)合成的 C 和 L 波段的振幅数据,获得了汶川地震导致的地表同震位移三分量数据。我们利用龙门山垂向上的位移数据计算了龙门山体积变化 V_t。

$$V_t = A \sum_{x=1}^{n} (U_x) \tag{14-4}$$

式中,A 为单元格面积;U_x 是每隔单元格区域的垂向位移;n 是单元格的数量,计算获得的体积增量为 $2.6 \times 10^9 \, \mathrm{m}^3$。

此外,通过式(14-4)也可以计算出,在平行于地表破裂的方向(北东—南西向)上,每 1km 宽的条带区域内同震形变引起的岩石抬升体积数值,并绘制岩石抬升体积在北东—南西向上的变化曲线(图 14-10b)。

在确定每个网格的地质灾害密度和数量的基础上,可以获得垂直于龙门山走向的 60 个长 130km、宽 5km 的条形区域内地质灾害的数量,根据此 60 个数据可以获得汶川地震驱动的地质灾害在北东—南西向上的变化趋势(图 14-11)。

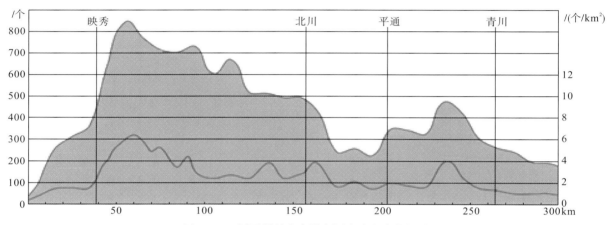

图 14-11　同震滑坡灾害沿断层走向的变化规律

灰色区域为垂直于龙门山的长 130km、宽 5km 的条形区域内地质灾害的总数量(个);黑色线为该区域内的最大密度值(个/km²)

对地质灾害在北东—南西向上变化趋势的分析表明,在映秀以南,在 40km 的距离内,地质灾害数量急剧减小,并接近于 0;在映秀至北川附近是地质灾害数量最多的区域,最大密度可超过 6 个/km²;在北川至平通,为地质灾害数量的低值区,密度一般不超过 2 个/km²;在平通至青川,地质灾害数量再次增加,最大密度可达 4 个/km²;在青川以北地区地质灾害数量逐渐减小。

根据对地质灾害在北东—南西向上的分布情况,我们可以初步确定地震导致的松散堆积物在北东—南西向上的分布情况。地质灾害数量最多的区域在映秀与北川之间,其次为平通与青川之间,因此,可以推断映秀与北川之间、平通与青川之间的区域为松散堆积物分布较多的区域,也是今后需要重点进行泥石流地质灾害预测和防治的区域。

因此,同震形变体积变化减去崩塌、滑坡和泥石流沉积物体积获得的数值,便是地震导致的龙门山真实的净体积变化,如图 14-10 所示,净体积变化数值仅在局部地区为正值,绝大部分地区为负值,表明汶川地震实际上导致了龙门山体积的亏损。

14.3.8　同震滑坡量在垂直于断层方向上的变化

本次将同震滑坡的主要区域划分为三段,并将覆盖同震滑坡的矩形区域平分为 3 部分,每部分均为垂直于龙门山的矩形区域(长 130km、宽 100km)。根据在已建立网格获得的同震滑坡密度和数量数据,可以获得 3 个小矩形区域(每个宽 5km,长 100km)内同震滑坡的数量,并获得在垂直于龙门山方向上的同震滑坡数量和密度变化趋势(图 14-12)。

同震滑坡数量在北西—南东向上分段变化趋势的分析结果表明,在南段分布的同震滑坡的变化较为复杂，在断层上盘存在同震滑坡数量的峰值，向南东方向迅速减少，向北西方向也逐渐减少，但其中又有多个次级峰值，以岷江峡谷处最为明显(图 14-12a)；中段的同震滑坡数量变化曲线表现为近对称的尖塔形，向北西和南东两个方向均均迅速减少(图 14-12b)；北段的同震滑坡数量变化曲线也表现为近对称的塔形，但峰值没有中南段的高，且两侧曲线均较前两者平缓(图 14-12c)。

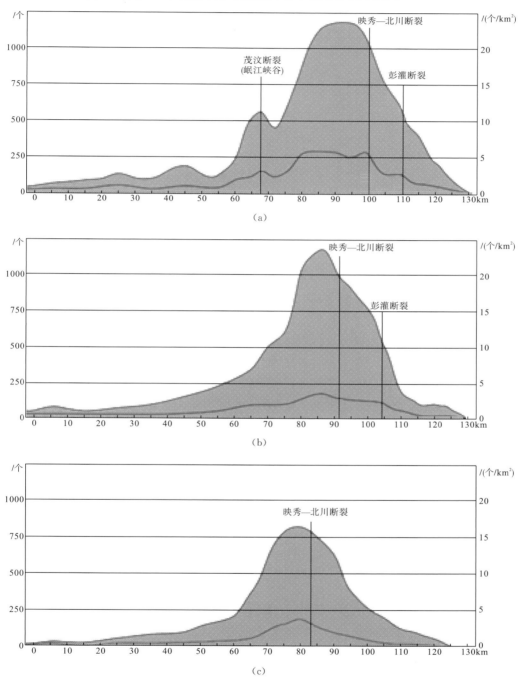

图 14-12　同震滑坡在垂直于断层方向上的变化
灰色区域为平行于龙门山的长 100km、宽 5km 的条形区域内地质灾害的总数量(个)；黑色线为该区域内的最大密度值(个/km²)

　　根据在这 3 个区域内同震滑坡数量在北西—南东向的分布和震后泥石流爆发的区域，我们可以认为大于 500 个地质灾害点分布的 5km 条形区域为泥石流爆发的高危区。以北川断裂为参考点，在这 3 个区域内泥石流爆发高位区域分别为：①南段，北川断裂以东 12km、以西 37km 的范围内；②中段，位于北川断裂以东 15km、以西 20km 的范围内；③北段，位于北川断裂以东 10km、以西 16km 的范围内。

汶川地震驱动的同震滑坡空间分布特征的分析结果表明，同震滑坡主要分布在海拔较高、地势较陡的山谷中，而这些崩塌、滑坡等形成的松散堆积物也为泥石流的爆发提供了物质条件，高陡的山谷又为泥石流的爆发提供了环境条件。这也将成为地震之后，该区域面临的最大问题，2008年和2010年发生的群发性泥石流也证明这一推断是正确的。

通过对同震滑坡空间分布特征的精确刻画，本文获得了以下两点认识：

（1）在北东—南西方向上，同震滑坡数量变化具有多个峰值和低谷相间分布的特征，同震滑坡数量最多的区域在映秀与北川之间，其次为平通与青川之间，同时这也是今后需要重点进行泥石流地质灾害预测和防治的区域。

（2）震后泥石流爆发的高危区域分别为：①南段位于北川断裂以东12km、以西37km范围内；②中段位于北川断裂以东15km、以西20km范围内；③北段位于北川断裂以东10km、以西16km范围内。

14.4　汶川地震驱动的构造隆升量与滑坡剥蚀量及其对龙门山地貌生长的约束

虽然地震通过重复性的垂直位移建筑地貌形态，但是大地震同时也是触发滑坡的主要因素（Keefer，1994）。因此构造运动和地表过程之间的竞争驱动了山脉的演化（Densmore et al.，1998；Hovius et al.，2000；Whipple，2009）。最近的研究成果（Keefer，1994；Malamud et al.，2004；Guzzetti et al.，2009；Larsen et al.，2010）表明，滑坡能够导致持续的高速率侵蚀作用（可达1~10mm/yr），这对我们所理解的山体地形的形成原因提出了挑战：如果地震驱动的滑坡松散堆积物体积超过同震产生的造山带岩石体积增加量，假定这些沉积物通过其他侵蚀过程被搬运走，那么造山带的体积和平均海拔必然会减小。因此，大地震在引起岩石上升和促进滑坡侵蚀作用（Hovius et al.，2011）及其两者中所起的相对作用，对理解地壳隆升和剥蚀作用之间的平衡非常关键。

通过倒置合成孔径雷达（SAR）的上升和下降数据可以获得横跨该区间隔约350m的三维地表位移矢量（图14-10），并可以计算出了同震岩石隆升产生的造山带物质增加体积（Marcello et al.，2010）。本次将这一数据与滑坡体积的估算值进行了对比。我们计算出了滑坡分布地区的垂向位移分量的总数，获得净体积增加量为 $Vt=2.6\pm1.2$ km³。这一数值远小于滑坡体积的估算值（表14-1）。这一结果意味着汶川地震所导致的龙门山体积增加量远小于同震滑坡所代表的潜在的侵蚀量。然而我们要对这种直接的对比结果做两个重要的说明。①SAR数据来源于2006年11月和2008年8月，它记录的地表变化可能是由于同震和震后滑坡，也可能是同震和震后形变。然而，滑坡仅影响了13800 km²范围内4%的地区，对 Vt 的影响极小。另外，滑坡产生的地表破坏导致SAR分析的局部不连贯，并且在计算地表位移时不连贯的像素点将被排除（Marcello et al.，2010）。位移的大小和方向取决于反演，并密切配合野外实地观察（Liu et al.，2009；Marcello et al.，2010），因此对造山带尺度的位移估算，不会因滑坡形成的地表变化产生很大的偏差。②更需关注的是估算出来的滑坡体积并不绝对等同于被侵蚀的体积；将滑坡堆积物转化成一个造山带尺度的侵蚀速率，需要将同震滑坡堆积物从造山带被有效地冲刷走（Hovius et al.，2011）。虽然在地震前在龙门山主要河谷中存储了大量的沉积物，但绝大多数为裸露的基岩坡面并普遍缺乏厚层（>100 m）沉积物（Kirby et al.，2003；Ouimet et al.，2009），表明同震滑坡堆积物在整个地震周期内较容易被有效地搬运完。但是由于缺乏震前和震后沉积物卸载的数据，妨碍了我们对搬运速率的量化（Dadson et al.，2004；Hovius et al.，2011）。

因此，如果河流能在下一次大地震发生之前将汶川地震滑坡堆积物都搬运走，那么这次地震可能造成了龙门山净体积很大的亏损。显然这种不平衡将影响龙门山地貌的生长。需要强调的是，我们的结果仅仅是对侵蚀作用和构造作用之间竞争的瞬间测量，其与一个造山带的长期体积平衡可能只有间接的关系（Whipple，2009）。一种可能性是，山脉正处于地形衰退期（Godard et al.，2009），侵蚀速率超过了岩石隆升速率，但这种模型还需要更多的热年代学研究来验证。另一种可能性是，一些长期的岩石隆升是通过震间的形变(Perfettini et al.，2010)或滑动积累而形成的，尽管后者已经近似于同震位移的一部分。另外，长期岩石隆升的重要部分可能发生在更频繁的小型或深层地震期间，这些地震产生较低峰值的地面加速度值(Orphal et al.，1974)并且触发很少量的滑坡(Keefer，1994；Malamud et al.，2004)。在这种情况下，震级较大或震源较浅的地震主要削弱由震级较小或震源较深地震建造的构造地貌，并维持坡面处于临界坡度。在这种想法的支持下，Ouimet(2010)指出，龙门山的短周期(10^3 yr)侵蚀速率为0.2～0.3mm/yr，低于百万年尺度的侵蚀速率(0.5～0.7mm/yr)，说明大地震使侵蚀速率赶上了长周期的岩石隆升速率。在确定一次地震的精确模式和滑坡数量的响应时，气候条件可能也将起到一定作用。然而，考虑到这个数量级介于在我们估算的滑坡侵蚀速率与长周期、短周期侵蚀速率之间，气候的短暂变化可能不会对山脉体积平衡产生很大的改变。另一种可能性是，在汶川地震中岩石的抬升和山体滑坡侵蚀之间的平衡是异常的，不能用它来推测多个地震周期。似乎具有较大缩短分量的地震将导致岩石体积的净增加，而对于以走滑运动为主的地震，由于大量的滑坡和少量的岩石抬升将导致山脉体积的净亏损。汶川地震中的右旋走滑和逆冲滑动在断裂带有很明显的分段性(Liu et al.，2009)，并且不同期次的地震中，这些断裂的岩石抬升与侧向走滑的比率可能也有差异(Densmore et al.，2007)。在连续的地震中这一比率的巨大变化，被认为可以对净体积平衡产生较大的短暂变化，即使滑坡的模式和总体积保持不变。无论如何，在汶川地震中构造抬升量和滑坡侵蚀量之间明显的不匹配性，说明需要更好地理解大地震在特定区域侵蚀速率及其在造山带长期演化模式中的作用。

14.5　红椿沟流域构造隆升量与滑坡剥蚀量的对比

2008 年 5 月 12 日在龙门山中北段发生了汶川(Ms8.0)地震，2013 年 4 月 20 日又在龙门山南段发生芦山(Ms7.0)地震。汶川 8.0 级地震的构造抬升在瞬间就改变了地形坡度，形成了巨量的滑坡和泥石流，并导致地貌和河流体系产生相应的变化和调整。因此，强震事件在龙门山地貌演化和地表过程中的作用成为当前关注的科学问题之一。人们通常认为，逆冲型地震是一种造山运动，将导致山脉产生新的抬升，使山脉持续生长。但是强震又导致了巨量的滑坡剥蚀作用可以使山脉降低。Parker 等(2011)认为汶川地震所导致的同震滑坡量远大于同震构造抬升量，使龙门山产生了物质亏损，并导致了龙门山地形降低，引起了巨大的反响和争论，表明目前对汶川地震构造抬升与滑坡剥蚀作用在龙门山地貌演化过程中所起的作用仍存在明显的分歧。值得注意的是，2010 年 8 月震后暴雨的出现导致了同震滑坡的重新活动，并诱发了大面积滑坡和泥石流的产生，显示了震后大型滑坡、泥石流的空间分布特征和规模大小是一个动态变化的过程，并受强降雨的控制，而位于汶川地震震中的 2010 年 8 月红椿沟发生的堵江滑坡、泥石流(图 14-7)记录了汶川地震构造作用与滑坡、泥石流和河流地貌变化之间定量化的数据和信息，本文试图以红椿沟(图 14-8，图 14-13)为实例，以实地测量和遥感技术为基础，对红椿沟地震滑坡、泥石流的活动情况进行实时跟踪，确定了地震滑坡和震后泥石流的分布特征和沉积体量大小的变化情况。在此基础上，利用测量的汶川地震的构造抬升量与滑坡量、泥石流量之间的定量关系，定量评价滑坡、泥石流过程所代表的侵蚀量与地震驱动的构造抬升量之间的对比关系，探索汶川地震驱动的构造抬升与滑坡、泥石流的表面侵蚀过程及其对龙门山地貌生长的约束。①在对精度为 5m 的 SPOT、精度为 10m 的 EO-1 图像、航片和数字高程图等图像资料进行解译的基础上，对红椿沟滑坡、泥石流进行了的填图工作，精确刻画了滑坡、泥石流沉积物空间分布特征和规模大小的变化情况，定量计算了红椿沟滑坡量、泥石流量、沉积通量及其它们之间的转化率；②定量计算了红椿沟由汶川地震逆冲—走滑作用所导致的构造抬升量；③定量计算了红椿沟滑坡、泥石流过程所代表的侵蚀量与地震驱动的构造抬升量之间对比关系，为定量评价汶川地震的构造抬升量与滑坡、泥石流量对龙门山地貌生长影响提供了一个范例和定量约束条件。

图 14-13　红椿沟的地貌特征与汶川地震的同震地表破裂和滑坡分布(据付碧宏等，2008)

　　红椿沟(沟口坐标：北纬 N31°04′01.1″，东经 E103°29′32.7″)位于汶川地震震中的岷江上游。岷江发源于岷山，穿过龙门山而流入四川盆地。从河源至山口(都江堰市)之间的河段被称为上游段，河道长340km，主干河道的流向为由北向南，在汶川南侧转向东南，并横切龙门山流入成都平原，落差达3009m，河道的平均比降为 8‰，河谷与山脊之间的相对高差达 3000m 以上。前人将岷江上游分为岷江源头段、松潘—汶川段、汶川—都江堰段和都江堰—成都段(李勇等，2006)，其中红椿沟位于汶川—都江堰段。该河段的河谷走向与北川断裂、彭灌断裂的走向斜交或直交，河谷类型显示为不对称峡谷，切割深度为 250～1400m，水流湍急，河面宽度一般在 91m 左右，发育五级阶地，河床的平均坡降为9.7‰，最大流速为 6.9m/s。

　　红椿沟流域的平面形态显示为矩形(图 14-13～图 14-17)，流域面积约为 $560 \times 10^4 m^2$，沟道右岸面积约为 $290 \times 10^4 m^2$，沟道左岸的面积约为 $270 \times 10^4 m^2$，右岸面积与左岸面积的比率约为 1.07。沟谷上游窄，下游较宽。在剖面上显示为深切割的"V"形河谷，岸坡的坡度一般为 40°～50°。主沟的长度为3.62km，沟谷口的底宽为 300m。河床纵剖面成直线，河床的平均纵坡降为 31.25‰(图 14-16)，沟谷陡峻。在沟域内的最高点的高程为 2168.4m，而在沟口与岷江交汇处的高程为 880m，相对高差为1288.4m。红椿沟的径流主要来自于降水和泉水补给，流量受降水量影响较大，下游流量为 0.3～0.5m³/s 左右，丰水期流量可达 2.0～5.0m³/s，降雨的径流系数一般在 0.2～0.3 左右。沟口的最大流速为 2.6m/s，最大的洪峰流量达 61.67m³/s。以上资料表明，红椿沟具有以下特征：①位于汶川地震震中的北川断裂带上，地表发生破裂，表层土体结构松散及岩石节理裂隙发育，多被切割成块状，岩层破碎；②该泥石流沟具有岸坡陡峻、沟床比降大的特征；③红椿沟的沟口宽度为 80～110m，其与岷江宽度(91m)的宽度比为 1：1。

图 14-14 红椿沟的汶川地震同震滑坡分布图(航摄照片)

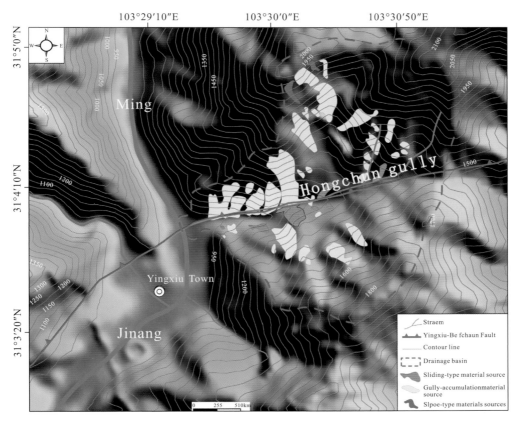

图 14-15 红椿沟的汶川地震同震滑坡分布图

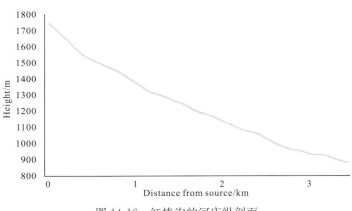

图 14-16　红椿沟的河床纵剖面

图 14-17　红椿沟汶川地震的同震滑坡、泥石流分布图

14.5.1　红椿沟的同震滑坡量

汶川地震在红椿沟的沟谷两岸诱发了大量的崩塌、滑坡及支沟泥石流等，坡面结构变得松散，坡面滑塌现象发育，植被破坏严重，水土流失加剧，泥石流松散固体沉积物量大大增加，主要有崩滑型物源、沟道堆积型物源，其次为坡面型物源，并沿红椿沟的沟道及支沟沟道的两侧分布。

经实地调查，汶川地震后新增的崩塌、滑坡点共 40 处(图 14-15)，包括：①崩滑堆积物源点 31 个，其中崩塌 28 个(小型崩塌 9 个、中型崩塌 19 个)，滑坡 3 处(小型滑坡 1 个，中型滑坡 2 个)；其中最大的滑坡体位于主沟中上游的右侧岸坡，滑坡体的宽度约为 180m，顺坡的长度约为 300m，土层厚度为 10~20m，滑坡总方量约为 $36×10^4 m^3$；滑坡所形成的大量松散物质进入沟道，将原有沟道填高了约 20m；经统计，沟域内崩塌、滑坡沉积物的总量为 $134.54×10^4 m^3$，可能参与泥石流活动的动储量为 $35.57×10^4 m^3$。②沟道堆积物有 7 处(其中 1 处为原沟道堆积物源，1 处为新形成滑坡、崩塌的沟道沉积物，5 处为来自支沟的泥石流沉积物)，主要为地震引起的支沟两侧的崩塌体进入主沟道而形成的泥石流沉积物。经统计，沟道沉积物量约为 $242.07×10^4 m^3$，可能参与泥石流活动的动储量为 $11.56×10^4 m^3$。③坡面侵蚀的固体沉积物量为 $3.4×10^4 m^3$，该部分堆积物离沟道较远，不能进入沟道参与泥石流活动。④震后沟内松散固体物源量共计 $380.01×10^4 m^3$，可能参与泥石流活动的动储量为 $47.13×10^4 m^3$。

14.5.2　红椿沟震后强降雨驱动的泥石流量

2010 年 8 月 13 日强降雨驱动的红椿沟泥石流的沉积体量巨大，泥石流与主河的流量比、泥石流入汇总量、泥石流浆体屈服应力等较大，加之红椿沟泥石流与岷江的入汇角为直角，造成了红椿沟泥石流堵江现象的发生。

1.红椿沟泥石流量与沉积物构成

红椿沟特大泥石流灾害显示，震区暴发泥石流的物源主要来源于崩滑堆积物、沟道堆积物、坡面震裂松动层。在 2010 年 8 月 13 日的暴雨泥石流中，新启动的泥石流量为 $70.5×10^4 m^3$(表 14-2)，物源点共计 37 处，其中：①崩滑类物源 26 处，启动量共 $41.2×10^4 m^3$；②沟道堆积物物源 11 处，启动量为 $29.3×10^4 m^3$(甘建军等，2012)。红椿沟泥石流堆积体主要成分为碎块石夹砂块碎石土，其中块碎石约占 60%，粒径多在 20~50cm；其次为漂石(约 15%)、漂砾(约 10%)、角砾(约 10%)和砂(约 5%)。在红椿沟内出露的岩石及松散固体物质成分主要为花岗闪长岩、石英闪长岩等，主要为节理极度发育的硬岩，在风化作用下多风化成粉砂状和碎块状，汶川地震导致的崩塌堆积物的直径一般也在 1.0m 以下，沟道内的堆积物多为块碎石，粒径一般在 0.5~1.2m。

表 14-2   2010 年 8 月 13 日红椿沟泥石流入汇处岷江(主河)的主要参数

河流	河床宽度/m	最大流量/(m³/s)	容重/(t/m³)	流速/(m/s)	落差/m	比降/‰	流向	当日雨量/mm	泥石流总量/(10⁴m³)	汇入总量/(10⁴m³)
岷江(干流)	91	452		6.9	222	9.7	SE135°			
红椿沟(支流)	85~110	696.45	1.71	2.6~4.92	1288.4	110	SW225°	162.1	70.5	48.1
比值	1:1	0.65:1	1.71	2.65~1.4:1	0.17:1	0.01:1	90°			
	宽度比	流量比	容重比	流速比	落差比	比降比	交会角			

2. 红椿沟泥石流沟与岷江(主河)之间的交角

红椿沟是一条断层沟。北川断裂顺该沟穿过，沟的走向与断层的走向一致，均为 NE45°左右。而岷江主河道的走向为 SE135°，因此，红椿沟与岷江(主河)之间的交汇角接近 90°。由于红椿沟泥石流沟与主河正交，泥石流出沟口后顺主河流向的流速分量为零，红椿沟泥石流与主河相互顶托，消耗了大量能量，从而导致泥石流中固体物质的动量减低，使泥石流体产生了巨量的沉积物堆积，阻塞岷江，形成堵江。

3. 红椿沟沟口泥石流的几何形态

堆积在红椿沟沟口的泥石流形成了体积约 $70.5 \times 10^4 m^3$ 左右的洪积扇(图 14-17，图 14-18)，扇长约为 900m，扇面辐角约为 20°，扇体面积约为 0.06km²，堆积厚度约为 10~20m。该堆积扇在平面上呈扇状，前部宽大，向后逐渐变窄，尾部狭长；在纵断面上，头部高陡，厚度较大，向后逐渐变低变薄，呈楔形。在横断面上，头部呈弧形隆起，中部变成平面，而尾部呈下凹弧面。

4. 红椿沟泥石流一次冲入岷江的沉积物量和几何形态

红椿沟泥石流一次冲入岷江的沉积物量为 $70.5 \times 10^4 m^3$，其中 $40.5 \times 10^4 m^3$(表 14-3)的泥石流龙头快速冲入岷江，形成扇状堆积体，长约 600m，宽约 320m，平均厚度约 20m。因岷江河谷十分狭窄(宽度仅 80~100m)，堵塞岷江，并形成了堵塞型的泥石流堰塞体，将主河道的 3/4 堵塞。其中在河道中的堰塞体的宽度约为 100m，长度为 350~400m，厚度为 2~25 m，并在水面形成 7~15m 高的坝体(图 14-18)。

图 14-18   2010 年 8 月 13 日强降雨驱动的红椿沟的堵河型泥石流

表 14-3　红椿沟泥石流物源量构成及其在汶川地震前、后的对比

时间		沉积物总量/$(10^4\ m^3)$
汶川地震前的沉积物量		90
汶川地震同震的沉积物量		380.01
汶川地震后泥石流的沉积物量	沉积物总量	70.5
	残留沟口沉积物量	30
	2010 年 8 月 13 日冲入河道的沉积物量	40.5
	2010 年 8 月 18 日冲入河道的沉积物量	8

5.红椿沟内残存的沉积物量

2010 年 8 月 13 日的泥石流沉积物主要是由距沟口较近的松散堆积物形成。据实地调查，在距红椿沟沟口约 1km 处的沟道内集中分布了汶川地震形成的 3 个崩塌和滑坡体的松散堆积物，沉积物量约为 $100\times10^4\ m^3$，由大量泥土夹少量碎块石组成，结构松散，堆积厚度约 20m。其中约 $70.5\times10^4\ m^3$ 的泥石流体，在经约 1km 沟道的加速流动后冲到沟口，其中的 $40.5\times10^4\ m^3$ 一次性冲入岷江，其中的 $30\times10^4\ m^3$ 滞留在红椿沟沟口。此外，在沟内上游尚残存有 $287\times10^4\ m^3$ 的松散固体物源量。2010 年 8 月 18 日的另一次强降雨使停积于红椿沟沟口段的部分堆积物再次启动，将 $8\times10^4\ m^3$ 的堆积物并冲入岷江，使已疏通的河道再次被堵塞，造成 2010 年映秀镇的第二次洪涝灾害。

6.红椿沟泥石流的流量、流速与河床演变

红椿沟泥石流(图 14-19)以大容重、高流速、大流量和强摧毁力为特征，属于复杂的非牛顿流体。该泥石流是由水与泥沙、石块和大漂石组成的不均质的混合体，属于黏性泥石流，其中固体物质的含量为 40%～80%左右。流体重度为 $1.71t/m^3$，固体物质重度为 $2.65t/m^3$。红椿沟泥石流与岷江(主河)之间的流量比为 1.54，沟口的泥石流峰值流量为 $696.45m^3/s$，而岷江的流量为 $452m^3/s$，表明红椿沟泥石流的流量是岷江(主河)流量的 1.5 倍。红椿沟泥石流沟与岷江(主河)之间的流速比为 0.71，其中红椿沟泥石流的流速为 4.92m/s，岷江的流速为 6.9m/s。

图 14-19　2012 年 8 月 13 日红椿沟泥石流及其空间展布(航拍图)
由四川省地质环境监测总站提供

红椿沟泥石流具有高强度的输沙能力和强烈的冲淤作用，在很短时间内将大量大小混杂的固体物质输入岷江河道（主河），影响了主河道的河床演变。支流泥石流的非牛顿流体与主河的牛顿流体之间的相互交汇，在短时间内改变主河水沙组成及局部边界条件，对主河水沙特性、运动特性及演变规律等都带来重要的影响。主要表现在以下 3 个方面：①该交汇区属于强紊动区域，水流运动规律复杂。由于水流的掺混、漩涡、边壁阻力、泥沙内部碰撞的离散作用以及两种流体间的剪切作用等，引起了交汇区能量的损失，导致主河交汇口附近的水位壅高以及交汇区的泥沙淤积。②河道变窄。红椿沟泥石流直接进入岷江河道中，以单侧挤占河道的方式挤占和压缩河道，阻断河流，河曲加剧，迫使主河水流靠近对岸形成洪水，冲入映秀新区。③河床升高。红椿沟泥石流堵塞河道，致使岷江改道 300m 左右，导致淤堵，引起上游的河床抬升，河床累计淤高约为 8～10m；此外，高强度的泥沙也向下游输移，使河道中的泥沙含量大幅增加，引起了下游河床的抬升，河床累计淤高约 3.5m。④河床比降增大。在剖面上，泥石流在主河河谷形成卡口，主河被堵断，引起主河壅塞，使河流特性发生改变；在卡口以上的上游，水流减缓，形成壅水，淤积作用增强；在卡口以下的下游，水流变急，形成跌水或急流，冲刷作用加剧；使河流纵剖面发生变化，形成了急流—深潭型梯级河床剖面，河道纵剖面的比降明显增加。

14.5.3　红椿沟地震滑坡、泥石流的侵蚀速率及其对岷江沉积通量的影响

本次以红椿沟滑坡、泥石流为例，定量估算汶川地震滑坡、泥石流的侵蚀速率，并试图与地震前滑坡的侵蚀速率和不同时间尺度（千年尺度和百万年尺度）的地表侵蚀速率进行比较，探讨地震滑坡的侵蚀作用及其在龙门山长周期的地貌演化过程中所起着的作用。

1. 汶川地震前红椿沟的滑坡剥蚀厚度与剥蚀速率

据实地调查，在汶川地震前红椿沟为一条老泥石流沟，沟内松散沉积物主要为沟道堆积物，流域内的沉积物总量约为 $90 \times 10^4 m^3$。据历史记录，震前曾发生过两次泥石流，一次为在 20 世纪 30 年代初期暴发的泥石流，另一次为 1962 年暴发的泥石流，洪水夹带大量泥沙、石块冲出沟口，冲出量约为 $2 \times 10^4 m^3$，但未造成堵塞岷江。据此，我们将震前已有滑坡的沉积总量（$90 \times 10^4 m^3$）与流域面积（$560 \times 10^4 m^2$）进行对比，获得的能够代表该流域在震前滑坡的剥蚀厚度仅为 0.16m。

鉴于汶川地震地表破裂的位置与北川断裂带的断层陡坎位置一致，我们认为汶川地震具有原地复发的特点（Li et al.，2006，2012；Lin et al.，2010），属于特征地震。自 40ka 以来，龙门山地区至少存在 30 余次强震的古地震记录，最晚一次强震发生在 930±40a BP 左右（Li et al.，2006），表明龙门山地区的强震"重现时距"约为 1000 年（Lin et al.，2010；Li et al.，2012）。如果按 1000 年复发周期计算，则红椿沟的震前滑坡剥蚀速率为 0.16 mm/a。其与岷江流域震前千年尺度的侵蚀速率（0.2～0.3mm/a，据宇宙成因核素法；Ouimet et al.，2009）较为一致，而明显小于百万年尺度的龙门山平均剥蚀速率（0.5～0.7mm/a，据低温热年代学方法；Kirby et al.，2008；Godard et al.，2009），表明在汶川地震前红椿沟滑坡侵蚀速率与千年尺度的侵蚀速率较为一致，而明显小于百万年尺度的侵蚀速率。

2. 汶川地震驱动的新增滑坡量与同震滑坡的侵蚀速率

同震滑坡的侵蚀速率是量化地震滑坡在地貌演化过程中的作用一个重要指标。也就是说，在地震复发周期内，地震滑坡的侵蚀速率相当于地表高程的平均降低速率。汶川地震所导致的同震滑坡量（$380.01 \times 10^4 m^3$）与震前已有的滑坡量（$90 \times 10^4 m^3$）相比，新增的滑坡量为 $290.01 \times 10^4 m^3$，增长率为 322%，表明汶川地震驱动的隆升作用导致的同震滑坡量是震前滑坡量的 3 倍。按该流域面积（$560 \times 10^4 m^2$）计算，该沟内震后滑坡的平均剥蚀厚度为 0.68m。

如果按 1000 年复发周期（Lin et al.，2010；Li et al.，2012）计算，则红椿沟的同震滑坡剥蚀速率为 0.68mm/a。其明显大于岷江流域震前千年尺度的侵蚀速率（0.2～0.3mm/a，据宇宙成因核素法，

Ouimet et al.，2009)，而与百万年尺度的龙门山平均剥蚀速率(0.5~0.7mm/a，据低温热年代学方法，Kirby et al.，2008；Godard et al.，2009)较为一致。表明地震成因的滑坡或崩塌是这些区域长期地表侵蚀过程的主要的外部营力，而且地震滑坡侵蚀速率大于震前的滑坡侵蚀速率，地震滑坡的侵蚀作用可能在龙门山的长期地貌演化过程中起着重要作用。

因此，我们可以认为，在汶川地震中，强烈的地面运动引发了大面积的边坡破坏，汶川地震驱动的隆升作用导致龙门山坡度的增加，促使滑坡量的增加，同震的滑坡量远远大于震前的滑坡量，同震滑坡侵蚀速率也远远大于震前滑坡侵蚀速率，平均的同震滑坡侵蚀速率是震前滑坡侵蚀速率的 3 倍以上。其原因在于，强烈的地震运动激活了更深层的岩体，使之变得不稳定，隆升的基岩通过滑坡向谷底转移物质的速率受山谷比降和受破坏的基岩的总体强度控制，震后的强降雨又加速了滑坡和泥石流、洪水的发育。

3. 震后泥石流量与同震滑坡量之间的转化率与泥石流的侵蚀速率

1)震前冲入河道的沉积物量与滑坡量之间的转化率

在红椿沟，震前冲入河道的沉积物量与滑坡量之间的转化率很小。据历史记载，震前仅在 1962 年的泥石流有沉积物冲入岷江，冲出量约为 $2×10^4 m^3$，其仅占红椿沟滑坡量($90×10^4 m^3$)的 2.22%。表明在汶川地震前滑坡转化为河道沉积物的速率是相当慢的。

2)震后泥石流量与同震滑坡量之间的转化率

红椿沟同震滑坡的沉积物量($358.44×10^4 m^3$)与震后 2010 年 8 月 13 日和 2010 年 8 月 18 日形成泥石流的沉积物量($70.5×10^4 m^3$)相比，转化率为 19.67%，约为 20%，表明震后一次强降雨使汶川地震滑坡量的 1/5 转化为泥石流，显示地震滑坡转化为泥石流的速率是相当快的。可以获得如下 2 个结论：①在汶川地震后，滑坡转化为泥石流的速率约为汶川地震前的 10 倍以上；②据目前的观测，激发泥石流的临界雨强值已经大幅度降低，因此震后超过临界雨强的暴雨所引发泥石流的暴发频率较高，震后超过临界雨强的暴雨的发生频率可能为 1~3 年一次，据此推测，同震滑坡将在未来 5~15 年期间可能大部分转化为泥石流。

4. 冲入河道的沉积物量与泥石流沉积物量、同震滑坡沉积物量之间的转化率

地震滑坡和泥石流的坡面过程与河流作用的结合是塑造龙门山活动造山带河流地貌的主要地表营力。其中，坡面过程主要以滑坡、泥石流等重力侵蚀方式进行，而河流在地表过程中不仅对地貌景观下切侵蚀，同时还是将坡面剥蚀物质搬运出龙门山的载体。河流下切使得河谷边坡超过坡面失稳的临界坡度，从而导致了大规模的崩塌滑坡，并导致河流沉积通量的增加。因此，可以利用红椿沟流域汶川地震所导致的滑坡量与冲出量之比率来表征滑坡量与河流搬出量，揭示滑坡量与河流剥蚀量之间的比率。

因此，将冲入河道的沉积物量($49.1×10^4 m^3$)与同震滑坡的沉积物量($380.01×10^4 m^3$)相比，可以获得冲入河道沉积物量与同震滑坡沉积物量的转化率约为 13%。冲入河道沉积物量与泥石流沉积物量($70.5×10^4 m^3$)之间的转化率为 69.64%，约为 70%，表明震后一次强降雨使泥石流的沉积总量的 2/3 转化为河道沉积物，并可以获得如下 2 个结论：①在汶川地震后滑坡、泥石流转化为河道沉积物的速率是汶川地震前的 35 倍；②震后超过临界雨强的暴雨的发生频率可能为 1~3 年一次，若按红椿沟滑坡量的搬运速率为 $49.1×10^4 m^3/a$ 进行推算，那么，同震滑坡在未来 7~21 年期间可能大部分转化为泥石流。因此，我们推测在未来 10~30 年期间同震滑坡和泥石流沉积物将大部分转化为河道沉积物。

5. 冲入河道沉积物量对岷江沉积通量的影响

红椿沟泥石流具有高强度的输沙能力和强烈的冲淤作用，能在很短时间内将大量大小混杂的固体物质输入岷江河道(主河)，使岷江中的泥沙含量大幅增加，导致河流输沙量和搬运能力的增加。2010 年红椿沟泥石流 2 次冲入岷江的沉积物量为 $48.1×10^4 m^3$，可折合为 $37×10^4 t$。将其与岷江流域的多年平均输沙量($764×10^4 t$)进行对比后，表明在 2010 年 8 月所发生红椿沟泥石流的产砂量对岷江流域新增输沙量的贡献率达到 5%。考虑到 2010 年 8 月特大暴雨所引发的泥石流达数 10 处之多，其中最大的是龙

池泥石流，一次冲入岷江中的沉积物达 $400 \times 10^4 m^3$。因此，我们估计在 2010 年 8 月因泥石流冲入岷江流域的物质总量约为 $500 \times 10^4 m^3$ 左右，可折合为 $384.62 \times 10^4 t$，对岷江流域新增输沙量的贡献率达到 50%。Dadson 等（2004）认为地震滑坡将导致河流沉积通量的增加，本项研究结果表明，汶川地震滑坡和泥石流确实导致了河流沉积通量的增加，增幅为 50%。

因此，在构造活动强烈的龙门山造山带，汶川地震的同震滑坡和震后泥石流使大量地表松散物进入河流系统，水系对地表物质的剥蚀、搬运、沉积过程被加快，使得该地区的剥蚀作用加强，河流输沙量加大，增加河流沉积通量，加快地表侵蚀强度和范围，促进了龙门山地表物质的迁移，以此来影响活动造山带的地表侵蚀和地貌演化。

14.5.4　红椿沟流域同震构造抬升量与滑坡量的对比及其对地貌生长的影响

在构造活动强烈的造山带，周期性强震所导致的同震垂直位移的累积是山脉持续隆升的一个重要的驱动因素，同时地震也导致了大量地表物质的迁移，改变了地形地貌（Parker et al.，2011）。当同震的构造抬升量大于同震的滑坡剥蚀量时，其结果是导致山脉平均高程的增加，反之，将导致山脉平均高程的降低（Parker et al.，2011）。Parker 等（2011）认为汶川地震的同震滑坡量（$5 \sim 15 km^3$）大于同震构造抬升导致的物质增加量（$2.6 \pm 1.2 km^3$；Marcello et al.，2010），进而提出了汶川地震导致了龙门山的物质亏损和高程的降低。然而，这种关系的确立将取决于地震滑坡物质的河流卸载时间与强震复发周期长短之间的比较。因此，定量化地分析地震滑坡物质的河流卸载时间将对理解地震与造山带地貌演化的关系有着十分重要的意义。显然，本次所计算的红椿沟地震滑坡物质的河流卸载时间将有助于对龙门山地震、滑坡侵蚀和地貌演化之间关系的重新认识。

1. 红椿沟流域汶川地震驱动的构造抬升量

汶川地震的发震断裂（北川断裂）从红椿沟穿过，将该沟口的水泥路面垂直位错了 $2.3 \pm 0.1m$（李勇等，2009）。如果我们将主沟以北属于断层上盘的构造抬升量均按 $2.3 \pm 0.1m$ 计算，那么在红椿沟流域内，汶川地震所导致的构造抬升量为 $667 \times 10^4 m^3$（2.3m（构造抬升厚度）$\times 290 \times 10^4 m^2$（按流域的右岸面积（$290 \times 10^4 m^2$）计算）。

2. 红椿沟流域汶川地震导致的构造抬升量与滑坡量之比

本次以汶川地震在红椿沟所导致的构造抬升量、滑坡和泥石流的定量数据，对比了汶川地震导致的构造抬升量与滑坡量之间的定量关系，获得如下初步结论：①红椿沟流域汶川地震导致的构造抬升量（$667 \times 10^4 m^3$）与同震滑坡的沉积物量（$380.01 \times 10^4 m^3$）的对比结果表明，其中构造抬升量的 56.97% 已转化为滑坡量，转化率约为 57%。②同震滑坡量小于同震构造隆升增加的山脉体积，表明以逆冲—走滑作用为特征的汶川地震导致了巨量的构造抬升，造成龙门山山脉产生新的抬升，导致了龙门山地貌的生长，因此，这种大型的陆内冲断带地震导致了龙门山地区的地形升高。这一结论与台湾集集（Mw7.6）地震导致的结论相似。Hovius 等（2011）认为 1999 年台湾集集 Mw7.6 级地震触发滑坡的剥蚀量并没有超过同震抬升的岩体的增加量。③汶川地震滑坡作用所产生的物质并不能直接而迅速地搬运出龙门山区，表明同震滑坡量并未在很短的时间内搬运出龙门山，计算结果表明，至少有 86% 的滑坡沉积物仍滞留于龙门山的红椿沟中，表明在未来 $10 \sim 30$ 年间同震滑坡和泥石流沉积物才能转化为河道沉积物，也就是说，至少需要 $10 \sim 30$ 年同震滑坡量才可能被河流搬运出龙门山，因此目前的滑坡、泥石流尚不可能造成龙门山的物质亏损。④鉴于同震构造抬升量和滑坡剥蚀量在同一个数量级，后者是前者的一半，表明在地震活动强烈的龙门山，周期性的同震构造抬升和滑坡剥蚀的累积在相似尺度上对地貌景观的塑造具有深刻的影响。

3.周期性地震构造抬升与河流剥蚀作用对龙门山地貌生长的影响

汶川地震构造作用使岩石发生抬升和位移，而震后的地表剥蚀过程则使地表的物质重新分配，因此，地表的地形反映了同震构造抬升过程与震后地表剥蚀过程之间的相互作用，同震构造的物质输入与震后剥蚀作用的物质输出之间的交替性变化，导致了地形分布和地形幅度的交替变化，而且表面过程的剥蚀速率和剥蚀方式也会紧接着发生变化，并导致区域性质量平衡的变化。自40ka以来，龙门山地区至少存在30余次强震的古地震记录，最晚一次强震发生在930±40a BP左右，表明龙门山地区的强震"重现时距"约为1000年(Li et al.，2006，2012；Lin et al.，2010)，显示地震活跃期与构造稳定期大约以1000年为一个周期的不断交替。在强震期，地表物质的剥蚀、搬运、沉积过程是迅速的和突变的，在震后的稳定期，水系对地表物质的剥蚀、搬运、沉积过程是缓慢的、渐进的。因此，在龙门山水系对地表物质的剥蚀、搬运、沉积过程也将随地震的周期活动而呈现出幕式发展的规律。汶川地震的启示是，地震构造过程常常在很短的时间导致整个山脉景观发生变化，相反，河流系统对被地震打破的平衡状态的调整往往需要几十到几百年。因此，与整个山脉的剥蚀作用而言，时间尺度为几十到几百年旋回的气候变化，可导致冲刷—切割地貌形成。特别是这种龙门山地区所特有的地形性的强降水使侵蚀作用增加，所产生巨量的滑坡和泥石流又减缓了龙门山脉的生长速度。

14.5.5　红椿沟震后泥石流的形成机制

1.震后滑坡、泥石流的空间分布受汶川地震断裂的控制

震后滑坡、泥石流的空间分布明显受汶川地震断裂的控制。如红椿沟滑坡、泥石流就是典型的例子。位于映秀镇东北侧的岷江左岸，处于汶川地震的震中区。汶川地震的发震断裂—北川断裂顺该沟穿过，倾向300°~315°，倾角35°~60°。其右岸为断层的上盘，岩性为前震旦系"彭灌杂岩"，沟谷和左岸为断层的下盘，岩性为震旦系和三叠系白云岩、石灰岩、砂岩等，岩石破碎，裂缝异常发育，岩土体松动。北川断裂的地表破裂从映秀镇北西角穿过，并切过岷江IV级阶地面及岷江后，向北东方向延伸至红椿沟，将国道G213线垂直位错了2.3±0.1m，并右行位错了0.8±0.2m(Xu et al.，2009；Li et al.，2010，2011)。对该地区活动构造(Li et al.，2006；Densmore et al.，2007)和汶川地震地表破裂(Xu et al.，2009；Li et al.，2010，2011)的研究结果表明，在映秀地区地表破裂发生在有历史地震破裂和活动断裂出露的地段，7万年以来曾在同一地点形成约40m高的断层陡坎，表明在第四纪以来曾发生过大震和地表破裂的地方，仍是现在和将来还会发生大地震的地方，属于特征地震。以上结果表明，汶川地震驱动的隆升作用导致龙门山坡度得增加，促使滑坡量的增加；红椿沟滑坡、泥石流的空间分布受汶川地震断裂的控制，沿发震断裂呈带状分布，滑坡带的宽窄受到汶川地震破裂带宽度控制，显示了龙门山在北东向的地形分异界线对滑坡量和密度的变化具有明显的控制作用，而滑坡量和密度随构造抬升幅度呈相应的变化。

2.泥石流沉积物的物质来源受汶川地震触发的崩塌、滑坡的控制

泥石流爆发需要3个基本条件，即降雨条件、地形条件和松散固体物质条件，并可用沟谷纵比降、山坡坡度、沟谷沉积物厚度、山坡堆积物厚度、流域相对高差、每平方米的节理数、最大粒径、沟宽等为主要因子来进一步刻画。红椿沟泥石流发生在汶川地震的震中区，处于X以上地震烈度区。汶川地震所震裂的山体，对红椿沟沟谷斜坡岩土体的破坏严重，崩塌、滑坡形成的大量松散物质堆积于沟道中，为泥石流形成提供了丰富的物源。

3.震后泥石流的突发性受强降雨控制

1)龙门山"地形雨"是导致该区强降雨的基本条件

龙门山位于青藏高原东缘，是构造缩短和物质聚集的狭窄区域。由于地形的影响，降水量加大，因而剥蚀率很高，这使得这里的地壳物质被快速的剥蚀和搬运，因而，龙门山是青藏高原东缘长江上游大陆碎屑物质最大的物源区之一。该区降雨主要受东亚季风控制，在 7~9 月东亚季风气流由南东向北西移动，并穿过龙门山脉，在龙门山脉东侧形成迎风坡，受地形的影响而增强了降水量，产生"雨影区"效应和"地形雨"，降水量剧增，形成北东向展布的强降雨带，年平均降水量达到 1600~2000mm/a。强降雨必然诱发大量的滑坡，导致龙门山快速的质量亏损。在龙门山脉西侧的背风侧，降水大幅度减少，形成较干旱的草原和荒漠，侵蚀作用明显减少，其结果是有利于龙门山西侧（背后）青藏高原的形成。

2）2010 年 8 月汶川地震后的强降雨期

降雨条件包含了降雨强度和雨量两个方面，而降水量又包括前期雨量和当日降水量，降雨强度则包括总降雨强度和瞬时降雨强度。在 2008、2009 年期间岷江流域没有发生特大洪水、泥石流等灾害，其原因在于该时期的降水量较小，与地震前比较，没有发生大的变化，降水主要集中在每年的雨季（6~9月），其中 2008 年 8 月的降水量为 245mm，略小于与该区域的月均降水量（268.83mm），9 月的降水量为 256.2mm，略高于同期的月降水量。但是在 2010 年 8 月 12~19 日期间，龙门山地区普降大到暴雨，局部地区有大暴雨（表 14-4）。2010 年 8 月 13 日下午 4 时 30 分左右，映秀镇开始降雨，13 日 20：00 开始降暴雨，14 日 01：20 即暴发了特大泥石流灾害。至 8 月 14 日凌晨雨强加大，2h 降水量达 163mm。在 14 日凌晨 3：00 左右，红椿沟上游及其甘溪铺、大水沟、新店子等支沟同时暴发泥石流，5 时左右结束。该次降水量大大超过了历史平均每天降水量。

表 14-4　红椿沟（映秀）2007~2010 年月降水量数据统计表　　　　　　（单位：mm）

年 ＼ 月份	1	2	3	4	5	6	7	8	9	10	11	12	全年
2007	14	9.4	16.7	36.1	69.8	90.7	160.4	221	95.5	131.8	17.5	16.8	879.7
2008	16.1	20.8	69.7	107.3	93	149.6	143.2	245	256.2	99.2	17.3	5	1222.4
2009	12	10.3	54	102.5	68.3	38	170.8	102.1	182.3	72.4	7.1	15	834.8
2010	2.9	7.3	36.8	60.2	101.9	73.2	142.6	507.2	248.5	58.2	7.2	21.8	2545.8

数据来源：根据四川气象站网站读取

汶川地震后震区泥石流启动的临界降水量显著降低，比震前降低了约 1/3~1/2 降雨。临界雨强仅为 35~40mm/h，最低仅为 15mm/h。因此，泥石流的暴发频率可能提高，成为中频甚至高频泥石流，震后 5~20 年其发生频率可能达到 1~3 年一次，以后，随着植被的恢复和部分物源趋于稳定，其发生频率可能逐渐降低。

3）强降雨带与地震断裂带基本重合

在龙门山东侧的迎风坡为北东向展布的强降雨带，此区域也是北东向展布的汶川地震断裂带，显示了强降雨带与龙门山汶川地震破裂带在空间位置上基本重合（图 14-20），导致了目前"震区滑坡、泥石流沿龙门山断裂带分布"，因此，汶川地震是引发山洪泥石流灾害的主要因素，区域性强降雨是震后滑坡、泥石流灾害的诱发因素，体现了汶川地震构造作用过程、地表剥蚀过程和降雨过程之间的正反馈关系。

综上所述，红椿沟泥石流的区域分布和发育程度，受控于北川断裂和断层沟谷地貌组合；该泥石流的爆发强度则受控于强降雨的激发因素；该泥石流的性质和规模，则受控于汶川地震导致的松散固体物质的储量和补给方式。

汶川地震后暴雨诱发了红椿沟泥石流灾害，大规模泥石流冲出沟口后迅速堵断岷江，形成了泥石流堵塞，壅高河道，并形成堰塞坝，并由此引发了淤埋和洪涝灾害。本次对位于汶川地震震中的红椿沟同震滑坡、震后泥石流与河流卸载过程开展了定量研究，建立了红椿沟同震滑坡和震后泥石流沉积物的传输路径框架体系，为定量研究滑坡沉积物量与构造抬升量之间的相互关系提供一个典型案例，为研究龙

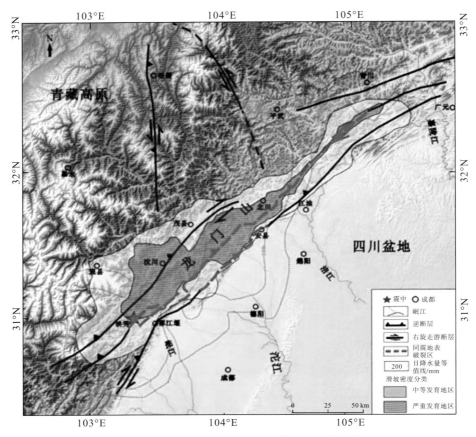

图 14-20　汶川地震后龙门山地区 2010 年 8 月泥石流和洪水与强降雨分布图(据 Li et al.，2011)

门山地震滑坡在河流系统中的物质传输过程提供一个样板和约束条件。初步获得以下结论：①红椿沟位于汶川地震震中区的高山峡谷地貌区，发震断裂(北川断裂)切过该沟，导致地质构造复杂、岩体结构破碎，为特大型滑坡、泥石流的暴发提供了基本地形和地质条件。②汶川地震使沟内山体大范围震裂松动，并触发了大量的崩塌、滑坡，同震滑坡的沉积物量为 380.01×10⁴ m³，同震的滑坡量是震前的滑坡量 3 倍。③2010 年 8 月 13 日和 2010 年 8 月 18 日的局地短时强降雨直接诱发泥石流的发生，其降水量大大超过了泥石流启动的临界雨量(35~40mm/h)；新形成泥石流的沉积物量为 70.5×10⁴ m³，表明震后一次强降雨使汶川地震滑坡量的 20% 转化为泥石流。④红椿沟泥石流将 48.5×10⁴ m³ 固体物质输入岷江河道(主河)，导致河道变窄、河床升高、河床比降增大。⑤冲入河道量与同震滑坡量之间的转化率为 12.76%，约为 13%；冲入河道量与泥石流量之间的转化率为 70%。⑥在红椿沟流域同震的滑坡量 (358.44×10⁴ m³)小于同震的构造抬升量(667×10⁴ m³)，仅有约 57% 构造抬升量转化为滑坡量，表明以逆冲—走滑作用为特征的汶川地震驱动的构造抬升量大于滑坡剥蚀量，并将导致了龙门山地貌产生新的抬升和生长。

14.6　湔江流域的构造隆升量与滑坡剥蚀量的对比

本文利用 GIS 技术对湔江流域的坡度、地形起伏度、面积—高程积分及其曲线等进行了分析，对湔江流域构造地貌进行了定量化研究(图 14-21)；并以湔江海子河右岸流域为例，在实地考察的基础上，利用了较高精度的遥感影像(EO1)、北京一号卫星影像、Google Earth 等对同震滑坡、泥石流进行识别及计算：①定量计算了该区域内由汶川地震逆冲—走滑作用所导致的构造抬升量；②定量计算了海子河右岸的同震滑坡量、泥石流量及其它们之间的转化率；③定量计算了海子右岸流域滑坡、泥石流所代表的侵蚀量与地震驱动的构造抬升量之间的对比关系，为定量评价汶川地震的构造抬升量与滑坡、泥石流量对龙门山地貌生长影响提供了一个范例和定量约束条件；④通过河流搬运能力的计算，得出了海子沟右岸流域同震滑坡物质的卸载时间。

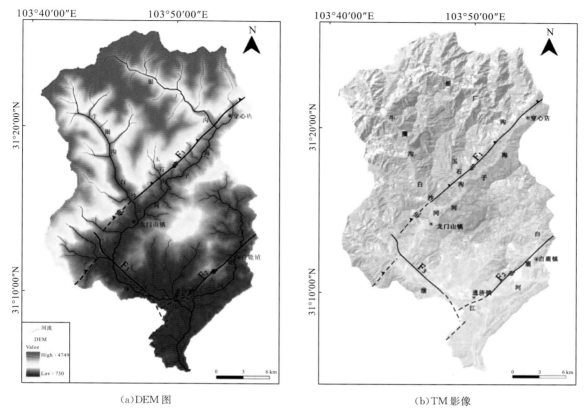

(a)DEM 图　　　　　　　　　　　　　　(b)TM 影像

图 14-21　湔江流域水系样式与活动断层分布图

14.6.1　湔江流域的同震滑坡量

利用滑坡面积与滑坡方量之间统计关系式，许多学者(Hovius et al.，1997；Guzzetti et al.，2009)对滑坡产生的方量进行了间接的计算。Guzzetti 等(2009)利用滑坡面积与方量的关系，建立了估算单个滑坡方量的经验关系式：

$$V_L = 0.074 \times A_L^{1.450} (R^2 = 0.9707) \tag{14-5}$$

式中，V_L 为滑坡方量；A_L 为滑坡面积。

Guzzetti 等(2009)曾利用该公式对汶川地震产生的滑坡进行了验算，认为式(14-5)在该地区是较为确切的。本文应用该公式对该地区谢家店滑坡的泥石流量进行了计算，结果为 359 万 m^3，其与王涛等(2008)计算的结果 400 万 m^3 计算接近，说明此公式在该地区是实用的。

对所有的单个滑坡体积(V_L)进行相加，得到该区域内的同震滑坡总量 V_{TL}：

$$V_{TL} = \sum_{i=1}^{N} V_L \tag{14-6}$$

在此基础上，本次利用 GIS 技术，在高精度的遥感影像(EO1)、北京一号卫星影像、TM 影像及 Google Earth 上对湔江流域的同震滑坡进行识别，共得到 66 个滑坡(图 14-22)。通过式(14-5)和式(14-6)计算得到该流域的同震滑坡量为 $3852 \times 10^4 m^3$。

图 14-22　湔江流域海子段的同震滑坡分布图(影像来源于 USGS)

14.6.2　湔江流域震后强降雨驱动的泥石流量

汶川特大地震发生后，震区物质变得极易疏松破碎，且龙门山是一个暴雨带，在雨季 5~9 月极易发生暴雨，进而引发严重的泥石流灾害(图 14-23)。据我们的野外调查、实地走访及前人资料收集，2008 汶川大地震后在海子河右岸(图 14-22)主要了发生以下泥石流(表 14-5)。

表 14-5　汶川大地震后湔江流域主要泥石流(截至 2013 年 7 月 31 日)

时间	泥石流沟名
2008-05-18	白果坪沟泥石流
2008-07-13(14)	谢家店子泥石流
2008-09-20	多条沟不同程度都有泥石流活动，阻断公路

续表

时间	泥石流沟名
2008-09-23(24)	白果坪、响水洞沟、青杠沟、洛河桥沟等沟发育不同程度都有泥石流活动
2009-07-17	响水洞、洛河桥沟、白果坪沟等沟不同程度都有泥石流活动
2010-08-18(19)	响水洞、谢家店子、灌子沟、洛河桥沟等 4 处泥石流沟爆发
2011-7-1	响水洞小型泥石流
2011-8-17	响水洞泥石流
2012-8-18	白果坪、响水洞、玉石沟、谢家店子、灌子沟、洛河桥沟等多处发育不同规模的泥石流
2013-7	谢家店等处有规模不大的泥石流爆发

经计算，地震后泥石流输入海子沟累计约有 $1000 \times 10^4 \, \mathrm{m}^3$。因其海子河右岸陡峻的坡度，泥石流绝大部分都冲入河道，转化为河道沉积物，因此，地震后泥石流量应略大于 $1000 \times 10^4 \, \mathrm{m}^3$。

(a)谢家店泥石流   (b)洛河桥沟泥石流

图 14-23   汶川地震后海子河右岸爆发的泥石流

14.6.3   湔江流域的构造抬升量与滑坡量的对比

在构造活动强烈的造山带，周期性的强震被认为是山脉持续隆升的一个重要的驱动因素，但是地震同时也改变了地形地貌。当同震构造变形驱动的构造隆升量大于同震滑坡量时，山脉平均高程将增高，地貌出现生长；反之，山脉平均高程将降低，地貌被渐渐夷平。地震滑坡物质的河流卸载时间与强震复发周期长短之间的比较对于理解地震与造山带地貌演化的关系有着十分重要的意义。

1. 湔江流域(海子沟)的同震构造抬升量

在汶川地震发生数日后，本研究小组立即赶赴地震现场，获得了宝贵的第一手资料。其中在该区域内的龙门山镇胥家沟村实测了两组地表破裂数据：①在东林寺西侧 500m 处的地表破裂（N31°17′04.3″，E103°48′59.8″），走向为 NE58°，垂直错位为 $1.5 \pm 0.2 \mathrm{m}$，水平错位为 $2.9 \pm 0.2 \mathrm{m}$；②在距上点 NE 方向约 30m 处，可见一小溪被垂直错断，垂直错位为 $1.3 \pm 0.2 \mathrm{m}$。在海子河右岸流域内北川断层穿过，断层的上盘在汶川地震过程中发生了同震隆升。海子河右岸隆升量为流域内断层的上盘区域的面积乘以垂直隆升距离。本文取该地区垂直隆升高度为测点①和②的平均值 1.4m。海子河右岸流域内的北川断层上盘面积为 $3813 \times 10^4 \, \mathrm{m}^3$，计算得该区域的同震抬升量为 $5339 \times 10^4 \, \mathrm{m}^3$。

2.湔江流域(海子沟)的同震抬升量、同震滑坡量、泥石流量及河道沉积物之间的转化

经过计算，海子沟右岸流域的同震抬升量为 $5339 \times 10^4 m^3$，同震滑坡方量为 $3852 \times 10^4 m^3$，表明同震抬升量大于同震滑坡量，约有 72% 的同震抬升物质转化为同震滑坡量。地震后泥石流输入海子沟的沉积物累计约为 $1000 \times 10^4 m^3$，因其海子沟右岸陡峻的坡度，绝大部分的泥石流冲入海子河，成为河道沉积物，所以地震后泥石流量应略大于 $1000 \times 10^4 m^3$。表明约 30% 的同震滑坡转化为泥石流。

3.湔江流域同震滑坡的卸载时间

1)同震滑坡卸载时间的计算方法

河流搬运物质通常以溶解质、悬移质和底移质 3 种形态存在。在这 3 种搬运方式中，起主导作用的一般为后两种搬运方式。Hovius 等(2011)认为台湾集集地震震后 10 年河流悬移质含量就恢复到了震前水平，所以用悬移质来计算同震滑坡的卸载时间是不合适的。由于河流底移质的移动速度相对悬移质来说较慢，且在长期的地貌演化过程中，河流物质中底移质对河流过程和形态的影响最大。河流底移质约占河流中总物质量的 30%，甚至达到 50%。本文运用河流流底移质的搬运时间来估算海子沟右岸流域同震滑坡的卸载时间。运用区域滑坡物质的质量(M_L)的 30% 与河流底移质的搬运能力(Q_T)的比值来计算滑坡物质的卸载时间 T。

$$T = M_L / Q_T \tag{14-7}$$

区域滑坡物质的质量 M_L 应等于滑坡物质的密度 ρ_L 和体积 V_{TL} 之积：

$$M_L = \rho_L \times V_{TL} \tag{14-8}$$

河流的搬运能力 Q_T 可由河流的剪切能力 τ_b 推算出来，如式(14-9)：

$$\tau_b = \rho g \left(\frac{nQ_W}{W} \right)^{\frac{3}{5}} S^{\frac{7}{10}} \tag{14-9}$$

式中，W 为河宽；n 是曼宁系数，对于山区河流通常取值为 0.04；Q_W 为河流多年平均流量(m^3/s)。

河流的搬运能力 Q_T 的计算公式为：

$$Q_T = 8\rho_S W \left[\frac{\tau_b}{(\rho_S - \rho)gD} - \tau_C^* \right]^{\frac{3}{2}} D^{\frac{3}{2}} \sqrt{\frac{(\rho_S - \rho)g}{\rho}} \tag{14-10}$$

式中，ρ_S 为底移质沉积物的密度；ρ 为水的密度；g 为重力加速度；D 为底移质的中值粒径(cm)；τ_b 为河床剪切应力，τ_C^* 为河床临界启动剪切应力。

对于基岩型河道，河床临界启动剪切应力数值通常的变化范围为 0.03~0.08。本文取常数 0.03 作为的湔江河床临界启动剪切应力。

2)海子沟流域同震滑坡的卸载时间

当上游的河流搬运能力小于下游时，地震滑坡物质则由河流下游相对上游的"剩余"的搬运能力来搬运。根据式(14-8)计算得到该区底移质沉积物量约为 28.32Mt(占滑坡物质总量(M_L)的 30%)，根据式(14-10)计算得湔江的上下游搬运能力差值为 0.1Mt/yr。在海子河能够完全搬运出同震滑坡物质的前提下，意味着同震滑坡物质搬运出龙门山至少需要 283.2a。

3)周期性地震构造抬升与河流剥蚀卸载作用对龙门山地貌生长的影响

龙门山最晚一次强震发生在 930±40a BP 左右，表明龙门山地区的强震复发周期约为 1000 年，且自 40ka 以来，龙门山地区至少存在 30 余次强震的古地震记录。计算得到海子沟流域同震滑坡的卸载时间为 283.2a，要小于龙门山强震的复发周期。在汶川大地震前，龙门山地区少有大面积的松散沉积物，这意味着在地震周期内，大量的同震滑坡物质将被搬运出龙门山。在这相对较短的时间内，可导致冲刷—切割地貌形成，这与龙门山现今陡峻的地貌是一致的。

14.7 平通河流域的构造隆升量与滑坡剥蚀量的对比

平通河为涪江流域的一级支流，发源于岷山东麓平武县、松潘县与北川县三县交界处的六角顶，穿越龙门山构造带北段，在江油汇入涪江。平通河上游流域被夹持在平武—青川断裂和彭灌断裂之间（图 14-24），地形由北西向南东逐渐降低，最高海拔超过 3200m，最低海拔仅为 600m（图 14-25 和图 14-26），落差达 2688m，河道平均比降 25‰。

本次将基于 DEM 数据对平通河流域的地形特征和水系网络特征进行分析，并作为研究该流域地貌演化的基本资料。

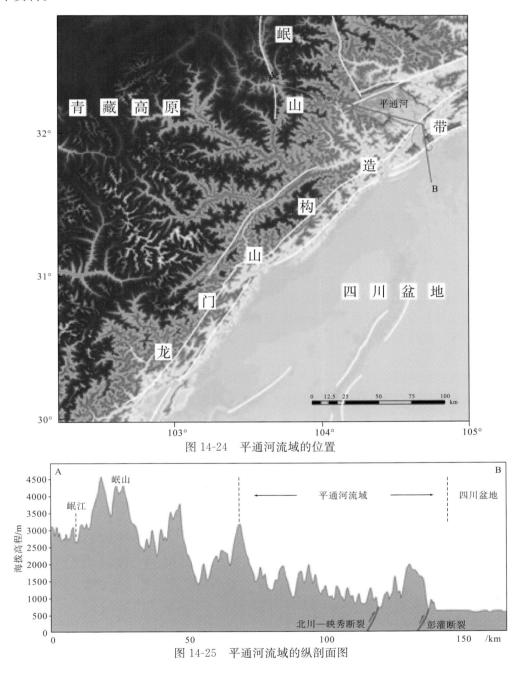

图 14-24 平通河流域的位置

图 14-25 平通河流域的纵剖面图

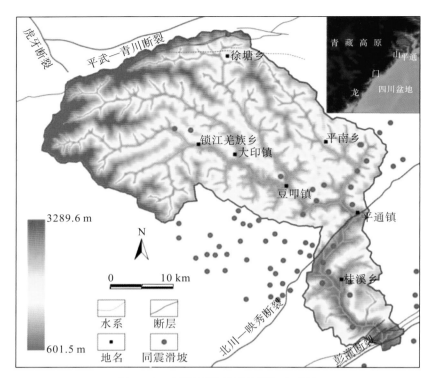

图 14-26　平通河流域的地形与水系图

14.7.1　平通河流域的水系网络

1. 地形坡度分析

利用 ArcGIS10.0 软件，基于 DEM 数据(1:5 万 DEM，栅格大小为 25m)，经过多次选取栅格窗口计算窗口内地面坡度的平均值，获得平通河流域平均坡度区间为 0°～51.1°的坡度分布图，并将平均坡度范围分为 4 个等级，获得平均坡度为 0°～11.6°、11.7°～20.8°、20.9°～28.8°和 28.9°～51.1°4 个坡度区间的分布范围图(图 14-27)。

根据流域范围内地形坡度的分布范围，可以更直观地获得该区宏观地貌特征(图 14-27)。南部位于彭灌断裂的上盘，距彭灌断裂约 10km 的范围内平均坡度较大，多介于 28.9°～51.1°；北部位于北川断裂上盘，在距映秀断裂约 7km 的范围内平均坡度较大，多介于 28.9°～51.1°。

由于山脉坡度也与地层岩性密切相关，因此，本次将该区的坡度图(图 14-27)和地质图(图 14-28)进行了对比分析。结果表明，在彭灌断裂与北川断裂之间同样以石炭系和泥盆系灰岩为主要岩性的地区，靠近彭灌断裂一侧的坡度明显较大(图 14-27 和图 14-28)。对北川断裂西侧地区坡度和岩性的对比分析表明，高坡度地区的岩性以千枚岩为主，在距离北川断裂相对较远的志留系茂县群结晶灰岩则坡度较小。另外，由于该区范围较小，应该具有相同的气候条件，因此，对构造、气候和岩性的综合分析表明该地区地形坡度主要受构造活动的控制。

对该区坡度分布和岩性的对比分析结果表明，在断裂(北川断裂、彭灌断裂)的上、下盘附近，坡度变化极大。在位于两条断层上盘的 7～10km 范围内，为地形较陡的地区，说明这两条断裂的逆冲运动使上盘隆升，导致断裂上盘附近(7～10km)正在经历相对较快的基岩隆升作用和河流下切作用。

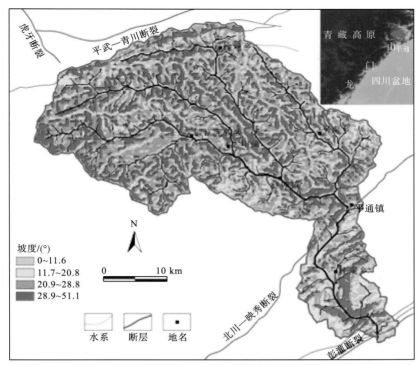

图 14-27　平通河流域平均坡度分布图

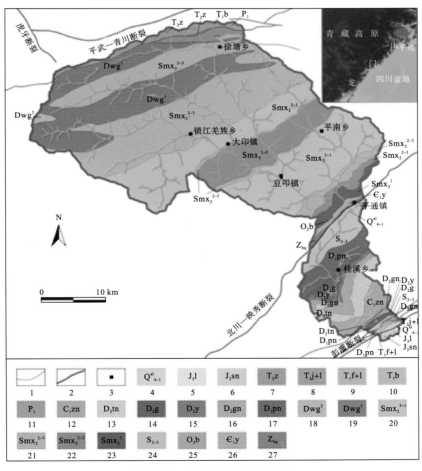

图 14-28　平通河流域地质简图
1.水系；2.断层；3.地名；4.第四系阶地：松散沙砾或砂粘—砾石冲积层

2. 水系网络分析

本次利用 ArcGIS10.0 软件，基于 DEM 数据对平通河流域范围内的水系网络进行提取，采用阈值为 200，获得平通河流域的水系分布图(图 14-27)。平通河上游地区主要发育 4 个较大的支流，为了方便研究上游地区 4 个支流的发育情况，本文对其进行编号，自西向东依次为支流 1、支流 2、支流 3 和支流 4。下面将分别对平通河的纵剖面和横剖面特征进行分析。

1)河流纵剖面分析

在对平通河水系网络进行提取的基础上，本次利用 ArcGIS10.0 软件，根据该流域 DEM 数据对平通河及其 4 个主要支流的河流纵剖面进行提取，获得纵剖面图(图 14-29)。

河流纵剖面的形态受流域内河道基岩类型、地质构造、降水量等多种因素的综合影响，由于该区范围较局限，各个支流的气候条件具有相似性，并且各支流流向均近垂直于地层走向，河道基岩岩性也比较相似(图 14-28)。因此，在气候和基岩岩性相似的情况下，对河流纵剖面特征的分析有助于评估平通河流域地貌特征对构造抬升的响应，并判断该流域内地貌演化趋势。

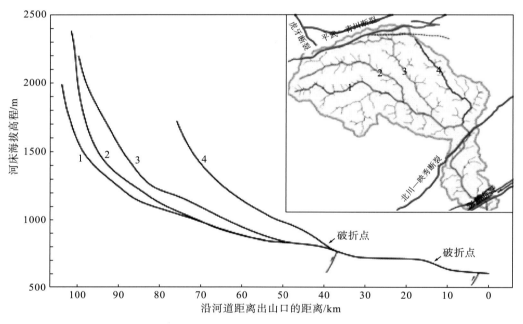

图 14-29　平通河及其主要支流的河流纵剖面

前人对地貌演化的大量研究成果表明：在造山运动不是很强烈、气候变化不剧烈的条件下，河流纵剖面的演化趋势为线性—指数—对数—乘幂。由于平通河流域内的各支流具有相似的气候和岩性特征，因此构造活动可以作为该流域内河流纵剖面形态的唯一影响因素。对平通河上游流域 4 条支流纵剖面形态的研究结果表明，平通河各支流的纵剖面均表现为下凹形(图 14-29)，其中，支流 1、2、3 更接近于对数剖面，表明该 3 条支流流域内的河流演化接近于均夷平衡剖面，说明此 3 条支流流域相对支流 4 流域构造活动较弱，山脉隆升较慢。支流 4 的下凹程度最低，接近于线性剖面，表明此支流最"年轻"，考虑到在岩性和气候条件相似的情况下，该支流流域更靠近活动断裂(映秀断裂)，很可能是由于该支流流域的构造活动相对强烈而导致山脉持续隆升，形成了这种接近线性的河流纵剖面(图 14-29)。

2)河流横剖面分析

在垂直与平通河流向的方向上，根据流域内 DEM 数据，利用 ArcGIS10.0 软件获得地形剖面图，即河流横剖面图(图 14-30)。对各支流河谷横剖面对比分析结果表明，支流 1、支流 2 和支流 3 的河谷较宽阔，说明此 3 条河流已经具有对河谷进行侧向侵蚀的特征，由于一般情况下河流先进行纵向调整使得纵向剖面优先达到平衡状态，然后再进行侧向侵蚀(倪晋仁等，1998)，进一步印证了支流 1、2、3 三条支流的下切作用较弱，地质构造相对稳定，山脉隆升较慢，未来的地貌演化将不会很剧烈。在岩性和气候条件相似的情况下，与上述 3 条支流相比，支流 4 的河谷深窄，表明支流 4 正经历着较为快速的下切作用，表明在该支流流域范围内正经历了相对较快的隆升作用(隆升速率大于河流下切速率)，地貌演化相对强烈。

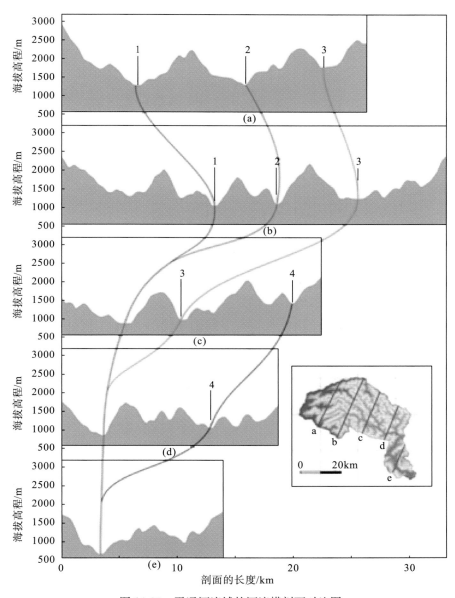

图 14-30　平通河流域的河流横剖面对比图

综合上文对影响地貌演化各种因素的分析，本次将平通河流域划分成 3 个区域(图 14-31)，分别为A 区、B 区和 C 区。

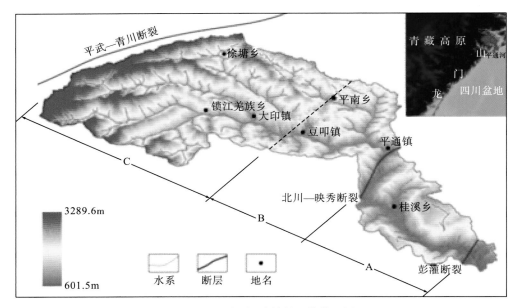

图 14-31 平通河流域的地貌分区图

14.7.2 平通河流域降水量与输沙量的相关性分析

由于龙门山地区河流水文站分布不均，并且部分水文站在地震中遭到破坏。目前流经龙门山地区的河流中，平通河的水文资料相对较全，并且水文站(甘溪站)分布于平通河的出山口附近，现以平通河为例，分析汶川地震导致的松散堆积物进入河流系统的数量及其变化情况。

平通河是涪江的一级支流，位于涪江上游。该流域地处龙门山北段，发源于平武县、松潘县与北川县三县交界处的六角顶，最大海拔高程为 3326m，向东南流经锁江、大印镇、豆叩镇，在平通镇转西南流经桂溪然后向南于彰明镇汇入涪江。全流域总面积为 1299km²，河道全长为 123km，天然落差为 2300m，平均比降为 6.59‰，多年平均流量为 25.5m³/s，多年平均径流量为 8.04 亿 m³。

由图 14-32 可以看出：7、8、9 月份是该流域内降水量的高值区，与之对应的图 14-33 反映了 7、8、9 月的输沙量也是该流域内最大的高值区。

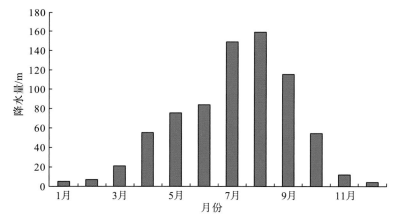

图 14-32 2000～2010 年平通河(1～12 月)降水量平均值直方图
根据四川气象站网站读取

由图 14-34 可知，在 2008 年雨季(7～9 月)的输沙量较平均值高 48.8%。该流域的输沙量猛增的主要原因是汶川地震直接导致了平通河地区大量的滑坡和崩塌，特别是在 2008 年 9 月 24 日暴发了特大山洪泥石流，大量物质以泥石流的形式进入河流。其中 2008 年 8 月的输沙量为 73.6 万 t，占 2008 年全年输沙量(168.91 万 t)的 43.58%，说明输沙量不是随时都在增加，全年各月份也不是均匀增加的，而是在降水大的月份输沙量增加得多。

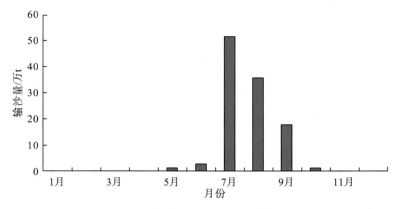

图 14-33　平通河 1～12 月份输沙量历史平均值直方图(1964～2010 年)

数据由四川省水文水资源勘测局提供

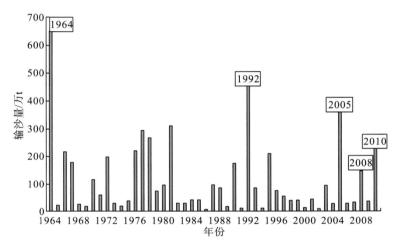

图 14-34　平通河甘溪站 1964～2010 年雨季(7～9 月)输沙量的直方图

数据由四川省水文水资源勘测局提供

由图 14-35 可以看出，平通河的年降水量呈增加的趋势。在 2005 年的年降水量曾出现峰值，达到 954mm。值得注意的是 2008 年的年降水量也较大，达到 716mm，但是低于 2005 年的峰值。根据平通河下游甘溪站 1964～2009 年输沙量的统计数据(图 14-36)，输沙量较大的几个年份均对应于该流域降水量的峰值，如 1964 年、1992 年和 2005 年、2008 年。

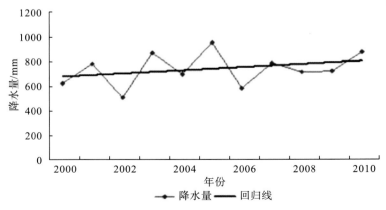

图 14-35　2000～2010 年平通河流域的年降水量变化趋势图

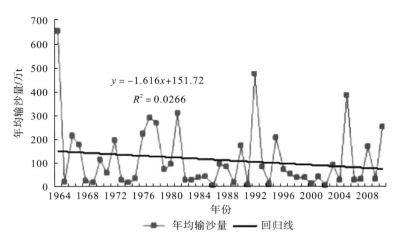

图 14-36　1964～2010 年平通河甘溪站的年均输沙量变化趋势图

数据由四川省水文水资源勘测局提供

　　根据对 2000～2010 年平通河月平均输沙量和平通河主要流经区—平武县的月降水量对比分析结果（图 14-37，表 14-6），本次建立了年降水量与年输沙量的相关关系，相关系数 $R=0.786$，相关关系式为 $Y=0.8467X-540.46$。

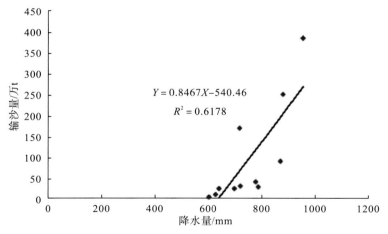

图 14-37　平通河的年降水量与输沙量相关关系分析图

表 14-6　2000～2010 年平武地区的月降水量数据统计表　　　　　　（单位：mm）

月份年	1	2	3	4	5	6	7	8	9	10	11	12	全年
2000	8	6	16	88	35	124	106	115	62	57	9	1	627
2001	3	7	15	60	38	69	139	129	245	67	4	3	779
2002	7	2	15	61	81	51	70	91	50	52	24	2	602
2003	3	7	18	29	85	112	158	324	91	30	7	5	869
2004	4	1	15	68	41	78	192	136	83	51	26	2	697
2005	8	21	32	61	111	109	348	105	108	31	16	4	954
2006	3	7	16	44	72	45	101	136	100	46	12	2	640
2007	2	6	17	41	83	77	132	221	81	112	8	7	787
2008	8	5	49	25	57	116	75	148	184	40	7	2	716

续表

年 \ 月份	1	2	3	4	5	6	7	8	9	10	11	12	全年
2009	7	2	23	99	86	43	211	111	80	55	4	1	722
2010	4	3	11	26	135	88	110	239	190	48	8	17	879

数据来源：根据四川气象站网站读取

14.7.3　汶川地震前、后平通河流域输沙量的变化

2008 年 9 月 24 日暴雨导致了北川县区域性泥石流的发生。此次暴雨诱发的泥石流共有 72 处（唐川等，2008）。实地考察表明，此次群发性泥石流几乎均是在 9 月 24 日傍晚的强降雨过程中暴发。2010 年 8 月 12～14 日，四川省部分地区降大到暴雨，局部地区大暴雨，本次降雨主要分布在成都、绵阳、广元、德阳、阿坝等汶川地震的重灾区，导致绵竹市清平乡、汶川县映秀镇和都江堰市龙池镇遭受了极为严重的泥石流灾害，此次泥石流被称为"8.13"特大泥石流灾害，相关研究表明"8.13"泥石流具有沿发震断裂呈带状分布的特征，物源主要来自于汶川地震触发的崩滑堆积物（许强，2010）。因此，汶川地震之后，在强烈气候作用（强暴雨）下，地震导致的松散堆积物的存在导致龙门山地区容易形成破坏性极大的群发性泥石流，地震灾区多起大型泥石流的临界雨强为 35～40mm/h，最低仅为 15mm/h（许强，2010）。

虽然强烈的构造活动（汶川地震）破坏了山体，导致山脉中大量的松散堆积物，但这些物质绝大部分将在水的作用下被搬运到下游地区，即在降水作用下，山脉中的物质主要通过河流系统被搬走，进而影响山脉地貌特征。因此，气候（以降水为主）影响地貌演化的最直接的表现便是河流中输沙率的变化。

2008 年 5 月 12 日，汶川特大地震导致了平通河两侧的崩塌、滑坡和泥石流（秦绪文等，2009），这些地质灾害造成了大量的松散堆积物，并最终通过河流系统输移到下游。对位于平通河甘溪水文站在 1964～2010 年期间的输沙量统计表明（颜照坤等，2011），地震前（1964～2007）与地震后三年（2008～2010 年）的输沙量月平均值在 10 月～次年 5 月，均处于较低的水平，并且未有明显变化；而在 6～9 月，地震后（2008～2010 年）输沙量远大于地震前的输沙量，如 2008 年 6 月的输沙量达到 10.187 万吨，约为地震前月均输沙量的两倍。说明在地震之后河流输沙量提前进入了高水平（6 月份）。

在地震前（1964～2007 年），7～9 月是输沙量月平均值最大的月份，且在 7 月达到峰值之后，8～9 月输沙量持续减小；而在地震之后，6 月的输沙量月平均值已经达到较高的水平，6～9 月份输沙量持续增高。表明在地震之后在物源充沛的情况下，即使 9 月份降雨减小，输沙量仍然可以保持较高的水平。

对平通河的输沙量月平均值的分析表明（图 14-38，图 14-39），6～9 月份的河流输沙量占全年输沙总量的 90% 以上。由此可知，在地震后，输沙量并不是随时都在增加，只有伴随暴雨泥石流发生的年份，其输沙量才会增加，且输沙量也不是在各月均匀增加，而是在发生暴雨泥石流的月份输沙量增加得大（表 14-7）。

2008 年 9 月 24 日北川县暴雨导致区域性泥石流的发生，此次群发性泥石流几乎均是在 9 月 24 日傍晚的强降雨过程中暴发的。9 月 23～24 日的累积降水量达 231.7mm，2008 年 9 月平武的降水量为 184mm，远远大于同期的月均值 108.4mm，暴雨将大量堆积于谷坡沟道内的松散物质向下输移，形成泥石流进入河流中，使得河流的输沙量迅猛增加。在 2008 年 9 月，平通河的输沙量达到 82.4 万吨，远远高于平均值。由图 14-42 可知，2008 年平通河的年输沙量为 168.91 万吨，比地震前的多年平均输沙量（110 万 t）增加了 54%，2009 年的年输沙量为 31.63 万吨，比地震前的多年平均值减少 71%。2010 年的输沙量为 248.78 万吨，是地震前的 2.3 倍。通过对比地震前后平通河输沙量的变化，我们认为 2008、2010 年输沙量迅猛增加的主要原因有两点，一是受汶川地震的影响，在平通河集水区的坡面和沟道中堆积了足够多的松散物质，这些松散物质处在易于被冲的状态；二是 2008 年的 9 月、2010 年的 8 月在

该流域都有日降水量大于100mm的特大暴雨。这也是形成泥石流的两个基本条件，大量的物源以泥石流的形式被带入河中，导致了河流的输沙量迅猛增加。

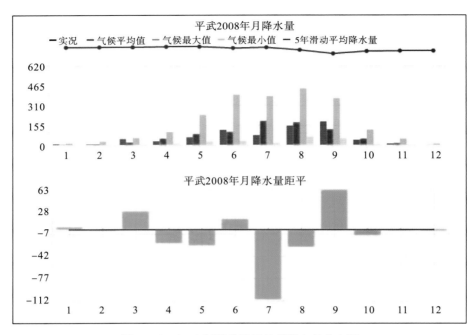

图14-38　2008年平武地区的月降水量分布图

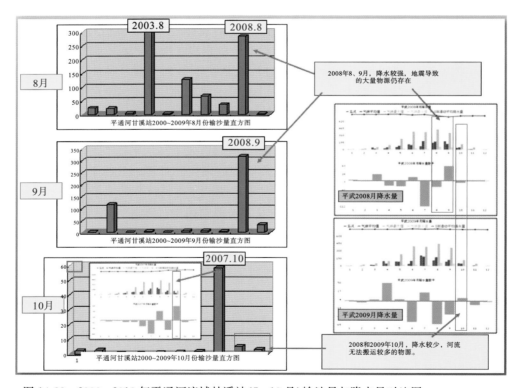

图14-39　2000～2010年平通河流域甘溪站(5～10月)输沙量与降水量对比图

1964～2010年数据据四川省水文水资源勘测局

表 14-7 汶川地震前、后平通河降水量与输沙量对比表

年份	年降水量/mm	年输沙量/万 t	
		实测值	计算值
2000	627	10.01	20.96
2001	779	41.36	115.06
2002	602	4.24	5.88
2003	869	90.70	170.78
2004	697	25.08	64.29
2005	954	384.04	223.40
2006	640	25.38	29.32
2007	787	29.04	120.01
2008	716	168.91	76.06
2009	722	31.63	79.77
2010	735	248.78	298.00

由图 14-40 可以看出，汶川地震后该流域降水量的年际变化不大，如 2003、2005、2008、2010 年的年降水量都在 700~900mm 左右，2008~2010 年的降水量与地震前的年降水量值差别不大，说明该流域地震后的降水量没有发生大的变化，超于异常的降水量主要出现在 2008~2010 年的 7、8、9 月份。

对比图 14-40 和图 14-41，可以发现，虽然地震前后该流域的年降水量变化不大，但地震后却发生了特大山洪泥石流，如 2005 年虽然降水量很大，但在 2005 的大暴雨却没有形成大规模的洪水、泥石流，而地震后，相似的降水量却导致了洪水泥石流。也就是说地震前后同样的降水量，在地震前没有暴雨泥石流发生，但在 2010 年却暴发了暴雨型泥石流。说明受到汶川地震的影响，山体遭到严重破坏，松散固体物质堆积河谷，流域的植被破坏，水土流失严重，一旦有暴雨，势必引发山洪泥石流灾害，导致河流中输沙量的迅速增加。

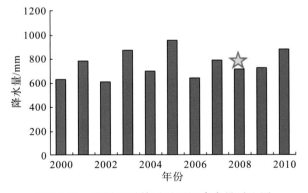

图 14-40 汶川地震前后平通河降水量对比图

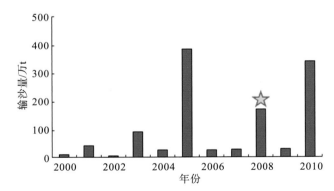

图 14-41 汶川地震前后平通河输沙量对比图
1964~2010 年数据据四川省水文水资源勘测局

汶川地震导致了平通河流域大量的同震崩塌、滑坡和泥石流地质灾害，这些地质灾害造成了大量的松散堆积物，绝大部分将通过河流系统输移到下游。根据平通河下游甘溪站在 1964~2009 年期间的输沙率统计数据(图 14-34)，输沙率较大的几个年份均对应该流域降水量的峰值，如 1964 年、1992 年和 2005 年。对 2000~2009 年十年间平通河月平均输沙率和平通河主要流经区——平武县的月降水量 (表 14-6，图 14-42)对比分析表明，虽然降水量与输沙率不具有很好的线性关系，但是可以确定降水量与输沙率具有正相关关系。

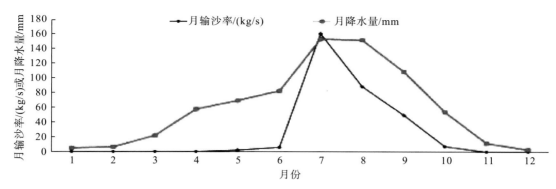

图 14-42　平通河的月输沙率与月降水量的对比图（2000～2009 年）

鉴于前人曾通过岷江紫坪铺水文站输沙量观测数据对岷江上游流域输沙量进行了计算，获得岷江上游地区剥蚀速率（李勇等，2006，2007），本次将对平通河流域输沙量、剥蚀速率进行估算。据平通河下游甘溪站在 1964～2009 年期间的输沙率数据，可以获得平通河年输沙量为 1.103×10^6 吨，即 0.735×10^6 m³（盆地沉积物密度取 1.67t/m³），根据平通河的流域面积 1381km²，可以计算出平通河流域的剥蚀速率为 0.532mm/a。考虑到其他侵蚀作用（风力搬运作用、化学溶蚀作用），平通河流域的实际剥蚀速率应该远大于 0.532mm/a。假设平通河流域保持这一剥蚀速率，据上文对汶川地震导致的平通河流域平均隆升幅度为 0.332m（表 14-8），那么汶川地震导致的山脉体积增加量约在未来不到 624 年的时间内被剥蚀掉。这一时间尺度远小于前人对该地区研究获得的强震复发周期。因此，在不考虑非地震期间缓慢隆升的情况下，由强烈构造活动（大地震）导致的平通河流域山脉物质增加量，会很快在该区气候背景下被河流搬运至河流下游。

表 14-8　平通河流域汶川地震驱动的同震隆升量和滑坡量

统计类别	SW									NE	平均值
	1	2	3	4	5	6	7	8	9	10	
滑坡面积/(10^6m²)	3.200	2.500	1.940	0.480	0.280	0.12	0.240	0.080	0.06	0.040	—
滑坡体积/(10^8m³)	0.320	0.240	0.020	0.020	0.040	0.52	0.340	0.240	0.08	0.008	—
同震形变/(10^8m³)	0.640	0.740	0.760	0.740	0.520	0.38	0.320	0.260	0.04	−0.14	—
净体积变化/(10^8m³)	0.320	0.520	0.740	0.720	0.480	−0.14	−0.02	0.020	−0.04	−0.14	—
样本区面积/(10^6m²)	141.6	143.0	140.4	124.6	104.4	93.4	96.20	91.20	70.80	38.20	
基岩隆升幅度/m	0.452	0.517	0.541	0.594	0.498	0.407	0.333	0.285	0.056	−0.366	0.332
剥蚀厚度/m	0.226	0.168	0.014	0.016	0.038	0.557	0.353	0.263	0.113	0.021	0.177
实际隆升幅度/m	0.113	0.182	0.264	0.289	0.230	−0.075	−0.01	0.011	−0.028	−0.183	0.079

数据为在图 14-9 中红色虚线框宽 20km 范围内，由 SW 向 NE 共 10 个样本区（每个样本区宽 2km）的同震隆升量、剥蚀量

前人曾对龙门山在非地震期间的隆升速率已经进行了大量研究。葛培基（1991）依据测量资料获得龙门山断裂带的垂直运动速率小于 0.1mm/a；刘树根（1993）根据地表形变资料获得龙门山逆冲推覆构造带的九顶山正以 0.3～0.4mm/a 的速率隆升；而王庆良等（2010）的根据 1970 年至 1997 年的观测资料研

究获得，在理县附近的隆升速率最大，可达到 3.5mm/a。可见前人对龙门山非地震期间的垂直隆升速率方面的认识尚有较大分歧，大致范围为 0.1~3.5mm/a。因此，目前尚无法确定平通河流域的隆升速率(0.1~3.5mm/a)和剥蚀速率(大于 0.532mm/a)之间的对比关系，也就无法获得宏观上该流域平均海拔具有增大的趋势还是减小的趋势。

14.7.4　平通河流域的构造抬升量与滑坡量的对比及其对地貌生长的影响

2008 年发生在龙门山地区的汶川特大地震，一方面造成龙门山基岩的隆升，另一方面也驱动了大量的崩塌、滑坡和泥石流等剥蚀作用。对龙门山同震变形区的研究表明，汶川地震驱动的同震崩塌、滑坡和泥石流等松散堆积物体积(5~15km³；Parker et al.，2011)远大于同震岩石隆升增加的山脉体积(2.6±1.2km³；Marcello et al.，2010)，虽然汶川地震所导致的巨量松散堆积物大部分仍保留在龙门山地区，但是这些松散堆积物较容易被河流搬运至下游，因此，汶川地震实际上将导致了龙门山质量的"亏损"。在沿断层方向上，只有局部地区的同震岩石隆升增加的山脉体积大于汶川地震导致的松散堆积物体积，即山脉体积的增加(Parker et al.，2011)。而平通河流域的部分地区恰好发生了山脉体积增加。因此，对比分析汶川地震导致的平通河流域基岩隆升和剥蚀作用，将是研究这一地区构造活动如何控制地貌演化最直接的题材。

根据汶川地震导致的地表同震形变数据和同震崩塌、滑坡和泥石流等松散堆积物体积数据等，对平通河地区沿断层 20km 范围内，垂直于断层方向的每 2km 宽的条带区域内同震形变引起的岩石抬升体积数值和剥蚀量(同震崩塌、滑坡和泥石流等松散堆积物体积)等进行统计，并计算出基岩隆升幅度、剥蚀厚度和实际隆升幅度(表 14-8)。研究表明，由南西向北东可明显划分为两段：南西段基岩隆升幅度远大于剥蚀厚度，山脉发生隆升；北东段基岩隆升幅度基本均低于剥蚀厚度，山脉平均高程被削低，但部分山顶高程可能有所增加(图 14-43)。

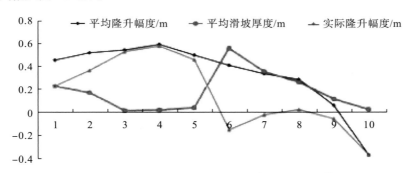

图 14-43　平通河地区汶川地震驱动的同震隆升的和滑坡体积对比图
纵坐标数值对应平均隆升幅度/m、平均滑坡厚度/m 和实际隆升幅度/m；
横坐标对应表 14-9 中的由 SW 到 NE 的 10 个样本区

综上所述，2010 年平通河的年输沙量为 $2.98×10^6$ t，平通河流域的剥蚀速率为 0.532mm/a，震后总剥蚀速率为 0.83mm/a。假设平通河流域保持这一剥蚀速率，汶川地震导致的平均隆升幅度为 0.332m，平均剥蚀厚度为 0.177m，实际的平均隆升幅度为 0.079m，那么汶川地震导致的山脉体积增加量约在未来约 100 年被剥蚀掉。

第15章 四川盆地的长周期剥蚀作用与始新世古长江的贯通

　　青藏高原地区是现今大陆碰撞过程中最具有代表性的区域之一。在过去的几十年中，青藏高原一直是当今地学界研究的热点区域，但尽管如此，我们仍有许多关于青藏高原的地层时序、岩石构造特征及变形样式、运动学特征及动力学机制等未解的科学问题。然而，在青藏高原东缘的龙门山及四川盆地西部地区具有丰富的地质现象，被誉为"天然地质博物馆"、"打开造山带机制的金钥匙"和"大陆动力学理论形成的天然实验室"(李勇等，2006)，正是我们研究青藏高原未解问题的关键区域(图15-1)。

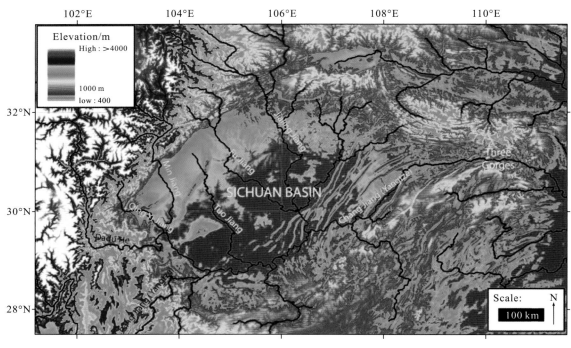

图 15-1　四川盆地的地形地貌图

底图为 SRTM 数字高程模型，分辨率(≥90m)

　　在青藏高原东缘最令人关注的地质问题就是，在新生代以来，在较小的逆冲分量下青藏高原东缘这一陡峻的地形地貌是如何形成的和保持的(Burchfiel et al.，1995)。GPS 的研究成果表明，龙门山构造带上的缩短速率仅为 4±2mm/a，这一现象在传统的地质构造模型下是难以理解的(Zhang et al.，2004)。因此，这就导致了下地壳流观点的提出，并用来解释青藏高原东缘的构造隆升机制(Royden et al.，1997；Clark et al.，2000)。当然，众多的地质学家也通过对活动断层的类型、运动速率、幅度(Burchfiel et al.，1995；Kirby et al.，2000，2003；Densmore et al.，2007)以及热年代学(Arne et al.，1997；Kirby et al.，2002)的研究来验证下地壳流和其他模式的可靠性。

　　前人对龙门山及四川盆地西部的研究往往聚焦于活动造山带的剥蚀与隆升机制，认为晚新生代的剥蚀作用往往发生在青藏高原东缘。但是在本次的研究中，我们利用磷灰石裂变径迹的热年代学数据和镜质体反射数据对四川盆地西部剥蚀事件的侵蚀量和构造变形的时间进行了限定，建立了四川盆地沉积物质的剥蚀模式，揭示了晚新生代以来四川盆地西部的剥蚀作用，为新生代以来四川盆地西部以及青藏高原东缘剥蚀作用的量级和发生时间提供了约束条件。

与此同时，热年代学的实验结果表明四川盆地西部的龙门山可能至少在中新世就开始隆升（Kirby et al.，2002），并且从这一时期开始，河流发生下切并带走了大量的沉积物（Kirby et al.，2003）。毫无疑问，从四川盆地中如此快速且大量的搬运沉积物不仅为我们研究青藏高原东缘地形地貌的演化和东南亚新生代水系的变迁尤其是长江中下游在四川盆地中的演化与发展过程提供了初始的约束条件，同时也为我们理解青藏高原东缘的构造变形特征和沉积历史提供了重要的依据。

15.1　四川盆地的剥蚀作用

早期大量的研究主要集中在龙门山和鲜水河断裂带的热年代学上，目的是建立与青藏高原的隆升相关的剥蚀时间和剥蚀速率，而目前的研究只局限于四川盆地周围的碎屑沉积物。磷灰石裂变径迹研究是依靠^{39}Ar/^{40}Ar 和（U-Th）/He 的热年代加以辅助完成（图 15-2），研究结果表明晚中新世以后龙门山地区迅速冷却，侵蚀量达到 8~12km，侵蚀速率达到 1~2mm/a（Arne et al.，1997；Kirby et al.，2002）。

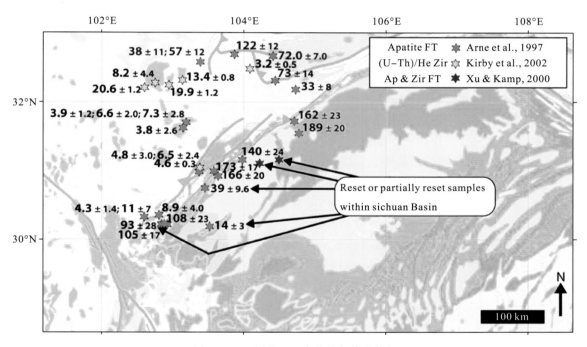

图 15-2　四川盆地已有的热年代学数据
所有的磷灰石裂变径迹年龄都是中心年龄，误差范围±2Ma

在侏罗纪以后龙门山地区冷却缓慢，这个区域的剥蚀活动可以在南部的鲜水河断裂带得到验证（Xu et al.，2000；Clark et al.，2005）。在鲜水河断裂带上，锆石裂变径迹部分退火区和磷灰石裂变径迹热模型表明更快速的冷却发生在 11Ma（Kirby et al.，2002）。从中中新世到晚中新世期间，样品发生冷却的原因是青藏高原边缘相发育在相对较高的地形之上导致侵蚀量的增加。尽管剥蚀可能产生了大量的沉积物，但是事实上在四川盆地内只堆积了很小一部分。因此，一个重要问题是如何通过新生代四川盆地内的残留地层来确定沉积物的侵蚀量和侵蚀的时间。

有限的低温热年代学数据表明，在四川盆地内中生代沉积物中至少发生过沉积物加热情况，Arne 等（1997）认为从三叠纪到白垩纪在四川盆地边缘大量的样品中磷灰石裂变径迹的年龄比样品的沉积年龄晚。最近，Enkelmann 等（2004）也指出，来自四川盆地西北部侏罗系和三叠系的两个碎屑样品的 AFT 年龄也小于其地层的年龄。这一现象表明了在中生代四川盆地边缘地区曾发生了局部的沉降现象（局部地区加热)。而在中生代以后，利用四川盆地西部锆石和磷灰石裂变径迹的分析结果，Xu 等(1997)认为在古近纪四川盆地的剥蚀厚度达到了 2~3km。

15.1.1 低温热年代学分析的原理及方法

1. 裂变径迹

在主要的造岩矿物中，磷灰石的裂变径迹年代测定是依靠矿物中所含微量铀的自发裂变的衰变引起晶格的损伤而产生径迹。裂变径迹系统中没有离散的"封闭性"温度和其他放射性同位素体系。裂变碎片在磷灰石中留下的辐射损伤具有不稳定性，这种性质称为退火区(PAZ)，退火区的上、下限温度界限依赖于冷却速率，当有效的封闭温度为 110±10℃时，磷灰石的自发裂变径迹退火温度大致在 60℃至 120℃，可反映的地壳表层的温度变化，深度达 3~4km，因此磷灰石裂变径迹分析对评估低温热史有非常大的作用。

通过裂变径迹不仅让我们了解到沉积物的热史，而且知道了内陆地区中碎屑磷灰石颗粒的最初来源。存留在原地的样品保存着物源区的热史，其裂变径迹年龄大于其所处的地层年代。部分被重置的样品由于热复合使磷灰石发生改变，表现在其原始碎屑年代和受限的径迹长度的变化，这些被重置的样品可能会包含一定比例的特殊的颗粒，其样品与地层年代相比年代较晚，但是较主要沉积物的沉积年龄，其年代较早。单个颗粒的单独分布的概率是由卡方统计量评估。在一般情况下，卡方统计概率小于 5% 时对部分复位或碎屑年代具有很好的指示作用。

部分重置样品会显示一系列的颗粒年龄：可能早于、接近于或晚于样品的地层年代。一般来说，岩屑样品显示的年龄比主要沉积物的年代要早(尽管有时需要证明沉积物没有遭受低温且仍然保存着早于地层的年龄)，是因为沉积物的样品由于温度升高到一定程度，而无法保留内陆地区的相关信息，其最初的裂变径迹已完全退火，且样品(包含全部的特殊颗粒)显示的年代较地层年代晚。因此，确定完全退火的深度需要借助其他信息，比如：通过一系列的低温区样品建立与井下退火的温度之间的变化关系。

1)分析流程

裂变径迹样品的准备工作是采用通用技术来分离磷灰石(Seward，1989)。除了 JP1 号钻孔外，全部磷灰石裂变径迹的蚀刻条件为 7%HNO₃，21℃，50s。这次蚀刻产生的径迹长度约束因素与 Laslett 等(1987)的研究条件相似，为墨尔本大学蚀刻 JP1 号钻孔磷灰石的退火提供条件。在室温下蚀刻条件为 40% HF，45 min，所有辐射是通过澳大利亚卢卡斯高地的 ANSTO 设备完成。微观分析是采用 Zeiss Axioplan2 光学显微镜，与计算机驱动的阶段和 Dumitru(1995)的 FTstage 4 软件。所有年龄的测量采用 zeta 方法，Hurford 等(1983)根据 CN5 剂量计的 zeta 值为 334±9(Richardson，2008)和 362±8 来测定的。zeta 值作为中值年龄(Galbraith et al.，1993)，并存在 2δ 标准偏态(表 15-1，图 15-2)。在可能的情况中，每个样品中至少有 20 个晶体可以用来测定年龄。用 1250X 放大倍数来确定磷灰石径迹的密度和水平封闭径迹长度。

表 15-1 龙泉山构造带(U-Th)/He 测年数据统计表

Sample	Age /Ma	Error，Ma /2 sigma	U /ppm	Th /ppm	He /(nmol/g)	Length /mm	Width /mm
0835-1.1	154.2	8.6	1.35	7.26	1.83	187	189
0835-1.2	15.7	0.5	4.45	16.06	0.51	207	135
0835-1.3	11.5	0.5	1.37	11.97	0.22	163	148
0835-1.4	15.8	0.8	4.62	19.5	0.61	150	108

表 15-2　磷灰石裂变径迹数据统计表

Sample Number	Irradiation code	Stratigraphic Age	Section Name	Location(UTM) (Zone 48N, WGS84)	Altitude /m	Number of Grains Counted	RhoD Standard Track Density ×10⁵cm⁻² (Nd-Counted)	$\rho s\times$ 10⁵cm⁻² (Counted)	$\rho i\times$ 10⁵cm⁻² (Counted)	Corrected Mean Track Length μm, Standard Deviation (No. Measured)	P(x²),% Variation	Central Age±2σMa
0735-2	Eth310-10	Jurassic	Middle Jurassic	449439; 3407242	431	19	9.957 (5824)	6.614 (293)	27.25 (1207)		20(35)	40.3±6.0
0835-1	Eth307-2	Jurassic	Longquan South	413162; 3340028	569	20	11.59 (5074)	5.195 (346)	33.83 (2253)		49(<1)	32.3±6.0
0935-5	Eth310-2	Middle–Upper Jurassic	Guankou	385494; 3438535	670	22	12.61 (5824)	12.89 (678)	18.52 (974)		24(31)	145.5±19.4
1024-3	Eth279-2	Cretaceous?	Longquan North	385494; 3438535	460	20	13.09 (5705)	26.21 (616)	34.51 (811)		26(13)	165.4±24.8
1024-4	Eth279-4	Jurassic	Longquan North	448359; 3407297	461	19	12.48 (5705)	11.48 (287)	28.48 (712)		32(2)	78.7±16.6
1024-5	Eth279-6	Cret/Jurassic?	Longquan North	453737; 3399654	421	20	11.87 (5705)	21.66 (522)	25.02 (603)		20(41)	168±26.0
1024-6	Eth279-8	Cretaceous?	Longquan North	463521; 3395926	450	40	11.26 (5705)	18.82 (1547)	22.34 (1836)		98(<1)	155.5±20.6
1035-1	Eth309-13	Mid–UpperTriassic	Guankou	385557; 3441770	765	20	8.451 (4211)	9.455 (520)	14.55 (800)		50(<1)	94.3±18.2
1324-9	Eth280-4	Jurassic	Xiongpo	367920; 3345295	731	38	12.22 (5931)	5.515 (391)	30.30 (2148)	13.20±1.79 (n=60)	35(57)	37.2±4.8
1424-1	Eth280-6	Cret–Eocene LudingFmn	Ya'an	293563; 3321388	618	23	11.52 (5931)	11.65 (458)	31.60 (1242)		40(1)	72.6±12.2
1424-2	Eth280-10	Middle to Upper Cretaceous	Ya'an	297061; 3323476	612	16	10.12 (5931)	1.884 (117)	19.36 (1202)		43(<1)	17.9±5.8
1435-1	Eth309-5	Triassic	Emei Shan Anticline	346114; 3278106	687	17	10.75 (4211)	2.96 (209)	31.69 (2237)		19(28)	16.9±3.0
1624-8	Eth280-11	Cretaceous Guankou Formation	Ya'an	282710; 3328748	761	17	9.766 (5931)	6.383 (120)	18.57 (349)		13(71)	55.9±12.2
1735-3	Eth306-3	Lower Jurassic	Weiyuan Anticline	458490; 3272623	377	20	10.32 (4277)	6.706 (454)	36.44 (2467)		21(32)	30.8±4.4

续表

Sample Number	Irradiation code	Stratigraphic Age	Section Name	Location(UTM) (Zone 48N, WGS84)	Altitude /m	Number of Grains Counted	RhoD Standard Track Density $\times 10^5$ cm^{-2} (Nd-Counted)	$\rho s \times 10^5$ cm^{-2} (Counted)	$\rho i \times 10^5$ cm^{-2} (Counted)	Corrected Mean Track Length μm, Standard Deviation (No. Measured)	P(x^2),% Variation	Central Age $\pm 2\sigma$Ma
1835−3	Eth307−9	Jurassic	NW of Chongqing	599908; 3310033	329	20	9.910 (5074)	7.587 (434)	18.58 (1063)		44(<1)	62.1±11.6
1835−4	Eth321−8	Jurassic	Central Sichuan	547441; 3328499	329	20	12.12 (4846)	11.879 (354)	19.899 (593)		18(53)	119.9±17.6
1835−5	Eth321−3	Jurassic	Central Sichuan	504008; 3345436	467	16	13.40 (4846)	11.224 (321)	26.993 (772)		31(<1)	98.2±20.2
2124−1	Eth278−3	Cret/Eocene?	Baitahu, Dayi	364954; 3393586	619	25	12.60 (5705)	13.70 (618)	30.78 (1388)		18(81)	93.2±10.6
2495−1	Eth320−14	Upper Triassic	Eastern Sichuan	218723; 3424223 (zone 49N)	440	20	9.760 (6757)	6.868 (704)	19.66 (2015)	13.47±1.60 (n=86)	50(<1)	54.1±8.8
2495−2	Eth320−10	Lower Jurassic	Eastern Sichuan	219513; 3423039 (zone 49N)	275	20	10.76 (6757)	10.26 (626)	27.79 (1695)		28(8)	66.5±8.2
2495−3	Eth320−7	Middle Jurassic	Eastern Sichuan	220060; 3422079 (zone 49N)	240	20	11.51 (6757)	7.906 (521)	23.07 (1520)	13.53±1.51 (n=100)	46(<1)	72.1±13.2
2595−1	Eth320−3	Lower Jurassic	Eastern Sichuan	677148; 3347814	290	20	12.51 (6757)	11.32 (515)	30.37 1382		50(<1)	80.9±14.6
2595−2	Eth320−6	Upper Triassic	Eastern Sichuan	676114; 3348416	360	20	11.762 (6757)	12.675 (725)	29.18 (1669)		38(<1)	84.9±12
#300303−6	Eth312−11	Neogene	Baitashan	365043; 3393901	621	30	11.34 (4809)	7.916 (945)	25.257 (3015)		0(22)	61.4±6.8
X1	Eth280−3	Cretaceous	Xiongpo	66337; 3336604	496	20	12.56 (5931)	14.03 (561)	37.00 (1480)		32(3)	83.5±12.0
X2	Eth310−7	Lower Cretaceous	Xiongpo	364996; 3337503	500	20	10.95 (5824)	7.824 (568)	12.74 (925)		44(<1)	106.9±19.2
X3	Eth310−9	Upper Jurassic	Xiongpo	364310; 3338216	480	20	10.29 (5824)	10.41 (305)	19.49 (571)		15(75)	91.6±14.2
X4	Eth306−8	Upper Jurassic	Xiongpo	363542; 3338535	505	20	9.614 (4277)	10.14 (298)	27.35 (804)		71(<1)	61.9±16.6

续表

Sample Number	Irradiation code	Stratigraphic Age	Section Name	Location(UTM) (Zone 48N, WGS84)	Altitude /m	Number of Grains Counted	RhoD Standard Track Density $\times 10^5$ cm^{-2} (Nd-Counted)	$\rho s \times$ 10^5 cm^{-2} (Counted)	$\rho i \times$ 10^5 cm^{-2} (Counted)	Corrected Mean Track Length μm, Standard Deviation (No. Measured)	P(x^2),% Variation	Central Age$\pm 2\sigma$Ma
X5	Eth309-4	Middle/Lower Jurassic	Xiongpo	362077; 3340288	692	16	11.15 (4211)	6.250 (185)	29.63 (877)	14.09±1.83 (n=60)	22(11)	39.8±7.6
X6	Eth309-10	Lower Jurassic	Xiongpo	61101; 3340889	809	20	9.352 (4211)	6.832 (468)	31.14 (2133)	14.25±1.49 (n=75)	42(<1)	32.9±6.0
X7	Eth310-12	Upper Triassic	Xiongpo	0337; 3341209	622	22	9.295 (5824)	6.193 (327)	34.74 (1834)	*10.75±0.45 (n=52)	25(26)	27.5±3.8
*JP1FT6	MU149-6	Upper Jurassic	Borehole	689800; 3486900	−718	40	9.74 (3769)	4.534 (508)	10.41 (1167)	*12.02±0.37 (n=50)	0(38)	77.8±14.6
*JP1FT5	MU149-5	Jurassic	Borehole	689800; 3486900	−1644	40	9.58 (3769)	3.72 (463)	15.05 (1873)	*12.02±0.37 (n=50)	0(32)	47.5±8.0
*JP1FT4	MU149-4	Jurassic	Borehole	689800; 3486901	−2647	40	9.41 (3769)	3.166 (229)	21.14 (1529)	*10.53±0.74 (n=17)	80(0)	25.5±3.8
*JP1FT32	MU149-3	Lower Jurassic	Borehole	689800; 3486902	−3273	14	9.24 (3769)	2.55 (189)	15.18 (1109)	*12.62±0.92 (n=5)	0(47)	27.6±8.8

2)模型

温度—时间路径是通过 Ketcham(2005)的 HeFTy 软件中反 Monte Carlo 模型得出每个样本的模型。由于这项研究中使用的样本都是碎屑沉积物(砂岩和粉砂质砂岩),作为最初的限制条件,我们将设置高于、等于或低于 PAZ(退火区)温度使样品冷却,来模拟沉积环境最初的热史中的不确定性,接下来的约束条件被限定为样品在沉积时期所处环境之内,然后不再限制其他约束条件。

在许多情况下裂变径迹退火的动力学特征与矿物的化学组成有一定的函数关系(O'Sullivan et al.,1995)。Burtner 认为,在极端情况下退火温度的变化幅度高达±20 度。在本次研究中,由于不同磷灰石化学成分的差异性导致了磷灰石平均径迹直径的变化范围约为 1.8~5.0mm。因此,我们使用 Ketcham 等(1999)的退火模型,这种模型(Dpar)充分考虑了磷灰石矿物晶体化学成分的差异性对其表面蚀刻径迹直径的影响,也是典型的磷灰石矿物晶体裂变径迹退火的动力学模型。

2. (U-Th)/He 测年

(U-Th)/He 测年方法是基于矿物颗粒中铀和钍以及一小部分钐 α 衰变产生的放射性氦的积累。正如裂变径迹,保存在晶体中的 He 在一定的温度范围内是变化的,称为部分滞留带,其在一定程度上依赖于冷却速率。按照曾经的估算,磷灰石中 He 的有效封闭温度大约为 68±5℃(Farley,2000)。测量得到的(U-TH)/He 年龄是原地放射 He 产物与 He 的扩散损失相竞争的反映。这一技术在关于剥蚀和隆升的研究中十分重要,因为其记载了地壳中最重要部分的冷却史。

为了得到可靠的(U-TH)/He 分析结果,足够大($>10\mu m$)的、无杂质的磷灰石晶体只能从一个碎屑样品中选择出来(0835-1),为此对多种(许多)颗粒进行了分析(表 15-1)。晶体在偏振光下使用 200 倍的双目显微镜进行手工挑选,晶体的长度和宽度经过电子测量以符合 Farley 等(2000)对 α—辐射校正的计算。使用红外线 Nd—YAG 激光器(1064 纳米波长)使晶体在 1100℃左右温度下加热 3 分钟,其中晶体被包裹在纯铂箔中以使其均匀加热。激光室中释放的气体与 H_2O 和 CO_2 被导入超高真空,使用液氮冷阱冻结,氩被冷碳针捕获,随后被 Ti/Zr 吸附剂清除。然后使用专用的惰性气体行业领域质谱仪对氦进行测定("Albatross,"90,21cm radius)。间隔测量(blank measurements)定期在取样之间运行,以便允许进行修正。为了保证完全的脱气,对磷灰石进行重新加热。同一晶体的铀和钍的含量,随后由多接收电感耦合等离子体质谱仪(MCICPMS)确定。脱气晶体被加入 $^{233}U/^{229}Th$ 溶液并使用 1.5N HNO_3 及少量 HF 在 100℃左右进行加热。U 和 Th 是用 TRU 离子交换树脂(eichrom)分离,用 H_2O_2 处理并溶解在已经吸入多接收等离子体质谱仪的等离子体发生器的 1 ml 0.3N HNO_3—0.1N HF 中。考虑到 spike tracer(示踪剂)中天然同位素的微小影响、仪器的质量偏差以及离子计数器获取的误差测定的同位素比值将会经过反复的校正。

15.1.2　磷灰石裂变径迹热年代学结果

在图 15-3 及表 15-2 中列出了磷灰石裂变径迹测年的结果。所有白垩系地层样品的裂变径迹中心年龄都大于其沉积年龄,说明没有或者是只有很少的退火。所有侏罗系和三叠系地层样品的裂变径迹中心年龄都小于其沉积年龄,表明有部分或者全部都发生了退火,而且在更深的层位有一些倾向出现更小的裂变径迹年龄。这些现象说明在范围内所有沉积层都经历了升温的过程,而且通过裂变径迹退火现象体现出越老的地层受到的影响越大,这说明最有可能造成这一现象的原因就是沉积埋藏。完全退火的样品主要是在遭受剥蚀的背斜核部发现的,由此说明深埋的三叠系岩层并没有暴露在盆地表面(图 15-3)。然而,值得注意的是,这些样品的受热退火与褶皱作用没有关系,因为除了在三叠系的样品中发现了完全退火现象,在相对较浅的钻孔 JP1(图 15-3)和位于盆地未变形区域的钻孔也发现了完全退火。

我们注意到,尽管我们提出了样品未退火及部分退火的中心年龄,但是和 Vermeesch 讨论后,认为这些样品的中心年龄并不能代表所有磷灰石单颗粒矿物组群年龄,同时这个年龄的代表意义还存在一定的不确定性。然而，这里大多数年龄都是部分或者完全退火的，而且当与地层时代一起考虑大规模的退火时，磷灰石中心年龄至少能提供一定的指导作用。

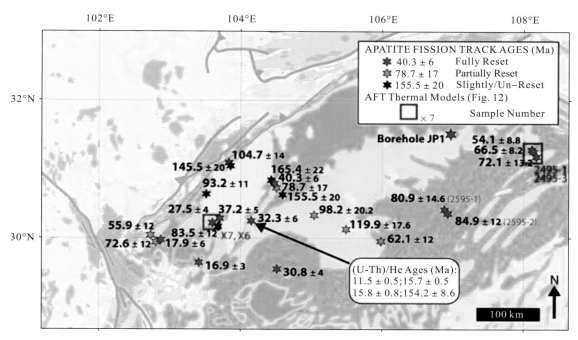

图 15-3　本次研究测定的四川盆地的热年代学数据

所有的磷灰石裂变径迹年龄都是中心年龄，误差范围±2。上述的地质概况可以参考图 15-1。红星表示完全退火的碎屑岩样品（这些样品中所有颗粒的中心年龄都大于沉积年龄），橙色数字表示部分退火的碎屑岩样品（这些样品中只有一些颗粒的中心年龄大于沉积年龄），黑色数字表示未退火的样品（这些样品中的颗粒年龄大于沉积年龄）。篮框里的样品用于建立热史模型（图 15-7）

1. 熊坡背斜的样品

为了能够更好地说明退火模式，以及测量埋藏和剥蚀的幅度及时间，我们选择了保存最好的地层，即四川盆地西部的熊坡背斜（图 15-4，图 15-5）。在这个地层面上，古退火带的顶部和底部都暴露出来，这使得我们能够约束出缺失的地层和剥蚀时间。熊坡背斜（图 15-4）连续出露了从上三叠统须家河组到上白垩统灌口组的地层（与邻近的古近系名山组地层走向一致），与上覆新近系大邑地层（可能是上新世—更新世时期）为不整合接触。由于模型的地层年代还未能确定，因此我们假设了一个误差为±20 Ma 的地层年龄。在这个误差范围内进行讨论是可行的。

在这个地层剖面中，最年轻的样品所测得的单颗粒组群年龄普遍大于地层年龄（根据精确的测年）（图 15-5，图 15-6）。剖面最上部的样品 X2-X4 的单颗粒年龄扩散面大。越往地层剖面下部所取得的样品，比地层年龄更年轻的单颗粒年龄所占的比例越大（图 15-5，图 15-6），反映出越深的地层退火现象越明显。在这个剖面底部取得的 3 个样品（X5，X6 和 X7）的单颗粒年龄值扩散性差，都明显的小于地层年龄（图 15-5，图 15-6）。基于这些发现，有可能估测出古退火带的边界，即退火带顶部位于样品 X1 和 X2 之间（距白垩系—新近系间不整合面约 400 到 500m），底部与样品 X5 和 X6 位置相当（距白垩系—新近系间不整合面约 2500 到 2600m），而且底部所有的碎屑年龄都比地层年龄小得多。

此外，根据相应的暴露时间，最底部的 3 个样品的中心年龄随着深度的增加而减小。样品 X5 和 X6 靠近暴露的部分退火带的底部。我们注意到古退火带底部和顶部位置的确定在一定程度上依赖于上文提到的还未确定的地层年龄。与这些剖面相关的样品所处的地层年龄前人曾经用古生物法和古地磁法确定过（Enkin et al.，1991；Huang et al，1991）。虽然我们为地层的年龄设定的误差范围很大，但是我们能够正确的将磷灰石裂变径迹年龄划分为未退火，部分退火及完全退火。重要的是，这意味着最底部样品的裂变径迹（修正 C 轴方向的影响后）的水平长度相对较长，即样品 X6 的裂变径迹水平长度为

14.09±1.83mm，样品 X7 的裂变径迹水平长度为 14.25±1.49mm。这样的裂变径迹长度很好的支撑了碎屑岩中心年龄曾发生过完全退火过程。然而依据磷灰石裂变径迹封闭温度可知，在此之后又经历了沉积冷却的过程。样品 X5（中心年龄为 39.8Ma），靠近暴露的古退火带底部，很有可能代表了快速冷却的起始时间。

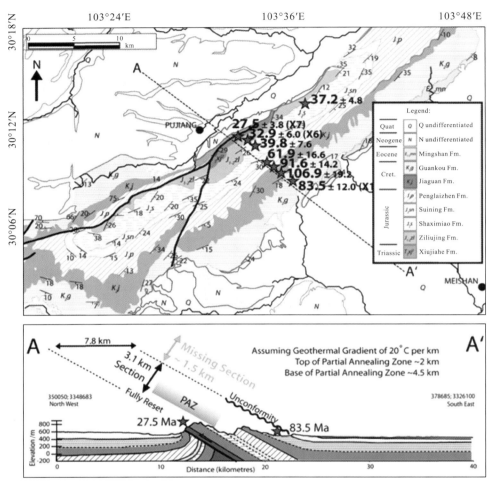

图 15-4　熊坡背斜地区的地质剖面及测年样品分布图

五角星代表磷灰石裂变径迹样品的分布位置并且给出了相应的磷灰石裂变径迹的中心年龄，误差±2Ma（括号内为样品编号）。下半部分图为横穿熊坡背斜的构造剖面图 A-A'

1）剥蚀量

通过熊坡背斜的地层剖面我们可以估算出剥蚀量，在古退火带底部和顶部所限定范围内，基于横跨此区域的温度范围可以得出地温梯度值。根据样品 X1/X2 和 X5 相对的埋藏深度可得出古退火带厚度约为 2km，由于古退火带顶部温度为 60℃，底部温度为 110℃（相差 50℃），因此可以计算出地温梯度为 25℃/km。

根据这些假设以及设定地表平均温度为 15℃，我们认为 60℃表示（古退火带顶部）距地表约 1.8km，110℃（古退火带底部）表示距地表约 3.8km。然而，根据实测的古退火带顶部距整合面仅 500m，底部距不整合面仅 2500m，因此，在剖面上部的地层肯定被剥蚀掉了（图 15-5，图 15-6）。基于此，我们认为这个区域被剥蚀掉的地层厚度约为 1.3km。

上面计算出来的地温梯度值假设随时间变化是恒定的，但实际上从晚三叠世开始地温梯度随着时间的改变是有变化的，且变化范围为 15~35℃/km。根据这个变化范围的两个极端值，可以得出剥蚀的最小厚度为 0.25km（地温梯度值为 35℃/km，古退火带底部在地面以下的 2.75km 处），最大剥蚀厚度为 4.1km（地温梯度值为 15℃/km，古退火带底部距地面以下的 6.6km）。

　　根据目前的钻孔温度，在这个区域和低热流上部几公里的地温梯度值 20℃/km。此外，因为在三叠纪时期本区域缺乏伸展运动和火山活动，与其他前陆盆地相比，其热流值要小。因此，晚三叠世龙门山前陆盆地的地温梯度值小于 20℃/km(Schegg et al.，1998)。

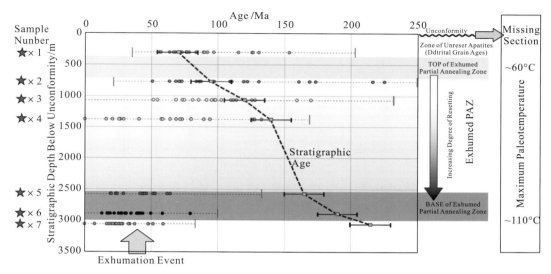

图 15-5　熊坡背斜地区的磷灰石单颗粒裂变径迹年龄图

　　样品分布位置见图 15-4。矩形方框代表每个样品的地层年龄。地层年龄的误差范围为±20Ma，并用黑色实线表示。单颗粒年龄越往下越小，说明随着地层深度增加退火现象越明显。用细虚线表示单颗粒年龄(误差±2Ma)。部分退火区域顶部位于样品 X1 和 X2 之间(比地层年龄小的单颗粒年龄数增加的区域)。样品 X5，X6，和 X7 可以限定完全退火区域(因为所有的单颗粒年龄都小于地层年龄)；因此，出露磷灰石裂变径迹古退火带底部大概位于不整合面以下 2500m 处。通过假设不受时间和深度的影响，地温梯度恒定为 25℃/km，地表温度恒定为 15℃，并且磷灰石部分退火区域顶部和底部的温度分别为 60℃和 110℃，我们可以得出至少有 1.3km 厚的地层被剥蚀掉了

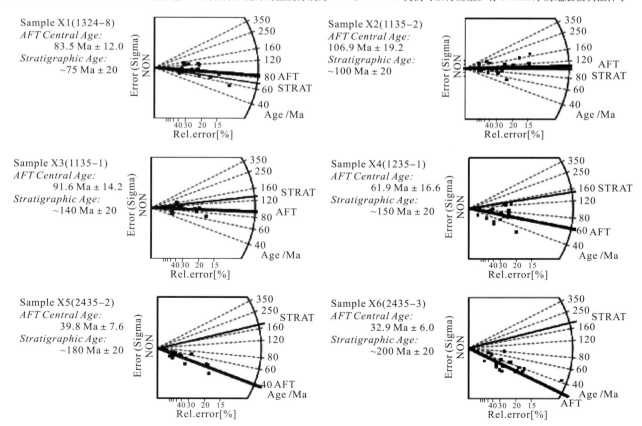

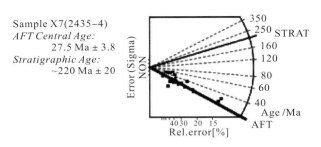

图 15-6　熊坡背斜地区的磷灰石裂变径迹放射图(样品分布见图 15-4 和图 15-5)

标注"AFT"的实线表示磷灰石裂变径迹中心年龄，标注"STRAT"的实线表示每个样品的地层年龄。此图清楚地表现出随着地层深度增加退火程度越大

由于稳定地壳的地温梯度与剥蚀速率呈函数关系，因此在整个中生代沉积盆地中，地温梯度值比正常值要偏低(即，在 20℃/km 到 25℃/km 之间)。在板块内部剥蚀速率低于 1mm/a 时，其地温梯度值通常低于 25℃/km(例如，科罗拉多高原)。因此，我们认为这个区域沉积后的总剥蚀厚度为 1.3km 是一个保守但是却很贴近实际的估算值。

2)剥蚀年代

通过测量样品的水平封闭径迹可以约束冷却降温发生的时间(图 15-7)。我们从熊坡背斜完全退火的样品中选取了一组封闭径迹距离相近的样品(样品 X6 和 X7，中心年龄依次是 32.9Ma 和 27.5Ma)，这两组样品的热模型指明了接下来的沉积过程(图 15-7，D 部分)，即这两组样品在古近系就达到了最大埋藏深度，而且与被侏罗纪到始新世地层所覆盖这一认知相一致(图 15-4，图 15-5)。两组模型都说明了从发生冷却降温到现在暴露出来所经历的时间为 25~40Ma。冷却事件并不是因为熊坡背斜被剥蚀而发生，这一观点可以通过熊坡背斜的地层结构得到印证。熊坡背斜东翼和西翼被不整合面所切割的中生代地层被不连续的新近纪大邑砾岩层所覆盖。正如 Burchfiel 等(1995)的研究表明，新近系地层对于确定熊坡背斜的变形时间至关重要。新近纪地层中的个别碎屑颗粒的磷灰石裂变径迹年龄可以用来表示沉积的最大年龄。大邑砾岩层中的砂岩碎屑年龄(图 15-8；364967；393960；615m)说明这些地层都不晚于 12±4Ma，即最年轻的颗粒年龄。

此外，背斜西翼反转的新近纪地层发生变形的时间肯定小于 12Ma。事实上现今熊坡背斜东翼阻隔了来自龙门山的物源，同时在新近纪沉积层中没有发现下伏地层的碎屑岩，说明熊坡背斜在沉积时期地貌上并没有变化。白垩系—新近系间不整合面的形成时间早于熊坡背斜，而且肯定早于 12Ma。从而，尽管熊坡背斜在 12 个 Ma 以来有明显的剥蚀作用，但是此处的白垩系—新近系间不整合面应该形成于一个更早的剥蚀事件，可能是在始新世中期到晚期之间。

在地层上部的样品中并没有获得足够多的、品质和结晶方向都好的颗粒来进行裂变径迹长度分布分析。在很多事件中，样品的裂变径迹长度分布反映出碎屑颗粒裂变径迹长度具有继承性，再次受热时长度会发生叠加变化，从而根据这些样品所推测出的热史具有一定的不确定性。

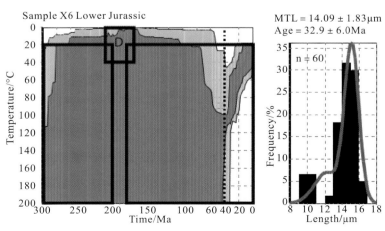

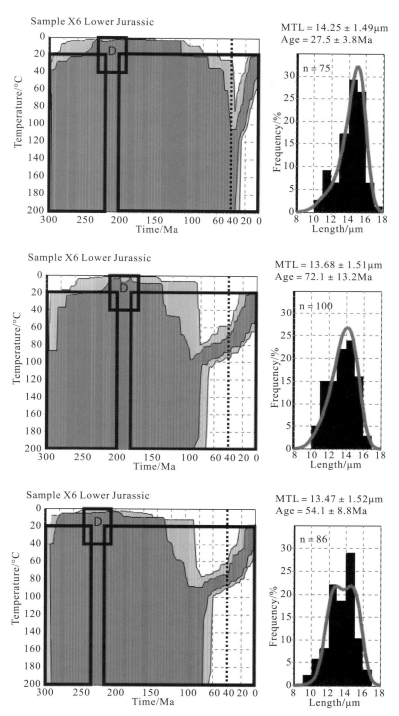

图 15-7　依据 Ketcham(2005)的计算方法采用 HeFTy 计算程序，得出蒙特卡罗反演温度—
时间模型和样品 X6，X7，2495-3 和 2495-1 的裂变径迹长度分布直方图

新生代快速冷却发生在 40Ma 之后。虽然样品受到地表或近地表温度、沉积时间(取样盒 D)和现今温度的制约，但是我们在选择冷却路径和埋藏路径时已经在很大程度上给予了空间。建模过程在方法那部分有所讲述。深灰色区域代表最佳拟合路径，浅灰色区域代表最能接受路径，特征值为 0.5 和 0.05。MTL 指 C 轴校正后的平均长度(误差±1)。年龄指中心年龄，误差为±2Ma

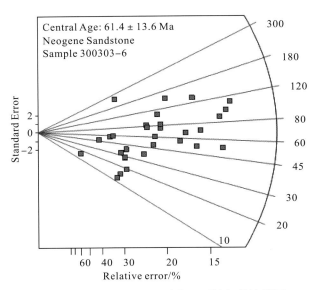

图 15-8   新近系大邑砾岩层中砂岩的磷灰石颗粒年龄放射图（300303－6）

2. 四川盆地中北部钻孔样品

从四川盆地中北部（图 15-3）的钻孔 JP1 中取得一组样品，其在地理位置上这里远离熊坡背斜和构造变形的边缘带。层位最深的样品 JP1FT4 中心年龄为 25.5±3.8Ma，并且卡方值高达 80，变差值为 0％，说明该样品曾经历过完全退火过程。根据取样点的封闭温度可知，该样品的年龄约等于冷却的时间。

另一方面，样品 JP1FT5 的表观年龄为 47.5±8Ma，卡方值为 0，变差值为 32％。JP1FT5 样品中某种平均裂变径迹长度为 12.0±2.6mm 的单颗粒年龄比估算的地层年龄要大，说明此样品并未经过完全退火，只是靠近古退火带底部。根据井下断面（图 15-3）可知现今古退火带底部范围是 1650～2650m，温度范围为 48～68℃，又因古退火温度最大值约为 110℃，故这些地层经历了充分的冷却。

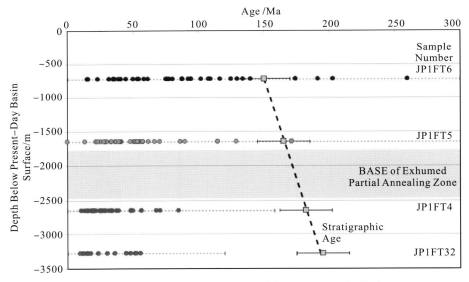

图 15-9   钻井 JP1 样品的单颗粒磷灰石裂变径迹年龄图

方形区域和粗虚线代表每个样品的地层年龄。单颗粒年龄随深度的增加而增大，反映退火程度随深度增大越发明显。细虚线表示单颗粒年龄，误差±2。地层年龄误差为±20Ma，用黑色实线表示。假设目前的地温梯度值 18℃/km 可以代表这些样品所经历的历史时期的地温梯度值，那么同样经历充分冷却的上覆 2km 厚的沉积层被剥蚀掉了。可以得出冷却的初始时间介于样品 JP1FT4 和 JP1FT5 的表观年龄之间（即，25.5±8～47.5±8 Ma）。又因钻孔位于四川盆地未变形的区域，而且剥蚀的时间和剥蚀量与熊坡背斜大致相当，我们可以进一步确认侏罗系和三叠系样品发生退火不是因为褶皱局部的剥蚀作用所造成的

3. 四川盆地中部和东部的样品

我们分析了侏罗系表层的碎屑岩样品。样品呈东西向分布并横穿四川盆地，且不受变形的影响（样品 1835-3，1835-4，和 1835-5）。在这些样品中，大多数颗粒的磷灰石裂变径迹年龄都小于地层年龄，中心年龄为 62.1±11.6Ma，119.9±17.6Ma 和 98.2±20.2Ma（图 15-3）。

假设这里地温梯度值与熊坡背斜中样品 JP1 所在地层的地温梯度值相差不大，那么要再次受热达到部分退火，其埋藏深度需超过 2km。这不是局部剥蚀所造成的，因为样品分布位置远离背斜而且横跨盆地中心。

从四川盆地东部背斜面上取得五组样品（样品 2495-1，2495-2，2495-3，2595-1，2595-2；表 15-2，图 15-3），它们的单颗粒年龄都小于样品沉积年龄。尽管这些样品的单颗粒年龄值较为分散，但是，所有单颗粒年龄远小于所寄地层年龄，这一现象说明了它们在沉积之后均发生了完全退火。样品 2495-3 和 2495-1 的平均裂变径迹长度为 13.68mm 和 13.47mm，都大于 9mm，这一结果同样说明了该套地层在沉积后发生了完全退火过程。

放射图中的裂变径迹长度和年龄值分布特征都反映出自白垩纪以来古退火带经历缓慢冷却，通过这两组样品的热模型（样品 2495-1 和 2495-3，中心年龄分别为 54.1Ma 和 72.1 Ma；图 15-7）同样可以得到相同的结论。这两组热反演模型与熊坡背斜反演模型相比呈现出些许不同的冷却史，在中晚白垩世古退火带最底部曾经历相对缓慢的冷却过程，然而根据图中冷却路径的坡折带可知，在之后的 40Ma 冷却速率有所增加。

坡折带的变化有必要建立一个合适的模型来对其进行解释。根据这些模型不难看出大约有 70Ma 的时间内冷却温度保持恒定。在始新世中期至晚期，模型中冷却速率的变化与四川盆地其它地域的冷却温度变化相一致。表明在始新世之前盆地东部经历了缓慢的散热过程，印证了湖南—广西—四川东部褶皱带的挤压和剥蚀，这一结论与 Yan 等（2003）研究结果相符。

在始新世中期到晚期，四川盆地东部和中部冷却速率的变化证明了这里经历了强烈的剥蚀并且延伸面很广，并且使得表层的岩石发生退火或部分退火。

15.1.3　（U-Th）/He 测年结果

为了支持上述的低温热年代史，我们采用（U-Th）/He 方法对区域内一组样品中的四个磷灰石颗粒进行分析。这些样品采自龙泉背斜南翼末端的侏罗系粗砂岩中（图 15-3）。样品的单颗粒年龄为 11.52±0.27Ma、15.66±0.23Ma、15.83±0.40154Ma、24±4.32Ma（表 15-1）。

正如我们所预期的那样，前 3 个年龄值比同样品中碎屑岩裂变径迹年龄（32.3±6 Ma）要小，与完全退火的样品年龄、古退火带的冷却时间及中生代剥蚀期 He 保留带冷却时间一致。第 4 个异常大的年龄并不能代表真实的冷却年龄，因为它比磷灰石裂变径迹年龄大太多。

15.1.4　讨论

我们的研究结果说明从始新世中期到晚期在某种程度上整个四川盆地剥蚀了至少 1.3km。表明了在整个中生代四川盆地的沉积物源来自封闭的山脉。然而，在始新世四川盆地的水系和沉积与外界连通，盆地内的沉积物质被长江和它的支流所侵蚀，盆地内部以剥蚀为主要特征。

因此，从古近纪开始四川盆地的水系样式已经发生改变。接下来，我们总结出在四川盆地存在广泛剥蚀的证据，表明了盆地东部和西部剥蚀作用的潜在机制。

1. 大面积剥蚀的证据

低温热年代学数据让我们能够了解新生代以来四川盆地发生初始剥蚀的时间、厚度及范围。从侏罗系到三叠系地层磷灰石碎屑裂变径迹样品多次显示 AFT 颗粒年龄小于主要地层的沉积年龄。退火程度指示了样品经受的最大温度（同样也指示深度）。样品部分的热退火指示最大的古温度>60℃（约等于埋藏深度为 2km 或更深），这个完全退火指示最大古温度>110℃（相当于埋深 4.5km）。

当这些已经退火的样品暴露在当前的盆地表面，表明了盆地已经有大量的物质被剥蚀掉，我们必须合理的去恢复其剥蚀的厚度。磷灰石裂变径迹测年的退火样品和热年代学模型指示从四川盆地内部的剥蚀开始于 40Ma。在持续的石油开发研究中也表明大量的沉积物质被从四川盆地移出。尽管最近几十年中国的石油地质学家注意到镜质体反射率值大于预期，这在先前被认为是地热温度比现在高很多的结果。但是，我们逐渐认识到四川盆地西缘和北缘作为前缘盆地从晚三叠世以来反而具有相当低的地热梯度。

在此基础上，四川盆地西缘和北缘在晚三叠时期，已经演变为前陆盆地，从这个角度出发，我们应该选取相匹配的地温梯度值。四川盆地在 250Ma 以来没有经受大的拉张和火山事件，所以低温梯度保持相对较低，可假定接近于 20 到 25℃/km，类似典型的欧洲内部环境。最可行的解释是如此广泛的古地温升高必然是因为埋藏加热，随后再侵蚀冷却。钻井回剥分析（Korsch et al.，1997）显示埋藏最大发生在晚白垩世到古近纪，最初的侵蚀时间被约束为<40Ma。

最后，地质证据支持晚白垩世到新近纪广泛侵蚀的观点。在整个显生宙，四川盆地发育成一个被造山带包围的沉降中心。除了相对浅的地壳层，盆地基本未发生变形（例如四川东部褶皱和冲断带）。相对应的，从三叠纪开始的主要的挤压和压扭变形已经发生在四川盆地 4 个边界上。自从晚三叠世开始，沉积盆地就是普遍接受造山带的物质充填，侏罗纪和白垩纪普遍为冲积扇、河流和湖泊相的沉积物，在当时四川盆地内较高的地形或沉积物被侵蚀的证据。随后，四川盆地由沉积向侵蚀的转变使得白垩系和古近系的地层仅残留于盆地的最东部，其地层厚度向西减薄，正好对应了现今三峡河流的出口位置。很明显，四川盆地内较年轻的地层大部分已经被侵蚀掉了，盆地东部逐渐出露了较老的地层，而现今的盆地表面即为一个侵蚀基准面。

龙泉山背斜的西部就是一个典型的代表，其新近系和第四系地层与下伏的白垩系、侏罗系和三叠系地层呈不整合接触关系。盆地内新生代地层仅存在于成都盆地到龙泉山背斜之间（Burchfiel et al.，1995），表现为一个沉积坝。表明四川盆地至今仍发生着侵蚀，证据就是普遍缺少第四纪的沉积物。

2. 盆地的剥蚀机制

如此大量的沉积物质从盆地搬运出去，其搬运机制几乎涉及长江及其每条支流。长江现今显然还在运输泥沙。在三峡大坝截流前，在 1950~1980 年间长江东部出口（宜昌）测得平均 527.2 百万吨每年的泥沙量（Higgitt et al.，2001）。这就相当于在近 2Ma 的时间里将 $22.5 \times 10^4 km^2$ 面积上厚达 2km 的沉积搬运出去（假设岩石密度为 $2200 kg/m^3$）。同样可以清楚知道的是，在中生代四川盆地从封闭的盆地沉积环境到现今贯通的长江水系的转变可能与新生代河流水系的溯源侵蚀导致四川盆地水系在某点上被袭夺有必然联系。该河流重组可能伴随着地势的降低，导致四川盆地中的沉积物开始被剥蚀。虽然大陆的大规模河流重组，我们并不了解其触发的过程，但自然地理和地质证据能使我们认为这次河流的重组是可能的。

Barbour（1936）首先提出这种观点，并经 Clark 等（2004）进一步完善，表明与长江中游最初向东流不同的是变成向西南流。Clark 等（2004）推测长江中下游的排水洪沟位于现今的三峡。在这个模型中，青藏高原东部的所有主要河流最初一般向南流进中国南海。长江下游的流水通过溯源侵蚀至中游的三峡地区发生逆转，从而牵动整个东亚的河流系统。连续的河流袭夺由东向西发生，在溯源侵蚀过程中，逐渐将汇集成向西流动的河流汇入长江流域。据推测，长江流域向东的转变会使得四川盆地的侵蚀模式发生不断地变化从而使其达到新的基准面。

另外一种可行的模式是四川盆地由内流水系向外流水系的转变。与最初溯源侵蚀的原因不同，我们认为四川盆地的物质可能通过三峡与长江下游相连并导致四川盆地内的快速下切为沉积物提供了新的出口。如果四川盆地在中生代和新生代期间持续沉积，它的地形相对于沉降区应该有所上升并向东延伸至江汉—洞庭盆地的东部。盆地的充填将不可避免地进展到一个临界的水平，使得在盆地的东部形成一个地形屏障，当湖水冲破这个地形屏障时便导致盆地的排水口流量剧增，向东流入长江下游。因此，一个裂点将会向四川盆地溯源迁移，导致盆地的沉积充填受到侵蚀。这种溯源迁移可能会引起四川盆地内河流水系的袭夺和改道。换句话说，这两种机制不是相互排斥的，而且可能在长江中游到三峡进入下游的改道有关。虽然通过我们的数据资料无法区别两个机制，值得注意的是，这两种机制最终的结果是一样的，四川盆地的侵蚀及长江流域的变化都是侵蚀基准面下降的结果。

这样充填和排水的过程对于沉积盆地环境和模式的改变是一种很好的记录（Einsele et al.，1997；Sinclair et al.，2002）。一个很好的例子就是西班牙东北部的埃布罗河盆地，当加泰罗尼亚海岸山脉被埃布罗河切穿并且以前的主要是湖泊沉积的封闭盆地被剥蚀带到了瓦伦西亚槽时（Garcia-Castellanos et al.，2003），这个盆地从 40Ma 到 11.5Ma 的时间内都是处于剥蚀状态。在未来可能会与外部水系连通的内流水系盆地也同样可以作为例子，特别是青藏高原西部的塔里木和柴达木盆地。当从干热气候转变为湿热气候时，盆地从内到外的排水通道条件也会随之改变。

3. 对青藏高原东部和三峡地区的启示

通过对比四川盆地内地层的侵蚀程度和相邻龙门山造山带出露的地层，我们可以对照龙门山山前的侵蚀过程。在四川盆地的高侵蚀速率会导致盆地快速的下降，因此盆山边缘地形的高差不一定是地壳缩短或下地壳流的结果。

我们的研究成果显示，四川盆地（<40Ma）和龙门山（<12Ma）（Arne et al. 1997；Kirby et al.，2002）最初开始快速剥蚀的时间是有所差别的。这个可以解释为：①山前地区样品的冷却事件，这只有靠详细的低温热年代学证据证明，或者，更有可能；②更老的冷却事件在需要在较高温度的热年代学冷却历史中才能观测到（例如：碎屑锆石的裂变径迹）。在青藏高原东部边缘磷灰石裂变径迹（AFT）的古部分退火带确实存在被侵蚀的证据（Xu et al.，2000；Kirby et al.，2002）。

为什么长江出口在四川盆地的东部，那是因为它代表了在那个时间节点上被山脉环绕的四川盆地地形的最低点。尽管长江水系显示了前陆盆地的一些典型的特征，例如水系穿越背斜（Simpson，2004）、流向被一些构造所控制。可以肯定的是湖南—广西南西—北东向聚敛型褶皱带和大巴山北西—东南向冲断褶皱形成了三峡地区以东西向为主的构造样式，这些一级构造控制并且导致了其具有东—西向的"漏斗式"排水渠道。

如果四川盆地内部岩层的冷却事件的确是由通过三峡地区的水系侵蚀所引起的，那么它最初的侵蚀和快速冷却事件也会在三峡本身有所记录。我们预期这次冷却事件的年龄应当等同于或者略大于 40Ma，这会由盆地内的磷灰岩裂变径迹数据表现出来的。前人曾经提到过对三峡下切作用的时间约束，但也只是提供了三峡地区西部的阶地沉积时间的约束，并没有追溯到渐新世—中更新世的范围内（Li et al.，2001）。未来我们可以通过三峡下游入海口处盆地内被侵蚀的沉积物的沉积记录来进行相关的研究。

总的来说，我们认为最初形成的通过三峡的长江就像是四川盆地及内陆地区快速剥蚀的搬运机。由于裂点不断的溯源侵蚀使得原先的内流盆地水系被袭夺，从而导致了盆地内部水系的重组以及盆地内沉积物的快速侵蚀。盆地基准面的降低（>2km）同样将导致周围造山带河流峡谷侵蚀的加强以及水系内部开始重新发生溯源侵蚀。由于三峡的切割导致了河流发生袭夺从而使水系网络发生部分调整。长江水系及其所在的盆地即为这种典型的类型，其袭夺的结果是从长江上游的红河到长江中游的连通（Clark et al.，2004），并且这可以被近海碎屑沉积物所记录（Clift，2006）。

从莺歌海—宋红盆地最新的研究结果显示，在始新世末期，红河近岸地区的东京湾在沉积速率上具有重大变化，也许反映了这种袭夺的结果(Clift et al.，2006)。因此，长江中游和下游区域在这个时间点上一定是相互连通的。这和我们从新数据里得到的侵蚀冷却事件发生的时代相一致。

15.2　始新世古长江的贯通

从印—亚洲块碰撞带中流出的大型水系将大量的泥沙等侵蚀碎屑物搬运至亚洲的边缘海当中(Métivier et al.，1999；Clift et al.，2004)。长期以来，人们一直认为这些河流形成和发育的原因之一可能是大规模的袭夺事件(Brookfield，1998)，比如从恒河到印度河的旁遮普水系的改道(Clift et al.，2005)，以及长江中上游发生的远离红河的改道(Clark et al.，2004；Clift et al.，2004)。这些事件对侵蚀作用的过程和碎屑物质的传输模式产生了重大影响，但是在地表它们常常因为后期发生的侵蚀作用或测年沉积物的缺乏而难以识别。近海沉积盆地可以记录大型水系的改道时间，但其效果可能因数据的不完整和陆相地层沉积环境的改变的而受到限制(Clift et al.，2004；Clift，2006)。

在这里，我们用低温热年代学的测年方法来研究中国中部三峡地区长江演化的时间问题(图 15-10)。前人(Clark et al.，2004；Clift et al.，2006)的研究成果表明，长江的形成可能是由一些较小的河流汇合而成，其开始于三峡地区向东流向的长江下游对西南流向的长江中游进行的袭夺(图 15-10)。这种袭夺使得四川盆地及其发育的河流水系汇入了长江下游的流域。虽然倒钩状的支流和倾斜阶地在某种意义上指示了长江中游在新生代发生了改道并穿过三峡向东流入东海(Clark et al.，2004)，但是在地表上没有明确的时间证据证明其发生了袭夺现象，同时，海相地层中的证据也被长江下游的沉积物所掩盖(Clift，2006；Chappell et al.，2006)。

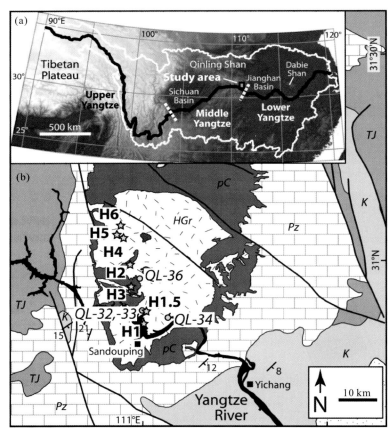

图 15-10　三峡地区的区域地质概况及测年样品的分布图

虽然，前人(Li et al.，2001)的研究成果表明，三峡形成于更新世，但这只是基于地层年代的最小估计，不能排除更老的事件的影响。Richardson 等(2008)认为自 40Ma 四川盆地有 1.5～4km 的物质被剥蚀。同时，该事件标志了四川盆地从三叠纪到始新世持续接受碎屑沉积物的结束(Burchfiel et al.，1995)。Richardson 等(2008)认为此次的侵蚀事件也间接表明了长江中游在该时间可能被长江下游所袭夺，并在三峡地区形成了河流出水口，通过这个出水口传输了四川盆地的沉积物到长江中下游。

长江中游的袭夺使得长江下游的流域面积大量增加，并导致三峡地区的快速下切和上地壳的局部冷却。这个冷却事件时间的确定是对长江的演化与四川盆地的侵蚀作用的相关性的验证。如果三峡的冷却速率在 40Ma 前、后发生了突然增加，同时，该地区的冷却事件并没有扩展到更广的区域，那么它可能表明了四川盆地的侵蚀作用、长江中游的袭夺和三峡的形成之间具有某种相关性。

15.2.1　裂变径迹分析的结果

从基准位置(190m)的样品 H1 的平均单颗粒 AHe 的年龄为 46±16Ma(2σ)(Fitzgerald et al.，2006)，到海拔高程为 1350m 的样品的年龄为 H4 的 45±12Ma 不等。同时，在这个海拔高度以上的样品具有更老的单颗粒年龄，显示为一突变的特征(图 15-10)。唯一不符合该模式的是样品 H3，它的年龄值分布广泛。产生这种情况的原因尚不清楚，可能是因为显微镜没有检测到合适的锆石或其他含铀的物质。样品 AFT 的中值年龄从 86±10Ma(2σ)到 133±11Ma 不等，并且随着高程没有系统的变化(图 15-11)。

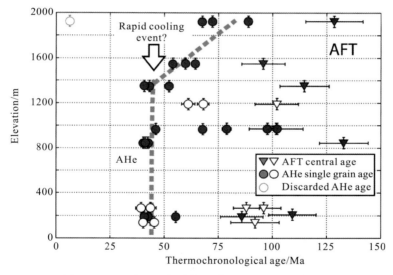

图 15-11　三峡地区的磷灰石单颗粒裂变径迹年龄图

这个模型是在没有 AHe 数据的情况下完成的，主要是为了避免样品的时间—温度轨迹超出 AHe 的年龄。位于海拔最低的样品(H1，图 15-12)一直埋藏在磷灰石裂变径迹(AFT)部分退火带的温度(T-70℃)区域内，直到 40Ma 才发生更快速的冷却(1～2℃/Myr)。位于海拔较高的样品 H1.5，H3 和 H5 的记录大体相似，晚白垩世的冷却径迹较为单一，在 40～45Ma 时冷却速度显著提高。位于海拔最高的样品 H6，在 40Ma 温度已经<60℃，处于模型所能解释的温度范围之外。总之，这些样品大部分的时间都是埋藏在部分退火带的区域内，直到 40～45Ma 才发生了快速的冷却。

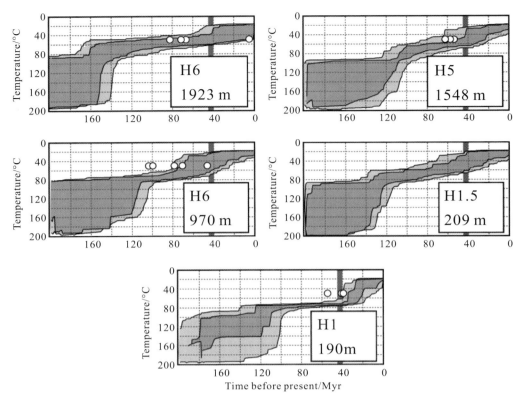

图 15-12　不同海拔的样品温度—时间模型图

15.2.2　对三峡始新世下切作用的讨论

根据测试分析的结果，我们认为有两个潜在的标志：①位于较低高程的样品与位于较高高程的样品相比具有更快的冷却速度，表明了存在地表的抬升过程(Schildgen et al.，2007)；②所有样品都经历了一次冷却事件，但在峡谷以外的地区没有发现有该冷却事件。

通过 AHe 年龄—高程曲线，我们可以认为在 1350m 处的突变带可作为下层样品在 40～45Ma 快速冷却的证据。然而我们只能暂时利用这个方法，因为我们所选的断面的横向跨度太大(27km)。AHe 闭合等温线与地形起伏比率 α 约为 0.7(Reiners et al.，2003)，表明了其可能具有更快的剥蚀速率。长时间滞留在磷灰石裂变径迹的部分退火带中最可能造成裂变径迹年龄的分散，我们推断存在一个不充分的冷却事件暴露了磷灰石裂变径迹的部分退火带的基底，并产生了一个明确的磷灰石裂变径迹年龄—高程的关系式。支持三峡具有明显的下切作用的一个证据是在 45 Ma 后 AFT 样品 H1 已经冷却了 50℃，而样品 H6 在那时则冷却了 5～40℃(图 15-12)，这意味着冷却降温有 10～45℃ 的差值。基于现今地温梯度的变化范围从三峡西部的 15℃/km 到江汉盆地东部的 23～40℃/km。我们取平均值 20℃/km，这表明自 45Ma 以来三峡地区有 0.5～2.3km 的物质被剥蚀。峡谷下方等温线的压缩可以增加当地的地热梯度 20%，从而对这些地区的差异剥露的估计减少了 0.2 至 2km。因此，虽然我们不能完全排除在此基础上的均匀冷却，但很有可能这些下层样品记录下了某种程度的差异性下切作用。

支持三峡下切的第二论据来自于对 AHe 数据的热模拟。根据 Reiners 等(2003)的研究成果，我们采用一维数值模型计算了每个 AHe 样品深度所对应的闭合等温线。每个样品总的剥露厚度都是深度闭合模型加上样品高程和 10km 范围高程的差值，以消除近表面的等温线弯曲的误差。剥露速率就是总的剥蚀地层的厚度除以样品的年龄。

再次假设地温梯度为 20℃/km，模型闭合温度为 46～51℃，剥露速率为 13～39m/Myr。最高的速率被 1350m 或以下的样品(H1，H2，H4)所限制，而对于更高海拔的样品则速率要低 2～3 倍，再一次与最低海拔样品的较大差异性下切作用相一致。样品 H6 的总剥露为 1.7km，这意味着峡谷下切最有可能开始于由前寒武纪至古生代沉积物所盖覆的黄陵花岗岩。

总的来说，AFT 正演模型与在 45~40Ma 剥露速率平稳增长是一致的，尽管只有样品 H1 真正获得这种增加，并且 AFT 和 AHe 数据都表明位于横断面中下层的样品有更快的冷却速度。

如果这种冷却事件的确发生，那么它影响的范围有多大呢？Reiners 等（2003）认为三峡东部的大别山在整个新生代经历了缓慢的剥露作用，其速率在 60 Ma 后没有增加。从秦岭东部到研究区域北部的 AFT 样品，至少从 70~100 Ma 开始就表现出了缓慢的冷却（Enkelmann et al.，2006），并且没有迹象显示在新生代中有更快速的冷却。此外，Hu 等（2006）给出的 AHe 和 AFT 的年代以及 AHe 模拟剥露速率和我们的结果进行比较（图 15-11）。他们的样品来自秦岭山南部和黄陵地区北部，没有发现在 60 Ma 后冷却速率增加的证据（Hu et al.，2006）。相比之下，他们的样品 QL-34（图 15-10）记录了与样品 H1 非常相似的冷却历史：在 70℃ 长期停留，在 40 Ma 以后以速率 1~5℃ Myr^{-1} 加速冷却。Hu 等（2006）引用邻近长江的样品，但却没有给出样品异常的原因。在 45~40 Ma 的加速冷却似乎只被限制在长江三峡附近地区，并且没有证据表明这一时间发生的是区域性冷却事件。

如果三峡地区发生差异性下切作用，并且与区域冷却事件无关，那它是如何与持续的长江的演化联系在一起的？事实上，在 40Ma 峡谷下切作用与四川盆地的侵蚀作用是同步的（Richardson et al.，2008）支持了它们之间的因果关系，并且我们认为，长江中游和四川盆地被长江下游袭夺这一最简单的机制可以解释峡谷下切作用和四川盆地的剥蚀作用几乎是同时进行的（图 15-13）。

连续的袭夺将会使长江下游流量增加，原因是袭夺位置向上游的迁移（图 15-13），导致峡谷区的剥蚀速度增加。这种迁移（Clark et al.，2004）会降低四川盆地的侵蚀基准面，导致了广泛的区域性剥蚀，也为已侵蚀的碎屑的运移提供了一个出口。

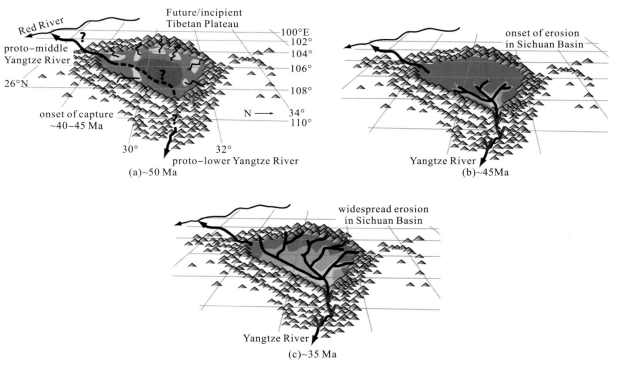

图 15-13　三峡地区水系演化及变迁过程示意图

基于北部湾的同位素数据（Clift et al.，2006），我们推断在 24Ma 之前的峡谷下切时间与长江中游袭夺的约束大体一致，或根据其结构判断在渐新世之前（Clark et al.，2004）。我们不能排除三峡的冷却历程与四川盆地的剥蚀没有相关性的可能，尽管这两个地区是如此的接近，这需要一定程度的运气。例如，样品 H1 和 QL-34 有可能被当地的热事件或预先存在，那些我们还没有办法解决的短波长地形运动所带来的扰动。

在江汉盆地始新世晚期正断层的发育可能导致断裂下盘局部侵蚀以及黄陵花岗岩快速的冷却，这一现象同样也缺少足够的证据。该断裂并不能解释几乎同时发生在四川盆地的侵蚀作用，同时也不能排除峡谷的下切作用。事实上，断层活动很有可能让长江下游变得陡峭，增强其溯源能力和下切能力，从而帮助河流袭夺。在上述情况下，我们的结果都首先提示了三峡的下切可能发生在早始新世，与独立估计的长江中游的袭夺时间一致，这种下切作用为逐步运移四川盆地内的大量沉积物提供了一个潜在的出口。

综上所述，四川盆地位于青藏高原东部，其地理位置对研究青藏高原的隆升、构造特征以及新生代亚洲大陆主要流域的变化具有重要的重要意义。本次我们把磷灰石裂变径迹地层剖面与样品的热史模型结合起来，将冷却事件的最初时间限制在 40Ma 之后，并且被剥蚀的沉积物厚度在 1.3km 至 4km 的范围之间。从四川盆地地层中可以看到，从中生代至少到晚白垩世，四川盆地属于内流盆地，四面被山脉封闭。但是现在的四川盆地被长江和其他支流所袭夺，而这种从内流盆地到外流盆地的转换大概发生在新生代(40Ma 左右)。裂变径迹数据显示这次水系的重组可能造成了四川盆地的大幅度侵蚀作用。我们假设这次事件的诱因是在三峡地区长江中游水系与下游水系通过溯源侵蚀和袭夺发生的连通事件，导致河流水系侵蚀速率的增加，向西逐渐进行溯源侵蚀，穿过四川盆地，并导致盆地内沉积物的快速侵蚀和搬运。这一事件的连锁反应可能引起了盆山边缘的海拔增加、龙门山的隆起、河谷下切和东南亚河流水系的变迁。

第 16 章　龙门山隆升机制与沉积响应

16.1　龙门山隆升机制

龙门山是青藏高原东缘边界山脉，位于青藏高原和四川盆地之间，处于中国西部地质、地貌、气候的陡变带，具有青藏高原地貌、龙门山高山地貌和山前冲积平原3个一级地貌单元，是中国西部最重要的生态屏障，同时该地区也是研究青藏高原边缘山脉的隆升、剥蚀所造成的自然地理效应最明显和典型的地区之一。龙门山北起广元，南至天全，呈北东—南西向展布，北东与大巴山相交，南西被鲜水河断裂相截。该边缘山脉长约500km，宽约30km，面积约为15000km²。

青藏高原东缘是研究青藏高原隆升与变形过程的理想地区，其原因在于该地区地质过程仍处于活动状态，变形显著，露头极好，地貌和水系是青藏高原碰撞作用和隆升过程的地质纪录，但是龙门山也是国际地学界争论的焦点地区之一（刘树根等，1993，2003；李勇等，1994，1995，1998；Chen et al.，1994；Burchfiel et al.，1995；陈智梁等，1998；Kirby et al.，2000，2002；Clark et al.，2000；Li et al.，2003），争论的问题包括其形成的时间、机制、过程及其与印度板块与欧亚板块碰撞的关系等。

众所周知，印—亚碰撞是新生代发生的最重大的构造事件，导致了青藏高原隆升、变形和地壳加厚，这一构造事件及其对亚洲新生代地质构造的影响一直是人们关注的焦点，业已提出了两个著名的端元假说，一个是地壳增厚模式（England et al.，1986），另一个为侧向挤出模式（Tapponnier et al.，1982，1986），前者强调南北向缩短和地壳加厚，后者强调沿主干走滑断裂的向东挤出，争论的核心问题为新生代青藏高原隆升过程（垂向运动）与变形过程（水平运动）相互关系及其与印—亚碰撞的关系。就青藏高原东缘而言，也相应存在两种成因模式，即：侧向挤出模式在龙门山应表现为以逆冲作用为主，而地壳增厚模式在龙门山应表现为以右行剪切作用为主。

现今青藏高原东缘由原（青藏高原东部川青块体、川藏块体）—山（龙门山—锦屏山造山带）—盆（四川盆地西部）3个一级构造地貌单元和构造单元组成，显示为盆—山—原体制（图2-2，图6-1）。它们是形成于印支运动以来的盆—山体制与盆—山—原体制转换过程中形成的孪生体，在空间上相互依存、物质上相互补偿、演化上相互转化、动力上相互转换，因此，盆—山—原之间的耦合关系是揭示青藏高原东缘大陆动力学机制和过程的关键。

龙门山是位于青藏高原和四川盆地之间的、线性的、非对称的边缘造山带（图2-2，图6-1）。2008年汶川（Ms8.0）地震和2013年芦山（Ms7.0）地震（图6-1）相继发生后，国际地学界对龙门山研究给予了前所未有的重视，使之成为当前国际地学界研究和争论的焦点地区之一。

龙门山与山前地区（成都盆地）的高差大于5km，显示了龙门山是青藏高原边缘山脉中的陡度变化最大的地貌陡变带（Densmore et al.，2005；李勇等，2005；Godard et al.，2009）。地表的GPS测量的水平运动速率非常小（1～3mm/a；Zhang et al.，2004），垂直隆升速率也很小（0.3～0.4mm/a；刘树根，1993）。龙门山北起广元，南至天全，长约500km，宽约30km，呈北东—南西向展布，分为北段、中段和南段，具有南北分段的特征。龙门山由一系列走向北东、倾向北西的逆冲断裂及其所夹的逆冲岩片组成，具有叠瓦状构造和飞来峰构造等两种构造样式，从西向东发育茂汶断裂、北川断裂带和彭灌断裂，具有东西分带的特征。通常以北川断裂为界，以西被称之为后山带，以东被称之为前山带。总体表现为前展式的逆冲推覆构造带，活动性强，具有明显的地震风险性（李勇等，2006；Li et al.，2006；

Densmore et al.，2007；Zhou et al.，2007)。其后缘以"青藏高原东缘大型拆离断裂(ETD；许志琴等，2007)"或"汶川—茂县剪切带(刘树根，1993)"与松潘—甘孜造山带为界。

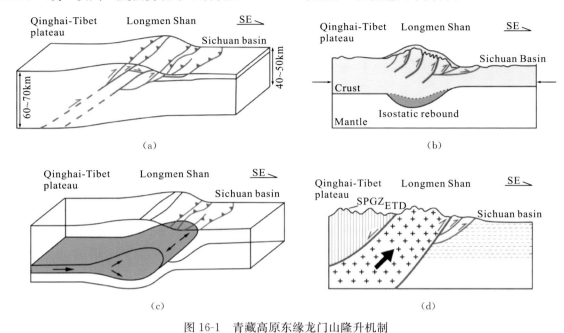

图 16-1　青藏高原东缘龙门山隆升机制

(a). 地壳缩短机制；(b). 下地壳流机制；(c). 地壳均衡反弹机制；(d). 挤出机制；其中(a)和(b)据 Hubbard et al.，2009；(c)据 Fu et al.，2011；(d)据许志琴等，2007

龙门山处于强烈的剥蚀阶段，晚新生代以来剥蚀卸载量巨大，至少有 6~10km 的地层被剥蚀掉，长周期(百万年尺度)的剥蚀速率达 6~7mm/a(刘树根，1993；Xu et al.，2001；李勇等，2006；Kirby et al.，2008；Godard et al.，2009)。此外，在四川盆地至少有 1~4km 的地层被剥蚀掉(Richardson et al.，2010；Deng et al.，2013)。

前人对龙门山隆升机制已开展了大量研究，分别从活动构造(唐荣昌等，1993；邓起东等，1994；李勇等，2006；周荣军等，2007；Densmore et al.，2007；Kirby et al.，2008)、构造地质(王金琪，1990；许志琴等，1992，2007；刘树根，1993；刘和甫等，1994；罗志立等，1994；Burchfiel et al.，1995；郭正吾，1996；林茂炳等，1996；Jia et al.，2006；Hubbard et al.，2009；Deng et al.，2013)、地震地质(李勇等，2008；Burchfiel et al.，2008；Kirby et al.，2008；Xu et al.，2009；Densmore et al.，2010；Li et al.，2010，2011；Marcello et al.，2010；Fu et al.，2011)、GPS 测量(张培震等，2008)、地球物理(朱介寿等，2008；Zhang et al.，2010)、低温年代学(Kirby et al.，2008；Godard et al.，2009；Li et al.，2011；Wang et al.，2012；Liu et al.，2012)、沉积地质学(崔炳荃等，1991；蔡立国等，1994；Chen et al.，1994；李勇等，1994，1995，2006；Burchfiel et al.，1995；郭正吾，1996；Li et al.，2003；贾东等，2003；邓康龄，2007)、古地磁(庄忠海等，1988；王二七等，2009)、滑坡剥蚀作用与龙门山生长(Parker et al.，2011；李勇等，2013；Huang et al.，2013)等方面开展了研究工作，取得了许多重要成果，针对现今的或短时间尺度(晚新生代以来)的龙门山隆升机制，提出了 4 种观点或模式(图 16-1)。

(1)地壳缩短(Crustal shortening)机制，认为龙门山隆升机制是逆冲作用与地壳缩短。沿着冲断构造的上地壳的缩短和加厚是龙门山及其前缘地区构造变形的主要机制，由逆冲断裂和逆冲推覆体组成的前陆逆冲带具有自西向东的剪切矢量及扩展式推覆的特点(许志琴等，1992；刘树根，1993；罗志立等，1994；李勇等，1995；郭正吾，1996；林茂炳等，1996；Jia et al.，2006；Hubbard et al.，2009)，并与龙门山地区所存在的逆冲断层、推覆构造、飞来峰构造和四川盆地西部所存在的与逆断层相关的褶皱和缩短现象相匹配(Hubbard et al.，2009)。

（2）地壳均衡反弹（Crustal isostatic rebound）机制，认为地表侵蚀卸载作用所导致的地壳均衡反弹和剥蚀卸载，驱动了龙门山的抬升和高陡地貌的形成（Densmore et al.，2005；李勇等，2006；Fu et al.，2011；Li et al.，2013）。

（3）挤出（Extrusion）机制，许志琴等（2007）认为龙门山—锦屏山的崛起与中下地壳的变质基底岩石的隆起是挤出机制的产物，后缘发育与晚白垩世（120Ma）下地壳流有关的大型韧性拆离断裂（ETD），龙门山转变为具有挤压—转换性质的转换造山带。

（4）下地壳通道流（Channel flow）机制，认为四川盆地之下的强硬地壳阻挡了下地壳物质的流动，最终堆积在龙门山之下，形成了龙门山巨厚的地壳和高陡地貌（Royden et al.，1997；Clark et al.，2000；Simon et al.，2003；Enkelmann et al.，2006；Meng et al.，2006；Burchfiel et al.，2008；朱介寿等，2008；Kirby et al.，2008；Bai et al.，2010；Zhang et al.，2010；Wang et al.，2012）。

目前对龙门山隆升机制仍具有不同的认识和分歧，所争论的问题包括以下几个方面：

1）龙门山隆升机制的复合性

龙门山隆升机制显示了构造隆升机制和地壳均衡反弹机制复合的产物，具有明显的复合性。从理论上讲，构造隆升机制是一个构造加载驱动的隆升过程，而地壳均衡反弹机制是一个剥蚀卸载驱动的隆升过程，这两种机制可能是并存的，并同时对龙门山隆升过程发挥作用，只是所起的作用和贡献率不同。Molnar（2012）认为地壳均衡反弹机制在龙门山隆升中起主导作用，贡献率为 85%，而本项目组则认为构造隆升机制在龙门山隆升中起主导作用，贡献率为 62%～75%。因此，从长周期（百万年尺度）角度，标定构造隆升机制与地壳均衡反弹机制是如何影响新生代以来龙门山隆升作用或是以哪一种隆升机制（构造隆升或地壳均衡反弹隆升）为主就成为目前研究的难点之一。

2）构造隆升量与剥蚀卸载量及其对龙门山生长的影响

按造山带隆升过程的构造—剥蚀相关理论，山脉的隆升过程是构造隆升作用（地壳缩短机制、挤出机制、下地壳流机制）与剥蚀卸载作用两个变量之间的竞争的结果，如果构造隆升量大于剥蚀卸载量，山脉将长高；如果构造隆升量等于剥蚀卸载量，山脉的高程将保持不变；如果构造隆升量小于剥蚀卸载量，山脉将降低。因此，龙门山隆升与生长就取决于构造隆升量与剥蚀卸载量之间的比率。本项目组的研究成果表明（Parker et al.，2011；颜照坤等，2012；李勇等，2013），汶川地震不仅导致了构造抬升，也导致了同震滑坡，而且同震滑坡量（5～15 km³）大于同震构造抬升量（2.6±1.2km³；Marcello，2010），表明剥蚀卸载作用可能导致龙门山的物质亏损和降低。显然目前所面临的问题是，如何标定龙门山的构造隆升量和剥蚀卸载量？标定的依据是什么（是以长周期效应为主还是以短周期效应为主）？因此，从长周期（百万年尺度）角度，晚新生代以来构造隆升量与剥蚀卸载量的标定及其对龙门山垂向生长的影响就成为目前研究的难点之二。

3）整体构造缩短（负载）或有限（局部）构造缩短（负载）及其对龙门山地壳增厚的影响

龙门山是多层次拆离滑脱构造和逆冲推覆构造叠合的典型地区，不仅具有垂直增生的方式，而且具有侧向水平增生的方式。地壳缩短机制认为龙门山的地壳缩短速率很大，并导致了上地壳的增厚，构造缩短发生在整个青藏高原东部（包括松潘—甘孜造山带、龙门山、前陆盆地），显示为青藏高原东缘的整体缩短。而下地壳流机制或挤出机制则认为龙门山的缩短速率相对较小，认为松潘—甘孜造山带与龙门山是两个地质体，其间以大型拆离断裂（ETD）（许志琴等，2007）为界，构造缩短作用仅发生在龙门山和四川盆地西部，显示为局部缩短。松潘—甘孜造山带定型于中生代（Simon，2003），在新生代显示为块体沿大型边界走滑断裂的块体运动和整体隆升，块体内部相对稳定，缺乏构造缩短（刘树根等，2013）和活动构造，而龙门山在新生代则显示为强烈的构造缩短与隆升作用（李勇等，2006，2009，2013；周荣军等，2007；Densmore et al.，2007）。

值得指出的是，汶川地震所揭示的是局部构造缩短和构造负载，导致了龙门山及其前缘地区的构造缩短（7%～28%；李勇等，2009）、构造负载（2.6±1.2km³；Marcello，2010）和隆升作用（最大量12.3m；张培震，2009），也导致了成都盆地的不对称性挠曲沉降，表明汶川地震是一个构造加载事件，是一个构造隆升机制驱动的隆升过程。在茂汶断裂及其以西没有构造缩短和构造负载（Marcello，2010），并显示为沉降作用（张培震等，2009），表明茂汶断裂并非是现今龙门山叠瓦状逆冲断层系（北川断裂带和彭灌断裂）的一支。李勇等（2006，2010）、周荣军等（2007）在北川断裂的后缘也发现了伸展断陷盆地，表明在龙门山中央断裂以西存在伸展构造。因此，汶川地震所导致的局部构造缩短和构造负载从一定程度上支持了下地壳流机制或挤出机制在龙门山隆升机制中的主体作用。因此，区分不同的构造隆升机制（地壳缩短机制、挤出机制、下地壳流机制）是如何影响龙门山水平缩短作用（整体缩短/局部缩短、整体构造负载/局部构造负载）成为目前研究的难点之三。

4）龙门山隆升机制与青藏高原隆升机制的相互关系

青藏高原隆升机制及周缘山脉隆升机制之间的相互关系是当前国际上研究的热点。龙门山作为青藏高原的东缘边界山脉不仅是验证和甄别青藏高原隆升机制的关键地区，而且也是验证和甄别边缘山脉隆升机制的典型地区。自从 Argand（1977）提出青藏高原的隆升和加厚与 55~50 Ma 的印亚碰撞相关以来，业已提出了许多理论假定和成因机制，如：①地壳缩短与增厚机制（England et al.，1986），强调了南北向缩短和地壳加厚；②侧向挤出机制（Tapponnier et al.，2001），强调了上地壳的刚性变形，认为青藏高原东部的块体是沿主干走滑断裂被向东挤出去的；③下地壳流（Channel flow）机制（Burchfiel et al.，1992），强调中下地壳的塑性流变导致了上地壳的向东挤出，解释了青藏高原东部挤出块体的动力学成因机制；④地壳缩短和地壳均衡机制（Shortening and isostatic compensation；Molnar et al.，1975，1990，2012；Hatzfeld et al.，2010），强调地壳缩短和地壳均衡作用是支撑起现今青藏高原高度的主要机制。目前在青藏高原东部（图 1-1）已识别出了两条下地壳流通道（大地电磁测深方法；Bai et al.，2010），包括 A 通道（印支通道，打开的时间为 35~12Ma；Tapponnier et al.，1990）和 B 通道（川滇通道，打开的时间为约 12Ma 以来；Roger et al.，1995；Clark et al.，2005），而在川青块体仅出现规模不大的塑性流变物质的流出通道（川青通道；Bai et al.，2010），表明川青块体向东流动的能力、强度和规模要弱一些。因此，青藏高原的侧向挤出机制与下地壳流机制已成为解释青藏高原东部新生代构造变形的理论基础，挤出机制强调了上地壳的刚性变形，认为青藏高原东部的块体是沿主干的走滑断裂被向东挤出去的，而下地壳流机制强调了下地壳的塑性流变导致了上地壳的挤出。现在许多科学家都在利用各种技术和方法验证和甄别龙门山的下地壳流隆升机制及其与汶川地震、芦山地震成因关系（许志琴等，2008；Burchfiel et al.，2008；Hubbard et al.，2009；Fu et al.，2011；姚琪等，2012；Wang et al.，2012；Li et al.，2013）。因此，如何通过汶川地震和芦山地震提供的基础材料去甄别现今龙门山的隆升机制及其与青藏高原隆升机制的相互关系成为目前研究的难点之四。

5）龙门山逆冲作用与走滑作用的相互关系

虽然与龙门山构造带走向平行的走滑作用早在 20 世纪 80~90 年代就被人们认识，但是走滑作用在龙门山造山带演化中所起的关键作用却被忽视和估计过低。值得指出的是，近年来在龙门山发现了更多的与龙门山走滑作用相关的证据，如对雅安地区古近系古地磁测定结果显示自古近纪中晚期以来四川盆地逆时针旋转了 7°~10°（庄忠海等，1988；Enkin et al.，1992），表明龙门山造山带与四川盆地之间发生过大规模的走向滑动。刘树根（1993）、李勇等（1995）、Chen 等（1995）、王二七等（2001）提出了印支期龙门山左旋走滑运动，并认为在印支期龙门山在发生推覆构造作用的同时还发生了左旋走滑运动。Burchfiel 等（1995）首次提出龙门山前缘缺乏与逆冲推覆作用相关的晚新生代前陆盆地，认识到晚新生代龙门山可能不是以构造缩短为主形成的。李勇等（1995）利用龙门山前陆盆地中楔状体和板状体标定了龙门山构造活动的期次和性质，表明在中新生代期间龙门山具有逆冲作用与走滑作用交替发育的特征，其中晚新生代以走滑作用为主，并在龙门山前缘形成了走滑挤压盆地。以上研究成果均开始强调和重视走滑作用在龙门山构造带演化中所起的关键作用，为研究龙门山及其前缘盆地的形成机制提供了新的视野和依据。

16.2　龙门山活动造山带与活动前陆盆地的耦合机制

16.2.1　青藏高原东缘的盆—山体系

造山带与前陆盆地是一对地质孪生体，构成了盆—山体系。前陆盆地在地史期间曾详细地记录了造山带的隆升与演化过程，表明沉积盆地及其充填物的沉积记录始终是恢复和反演造山带隆升机制和演化过程的重要依据和方法，成为盆—山耦合研究的关键方法(Dickinson，1993；许志琴等，2011)。

龙门山前陆盆地是我国典型的前陆盆地之一，对龙门山和前陆盆地的构造演化过程及其阶段划分仍有许多分歧，曾被称为"中国型盆地或 C－型前陆盆地"(罗志立等，2002)、"前陆类盆地"(孙肇才，1998)、"类前陆盆地"(郑荣才等，2008)、再生前陆盆地(贾东等，2003)、前陆再生盆地(许志琴等，2007)、叠合盆地(许志琴等，2007)等。按冲断带—前陆盆地系统的构造负载挠曲理论，李勇等(2006)、Li 等(2001，2013)划分出了楔状前陆盆地和板状前陆盆地，并将楔状前陆盆地作为逆冲构造负载机制的产物，将板状前陆盆地作为地壳均衡反弹机制的产物。

许多学者研究了龙门山推覆构造及其与前陆盆地的耦合关系，具有约 42%～43% 的构造缩短率，并将龙门山作为我国典型的推覆构造带，并在其前缘地区形成了典型的中生代前陆盆地。龙门山构造带自晚三叠世印支期造山作用以来具有强烈构造缩短，持续地在扬子板块的西缘形成了造山楔负载体系，并导致扬子板块岩石圈弯曲形成了龙门山前陆盆地(王金琪，1990，2003；崔炳荃等，1991；邓康龄1992，2007；刘树根，1993，1995，2003；许效松等，1994，1996，1997；刘和甫等，1994；Chen et al.，1994，1995，1996；李勇等，1994，1995，2006；Burchfiel et al.，1995；郭正吾，1996；陈发景等，1996；何登发，1996；Li et al.，2001，2003，2006；贾东等，2003；姜在兴等，2007；郑荣才等，2008，2009，2011；胡明毅等，2008；戴朝成等，2009，2010)。扬子克拉通西缘属刚性体，对其模拟结果表明龙门山前陆盆地的形成与演化模式符合弹性流变模型(Li et al.，2003；李勇等，2006)。虽然该前陆盆地曾被称为特殊成因类型的"中国型盆地"(Bally，1981；罗志立等，2002)、"C－型前陆盆地"(罗志立等，2002)、"前陆类盆地"(孙肇才，1998)和"类前陆盆地"(陈发景等，1996；郑荣才等，2008)等，但在成因上均认为具有前陆盆地性质(张明利等，2002；宋岩等，2006)。大多数人认为松潘—甘孜洋盆的封闭和前陆盆地的转折时期始于晚三叠世(王金琪，1990，2003；刘树根，1993，1995，2003；刘和甫等，1994；Chen et al.，1994，1995，1996；李勇等，1994，1995，2006；Burchfiel et al.，1995；郭正吾，1996；Li et al.，2001，2003，2006；贾东等，2003；郑荣才等，2008，2009，2011)，但对其在燕山期和喜山期的演化过程和阶段划分存在明显的分歧。许志琴等(2007)、Xu 等(2008)认为四川 T_3-E 的前陆盆地为松潘—甘孜印支造山带的前陆盆地(T_3-K_1)和龙门山新生代前陆再生盆地(K_2-Q)的叠合盆地。贾东等(2003)认为在川西地区不仅存在晚三叠世前陆盆地，在盆地的南部还发育有晚白垩世—古近纪的再生前陆盆地，并叠加在早期周缘前陆盆地之上。按冲断带—前陆盆地系统的构造负载挠曲理论，李勇等(2006)、Li 等(2001，2013)、郑荣才等(2009，2010)以楔状构造层序和板状构造层序的交替叠置为依据将龙门山冲断带演化历史可分为 3 个冲断期和 3 个平静期，并且将楔状前陆盆地作为冲断期的产物，与逆冲构造负载系统相关，将板状前陆盆地作为均衡反弹或平静期的产物，与剥蚀卸载系统相关，其中 3 个冲断期分别出现在晚三叠世、晚侏罗世和晚白垩世(李勇等，1994，2006；Li et al.，2001，2013；陈竹新等，2008；郑荣才等，2009，2010)。

龙门山构造带的构造变形起始于晚三叠世印支运动，并经历了燕山运动和喜山运动，龙门山幕式逆冲作用的构造驱动力来自于青藏高原中生代以来的基麦里大陆加积碰撞和印亚碰撞作用(Molnar et al.，1975；England et al.，1986)的远源效应(孙肇才，1998；Li et al.，2001，2013；李勇等，2006)；在时间上，中新生代前陆盆地(T_3-E)是在古生代被动边缘盆地(Z-T_2)的基础上转换而形成的，在空间上，龙门山前陆盆地与其西侧的松潘—甘孜残留洋盆地之间也存在转换（Zhou et al.，1996；许效松，1997；Li et al.，2001，2003；李勇等，2006），现今残留的前陆盆地可能仅仅是印支期松潘—甘孜残留洋盆地（Zhou et al.，1996）或前陆盆地的前缘隆起斜坡部分（颜仰基等，1996；许效松，1997；王天泽，1997；Li et al.，2003）。这些研究成果将为今后青藏高原东缘龙门山及四川盆地西部的"盆—山—原"活动构造的相关研究奠定了良好的工作基础。

虽然前期研究已取得了许多重要成果，但是盆地充填样式的确定和原始面貌的恢复一直是龙门山地学研究中难度最大、探索性最强的课题，存在许多或然性和不确定性。目前已提出了以下5种盆地充填样式和沉降机制（王金琪，1990；刘树根，1993；李勇等，1995，1998，2006；Li et al.，2003，2013；贾东等，2003；邓康龄，2007；许志琴等，2007；郑荣才等，2008），分别为：①晚三叠世大型楔状前陆盆地充填样式；②侏罗纪—早白垩世大型板状前陆盆地充填样式（曾被称之为坳陷盆地；许志琴等，2007）；③晚白垩世—古近纪小型楔状前陆盆地充填样式（曾被称为前陆再生盆地，许志琴等，2007；再生前陆盆地，贾东等，2003）；④晚新生代成都盆地充填样式（曾被称为断陷盆地，何银武，1987；前陆盆地，李勇等，1994，1995；走滑挤压盆地，李勇等，2006）。

16.2.2 龙门山隆升机制与前陆盆地之间的耦合关系

目前，对龙门山隆升机制与前陆盆地之间的耦合关系仍有不同的认识和分歧，所争论的问题包括以下几个方面。

1.如何从地质历史演化的角度通过前陆盆地的叠合特征甄别龙门山隆升机制的叠加过程？

现今青藏高原东缘在构造地貌上由原（青藏高原东部的松潘—甘孜造山带）—山（龙门山）—盆（四川盆地西部）3个一级构造地貌单元和构造单元组成，显示为盆—山—原体制。虽然这种新生代以来的盆—山—原体制的形成对应于印亚碰撞及其碰撞后作用，受到印亚碰撞和青藏高原隆升的控制（李勇等，2006）。但是其中的盆—山体制却是印支期—燕山期构造活动的产物，受到特提斯域基买里大陆与扬子板块之间的汇聚与碰撞作用的控制。因此，龙门山是青藏高原东缘岩石圈中最为复杂的构造单元，是该区岩石圈过去历史信息的载体。龙门山是印支期以来构造作用形成的山脉，是晚三叠世以来构造叠加的产物，既保存了印支运动、燕山运动的隆升机制及其产物，又叠加了喜山运动的隆升机制及其产物，成为多次、多种构造隆升机制叠合的复杂地质体。"中生代龙门山"与"新生代龙门山"具有不同的构造体制（盆—山体制或盆—山—原体制）和不同的隆升机制（许志琴等，2007；王二七等，2009）。显然龙门山隆升过程所具有历史性和叠加性，体现了多期、多种隆升机制的叠加。因此，如何从地质历史演化的角度甄别不同时期的构造变形特征和隆升机制是目前研究的难点之一。

2.如何通过沉积盆地充填样式与龙门山隆升机制的匹配性关系标定龙门山隆升机制？

青藏高原东缘龙门山造山带与相邻的沉积盆地是在盆—山体制和盆—山—原体制转换过程中形成的孪生体，盆地的充填样式、沉降机制与造山带的隆升机制具有耦合关系。因此，沉积盆地是龙门山隆升历史信息的载体，是识别和标定龙门山隆升机制的地层标识。龙门山构造缩短、构造负载的速率与前缘挠曲沉降的速率之间应该有耦合关系。按冲断带—前陆盆地系统的构造负载挠曲理论，李勇等（1995，2006）、Li等（2013）认为地壳缩短机制和地壳均衡反弹机制是龙门山隆升机制的两种形式，反映了龙门山地壳加载和剥蚀卸载的两种状态，提出了晚三叠世大型楔状前陆盆地是识别龙门山地壳缩短、负载机制的标志，侏罗纪—早白垩世大型板状前陆盆地是识别龙门山地壳均衡反弹机制的标志。Burchfiel等（1995）认为龙门山前缘缺乏典型的大型楔状前陆盆地，推定晚新生代以来龙门山缺乏大规模逆冲和缩短作用，提出了晚新生代的龙门山下地壳流机制。许志琴等（2007）用前陆再生盆地标定晚白垩世龙门山挤出机制或下地壳流机制。以上这些初步研究成果均给予我们了重要的启示。那么已识别出的4种前陆盆地充填样式与龙门山隆升机制（地壳均衡反弹机制、地壳缩短机制、下地壳流（挤出）机制）之间的匹配性就成为当前研究的难点。

以上的分歧和质疑提示我们，必须从地质历史的角度重新理解龙门山隆升机制，应当从沉积盆地的记录去甄别龙门山隆升机制及其转换过程，标定龙门山构造隆升机制（地壳缩短机制、下地壳流（挤出）机制）驱动的构造加载与地壳反弹机制驱动的卸载在时间、空间、速率上的差异性，才能更精确地理解前陆盆地的充填样式、沉降机制与龙门山隆升机制的匹配关系和耦合关系。

16.2.3　成都盆地挠曲沉降与龙门山下地壳流的耦合机制

1. 晚新生代成都盆地的盆地类型

晚新生代成都盆地显示为小型楔状前陆盆地，具有宽度较小（小于理论数字模拟的大型前陆盆地宽度的最小数值 120km）、沉积厚度较小（541km，小于大型构造负载—弹性挠曲模拟中前陆盆地的最小沉降值和所产生的可容性空间的最小值）、不对称沉降、前渊明显、以单物源（来自造山带）和单向（横向）充填为主等特征。近端（靠近造山带）沉降速率大，远端（远离造山带，靠近前缘隆起）沉降速率小。沉降中心位于近端（靠近造山带），而沉积中心位于远端（远离造山带），导致沉降中心和沉积中心不一致。有限的挠曲沉降是该时期前陆盆地最显著的特征。下地壳流驱动的构造负载的体量有限或较小，按构造负载—挠曲沉降理论，龙门山有限的构造负载和密度负载所导致的不对称挠曲沉降的幅度相对较小，只能形成沉积厚度较薄、盆地范围较窄的小型楔形前陆盆地。因此，这种前陆盆地应该明显不同于巨量的构造负载和构造缩短造山楔所导致的大型楔状前陆盆地。

2. 龙门山隆升机制与前陆盆地的耦合机制

本次研究所依据的基础理论是：龙门山隆升机制与沉积盆地沉降机制之间的耦合关系。

1）龙门山造山带与相邻沉积盆地的盆山耦合机制

21 世纪大陆动力学面临挑战的前沿科学问题之一，就是山—盆系统的地球深部层圈是如何运转，并以怎样的地球动力学过程影响地表的沉积盆地和造山带。因此，对大陆造山带隆升机制与沉积盆地沉降机制之间的耦合关系研究乃是大陆动力学研究中的重点和前沿科学问题之一，其中浅表层过程和深部过程及其物质的分异、调整和运移是盆—山耦合研究的主体内容（Dickinson，1993；许志琴等，2007，2011）。基于板块构造理论，前人已将沉积盆地与造山作用紧密联系起来了，并按照造山作用类型对沉积盆地进行了分类。虽然在板块俯冲与消减、碰撞与拼合以及后造山作用等导致了沉积盆地和造山带发生改造和破坏，使得大陆造山带与沉积盆地的构造原型恢复成为难度较大的科学问题，鉴于这些沉积盆地在地史期间曾详细地记录了一系列的构造运动与造山带的演化过程，表明沉积盆地及其充填物的沉积记录始终是恢复和反演造山带隆升机制和演化过程的重要依据和方法，成为盆—山耦合研究的关键方法（Dickinson，1993；许志琴等，2011）。龙门山造山带与相邻沉积盆地是现今青藏高原东缘的两个最基本的构造单元，是在统一的构造框架和动力学体制下形成的孪生体，是在青藏高原中新生代大陆碰撞和印—亚碰撞过程中形成的两个地质体，它们在空间上相互依存，在形成和演化过程中具有盆—山耦合的地质特征。在这一理论引导下，本次把龙门山和相邻沉积盆地（包括前缘的前陆盆地和后缘的断陷盆地）置于一个动力系统加以研究，并通过盆地充填样式反演龙门山隆升机制及其转换过程。

2）龙门山隆升机制控制着前陆盆地的沉降机制和充填样式（一级控制）

Ingersoll 等（1995）曾提出了 7 种盆地的沉降机制（包括地壳变薄、地幔岩石圈变厚、构造负载、沉积和火山负载、壳下负载、软流圈流动和地壳密度加大），其中与汇聚作用相关的盆地沉降机制主要是岩石圈负载作用（包括沉积和火山负载、构造负载、壳下负载 3 种机制）引起的前陆地壳挠曲和沉降，形成的盆地类型主要有周缘前陆盆地、弧背前陆盆地和碰撞后继盆地。因此，龙门山的隆升机制控制着前缘沉积盆地的沉降机制，主要表现在龙门山岩石圈负载作用（Loading）引起的前缘的地壳挠曲和沉降，它包括了构造负载、下地壳流负载和沉积物负载 3 种机制。因此，龙门山造山带的构造负载驱动了挠曲沉降盆地的形成（即造山带的构造负载、剥蚀卸载量决定了前陆盆地沉降的时间与幅度），表明龙门山的构造负载是前陆盆地生长的构造动力，控制着前陆盆地的沉降和可容空间的形成，因此，可利用前陆盆地沉降机制和充填样式标定龙门山的隆升机制及其转换过程。

　　3）龙门山隆升机制控制着前陆盆地的物源供给（二级控制）

　　龙门山的隆升机制与沉积盆地沉降机制是物质转换的统一体，表现为深部的均衡补偿和浅部的剥蚀和供给。龙门山隆升、物质组成和表面过程（如冲断带岩性、气候、剥蚀、相对海平面对基准面的控制）控制了物质从造山带向盆地的分散，对盆地的物质充填、沉积物类型、物源体系、水系类型具有控制作用，同时又造成了沉积盆地的沉积负载和沉积充填。显然，物源是联结造山带和沉积盆地的一个纽带，因此可根据盆地中的物质成分及其演变来恢复造山带物质组成和脱顶历史。

　　4）龙门山动力环境控制着前陆盆地的挤压和剪切应力的转换过程（三级控制）

　　龙门山造山作用主要表现为逆冲作用和走滑作用，其中逆冲作用控制着盆地的挠曲沉降和物源在垂直造山带方向的迁移；走滑作用控制着前陆盆地的沉降和物源在平行造山带方向的迁移，并可导致盆地的抬升与侵蚀。因此可根据沉积响应所揭示运动学标志恢复造山带的动力环境及其转换过程。

　　5）青藏高原隆升机制对龙门山隆升机制具有控制作用

　　龙门山造山带位于青藏高原东缘，因此应充分考虑青藏高原机制对东缘的边缘造山带隆升机制的影响。鉴于现今青藏高原形成和隆升作用的产物之一就是下地壳流的向东流动，可以将下地壳流的出现作为青藏高原形成和东缘盆—山—原体制形成的标志。因此，本次将青藏高原隆升驱动的龙门山下地壳流（挤出）机制与相邻沉积盆地耦合关系的控制作用作为研究的重点。在龙门山下地壳流（挤出）机制的驱动下，龙门山的上地壳显示为挤出作用，具有逆冲—走滑作用，龙门山的下地壳显示为下地壳流的抬升，在前陆地区可形成与前缘逆冲缩短、构造负载相关的小型楔状挠曲前陆盆地，在后缘可形成与正断层相关的张性断陷盆地。因此，可根据前缘小型楔状挠曲前陆盆地和后缘断陷盆地的沉积响应所揭示运动学标志恢复龙门山造山带下地壳流（挤出）机制发生的时间和期次。

　　3. 龙门山隆升机制与前陆盆地耦合的地质模型

　　鉴于沉积盆地充填样式与龙门山隆升机制具有耦合关系，而且沉积盆地记录是恢复长周期龙门山隆升机制及其转化过程的有效方法，因此本次试图通过沉积盆地充填样式甄别和恢复印支期以来龙门山隆升机制及其转化过程，并重点探讨小型楔形前陆盆地（成都盆地）与晚新生代以来龙门山下地壳流机制驱动的有限构造缩短、有限构造负载之间的动力关系，本次所依据的基础地质模型是：造山带的冲断负载、剥蚀卸载与前缘挠曲沉降之间的地质耦合模型。

　　前陆盆地沉降机制与造山楔构造负载、缩短机制之间的耦合模型是当前大陆动力学研究中最重要的概念模型。在 Dickinson（1993）和 Busby（1995）的分类中，前陆盆地叠加在被动大陆边缘、克拉通或拗拉槽之上，可分为周缘、弧后与破裂 3 种前陆盆地类型，主要强调了前陆盆地与板块构造边界之间的相互关系。近年来，对前陆盆地的理解更加深入，注重探讨造山楔的冲断负载、剥蚀卸载与前缘挠曲沉降之间的动力学，形成了前陆盆地系统的概念（Decelles，1996）。目前从岩石物理学实验技术和计算机数值模拟技术都对前陆盆地动力学模拟取得了良好效果，如黏弹性三维挠曲模型、板内应力挠曲模型、沉积负载的岩石圈挠曲模型（Watts，1992）等都从不同侧面探讨了前陆盆地的沉降机制，均表明了前陆盆地是由于板块俯冲或碰撞引起造山带的地壳增厚和构造负载导致了造山带与克拉通之间的岩石圈产生挠曲沉降，同时沉积负载作用加大了前陆盆地的沉降幅度。因此，前陆盆地的宽度和深度与造山冲断楔和沉积楔的大小和形态有关，同时也受控于岩石圈的挠曲刚度和厚度，从而形成了造山带—前陆盆地系统的构造负载挠曲理论和概念模型（Jordan，1981；Quinlan et al.，1984；Heller et al.，1988；Flemings，1989；Watts，1992；Burbank，1992；Dorobek，1995；Decelles，1996；Castle，2001；Li et al.，

2003)。该模型是当前在造山带与沉积盆地动力学模拟方面较为成熟的理论和模拟方法，并建立了构造缩短、负载期(活跃期)和地壳均衡反弹期(剥蚀卸载期、平静期)两个端元模式(Burbank et al.，1992；李勇等，1995，2006；Li et al.，2003，2013)。它们在逆冲活动、地貌形态、沉积体系展布、物源体系、地层形态、层序地层等方面具有明显的差别(Burbank，1992)。目前多数研究者采用弹性挠曲模型，利用加载于弹性板片上的构造负载和侵位来模拟前陆盆地的沉降，可以采用冲断楔的推进速率、冲断楔的表面坡度、沉积物搬运系数、弹性厚度 Te 和挠曲波长等参数对前陆盆地与造山带构造负载和逆冲推覆作用进行模拟(Sinclair，1997；Li et al.，2003，2013)。因此，本次将造山楔的构造负载、剥蚀卸载与前缘挠曲沉降之间的动力学机制和地质耦合模型作为基础地质模型。

以龙门山隆升机制与沉积盆地沉降机制之间的耦合关系为理论基础，以造山带构造负载、卸载机制与前陆盆地沉降机制之间的动力学机制为基础模型，本次建立了青藏高原东缘小型楔状前陆盆地充填样式与下地壳流(挤出)机制之间的地质耦合模型(图 16-2)，其中的重点是建立龙门山下地壳流(挤出)所导致的有限构造负载、密度负载与前缘小型楔状前陆盆地充填样式之间的地质耦合模型。

4. 成都前陆盆地挠曲沉降与龙门山下地壳流的耦合机制

根据青藏高原东缘地表过程与下地壳流(挤出)机制之间的构造动力学关系，本次提出了龙门山下地壳流(挤出)机制与前缘小型楔状前陆盆地、后缘断陷盆地充填样式之间的地质耦合模型(图 16-2)。该模型表征了下地壳流在龙门山近垂向挤出驱动的有限构造缩短、构造负载、密度负载所导致的前缘挠曲沉降的前陆盆地和后缘拉张的断陷盆地，表明龙门山造山带的下地壳流隆升机制对前缘前陆盆地和后缘盆地的沉积充填样式具有在同一动力机制下的两种独立的控制作用。

根据龙门山下地壳流机制所产生的地质效应和小型楔状前陆盆地充填特征，本次将提出龙门山下地壳流驱动的有限的构造缩短、有限的构造负载和密度负载下的前陆盆地挠曲沉降模型(图 16-2d，表 16-1)，试图揭示造山带有限的构造负载量控制下的前陆地区不对称性挠曲沉降的动力学机制，表征下地壳流与挤出作用驱动的有限的构造负载和密度负载加载所导致的前陆地区(扬子板块西缘)不对称性挠曲沉降与小型楔状前陆盆地形成的耦合机制。主要特征表现见表 16-1。

表 16-1　龙门山下地壳流与大型构造负载机制驱动的沉积盆地动力学之间的差异性

	构造加载	下地壳流(或挤出作用)
构造位置	扬子板块边缘	欧亚板块内部，青藏高原边缘山脉
缩短方式	整体缩短，构造加载体单向水平推进，整体水平缩短	下地壳挤出体由下向上沿滑动面挤出，导致挤出体的前缘缩短，后缘拉张
缩短能量	巨大	较大
物质来源	外来上地壳异地体加载于克拉通边缘，导致整体地壳加厚，构造加载量巨大，但密度较低	下地壳流物质流动或挤出，导致上地壳密度加大，导致地壳局部加厚，具有一定的构造加载和密度加载效应
缩短结果	位于造山作用的初期，大型造山楔的构造加载导致前缘挠曲沉降，形成大型楔状前陆盆地和前缘隆起，具有强烈的不对称沉降	位于造山作用的晚期，有限构造负载和密度负载导致其前缘不对称挠曲沉降，形成小型楔状前陆盆地；后缘拉张，形成断陷盆地
缩短期	紧接碰撞之后	碰撞之后或碰撞之后的远源效应
运动方向	水平挤压和推进	垂向挤出与隆升
变形方式	水平单向推进或推挤，整体缩短，断层均为逆断层，以逆冲作用为主	无自由面的斜向榨挤，挤出体的前缘缩短(部分缩短)，具逆冲和走滑作用后缘拉张作用
缩短速率	大，可达 15mm/a，地表与地壳的缩短缩率较一致，具有明显的耦合关系	小，地表缩短速率小，下地壳流动速率大，导致地表与地壳运动速率不一致，具有明显的非耦合关系

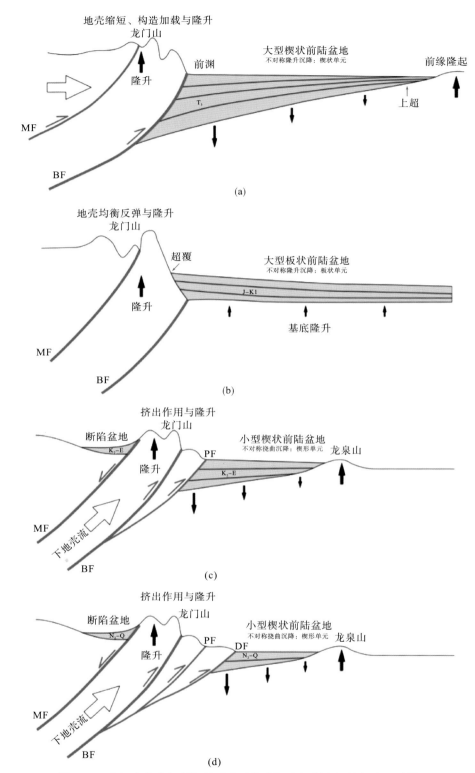

图 16-2　龙门山隆升机制与前陆盆地挠曲沉降机制之间的耦合地质模型

1）有限的构造负载

有限的构造缩短和构造负载是该时期造山带最显著的特征之一。下地壳流（挤出）机制仅导致位于茂汶断裂和彭灌断裂之间的龙门山挤出和抬升，其隆升速率应明显高于其西侧的川青块体（松潘—甘孜造山带）和东侧的山前带（李勇等，2006）；因此，下地壳流所产生的构造负载仅分布于茂汶断裂和彭灌断裂之间的区域。在龙门山中南段宽度为 20～30km，在龙门山北段宽度为 3～5km。本次暂且使用"有限范围"的"限制性"构造负载,来表示构造负载的分布范围有限(限于茂汶断裂和彭灌断裂之间的条带)和构造负载的体量有限(非大规模、巨型的造山楔)。按照造山带—前陆盆地系统的构造负载挠曲理论,龙门山下地壳流(挤出)机制可导致上地壳构造负载量增加,进而可以驱动前陆地区形成新的挠曲沉降,形成新的挠曲盆地。但因所增加的构造负载量有限或较小,只能驱动前陆地区形成小型不对称挠曲沉降盆地。

2)有限的密度负载

有限的密度负载是该时期造山带最显著的特征之二,这种密度差产生的应力或重力是龙门山隆升中十分重要的、不可忽视的力源。下地壳流的向上挤出和抬升,导致了高密度的下地壳物质加载到上地壳,使得龙门山密度的增加和非均质性的增加,因此密度差产生的应力或重力不仅对龙门山隆升和垂直增生方式起重要作用,而且密度负载量的增加可以驱动前陆地区形成新的挠曲沉降。因此,我们认为下地壳流的向上挤出和抬升所导致的构造负载和密度负载是驱动前缘挠曲沉降的动力机制。现今龙门山的正均衡重力异常和成都盆地的负均衡重力异常(李勇等,2006)可能就是密度差产生的重力异常现象。

3)有限的构造缩短和水平挤压

下地壳流(挤出)机制仅导致位于北川断裂和彭灌断裂之间的前山带的挤出和缩短,其缩短速率应明显高于其西侧的川青块体(松潘—甘孜造山带)和东侧的山前带(李勇等,2009);因此,下地壳流所产生的构造缩短仅分布于北川断裂和彭灌断裂之间的龙门山前山带。此外,挤出体前缘所产生的水平挤压,不仅可以导致前陆盆地的基底发生褶皱,形成底部不整合面,而且挤出体前缘的逆冲推覆体的前展式推进也是龙门山地壳水平增生的重要方式。

4)小型楔状前陆盆地

有限的挠曲沉降是该时期前陆盆地最显著的特征。下地壳流驱动的构造负载的体量有限或较小。按构造负载—挠曲沉降理论,龙门山有限的构造负载和密度负载所导致的不对称挠曲沉降的幅度相对较小,只能形成沉积厚度较薄、盆地范围较窄的小型楔形前陆盆地。因此,这种前陆盆地应该明显不同于巨量的构造负载和构造缩短造山楔所导致的大型楔状前陆盆地。

该盆地充填样式[图 16-2(d)]以晚新生代成都盆地为代表,显示为小型楔状前陆盆地,具有宽度较小(小于 120km)、沉积厚度较小(大于 541km)、不对称沉降、前渊明显、以单物源(来自造山带)和单向(横向)充填为主等特征。初步研究成果表明,龙门山下地壳流机制所导致的小型的、有限的构造负载和密度负载驱动了前陆盆地的挠曲沉降,增加容纳空间,具有不对称沉降的特点。近端(靠近造山带)沉降速率大,远端(远离造山带,靠近前缘隆起)沉降速率小。沉降中心位于近端(靠近造山带),而沉积中心位于远端(远离造山带),导致沉降中心和沉积中心不一致。

16.3　晚新生代龙门山隆升机制的沉积响应

16.3.1　晚新生代成都盆地的底部不整合面

成都盆地位于青藏高原东缘,西以龙门山为界,东以龙泉山为界(图 2-2,图 16-1),成都盆地充填实体在不同地段以角度不整合面分别覆盖于侏罗系、白垩系和古近系不同时代的红层之上。该界面在大邑氮肥场、名山万古出露较好,界面上存在厚约 10 cm 的古风化壳,分布十分稳定,并被钻孔资料所证实。从而表明成都盆地形成之前,龙门山前陆地区曾出现一个相当长的上升和夷平时期,而成都盆地是新近纪再次挠曲下沉后形成的盆地,是一个单独的成盆期,并非是在中生代龙门山前陆盆地上连续接受沉积的继承性沉降盆地。根据吴承业等(1985)对盆地南部名山大庙坡的大邑砾岩剖面底部碳质页岩中孢粉化石的研究表明,该孢粉组合所代表的地层时代为早更新世,而大邑砾岩是成都盆地最底部的沉积充填物,认为成都盆地形成于早更新世早期。我们曾利用大邑砾岩底部年龄(3.6Ma)限定了该不整合面形成的上限，根据芦山组顶部年龄(43Ma)限定该不整合面形成的下限，因此这一不整合面所反映的构造运动限于43~3.6Ma。

16.3.2 晚新生代成都盆地的不对称充填结构

成都盆地位于青藏高原东缘，夹于龙门山与龙泉山之间，呈"两山夹一盆"构造格局，并显示为狭窄的线性盆地(图16-4)。盆地的西侧为龙门山造山带，东侧为龙泉山隆起，其等厚线呈北北东向(30°NE)，与龙门山山前隐伏断裂和龙泉山西坡断裂、熊坡断裂以及苏码头断裂的走向是相一致的。在其西北一侧，受龙门山前山彭灌断裂和大邑断裂(绵竹—关口—中兴—街子断裂)的控制，东侧受龙泉山西坡断裂的控制，北部受罗江—中江南北向断裂控制，南部受大兴南北向断裂所控制(10~50m等厚线)(图16-3，图16-4)。总体来说，成都盆地是晚新近纪以来形成的盆地，是一个以北东向分布的宽缓的、第四系沉积物覆盖的长条菱形凹陷盆地。该盆地的长轴方向为北东—南西向(NNE30°~40°)，平行于龙门山断裂，长度为180~210km；盆地的短轴方向为北西—南东向，垂直于龙门山断裂，宽度约为50~60km，面积约8400km²。盆地的西部已卷入龙门山造山带(李勇等，1994)，表明盆地的挤压方向垂直于龙门山主断裂方向。盆地基底断裂和沉积厚度的时空展布特点表明，在成都盆地的短轴方向，盆地具明显的不对称性结构，宏观上表现为西部边缘陡，东部边缘缓，沉积基底面整体向西呈阶梯状倾斜，表明盆地的挤压方向垂直于龙门山主断裂方向，属走滑挤压盆地(李勇等，2006)。

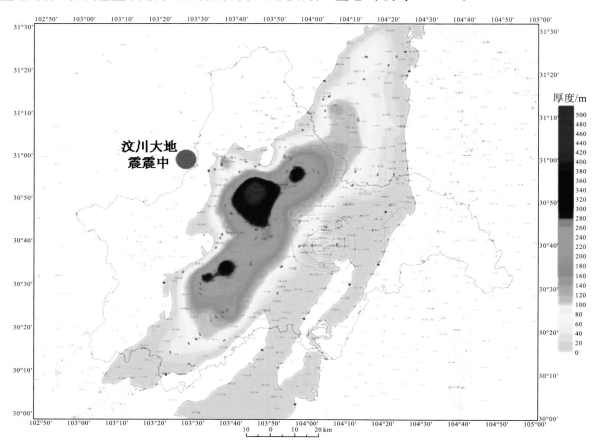

图16-3 成都盆地地层厚度图

本次在地层厚度图和地形高程图上沿着北西—南东方向切了5条剖面(图16-5，图16-6)，揭示了沉积厚度的空间展布特点，表明在成都盆地的短轴方向(图16-2)，盆地具明显的不对称性结构，宏观上表现为西部边缘陡，东部边缘缓，沉积基底面整体向西呈阶梯状倾斜(图16-7)，根据盆地基底断裂和沉积厚度及其空间展布，成都盆地内部可进一步分为 3 个凹陷区，即西部边缘凹陷区、中央凹陷区和东部边缘凹陷区。其中西部边缘凹陷区位于关口断裂与大邑隐伏断裂之间，沉积最大厚度为 253m，主要由下更新统、上更新统和全新统沉积物构成，中更新统沉积极不发育；中央凹陷区位于大邑隐伏断裂与蒲江—新津断裂之间，沉积厚度巨大，最大沉积厚度为 541m，地层发育齐全，同时也是中更新统地层厚度最大的地区；东部边缘凹陷区位于蒲江—新津断裂与龙泉山断裂之间，沉积物薄，主要为上更新统，缺失下更新统和中更新统，厚度仅为 20m 左右。

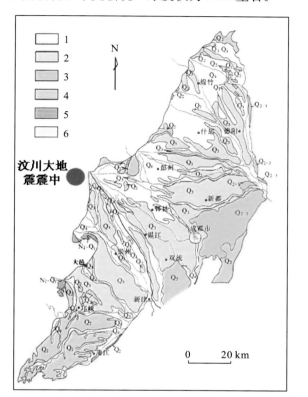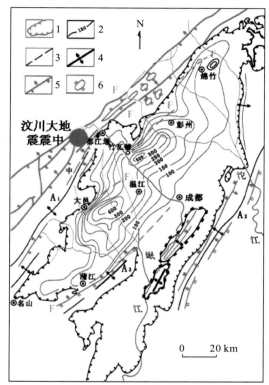

图 16-4　龙门山山前岷江冲积扇平原和堆积厚度

成都盆地具有单向充填特征，即物源区位于成都盆地的短轴方向，盆地中充填的碎屑物质均来源于盆地西侧的龙门山(图 16-4)，充填方向垂直于龙门山主断裂和成都盆地长轴方向。冲积扇总体上分布于盆地西侧沿龙门山主断裂一线，山前发育数量众多的横向河，出口处以冲积扇沉积为主。表明河流流向和碎屑物质的搬运方向均垂直于龙门山主断裂和成都盆地长轴方向，并以横向水系为特征。

值得注意的有以下两个方面：

(1)在成都盆地东部的成都市及近郊区一带，第四系沉积厚度具有明显的变化，在主城区以双流—苏坡桥—茶店子—凤凰山—天回镇—新都一线为界，此界线以东南深度浅于 40m，此线以北西迅速降为 50～100m。在华阳—中和场—高店子—十陵—木兰一线以东南，第四系沉积深度浅于为 10～15m。这些沉积深度变化梯度线均与新津—双流—凤凰山—新都隐伏断层、华阳—十陵—木兰断层，以及大面铺断层一致(图 16-5)。

(2)在成都盆地的西部，在第四系等深线 200m 以下的盆地中心地带(彭州—郫都—崇州—大邑—邛崃)，其沉积等深线形状有很大变化。其总体方向为北东向，并被北西向断裂所错动，分别形成彭州至新繁镇、郫都竹瓦铺、崇州以南到大邑安仁镇 3 个沉降中心，第四系沉积深度大于 400m，这些深度变化的陡变带(用黑色线条所示)，显示第四系沉积层内的最新的构造断裂活动。

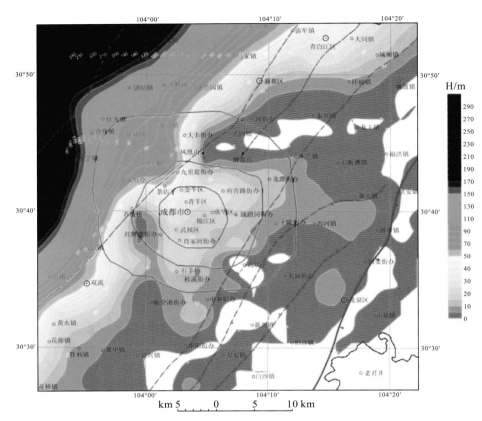

图 16-5　成都盆地的地层厚度与活动断层分布图

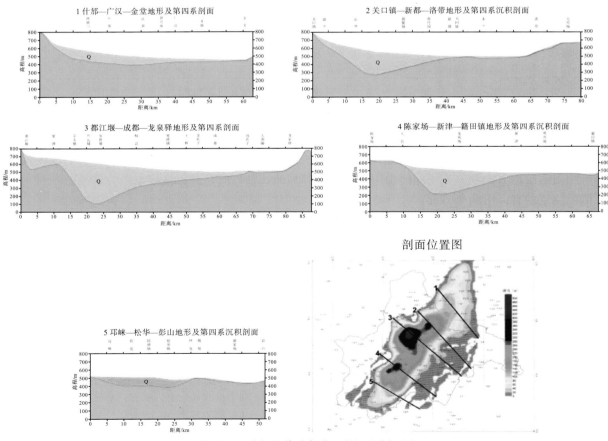

图 16-6　晚新生代成都盆地的沉积剖面图

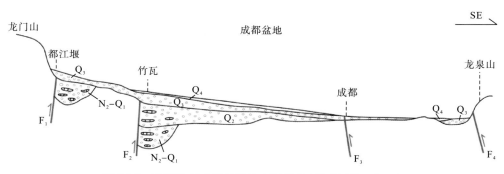

图 16-7　晚新生代成都盆地的充填结构（据李勇等，1994）

F₁.彭灌断裂；F₂.大邑断裂；F₃.蒲江—新津断裂；F₄.龙泉山断裂

16.3.3　晚新生代成都盆地的充填序列

根据地表区域地质调查和钻井勘探资料，晚新生代成都盆地充填实体均为半固结—松散堆积物。主要由横切龙门山的横向河流所产生的冲积扇和扇前冲积平原沉积物构成。盆地中陆源碎屑沉积物主要来自于龙门山。该套沉积物在垂向上表现为以 3 个不整合面分割的 3 个向上变细的退积序列。根据这一特点，李勇等（1994，1995）将晚新生代成都盆地充填序列作为一个构造层序，并分为三套沉积层序（图 16-8），其中下部为大邑砾岩，中部为雅安砾石层，上部为上更新统和全新统砾石层。

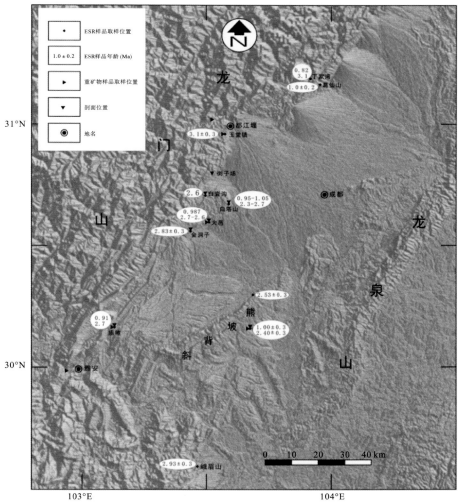

图 16-8　成都盆地西缘的冲积扇及测年样品分布图

1. 晚上新世—早更新世大邑砾岩

成都平原西部地表的露头剖面(图16-9)和盆地内的钻井剖面均揭示大邑砾岩是成都盆地中充填的最古老的冲积砾石层,其与下伏中新生代地层均为不整合接触,与上覆的雅安砾石层也为不整合接触。大邑砾岩为灰褐、黄褐色复成分砾岩夹棕黄色岩屑砂岩透镜体,砾石成分以石英岩、闪长岩、浅色花岗岩和变质砂岩为主,次有砂岩、脉石英,并含少量灰岩和燧石;砾石磨圆好,分选性差,砾径一般为8~20cm,常见大漂砾,最大者近2m,部分砾石具压裂和扭曲现象;填隙物为砂、泥,钙泥质胶结。

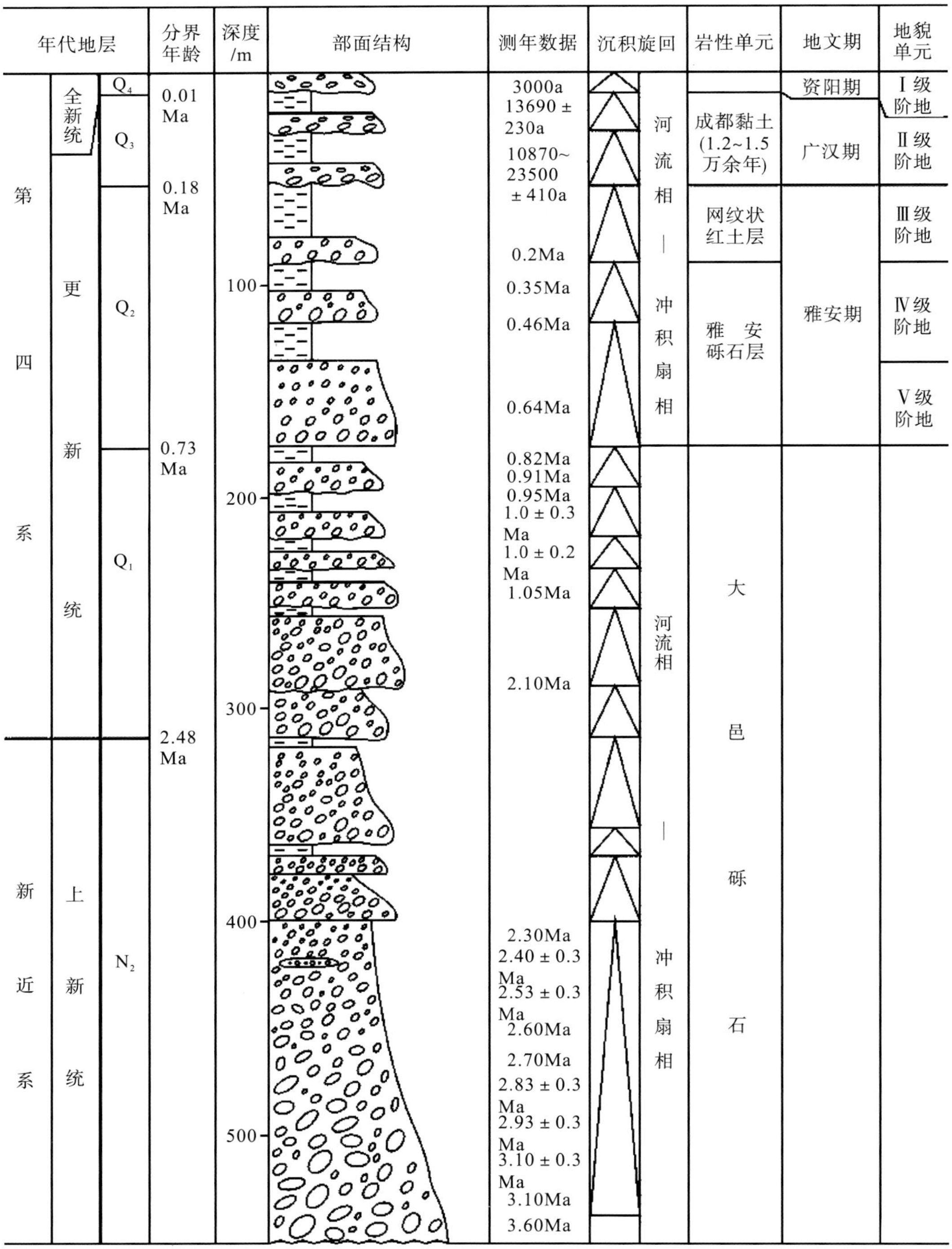

年代地层			分界年龄	深度/m	部面结构	测年数据	沉积旋回	岩性单元	地文期	地貌单元
第四系	全新统	Q₄	0.01 Ma			3000a 13690±230a	河流相	成都黏土 (1.2~1.5万余年)	资阳期	I级阶地
		Q₃				10870~23500 ±410a			广汉期	II级阶地
	更新统	Q₂	0.18 Ma	100		0.2Ma 0.35Ma 0.46Ma	冲积扇相	网纹状红土层	雅安期	III级阶地
						0.64Ma		雅安砾石层		IV级阶地
			0.73 Ma	200		0.82Ma 0.91Ma 0.95Ma 1.0±0.3 Ma 1.0±0.2 Ma 1.05Ma	河流相	大邑砾石		V级阶地
		Q₁		300		2.10Ma				
新近系	上新统	N₂	2.48 Ma	400		2.30Ma 2.40±0.3 Ma 2.53±0.3 Ma 2.60Ma 2.70Ma 2.83±0.3 Ma 2.93±0.3 Ma 3.10±0.3 Ma 3.10Ma 3.60Ma	冲积扇相			
				500						

图16-9　成都盆地充填序列及相应的地貌单元(据李勇等,1994)

大邑砾岩显示为一个向上变细的大旋回，地表出露的残留厚度为 34.4～380.6m 不等，一般出露厚度为 100～200m，其中残留厚度最大的地区位于成都盆地西南端的名山庙坡一带（图 16-9）。在垂向上由下到上砾径逐渐变小，磨圆性和分选性也逐渐变好。其内部又可分为 7～11 个小旋回（图 16-9，图 16-10），每个旋回层厚度为 10～30m，砾岩旋回厚度总体向上变薄，砾岩的单层厚度也逐渐变薄，砾岩与砂岩的比值减小，显示为一个退积过程。如在白塔湖，大邑砾岩由 11 个小旋回组成，白岩沟也为 11 个旋回组成（图 16-9），表明大邑砾岩整体上是由 10 个左右的旋回构成（图 16-10）。在横向上，西部的河口地段砾石粗大，并含大量漂砾，向下游粒度减小，具短距离搬运、快速堆积的特征，整体上显示大邑砾岩由冲积扇沉积物构成。

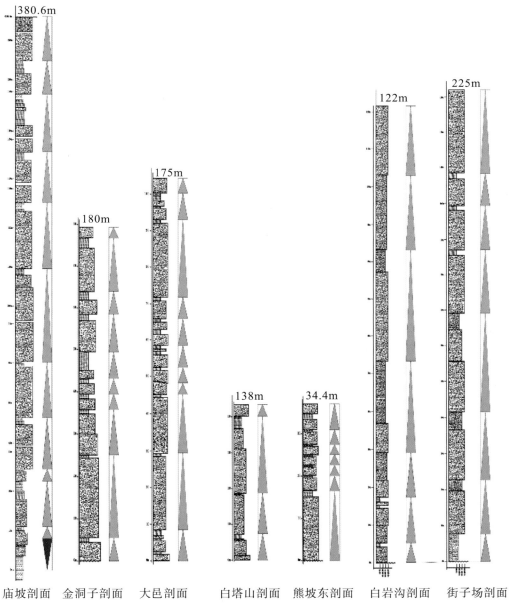

庙坡剖面　金洞子剖面　大邑剖面　白塔山剖面　熊坡东剖面　白岩沟剖面　街子场剖面

图 16-10　成都盆地大邑砾岩剖面柱状对比图

　　许多研究者对成都盆地西缘的大邑砾岩开展了详细的年代学研究。李吉均等（2001）通过 ESR 年龄测定提出其沉积始于 2.6～2.4Ma，李勇等（2006）对 10 个大邑砾岩剖面的下部砂岩开展了电子自旋共振测年研究，目前已获得 17 个 ESR 年龄值（图 16-9），显示大邑砾岩形成的时间为 0.82～3.6Ma。我们选取了其中最古老的年龄 3.6 Ma 作为标定成都盆地形成时间的依据，这一时间值的地质含义在于成都盆地形成的时间早于 3.6 Ma。此外，根据阶地计算的形成岷江最大切割深度所需的时间为 3.48Ma（李勇等，2006）。据此我们推测成都盆地形成的时间和青藏高原东缘龙门山岷江河流剥蚀作用的起始时间也应早于 3.6 Ma。值得指出的是，该时期与青藏高原东北缘临夏盆地反映的 3.6Ma 的强烈隆升和青藏运动基本相当，也与亚洲季风开始的时期基本相当。

2. 中更新世雅安砾石层

雅安砾石层位于晚新生代成都盆地充填序列的中部，厚度较大。在钻孔剖面中，雅安砾石层由 2～3 个向上变细的旋回构成。每个旋回的下部为砾石层，上部为砂质黏土和泥炭层。在地表上，雅安砾石层广泛分布于成都盆地西南缘名邛台地的表层，如在夹江县甘霖、迎江乡、名山等地出露较好，主要有两套沉积物构成，下部为砾石层，上部为网纹红土层。

下部砾石层为一套河流冲积物，以砾石层为主，厚 10～30m 不等，砾石成分为石英岩、石英砂岩、花岗岩、玄武岩和辉长岩等，砾石含量＞70%，砾径一般 3～5cm，大者 30～40cm，砾石磨圆度好，分选较差，分布不均匀，排列具定向性，具叠瓦状构造，显示了牵引流的沉积特征。砾石呈强风化特征，酥裂风化较强烈。砾石间充填物为粉砂质、泥质物质，呈钙泥质胶结，具有颗粒—基底式支撑类型。

上部网纹红土层为亚黏土，厚 3～6m 不等，呈黄褐色、棕红色黏土（网纹红土）及亚粘土状，呈块状，发育白色高岭石条带，并见铁、锰质结核和斑状结构，结构致密，节理不发育。其中含极少量砾石，砾石含量＜5%，砾径一般为 1～2cm，砾石的主要成分为砂岩、花岗岩、石英岩，呈强风化特征。

本次对雅安砾石层中的 4 个砂层开展了电子自旋共振测年研究，目前已获得 4 个 ESR 年龄值，分别为 0.20Ma、0.35Ma、0.46Ma、0.64Ma，以上测试结果表明雅安砾石层形成的时间为 0.20～0.64Ma，相当于中更新世。

3. 晚更新世和全新世砾石层

该砾石层为晚新生代成都盆地充填序列中的最上部沉积物，由上更新统和全新统构成。该套沉积物在垂向上由两个向上变细的旋回构成；每个旋回的下部为砾石层，上部为粘土层。其中上更新统由广汉砾石层和广汉粘土层或成都粘土层组成，厚度为 8～41m 不等，粘土层中的粘土矿物以伊利石为主，含钙质结核。广汉粘土层中的乌木 ^{14}C 测定年龄值为 13690 ±230～41975 ±6525 年，成都粘土层中的钙质结核 ^{14}C 测定年龄值为 10870 ±190～23500 ±410 年，均属晚更新世晚期。全新统为近代河流堆积，由粘砂土和砾石层构成，其中乌木的 $_{14}C$ 测定年龄值为 2075 ±156～6646 ±161 年，砂土热释光测年值为 3000a。

现代地貌显示，成都平原主要由横切龙门山的横向河流所产生的冲积扇和扇前冲积平原沉积物构成，盆地中陆源碎屑沉积物主要来自于龙门山，冲积扇总体上分布于盆地西侧沿龙门山主断裂一线，山前发育数量众多的横向河，出口处以冲积扇沉积为主。河流流向和碎屑物质的搬运方向均垂直于龙门山断裂和成都盆地长轴方向，并以横向水系为特征。由北向南依次为绵远河冲积扇、石亭江冲积扇、湔江冲积扇、岷江冲积扇和两河冲积扇，其中以岷江冲积扇规模最大，扇体均位于横切龙门山的横向河谷的河口地带，地势均自北西向南东倾斜，联辍成群，并在扇前缘犬牙交错地叠置于上更新统地层之上。扇间为洼地，一般为砂质黏土沉积。不同地段的冲积扇砾石层的砾石成分不同，如成都盆地西北缘绵远河冲积扇的砾石层中砾石以灰岩和砂岩为主，并含变质岩和少量岩浆岩砾石，而绵远河冲积扇西南方向的石亭江冲积扇、湔江冲积扇和岷江冲积扇的砾石层中砾石成分复杂，以岩浆岩砾石为主，并含大量沉积岩和变质岩砾石。在冲积扇以东地区的成都盆地还发育砾质辫状河沉积体系，由一些规模不等的相互叠置的砾石层和砂层组成的巨厚粗碎屑层系，其厚度从数十米至数百米不等。砾石层一般代表砾石坝和河道滞留沉积相；砂层均为较薄而不稳定的夹层，代表洪水期在砾石坝或废弃河道表面淤积的披盖层。层序内部冲刷面、冲刷充填物频繁出现，垂向上粒度显示不明显向上变细的小旋回层。其上有洪泛期间沉积下来的细粒薄层沉积，显示了向上变细的沉积层序。

目前，对于大邑砾岩和雅安砾石层的成因一直有明显的分歧，如冰川沉积物、冰水沉积物、洪积物、冲积扇、河流等成因类型(王凤林等，2003；李勇等，2006；王二七等，2008)。其特点是：①大邑砾岩与雅安砾岩皆为晚新生代堆积在龙门山山前的粗粒沉积物；砾石的分选性较差，大小不一，有巨大的砾石；②砾石均具有一定的磨圆性，表明经历过一定距离的搬运；③填隙物为沙和泥，具有一定的重力流特征，但不同于泥石流；④砾石表面有时具有碰撞的刻痕，类似于冰积砾石刻痕；⑤常见直立的、具磨圆的砾石；⑥粗粒沉积物是突然卸载的产物(李勇等，1995)，具备了牵引流、重力流和冰川堆积物的某些特征。近年来，受到 1933 年在岷江上游地震导致的堰塞湖及其随后形成的溃坝和洪水、汶川地震及其震后滑坡、泥石流和洪水堆积物的启发，这些砾岩沉积物被认为可能与地震触发的滑坡有关(王二七等，2008)。以上这些新认识的提出，使得我们必须重新考虑砾岩沉积物的成因及其与历史特大地震的关系，粗粒沉积物卸载的突然性应该与此时间内地震活动的频繁及其强降雨有关。

16.3.4　晚新生代龙门山逆冲—走滑作用的标定

龙门山是中国最典型的推覆构造带，具有约 42%～43% 的构造缩短率，形成的主要时期为印支期和燕山期(李勇，1994，1995，1998；Burchiel et al.，1995；陈智梁等，1998；Li et al.，2003)，沿彭灌—江油脆性冲断推覆构造带或前陆滑脱带分布有一系列的飞来峰群，它们形成于 10Ma 左右(吴山等，1999)。此外，近年来在龙门山发现了与造山带平行的走滑作用，为研究龙门山的形成机制提供了新的依据。Li 等对青藏高原东缘活动构造的研究表明(Li et al.，2001)晚新生代龙门山以北北东向的右行剪切为特征。这一研究成果也得到了古地磁(Enkin et al.，1991；古地磁表明四川盆地在晚新生代以来逆时针旋转了 10°)、GPS 测量成果(陈智梁等，1998；Chen et al.，2001)。随着对龙门山前陆盆地研究的不断深入，我们愈来愈认识到龙门山前陆盆地的形成和演化与其相毗邻的龙门山造山带的动力学机制和运动学过程存在着耦合关系，李勇等(1994)曾将现今龙门山前陆盆地作为对比性研究的典型实例，解剖了现今龙门山前陆盆地(成都盆地)的形成和演化与龙门山造山带晚新生代以来的逆冲、走滑作用的内在联系，研究了龙门山逆冲—走滑作用对成都盆地沉积的控制作用和成都盆地沉积物对龙门山逆冲—走滑作用的响应，建立了龙门山逆冲作用的沉积响应模式，为从现代前陆盆地追溯到中生代前陆盆地奠定了基础。

1.晚新生代龙门山逆冲作用的沉积响应

根据前面对成都盆地沉积特征和形成演化的分析，成都盆地沉积记录具有以下特征：

(1)成都盆地是典型的前陆盆地，具有西陡东缓的不对称性结构，其西侧为龙门山造山带，盆地西部边缘已卷入龙门山造山带，东侧为龙泉山隆起，显示为前陆隆起。

(2)盆地充填物为上新世至第四系半固结—松散沉积物，主要由横切龙门山的横向河流所产生的冲积扇和扇前冲积平原沉积物构成。

(3)盆地中的陆源碎屑沉积物主要来自于茂汶断裂以东的龙门山造山带，显示龙门山造山带是成都盆地沉积的主要物源区，因此成都盆地沉积物碎屑成分能够反映龙门山造山带的物质构成，其主要表现在两个方面。①不同冲积扇砾岩(砾石层)的砾石成分构成能够反映龙门山造山带不同地段地层组成的不同，如成都盆地西北缘绵远河冲积扇的砾石层中砾石以灰岩和砂岩为主，并含变质岩和少量岩浆岩砾石(表 16-2)，显示其物源区出露地层应主要为沉积岩，而该物源区地层组成也的确如此。而绵远河冲积扇西南方向的石亭江冲积扇、湔江冲积扇和岷江冲积扇的砾石层中砾石成分复杂，以岩浆岩砾石为主，并含大量沉积岩和变质岩砾石(表 16-2)，显示现今龙门山造山带中段的物质构成特点。②龙门山冲断带各构造变形带的地层构成不同，故可根据前陆盆地沉积碎屑成分在时间上的变化，推测推覆体前进的年龄。

表 16-2　成都平原各冲积扇岩性、结构、厚度对比简表

扇名	砾石成分	扇顶		扇中		扇前	
		厚度/m	砾径/cm	厚度/m	砾径/cm	厚度/m	砾径/cm
岷江冲积扇	石英岩、花岗岩、闪长岩、辉绿岩辉长岩、玄武岩、粗面岩、灰岩和砂岩	黏砂土 0.5~1.5 砂卵石 15~22	一般 5~20 大者 40~50 最大 70~100	黏砂土 1.9 砂卵石层 13~26	一般 10~20 最大 40	黏砂土 0.9~2.5 砂卵石层 22~27	一般 5~10 大者 20
绵远河冲积扇	灰岩、砂岩为主，并有少量岩浆岩砾石	黏砂土 1~2.5 沙砾石层 17	一般 30~60 最大 70~150	黏砂土 1~4 沙砾石层 9~10			一般 4~8 最大 30
石亭江冲积扇	花岗岩、石英岩、闪长岩、次有灰岩、砂岩、砾岩等	黏砂土极薄 沙砾石层 15~21	一般 20~30 最大 60~120	黏砂土 2 沙砾石层 8~12	一般 10~25 最大 40~50	沙砾石层 3.6~9.2	一般 3~12 大者 10~15
湔江冲积扇	岩浆岩占 64.9%，沉积岩占 30.3%，变质岩占 4.8%	黏砂土极薄 沙砾石层 14	一般 20~30 最大 80~100	10	一般 5~9 最大 35	13	一般 3~12 大者 20~25

（4）成都盆地充填序列由 3 个以不整合面为界的退积型层序，具有楔状体和板状体两种几何形态。其中早期和中期为楔状体，晚期为板状体，表明晚新生代龙门山构造活动的期次和性质具有明显的变化，早中期以较强烈的构造负载及其导致的挠曲沉降为主，晚期以剥蚀卸载作用为主。其中楔状体是构造负载的沉积响应，板状体是剥蚀卸载作用的沉积响应，表明在动力学机制上晚新生代期间龙门山具有由构造负载向剥蚀卸载作用的转化过程，在运动学机制上具有以逆冲作用为主向以走滑作用为主的转化过程。

（5）盆地的形成和演化过程可分为 3 个阶段，盆地范围由窄变宽，沉降中心逐渐向东迁移。这些显示出龙门山的逆冲作用直接控制了成都盆地充填序列中不整合面和沉降中心逐渐向东的迁移过程。

（6）成都盆地的挠曲下沉和龙泉山前陆隆起的隆升是岩石圈对龙门山造山带晚新生代以来的构造负载所产生构造负载的弹性响应，成都盆地沉降的幅度和龙泉山前陆隆起的隆升幅度与龙门山造山带构造负载量呈正比关系。因此我们可以根据成都盆地构造沉降曲线揭示龙门山造山带晚新生代以来的构造负载速率及其变化。前期研究成果（李勇等，1994）显示，龙门山造山带在晚新生代的构造负载速率有变化，而且构造负载速率最大时期（也即地壳最大缩短时期）为上新世—早中更新世。

在此基础上，并结合现今龙门山前陆盆地沉积记录的特征，特别是早期充填地层的沉积特征，李勇等（1994）提出了龙门山造山带逆冲—走滑作用的沉积响应模式（图 16-11）。

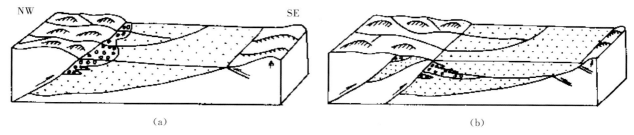

图 16-11　晚新生代龙门山逆冲作用的沉积响应模式（据李勇等，1994）

该模式不仅揭示出成都盆地形成演化与龙门山造山带晚新生代以来逆冲事件之间的内在联系，而且表达了龙门山造山带晚新生代以来逆冲构造负载事件对成都盆地挠曲沉降的控制作用，从而为龙门山前陆盆地沉积记录研究龙门山造山带逆冲构造负载作用奠定了理论基础。在模式中[图 16-11（a）]，逆冲推覆体前缘断裂限制了前陆盆地沉积的边界，其所产生的侧向水平挤压使得前陆盆地的基底发生褶皱，形成基底不整合面，随着推覆体不断地向东逆冲抬升，产生了新的地貌高地，其上发育横切推覆体的横向河流，并在河口地段发育进积于前陆盆地的粗碎屑楔状体，并形成向上变细的沉积序列[图 16-11（a）]。逆冲抬升的山地成为前陆盆地碎屑物的新的物源区，其碎屑成分受逆冲推覆体物质组成的控制。随着逆

冲推覆体向前陆盆地的前展式推进，前陆盆地的结构和沉积特征将发生明显地变化［图 16-11(b)］，主要表现在：

（1）新的逆冲推覆体向东逆冲抬升，增加了新的构造负载和密度负载，使前陆盆地产生新的挠曲沉降，形成楔状层，并产生新的进积于前陆盆地的冲积扇裙。

（2）原前陆盆地边缘卷入造山带，形成新的地貌高地，使之成为前陆盆地的新物源区。前陆盆地的边界向盆内迁移，冲积扇裙和盆地沉降中心也随之向盆内迁移。

（3）随着逆冲推覆体的前展式推进，原始沉积地层受水平挤压发生褶皱，并与上覆沉积物之间形成角度不整合界面。

（4）随着逆冲强度的减弱，使前陆盆地的挠曲沉降作用降低，地貌比降也随之降低，物源区剥蚀量和碎屑供给量也随之减小，导致前陆盆地中形成向上变细的板状沉积序列。

2. 晚新生代龙门山右旋走滑作用的沉积响应

龙门山造山带的走滑作用主要是沿平行于龙门山主断裂方向发生的，该方向也是成都盆地的长轴方向(图 16-12)，在该方向上盆地具有多个次级凹陷和沉降中心。走滑作用主要表现在次级凹陷和冲积扇在平行造山带方向的迁移，并导致了成都盆地西南部的抬升与侵蚀。

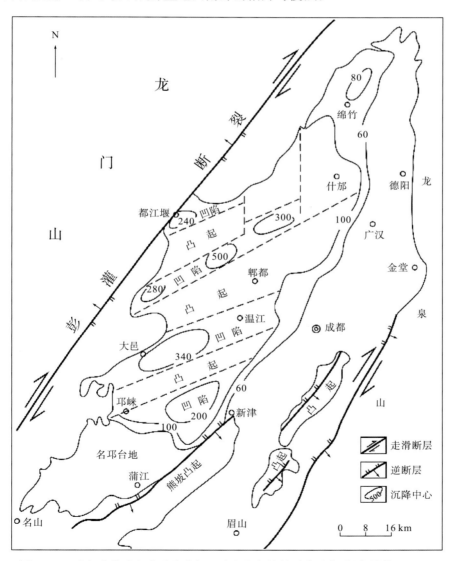

图 16-12　晚新生代成都盆地内次级凹陷和凸起的斜列式展布(据李勇等，2006)

　　据钻孔资料和遥感解译资料，在盆地中发育一系列的北东向延伸的次级凸起和凹陷，凹陷和凸起相间分布并且在空间上呈斜列形式展布于盆地的底部(图 16-12)。在凸起和凹陷的两侧均发育有北东东向断裂，其与龙门山北东向主断裂的夹角为锐角，断层面较陡，倾向 NWW。凸起带一般位于上升盘，凹陷带一般位于下降盘。

　　在成都盆地中，次级凹陷的平面延伸方向明显受北东东向断裂的控制，并由北东东向断裂和南北向断裂所分割(图 16-12)。凹陷的长轴方向为北东东向延伸，长度为 30～50km，宽度为 6～10km，长宽比约等于 6:1～3:1，因此凹陷的平面形态呈菱形。凹陷的深度明显大于成都盆地的平均深度，凹陷的剖面形态显示为向北西倾斜的楔形体，即在凹陷的南东一侧沉积物厚度较薄，在北西一侧的沉积物厚度较厚，沉降中心位于凹陷的北西侧(图 16-12)。

　　在平行龙门山主断裂方向，次级凹陷具有明显的侧向迁移现象。凹陷的深度具有自南西向北东逐渐变深的趋势(图 16-12)。如沿西南至北东方向，次级凹陷的深度由 200 余 m 逐次增加到 500 余 m。以上特征表明随着走滑断裂的右旋走滑运动，不断形成新的次级凹陷，盆缘的碎屑物在先期形成的次级凹陷就近充填；后期形成的次级凹陷将物源区与先前的凹陷充填区分隔开；先期的次级凹陷只接受后期冲积扇的远端相沉积，冲积扇的近端相(扇根亚相、扇中亚相等)主要就近充填于紧邻物源区的新的次级凹陷内。随着新的次级凹陷的形成，先期形成的凹陷依次逐渐远离主物源区，造成明显的主物源区与沉积区的错离(图 16-12，图 16-13)。

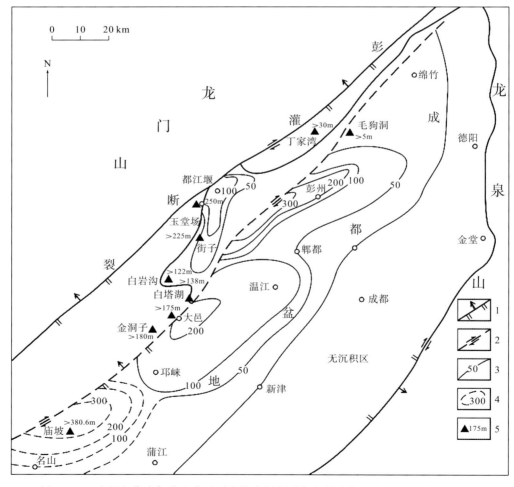

图 16-13　晚新生代成都盆地大邑砾岩沿走滑断裂方向的右行迁移(据李勇等，2006)

1.逆冲断裂；2.隐伏走滑断裂；3.据钻孔资料标定的大邑砾岩冲积扇等厚线；4.据地表实测资料标定的大邑砾岩冲积扇等厚线；5.地表实测剖面位置及大邑砾岩的厚度

沿走滑断裂方向，冲积扇也具有明显的侧向迁移(图 16-13)。随着走滑断裂的右旋走滑运动，沿走滑断裂的走向(沿南西至北东方向)，盆地内冲积扇体发生侧向叠置，冲积扇的形成时代由老变新。如在成都盆地的西南端的名山至邛崃一带，冲积扇沉积物时代较老，仅发育上新世至早更新世大邑砾岩和中更新世雅安砾石层，在其扇头位置没有发现大型河流，说明物源区已错位，已远离当前的主物源区，并已抬升地表构成名邛台地的主体部分(图 16-12)。在成都盆地的北东端都江堰一带，冲积扇沉积物时代较新，地表为岷江冲积扇，主要发育中更新世以来的砾石层，位于当前的主物源区。

虽然造山带古构造活动的确定和原始面貌的恢复一直是地学研究中难度最大、探索性最强的课题，但是通过对成都盆地的沉积特征研究，我们认为龙门山晚新生代造山作用主要表现为逆冲作用和走滑作用。其中龙门山逆冲作用所产生的构造负荷是晚新生代成都盆地生长的构造动力，控制了成都盆地的沉降和可容空间的形成，并提供的物源，并导致了成都盆地的沉降中心和冲积扇在垂直龙门山方向的迁移；龙门山走滑作用控制了成都盆地的次级沉降中心(凹陷)和冲积扇在平行造山带方向的迁移，并导致了成都盆地的西南端的抬升与侵蚀，形成了名邛台地，表明走滑作用具有右旋走滑的特征。因此，我们认为在龙门山晚新生代逆冲与右旋走滑的联合作用下在其前缘地区形成了成都走滑挤压盆地，并使得成都盆地内的次级断裂、凸起和凹陷呈斜列状分布。

3. 成都盆地的形成演化阶段与构造事件的标定

根据成都盆地的结构、充填序列、不整合面和地层与基底逆冲断层的切割关系我们逐层揭盖复原了成都盆地形成和演化过程，并分为 3 个演化阶段。

(1)上新世—早更新世阶段—楔状层

在成都盆地形成的早期(图 16-14，N_2-Q_1 剖面)，即上新世—早更新世大邑砾岩沉积时期，龙门山前缘断裂—彭灌断裂限制了成都盆地沉积的西部边界，成都盆地范围狭窄，仅限于现今成都盆地的西部，宽度仅为几十公里，沉降中心紧靠龙门山前缘断裂，沉积厚度大于 500m。其所产生的侧向水平挤压使得成都盆地基底发生褶皱，形成基底不整合面，并在其上发育横切龙门山的横向河流，并在河口地段发育进积于成都盆地的粗碎屑楔状体，即大邑砾岩。沉降中心位于彭灌断裂(关口断裂)之东侧，充填以大邑砾岩为代表的沉积层序，并以冲积扇沉积为特征。沉积物厚度具西厚东薄的特点，沉积物来自于茂汶断裂以东的龙门山造山带后山带和前山带，古流向呈北西—南东向。盆地具明显的西厚陡薄的不对称性结构。显然，在上新世—早更新世时期，成都盆地的沉积物时空展布、厚度变化和沉降中心的位置主要受控于盆地西侧的彭灌断裂(关口断裂)，加之盆地基底面上普遍发育古风化壳，并缺乏中新世地层，故成都盆地是在经过长期剥蚀夷平的中生代龙门山前陆盆地的基础上，于上新世形成的前陆盆地，因此彭灌断裂(关口断裂)应形成于上新世，盆地基底不整合面(TF)和大邑砾岩的形成与该断裂活动有关。显示了该时期是挤压作用较为强烈时期，造成了明显成都盆地在垂直于造山带方向上的变形和构造缩短。盆地具西厚东薄的不对称性结构，显示为楔状层，属于龙门山构造负载而形成的挠曲盆地。

(2)中更新世阶段—楔状层

在成都盆地形成的中期(图 16-14，Q_2 剖面)，即中更新世成盆期。在中更新世时期盆地沉积物主要分布于大邑断裂之东侧，充填了以雅安砾石层和名邛砾石层为代表的沉积层序，主要为冲积扇及扇缘沉积物。随着龙门山前缘扩展变形带的形成和前展式逆冲抬升，其前缘断裂—大邑断裂形成，使竹瓦以西的地区抬升，并使其上的大邑砾岩遭受剥蚀，其前缘断裂限制了中更新世成都盆地沉积的西部边界，其所产生的侧向水平挤压使得成都盆地大邑砾岩发生褶皱，并在抬升区形成不整合面(如在名邛台地上发现的雅安砾石层与大邑砾岩之间的角度不整合面)；在龙门山前缘继续发育横切龙门山的横向河流，但其切割了已抬升的隆起区，并在河口地段发育进积于中更新世成都盆地的粗碎屑楔状体，即雅安砾石层。该时期盆地相对早期较宽，宽度达为三十余公里，沉降中心东移至位于紧靠龙门山前缘断裂的东侧，沉积厚度大于 200m，并向南东方向超覆。

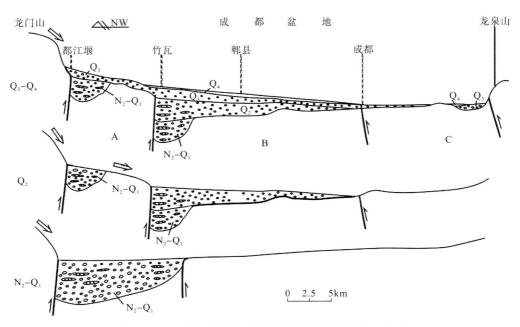

图 16-14　成都盆地的形成和演化过程(据李勇等，1994)

盆地中的沉积物厚度具有西厚东薄的变化特点，沉积物来源于茂汶断裂以东和大邑断裂以西的龙门山冲断带 A 带、B 带和 C 带，古流向呈北西—南东向。盆地具明显的西厚东薄的不对称性结构，沉降中心位于大邑断裂的东侧。显然，该时期盆地沉积物时空展布、厚度变化和沉降中心的位置主要受控于盆地西侧的大邑断裂，加之大邑断裂切割了上新世—早更新世地层，因此大邑断裂形成于中更新世，其西侧上盘逆冲推覆至近地表，挤压变形后形成了龙门山前缘扩展变形带，并形成新的地貌离地，并处于剥蚀状态，成为盆地沉积物的新物源区。显然，导致了盆地中的地层不整合界面和中更新世层序，以及巨厚雅安砾石层的形成应与大邑断裂的形成和活动有关。其与早期成都盆地相比较，在垂直于造山带方向上，中更新世成都盆地的沉降中心向远离造山带的南东方向发生了迁移，迁移的距离达 10km 以上，表明中更新世盆地范围比早更新世盆地范围大，且较开阔，沉降中心向东迁移，盆地仍具西厚东薄的不对称性结构，显示为楔状层，属于龙门山构造负载而形成的挠曲盆地。显示了中更新世是挤压作用较为强烈时期，造成了成都盆地在垂直于造山带方向上的构造缩短。

3) 晚更新世—全新世阶段—板状层

在成都盆地形成的晚期(图 16-14，Q_3-Q_4 剖面)，即晚更新世—全新世成盆期，在龙门山前缘继续发育横切龙门山的横向河流，并在河口地段发育进积于晚更新世成都盆地的粗碎屑板状体。成都盆地充填沉积物分布广泛，厚度较薄，但十分稳定，西至彭灌断裂(关口断裂)，东至龙泉山断裂，呈被盖状超覆于下更新统、中更新统不同层位和大邑断裂之上，显示大邑断裂此时无明显地逆冲抬升而处于隐伏状态，成都盆地也处于相对稳定和均匀下沉阶段。全新世时期是成都盆地演化的最后阶段，其特点与晚更新世类似，全新世盆地范围与晚更新世相似，沉积厚度较薄，并切割下伏沉积物，显示该时期成都盆地具有整体抬升的趋势。盆地充填体显示为厚度较薄的板状层，属于龙门山均衡反弹而形成的板状盆地。该时期盆地最宽，宽度达为五十余公里，但沉积物的厚度极薄，厚度仅为 20~60m，并向东超覆于成都盆地的东部地区，充填物呈板状体平铺于整个成都盆地之中，无明显的沉降中心。其与中期成都盆地相比较，在垂直于造山带方向上没有明显的构造缩短。

以上特征显示了随着逆冲作用向前陆地区前展式推进，成都盆地的结构和沉积特征发生了明显地变化，上新世至早更新世的龙门山逆冲作用使前陆地区地产生了沉降，形成第一个成盆期，并产生新的进积于成都盆地的冲积扇裙。随着中更新世龙门山逆冲作用向盆地推进，产生了新的沉降，形成第二个成盆期，并产生新的进积于成都盆地的冲积扇裙，成都盆地范围由窄变宽，沉降中心向东迁移。原成都盆地的西部边缘卷入龙门山冲断带，形成新的地貌高地，并成为成都盆地的新物源地。盆地的西部边界也向盆内迁移，冲积扇裙和盆地沉降中心也随之向盆内迁移。此外，随着逆冲作用的前展式推进，原始沉积物受水平挤压发生褶皱，形成了大邑砾岩与上、下覆地层之间的角度不整合接触关系。以上特征表明龙门山逆冲构造负载作用直接控制了成都盆地充填序列中地层不整合面和巨厚进积型厚砾质楔状体的幕式出现。从晚更新世—全新世充填物呈极薄的板状体，我们推测该时期的逆冲构造负载作用是不发育的，应以地壳均衡反弹导致的剥蚀卸载和走滑作用为主。

从上文对成都盆地形成演化过程分析表明，成都盆地的结构形态主要受控于其西侧的龙门山造山带和基底逆冲断裂，而盆地充填序列中的地层不整合面、向上变细的旋回式沉积层序、巨厚砾质楔状体的周期性出现和盆地沉降中心的迁移则主要受控于彭灌断裂（关口断裂）和大邑断裂的形成和发展，而关口断裂与大邑断裂的性质和特点与龙门山冲断带其他主干断裂相似，均是向北西倾斜，向南东逆冲的犁式断裂，因此我们认为这些断裂的形成是龙门山造山带由北西向南东前展式向前推进的自然结果。

4. 成都盆地沉积负载量的标定

在前期研究中，我们曾计算了龙门山与成都盆地之间的弹性挠曲过程（Densmore et al.，2005；李勇等，2006）。该前期研究成果所给予的重要启示在于：①现今青藏高原东缘、龙门山、成都盆地之间的地貌分异和成都盆地的沉降符合弹性挠曲模拟结果，表明可以用弹性挠曲模式来模拟构造加载后成都盆地的挠曲沉降；②在汶川地震前，龙门山确实存在 2km 厚的构造负载，可导近 2km 的古地形和高差，而这只能用下地壳流的挤出所导致的构造加载或密度加载来解释。

沉积通量（Sediment Flux）为一定时期内盆地沉积物的充填体积，在本文中使用的沉积通量是指成都盆地晚新生代沉积物的总体积。根据成都盆地已有的钻孔资料和原始数据（表 16-3，图 16-15），本次用 Sufer 软件制作成都盆地晚新生代地层等厚图（图 16-16），进而利用等厚线计算成都盆地残留的沉积通量，在此基础上，通过对成都盆地的演化过程的再造恢复了成都盆地潜在的沉积通量。

表 16-3　成都盆地钻井位置及晚新生代地层厚度表

序号	钻孔编号	经度/(°)	纬度/(°)	地层厚度/m	序号	钻孔编号	经度/(°)	纬度/(°)	地层厚度/m
1	1	104.2883	31.4667	61.6	25	99	104.2767	30.7233	10.4
2	11	104.2167	31.4000	87.39	26	103	103.8695	30.8349	204.55
3	13	104.0383	31.2667	16.5	27	107	103.9067	30.6933	97
4	14	104.0543	31.2536	144.05	28	109	104.1017	30.6883	28.8
5	15	104.2833	31.2500	56.64	29	113	103.5617	30.6317	20.07
6	19	104.1167	31.2067	133.5	30	116	104.0300	30.6667	37.36
7	25	104.1912	31.1095	120.06	31	117	104.0650	30.6450	16.85
8	29	103.9933	31.1333	25.38	32	125	104.0467	30.5867	16.3
9	34	103.8583	31.0667	34.8	33	128	103.6367	30.5667	310.27
10	39	104.3867	31.1117	29	34	132	104.0358	30.4583	11.75
11	41	104.2200	31.0450	106	35	136	103.8708	30.4717	14.6
12	42	103.8083	31.0417	10.5	36	140	103.5250	30.4283	183.2
13	50	103.9333	30.9833	130.92	37	142	103.8333	30.4125	13.07
14	52	104.2783	30.9833	46.16	38	143	103.6725	30.4017	139.45
15	59	104.0833	30.9750	158.11	39	146	103.4142	30.2450	42.9
16	60	103.6546	30.9876	268.75	40	148	103.3033	30.2183	50
17	70	103.6883	30.9383	59.97	41	151	103.5150	30.1908	86.32
18	74	104.0117	30.8833	183.17	42	152	104.1883	31.1333	115.24
19	75	103.5833	30.8800	21.7	43	153	104.2633	30.5617	35.23

序号	钻孔编号	经度/(°)	纬度/(°)	地层厚度/m	序号	钻孔编号	经度/(°)	纬度/(°)	地层厚度/m
20	82	104.0833	30.7483	10.53	44	154	103.6417	30.6417	199.26
21	83	103.8833	30.8133	167.8	45	155	103.7867	30.6783	189.2
22	84	104.4467	30.8083	15.5	46	167	103.6156	30.5949	340.62
23	86	103.9500	30.7733	106.18	47	822	104.1508	30.8300	16
24	87	103.7725	30.9070	546.85					

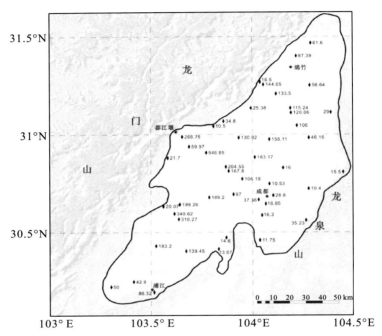

图 16-15　成都盆地钻井分布图(底图为 DEM 图像)
图中数字表示钻井所揭露的晚新生代地层厚度

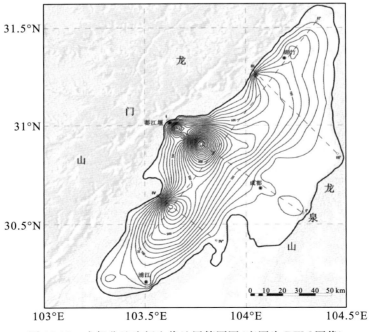

图 16-16　成都盆地晚新生代地层等厚图(底图为 DEM 图像)

1)成都盆地残留沉积通量计算

为了能够刻画和估计成都盆地的晚新生代沉积通量，我们搜集了成都盆地已有的钻孔资料的原始数据，包括钻井位置及其所揭穿的晚新生代地层厚度。在此基础上，我们选取了其中的 47 个钻井数据（表 16-3，图 16-15），我们将这些信息全部数字化，制成 EXCEL 表格（表 16-3）。依据这些数据，在 Sufer 软件中自动生成等厚线图（图 16-16）。在此基础上，我们通过等厚线计算沉积通量，其原理是：在图面上布置若干水平和垂直交错并等距的网格，把每一个单位网格作为微元，然后在成都盆地内根据每一个微元的面积 a_s 及其所对应的地层厚度 a_h 计算该微元范围内地层的体积 a_v，逐个计算，最后累加的结果即为成都盆地内晚新生代沉积物的总体积 V。

$$a_v = a_s \cdot a_h \tag{16-1}$$

$$V = \int a_v = \int a_s \cdot a_h \tag{16-2}$$

Sufer 软件可根据前面已生成的钻孔及边界点经纬度和厚度信息计算沉积通量，结果表明，成都盆地的沉积通量（V_p（positive volume））为 68.3159527541。该计算方法的优点是：①计算原理是微积分的原理；②Z 轴（表示地层厚度）数据存在负值；③给出盆地沉积物总体积，且计算体积包括正体积和负体积，可取其正值作为盆地沉积通量的基本数据。考虑到该体积是根据经纬度和厚度的单位来计算的，而经纬度的单位是度，厚度的单位是 m，因此沉积通量 V_{sf} 可换算如下：其中，L_x 表示图幅内经度 1 度所代表的平面距离（单位为 km），L_y 表示图幅内纬度 1 度所代表的平面距离（单位为 km），二者均为已知数，1/1000 是把地层厚度单位 m 换算为 km 的系数，将相关数据代入对应参数，即可得到最终的沉积通量（V_{sf}）为：

$$V_{sf} = V_p \cdot L_x \cdot L_y \cdot 1/1000 = 68.3160 \times 94.2 \times 111.15 \times 1/1000 = 715.2906 \text{km}^3 \tag{16-3}$$

结合大邑砾岩的年龄（$T = 3.6\text{Ma}$）和成都盆地的面积（$S = 8400\text{km}^2$），我们便可简单地计算出成都盆地晚新生代的平均沉积速率 v_p：

$$v_p = V_{sf}/(T_d \cdot S_s)v_p = 715.2906 \text{km}^3 \div (3.6\text{Ma} \times 8400\text{km}^2) = 0.02(\text{mm/a}) \tag{16-4}$$

2)潜在的沉积通量计算

鉴于成都盆地的西部已明显抬升和剥蚀（图 16-14，图 16-16），因此，在前文中，根据成都盆地中沉积物体积计算的沉积通量仅为残留的沉积通量，并不能代表成都盆地在形成演化过程中充填的总体积。因此，我们还需要计算和恢复成都盆地潜在的沉积通量。在计算和恢复潜在的沉积通量时，我们考虑了一下因素：

(1)成都盆地为半封闭系统，成都盆地充填体积小于岷江上游流域的剥蚀体积。岷江自都江堰进入成都盆地后，在龙泉山与熊坡背斜之间的新津流出成都盆地，岷江剥蚀的物质向成都盆地搬运、充填，当成都盆地被沉积物填满之后，岷江向外流，并将物质搬运出成都盆地，显示现今成都盆地为半封闭系统；成都盆地晚新生代以来的充填物以河流相和冲积扇相沉积物为主，湖泊沉积物极少见，显示成都盆地自形成后就从未封闭过，因此相对成都盆地而言岷江一直属外流河，表明晚新生代以来成都盆地均属半封闭系统，其中仅保存了部分岷江带来的物质，而不是全部。

(2)成都盆地保存不完整，西部边缘凹陷区已抬升，并剥蚀。成都盆地内部可被进一步分为 3 个凹陷区（图 16-14），在西部边缘凹陷区（图 16-14，Q_3-Q_4 剖面之 A 区），沉积最大厚度仅为 253 m，主要由新近系—下更新统、上更新统和全新统沉积物构成，中更新统极不发育，表明在中更新世时期该区曾被抬升和剥蚀；在中央凹陷区（图 16-14，Q_3-Q_4 剖面之 B 区）沉积厚度巨大，最大沉积厚度达 541m，地层发育齐全；在东部边缘凹陷区（图 16-14，Q_3-Q_4 剖面之 C 区），沉积厚度薄，主要为上更新统，缺失下更新统和中更新统，厚度仅为 20 m 左右。成都盆地演化过程（图 16-5，图 16-14）显示了在西部边缘凹陷区的原始沉积物厚度应较大，在该区地表出露的大邑砾岩的残留厚度达 380m（李勇等，2006）也证实了这一推测，因此，我们推测该区的沉积物厚度应大于 380m（图 16-14，N_2-Q_1 剖面）。

鉴于前文计算的残留沉积通量主要包括了位于中央凹陷区和东部边缘凹陷区的沉积物体积，而对在西部边缘凹陷区而言则仅包括了该区经构造抬升、剥蚀后的残留沉积物的体积。该区在地表出露面积约

2500km²，以沉积物厚度 380m 为基数，经初步计算，该区曾堆积的沉积物体积约为 950km³，本文将其称为恢复的沉积通量。

因此，成都盆地晚新生代以来的总沉积通量应为残留的沉积通量（715km³）和恢复的沉积通量（950km³）的总和，即 1665km³。

李勇等（2006）曾对成都盆地沉积通量与岷江流域的剥蚀量进行了对比，计算结果表明，成都盆地晚新生代以来的沉积通量与岷江流域的剥蚀量之间的比率为 5.11%～7.85%，即成都盆地的沉积通量仅为岷江流域的剥蚀量的 5.11%～7.85%。并获得以下初步认识：①成都盆地沉积通量与岷江流域剥蚀量不相匹配。虽然岷江流域与成都盆地之间是以岷江为联结的剥蚀—沉积系统，但绝大部分（90%以上）的从岷江流域剥蚀下来的物质并没有在成都盆地中沉积下来，而是越过成都盆地由岷江搬运到长江。因此，即使在流域面积、流域输沙量、沉积区面积和盆地沉积通量计算相对准确的基础上，我们仍不能简单地利用成都盆地晚新生代以来盆地内的沉积物充填体积来恢复岷江流域的长周期剥蚀量和平均剥蚀速率。②成都盆地为半封闭盆地。岷江以其剥蚀的物质向成都盆地搬运、充填，但当成都盆地被沉积物填满之后，岷江向外流，鉴于绝大部分的岷江流域剥蚀物质没有保存在成都盆地，表明相对成都盆地而言岷江一直属外流河，成都盆地自形成后就从未封闭过，属半封闭系统。③成都盆地在晚新生代期间的构造沉降幅度较小，没有为碎屑物质的堆积提供足够的可容性空间，表明青藏高原东缘地区晚新生代构造活动相对较弱。④在构造单元上，成都盆地与龙门山冲断带不相匹配，换言之，成都盆地并非龙门山冲断带构造负载形成的前陆盆地，即现今的龙门山及其前缘盆地不完全是由于构造缩短作用形成的。这一结论与 Li 等（2001）、Densmore 等（2005）、李勇等（2006）对青藏高原东缘活动构造及其活动沉积盆地的研究结果相一致，即晚新生代龙门山以北东向的右行走滑为特征，以走滑作用为主，并伴随少量的逆冲分量，成都盆地属走滑挤压盆地（李勇等，2006）。

因此，我们认为，虽然岷江流域与成都盆地之间是以岷江为联结的剥蚀—沉积系统，但是成都盆地属半封闭盆地，成都盆地的沉积通量与岷江上游流域的剥蚀量不相匹配，表明晚新生代龙门山强烈构造活动期间，成都盆地没有经历较大的构造挠曲沉降，因而没有为沉积物提供足够的可容性空间，使晚新生代随河流搬运的大量碎屑物质仅仅路过成都盆地而没有全部沉积下来，导致绝大部分的沉积物被搬运出成都盆地。

5. 晚新生代龙门山崛起时间的标定

关于晚新生代龙门山崛起的时间问题是争论的焦点之一。晚新生代龙门山是以何种标志来标定呢？这是目前研究的难点。在龙门山中南段的地表出露大面积古老变质体，包括彭灌杂岩、宝兴杂岩。我们是否可以以彭灌杂岩、宝兴杂岩的脱顶作为晚新生代龙门山形成和崛起的标志呢？它是否开启了一个新的地质时代？主要包括 3 个方面的问题，①脱顶时间的标定。②这些"古老变质体如何从深部折返到地表"，它们形成的动力学机制是什么？③配套的前陆盆地是成都盆地。因此，龙门山古老变质体（如彭灌杂岩、宝兴杂岩）的脱顶过程和动力机制是当前研究的重点。许多研究者（Royden et al.，1997；Simon et al.，2003；许志琴等，2007）认为龙门山古老变质体出露于地表是下地壳流或挤出机制的产物，并认为在 3.6～43Ma 龙门山有 2～3 次冷却事件（Godard et al.，2009；Li et al.，2012；Wang et al.，2013），分别为 25～30Ma、20Ma、4～10Ma，并用下地壳流的就位解释了彭灌杂岩体在此期间有巨量的抬升和剥蚀。因此，如何通过沉积记录标定龙门山古老变质体（如彭灌杂岩、宝兴杂岩）的脱顶过程成为标定新生代龙门山的重要标志。本次从以下几个方面来标定晚新生代龙门山形成的时间。

表 16-4　中、新生代龙门山的特征及其差异性对比

	晚三叠世龙门山	侏罗纪—早白垩世龙门山	晚白垩世—古近纪龙门山	新近纪—第四纪龙门山
分布范围	茂汶断裂与北川断裂之间	茂汶断裂与北川断裂之间	茂汶断裂与北川断裂之间	茂汶断裂与彭灌断裂之间
地表物质组成	古生代—中三叠世碳酸盐岩和碎屑岩	古生代—中三叠世碳酸盐岩和碎屑岩	古生代—中三叠世碳酸盐岩和碎屑岩	古生代—中三叠世碳酸盐岩和碎屑岩，彭灌杂岩出露

续表

	晚三叠世龙门山	侏罗纪—早白垩世龙门山	晚白垩世—古近纪龙门山	新近纪—第四纪龙门山
构造属性	松潘—甘孜造山带的前缘冲断带	松潘—甘孜造山带的前缘冲断带	转换造山带	转换造山带
动力学机制	构造负载	地壳均衡反弹	挤出作用	下地壳流
运动学方式	逆冲作用	走滑作用	逆冲兼走滑作用	逆冲兼走滑作用
地貌类型	低山	高山	中山（南段）	高山（南段）
水系样式	横向水系，水系集中，以大型横向河为主	横向水系，水系不集中，以分散的横向河为主	横向水系，水系集中，以大型横向河为主	横向水系，水系不集中，以分散的横向河为主
剥蚀作用	剥蚀速率小	强烈剥蚀与卸载，剥蚀速率大	剥蚀速率小	强烈剥蚀与卸载，剥蚀速率大
前缘配套的前陆盆地	大型楔状前陆盆地	大型板状前陆盆地	中型楔状前陆盆地	小型楔状前陆盆地

1）晚新生代前陆盆地的底部不整合面

成都前陆盆地底部不整合面是标定晚新生代龙门山主体构造事件的重要标志，反映了晚新生代龙门山构造旋回的起点。成都前陆盆地的充填实体为晚新生代半固结－松散堆积物，并与下覆地层呈角度不整合接触关系早期堆积于盆底的大邑砾岩在不同地段分别覆盖于侏罗纪、白垩纪和古近纪不同时代的地层之上，并与下伏地层呈不整合接触。界面上存在厚约 10cm 的古风化壳，分布十分稳定，并被钻孔资料所证实。从而表明晚新生代成都盆地形成之前，该地区曾出现一个相当长的剥蚀夷平时期，而晚新生代成都盆地是在中生代前陆盆地的基础上于晚新生代再次下沉后所形成的新生盆地，是一个单独的成盆期，并非是在中生代前陆盆地上连续接受沉积的继承性沉降盆地。因此，该不整合面的形成时间就是晚新生代龙门山构造形成的时间。前期研究成果（李勇等，1994，2006）表明，该不整合面的形成时间为 43～3.6Ma。如果以不整合面之上最老的地层时代判断，该不整合面应形成于 3.6Ma 之前，而且比较靠近 3.6Ma，可以暂取 4Ma 左右。

2）晚新生代前陆盆地的最早期堆积物—大邑砾岩

前期研究成果（何银武，1992；李勇等，1994）表明，大邑砾岩是晚新生代前陆盆地最早期堆积物。何银武（1992）指出大邑砾岩"其沉积特征和物源特征表明大邑砾岩的沉积是青藏高原东缘强烈隆升的产物，它开启了一个新的地质时代，大邑砾岩之后，盆地一直继承此沉积特征而沉积了最大厚达 540m 的砾卵石层"。尽管这些新生代沉积物的厚度较薄、分布范围较小，但是它们是记录晚新生代龙门山构造作用和搬运过它们的古水系信息的唯一的沉积物，同样也是记录了新生代青藏高原边缘褶皱、断层和演化的沉积期后历史的唯一沉积物。这也意味着这些沉积物也可能用于区分不同的晚新生代龙门山演化模式的唯一证据。因此，成都盆地晚新生代沉积物的重要性在于它是青藏高原东缘龙门山晚新生代构造作用和剧烈隆升的产物，而且青藏高原东缘龙门山的这次构造事件和隆升造就了青藏高原东缘现今的构造地貌格局。

关于大邑砾岩的成生时代仍存在很大分歧。前人对大邑砾岩的时代分别界定在新近纪（灌县幅 1：20 万区域地质调查报告）、第四纪、中新世（刘兴诗（1983），邛崃幅 1：20 万区域地质调查报告）、上新世（西南石油局 519 队，1951）、上新世—中更新世（火井幅、夹关幅 1：5 万区域地质调查报告，1995）、早更新统（何银武，1992）。总体上，对于大邑砾岩的定年，现今尚无准确可靠的结论（Burchfiel，1995）。

李代均（1980）对刘家坝剖面的大邑砾岩顶部地层进行了孢粉分析，结果表明该黏土层中以山毛榉科、桦科植物为主，含微量雪松花粉。雪松在上新世时期世我国西南地区针叶树种的主要成分之一，在此以后就骤然减少了，但在早更新世地层中常含子遗的雪松分子。因此，该套灰白色黏土层属于早更新世产物。李吉均（2001）通过 ESR 年龄测定认为其沉积始于 2.6～2.4Ma B.P，属上新世。Kirby 等（2002）通过 $^{39}Ar/^{40}Ar$ 法和 U-Th 法研究了青藏高原东缘新生代的地貌演化，并通过河流地貌特征对该区域的隆升特征进行了详尽的研究（Kirby et al.，2003），认为该区隆升作用和河流地貌的主要形成于

5Ma 以来。

综上所述，我们试图利用龙门山前陆地区的沉积纪录来标定新生代龙门山崛起的时间（李勇等，2001，2005；Li et al.，2004）。成都平原西部地表的露头剖面和盆地内的钻井剖面均揭示大邑砾岩是成都盆地中充填的最古老的岷江冲积砾石层（何银武，1987；李勇等，1995，2002），在不同地区分别覆盖于侏罗纪、白垩纪和古近纪不同时代的地层之上，并与下伏地层呈不整合接触。近年来，我们（王凤林等，2002；李勇等，2002，2005；Li et al.，2004）对 10 个大邑砾岩剖面的下部砂岩开展了电子自旋共振测年研究，目前已获得 11 个 ESR 年龄值，显示大邑砾岩形成的时间为 2.3~3.6Ma。我们选取了其中最古老的年龄 3.6 Ma 作为标定青藏高原东缘强烈隆升时间的依据，这一时间值的地质含义在于成都盆地岷江冲积扇形成的时间早于 3.6 Ma。此外，根据阶地计算的形成岷江最大切割深度所需的时间为 3.48Ma（Li et al.，2004；李勇等，2005）。据此我们推测岷江形成的时间和青藏高原东缘龙门山河流剥蚀作用的时间也应早于 3.6Ma。值得指出的是，该时期与青藏高原东北缘临夏盆地反映的 3.6Ma 的强烈隆升和青藏运动（李吉均等，2001）基本相当，也与亚洲季风开始的时期（李吉均等，2001）基本相当。

3）龙门山古老变质体（如彭灌杂岩、宝兴杂岩）的冷却年龄和脱顶的时间

青藏高原东缘龙门山造山带地表出露大面积古老变质体，包括彭灌杂岩、宝兴杂岩，主要分布于龙门山中南段。这些"古老变质体何时从深部折返到地表"一直是龙门山演化历史研究的一个重要课题。

裂变径迹年代测定是计算长周期剥蚀速率的一种有效方法（Andrew et al.，2000）。裂变径迹年代测定可给出冷却温度和冷却时间，根据地温梯度和连贯封闭温度系统之间被消除的岩石深度可以计算出侵蚀速率（Andrew et al.，2000）。刘树根（1993）测定了龙门山彭灌杂岩和宝兴杂岩的 4 个磷灰石裂变径迹年龄（分别为 6.5＋2.4Ma、4.8＋3.0Ma、8.7＋5.6Ma、10.5＋7.2Ma），并进行了计算机模拟，结果表明龙门山中新世以来的平均剥蚀速率 v_e 为 0.6mm/a。许多研究者（Kirby et al.，2002；Godard et al.，2009；Li et al.，2012；Wang et al.，2013）认为在 3.6~43Ma 龙门山有 2~3 次冷却事件，分别为 30~25Ma、20Ma、4~10Ma，并用下地壳流的就位解释了彭灌杂岩体在此期间有巨量的抬升和剥蚀（Royden et al.，1997；Simon et al.，2003；许志琴等，2007）。Simon 等（2003）认为龙门山古老变质体出露地表的时间为 4Ma。

李勇等（1994）对龙门山逆冲推覆作用的沉积响应模式做了总结，认为龙门山冲断带是成都盆地沉积的主要物源区，成都盆地沉积物碎屑成分能够反映龙门山冲断带的物质构成。龙门山作为成都盆地的物源区，如果彭灌杂岩体和宝兴杂岩大面积出露于地表，可导致成都盆地的彭灌杂岩体和宝兴杂岩的砾石和岩屑的出现。因此，如何通过沉积记录标定龙门山古老变质体（如彭灌杂岩、宝兴杂岩）的脱顶时间成为本次研究的关键问题。通过地表露头和钻孔岩芯的物质成分进行详细的研究，编制了地表露头和钻孔岩芯的砾石、岩屑、重矿物、地球化学垂向分布特征图，建立物质成分在时间上演化序列。在此基础上，通过物源演化序列建立晚新生代以来龙门山彭灌杂岩、宝兴杂岩等古老变质体的隆升、剥蚀序列和脱顶序列。研究成果表明（李勇等，1994，1995，2006），彭灌杂岩的砾石首次出现于晚新生代的大邑砾岩，表明彭灌杂岩体的剥露和脱顶的时间为晚新生代。在古近纪芦山组及其以前的砾石成分均以古生代碳酸盐岩砾石、变质岩砾石和砂岩砾石为主，表明在古近纪及其以前龙门山（物源区）以出露古生代碳酸盐岩、碎屑岩和变质岩为特征，而在新近纪以来龙门山（物源区）以出露彭灌杂岩为特征，表明在新近纪彭灌杂岩、宝兴杂岩等古老变质体从深部折返到地表。

基于以上研究成果，我们认为青藏高原东缘晚新生代龙门山的崛起起始于 4Ma，这次构造事件和隆升铸就了现今的龙门山构造地貌格局，并以彭灌杂岩的剥露时间作为晚新生代龙门山构造定型和崛起的时间。

第 17 章 青藏高原东缘均衡重力异常
与盆—山—原系统

现今青藏高原东缘由原(青藏高原东部川藏块体)—山(龙门山造山带)—盆(四川盆地西部)3 个一级构造地貌单元和构造单元组成,显示为盆—山—原体制。龙门山是位于青藏高原和四川盆地之间的、线性的、非对称的边缘造山带,是印支期以来多次、多种构造隆升机制叠合的复杂地质体。新生代的构造变形主要发生在 3.6Ma 以来(李勇等,2006),并叠加于中生代造山带上(Burchfiel et al.,1995,2008;许志琴等,2007)。2008 年汶川(Ms8.0)地震和 2013 年芦山(Ms7.0)地震相继发生后,国际地学界对龙门山的研究给予了前所未有的重视,渴望着能够更多地理解这个古老山脉的隆升机制及其孕育强烈地震的机理。目前在国际上已提出了 4 种龙门山隆升机制(图 17-1),分别为:①地壳缩短(crustal shortening)机制(Hubbard et al.,2009);②挤出(extrusion)机制(许志琴等,2007);③下地壳流(channel flow)机制(Royden et al.,1997;Clark et al.,2000;Simon et al.,2003;Enkelmann et al.,2006;Meng et al.,2006;Burchfiel et al.,2008;Kirby et al.,2008;Wang et al.,2012);④地壳均衡反弹(crustal isostatic rebound)机制(Densmore et al.,2005;Fu et al.,2011;Molnar,2012;Li et al.,2013)。因此,如何甄别龙门山隆升机制与特大地震之间的关系成为当前研究的难点。

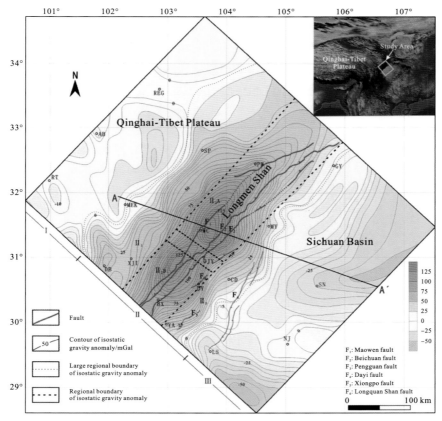

图 17-1 青藏高原东缘均衡重力异常图(据 Airy 均衡模式)

Ⅰ为青藏高原弱负均衡重力异常区;Ⅱ为龙门山正均衡重力异常区;Ⅲ为四川盆地负均衡重力异常区;原始资料据刘树根(1993)、李勇等(1995,2005)、王谦身等(2008),并进行了校对

17.1 研究目标

均衡重力异常反映了一个地区现今的均衡状态，是岩石圈静力与动力学过程的结果，能够反映现代构造运动特征和地壳结构。Pratt 均衡模式和 Airy 均衡模式是表征某个地点均衡状态的两种基本模式，强调的是在某个点或小区域在垂直方向上的均衡补偿。挠曲均衡模式（models of flexural isostasy）（Watts et al.，1992，2001；Stewart et al.，1997；Jordan et al.，2005）则强调的是在某个区域在水平方向的补偿，把造山带与前陆盆地的均衡作用有机地联系起来了，使挠曲均衡模式成为标定造山带与前陆盆地耦合机制的重要方法。李勇等（2006）、王谦身等（2008）曾利用 Airy 均衡模式对龙门山正均衡重力异常进行了反演模拟。在此基础上，本次试图以用青藏高原东缘均衡重力异常数据为基础，采用挠曲均衡模式揭示龙门山地壳隆升机制及其对前陆盆地挠曲沉降的控制作用。研究的目的有两个，①以 Airy 均衡模式为基础，模拟龙门山正均衡异常与下地壳流之间的对应关系，为甄别龙门山隆升机制及其孕育强烈地震机理提供科学依据；②以 Watts 挠曲均衡模式为基础，采用弹性挠曲方法模拟龙门山构造负载与前陆盆地不对称沉降之间的动力机制，为盆山耦合机制的研究提供新的方法。

17.2 研究方法

本次在青藏高原东缘 1：100 万实测重力资料的基础上，进行了全球性的高度、中间层、地形及正常场等方面的校正，并按照 Airy 模式进行均衡校正，编制成了 1：300 万的青藏高原东缘的均衡重力异常值图（图 17-1），其中均衡重力异常的精度为 2×10^{-5} m Gal，等值线距为 5×10^{-5} m Gal。该图具有以下特点：①地壳的均衡重力异常值比布格异常值更小，变化更平缓且与地形无关，即消除了由地形和地壳厚度变化所产生的重力效应，突出地壳内部构造信息，在解释地震构造动力学时更有效。②根据 Airy

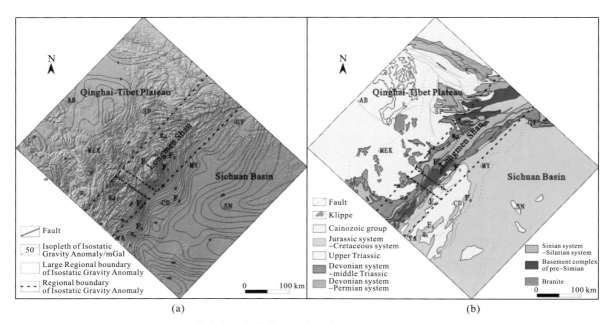

图 17-2 青藏高原东缘均衡重力异常与地质、地貌单元对比图

（a）.均衡重力异常与地貌单元对比图，地貌图数据来源于 SRTM 90m 数据；示正均衡异常前缘陡变带对应于地表地形陡变带；（b）.均衡重力异常与地质构造单元对比图，示正均衡异常带对应于龙门山造山带

均衡理论，均衡重力异常值（I）越大，表明该处地壳不均衡的程度越高，I 值小或接近于零，则表明该处地壳是处于基本均衡或均衡的状态。当异常值为正值时，该区具有向下的均衡沉降作用，使地形高度（H）减小并达到均衡；当异常值为负值时，该区具有向上的均衡隆升作用，使地形高度（H）升高并达到均衡。③自西向东该区均衡重力异常具有负—零—最大—零—负的变化规律，可将其划分为青藏高原弱负均衡重力异常区（I）、龙门山正均衡重力异常区（II）和四川盆地负均衡重力异常区（III）。在此基础上，我们将该均衡重力异常平面图与该区的数字高程图、地形起伏度图、地质构造图、岩石密度图、汶川地震、芦山地震地表破裂与余震分布图等进行了对比（图 17-2，图 17-3），获得如下结果。

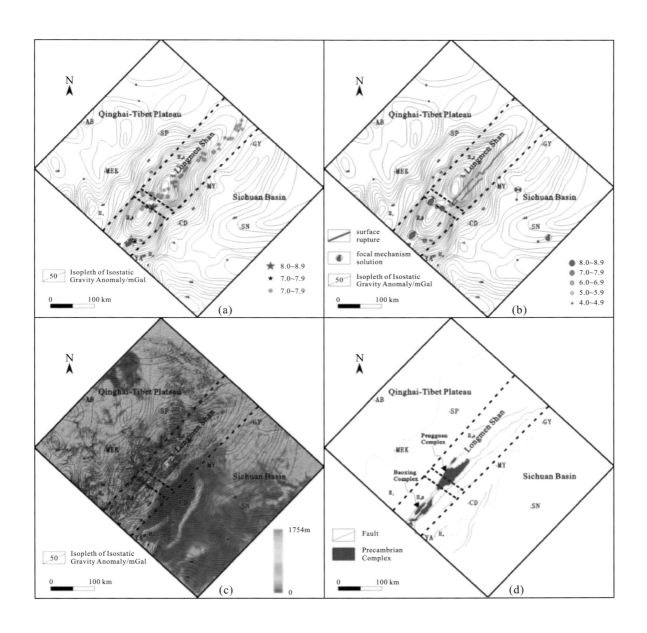

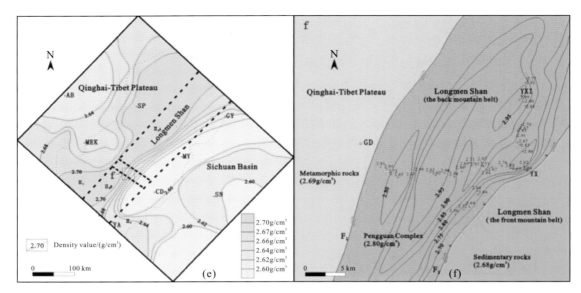

图 17-3　青藏高原东缘均衡重力异常与地表地质特征对比图

（a）．均衡重力异常与汶川地震余震和芦山地震余震对比图，示汶川地震、芦山地震及其余震均分布于正均衡异常前缘陡变带；（b）．均衡重力异常与汶川地震地表破裂带对比图，示汶川地震地表破裂带分布于正均衡异常前缘陡变带；（c）．均衡重力异常与地形起伏度对比图，示正均衡异常前缘陡变带对应于地形陡变带，地形起伏度的分析窗口为13×13；（d）．均衡重力异常分区与前寒武纪杂岩分布对比图，示龙门山正均衡异常高值点对应于彭灌杂岩和宝兴杂岩的地表出露；（e）．均衡重力异常与地表岩石密度等值线（刘蓓莉，1994）对比图，示龙门山正均衡异常带对应于高密度岩石（彭灌杂岩和宝兴杂岩）、弱负均衡异常带对应于沉积岩和浅变质岩分布区；（f）．地表岩石密度实测数据图（胡元鑫等，2010），示龙门山彭灌杂岩的平均密度为2.80 g/cm³，浅变质岩的平均密度为2.69 g/cm³，沉积岩的平均密度为2.68 g/cm³

17.2.1　青藏高原东缘的均衡重力异常分带与构造地貌单元之间的对应关系

　　现今青藏高原东缘的原（青藏高原东部川藏块体）—山（龙门山造山带）—盆（扬子板块西缘的四川盆地）体制与3个均衡重力异常单元一一对应，表明均衡重力异常的分带性是控制青藏高原东缘构造单元的主要因素。

1. 强正均衡重力异常区对应于龙门山高山地貌区

　　该区位于龙门山造山带，均衡重力异常值为 $0 \sim 125 \times 10^{-5}$ m Gal，显示为北东走向的线形条带，并与龙门山造山带的走向一致。此外，在龙门山有两个强度分别达 125×10^{-5} m Gal 和 135×10^{-5} m Gal 的正均衡重力异常高点，异常圈闭呈椭圆形。其中，北部的高值区（ⅡA）对应于龙门山中北段的汶川地震余震分布区，南侧的高值区（ⅡB）对应于龙门山南段的芦山地震余震区，显示了龙门山具有南北分段的特点。其分界线呈北西向，分布于理县至都江堰一带，可能存在北西向的横断层或揿断层。

2. 西侧的弱负均衡重力异常区对应于平缓的青藏高原地貌区

　　该区的异常值为 $(-10 \times 10^{-5}) \sim (20 \times 10^{-5})$ m Gal。均衡异常等值线围绕低值点环形分布，形成负异常圈闭，其展布方向与龙门山的构造线不一致，均衡程度较均一，均衡异常绝对值较小。表明该区处于比较稳定的均衡状态，新构造活动较弱。在地貌上，高原形态完整，平均海拔高程为 4km，地形切割微弱，以低山丘陵为主，间有开阔的小型盆地和谷地。平缓高原面的广泛分布，反映新构造运动以整体隆升为特点。该块体由深度超过 7km（据中石化的红参1井）的松潘—甘孜造山带浅变质岩组成，具有多层次滑脱和逆冲推覆层。其原岩是一套历经了复杂褶皱变形和构造叠加的巨厚中上三叠统复理石建造，是晚三叠世残留洋盆地的沉积记录（Li et al.，2003）。该块体的构造变形定型于中生代，并具有3期构造缩短事件（Simon，2003），在新生代以隆升作用为主，块体内部相对稳定，缺乏构造缩短。该块体与龙门山以大型拆离断裂（ETD）（许志琴等，2007）或茂汶剪切带（刘树根，1993）为界。

3. 东侧的弱负均衡重力异常区对应于扬子板块西缘的四川盆地稳定区

该区的重力异常值均为负值，为 $0 \sim -50 \times 10^{-5}$ m Gal，并发育 $(-40 \times 10^{-5}) \sim (-50 \times 10^{-5})$ m Gal 的负均衡异常低点。异常圈闭的展布方向与龙门山构造线具有一致性。这表明该地区的地壳处于相对比较均衡和稳定的状态。在地貌上，四川盆地的形态为椭圆形，地形切割微弱，以低山丘陵为主，反映新构造运动以整体隆升和剥蚀作用为特点，至少有 $1 \sim 4$ km 的地层被剥蚀掉(Richardson et al.，2008)。四川盆地由基底岩石和厚约 10 km 的古生代和中生代的沉积岩组成，地层平缓，地表出露的岩石主要是侏罗系、白垩系和新生界碎屑岩，表明四川盆地在新生代以来的构造变形较小。在四川盆地西部分布着一系列相间排列的北东向的背斜和向斜。从西到东分别是：龙门山前陆扩展带、成都盆地(向斜)、熊坡背斜、龙泉山背斜、威远背斜和华蓥山褶皱。值得注意的是，在四川盆地内均衡重力异常值也有小幅度的变化，在龙泉山以西显示为正均衡重力异常值，在龙泉山以东则显示为负异常值，并在威远背斜一带显示为负异常的低值带。

17.2.2　青藏高原东缘的均衡重力异常陡变带与地形陡变带的对应关系

该区自西向东由 3 个一级地貌单元构成，分别为青藏高原地貌区(平均高程为 4000 m 左右)、龙门山高山地貌区(最高峰为 5000 m 左右)和四川盆地地貌区[平均高程为 $710 \sim 750$ m，图 17-2(a)]，显示了龙门山与山前地区存在一个坡度陡变带(Densmore et al.，2005)，高差大于 4500 m。该地形陡变带对应于龙门山正均衡重力异常带前缘的陡变带[图 17-2(a)]，均衡重力异常相差达 125 m Gal，地形上起伏度越大，均衡重力异常值越大，平均地形高程与均衡重力异常值之间有很好的相关性，而且均衡异常值随地势的增加而相应增加(图 17-3c)，表明青藏高原东缘的均衡重力异常陡变带可能是控制青藏高原东缘地形陡变带的主要因素。

17.2.3　青藏高原东缘的均衡重力异常陡变带与岩石密度陡变带的对应关系

龙门山出露大面积的前寒武纪变质体，包括彭灌杂岩、宝兴杂岩，由基性、中性到酸性的一系列侵入岩类所组成。这些杂岩体已被断层切割成叠瓦片状或薄板状的构造岩片。本次对均衡重力异常与前寒武纪杂岩、变质岩和沉积岩的密度进行了对比，获得以下结果：①均衡重力异常值与地表出露岩石的密度值具有对应关系，其中高正异常值对应于高密度的彭灌杂岩、宝兴杂岩分布区(为 $2.56 \sim 3.02$ g/cm^3，平均密度为 2.80 g/cm^3；胡元鑫等，2010)，负异常或低值带对应于低密度的浅变质岩(为 $2.66 \sim 2.72$ g/cm^3，平均密度为 2.69 g/cm^3；刘蓓莉，1994)和沉积岩(为 $2.60 \sim 2.80$ g/cm^3，平均密度为 2.68 g/cm^3；刘蓓莉，1994)分布区，表明高密度的彭灌杂岩、宝兴杂岩是控制正均衡重力异常高值区的主要因素；②均衡重力异常陡变带对应于岩石密度陡变带，龙门山彭灌杂岩与其东侧四川盆地沉积岩之间的密度差大于 0.12 g/cm^3，表明密度差是产生均衡重力异常陡变带的原因，这种密度差产生的应力或重力对龙门山隆升和垂直增生方式具有重要作用；③高密度的彭灌杂岩、宝兴杂岩来源于下地壳，表明密度负载是现今龙门山最显著的特征之一。因此我们推测下地壳流的向上挤出和抬升，导致了高密度的下地壳物质加载到上地壳，使得龙门山密度的增加。

17.3　利用 Airy 均衡模式对均衡重力异常的反演模拟

17.3.1　Airy 均衡模式与反演模拟的方法

Airy 均衡模式认为均衡重力异常反映了一个地区现今的均衡状态。不均衡状态势必导致均衡运动的产生。因此，现代重力均衡异常应反映了近期地壳深部的构造活动状态，其运动的特点应该是朝着恢复均衡的方向发展。由于均衡运动是在高密度、黏滞性极大的液态层中进行，因此均衡运动的速率极其缓慢，并需要一个相当长的地质时期。根据实测的均衡重力异常值的分带性，我们可以推论，青藏高原东部的高原地貌区几乎处于均衡状态，应无明显的均衡隆升；龙门山处于正均衡重力异常区，在均衡力的作用下应均衡下降；四川盆地处于负均衡重力异常区，在均衡力的作用下应均衡隆升。

Airy 均衡模式认为山脉是浮在具有较高密度的液态层之上，均衡补偿面是随着上部层的深度变化而变化，地表的山脉由深部的山根来补偿，并可由式(17-1)表达 Airy 均衡模式。

$$h_{root} = \frac{h_{mt}\rho_1}{\rho_2 - \rho_1} \qquad (17\text{-}1)$$

式中，h_{root} 为山根的厚度；h_{mt} 为山脉的高度；ρ_1 为均衡补偿面之上的上部层的密度；ρ_2 为均衡补偿面之下的下部层的密度。

根据式(17-1)，我们可以设定 ρ_1（莫霍面之上岩石的密度的平均值）为 $2.85 \mathrm{g/cm^3}$，ρ_2（莫霍面之下岩石的密度的平均值）为 $3.40 \mathrm{g/cm^3}$，式(17-1)可被简化为：

$$h_{root} = 5.18 h_{mt} \qquad (17\text{-}2)$$

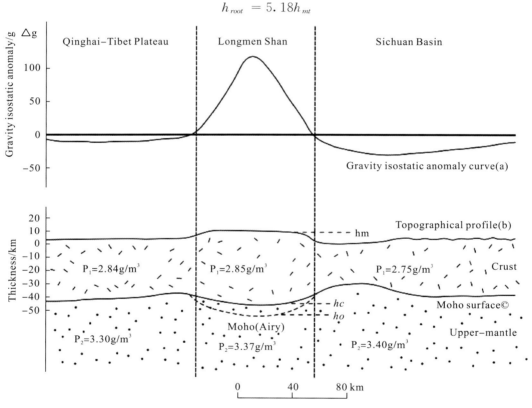

图 17-4　按 Airy 均衡模式对青藏高原东缘的均衡重力异常的模拟与解释

重力均衡异常曲线据图 17-1；地形剖面据数字高程剖面；Moho 面深度及密度据重磁异常及地震剖面图和地震测深剖面密度换算图，据 Wang et al.，2008

现今龙门山山脉的地表高程(h_{mt})为 5km，那么按 Airy 均衡模式，在均衡状态下，Moho 面应形成向下的山根，其补偿深度(h_o)为 25.9km。根据地震测深剖面密度换算结果(图 17-4)，目前 Moho 面向下的山根的补偿深度(h_c)仅为 5～7km，远未达到均衡补偿的深度，因此龙门山表现为正均衡重力异常。按 Airy 均衡理论计算结果(图 17-4)表明，在均衡力的作用下龙门山的 Moho 面应均衡下降，并再下降 18.9km 才能达到 Airy 均衡状态。但据近年地形变化资料，以九顶山为代表的龙门山以 0.3～0.4mm/a 的速度持续隆升(刘树根，1993)。因此，龙门山一定受到大于均衡调整力的上升力的作用。为了探讨这个上升力产生的上升幅度，本次对龙门山的正均衡重力异常进行了模拟反演解释。在均衡重力异常图上截取了 A(壤塘)-A′(内江)均衡重力异常剖面(图 17-5)。根据深地震测深所得的速度剖面及由此推算的密度剖面图(图 17-6c),该区岩石圈结构至少由 4 层构成,自上而下依次为上部地壳层(沉积盖层)、中部地壳层、下部地壳层和上地幔顶部层。根据各层的深度和密度值,标定了产生均衡重力异常的初始模型及密度值,在此基础上,将均衡重力异常值及各相应的模拟形体、密度值输入似三度体重力异常计算程序进行计算,获得了输入的均衡重力异常曲线和根据模拟形体有关参数计算的重力异常值(图 17-5),对比此两条曲线,不断修改模拟体的形状及埋深,使两条曲线尽可能的符合(即两条曲线的均方误差愈小愈好),最终以符合度最高曲线所对应的模拟体的参数,作为该剖面均衡重力异常所对应的地质体参数。据此,我们获得了该区密度不均匀体的垂向剖面及参数(图 17-5),得到了模拟体上地幔顶面的埋深、中心埋深及宽度等方面的数据,提出了不同深度下地质体产生的均衡重力异常的形态,并推测出产生均衡重力异常地质体的垂向变动情况。其模拟均方误差为 6.9×10^{-5} m Gal。

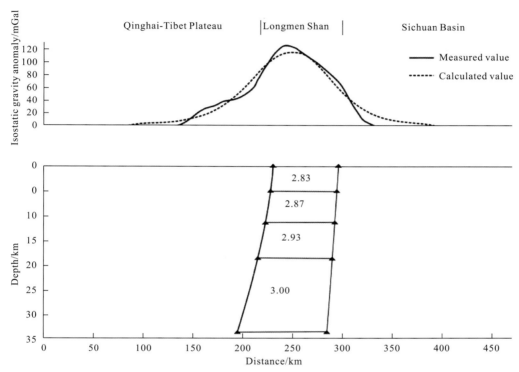

图 17-5　采用似三度体重力异常计算方法对青藏高原东缘均衡重力异常横剖面图
(A(壤塘)-A′(内江))的反演模拟

17.3.2　模拟结果

1. 龙门山的地壳结构与边界断裂

各模拟块体均呈水平状叠置,并由密度不同的 4 层模拟块体相叠而成(图 17-5),分别对应于下地壳层、中部地壳层、上部地壳层和上地幔顶部层。模拟块体东西两侧的边界断裂面均近于直立,并向西略倾斜,显示龙门山前缘和后缘为高角度逆断层,而非低角度的逆掩断层。龙门山由倾向北西的前缘断裂和后缘断裂及其所夹的逆冲岩片组成,具有叠瓦状的构造。龙门山的深部位置与地表位置相比较,向西偏移了一段距离,表明龙门山整体向西倾斜,并缺乏山根,显示为独立的陆内构造负载系统。其中后缘断裂对应于茂汶断裂,被称为“青藏高原东缘大型拆离断裂(ETD;许志琴等,2007)”或“汶川—茂汶剪切带(WMSZ;刘树根,1993)”,并将龙门山与松潘—甘孜褶皱带分离为两个地质体。黑云母 [39]Ar/[40]Ar 测年值为 112~120Ma,表明该断裂带形成于晚白垩世 120Ma 左右,并以伸展作用为主(许志琴等,2007;Burchfiel,2008)。前缘断裂对应于地表的彭灌断裂,是龙门山与山前扩展变形带的分界线。

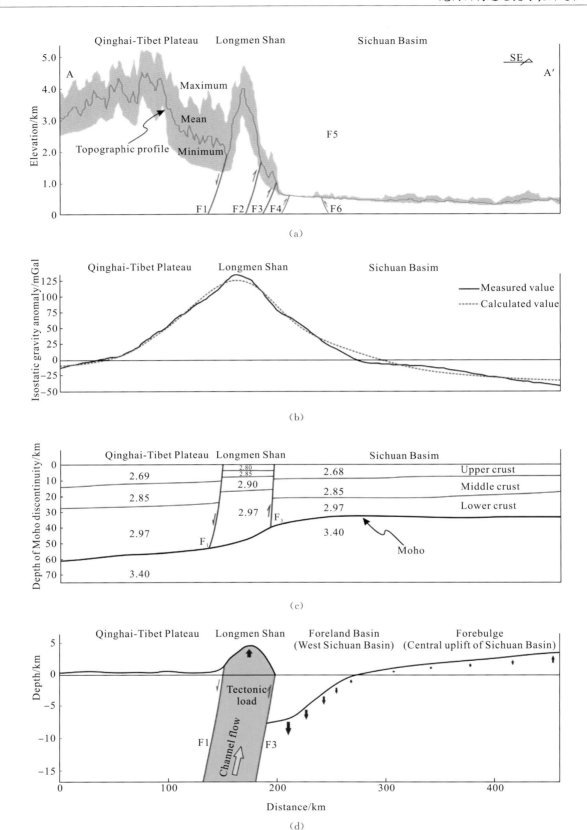

图 17-6　青藏高原东缘重力异常揭示的龙门山构造负载与前陆盆地挠曲沉降

（a）. A-A′地形剖面，为沿 A-A′的宽 10km 长 460km 条带区域的平均高程曲线，数据来源于 SRTM 90m 数据；（b）. A-A′均衡重力异常剖面及其反演剖面；（c）. A-A′地壳厚度及密度（g/cm³）剖面；（d）. A-A′龙门山构造负载与前缘挠曲沉降，根据均衡重力异常值（图b）获得前缘挠曲沉降的幅度和前缘隆起的隆升幅度

2. 龙门山下地壳顶面的抬升与下地壳流

从该剖面中埋深(图 17-5，图 17-7)来看，下地壳顶面(密度为 2.97g/cm³)的埋深仅为 18.8km，而在其西侧均衡区域(0~−20×10⁻⁵m/s²)的下地壳顶面的埋深为 30km，两者之间相差 11.2km，表明龙门山正均衡异常区的下地壳顶面较正常区域的下地壳顶面抬升了 11.2km。这一结论具有重要意义，表现在：①地表高程也应该相应的抬升 11.2km。但龙门山地区的实际最大海拔高程仅为 5km 左右，表明有 6~7km 的地层被剥蚀掉了。这一结论与低温年代学研究结果(新生代以来至少有 6~10km 的地层被剥蚀掉了，刘树根，1993)相一致，表明本文的模拟方法和模拟结果是可信的。其中均衡重力异常所揭示的是地壳隆升(crust uplift)厚度，而矿物的裂变径迹测定揭示的是山脉的剥蚀厚度。②龙门山正均衡重力异常揭示了下地壳在垂向上抬升。鉴于下地壳顶面的抬升作用仅限于龙门山，因此我们认为下地壳流可能是驱动龙门山下地壳顶面抬升的机制，导致龙门山下地壳顶面抬高了 11.2km，并导致了龙门山的缩短、挤出和抬升。龙门山下地壳流的上隆力抵消了均衡恢复力，均衡的破坏仍在继续，并成为主导力源。③鉴于下地壳抬升作用受到彭灌断裂的限制，表明于龙门山下地壳物质的流动受到四川盆地强硬地壳阻挡，迫使下地壳流只能沿着龙门山垂向运动，使得下地壳高密度物质最终堆积在龙门山，形成了龙门山挤出的下地壳和高陡地貌。这样才能较好地解释，为什么"青藏高原东缘正均衡重力异常高值区和构造缩短区仅分布于龙门山造山带及其前缘地区，并与该地区的逆冲断层、推覆构造、飞来峰构造、逆断层相关褶皱和缩短现象(Hubbard et al.，2009)相匹配，而在其西侧和东侧则相对稳定，缺乏构造缩短"、"GPS 确定的水平缩短速率小(1~3mm/a；Zhang et al.，2004)"、"在龙门山挤出体前缘所产生的水平挤压导致了前陆盆地的基底发生褶皱，形成了成都盆地的底部不整合面"、"挤出体前缘的逆冲推覆体的前展式推进"这样的一些现象。因此，我们可以认为现今青藏高原东缘的构造缩短仅限于龙门山及其前缘地区，而不是"从青藏高原东部的川青块体(松潘—甘孜造山带)经后山到前山"的整体的、连续的地壳缩短，本次将之定义为"有限的构造缩短"。

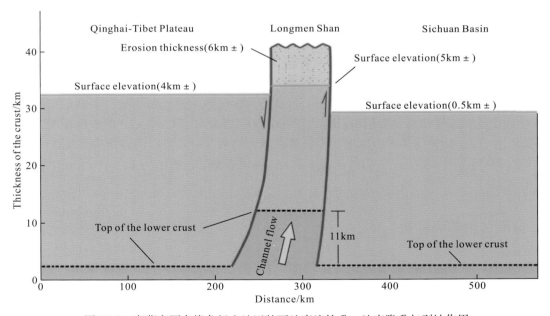

图 17-7　青藏高原东缘龙门山地区的下地壳流抬升、地表隆升与剥蚀作用

17.4　利用挠曲均衡模式对龙门山构造负载与前陆盆地挠曲沉降作用的模拟

　　按 Airy 均衡理论，如果龙门山地区是均衡的，就会推导出"地表山越高，山根越深，地壳越厚，那么龙门山应该是青藏高原东缘地壳最厚地方"这样的结论。但是实际情况并非如此。龙门山位于地壳向西加厚的陡变带上，其西北侧青藏高原的地壳厚度（M）为 56～60km 左右，东南侧为四川盆地的地壳厚度（M）为 40～43km 左右（王谦身等，2008），而龙门山的地壳厚度仅为 45～50km。显然龙门山不是地壳最厚的地方，因此应用 Airy 均衡理论就不能解释青藏高原东缘地壳厚度变化的规律。为了能够解释这一现象，本次采用了 Watts 挠曲均衡模式（Watts，1992）。该模式在艾利均衡模式的基础上提出的，考虑了固体地壳在上覆构造负荷作用下的弹性弯曲，使补偿质量不仅仅在垂向上分布，而且在横向上由于载荷周围地壳弹性板的弯曲造成补偿面的变化，补偿质量展布在一个较大的区域内。青藏高原东缘均衡重力异常自西向东具有负—零—最大—零—负的变化规律，这一现象表明该地区的均衡重力异常存在着区域补偿现象，龙门山的正均衡异常在四川盆地因地壳弹性挠曲得到了补偿。Li 等（2003）曾认为龙门山构造负载与前陆盆地挠曲沉降之间存在耦合机制，前陆盆地的宽度和深度与造山冲断楔和沉积楔的大小和形态有关，同时也受控于岩石圈的挠曲刚度和厚度。本次以挠曲均衡模式（Watts，1992）为基础，在定量计算均衡重力异常揭示的龙门山构造负载量、前陆盆地的挠曲沉降量、弹性厚度 Te 和挠曲波长的基础上，采用一维分析方法模拟了龙门山构造负载加载于弹性板片之上所产生的挠曲沉降。

17.4.1　龙门山的构造负载量

　　正均衡重力异常带仅分布于龙门山造山带，表明在青藏高原东缘只有龙门山是强烈的构造负载区和密度负载区，本次将其定义为"有限的构造负载"，来表示构造负载的分布范围有限（限于茂汶断裂和彭灌断裂之间）和构造负载的体量有限（非大规模、巨型的造山楔）。其含义是，现今青藏高原东缘的构造负载仅限于龙门山及其前缘地区，而不是"从青藏高原东部的川青块体（松潘—甘孜造山带）经后山到前山"的整体的构造负载。鉴于正均衡异常值（Ⅰ）表示的是理论大陆均衡地壳厚度（$D=50\sim60$km）与实际地壳厚度（$M=45\sim50$km）之间的差值（5～10km），我们可以将该差值理解为构造负载的厚度。因此，根据图 17-1 中的位置和厚度信息，我们可以将均衡异常值（Ⅰ）为 75～125m Gal 的地区作为龙门山的构造负载区，并利用 Sufer 软件计算了该区域的构造负载量。结果表明，龙门山的构造负载量（Vp）为 5.08×10^{14}t（其中平均密度为 2.80g/cm^3，构造负载体积为 1.8×10^5km^3，面积为 1.9×10^4km^2，平均构造负载的厚度为 9.46km）。

17.4.2　前陆盆地的沉降量

　　在图 17-1 中，四川盆地的西部显示为正均衡异常（0～75m Gal），向东在龙泉山一带减小为零值。在这个正值区的地壳应该以向下的均衡沉降为特点，以使地形高度（H）降低，以达到均衡。鉴于正均衡异常值（I）表示的是理论大陆均衡地壳厚度（$D=40\sim43$km）与实际地壳厚度（$M=39$km）（王谦身等，2008）之间的差值（1～4km），我们可以将该差值理解为盆地内均衡沉降的厚度。因此，根据图 17-1 中的位置和厚度信息，本次将正均衡异常值为 0～75m Gal 的地区为作为前渊沉降区，并利用 Sufer 软件计算了该前陆盆地的挠曲沉降值（图 17-6d）。

17.4.3　前缘隆起的隆升量

重力均衡异常显示，在龙泉山以东的均衡异常值显示为负值，并具有向东逐渐增大的趋势，在川中隆起一带增加为-30m Gal，并形成负异常圈闭。在这个负值区的地壳应该以向上的均衡隆升为特点，以使地形高度（H）升高，以达到均衡。鉴于负均衡异常值（I）表示的是理论大陆均衡地壳厚度（$D=40\sim43$km）与实际地壳厚度（$M=39$km）（王谦身等，2008）之间的差值（$1\sim4$km），我们可以将该差值理解为均衡隆升的厚度。因此，根据图 17-1 中的位置和厚度信息，本次将正均衡异常值为 $0\sim30$m Gal 的地区作为前缘隆起区，并利用 Sufer 软件计算了该前缘隆起的隆升值（图 17-6）。

17.4.4　弹性挠曲模拟

我们将该地区岩石圈模拟为位于黏性下垫层之上的具有特定的密度和有效弹性厚度（Te）的一个弹性板片。在黏性下垫层上的偏移应力在构造负载过程中加强了。根据已获得的龙门山的构造负载量、前陆盆地的沉降量、前缘隆起的隆升量以及成都盆地的沉积负载（晚新生代沉积物，厚度<541m），本次利用线性负载的常规弹性方程（Hetenyi，1974）计算了弹性挠曲：

$$w = \frac{H}{2a(P_m - P_a)g}\exp\left(-\frac{x}{a}\right)\left[\cos\frac{x}{a} + \sin\frac{x}{a}\right] \qquad (17\text{-}3)$$

式中，W 为弹性挠曲；H 为构造负载量（单位长度上受力程度）；ρ_m 为地幔密度（3300kg/m³）；ρ_a 为空气密度（1kg/m³）；g 为重力梯度（9.8m/s²）；χ 为远离负载的距离；a 为弹性常数，以 Te 为代表。

为了能够对所选择的 Te 进行约束，我们分别计算了 Te 为 25 至 55km 之间的挠曲剖面。结果表明：①挠曲剖面均显示为一个典型的前陆盆地，具有一个深渊（靠近龙门山一侧，位于 $0\sim75$km）和一个前缘隆起（远离龙门山一侧，位于 $75\sim125$km）（图 17-8），表明龙门山构造负载驱动了近端的前陆盆地的挠曲沉降和远端的前缘隆起（川中隆起）的隆升；②随着 Te 值的增大，龙门山前缘的挠曲沉降的最大区域和最小区域均向四川盆地方向偏移，四川盆地西部具有明显的沉降，向南东方向沉降幅度逐渐降低，并在龙泉山及其以东显示为隆升（模拟曲线在 75km 附近表现为小幅隆升），显示为前缘隆起；③该挠曲剖面与均衡重力异常揭示的沉降剖面（图 17-8）具有相似性，均显示为一个典型的前陆盆地—前缘隆起系统，当挠曲参数 Te 为 25km 时，模拟曲线与均衡重力异常所揭示的沉降剖面吻合程度最高，因此可以选择

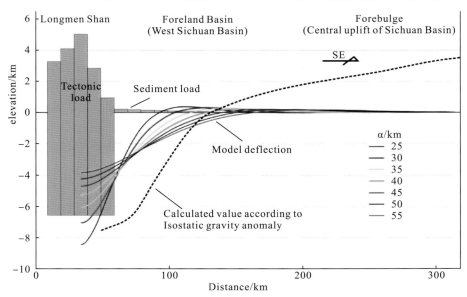

图 17-8　龙门山构造负载与前陆盆地挠曲沉降的模拟

$Te=25$Km 作为理想的弹性厚度；④龙门山构造负载为有限的构造负载，构造负载量较小，仅为 $1.8\times$ 10^5km^3，介于 2.6 ± 1.2km^3（汶川地震所产生的构造负载量；Marcello，2010）与 5×10^{23} km^3（晚三叠世大型构造负载；Li et al.，2003）之间，尚不足以驱动大规模和大幅度的挠曲沉降，形成大型楔状前陆盆地，而只能够驱动前缘地区小幅度的、不对称的挠曲沉降作用，显示为小型楔状前陆盆地，具有盆地的宽度较小（小于75km）、可容性空间较小（厚度小于541m）、不对称沉降的特点。因此，有限的挠曲沉降是该时期前陆盆地最显著的特征，表明这种小型前陆盆地明显不同于因巨量的构造负载和构造缩短所导致的大型楔状前陆盆地（如晚三叠世前陆盆地；Li et al.，2003）。

17.5 讨　　论

17.5.1　对下地壳流机制与均衡重力异常相关性的讨论

Bird(1991)通过重力均衡作用研究了高陡地貌与下地壳流挤出之间的关系，并认为下地壳流是破坏青藏高原边缘莫霍面(Moho topography)和地壳结构的重要因素。Burov 等(2014)研究了重力均衡作用与弹性厚度之间的关系，认为大陆板块的挠曲作用与下地壳流相关。本次研究成果表明，龙门山属于正均衡重力异常高值区，在均衡力的作用下应均衡下降，但龙门山却处于强烈上升状态，下地壳顶面被抬升了 11km，表明反均衡作用的上升力大于均衡作用的下降力，而这种上升力只能是下地壳流的上升力，并驱动了龙门山发生了显著的垂向抬升。在此基础上，本次提出了龙门山地区的地质动力模型图(图 17-8)，认为青藏高原下地壳流在向东缘运动过程中，受到四川盆地坚硬基底的阻挡后，导致下地壳物质在龙门山近垂向挤出和垂向运动。龙门山下地壳流驱动的有限的构造缩短、有限的构造负载和有限的密度负载导致了前陆盆地的挠曲沉降。

17.5.2　对下地壳流机制与汶川地震的讨论

龙门山的历史地震的震源机制解和震源深度、汶川地震地表破裂带和余震分布与均衡重力异常陡变带的对比结果表明[图 17-3(a)]：①6.0 级以上的强震均发生在均衡重力异常陡变带上，表明该区是活动构造和地震发育的地区，而在其西侧和东侧的弱均衡异常区，地震活动的频度和强度明显减弱；②地震的主压力方向为近北西向，与龙门山造山带的走向垂直；③龙门山造山带的优势发震深度为小地震为 5～15km，强震为 15～20km，汶川地震与该区的历史强地震的震源深度基本一致，均属为浅源性地震，其中汶川地震的震源深度为 19km，芦山地震的为 13km；④汶川地震属于逆冲—右旋走滑型地震(Xu et al.，2009；Densmore et al.，2010；Li et al.，2011)，导致了龙门山前山带有限的(局部的)构造缩短和有限的构造负载，并在地表上显示为两条在平面上近于平行的北东向逆冲—走滑型断层(彭灌断裂与北川断裂，Parallel thrust fault)的地表破裂带和余震分布带，并分布于均衡重力异常陡变带上[图 17-3(b)]。这种特殊的地表破裂带尚未在全球其他地方出现。因此，我们认为这种特殊的地表破裂带可能是龙门山下地壳流驱动的汶川地震及其局部缩短的产物。

17.5.3　对龙门山正均衡重力异常形成时间的讨论

彭灌杂岩、宝兴杂岩是现今龙门山的重要物质组成部分，是新生代龙门山的代表性标志，也是新生代龙门山与中生代龙门山之间差异性的重要体现。这些"前寒武纪杂岩何时并以何种方式从深部折返到地表"一直是龙门山演化历史研究的一个重要课题。龙门山地表所出露的来自于下地壳的前寒武纪杂岩，只有下地壳流的向上抬升和推举作用才可能将这些深埋地下的前寒武纪杂岩抬升到地表，因此可将龙门山地表出露的来自于下地壳杂岩作为下地壳流抬升的证据。鉴于这些高密度的前寒武纪杂岩与正均衡重力异常高值区具有明显对应性，应具有相同的形成机制和形成时间，表明可以用前寒武纪杂岩就位的时间来标定龙门山正均衡重力异常的形成时间。近年来，一些研究者用下地壳流机制或挤出机制较好地解释了彭灌杂岩体的抬升和剥露(Royden et al.，1997；Simon et al.，2003；许志琴等，2007；Wang et al.，2012)。Royden 等(1997)认为下地壳流于 10~15Ma 达到了青藏高原的东部。Burchifel 等(2008)认为龙门山的现代高地势可能形成于距今 5~12Ma。Kirby 等(2003，2008)认为最初的河流快速侵蚀至高原东部在距今 8~15Ma 已经开始了。Simon 等(2003)认为 4Ma 以来的龙门山缩短及地表的变形与高原东部下地壳的流动有关。根据低温热年代学数据，目前认为龙门山彭灌杂岩有 3 个冷却事件，分别为 30~25Ma(Wang et al.，2012)、4~10Ma(刘树根，1993)、2.7~5Ma(谭锡斌等，2013)。李勇等(1995)曾根据成都盆地大邑砾岩中源于前寒武纪变质体砾石的首次出现，标定了龙门山彭灌杂岩体被剥露到地表和脱顶的时间为 3.6Ma。因此，我们认为龙门山下地壳流最终形成的时间应该为 3.6Ma，并铸就了现今的龙门山均衡重力异常高值区和构造地貌格局。

17.6　结论与认识

本文探讨龙门山正均衡重力异常与晚新生代以来龙门山下地壳流机制之间的动力关系，并获得以下结论：①编制了青藏高原东缘均衡重力异常图，将其划分为青藏高原弱负均衡重力异常区、龙门山为正均衡重力异常区和四川盆地负均衡重力异常区，揭示了龙门山均衡重力异常陡变带对应于地形陡变带、地壳厚度陡变带、岩石密度陡变带和震源带；②以 Airy 均衡模式为基础，采用似三度体重力异常计算方法对正均衡重力异常进行模拟和反演，结果表明，龙门山的前、后缘均为陡立的高角度断层并向西倾斜，缺乏"山根"，下地壳的顶面被抬升了约 11km，造成了龙门山的正均衡异常、构造负载和密度负载；③利用青藏高原东缘均衡重力异常所揭示的下地壳流的向上挤出和抬升作用，提出了下地壳流的抬升力是驱动了现今龙门山隆升的动力机制(图 17-9)，认为青藏高原东缘下地壳流在向东南方向流动过程中受到四川盆地强硬地壳的阻挡，使得下地壳物质在龙门山堆积并向上挤出和抬升，导致了高密度的下地壳物质加载到上地壳，造成了龙门山有限的密度负载和构造负载；④以 Watts 挠曲均衡模式为依据，以青藏高原东缘均衡重力异常所揭示的龙门山隆升量、负载量、缩短量与前缘成都盆地沉降量为基础，对龙门山构造负载与前陆盆地不对称挠曲沉降进行的弹性挠曲模拟结果表明，龙门山下地壳流驱动的龙

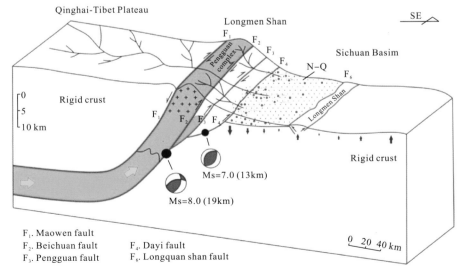

图 17-9　青藏高原东缘地表过程与下地壳流之间的动力学模型

门山有限的构造缩短、构造负载和密度负载导致了前陆盆地不对称挠曲沉降和前缘隆起的抬升；⑤下地壳流导致了与龙门山平行的地震带，该地震带的震源带从四川盆地向龙门山倾斜，震源层集中于 20km；⑥基于龙门山的均衡重力异常高值区与前寒武纪彭灌杂岩的对应性，根据前寒武纪彭灌杂岩的脱顶时间，认为龙门山下地壳流形成于 3.6Ma 和 4.0Ma，支撑着龙门山地壳过剩的构造负载，使其处于强烈的隆升状态，铸就了现今的龙门山构造地貌格局。

第18章　汶川地震驱动的构造负载量与前陆盆地挠曲沉降作用的模拟

龙门山前陆盆地位于龙门山冲断带前缘的四川盆地西部，是我国典型的前陆盆地之一。Li 等（2003）建立了龙门山造山楔的冲断负载、剥蚀卸载与前缘挠曲沉降之间的动力学，定量计算了晚三叠世前陆盆地沉降与龙门山逆冲构造负载之间的关系，并限制了四川盆地西部岩石圈有效弹性的厚度为 43～54km。表明龙门山前陆盆地是在龙门山冲断带前缘发育的挠曲盆地。根据这一基础性结论，我们认为汶川地震所驱动导致的构造负载也必然会导致前陆盆地（近端）的挠曲沉降和前缘隆起（远端）的挠曲隆升。基于此，本次对该地区地表变形实测数据（国家重大科学工程"中国地壳运动观测网络"项目组，2008；屈春燕等，2008；Marcello，2010；杨少敏等，2012）进行了统计和分析，初步结果表明，在汶川地震发震期间，龙门山前陆盆地确实发生了同震沉降，前缘隆起区发生了同震隆升。

本次研究的目标是，以造山带构造负载—前陆盆地的挠曲模型和前陆盆地系统理论为基础，在对汶川地震同震地表构造位移数据进行统计和计算的基础上建立龙门山前陆盆地系统的隆升和沉降曲线，并利用挠曲模型的计算公式对汶川地震产生的构造负载进行挠曲模拟。通过比对实际观测曲线与模拟曲线的相似性，验证了汶川地震驱动的构造负载与前陆盆地系统的同震沉降、隆升之间的动力学机制。

18.1　汶川地震的同震变形量

汶川地震属于逆冲—右旋走滑型地震（Xu et al.，2009；Densmore et al.，2010；Li et al.，2011），造成了龙门山地区及周缘地区的同震地表变形。本次统计了前人利用 GPS、In SAR、SAR、水准测量等各种方法对汶川地震所驱动的同震地表变形数据（国家重大科学工程"中国地壳运动观测网络"项目组，2008；屈春燕等，2008；Shen et al.，2009；Marcello，2010；杨少敏等，2012）。这些已发表的研究成果显示：GPS 获得的数据可以作为同震隆升与沉降的基准数据，虽然其密度有限，但是数据精度较高，覆盖范围较广；InSAR 数据的横向分辨率较高，精度较好，但是在断层附近的数据缺失；SAR 三维数据对断层附近的同震变形数据有了一定补充，但是精度较低，仅适用于半定量分析。另外，这三类数据反映的同震隆升、沉降的基本特征非常一致（杨少敏等，2012）。对于 GPS 数据充足的地区，本文优先使用 GPS 数据；对于 GPS 数据未覆盖或数据量太少的地区，我们结合邻区 GPS 测得的同震隆升、沉降数据，基于 In SAR、SAR、水准数据进行了插值标定（插值网格大小为 5km×5km），以保证同震位移不会因数据点疏密产生较大的误差。在此基础上，本次编制了汶川地震同震隆升、沉降等值线图，作为研究的基础。

18.1.1　汶川地震驱动的同震地表隆升量

在同震隆升、沉降等值线图（图 18-1）中显示，汶川地震所驱动的同震地表隆升区域主要包括龙门山中、北段和川中地区。

龙门山中、北段同震隆升区呈 NE 向条带状分布在都江堰至青川之间地区，宽 15～30km，长约 350km。其与汶川地震及其余震的分布区一致（图 18-1）。该隆升区主要位于北川断裂的上盘，最大隆升幅度区位于北川断裂的上盘并靠近断裂处,其中 GPS 测定的最大隆升幅度为 3.86m,自北川断裂向西隆升幅度逐渐减小,在距离北川断裂 20~30km 的位置时隆升幅度降为 0,向西过渡为负值区(即表现为同震沉降),表明在茂汶断裂以西地区以同震地表沉降为主(图 18-1)。另外,沿 SW-NE 方向,以北川为界可以将隆升区划分南、北两段,南段的隆升幅度较大(最大为 3.86m),宽度较大(约 25~30km);北段的隆升幅度较小(最大为 0.60m),宽度略窄(约 15~25km)(图 18-1)。

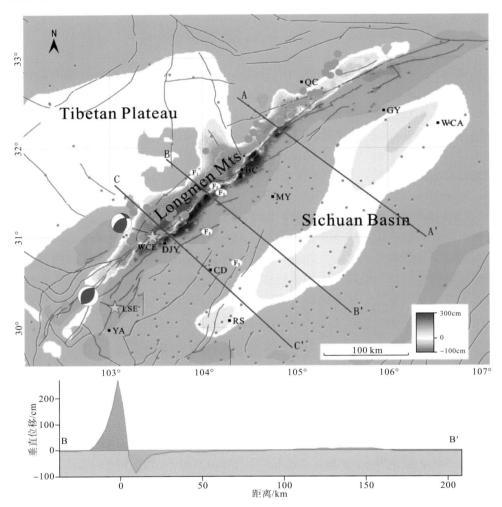

图 18-1 汶川地震驱动的龙门山的同震隆升量与前陆地区的同震沉降量分布图

川中同震隆升区呈 NE 向条带状分布于仁寿至巴中之间,走向与龙门山同震隆升区一致(SW-NE),宽约 30~60km,长约 350km(图 18-1)。在垂直于该隆升区走向的方向上,总体表现为中间隆升幅度高,向两侧逐渐减小的空间分布特征(图 18-1)。另外,沿 SW-NE 方向,在该隆升区存在 3 个高值区:南部高值区的范围较小,GPS 测得的最大同震隆升幅度为 10.09cm;中部高值区的范围较大,GPS 测得的最大同震隆升幅度为 13.41cm;北部高值区范围也较大,GPS 测得的最大同震隆升幅度为 11.10cm。

18.1.2 汶川地震驱动的同震地表沉降量

汶川地震驱动的同震沉降区可以分为 3 个部分,分别为青藏高原东部同震沉降区、川西坳陷同震沉降区和川东同震沉降区(图 18-1)。

青藏高原东部同震沉降区位于龙门山中、北的段同震隆升区以西地区(图 18-1)。该区域总体表现为沉降,沉降幅度较小(小于 10cm)(图 18-1)。

川西坳陷同震沉降区位于龙门山中、北段的同震隆升区和川中同震隆升区之间，呈 SW-NE 走向的条带状展布，长约 350km，宽约 50～100km。在 NW-SE 方向上沉降幅度具有明显的不对称性，即：在靠近龙门山一侧(近端)的沉降量较大，最大沉降量超过 60cm，由 NW 向 SE 沉降幅度逐渐减小，在川中同震隆升区西缘，沉降幅度减小为 0(图 18-1)。另外，在 SW-NE 方向上沉降区范围及沉降幅度也有明显的差异性，以北川—绵阳为界，南段沉降区较宽(约 100km)，沉降幅度较大；北段沉降区较窄(约50～60km)，沉降幅度较小(图 18-1)。

川东同震沉降区位于川中同震隆升区以东地区(图 18-1)，该区域距离发震断裂较远，沉降幅度极小，一般小于 5cm。

综上所述，汶川地震导致北川断层上盘的隆升和下盘的沉降。在龙门山前缘的 50～100km 区域内为主要的同震沉降区，西部的沉降幅度大，东部的沉降幅度小，具有不对称性沉降的特点。在龙门山前缘的 100～160km 区域内为同震小幅隆升区。在龙门山前缘的 160km 以外区域显示为同震小幅沉降区(图 18-1)。

18.2　弹性挠曲模拟的原理与方法

前陆盆地是在造山带的前陆冲断带前缘发育的挠曲盆地。前陆盆地系统包括造山楔(冲断带)、楔顶盆地、前渊盆地、前缘隆起和隆后盆地等构造单元(图 18-2，图 18-3)。前陆盆地的宽度和深度与造山冲断楔和沉积楔的大小和形态有关，同时也受控于岩石圈的挠曲刚度(或有效弹性厚度)，即在前陆盆地岩石圈具有一定挠曲刚度的情况下，前陆盆地的沉降过程主要受控于冲断带的构造负载量与盆地内沉积物产生的沉积负载量(图 18-2，图 18-3)。

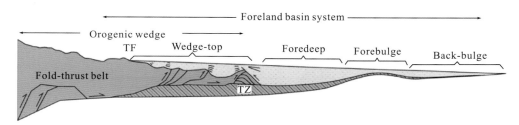

图 18-2　前陆盆地系统示意图(据 DeCelles et al.，1996)

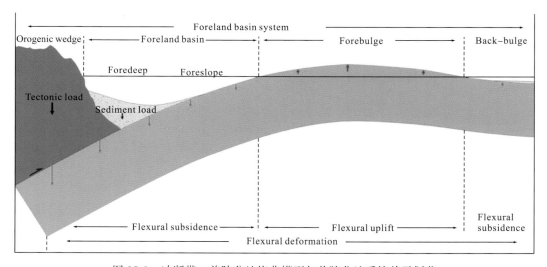

图 18-3　冲断带—前陆盆地挠曲模型与前陆盆地系统单元划分

　　国内外研究者曾对冲断带—前陆盆地挠曲模拟开展了大量的理论和应用研究(Fleming et al.，1989，1990；刘少峰，1995，2008；Cardozo et al.，2001；Turcotte et al.，2002，2014；Li et al.，2003；李勇等，2006；胡明卿等，2012)，提出了前陆盆地挠曲过程模拟的若干理论模型。Allen 等(2005)在总结前人研究(Cardozo et al.，2001；Turcotte et al.，2002)的基础上，将岩石圈的挠曲模型划分为三类(图18-4)：①连续的弹性板块在线性负载下的挠曲作用；②破裂的弹性板块末端在线性负载下的挠曲作用；③连续的弹性板块在分散负载下的挠曲作用。

　　根据上文对汶川地震同震隆升与沉降的分析，可以看出由龙门山前缘向南东的垂向位移变化趋势为沉降—隆升—沉降(图18-1)，与冲断带—前陆盆地挠曲模型中前陆地区的挠曲变形特征极为相似。在假设汶川地震同震隆升与沉降符合冲断带—前陆盆地挠曲模型理论的前提下，本文只考虑了构造负载，没有考虑沉积物负载对四川盆地西缘挠曲的影响，因为在汶川地震发生的这一较短的过程中，沉降区尚未堆积沉积物。另外，四川盆地岩石圈西侧与青藏高原地区的岩石圈不连续，且差异很大。四川盆地岩石圈显示为刚性的克拉通型，其地震波速相对较大，地表热流较低，强度较大；而青藏高原的岩石圈为造山带型，其地震波速相对较小，地表热流较大，强度较小。因此，本文对四川盆地西缘的同震沉降的计算，采用了线性负载下破裂弹性板块的挠曲模型(Turcotte et al.，2002，2014)(图18-4b)。

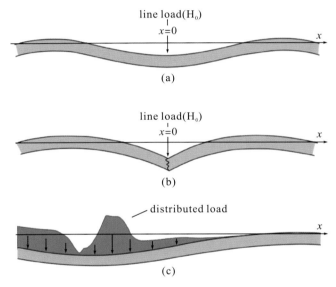

图 18-4　弹性板块的挠曲模型

(a). 连续的弹性板块在线性负载下的挠曲作用(据 Turcotte et al.，2002，2014)；(b). 破裂的弹性板块末端在线性负载下的挠曲作用(据 Turcotte et al.，2002，2014)；(c). 连续的弹性板块在分散负载下的挠曲作用(据 Cardozo et al.，2001)

　　Turcotte 等(2002，2014)给出了破裂弹性板块在末端受到线性负载的情况下，计算弹性挠曲幅度的公式：

$$\omega = \frac{V_0 \alpha^3}{4D} e^{-x/\alpha} \cos(x/\alpha) \tag{18-1}$$

式中，ω 为弹性挠曲；V_0 为负载量(单位长度上受力程度)；α 为挠曲参数；D 为挠曲刚度；x 为远离负载的距离。

　　挠曲参数(α)的计算公式(Turcotte et al.，2002)为：

$$\alpha = \left[\frac{4D}{\rho_m - \rho_w}\right]^{1/4} \tag{18-2}$$

式中，ρ_m 为地幔密度(3300 kg/m³)；ρ_w 为空气密度(1 kg/m³)。

　　挠曲刚度(D)的计算公式(Turcotte et al.，2002)为：

$$D = \frac{E T_e^2}{12(1 - v^2)} \tag{18-3}$$

式中，E 为杨氏模量(5GPa)；T_e 为岩石圈有效弹性厚度；v 为泊松比(0.25)。

本次计算负载量(V_0)的公式为：

$$V_0 = \rho g V_l \tag{18-4}$$

式中，ρ 为地表岩石密度(2.68 g/cm³；据刘蓓莉，1994)；g 为重力加速度(9.8 m/s²)；V_l 为单位长度上的负载体积。

基于以上原理和计算方法，本文利用龙门山地区的同震隆升幅度对构造负载体积进行估算式(18-4)，然后利用式(18-1)～式(18-4)对汶川地震导致的弹性挠曲(包括沉降和隆升)进行了线性模拟，在垂直于龙门山走向的方向上，标定了四川盆地西缘弹性挠曲沉降、隆升的幅度及分布特征，并与实测的四川盆地西缘同震沉降、隆升的幅度和分布特征进行了对比。

18.3　弹性挠曲模拟的结果

根据上文分析，构造负载体积为汶川地震驱动的山脉体积的增加量，即龙门山同震隆升区的隆升总体积。在绘制出同震隆升与沉降等值线图的基础上，本次利用 Surfer11.0 软件对龙门山同震隆升区的隆升总体积进行计算，其基本计算方法如下：在图面上布置若干水平和垂直交错并等距的网格，把每个单位网格作为微元，然后根据每个微元的面积及其所对应的垂直位移量计算该微元范围内隆升的体积，逐个计算，最后累加的结果即是汶川地震导致的山脉体积增加量。计算获得的龙门山同震隆升体积为 3.46±0.52 km³。这一数据与 Marcello 等(2010)获得的同震隆升量数据(2.6±1.2 km³)以及 Li 等(2014)获得的同震隆升量数据(3.5±0.9 km³)较为吻合。

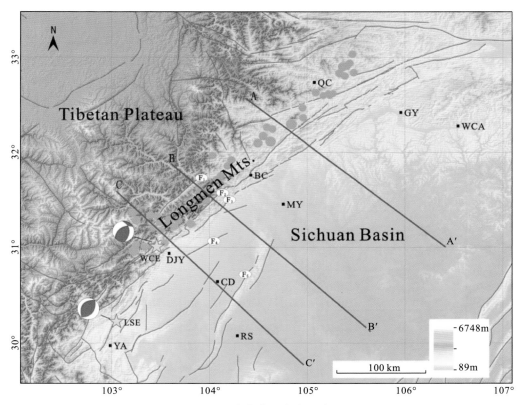

图 18-5　青藏高原东缘地貌图

本文选取了垂直于龙门山的 3 条线段(A-A′，B-B′，C-C′，位置见图 18-5)，并利用 Surfer11.0 软件获取同震隆升与沉降剖面图(图 18-6)。基于剖面图中显示的龙门山同震隆升幅度和隆升区宽度，估算出了剖面位置上单位长度（1km）的负载体积量，分别为 $0.014km^3$（A-A′剖面）、$0.017km^3$（B-B′剖面）和 $0.015km^3$（C-C′剖面）。

在此基础上，根据式(18-1)～式(18-4)可以分别计算出了不同有效弹性厚度（T_e）的理论弹性挠曲量。本次采用了的 9 个 T_e 值（10km、20km、30km、35km、40km、45km、50km、60km 和 100km），计算了以下 4 个参数：①前渊的最大的挠曲沉降幅度（ω_1）；②前陆盆地的宽度（x_0）；③前缘隆起最大隆升区的位置（x_b）；④前缘隆起的最大隆升幅度（ω_b）。相关结果及其与实测数据的对比见表 18-1。所计算的弹性挠曲模拟曲线及其与实测剖面图的对比见图 18-6。

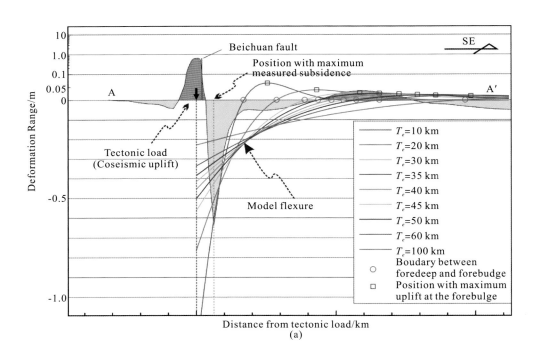

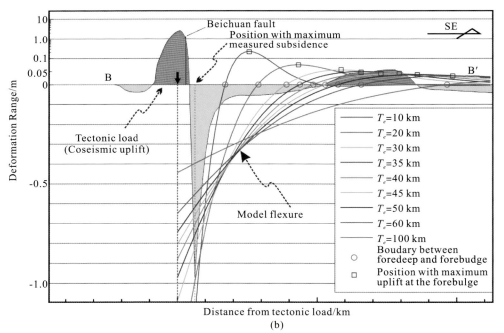

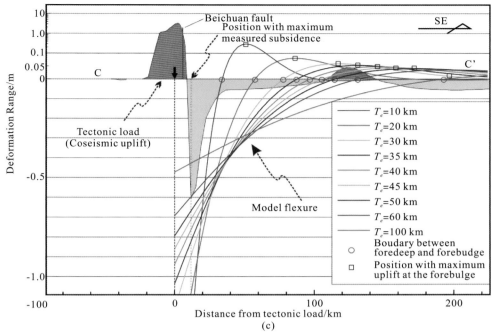

图 18-6 汶川地震构造负载的弹性挠曲模拟

剖面位置见图 18-5，基于破裂的弹性板块末端在线性负载下的弹性挠曲模拟

表 18-1 弹性挠曲模拟数据与实测数据对比表

剖面		有效弹性厚度(T_e)/km	前渊最大沉降幅度(ω_1)/m	前陆盆地宽度(x_0)/km	前缘隆起最大隆升位置(x_b)/km	前缘隆起最大隆升幅度(ω_b)/m
A-A′	实测值	—	−0.6459	90±7	126±5	0.05±0.02
	计算值	10	−0.6340	34.3	51.4	0.0864
		20	−0.5234	57.6	86.4	0.0514
		30	−0.4314	78.1	117.2	0.0379
		35	−0.3970	87.7	131.5	0.0338
		40	−0.3682	96.9	145.4	0.0305
		45	−0.3437	105.9	158.8	0.0280
		50	−0.3227	114.6	171.9	0.0258
		60	−0.2883	131.4	197.1	0.0225
		100	−0.2069	192.7	289.1	0.0154
B-B′	实测值	—	−0.891	101±9	136±7	0.05±0.02
	计算值	10	−1.1368	34.3	51.4	0.1670
		20	−0.9753	57.6	86.4	0.0993
		30	−0.8133	78.1	117.2	0.0733
		35	−0.7508	87.7	131.5	0.0653
		40	−0.6980	96.9	145.4	0.0590
		45	−0.6529	105.9	158.8	0.0540
		50	−0.6139	114.6	171.9	0.0499
		60	−0.5498	131.4	197.1	0.0436
		100	−0.3964	192.7	289.1	0.0297

剖面		有效弹性 厚度(T_e)/km	前渊最大沉降 幅度(ω_1)/m	前陆盆地 宽度(x_0)/km	前缘隆起最大 隆升位置(x_b)/km	前缘隆起最大 隆升幅度(ω_b)/m
C-C′	实测值	—	−0.5735	106±8	132±4	0.05±0.02
	计算值	10	−0.9506	34.3	51.4	0.1785
		20	−0.9284	57.6	86.4	0.1061
		30	−0.8038	78.1	117.2	0.0783
		35	−0.7498	87.7	131.5	0.0698
		40	−0.7025	96.9	145.4	0.0631
		45	−0.6610	105.9	158.8	0.0578
		50	−0.6245	114.6	171.9	0.0534
		60	−0.5635	131.4	197.1	0.0466
		100	−0.4123	192.7	289.1	0.0317

18.4　讨　　论

通过对 3 个剖面中挠曲模拟曲线与实测曲线(图 18-6)的对比分析,总体上两者具有较好的空间对应关系,即在靠近龙门山的位置沉降幅度最大,并且向东沉降幅度逐渐减小并过渡为小幅隆升,然后再次过渡为沉降;同震隆升与沉降数值与弹性挠曲模拟数值均在同一个数量级,并且在位置上具有极高的相似度,如在挠曲隆升位置(前缘隆起)的最大隆升幅度与实测的隆升幅度较为一致(图 18-6)。

根据挠曲模拟获得的前陆盆地宽度、前缘隆起位置以及挠曲变形幅度(包括沉降和隆升)与实测同震隆升与沉降区域及幅度的对比分析,获得如下初步结论:①剖面 A-A′,当 $T_e=30\sim40$km 时,挠曲模拟曲线显示的挠曲沉降区和挠曲隆升区与实测的同震隆升与沉降区域分布较为一致(图 18-6,表 18-1);②剖面 B-B′,当 $T_e=35\sim40$km 时,挠曲模拟曲线显示的挠曲沉降区和挠曲隆升区与实测的同震隆升与沉降区域分布较为一致(图 18-6,表 18-1);③剖面 C-C′,当 $T_e=35\sim40$km 时,挠曲模拟曲线显示的挠曲沉降区和挠曲隆升区与实测的同震隆升与沉降区域分布较为一致(图 18-6,表 18-1)。因此,当 $T_e=30\sim40$km 时,挠曲模拟曲线与实测的同震隆升与沉降具有良好的对应关系,据此可以判断扬子板块西缘岩石圈的有效弹性厚度(T_e)约为 30~40km。

虽然实测的同震隆升与沉降曲线和弹性挠曲模拟曲线具有极高的相似度,但仍有差别。唯一的明显差异性就是在距离负载 0~30km 的范围内,实测的同震沉降曲线与 T_e 为 10km 时的模拟曲线拟合较好,据此我们推测四川盆地西缘岩石圈有效弹性厚度小于四川盆地中部。Chen 等(2013)根据布格重力异常的分析也获得了相似的认识(四川盆地岩石圈有效弹性厚度由东向西逐渐减薄)。

综合上述分析,汶川地震导致龙门山体积瞬间增大,引起上地壳构造负载的增加,驱动了前陆地区近端的沉降(川西坳陷同震沉降区)和远端的隆升(川中同震隆升区),表明在汶川地震中龙门山的隆升和扬子板块西缘的沉降,符合造山带构造负载—前陆挠曲沉降的弹性挠曲模型。扬子板块西缘的同震沉降、隆升受控于汶川地震驱动的构造负载。因此,我们认为汶川地震一方面驱动的龙门山构造带的基岩隆升(图 18-7),是一次隆升过程;另一方面隆升过程中产生的构造负载,导致扬子板块西缘发生弹性挠曲沉降、隆升(图 18-7),是一次沉降过程。

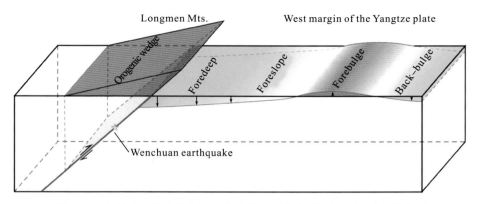

图 18-7　汶川地震驱动的龙门山前陆盆地系统隆升与沉降的动力学模型

18.5　结论与认识

本次将冲断带—前陆盆地弹性挠曲模型理论应用在逆冲型地震（汶川地震）驱动的地表形变分析中，通过对汶川地震构造负载量、弹性挠曲值的计算，分析汶川地震引起的构造负载和扬子板块西缘同震沉降之间的关系。初步获得以下几点认识：

（1）在龙门山前缘 50～100km 的区域内为主要的同震沉降区，具有不对称性沉降的特征；龙门山前缘 100～160km 的区域内为同震小幅隆升区；在龙门山前缘 160km 以外的区域显示为同震小幅沉降区。

（2）通过对比弹性挠曲模拟数值和实测的同震隆升与沉降数值，两者具有很好的相关性，表明扬子板块西缘的同震隆升与沉降是汶川地震构造负载的结果，并且扬子板块西缘岩石圈具有弹性板块的特征。

（3）通过对不同挠曲参数下弹性挠曲模拟曲线与实测的同震隆升、沉降曲线的对比，初步确认扬子板块西缘岩石圈的有效弹性厚度为 30～40km。

（4）通过对汶川地震同震隆升、同震沉降形成机理的分析，我们认为汶川地震同震隆升与沉降是前陆盆地系统隆升与沉降过程的一个缩影，表明造山楔的逆冲型地震不仅可以造成山脉的隆升而且可以驱动前陆盆地的沉降与隆升。

第 19 章　九寨沟地震

2017 年 8 月 8 日 21 点 19 分，在我国四川省九寨沟发生了 Ms7.0 级地震(图 19-1，图 19-2)。震中位于东经 103.82 度，北纬 33.20 度，震源深度为 20km。此次地震是继 2008 年汶川 Ms8.0 地震、2013 年芦山 Ms7.0 地震后又一个发生在青藏高原东缘的强烈地震。震中位于巴颜喀拉块体的东北部顶角区，系由北东向的龙门山断裂带、北西西向的塔藏断裂和南北向岷江断裂所围限的三角形交汇区。由于震中区的前期地震地质研究工作较薄弱，活动断裂的地貌特征不清晰，在现有的活动构造图和地质图中均未标定有相应的活动断裂，加之该地震的震中又位于塔藏断裂、岷江断裂、虎牙断裂的交汇区，导致了目前对该地震的发震断裂有不同的认识，分别是塔藏断裂或者是虎牙断裂北段。基于九寨沟地震的野外考察资料、中国地震局及其研究所发布的地震学资料和虎牙断裂的历史地震资料，本次开展了该次地震的发震构造与动力机制研究，认为 2017 年九寨沟 Ms7.0 地震的发震断裂为虎牙断裂的北段。

19.1　九寨沟 Ms7.0 级地震的构造背景

青藏高原东缘自西向东划分为巴颜喀拉块体(川青块体)、龙门山活动造山带和成都活动盆地 3 个构造单元(Li et al.，2006；2017a，b)，九寨沟 Ms7.0 地震位于巴颜喀拉块体与龙门山活动造山带的交汇区，并坐落于巴颜喀拉块体东缘的岷江构造带前缘(东侧)(图 19-1)。现今的青藏高原东缘的边缘山脉主要由北部的南北向的岷山构造带和南部的北东向的龙门山构造带组成(Li et al.，2006；2017a，b)，主要发育有北东、北西和南北向三组不同方向的活动断裂，其中北西走向的活动断裂(如：塔藏断裂)主要表现为左旋走滑作用；南北走向的活动断裂(如：岷江断裂、虎牙断裂等)主要表现为逆冲兼左旋走滑作用；而北东走向的活动断裂(如：龙门山断裂带)主要表现为逆冲兼右旋走滑作用。这些断裂规模大、活动性强，地震频发，均具有明显的晚更新世—全新世以来活动的地质地貌证据，在历史上均发生过 6 级以上强震或存在史前古地震的地质纪录。九寨沟 Ms7.0 地震的震中位于岷江断裂、塔藏断裂和虎牙断裂的交汇区(图 19-1，图 19-2)。岷江断裂带位于该震中的西侧，其总体走向为南北向，断面倾向西，显示为逆冲兼左旋走滑作用，表明岷江断裂不是该次地震的发震断裂，但其对该次地震的余震、地表变形和地震滑坡分布的西界具有一定的限制作用。塔藏断裂位于该震中的北侧，其总体走向为北西西向，断面倾向北东，倾角为 50°～60°，显示为逆冲兼左旋走滑作用，表明塔藏断裂不是该次地震的发震断裂，但其对该次地震的余震、地表变形和地震滑坡分布的北界具有一定的限制作用。因此，我们认为该次地震的发震断裂只能是虎牙断裂。

19.2　九寨沟 Ms7.0 级地震的地震学参数

九寨沟地震发生后，中国地震台网、美国地调局(USGS)和美国哈佛大学(HRV)等机构分别发布了该次地震的地震学参数(图 19-1，图 19-2)，经对比和综合分析，我们认为该次地震的主要地震学参数具有以下特征：①该次地震的发震断裂为虎牙断裂，属于高倾角左旋走滑型地震。地震破裂面的走向为北西，倾向南西，倾角较陡(达 70°～80°)，以左旋走滑作用为主，最大的滑动距离为 85cm。主破裂的持续时间约 15s，主破裂长度约 30km，矩心深度 15~20km。②该次地震的余震在平面上呈线性条带状展布，走向为北西，长度约为 30km。余震在垂向上分布近直立，深度 5~20km。③该地震的最大烈度为Ⅸ度（9 度），等震线长轴的走向为北西向。地表的地震滑坡沿北西带状展布，其空间展布和密度受地震断裂和地震动强度的控制，显示了明显的断裂效应和距离效应，密集分布于震中和断层带两侧的 10km 范围内（如：九道拐、白河、五花海等）。

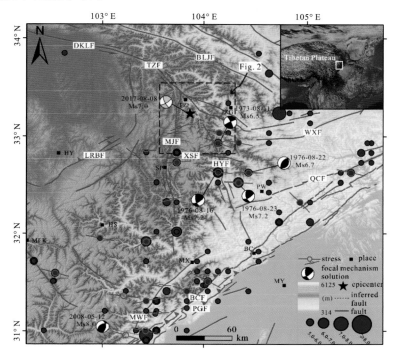

图 19-1 青藏高原东缘构造格架与 2017 年九寨沟 Ms7.0 地震位置图

（应力数据、震源机制解和断裂数据均来自中国地震局和四川省地震局；DKLF：东昆仑断裂；TZF：塔藏断裂；BLJF：白龙江断裂；WXF：文县断裂；LRBF：龙日坝断裂；MJF：岷江断裂；HYF：虎牙断裂；XSF：雪山断裂；QCF：青川断裂；MWF：茂汶断裂；BCF：北川断裂；PGF：彭灌断裂；TZ：塔藏；JZG：九寨沟；HY：红原；SP：松潘；PW：平武；HS：黑水；MEK：马尔康；MX：茂县；BC：北川；MY：绵阳；虚线框为图 19-2 的位置）

19.3 九寨沟 Ms7.0 级地震的地表变形

九寨沟地震的地表构造变形微弱，属于较深部的盲断裂破裂。该区的基岩由晚古生代和中生代的浅变质岩组成，包括东西向的雪宝顶倒转复背斜、黄龙复背斜等，具有变质、变形、变位的特征，构造变形强烈，构造样式复杂，地层多近于直立，岩石破碎。本团队在野外调查中发现了较多的地表裂缝（如公路上的裂缝、滑坡后缘及侧缘的裂缝等），但至今未发现由该次地震断裂作用所形成的地表破裂。此外，我们对震中及其北西方向的延线和南东方向的延线上的基岩断裂进行了观察，结果表明，在北西向延伸的槽谷处确实存在基岩断裂，这些断裂的走向为北西向，倾向南西，倾角较陡。这些基岩断裂的走向与该次地震的余震分布方向近于一致，也与虎牙断裂北段的北西延伸线的走向一致（如：在五花海东侧，该断裂走向为 N40°W，倾向南西，倾角较陡，达 70°~85°，破碎带的宽度约为 20m，显示为逆冲兼走滑型断裂）。虽然这些断裂可能是虎牙断裂的次级断裂，但均没有发现新活动的迹象，也没有错断上覆的地表沉积物的迹象。因此，我们认为九寨沟地震的地表构造变形微弱或九寨沟地震并没有导致地表破裂，其原因在于：①该地震的震级较低，不足以形成明显的地表破裂。多数研究者认为在中国大陆地区当地震的震级大于 6.5 级时才会导致地表破裂（邓起东等，1992）。虽然中国地震台网发布的九寨沟地震的震级为 Ms7.0 级，但是美国地调局（USGS）和美国哈佛大学（HRV）等机构发布的该地震的震级分别为 M6.5（USGS）、Mw6.5（HRV）等，因此，九寨沟地震的震级可能不足以形成明显的地表破裂。②该地震属于盲走滑型地震。据 InSAR（单建新等，2017）数据揭示的地表变形结果，该次地震的地表最大隆升量为 0.07m，最大沉降量为 0.22m，断裂长度为 40km，最大滑动量 0.86m，地表破裂集中于地下 5~15km 范围内，在 0~5km 内出现了走滑型地震常有的滑动亏损，表明此次地震属于较深部的盲断裂破裂。

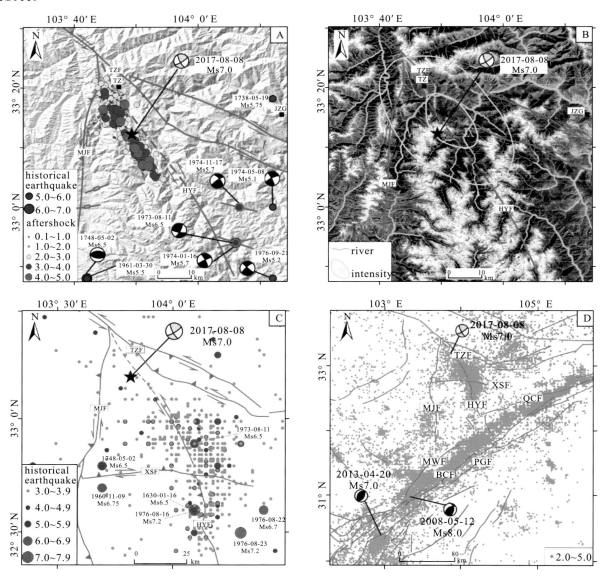

图 19-2　虎牙断裂的历史地震与 2017 年九寨沟 Ms7.0 地震的地震参数

（历史地震数据（其中小于 M5 地震的统计时间为 1965 年 1 月 1 日至 2017 年 8 月 7 日，大于 M5 地震的统计时间为 1630 至 2017 年）均来自中国地震局信息网（http://www.csi.ac.cn/）；九寨沟地震的余震、烈度和震源机制解来自中国地震局和四川省地震局；图 19-2 中断裂和地名等要素的说明见图 19-1）

19.4　虎牙断裂的活动性与历史地震

虎牙断裂是岷山断块的东部边界断裂，呈北北西—南北向延伸，断面西倾，显示为逆冲兼左旋走滑，全长约 80km。据历史记载，曾经发生了 1630 年 6.5 级地震、1973 年松潘黄龙 6.5 级地震、1976 年松潘—平武 7.2 级、6.7 级和 7.2 级强震等，显示了该断裂属于强震多发的活动断裂，以东西向的雪山断裂为界可将其划分为南段和北段(图 19-1,图 19-2)。

1.虎牙断裂南段的活动性与历史地震

虎牙断裂的南段位于雪山断裂以南(图 19-1,图 19-2)。其南端始于平武县银厂,向北经虎牙关、火烧桥、小河至北端的龙滴水,长约 60km,走向近南北向,显示为逆冲兼左旋走滑作用(Jones et al.,1984;成尔林,1981;唐荣昌和陆联康,1981;朱航和闻学译,2009),水平滑动速率为 1.4mm/a,垂向滑动速率为 0.5mm/a。在该断裂的南段曾发生 1630 年 6.5 级地震、1976 年松潘—平武 7.2 级、6.7级和 7.2 级强震等,这些地震具有以下特点:其一,这些地震的等烈度线形态呈现为北北西展布的长椭圆形,其长轴方向与虎牙断裂的走向一致。其二,这些地震的发震断裂为虎牙断裂,均显示为逆冲兼左旋走滑作用,断裂面的走向为北西向,倾向为南西,最大的主压应力方向为近东西向。其三,该次地震由 7.2、6.7、7.2 级三次地震组成的强震群,震源深度介于 10~22km,在空间上由北而南沿北北西—近南北向的虎牙断裂带分布,形成 1976 年松潘-平武强震序列,这种沿虎牙断裂带由北而南的破裂迁移可能与应力传递触发有关。其四,1630 年平武以西小河的 6.5 级地震的震中与 1976 年 8 月 16 日 7.2级地震的震中完全重叠,这说明两次地震的震中均受虎牙断裂的控制。

2.虎牙断裂北段的活动性与历史地震

虎牙断裂的北段位于雪山断裂以北(图 19-1,图 19-2)。该断裂于龙滴水以北错切雪山断裂后,向北西沿三道片复式褶皱的轴部断续出露。尽管该断裂的构造地貌特征和地表断裂并不十分明显,但是从一系列的中、强地震沿该断裂带呈北西向条带状分布的特点来判断,该断裂的北段属于一条新生的、全新世活动的隐伏断裂。在该断裂的北段曾发生一系列的地震,其中最大的地震为 1973 年松潘黄龙地震(程式等,1988;Jones et al.,1984;朱航和闻学译,2009;唐荣昌和陆联康,1981)等,这些地震具有以下特点:其一,虎牙断裂的北段属于地震多发段(图 19-1,图 19-2),不仅是 2.0~5.0 级地震密集段,而且至少发生过 14 次 5.0~6.9 级地震。其二,1973 年松潘黄龙 6.5 级地震是在虎牙断裂北段上发生的最大震级的地震,震中位于松潘黄龙乡北 15km 的三道片地区,震源深度为 8~20km;震中烈度为 Ⅶ度,地震烈度等震线为北西西向的长椭圆形。其三,该次地震为左旋走滑型,断裂面走向为北西 330°,倾向南西,断面较陡,倾角为 81°。主压应力方位为近东西向。其四,在震中区(三道片地区)出现了一条长度为数百米的张性地震裂缝带,走向为北西 330°,呈右阶排列,反映出该发震断裂具有左旋走滑的特点,其走向与虎牙断裂走向一致。其五,该次地震显示为前震-主震-余震型。在主震前 3 个月(1973年 5 月 8 日)曾在在震中附近(三道片附近)发生过一次 5.1 级地震,主震后的余震次数达 625 次,其中包括 2 次 5 级左右的地震(最大余震为 1974 年 1 月 16 日的 5.8 级),形成一个北西向的地震条带,均分布在虎牙断裂北段的延线上。其六,在 1974 年之后,沿断裂历史上曾多次发生中小地震(如:1980 年在九寨沟树正瀑布附近曾发生 3.1 级地震)。此外,该区在 2008 年汶川地震后又成为新的小震密集带(图 19-2D)。

19.5　讨论

1.2017 年九寨沟 Ms7.0 级与 1973 年松潘黄龙 M6.5 级地震的相似性

我们认为 2017 年九寨沟 Ms7.0 级与 1973 年松潘黄龙 M6.5 级地震具有一定的相似性(图 19-1,图 19-2),发震断裂均为虎牙断裂的北段,并以左旋走滑作用为主。主要表现在:其一,两次地震的震中均位于虎牙断裂北段及其北西延伸线上,具有一致性。其中 1973 年地震的震中位于虎牙断裂北段的南部,2017年地震位于虎牙断裂北段的北部。其二,两次地震的发震断裂均为虎牙断裂北段,均显示为左旋走滑型地震。断裂面的走向为北西,断面较陡,倾向南西。等烈度线均为北西向展布的长椭圆形。其三,两次地震的余震均呈北西向的带状分布于虎牙断裂北段及其北延线上，余震均显示为左旋走滑型破裂。

2. 2017 年九寨沟地震与 1973～1976 年松潘－平武地震群的关联性

本次地震是继 1973～1976 年松潘强震序列后又一个发生在虎牙断裂的强烈地震(图 19-1，图 19-2)，那么本次地震的发生与 1973～1976 年松潘强震序列有何联系？目前针对在同一条断裂不同段之间的相互力学作用与后续强震发生之间关系的核心理论为地震空区理论(The seismic gap，McCann W R et al.，1979)。本次将利用该理论来探讨本次地震的发生与 1973～1976 年松潘－平武强震群之间的关联性。就单条活动断裂而言，可以根据地震空区理论确定地震危险区域或段。其原理是可以根据一条断裂中相比其他部分缺乏近期地震的地段来确定地震危险区域，即地震空区就是潜在的地震高风险区，是未来几十年易于发生强震的区域。因此，可以利用这一技术定量化描述强震可能发生的区域，包括未来地震发生的地点、震级和时间(几十年尺度)。该次地震与 1973～1976 年松潘－平武地震群均发生于虎牙断裂上，因此，针对虎牙断裂这一单条断裂而言，在 1973 年松潘强震(北段的南部)、1976 年松潘强震群(南段)发生后，该断裂北段的北部则显示为地震空区，而 2017 年的该次地震将虎牙断裂 1973 年和 1976 年 4 次大于 Mw6.0 地震空区完全充填和破裂。因此，根据地震空区理论，2017 年九寨沟 Ms7.0 级地震是虎牙断裂自 1976 年以来可能出现的强震。

3. 2017 年九寨沟 Ms7.0 级地震与 2008 年汶川 Ms8.0 级地震的关联性

2017 年九寨沟 Ms7.0 级地震是继 2008 年汶川 Ms8.0 级地震、2013 年芦山 Ms7.0 级地震后又一个发生在青藏高原东缘(巴颜喀拉块体的东部边缘)的强烈地震(图 19-1，图 19-2)，那么本次地震的发生与 2008 年汶川地震有何关联性呢？目前针对在相邻断裂(段)之间的相互力学作用与后续强震发生之间关系的核心理论为库仑应力传递理论(Coulomb stress transfer，Stein R S，1999)。本次将利用库仑应力传递理论来探讨本次地震的发生与 2008 年汶川地震之间的关联性。根据应力传递理论，地震(尤其是大地震)之间存在着相互作用，一次地震的发生不仅释放了地震破裂区聚集的应力，而且还会将部分应力传输、转移至其他地区，导致应力的再分布，并进而影响或触发相邻断裂后续地震的发生。库仑应力的增强区相当于断裂额外负荷的加载，有利于促进后续地震的发生。因此，一次地震虽然降低了发震断裂的应力强度，但同时增加了相邻断裂(段)的应力强度，后续地震则可能发生在由前一次地震应力加载的相邻断裂(段)上，因此相邻断裂(段)之间的相互力学作用与后续强震发生之间存在着一定的关联性。就青藏高原东缘而言，2008 年汶川 Ms8.0 级地震发生后，在青藏高原东缘龙门山断裂中北段以外的地区出现了两个应力增强区(Parsons T et al.，2008；Toda S et al.，2008；万永革等，2008)，表现在东昆仑断裂带东部和鲜水河断裂带东南部的库仑破裂应力明显增加，本书将之分别称为巴颜喀拉块体东北部顶角区的应力增强区(北部)和巴颜喀拉块体东南部顶角区的应力增强区(南部)(图 19-2D)。其特点如下：其一，南部的应力增强区位于巴颜喀拉块体东南顶角区，包括鲜水河断裂带的东南部和龙门山断裂带的西南部，处于北东向的龙门山断裂带(南段)与北西向的鲜水河断裂(东段)的交汇区，对应于中、小地震(M=2.0～5.0 级)活动密集区(图 19-2D)。在龙门山断裂南段发生的 2013 年芦山 Ms7.0 级地震降低了该区域的应力水平，减弱了断裂负荷，减小了该区地震发生的概率。其二，北部的应力增强区位于巴颜喀拉块体东北顶角区的岷江块体，分布于北东向的龙门山断裂带(北段)、南北向的岷江断裂与北西向的塔藏断裂之间的交汇区，显示为近南北向—北西向的应力增强区和中、小地震(M=2.0～5.0 级)活动密集区(图 19-2D)。自 2008 年汶川 Ms8.0 级地震和 2013 年芦山 Ms7.0 级地震发生后，该区域的虎牙断裂是最可能发生强烈地震的危险区域。因此，我们认为 2017 年九寨沟 Ms7.0 级地震发生在汶川地震的近场库仑应力增加区，该次地震可能是 2008 年 Ms8.0 级汶川地震后应力传递与触发的结果。该次地震的发生降低巴颜喀拉块体东北角断裂的应力水平，减小了该区未来几十年地震发生的概率。

4. 2017 年九寨沟地震等强震的震中位置与活动断裂交汇区的关联性

2017 年九寨沟地震发生在北东向龙门山断裂带、南北向岷江断裂带和北西西向东昆仑断裂带所围限的巴颜喀喇地块的东北部顶角区(图 19-1,图 19-2),具体震中位于塔藏断裂、岷江断裂和虎牙断裂之间的交汇区,表明该次地震的发生与活动断裂的交汇区存在关联性。马瑾等(1983)曾提出了断层的交汇区(Intersection area of faults)的术语,并指出地震是发生在两组断层的交汇区,在此基础上,本次提出了活动断裂的交汇区(Intersection area of active faults)的概念,认为强震的震中主要分布于两条或几条活动断裂的交汇区。基于此,我们对青藏高原东缘近一百年来强震的震中位置与活动断裂的交汇区进行了对比分析,结果表明在青藏高原东缘强震的震中主要分布于两条或几条活动断裂的交汇区。如 1933 年叠溪地震的震中位于松坪沟断裂(北西向)与岷江断裂南段(南北向)的交汇区、1976 年松潘-平武地震群的震中位于虎牙断裂(南北向)、雪山断裂(东西向)和龙门山断裂北段(北东向)之间的交汇区;1976 年北川地震的震中位于龙门山断裂北段(北东向)与虎牙断裂南延线(南北向)之间的交汇区;2008 年汶川地震的震中位于龙门山断裂(北东向)和理县-三江隐伏断裂(北西向,据 2008 年汶川地震的余震走向推断)的交汇处;2013 年芦山地震的震中位于龙门山断裂南段(北东向)与荥经-马边断裂(北西向)的交汇区、2017 年九寨沟地震的震中位于塔藏断裂(北西向)、岷江断裂(南北向)和虎牙断裂(南北向)之间的交汇区。这些活动断裂交汇区具有以下特点:其一,均显示为不同方向活动断裂的交汇区、构造复合区和应力集中区。就青藏高原东缘而言,主要表现为北东向活动断裂(如:龙门山断裂等)、北西向活动断裂(如:塔藏断裂等)、南北向活动断裂(如:岷江断裂、虎牙断裂等)、东西向活动断裂(如:雪山断裂等)等不同走向的活动断裂之间的交会,构成似交非交的不连续状态,构成 X 型共轭断裂组合或似 X 型断裂组合。其二,活动断裂的交汇区显示为障碍体和阻抗点。交汇区属于特殊的构造部位,岩性复杂、破碎,构成了活动断裂错动的障碍体和阻抗点。在现代近东西向构造应力场作用下,活动断裂在克服了足够的阻力发生错动时,首先在交汇处破裂,并导致地震,使震前积累的能量沿整个断裂带释放。因此,我们认为在青藏高原东缘活动断裂的交汇区是强震发生的区域,其对强震的孕震机理具有控制作用。

5.2017 年九寨沟地震形成的动力机制

2008 年汶川 Ms8.0 地震、2013 年芦山 Ms7.0 地震和 2017 年九寨沟 Ms7.0 地震相继在青藏高原东缘发生后,国际地学界对龙门山及其邻区的地震地质研究给予了前所未有的重视,渴望着能够更多地理解青藏高原东缘形成的动力机制及其孕育强烈地震的机理。众所周知,始于 50~60Ma 的印-亚板块碰撞作用不仅导致了新特提斯洋的闭合,同时也导致了青藏高原快速隆升。一方面由于东喜马拉雅构造结在向北的推进过程中,产生了强大的向东的推挤力,形成了由西向东的地壳缩短作用(Crustal shortening)。另一方面由于青藏高原的迅速崛起,在重力势的作用下下地壳物质向东蠕散,产生了下地壳流(Lower crustal flow)及其相应的水平推挤力。在这两者的共同作用下,于晚新生代形成了新的大地构造单元(如:印支块体、川滇块体、巴颜喀拉块体)和边界断裂(如红河断裂、鲜水河断裂),并驱动巴颜喀拉块体和川滇块体向南东方向的侧向滑移和挤出。就巴颜喀拉块体东缘而言,在其向南东方向的挤出过程中,青藏高原内部的下地壳流在向东南方向流动过程中受到四川盆地强硬地壳的阻挡,使得下地壳流在其前缘的龙门山堆积并向上挤出和抬升,驱动了龙门山的隆升(Royden et al.,1997;Clark and Royden,2000;Schlunnegger et al.,2000;Simon et al.,2003;Enkelmann et al.,2006;Burchfiel et al.,2008;Li et al. 2017a)或者局部缩短(Crustal shortening,Densmore et al.,2007;Li et al. 2017b;Hubbard et al.,2009)。同时导致了巴颜喀拉块体的南东顶角区和北东顶角区分别向南东和北东方向挤出(Enkelmann et al.,2006),形成弧形构造体系。在巴颜喀拉块体东北顶角区向北东方向的挤出过程中,受到秦岭的阻挡,导致岷山构造带的岷江断裂(后缘断裂)和虎牙断裂(前缘断裂)表现为逆冲兼左旋走滑作用。因此,我们认为巴颜喀拉块体东北顶角区的下地壳流向北东方向的挤出是驱动 2017 年九寨沟地震发生的动力机制。

19.6　小结

　　2017 年九寨沟 Ms7.0 级地震是继 2008 年汶川 Ms8.0 级地震、2013 年芦山 Ms7.0 级地震后在青藏高原东缘又发生的强震。初步研究结果表明：①该次地震的震中位于塔藏断裂、岷江断裂和虎牙断裂之间的交汇区，显示了活动断裂的交汇区对该次强震的发生具有控制作用；②该次地震的发震断裂为虎牙断裂，断裂走向为北西西向，倾向南西，倾角较陡，属于高倾角左旋走滑型地震；③该次地震位于虎牙断裂北段的北部地震空区，表明该次强震充填了 1973 年和 1976 年 4 次大于 Mw6.0 级地震空区；④该次地震位于 2008 年汶川 Ms8.0 级地震的库仑应力增加区，表明该次地震是汶川地震的应力传递和触发的结果；⑤该次地震位于巴颜喀拉块体的东北部顶角区，青藏高原东缘下地壳流向北东方向的挤出是驱动该次地震的动力机制。

第 20 章　2017 年茂县震后滑坡的形成机制

2017 年 6 月 24 日 5 时 38 分 55 秒，四川茂县叠溪镇新磨村发生山体滑坡，滑坡中心点位于东经 103.650°，北纬 32.091°，持续时间为 100 s。茂县滑坡为 2008 年"5·12"汶川地震后发生的最大规模的滑坡，具有高位、岩质、巨型、高速等特征，破坏性极大，造成松坪沟的河道堵塞，约有几十人被掩埋（图 20-1）。

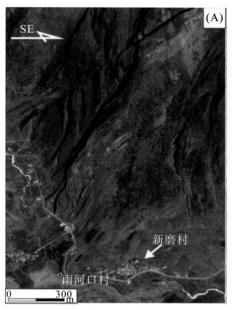

(A)2003 年 Google Earth 影像；(B)滑坡发生后的遥感解译图

图 20-1　茂县滑坡滑动前后的影像对比

茂县滑坡是一个非常独特的强震后巨型滑坡，不仅表现出一系列特殊的动力破裂和失稳现象，如高位、岩质、巨型、基岩的后缘拉裂等；而且显现出高速溃滑、快速堆积的特征。为什么如此巨大的滑坡能在瞬间产生并高速滑出呢？是什么样的过程导致滑动面的形成并在瞬间摩阻力骤然丧失呢？这其中必然包含着其独特的滑动机制和特殊的动力过程。因此，深入研究该滑坡的地质环境条件及形成过程，可为强震后斜坡失稳机理研究提供一个难得的范例。本团队在第一时间赶赴现场，对茂县滑坡的几何形态参数、沉积物特征进行勘测，并充分收集了相关的其他资料（包括无人机 DSM 影像、遥感影像解译、现场照片、区域地质图、地形图、活动构造数据、历史地震数据、降雨数据、水文数据等）。在此基础上，本书主要采用现场勘测资料和 Google Earth 影像的比对手段，对茂县滑坡的几何形态、滑坡分区和沉积物等基本特征和参数进行详细的描述和计算，并从降雨、历史地震、活动断裂等 3 个方面探讨了茂县滑坡的滑动机制、运动过程和动力机制。尽管本书的工作是初步的，但所表述的内容不仅可以作为震后滑坡一份有价值的历史档案，而且能为汶川地震灾区的震后滑坡的预防和排查提供参考意见。

20.1　茂县震后滑坡的区域地质地貌背景

在区域地貌上，青藏高原东缘自西向东可分为 3 个一级地貌单元，分别为青藏高原地貌区、龙门山高山地貌区和四川盆地地貌区(图 20-2)，构成原－山－盆系统。茂县滑坡区位于青藏高原地貌区和龙门山高山地貌区的交界区(图 20-2)，处于深切割的高山峡谷地貌，地形陡峻。该滑坡具体位于岷山南部的富贵山西坡，夹于松坪沟河谷和岷江河谷之间，两条河流的下切作用使得该区形成了深切的"V"形峡谷，呈现为两岸陡峭的地形地貌特征。

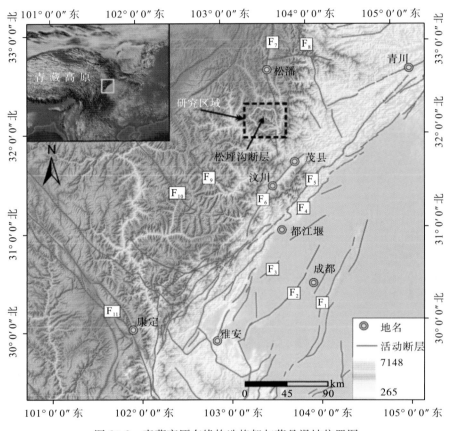

图 20-2　青藏高原东缘构造格架与茂县滑坡位置图

F₁. 龙泉山断裂；F₂. 浦江—新津断裂；F₃. 大邑断裂；F₄. 彭灌断裂；F₅. 映秀—北川断裂；F₆. 茂汶断裂；F₇. 岷江断裂；F₈. 虎牙断裂；F₉. 米亚罗断裂；F₁₀. 抚边河断裂；F₁₁. 鲜水河断裂

在区域地质构造上，青藏高原东缘自西向东由松潘—甘孜褶皱带、龙门山造山带和四川盆地 3 个构造单元组成。茂县滑坡位于松潘—甘孜褶皱带和龙门山造山带的交接区域(图 20-2)，并坐落于松潘—甘孜褶皱带的东部边缘，滑坡区的基岩由古生代和中生代浅变质岩组成，具有变质、变形、变位的特征，发育了复杂的印支期和燕山期的褶皱变形和断裂构造，其最典型的为弧形构造，包括较场弧、小金弧等。而茂县滑坡就位于较场弧的弧顶部位，构造变形强烈，构造样式复杂，岩石破碎。

在活动构造上，青藏高原东缘自西向东划分为川青块体、龙门山活动造山带和成都盆地 3 个单元(图 20-2)。茂县滑坡位于川青块体与龙门山活动构造带的交接区，并坐落川青块体东缘。新构造时期以来，川青块体以强烈垂向抬升为特征，并伴随着沿块体边界断裂的走滑作用(邓启东等，2002)。在该区域内主要发育 3 组活动断裂带，分别为北东向的龙门山活动断裂带、北西向的松坪沟活动断裂带和南北向的岷江活动断裂带(图 20-2)。其中，龙门山活动断裂带由茂汶断裂、北川断裂和彭灌断裂组成，具有明显的地震风险性，其中北川断裂为 2008 年 Ms 8.0 汶川地震的发震断裂。北西向的活动断裂主要包括松坪沟断裂、米亚罗断裂和抚边河断裂等。南北向的活动断裂主要以岷江断裂和虎牙断裂为代表。

　　值得注意的是，茂县滑坡所在的富贵山位于岷江断裂和松坪沟断裂交汇和夹持的区域（图 20-3B），明显受到这 2 条活动断裂带的控制和影响。

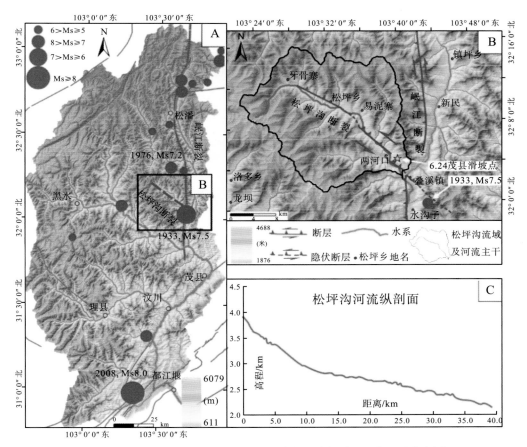

图 20-3　茂县滑坡区及邻区的地形地貌与活动断裂、历史地震分布图

（地貌图及河流纵剖面均在 30m DEM 上提取；历史地震资料据四川省地震局）

20.2　茂县滑坡的几何形态与参数

　　茂县滑坡的崩塌区位于富贵山西坡的半山腰山脊处，地形较陡，落差较大，具有较好的临空面和势能条件，显示为高位、巨型、岩质滑坡或基岩滑坡。

　　茂县滑坡堆积区在剖面上总体呈下厚上薄的倒锥形，在平面上呈下宽上窄的扇形。根据实际勘测资料和遥感影像对比计算（Google Earth 影像、无人机 DSM 照片、灾后遥感解译影像图）和解译，本次初步确定了茂县滑坡的各项参数。为了对遥感影像几何参数进行较为精确地标定，本次通过道路的长度换算出了（图 20-4）遥感影像的线段比例尺。用影像长度（AA'，图 20-4）和 Google Earth 测量长度进行了对比和误差计算，结果表明，两者之间的误差≤6%，换算可行。

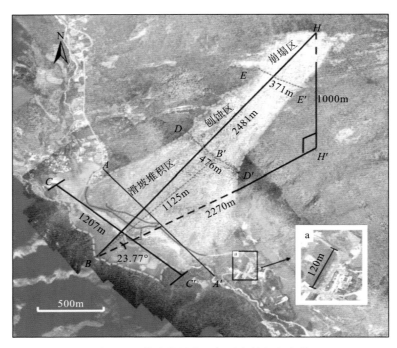

图 20-4　茂县滑坡的几何形态特征与参数

背景遥感影像来自 Google Earth；影像线段比例尺通过 Google Earth 2003 年影像东侧公路长度(120m)换算获取；同时用 AA' 的长度进行误差计算，用线段 AA' 图面长度进行比例尺换算的长度为 1185.62m，Google Earth 测量得到 AA' 长度为 1262.35m，所以图 20-4 跟 Google Earth 测量相比误差约为 6%，由于线段越长误差累积越大，实际上图中测量的线段误差≤6%；滑坡最大宽度 CC'(1207m)根据实测经纬度导入 Google Earth 中测算而来；DD'(476m)、BB'(1125m)和 EE'(371m)为线段长度跟比例尺换算得到；滑坡水平距离 BH'(2270m)和高差 HH'(1000m)实测经纬度导入 Google Earth 测算获得；红线为道路，浅蓝色为松坪沟河床，绿虚线为滑坡堆积区和刨蚀区的后缘边界，紫虚线为滑坡堆积区纵长线

1. 茂县滑坡的高差、滑动距离及坡度

茂县滑坡点的海拔高度为 3281m(位于富贵山西坡的半山腰山脊处)，滑坡崩塌区的坡度达 50°～55°，相对高差约 1000m，水平滑动距离达 2270m，因此该滑坡崩塌点具有较好的临空性和较大重力势能，为高位滑坡(图 20-5)。具体计算方法如下：

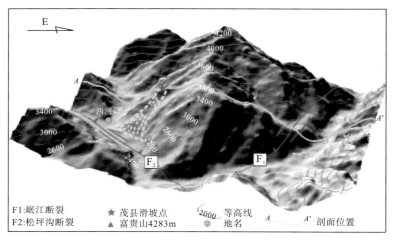

图 20-5　茂县滑坡及邻区三维地形图

三维地形图根据 30m 精度的 DEM 在 ArcGIS 软件中生成，AA' 剖面为过滑坡崩塌区的东西向剖面，见图 20-18A

(1)根据现场实地勘测结果，并结合无人机三维航拍影像，确定了滑坡崩塌区的海拔高度 H_1、松坪沟河床的海拔高度 H_2 和滑坡前缘位置 B。

(2)将实测的位置坐标($32°4'51.44''$，$103°39'36.72''$)、($32°3'54.65''$，$103°38'56.76''$)和($32°3'48.76''$，$103°38'51.06''$)导入 Google Earth，获取了崩塌区海拔高度 H_1 和河床的海拔高度 H_2 分别为 3281m 和 2286m。

(3)计算结果表明，茂县滑坡的相对高差约为 1000m，水平滑动距离约为 2270m(图 20-4)，斜向滑动距离约为 2481m，滑坡发育区的平均坡度为 $23.77°$(其中滑坡崩塌区的坡度为 $50°\sim55°$，刨蚀区的坡度为 $30°\sim40°$，堆积区坡度为 $10°\sim20°$)。

2.茂县滑坡堆积区的面积

初步计算结果表明，茂县滑坡堆积区的前缘最大宽度为 1207m，后缘最小宽度为 476m，滑坡堆积区的长度为 1125m，总面积约为 $1\times10^6\,m^2$。具体计算方法如下：

(1)根据现场实测，茂县滑坡堆积区最大宽度的两个端点(C 和 C')坐标分别为($32°3'39.6''$，$103°39'14.4''$)和($32°4'4.8''$，$103°38'38.4''$)。将其导入 Google Earth，获得滑坡堆积区的最大宽度(CC'线段水平距离)为 1207m。根据影像线段长度与比例尺之间的换算，得到的滑坡堆积区的最小宽度(后缘边界 DD'的长度)为 476m，滑坡堆积区的长度为 1125m(图 20-4)。

(2)本次采用 2 种方法对茂县滑坡面积进行了计算和校正。其一，将滑坡堆积区作为梯形来计算面积，即(滑坡堆积区的最大宽度(CC')+滑坡堆积区的最小宽度(DD')×滑坡堆积区长度(BB')×0.5，即：$(1207+476)\times1125\times0.5=946687\,m^2$。其二，利用遥感影像解译来计算面积，即将遥感影像解译底图(图 20-4)导入 AutoCAD 软件中，计算后获得的滑坡堆积区面积为 $1109988\,m^2$。鉴于上述两种计算方法所得的面积值基本相似，故本次取其平均值($1000000\,m^2$)作为滑坡堆积区的面积(A)。

3.茂县滑坡的体积

初步计算结果表明，茂县滑坡的体积为 $23.44\times10^6\,m^3$，属于巨型滑坡($>10\times10^6\,m^3$)。具体计算方法如下：

(1)根据实地测量数据和按参照物对照片进行比对(图 20-6)，初步获得了茂县滑坡堆积区的最大厚度为 25m±，平均厚度为 15m±。

(2)根据地震滑坡面积和厚度的回归关系式：
$$t=1.432\ln A-4.985，\quad(R^2=0.93)$$
其中，t 表示滑坡的平均厚度(m)；A 表示滑坡的面积(m^2)。计算了茂县滑坡堆积区的平均厚度，结果为 14.80m。

(3)根据 I. J. Larsen 等提出的岩质滑坡的面积(A)和体积(V)之间的回归关系式：
$$V=10^{-0.73\pm0.06}A^{1.35\pm0.01}，\quad(R^2=0.96)$$
计算茂县岩质滑坡的体积为 $23442288\,m^3$。

图 20-6　茂县滑坡堆积区特征与厚度计算

4.茂县滑坡的分区

茂县滑坡为巨型高位岩质滑坡，破坏力较大，掩埋了山前整个新磨村(图20-1)。根据现场的观察和滑坡全景图，可将茂县滑坡区分为崩塌区(物源区)、刨蚀区和滑坡堆积区3个区(图20-8、图20-9)。

(1)崩塌区：崩塌区位于富贵山西坡的半山腰，表现为崩塌后所暴露的基岩新鲜面，较光滑，残留面积为180677m²。其中长度约为487m，宽度约为371m，坡度为50°~55°。崩塌区的基岩为中三叠统杂谷脑组(T_2z)的变质砂岩夹板岩(图20-7)，显示为南西倾向的单斜地层。其中变质砂岩为坚硬的块状层，而板岩则显示为厚度较薄的软弱层。由于地层倾向与山坡倾向一致，显示为单面山，因此该崩塌区表现为顺层、顺坡的滑动。

(2)刨蚀区：刨蚀区位于崩塌区与堆积区之间(图20-8、图20-9)。在滑坡后显示为暴露的新鲜面，均为基岩。面积约为369376m²，其中长度约为776m，宽度371~476m，坡度为30°~40°。在暴露的新鲜面上存在大量阶坎(图20-10C、D)，反映滑坡在顺层、顺坡的滑动过程中对滑动面具有强烈的刨蚀作用。

(3)堆积区：滑坡堆积区位于富贵山西坡的坡脚和松坪沟的左岸，为碎屑流堆积区。滑坡堆积区的长度约为1125m，宽度为476~1207m。根据沉积物的差异性，本次将其分为前缘带(Ⅰ)、边缘带(Ⅱ)、中间带(Ⅲ)、尾带(Ⅳ)等4个部分。

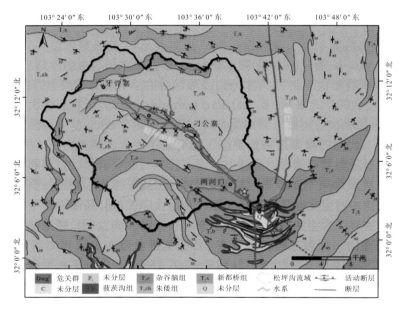

图 20-7　茂县滑坡区及邻区地质图

(其中黄色五角星为茂县滑坡的具体位置)

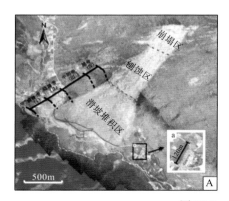

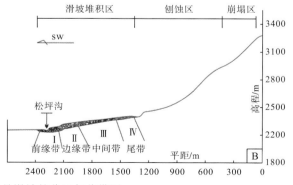

图 20-8　茂县滑坡的分区与分带图

(A. 茂县滑坡的分区图；B. 茂县滑坡的分区、分带图，堆积物厚度的比例尺略有放大)

图 20-9　茂县滑坡的分区及界线标定

（崩塌区和刨蚀区，刨蚀区和滑坡堆积区的界线均为斜坡陡缓交界处）

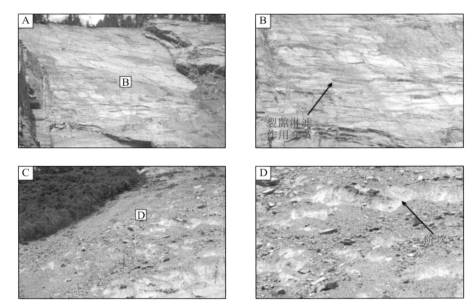

图 20-10　茂县滑坡区的崩塌区和刨蚀区与滑动面特征

（A，B. 崩塌区的滑动面，崩塌后暴露的岩层新鲜面，存在大量纵向裂缝，且裂缝被雨水淋滤呈现黄色，坡度最陡；C，D. 刨蚀区的滑动面，滑坡后暴露的新鲜面，存在大量阶坎，反映滑坡在滑动过程中对滑动面的强烈的刨蚀作用，表面残留有磨蚀物质）

20.3　茂县滑坡的沉积物特征

茂县岩质滑坡的堆积物显示为碎屑流型松散沉积物，其与泥石流的不同，表现在堆积物中不含水分或含水极少。碎屑流型松散沉积物显示为杂基支撑结构，分选性差，磨圆度差。其典型的特征是分布着许多巨型漂砾，直径达 2~3m；砾石多为扁平状(图 20-11C)，均为坚硬的变质砂岩，而砾石间的填隙物多为较弱的板岩软化、磨蚀转化而来的泥、沙。

根据茂县堆积区沉积物的成分、粒度和分选性变化，至少可以将滑坡堆积区分为 4 个带(图 20-8、图 20-9、图 20-11)。

(1)前缘带(Ⅰ)：滑坡堆积体头部，该带的纵长约为 265.4m，宽度约为 1120m，包括在松坪沟河床上堆积物与冲到河对岸的堆积物。其中冲到松坪沟对岸(右岸)的滑坡沉积物相对较细，表面主要显示为砾石覆盖，粒径为 10~20cm，其下为泥、沙和砾石混合，且泥、沙为主(图 20-11A、B、C)，砾石较少，为杂基支撑结构，分选性差，磨圆度差，砾石多为变质砂岩。在松坪沟的河床上堆积物经流水冲洗作用，泥、沙较难保存，使得河床里的沉积物主要为砾石。

(2)边缘带(Ⅱ)：该带为主要堆积区，位于松坪沟的左岸。纵长约为 215m，宽度约为 916m。堆积物中不含水分，以巨型砾石(直径为1~2m的居多，最大直径为7m(图20-11D))堆积为主，砾石的体积分数为60%~70%。砾石多为扁平状，磨圆度差，原岩多为变质砂岩。填隙物为沙和泥基质，体积分数为30%~40%(图20-11A、C)。该带为砾石含量最高，粒径最大，分选性最差的分带。

(3)中间带(Ⅲ)：该带为边缘带和尾带之间的分带。长度约为370m，宽度约为810m。分选性差，磨圆度差，具杂基支撑结构。砾石多为扁平状变质砂岩，含少量巨砾(直径为50~100cm)，体积分数为5%~10%；较小的砾石(直径约为20~30cm)体积分数为30%~40%；其余为沙、泥基质，体积分数为50%~65%(图20-11E、F)。

(4)尾带(Ⅳ)：位于堆积区的后缘，长度约为222m，宽度约为452m，主要由沙和泥组成，体积分数约为90%，为泥、沙含量最高的分带(图20-11G、H)。其中仅含少量砾石(砾径为10~20cm)。砾石多为变质砂岩，磨圆度差，分选性差，杂基支撑结构。

图20-11 茂县滑坡堆积区各分带沉积物的差异性对比

20.4 滑动机制分析

茂县滑坡是一个非常独特的强震后巨型滑坡,是汶川地震后所发有的规模最大的一个滑坡。不仅表现出一系列特殊的动力破裂和失稳现象,如高位、岩质、巨型、基岩的后缘拉裂等;而且显现出高速溃滑、快速堆积的特征。为什么如此巨大的滑坡能在瞬间产生并高速滑出呢?是什么样的过程导致滑面的形成并在瞬间摩阻力骤然丧失呢?这其中必然包含着独特的发生机制和特殊的动力过程。因此,深入研究该滑坡的地质环境条件及形成过程,可为强震后斜坡失稳机理研究提供一个难得的范例。以下将从滑动面、滑动机制和滑动过程等三个方面进行分析。

1. 滑动面与滑动机制

滑动面是岩质滑坡形成的基础条件。初步研究成果表明,茂县滑坡的滑动面为基岩中变质砂岩与板岩之间的滑动面。主要依据有:

(1)茂县滑坡的原岩为杂谷脑组(T_2z),由厚层变质砂岩夹薄层板岩组成,显示为软弱层(板岩)和坚硬层(变质砂岩)交互出现(图 20-12A)。其中,坚硬层为变质砂岩,原岩为砂岩,显示为厚层-块状层。软弱层为板岩,原岩主要为泥岩和粉砂质泥岩等,具有密集的板状劈理的岩石,板理面平滑,沿板理方向易剥成薄片,具有较易变形,水易沁入,遇水易分解的特点。因此,软弱层经过水淋滤之后容易转化为滑脱层,成为岩质滑坡的滑动面,为茂县滑坡的发生提供了物质条件。

(2)茂县滑坡的滑坡后壁为顺层坡,滑动面为岩层面,坡度为 $50°\sim55°$(图 20-12A)。根据滑坡后壁的岩性判断(图 20-10A、B),茂县滑坡的滑动面为变质砂岩和板岩之间的层面(砂岩的底面)。

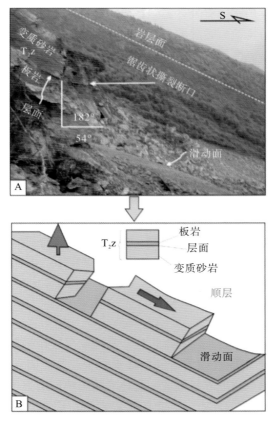

图 20-12 茂县滑坡崩塌区后缘特征及滑动模式图

(A. 崩塌区后壁变质砂岩和板岩被拉裂的现象,示滑动面即为层面;B. 本次提出的顺层拉裂-滑脱型滑动模式图)

2. 滑动机制

滑动机制是岩质滑坡形成的运动条件。根据实地观察，我们认为茂县滑坡为岩质滑坡，其滑动机制为顺层拉裂-顺坡滑脱模式。主要依据有：

（1）崩塌区出露岩层产状为182°∠54°，为单斜岩层，崩塌区的斜坡方向与岩层倾向一致，显示为顺层坡（图20-12A、B），刨蚀区的斜坡（30°～40°）与层面呈较小的锐夹角（10°～20°）为顺向坡，因此可将茂县滑坡整体视为顺层、顺坡滑脱（图20-12A）。前人研究表明顺层、顺坡的斜坡有利于茂县滑坡的形成。

（2）茂县滑坡发生时，顺层面拉断后缘的岩层，呈锯齿状（图20-12A）。

（3）滑坡后壁存在大量的长大竖向裂缝，呈黄色（图20-10A、B），很可能为降雨淋滤作用导致的。这指示很可能为雨水沿着岩体的裂缝渗入到软弱层（板岩），使软弱层逐渐变软，并转换为滑脱层，成为茂县滑坡的滑动面。

（4）后缘滑动面较光滑（图20-10A、B），这说明茂县滑坡发生时，上覆岩体跟滑坡后壁滑动面之间的摩擦系数较小，这也指示可能是雨水渗入软弱层（板岩），使其变形软化转化为滑脱层，从而降低上覆岩层和滑动面之间的摩擦系数，在重力作用下发生滑坡。

3. 滑动过程

虽然茂县滑坡持续的时间只有100s（据附近33个地震台站记录），非常短暂，但是其形成过程可能是漫长的。本次将茂县滑坡的滑坡过程分为3个阶段，分别为山体裂解阶段、高速溃滑阶段和碎屑流堆积阶段。

（1）山体裂解阶段：历史地震的反复强烈的震动对茂县滑坡点的岩体结构造成破坏，产生纵长的裂缝（图20-10A、B），岩体逐渐裂解。另外，降雨通过裂缝渗入软弱层（板岩），使其变软逐渐转化为滑动面。同时茂县滑坡崩塌区位于半山腰山脊处，温差较大，裂缝可能受降雨的冻融作用影响进一步加速岩体的裂解。该阶段以茂县滑坡后缘拉裂边界的产生和滑动面（滑脱层）的形成为标志。

（2）高速溃滑阶段：在滑动面（滑脱层）形成后，在降雨的诱发下，岩层之间滑动面的摩擦系数降低，滑坡体在重力作用下，快速向下溃滑，持续时间为100s。其斜向滑动速率达24.81m/s（89.3km/h），显示为高速滑坡。

（3）碎屑流堆积阶段：滑坡体滑落到坡脚区域，由于坡面坡度平缓，重力垂直分量大大降低，摩擦力加大，以碎屑流形式堆积成扇体。

20.5　成因机制与地质条件分析

茂县滑坡的形成为内部条件和外部条件的控制。外因条件主要包括以降雨为主的外动力地质作用，内部条件主要包括以活动构造和历史地震为主的内动力地质作用。因此，本书将从降雨条件、历史地震、活动构造三个方面对茂县滑坡的成因进行分析。

1. 降雨条件

茂县滑坡区位于松坪沟流域左岸和岷江右岸，处于高原干旱气候带和岷江干热河谷地带，年均降雨量仅为570mm。因此以高原性的干燥气候为特征，降水较少。其原因在于，该区位于青藏高原东缘属于高原季风气候区。在龙门山脉东侧形成迎风坡，受地形的影响而增强了降雨量，产生"雨影区"效应和"地形雨"，形成了沿龙门山山前的北东向展布的强降雨带；而在龙门山脉西侧的背风侧，受焚风效应影响降水大幅度减少，形成较干旱的草原和荒漠。

虽然该区年降雨量较少，但是降水分布相对集中，雨季极易形成局部强降雨，诱发山洪或滑坡、泥

石流。根据国土资源部资料，在茂县现查明的滑坡、崩塌、泥石流总共 404 处，其中滑坡 215 处
（53.21%）；崩塌 115 处（28.47%）；泥石流 74 处（18.31%）。这说明龙门山后缘背风坡的茂县，气候干
燥，地质灾害以滑坡、崩塌为主，泥石流较少。

初步研究成果表明，降雨对茂县滑坡的发生具有一定的诱发作用，具体说明如下：

（1）茂县滑坡区位于背风坡，属于干旱区，降雨较少，使得崩塌区域植被以灌木为主，部分处于裸
露状态（图 20-1），植物对斜坡的固定作用较差。震后地质灾害以滑坡、崩塌为主，泥石流较少。

（2）茂县滑坡的崩塌区以裸露的新鲜基岩为特征，并在滑动面上存在大量的雨水淋滤作用呈现黄色
的裂缝（图 20-10A、B）。表明该区植被稀疏或裸露，表面风化较为严重，雨水容易进入岩体裂缝，促使
软弱层（板岩）转化为滑脱层，进一步降低斜坡的稳定性。从而使得茂县滑坡点滑坡发生的降雨阈值
变小。

（3）在 2017 年 6 月 24 日之前，该区持续降雨，日降雨量为 8~12mm，降雨日数多，累计雨量较大，
导致了茂县地区土壤含水量达到饱和，易造成山体和土壤松动。茂县滑坡发生的当日降雨量为 9.2mm
（据四川省气象局），因此，对当日降雨量和累积降雨量对茂县滑坡的发生具有一定的诱发作用。

2. 历史地震

茂县滑坡区及邻区为历史地震的频发地区，多次历史强震均发育于该区或邻区，因此历史强震对该
滑坡的形成具有重要影响。该区的南侧为北东向的龙门山断裂地震带，北侧为南北向的虎牙断裂地震
带，而茂县滑坡区位于南北向岷江断裂地震带和北西向松坪沟断裂地震带的交汇处（图 20-13）。其中
1933 年的叠溪地震、1976 年的松潘、平武间地震和 2008 年的汶川地震均对该滑坡区有重要影响。

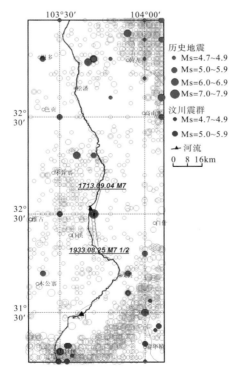

图 20-13　茂县滑坡区及邻区的历史地震分布图

（据四川地震局）

茂县滑坡区位于历史强震发育区，曾发生多次原地的历史地震。据历史记载，该区曾发生的 Ms≥5
的原地历史地震至少有 4 次，分别为 1713 年 Ms7.0 茂县叠溪地震（烈度达Ⅸ）、1933 年 Ms7.5 茂县叠
溪地震（烈度达Ⅹ）、1934 年 Ms5.5 茂县叠溪地震（烈度达Ⅷ）、1952 年 Ms5.5 茂县叠溪地震（烈度达Ⅵ）
（表 20-1）。

对本次滑坡区烈度影响最大的是 1933 年叠溪地震。该地震的宏观震中位于叠溪镇南侧(N32.0°,
E103.6°),震源深度为 15km,地震最大烈度为 Ⅹ 度。该次地震所造成的崩塌和滑坡的数量和规模是有
记载以来在岷江上游最多、最严重的一次,在岷江河谷和松坪沟形成了多个滑坡和堰塞湖(图 20-14)。
本次茂县滑坡区即位于该次地震的震中区域(Ⅹ 度烈度区)。

以上资料表明,茂县滑坡区曾发生 4 次强烈的原地历史地震,对茂县滑坡区的影响烈度达 Ⅵ～Ⅹ
度,多次历史地震的叠加和破坏作用,破坏了茂县滑坡区岩体结构,降低了岩石的内聚力和摩擦强度,
导致了该地坡面结构和岩层结构的"内伤"。值得注意的是,在 1933 年叠溪地震到本次滑坡之前,在茂
县滑坡点并未发生滑坡,且 2016 年地质灾害稳定性调查中,已认为新磨村附近的岩体属于中型不稳定
斜坡,说明茂县滑坡点岩体的"内伤"在不断积累,并在茂县滑坡前已经部分显现出来。

此外,邻区历史地震也对茂县滑坡区具有较大的烈度影响和破坏重要。据历史记载,4 次历史地震
(表 20-1)对茂县滑坡区具有较大的烈度影响,分别为:1879 年甘肃武都南 Ms 8.0 地震(对茂县滑坡区
的影响烈度值为 Ⅵ 度)、1938 年四川松潘南 Ms 6.0 地震(对茂县滑坡区的影响烈度值为 Ⅵ 度)、1976 年
四川松潘、平武间 Ms 7.2 地震(对茂县滑坡区的烈度值为 Ⅵ 度)、2008 年汶川 Ms 8.0 地震(对茂县滑坡
区的烈度值为 Ⅷ 度)。其中 2008 年汶川地震是对茂县滑坡区影响最大的特大地震,其对该区的影响烈度
达到 Ⅷ 度,并在茂县叠溪镇发生了同震滑坡。因此,邻区地震对茂县滑坡区产生了多次的震动影响,地
震烈度达到 Ⅵ～Ⅷ 度,并引发了同震滑坡。因此,多次邻区历史地震的震动和累积叠加作用也会加剧破
坏茂县滑坡区的岩石结构。

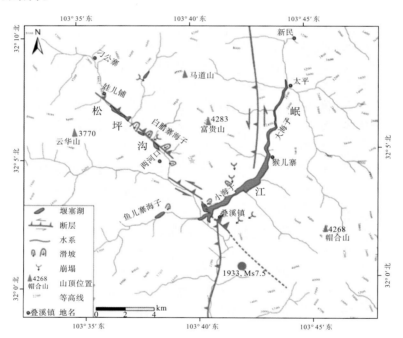

图 20-14　茂县滑坡区及邻区历史地震、活动断裂与堰塞湖、滑坡及崩塌分布图

(1933 年 Ms 7.5 叠溪地震导致的堰塞湖、滑坡及崩塌的分布位置据黄润秋等(2008))

表 20-1　历史地震对茂县滑坡区的影响烈度

序号	发震日期	震中位置			精度	震级/Ms	震中与茂县滑坡区之间的距离/km	震中烈度	对茂县滑坡区的影响烈度
		纬度/(°)	经度/(°)	参考地名					
1	1713-09-04	32.0	103.7	四川茂县叠溪	2	7		Ⅸ	Ⅸ
2	1879-07-01			甘肃武都南		8	165	Ⅺ	Ⅵ *
3	1933-08-25	32.0	103.6	四川茂汶北叠溪	2	7		Ⅹ	Ⅹ
4	1934-06-09	32.0	103.7	四川茂汶叠溪 S		5		Ⅶ	Ⅶ

续表

序号	发震日期	震中位置			精度	震级/Ms	震中与茂县滑坡区之间的距离/km	震中烈度	对茂县滑坡区的影响烈度
		纬度/(°)	经度/(°)	参考地名					
5	1938-03-14	32.3	103.6	四川松潘南	2	6	31	Ⅸ	Ⅵ*
6	1952-11-04	32.0	103.5	四川叠溪附近		5	17		Ⅵ*
7	1976-08-16			四川松潘、平武间		7.2	78		Ⅵ*
8	2008-05-12			四川汶川		8.0	122		Ⅷ

＊对茂县滑坡区的影响烈度，是利用中国西部地区烈度平均轴衰减关系[$I=4.394+1.447M-1.824\ln(d+16)$]计算了历史地震对茂县滑坡点的影响烈度，式中 d 为震中到茂县滑坡点的最短距离(km)，M 为震级。其余历史地震的数据来自于四川省地震局。

综上所述，原地地震和邻区历史地震对茂县滑坡区的影响烈度达到Ⅵ～Ⅹ，其中影响最大的原地地震为 1933 年的叠溪地震，影响最大的邻区地震为 2008 年的汶川地震。地震作用不仅破坏了岩体结构，降低了岩石的内聚力和摩擦强度，而且增加表层物质的孔隙，当斜坡表层物质孔隙较大时，可以不受降雨影响就可能发生滑坡，从而大大降低斜坡岩体的稳定性。因此，我们认为，多次历史地震的反复强烈的震动、叠加、累积变形使茂县滑坡区的岩体结构有了较大的破坏，裂缝更加发育，并进一步导致茂县滑坡点滑坡降雨阈值的降低。事实上，本次茂县滑坡为岩质滑坡，而非表层的土质滑坡(图 20-12)，也就说明该滑坡区的岩体内部结构已遭到破坏。

3. 活动断裂

茂县滑坡区及邻区处于活动断裂发育区，而且两条活动断裂直接穿过该区，因此活动断裂对茂县滑坡的形成具有重要影响。该区的南侧为北东向的龙门山活动断裂带，北侧为南北向的虎牙断裂带，而茂县滑坡区位于南北向岷江断裂带和北西向松坪沟断裂带的交汇处(图 20-17)，并处于松坪沟断裂和岷江断裂所夹持的区域。因此，松坪沟断裂和岷江断裂(中段)对茂县滑坡的形成具有重要影响。

1)松坪沟断裂

松坪沟断裂是青藏高原东缘北西向活动断裂的代表性断裂之一。该断裂大致沿松坪沟断续出露，断裂的总体走向为 NW315°～318°。在松坪乡以北，断裂产状为 NE∠61°(图 20-15)，在松坪乡以南，断裂面倾向 SW，倾角达 80°，近于直立。因此，该断裂面总体倾向北东，为逆冲断裂，并具有左旋分量，推测为一条北西向隐伏断裂。此外，在松坪沟发育一条北西向地震破裂带，延伸长度达 30km。据此，唐荣昌等认为松坪沟断裂是 1933 年叠溪地震的发震断裂，是全新世活动断裂。

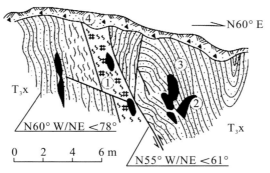

图 20-15   墨石寨附近松坪沟断裂的构造剖面图(据四川地震局)
(①断裂破碎带及断裂泥；②石英脉；③灰黑色砂板岩；④残坡积含砾砂土)

值得指出的是，茂县滑坡点紧邻松坪沟断裂，并位于该断裂的北东侧上盘，属于抬升盘。因此，松坪沟断裂对茂县滑坡的发生具有重要影响。

2)岷江断裂

岷江断裂是青藏高原东缘南北向活动断裂的代表性断裂之一。岷江断裂带北起于贡嘎岭以北，向南在畜牧铺一带消失，全长 170 km，以较场、川主寺为界可分为南、中、北 3 段。据叠溪镇团结村剖面资料(图 20-16)，岷江断裂的总体走向为近南北向，断裂面倾向北西，倾角为 50°～70°，显示为逆断裂，并具有左旋走滑性质。钱洪等(1999)和周荣军等(2000)认为该断裂是 1933 年叠溪地震的发震断裂，属于全新世活动断裂。

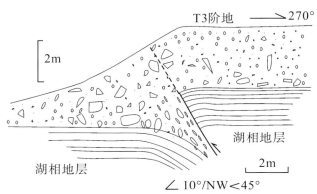

图 20-16　叠溪镇团结村阶地中部岷江断裂剖面

(据四川省地震局)

值得指出的是，茂县滑坡区所在的富贵山位于岷江断裂(中段)西侧上盘，属于抬升盘。因此，岷江断裂对茂县滑坡的发生具有重要影响。

4. 活动断裂的平面组合样式

茂县滑坡区位于南北向岷江断裂带和北西向松坪沟断裂带的交汇处(图 20-17)，并处于松坪沟断裂和岷江断裂所夹持的富贵山区域。在平面上显示为由北西向松坪沟断裂与南北向岷江断裂组成的"X"形平面构造组合样式。其中北西向松坪沟断裂显示为左旋逆断裂，其东盘向北西方向移动，南北向岷江断裂显示为左旋逆断裂，其西盘向南移动。因此，茂县滑坡区所在的富贵山位于北西向松坪沟断裂与南北向岷江断裂的交接区域，处于挤压区和旋转区。但是该平面组合样式明显不同于典型的"X"形共扼断裂，其原因在于：其一，南北向岷江断裂带和北西向松坪沟断裂带是否属于同一级别的活动断裂尚有争议；其二，南北向岷江断裂带和北西向松坪沟断裂带之间的夹角为锐角(约为 30°)；其三，目前尚不能确定北西向松坪沟断裂带在叠溪镇南东方向的延伸情况；其四，目前尚不能确定南北向岷江断裂带在叠溪一带是右阶羽裂区还是被北西向松坪沟断裂带切割并位错了。

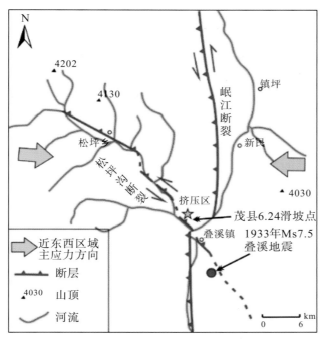

图 20-17　茂县滑坡区的活动断裂平面组合图

尽管存在上述的不确定性，但是在平面上茂县滑坡点所在富贵山确实处于松坪沟断裂和岷江断裂共同的挤压区。在现今近东西向主压应力场的作用下，富贵山区域显示为顺时针旋转的挤压区(图 20-17)。因此，富贵山区域是压应力集中区和构造变形强烈区，基岩岩石易于发育裂隙，岩石结构和坡面结构更为破碎。

5. 活动断裂的垂向组合样式

在垂向上，茂县滑坡所在的富贵山区域显示为由倾向北东的松坪沟断裂与倾向西的岷江断裂组成的"背冲型"型剖面构造组合样式(图 20-18A)。松坪沟断裂显示为向南西上冲的逆断裂，其上盘(北东盘)向南西方向的逆冲、抬升。岷江断裂显示为向西上冲的逆断裂，其上盘(西盘)向东的逆冲、抬升。显然，茂县滑坡区所在的富贵山区域就位于由松坪沟断裂与岷江断裂所夹持的共同的上盘区域，属于强烈的抬升区。两条逆断裂分别向两侧逆冲，促使坐落于抬升区的富贵山的持续隆升。经标定，该小区域的最高点(富贵山)海拔高度为 4283m(图 20-14)，而沟口与岷江交汇处的高程为 2151m，因此，富贵山的相对高差为 2132m。据此，我们认为茂县滑坡区位于由松坪沟断裂与岷江断裂夹持的抬升区(富贵山)，其抬升幅度和抬升速率应明显高于东西两侧的区域(图 20-18、图 20-19)，易于诱发滑坡。

此外，松坪沟水系和岷江分别位于富贵山的东西两侧。构造抬升运动会促进水系剥蚀能力增强，对陡峭地貌的塑造起重要作用，该区岷江的河流下蚀速率达 1.19mm/a，因此，"背冲式"抬升与两侧河流下切的联合作用铸就了富贵山比周边地区具有更大的相对高差和更陡的坡度(图 20-5、图 20-19)，使得富贵山具有滑坡发育的势能条件和临空条件。

值得指出的是，1933 年 Ms 7.5 叠溪地震的同震滑坡和堰塞湖的分布规律就证实上述结论。通过对比该区区域的地形坡度值、地形起伏度值(图 20-19)、同震滑坡和堰塞湖的位置(图 20-14)，我们发现，1933 年 Ms 7.5 叠溪地震的同震滑坡和堰塞湖主要分布于富贵山的东西两侧(图 20-14)。因此，我们认为富贵山的高陡地形控制了同震滑坡和堰塞湖的分布位置，同震滑坡均位于富贵山两侧，滑坡的物源均来自于富贵山。

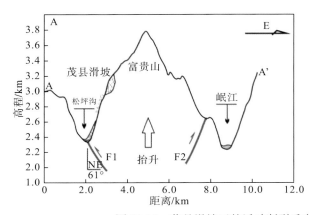

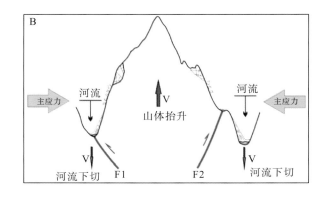

图 20-18　茂县滑坡区的活动断裂垂向组合样式与"背冲式"构造动力模式图

(A)茂县滑坡区的活动断裂垂向组合样式；(B)"背冲式"构造动力模式图。

F₁. 松坪沟断裂；F₂. 岷江断裂。剖面线 AA′ 位置见图 20-5

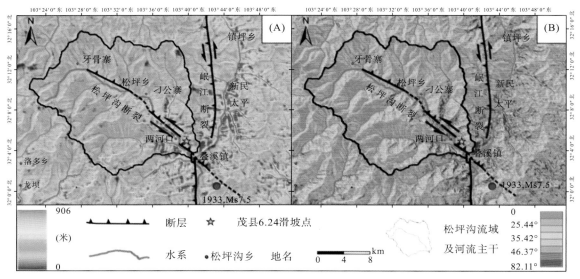

图 20-19　松坪沟流域及邻域地形起伏度及坡度图

(A)地形起伏度图；(B)坡度图

6.茂县滑坡形成的构造动力模式

基于上述认识，本次提出了茂县滑坡发育的"背冲式"构造动力模式(图 20-18B)，认为茂县滑坡的发生是活动断裂和历史地震长期叠加的结果，降雨仅具有一定的诱发作用。高陡斜坡的临空条件是茂县滑坡产生的临空条件和势能条件；贯通性好的砂岩、板岩之间的层面是茂县滑坡产生的物质基础；山体两侧活动断裂(松坪沟断裂、岷江断裂)对山体(富贵山)的挤压、抬升，以及多次高强度的历史地震震动的累积和对岩体结构长期破坏，是导致茂县滑坡产生的根本因素。

20.6　小结

本书主要采用现场勘测和 Google Earth 影像比对测量的手段，结合灾区资料(无人机 DSM 影像、遥感影像解译照片等)，对茂县滑坡的几何形态特征、滑坡分区和沉积物特征进行详细刻画，同时探讨了降雨、历史地震、活动断裂三方面对茂县滑坡发生的影响，初步建立了茂县滑坡的滑动机制和构造动力机制，初步获得以下几点结论：

(1)2017 年 6 月 24 日发生的茂县滑坡是 2008 年汶川地震后发育的最大规模的岩质滑坡，具有高位、高速、巨型、岩质等特征。本书初步标定了茂县滑坡的几何形态为：剖面上总体呈下厚上薄的倒锥形、平面呈扇形，以及滑坡水平滑动距离约为 2270m、崩塌点海拔高度约为 3281m、高差约为 1000m、平均坡度为 23.77°，其中崩塌区为 50°~55°、刨蚀区为 30°~40°等参数，认为茂县滑坡为高位巨型滑坡，具有较好的临空条件和势能条件。

(2)茂县滑坡堆积物的规模巨大，显示为近原地的基岩破碎堆积物，属于岩质碎屑流堆积物。茂县滑坡的最大宽度为 1207m，面积约为 $1 \times 10^6 m^2$，最大厚度可达 25m 左右，平均厚度为 14.8m，体积为 $23.44 \times 10^6 m^3$ 左右。

(3)提出了茂县滑坡的滑动机制为顺层拉裂-顺坡滑脱型模式。其特点是：茂县滑坡的斜坡结构为单面山，后缘岩层被拉断，滑动面为以板岩为主的软弱层，滑体为坚硬的变质砂岩夹板岩，显示为顺层、顺坡向滑动，并将其滑动过程分为坡体解体阶段、高速溃滑阶段和碎屑流堆积阶段等 3 个阶段。

(4)统计了原地和邻区的大于 Ms 5 的历史地震及其对茂县滑坡区的影响烈度，结果表明，多次历史地震的反复强烈的震动、叠加、累积变形使茂县滑坡区的岩体结构有较大的破坏、裂缝更加发育，导致了滑坡降雨阈值的降低。其中影响最大的是 1933 年的叠溪地震和 2008 年的汶川地震，对茂县滑坡区的影响烈度达到了Ⅷ~Ⅹ度。

(5)建立松坪沟断裂和岷江断裂的"X"形平面组合样式和"背冲式"剖面组合样式，认为茂县滑坡所在的富贵山在平面上位于该两条活动断裂交汇的挤压区，在剖面上位于该两条活动断裂背冲式抬升区。富贵山的抬升幅度和抬升速率应明显高于东西两侧的区域，同震滑坡和震后均位于富贵山两侧，滑坡的物源均来自于富贵山。

(6)提出了茂县滑坡发育的"背冲式"构造动力模式(图 20-18B)，认为茂县滑坡的发生是活动断裂和历史地震长期叠加的结果，降雨仅具有一定的诱发作用。高陡斜坡的临空条件是茂县滑坡产生的临空条件和势能条件；贯通性好的砂岩、板岩层面是茂县滑坡产生的物质基础；山体两侧活动断裂(松坪沟断裂、岷江断裂)对山体(富贵山)的挤压、抬升，以及多次高强度的历史地震震动的累积和对岩体结构长期破坏，是导致茂县滑坡产生的根本因素。

总之，通过对茂县滑坡这一典型案例的分析，我们认识到茂县滑坡的发生是活动断裂和历史地震长期叠加的结果，降雨仅具有一定的诱发作用。因此，本书认为活动断裂附近的陡边坡，尤其是活动断裂交汇的区域是汶川地震后大型、特大型滑坡发生的最主要地区，建议对这些特定区域进行详细的活动构造和地质灾害填图，以有效地预防大型震后滑坡对人民生命财产安全带来的危害。

参 考 文 献

《第三届全国地层会议论文集》编委会，2000. 第三届全国地层会议论文集. 北京：地质出版社.

安卫平，赵晋泉，闫小兵，等，2008. 岷江断裂羌阳桥一带古堰塞湖沉积及构造变形与古地震. 地震地质，30(4)：980~988.

白登海，腾吉文，马晓冰，等，2011. 大地电磁观测揭示青藏高原东部存在两条地壳物质流. 中国基础科学，1：7~10.

包维楷，2008. 汶川地震重灾区生态退化及其恢复重建对策. 科技赈灾，23(4)：324~328.

毕丽思，何宏林，魏占玉，等，2011. 利用分形参数进行地貌定量分区研究——以鄂尔多斯块体及周边为例. 第四纪研究，31(1)：137~149.

边兆祥，等，1980. 四川龙门山印支期构造发展特征. 四川地质学报，1：1~10.

蔡立国，刘和甫，1994. 四川前陆褶冲带构造样式与特征. 石油实验地质，19(2)：115~120.

曹伯勋，1995. 地貌学与第四纪地质学. 武汉：中国地质大出版社.

曹叔尤，刘兴年，黄尔，2009. 地震背景下的川江流域泥沙与河床演变问题研究进展. 四川大学学报(工程地质学)，41(3)：26~33.

常直杨，王建，白世彪，等，2014. 基于DEM的白龙江流域构造活动定量分析. 第四纪研究，34(2)：292~301.

陈发景，冉隆辉，1996. 中国中、新生代前陆盆地的构造特征和地球动力学. 地球科学：中国地质大学学报，(4)：366~372.

陈富斌，1992. 横断山系新构造研究. 成都：成都地图出版社.

陈桂华，徐锡伟，于贵华，等，2009. 2008年汶川Ms8.0地震多断裂破裂的近地表同震滑移及滑移分解. 地球物理学报，52(5)：1384~1394.

陈桂华，徐锡伟，郑荣章，等，2008. 汶川Ms8.0地震地表破裂变形定量分析——北川—映秀地表破裂带. 地震地质，30(3)：723~738.

陈国光，计凤桔，周荣军，等，2007. 龙门山断裂带第四纪活动性分段的初步研究. 地震地质，29(3)：657~673.

陈杰，李佑国，崔志强，等，2008. 成都盆地南缘与新构造运动有关的河道演变及其对沉积作用影响初步探讨. 资源调查与环境，29(1)：18~23.

陈杰，南凌，1992. 活动褶皱研究及其识别. 内陆地震，6(1)：26~38.

陈静，2009. 基于数字高程模型的构造地貌分析. 北京：中国地质大学.

陈军锋，李秀彬，2001. 森林植被变化对流域水文影响的争论. 自然资源学报，16(5)：474~480.

陈立春，陈杰，刘进峰，等，2008. 龙门山前山断裂北段晚第四纪活动性研究. 地震地质，30(3)：710~722.

陈立春，冉勇康，王虎，等，2013. 芦山地震与龙门山断裂带南段活动性. 科学通报，58(20)：1925~1932.

陈社发，邓起东，赵小麟，等，1994. 龙门山中段推覆构造带及相关构造的演化历史和变形机制(二). 地震地质，16(4)：404~412.

陈彦杰，宋国城，陈昭男，等，2006. 非均衡山脉的河流水力侵蚀模型. 科学通报，51(7)：865~869.

陈彦杰，郑光佑，宋国城，2005. 面积尺度与空间分布对流域面积高程积分及其地质意义的影响. 地理学报(台湾)，(39)：53~69.

陈颙，2008. 以地震科技工作者的眼光审视汶川大地震. 科技导报，26(10)：3.

陈运泰，许力生，张勇，等，2008. 2008年5月12日汶川特大地震震源特性分析报告，http://www.csi.ac.cn.

陈运泰，许力生，张勇，等，2009. 汶川特大地震震源特性分析报告//汶川大地震工程震害调查分析与研究.

陈智梁，陈世瑜，1987. 扬子地块西缘地质构造演化. 重庆：重庆出版社.

陈智梁，刘宇平，张选阳，等，1998. 全球定位系统测量与青藏高原东部流变构造. 第四纪研究，2：262~270.

陈智梁，沈凤，刘家平，等，1998. 青藏高原东部地壳运动的GPS测量. 中国科学，5：32~35.

陈竹新，贾东，魏国齐，等，2006. 川西前陆盆地南段薄皮冲断构造之下隐伏裂谷盆地及其油气地质意义. 石油与天然气地质，27(4)：460~466.

陈竹新，李本亮，贾东，等，2008. 龙门山冲断带北段前锋带新生代构造变形. 地质学报，82(9)：1178~1185.

陈祖明，任守贤，1992. 岷江上游森林水文效应研究. 地理学报，47(1)：49~57.

成尔林，1981. 四川及其邻区现代构造应力场和现代构造运动特征. 地震学报，(3)：231~241.

程根伟. 1991. 四川盆地江河径流特征于森林关系的探讨. 水土保持学报，5(1)：48~52.

程绍平，邓起东，李传友，等，2004. 流水下切的动力学机制、物理侵蚀过程和影响因素：评述和展望. 第四纪研究，24(4)：421~429.

程式，任昭明，陈农，1988. 中国震例. 北京：地震出版社.

褚胜名，余斌，李丽，等，2011. "8·13"碱坪沟泥石流形成机理及特征研究. 中国水土保持，(8)：52~54.

崔炳荃，龙学明，李元林，1991. 川西拗陷的沉降与龙门山的崛起. 成都地质学院学报，18(1)：39~45.

崔鹏，韦方强，何思明，等，2008. 5·12汶川地震诱发的山地灾害及减灾措施. 山地学报，26(3)：280~282.

戴朝成，郑荣才，朱如凯，等，2009. 四川类前陆盆地须家河组震积岩的发现及其研究意义. 地球科学进展，24(2)：172~180.

戴朝成，郑荣才，朱如凯，等，2010. 四川类前陆盆地须家河组层序充填样式与油气分布规律. 地质学报，84(12)：1817~1828.

丹尼斯，1983. 国际构造地质词典. 北京：地质出版社.

单建新，屈春燕，龚文瑜，等，2017. 基于 InSAR 的九寨沟地震的地表形变[EB/OL]. [2017-9-28]. http：//www. csi. ac. cn/manage/eqDown.

单新建，屈春燕，宋小刚，等，2009. 汶川 Ms8.0 级地震 InSAR 同震形变场观测与研究. 地球物理学报，52(2)：496~504.

邓宾，刘树根，李智武，等，2008. 青藏高原东缘及四川盆地晚中生代以来隆升作用对比研究. 成都理工大学学报(自然科学版)，35(4)：477~487.

邓康龄，1992. 四川盆地形成演化与油气勘探领域. 天然气工业，12(5)：7~12.

邓康龄，2007. 龙门山构造带印支期构造递进变形与变形时序. 石油与天然气地质，28(4)：485~490.

邓乃恭，雷伟志，1999. 大陆构造及陆内变形暨第六届全国地质力学学术讨论会论文集. 北京：地震出版社.

邓起东，陈社发，赵小麟，1994. 龙门山及其邻区的构造和地震活动及动力学. 地震地质，16(4)：389~403.

邓起东，汪一鹏，廖玉华，等，1984. 断层崖崩积楔及贺兰山山前断裂全新世活动历史. 科学通报，45(9)：650~655.

邓起东，于贵军，叶文华，1992. 地震地表破裂参数与震级关系研究. 见：中国地震局科技发展司《活动断裂研究》编委会编. 活动断裂研究理论与应用(2). 北京：地震出版社.

邓起东，于桂华，叶文华，1992. 地震地表破裂与震级关系的研究·活动断裂研究. 北京：地震出版社，247~264.

邓起东，张培震，冉勇康，等，2002. 中国活动构造基本特征. 中国科学，32(12)：1020~1030.

邓玉林，孟兆鑫，王玉宽，等，2008. 岷江流域土壤侵蚀变化与治理对策研究. 岷江流域土壤侵蚀变化与治理对策研究，22(5)：55~60.

邓志辉，杨主恩，孙昭民，等，2008. 四川汶川 Ms 8.0 级地震北川—映秀地表破裂的复杂现象. 科学通报，53(20)：2509~2513.

丁国瑜，1989. 第四纪断层上断裂活动的群集及迁移现象. 第四纪研究，9(1)：36~47.

丁国瑜，李永善，1979. 我国地震活动与地壳现代破裂网络. 地质学报，53(1)：25~37.

杜平山，2000. 则木河活动断裂带大震重复间隔. 四川地震，(Z1)：103~119.

段丽萍，王兰生，杨立铮，等，2002. 岷江叠溪古堰塞湖沉积物碳酸盐碳氧同位素记录所揭示的古气候演化特征. 中国地质灾害与防治学报，13(2)：91~96.

方和第，1989. 成都地区的地震灾害及其防御对策. 四川地震，2：55~58.

方石，孙求实，谢荣祥，等，2012. 平衡剖面技术原理及其研究进展. 科技导报，30(8)：73~79.

房立华，吴建平，王未来，等，2013. 四川芦山 Ms7.0 级地震及其余震序列重定位. 科学通报，(20)：1901~1909.

付碧宏，时丕龙，贾营营，等，2009. 青藏高原大型走滑断裂带晚新生代构造地貌生长及水系响应. 地质科学，44(4)：1343~1363.

付碧宏，时丕龙，王萍，等，2009.2008 年汶川地震断层北川段的几何学与运动学特征及地震地质灾害效应. 地球物理学报，52(2)：485~495.

付碧宏，时丕龙，张之武，等，2008. 四川汶川 Ms8.0 大地震地表破裂的遥感影像解析. 地质学报，82(12)：1679~1687.

付小方，侯立玮，李海兵，等，2008. 汶川大地震(Ms8.0)同震变形作用及其与地质灾害的关系. 地质学报，82(12)：1733~1747.

付小方，侯立玮，李海兵，等，2011.5·12 汶川大地震同震断裂及地震地质灾害. 北京：科学出版社.

付小方，侯立玮，梁斌，等，2013. 成都平原第四纪断裂及其活动性. 北京：科学出版社.

傅淑芳，1980. 地震学教程. 北京：地震出版社.

甘建军，孙海燕，黄润秋，等，2012. 汶川县映秀镇红椿沟特大型泥石流形成机制及堵江机理研究. 灾害学，27(1)：5~11.

高玄彧，李勇，2006. 岷江上游和中游几个河段的下蚀率对比研究. 长江流域资源与环境，4：517~521.

葛培基，1991. 成都及其邻近地区的断层活动和垂直形变. 四川地震，(1)：6~12.

葛永刚，庄建琦，2009.5·12 汶川地震对岷江上游河道的影响——以都江堰—汶川河段为例. 地质科技情报，(2)：23~28.

耿冠世，俞言祥，2015. 中国西部地区震源破裂尺度与震级的经验关系. 震灾防御技术，10(1)：68~76.

苟宗海，赵兵，李勇，1995. 四川雅安地区早第三纪地层. 地层学志，2：96~103.

郭学彬，肖正学，1999. 爆破地震波的频谱特性研究. 化工矿物与加工，(7)：18~20.

郭正吾，1996. 四川盆地形成与演化. 北京：地质出版社.

国家重大科学工程中国地壳运动观测网络项目组，2008. GPS 测定的 2008 年汶川 Ms8.0 级地震的同震位移场. 中国科学 D 辑：地球科学，38(10)：1195~1206.

何登发，吕修祥，林永汉，等，1996. 前陆盆地分析. 北京：石油工业出版社.

何宏林，孙昭民，王世元，等，2008. 汶川 8.0 地震地表破裂带. 地震地质，30(2)：359~362.

何宏林，孙昭明，魏占玉，等，2008. 汶川 Ms8.0 地震地表破裂白沙河段破裂及其位移特征. 地震地质，30(3)：658~675.

何宏林，魏占玉，陈长云，等，2010.2008 年汶川地震破裂的滑移向量. 地学前缘，17(5)：19~32.

何银武，1987. 试论成都盆地(平原)的形成. 中国区域地质，2：169~175.

何银武，1992. 论成都盆地的成生时代及其早期沉积物的一般特征. 地质论评，38(2)：149~156.

何玉林，胡先明，1992. 岷江—沱江水系及新构造应力场. 四川地震，(3)：30~34.

何仲太，马保起，李玉森，等，2012. 汶川地震地表破裂带宽度与断层上盘效应. 北京大学学报(自然科学版)，48(6)：886~894.

侯立纬，1995. 构造地层学及构造岩片填图法在大陆造山带的应用. 四川地质学报，(1)：3~9.

侯治华，王宝杰，1996. 西南地区水系格局与构造应力场的关系. 地壳构造与地壳应力文集，96～102.

胡桂胜，陈宁生，杨成林，2011. 成都市灾害性山洪泥石流临界降雨量特征. 重庆交通大学学报（自然科学版），30(1)：95～101.

胡明卿，刘少峰，2012. 前陆盆地挠曲沉降和沉积过程 3-D 模型研究. 地质学报，86(1)：181～187.

胡明毅，李士祥，魏国齐，等，2008. 川西前陆盆地上三叠统须家河组沉积体系及演化特征. 石油天然气学报，30(5)：5～10.

胡小飞，潘保田，李琼，等，2014. 基岩河道水力侵蚀模型原理及其最新研究进展. 兰州大学学报（自然科学版），(6)：824～831.

胡艺，2008. 基于数字高程模型的构造地貌分析. 北京：中国地质大学.

胡元鑫，刘新荣，徐慧，等，2010. 彭灌杂岩单轴抗压强度和弹性模量的多元线性回归预测模型. 工程勘察，38(12)：15～21.

黄汲清，1980. 中国大地构造及其演化. 北京：科学出版社.

黄汲清，陈炳蔚，1987. 中国及邻区特提斯海的演化. 北京：地质出版社.

黄润秋，2008. "5·12"汶川大地震地质灾害的基本特征及其对灾后重建影响的建议. 中国地质教育，(2)：21～24.

黄润秋，2009. 汶川 8.0 级地震触发崩滑灾害机制及其地质力学模式. 岩石力学与工程学报，28(6)：1239～1249.

黄润秋，李为乐，2008. "5·12"汶川大地震触发地质灾害的发育分布规律研究. 岩石力学与工程学报，27(12)：2285～2592.

黄润秋，李为乐，2009. 汶川大地震触发地质灾害的断层效应分析. 工程地质学报，17(1)：19～28.

黄润秋，李为乐，2009. 汶川地震触发崩塌滑坡数量及其密度特征分析. 地质灾害与环境保护，20(3)：1～7.

黄润秋，李为乐，2013. 汶川地震震后地质灾害及其后效应分析//中国地球物理 2013——第十六分会场论文集.

黄润秋，裴向军，李天斌，2008. 汶川地震触发大光包巨型滑坡基本特征及形成机制分析. 工程地质学报，16(6)：730～741.

黄润秋，王运生，裴向军，等，2013. 4·20 芦山 Ms7.0 级地震地质灾害特征. 西南交通大学学报，48(4)：581～589.

黄媛，吴建平，张天中，等，2008. 汶川 8.0 级大地震及其余震序列重定位研究. 中国科学，38(10)：1242～1249.

黄祖智，唐荣昌，1995. 龙泉山活动断裂带及其潜在地震能力的探讨. 四川地震，5(1)：18～23.

吉亚鹏，高红山，潘保田，等，2011. 渭河上游流域河长坡降指标 SL 参数与 Hack 剖面的新构造意义. 兰州大学学报（自然科学版），47(4)：1～6.

贾东，陈竹新，贾承造，等，2003. 龙门山前陆褶皱冲断带构造解析与川西前陆盆地的发育. 高校地质学报，9(3)：402～410.

贾秋鹏，贾东，朱艾斓，等，2007. 青藏高原东缘龙门山冲断带与四川盆地的现今构造表现：数字地形和地震活动证据. 地质科学，42(1)：31～44.

贾营营，付碧宏，王岩，等，2010. 青藏高原东缘龙门山断裂带晚新生代构造地貌生长及水系响应. 第四纪研究，30(4)：825～836.

江娃利，谢新生，张景发，等，2009. 四川龙门山活动断裂带典型地段晚第四纪强震多期活动证据. 中国科学，(12)：1688～1700.

江在森，方颖，武艳强，等，2009. 基于地壳运动与变形对汶川大地震的初步研究. 国际地震动态，(4)：18～19.

江在森，杨国华，王敏，等，2006. 中国大陆地壳运动与强震关系研究. 大地测量与地球动力学，26(3)：1～9.

姜在兴，田继军，陈桂菊，等，2007. 川西前陆盆地上三叠统沉积特征. 古地理学报，9(2)：143～154.

蒋复初，吴锡浩，1993. 中国大陆阶梯地貌的基本特征. 海洋地质与第四纪地质，13(3)：15～24.

蒋复初，吴锡浩，1998. 青藏高原东南部地貌边界带晚新生代构造运动. 成都理工学院学报，25(2)：162～168.

蒋复初，吴锡浩，肖华国，等，1999. 四川泸定昔格达组时代及其新构造意义. 地质学报，73(1)：1～6.

蒋国芳，1994. 蒲江—德阳隐伏断裂带通过成都市区位置的研究. 四川地震，2：40～46.

蒋海昆，黎明晓，吴琼，等，2008. 汶川 8.0 级地震序列及相关问题讨论. 地震地质，30(3)：746～757.

蒋良文，1999. 岷江上游活动断裂及主要地质灾害研究. 成都：成都理工学院.

金文正，汤良杰，杨克明，等，2007. 川西龙门山褶皱冲断带分带性变形特征. 地质学报，81(8)：1072～1080.

金文正，汤良杰，杨克明，等，2008. 龙门山冲断带构造特征研究主要进展及存在问题探讨. 地质论评，54(1)：37～46.

孔凡哲，李莉莉，2005. 利用 DEM 提取河网时集水面积阈值的确定. 水电能源科学，23(4)：65～67.

郎玲玲，程维明，朱启疆，等，2007. 多尺度 DEM 提取地势起伏度的对比分析——以福建低山丘陵区为例. 地球信息科学，9(6)：1～6.

乐光禹，1996. 构造复合联合原理. 成都：成都科技大学出版社.

黎兵，李勇，张开均，等，2007. 青藏高原东缘晚新生代大邑砾岩的物源分析与水系变迁. 第四纪研究，27(1)：64～73.

黎兵，李勇，张毅，等，2004. 用 Sufer7 计算成都盆地的沉积通量及其地质意义. 四川师范大学学报，27：144～147.

李本亮，雷永良，陈竹新，等，2011. 环青藏高原盆山体系东段新构造变形特征——以川西为例. 岩石学报，27(3)：636～644.

李传友，宋方敏，冉永康，2004. 龙门山断裂带北段晚第四纪活动性讨论. 地震地质，26(2)：248～258.

李传友，魏占玉，2009. 汶川 Ms8.0 地震地表破裂带北端位置的修订. 地震地质，31(1)：1～8.

李传友，叶建青，谢福仁，等，2008. 汶川 Ms8.0 地震地表破裂带北川以北段的基本特征. 地震地质，30(3)：683～696.

李代均，1980. 成都平原更新世孢粉组合. 四川地质学报，1：89～107.

李德威，2008. 大陆下地壳流动：渠流还是层流？. 地学前缘，15(3)：130～139.

李菲，段佩华，李晓光，2010. 山体崩塌后对流域输沙量的影响. 水土保持应用技术，(1)：42～43.

李海兵，付小方，Woerd J V D，等，2008. 汶川地震（Ms8.0）地表破裂及其同震右旋斜向逆冲作用. 地质学报，82(12)：1623～1643.

李海兵，王宗秀，付小方，等，2008. 2008 年 5 月 12 日汶川地震（Ms8.0）地表破裂带的分布特征. 中国地质，35(5)：803～813.

李吉均，方小敏，1998. 青藏高原隆起与环境变化研究. 科学通报，43(15)：1569～1574.

李吉均，方小敏，潘保田，等，2001. 新生代晚期青藏高原强烈隆起及其对周边环境的影响. 第四纪研究，21(5)：381～392.

李龙成，陈光兰，岑静，等，2008. 长江上游岷江流域水沙变化特征分析. 人民长江，39(20)：42～44.

李小壮，1982. 试论二叠纪以来松潘—甘孜印支地槽褶皱系的构造演化. 四川地质学报，(Z1)：39-47.

李英奎，Jon Harbor，刘耕年，等，2005. 宇宙核素地学研究的理论基础与应用模型. 水土保持研究，12(4)：139～145.

李永昭，1982. 关于雅安层的成因和时代问题. 第三界全国第四纪学术会议论文集. 北京：科学出版社.

李勇，1998. 论龙门山前陆盆地与龙门山造山带的耦合关系. 矿物岩石地球化学通报，17(2)：78～81.

李勇，1999. 造山作用与地层记录//大地构造及陆内变形暨全国地质力学学术讨论会.

李勇，侯中建，司光影，等，2001. 青藏高原东南缘晚第三纪盐源构造逸出盆地的沉积特征与构造控制. 矿物岩石，21(3)：34～43.

李勇，侯中健，司光影，等，2002. 青藏高原东缘新生代构造层序与构造事件. 中国地质，29(1)：3035.

李勇，李永昭，周荣军，等，2002. 成都平原第四纪化石冰楔的发现及古气候意义. 地质力学学报，4：341～346.

李勇，孙爱珍，2000. 龙门山造山带构造地层学研究. 地层学杂志，24(3)：201～205.

李勇，王成善，伊海生，2002. 西藏晚三叠世北羌塘前陆盆地构造层序及充填样式. 地质科学，37(1)：27～37.

李勇，王成善，伊海生，2002. 中生代羌塘前陆盆地充填序列及演化过程. 地层学杂志，26(1)：62～67.

李勇，王成善，伊海生，2003. 西藏金沙江缝合带西段晚三叠世碰撞作用与沉积响应. 沉积学报，21(2)：192～197.

李勇，王成善，伊海生，等，2000. 青藏高原中侏罗世—早白垩世羌塘复合型前陆盆地充填模式. 沉积学报，19(1)：20～27.

李勇，王成善，曾允孚，2000. 造山作用与沉积响应. 矿物岩石，20(2)：49～56.

李勇，吴瑞忠，石和，等，2000. 青藏高原北部地层研究新进展//第三届全国地层会议论文集. 北京：地质出版社.

李勇，曾允孚，1994. 龙门山前陆盆地充填序列. 成都理工学院学报，21(3)：46～55.

李勇，曾允孚，1994. 陆相岩石地层结构及其构成单元. 中国区域地质，3：225～226.

李勇，曾允孚，1994. 试论龙门山逆冲推覆作用的沉积响应——以成都盆地为例. 矿物岩石，14(1)：58～86.

李勇，曾允孚，1994. 1：5万区调中陆相岩石地层学研究方法探讨. 矿物岩石，3：69～70.

李勇，曾允孚，1995. 龙门山逆冲推覆作用的地层标识. 成都理工大学学报，22(2)：1～10.

李勇，曾允孚，伊海生，1995. 龙门山前陆盆地沉积及构造演化. 成都：成都科技大学出版社.

李勇，张玉修，2004. 羌塘盆地中晚侏罗世旋回地层初步分析. 成都理工大学学报(自然版)，31(6)：623～628.

李渝生，王运生，裴向军，等，2013. "4·20"芦山地震的构造破裂与发震断层. 成都理工大学学报(自然科学版)，40(3)：242～249.

李愿军，丁美英，1996. 长江三峡地区构造地貌研究. 水电能源科学，(1)：52～55.

李志林，朱庆，2000. 数字高程模型. 武汉：武汉测绘科技大学出版社.

李智武，刘树根，陈洪德，等，2008. 龙门山冲断带分段-分带性构造格局及其差异变形特征. 成都理工大学学报(自然科学版)，35(4)：440～454.

李智武，刘树根，林杰，等，2009. 川西坳陷构造格局及其成因机制. 成都理工大学学报(自然科学版)，36(6)：645～653.

李忠权，应丹琳，郭晓玉，等，2008. 龙门山汶川地震特征及构造运动学初析. 成都理工大学学报(自然科学版)，35(4)：426～430.

励强，陆中臣，袁宝印，1990. 地貌发育阶段的定量研究. 地理学报，45(1)：110～120.

梁明剑，李大虎，郭红梅，等，2014. 成都盆地南缘第四纪构造变形及地貌响应特征. 地震工程学报，36(1)：98～106.

林国峰，王俊明，2002. 集集地震对乌溪流域降雨—径流过程影响之研究. 台南：台湾第十三届水利工程研讨会论文集，8～14.

林茂炳，1992. 对龙门山南段宝兴—芦山地区构造格局的探讨. 成都地质学院学报，19(3)：33～40.

林茂炳，1994. 初论龙门山推覆构造带的基本结构样式. 成都理工学院学报，21(3)：1～7.

林茂炳，陈运则，1996. 龙门山南段双石断裂的特征及地质意义. 成都理工学院学报，23(2)：64～68.

林茂炳，苟宗海，王国芝，等，1996. 龙门山中段地质. 成都：成都科技大学出版社.

林茂炳，苟宗海，王国芝，等，1996. 四川龙门山造山带造山模式研究. 成都：成都科技大学出版社.

林茂炳，苟宗海，吴山，等，1997. 龙门山地质考察指南. 成都：成都科技大学出版社.

林茂炳，吴山，1991. 龙门山推覆构造变形特征. 成都地质学院学报，18(1)：46～55.

刘蓓丽，1994. 四川省岩石密度数据的分析及应用. 物探与化探，18(3)：232～237.

刘超，张勇，许力生，等，2008. 一种矩张量反演新方法及其对2008年汶川Ms 8.0地震序列的应用. 地震学报，(4)：329～339.

刘传正，2008. 四川汶川地震灾害与地质环境安全. 地质通报，27(11)：1907～1912.

刘和甫，梁惠社，蔡立国，等，1994. 川西龙门山冲断系构造样式与前陆盆地演化. 地质学报，68(2)：101～118.

刘怀湘，王兆印，2008. 河网形态与环境条件的关系. 清华大学学报(自然科学版)，48(9)：28～32.

刘家铎，周文，李勇，等，2005. 青藏地区油气资源潜力分析与评价. 北京：地质出版社.

刘进峰，陈杰，尹金辉，等，2010. 龙门山映秀—北川断裂带擂鼓探槽剖面古地震事件测年. 地震地质，32(2)：191～199.

刘静，丁林，曾令森，等，2006. 青藏高原典型地区的地貌量化分析——兼对高原"夷平面"的讨论. 地学前缘，13(4)：285～299.

刘静，张智慧，文力，等，2008. 汶川8级大地震同震破裂的特殊性及构造意义——多条平行断裂同时活动的反序型逆冲地震事件. 地质学报，82(12)：1707～1722.

刘少峰，1995. 前陆盆地挠曲过程模拟的理论模型. 地学前缘，(3)：69～77.

刘少峰，2008. 叠加于弧后前陆盆地挠曲沉降之上的另一类沉降——动力沉降. 地学前缘，15(3)：178～185.

刘少峰，2009. 大陆边缘动力沉降及其深部构造作用控制. 地质科学，44(4)：1199～1212.

刘少峰，王陶，张会平，等，2005. 数字高程模型在地表过程研究中的应用. 地学前缘，12(1)：303～309.

刘树根，1993. 龙门山冲断带与川西前陆盆地形成演化. 成都：成都科技大学出版社.

刘树根，邓宾，李智武，等，2012. 盆山结构与油气分布. 岩石学报，27(3)：621～635.

刘树根，李智武，曹俊兴，等，2009. 龙门山陆内复合造山带的四维结构构造特征. 地质科学，44(4)：1151～1180.

刘树根，罗志立，戴苏兰，等，1995. 龙门上冲断带的隆升和川西前陆盆地的沉降. 地质学报，69(3)：204～214.

刘树根，罗志立，赵锡奎，等，2003. 中国西部盆山系统的耦合关系及其动力学模式——以龙门山造山带—川西前陆盆地系统为例. 地质学报，77(2)：177～186.

刘树根，孙玮，李智武，等，2008. 四川盆地晚白垩世以来的构造隆升作用. 天然气地球科学，19(3)：293～300.

刘树根，赵锡奎，罗志立，等，2001. 龙门山造山带—川西前陆盆地系统的构造事件研究. 成都理工学院学报，28(3)：221～230.

刘顺，2001. 四川盆地威远背斜的形成时代及形成机制. 成都理工大学学报(自然科学版)，28(4)：340～343.

刘卫，罗鸿兵，刘霞，2011. "5·12"地震前后都江堰市地表覆盖状况变化分析. 四川环境，30(6)：69～75.

刘兴诗，1983. 四川盆地的第四系. 成都：四川科学技术出版社.

刘育燕，乙藤洋一郎，玉井雅人，1999. 川滇菱形地块白垩纪古地磁学特征. 地球科学(中国地质大学学报)，24(2)：145～148.

刘增乾，徐宪，潘桂唐，1990. 青藏高原大地构造与形成演化. 北京：地质出版社.

龙学明，1991. 龙门山中北段地史发展的若干问题. 成都地质学院学报，18(1)：8～16.

路静，张景发，姜文亮，等，2009. 龙门山断裂带北段活动特征的遥感地质解译研究. 地震，29(增刊)：164～172.

吕坚，王晓山，苏金蓉，等，2013. 芦山7.0级地震序列的震源位置与震源机制解特征. 地球物理学报，56(5)：1753～1763.

罗志立，1984. 试论中国型(C-型)冲断带及其油气勘探问题. 石油与天然气地质，4(5)：315～323.

罗志立，1991. 龙门山造山带岩石圈演化的动力学模式. 成都地质学院学报，18(1)：1～7.

罗志立，1994. 龙门山造山带的崛起和四川盆地的形成与演化. 成都：成都科技大学出版社.

罗志立，1998. 四川盆地基底结构的新认识. 成都理工大学学报(自然科学版)，(2)：191～200.

罗志立，刘树根，2002. 评述"前陆盆地"名词在中国中西部含油气盆地中的引用—反思中国石油构造学的发展. 地质论评，48(4)：398～407.

罗志立，龙学明，1992. 龙门山造山带崛起和前陆盆地沉降. 四川地质学报，12(1)：1～17.

骆耀南，俞如龙，侯立伟，等，1998. 龙门山—锦屏山陆内造山带. 成都：四川科学技术出版社.

马保起，苏刚，侯治华，等，2005. 利用岷江阶地的变形估算龙门山断裂带中段晚第四纪滑动速率. 地震地质，27(2)：234～240.

马瑾，张渤涛，许秀琴，等，1983. 断层交汇区附近的变形特点与声发射特点的实验研究[J]. 地震学报，(2)：195～206.

马玲，2008. 基于DEM的流域特征提取方法初步研究. 地理空间信息，6(2)：69～71.

马雪华，1980. 岷江上游森林的采伐对河流流量和泥沙悬移质的影响. 自然资源，(3)：78～87.

马煜，余斌，吴雨夫，等，2011. 四川都江堰龙池"八一沟"大型泥石流灾害研究. 四川大学学报(工程科学版)，43(1)：92～98.

孟令顺，曾庆益，卢履仁，等，1987. 攀西地区重力均衡异常的研究. 吉林大学学报(地球科学版)，(1)：91～98.

孟宪纲，薄万举，刘志广，等，2014. 芦山7.0级地震与巴颜喀拉块体中东段的活动性. 吉林大学学报(地球科学版)，44(5)：1705～1711.

莫尔察诺夫 A. A.，杨山，1960. 森林的水源涵养作用. 林业科学，(2)：161～174.

牟今容，黄润秋，裴向军，2011. 四川绵竹走马岭沟特大泥石流成因及防治措施. 人民长江，42(19)：34～37.

倪化勇，郑万模，唐业旗，等，2011. 绵竹清平8·13群发泥石流成因、特征与发展趋势. 水文地质工程地质，38(3)：129～138.

倪化勇，郑万模，唐业旗，等，2011. 汶川震区文家沟泥石流成灾机理与特征. 工程地质学报，19(2)：262～270.

倪晋仁，马蔼乃，1998. 河流动力地貌学. 北京：北京大学出版社.

潘保田，邬光剑，王义祥，等，2000. 祁连山东段沙河沟阶地的年代与成因. 科学通报，45(24)：2669～2675.

潘桂棠，王培生，徐耀荣，1990. 青藏高原新生代构造演化. 北京：地质出版社.

祁生文，许强，刘春玲，等，2008. 汶川地震极重灾区地质背景及次生斜坡灾害空间发育规律. 地质通报，27(11)：1907～1912.

钱洪，1995. 四川断裂活动的区域性差异及其与区域地壳运动的关系. 地震研究，18(1)：49～55.

钱洪，唐荣昌，1993. 四川盆地的地震地质基本特征. 四川地震，2：7～15.

钱洪，唐荣昌，1997. 成都平原的形成与演化. 四川地震，3：1～7.

钱洪，唐荣昌，1997. 成都平原最大可能地震能力估计. 四川地震，4：1～7.

钱洪，周荣军，马声浩，等，1999. 岷江断裂南段与1933年叠溪地震研究，中国地震，15(4)：333～338.

钱奕中等. 层序地层学理论和研究方法. 成都：四川科技出版社.

秦绪文，张志，杨军杰，等，2009. 5·12汶川地震四川省平武县次生地质灾害遥感分析. 地质科技情报，28(2)：12～15.

屈春燕，宋小刚，张桂芳，等，2008. 汶川Ms 8.0地震InSAR同震形变场特征分析. 地震地质，30(4)：0253～4967.

冉勇康，陈立春，陈桂华，等，2008. 汶川Ms8.0地震发震断裂大地震原地重复现象初析. 地震地质，30(3)：630～634.

任俊杰，张世民，2008. 汶川8级地震地表破裂带特征及其构造意义. 大地测量与地球动力学，28(6)：47～52.

森格，1992. 板块构造学与造山运动. 上海：复旦大学出版社.

沈玉昌，1965. 长江上游河谷地貌. 北京：科学出版社.

盛明强，罗奇峰，2008. Northridge 与 ChiChi 地震滞回耗能谱的比较. 同济大学学报（自然科学版），36(10)：1314～1319.

施明伦，游保杉，2001. 集集地震对浊水溪流域流量延时曲线之影响评估//第12届水利工程研讨会（论文集）.

施雅风，李吉均，李炳元，1998. 青藏高原晚新生代隆升与环境变化. 广州：广东出版社.

史兴民，杜忠超，2006. 中国构造地貌学的回顾与展望. 西北地震学报，28(3)：280～484.

舒栋才，2005. 基于 DEM 的山地森林流域分布式水文模型研究. 成都：四川大学.

四川盆地陆相中生代地层古生物编写组，1982. 四川盆地陆相中生代地层古生物. 成都：四川人民出版社.

四川省地质矿产局，1991. 四川省区域地质志. 北京：地质出版社.

四川省林业厅林业区划办公室，1980. 四川省林业区划. 成都：四川人民出版社.

四川省水利厅，四川省都江堰管理局，1989. 都江堰水利词典. 北京：科学出版社.

四川省志地理志编辑委员会，1990. 四川省志地理志. 成都：四川人民出版社.

宋鸿彪，刘树根，1991. 龙门山中北段重磁场特征与深部构造的关系. 成都地质学院学报：自然科学版，18(1)：74～82.

宋鸿彪，罗志立，1995. 四川盆地基底及深部地质结构研究的进展. 地学前缘，(4)：231～237.

宋岩，赵孟军，柳少波，等，2006. 中国前陆盆地油气富集规律. 地质论评，52(1)：85～92.

苏凤环，刘洪江，韩用顺，2008. 汶川地震山地灾害遥感快速提取及其分布特点分析. 遥感学报，2(6)：956～963.

苏鹏程，韦方强，冯汉中，等，2011. "8·13"四川清平群发性泥石流灾害成因及其影响. 山地学报，29(3)：337～347.

孙建宝，梁芳，沈正康，等，2008. 汶川 Ms8.0 地震 InSAR 形变观测及初步分析. 地震地质，30(3)：789～795.

孙建宝，徐锡伟，石耀霖，等，2007. 东昆仑断裂玛尼段震间形变场的 INSAR 观测及断层滑动率初步估计. 自然科学进展，17(10)：1361～1370.

孙砚方，2004. 都江堰水利词典. 北京：科学出版社.

孙肇才，1998. 中国中西部中—新生代前陆类盆地及其含油气性——兼论准噶尔盆地内部结构单元划分. 海相油气地质，3(4)：16～30.

孙肇才，郭正吾，1991. 板内形变与晚期次生成藏—杨子区海相油气总体形成规律的探讨. 石油实验地质，13(2)：107～142.

谭锡斌，李元希，徐锡伟，等，2013. 低温热年代学数据对龙门山推覆构造带南段新生代构造活动的约束. 地震地质，35(3)：506～507.

谭锡斌，袁仁茂，徐锡伟，等，2013. 汶川地震小鱼洞地区的地表破裂和同震位移及其机制讨论. 地震地质，35(2)：247～260.

汤国安，2010. 数字高程模型教程. 北京：科学出版社.

汤国安，刘学军，闾国年，2005. 数字高程模型及地学分析的原理与方法. 北京：科学出版社.

汤国安，宋佳，2006. 基于 DEM 坡度图制图中坡度分级方法的比较研究. 水土保持学报，20(2)：157～160.

汤良杰，杨克明，金文正，等，2008. 龙门山冲断带多层次滑脱带与滑脱构造变形. 中国科学（D辑：地球科学），38(增刊Ⅰ)：30～40.

唐川，2010. 汶川地震区暴雨滑坡泥石流活动趋势预测. 山地学报，28(3)：341～349.

唐川，梁京涛，2008. 汶川震区北川 9·24 暴雨泥石流特征研究. 工程地质学报，16(6)：751～758.

唐川，铁永波，2011. 汶川震区北川县城魏家沟暴雨泥石流灾害调查分析. 山地学报，27(5)：625～630.

唐方头，邓志辉，梁小华，等，2008. 龙门山中段后山断裂带晚第四纪运动特征. 地球物理学进展，23(3)：710～715.

唐红梅，陈洪凯，翁其能，2000. 边坡岩体中地下水优化排水机理研究. 重庆交通大学学报（自然科学版），11(4)：112～115.

唐荣昌，韩渭宾，1993. 四川活动断裂与地震. 北京：地震出版社.

唐荣昌，黄祖智，钱洪，等，1996. 成都断陷区活动断裂带基本特征及其潜在地震能力的判定. 中国地震，12(3)：285～293.

唐荣昌，文德华，黄祖智，等，1991. 松潘—龙门山地区主要活动断裂带第四纪活动特征. 中国地震，7(3)：64～70.

唐荣昌，陆联康，1981. 1976 年松潘、平武地震的地震地质特征. 地震地质，(2)：41～47.

唐若龙，1991. 龙门山—大雪山—锦屏山推覆构造带特征. 四川地质学报，(1)：1～9.

陶晓风，1999. 龙门山南段推覆构造与前陆盆地演化. 成都理工学院学报，26(1)：73～77.

童崇光，1985. 油气田地质学. 北京：地质出版社.

万永革，沈正康，盛书中，等，2009. 2008 年汶川大地震对周围断层的影响. 地震学报，31(02)：128～139.

王岸，王国灿，2005. 构造地貌及其分析方法述评. 地质科技情报，24(4)：7～12.

王成善，2003. 沉积盆地分析原理与方法. 北京：高等教育出版社.

王成善，刘志飞，王国芝，等，2000. 新生代青藏高原三维古地形再造. 成都理工学院学报，27(1)：1～7.

王成善，伊海生，李勇，等，2002. 西藏羌塘盆地地质演化与油气远景评价. 北京：地质出版社.

王二七，孟庆任，2008. 对龙门山中生代和新生代构造演化的讨论. 中国科学（D辑），38(10)：1221～1233.

王二七，孟庆任，陈智梁，等，2001. 龙门山断裂带印支期左旋走滑运动及其大地构造成因. 地学前缘，8(2)：375～384.

王二七，伊纪云，2009. 川西南新生代构造作用以及四川原型盆地的破坏. 西北大学学报（自然科学版），39(3)：359～367.

王凤林，李勇，李永昭，2003. 成都盆地新生代大邑砾岩的沉积特征. 成都理工大学学报（自然科学版），30(20)：139～146.

王根绪，程根伟，2008. 地震灾区重建中有关水文与水环境问题的若干思考. 山地学报，26(4)：385～389.

王国灿，杨巍然，1998. 地质晚近时期山脉地隆升及剥露作用研究. 地学前缘，5(1-2)：151～156.

王国芝，王成善，刘登忠，等，1999. 滇西高原第四纪以来的隆升和剥蚀. 海洋地质与第四纪地质，19(4)：67～74.

王金琪，1990. 安州构造运动. 石油与天然气地质，11(3)：223～234.

王金琪，2003. 龙门山印支运动主幕辨析——再论安州构造运动. 四川地质学报，23(2)：65～69.

王萍，付碧宏，张斌，等，2009. 汶川 8.0 级地震地表破裂带与岩性关系. 地球物理学报，52(1)：131～139.

王琪，张培霞，牛之俊，等，2001. 中国大陆现今地壳运动和构造变形. 中国科学(D 辑)，31(7)：529～536.

王谦身，滕吉文，张永谦，等，2008. 龙门山断裂系及邻区地壳重力均衡效应与汶川地震. 地球物理学进展，23(6)：1664～1670.

王庆良，崔笃信，张希，等，2010. 龙门山及汶川 Ms8.0 级地震垂直形变场研究. 国际地震动态，(6)：11～12.

王涛，马寅生，龙长兴，等，2008. 四川汶川地震断裂活动和次生地质灾害浅析. 地质通报，27(11)：1913～1922.

王天泽，1997. 龙门山逆冲作用在川西盆地演化及油气勘探中的意义. 现代地质，(4)：496～500.

王卫民，郝金来，姚振兴，2013，2013 年 4 月 20 日四川芦山地震震源破裂过程反演初步结果. 地球物理学报，56(4)：1412～1417.

王卫民，赵连锋，李娟，等，2008. 四川汶川 8.0 级地震震源过程. 地球物理学报，51(5)：1403～1410.

王伟涛，贾东，李传友，等，2008. 四川龙泉山断裂带变形特征及其活动性初步研究. 地震地质，30(4)：968～979.

王宗秀，许志琴，杨天南，1997. 松潘—甘孜滑脱型山链变形构造演化模式. 地质科学，(3)：327～336.

韦伟，孙若昧，石耀霖，2010. 青藏高原东南缘地震层析成像及汶川地震成因探讨. 中国科学：地球科学，40(7)：831～839.

魏柏林，郭钦华，李纯清，等，1999. 论三水地震的成因. 中国地震，(3)：247～256.

文联勇，洪钢，谢宇，等，2011. 文家沟“8·13”特大泥石流典型特征及成因分析. 人民长江，42(15)：32～35.

闻学泽，1996. 估算走滑断裂平均滑动速率与地震复发间隔的均一滑动方法. 地震研究，(3)：267～276.

闻学泽，2001. 活动断裂的可变破裂尺度地震行为与级联破裂模式的应用. 地震学报，23(4)：380～390.

闻学泽，杜方，张培震，等，2011. 巴颜喀拉块体北和东边界大地震序列的关联性与 2008 年汶川地震. 地球物理学报，54(3)：70.

闻学泽，张培震，杜方，等，2009. 2008 年汶川 8.0 级地震发生的历史与现今地震活动背景. 地球物理学报，52(2)：444～454.

吴承业，甘昭国，赵宗梅，等，1985. 对四川运动的新认识. 构造地质论丛，4：113～119.

吴山，赵兵，胡新伟，1999. 再论龙门山飞来峰. 成都理工学院学报，26(3)：221～224.

吴树仁，石菊松，姚鑫，等，2008. 四川汶川地震地质灾害活动强度分析评价. 地质通报，27(11)：1900～1906.

伍大茂，吴乃苓，郜建军，1998. 四川盆地古地温研究及其地质意义. 石油学报，19(1)：18～28.

谢富仁，张永庆，张效亮，2008. 汶川 Ms8.0 级地震发震构造大震复发间隔估算. 震灾防御技术，3(4)：337～344.

谢洪，钟敦伦，矫震，等，2009. 2008 年汶川地震重灾区的泥石流. 山地学报，27(4)：501～509.

谢毓寿，蔡美彪，1983. 中国地震历史资料汇编(第一卷). 北京：科学出版社.

徐春春，李俊良，姚宴波，等，2006. 中国海相油气田勘探实例之八 四川盆地磨溪气田嘉二气藏的勘探与发现. 海相油气地质，11(4)：54～61.

徐锡伟，陈桂华，于贵华，等，2010. 5·12 汶川地震地表破裂基本参数的再论证及其构造内涵分析. 地球物理学报，53(10)：2321～2336.

徐锡伟，陈桂华，于贵华，等，2013. 芦山地震发震构造及其与汶川地震关系讨论. 地学前缘，20(3)：11～20.

徐锡伟，甘卫军，王敏，等，2009，2008 年汶川 8.0 级特大地震孕育和发生的多单元组合模式. 科学通报，(7)：944～953.

徐锡伟，闻学泽，韩竹军，等，2013. 四川芦山 7.0 级强震：一次典型的盲逆断层型地震. 科学通报，58(20)：1887～1893.

徐锡伟，闻学泽，叶建，等，2008. 汶川 Ms8.0 地震地表破裂带及其发震构造. 地震地质，30(3)：597～629.

徐锡伟，闻学泽，叶建青，等，2009. 汶川 Ms8.0 地震地表破裂带及其发震构造.

许冲，戴福初，陈剑，等，2009. 汶川 Ms8.0 地震重灾区次生地质灾害遥感详细解译. 遥感学报，13(4)：1～9.

许冲，戴福初，姚鑫，2009. 汶川地震诱发滑坡灾害的数量与面积. 科技导报，27(11)：79～81.

许冲，李金玲，李琰庆，2009. 都江堰市白沙河子流域划分与水系提取研究. 工程地质计算机应用，(1)：19～22.

许炯心，孙季，2008. 长江上游干支流悬移质含沙量的变化及其原因. 地理研究，27(2)：332～342.

许强，2009. 汶川大地震诱发地质灾害主要类型与特征研究. 地质灾害与环境保护，20(2)：86～93.

许强，2010. 四川省 8·13 特大泥石流灾害特点、成因与启示. 工程地质学报，18(5)：596～608.

许强，黄润秋，2008. “5·12”汶川大地震诱发大型崩滑灾害动力学特征初探. 工程地质学报，6(6)：721～729.

许效松，1997. 上扬子西缘二叠纪—三叠纪层序地层与盆山转换耦合. 北京：地质出版社.

许效松，1998. 盆山转移与造盆、造山过程分析. 岩相古地理，(6)：1～10.

许效松，刘巧红，1994. 前陆盆地中的碳酸盐缓坡. 岩相古地理，14(6)：47～48.

许效松，徐强，1996. 盆山转换与当代盆地分析中的新问题. 岩相古地理，(2)：24～33.

许志琴，1997. 中国主要大陆山链韧性剪切带及动力学. 北京：地质出版社.

许志琴，侯立玮，王宗秀，等，1992. 中国松潘—甘孜造山带的造山过程. 北京：地质出版社.

许志琴，李海兵，吴忠良，2008. 汶川地震与科学钻探. 地质学报，82(12)：1613～1621.

许志琴，李化岩，侯立炜，等，2007. 青藏高原东缘龙门—锦屏山造山带的崛起——大型拆离断层与挤出机制. 地质通报，26(10)：1262～1276.

许志琴，李廷栋，杨经绥，等，2008. 大陆动力学的过去、现在和未来——理论与应用. 岩石学报，24(7)：1433～1444.

许志琴，杨经绥，李海兵，等，2011. 印度—亚洲碰撞大地构造. 地质学报，85(1)：1～33.

薛艳，宋治平，梅世蓉，等，2008. 印尼苏门答腊几次大震前的地震活动异常特征. 地震学报，30(3)：321～325.

严钦尚，曾昭璇，1985. 地貌学. 北京：高等教育出版社.

颜仰基，吴应林，1996. 巴颜喀拉—川西边缘前陆盆地演化. 岩相古地理，(3)：16～29.

杨家亮，胡斌，王晓山，等，2009. 大当量爆破地震波记录分析. 大地测量与地球动力学，29(1)：15～20.

杨景春，李有利，2011. 活动构造地貌学. 北京：北京大学出版社.

杨农，张岳桥，孟辉，等，2003. 川西高原岷江上游河流阶地初步研究. 地质力学学报，9(4)：363～370.

杨少敏，兰启贵，聂兆生，等，2012. 用多种数据构建2008年汶川特大地震同震位移场. 地球物理学报，55(8)：2575～2588.

杨巍然，王国灿，1999. 造山带中、新生代隆升作用构造年代学研究新进展. 地质科技情报，18(4)：19～22.

杨文光，2005. 岷江上游阶地沉积记录与气候环境变迁研究. 成都：成都理工大学.

杨晓平，冯希杰，戈天勇，等，2008. 龙门山断裂带北段第四纪活动的地质地貌证据. 地震地质，30(3)：644～657.

杨晓平，蒋溥，宋方敏，等，1999. 龙门山断裂带南段错断晚更新世以来地层的证据. 地震地质，21(4)：341～345.

杨勇，王彤，2004. 岷江：即将消失的河流. 中国国家地理，(7)：230～238.

姚琪，徐锡伟，邢会林，等，2012. 青藏高原东缘变形机制的讨论：来自数值模拟结果的限定. 地球物理学报，55(3)：863～874.

易桂喜，闻学泽，辛华，等，2013. 龙门山断裂带南段应力状态与强震危险性研究. 地球物理学报，56(4)：1112～1120.

殷跃平，2008. 汶川八级地震地质灾害研究. 工程地质学报，16(4)：433～444.

游勇，陈兴长，柳金峰，2011. 四川绵竹清平乡文家沟"8·13"特大泥石流灾害. 灾害学，26(4)：68～72.

游勇，陈兴长，柳金峰，2011. 汶川地震后四川安州甘沟堵溃泥石流及其对策. 山地学报，29(3)：320～327.

于贵华，徐锡伟 Yann Klinger，等，2010. 汶川 Mw 7.9 级地震同震断层陡坎类型与级联破裂模型. 地学前缘，17(5)：1～18.

于海英，王栋，杨永强，等，2008. 汶川 8.0 级地震强震动特征初步分析. 震灾防御技术，3(4)：321～336.

于海英，王栋，杨永强，等，2009. 汶川 8.0 级地震强震动加速度记录的初步分析. 地震工程与工程振动，29(1)：1～13.

俞如龙，1996. 中国西南部新生代陆内转换造山带. 四川地质学报，(1)：1～5.

俞如龙，郝子文，侯立玮，1989. 川西高原中生代碰撞造山带的大地构造演化. 四川地质学报，(1)：27～38.

俞言祥，高孟潭，2001. 台湾集集地震近场地震动的上盘效应. 地震学报，24(6)：615～621.

郁淑华，高文良，2008. 汶川地震重灾区降水与泥石流滑坡特征分析. 高原山地气象研究，28(2)：62～66.

曾超，赵景峰，李旭娇，等，2011. GIS 支持下岷江上游水文特征空间分析. 水土保持研究，18(3)：5～14.

曾洪扬，邓斌，李勇，2009. 汶川大地震对岷江上游水资源与水环境的影响. 四川师范大学学报(自然科学版)，32(1)：134～138.

曾允孚，纪相田，李元林，等，1992. 天全芦山地区晚白垩世—早第三纪陆相盆地层序地层分析. 矿物岩石，12(4)：66～77.

曾允孚，李勇，1995. 龙门山前陆盆地形成与演化. 矿物岩石，1：40～49.

张诚，1990. 中国地震震源机制. 北京：学术书刊出版社.

张国伟，郭安林，姚安平，2004. 中国大陆构造中的西秦岭—松潘大陆构造结. 地学前缘，(3)：23～32.

张会平，刘少峰，2004. 利用 DEM 进行地形高程剖面分析的新方法. 地学前缘，11(3)：226～226.

张会平，刘少峰，孙亚平，等，2006. 基于 SRTM-DEM 区域地形起伏的获取及应用. 国土资源遥感，67(1)：31～36.

张会平，杨农，张岳桥，2006. 岷江水系流域地貌特征及其构造指示意义. 第四纪研究，26(1)：126～133.

张军龙，申旭辉，徐岳仁，2008. 汶川 8 级大地震的地表破裂特征及分段. 地震，29(1)：149～163.

张明利，金之钧，汤良杰，等，2002. 前陆盆地研究的回顾与展望. 地质论评，48(2)：214～220.

张明山，陈发景，1998. 平衡剖面技术应用的条件及实例分析. 石油地球物理勘探，33(4)：532～552.

张培震，2008. 青藏高原东缘川西地区的现今构造变形、应变分配与深部动力过程. 中国科学：地球科学，(9)：1041～1056.

张培震，王琪，马宗晋，2002. 中国大陆现今构造运动的 GPS 速度场与活动地块. 地学前缘，9(2)：430～441.

张培震，闻学泽，徐锡伟，等，2009. 2008 年汶川 8.0 级特大地震孕育和发生的多单元组合模式. 科学通报，54(7)：944～953.

张培震，徐锡伟，闻学泽，等，2008. 2008 年汶川 8.0 级地震发震断裂的滑动速率、复发周期和构造成因. 地球物理学报，51(4)：1066～1073.

张四新，张希，王双绪，等，2008. 汶川 8.0 级地震前后地壳垂直形变分析. 大地测量与地球动力学，28(6)：43～48.

张天琪，王振，张晓明，等，2015. 北天山乌鲁木齐河流域面积—高程积分及其地貌意义. 第四纪研究，35(1)：60～70.

张廷，2010. 基于 DEM 的洮河流域构造地貌分析. 北京：中国地质大学.

张一平，张昭辉，何云玲，2004. 岷江上游气候立体分布特征. 山地学报，22(2)：179～183.

张毅，李勇，周荣军，等，2006. 晚新生代以来青藏高原东缘的剥蚀过程：来自裂变径迹的证据. 沉积与特提斯地质，26(1)：97～102.

张永谦，王谦身，滕吉文，2010. 川西地区的地壳均衡状态及其动力学机制. 第四纪研究，30(4)：662～669.

张永双，雷伟志，石菊松，等，2008. 四川 5·12 地震次生地质灾害的基本特征初析. 地质力学学报，14(2)：109～116.

张永双，孙萍，石菊松，等，2010. 汶川地震地表破裂影响带调查与建筑场地避让宽度探讨. 工程地质学报，18(3)：312～319.

张勇，冯万鹏，许力生，等，2008. 2008 年汶川大地震的时空破裂过程. 中国科学，10(38)：1186～1194.

张岳桥，杨农，孟晖，2005. 岷江上游深切河谷及其对川西高原隆升的响应. 成都理工大学学报(自然科学版)，32(4)：331～339.

张岳桥，杨农，施炜，等，2008. 青藏高原东缘新构造及其对汶川地震的控制作用. 地质学报，82(12)：1668~1678.

张致伟，程万正，阮祥，等，2009. 汶川 8.0 级地震前龙门山断裂带的地震活动性和构造应力场特征. 地震学报，31(2)：117~127.

张自光，张志明，张顺斌，2010. 都江堰市八一沟泥石流形成条件与动力学特征分析. 中国地质灾害与防治学报，21(1)：34~38.

赵洪壮，李有利，杨景春，2010. 北天山流域河长坡降指标与 Hack 剖面的新构造意义. 北京大学学报（自然科学版），46(2)：237~244.

赵洪壮，李有利，杨景春，等，2009. 天山北麓河流纵剖面与基岩侵蚀模型特征分析. 地理学报，64(5)：563~570.

赵芹，罗茂盛，曹叔尤，等，2009. 汶川地震四川灾区水土流失经济损失评估及恢复对策. 四川大学学报（工程科学版），41(3)：289~293.

赵小麟，邓起东，陈社发，1994. 龙门山逆断裂带中段的构造地貌学研究. 地震地质，16(4)：333~339.

赵友年，1983. 四川龙门山及其邻区大地构造若干问题. 天然气工业，8(4)：50~57.

赵珠，范军，郑斯华，1997. 龙门山断裂带地壳速度结构和震源位置的精确修定. 地震学报，19(6)：615~622.

郑荣才，戴朝成，罗清林，等，2011. 四川类前陆盆地上三叠统须家河组沉积体系. 天然气工业，31(9)：16~24.

郑荣才，戴朝成，朱如凯，等，2009. 四川类前陆盆地须家河组层序—岩相古地理特征. 地质论评，55(4)：484~495.

郑荣才，党录瑞，郑超，等，2010. 川东—渝北黄龙组碳酸盐岩储层的成岩系统. 石油学报，31(2)：237~245.

郑荣才，朱如凯，翟文亮，等，2008. 川西类前陆盆地晚三叠世须家河期构造演化及层序充填样式. 中国地质，35(2)：246~255.

中国地震局地质所，2008. 汶川地震构造初步分析. http：//www. csi. ac. cn.

中国地震局工程力学研究所，2008. 四川汶川地震的强震动观测. www. iem. net. cn.

中国地震信息网，2008，2008 年 5 月 12 日汶川 Ms8.0 级地震震源过程. http：//www. csi. ac. cn.

中国地质调查局发展研究中心情报室，2008. 科学家提出汶川地震两阶段模式. http：//www. cgs. gov. cn.

中国地质调查局发展研究中心情报室，2008. 美国地调局、英国地调局、日本地调局对四川汶川地震的解说. http：//www. cgs. gov. cn.

中国地质调查局发展研究中心情报室，2008. 中国四川东部 2008.5.12 7.9 级地震有限元模型初步结果. http：//www. cgs. gov. cn.

中国地质调查局水环部，2008. 汶川地震总灾区地质灾害危害分析. http：//www. cgs. gov. cn.

中国科学院西部地区南水北调综合考察队，1985. 川西滇北地区水文地理. 北京：科学出版社.

周必凡，李德基，罗德富，等，1991. 泥石流防治指南. 北京：科学出版社.

周启鸣，刘学军，2006. 数字地形分析，北京：科学出版社.

周荣军，黎小刚，黄祖智，等，2003. 四川大凉山断裂带的晚第四纪平均滑动速率. 地震研究，26(2)：191~196.

周荣军，李勇，2000. 晚第四纪以来青藏高原东缘构造变形的新证据. 北京：地震出版社.

周荣军，蒲晓虹，何玉林，等，2000. 四川岷江断裂带北段的新活动、岷山断块的隆起及其与地震活动的关系. 地震地质，22(3)：210~220.

周荣军，叶友清，李勇，等，2007. 理塘断裂带沙湾段的晚第四纪活动性. 第四纪研究，27(1)：45~53.

周志东，黄强，邓婷，2011. 四川红椿沟泥石流成因初步分析. 水利水电技术，42(9)：55~58.

朱艾澜，徐锡伟，刁桂苓，等，2008. 汶川 Ms 8.0 地震部分余震重新定位及地震构造初步分析. 地震地质，30(3)：759~767.

朱艾澜，徐锡伟，周永胜，等，2005. 川西地区小震重新定位及其活动构造意义. 地球物理学报，48(3)：629~636.

朱航，闻学泽，2009. 1973~1976 年四川松潘强震序列的应力触发过程. 地球物理学报，52(4)：994~1003.

朱介寿，2008. 汶川地震的岩石圈深部结构与动力学背景. 成都理工大学学报（自然科学版），35(4)：348~355.

庄忠海，任希飞，田端孝，等，1988. 四川盆地雅安至天全白垩系—下第三系古地磁研究. 物探与化探，12(8)：224~228.

Abrahamson N A，Somerville P G，1996. Effects of the hanging wall and footwall on ground motions recorded during the Northridge earthquake. Bulletin of the Seismological Society of America，86：93~99.

Allen P A，1997. Earth Surface Processes. Blackwell Science.

Allen P A，2008. Landscape Evolution：Denudation，climate and tectonics over different time and space scales. Geol. Soc. Spec. Pub. ，296：7~28.

Allen P A，Allen J R，2005. Basin Analysis：Principles and Applications. New York：Blackwell Pub.

Anderson R S，Repka J L，Dick G S，1996. Explicit treatment of inheritance in dating depositional surfaces using in situ ^{10}Be and ^{26}Al. Geology，24：47~51.

Andrew J W，Gleadow，Roderick W Brown，2000. Fission-track thermorchronology and the long-term denudational response to tectonics. In：M. Summerfield(eds)，Geomorphology and Global Tectonics，John Wiley and Sons Ltd.

Argand E，Carozzi A V，1977. Tectonics of Asia. Hafner Pub. Co.

Arne D B，Worley C，Wilson S，et al，1997. Differential exhumation in response to episodic thrusting along the eastern margin of the Tibetan Plateau. Tectonophysics，280：239~256.

Avouac J P，Tapponnier P，Bai M，et al，1993. Active thrusting and folding along the northern Tien Shan and Late Cenozoic rotation of the Tarim relative to Dzungaria and Kazakhstan. Journal of Geophysical Research Solid Earth，98(B4)：6755~6804.

Bai D H，Unsworth M J，Meju M A，et al，2010. Crustal deformation of the Eastern Tibetan plateau revealed by magnetotelluric imaging. Nature Geoscience，published online：11 April 2010，DOI：10. 1038/NGEO830.

Bally A W, 1981. Thoughts on the tectonics of folded belts. Geological Society London Special Publications, 9(1): 13~32.

Barbour G B, 1936. Physiographic history of the Yangtze. The Geographical Journal, 87(1): 17~32.

Beaumont C, Kooi H, Willett S, 2000. Coupled tectonic-surface process models with applications to rifted margins and collisional orogens. In: M. Summerfield(eds), Geomorphology and Global Tectonics. John Wiley and Sons Ltd, 29~55.

Beaumont Q, 1984. Appalachian thrusting, lithosperic fexure, and the Paleozoic stratigraphy of the estern Interior ofnorth American. CanJ. Earth Sci. , 21: 973~996.

Beaumont Q, 1988. Orogeny and stratigraphy: Numerical models of the Paleozoic in the eastern interior of North America: Tectonics, 7(3): 389~416.

Bierman P R, 1994. Using in situ produced cosmogenic isotopes to estimate rates of landscape evolution: areview from the geomorphic perspective. Journal of Geophysical Research, 99: 13885~13896.

Bird P, 1991. Lateral extrusion of lower crust from under high topography in the isostatic limit. Journal of Geophysical Research: Solid Earth, 96(B6): 10275~10286.

Bishop P, Young R W, McDougall I, 1985. Stream profile change and longterm landscape evolution: early miocene and modern rivers of the east Australian highland crest, central New South Wales, Australia. The Journal of Geology: 455~474.

Brookfield M E, 1998. The evolution of the great river systems of Southern Asia during the cenozoic India-Asia collision: rivers draining Southwarda. geomorphology, 22: 285~312.

Bull W B, 2009. Tectonically active landscapes. Tectonically Active Landscapes: 326.

Burbank D W, 1992. Cause of recent Himalaya uplifted deduced from deposited pattern in the Ganges basin. Nature, 357: 680~682.

Burbank D W, 2003. Decoupling of erosion and precipitation in Himalayas. Nature, 426: 652~655.

Burbank D W, Anderson R S, 2011. Tectonic geomorphology. Massachusetts: Blackwell Science, 1~11.

Burbank D W, Raynolds R G H, 1988. Stratigraphic Keys to the timing of thrusting in terrestrial forland basin: applications to the Northwestern Himalaya. In: K. L. Kleimspeh et al(eds)New Perpective in Basin Analysis, Springer-Verlag.

Burchfiel B C, 2004, 2003 PRESIDENTIAL ADDRESS: New technology: new geological challenges. GSA Today, 14(2): 13~15.

Burchfiel B C, Cen Z, Hodges K V, et al, 1992. The South Tibetan Detachment System, Himalayan orogeny: extension contemporaneous with and parallel to shortening in a collisional mountain belt. Gcol. Soc. . Am. Pap. , 269: 1~41.

Burchfiel B C, Chen Z L, Liu Y P, et al, 1995. Tectonics of the Longmen Shan and adjacent regions, Central China. International Geology Review, 37(8): 661~735.

Burchfiel B C, Royden L H, 1985. North-south extension within the convergent Himalayan region. Geology, 13: 301~320.

Burchfiel B C, Royden L H, Vander R D, et al, 2008. A geological and geophysical context for the Wenchuan earthquake of 12 May 2008, Sichuan, People's Repulic of China. GSA Today, 18(7): 4~11.

Burnett A W, Schumm S A, 1983. Alluvial-river response to neotectonic deformation in louisiana and Mississippi. Science, 222(4619): 49~50.

Burov E, Francois T, Yamato P, et al, 2014. Mechanisms of continental subduction and exhumation of HP and UHP rocks. Gondwana Research, 25(2): 464~493.

Busby C J, Ingesoll R V, 1995. Tectonics of sedimentary basins. Blackwell Science Inc. Cambridge, Massachusell.

Cardozo N, Jordan T, 2001. Causes of spatially variable tectonic subsidence in the Miocene Bermejo Foreland Basin, Argentina. Basin Research, 13(3): 335~357.

Castle J W, 2001. Foreland-basin sequence response to collisional tectonism. Geological Society of America Bulletin, 113: 801~812.

Chappell J, Zheng H, Fifield K, 2006. Yangtse River sediments and erosion rates from sourceto sink traced with cosmogenic[10]Be: Sediments from major rivers: Palaeogeography, Palaeoclimatology, Palaeoecology, 241: 79~94.

Chen B, Chen C, Kaban M K, et al, 2013. Variations of the effective elastic thickness over China and surroundings and their relation to the lithosphere dynamics. Earth and Planetary Science Letters, 363: 61~72.

Chen S F, Cristopher J L, Wilson C J L, et al, 1995. Tectoic transition from the Songpon-Garze fold belt to the Sichuan Basin, South-Western China. Basin Reseanch, 12(126): 630~638.

Chen S F, Wilson C J L, 1996. Emplacement of the Longmen Shan thrust-nappe belt along the eastern margin of the Tibetan Plateau. Journal of Structural Geology, 18: 413~430.

Chen S F, Wilson C J L, Deng Q D, et al, 1995. Active faulting and block movement associated with large earthquakes in the Min shan and Longmen Mountains, northeastern Tibetan Plateau. Journal of Geophysical Research, 99(B12): 25~38.

Chen S F, Wilson C J L, Luo Z L, et al, 1994. The Evolution of the Western Sichuan foreland Basin, southwestern China. Journal of Southeast Asian Earth Science, 10: 159~168.

Chen Y C, Sung Q C, Cheng K Y, 2003. Along-strike variations of morpho-tectonic features in the Western Foothills of Taiwan: tectonic implications based on stream-gradient and hypsometric analysis. Geomorphology, 56: 108~137.

Chen Z, Burchfiel B C, Liu Y, et al, 2001. Global positioning system measurements from eastern Tibet and their implications for India/Eurasia in tercontinental deformation. Journal of Geophysical Research, 105(B7): 16215~16227.

Cheng K Y, Hung J H, Chang H C, et al, 2012. Scale independence of basin hypsometry and steady state topography. Geomorphology, 171~172(9): 1~11.

Chorley R J, 1962. Geomorphology and general systems theory. Washington, DC: US Government Printing Office.

Clark M K, House M A, Royden L H, et al, 2005. LateCenozoicuplift of Southeastern Tibet. Geology, 33: 525~528.

Clark M K, Royden L H, 2000. Topographic ooze: building the eastern margin of Tibet by Lower Crustal Flow. Geology, 28: 703~706.

Clark M K, Royden L H, Whipple K X, et al, 2006. Use of a regional, relict landscape to measure vertical deformation of the Eastern Tibetan Plateau. Journal of Geophysical Research, 11, F03002, doi: 10.1029/2005JF000294.

Clark M K, Schoenbohm L M, Royden L H, et al, 2004. Surface uplift, tectonics, and erosion of easternTibet from large-scale drainage patterns. Tectonics, 23, TC1006, doi: 10.1029/2002TC001402.

Clark M, Royden L, 2000. Topographic ooze: Building the eastern margin of Tibet by lower crustal flow. Geology, 28(8): 703~706.

Clift P D, 2006. Controls on the erosion of Cenozoic Asia and the flux of clastic sediment to the ocean, Earth and Planetary Science Letters, 241: 571~580, doi: 10.1016/j. epsl. 2005. 11. 028.

Clift P D, Blusztajn J, 2005. Reorganization of the western Himalayan river system after five million years ago. Nature, 438(7070): 1001~3.

Clift P D, Layne G D, Blusztajn J, 2004. Marine sedimentary evidence for monsoon strengthening, Tibetan uplift and drainage evolution in East Asia, Geophysical Monograph, 149: 255~282.

Clift P D, Sun Z, 2006. The sedimentary and tectonic evolution of the Yinggehai-Song Hong Basin and the southern Hainan margin, Southfrom plutonic rocks: A case study from the Coast Ranges, British Columbia, Earth and Planetary Science Letters, 132: 213~224.

Copley A C, 2008. Studies of active tectonics in the Turkish-Iranian Plateau and India-Asia collision zone. University of Cambridge.

Covey M, 1986. The evolution of foreland basins to steady state: evidence from the Western Taiwan foreland basins, foreland basin. Spec Publ Int Asso Sediment, 8: 77~90.

Dadson S J, Hovius N, Chen H, et al, 2004. Earthquake-triggered increase in sediment delivery from an active mountain belt. Geology, 32: 733~736.

Dai F C, Xu C, Yao X, et al, 2011. Spatial distribution of landslides triggered by the 2008 Ms 8. 0Wenchuan earthquake, China. Journal of Asian Earth Sciences, 40(4): 883~895.

Decelles G, Giles K A, 1996. Foreland basin systems. Basinresearch, 8: 105~123.

Deng B, Liu S G, Li Z, et al, 2013. Differential exhumation at Eastern margin of the Tibetan plateau, from apatite fission track thermochronology. Tectonophysics, 591: 98~115.

Densmore A L, Ellis M A, Li Y, et al, 2007. Active tectonics of the Beichuan and Pengguan faults at the eastern margin of the Tibetan Plateau. Tectonics, 26, TC4005, doi: 10.1029/2006TC001987.

Dewey J F, Sun Y, 1988. The tectonic evolution of the Tibetan plateau. Philosophical Transactions of the Royal Society B Biological Sciences, 327(1594): 379~413.

Dickinson W R, 1993. Basin Geodynamics. Basin Research, 5: 195~196.

Dirks P, Wilson C, Chen S, et al, 1994. Tectonic evolution of the NE margin of the Tibetan plateau: evidence from the central Longmen mountains, Sichuan province, China. Journal of Southeast Asian Earth Sciences, 9: 181~192.

Dorobek S L, Ross G M, 1995. Stratigraphic evolution of foreland basins. Gsw Books. Whipple K X, 2009. The influence of climate on the tectonic evolution of mountain belts. Nature Geoscience, 2(2): 97~104.

Dumitru T A, 1995. Anew computer automated microscope stage system for fission track analysis, Nucl. Tracks Radiat. Meas. , 21, 575~580.

Einsele G, Hinderer M, 1997. Terrestrial sediment yield and lifetimes of reservoirs, lakes and larger basins. Geologische Rundschau, 86(2): 288~310.

England P C, Molnar P, 1990. Right-lateral shear and rotation as the explanation for strike-slip faulting in Eastern Tibet. Nature, 344: 140~142.

England P, Houseman G, 1986. Finite strain calculations of continental deformation: 2. Comparison with the India-Asia Collision Zone. Journal of Geophysical Research Atmospheres, 91(91): 3664~3676.

Enkelmann E, Ratschbacher L, Jonckheere R, 2004. Cenozoic tectonics of the easternmost Tibetan plateau: Constraints from fission \ -track geochronology//AGU Fall Meeting Abstracts.

Enkelmann E, Ratschbacher L, Jonckheere R, et al, 2006. Cenozoic exhumation and deformation of Northeastern Tibet and the Qinling: is Tibetan lower crustal flow diverging around the Sichuan basin? Geological Society of America Bulleti, 118(5/6): 651~671.

Enkelmann E, Ratschbacher L, Jonckheere R, et al, 2006. Cenozoic exhumation and deformation of northeastern Tibet and the Qinling: Is Tibetan lower crustal flow diverging around the Sichuan Basin? GSA Bulletin, 118(5/6): 651~671.

Enkin R，Courtillot V，Xing L，et al，1991．The stationary Cretaceous paleomagnetic pole of Sichuan(South China Block)，Tectonics，10：547～559．

Enkin R，Yang Z Y，Chen Y，et al，1992．Paleomagnetic constraints on the geodynamic history of the major blocks of China a from the Permian to the present．Journal of Geophysical Research：Solid Earth．，97：13953～13989．

Escalona A，Mann P，2006．Tectonic controls of the right-lateral Burro Negro tear fault on Paleogene structure and stratiaraphy，northeastern Maracaibo Basin．Aapg Bulletin，90(4)：479～504．

Farley K A，2000．Helium diffusion from apatite：general behavior as illustrated by Durango fluorapatite．Journal of Geophysical Research，105(B2)：2903～2914．

Fielding E J，2000．Morphotectonic evolution of the Himalayas and Tibetan plateau．In：M．Summerfield(eds)，Geomorphology and Global Tectonics，57～75．

Fitzgerald P G，Baldwin S L，Webb，et al，2006．Interpretation of(U-Th)/five million years ago：Nature，438：1001～1003．

Flemings P B，Jordan T E，1990．Stratigraphic modelling of Foreland basins：interpreting thrust reformation and lithospheric rheology．Geology，18：430～435

Flemings，1989．A synthetic stratigraphic model of foreland basins development．Journal of Geophysical Research，1989，94：3851～3866．

Fu B H，Shi P L，Guo H D，et al，2011．Surface deformation related to the 2008 Wenchuan earthquake，and mountain building of the Longmen Shan．Eastern Tibetan plateau．Journal of Asian Earth Sciences，40：805～824．

Galbraith R F，Laslett G M，1993．Statistical models for mixed fission track ages．Nuclear Tracks & Radiation Measurements，21(4)：459～470．

Gan Q X，Peter J J，Kamp，2000．Tectonics and denudation adjacent to the Xianshuihe fault，Eastern Tibetan plateau：constraints from fission track thermochronology．Journal of Geophysical Research，105(B8)：19231～19251．

Garcia-Castellanos D，Vergés J，Gaspar-Escribano J，et al，2003．Interplay between tectonics，climate，and fluvial transport during the Cenozoic evolution of the Ebro Basin(NE Iberia)．Journal of Geophysical Research Solid Earth，108(B7)：107～137．

Gilchrist A R，Summerfield M A，Cockburn H A P，1994．Landscape dissection，isostaticuplift，and morphologic development of orogens．Geology，22：963～966．

Gilles Peltzer，Paul Tapponnier，1988．Formation and evolution of strike-slip faults，rifts，and basins during the India-Asia Collision：An experimental approach．Journal of Geophysical Research，93(B12)：15085～15117．

Godard V，Lavé J，Carcaillet J，et al，2010．Spatial distribution of denudation in Eastern Tibet and regressive erosion of plateau margins．Tectonophysics，491：253～274．

Godard V，Pik R，Lavé J，et al，2009．Late Cenozoic evolution of the central Longmen Shan，eastern Tibet：Insight from(U-Th)/He thermochronometry．Tectonics，28：TC5009．

Green P F，Duddy I R，Laslett G M，et al，1989．Thermal annealing of fission tracks in apatite 4．Quantitative modeuing techniques and extension to geological timescales．Chemical Geology Isotope Geoscience，79(2)：155～182．

Gregory E，Tucher，Rudy Slingerland，1996．Predicting sediment flux from fold and thrust belts．Basin Research，8(3)：329～349．

Guzzetti F，Ardizzone F，Cardinali M，et al，2009．Landslide volumes and landslide mobilization rates in Umbria，central Italy．Earth & Planetary Science Letters，279(3～4)：222～229．

Hack J T，1957．Submerged river system of Chesapeake Bay．Geological Society of America Bulletin，68(7)：817～830．

Hack J T，1960．Interpretation of erosional topography in humid-temperate regions．American Journal of Science，258A：80～97．

Hack J T，1973．Stream-profile analysis and stream-gradient index．Journal of Research of the US Geological Survey，1(4)：421～429．

Hancock G S，Anderson R S，Chadwick O A，et al，1999．Dating fluvial terraces with [10]Be and [26]Al profiles：Application to the Wind River，Wyoming．Geomorphology，27(1)：41～60．

Harding T P，1974．Petroleum traps associated with wrench faults．AAPG Bulletin，58(7)：1290～1304．

Hare P W，Gardner T W，1984．Geomorphic indicators of vertical neotectonism along converging plate margins，Nicoya Peninsula，Costa Rica：Tectonic Geomorphology：Proceedings of the 15th Annual Binghamton geomorphology Symposium．Boston：Allen & Unwin．

Harrowfield M J，Wilson C J L，2005．Indosinian deformation of the Songpan Garzê Fold Belt，northeast Tibetan Plateau．Journal of Structural Geology，27(1)：101～117．

Hatzfeld D，Molnar P，2010．Comparisons of the kinematics and deep structures of the Zagros and Himalaya and of the Iranian and Tibetan plateaus and geodynamic implications．Reviews of Geophysics，48(2)：449～463．

Heller P L，Angevine C L，Winslow N S，et al，1988．Two phase stratigraphic model of foreland basin sequences．geology，16：501～504．

Hetenyi R，1974．Beams on elastic foundation．Ann Arbor：University of Michigan Press，255．

Higgitt D L，Lu X X，2001．Sediment delivery to the three gorges：Catchment controls．Geomorphology，41：143～156．

Holbrook W S，Lizarralde D，Mcgeary S，et al，1999．Structure and composition of the Aleutian island arc and implications for continental crustal growth．Geology，27(1)：31～34．

Hovius N, Meunier P, Lin C W, et al, 2011. Prolonged seismically induced erosion and the mass balance of a large earthquake. Earth Planetary Science Letters, 304: 347~355.

Hovius N, Stark C, Allen P, 1997. Sediment flux from a mountain belt derived by landslide mapping. Geology, 25: 231~234.

Hu S, Raza A, Min K, et al, 2006. Late Mesozoic and Cenozoic thermotectonic evolution along a transect from the north China craton through the Qinling orogen into the Yangtze craton, central China. Tectonics, 25(6): 97~112.

Huang K, Opdyke N D, 1991. Paleomagnetism of Jurassic rocks from southwestern Sichuan and the timing of the closure of the Qinling Suture. Tectonophysics, 200(1~3): 299~316.

Huang R Q, Fan X M, 2013. Landslide Story. Nature, 61: 225~226.

Hubbard J, Shaw J H, 2009. Uplift of the Longmen Shan and Tibetan plateau, and the 2008 Wenchuan(M=7.9)earthquake. Nature, 458: 194~197.

Hurford A J, Green P F, 1983. The zeta age calibration of fission-track dating. Chemical Geology, 41(83): 285~317.

Hurtrez J E, Lucazeau F, 1999. Lithologic control on relief and hypsometry in the Hérault drainage basin(France). Comptes Rendus de l Académie des Sciences-Series IIA-Earth and Planetary Science, 328(10): 687~694.

Ingersoll R V, 1988. Tectonics of Sedimentary Basin. Geological Sociecty of America Bulletin, 100: 1704~1719.

Ingersoll R V. Busby C J, 1995. Tectonics sedimentarybasins. Busby, C. J. Ingersoll (eds), Tectonics SedimentaryBasins, Blackwell Science.

Jacobi R D, 1981. Peripheral bulge-a causal mechanism for the Lower/Middle Ordovician unconformity along the Western margin of the Northern appalachians. Earth and Planetary Science Letters, 56: 245~251.

Jia D, Wei G Q, Chen Z X, et al, 2006. Longmen Shan Fold-thrust Belt and its Relation to the Western Sichuan basin in central China: new insights from Hydrocarbon exploration. American Association of Petroleum Geological. AAPG Bulletin, 90(9): 1425~1447.

Jonathan Phillips, 2003. Alluvial storage and the long-term stability of sediment yields. Basin Research, 15: 153~163.

Jones L M, Han W, Hauksson E, et al, 1984. Focal mechanisms and aftershock locations of the Songpan earthquake of August 1976 in Sichuan, China. Journal of Geophysical Research, 89(B9): 7697~7707.

Jones M A, Heller P L, Roca E, et al, 2004. Time lag of syntectonic sedimentation across an alluvial basin: theory and example from the Ebro Basin, Spain. Basin Research, 16, 489~506.

Jordan T A, Watts A B, 2005. Gravity anomalies, flexure and the elastic thickness structure of the India-Eurasia collisional system. Earth and Planetary Science Letters, 236(2005): 732~750.

Jordan T E, 1981. Thrust loads and foreland basin evolution, Cretaceous, western United States. AAPG Bulletin, 65: 2506~2520.

Jordan T E, Flemings P B, Beer J A, 1988. Dating thrust-fault activity by use of forland basin strata. In: K. L. Kleimsphehn et al. New Perpective in Basin Analysis, Springer-Verlag.

Keefer D K, 1984. Landslides caused by earthquakes. Geological Society of America Bulletin, 95: 406~421.

Keefer D K, 1994. The importance of earthquake-induced landslides to long-term slope erosion and slope-failure hazards in seismically active regions. Geomorphology, 10: 265~284.

Ketcham R A, 2005. Computational methods for quantitative analysis of three-dimensional features in geological systems. Geosphere, 1(1): 32~41.

Ketcham R A, Donelick R A, Carlson W D, 1999. Variability of apatite fission-track annealing kinetics: III. Extrapolation to geological time scales. American Mineralogist, 84(9): 1235~1255.

Khazai B, Sitar N, 2004. Evaluation of factors controlling earthquake-induced landslides caused by Chi-chi earthquake and comparison with the Northridge and Loma Prieta events. Engineering Geology, 71: 79~95.

King R, Shen F, Liu Y, et al, 1997. Geodetic measurements of crustal motion in southwest China. Geology, 25: 179~182.

Kirby E, 2001. Structural, thermal and geomorphic evolution of the eastern margin of the Tibetan Plateau, Ph. D. thesis, Mass. Inst. of Technol, Cambridge.

Kirby E, Kelin X, 2003. Whipple. Distribution of active rock uplift along the eastern margin of the Tibet Plateau: Inferences from bedrock channel longitudinal profiles. Journal of Geophysical Research, 108(B4): 2217.

Kirby E, Reiners P W, Krol M A, et al, 2002. Late Cenozoic evolution of the eastern margin of the Tibetan Plateau: inference from[40] Ar/[39] Ar and(U-Th)/He thermochronology. Tectonics, 21(1): 1~19.

Kirby E, Whipple K X, 1999. Quantifying differential rock-uplift rates. Geology, 29(5): 415~418.

Kirby E, Whipple K X, Tang W, 2004. Distribution of active rock uplift along the eastern margin of the Tibetan Plateau: inferences from bedrock channel longitudinal profiles. Journal of Geophysical Research, 108(B4): 2217.

Kirby E, Whipple K, 2001. Quantifying differential rock-uplift rates via stream profile analysis. Geology, 415~418.

Kirby E, Whipple K, Burchfiel B C, et al, 2000. Neotectonic s of the Min Shan, China: Implications for mechanisms driving Quaternary deformation along the eastern margin of the Tibetan Plateau. GSA Bulletin, 112(3): 375~393.

Kirby E, Whipple K, Harkins N, 2008. Topography reveals seismic hazard. Nature, 1: 485~487.

Kohl C P, Nishiizumi K, 1992. Chemical isolation of quartz for measurement of in-situ-produced cosmogenic nuclides. Geochimicaet Cosmochimica Acta, 56: 3583~3587.

Kooi H, Beaumont C, 1996. Large-scale geomorphology: Classical concepts reconciled and integrated with contemporary ideas via a surface processes model. Journal of Geophysical Research Solid Earth, 101(B2): 3361~3386.

Korsch H J, Mirbach B, Schellhaa B, 1997. Semiclassical analysis of tunnelling splittings in periodically driven quantum systems. Journal of Physics A Mathematical & General, 30(5): 1659~1677.

Lal D, 1991. Cosmic ray labeling of erosion surfaces: in situ nuclide production rates and erosion model. Earth and Planetary Science Letters, 104: 424~439.

Lamb S, Davis D, 2003. Cenozoic climate chang as a possible cause for the rise the the Andes. Nature, 425: 792~797.

Larsen I J, Montgomery D R, Korup O, 2010. Landslide erosion caused by hillslope material. Nature Geosci, 3: 247~251.

Laslett G M, Green P F, Duddy I R, et al, 1987. Thermal annealing of fission tracks in apatite: 2, A quantitative analysis, Chem. Geol. , 65: 1~13.

Lebedev S, Nolet G, 2003. Upper mantle beneath Southeast Asia from S, velocity tomography. Journal of Geophysical Research Atmospheres, 108(B1): 1008~1029.

Li J J, Fang X M, 1995. Uplift of Qinghai-Xizang(Tibet)plateau and global change. Lanzhou Universitity Press, 1~207.

Li J J, Xie S Y, Kuang M S, 2001. Geomorphic evolution of the Yangtze Gorges and the time of their formation. Geomorphology, 41: 125 ~135.

Li Y, Allen P A, Densmore A L, et al, 2003. Geological evolution of the Longmen Shan foreland basin(western Sichuan, China)during the Late Triassic Indosinian Orogeny. Basin Research, 15(1): 117~138.

Li Y, Cao S Y, Zhou R J, et al, 2004. Field studies of Late Cenozoic Minjiang River incision rate and its constraint on morphology of the eastern margin of the Tibetan plateau. Environmental Hydraulics and Sustainable Water Management. A. A. Balkema Publishers.

Li Y, Densmore A L, Allen Philip A, et al, 2001. Sedimentary responses to thrusting and strike-slipping of Longmen Shan along eastern margin of Tibetan Plateau, and their implication of Cimmerian continents and India/Eurasia collision. Scientia Geologica Sinica, 10 (4): 223~243.

Li Y, Densmore A L, Ellis M A, et al, 2006. The geology of the eastern margin of the Qinghai-Tibet Plateau. Geological Publishing House.

Li Y, Ellis M A, Densmore A L, et al, 2001. Active Tectonics in the Longmen Shan Region, Eastern Tibetan Plateau. EOS Transactions of the American Geophysical Union, 81(48): 1109.

Li Y, Ellis M A, Densmore A L, et al, 2001. Evidence for active strike-slip faults in the Longmen Shan, Eastern margin of Tibet. EOS Transactions of American Geophysical Union, 82(47): 1104.

Li Y, Yan L, Shao C J et al, 2017a. The coupling relationship between the uplift of Longgmen shan and the subsidence of foreland basin, Sichuan, China. Acta Geologica Sinica, 91(2): 801~840.

Li Y, Yan Z K, Zhou R J, et al, 2017b. Crustal uplift in the Longmen shan mountains revealed by isostatic gravity anomalies along the eastern margin of the Tibetan Plateau [J]. Acta Geologica Sinica, 91(5): 801~840.

Li Z W, Liu S G, Chen H D, et al, 2012. Spatial variation in Meso-Cenozoic exhumation history of the Longmen Shan thrust belt(eastern Tibetan Plateau) and the adjacent western Sichuan basin: Constraints from fission track thermochronology. Journal of Asian Earth Sciences, 47: 185~203.

Lin A, Ren Z, Jia D, et al, 2010. Evidence for a Tang-Song dynasty great earthquake along the Longmen Shan Thrust Belt before the 2008 Mw 7. 9 Wenchuan earthquake, China. Journal of Seismology, 14: 615~628.

Liu S G, Deng B, Li Z W, et al, 2012. Architectures of basin-mountains systems and their influences on gas distribution: a case study from Sichuan Basin, south China. Journal of Asian Earth Science, 47: 204~215.

Liu-Zeng J, Zhang Z, Wen L, et al, 2009. Co-seismic ruptures of the 12 May 2008, Ms. 8. 0 Wenchuan earthquake, Sichuan: East-west crustal shortening on oblique, parallel thrusts along the eastern edge of Tibet. Earth & Planetary Science Letters, 286(3): 355 ~370.

Lucchitta I, 1979. Late cenozoic uplift of the southwestern colorado plateau and adjacent lower colorado river region. Tectonophysics, 61(1 ~3): 63~95.

Maddy D, 1997. Uplift-driven valley incision and river terrace formation in southern England. Journal of Quaternary Science, 12(6): 539~ 545.

Malamud B D, Turcotte D L, Guzzetti F, et al, 2004. Landslides, earthquakes and erosion. Earth and Planetary Science Letters. 229: 45~ 59.

Marcello M, Raucoules Daniel, Sigoyer J D, et al, 2010. Three-dimensional surface displacement of the 2008 May 12 Sichuan earthquake (China)derived from Synthetic Aperture Radar: Evidence for rupture on a blind thrust. Geophysical Journal International, 183: 1097

~1103.

Masek J G, Isacks B L, Gubbels T L, et al, 1994. Erosion and tectonic at the margin of continental plateaus. Journal of Geophysical Research, 99(B7): 13941~13956.

Mayer L, 2000. Application of digital elevation models to macroscale tectonic geomorphology. In: Summerfield M. (eds), Geomorphology and Global Tectonics, John Wiley and Sons Ltd.

McCalpin, James, 1996. Paleoseismology. Academic Press, 1~588.

McCann W R, Nishenko S P, Sykes L R, et al, 1979. Seismic gaps and plate tectonics: seismic potential for major boundaries. Pure Appl. Geophys, 117: 1082~1147.

Mccullagh P, 1978. A class of parametric models for the analysis of square contingency tables with ordered categories. Biometrika, 65(2): 413~418.

Meade B J, 2007. Present-day kinematics at the India-Asia collision zone. Geology, 35(1): 81.

Meng Q R, Hu J M, Wang E, et al, 2006. Late Cenozoic denudation by large-magnitude landslides in the eastern edge of Tibetan Plateau. Earth and Planetary Science Letters, 243(1-2): 252~267.

Merritts D J, Vincent K R, Wohl Ellen E E, 1994. Long river profiles, tectonism and eustasy: A guide to interpreting fluvial terraces. Journal of Geophysical Research, 99(B7): 14031~14050.

Meunier P, Hovius N, Haines J, 2007. Regional patterns of earthquake-triggered landslides and their relation to ground motion. Geophysical Research Letters, 34: L20408.

Molnar P, 2003. Nature, nurture and landscape. Nature, 426: 612~614.

Molnar P, 2012. Isostasy can't be ignored. Nature Geoscience, 5: 83.

Molnar P, England P, 1990. Late Cenozoic uplift of mountain ranges and global climate change: chicken or egg? Nature, 346: 29~34.

Molnar P, Tapponnier P, 1975. Cenozoic tectonics of Asia: effects of a continental collision. Science, 189: 419~426.

Molnar P, Tapponnier P, 1977. Relation of the tectonics of eastern China to the India-Eurasia collision: Application of slip-line field theory to large-scale continental tectonics. Geology, 5: 212~216.

Montgomery D R, 1994. Valley incision and uplift of mountain peaks. Journal of Geophysical Research, 99: 13913~13921.

Métivier F, Gaudemer Y, Tapponnier P, et al, 1999. Mass accumulation rates in Asia during the Cenozoic. Geophysical Journal International, 137: 280~318.

Ohmori H, 1993. Changes in the hypsometric curve through mountain building resulting from concurrent tectonics and denudation. Geomorphology, 8: 263~277.

Ollier C, Pain C, 2000. The origin of mountain. London: Routledge.

Orphal D L, Lahoud J A, 1974. Prediction of peak ground motion from earthquakes. Bulletin of the Seismological Society of America, 64(15): 1563~1574.

Oskin M, Iriondo A, 2004. Large-magnitude transient strain accumulation on the Blackwater fault, Eastern California shear zone. Geology, 32(4): 313~316.

Ouchi S, 1985. Response of alluvial rivers to slow active tectonic movement. Geological Society of America Bulletin, 96(4): 504~515.

Ouimet W B, 2010. Landslides associated with the May 12, 2008 Wenchuan earthquake: Implications for the erosion and tectonic evolution of the Longmen Shan. Tectonophys, 491: 244~252.

Ouimet W B, Whipple K X, Granger D E, 2009. Beyond threshold hillslopes: Channel adjustment to base-level fall in tectonically active mountain ranges. Geology, 37: 579~582.

Ouyang Z X, Zhang H X, Fu Z Z, et al, 2009. Abnormal Phenomena Recorded by Several Earthquake Precursor Observation Instruments Before the Ms 8.0 Wenchuan, Sichuan Earthquake. Acta Geologica Sinica, 83(4): 834~844.

O'Sullivan P B, Parrish R R, 1995. The importance of apatite composition and single-grain ages when interpreting fission track data from plutonic rocks: a case study from the Coast Ranges, British Columbia. Earth & Planetary Science Letters, 132(1): 213~224.

Parsons T, Chen J, Kirby E, 2008. Stress changes from the 2008 Wenchuan earthquake and increase hazard in the Sichuan basin. Nature, 454: 509~510.

Parsons T, Ji C, Kirby E, 2008. Stress changes from the 2008 Wenchuan earthquake and increased hazard in the Si chuan basin. Nature, doi: 10.1038/nature 07177.

Peltzer G, Tapponnier P, 1988. Formation and evolution of strike-slip faults, rifts, and basins during the India-Asia Collision: An experimental approach. Journal of Geophysical Research Atmospheres, 93(B12): 15085~15117.

Perfettini H, Avouac J P, Tavera H, et al, 2010. Seismic and aseismic slip on the Central Peru megathrust. Nature, 465(7294): 78~81.

Pike R J, Wilson S E, 1971. Elevation-relief ratio, hypsometric integral, and geomorphic area-altitude analysis. Geological Society of America Bulletin, 82(4): 1079~1084.

Pinter N, Brandon M T, 1997. How erosion builds mountains. Scientific American, 276(4): 74~79.

Quinlan G M, Beaumont C, 1984. Appalachian thrusting, lithospheric flexure, and the Palaeozoic stratigraphy of the eastern interior of North America. Canadian Journal of Earth Sciences, 21: 973~996.

Ran Y, Chen L, Chen J, et al, 2010. Paleoseismic evidence and repeat time of large earthquakes at threesites along the Longmenshan fault zone. Tectonophysics, 491: 141~153.

Reading H G, 1980. Characteristics and recognition of strike-slip fault//Balance P F, Reading H G, eds Sedimentation in Oblique-slip Mobile Zones. The IAS Special Publication, 4: 7~26.

Reid H F, 1910. The mechanics of the earthquake in the California earthquake of 18 April 1906. Report, Carnegie Institute, Washington DC.

Reiners P W, Ehlers T A, Mitchell S G, et al, 2003. Coupled spatial variation in precipitation and long-term erosion rate across the Washington Cassades. Nature, 426: 645~647.

Roger F, Calassou S, Lancelot J, et al, 1995. The presently active sinistral Xian-shui He strike-slip fault(XSH)is a lithospheric scale strike-slip fault in the eastern. Earth and Planetary Science Letters, 130: 201~216.

Royden L H, Burchiel B C, King R W, et al, 1997. Surface deformation and lower crustal flow in eastern Tibet. Science, 27(6): 788~790.

Sato H P, Harp E L, 2009. Interpretation of earthquake-induced landslides triggered by the 12 May 2008, M7. 9 Wenchuan earthquake in the Beichuan area, Sichuan Province, China using satellite imagery and Google Earth. Landslides, 6(2): 153~159.

Schegg R, Leu W, 1998. Analysis of erosion events and palaeogeothermal gradients in the North Alpine Foreland Basin of Switzerland. Geological Society London Special Publications, 141(1): 137~155.

Schildgen T F, Hodges K V, Whipple K X, et al, 2007. Uplift of the western margin of the Andean plateau revealed from canyon incision history, southern Peru. Geology, 35: 523~526.

Schlunegger F, Melzer J, Clark M K, et al, 2000. Topographic ooze: building the eastern margin of Tibet by lower crustal flow. Geology, 28: 703~706.

Schlunegger F, Melzer J, Tucker G, 2001. Climate, exposed source-rock lithologies, crustal uplift and surface erosion: a theoretical analysis calibrated with data from the Alps/North Alpine Foreland Basin system. International Journal of Earth Sciences, 90(3): 484~499.

Schumm S A, Dumont J F, Holbrook J M, 2000. Active Tectonics and Alluvial Rivers, Cambridge University Press.

Seeber L, Gornitz V, 1983. River profiles along the Himalayan arc as indicators of active tectonics. Tectonophysics, 92(4): 335~337.

Seward D, 1989. Cenozoic basin histories determined by fission-track dating of basement granites, South Island, New Zealand. Chemical Geology Isotope Geoscience, 79(1): 31~48.

Shen Z K, Sun J B, Zhang P Z, et al, 2009. Slip maxima at fault junctions and rupturing of barriers during the 2008 Wenchuan earthquake. Nature Geoscience, 2: 718~724.

Simon W, Tatsuki T, Mutsuki A, et al. 2003. Cenozoic and Mesozoic metamorphism in the Longmenshan orogeny: implications for geodynamic models of eastern Tibet. Geology, 31(9): 745~748.

Simpson G, 2004. Role of river incision in enhancing deformation. Geology, 32(4): 341~344.

Sinclair H D, 1997. Tectonostratigraphic model of underfilled peripheral foreland basins: an Alpine perspective. Geological Society of America Bulletin, 109: 323~346.

Sinclair H D, Tomasso M, 2002. Depositional Evolution of Confined Turbidite Basins. Journal of Sedimentary Research, 72(4): 451~456.

Snow R S, Slingerland R L, 1990. Stream Profile Adjustment to Crustal Warping: Nonlinear Results from a Simple Model. Journal of Geology, 98(5): 699~708.

Snyder N, Whipple K X, Tucker G, et al, 2000. Landscape response to tectonic forcing: digital elevation model analysis of stream profiles in the Mendocino triple junction region, northern California. Geological Society of America Bulletin, 112: 1250~1263.

Somerville P G, Saikia C, Wald D, et al, 1996. Implications of the Northridge earthquake for strong ground motions from thrust faults. Bulletin of the Seismological Society of America, 86: 115~125.

Stein R S, 1999. The role of stress transfer in earthquake occurrence. Nature, 402(9): 605~609.

Stewart J, Watts A B, 1997. Gravity anomalies and spatial variations of flexural rigidity at mountain ranges. Journal of Geophysical Research, 102: 5327~5352.

Stone D S, 2003. New interpretation of the Piney Creek thrust and associated Granite Ridge tear fault, northeastern Bighorn Mountains, Wyoming. Rocky Mountain Geology, 38(2): 205~235.

Stone J O, 2000. Air pressure and cosmogenic isotope production. Journal of Geophysical Research, Solid Earth, 105(B10): 23753~23759.

Strahler A N, 1952. Dynamic Basis of Geomorphology. Geological Society of America Bulletin, 63(9): 923~938.

Strahler A N, 1952. Hypsometric (Area-altitude) Analysis of Erosional Topography. Geological Society of America Bulletin, (63): 1117~1142.

Strahler A N, 1957. Quantitative analysis of watershed geomorphology. Eos Transactions American Geophysical Union, 38(38): 913~920.

Summerfield M A, 2001. Geomorphology and Global Tectonics. London: John Wiley and Sons, Ltd. Press.

Summerfield M A, Hulton N J, 1994. Natural controls on fluvial denudation rates in major drainage. Journal of Geophysical Research, 99: 13871~13883.

Tapponnier P, Meyer B, Avouac J P, et al, 1990. Active thrusting and folding in the Qilian Shan, and decoupling between upper crust and mantle in northeastern Tibet. Earth & Planetary Science Letters, 97(3~4): 382~383.

Tapponnier P, Peltzer G, Armijo R, 1986. On the mechanics of the collision between India and Asia. Geological Society, London, Special Publications, 19: 113~157.

Tapponnier P, Peltzer G, Le Dain A Y et al, 1982. Propagating extrusion tectonics in Asia: New insights from simple experiments with plasticine. Geology, 10: 611~616.

Tapponnier P, Xu Z Q, Roger F, et al, 2001. Obligue stepwise rise and growth of the Tibet Plateau. Science, 294(5547): 1671~1677.

Tian Yuntao, Kohn Barry P, Gleadow Andrew J W, et al, 2013. Constructing the Longmen Shan eastern Tibetan Plateau margin: insights from low-temperature thermochronology. Tectonics, 32: 576~592.

Toda S, Lin J, Meghraoui M, et al, 2008. 12 May 2008 M=7.9 Wenchuan, China, earthquake calculated to increase failure stress and seismicity rate on three major fault systems. Geo phys Res Lett, 35, L17305, doi: 10.1029/ 2008GL034903.

Turcotte D L, Schubert G, 2002. Geodynamics-2nd Edition.

Turcotte D L, Schubert G, 2014. Geodynamics. Cambridge: Cambridge University Press.

Waldhauser F, Ellsworth W L, 2000. A double-difference earthquake location algorithm: Method and application to the northern Hayward fault, California. Bulletin of the Seismological Society of America, 90(6): 1353~1368.

Wallace R E, 1970. Earthquake recurrence intervals on the San Andreas fault. Geological Society of America Bulletin, 81(10): 2875~2890.

Wang C, Zhao X, Liu Z, et al, 2008. Constrains on the early uplift history of the Tibetan Plateau. PNAS, 105: 4987~4992.

Wang E, Burchfiel B C, 2000. Late Cennozoic to Holocene deformation in southwestern Sichuan and adjacent Yunnan, China, and its role in formation of the southeastern part of the Tibetan Plateau. Geological Society of America Bulletin, 112: 413~423.

Wang E, Kirby E, Furlong K P, et al, 2012. Two-phases growth of high topography in eastern Tibet during the Cenozoic. Nature Geoscience, 5: 640~645.

Wang M M, Jia D, Lin A M, et al, 2013. Late Holocene activity and historical earthquakes of the Qiongxi thrust fault system in the southern LongmenShan fold-and-thrust belt. Tectonophysics, 584: 102~113.

Watts A B, 1992. The effective elastic thickness of the lithosphere and the evolution of foreland basins. Basin Research, 4: 169~178.

Watts A B, 2001. Isostasy and Flexure of the Lithosphere, Cambridge University Press.

Wesnousky S G, 1986. Earthquakes, quaternary faults, and seismic hazard in California. Journal of Geophysical Research Solid Earth, 91 (B12): 12587~12631.

Whipple K X, 2004. Bedrockrivers and the geomorphology of active orogens. Annual Review of Earth Planetary Sciences, 32: 151~185.

Whipple K X, Tucker G E, 2002. Implications of sediment-flux dependent river incision models for landscape evolution. Journal of Geophysical Research, 107: ETG 3—1~ETG 3—20.

Wilson C J L, Li Y, 2000. Field Guidebook for the Eastern Margin of Qinghai-Tibet Plateau, China. 15th Himalaya-Karakoram-Tibet Workshop, Chengdu, China, 1~50.

Wobus C W, Crosby B T, Whipple K X, 2006. Hanging valleys in fluvial systems: Controls on occurrence and implications for landscape evolution. Journal of Geophysical Research Earth Surface, 111(F2): 347~366.

Worley B A, Wilson C J L, 1996. Deformation prtitioning and foliation reactivation during transpression orogenesis, an example from the central Longmen Shan, China, Journal of structural Geology, 18(4): 395~411.

Xu G Q, Kamp P J J, 2000. Tectonics and denudation adjacent to the Xianshuihe fault, eastern Tibetan Plateau: Constraints from fission track thermochronology. Journal of Geophysical Research. 105(B8): 19231~19251.

Xu G, 1997. Thermo-tectonic history of eastern Tibetan Plateau and western Sichuan Basin, China, assessed by fission track thermochronolog.

Xu X W, Wen X Z, Yu G H, et al, 2009. Coseismic reverse and oblique-slip surface faulting generated by the 2008 Mw7.9 Wenchuan earthquake, China. Geology, 37(6): 515~518.

Xu Z Q, Ji S C, Li H B, et al, 2008. Uplift of the Longmen Shan range and the Wenchuan earthquake. Episodes, 31(3): 291~301.

Yan D P, Zhou M F, Li S B, et al, 2011. Structural and geochronological constraints on the Mesozoic-Cenozoic tectonic evolution of the Longmen Shan thrust belt, eastern Tibetan Plateau. Tectonics, 30: TC6005.

Yan D P, Zhou M F, Song H L, et al, 2003. Origin and tectonic significance of a Mesozoic multi-layer over-thrust system within the Yangtze Block(South China). Tectonophysics, 361(3): 239~254.

Yin A, Nie S, 1996. A Phanerozoic palinspastic reconstruction of China and its neighboring regions. In: The Tectonic Evolution of Asia(Ed. by A. Yin&T. M. Harrison). 442~485.

Zeitler P K, Koons P O, Bishop M P, et al, 2001. Crustal reworking at Nanga Parbat, Pakistan: Metamorphic consequences of thermal-mechanical coupling facilitated by erosion. Tectonics，20(5)：712～728.

Zeng Y F，Li Y，1994. Sedimentary and tectonic evolution of the Longmen Shan foreland basin，western Sichuan China. Scientia Geologica Sinica，3(4)：337～387.

Zhang P Z，Molnar P，Downs W R，2001. Increased sedimentation rates and grain sizes 204 Myr ago due to the influence of climate chang on the erosion rates. Nature，410：891～897.

Zhang P Z，Shen Z M，Wang W J，et al，2004. Continuous deformation of the Tibetan Plateau from global positioning system data. Geology，32：809～812.

Zhang Z，Yuan X，Chen Y，et al，2010. Seismic signature of the collision between the east Tibetan escape flow and the Sichuan Basin. Earth and Planetary Science Letters，292：254～264.

Zhou D，Graham S A，1996. The Songpan-Ganzi complex of the West Qinling Shan as a Triassic remnant ocean basin. In：The Tectonic Evolution of Asia(Ed. by A. Yin&T. M. Harrison). Cambridge University Press，Cambridge. 281～299.

Чубатый О. В. ，1978，Блияние Леса на дечной Сток и его Зарегулированно-сть в Карпатах，Лесоведение，(2)：24～28.

研究过程中发表的学术论文：

陈浩，李勇，董顺利，等，2009.汶川 8.0 级地震地表破裂白鹿镇段的变形特征.自然杂志，(5)：268～271.

陈浩，李勇，2009.高原冰川消融－青藏高原周缘特大地震的诱发因素.四川师范大学学报(自然科学版)，(5)：666～670.

陈浩，李勇，2013.岷江上游水系对龙门山断裂带右旋走滑作用的响应.山地学报，31(2)：211～217.

陈浩，李勇，2014.岩性差异对岷江龙门山河段剖面样式的影响.四川地质学报，34(2)：187～189.

丁海容，李勇，闫亮，等，2013.龙门山区湔江水系样式及其对汶川地震的响应.第四纪研究，33(4)：802～811.

丁海容，李勇，闫亮，等，2013.岷江上游输沙量剧增：汶川地震驱动的地质灾害响应.第七届世界华人地质科学研讨会，地质学报，增刊，89.

丁海容，李勇，闫亮，等，2013.汶川地震驱动的灾害链对岷江上游输沙量的影响.成都理工大学学报(自然科学版)，41(4)：353～363.

丁海容，李勇，赵国华，等，2013.汶川地震后岷江上游山洪发育特征与成因分析.灾害学，28(2)：14～19.

董顺利，李勇，陈龙生，等，2009.汶川 Ms8.0 地震的地表破裂过程——以都江堰八角庙村断层擦痕剖面为例.第四纪研究，29(3)：439～448.

董顺利，李勇，乔宝成，等，2008.汶川特大地震后成都盆地内隐伏断层活动性分析.沉积与特提斯地质，28(3)：1～7.

李奋生，李勇，颜照坤，等，2012.构造、地貌、气候对汶川地震同震及震后地质灾害的控制作用——以龙门山北段通口河流域为例.自然杂志，34(4)：216～218.

李奋生，李勇，赵国华，等，2014.汶川 8.0 级地震震后泥石流空间分布和控制因素分析.灾害学，2：38～41.

李奋生，赵国华，李勇，等，2015.龙门山地区水系发育特征及其对青藏高原东缘隆升的指示.地质论评，2：345～355.

李敬波，李勇，赵国华，等，2014.四川盆地熊坡背斜构造特征及其成因机制.现代地质，4：761～771.

李敬波，李勇，周荣军，等，2015.龙门山南段前缘地区活褶皱－逆断层运动学机制——以芦山地震为例.地震工程学报，1：202～213.

李勇，2005.唐古拉山中段地质特征与资源环境.北京：地质出版社.

李勇，2010.汶川地震地表破裂样式与构造变形.第三届全国构造地质与地球动力学研讨会，广州，中国.

李勇，2011.龙门山前陆盆地动力学与盆山耦合.第四届全国构造地质与地球动力学研讨会，南京，中国.

李勇，2011.汶川地震的地貌和水系响应.四川防震减灾 40 年学术会议，成都，中国.

李勇，2012.汶川地震的地貌、水系响应及其研究进展.第五届全国构造地质与地球动力学研讨会，武汉，中国.

李勇，2013.龙门山隆升机制与前陆盆地动力学.第五届全国沉积学大会，杭州，中国.

李勇，Allen P A，周荣军，等，2006.青藏高原东缘中新生代龙门山前陆盆地动力学及其与大陆碰撞作用的耦合关系.地质学报，80(8)：1101～1109.

李勇，Densmore A L，周荣军，等，2005.青藏高原东缘龙门山晚新生代剥蚀厚度与弹性挠曲模拟.地质学报，79(5)：608～615.

李勇，Densmore A L，周荣军，等，2006.青藏高原东缘数字高程剖面及其对晚新生代河流下切深度和下切速率的约束.第四纪研究，26(2)：237～343.

李勇，曹叔尤，周荣军，等，2005.晚新生代岷江下切率及其对青藏高原东缘山脉隆升机制和形成时限的定量约束.地质学报，79(1)：28～37.

李勇，贺佩，颜照坤，等，2010.晚三叠世龙门山前陆盆地动力学分析.成都理工大学学报(自然科学版)，37(4)：401～411.

李勇，黄润秋，Densmore A L，等，2009.龙门山彭县－灌县断裂的活动构造与地表破裂.第四纪研究，29(3)：403～415.

李勇，黄润秋，Densmore A L，等，2009.龙门山小鱼洞断裂在汶川地震中的地表破裂及地质意义.第四纪研究，29(3)：506～516.

李勇，黄润秋，Densmore A L，等，2009.汶川 8.0 级地震的基本特征及其研究进展.四川大学学报(工程科学版)，41(3)：7～25.

李勇，黄润秋，周荣军，等，2009.龙门山地震带的地质背景与汶川地震的地表破裂.工程地质学报，17(1)：3～16.

李勇，黄润秋，周荣军，等，2010.汶川 Ms8.0 级地震的水系响应.四川大学学报(工程科学版)，42(5)：20～32.

李勇，黎兵，Steffen D，等，2006.青藏高原东缘晚新生代成都盆地物源分析与水系演化.沉积学报，24(3)：309～320.

李勇，黎兵，周荣军，等，2007.剥蚀−沉积体系中剥蚀量与沉积通量的定量对比研究——以岷江流域为例.地质学报，81(3)：332～343.

李勇，廖前进，肖敦清，等，2013.河流相层序地层学.北京：科学出版社.

李勇，苏德辰，董顺利，等，2011.龙门山前陆盆地底部不整合面：被动大陆边缘到前陆盆地的转换.岩石学报，27(8)：2413～2429.

李勇，苏德辰，董顺利，等，2011.晚三叠世龙门山前陆盆地早期(卡尼期)碳酸盐缓坡和海绵礁的淹没过程与动力机制.岩石学报，27(11)：3460～3470.

李勇，苏德辰，孙玮，等，2014.印支期龙门山造山楔推进作用与前陆型礁滩迁移过程研究.岩石学报，24(3)：641～654.

李勇，徐公达，周荣军，等，2005.龙门山均衡重力异常及其对青藏高原东缘山脉地壳隆升的约束.地质通报，24(12)：162～1169.

李勇，周荣军，Densmore A L，等，2006.龙门山断裂带走滑方向的反转及其沉积与地貌标志.矿物岩石，26(4)：26～34.

李勇，周荣军，Densmore A L，等，2006.青藏高原东缘大陆动力学过程与地质响应.北京：地质出版社.

李勇，周荣军，Densmore A L，等，2006.青藏高原东缘龙门山晚新生代走滑−逆冲作用的地貌标志.第四纪研究，26(1)：40～51.

李勇，周荣军，Densmore A L，等，2006.青藏高原东缘龙门山晚新生代走滑挤压作用的沉积响应.沉积学报，24(2)：1～12.

李勇，周荣军，Densmore A L，等，2008.映秀−北川断裂的地表破裂与变形特征.地质学报，82(12)：1688～1705.

李勇，周荣军，Densmore A L，等，2009.龙门山地震带的活动构造与汶川地震地表破裂及其研究进展.中国力学文摘，22(4)：1～12.

李勇，周荣军，Densmore A L，等，2009.龙门山彭县−灌县断裂的活动构造与地表破裂.第四纪研究，(3)：405～417.

李勇，周荣军，董顺利，等，2008.汶川特大地震的地表破裂与逆冲−走滑作用.成都理工大学学报：自然科学版，35(4)：404～413.

李勇，周荣军，苏德辰，等，2013.汶川(Ms8.0)地震的河流地貌响应.第七届世界华人地质科学讨论会摘要集.地质学报，(增刊)：72.

李勇，周荣军，苏德辰，等，2013.汶川(Ms8.0)地震的河流地貌响应.第四纪研究，33(4)：785～801.

李勇，周荣军，赵国华，等，2013.龙门山前缘的芦山地震与逆冲−滑脱褶皱作用.成都理工大学学报(自然科学版)，40(4)：353～363.

李勇，周荣军，2013.四川盆地西部的活动构造与地震——以遂宁(Ms5.0)地震为例.第六届全国构造地质与地球动力学研讨会，长春，中国.

马博琳，李勇，董顺利，等，2009.汶川地震中映秀地区地表破裂特征.西北地震学报，4：339～343.

乔宝成，李勇，董顺利，等，2009.汶川Ms8.0地震中央断裂北段地表破裂特征.西北地震学报，4：333～338.

乔宝成，李勇，闫亮，等，2011.地震石从何而来.四川地质学报，31(1)：117～119.

邵崇建，李勇，颜照坤，等，2015.基于DEM数据的龙门山流域地形起伏度研究.四川师范大学学报(自然科学版)，5：766～773.

邵崇建，李勇，赵国华，等，2015.基于面积−高程积分对龙门山南段山前河流的构造地貌研究.现代地质，4：727～737.

闫亮，李勇，Densmore A L，等，2009.北川地区擂鼓断裂在汶川地震中的地表破裂及其意义.第四纪研究，29(3)：535～545.

闫亮，李勇，周荣军，等，2011.映秀—北川断裂中、北段分段地震震级及强震复发周期评估.成都理工大学学报(自然科学版)，38(1)：29～36.

颜照坤，李勇，董顺利，等，2010.龙门山前陆盆地晚三叠世沉积通量与造山带的隆升和剥蚀.沉积学报，28(1)：91～101.

颜照坤，李勇，董顺利，等，2013.物质平衡法在龙门山晚三叠世以来隆升、剥蚀和古高度估算中的应用.第七届世界华人地质科学讨论会摘要集.地质学报，(增刊)：86.

颜照坤，李勇，黄润秋，等，2011.汶川Ms8.0地震驱动的同震及震后地质灾害空间分布.四川地震，(4)：1～7.

颜照坤，李勇，黄润秋，等，2011.汶川地震对龙门山地区河流系统沉积物输移的影响.自然杂志，33(6)：337～339.

颜照坤，李勇，黄润秋，等，2011.汶川地震对龙门山地区平通河河流系统沉积物输移的影响.自然杂志，33(6)：337～339.

颜照坤，李勇，黄润秋，等，2012.龙门山北段平通河流域地貌演化过程分析.山地学报，30(2)：136～146.

颜照坤，李勇，李海兵，等，2013.晚三叠世龙门山的隆升−剥蚀过程研究——来自前陆盆地沉积通量的证据.地质论评，59(59)：665～676.

赵国华，李勇，闫亮，等，2014.汶川Ms8.0级地震后龙门山构造地貌及地表侵蚀过程研究——以湔江海子段河为例.四川地震，1：15～23.

赵国华，李勇，颜照坤，等，2014.龙门山中段山前河流Hack剖面和面积−高程积分的构造地貌研究.第四纪研究，2：302～311.

周荣军，黄润秋，雷建成，等，2008.四川汶川8.0级地震地表破裂与震害特点.岩石力学与工程学报，27(11)：2173～2183.

周荣军，赖敏，余桦，等，2010.汶川Ms8.0地震四川及邻区数字强震台网记录.岩石力学与工程学报，29(9)：1850～1858.

周荣军，李勇，Densmore A L，等，2006.青藏高原东缘活动构造.矿物岩石，26(2)：40～51.

周荣军，李勇，苏金蓉，等，2013.四川芦山Mw 6.6级地震发震构造.成都理工大学学报(自然科学版)，40(4)：364～370.

周荣军，唐荣昌，雷建成，等，2005.四川盆地潜在震源区的细致划分.四川地震，116(3)：3～6.

Densmore A L，Ellis M A，Aanderson R S，1998. Landsliding and the evolution of normal-fault-bounded mountains. Journal of Geophysical Research：Solid Earth.，103：15203～15219.

Densmore A L，Ellis M A，Li Y，et al，2007. Active Tectonics of the Beichuan and Pengguan faults at the Eastern margin of the Tibetan plateau. Tectonics，80(8)：113～127.

Densmore A L，Hetzel R，Krugh W C，et al，2008. The role of tectonic inheritance in simple sediment routing systems. Geophysical Research，112，F01002，doi：10.1029/2006/JF000474.

Densmore A L，Hovius N，2000. Sediment flux from an uplifting fault block. Geology，28：371～374.

Densmore A L，Li Y，Ellis M A，et al，2005. Active tectonics and erosional unloading at the eastern margin of the Tibetan plateau. Journal of Mountain Science，2(2)：146～154.

Densmore A L，Li Y，Richardson N J，et al，2010. The role of late Quaternary upper-crustal faults in the 12 May 2008 Wenchuan Earthquake. Bulletin of the Seismological Society of America，100(5B)：2700～2712.

Ding H R，Li Y，Ma G W，et al，2013. Post-seismic floods after the 2008 Wenchuan(Ms8. 0)earthquake in the Minjiang River，Sichuan，China. Abstract of the first Joint scientific meeting of GSC and GSA(Roof of the World)，Acta Geologica Sinca，87：Supp.

Ding H R，Li Y，Ni S J，et al，2014. Increased sediment discharge driven by heavy rainfall afterWenchuan earthquake：A case study in the upper reaches of the Min River，Sichuan，China. Quaternary International，333：122～129.

Laurence S，Li Y，He C Y，et al，2013. Acceleration and intensification of landslide，debris flow and flood geo-hazards in Yin Chang Gou，Sichuan，China since the May 12，2008 Wenchuan Earthquake. First Joint Scientific Meeting of GSC and GSA Abstract. Acta Geologica Sinca，87.

Laurence S，Li Y，Yan L，et al，2011. Preventing and limiting exposure to geo-hazards：some lessons from two mountain villages destroyed by the Wenchuan Earthquake. Journal of Mountain Science，8(2)：190～199.

Li Y，Huang R Q，Yan L，et al，2010. Surface ruprure and hazard of Wenchuan Ms 8. 0Earthquake，Sichuan，China. International Journal of Geosciences，1(1)：21～31.

Li Y，Li H B，Zhou R J，et al，2013. Crustal thickening or isostatic rebound of orogenic wedge deduced from tectonostratigraphic units in Indosinian foreland basin，Longmen Shan，China. Tectonophysics. online. http//dx. doi. org/10. 1016/j. tecto. 2.

Li Y，Shugen L，Cao J X，et al，2014. Migration of the carbonate ramp and sponge buildup driven by the orogenic wedge advance in the early stage(Carnian)of the Longmen Shan foreland basin，China. Tectonophysics. 619～620，179～193.

Li Y，Su D C，Zhou R J，et al，2013. Episodic orogeny deduced from coeval sedimentary sequences in the foreland basin and its implication for uplift process of Longmen Mountain，China，Journal of Mountain Science，10：29～42.

Li Y，Yan Z K，Zhou R J，et al，2013. Surface process and fluvial landform response to the Ms 8. 0 Wenchuan Earthquake，Longmenshan，China. Journal of Earthquake and Tsunami，7(5)：1350033(26 pages).

Li Y，Zhou R J，Aleander L D，et al，2006. The Geology of the Eastern Magin of the Qinghai-Tiben Plateau. Beijing：Geological Publishing House.

Li Y，Zhou R J，Densmore A L，et al，2008. Surface rupture，thrusting and strike-slipping in the Wenchuan Earthquake. The Gongwana 13 Program and Abstracts，114～115.

Li Y，Zhou R J，Densmore A L，et al，2011. Spatial relationships between surface ruptures in the Ms8. 0 Earthquake，the Longmen Shan region，Sichuan，China. Journal of Earthquake and Tsunami，5(4)：329～342.

Li Y，Zhou R J，Zhao G H，et al，2014. Tectonic uplift and landslides triggered by the Wenchuan earthquake and its constraint on the orogenic growth：a case study from Hongchun Gully in Longmen Mountain，Sichuan，China. Quaternary International，Quaternary International，349：142～152.

Li Y，2011. The Ms8. 0 Wenchuan Earthquake and river response：some constraints on drainage network response to active tectonics，in Longmen Shan region，eastern margin of Tibetan Plateau. The Annual Symposium of IGCP 581. Nanjing，China.

Parker R N，Densmore A L，Rosser N J，et al，2011. Mass wasting triggered by the 2008 Wenchuan earthquake is greater than orogenic growth. Nature Geoscience，4：449～452.

Richardson N J，Denesmore A L，Seward D，et al，2008. Extraordinary denudation in the Sichuan Basin：insights from low-temperature thermochronology adjacent to the easten margin of the Tibetan plateau. Journal of Geophysical Reserch，10(17)：1029～2006.

Richardson N J，Densmore A L，Seward D，et al，2010. Did incision of the Three Gorges begin in the Eocene? Geology，38(6)：551～554.

Yan Z K，Li Y，Li H B，et al，2015. Application of the Material Balance Method in Paleoelevation Recovery：A Case Study of the Longmen Mountains Foreland Basin on the Eastern Margin of the Tibetan Plateau. ACTA GEOLOGICA SINICA(English edition)，89(2)：598～609.

Yan Z K，Li Y，Zhou R J，et al，2013. Elastic Flexural Simulations under the Structural Load Triggered by Wenchuan Earthquake and Its Geological Significance. Acta Geologica Sinica，87(z1)：408～409.

Zhou R J，Li Y，Densmore A L，et al，2007. Active Tectonics of the Longmen Shan Region on the Eastern Margin of the Tibetan Plateau. Acta Geologica Sinica，81(4)：593～604.

Zhou R J，Li Y，Densmore A L，et al，2011. The strong motion records of the Ms 8. 0 Wenchuan Earthquake by the digital strong earthquake network in Sichuan and the neighboring region. Journal of Earthquake and Tsunami，5(4)：343～361.

Zhou R J，Li Y，Laurence Svirchev，et al，2013. Tectonic mechanism of the Suining(Ms5. 0)Earthquake，Center of Sichuan Basin，China. Journal of Mountain Science，10：84～94.

Zhou R J，Li Y，Liang M J，et al，2013. Determination of mean recurrence interval of large earthquakes on the Garz-Yushu fault(Dengke Segment)on the Eastern Margin of the Qinghai-Tibetan Plateau. Quaternary International，333：179～187.

Zhou R J，Li Y，Yan L，et al，2010. Surface rupture and hazard characteristics of the Wenchuan Ms 8. 0earthquake，Sichuan，China. Natural Science，2(3)：160～174.

附　　件

Field Trip Guidebook for Geology of the Longmen Shan and Geohazards of the Wenchuan Earthquake

（Chengdu-Yingxiu-Shuimo-Dujiangyan-Chengdu，June 16，2013，Chengdu，China）

Chengdu University of Technology(CDUT)

June 16，2013

ROOF OF THE WORLD
First Joint Scientific Meeting of GSC and GSA
7th World Chinese Conference on Geological Sciences

FieldTrip Guidebook for Geology of the Longmen Shan and Geohazards of the Wenchuan Earthquake

(Chengdu-Yingxiu-Shuimo-Dujiangyan-Chengdu, June 16, 2013, Chengdu, China)

Leader: Li Yong, Huang Runqiu

Co-leaders: Tang Chuan, Li Zhongquan, Wang Yunsheng

General affairs: Kong Fanjin, Zhang Shipeng, Li Jingcheng

Written by: Li Yong, Yan Liang, Tang Chuan, Laurence Svirchev, Yan Zhaokun, Zhao Guohua, Zheng Lilong, Li Jingbo, Yang Yuqiang, Zhang Jiajia

Principal sponsors:

Geological Society of China(GSC)

Geological Society of America(GSA)

Supporters:

Chinese Academy of Geological Sciences(CAGS)

Department of Land and Resources of Sichuan Province, China

Chengdu Center of China Geological Survey(CCCGS)

Geological Society of Sichuan Province

Chengdu University of Technology(CDUT)

Contents

Introduction to Longmen Shan

This guidebook is specially written for the field trip, which will take one day to complete this trip on June 16, 2013. On this field trip, we will examine the unique and varied geological phenomena of Longmen Shan. On the other hand, we will investigate the new geological phenomena produced by the 2008 Wenchuan earthquake, including surface ruptures, geohazards, and earthquake remains.

The Longmen Shan("Longmen" means dragon's gate, "Shan" is equivalent to mountain)located in the eastern margin of the Tibetan Plateau is called a "natural geological museum", and it is important as a "golden key for orogeny mechanics" and a "natural laboratory of continental dynamic theory" in geoscience. From northwest to southeast, the eastern margin of the Tibetan Plateau is composed of three major tectonic units: the Songpan-Garzê Fold Belt(SGFB), the Longmen Shan orogenic Belt and the Foreland Basin(Figure. 1). Each tectonic unit has its own stratigraphic and structural characteristics. This is not only the key area for researching the climate and ecological environment evolution in the upper Yangtze, but also the key area for studying active faults and potential seismic hazards.

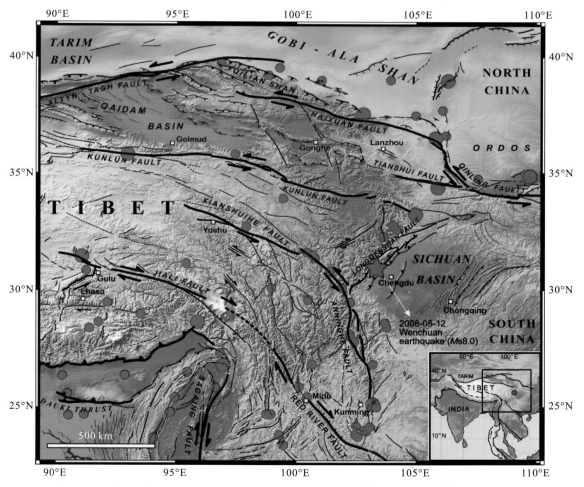

Figure. 1   Tectonic framework in the eastern margin of the Tibetan Plateau(Li et al., 2013)

1. Topography of the Longmen Shan

Topographically，the eastern margin of the Tibetan Plateau is marked by the 500+km long ranges of the Longmen Shan. The peaks of the Longmen Shan rise rapidly from the Chengdu Plain to altitudes of over 5km above sea level(Figure. 2). The plateau margin is the steepest topographic gradient in all edges of the modern plateau. It is deeply incised by tributaries to the Yangtze River，with local fluvial(valley floor to ridge crest) relief in excess of 3km and steep bedrock river channels(Kirby et al.，2003). Geographically，the eastern margin of the Tibetan Plateau spans both the ranges of the Longmen Shan and the piedmont alluvial plain which encompasses the relatively developed economic region，Pengzhou，and Dujiangyan included，of the Chengdu Plain，and the underdeveloped region of the Aba and the Garzê Tibetan autonomous prefectures.

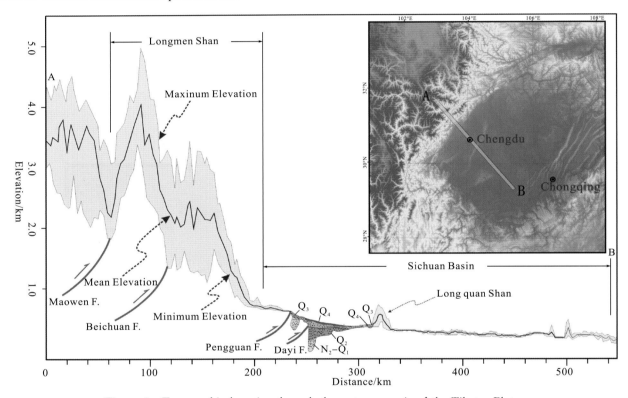

Figure. 2   Topographical section through the eastern margin of the Tibetan Plateau

2. Tectonics of the Longmen Shan

The Longmen Shan orogenic Belt is enclosed by Guangyuan in the north，Tianquan in the south，the Daba Shan in the northeast and the Xianshuihe fault in the southwest，forming a northeast-southwest strike belt of 500 km long and 30 km wide. Consisting of a series of parallel imbricated thrust faults，it develops，from west to east，the Maowen fault，the Beichuan fault，the Pengguan fault and the buried Dayi fault. There are multi-classic added thrust-nappe structure belts: the Maowen ductility belt，the Beichuan cuiductility thrust-nappe belt，and the Pengguan thrust-nappe belt(Figure. 3，Figure. 4).

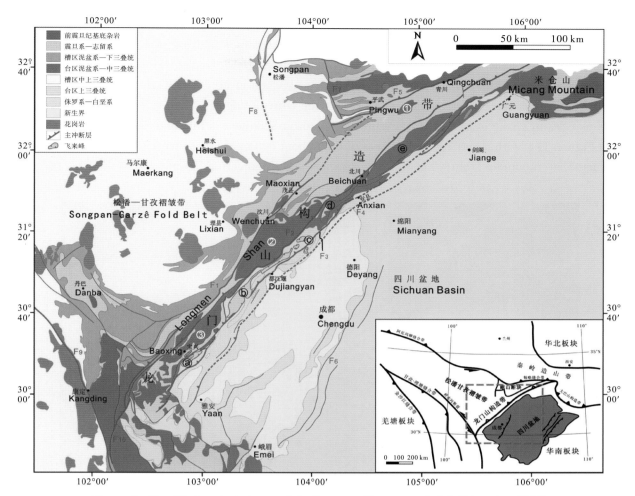

Figure. 3   Simplified geological map of the Longmen Shan orogenic belt(Li et al., 2006)

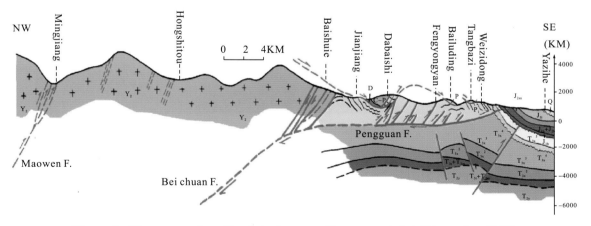

Figure. 4   The structural profile of the Longmen Shan orogenic belt(Liu et al., 2003)

The four faults of the Longmen Shan orogenic belt mentioned above are all active faults(Kirby et al., 2003; Li et al., 2003, 2006; Densmore et al., 2007, 2010; Zhou et al., 2007). Thermal histories derived from a variety of thermochronometers show rapid cooling rates during the Late Cenozoic and up to 7－10 km of denudation along a narrow zone within the plateau margin, beginning either ～20 Ma (Arne et al., 1997)or 9－13 Ma(Kirby et al., 2003; Clark et al., 2005; Wang et al., 2012). These faults accommodated significant crustal shortening during the Late Triassic Indosinian Orogeny (Chen and Wilson, 1996; Li et al., 2003), which led to the identification of the Longmen Shan region as a major thrust zone that was reactivated in the India-Asia collision(e. g. , Avouac and Tapponnier, 1993；Xu and Kamp, 2000). It is true that the folding and minor faulting of Cenozoic age have been described in the westernmost Sichuan Basin(Burchfiel et al. , 1995). Geological evidence for widespread Quaternary thrusting, however, is sparse and equivocal(Chen et al. , 1996；Burchfiel et al. , 1995), and GPS surveys constrain active shortening across the entire Longmen Shan to 4.0±2.0mm/y relative to Sichuan Basin(Zhang et al. , 2004)(Figure. 5). Cenozoic sediment is thin and discontinuous in Sichuan Basin(Figure. 1)，with a maximum thickness of only about 500 m of Quaternary sediment adjacent to the Longmen Shan mountain front(Chengdu Hydrological and Engineering Team, 1979, 1985).

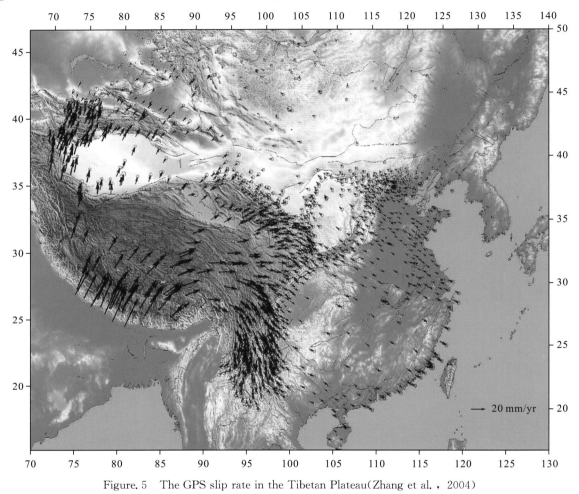

Figure. 5   The GPS slip rate in the Tibetan Plateau(Zhang et al. , 2004)

The activity of the Longmen Shan orogenic zone can be found in the Maowen fault, the Beichuan fault, the Pengguan fault and the buried Dayi fault as various landforms (Densmore et al. , 2007). Late Cenozoic Longmen Shan tectonic shortening in the margin is minor with the rate of thrusting smaller than 1.1mm/a and the rate of strike-slipping smaller than 1.46 mm/a, suggesting that there was a dextral movement with northeast strike in Late Cenozoic(Densmore et al. , 2005, 2007).

3. Wenchuan(Ms 8.0)earthquake, 12 May, 2008

When the Wenchuan earthquake occurred, USGS recorded that the Mw. was 7.9. The epicenter of the earthquake was located in Yingxiu Town, Wenchuan County(31.099°N, 103.279°E). The focal depth is 19 km，the rupture length is 300 km and the duration is 120 seconds, trending 229° and fracture plane dipping 33° with strike-slip. According to the basic parameters and the focal mechanism solution, the Wenchuan earthquake had the following two characteristics: ①it was a shallow hypocenter earthquake with enormous destructivity, occurring on the brittle-ductility transform belt in 12—19 km depth; ②it belonged to thrusting and dextral strike-slip earthquake, propagating in one direction from southwest to northeast. The release process of strain was relatively slow, leading to a greater intensity and longer duration. The intensity of the earthquake had an oval-shaped distribution and its long axis was extended to the northeast(Figure. 6).

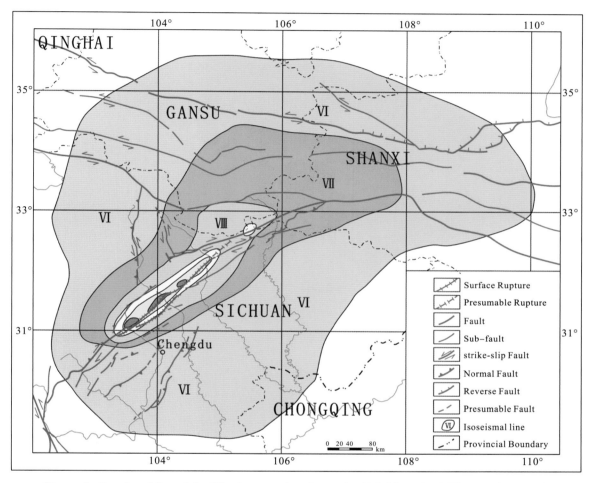

Figure. 6　Isoseismal line of the Wenchuan earthquake on the 12th May, 2008(Zhou et al., 2010)

Three surface ruptures with a fragile feature emerged in the Wenchuan earthquake along the Beichuan fault, the Pengguan fault and the Xiaoyudong fault(Figure. 7). The detailed data show as follows: ① The Beichuan fault is the main earthquake fault of the Wenchuan earthquake. Its surface rupture started from Yingxiu Town, Wenchuan in the southwest and then extended to Hongkou, Longmen Shan Town (Baishuihe), Beichuan, Chenjiaba and Guixi, and then ended in Shikanzi, Pingwu County. The distance is about 240km, striking NE 30°—50° and trending northwest, showing a dextral strike-slip and thrust fault. The average vertical offset was 3.4m with an average horizontal offset of 2.9 m, the biggest offset being 10.3±0.2 m(vertical offset) in Maoba Village, Beichuan Town and 6.8±0.2m (horizontal offset)in Leigu Town. ②The surface rupture of the Pengguan fault started from Xiang'e, Dujiangyan and extended to Cifeng, Bailu, Hanwang and Sangzao over a total distance of about 40—50 km. The average vertical offset was 1.6m with an average horizontal offset of 0.6 m, showing thrust and shortening characteristics, with a little dextral strike-slip component. ③ The surface rupture of the

Xiaoyudong fault is located between the Beichuan fault and the Pengguan fault, showing that the fault is a tear fault between the Beichuan fault and the Pengguan fault. These faults have a feature of being fragile, striking to NW-SE and extending about 15 km. The southwest block is a hanging wall and the northeast block is a foot wall with an average vertical offset of 1.0 m and an average horizontal offset of 2.3 m, showing that the vertical offset is smaller than the horizontal offset.

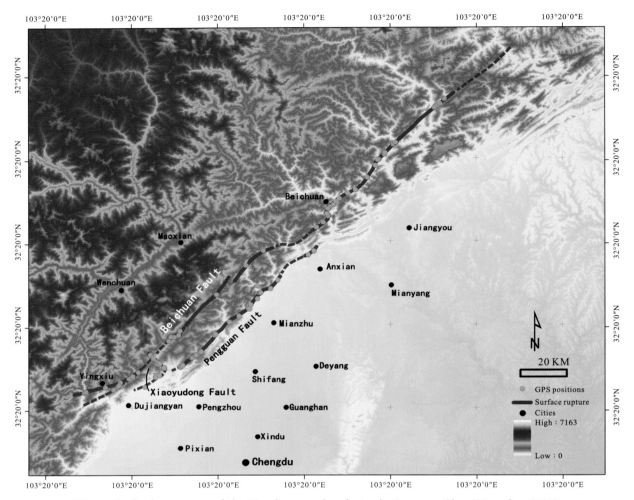

Figure. 7 Surface rupture of the Wenchuan earthquake in the Longmen Shan(Li et al., 2010)

The Wenchuan earthquake, which occurred in the middle and northern segments of the Longmen Shan mountain range, is a direct manifestation of the active crustal shortening in the Longmen Shan range and front. Based on the feature of surface ruptures, it appears that the earthquake was caused by two major parallel NE-trending faults(the Beichuan and the Pengguan faults)within a series of imbricated thrust faults. The Wenchuan earthquake resulted in thrusting from NW to SE direction and dextral strike-slip from SW to NE direction in the Longmen Shan structure belt(Figure. 8).

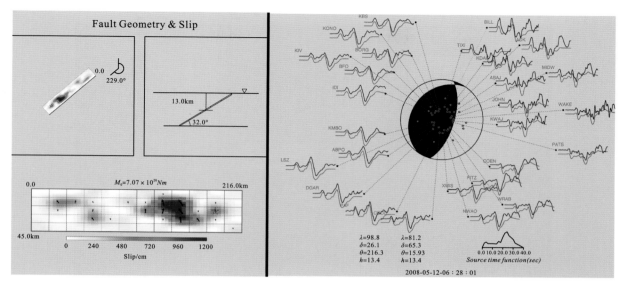

Figure. 8   The focal mechanism solution of the Wenchuan earthquake(USGS, 2008)
Rupture zone: 300 km, Mo=0.9356 x 10 * * 21 Nm(Mw 7.9), Duration: T =120 sec(strike, dip, rake)=(229, 33, 146), Focus: (Lat. =31.099 Lon. =103.279, depth=12—18 km), Slip: Dextral-thrust oblique displacement

4. Geohazards triggered by the Wenchuan earthquake

As well as the immediate devastation governed by shaking, the earthquake triggered more than 60, 000 destructive landslides(Figure. 9)over an area of 35, 000 km^2; which in turn led to about one-third of the total number of fatalities. The combination of strong and long-lasting ground shaking, steep, rugged topography and a fragile and densely jointed lithology probably controlled the occurrence of landslides during the earthquake, but other factors may also have also played a role. A substantial rise in debris flows was also apparent following the earthquake. Huang et al. (2013)argue that the risk of hazardous landslides and their secondary effects could remain above pre-quake levels for another one and a half decades, and warrant further investigation.

Earthquake magnitude and distance from the epicenter or ruptured fault are commonly assumed to determine the spatial clustering of landslides during an earthquake. However, in the case of the Wenchuan earthquake, two additional factors-fault type and slip rate-during the earthquake probably also played a role. The 240-km-long Beichuan fault of the Longmen Shan fault zone, on which the earthquake was nucleated, is characterized by two distinct faulting mechanisms in the southwest and northeast of Beichuan Town. In the southwest, the fault is prevalently reverse faulting (that is, characterized by both vertical and horizontal movement), with a fault plane at an angle of about 43°. By contrast, in the northeast of Beichuan Town the fault plane is almost vertical and the two sides of the fault move past each other almost exclusively horizontally, in a so-called strike-slip deformation(Figure. 9). As a result, the landslides accompanying the Wenchuan earthquake were clustered in a much wider corridor along the southwestern part of the fault, where crustal movement is both vertical and horizontal and the ground deformation is generally stronger. Field measurements of vertical and horizontal displacements of the crust along the Beichuan fault during the Wenchuan earthquake confirm this assessment(Huang et al. , 2013).

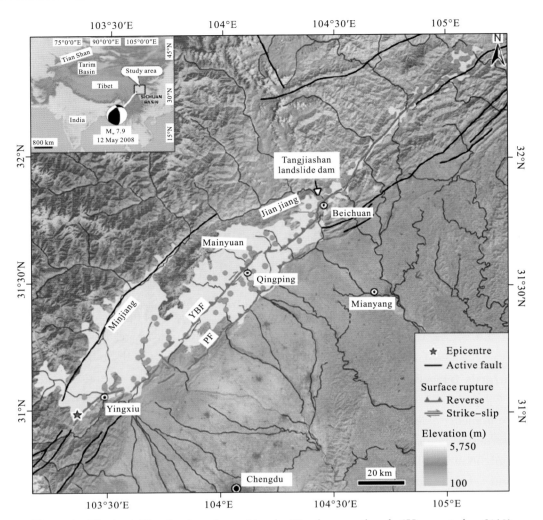

Figure. 9　The landslides density triggered by the Wenchuan earthquake(Huang et al. , 2013)

The region of high landslide density, with more than 0. 1% of the area affected by landslides within a moving window of 1 km² (light green zone), is widest southwest of the town of Beichuan. In the northeast, by contrast, landslides with a displaced surface area larger than 50, 000 m² (green dots)are closer to the fault. The Wenchuan earthquake occurred on the Beichuan fault(YBF)and Pengguan fault(PF)(red).

Post-earthquake debris flow hazard has become a significant concern. A tremendous amount of loose material from the landslides that occurred during the earthquake is suspending on the hill slopes, apt to be eroded and transported by rain. The threshold in hourly rainfall intensity triggering debris flows has been found about 60% lower after the earthquake, according to the records in Beichuan. The Land and Resources Department of Sichuan Province recorded 2, 333 occurrences of debris flow following the 2008 quake until 2012, excluding small ones in remote regions (Figure. 9). This is significantly higher than the number of landslides in a comparable time frame before the earthquake: there were 758 incidences of debris flow recorded between 2003 and 2007(Huang et al. , 2013).

5. Lushan(Ms 7. 0)earthquake, 20 April, 2013

The Lushan(Ms7. 0)earthquake occurred in the south segment of the Longmen Shan mountain range (30. 3°N, 103. 0°E)on April 20, 2013(Table. 1). The focal depth of the earthquake was 12. 3－15 km, trending N40° E with a fracture plane, dipping 33° (USGS, 2013; IGCEA, 2013; Chen, 2013) (Figure. 10). The focal mechanism parameters of the earthquake were calculated by the Institute of Geophysics of the China Earthquake Administration, the results showing that the earthquake was triggered by a reverse fault with NE trending. As was confirmed by field investigations in the southeast segment of the Longmen Shan mountain range, including Shuangshi Town, Dachuan Town, Baoxing Town and Taiping Town, the surface deformation of the Lushan earthquake is striking to NE-SW, extending about 30−40 km, and developing on the frontal faults of the southwestern Longmen Shan area, showing some features of deformation on the surface, such as cracks, sand blasting, water emitting, road displacement and so on(Xu et al. , 2013).

6. Earthquakes since 2008 in the western Sichuan Basin

Coseismic deformation of the Wenchuan earthquake not only changed the topographical gradient, triggering massive landslides and debris flows in the Longmen Shan area, but also led to other earthquakes, such as Suining earthquake, Santai earthquake in the western Sichuan Basin, and Lushan earthquake in the southern segment of the Longmen Shan mountain range. Based on the data of the earthquakes that occurred after 2008, including the seismology record(Figure. 11, Table. 1), field examination, focal mechanism solutions, seismic refraction profile, these earthquakes occurred in the western Sichuan basin and the southern segment of the Longmen Shan mountain range and were related to NW horizontal crustal shortening and stress adjustment after the Wenchuan earthquake. The data show that the probability of these earthquakes with NE direction-propagation and SW direction-propagation will be increasing in the Longmen Shan mountain range and the west of Sichuan Basin(Li et al. , 2013).

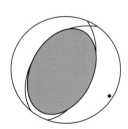

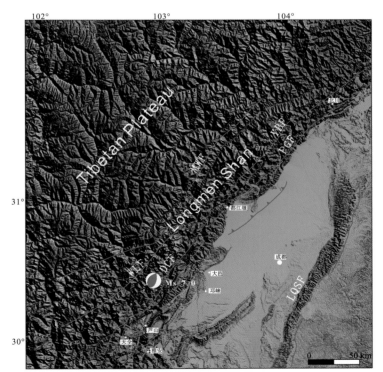

Magnitude6. 6, Location 30. 284°N, 102. 956°E

Depth 12. 3 km(7. 6 miles),

Region WESTERN SICHUAN, CHINA

Distances 52 km (32 miles) WSW of Linqiong, China 97km(60 miles)ENE of Kangding, China

115 km (71 miles) NW of Leshan, China 116 km (72 miles)WSW of Chengdu, China

Location Uncertainty horizontal+/−13 km(8. 1 miles); depth+/−5. 2 km(3. 2 miles)

Parameters NST=161, Nph=162, Dmin=572. 2 km, Rmss=0. 93sec, Gp=14°, M-type=(unknown type), Version=B

Figure. 10   The focal mechanism solution of the Lushan earthquake(USGS. , 2013)

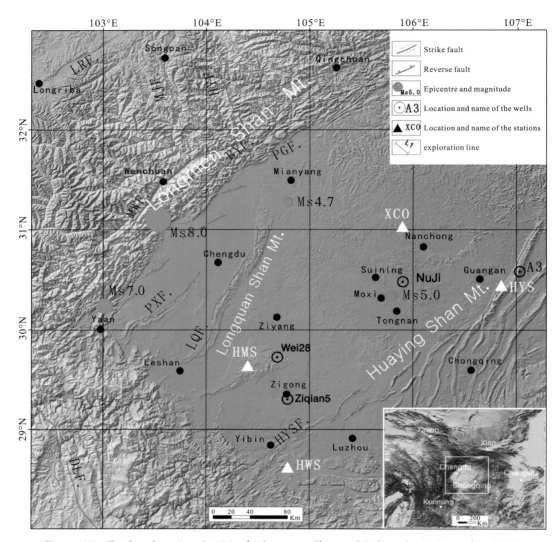

Figure. 11 Earthquakes since 2008 in the Longmen Shan and Sichuan basin(Li et al. , 2013)

(XCO: Xichong station; HYS: Huaying Shan station; HMS: Mahuashi station; HWS: Hanwang Shan station; LRF. : Longriba fault; MJF. : Minjiang fault; HYF. : Huya fault; MWF. : Maowen fault; BYF. : Beichuan fault; PGF. : Pengguan fault; PXF. : Pujiang-Xinjin fault; LQF. : Longquanshan fault; HYSF. : Huayingshan fault. ; DLF. : Daliangshan fault)

Table. 1 Earthquakes and aftershocks of the Wenchuan Earthquake in the western Sichuan Basin
and the southwestern part of the Longmen Shan since 2008(Li et al. , 2013)

Time	Longitude	Latitude	Depth	Ms	Epicenter	Fault	Location
2008-05-13	103. 9°	30. 8°	33km	5. 0	Pixian	Dayi fault, reverse-type on a NE striking fault	Western Sichuan Basin
2008-05-13	104. 0°	30. 8°	33km	4. 0	Pixian		
2008-05-13	104. 5°	31. 6°	33km	4. 5	Anxian		
2008-05-13	104. 2°	31. 2°	33km	4. 3	Deyang		
2008-07-15	104. 0°	31. 6°		5. 0	Mianzhu		
2009-06-30	104. 1°	31. 4°	20km	5. 6	Mianzhu		
2009-11-28	103. 9°	31. 3°	21km	5. 0	Shifang		
2010-01-31	105. 7°	30. 3°	10km	5. 0	Suining	Reverse-type on a NE striking fault	Center of Sichuan Basin

Time	Longitude	Latitude	Depth	Ms	Epicenter	Fault	Location
2013-02-19	105. 2°	31. 2°	10 km	4. 7	Santai	Striking-type on a EW striking fault	Western Sichuan Basin
2013-04-20	103. 0°	30. 3°	13 km	7. 0	Lushan	Pengguan fault, reverse-type, on a NNE striking fault	Longmen Shan mountain range

There is a long history of accumulated scientific research in the eastern margin of the Tibetan Plateau. The earliest geological investigations were conducted during the 1920s and 1930s. After the Wenchuan earthquake, many publications appeared based on these studies. However, there are also many questions we need to thinking through. On this field trip, we can get a rough understanding of the tectonic features of the Longmen Shan and the geohazards triggered by the Wenchuan earthquake. We recommend that the following scientific questions be considered more deeply as the most important ones for the natural laboratory of Longmen Shan:

Question 1: How does the crustal thickening or lateral extrusion model affect the eastern margin of the Tibetan Plateau?

The Indo-Asia collision is the most important events in Cenozoic, which resulted in the uplift, deformation and thickening of the Tibetan Plateau. The event and its impact on Cenozoic geological structure has been noticed and discussed by geoscientists. Two well-known hypotheses have been presented: one is a crustal thickening model (England and Molnar, 1990) and the other is a lateral extrusion model (Avouac and Tapponnier, 1993). The former emphasizes the north-south direction crustal shortening and thickening, and the later the east-extrusion along main faults. In the eastern margin of the Tibetan Plateau, there are two corresponding patterns: Avouac and Tapponnier's (1993)eastward thrusting model, and England et al's(1990)dextral strike-slip model.

However, the active tectonics and the Wenchuan earthquake show that the Longmen Shan fault is characterized by thrust and dextral strike-slip movement. This observation does not coincide with England's(1990)large scale dextral shear movement in the eastern margin of the Tibetan Plateau, and nor does it coincide with Avouac's(1993)eastward thrusting model in the eastern margin of the Tibetan Plateau. The performance of the Longmen Shan fault zone has its uniqueness, which can not be interpreted in one single model.

Question 2: How does crustal thickening, lower crustal flow or isostatic rebound drive the uplift of the Longmen Shan?

The steep, high-relief eastern margin of the Tibetan Plateau has undergone rapid Cenozoic cooling and denudation, yet shows little evidence for large-magnitude shortening or accommodation generation in the foreland basin(Densmore et al., 2007). Three end member models have been proposed(Figure. 12). The first one is brittle crustal thickening, in which thrust faults with large amounts of slip that are rooted in the lithosphere cause uplift(Hubbard et al., 2009). The second is lower crustal flow, in which low-viscosity material in the lower crust extrudes outward from the Tibetan Plateau(Clark et al., 2005; Royden et al., 1997; Burchfiel et al., 2008). And the third is isostatic rebound and erosion unloading

(Li et al. 2000, 2001, 2006; Densmore et al. 2007; Fu et al., 2011). Through this field trip, we can orient the discussion of the dynamics mechanism of the uplift of the Longmen Shan.

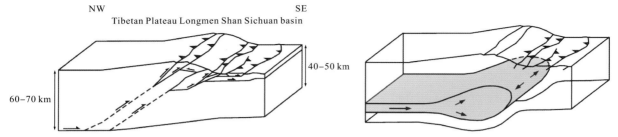

Figure. 12   Alternative conceptual models for the uplift of the Longmen Shan range(Hubbard, et al.; 2009)
Top panel: uplift is produced by thrust faulting and crustal shortening(Tapponnier et al., 2001).
Bottom panel: uplift is produced by inflation of the ductile lower crust(Bird, 1991; Royden et al., 1997; Burchfiel et al., 2008).

Question 3: How does the mass wasting triggered by the Wenchuan earthquake affect the growth of the Longmen Shan?

It is wellknown that shallow earthquakes not only are the primary driver of rock uplift in mountain ranges, but they also trigger widespread coseismic landslides that cause significant but spatially heterogeneous erosion, especially in the case of large shallow earthquakes like the Wenchuan earthquake. The interplay between rock uplift and the distribution and magnitudes of coseismic landslides thus raises a fundamental question as to whether large earthquakes and their associated landslides create or destroy mountainous topography. Parker et al. (2011)show that coseismic landsliding of the Wenchuan earthquake produced $5-15$ km³ of erodible material, greater than the net volume of 2.6 ± 1.2 km³ (Figure. 13)adding to the orogen by coseismic rock uplift(de Michele et al., 2010). This discrepancy indicates that the Wenchuan earthquake will lead to a net material deficit in the Longmen Shan. There have been many arguments about the result. In any case, we need to do more research to understand the role of large earthquakes in setting regional erosion rates and the orogen growth of the Longmen Shan, and how the imbalance affects the high-relief topography of the Longmen Shan.

Question 4: How long will the geohazards and landslides triggered by the Wenchuan earthquake affect the Longmen Shan?

After theWenchuan earthquake, how long it will take for the debris flow frequency to return to pre-earthquake levels depends on a large number of factors, including rainfall intensity, natural re-vegetation and self-stabilization processes on slopes, and the evolution of the regional topography in response to tectonics, erosion and valley incision. Despite this complexity, a rough approximation of the time required to return to pre-earthquake levels of landslides can be estimated by comparing the total amount of landslide material that was moved during the earthquake (and is thus likely to be eventually mobilized by rainfall)with the recorded annual debris flow volume since 2008. In line with the records of past events in the region, with a rainfall catchment area larger than 0.1 km², the landslide materials that are deposited on steep slopes with angles larger than 30° are preferentially susceptible to debris flows. Using these assumptions, Huang et al. (2013)estimate that about 400 million m³ of loose sediments deposited during the Wenchuan earthquakes at sites prone to slope failure. These sediments have probably converted into debris flow at a rate of about 18 million m³ per year, judging from the debris flow record after the 2008 quake. Based on these estimates, Huang et al. (2013) anticipate that despite large uncertainties debris flows that directly result from sediment movement during the 2008 earthquake may remain active for another two decades. Their frequency is likely to decline over time as a result of slope self-stabilization, which may extend the duration of the effect (Huang et al., 2013).

Question 5: How does the Wenchuan earthquake change the drainage and sediment flux?

The three coseismic surface ruptures(produced by the Beichuan fault, the Pengguan fault and the Xiaoyudong fault)of the Wenchuan earthquake instantaneously changed the topographical gradient and led to corresponding changes to the geomorphic features and drainage(Figure. 14). Based on the results of the research(Li et al., 2013), there are some aspects that need to be considered. Firstly, what kind of changes of slope-breaks and diversion points of the river channels were driven by the thrusting and strike-slipping in the Wenchuan earthquake? Secondly, how do the Beichuan, Pengguan and Xiaoyudong active faults control and affect rivers course and river segmentation? Thirdly, how does the uplift driven by the Wenchuan earthquake affect riverbed gradient profiles?

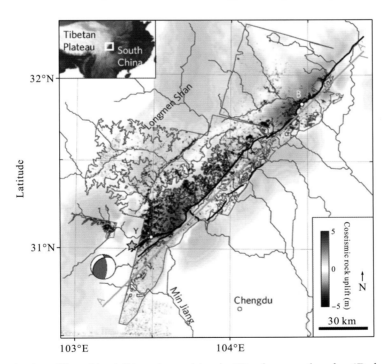

Figure. 13   Coseismic uplift and landslides triggered by the Wenchuan earthquake. (Parker et al., 2011)

Black polygons show individual landslides. Heavy black lines show surface rupture traces and the star indicates the epicenter. Grey outlines show the extent of imagery used in landslide mapping. Background is the coseismic rock uplift field based on SAR analysis, modified from de Michele and colleagues. Heavy grey line shows the rupture-parallel section line onto which the results are projected. Beichuan(B); Yingxiu (Y).

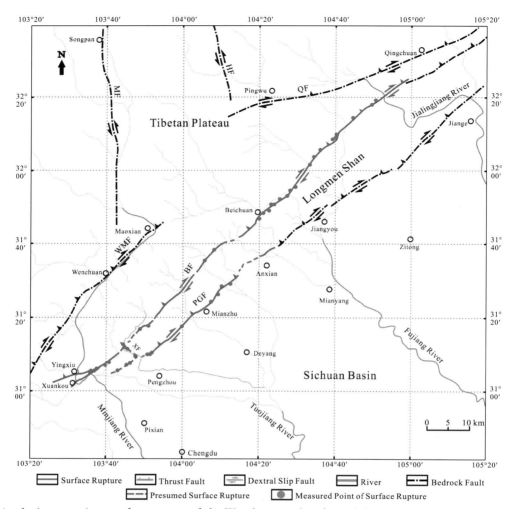

Figure. 14　Active tectonics，surface rupture of the Wenchuan earthquake and drainage distribution. (Li et al.，2013)
MF：Minjiang Fault；WMF：Wenchuan-Maoxian Fault；BF：Beichuan Fault；PGF：Pengguan Fault；XF：Xiaoyudong Fault

The long-term impact of the 2008 Wenchuan earthquake on sediment flux in the affected watersheds was also underestimated initially. We need to realize that increases in sedimentation as a result of the shaking will pose a significant problem for rivers and their downstream reaches. Some river beds have already been elevated by more than 10 m. These changes raise the probability of floods in the future，and could severely affect the generation of hydropower(Huang et al.，2013).

Acknowledgements：

The purpose and significance of this field excursion is to present the research achievements of the eastern margin of the Tibetan Plateau and to examine the geological evolution of the Longmen Shan. Under the supervision of Professor Huang Runqiu，Professor Li Yong，Professor Tang Chuan，the field trip guidebook was completed on May 30，2013.
We would like to extend our gratitude to the principal sponsors—Geological Society of China(GSC) and Geological Society of America(GSA) and to Chengdu University of Technology(CDUT) and the State Key Laboratory of Geohazard Prevention and Geo-environment Protection(SKLGP) for their generous support.
We would also like to thank the National Natural Science Foundation of China(40841010，41172162)for the funding.

References

Arne D, Worley B, Wilson C, et al. 1997. Differential exhumation in response to episodic thrusting along the eastern margin of the Tibetan Plateau. Tectonophysics, 280: 239—256.

Avouac J P, Tapponnier P. 1993. Kinematic model of active deformation in central Asia. Geophysical Research Letters, 20: 895—898.

Burchfiel B C, Chen Z L, Liu Y P, et al. 1995. Tectonics of the Longmen Shan and adjacent regions, central China. International Geology Review, 37: 661—735.

Burchfiel B C, Royden L H, van der Hilst R D, et al. 2008. A geological and geophysical context for the Wenchuan earthquake of 12 May 2008, Sichuan, People's Republic of China. GSA Today 18(7): 4—11.

Chen S F, Wilson C J L. 1996. Emplacement of the Longmen Shan Thrust-Nappe Belt along the eastern margin of the Tibetan Plateau. Journal of Structural Geology, 18: 413—430.

Chen Y T, Xu L S, Zhang Y. 2008. Report on the Great Wenchuan Earthquake Source of May 12, 2008(in Chinese), <http://www.csi.ac.cn/sichuan/chenyuntai>.

Clark M K, Bush J W M, Royden L H. 2005. Dynamic topography produced by lower crustal flow against rheological strength heterogeneities bordering the Tibetan Plateau. Geophysical Journal International, 162(2): 575—590.

de Michele M, Raucoules D, de Sigoyer J, et al. 2010. Three-dimensional surface displacement of the 2008 May 12 Sichuan earthquake (China)derived from Synthetic Aperture Radar: evidence for rupture on a blind thrust. Geophysical Journal International, 183: 1097 —1103.

Densmore A L, Li Y, Michael E, et al. 2005. Active tectonics and erosional unloading of eastern margin. Journal of Mountain Science, 2 (2): 146—154.

Densmore A L, Ellis M A, Li Y, et al. 2007. Active tectonics of the Beichuan and Pengguan faults at the eastern margin of the Tibetan Plateau. Tectonics, 80(8): 113—127.

Densmore A L, Li Y, Richardson N J, et al. 2010. The role of late Quaternary upper-crustal faults in the 12 May 2008 Wenchuan earthquake. Bulletin of the Seismological Society of America, 100(5B): 2700—2712.

England P, Molnar P. 1990. Right-lateral shear and rotation as the explanation for strike-slip faulting in eastern Tibet. Nature, 344(6262): 140—142.

Fu B H, Shi P L, Guo H D, et al. 2011. The 2008 Wenchuan earthquake and mountain building of Longmen Shan, east Tibet. Journal of Asian Earth Sciences, 40(4): 805—824.

Huang R, Fan X. 2013. The landslide story. Nature, 6(5): 325—326.

Hubbard J, Shaw J H. 2009. Uplift of the Longmen Shan and Tibetan Plateau, and the 2008 Wenchuan(M=7.9)earthquake. Nature, 458: 194—197.

Kirby E, Whipple K X, Tang W Q, et al. 2003. Distribution of active rock uplift along the eastern margin of the Tibetan Plateau: inferences from bedrock channel longitudinal profiles. Journal of Geophysical Research-Solid Earth, 108(B4): ETG16-1~ETG16-23.

Kirby E, Whipple K, Harkins N. 2008. Topography reveals seismic hazard. Nature Geoscience, 1(8): 485—487.

Li Y, Allen P A, Densmore A L, et al. 2003. Evolution of the Longmen Shan Foreland Basin(western Sichuan, China)during the Late Triassic Indosinian Orogeny. Basin Res., 15: 117—138.

Li Y, Zhou R J, Densmore A L, et al. 2006. Geology of the Eastern Margin of the Qinghai-Tibet Plateau. Beijing: Publishing House of Geology.

Li Y, Huang R, Yan L, et al. 2010. Surface Rupture and Hazard of Wenchuan Ms 8.0 Earthquake, Sichuan, China. International Journal of Geosciences, 1(1): 21~31.

Li Y, Su D C, Zhou R J et al. 2013. Episodic orogeny deduced from coeval sedimentary sequences in the foreland basin and its implication for uplift process of Longmen Mountain, China. Journal of Mountain Science, (1): 29—42.

Liu S G, Luo Z L, Zhao X K, et al. 2005. Discussion on essential characteristics of intracontinental-subduction type foreland basins in western China. Oil&Gas Geology, 26(1): 37—56.

Parker R N, Densmore A L, Rosser N J, et al. 2011. Mass wasting triggered by the 2008 Wenchuan earthquake is greater than orogenic growth. Nature Geoscience, doi: 10. 1038/NGEO1554.

Royden L H, Burchfiel B C, King R W, et al. 1997. Surface deformation and lower crustal flow in eastern Tibet. Science, 276: 788—790.

Tapponnier P, Zhiqin X, Roger F, et al. 2001. Oblique stepwise rise and growth of the Tibet Plateau. Science, 294(5547): 1671—1677.

USGS. 2008. Centroid moment tensor solution(2008—05—12). http://neic. usgs. gov/neis/eq_depot/2008.

USGS. 2013. Magnitude 6. 6 western Sichuan, China saturday, April 20, 2013 at 00: 02: 48 UTC. http:// earthquake. usgs. gov/ earthquakes.

Wang E, Kirby E, Furlong P K, et al. 2012. Two-phase growth of high topography in eastern Tibet during the Cenozoic. Nature Geoscience, (5): 640—645.

Xu G, Kamp P J J. 2000. Tectonics and denudation adjacent to the Xianshuihe Fault, eastern Tibetan Plateau: Constraints from fission track thermochronology. Journal of Geophysical Research: Solid Earth, 105(B8): 19231—19251.

Xu Q, Fan X M, Huang R Q, et al. 2009. Landslide dams triggered by the Wenchuan Earthquake, Sichuan Province, south west China. Bulletin of Engineering Geology and the Environment, 68(3): 373—386.

Xu X W, Wen X Z, Yu G, et al. 2009. Coseismic reverse-and oblique-slip surface faulting generated by the 2008 Mw7. 9 Wenchuan earthquake, China. Geology, 37: 515—518.

Xu X W, Yu G H. 2013. The map of for Ya' an Ms7. 0 earthquake in Sichuan province, China. http://www. eq-igl. ac. cn/.

Xu Z Q, Li H B, Wu Z L, et al. 2008. Wenchuan Earthquake and Scientific Drilling. Acta Geologic Sinic, 12: 1613—1622. (in Chinese).

Zhang P Z, Shen Z K, Wang M, et al. 2004. Continuous deformation of the Tibetan Plateau from global positioning system data. Geology, 32: 809—812.

Zhou R J, Li Y, Densmore A L, et al. 2007. Active tectonics of the Longmen Shan region on the eastern margin of the Tibetan Plateau. Acta Geologic Sinic, (81)4: 593—604.

Zhou R J, Li Y, Chen L S, et al. 2010. Surface rupture and hazard characteristics of Wenchuan Ms 8. 0 Earthquake in Sichuan province on May 12, 2008. Journal of Nature Science, 2(3): 160—174.

Field Trip Stops

Route: Chengdu—Yingxiu—Shuimo—Dujiangyan—Chengdu

Area: Yingxiu Town, Shuimo Town, Dujiangyan City

Description: In the field trip(Figure. 15 and Figure. 16), we will visit 8 stops, and leave Chengdu in the morning to Yingxiu Town, Shuimo Town, and Dujiangyan City, then return to Chengdu in the late afternoon. At the Yingxiu Town, we will observe the destructive landslides and surface ruptures triggered by the Wenchuan earthquake, post-earthquake debris flows induced by heavy rainfall, the active tectonics of the Beichuan fault and some reconstruction sites, such as Laohuzui rock avalanche and dam(stop 1), Pengguan Complex and the Beichuan fault(stop 2), surface ruptures and active tectonics of the Beichuan fault(stop 3), debris flow and control works in Hongchun gully(stop 4), landslide and debris flow in Niujuan gully(stop 5), and so on. At the Shuimo Town, we will visit the reconstruction tourism town(stop 7). In the end, the ancient Dujiangyan Irrigation System(stop 8)will be visited.

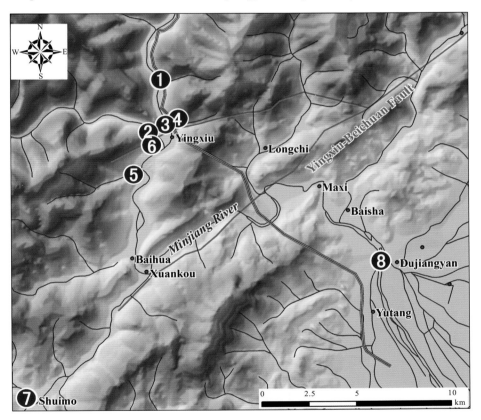

Figure. 15   The detail spots map for the geology of the Longmen Shan and geohazards of the Wenchuan earthquake

(①Laohuzui rock avalanche and dam; ②Pengguan Complex and the Beichuan fault; ③Active tectonics of the Beichuan fault; ④Debris flow and control works in Hongchun gully; ⑤Landslide and debris flow in Niujuan gully; ⑥Memorial site of the Wenchuan earthquake; ⑦Post-disaster reconstruction site; ⑧Dujiangyan irrigation system)

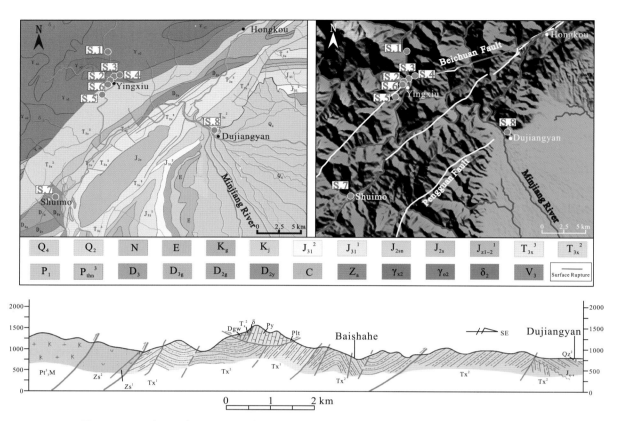

Figure. 16　The geologic map and cross section in middle segment of the Longmen Shan

Stop1

Location：Yingxiu Town

Highlight：Laohuzui rock avalanche and dam

The Laohuzui rock avalanche（4 km to the north of the Yingxiu Town）was also one of the most catastrophic landslides triggered by the Wenchuan earthquake（Figure. 15；Figure. 17 and Figure. 18）. It was about 410 m long，330 m high and with an estimated volume of 2. 0×10⁶ m³. The landslide dammed the Minjiang River and the dam was artificially breached shortly after the earthquake（Figure. 19）.

Figure. 17　Aerial photo of the rock avalanche in Laohuzui

Figure. 18　The rock avalanche and collapse in Laohuzui

(a)   (b)

Figure. 19   Landslide dam formed by rock avalanche in Laohuzui
(a. Taken in 2008; b. Taken on June 8，2013)

Stop2

Location: Yingxiu Town

Highlight: Pengguan Complex and the Beichuan fault

In this stop，we can have a view of the Beichuan fault and Pengguan Complex. The Beichuan fault is northeast-trending and dips northwest at～70°(Figure. 20). The hanging wall comprises the Jinning-Chengjiang granite，which is part of the Pengguan Complex. The biotite and plagioclase-rich granite has a medium-fine grained texture and massive-gneissic structure. The granite，adjacent to the fault is highly sheared and displays abundant brittle deformation features. The footwall consists of Late Triassic Xujiahe Formation(T_3X)，which are interbedded by dark grey，siltstones，sandstone(Figure. 21).

Stop3

Location: Yingxiu Town

Highlight: The active tectonics of the Beichuan fault

The Beichuan fault extends to 60°N－70° E near the Yingxiu Town. The active strand of the Beichuan fault can be traced on the aerial photo and DEM(Figure. 15 and Figure. 20)，where the fault forms a 5m-deep graben across Terrace IV above the west bank of the modern Minjiang River(Figure. 22). The graben is about 20 m wide and 100 m in length. A scarp with a 40 m vertical offset is formed on the terrace(Figure. 22)，which was cutted by the Beichuan fault. TL samples were collected from both sides of the fault and yielded ages of 76360±6490 a and 73000±6200 a. The two age ranges suggest that the scarp formed on the same terrace plane and were offset by the fault. It is estimated that the average vertical slip rate of the Beichuan fault is about 0. 54 mm. a^{-1}.

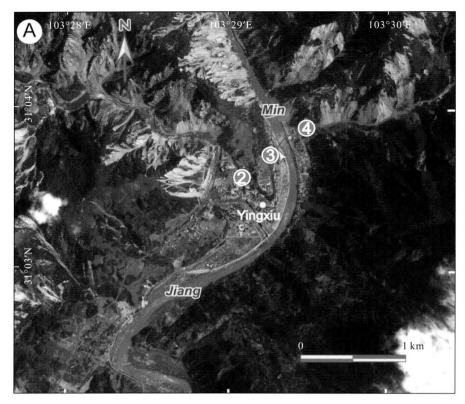

Figure. 20   The surface rupture of the Beichuan fault and massive geohazards in Yingxiu area(Fu et al. ，2008)
(② Stop 2；③ Stop 3；④ Stop 4)

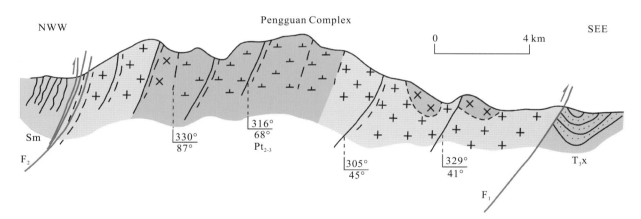

Figure. 21   The Beichuan fault and Pengguan complex nappe in the Yingxiu Town
(T$_3$x-Late Triassic Xujiahe Formation；Sm-Sulian metamorphic rock in Maoxian Group；F$_1$-Beichuan Fault；F$_2$-Maowen Fault)

After the Wenchuan earthquake(Figure. 23)，the surface rupture with a fragile feature is along the active strand of the Beichuan fault，cutting a road in the west bank of Minjiang River(Figure. 24). The vertical offset is 2. 3 m±0. 1 m，and the horizontal offset is 1. 7 m±0. 2 m.

(a)

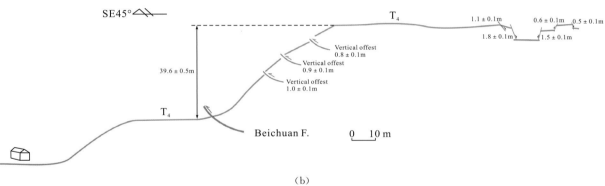

(b)

Figure. 22   The vertical offset in the west bank and terrace of the Minjiang River

(a. Taken in May. 2008；b. Li et al. ，2010)

(a)   (b)

Figure. 23   Changes of the Yingxiu Town before and after the Wenchuan earthquake

(a. Taken in 1994；b. Taken on May 14，2008)

Figure. 24   The vertical offset of the Beichuan fault in the Yingxiu Town(Li et al. , 2010)

Stop4

Location：Yingxiu Town

Highlight：Debris flow and control works in Hongchun gully

The debris flow in Hongchun gully(Figure. 20； Figure. 25), located on the left bank of the Minjiang River, has a catchment area of 5. 35 km² and a channel length of 3. 55 km. The Beichuan fault goes through the gully, therefore, triggered a large number of landslides in this catchment area. 70 coseismic landslides with a surface area of 0. 90 km² and an estimated total volume of 3. 84 × 10⁶ m³ were identified, mainly distributing on the hanging wall(northern side)of the Beichuan fault(Figure. 25).

On August 14, 2010, a debris flow occurred in Hongchun gully(Figure. 26). It partially blocked the Minjiang River, forming a 10 m high, 100 m long and 150 m wide debris dam. The dam changed the river course and caused the flooding of the newly reconstructed Yingxiu Town(Figure. 27, Figure. 28 and Figure. 29). The peak discharge of the river increased from 570 m³/s to 1, 400 m³/s on August 15, shortly after the debris flow damming event. The flood depth was 2. 0−3. 5 m and lasted 7 days until the dam was excavated on August 20, 2010. This catastrophic debris flow damming event caused 32 fatalities. More than 8, 000 residents have been forced to evacuate after the debris flow occurred. In order to reduce the potential debris flow hazard in the future, the control and reconstruction works have been started, which will also be visited in this stop(Figure. 30 and Figure. 31).

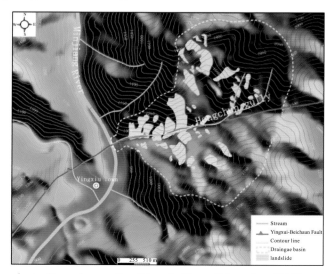

Figure. 25   Landslides induced by the Wenchuan earthquake in Hongchun gully, Yingxiu Town(Li et al. , 2013)

Figure. 26   The debris flows induced by the August 13－14， 2010 heavy rainfall event in Hongchun gully and Minjiang River near the Yingxiu Town. (Taken on August 15， 2010)

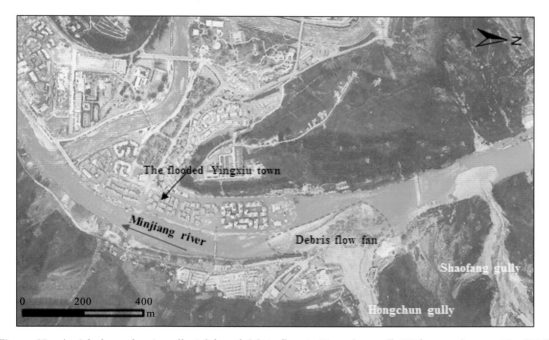

Figure. 27   Aerial photo showing alluvial fan of debris flow in Hongchun gully(Taken on August. 15， 2010)

Figure. 28   The landform and landslides induced by the Wenchuan earthquake in Hongchun gully

Figure. 29   Check dams constructed in gully for debris flow hazard mitigation

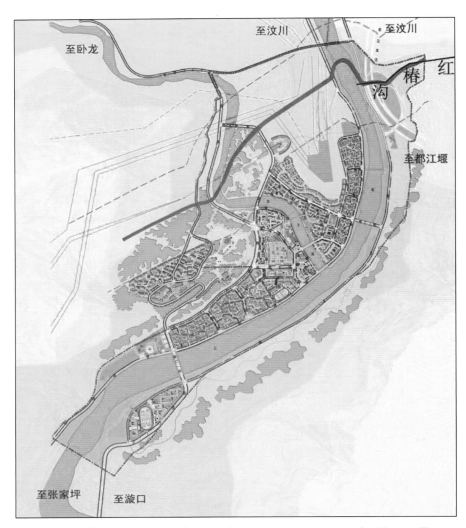

Figure. 30　The planning map for post-disaster reconstruction in the Yingxiu Town

Figure. 31　Changes of the Yingxiu Town since 2008

(a. aerial photo taken on May 23，2008，b. IKNOS image taken on December 21，2011)

Stop 5

Location: Yingxiu Town

Highlight: Landslide and debris flow in Niujuan gully

Niujuan gully is 2 km to the south of the Yingxiu(Figure. 15). From field observation, Niujuan gully is regarded as the hypocenter or rupture initiation point of the Wenchuan earthquake. A large scale landslide was triggered by the Wenchuan earthquake on the upper reach of the gully(Figure. 32). The landslide extended 1,500m along the valley with a length of 400m, a width of 300m, and an estimated volume of 750×10^4 m^3 (Figure. 33). It was a rapid, long run-out landslide with a run-out of 3 km. The landslide produced large amount of loose material present in the gully. Many debris flows have occurred in the gully after the earthquake.

Figure. 32   The landform and debris flow induced by the Wenchuan earthquake in Niujuan gully

(a)

(b)

Figure. 33   The debris flow and control works in Niujuan gully

(a. Taken on 2009; b. Taken on June 8, 2013)

Stop6

Location: Xuankou middle school, Yingxiu Town

Highlight: Memorial site of the Wenchuan earthquake

The Xuankou middle school, built in 2006, had been a symbolic construction of the Yingxiu Town before the earthquake. Nowadays it is a memorial site of the Wenchuan earthquake. Many buildings collapsed during the earthquake and 43 students, 8 teachers and 4 workers were killed(Figure. 34 and Figure. 35).

Figure. 34   The square in the memorial site of the Wenchuan earthquake

Figure. 35   Ruins of the Xuankou middle school in the Wenchuan earthquake

Stop7

Location：Shuimo Town

Highlight：The post-disaster reconstruction site

Shuimo Town is located in the easternmost point of Aba autonomous prefecture. After the earthquake, strategic economic and administrative structural readjustment was implemented here, and a great transition has been achieved from industry to culture, tourism, and education. The town has been re-built into a welcoming tourist town as a representative example of the post-disaster reconstruction. It has been built with a vision of sustainable and ecologically sound design criteria and as a demonstration of Xiqiang National Minority culture. Shuimo Town has had a long history and flavorful cultural atmosphere (Figure. 36).

Figure. 36   The view of post-disaster reconstruction in the Shuimo Town

Stop8

Location：Dujiangyan city

Highlight：Dujiangyan Irrigation System

The Dujiangyan Irrigation System is an ancient technological wonder of China(Figure. 37 and Figure. 38). More than 2,000 years ago, Li Bing(c. 250−200 BC)served as a local governor of Shu State("Shu" was the ancient name for Sichuan). At that time, Minjiang River flowed fast down from the mountains. As it ran across the Chengdu Plain, it frequently flooded the Chengdu agricultural area, and local farmers suffered much from flooding disasters. Li Bing and his son designed this water control system and organized thousands of local people to construct the project.

The headwork is a large hydraulic water project. It consists of three main parts: the Fish Mouth Water-Dividing Dam, the Flying Sand Fence and the Bottle-Neck Channel. When the construction was completed, the dam system automatically diverted the Minjiang River and channeled it into irrigation canals. Gradually, the Chengdu Plain turned into one of the most fertile places in China. Since 1949, expansion has been undertaken, and at present, the system works very effectively. It irrigates farming land in 33 counties in west Sichuan Province, benefiting generations of local people.

Figure. 37   Photos of Dujiangyan ancient irrigation works

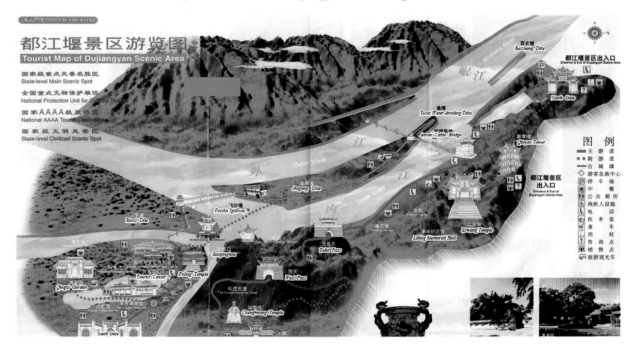

Figure. 38   The tourist map of the Dujiangyan ancient irrigation systems